现代信号处理教程

（第二版）

胡广书　编著

清华大学出版社
北　京

内 容 简 介

本书共5篇，前4篇是"时频分析"、"滤波器组"、"小波变换"和"Hilbert-Huang 变换"，这是既相互独立、又有着密切联系的四大块内容，而且是现代信号处理中的重要内容。它们主要针对的是非平稳信号的分析与处理，而 Hilbert-Huang 变换不但针对非平稳信号，而且特别用于非线性信号的分析与处理。

本书的第5篇是近十年来新发展起来的"压缩感知"理论。压缩感知以其丰富的理论内容和巨大的应用前景获得了众多学科的关注，目前正在迅速发展中。

因此，从内容上看，本书定位于研究生数字信号处理提高课的教材。

本书内容丰富，涵盖了现代信号处理的主要知识体系。在编写中，笔者力求注重理论和应用相结合，力求有利于教学和读者的自学，力求较为全面地反映这些知识体系的主要内容。

清华大学出版社网站上本书链接下有100多个用 MATLAB 编写的程序和一些数据文件。这些程序概括了书中所涉及的绝大部分例题和插图，运行这些程序即可重现这些例题的结果和相应的插图，有利于帮助读者理解书中较为复杂的理论内容。

本书可作为理工科研究生的教材及参考书，也可作为工程技术人员的自学参考书。

图书在版编目(CIP)数据

现代信号处理教程/胡广书编著. --2版. --北京：清华大学出版社，2015(2024.8重印)
ISBN 978-7-302-38934-7

Ⅰ.①现… Ⅱ.①胡… Ⅲ.①信号处理－教材 Ⅳ.①TN911.7

中国版本图书馆 CIP 数据核字(2015)第005685号

责任编辑：王一玲
封面设计：傅瑞学
责任校对：时翠兰
责任印制：沈 露

出版发行：清华大学出版社
网 址：https://www.tup.com.cn，https://www.wqxuetang.com
地 址：北京清华大学学研大厦A座 邮 编：100084
社 总 机：010-83470000 邮 购：010-62786544
投稿与读者服务：010-62776969，c-service@tup.tsinghua.edu.cn
质量反馈：010-62772015，zhiliang@tup.tsinghua.edu.cn
印 装 者：涿州市般润文化传播有限公司
经 销：全国新华书店
开 本：185mm×230mm **印 张**：36.75 **字 数**：751千字
版 次：2004年11月第1版 2015年3月第2版 **印 次**：2024年8月第9次印刷
定 价：92.00元

产品编号：062693-03

前　言

本书是为了配合清华大学研究生公共课"随机信号的统计处理"的教学而编写的。"随机信号的统计处理"课程开设于1979年。随着时间的推移和信号处理理论的发展,本书讲授的内容也从初期的以随机信号的分析为主逐渐过渡到现在的以现代信号处理的内容为主。

数字信号处理的理论非常丰富,且近几十年内一直在飞速发展,在众多的领域都获得了广泛的应用。笔者认为,数字信号处理的理论总体上可以分为三大部分,即经典数字信号处理(classical digital signal processing)、统计(statistical)数字信号处理和现代(modern,或 advanced)数字信号处理。经典数字信号处理包括离散信号和离散系统分析、Z变换、DFT、FFT、IIR和FIR滤波器设计、有限字长问题及数字信号处理的硬件实现等。其研究对象是确定性信号和线性移不变系统。经典的内容自然是重要的和相对成熟的。统计数字信号处理研究的对象主要是平稳随机信号。因为我们在自然界所遇到的信号基本上都是随机的,所以研究随机信号的分析和处理是非常重要的。对这一类信号研究的方法主要是统计的方法或"估计"的方法,其内容包括随机信号的描述、平稳随机信号的定义和性质、自相关函数估计、经典功率谱估计和现代功率谱估计,维纳滤波和自适应滤波等。笔者将上述两部分内容包含在了拙著《数字信号处理——理论、算法与实现》(第三版,清华大学出版社,2012)一书中。

现代数字信号处理的"现代"一词比较模糊,理论上说应该是新内容,但在不同的教科书上赋予了不同的内容。例如,统计数字信号处理中的基于参数模型的功率谱估计又称为"现代功率谱估计",维纳滤波器和自适应滤波器又称为"现代滤波器"。本书称为《现代信号处理教程》,内容自然是现代信号处理的内容。本书内容共分为5篇,前4篇是"时频分析"、"滤波器组"、"小波变换"和"Hilbert-Huang变换",这是既相互独立又密切联系的四大块内容,它们主要针对的是非平稳信号的分析与处理,而Hilbert-Huang变换不但针对非平稳信号,还特别用于非线性信号的分析与处理。这4篇内容发展的动力是作为信号分析与处理基本工具的傅里叶变换所存在的不足,即缺乏时频定位功能、对非平稳信号不适用和在分辨率方面缺乏自适应性,而实际的物理信号往往是非平稳的,并且总是希望能根据客观需要选取合适的时域和频域分辨率。

本书的第 5 篇是近十年来新发展起来的“压缩感知”理论,其发展的动力是经典的 Shannon 抽样定理所需要的抽样频率过高以致数据量太大,而实际的物理信号在频域多是稀疏的这一客观事实,目的是发展新的抽样策略。压缩感知的理论正在迅速发展中,吸引了众多学科的关注,并具有重大的理论和应用前景。

本书分为 16 章,前 3 篇各 4 章,后 2 篇各 2 章。

第 1 章虽然包含在第 1 篇内,但它实际上是全书所有章节的基础。本章首先讨论傅里叶变换的不足以及人们为改进这些不足所提出的各种方法。前已述及,对这些不足的改进实际上是推动现代信号处理理论发展的动力之一。在此基础上,本章还讨论信号的时宽和带宽、时间中心和频率中心、不定原理、瞬时频率、信号的分解、正交变换的性质以及标架的概念等。这些概念贯穿本书的始终。

第 2 章首先介绍短时傅里叶变换的概念与性质,然后介绍信号的 Gabor 展开及 Gabor 变换的计算。第 3 章较为详细地讨论 Wigner 分布的定义、性质与计算,特别是交叉项的行为及去除交叉项的思路。第 4 章集中讨论 Cohen 类分布的定义,特别是利用模糊函数去除交叉项的方法,给出时频分布统一表示的形式及各种分布性能的比较,最后介绍最优核设计的方法。

第 2 篇的“滤波器组”是“多抽样率信号处理”的主要内容。首先第 5 章详细讨论信号的抽取、插值、信号的多相表示、抽取与插值的实现等基本问题。第 6 章讨论滤波器组的基本概念,着重讨论半带滤波器及其实现,同时举例介绍抽取与插值的应用。第 7 章是本篇的重点,首先给出两通道滤波器组输入、输出在时域和频域的关系,然后围绕着如何实现准确重建来消除混叠失真、幅度失真及相位失真。共轭正交镜像(CQM)滤波器组是得到广泛应用并被广泛研究的一种滤波器组,第 7 章以较大的篇幅讨论它的特点、设计及 Lattice 结构等问题。第 8 章讨论 M 通道滤波器组,涉及输入输出的关系、准确重建的条件,特别强调的是余弦调制滤波器组的性质及设计方法。

第 3 篇讨论信号的小波变换。小波变换是 20 世纪最后十多年中迅速发展并被广泛应用的信号处理的新理论,其内容十分丰富。限于篇幅,本篇只安排了 4 章。第 9 章介绍小波变换的基本概念、小波变换的性质、小波的种类、连续小波变换的计算及小波标架,这些内容是进一步学习小波变换的基础。第 10 章集中讨论小波变换的多分辨率分析及离散小波变换的实现等重要内容,通过这些内容的讨论,一方面将小波变换和滤波器组联系了起来;另一方面使读者能较为全面地理解为什么说小波变换是信号分析的“数学显微镜”的道理。第 11 章讨论正交小波、双正交小波的构造问题,并介绍小波包的概念。

作为小波变换的应用,同时也是进一步介绍小波变换的理论,第 12 章介绍了两部分内容,一部分是小波变换在信号奇异性检测中的应用问题;另一部分是基于小波变换的去噪问题。这两个问题都是信号处理中的基本问题,而小波变换在解决这两个问题方面发挥了很好的作用。

时频联合分析的主要思想是将时间和频率结合起来对信号进行分析和处理，它改进了傅里叶变换所缺少的定位功能；小波变换也是一种时频分布，因此，第3篇的内容可以看作是第1篇内容的继续。滤波器组是采用均匀或非均匀的方法将信号的频带按需要作各种形式的剖分，即实现信号的子带分解，它有其独立的应用背景，同时也是实现小波变换的主要工具。

第4篇的Hilbert-Huang变换是从1998年起新发展起来的内容，它不但适用于非平稳信号，而且更注重非线性信号。第13章讨论Hilbert-Huang变换的基础理论，如经验模式分解和Hilbert谱分析。第14章讨论Hilbert-Huang变换的新进展和应用。这些新进展包括归一化Hilbert-Huang变换和集总经验模式分解。从第4篇的内容看，它是时频联合分析的继续和发展。

因此本书前4篇的内容既相对独立，同时又有着密切的关系，都是力图将描述信号的两个最重要的物理量，即时间和频率联合起来对信号进行分析和处理。

第5篇的压缩感知由于其丰富的理论内容和巨大的应用前景被誉为信号处理中的“next big idea”。第15章较为全面和深入地介绍压缩感知的基础理论，第16章集中讨论新提出的抽样策略，即模拟/信息转换，然后简单介绍压缩感知的应用。

本书内容丰富，涵盖了现代信号处理的主要知识体系。在编写中，笔者力求注重理论和应用相结合，力求有利于教学和读者的自学，力求较为全面地反映这5个知识体系的主要内容。

清华大学出版社网站上本书链接下有100多个用MATLAB编写的程序和一些数据文件。这些程序概括了书中所涉及的绝大部分例题和插图，运行这些程序即可重现这些例题的结果和相应的插图。这些程序一般都很短，容易看懂，通过它们可以帮助读者理解书中较为复杂的理论内容。

本书第一版自2004年出版以来，得到了使用本书作为教材的老师、研究生以及广大读者的热情关心，他们对本书提出了许多非常好的建议。2005年，本书被教育部研究生工作办公室推荐为“研究生教学用书”，2006年本书被评为“北京市高等学校精品教材”。在此，向广大的读者及使用本书的老师表示衷心的感谢！并感谢相关主管部门的支持和肯定。

清华大学张旭东教授对本书的整体布局提出了很好的建议，在此向张教授表示衷心的感谢！

笔者的学生梁文轩同学（目前正在美国约翰·霍普金斯大学攻读博士学位）仔细审阅了本书第5篇的压缩感知两章，提出了一系列的建议和修改意见。在此向文轩表示特别的感谢！

张辉、汪梦蝶、许燕、黄惠芳、朱莉、黄悦、耿新玲、冯云、李玥等同志为本书的录入、绘图、程序编写、资料收集等都做了大量的工作,在此向他们表示衷心的感谢!

限于作者的水平,加之时间仓促,书中肯定存在不少错误及不妥之处,恳切希望读者给予批评指正。

作　者

2014年10月于清华大学

E-mail：hgs-dea@tsinghua.edu.cn

目 录

00100101010110010011001001111010100100110101010010100100101010101

第3篇 小波变换

第4篇 Hilbert-Huang 变换

第5篇 压缩感知

常用符号一览表

1. 运算符号

符号	意义
$\sum$	连加
$\prod$	连乘
$*$	信号的卷积,如 $x(n)*h(n)$
T	向量或矩阵的转置,如 $\mathbf{A}^{\mathrm{T}}$
H	向量或矩阵的共轭转置,如 $\mathbf{A}^{\mathrm{H}}$
$\langle\cdot,\cdot\rangle$	两个向量(或信号)的内积,如$\langle x,y\rangle$
$\\|\cdot\\|$	向量的范数,如 $\\|\boldsymbol{x}\\|$
$\langle\cdot\rangle_{\cdot}$	求余,如$\langle a\rangle_b$ 表示 a 对模 b 求余数
$\lfloor * \rfloor$	求最大整数,如 $N=\lfloor p\rfloor$表示 N 为小于或等于 p 的最大整数
$\lceil * \rceil$	求最小整数,如 $N=\lceil p\rceil$表示 N 为大于或等于 p 的最小整数
$\#\{*\}$	非零元素个数。如 $\#\{\boldsymbol{x}\}$ 表示向量 $\boldsymbol{x}$ 中非零元素个数
$E\{\cdot\}$	均值运算,如 $\mu=E\{x\}$ 表示 x 的均值是 μ
sup	求上确界
inf	求下确界
$\oplus$	直和
Δ	代表$\mathbb{R}^M\rightarrow\mathbb{R}^N$的映射

2. 常用函数(或信号)专用字母

$\delta(t),\delta(n)$	单位冲击信号,单位抽样信号
$u(t),u(n)$	单位阶跃信号,单位阶跃序列(有时作为噪声信号)
$x(t),x(n)$	一般时域信号,或系统的输入;
$y(t),y(n)$	一般时域信号,或系统的输出;
$h(n),H(z),H(\mathrm{e}^{\mathrm{j}\omega})$	离散系统的单位抽样响应,转移函数及频率响应

$X(\mathrm{j}\Omega)$, $X(\mathrm{e}^{\mathrm{j}\omega})$, $X(z)$	频域信号
$\boldsymbol{x}$, $\boldsymbol{y}$ 等	时域向量
$\boldsymbol{X}$, $\boldsymbol{Y}$ 等	频域向量
$\boldsymbol{R}$, $\boldsymbol{W}$ 等	矩阵

3. 频率变量

f	实际频率,单位为 Hz
Ω	相对连续信号的角频率,$\Omega=2\pi f$,单位是 rad/s
ω	相对离散信号的圆频率(或圆周频率),单位为 rad;$\omega=2\pi f/f_s$,f_s 是抽样频率

4. 集合与空间

Z	整数集合
Z^+	正整数集合
R	实数集合
C	复数集合
$\mathbb{R}^N$	N 维 Euclidean 空间
$L^2(R)$	有限能量信号(函数)的空间
$[N]$	不超过 N 的自然数的集合,即$\{1,2,\cdots,N\}$

第1篇 时频分析

第一篇 时频分析

第1章

信号分析基础

1.1 信号的时间与频率

我们生活在一个飞速发展的信息社会里，而信息的载体就是本书要讨论的主题——信号。在我们身边以及在我们的身上，信号是无处不在的。如，人们随时可以听到的语音信号，随时可以看到的视频图像信号，伴随着生命始终存在的心电、脑电、心音、脉搏、血压、呼吸等众多的生理信号。

对一个给定的信号 $x(t)$，可以用很多方法来描述它。例如，一个函数表达式，一个数据序列，甚至一个简单的图表，这些都是信号的时域表示。众所周知，通过傅里叶变换可以得到 $x(t)$ 的频谱，即 $X(\mathrm{j}\Omega)$，进一步，由 $X(\mathrm{j}\Omega)$ 也可简单地得到 $x(t)$ 的能量谱或功率谱，这些属于信号的频域表示。因此，时间和频率是描述信号的两个最基本的物理量。时间和频率与日常生活的关系也极为密切，人们时时可以感受到它们的存在。时间自不必说，对于频率，如夕阳西下时多变的彩霞，音乐会上那优美动听的旋律以及在一片寂静中突然冒出的一声刺耳的尖叫等，这些都包含了丰富的频率内容。

信号是变化着的，变化着的信号构成了五彩斑斓的世界。此处所说的变化，一是指信号的幅度随时间变化；二是指信号的频率随时间变化。幅度不变的信号是直流信号，而频率不变的信号是由单频率信号，或多频率信号所组成的信号，如正弦波、方波、三角波等。不论是直流信号还是正弦类信号，都只携带着最简单的信息。

傅里叶于 1807 年提出了傅里叶级数的概念，即任一周期信号可分解为复正弦信号的叠加。1822 年，傅里叶又提出了非周期信号分解的概念，这就是傅里叶变换。给定信号 $x(t)$，如果它满足[ZW2]

$$\int_{-\infty}^{\infty} |x(t)|^2 \mathrm{d}t < \infty \tag{1.1.1}$$

那么，可对其进行傅里叶变换。能量有限信号的傅里叶正、反变换如下：

$$X(\mathrm{j}\Omega) = \int_{-\infty}^{\infty} x(t)\mathrm{e}^{-\mathrm{j}\Omega t}\mathrm{d}t \tag{1.1.2a}$$

$$x(t)=\frac{1}{2\pi}\int_{-\infty}^{\infty}X(\mathrm{j}\Omega)\mathrm{e}^{\mathrm{j}\Omega t}\mathrm{d}\Omega \tag{1.1.2b}$$

式中，$\Omega=2\pi f$，单位为rad/s。将$X(\mathrm{j}\Omega)$表示成$|X(\mathrm{j}\Omega)|\mathrm{e}^{\mathrm{j}\varphi(\Omega)}$的形式，可得到$|X(\mathrm{j}\Omega)|$和$\varphi(\Omega)$随$\Omega$变化的曲线，它们分别称为$x(t)$的幅频特性和相频特性。由(1.1.2)式可以看出，傅里叶变换将时间和频率联系了起来，即由信号的时域表达式$x(t)$可以得到其频域的表达式$X(\mathrm{j}\Omega)$，反之亦然。这样，通过傅里叶变换，原来比较抽象的频率概念就变得具体化。例如，如果想要了解信号$x(t)$的频率成分，即在××Hz处频率分量的大小，通过(1.1.2a)式即可实现。

经过一百多年的发展，傅里叶变换不但已成为一个重要的数学分支，而且也成为信号分析与信号处理中的重要工具。至今，可以在任一本有关信号与系统、信号处理及通信原理的教科书中看到有关傅里叶变换的论述，并且目前所说的频率也是由傅里叶变换得到的，因此又称为傅里叶频率，由此可以看出傅里叶变换在信息科学中的重要作用。

然而，人们在应用傅里叶变换的过程中很早就发现了傅里叶变换的不足[Gab46]，这些不足主要体现在如下三个方面。

1. 傅里叶变换缺乏时间和频率的定位功能

所谓时间和频率的定位功能是指：对给定的信号$x(t)$，希望知道在某一个特定时刻(或一很短的时间范围)，该信号所对应的频率是多少；反过来，对某一个特定的频率(或一很窄的频率区间)，希望知道是什么时刻产生了该频率分量。

分析(1.1.2a)式可知，对给定的某一个频率，如Ω_0，为求得该频率处的傅里叶变换$X(\mathrm{j}\Omega_0)$，(1.1.2a)式对t的积分仍需要从$-\infty$到$+\infty$，即需要$x(t)$整个时域的“知识”。反之，如果要求出某一时刻，如t_0处的值$x(t_0)$，由(1.1.2b)式，需要将$X(\mathrm{j}\Omega)$对Ω从$-\infty$至$+\infty$作积分，同样也需要$X(\mathrm{j}\Omega)$整个频域的“知识”。实际上，由(1.1.2a)式所得到的傅里叶变换$X(\mathrm{j}\Omega)$是信号$x(t)$在整个积分区间的时间范围内所具有的频率特征的平均表示。类似地，(1.1.2b)式也是如此。因此，傅里叶变换不具有时间和频率的定位功能。现举例说明这一结论。

例 1.1.1　设信号$x(n)$由三个不同频率的正弦所组成，即

$$x(n)=\begin{cases}\sin(\omega_1 n), & 0\leqslant n\leqslant N_1-1\\ \sin(\omega_2 n), & N_1\leqslant n\leqslant N_2-1\\ \sin(\omega_3 n), & N_2\leqslant n\leqslant N-1\end{cases} \tag{1.1.3}$$

式中，$N>N_2>N_1$，$\omega_3>\omega_2>\omega_1$；$\omega$为圆周频率，$\omega=2\pi f/f_s$。这里，$f$是信号的实际频率，

f_s 为抽样频率，所以 ω 的单位为 rad。ω 和 Ω 的关系是[ZW2]

$$\omega = \Omega T_s = 2\pi f / f_s \tag{1.1.4}$$

$x(n)$的时域波形如图 1.1.1(a)所示，$x(n)$的傅里叶变换的幅频特性 $|X(e^{j\omega})|$ 如图1.1.1(b)所示。显然，$|X(e^{j\omega})|$ 只表明了在 $\omega_1, \omega_2, \omega_3$ 处有三个频率分量，并给出这三个频率分量的大小，但由该图看不出 $x(n)$在何时(或那一段时间)有频率 ω_1，何时又有频率 ω_2 及 ω_3。由此可以看出，傅里叶变换缺乏时间定位功能。

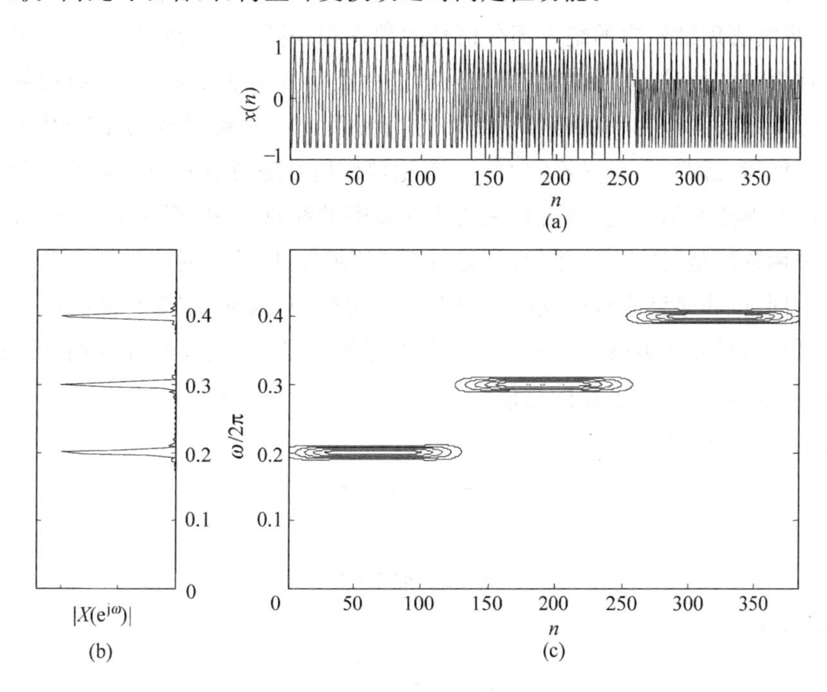

图 1.1.1　信号的时频表示

(a) $x(n)$的时域波形；(b) $x(n)$的频谱；(c) $x(n)$时频分布的二维表示

图 1.1.1(c)是用本书第 1 篇所讨论的方法求出的 $x(n)$的联合时频分布。该图是三维图形在二维平面上的投影，在该图中，水平方向代表时间，垂直方向代表频率。由图1.1.1中可清楚地看出 $x(n)$的时间和频率的对应关系，即图(c)中的频率位置和图(b)相对应，时间位置和图(a)相对应。有关本例的 MATLAB 程序是 exa010101.m。

2. 傅里叶变换对于非平稳信号的局限性

参考文献[ZW2]中所讨论的信号，不论它是单频率信号还是多频率信号，都是假定信号的频率是不随时间变化的，这样的信号称为时不变信号。也就是说，对该信号的一次记录(或一次观察)得到的信号所作的傅里叶变换和过一段时间后再记录该信号所作的傅里叶变换基本上是一样的。这样,信号 $x(t)$ 的傅里叶变换 $X(\mathrm{j}\Omega)$ 与时间无关。由(1.1.2a)式和(1.1.2b)式的左边也可看出,傅里叶变换式对应的都是单变量 t 或 Ω 的函数,即 $x(t)$ 或 $X(\mathrm{j}\Omega)$,因此,傅里叶变换只适合于时不变的信号。在时不变的情况下,信号 $x(t)$ 可展开为无穷多个复正弦信号的和,而这无穷多个复正弦信号的幅度、频率和相位都不随时间变化,即取某一特定值的常数。

然而,现实物理世界中的绝大部分信号的频率都是随时间变化的。频率随时间变化的信号又称为时变信号,参考文献[Qia95]称这一类信号为非平稳信号,而把频率不随时间变化的时不变信号称为平稳信号。此处的"平稳"和"不平稳"与随机信号中的平稳随机信号及非平稳随机信号的意义不同[ZW2]。平稳随机信号是指信号的一阶及二阶统计特征(均值与方差)不随时间变化,其自相关函数和观察的起点无关;而非平稳信号的均值、方差及自相关函数均是随时间变化的,即是时间 t 的函数,因此是时变的。尽管这两类说法的出发点不同,但非平稳信号的频率实质上也是时变的,因此,把频率随时间变化的信号统称为非平稳信号并无大碍。但要说一个信号是平稳信号,则要具体说明所指的是频率不随时间变化的信号还是平稳随机信号。

假定信号 $x(t)$ 具有

$$x(t) = a(t)\cos[\varphi(t)] \tag{1.1.5a}$$

或

$$x(t) = a(t)\mathrm{e}^{\mathrm{j}\varphi(t)} \tag{1.1.5b}$$

的形式,通常定义

$$\Omega_i(t) = \frac{\mathrm{d}\varphi(t)}{\mathrm{d}t} \tag{1.1.6}$$

为信号的瞬时频率(instantaneous frequency, IF)。平稳信号的 IF 应为一常数,而非平稳信号的 IF 是时间 t 的函数。

例 1.1.2　信号

$$x(t) = \exp(\mathrm{j}\Omega t^2) \tag{1.1.7}$$

称为线性频率调制信号,在雷达领域中,该信号又称作 chirp 信号。由(1.1.6)式,该信号的瞬时频率 $\Omega_i(t)=2\Omega t$,正比于时间,因此该信号的频率是时变的。图 1.1.2(a)是该信号的时域波形,可以看出,随着时间的变大,信号的振荡越来越快;图 1.1.2(b)是其频谱,但是从该频谱曲线上看不出该信号的频率随时间线性增长的特点,因此,傅里叶变换对时变信号具有局限性。和图 1.1.1(c)一样,图 1.1.2(c)也是 $x(t)$ 的时频分布表示,不过此处是三维表示,由该图可明确地看出该信号的频率与时间的正比关系。

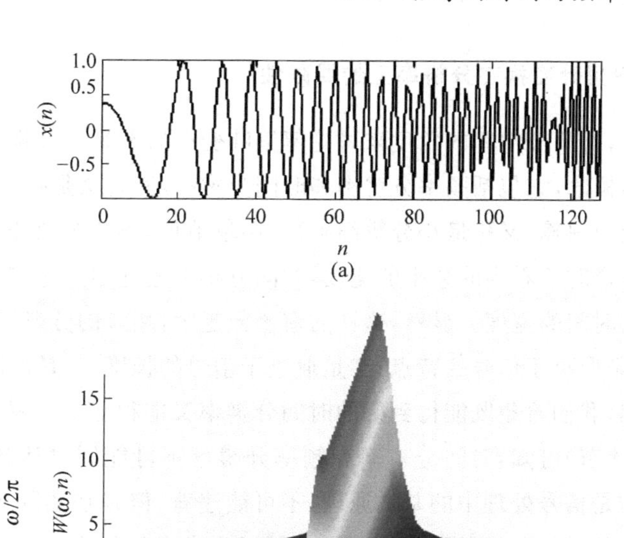

图 1.1.2 chirp 信号的时频表示

(a) $x(n)$；(b) $x(n)$的频谱；(c) $x(n)$时频分布

需要说明的是，本例给出的虽然是连续时间信号，但由于在计算机上实现时，时间变量 t 和频率变量 Ω 都要离散化，即变成离散时间 n 和离散时间对应的圆周频率 ω，因此，在图中标注的是 n，$x(n)$，ω，$X(\mathrm{e}^{\mathrm{j}\omega})$ 及 $W(\omega,n)$ 等。以后遇到的类似情况也同样处理，请不要混淆。

信号的瞬时频率表示信号的谱峰在时间-频率平面上的位置及其随时间的变化情况，同时，IF 曲线也是信号能量的主要集中处。由图 1.1.2(c)可以看出，chirp 信号的能量主要集中在时间-频率平面上的一条斜线上。有关本例的 MATLAB 程序是 exa010102.m。

由上述两例可以看出，傅里叶变换反映不出信号频率随时间变化的行为，因此，它只适合于分析平稳信号，而对频率随时间变化的非平稳信号，即时变信号，它只能给出一个总的平均效果。

3. 傅里叶变换在分辨率上的局限性

现在,再从分辨率的角度来讨论傅里叶变换的不足。分辨率(resolution)是信号处理中的基本概念,它包括频率分辨率和时间分辨率,其含义是指对信号能作出辨别的时域或频域的最小间隔(又称最小分辨细胞)。形象地说,频率分辨率是通过一个频域的窗函数来观察频谱时所看到的频率的宽度,时间分辨率是通过一个时域的窗函数来观察信号时所看到的时间的宽度。显然,这样的窗函数越窄,相应的分辨率就越好[ZW2]。分辨能力的好坏,一是取决于信号的特点;二是取决于信号的长度;三是取决于所用的算法。

自然,我们希望既能得到好的时间分辨率又能得到好的频率分辨率,然而,由不定原理(见 1.4 节)可知,时间分辨率和频率分辨率不可能同时达到最好(即分辨间隔最小)。不定原理是信号处理中的基本原理,不可能违背,但是在实际工作中,可以根据信号的特点及信号处理任务的需要选取不同的时间分辨率和频率分辨率。例如,对在时域具有瞬变特性的信号,希望时域的分辨率要好(即时域的观察间隔尽量短),以保证能观察到该瞬变信号发生的时刻及瞬变的形态,当然,这时要忽视频率分辨率;反之,对时域慢变的信号,就没有必要强调时域分辨率而转而强调频率分辨率。一个好的信号分析算法,应能适应信号的特点自动调节时域的分辨率和频域的分辨率。

(1.1.2a)式的傅里叶变换可以写成如下的内积形式:

$$X(\mathrm{j}\Omega)=\langle x(t),\mathrm{e}^{\mathrm{j}\Omega t}\rangle \tag{1.1.8}$$

式中,$\langle x,y\rangle$表示信号 x 和 y 的内积。若 x,y 都是连续的,则

$$\langle x,y\rangle=\int x(t)y^*(t)\mathrm{d}t \tag{1.1.9a}$$

若 x,y 均是离散的,则

$$\langle x,y\rangle=\sum_n x(n)y^*(n) \tag{1.1.9b}$$

内积的概念将贯穿于本书的始终。

(1.1.8)式说明信号 $x(t)$的傅里叶变换等效于 $x(t)$和基函数 $\mathrm{e}^{\mathrm{j}\Omega t}$ 作内积,由于 $\mathrm{e}^{\mathrm{j}\Omega t}$ 对不同的 Ω 构成一族正交基,即

$$\langle \mathrm{e}^{\mathrm{j}\Omega_1 t},\mathrm{e}^{\mathrm{j}\Omega_2 t}\rangle=\int \mathrm{e}^{\mathrm{j}(\Omega_1-\Omega_2)t}\mathrm{d}t=2\pi\delta(\Omega_1-\Omega_2) \tag{1.1.10}$$

所以 $X(\mathrm{j}\Omega)$等于 $x(t)$在这一族基函数上的正交投影,即精确地反映了 $x(t)$在该频率处的成分大小,有关正交分解的详细讨论见 1.6 节。基函数 $\mathrm{e}^{\mathrm{j}\Omega t}$ 在频域是位于 Ω 处的 δ 函数,因此,当用傅里叶变换来分析信号的频域行为时,它具有最好的频率分辨率。但是,$\mathrm{e}^{\mathrm{j}\Omega t}$ 在时域对应的是正弦函数($\mathrm{e}^{\mathrm{j}\Omega t}=\cos\Omega t+\mathrm{j}\sin\Omega t$),它在时域的持续时间是从$-\infty$到$+\infty$,因

此，在时域有着最坏的时间分辨率。对傅里叶反变换，分辨率的情况正好相反。

在“数字信号处理”课程中已熟知，一个宽度为无穷的矩形窗（即直流信号）的傅里叶变换为一个 δ 函数，反之亦然。当矩形窗为有限宽时，其傅里叶变换为一个 sin$c$ 函数，即

$$X(\mathrm{j}\Omega)=A\int_{-T}^{T}\mathrm{e}^{-\mathrm{j}\Omega t}\,\mathrm{d}t=2A\,\frac{\sin\Omega T}{\Omega}\tag{1.1.11}$$

式中，A 是窗函数的高度；T 是其单边宽度。矩形窗及其频谱如图 1.1.3 所示。

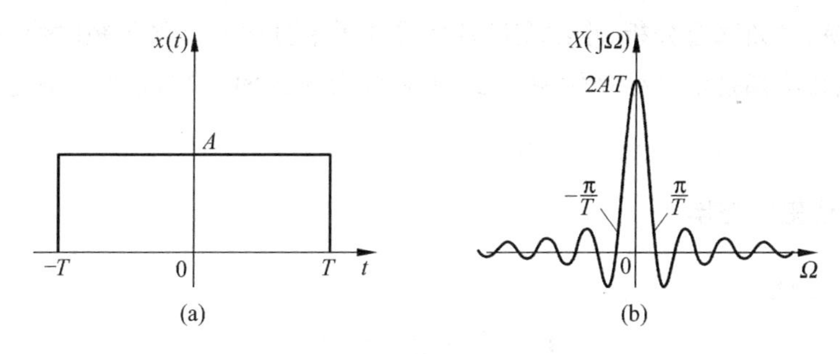

图 1.1.3　矩形窗及其频谱

(a) 时域矩形窗；(b) 矩形窗的频谱

显然，矩形窗的宽度 T 和其频谱主瓣的宽度 $\left(-\frac{\pi}{T}\sim+\frac{\pi}{T}\right)$ 成反比。由于矩形窗在信号处理中起到了对信号截短的作用，因此，若信号在时域取得越短，即保持在时域有高的分辨率，那么由于其频谱的主瓣变宽必然导致频域的分辨率下降。这一结果既体现了不定原理的制约关系，也体现了傅里叶变换在时域分辨率和频域分辨率方面所固有的矛盾。显然，傅里叶变换也无法根据信号的特点来自动地调节时域及频域的分辨率。

以上从三个方面讨论了傅里叶变换存在的不足。其实，傅里叶变换的这些不足早已为人们所注意，并成为了推动寻找新的信号分析和处理方法的动力。例如，早在 1932 年 Wigner 就提出了时间-频率联合分布的概念，并将其用于量子力学[Wig32]领域，而后 Ville 将其引入信号处理的领域；1946 年，Gabor 提出了短时傅里叶变换和 Gabor 变换[Gab46]的概念，从而开始了非平稳信号时频联合分析的研究；20 世纪 80 年代后期发展起来的小波变换不仅扩展了信号时频联合分析的概念，而且在信号的分辨率方面具有对信号特点的适应性；比小波变换稍早发展起来的滤波器组理论为信号的子带分解提供了有力的工具，从而在语言和图像的压缩、传输等方面取得了广泛的应用。本书将在 1.2 节简要介绍以上几种方法的基本思路，目的是让读者尽快了解如何有效地克服傅里叶变换的不足及了解信号分析与处理的新理论。详细的内容将在本书后续各章中陆续讨论。

1.2 克服傅里叶变换不足的一些主要方法

针对1.1节所谈到的傅里叶变换的不足，现在介绍几种克服的方法。这些方法是短时傅里叶变换、时频联合分析、小波变换及信号的子带分解等。除了短时傅里叶变换较经典以外，其他几项都是信号处理领域近20年来较为活跃的内容，这些内容也构成了本书的主体。

1. 短时傅里叶变换

如果用基函数

$$g_{t,\Omega}(\tau) = g(t-\tau)e^{j\Omega\tau} \tag{1.2.1}$$

来代替(1.1.8)式中的基函数 $e^{j\Omega t}$，则有

$$\begin{aligned}\langle x(\tau), g_{t,\Omega}(\tau)\rangle &= \langle x(\tau), g(t-\tau)e^{j\Omega\tau}\rangle \\ &= \int x(\tau)g^*(t-\tau)e^{-j\Omega\tau}d\tau \\ &= \mathrm{STFT}_x(t,\Omega)\end{aligned} \tag{1.2.2}$$

该式称为 $x(t)$ 的短时傅里叶变换(short time Fourier transform, STFT)，又称加窗傅里叶变换(windowed Fourier transform)，式中 $g(\tau)$ 是一窗函数。(1.2.2)式的意义实际上是用 $g(\tau)$ 沿着 t 轴滑动，因此可以不断地截取一段一段的信号，然后对每一小段分别作傅里叶变换，得到 (t,Ω) 平面上的二维函数 $\mathrm{STFT}_x(t,\Omega)$。$g(\tau)$ 的作用是保持在时域为有限长(一般称作有限支撑)，其宽度越小，则时域分辨率越好。比较(1.1.8)式和(1.2.2)式可以看出，使用不同的基函数可得到不同的分辨率效果。有关短时傅里叶变换的内容将在第2章详细讨论。

2. 时频联合分析

短时傅里叶变换是最直观、最简单的时频联合分析。但是在 $\mathrm{STFT}_x(t,\Omega)$ 中，变量 t 和 Ω 仍是单独取值，因此，它并不是严格意义上的时频联合分析。自20世纪中叶以来，Wigner, Ville, Gabor 及 Cohen 等陆续给出了一大类真正地将时间 t 和频率 Ω 联合起来进行分析的方法，并在20世纪80年代以后广泛应用于信号的分析与处理。

Wigner-Ville 时频分布是时频分析中最重要的分布，其函数表达式是

$$W_x(t,\Omega)=\int x\left(t+\frac{\tau}{2}\right)x^*\left(t-\frac{\tau}{2}\right)\mathrm{e}^{-\mathrm{j}\Omega\tau}\mathrm{d}\tau \tag{1.2.3}$$

由于在积分中 $x(t)$ 出现了两次，所以该式又称为双线性时频分布。显然，$W_x(t,\Omega)$ 是关于 t,Ω 的二维函数。$W_x(t,\Omega)$ 有着一系列好的性质，因此它是应用甚为广泛的一种信号时频分析方法。

1966 年，Cohen 提出了如下形式的时频分布[Coh66]：

$$C_x(t,\Omega:g)=\frac{1}{2\pi}\iiint x\left(u+\frac{\tau}{2}\right)x^*\left(u-\frac{\tau}{2}\right)g(\theta,\tau)\mathrm{e}^{-\mathrm{j}(\theta t+\Omega\tau-u\theta)}\mathrm{d}u\mathrm{d}\tau\mathrm{d}\theta \tag{1.2.4}$$

式中，$g(\theta,\tau)$ 是处在 (θ,τ) 平面的权函数。可以证明，若 $g(\theta,\tau)=1$，则 Cohen 分布即变成 Wigner-Ville 分布，给定不同的权函数，可得到不同的时频分布。在 20 世纪 80 年代前后提出的时频分布有十多种，后来人们把这些分布统称为 Cohen 类时频分布，简称 Cohen 类。第 3 章和第 4 章将详细讨论这些分布的理论与实现。

Gabor 在 1946 年提出了信号时频展开的思想，即 Gabor 展开[Gab46]：

$$x(t)=\sum_m\sum_n C_{m,n}g_{m,n}(t)=\sum_{m=-\infty}^{\infty}\sum_{n=-\infty}^{\infty}C_{m,n}g(t-mT)\mathrm{e}^{\mathrm{j}n\Omega t} \tag{1.2.5}$$

式中，$g(t)$ 是窗函数；$C_{m,n}$ 是展开系数；m 代表时域序号；n 代表频域序号。这实际是用时频平面离散栅格上的点来表示一个一维的信号。由 $x(t)$ 得到展开系数 $C_{m,n}$ 的过程称为 Gabor 变换。Gabor 变换在信号处理，特别是图像处理中获得了越来越广泛的应用。

总之，对给定的信号 $x(t)$，希望能找到一个二维函数 $W_x(t,\Omega)$，它应具有以下几个基本性质：

(1) 是人们最关心的两个物理量 t 和 Ω 的联合分布函数；

(2) 可反映 $x(t)$ 的能量随时间 t 和频率 Ω 变化的形态；

(3) 既具有好的时间分辨率，同时又具有好的频率分辨率。

信号的时频联合分析构成了本书第 1 篇的主要内容。

3. 小波变换

在 20 世纪 80 年代后期及 90 年代初期所发展起来的小波变换理论已形成了信号分析和信号处理的又一强大的工具。其实，小波分析也可看作信号时频分析的又一种形式。

对给定的信号 $x(t)$，希望找到一个基本函数 $\psi(t)$，并记 $\psi(t)$ 的伸缩与位移

$$\psi_{a,b}(t)=\frac{1}{\sqrt{a}}\psi\left(\frac{t-b}{a}\right) \tag{1.2.6}$$

为一族函数，$x(t)$ 和这一族函数的内积即定义为 $x(t)$ 的小波变换，即

$$WT_x(a,b)=\int x(t)\psi_{a,b}^*(t)\mathrm{d}t=\langle x(t),\psi_{a,b}(t)\rangle \tag{1.2.7}$$

式中，a 是尺度定标常数；b 是位移；$\psi(t)$ 又称为基本小波或母小波。

由傅里叶变换的性质可知，若 $\psi(t)$ 的傅里叶变换是 $\Psi(\mathrm{j}\Omega)$，则 $\psi(t/a)$ 的傅里叶变换是 $a\Psi(\mathrm{j}a\Omega)$。若 $a>1$，则 $\psi(t/a)$ 表示将 $\psi(t)$ 在时间轴上展宽；若 $a<1$，则 $\psi(t/a)$ 表示将 $\psi(t)$ 在时间轴上压缩。a 对 $\Psi(\mathrm{j}\Omega)$ 的改变（即 $\Psi(\mathrm{j}a\Omega)$）的情况与 a 对 $\psi(t)$ 的改变情况正好相反。若把 $\psi(t)$ 看成一窗函数，$\psi(t/a)$ 的宽度将随着 a 的不同而不同，这也同时影响到频域，即 $\Psi(a\Omega)$，由此可得到不同的时域分辨率和频域分辨率。由后面的讨论可知，a 小，对应分析信号的高频部分，这时时域分辨率好而忽视频域分辨率；反之，a 大，对应分析信号的低频部分，这时频域分辨率好而忽视时域分辨率。这正好符合对信号分析的需要。参数 b 是沿着时间轴的位移，所得结果 $WT_x(a,b)$ 是信号 $x(t)$ 的尺度-位移联合分析，它也是时频分布的一种。小波的理论内容非常丰富，第 3 篇将详细讨论。

4. 信号的子带分解（subband decomposition）

将一个复杂的信号分解成简单信号的组合是信号分析和信号处理中最常用的方法。(1.1.8)式的傅里叶变换是一种分解，(1.2.5)式的 Gabor 展开是一种分解，其他众多的变换，如 K-L 变换、离散余弦变换(DCT)、离散 Hartley 变换等也是信号的分解，且都是正交分解。信号的子带分解和上述基于变换的分解不同，它是将信号的频谱均匀或非均匀地分解成若干部分，每一个部分都对应一个时间信号，称它们为原信号的子带信号。实现信号子带分解的主要方法是利用滤波器组(filter bank, FB)。一个 M 通道的分析滤波器组如图 1.2.1 所示。

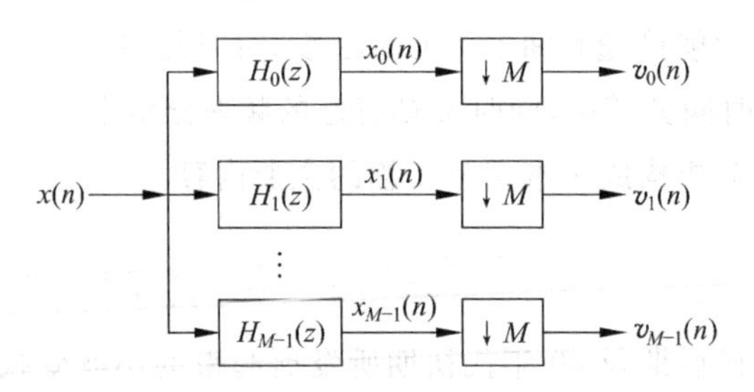

图 1.2.1　信号的子带分解

图 1.2.1 中，$H_0(z)$ 是低通滤波器；$H_{M-1}(z)$ 是高通滤波器；$H_1(z),\cdots,H_{M-2}(z)$ 是带通滤波器。这 M 个滤波器将信号 $x(n)$ 的频谱 $(-\pi,\pi)$ 分成了 M 份，因此得到了 M 个子带信号 $x_0(n),\cdots,x_{M-1}(n)$，它们的频率范围和 $H_0(z),\cdots,H_{M-1}(z)$ 的通带频率一致。

图 1.2.1 中 $\downarrow M$ 表示对 $x_0(n),\cdots,x_{M-1}(n)$ 分别作 M 倍的抽取，即将其抽样频率降低 M 倍。假定 $x(n)$ 的抽样频率是 f_s，由于通过子带分解后 $x_0(n),\cdots,x_{M-1}(n)$ 的带宽仅是 $x(n)$ 的 $1/M$，因此抽样频率可降低 M 倍，这样，抽取后的信号 $v_0(n),\cdots,v_{M-1}(n)$ 的抽样频率是 f_s/M。因此可以看出，图 1.2.1 的系统是一个多抽样率系统(multirate system)。近 30 年来，多抽样率系统的理论发展非常迅速，并取得了广泛的应用。由后面的讨论可知，在 $v_0(n),\cdots,v_{M-1}(n)$ 的后面再加上 M 个综合滤波器，则又可将 $x(n)$ 恢复。

也许有的读者会问：为什么要对信号作这样的分解？

其一是由信号的自然特征所决定的。除了白噪声，一个实际的物理信号绝不可能在 $0\sim\pi$ 的范围内有着均匀的谱。既然信号的能量在不同的频带有着不同的分布，自然需要对它们分别对待。例如，对能量大的频段所对应的信号给予较长的字长，对能量少的频段所对应的信号给予较短的字长，从而达到信号压缩的目的，这实际上是对信号分层量化的概念。再例如，对不同频段所对应的信号还可给予不同的加权，或给予不同的去噪处理，等等。

其二是实际工作的需要。半导体技术特别是数字信号处理器(digital signal processor，DSP)的飞速发展，为一维信号和二维图像的实时处理提供了可能。高速器件的发展推动了新的信号处理理论的发展。这些发展给现实生活带来了许多革命性的变化，如语音信箱、自动翻译机、可视电话、会议电视、远程医疗、高清晰度电视、数字相机、移动电话、便携式个人生理参数监护仪(如心电 Holter、脑电 Holter)等。所有这些应用领域都要涉及信号的滤波、变换、特征提取、编码、量化、压缩等众多环节中的一个或几个。而这些环节都离不开信号的分解。例如，在过去的十多年中，在图像的压缩方面，国际上已制定了 JPEG、MPEG 及 H.263 等一系列的标准[ZW2]。

子带数目 M 越大，对信号的频谱分解得越细，越有利于观察信号的频域特征，因此信号的子带分解也是对信号傅里叶变换的一种改进。下面举例说明信号子带分解的应用。

例 1.2.1　假定要传输的信号 $x(t)$ 如图 1.2.2(a)所示，它是由两个正弦信号加白噪声所组成。若用数字方法，其传输过程包括对 $x(t)$ 的数字化、量化、编码及调制等步骤。若对该信号用抽样频率 f_s 进行抽样，每一个抽样数据为 16 bit，那么其 1 s 数据所需要的 bit 数是 $16f_s$。现对 $x(t)$ 的抽样信号 $x(n)$ 作傅里叶变换，其频谱如图 1.2.2(b)所示，我们发现，$x(n)$ 的频谱能量集中在归一化频率 0.08 及 0.15 处，而在 0.25～0.5 之间的能量很小。这种情况给我们的启发是，对 $x(n)$ 的所有抽样数据都用 16 bit 表达是否太浪费？能否保证在传输过去的信号不失真的情况下，尽量减少所用的 bit 数？

由于 $x(n)$ 的频谱在 0～0.5 之间的分布不均匀，设想可用图 1.2.1 的分析滤波器组对 $x(n)$ 作子带分解。设 $M=2$，这样，低通滤波器 $H_0(z)$ 的频带在 0～0.25(即 $0\sim\pi/2$)之

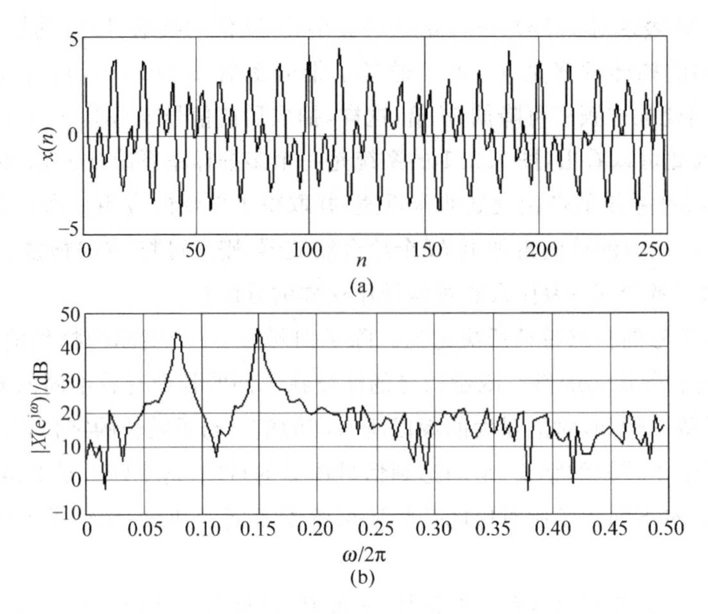

图 1.2.2　$x(t)$的时域波形及频谱

(a) 时域波形；(b) 频谱

间，高通滤波器 $H_1(z)$的频带在 0.25～0.5(即 $\pi/2$～π)之间。两个滤波器的输出 $x_0(n)$和 $x_1(n)$的时域波形如图 1.2.3(a)，(b)所示，其频谱分别如图 1.2.3(c)，(d)所示。显然，$x_0(n)$包含了 $x(n)$的两个正弦信号，并含有白噪声，而 $x_1(n)$中几乎不包含有用的信息。

由于 $x_0(n)$和 $x_1(n)$的带宽均比原信号 $x(n)$的带宽(0～π)减小了一半，因此，对 $x_0(n)$和 $x_1(n)$的抽样频率降为 $f_s/2$ 也可以满足抽样定理。这样，通过一个二抽取环节 $\downarrow 2$，图 1.2.1 的 $v_0(n)$，$v_1(n)$的抽样频率都是 $f_s/2$。

由于 $x(n)$的能量主要集中在 $x_0(n)$也即 $v_0(n)$中，因此，对它的每一个抽样点仍用 16 bit 表示，这样，对 $v_0(n)$，1 s 数据所需的 bit 数是 $16f_s/2$。由于 $x_1(n)$也即 $v_1(n)$中几乎不包含有用的信息，所以可以用少的 bit 数来表示，如用 4 bit，那么，$v_1(n)$在 1 s 内的数据所需的 bit 数是 $4f_s/2$。这样，表示 $v_0(n)$，$v_1(n)$所需的 bit 数是 $20f_s/2=10f_s$，而原来表示 $x(n)$时是 $16f_s$，可见，经此简单处理后 bit 数下降了近 40%。有关本例的 MATLAB 程序是 exa010201a.m 和 exa010201b。

5. 信号的多分辨率分析

图 1.2.1 中的 M 个滤波器将 $x(n)$的频谱(0～π)均匀地分成了 M 等份，因此称其为

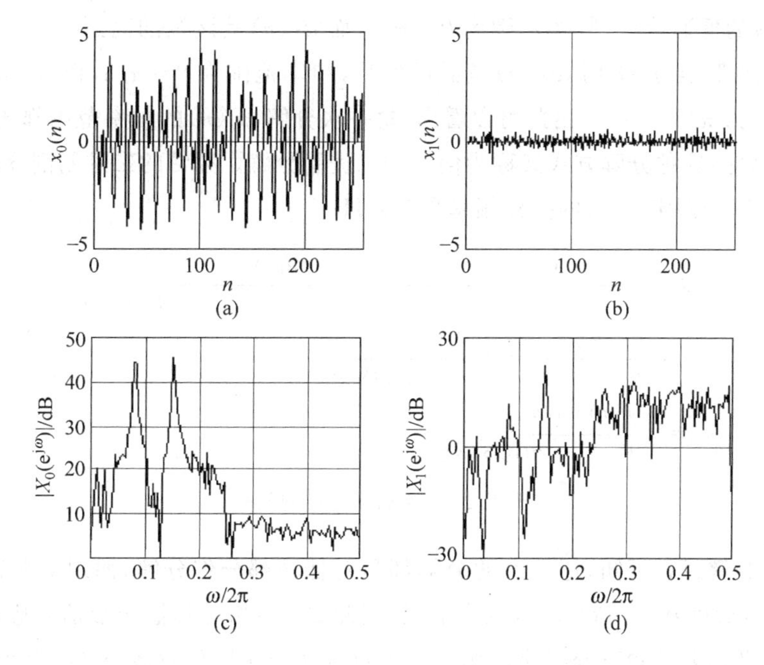

图 1.2.3　$x(n)$的子带分解

(a) $x_0(n)$；(b) $x_1(n)$；(c) $|X_0(e^{j\omega})|$；(d) $|X_1(e^{j\omega})|$

均匀分析滤波器组。在实际工作中，有时需要对信号的频谱作非均匀分解，目的是适应在不同频段对时域和频域分辨率的要求。图 1.2.4 是由三个两通道分析滤波器组级联而成的多分辨率分析系统，它可实现信号的二进制分解。图 1.2.4 中，$H_0(z)$是低通滤波器，通带在 $0\sim\pi/2$ 之间；$H_1(z)$是高通滤波器，通带在 $\pi/2\sim\pi$ 之间。现分析图 1.2.4 中各信号占有的频带。

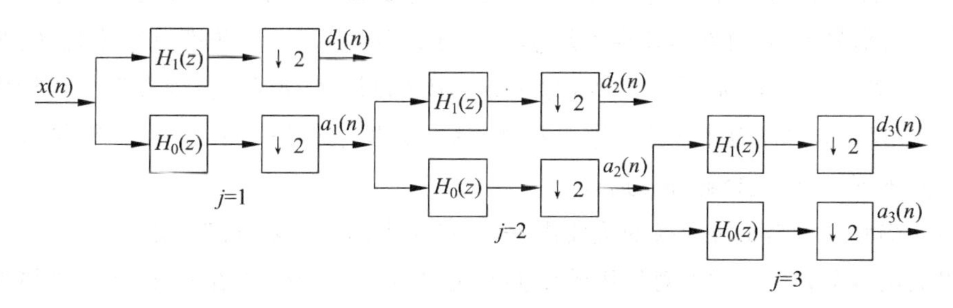

图 1.2.4　信号的二进制分解

显然，$a_1(n)$是低通信号，频率范围为 $0\sim\pi/2$，而 $d_1(n)$是高通信号，频率范围为 $\pi/2\sim\pi$，这是信号分解的第 1 级，记作 $j=1$；当 $j=2$ 时，由于是对 $a_1(n)$作分解，所以

$a_2(n)$是该级的低通信号，频率范围为$0\sim\pi/4$，而$d_2(n)$是该级的高通信号，频率范围为$\pi/4\sim\pi/2$；同理，当$j=3$时，$a_3(n)$是低通信号，频率范围为$0\sim\pi/8$，而$d_3(n)$是高通信号，频率范围为$\pi/8\sim\pi/4$。由此可以看出，每一次分解，$a_j(n)$的频率范围都比$a_{j-1}(n)$的减少一半，因此，这种分解方式又称为信号的二进制分解。频带的二进制剖分的过程如图1.2.5所示，图中假定$x(n)$的抽样频率是200 Hz。

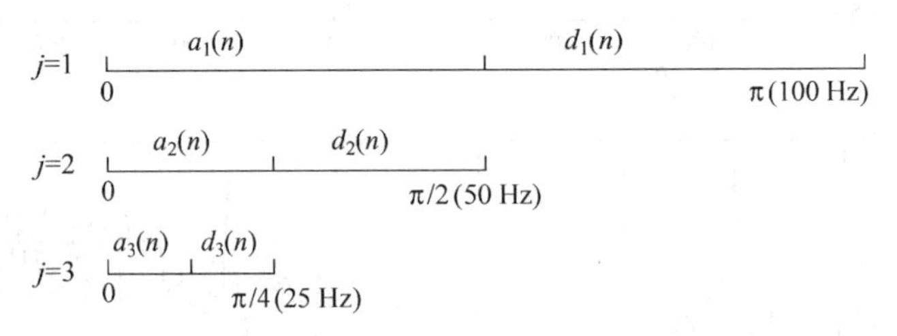

图1.2.5　频带的二进制剖分

由上述分解过程可知，每一次的分解都是对低频部分作分解，而对高频部分没有分解。由于$d_1(n)$处在最高频段，且频带最宽，因此$d_1(n)$相对其他子带信号应具有最好的时间分辨率及最差的频率分辨率。由于$d_2(n)$所处的频段位置较$d_1(n)$降低，且频带减半，因此时域分辨率变差而频域分辨率变好。同理，可分析$d_3(n)$及$a_1(n)$，$a_2(n)$，$a_3(n)$的时间、频率分辨率的情况。由于频带的不均匀剖分产生了不同的时间、频率分辨率，因此上述分解方法称为信号的多分辨率（multiresolution）分析。同时，这一分解过程也正好满足实际要求，即对快变信号需要好的时间分辨率（忽视频率分辨率），而对慢变信号可以忽视时间分辨率，从而得到好的频率分辨率。

多分辨率分析也可从下面的角度来理解。如果对图1.2.4中的$x(n)$及各个子带信号作DFT，且作DFT的长度都一样，假如是N，那么每一个子带信号的频率分辨率是不一样的。对信号$x(n)$的频率分辨率是f_s/N，对$a_1(n)$，$d_1(n)$的频率分辨率是$f_s/2N$，提高了一倍，对$a_2(n)$，$d_2(n)$是$f_s/4N$，对$a_3(n)$，$d_3(n)$是$f_s/8N$。参考文献[ZW2]中把由DFT得到的分辨率称为计算分辨率。显然，这一分析过程是一个由“粗”及“精”的过程，也即多分辨率分析（或分解）的过程。

多分辨率分析是小波变换的重要内容，将在本书的第3篇详细讨论。

以上从多个方面探讨了对傅里叶变换不足之处的一些改进措施，这些改进措施实际上是构成近几十年来信号处理理论发展的重要方面，是现代信号处理的主要内容。本章的后续几节给出一些必要的基础理论，从第2章开始将详细讨论以上内容。

1.3 信号的时宽与带宽

在信号分析与信号处理中，信号的时间中心及时间宽度(time-duration)、频率的频率中心及频带宽度(frequence-bandwidth)都是非常重要的概念。它们分别说明了信号在时域和频域的中心位置以及在两个域内的扩展情况。在文献中，这些概念有着不同的定义，因此，由不同的定义又可以引导出不同的解释。此处采用目前绝大多数文献中所共同使用的"标准差"的定义。

对给定的信号 $x(t)$，假定它是能量信号，即其能量

$$E = \|x(t)\|_2^2 = \int |x(t)|^2 \mathrm{d}t = \frac{1}{2\pi}\int |X(\mathrm{j}\Omega)|^2 \mathrm{d}\Omega < \infty \tag{1.3.1}$$

式中，$\|\cdot\|$ 表示求范数；$X(\mathrm{j}\Omega)$是 $x(t)$的傅里叶变换。式中$|x(t)|^2$称为 $x(t)$的时域能量密度，$|X(\Omega)|^2$ 称为其频域能量密度。另外，定义$|x(t)|^2/E$ 及$|X(\Omega)|^2/E$ 分别是其归一化的时域和频域能量密度。有了这两个密度函数，即可用概率中矩的概念来进一步描述信号的特征。例如，利用一阶矩可得到 $x(t)$的"时间均值"与"频率均值"分别为

$$\mu(t) = \frac{1}{E}\int t|x(t)|^2 \mathrm{d}t = t_0 \tag{1.3.2a}$$

$$\mu(\Omega) = \frac{1}{2\pi E}\int \Omega|X(\Omega)|^2 \mathrm{d}\Omega = \Omega_0 \tag{1.3.2b}$$

式中，t_0；Ω_0 又称为 $x(t)$的时间中心与频率中心。

由(1.3.2b)式，为求频率中心 Ω_0，需要先求出 $x(t)$的傅里叶变换 $X(\mathrm{j}\Omega)$，参考文献[Qia95]给出了不通过傅里叶变换而直接求出 Ω_0 的方法。

不失一般性，现将 $x(t)$写作 $x(t)=a(t)\mathrm{e}^{\mathrm{j}\varphi(t)}$ 的形式。式中，$a(t)$和 $\varphi(t)$分别是 $x(t)$的幅度与相位，它们均是 t 的实函数。

令
$$H(\Omega) = \Omega X(\Omega)$$
则

$$h(t) = -j\,\frac{\mathrm{d}x(t)}{\mathrm{d}t} \tag{1.3.3}$$

由(1.3.2b)式，有

$$\Omega_0 = \frac{1}{2\pi E}\int_{-\infty}^{\infty} \Omega X(\Omega)X^*(\Omega)\mathrm{d}\Omega = \frac{1}{2\pi E}\int_{-\infty}^{\infty} H(\Omega)X^*(\Omega)\mathrm{d}\Omega$$

由 Parseval 定理，上式又可写成

$$\begin{aligned}\Omega_0 &= \frac{1}{E}\int_{-\infty}^{\infty}\left[-\mathrm{j}\,\frac{\mathrm{d}x(t)}{\mathrm{d}t}\right]x^*(t)\,\mathrm{d}t \\ &= \frac{1}{E}(-\mathrm{j})\int_{-\infty}^{\infty}[a'(t)\mathrm{e}^{\mathrm{j}\varphi(t)}+\mathrm{j}a(t)\varphi'(t)\mathrm{e}^{\mathrm{j}\varphi(t)}]a(t)\mathrm{e}^{-\mathrm{j}\varphi(t)}\,\mathrm{d}t \\ &= \frac{1}{E}\int_{-\infty}^{\infty}\varphi'(t)[a(t)]^2\,\mathrm{d}t-\mathrm{j}\,\frac{1}{E}\int_{-\infty}^{\infty}a'(t)a(t)\,\mathrm{d}t\end{aligned}$$

因为 Ω_0 始终为实数，所以上式的虚部应为零，即

$$\Omega_0 = \frac{1}{E}\int\varphi'(t)a^2(t)\,\mathrm{d}t = \frac{1}{E}\int\varphi'(t)\,|\,x(t)\,|^2\,\mathrm{d}t \tag{1.3.4}$$

式中，$\varphi'(t)=\dfrac{\mathrm{d}\varphi(t)}{\mathrm{d}t}$称为信号的瞬时频率(instantaneous frequence，IF)，或称平均瞬时频率。有关 IF 的概念将在 1.5 节讨论。这样，(1.3.4)式可解释为：信号的均值频率(或中心频率)，是其瞬时频率在整个时间轴上的加权平均，而权函数即是$|\,x(t)\,|^2$。

信号的时间宽度和频率带宽反映了 $x(t)$、$X(\mathrm{j}\Omega)$围绕 t_0 和 Ω_0 的扩展程度，由概率论的知识，它们应被定义为密度函数的二阶中心矩，即

$$\Delta_t^2 = \frac{1}{E}\int_{-\infty}^{\infty}(t-t_0)^2\,|\,x(t)\,|^2\,\mathrm{d}t = \frac{1}{E}\int_{-\infty}^{\infty}t^2\,|\,x(t)\,|^2\,\mathrm{d}t-t_0^2 \tag{1.3.5a}$$

$$\begin{aligned}\Delta_\Omega^2 &= \frac{1}{2\pi E}\int_{-\infty}^{\infty}(\Omega-\Omega_0)^2\,|\,X(\Omega)\,|^2\,\mathrm{d}\Omega \\ &= \frac{1}{2\pi E}\int_{-\infty}^{\infty}\Omega^2\,|\,X(\Omega)\,|^2\,\mathrm{d}\Omega-\Omega_0^2\end{aligned} \tag{1.3.5b}$$

显然，这是方差的标准定义。通常定义 $2\Delta_t$，$2\Delta_\Omega$ 分别是信号的时宽和带宽，定义 $\Delta_t\Delta_\Omega$ 为信号的时宽-带宽积。

如果 $x(t)$可写成 $x(t)=a(t)\mathrm{e}^{\mathrm{j}\varphi(t)}$ 的形式，类似(1.3.4)式的推导，可以导出[Qia95]

$$\Delta_\Omega^2 = \frac{1}{E}\int_{-\infty}^{\infty}[\varphi'(t)-\Omega_0]^2a^2(t)\,\mathrm{d}t+\frac{1}{E}\int_{-\infty}^{\infty}[a'(t)]^2\,\mathrm{d}t \tag{1.3.6a}$$

由此可以看出，信号的带宽($2\Delta_\Omega$)完全由幅度、幅度的导数及相位的导数所决定。如果希望信号的带宽很小，即为一窄带信号，那么信号的幅度和相位都应是慢变的。极端的情况，如果一个信号的幅度和相位均为常数，如复正弦，那么该信号的带宽为零。

记

$$T = 2\Delta_t,\quad B = 2\Delta_\Omega \tag{1.3.6b}$$

前面已指出，T 和 B 分别为信号 $x(t)$的时宽和带宽。TB 也称为信号的时宽-带宽积。显然，$TB=4\Delta_t\Delta_\Omega$。

当实际去求一个信号的 t_0,Ω_0,Δ_t^2 及 Δ_Ω^2 时,有两个问题要考虑。一是要把这几个定义中的积分改为求和;二是式中的频率变量 Ω 要改成归一化频率,即频率轴的范围应是 $-0.5\sim0.5$。为此,(1.3.2)式及(1.3.5)式中的定标要作些改变。参考文献[Aug95]给出了实际用于计算的一组定义,并给出了相应的 MATLAB 文件。这组定义是

$$t_0=\frac{1}{E}\int_{-\infty}^{\infty}t\,|x(t)|^2\mathrm{d}t \tag{1.3.7a}$$

$$\Omega_0=\frac{1}{E}\int_{-\infty}^{\infty}\Omega\,|X(\Omega)|^2\mathrm{d}\Omega \tag{1.3.7b}$$

$$\Delta_t^2=\frac{4\pi}{E}\int_{-\infty}^{\infty}(t-t_0)^2\,|x(t)|^2\mathrm{d}t \tag{1.3.8a}$$

$$\Delta_\Omega^2=\frac{4\pi}{E}\int_{-\infty}^{\infty}(\Omega-\Omega_0)^2\,|X(\Omega)|^2\mathrm{d}\Omega \tag{1.3.8b}$$

$$E=\int_{-\infty}^{\infty}|x(t)|^2\mathrm{d}t,\quad T=2\Delta_t,\ B=2\Delta_\Omega$$

例 1.3.1 令

$$x(t)=\left(\frac{\alpha}{\pi}\right)^{\frac{1}{4}}\exp\left(-\frac{\alpha}{2}t^2\right) \tag{1.3.9}$$

显然,$x(t)$是一实的高斯信号,可以求出该信号的能量 $E=1$,因此称其为归一化的高斯信号。

由高斯信号的性质可知,其时间均值 $t_0=0$。又因为本例给出的 $x(t)$是实信号,所以 $\varphi'(t)=0$。由(1.3.4)式,可求出 $\Omega_0=0$。再由(1.3.6a)式,可以求出

$$\Delta_\Omega^2=\alpha^2\sqrt{\frac{\alpha}{\pi}}\int t^2\exp(-\alpha t^2)\mathrm{d}t=\frac{\alpha}{2} \tag{1.3.10a}$$

再由(1.3.8a)式,有

$$\Delta_t^2=\frac{1}{2\alpha} \tag{1.3.10b}$$

显然

$$\Delta_t\Delta_\Omega=\frac{1}{2},\quad TB=2 \tag{1.3.11}$$

若令 $\alpha=0.05$,则(1.3.9)式的高斯信号 $x(t)$及其频谱如图 1.3.1(a)和(b)所示。若用(1.3.7)式及(1.3.8)式的定义,并利用参考文献[Aug95]中所给的 loctime.m 及locfreq.m文件,可求出 $t_0=0$,$\Omega_0=0$,$T=11.21$,$B=0.0892$,$TB=1$。可见,由本节给出的这两组定义所得的 TB 差一倍数 2。有关本例的 MATLAB 程序是 exa010301.m。

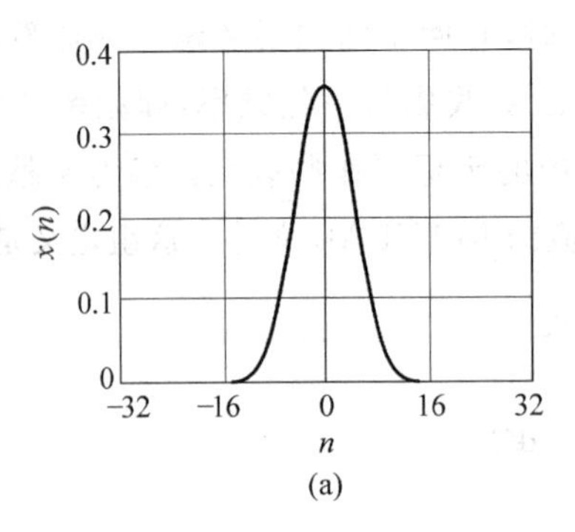

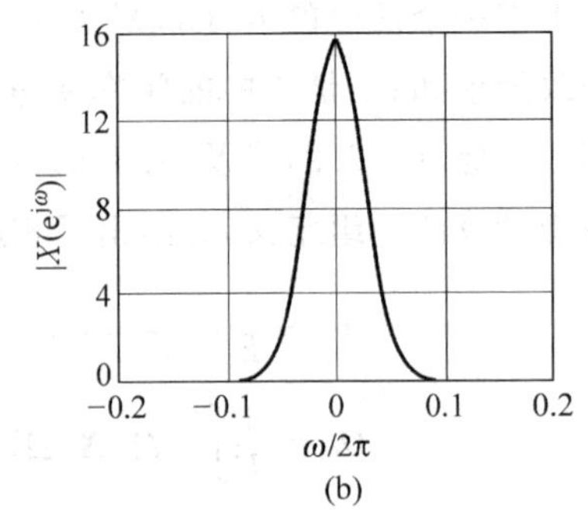

图 1.3.1　高斯信号及其频谱

(a) 时域信号；(b) 频谱

例 1.3.2　记例 1.3.1 中的高斯信号为 $g(t)$，令

$$x(t) = g(t)\mathrm{e}^{\mathrm{j}\Omega_{\mathrm{m}}t} \tag{1.3.12}$$

则 $x(t)$为一高斯幅度调制信号，调制频率为 Ω_{m}。由于 $\varphi(t)=\Omega_{\mathrm{m}}t$，故 $\varphi'(t)=\Omega_{\mathrm{m}}$，由(1.3.4)式，有

$$\Omega_0 = \frac{1}{E}\int \Omega_{\mathrm{m}}\,|\,x(t)\,|^2\,\mathrm{d}t = \Omega_{\mathrm{m}} \tag{1.3.13}$$

$$\Delta_\Omega^2 = \alpha^2\sqrt{\frac{\alpha}{\pi}}\int t^2\exp(-\alpha t^2)\,\mathrm{d}t = \frac{\alpha}{2} \tag{1.3.14}$$

同理可求得 $t_0=0$，$\Delta_t^2=1/2\alpha$。

由此可以看出，例 1.3.2 和例 1.3.1 的不同是频率中心 Ω_0 变成了 Ω_{m}，但由于该例是纯正弦调制，故信号的带宽、时宽及时宽-带宽积没有改变。

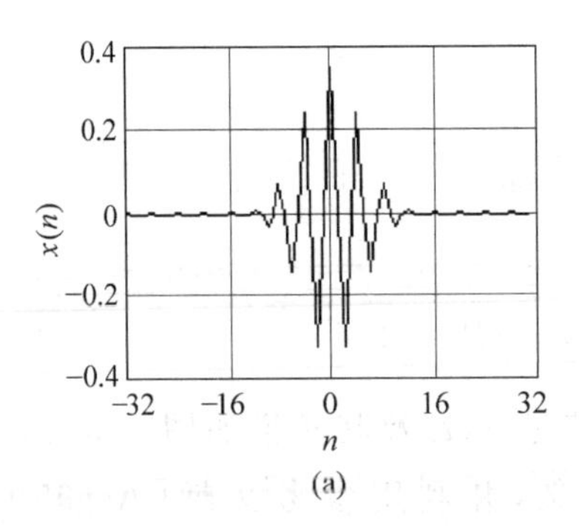

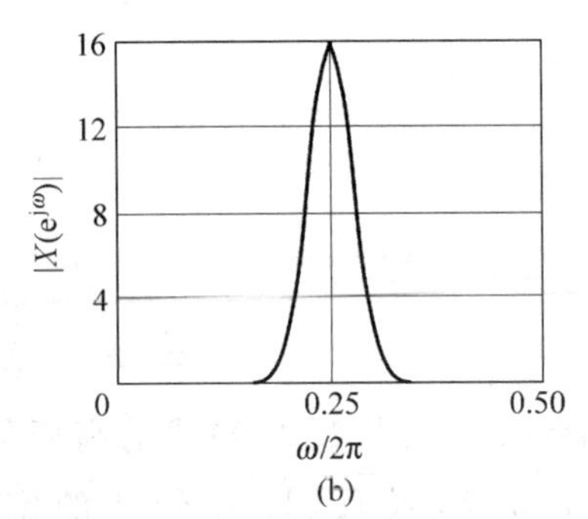

图 1.3.2　高斯幅度调制信号及其频谱

(a) 时域信号；(b) 频谱

仍令 $\alpha=0.05$,并令归一化频率 $\Omega_m=0.25$,则例 1.3.2 的高斯幅度调制信号及其频谱如图 1.3.2(a)和(b)所示。可求出 $t_0=0$,$\Omega_0=0.25$,$T=11.21$,$B=0.0892$,$TB=1$。有关本例的 MATLAB 程序是 exa010302.m。

例 1.3.3 图 1.3.3(a)是一个高斯信号与一个 chirp 信号的乘积,称为高斯幅度调制 chirp 信号,图 1.3.3 (b)是其频谱,可以求出 $t_0=128$,$T=32$,$f_0=0.249$(归一化频率),$B=0.0701$,$TB=2.2431$,该信号的时宽-带宽积大于 1。有关本例的 MATLAB 程序是 exa010303.m。

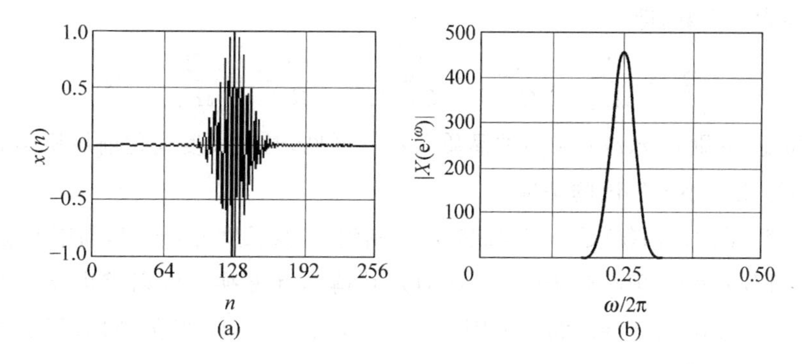

图 1.3.3 高斯幅度调制 chirp 信号及其频谱

(a) 时域信号;(b) 频谱

例 1.3.4 给定信号 $x(t)$,设其能量为 E_x,时间中心和频率中心分别是 $t_{0,x}$ 和 $\Omega_{0,x}$,时宽和带宽分别是 $2\Delta_{t,x}$ 和 $2\Delta_{\Omega,x}$,令

$$s(t)=x\left(\frac{t}{\alpha}\right) \tag{1.3.15}$$

式中,α 为常数。现研究 $s(t)$ 的能量、时间中心、频率中心及时宽与带宽。

解 根据本节关于信号能量、时间中心与频率中心及时宽与带宽的定义,有

$$E_s=\int|s(t)|^2\mathrm{d}t=\int\left|x\left(\frac{t}{\alpha}\right)\right|^2\mathrm{d}t=\alpha E_x \tag{1.3.16}$$

$$t_{0,s}=\frac{1}{E_s}\int t|s(t)|^2\mathrm{d}t=\alpha t_{0,x} \tag{1.3.17a}$$

$$\Omega_{0,s}=\frac{1}{E_s}\int\Omega|S(\Omega)|^2\mathrm{d}\Omega=\frac{1}{E_s}\int\varphi_s'(t)|s(t)|^2\mathrm{d}t$$

由于 $\varphi_s(t)=\varphi_x\left(\frac{t}{\alpha}\right)$,所以 $\varphi_s'(t)=\alpha^{-1}\varphi_x'\left(\frac{t}{\alpha}\right)$,这样

$$\Omega_{0,s}=\frac{\alpha^{-1}}{\alpha E_x}\int\varphi_x'(t/\alpha)|x(t/\alpha)|^2\mathrm{d}t=\frac{\Omega_{0,x}}{\alpha} \tag{1.3.17b}$$

$$\Delta_{t,s}^2=\frac{1}{E_s}\int t^2|x(t/\alpha)|^2\mathrm{d}t=\alpha^2\Delta_{t,x}^2,\Delta_{t,s}=\alpha\Delta_{t,x} \tag{1.3.17c}$$

同理可求出

$$\Delta_{\Omega,s}^2=\frac{\Delta_{\Omega,x}^2}{\alpha^2},\quad \Delta_{\Omega,s}=\frac{\Delta_{\Omega,x}}{\alpha} \tag{1.3.17d}$$

由此可以看出，当信号 $x(t)$ 的时间尺度发生变化，即由 $x(t)$ 变成 $x(t/\alpha)$ 时，若 $\alpha>1$ 则其能量增大 α 倍，时间中心和时间宽度分别扩大 α 倍，但频率中心则移到 Ω_0/α 处，带宽也减小 α 倍；若 $\alpha<1$，则上述变化正好相反。但是，不论 $\alpha>1$ 还是 $\alpha<1$，其带宽和频率中心之比始终为一常数，即

$$Q_s=\frac{B_s}{\Omega_{0,s}}=\frac{2\Delta_{\Omega,s}}{\Omega_{0,s}}=\frac{2\Delta_{\Omega,x}/\alpha}{\Omega_{0,x}/\alpha}=\frac{2\Delta_{\Omega,x}}{\Omega_{0,x}}=\frac{B_x}{\Omega_{0,x}}=Q_x \tag{1.3.18}$$

式中，Q_x 和 Q_s 分别是 $x(t)$ 和 $s(t)$ 的品质因数。可见，时间尺度变化前后所得的信号具有恒 Q 性质，这正是小波理论的基础。

例 1.3.5 图 1.3.4(a)是一三角波幅度调制信号，其长度为 0～31，利用上述的讨论，可求出其 $t_0=17$，$T=17.918\ 3$；图 1.3.4(b)是其傅里叶变换。可以求出 $f_{0,x}=0.25$，$B=0.064\ 4$，$TB=1.154\ 4$，$Q_x=0.257\ 8$；图 1.3.4(c)是 $s(t)=x(t/2)$ 的波形，图 1.3.4(d)是其傅里叶变换。可以求出 $t_{0,s}=33$，$T_s=35.86$，$f_{0,s}=0.125$，$B_s=0.030\ 9$，$T_sB_s=1.108\ 0$，$Q_s=0.247\ 2$。可见，Q_x 和 Q_s 近似相等。有关本例的 MATLAB 程序是 exa010305.m。

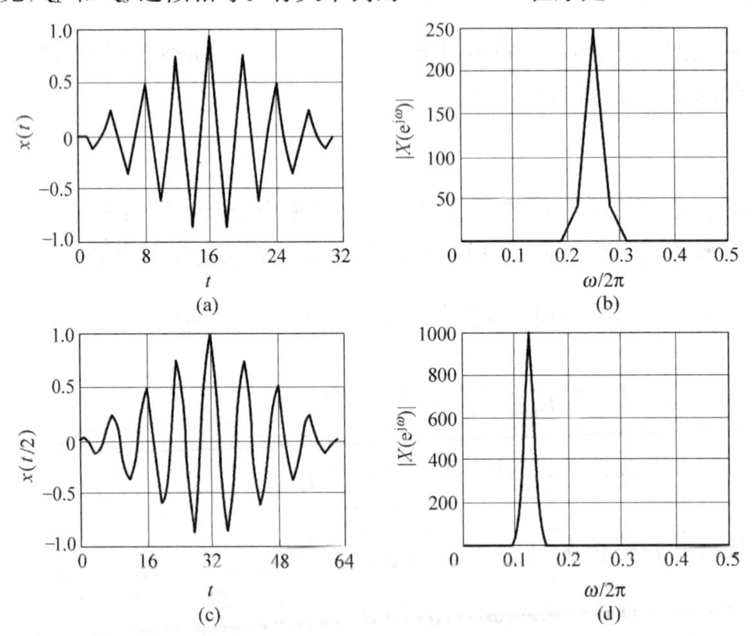

图 1.3.4 三角波幅度调制信号 $x(t)$ 及 $x(t/2)$

(a) $x(t)$；(b) $x(t)$ 的傅里叶变换；(c) $x(t/2)$；(d) $x(t/2)$ 的傅里叶变换

1.4 不定原理

下面的定理给出了信号时宽-带宽之间的制约关系，也即不定原理（uncertainty principle）。

定理 1.4.1 给定信号 $x(t)$，若 $\lim\limits_{t\to\infty}\sqrt{t}x(t)=0$，则

$$\Delta_t\Delta_\Omega \geqslant \frac{1}{2} \tag{1.4.1}$$

当且仅当 $x(t)$ 为高斯信号，即 $x(t)=Ae^{-\alpha t^2}$ 时等号成立，式中，Δ_t，Δ_Ω 由(1.3.5)式定义。

证明[Qia95, Mal97] 不失一般性，假定 $t_0=0$，$\Omega_0=0$，则

$$\Delta_t^2 = \frac{1}{E}\int t^2\,|x(t)|^2\,dt \tag{1.4.2a}$$

$$\Delta_\Omega^2 = \frac{1}{2\pi E}\int \Omega^2\,|X(\Omega)|^2\,d\Omega \tag{1.4.2b}$$

于是

$$\Delta_t^2\Delta_\Omega^2 = \frac{1}{2\pi E^2}\int t^2\,|x(t)|^2\,dt\int \Omega^2\,|X(\Omega)|^2\,d\Omega$$

由于 $j\Omega X(\Omega)$ 是 $x'(t)$ 的傅里叶变换，利用 Parseval 定理，上式可改写为

$$\Delta_t^2\Delta_\Omega^2 = \frac{1}{E^2}\int t^2\,|x(t)|^2\,dt\int |x'(t)|^2\,dt$$

由 Schwarz 不等式，有

$$\Delta_t^2\Delta_\Omega^2 \geqslant \frac{1}{E^2}\left|\int tx(t)x'(t)\,dt\right|^2 \tag{1.4.3}$$

由于
$$\int tx(t)x'(t)\,dt = \frac{1}{2}\int t\frac{d}{dx}x^2(t)\,dt = \frac{tx^2(t)}{2}\bigg|_{-\infty}^{\infty} - \frac{1}{2}\int x^2(t)\,dt$$

而假定 $\lim\limits_{t\to\infty}\sqrt{t}x(t)=0$，故上式应等于 $-\frac{1}{2}E$，代入(1.4.3)式，有

$$\Delta_t^2\Delta_\Omega^2 \geqslant \frac{1}{4} \quad 即 \quad \Delta_t\Delta_\Omega \geqslant \frac{1}{2}$$

如果要求(1.4.1)式的等号成立，则(1.4.3)式的等号也要成立，这时，只有 $x'(t)=ktx(t)$ 时才有可能，这样的 $x(t)$ 只能是 $Ae^{-\alpha t^2}$ 的形式，也即高斯信号。于是定理得证。

不定原理是信号处理中的一个重要的基本定理，又称 Heisenberg 测不准原理，或

Heisenberg-Gabor 不定原理。该定理指出，对给定的信号，其时宽与带宽的乘积为一常数。当信号的时宽减小时，其带宽将相应增大，当时宽减到无穷小时，带宽将变成无穷大，如时域的 δ 函数；反之亦然，如时域的正弦信号。这就是说，信号的时宽与带宽不可能同时趋于无限小，这一基本关系即是在前面几节中所讨论过的时间分辨率和频率分辨率的制约关系。在这一基本关系的制约下，人们在竭力探索既能得到好的时间分辨率(或窄的时宽)，又能得到好的频率分辨率(或窄的带宽)的信号分析方法。

顺便指出，若信号 $x(t)$ 的持续时间是有限的，则称其为是紧支撑(compact support)的，其时间的持续区间(如 $t=t_1\sim t_2$)，称为支撑范围。对频率信号，也使用类似的称呼。

1.5 信号的瞬时频率

在1.1节已指出，时间和频率是信号分析与处理中两个最常用的物理量。对于一维信号，它们一般都是时间 t 的函数，其幅度随时间而变化，因此时间的概念非常容易理解，但是频率的概念却稍微有点抽象。

若 $x(t)$ 是正弦信号，即 $x(t)=a\sin(2\pi t/T)$，我们已熟知，其频率定义为周期 T 的倒数，即 $f=1/T$，它表示 $x(t)$ 在单位时间内重复变化的次数。若 $x(t)$ 是非正弦的周期信号(假定周期为 T_0)，可将其分解为无穷多个复正弦信号的叠加，即展开为傅里叶级数

$$x(t)=\sum_{k=-\infty}^{\infty}X(k\Omega_0)\mathrm{e}^{\mathrm{j}k\Omega_0 t} \tag{1.5.1a}$$

式中

$$X(k\Omega_0)=\frac{1}{T_0}\int_{-T_0/2}^{T_0/2}x(t)\mathrm{e}^{-\mathrm{j}k\Omega_0 t}\mathrm{d}t \tag{1.5.1b}$$

每一个复正弦的频率都是基波频率 Ω_0 的 k 倍，$k\in(-\infty,\infty)$，相应的幅度是 $X(k\Omega_0)$，因此，对非正弦的周期信号，其频率的概念也容易理解；若 $x(t)$ 是非周期信号，可以把它视为周期为无穷大的周期信号，然后仿照(1.5.1a)式对其作傅里叶级数展开。由于周期 T_0 趋于无穷大，所以(1.5.1a)式中的 $k\Omega_0=2\pi k/T_0$ 变成了连续的频率 Ω，傅里叶级数变成了傅里叶变换，即

$$X(\mathrm{j}\Omega)=\int_{-\infty}^{\infty}x(t)\mathrm{e}^{-\mathrm{j}\Omega t}\mathrm{d}t \tag{1.5.1c}$$

这时 $X(\mathrm{j}\Omega)$ 不再简单地是各次谐波幅度的大小，而应是频谱密度的概念，即 $X(\mathrm{j}\Omega)=$

$\lim\limits_{\Omega_0 \to 0} 2\pi X(k\Omega_0)/\Omega_0$。式中，变量 Ω 是信号 $x(t)$ 的频率。

由以上的讨论可知，对一个实际的信号 $x(t)$，无论它是周期的还是非周期的，描述其特征的参数频率都是和傅里叶变换紧密相连的。因此，由(1.5.1)式得出的频率被称为傅里叶频率。显然，对应(1.5.1b)式，傅里叶频率是周期信号 $x(t)$ 在整个周期内对时间积分所得到的频率；对应(1.5.1c)式，傅里叶频率是非周期信号 $x(t)$ 在整个时间轴上对时间积分所得到的频率。

显然，由(1.5.1)式求出的傅里叶频率 Ω(或 $k\Omega_0$)不再是时间 t 的函数，即傅里叶频率是不随时间变化的。也可等效地说，傅里叶变换只适用于平稳信号或非时变信号。如果信号是时变的，那么由傅里叶变换求出的频率将反映不出信号频率随时间变换的情况。为此，引入了瞬时频率的概念。

如果 $x(t)$ 是复信号，它总可写成 $a(t)e^{j\varphi(t)}$ 的形式。式中，$a(t)$ 和 $\varphi(t)$ 是时间 t 的实函数。如果 $x(t)$ 是实信号，可通过 Hilbert 变换得到与 $x(t)$ 相对应的解析信号 $z(t)$。即先求出 $x(t)$ 的 Hilbert 变换

$$\hat{x}(t) = x(t) * \frac{1}{\pi t} = \frac{1}{\pi}\int_{-\infty}^{\infty} \frac{x(\tau)}{t-t} d\tau \tag{1.5.2}$$

然后得到解析信号

$$z(t) = x(t) + j\hat{x}(t) \tag{1.5.3}$$

很容易证明，$z(t)$ 的频谱和 $x(t)$ 的频谱有如下关系[ZW2]：

$$Z(j\Omega) = \begin{cases} 0, & \Omega < 0 \\ 2X(j\Omega), & \Omega \geqslant 0 \end{cases} \tag{1.5.4}$$

这样，$z(t)$ 也可写作 $a(t)e^{j\varphi(t)}$ 的形式，瞬时频率 $\Omega_i(t)$ 定义为 $\varphi(t)$ 对 t 的导数，即

$$\Omega_i(t) = \frac{d\varphi(t)}{dt} = \varphi'(t) \quad 或 \quad f_i(t) = \frac{1}{2\pi}\varphi'(t) \tag{1.5.5}$$

显然，瞬时频率是相对复信号或是解析信号而言的，它是信号相位的导数。傅里叶频率和瞬时频率有如下几方面的区别。

(1) 傅里叶频率 Ω 是一个独立的量，而瞬时频率 $\Omega_i(t)$ 是时间的函数；

(2) 傅里叶频率和傅里叶变换相联系，而瞬时频率和 Hilbert 变换相联系；

(3) 傅里叶频率是一个全局性的量，它是信号在整个时间区间内的体现，而瞬时频率是信号在特定时间上的局部体现，理论上讲，它应是信号在该时刻所具有的频率；

(4) 由(1.3.4)式可以看出，信号的均值频率是其瞬时频率在整个时间轴上的加权平均，而权函数即是 $|x(t)|^2$，只有当信号为纯正弦时，其均值频率才等于其瞬时频率，而正弦信号的瞬时频率始终为一常数。

在例1.1.2中，给出了chirp信号的时域、频域波形及其能量随时间-频率的分布图(见图1.1.2)。由于该信号的$\varphi(t)=\alpha t^2$，故$\varphi'(t)=2\alpha t$，因此其瞬时频率是时间t的线性函数。该信号的能量主要集中在时间-频率平面的这条曲线上。

必须指出的是，(1.5.5)式有关瞬时频率的定义有很多问题需要说明及讨论。

(1) (1.5.5)式给出的瞬时频率不是瞬时频率的唯一定义，历史上，瞬时频率的定义有着不同的形式，且对(1.5.5)式的定义的合理性也存在争议，详见参考文献[Boa92b]。

(2) 给定一个实信号$x(t)$，尽管通过Hilbert变换可以构成一个解析信号$z(t)$，且$z(t)$是唯一的，但并不是每一个解析信号都有明确的物理意义。将$z(t)$写成极坐标的形式，即$z(t)=a(t)e^{j\varphi(t)}$，只有当$a(t)$和$e^{j\varphi(t)}$的频谱能完全分开时，这样构成的解析信号才有物理意义，因此才能用(1.5.5)式去求信号的瞬时频率。等效地说，如果$x(t)$能写成$x(t)=a(t)\cos[\varphi(t)]$的形式，且$a(t)$和$\cos[\varphi(t)]$的频谱能完全分开时，对$x(t)$求解析信号才有意义。下面将对此进一步说明。

(3) 很容易证明，$\cos(\Omega_0 t)$的Hilbert变换是$\sin(\Omega_0 t)$，而$\sin(\Omega_0 t)$的Hilbert变换是$-\cos(\Omega_0 t)$[ZW2]，因为$\sin(\Omega_0 t)$和$\cos(\Omega_0 t)$相差$\pi/2$，所以它们互为正交分量(quadrature component)。若$x(t)=a(t)\cos\varphi(t)$，即$x(t)$是一个实的调制信号，可以证明：

① 如果$a(t)$的频谱$A(j\Omega)$只在区间$|\Omega|<\Omega_0$的范围内有值，那么$a(t)$是低通信号；

② 如果$\cos\varphi(t)$的频谱在$|\Omega|>\Omega_0$的范围内，即和$A(j\Omega)$没有重叠，且处在更高频率端，那么，$x(t)$的Hilbert变换是$a(t)\sin\varphi(t)$，而其解析信号是[Boa92b]

$$z(t)=a(t)\cos\varphi(t)+ja(t)\sin\varphi(t)=a(t)e^{j\varphi(t)} \tag{1.5.6}$$

该定理给出了一个实信号和其Hilbert变换构成正交分量的条件，实际上也是将一个实信号构成解析信号是否有物理意义的条件。显然，由条件①和②，不但$a(t)$的频谱要和$\cos\varphi(t)$的频谱相分离，而且$\cos\varphi(t)$的频谱要处在高频端，这样，$x(t)=a(t)\cos\varphi(t)$实际上是一个窄带信号。这一结论指出，一个信号愈接近于一个窄带信号，其Hilbert变换愈接近于其正交分量，那么，按(1.5.5)式定义的瞬时频率愈有意义。

按照上述解释，基于Hilbert变换的解析信号实际上等同于一个高频选择器。为了说明这一现象，假定

$$x(t)=\cos(\Omega_1 t)\cos(\Omega_2 t),\quad \Omega_2>\Omega_1$$

则其解析信号$z(t)=\cos(\Omega_1 t)\exp(j\Omega_2 t)$，即将$\cos(\Omega_1 t)$视为$a(t)$，并用复正弦代替较高频率的余弦。

(4) 如果信号在任意的时刻都只含有一个频率分量，即在一固定的t，$\Omega_i(t)$是单值的，称该信号为单分量(mono-component)信号，如例1.1.2的信号。但在现实中，信号在

同一时刻往往包含了多个频率分量，如我们的语音及变幻着的色彩等，称这样的信号为多分量(multi-components)信号。在某一个时刻 t，多分量的瞬时频率应是多值的，但用 $\Omega_i(t)=\varphi'(t)$ 求出的瞬时频率只能是单值的。这样，(1.5.5)式对瞬时频率的定义是否适用于多分量信号就值得怀疑，现用下面的例子来说明这一问题。

例 1.5.1 设 $x(t)$ 由两个 chirp 信号相加而成，它们有相同的幅度，第一个 chirp 信号的频率在 0～0.3 之间线性变化，第二个 chirp 信号在 0.2～0.5 之间线性变化。图 1.5.1(a)是该信号的时域波形；图 1.5.1(c)是其实际的瞬时频率，显然，在任一时刻，该信号都包含两个频率分量；图 1.5.1(b)是按(1.5.2)式的定义计算出的瞬时频率，显然，它在任一时刻都是单值的，因此其结果不能反映该信号频率变化的实际内容。有关本例的 MATLAB 程序是 exa010501.m。

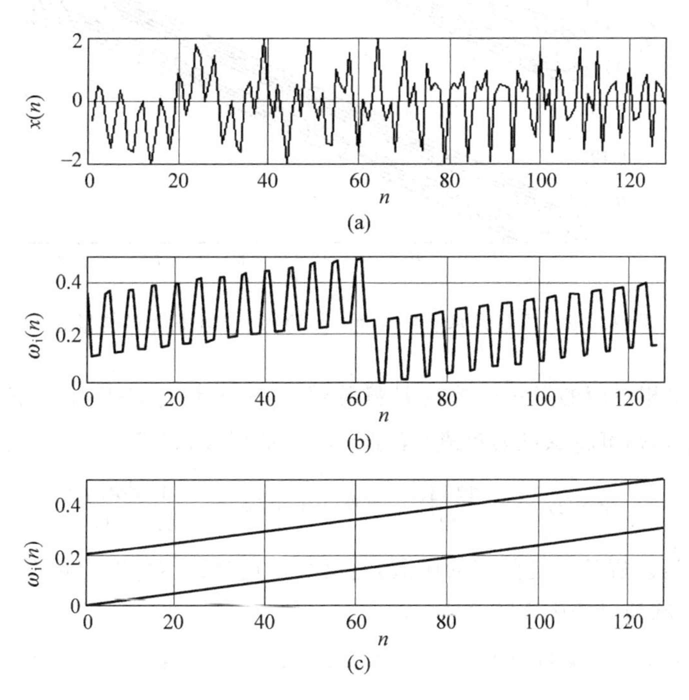

图 1.5.1　多分量信号瞬时频率的说明

(a) 时域波形；(b) 计算出的瞬时频率；(c) 信号实际的瞬时频率

实际上，(1.5.5)式对瞬时频率的定义只适用于单分量信号，而对多分量信号，该定义给出的结果应是在该时刻其瞬时频率的平均值，更确切地说，$\varphi'(t)$ 应是信号的平均瞬时频率[Boa92b, Qia95]。

(5) 信号的瞬时频率 $\Omega_i(t)$ 反映了信号频谱的谱峰位置随时间变化的情形，同时，也反映了信号的能量在时间-频率平面上集中的情形，因此它是研究非平稳信号的一个重要参数。图1.5.2给出了用短时傅里叶变换求出的例1.5.1的信号的能量分布，由该图可以清楚地看到此信号瞬时频率的形态。这一结果告诉我们，采用信号时频分析的方法有可能比简单的利用(1.5.2)式更有利于研究信号的时频变换趋势。

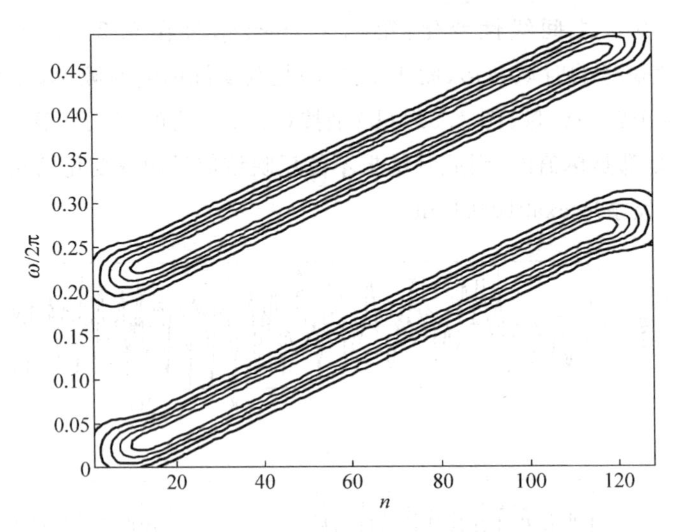

图1.5.2　用短时傅里叶变换求出的例1.5.1信号的能量分布

与瞬时频率相对应的另一个概念是群延迟(group delay,GD)。设信号 $x(t)$ 的傅里叶变换为 $X(\mathrm{j}\Omega)$，则可将 $X(\mathrm{j}\Omega)$ 写成 $|X(\Omega)|\mathrm{e}^{\mathrm{j}\Phi(\Omega)}$ 的形式，定义

$$\tau_g(\Omega)=-\frac{\mathrm{d}\Phi(\Omega)}{\mathrm{d}\Omega}\quad 或 \quad \tau_g(f)=-\frac{1}{2\pi}\frac{\mathrm{d}\Phi(f)}{\mathrm{d}f} \tag{1.5.7}$$

为 $x(t)$ 的群延迟。群延迟是频率的函数，它反映了在频谱 $X(\mathrm{j}\Omega)$ 中频率为 Ω 的分量所具有的延迟，在后续的讨论中会用到它。

本节简要的给出了瞬时频率的基本概念，在13.3节将对其进行更深入的讨论。

1.6　信号的分解

将一个实际的物理信号分解为有限或无限小的信号“细胞”是信号分析和处理中常用的方法。这样做，一方面可有助于了解信号的性质，了解它含有哪些有用的信息，学会如何提取这些信息；另一方面，对信号的分解过程也是对信号“改造”和“加工”的过程，它有助于去除信号中的噪声以及信号中的冗余(如相关性)，这对于信号的压缩和编码都是十分有用的。

信号分解的方法有无穷多。例如，对一离散信号 $x(n)$，可把它分解成一组 kronecker δ 函数的组合，即

$$x(n)=\sum_{k=-\infty}^{\infty}x(k)\delta(n-k) \tag{1.6.1}$$

式中

$$\delta(n-k)=\begin{cases}1, & n=k\\0, & n\neq k\end{cases} \tag{1.6.2}$$

但这种分解无实用意义，因为 $\delta(n-k)$ 的权重即是信号 $x(n)$ 自己。另一种分解方法是把长度为 N 的数据 $x(n)$ 看成是 N 维空间中的一个向量，若选择该空间的单位基向量作为分解的“基”，则

$$\boldsymbol{x}=\begin{bmatrix}x(0)\\x(1)\\\vdots\\x(N-1)\end{bmatrix}=x(0)\begin{bmatrix}1\\0\\\vdots\\0\end{bmatrix}+x(1)\begin{bmatrix}0\\1\\\vdots\\0\end{bmatrix}+\cdots+x(N-1)\begin{bmatrix}0\\0\\\vdots\\1\end{bmatrix} \tag{1.6.3}$$

按照这种分解方法，各正交向量的权仍是信号 $x(n)$ 自己的各个分量，也没有太大的意义，但这一分解已体现了正交分解的概念。

一般可把信号 $\boldsymbol{x}$ 看成空间 H 中的一个元素，$\boldsymbol{x}$ 可以是连续信号，也可以是离散信号。假定 H 是 N 维空间，当然，N 可以是有限值也可以是无穷。此处所说的空间，如果没有特殊说明，都是指希尔伯特空间。有关信号空间的概念请参看文献[ZW2]。设 H 是由一组向量 $\varphi_1,\varphi_2,\cdots,\varphi_N$ 所张成的希尔伯特空间，即

$$H=\operatorname{span}\{\varphi_1,\varphi_2,\cdots,\varphi_N\} \tag{1.6.4}$$

这一组向量 $\varphi_1,\varphi_2,\cdots,\varphi_N$ 可能是线性相关的，也可能是线性独立的。如果它们线性独立，则称它们是空间 H 中的一组“基”。这样，可将 $\boldsymbol{x}$ 按这样一组向量作分解，即

$$\boldsymbol{x}=\sum_{n=1}^{N}\alpha_n\varphi_n \tag{1.6.5}$$

式中，$\alpha_1,\alpha_2,\cdots,\alpha_N$ 是分解系数，它们是一组离散值。因此，(1.6.5)式又称为信号的离散表示(discrete representation)。

若 $\varphi_1,\varphi_2,\cdots,\varphi_N$ 是一组两两互相正交的向量，则(1.6.5)式称为 $\boldsymbol{x}$ 的正交展开或正交分解。分解系数 $\alpha_1,\alpha_2,\cdots,\alpha_N$ 是 $\boldsymbol{x}$ 在各个基向量上的投影，若 $N=3$，其含义如图 1.6.1 所示。

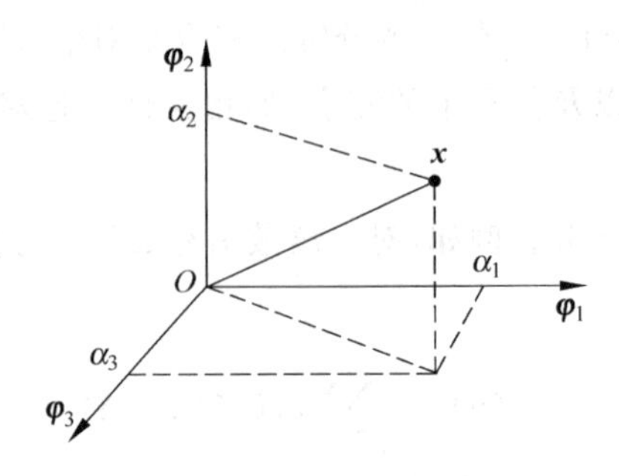

图 1.6.1 信号的正交分解

为求分解系数,设想在空间 H 中另有一组向量 $\hat{\varphi}_1,\hat{\varphi}_2,\cdots,\hat{\varphi}_N$,这一组向量与 $\varphi_1,\varphi_2,\cdots,\varphi_N$ 之间满足如下关系:

$$\langle \varphi_i,\hat{\varphi}_j\rangle=\begin{cases}1, & i=j\\0, & i\neq j\end{cases} \tag{1.6.6}$$

这样,用 $\hat{\varphi}_j$ 对(1.6.5)式两边做内积,有

$$\langle \boldsymbol{x},\hat{\varphi}_j\rangle=\left\langle \sum_{n=1}^{N}\alpha_n\varphi_n,\hat{\varphi}_j\right\rangle=\sum_{n=1}^{N}\alpha_n\langle \varphi_n,\hat{\varphi}_j\rangle=\alpha_j \tag{1.6.7}$$

即

$$\alpha_j=\langle x(t),\hat{\varphi}_j(t)\rangle=\int x(t)\hat{\varphi}_j^*(t)\mathrm{d}t \tag{1.6.8}$$

或

$$\alpha_j=\langle x(n),\hat{\varphi}_j(n)\rangle=\sum x(n)\hat{\varphi}_j^*(n) \tag{1.6.9}$$

(1.6.8)式对应连续时间信号,(1.6.9)式对应离散时间信号。

(1.6.8)式和(1.6.9)式称为信号的变换,变换的结果即是求出一组系数 $\alpha_1,\alpha_2,\cdots,\alpha_N$;(1.6.5)式称为信号的综合或反变换。(1.6.6)式的关系称为双正交(biorthogonality)关系或双正交条件。在此需要特别指出的是,双正交指的是两组向量之间具有(1.6.6)式的正交关系,但每一组向量之间并不一定具有正交关系。在图 1.6.2 所示的二维空间中,若令,$\varphi_1=(0\ 1)^{\mathrm{T}}$,$\varphi_2=(2\ 1)^{\mathrm{T}}$,显然 φ_1,φ_2 并不满足正交关系;可以求出,$\hat{\varphi}_1=(-0.5\ 1)^{\mathrm{T}}$,$\hat{\varphi}_2=(0.5\ 0)^{\mathrm{T}}$,显然,$\hat{\varphi}_1,\hat{\varphi}_2$ 也不是正交的,但很容易验证 $\langle\varphi_1,\hat{\varphi}_1\rangle=1$,$\langle\varphi_2,\hat{\varphi}_2\rangle=1$,$\varphi_1\perp\hat{\varphi}_2$,$\varphi_2\perp\hat{\varphi}_1$,即这两组向量之间满足(1.6.6)式的双正交关系。

如果空间 H 中的任一元素 $\boldsymbol{x}$ 都可由一组向量 $\{\varphi_n,n\in\mathbb{Z}\}$ 作(1.6.5)式的分解,那么称这一组向量是完备(complete)的;如果 $\{\varphi_n\}$ 是完备的,且是线性相关的,那么,由

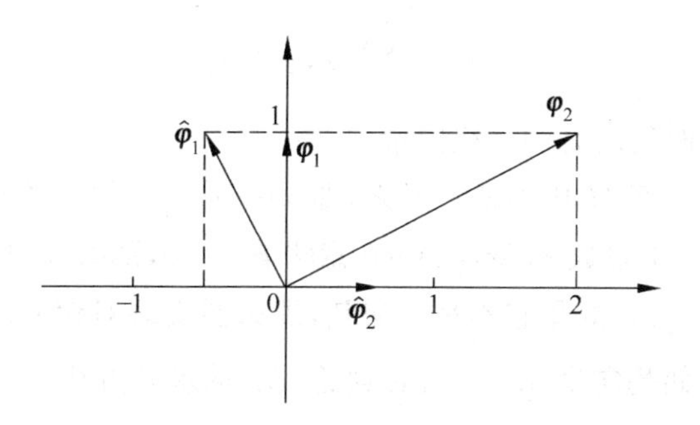

图 1.6.2　两组二维向量的双正交关系

(1.6.5)式表示 $\boldsymbol{x}$ 必然会存在信息的冗余，并且其对偶向量$\{\hat{\varphi}_n\}$也不会是唯一的。这时，称$\{\varphi_n\}$有可能构成空间 X 的一个标架(frame)。有关标架的概念将在 1.8 节中进一步讨论。

如果$\{\varphi_n\}$是完备的，且是线性无关的，那么称$\{\varphi_n\}$是空间 H 中的一组基向量，这时，对空间 H 中的任一元素 $\boldsymbol{x}$，不但可以按(1.6.5)式作分解，而且分解系数 $\alpha_1,\alpha_2,\cdots,\alpha_N$ 是唯一的。同时可以证明，对希尔伯特空间中的任一基向量$\{\varphi_n\}$，其对偶向量$\{\hat{\varphi}_n\}$不但存在而且是唯一的。这时，称$\{\hat{\varphi}_n\}$是$\{\varphi_n\}$的对偶基或倒数(reciprocal)基，并称二者构成了一对双正交基。

利用(1.6.7)式，(1.6.5)式可以表示为

$$\boldsymbol{x}=\sum_{n=1}^{N}\langle \boldsymbol{x},\hat{\varphi}_n\rangle\,\varphi_n \tag{1.6.10a}$$

这样，$\alpha_n=\langle \boldsymbol{x},\hat{\varphi}_n\rangle$可以看作 $\boldsymbol{x}$ 在基向量φ_n上的投影。同理，(1.6.10a)式又可表示为

$$\boldsymbol{x}=\sum_{n=1}^{N}\langle \boldsymbol{x},\varphi_n\rangle\,\hat{\varphi}_n \tag{1.6.10b}$$

这表明，基向量$\{\varphi_n\}$和其对偶向量$\{\hat{\varphi}_n\}$是可以互相交换的，一个用作分解，一个用于综合，反之亦然。

如果一组基向量$\varphi_1,\varphi_2,\cdots,\varphi_N$的对偶向量即是其自身，也即$\varphi_1=\hat{\varphi}_1,\cdots,\varphi_N=\hat{\varphi}_N$，那么，这一组基向量$\varphi_1,\varphi_2,\cdots,\varphi_N$便是希尔伯特空间中的正交基。这时

$$\langle\varphi_i,\varphi_j\rangle=\begin{cases}0, & i\neq j\\ c, & i=j\end{cases} \tag{1.6.11}$$

式中，c 为常数。如果 $c=1$，即$\langle\varphi_i,\varphi_j\rangle=\delta(i-j)$，那么称$\{\varphi_n\}$是归一化的正交基(orthonormal basis)。注意，空间的维数 N 可以是有限的，也可以是无限的。由于$\{\varphi_n\}$变成了正交基，因此(1.6.10)式变为

$$\boldsymbol{x}=\sum_{n=1}^{N}\langle \boldsymbol{x},\varphi_n\rangle\varphi_n \tag{1.6.12}$$

即对信号分解和重建时用的是同一组向量。

若 $\boldsymbol{x}$ 是希尔伯特空间 H 中的任一元素，即 $\boldsymbol{x}\in H$，$\{\varphi_n\}$ 是其中的一个正交基，可以证明[Deb02]，如果对所有的正整数 n，$\langle \boldsymbol{x},\varphi_n\rangle=0$ 意味着 $x=0$，那么 $\{\varphi_n\}$ 是完备的正交基。

给定一组基向量 $\{\varphi_n\}$，如果它不是正交基，那么要实现对信号 x 的分解，第一步的工作是要求出 $\{\varphi_n\}$ 的对偶基向量 $\{\hat{\varphi}_n\}$。现在讨论 $\{\hat{\varphi}_n\}$ 的求解方法。

由于 $\{\varphi_n\}$ 和 $\{\hat{\varphi}_n\}$ 都是空间 H 中的基向量，所以 $\{\hat{\varphi}_n\}$ 可表示为 $\{\varphi_n\}$ 的线性组合，二者的 n 都是由 1 到 N，即

$$\hat{\varphi}_j=\sum_{k=1}^{N}b_{jk}\varphi_k,\quad j=1\sim N \tag{1.6.13}$$

用 φ_i 对(1.6.13)式两边作内积，有

$$\langle\hat{\varphi}_j,\varphi_i\rangle=\sum_{k=1}^{N}\langle b_{jk}\varphi_k,\varphi_i\rangle=\sum_{k=1}^{N}b_{jk}\langle\varphi_k,\varphi_i\rangle \tag{1.6.14}$$

由(1.6.7)式的双正交关系，上式的左边应等于 $\delta(i-j)$。

令

$$\boldsymbol{B}=\begin{bmatrix} b_{11} & \cdots & b_{1N}\\ \vdots & \ddots & \vdots\\ b_{N1} & \cdots & b_{NN}\end{bmatrix} \tag{1.6.15}$$

$$\boldsymbol{\Phi}=\begin{bmatrix} \langle\varphi_1,\varphi_1\rangle & \cdots & \langle\varphi_1,\varphi_N\rangle\\ \vdots & \ddots & \vdots\\ \langle\varphi_N,\varphi_1\rangle & \cdots & \langle\varphi_N,\varphi_N\rangle\end{bmatrix} \tag{1.6.16}$$

(1.6.14)式可以表示为

$$\boldsymbol{B\Phi}=\boldsymbol{I} \tag{1.6.17}$$

于是

$$\boldsymbol{B}=\boldsymbol{\Phi}^{-1} \tag{1.6.18}$$

在本书的后续各章中，经常要遇到对偶基及双正交的概念，请读者留意其含义。

例 1.6.1　已知图 1.6.2 中的 $\varphi_1=(0\ 1)^{\mathrm{T}}$，$\varphi_2=(2\ 1)^{\mathrm{T}}$，求其对偶基向量。

由(1.6.16)式及所给的基向量 $\{\varphi_n\}$，$n=1,2$，有

$$\boldsymbol{\Phi}=\begin{bmatrix} \langle\varphi_1,\varphi_1\rangle & \langle\varphi_1,\varphi_2\rangle\\ \langle\varphi_2,\varphi_1\rangle & \langle\varphi_2,\varphi_2\rangle\end{bmatrix}=\begin{bmatrix}1 & 1\\ 1 & 5\end{bmatrix}$$

及

$$\boldsymbol{B}=\Phi^{-1}=\frac{1}{4}\begin{bmatrix}5 & -1\\ -1 & 1\end{bmatrix}$$

最后可求出

$$\hat{\varphi}_1=b_{11}\varphi_1+b_{12}\varphi_2=(-0.5\quad 1)^{\mathrm{T}}$$

$$\hat{\varphi}_2=b_{21}\varphi_1+b_{22}\varphi_2=(0.5\quad 0)^{\mathrm{T}}$$

这正是图 1.6.2 中的$\{\hat{\varphi}_n\}$。

显然,如果$\{\varphi_n\}$为一正交基,则(1.6.16)式的Φ为单位阵,从而$\boldsymbol{B}$也为单位阵,对应(1.6.13)式,则有$\hat{\varphi}_j=\varphi_j$,$j=1\sim N$。

另一方面,如果$\{\varphi_n\}$之间是线性相关的,那么矩阵Φ将是奇异的,这样将无法按照(1.6.18)式来求解矩阵$\boldsymbol{B}$,因此也无法得到对偶向量$\{\hat{\varphi}_n\}$。前已述及,在$\{\varphi_n\}$是线性相关的情况下,$\{\hat{\varphi}_n\}$将是不唯一的。这种情况下信号的分解和重建问题属于标架研究的范畴,将在 1.8 节给以讨论。

在本节的最后,对(1.6.5)式以及(1.6.10)式的信号分解给以简单的物理解释。$\boldsymbol{x}$和对偶基向量$\{\hat{\varphi}_n\}$的内积,即$\langle\boldsymbol{x},\hat{\varphi}_n\rangle=\alpha_n$反映了信号$\boldsymbol{x}$和$\hat{\varphi}_n$之间的相似性。若$\boldsymbol{x}$和$\hat{\varphi}_n$越接近,则$\alpha_n$越大。因此,(1.6.12)式的运算可以想象为用一把尺子去度量信号$\boldsymbol{x}$,这把尺子由$\{\hat{\varphi}_n\}$所组成,各个分量$\hat{\varphi}_n$可以看作是尺子上的刻度,所以α_n是$\boldsymbol{x}(n)$和尺子上的刻度($\hat{\varphi}_n$)相比较所产生的度量,即权重。显然,刻度越细,度量效果越好。所以,对信号分解时,基函数的选择非常关键。

1.7 正交变换

1.6 节讨论了信号分解的一般概念,现在简要介绍一下信号正交分解的概念。正交分解或正交变换,是信号处理中最常用的一类变换。其原因是正交变换有如下一系列的重要性质。

性质 1 正交变换的基向量$\{\varphi_n\}$即是其对偶基向量,因此在计算上最为简单。如果$\boldsymbol{x}$是离散信号,且N是有限值,那么(1.6.5)式的分解与(1.6.9)式的变换只是简单的矩阵与向量运算。

由(1.6.9)式,假定$\{\varphi_n\}$是实函数,则

$$\alpha_j=\langle\boldsymbol{x}(n),\varphi_j(n)\rangle=\sum_{n=1}^{N}\boldsymbol{x}(n)\,\varphi_j(n)$$

$$=\boldsymbol{x}(1)\varphi_j(1)+\boldsymbol{x}(2)\varphi_j(2)+\cdots+\boldsymbol{x}(N)\varphi_j(N)$$

即

$$\alpha=\boldsymbol{\Phi X}=\begin{bmatrix}\varphi_{11} & \cdots & \varphi_{1N}\\ \vdots & \ddots & \vdots\\ \varphi_{N1} & \cdots & \varphi_{NN}\end{bmatrix}\begin{bmatrix}\boldsymbol{x}(1)\\ \vdots\\ \boldsymbol{x}(N)\end{bmatrix} \tag{1.7.1}$$

式中，Φ是$N\times N$的正交阵，因此$\Phi^{-1}=\Phi^{\mathrm{T}}$。为了简化，令$\varphi_{ij}=\varphi_i(j)$，这样

$$\boldsymbol{x}=\Phi^{-1}\alpha=\Phi^{\mathrm{T}}\alpha \tag{1.7.2}$$

即在正交变换时，正、反变换矩阵仅是简单的转置关系，当用硬件来实现这变换时，其优点尤其突出。同时也看到，正交变换的正、反变换是唯一的。

性质2 展开系数α_n是信号$\boldsymbol{x}$在基向量$\{\hat{\varphi}_n\}$上的准确投影。

由(1.6.9)式，在双正交的情况下，展开系数α_n反映的是信号$\boldsymbol{x}$和对偶函数$\{\hat{\varphi}_n\}$之间的相似性，所以α_n是$\boldsymbol{x}$在$\{\hat{\varphi}_n\}$上的投影，也即a_n并不是$\boldsymbol{x}$在$\{\varphi_n\}$上的投影，如果$\{\hat{\varphi}_n\}$和$\{\varphi_n\}$有明显的不同，那么α_n将不能反映$\boldsymbol{x}$相对基函数$\{\varphi_n\}$的行为。反之，在正交情况下，由于$\{\hat{\varphi}_n\}=\{\varphi_n\}$，因此$\alpha_n$自然就是$\boldsymbol{x}$在$\{\varphi_n\}$上的投影，当然，也就是准确投影。

性质3 正交变换保证变换前后信号的能量不变，该性质又称为保范(数)变换。

由于

$$\begin{aligned}\|\boldsymbol{x}\|^2&=\sum_n x(n)x^*(n)=\langle\boldsymbol{x},\boldsymbol{x}\rangle\\&=\langle\sum_n\alpha_n\varphi_n,\sum_k\alpha_k\varphi_k\rangle=\sum_n\sum_k\alpha_n\alpha_k^*\langle\varphi_n,\varphi_k\rangle\\&=\sum_n\sum_k\alpha_n\alpha_k^*\delta(n-k)=\sum_n|\alpha_n|^2=\|\alpha\|_2^2\end{aligned} \tag{1.7.3}$$

此即Parseval定理。只有正交变换才满足Parseval定理。

性质4 信号正交分解具有最小平方近似性质。

此说法甚为笼统，现解释如下：

设H是$\varphi_1,\varphi_2,\cdots,\varphi_N$张成的空间，$\varphi_1,\varphi_2,\cdots,\varphi_N$满足正交关系，$\boldsymbol{x}\in H$，按(1.6.5)式对$\boldsymbol{x}$分解，即

$$\boldsymbol{x}=\sum_{n=1}^{N}\alpha_n\varphi_n \tag{1.7.4}$$

假定仅取前L个向量$\varphi_1,\varphi_2,\cdots,\varphi_L$来重构$\boldsymbol{x}$，则有

$$\hat{\boldsymbol{x}}=\sum_{n=1}^{L}\beta_n\varphi_n \tag{1.7.5}$$

为衡量$\hat{x}$对x近似的程度，用

$$d^2(\boldsymbol{x},\hat{\boldsymbol{x}}) = \|\boldsymbol{x}-\hat{\boldsymbol{x}}\|^2 = \langle \boldsymbol{x}-\hat{\boldsymbol{x}},\boldsymbol{x}-\hat{\boldsymbol{x}}\rangle \tag{1.7.6}$$

来描述。若使 $d^2(\boldsymbol{x},\hat{\boldsymbol{x}})$为最小,必有

$$\beta_n = \alpha_n, \quad n = 1 \sim L \tag{1.7.7}$$

及

$$d^2(\boldsymbol{x},\hat{\boldsymbol{x}}) = \sum_{n=L+1}^{N} \alpha_n^2 \tag{1.7.8}$$

此即信号正交分解的最小平方近似性质。这种性质曾在有限项傅里叶级数的近似中遇到过[ZW2]。现推导(1.7.7)式及(1.7.8)式。

将(1.7.6)式展开,有

$$d^2(\boldsymbol{x},\hat{\boldsymbol{x}}) = \sum_n |x(n)|^2 - 2\Big(\sum_n x(n)\Big)\Big(\sum_{i=1}^{L}\beta_i\varphi_i(n)\Big) + \sum_j \beta_j^2 \tag{1.7.9}$$

将上式对 β_k 求偏导,并使之为零,则有

$$\frac{\partial d^2(\boldsymbol{x},\hat{\boldsymbol{x}})}{\partial \beta_k} = -2\sum_n x(n)\varphi_k(n) + 2\beta_k = 0$$

及

$$\beta_k = \sum_n x(n)\varphi_k(n) = \alpha_k$$

将此结果代入(1.7.9)式,即得(1.7.8)式。

下面给出以后要用到的几个有关空间的概念。如果 $H=\operatorname{span}\{\varphi_1,\varphi_2,\cdots,\varphi_N\}$,并有 $H_1=\operatorname{span}\{\varphi_1,\varphi_2,\cdots,\varphi_L\}$和 $H_2=\operatorname{span}\{\varphi_{L+1},\varphi_{L+2},\cdots,\varphi_N\}$,我们称 H_1 和 H_2 是 H 的子空间。如果

(1) $H_1 \cap H_2 = 0$,则 H_1 和 H_2 没有交集;

(2) $H = H_1 \cup H_2$,则 H 是 H_1 和 H_2 的并集。

这时,我们称 H 是 H_1 和 H_2 的直和,并记作

$$H = H_1 \oplus H_2 \tag{1.7.10}$$

因此,两个子空间直和的含义是它们的交集只有零元素。有关子空间及其交集、并集和直和的概念将在小波变换中用到。

性质 5 将信号 $\boldsymbol{x}$ 经正交变换后得到一组离散系数 $\alpha_1,\alpha_2,\cdots,\alpha_N$,这一组系数具有减少 $\boldsymbol{x}$ 中各分量的相关性及将 $\boldsymbol{x}$ 的能量集中于少数系数上的功能。相关性去除的程度及能量集中的程度取决于所选择的基函数$\{\varphi_n\}$的性质。

这一性质是信号与图像压缩编码的理论基础。有关这一点,在本节还要继续讨论。

作为正交变换的最后一个性质,由于其重要性,现用定理的方式给出。

定理 1.7.1 令 $\varphi(t)$是一个原型函数,其傅里叶变换为 $\Phi(\Omega)$,若$\{\varphi(t-k)\}$,$k\in\mathbb{Z}$ 是

一组正交基,则

$$\sum_{k}|\Phi(\Omega+2k\pi)|^{2}=1,\quad \Omega\in[-\pi,\pi] \tag{1.7.11}$$

若 $\varphi_1(t-k)$,$\varphi_2(t-k)$分别是两个空间的正交基,并且

$$\langle\varphi_1(t-k_1),\varphi_2(t-k_2)\rangle=0\quad \forall k_1,k_2\in\mathbb{Z} \tag{1.7.12a}$$

则

$$\sum_{k}\Phi_1(\Omega+2k\pi)\Phi_2^{*}(\Omega+2k\pi)=0,\quad \Omega\in[-\pi,\pi] \tag{1.7.12b}$$

证明[ZW3, Mal97] 因为$\{\varphi(t-k),k\in\mathbb{Z}\}$是一正交基,设 $\boldsymbol{x}$ 是它构成空间中的一个元素,则 $\boldsymbol{x}$ 可表示为 $\varphi(t-k)$的线性组合,即

$$\boldsymbol{x}=\sum_{k}a_k\varphi(t-k) \tag{1.7.13}$$

由正交变换的性质3,有 $\|\boldsymbol{x}\|^2=\sum_{k}|a_k|^2$,对(1.7.13)式两边作傅里叶变换,有

$$X(\mathrm{j}\Omega)=\sum_{k}a_k\int\varphi(t-k)\mathrm{e}^{-\mathrm{j}\Omega t}\mathrm{d}t=\Phi(\mathrm{j}\Omega)\sum_{k}a_k\mathrm{e}^{-\mathrm{j}k\Omega} \tag{1.7.14}$$

注意,(1.7.14)式是傅里叶变换(FT)和离散时间傅里叶变换(DTFT)的混合表达式。设想 a_k 是一连续函数的抽样,抽样间隔为 T_s,则(1.7.14)式右边的第二部分应是

$$\sum_{k}a_k\mathrm{e}^{\mathrm{j}k\Omega T_s}=\sum_{k}a_k\mathrm{e}^{\mathrm{j}k\omega}=A(\mathrm{e}^{\mathrm{j}\omega}) \tag{1.7.15}$$

这种 FT 和 DTFT 混合表达的形式以后还会遇到,暂时将 $A(\mathrm{e}^{\mathrm{j}\omega})$记作 $A(\mathrm{j}\Omega)$,$A(\mathrm{j}\Omega)$是周期的,且周期为 2π,这样(1.7.14)式变成

$$X(\mathrm{j}\Omega)=\Phi(\mathrm{j}\Omega)A(\mathrm{j}\Omega)$$

由 Parseval 定理,有

$$\begin{aligned}\|\boldsymbol{x}\|^2&=\frac{1}{2\pi}\int_{-\infty}^{\infty}|X(\Omega)|^2\mathrm{d}\Omega=\frac{1}{2\pi}\int_{-\infty}^{\infty}|\Phi(\Omega)|^2|A(\Omega)|^2\mathrm{d}\Omega\\&=\frac{1}{2\pi}\sum_{k=-\infty}^{\infty}\int_{2\pi k}^{2\pi(k+1)}|\Phi(\Omega)|^2|A(\Omega)|^2\mathrm{d}\Omega\\&=\frac{1}{2\pi}\int_{0}^{2\pi}|A(\Omega)|^2\sum_{k=-\infty}^{\infty}|\Phi(\Omega+2k\pi)|^2\mathrm{d}\Omega\end{aligned}$$

由于

$$\|\boldsymbol{x}\|^2=\sum_{k}|a_k|^2=\frac{1}{2\pi}\int_{0}^{2\pi}|A(\Omega)|^2\mathrm{d}\Omega$$

比较上面的结果,因此必有

$$\sum_{k}|\Phi(\Omega+2k\pi)|^2=1$$

(1.7.12b)式留给读者自己证明。

满足(1.7.12a)式的 $\varphi_1(t-k)$ 和 $\varphi_2(t-k)$ 是相互正交的。假定 $\varphi_1(t-k)$ 是空间 V 中的正交基,$\varphi_2(t-k)$ 是空间 W 中的正交基,那么空间 V 和空间 W 是正交的。这一概念在小波变换的多分辨率分析中起到了重要的作用。详细内容见第 10 章。

注意定理 1.7.1 中的正交基是由连续函数 $\varphi(t)$ 做均匀移位得到的一组函数 $\{\varphi(t-k),k\in\mathbb{Z}\}$ 所形成的,这和我们前面讨论的以向量为对象的正交基有所区别。该定理在小波变换中起到了重要的作用。

读者也许已经了解了很多的正交变换。在此,再举例说明。

(1) 傅里叶级数

对一个连续的周期信号 $\tilde{x}(t)$,对应(1.6.5)式的展开是

$$\tilde{x}(t)=\sum_{k=-\infty}^{\infty}X(k\Omega_0)\mathrm{e}^{\mathrm{j}k\Omega_0 t}$$

式中,$\Omega_0=2\pi/T$,T 是 $\tilde{x}(t)$ 的周期。显然,$X(k\Omega_0)=\alpha_k$,$\varphi_k=\mathrm{e}^{-\mathrm{j}k\Omega_0 t}$,利用(1.6.8)式,则有

$$\alpha_k=\left\langle\tilde{x}(t),\frac{1}{T}\hat{\varphi}_k\right\rangle=\left\langle\tilde{x}(t),\frac{1}{T}\varphi_k^*\right\rangle=\frac{1}{T}\int\tilde{x}(t)\mathrm{e}^{-\mathrm{j}k\Omega_0 t}\mathrm{d}t$$

此处,φ_k,$\hat{\varphi}_k$ 互为共轭关系,从正交变换的角度认为它们是一样的。

(2) 设 $x(n)$ 是 N 点离散序列,即 $x(n)=\{x(0),x(1),\cdots,x(N-1)\}$,则其离散傅里叶变换(DFT)的基函数为

$$\varphi_k=\mathrm{e}^{-\mathrm{j}\frac{2\pi}{N}nk},\quad n,k=0,1,\cdots,N-1$$

其离散余弦变换(Ⅱ型),即 DCT-Ⅱ 的基函数为[ZW2]

$$\varphi_k=\sqrt{\frac{2}{N}}g_k\cos\frac{(2n+1)k\pi}{2N},\quad n,k=0,1,\cdots,N-1$$

式中

$$g_k=\begin{cases}\dfrac{1}{\sqrt{2}}, & k=0\\ 1, & k\neq 0\end{cases}$$

其离散正弦变换的基函数,即 DST-Ⅰ 的基函数为

$$\varphi_k=\sqrt{\frac{2}{N}}\sin\frac{nk\pi}{N},\quad n,k=0,1,\cdots,N-1$$

此外,还有离散 Hartley 变换,以及本书后面要讨论的一类正交小波变换等。

由以上讨论可知,在一个 N 维空间中,如同有无数组 N 个线性无关的向量一样,也可以找到无穷多个正交基。那么,如何选择一组好的正交基呢?也就是说,如何去衡量一个正交基的质量呢?

正交基的选择一般要考虑如下几个因素。

(1) 具有所希望的物理意义或实用意义。如 $\varphi_k=\mathrm{e}^{-\mathrm{j}k\Omega_0 t}$，$\varphi_k=\mathrm{e}^{-\mathrm{j}\frac{2\pi}{N}nk}$，这些基的物理意义就非常明确。有些正交基，虽然物理解释不甚明确，但有着较强的实用价值，如 DCT，DST 等。

(2) 正交基函数应尽量简单，从而尽量减少在正、反变换时的计算量。

(3) 为了研究信号在局部频率以及在局部时间处的性质，希望所选择的基函数应能同时具有频域和时域的定位功能，即在时域和频域最好都是紧支撑的。前已述及，傅里叶变换的基函数在频域为 δ 函数，而时域的支撑区间是 $-\infty\sim+\infty$，无法满足此要求。

(1.2.1)式的 $g(t-\tau)\mathrm{e}^{-\mathrm{j}\Omega\tau}$ 是短时傅里叶变换的基函数，它具有时域和频域的定位功能。后面要重点讨论的正交小波，即是朝这一目标努力所得出的可喜成果。

(4) 具有好的去相关和能量集中的性能。

下面给出两个实际的指标来衡量某一基函数在去除相关及能量集中方面的性能。

设 $\boldsymbol{x}=(x(0)x(1)\cdots x(N-1))^{\mathrm{T}}$ 是一实的宽平稳过程，设其均值为零，其自相关矩阵为

$$\boldsymbol{R}_x=E\{\boldsymbol{x}\boldsymbol{x}^{\mathrm{T}}\}=\begin{bmatrix} r_x(0) & r_x(1) & \cdots & r_x(N-1) \\ r_x(1) & r_x(0) & \cdots & r_x(N-2) \\ \vdots & \vdots & \ddots & \vdots \\ r_x(N-1) & r_x(N-2) & \cdots & r_x(0) \end{bmatrix} \tag{1.7.16}$$

其元素 $r_x(i,j)=r_x(j-i)$ 反映了 $\boldsymbol{x}$ 中第 i 个元素和第 j 个元素之间的相关性。若 $\boldsymbol{x}$ 的各元素全不相关，则 $\boldsymbol{R}_x$ 为对角阵。令

$$\alpha=\boldsymbol{\Phi}\boldsymbol{x} \tag{1.7.17}$$

是一正交变换，变换后的 $\alpha=(\alpha(0),\alpha(1),\cdots,\alpha(N-1))^{\mathrm{T}}$，其自相关矩阵

$$\boldsymbol{R}_\alpha=E\{\alpha\alpha^{\mathrm{T}}\}=\begin{bmatrix} r_\alpha(0) & r_\alpha(1) & \cdots & r_\alpha(N-1) \\ r_\alpha(1) & r_\alpha(0) & \cdots & r_\alpha(N-2) \\ \vdots & \vdots & \ddots & \vdots \\ r_\alpha(N-1) & r_\alpha(N-2) & \cdots & r_\alpha(0) \end{bmatrix} \tag{1.7.18}$$

式中，$E\{*\}$代表求均值运算。该矩阵体现了变换后数据相互之间的相关性，令

$$\lambda_x=\sum_{\substack{i,j=0\\ i\neq j}}^{N-1}|R_x(i,j)|,\quad \lambda_\alpha=\sum_{\substack{i,j=0\\ i\neq j}}^{N-1}|R_\alpha(i,j)| \tag{1.7.19}$$

显然，λ_x，λ_α 分别是 $\boldsymbol{R}_x$，$\boldsymbol{R}_\alpha$ 去掉对角线元素后所有元素的绝对值和。λ_α 越小，说明 $\boldsymbol{R}_\alpha$ 越接近对角阵，即相应的变换去除相关性越好。再令

$$\eta = 1 - \lambda_\alpha / \lambda_x \tag{1.7.20}$$

称 η 为去除相关的“效率”，参考文献[ZW2]指出，当 x 为一阶马尔可夫过程，且该过程相邻两点的相关系数 $\rho=0.91$，$N=8$ 时，DCT 的 $\eta=98.05\%$，DFT 的 $\eta=89.48\%$，DST 的 $\eta=84.97\%$，可见，DCT 在去除相关性方面具有很好的性能。再令

$$\eta_E = \sum_{i=0}^{M} R_\alpha(i,i) \Big/ \sum_{i=0}^{N-1} R_\alpha(i,i), \quad M = 0,1,\cdots,N-1 \tag{1.7.21}$$

显然，当 M 很小时，若 η_E 能取得很大的值，则说明 $\boldsymbol{R}_\alpha$ 的对角线上开始的几个值较大，也即信号的能量越集中，所以 η_E 反映了变换后能量集中的程度。当 $\rho=0.91$，$N=8$，$M=1$ 时，DCT 的 $\eta_E=90.9\%$，DFT 的 $\eta_E=86\%$，DST 的 $\eta_E=84.3\%$。

1.8　标架的基本概念

1.6 节讨论了信号分解及变换的基本概念，1.7 节又重点讨论了正交分解、正交基的性质以及正交基选择的原则。从上述的讨论可知，信号分解或信号变换的基本思路是将信号 $x(t)$（或 $x(n)$）和一组函数（或向量）$\{\varphi_n, n\in\mathbb{Z}\}$ 作内积，从而得到一组标量 $\{\alpha_n\}$，即信号离散表示的系数。分解（或变换）的目的是研究原信号中有哪些有用的信息并探讨如何抽取这些有用的信息。

由于正交基具有很多优点，因此，在信号处理中正交基的应用最为广泛，如 DFT，DCT 等。但是，在实际的工作中，发现并得到一组好的正交基往往并不容易。

傅里叶变换是正交变换，其变换的基函数将时间和频率这两个物理量联系了起来，因此在信号处理中有着广泛的应用。但是，正如在 1.1 节所指出的，傅里叶变换存在严重的不足，如缺乏时间和频率的定位功能，不能根据信号的变化来自动地调整时间和频率的分辨率等。为了克服傅里叶变换的这些不足，人们在过去的几十年中提出了许多改进方法和新的变换，其中主要是短时傅里叶变换、Gabor 变换、时频分析和小波变换等。这些变换的主要思想即是在 1.2 节所指出的，设法找到一个二维的函数 $\varphi(t,\Omega)$，然后令 $x(t)$ 和该二维函数作内积，从而得到时间和频率的二维分布，记为 $X(t,\Omega)$，即 $X(t,\Omega)=\langle x(t),\varphi(t,\Omega)\rangle$，如(1.2.2)式的短时傅里叶变换。对二维的时频分析，读者肯定会提出如下问题：

① 如何找到二维的正交基函数 $\varphi(t,\Omega)$？

② 当在计算机上实现上述内积时，$x(t)$ 和 $\varphi(t,\Omega)$ 均需离散化，即得到 $x(n)$ 和 $\{\varphi_{m,n}$，

$m,n\in\mathbb{Z}\}$。对 m,n 的每一个值，在 (t,Ω) 平面上都对应一个时频栅格。显然，该栅格的大小（即对 t,Ω 的抽样间隔）必然影响对 $x(n)$ 的分解和重建，栅格过密将会产生分解系数的冗余，栅格过稀有可能无法由分解系数重建 $x(n)$。这实际上是说，用于分解的一组函数 $\{\varphi_{m,n},m,n\in\mathbb{Z}\}$ 如何构成一组正交基？如何构成一组基？如果它们不能构成一组基，即是线性相关的，那么在什么条件下可保证对信号的分解是完备的、并且可以稳定地实现信号的重建？

③ 由 1.6 节的讨论可知，对信号的一维分解，用于分解的一组函数 $\{\varphi_n,n\in\mathbb{Z}\}$，也可能是线性相关的、线性独立的或是正交的，在这些情况下如何解决信号分解的完备性和重建的稳定性问题？

由此可以看出，更一般地讨论信号的分解问题，特别是用于分解的一组函数不是正交基的情况，同样具有重要的意义。因此，本节把正交基的概念推广到更一般的情况，即标架（frame）。标架理论最早由 Duffin 和 Schaeffer 于 1952 年提出[Duf52]，他们当时在研究如何由不规则的抽样来重建一个带限信号，后来发现标架理论在研究信号离散表示的完备性、稳定性及冗余度方面是非常有用的。下面首先给出标架的定义，然后再对定义作一些必要的解释。第 2 章和第 9 章将分别讨论 Gabor 展开的标架理论及小波标架。

定义 1.8.1　设 $\{\varphi_n\}$ 是 Hilbert 空间 H 中的一组向量，如果存在常数 $A>0$ 和 $B<\infty$，对任一信号 $\boldsymbol{x}\in\mathrm{H}$，若使得

$$A\left\|\boldsymbol{x}\right\|_2^2\leqslant\sum_n\left|\langle\boldsymbol{x},\varphi_n\rangle\right|^2\leqslant B\left\|\boldsymbol{x}\right\|_2^2\tag{1.8.1}$$

成立，则称 $\{\varphi_n\}$ 构成空间 H 中的一个标架。式中 A,B 称为标架界。

注意：(1.8.1)式的中间部分是标量，所以取绝对值，而左边和右边的 $\boldsymbol{x}$ 是向量，故取范数。现对标架的定义作一简要的解释。

(1) 标架指的是 Hilbert 空间中的一组向量，即(1.8.1)式中的 $\{\varphi_n,n\in\mathbb{Z}\}$。

(2) 范数 $\left\|\boldsymbol{x}\right\|_2^2$ 代表了信号 $\boldsymbol{x}$ 的能量，它是有限的，$\sum_n\left|\langle\boldsymbol{x},\varphi_n\rangle\right|^2$ 代表了 $\boldsymbol{x}$ 在变换域的能量，也即分解系数的能量。简单地设想，如果要保证能由分解系数稳定地重建出 $\boldsymbol{x}$，那么分解系数的能量必须是有限的，另一方面，除非 $\boldsymbol{x}$ 是全零信号，否则其分解系数不会全为零，因此要求标架界满足 $0<A\leqslant B<\infty$。

(3) 由正交变换的性质 3，若 $\{\varphi_n,n\in\mathbb{Z}\}$ 为一正交基，那么必有 $A=B=1$，而标架仅要求 $0<A\leqslant B<\infty$，可见 $\{\varphi_n,n\in\mathbb{Z}\}$ 不一定是正交基，它可能是线性独立的，也可能是线性相关的。

(4) 若有两个信号 $\boldsymbol{x}_1$ 和 $\boldsymbol{x}_2$，其分解系数分别是

$$\alpha_k=\langle\boldsymbol{x}_1,\varphi_k\rangle,\quad\beta_k=\langle\boldsymbol{x}_2,\varphi_k\rangle$$

我们希望上述内积过程满足如下三个方面的要求：

① 如果 $\boldsymbol{x}_1=\boldsymbol{x}_2$，则应有 $\alpha_k=\beta_k$；反之，如果 $\alpha_k=\beta_k$，则应有 $\boldsymbol{x}_1=\boldsymbol{x}_2$，这一要求称为变换的唯一性。

② 如果 x_1 和 x_2 很接近，那么 $\langle \boldsymbol{x}_1,\varphi_k\rangle$（即 α_k）和 $\langle \boldsymbol{x}_2,\varphi_k\rangle$（即 β_k）也应该很接近，这一要求称为变换的连续性。若令 $\boldsymbol{x}=\boldsymbol{x}_1-\boldsymbol{x}_2$，用数学语言描述该要求就是

$$\sum_k |\langle \boldsymbol{x}_1-\boldsymbol{x}_2,\varphi_k\rangle|^2=\sum_k |\langle \boldsymbol{x}_1,\varphi_k\rangle-\langle \boldsymbol{x}_2,\varphi_k\rangle|^2=\sum_k |\langle \boldsymbol{x},\varphi_k\rangle|^2\leqslant B\|\boldsymbol{x}\|_2^2 \tag{1.8.2a}$$

式中，B 是实数，且 $0<B<\infty$。(1.8.2a)式指出，若 $|\boldsymbol{x}_1-\boldsymbol{x}_2|<\infty$，那么 $\boldsymbol{x}$ 在φ上的投影的平方和也应小于无穷。

③ 如果 α_k 和 β_k 很接近，那么 $\boldsymbol{x}_1$ 和 $\boldsymbol{x}_2$ 也应该很接近。这一要求称为反变换的连续性，即

$$\sum_k |\langle \boldsymbol{x},\varphi_k\rangle|^2\geqslant A\|\boldsymbol{x}\|_2^2 \tag{1.8.2b}$$

式中，A 也是实数，且 $0<A<\infty$。(1.8.2b)式指出，若 $\boldsymbol{x}_1-\boldsymbol{x}_2\neq 0$，那么 $\boldsymbol{x}$ 在φ上的投影至少应有一个大于零。

将(1.8.2a)式和(1.8.2b)式结合起来，即是(1.8.1)式。

(5) 总之，标架是 Hilbert 空间中的一组向量(或函数)，它用于信号的分解和重建，如果保证了架界 A 和 B 满足 $0<A\leqslant B<\infty$，那么由这一组标架对信号的分解是完备的，并且由分解系数对信号的重建也是稳定的。当然，这时分解系数可能会存在信息的冗余。

如果 $A=B$，则 $B/A=1$，称$\{\varphi_k,k\in\mathbb{Z}\}$构成了一个紧(tight)标架。这时

$$\sum_k |\langle \boldsymbol{x},\varphi_k\rangle|^2=A\|\boldsymbol{x}\|_2^2 \tag{1.8.3}$$

定理 1.8.1 如果$\{\varphi_n,n\in\mathbb{Z}\}$构成一个紧标架，且标架界 $A=1$，$\|\varphi_n\|=1$，那么$\{\varphi_n\}$是一组归一化的正交基。

证明 根据(1.8.1)式，由于 $A=B=1>0$，因此如果有 $\langle \boldsymbol{x},\boldsymbol{\varphi}_n\rangle=0$，必有 $\boldsymbol{x}=0$。因此，$\{\varphi_n,n\in\mathbb{Z}\}$是完备的。接着证明$\{\varphi_n,n\in\mathbb{Z}\}$之间的正交性。由于[Dau92a]

$$\|\varphi_n\|_2^2=\sum_k |\langle \varphi_n,\varphi_k\rangle|^2=\|\varphi_n\|_2^4+\sum_{k\neq n}|\langle \varphi_n,\varphi_k\rangle|^2$$

及 $\|\varphi_n\|=1$，这意味着对所有的 $n\neq k$ 有 $\langle \varphi_n,\varphi_k\rangle=0$，因此$\{\varphi_n,n\in\mathbb{Z}\}$是归一化的正交基。这时，(1.8.1)式变成

$$\sum_k |\langle \boldsymbol{x},\varphi_k\rangle|^2=\sum_k |\langle \alpha_k\rangle|^2=\|\boldsymbol{x}\|_2^2 \tag{1.8.4}$$

这正是正交基的性质 3。

例 1.8.1　令$\varphi_1=\boldsymbol{e}_1,\varphi_2=-\frac{1}{2}\boldsymbol{e}_1+\frac{\sqrt{3}}{2}\boldsymbol{e}_2,\varphi_3=-\frac{1}{2}\boldsymbol{e}_1-\frac{\sqrt{3}}{2}\boldsymbol{e}_2$，这里，$\boldsymbol{e}_1,\boldsymbol{e}_2$是二维平面中互相垂直的单位向量，如图1.8.1所示。显然，φ_1,φ_2和φ_3相互之间夹角为120°，它们两两之间不正交。设在该二维平面中有一向量$\boldsymbol{x},\boldsymbol{x}=(\boldsymbol{x}_1,\boldsymbol{x}_2)^{\mathrm{T}}$，则

$$\sum_{j=1}^{3}|\langle \boldsymbol{x},\varphi_j\rangle|^2=\left|(x_1,x_2)\begin{bmatrix}1\\0\end{bmatrix}\right|^2+\left|(x_1,x_2)\begin{bmatrix}-1/2\\\sqrt{3}/2\end{bmatrix}\right|^2+\left|(x_1,x_2)\begin{bmatrix}-1/2\\-\sqrt{3}/2\end{bmatrix}\right|^2$$
$$=\frac{3}{2}(x_1^2+x_2^2)=\frac{3}{2}\|\boldsymbol{x}\|_2^2 \tag{1.8.5}$$

由于本例中的$A=B=3/2$，因此φ_1,φ_2和φ_3构成了一个紧标架。众所周知，表示二维平面的任一向量，只需要两个基向量，现在利用了三个向量，因此必然要产生在表示上的冗余。实际上，因为$\varphi_1+\varphi_2+\varphi_3=0$，所以它们是线性相关的，这就是产生冗余的主要原因。由于$\|\varphi_k\|_2^2=1$，因此该冗余体现在$A=\frac{3}{2}>1$上。

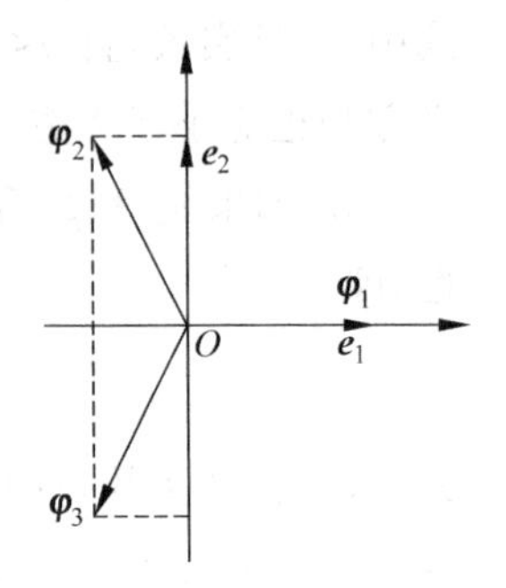

图1.8.1　φ_1,φ_2和φ_3

为了讨论由标架重建原信号的问题，现在引入标架算子的概念。

定义 1.8.2　设$\{\varphi_n\}$是Hilbert空间H中的一个标架，定义标架算子S为

$$S\boldsymbol{x}=\sum_n\langle \boldsymbol{x},\varphi_n\rangle\varphi_n\overset{\text{def}}{=}\boldsymbol{g} \tag{1.8.6}$$

即标架算子S将信号$\boldsymbol{x}$映射为$\boldsymbol{g}$。

显然，如果$\{\varphi_n\}$是一组正交基，那么$\boldsymbol{g}=\boldsymbol{x}$；若$\{\varphi_n\}$不是正交基，则$\boldsymbol{g}\neq\boldsymbol{x}$，这时，$\boldsymbol{x}=S^{-1}\boldsymbol{g}$是逆运算。下面的定理说明了标架算子的一些基本性质。

定理 1.8.2　如果S是一个标架算子，则可证明如下结论[Dau92,Deb02]：

(1) S是有界的，即$AI<S<BI$，式中I是Hilbert空间中的恒等算子。所谓恒等算子是指，对任一$\boldsymbol{x}\in H$，总有$I\boldsymbol{x}=\boldsymbol{x}$。

(2) S是可逆的，记其逆算子为S^{-1}，则S^{-1}也是有界的，且$B^{-1}I<S^{-1}<A^{-1}I$。

(3) $\{S^{-1}\varphi_n\}$也构成一个标架，标架界分别为B^{-1},A^{-1}，且$A^{-1}\geqslant B^{-1}>0$。称$\{S^{-1}\varphi_n\}$为$\{\varphi_n\}$的对偶标架，并记$\{S^{-1}\varphi_n\}=\hat{\varphi}_n$。对应(1.8.1)式，有

$$B^{-1}\|\boldsymbol{x}\|_2^2\leqslant\sum_n|\langle \boldsymbol{x},\hat{\varphi}_n\rangle|^2\leqslant A^{-1}\|\boldsymbol{x}\|_2^2 \tag{1.8.7}$$

(4) H中的任一信号$\boldsymbol{x}$都可表示为

$$\boldsymbol{x}=S^{-1}\boldsymbol{g}=S^{-1}\left(\sum_n|\langle \boldsymbol{x},\varphi_n\rangle|\varphi_n\right)$$

$$= \sum_n \langle \boldsymbol{x}, \varphi_n \rangle S^{-1} \varphi_n = \sum_n \langle \boldsymbol{x}, \varphi_n \rangle \hat{\varphi}_n \tag{1.8.8a}$$

或

$$\boldsymbol{x} = S^{-1}\boldsymbol{g} = \sum_n \langle \boldsymbol{x}, S^{-1} \varphi_n \rangle \varphi_n = \sum_n \langle \boldsymbol{x}, \hat{\varphi}_n \rangle \varphi_n \tag{1.8.8b}$$

的形式。(1.8.8)式说明,标架φ_n和其对偶标架$\hat{\varphi}_n$是可以交换的。

定理 1.8.3 如果$\{\varphi_n, n\in\mathbb{Z}\}$构成一个紧标架,即标架界 $A=B$,那么[Dau92]

$$\hat{\varphi}_n = \frac{1}{A}\varphi_n, \quad n \in \mathbb{Z} \tag{1.8.9}$$

因此,信号 $\boldsymbol{x}$ 可由下式重建

$$\boldsymbol{x} = \frac{1}{A}\sum_k \langle \boldsymbol{x}, \varphi_k \rangle \varphi_k \tag{1.8.10}$$

显然,如果 $A=1$,则$\hat{\varphi}_n=\varphi_n$,(1.8.10)式变成了信号的正交分解。

例 1.8.2 在例 1.8.1 中,由于 $A=B=3/2$,所以φ_1,φ_2和φ_3构成了紧标架,由(1.8.9)式得$\{\hat{\varphi}_n\}=\frac{2}{3}\{\varphi_n\}$,$n=1,2,3$,因此可由(1.8.10)式来重建 $\boldsymbol{x}$,即

$$\boldsymbol{x} = \frac{2}{3}\sum_{k=1}^{3} \langle \boldsymbol{x}, \varphi_k \rangle \varphi_k = \frac{2}{3}\sum_{k=1}^{3} \alpha_k \varphi_k \tag{1.8.11}$$

但是,(1.8.11)式的重建关系不是唯一的,可以找到无穷多个分解系数 α'_k和无穷多个对偶函数来重建 $\boldsymbol{x}$。例如,令 $\alpha'_k=\alpha_k+c$,c 为任意常数,由于$\varphi_1+\varphi_2+\varphi_3=0$,故

$$\frac{2}{3}\sum_{k=1}^{3}[\alpha_k + c]\varphi_k = \frac{2}{3}\sum_{k=1}^{3}(\langle \boldsymbol{x}, \varphi_k \rangle + c)\varphi_k \tag{1.8.12}$$

的值也等于 $\boldsymbol{x}$。另外,如果用$\{\hat{\varphi}'_k\}=\{\hat{\varphi}_k\}+c$ $(k=1,2,3)$来代替$\{\hat{\varphi}_k\}$,那么

$$\sum_{k=1}^{3} \langle \boldsymbol{x}, \varphi_k \rangle \hat{\varphi}'_k = \sum_{k=1}^{3} \langle \boldsymbol{x}, \varphi_k \rangle \hat{\varphi}_k + \left(\sum_{k=1}^{3} \langle \boldsymbol{x}, \varphi_k \rangle c\right) = \boldsymbol{x} \tag{1.8.13}$$

因为 c 为任意常数,因此对给定的 α_k 和$\{\hat{\varphi}_k\}$,α'_k和$\{\hat{\varphi}'_k\}$可以有无穷多个。

分析以上三式可知,尽管 α'_k和$\{\hat{\varphi}'_k\}$无穷多,但是使用(1.8.11)式重建 $\boldsymbol{x}$ 要比使用(1.8.12)式"经济",使用$\{\hat{\varphi}_k\}$也比使用$\{\hat{\varphi}'_k\}$"经济"。由(1.8.7)式,有 $\sum_{k=1}^{3}|\alpha_k|^2 = \frac{3}{2}\|\boldsymbol{x}\|_2^2$,而

$$\sum_{k=1}^{3}|\alpha'_k|^2 = \sum_{k=1}^{3}|\langle \boldsymbol{x}, \varphi_k \rangle + c|^2 = \sum_{k=1}^{3}|\alpha_k|^2 + 3c^2 \geqslant \sum_{k=1}^{3}|\alpha_k|^2 \tag{1.8.14}$$

可见,$\boldsymbol{x}$ 按(1.8.11)式重建(或分解),分解系数的能量为最小,也即最接近$\|\boldsymbol{x}\|_2^2$。同

理，对任意的使$\langle x,c\rangle \neq 0$的常数$c$，由于

$$\sum_{k=1}^{3}|\langle \boldsymbol{x},\hat{\varphi}'_k\rangle|^2=\sum_{k=1}^{3}|\langle \boldsymbol{x},\hat{\varphi}_k\rangle|^2+3|\langle \boldsymbol{x},c\rangle|^2$$

$$=\frac{2}{3}\|\boldsymbol{x}\|_2^2+|\langle \boldsymbol{x},c\rangle|^2>\frac{2}{3}\|\boldsymbol{x}\|_2^2=\sum_{k=1}^{3}|\langle \boldsymbol{x},\hat{\varphi}_k\rangle|^2 \tag{1.8.15}$$

因此，使用按(1.8.9)式求出的对偶标架来重建(或分解)$\boldsymbol{x}$，分解系数的能量也最接近$\|\boldsymbol{x}\|_2^2$。

从以上讨论可以看出，在紧标架的情况下，由于用于分析和综合的标架及对偶标架为同一个函数$\{\varphi_k\}$(不考虑相差的常数$1/A$)，该标架和信号$\boldsymbol{x}$的内积具有最小的范数，并最接近于信号$\boldsymbol{x}$自身的范数。

现在再回到信号重建的问题。在非紧标架的情况下，求出对偶标架比较困难。但是，如果标架界A和B比较接近，那么对偶标架$\hat{\varphi}_n$和φ_n有如下的近似关系：

$$\hat{\varphi}_n \approx \frac{2}{A+B}\varphi_n,\quad n\in\mathbb{Z} \tag{1.8.16}$$

由(1.8.8)式，信号$\boldsymbol{x}$可由下式来重建

$$\boldsymbol{x}\approx\frac{2}{A+B}\sum_k\langle \boldsymbol{x},\varphi_k\rangle\varphi_k \tag{1.8.17}$$

参考文献[Dau92]讨论了上述两式中的近似情况，$\boldsymbol{x}$可以更准确地表示为

$$\boldsymbol{x}=\frac{2}{A+B}\sum_k\langle \boldsymbol{x},\varphi_k\rangle\varphi_k+R\boldsymbol{x} \tag{1.8.18}$$

式中，$R\boldsymbol{x}$表示对$\boldsymbol{x}$作一阶逼近时的残余误差，并有

$$\|R\|\leqslant\frac{B-A}{B+A}=\frac{r}{2+r},\quad r=\frac{B}{A}-1 \tag{1.8.19}$$

因此，残余误差的范数

$$\|R\|_2\|\boldsymbol{x}\|_2=\frac{r}{2+r}\|\boldsymbol{x}\|_2 \tag{1.8.20}$$

显然，如果A和B很接近，则r接近于零，残余误差的范数也接近于零。

由以上的讨论可知，标架界A和B在标架理论中起到了重要的作用。假定标架$\{\varphi_n\}$是归一化的，即$\|\varphi_k\|_2^2=1$，现把A和B的取值情况归纳如下：

(1) 若$\{\varphi_n\}$构成一个标架，则标架界A和B一定满足$0<A\leqslant B<\infty$；

(2) $\{\varphi_n\}$构成一个紧标架时有$A=B$，若$\{\varphi_n\}$各分量之间是线性相关的，如例1.8.1，则$A>1$，因此A可作为冗余度的测量，A越大，冗余越多；

(3) 若$\{\varphi_n\}$各分量之间是线性独立的，可以证明，标架界有如下关系[Mal97]：

$$A\leqslant 1\leqslant B \tag{1.8.21}$$

(4) 在非紧标架的情况下，有 $B/A>1$，由(1.8.19)式，若 B/A 越大，重建误差也就越大，同时对偶标架$\hat{\varphi}_n$和φ_n相差也越大。

在标架理论中，还有两个问题需要讨论。一是对给定的一组向量或函数$\{\varphi_k\}$，如何判断它是否构成一个标架？这实际上是如何计算标架界 A 和 B 的问题；二是当 A 和 B 相差较大时，如何求出对偶标架以实现对信号的重建？回答这两个问题都是比较困难的。第 2 章和第 9 章将陆续地涉及这些问题。

在信号处理中还会遇到 Riesz 基的概念。其定义如下：

定义 1.8.3 一组向量$\{\varphi_k,k\in\mathbb{Z}\}$被说成是 Hilbert 空间的 Riesz 基，它必须满足

(1) $\{\varphi_k,k\in\mathbb{Z}\}$是线性独立的；

(2) 存在常数 $A>0,B>0$，使得

$$A\|\boldsymbol{x}\|_2^2\leqslant\sum_k|\langle\boldsymbol{x},\varphi_k\rangle|^2\leqslant B\|\boldsymbol{x}\|_2^2 \tag{1.8.22}$$

显然，Riesz 基也是一个标架，但其要求要比一般的标架严，即$\{\varphi_k,k\in\mathbb{Z}\}$应是线性独立的。可以证明，Riesz 基的对偶标架$\{\hat{\varphi}_k,k\in\mathbb{Z}\}$也是线性独立的[Mal98]，因此也构成一个 Riesz 基。Riesz 基和其对偶 Riesz 基构成双正交关系。

1.9 Poisson 和公式

Poisson 和公式(Poisson summation formula)给出了信号时域、频域的一些对应关系，在信号处理中一些理论的推导方面有着重要的应用。该公式有不同的表现形式，现介绍如下。

(1) 若 $x(t)$是一周期为 T 的脉冲串，即 $x(t)=\sum_n\delta(t+nT)$，$\delta(t)$为 Dirac 函数，则 $x(t)$可展成傅里叶级数[ZW2]，该级数的基本周期为 Ω_0，其傅里叶系数为 $1/T$，即

$$\sum_{n=-\infty}^{\infty}\delta(t+nT)=\frac{1}{T}\sum_{k=-\infty}^{\infty}\mathrm{e}^{\mathrm{j}k\Omega_0 t},\quad \Omega_0=2\pi/T \tag{1.9.1}$$

这是 Poisson 和公式的第一个形式。

(2) 对应频域的脉冲串，可导出 Poisson 和公式的第二个形式，即

$$\sum_{k=-\infty}^{\infty}\delta(\Omega+k\Omega_0)=\frac{1}{\Omega}\sum_{n=-\infty}^{\infty}\mathrm{e}^{-\mathrm{j}n\Omega T},\quad \Omega_0=2\pi/T \tag{1.9.2}$$

该式可通过将频域的脉冲串展开为傅里叶级数来得到。

(3) 设信号 $x(t)$ 为有限长，长度为 T，并记其傅里叶变换为 $X(\Omega)$，现将 $x(t)$ 扩展成以 T 为周期的周期信号 $\tilde{x}(t)$，$\tilde{x}(t)$ 的傅里叶系数应是 $\frac{1}{T}X(k\Omega_0)$，基本周期 $\Omega_0=\frac{2\pi}{T}$，仿照(1.9.1)式，有

$$\sum_{n=-\infty}^{\infty} x(t+nT)=\frac{1}{T}\sum_{k=-\infty}^{\infty} X(k\Omega_0)\mathrm{e}^{\mathrm{j}k\Omega_0 t} \tag{1.9.3}$$

显然，$X(k\Omega_0)$ 是 $X(\Omega)$ 的抽样，抽样间隔为 Ω_0。

(1.9.3)式实际上是周期信号展开为傅里叶级数的基本公式。该式也可由如下的方法来得出：

设想 $x(t)$ 是一线性系统的单位抽样响应(即 $h(t)$)，$X(\Omega)$ 是其频率响应。该系统对 $\sum_{n=-\infty}^{\infty}\delta(t+nT)$ 的输出是 $\sum_{n=-\infty}^{\infty}x(t+nT)$，由(1.9.1)式，对 $\frac{1}{T}\sum_{k=-\infty}^{\infty}\mathrm{e}^{\mathrm{j}k\Omega_0 t}$，的输出是 $\frac{1}{T}\sum_{k=-\infty}^{\infty}X(k\Omega_0)\mathrm{e}^{\mathrm{j}k\Omega_0 t}$。

(4) 与(1.9.2)式和(1.9.1)式的对应相似，(1.9.3)式也有如下的对称形式，即

$$\sum_{k=-\infty}^{\infty} X(\Omega+k\Omega_0)=\frac{2\pi}{\Omega_0}\sum_{n=-\infty}^{\infty} x(nT)\mathrm{e}^{-\mathrm{j}n\Omega T},\quad T=\frac{2\pi}{\Omega_0} \tag{1.9.4}$$

在(1.9.4)式中，如果令 $T=T_s$，则 $\Omega_0=2\pi/T_s=\Omega_s$，这样，$x(nT)=x(nT_s)$ 可以看作是 $x(t)$ 的抽样，这时(1.9.4)式的右边有

$$T_s\sum_{n=-\infty}^{\infty} x(nT_s)\mathrm{e}^{-\mathrm{j}n\Omega T_s}=T_s\sum_{n=-\infty}^{\infty} x(nT_s)\mathrm{e}^{-\mathrm{j}\omega n}$$

若再将 T_s 归一化为1，则 $\Omega_s=2\pi$。(1.9.4)式左边变为 $\sum_{k=-\infty}^{\infty}X(\Omega+2\pi k)$，它是频域的周期函数，周期为 2π，记为 $X(\mathrm{e}^{\mathrm{j}\omega})$，于是(1.9.4)式变为

$$X(\mathrm{e}^{\mathrm{j}\omega})=\sum_{n=-\infty}^{\infty} x(n)\mathrm{e}^{-\mathrm{j}\omega n} \tag{1.9.5}$$

这正是我们所熟知的结论，即离散信号的 DTFT 等于原连续信号频谱的移位叠加。

在实际应用中，Poisson 和公式往往有着不同的表现形式，如

$$\sum_{n=-\infty}^{\infty} \mathrm{e}^{-\mathrm{j}2\pi n bx}=\frac{1}{b}\sum_{n=-\infty}^{\infty}\delta\left(x-\frac{n}{b}\right) \tag{1.9.6}$$

读者只需进行变量代换，如令 $t=x$，$\Omega_0=-2\pi b$，(1.9.6)式即等效于(1.9.1)式。

有关 Poisson 和公式的其他形式，将在后续章节里遇到后再给以介绍。有关上述公式的证明可参阅参考文献[Pap77b]。

1.10 Zak 变换

给定信号 $x(t)\in L^2(R)$，定义

$$Z_x^{(T)}(t,f)=\sqrt{T}\sum_{k=-\infty}^{\infty}x(t+kT)\mathrm{e}^{-\mathrm{j}2\pi fkT} \tag{1.10.1}$$

为信号 $x(t)$ 的 Zak 变换。式中，$0\leqslant t<T$，$0\leqslant f\leqslant 1/T$；$k\in\mathbb{Z}$ 。

Zak 变换源于 1950 年提出的 Weil-Brezin 变换，当时该变换用于谐波分析。J. Zak 于 1967 年重新研究了该变换的应用[Zak67]，并将其称为信号的 $k-q$ 表示，现在统称为 Zak 变换。由(1.10.1)式可以看出，Zak 变换将一维的函数 $x(t)$ 映射为二维的函数 $Z_x(t,f)$，其中一个变量是时间 t，另一个变量是频率 Ω。因此，Zak 变换也是信号时频分布的一种表示形式。此外，Zak 变换是信号处理中的一个重要工具，由后面的讨论可知，它在求解 Gabor 展开系数以及在有关信号处理的一些基本理论的推导(如 Parseval 定理、Shannon 抽样定理等)中，都有着重要的作用。

在(1.10.1)式中，T 是一个固定的时间长度，也是信号分析的长度；t 是时间变量，它也用于确定作 Zak 变换的时间起点；频率变量是 f；t 和 f 的变化范围分别是 $0\leqslant t<T$，$0\leqslant f\leqslant 1/T$。随着时间 t 在 $0\sim T$ 之间的变化，即得二维的时频分布 $Z_x(t,f)$。

现在考察(1.10.1)式的离散形式。首先将时间 t 离散化，假定在 T 中包含 L 个点，那么抽样间隔 $T_s=T/L$，这样 t 应换成 $nT/L(0\leqslant n\leqslant L-1)$。再令 $f=\theta/T$，定义

$$Z_x^{(L)}\left(\frac{nT}{L},\theta\right)=\frac{1}{\sqrt{T}}Z_x^{(T)}\left(\frac{nT}{L},\frac{\theta}{T}\right)$$

那么，(1.10.1)式变为

$$Z_x^{(L)}\left(\frac{nT}{L},\theta\right)=\sum_{k=-\infty}^{\infty}x\left(\frac{nT}{L}+kLT_s\right)\mathrm{e}^{-\mathrm{j}2\pi k\theta T_s} \tag{1.10.2}$$

将 $x(nT/L)$ 简记为 $x(n)$，再把 T_s 归一化为 1 并省去上标(L)，可得

$$Z_x(n,\theta)=\sum_{k=-\infty}^{\infty}x(n+kL)\mathrm{e}^{-\mathrm{j}2\pi k\theta} \tag{1.10.3}$$

该式称为离散序列的 Zak 变换，简记为 DTZT。它类似于离散序列的傅里叶变换，即 DTFT。DTZT 和 DTFT 的时域变量都是离散的，而频域变量都是连续的。同理，可将(1.10.1)式的连续 Zak 变换简记为 ZT。

在(1.10.3)式中，n 的取值范围是 $0,1,\cdots,L-1$，若 n 取某一固定值，如 $n=n_0$，并记

$x_{n_0}(k)=x(n_0+kL)$，则(1.10.2)式变成

$$Z_x(n_0,\theta) = \sum_{k=-\infty}^{\infty} x_{n_0}(k)\mathrm{e}^{-\mathrm{j}2\pi k\theta} \tag{1.10.4}$$

式中，$x_{n_0}(k)$是将 $x(n)$从 n_0 点开始，每隔 L 点取一点所构成的新序列。显然，(1.10.4)式是一个标准的 DTFT。如果 $L=1$，并考虑 $n_0=0$，则 $x_{n_0}(k)=x(k)$，(1.10.4)式又可变为

$$Z_x(0,\theta) = \sum_{k=-\infty}^{\infty} x(k)\mathrm{e}^{-\mathrm{j}2\pi k\theta} = X(\theta) \tag{1.10.5}$$

式中，$X(\theta)$是 $x(k)$的傅里叶变换。

在讨论 Zak 变换的计算之前，先给出 ZT 和 DTZT 的一些主要性质。

(1) 与傅里叶变换的关系

记 $x(t)$的傅里叶变换为 $X(f)$，$Z_X(f,-t)$为 $X(f)$的 Zak 变换，则

$$Z_x^{(\mathrm{T})}(t,f) = \mathrm{e}^{\mathrm{j}2\pi ft}Z_X^{(\mathrm{T})}(f,-t) \tag{1.10.6}$$

上式可用 Poisson 和公式来证明。

由(1.9.3)式，令 $T=1$，并对该式稍作修改，有[ZW4]

$$\sum_{k=-\infty}^{\infty} g(t+k) = \sum_{k=-\infty}^{\infty} G(k)\mathrm{e}^{\mathrm{j}2\pi kt} \tag{1.10.7}$$

式中，$G(k)$(应为 $G(2\pi k)$，现省去了 2π)是 $g(t+k)$的傅里叶系数。

令 $g(t+k)=x(t+k)\mathrm{e}^{-\mathrm{j}2\pi fk}$，由(1.10.1)式可知，$\sum\limits_{k=-\infty}^{\infty} g(t+k)$是 $x(t)$的 Zak 变换，即 $Z_x^{(\mathrm{T})}(t,f)$。又因为

$$G(f) = \int_{-\infty}^{\infty} g(t)\mathrm{e}^{-\mathrm{j}2\pi ft}\mathrm{d}t = \int_{-\infty}^{\infty} x(t+k)\mathrm{e}^{-\mathrm{j}2\pi fk}\mathrm{e}^{-\mathrm{j}2\pi ft}\mathrm{d}t = X(f)$$

所以

$$\begin{aligned} Z_x^{(\mathrm{T})}(t,f) &= \sum_{k=-\infty}^{\infty} g(t+k) = \sum_{k=-\infty}^{\infty} X(k)\mathrm{e}^{\mathrm{j}2\pi kt} \\ &= \mathrm{e}^{\mathrm{j}2\pi ft}\sum_{k=-\infty}^{\infty} X(f+k)\mathrm{e}^{-\mathrm{j}2\pi f(-t)} = \mathrm{e}^{\mathrm{j}2\pi ft}Z_X^{(\mathrm{T})}(f,-t) \end{aligned} \tag{1.10.8}$$

对应 DTZT，有[Bol97]

$$Z_x(n,\theta) = \frac{1}{L}\mathrm{e}^{\mathrm{j}2\pi n\theta/L}\sum_{m=0}^{L-1} X\left(\frac{m+\theta}{L}\right)\mathrm{e}^{\mathrm{j}2\pi(m/L)n} \tag{1.10.9}$$

式中，$X(\theta)$的定义见(1.10.5)式。

(2) 周期性

由(1.10.1)式,易证

$$Z_x^{(T)}(t,f+1)=Z_x^{(T)}(t,f) \tag{1.10.10a}$$

$$Z_x^{(T)}(t+1,f)=\mathrm{e}^{\mathrm{j}2\pi f}Z_x^{(T)}(t,f) \tag{1.10.10b}$$

在得到(1.10.10b)式时,假定 $T=1$。由此可以看出,Zak 变换的相对频率变量是周期的,周期为 1,相对时间变量是"准周期"的,周期也为 1。这样,一个信号的 Zak 变换可完全由 $(0\leqslant t,f\leqslant 1)$ 这一正方形中的值所决定。对 DTZT,有

$$Z_x(n+kL,\theta)=\mathrm{e}^{\mathrm{j}2\pi k\theta}Z_x(n,\theta) \tag{1.10.11a}$$

$$Z_x(n,\theta+l)=Z_x(n,\theta),\quad l\in\mathbb{Z} \tag{1.10.11b}$$

这样,DTZT 频域的周期可为 l,但 l 可取任意整数,当取 $l=1$ 时,时域的周期为 L,因此 $(n,\theta)\in[0,L-1]\times[0,1)$。

(3) 边缘性质

对 ZT,有

$$\int_0^1 Z_x^{(T)}(t,f)\mathrm{d}f=x(t) \tag{1.10.12a}$$

及

$$\int_0^1 Z_x^{(T)}(t,f)\mathrm{e}^{-\mathrm{j}2\pi ft}\mathrm{d}t=X(f) \tag{1.10.12b}$$

对 DTZT,有

$$\int_0^1 Z_x(n,\theta)\mathrm{d}\theta=x(n) \tag{1.10.13a}$$

及

$$\sum_{n=0}^{L-1}Z_x(n,\theta L)\mathrm{e}^{-\mathrm{j}2\pi n\theta}=X(\theta) \tag{1.10.13b}$$

(4) 内积关系

对 ZT,有

$$\langle x(t),y(t)\rangle=\iint Z_x^{(T)}(t,f)[Z_y^{(T)}(t,f)]^*\,\mathrm{d}t\mathrm{d}f \tag{1.10.14a}$$

及

$$\|x(t)\|^2=\iint|Z_x^{(T)}(t,f)|^2\mathrm{d}t\mathrm{d}f \tag{1.10.14b}$$

上述两式的积分区间是 $[a,a+1]\times[b,b+1]$ 的二维方形区域,$a,b\in\mathbb{R}^+$。

对 DTZT,有

$$\langle x,y\rangle=\langle Z_x(n,\theta),Z_y(n,\theta)\rangle,\quad \|\boldsymbol{x}\|=\|\boldsymbol{Z}_x\| \tag{1.10.15a}$$

式中，Zak 变换的内积定义为

$$\langle Z_x(n,\theta),Z_y(n,\theta)\rangle=\sum_{n=0}^{L-1}\int_0^1 Z_x(n,\theta)Z_y^*(n,\theta)\mathrm{d}\theta \tag{1.10.15b}$$

(1.10.14b)式和(1.10.15a)式说明，Zak 变换符合 Parseval 定理，即变换前后能量保持不变。此外，该结论还说明 $x(t)$和其 Zak 变换之间是一对一的变换。所谓一对一的变换是指，在区间$(n,\theta)\in[0,L-1]\times[0,1)$上，任给一个能量有限的二维函数 $F(n,\theta)$，都可找到一个能量有限的信号 $x(n)$，使其 Zak 变换（即 $Z_x(n,\theta)$）等于 $F(n,\theta)$，因此，根据(1.10.13a)式，可由 $F(n,\theta)$求出 $x(n)$。

(5) 两个信号的积及两个信号卷积的 Zak 变换

令 $y(t)=x(t)h(t)$，则

$$Z_y^{(T)}(t,f)=\int_0^1 Z_x^{(T)}(t,v)Z_h^{(T)}(t,f-v)\mathrm{d}v \tag{1.10.16}$$

若 $y(t)=x(t)*h(t)$，则

$$Z_y(t,f)=\int_0^1 Z_x(\eta,f)Z_h(t-\eta,f)\mathrm{d}\eta \tag{1.10.17}$$

这两个性质与第3章和第4章要讨论的 Cohen 类分布有着非常类似之处。

Zak 变换的性质还很多，在离散 Gabor 展开系数的计算等方面有着重要的应用，可参阅参考文献[Jan88, Jan93, Bol97]及[ZW4]。最后，简单介绍一下 Zak 变换的计算。

类似于由 DTFT 过渡到 DFT，为了在计算机上计算一个信号的 Zak 变换，需要将(1.10.3)式中的频率变量 θ 离散化。将(1.10.3)式中的求和变量 k 换成 l，再令 $\theta_k=k/M$，则(1.10.3)式变成

$$Z_x\left(n,\frac{k}{M}\right)=\sum_l x(n+lL)\mathrm{e}^{-\mathrm{j}\frac{2\pi}{M}lk} \tag{1.10.18}$$

现在来分析一下(1.10.18)式中 l 的求和范围。令 $x(n)$的长度为 N，在定义(1.10.2)式时已指出 n 的取值范围是 $0,\cdots,L-1$，由对 θ 的离散化可知，k 的取值范围是 $0,\cdots,M-1$。因此，$x(n+lL)$的含义是将 $x(n)$分成 L 段，每一段的长度等于 N/L，选择 $M=N/L$，因此 l 的求和范围亦是 $0,\cdots,M-1$。于是，(1.10.18)式变为

$$Z_x(n,k)=\sum_{l=0}^{M-1}x(n+lL)\mathrm{e}^{-\mathrm{j}\frac{2\pi}{M}lk},\quad 0\leqslant n\leqslant L-1,0\leqslant k\leqslant M-1 \tag{1.10.19}$$

该式称为离散 Zak 变换，简记为 DZT。显然，对于固定的 n，(1.10.19)式变成一个 M 点的 DFT。不过该 DFT 要做 L 次。更简洁地说，(1.10.19)式的 DZT 实际上是计算下述矩阵 $\boldsymbol{X}$ 每一列的 DFT，即

$$
\boldsymbol{X}=\begin{bmatrix} x(0) & x(1) & \cdots & x(L-1) \\ x(L) & x(L+1) & \cdots & x(2L-1) \\ \vdots & \vdots & \ddots & \vdots \\ x(N-L) & x(N-L+1) & \cdots & x(N-1) \end{bmatrix} \tag{1.10.20}
$$

由上面的讨论可以看出，Zak 变换是将一维信号 $x(t)$ 映射到一个二维的时频平面上，所以得到的是二维函数 $Z_x^{(T)}(t,f)$。由于 t 和 f 的取值限制，该时频平面被分成一个个的"栅格"，时间轴上的步长为 T(t 的取值范围)，频率轴上的步长为$1/T$(f 的取值范围)。当将 t 离散化时，时间步长为 L 个点，n 只能在 0 和 $L-1$ 之间取值，频率步长为 θ，由于 $f=\theta/T$，所以 θ 方向的步长为 1；再将 θ 离散化为 M 个点，即得到离散 Zak 变换。这一过程如同将连续信号的傅里叶变换(FT)过渡到离散序列的傅里叶变换(DTFT)，再过渡到离散傅里叶变换(DFT)。Zak 变换中各参数的含义如图 1.10.1 所示。在实际工作中，对给定的序列长度 N，应按 $N=LM$ 作分解，以求出时域和频域分析的步长。

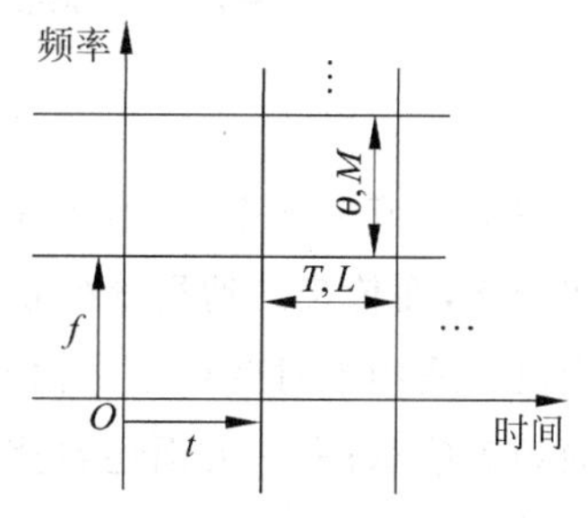

图 1.10.1 Zak 变换参数的解释

例 1.10.1 令 $x(t)$ 仍为一 chirp 信号，其能量集中在 $f_i(t)=\alpha t$ 的一条直线上，如图 1.1.2 所示。现对 $x(t)$ 抽样，取数据长度 $N=300$，令 $N=LM$，可求得 $L=20$，$M=15$。图 1.10.2 是其 DZT 的幅值图。由该图可以看出，其时间轴长度为 20，说明 $n=0\sim19$；作 DFT 的每段数据长度为 15 点，因此频率轴的分点也是 15，图中频率的定标是由上至下。有关本例的 MATLAB 程序是 exa011001.m。

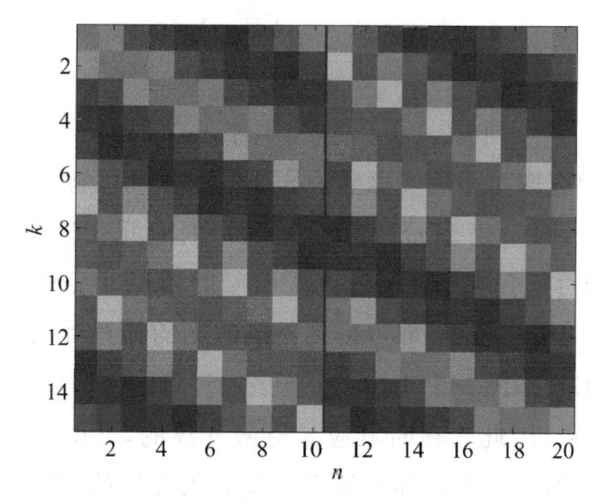

图 1.10.2 线性调频信号的 Zak 变换

第 2 章

短时傅里叶变换与 Gabor 变换

2.1 连续信号的短时傅里叶变换

在 1.1 节中已指出，由于在实际工作中所遇到的信号往往是时变的，即信号的频率随时间变化，而传统的傅里叶变换，由于其基函数是复正弦，缺少时域定位的功能，因此傅里叶变换不适用于时变信号。信号分析和处理的一个重要任务是，一方面要了解信号所包含的频谱信息；另一方面还希望知道不同频率所出现的时间。

早在 1946 年，Gabor 就提出了短时傅里叶变换（short time Fourier transform，STFT）的概念，用以测量声音信号的频率定位[Gab46]。

给定一信号 $x(t)\in L^2(R)$，重写(1.2.2)式关于 STFT 的定义，即

$$\begin{aligned}\mathrm{STFT}_x(t,\Omega)&=\int x(\tau)g_{t,\Omega}^*(\tau)\mathrm{d}\tau=\int x(\tau)g^*(\tau-t)\mathrm{e}^{-\mathrm{j}\Omega\tau}\mathrm{d}\tau\\&=\langle x(\tau),g(\tau-t)\mathrm{e}^{\mathrm{j}\Omega\tau}\rangle\end{aligned}\tag{2.1.1}$$

式中

$$g_{t,\Omega}(\tau)=g(\tau-t)\mathrm{e}^{\mathrm{j}\Omega\tau}\tag{2.1.2}$$

及

$$\|g(\tau)\|=1,\quad \|g_{t,\Omega}(\tau)\|=1$$

此外，窗函数 $g(\tau)$ 应取对称的实函数。STFT 的含义可解释如下：

在时域用窗函数 $g(\tau)$ 去截 $x(\tau)$（将 $x(t)$，$g(t)$ 的时间变量换成 τ），对截下来的局部信号作傅里叶变换，即可得到在 t 时刻的该段信号的傅里叶变换。不断地移动 t，也即不断地移动窗函数 $g(\tau)$ 的中心位置，即可得到不同时刻的傅里叶变换。这些傅里叶变换的集合，即是 $\mathrm{STFT}_x(t,\Omega)$，如图 2.1.1 所示。显然，$\mathrm{STFT}_x(t,\Omega)$ 是变量 (t,Ω) 的二维函数。

由于 $g(\tau)$ 是窗函数，因此它在时域应是有限支撑的，又由于 $\mathrm{e}^{\mathrm{j}\Omega\tau}$ 在频域是线谱，所以 STFT 的基函数 $g(\tau-t)\mathrm{e}^{\mathrm{j}\Omega\tau}$ 在时域和频域都应是有限支撑的。这样，(2.1.1)式内积的结果就有了对 $x(t)$ 实现时频定位的功能。

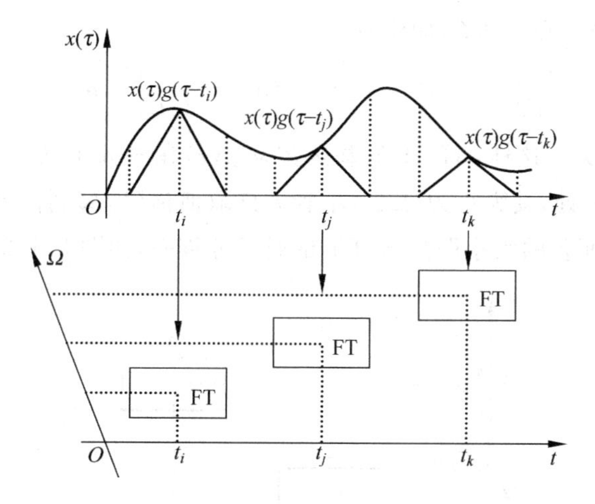

图 2.1.1 STFT 示意图

现在,来讨论 STFT 在时域和频域的分辨率。对(2.1.2)式两边作傅里叶变换,有

$$
\begin{aligned}
G_{t,\Omega}(v) &= \int g(\tau-t)\mathrm{e}^{\mathrm{j}\Omega\tau}\mathrm{e}^{-\mathrm{j}v\tau}\mathrm{d}\tau \\
&= \mathrm{e}^{-\mathrm{j}(v-\Omega)t}\int g(t')\mathrm{e}^{-\mathrm{j}(v-\Omega)t'}\mathrm{d}t' \\
&= G(v-\Omega)\mathrm{e}^{-\mathrm{j}(v-\Omega)t}
\end{aligned}
\tag{2.1.3}
$$

式中,v 是和 Ω 等效的频率变量。

由于

$$
\begin{aligned}
\langle x(t), g_{t,\Omega}(\tau)\rangle &= \frac{1}{2\pi}\langle X(v), G_{t,\Omega}(v)\rangle \\
&= \frac{1}{2\pi}\int_{-\infty}^{\infty} X(v)G^*(v-\Omega)\mathrm{e}^{\mathrm{j}(v-\Omega)t}\mathrm{d}v
\end{aligned}
\tag{2.1.4}
$$

所以

$$
\mathrm{STFT}_x(t,\Omega) = \mathrm{e}^{-\mathrm{j}\Omega t}\frac{1}{2\pi}\int_{-\infty}^{\infty} X(v)G^*(v-\Omega)\mathrm{e}^{\mathrm{j}vt}\mathrm{d}v \tag{2.1.5}
$$

(2.1.5)式指出,对 $x(\tau)$ 在时域加窗 $g(\tau-t)$,那么,相应地在频域对 $X(v)$ 加窗 $G(v-\Omega)$。

由 1.3 节及图 2.1.1 可以看出,基函数 $g_{t,\Omega}(\tau)$ 的时间中心 $\tau_0=t$(t 是移位变量),其时宽

$$
\Delta_\tau^2 = \frac{1}{E}\int(\tau-t)^2|g_{t,\Omega}(\tau)|^2\mathrm{d}\tau = \frac{1}{E}\int\tau^2|g(\tau)|^2\mathrm{d}\tau \tag{2.1.6}
$$

式中,E 是基函数 $g_{t,\Omega}(\tau)$ 的能量。可见,$g_{t,\Omega}(\tau)$ 的时间中心由 t 决定,但时宽和 t 无关。

同理，$G_{t,\Omega}(v)$的频率中心 $v_0=\Omega$，而带宽

$$\Delta_v^2=\frac{1}{2\pi E}\int(v-\Omega)^2\left|G_{t,\Omega}(v)\right|^2\mathrm{d}v=\frac{1}{2\pi E}\int_{-\infty}^{\infty}v^2\left|G(v)\right|^2\mathrm{d}v \qquad (2.1.7)$$

也和频率中心 Ω 无关。这样，STFT 的基函数 $g_{t,\Omega}(\tau)$在时频平面上具有如下的分辨"细胞"：其中心在(t,Ω)处，其大小为 $\Delta_\tau\Delta_v$，不管 t,Ω 取何值(即移到何处)，该"细胞"的面积始终保持不变。该面积的大小即是 STFT 的时频分辨率，如图 2.1.2 所示。

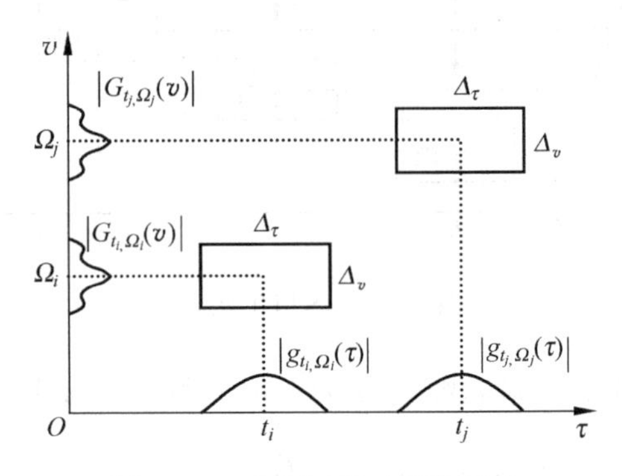

图 2.1.2　STFT 的时频分辨率

对信号进行时间和频率的联合分析时，一般地，对快变的信号，希望要有好的时间分辨率，以观察信号的快变部分(如尖脉冲等)，即观察的时间宽度 Δ_t 要小，由于受时宽-带宽积的影响，这样，对该信号频域的分辨率自然要下降。也就是说，由于快变信号对应的是高频信号，因此对这一类信号，在希望要有好的时间分辨率的同时，就要降低其高频端的频率分辨率。反之，慢变信号对应的是低频信号，有理由降低它的时间分辨率，因此可以在低频处获得好的频率分辨率。由上述讨论可以看出，自然所希望采取的时频分析算法能自动适应这一要求。但是，由于 STFT 的 Δ_τ，Δ_v 不随 t,Ω 变化而变化，因而不具备这一自动调节能力。在后面要讨论的小波变换则具备这一能力。

现在，举例来讨论 STFT 的时频分辨率与窗函数的关系及 STFT 的应用。

例 2.1.1　令 $x(\tau)=\delta(\tau-\tau_0)$，可以求出其

$$\mathrm{STFT}_x(t,\Omega)=\int\delta(\tau-\tau_0)g(\tau-t)\mathrm{e}^{-\mathrm{j}\Omega\tau}\mathrm{d}\tau=g(\tau_0-t)\mathrm{e}^{-\mathrm{j}\Omega\tau_0} \qquad (2.1.8)$$

这个例子说明，STFT 的时间分辨率由窗函数 $g(\tau)$的宽度而决定。

例 2.1.2　若 $x(\tau)=\mathrm{e}^{\mathrm{j}\Omega_0\tau}$，则

$$\mathrm{STFT}_x(t,\Omega)=\int\mathrm{e}^{\mathrm{j}\Omega_0\tau}g(\tau-t)\mathrm{e}^{-\mathrm{j}\Omega\tau}\mathrm{d}\tau=G(\Omega-\Omega_0)\mathrm{e}^{-\mathrm{j}(\Omega-\Omega_0)t} \qquad (2.1.9)$$

这样,STFT 的频率分辨率由 $g(\tau)$的频谱 $G(\Omega)$的宽度来决定。

这两个例子给出的是极端的情况,即 $x(t)$分别是时域的 δ 函数和频域的 δ 函数。$x(t)$是其他信号时的情况也是如此。显然,当利用 STFT 时,若希望能得到好的时频分辨率,或好的时频定位,应选取时宽、带宽都比较窄的窗函数 $g(\tau)$。遗憾的是,由于受不定原理的限制,无法做到使 Δ_τ,Δ_v 同时为最小。为说明这一点,再看两个极端的情况。

例 2.1.3 若 $g(\tau)=1$,$\forall\tau$,则 $G(\Omega)=\delta(\Omega)$,这样,对任意的 $x(t)\in L^2(R)$,有 $\mathrm{STFT}_x(t,\Omega)=X(\Omega)$。这时,STFT 减为简单的 FT,这将不能给出任何的时间定位信息。其实,由于 $g(\tau)$为无限宽的矩形窗,因此等于没有对信号做截短。

图 2.1.3 给出的是在 $g(\tau)=1$,$\forall\tau$ 的情况下所求出的一个高斯幅度调制的 chirp 信号的 STFT。图中,上面是时域波形,其中心在 $t=70$ 处,时宽约为 15;左边是其频谱;右下是其 STFT。可见,此时的 STFT 无任何时域定位功能。有关该例的 MATLAB 程序是 exa020103.m。

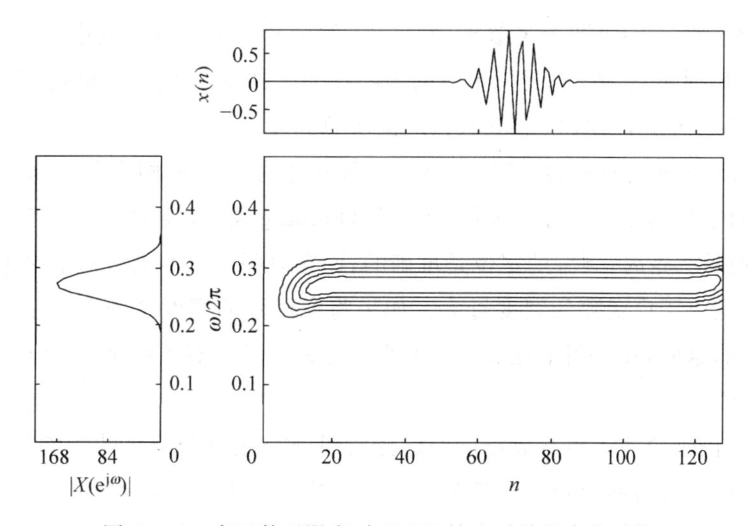

图 2.1.3 窗函数无限宽时 STFT 缺少时域的定位功能

例 2.1.4 令 $g(\tau)=\delta(\tau)$,则 $\mathrm{STFT}_x(t,\Omega)=x(t)\mathrm{e}^{-\mathrm{j}\Omega t}$。这时,STFT 可实现时域的准确定位,即 $\mathrm{STFT}_x(t,\Omega)$的时间中心就是 $x(t)$的时间中心,但 STFT 无法实现频域的定位,如图 2.1.4 所示。该图的时域信号和例 2.1.3 的时域信号类似,但时域中心移到了 $t=30$ 处。相应地,由于作为调制的 chirp 信号的频率较低,所以 $x(t)$的包络的变化比例 2.1.3 的 $x(t)$的包络的变化要慢。有关该例的 MATLAB 程序是 exa020104.m。

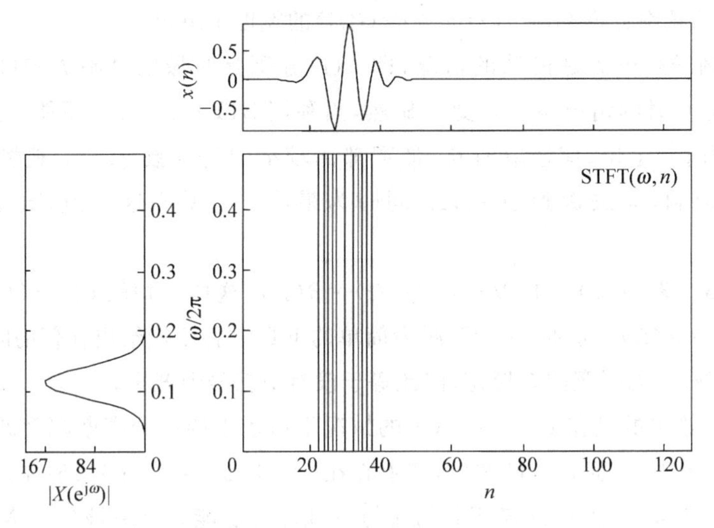

图 2.1.4　窗函数无限窄时 STFT 缺少频域的定位功能

例 2.1.5　设 $x(t)$由两个类似于例 2.1.3 的信号叠加而成。其中，一个信号时间中心在 $t_1=50$ 处，时宽 $\Delta_{t1}=32$；另一个时间中心在 $t_2=90$ 处，时宽 Δ_{t2} 也是 32；调制信号的归一化频率都是 0.25，如图 2.1.5(a)、(b)的上部所示。在信号的时频分析中，类似于例 2.1.3 及例 2.1.4 的高斯幅度调制 chirp 信号被都称为一个时频原子(atom)。在本例中，$x(t)$包含了两个时频原子信号。选择 $g(\tau)$为 Hanning 窗，取窗的宽度为 55，其 STFT 如图2.1.5(a)所示。这时，频率的定位是准确的，而在时间上分不出这两个原子信号的时间中心，其原因是由于窗函数的宽度过大。如果将窗函数的宽度减为 13，所得 STFT 如图 2.1.5(b)所示，这时，在时间上也实现了两个中心的定位。有关该例的 MATLAB 程序是 exa020105.m。

以上几个例子说明了窗函数宽度的选择对时间和频率分辨率的影响。总之，由于受不定原理的制约，对时间分辨率和频率分辨率只能取一个折中，一个提高了，另一个就必然要降低，反之亦然。

对(2.1.1)式两边分别取幅度的二次方，有

$$|\mathrm{STFT}_x(t,\Omega)|^2=\left|\int x(\tau)g^*(\tau-t)\mathrm{e}^{-\mathrm{j}\Omega\tau}\mathrm{d}\tau\right|^2=S_x(t,\Omega)\qquad(2.1.10)$$

式中，$S_x(t,\Omega)$称为 $x(t)$的谱图(spectrogram)。显然，谱图是恒正的，并且始终是(t,Ω)的实函数。由于 $\|g(\tau)\|=1$，由(2.1.9)式，有

$$\int_{-\infty}^{\infty}\int_{-\infty}^{\infty}S_x(t,\Omega)\mathrm{d}t\mathrm{d}\Omega=E_x\qquad(2.1.11)$$

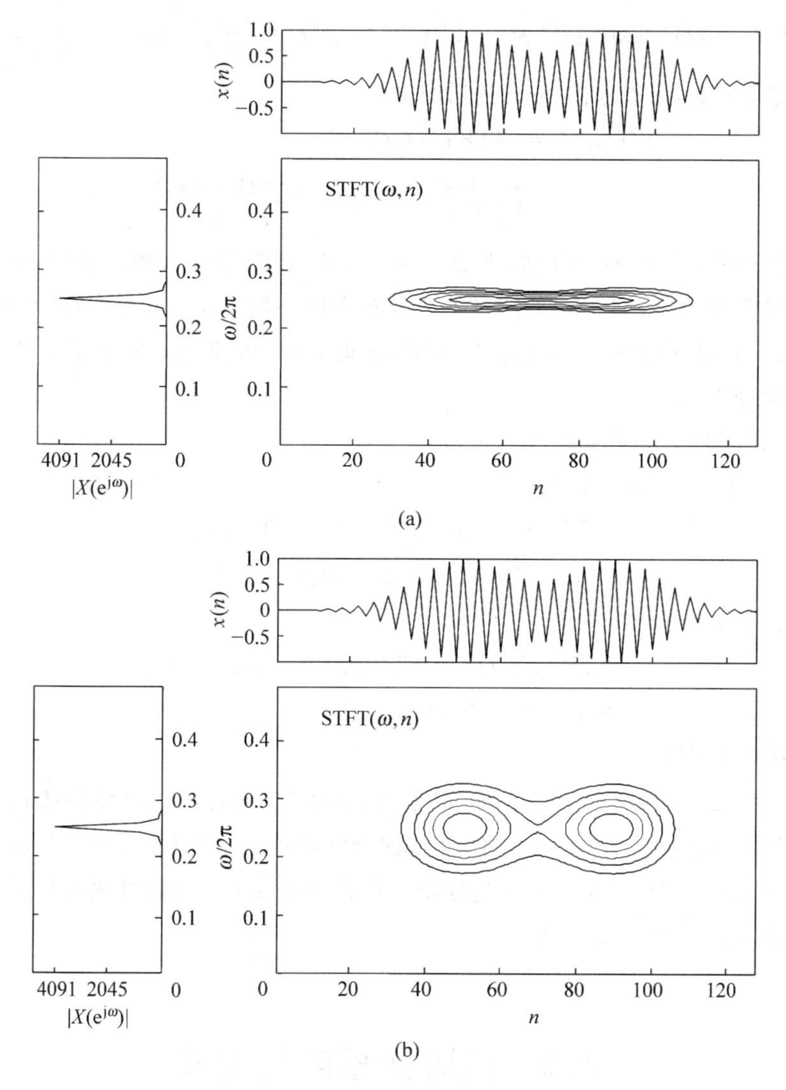

图 2.1.5 窗函数宽度对时频分辨率的影响

(a) 窗函数宽度为 55；(b) 窗函数宽度为 13

即谱图是信号能量的分布。

例 1.1.1 是 STFT 的一个典型例子，当然，它也是谱图的一个典型例子。对于三个不同频率的正弦信号依次相接的情况，普通的 FT 只能给出三根谱线，而 STFT 可给出其频率随时间的分布，如图 1.1.1(a)～(c)所示。若将图 1.1.1(c)画成立体图，其高度即是信号能量随时间、频率的分布，类似于图 1.1.2(c)的形式。

例2.1.6　$x(t)=\exp(\mathrm{j}\alpha t^2)$为一chirp信号，$g(t)=\left(\frac{1}{\pi\sigma^2}\right)^{\frac{1}{4}}\exp\left(-\frac{t^2}{2\sigma^2}\right)$为一高斯窗，式中，$\alpha,\sigma$都是常数，可以求出，$x(t)$的谱图是

$$\begin{aligned}S_x(t,\Omega) &= |\mathrm{STFT}_x(t,\Omega)|^2 \\ &=\left(\frac{4\pi\sigma^2}{1+4\alpha^2\sigma^4}\right)\exp\left[-\frac{\sigma^2(\Omega-2\alpha t)^2}{1+4\alpha^2\sigma^4}\right]\end{aligned} \tag{2.1.12}$$

其形状类似于图1.1.2(c)。显然，当$\Omega=2\alpha t$时，$S_x(t,\Omega)$取最大值。所以，$S_x(t,\Omega)$集中在$\Omega=2\alpha t$的斜线上，也即$x(t)$的能量主要分布在这一斜线上。由于$x(t)=\exp[\mathrm{j}\varphi(t)]$，而$\varphi(t)=\alpha t^2$，所以$\varphi'(t)=2\alpha t$，这就是$x(t)$的瞬时频率，也即$x(t)$的能量主要分布在其瞬时频率的“轨迹”上。

STFT和谱图有如下性质[Mal97,Qia95]：

(1) 若$y(t)=x(t)\mathrm{e}^{\mathrm{j}\Omega_0 t}$，则

$$\mathrm{STFT}_y(t,\Omega) = \mathrm{STFT}_x(t,\Omega-\Omega_0) \tag{2.1.13a}$$

$$S_y(t,\Omega) = S_x(t,\Omega-\Omega_0) \tag{2.1.13b}$$

(2) 若$y(t)=x(t-t_0)$，则

$$\mathrm{STFT}_y(t,\Omega) = \mathrm{STFT}_x(t-t_0,\Omega)\mathrm{e}^{-\mathrm{j}\Omega t_0} \tag{2.1.14a}$$

$$S_y(t,\Omega) = S_x(t-t_0,\Omega) \tag{2.1.14b}$$

请读者自行证明。

观察(2.1.1)式和(2.1.10)式可以发现，$\mathrm{STFT}_x(t,\Omega)$是$x(t)$的线性函数，而在(2.1.10)式的积分号中，信号$x(t)$将会出现两次(相乘)，因此(2.1.10)式称为信号的双线性，或二次时频分布，它是一种能量分布。在后面两章中讨论的时频分布都是属于这一类分布，它们又统称为Cohen类。

2.2　短时傅里叶反变换

如同傅里叶变换一样，总是希望能由变换域重建出原信号，对STFT亦是如此。不过，STFT的反变换有着不同的表示形式，现分别给予介绍。以下均假定窗函数$g(\tau)$为实函数，在实际应用中也是如此。

(1) 用STFT的一维反变换表示，即对(2.1.1)式两边求反变换，有

$$\frac{1}{2\pi}\int_{-\infty}^{\infty}\mathrm{STFT}_x(t,\Omega)\mathrm{e}^{\mathrm{j}\Omega\mu}\mathrm{d}\Omega=\frac{1}{2\pi}\iint x(\tau)g(\tau-t)\mathrm{e}^{-\mathrm{j}(\tau-\mu)\Omega}\mathrm{d}\tau\mathrm{d}\Omega$$

$$= \int x(\tau)g(\tau-t)\delta(\tau-\mu)\mathrm{d}\tau = x(\mu)g(\mu-t)$$

令 $\mu=t$,则

$$x(t) = \frac{1}{2\pi g(0)}\int \mathrm{STFT}_x(t,\Omega)\mathrm{e}^{\mathrm{j}\Omega t}\mathrm{d}\Omega \tag{2.2.1}$$

(2) 用 STFT 的二维反变换来表示,即

$$x(\tau) = \frac{1}{2\pi}\int_{-\infty}^{\infty}\int_{-\infty}^{\infty} \mathrm{STFT}_x(t,\Omega)g(\tau-t)\mathrm{e}^{\mathrm{j}\Omega\tau}\mathrm{d}t\mathrm{d}\Omega \tag{2.2.2}$$

证明 由(2.1.1)式,有

$$\mathrm{STFT}_x(t,\Omega) = \int x(\tau)g(\tau-t)\mathrm{e}^{-\mathrm{j}\Omega\tau}\mathrm{d}\tau = \mathrm{e}^{-\mathrm{j}\Omega t}\int x(\tau)g(t-\tau)\mathrm{e}^{\mathrm{j}(t-\tau)\Omega}\mathrm{d}\tau$$

式中,由于窗函数 $g(t)$为偶函数,所以可将 $g(\tau-t)$换成 $g(t-\tau)$,于是

$$\mathrm{STFT}_x(t,\Omega) = \mathrm{e}^{-\mathrm{j}\Omega t}[x(t) * g(t)\mathrm{e}^{\mathrm{j}\Omega t}]$$

两边对 t 取傅里叶变换,设频域变量为 v,有

$$\int \mathrm{STFT}_x(t,\Omega)\mathrm{e}^{-\mathrm{j}vt}\mathrm{d}t = X(v+\Omega)G(v) \tag{2.2.3a}$$

(2.2.3a)式可等效为

$$\mathrm{STFT}_x(t,\Omega) = \frac{1}{2\pi}\int X(v+\Omega)G(v)\mathrm{e}^{\mathrm{j}vt}\mathrm{d}v \tag{2.2.3b}$$

将(2.2.3b)式代入(2.2.2)式的右边,有

$$\begin{aligned}
&\frac{1}{2\pi}\iint\left[\frac{1}{2\pi}\int X(v+\Omega)G(v)\mathrm{e}^{\mathrm{j}vt}\mathrm{d}v\right]g(\tau-t)\mathrm{e}^{\mathrm{j}\Omega t}\mathrm{d}t\mathrm{d}\Omega \\
&= \frac{1}{2\pi}\int\frac{1}{2\pi}\int X(v+\Omega)\,|G(v)|^2\mathrm{e}^{\mathrm{j}(v+\Omega)\tau}\mathrm{d}v\mathrm{d}\Omega \\
&= \frac{1}{2\pi}\int X(v+\Omega)\mathrm{e}^{\mathrm{j}(v+\Omega)\tau}\mathrm{d}\Omega\,\frac{1}{2\pi}\int|G(v)|^2\mathrm{d}v
\end{aligned} \tag{2.2.3c}$$

上述推导过程中再次利用了 $g(t)=g(-t)$,并假定两项之积的积分小于无穷大,因此可分别积分。由于 $g(t)$的能量已假定为 1,因此$\frac{1}{2\pi}\int|G(v)|^2\mathrm{d}v=1$,这样,(2.2.3c)式变为

$$\frac{1}{2\pi}\int X(v+\Omega)\mathrm{e}^{\mathrm{j}(v+\Omega)\tau}\mathrm{d}\Omega = x(\tau)$$

这就是(2.2.2)式。

(3) 用 $g(t)$的对偶函数 $h(t)$来表示,即

$$x(\tau) = \frac{1}{2\pi}\int_{-\infty}^{\infty}\int_{-\infty}^{\infty} \mathrm{STFT}_x(t,\Omega)h(\tau-t)\mathrm{e}^{\mathrm{j}\Omega\tau}\mathrm{d}t\mathrm{d}\Omega \tag{2.2.4}$$

$h(t)$和 $g(t)$的关系是

$$\int g(t)h^*(t)\mathrm{d}t = 1 \tag{2.2.5}$$

也即二者是双正交的。

STFT 反变换的三种表示式是统一的，尽管(2.2.1)式是一重积分，但算法中假定$\mu=t$，这就包含了时间 t 的变化过程，(2.2.2)式和(2.2.4)式由于(2.2.5)式的关系而一致。

STFT 也满足 Parseval 定理，即

$$\int_{-\infty}^{\infty}|x(\tau)|^2\mathrm{d}\tau = \frac{1}{2\pi}\int_{-\infty}^{\infty}\int_{-\infty}^{\infty}|\mathrm{STFT}_x(t,\Omega)|^2\mathrm{d}t\mathrm{d}\Omega \tag{2.2.6}$$

证明　由(2.2.3a)式，$\mathrm{STFT}_x(t,\Omega)$相对 t 的傅里叶变换是 $X(v+\Omega)G(v)$。应用 Parseval 定理，有

$$\frac{1}{2\pi}\iint|\mathrm{STFT}_x(t,\Omega)|^2\mathrm{d}t\mathrm{d}\Omega = \left(\frac{1}{2\pi}\right)^2\iint|X(v+\Omega)|^2|G(v)|^2\mathrm{d}t\mathrm{d}\Omega$$

$$\begin{aligned}\text{上式右边} &= \frac{1}{2\pi}\int|X(\Omega+v)|^2\mathrm{d}\Omega\,\frac{1}{2\pi}\int|G(v)|^2\mathrm{d}v \\ &= \frac{1}{2\pi}\int|X(\Omega+v)|^2\mathrm{d}\Omega = \|x(t)\|^2\end{aligned}$$

于是(2.2.6)式得证。

由上面的讨论可知，STFT 将一个一维的函数 $x(t)$映射为二维的函数 $\mathrm{STFT}_x(t,\Omega)$，那么，由(2.2.2)式，用二维的函数表示一维的函数必然存在信息的冗余。可以想象，仅用(t,Ω)平面上的一些离散的点即可实现对 $x(t)$的准确重建。例如，令 $t=na$，$\Omega=2\pi mb$，则(2.1.1)式变成

$$\mathrm{STFT}_x(m,n) = \int x(\tau)g^*(\tau-na)\mathrm{e}^{-\mathrm{j}2\pi mb\tau}\mathrm{d}\tau \tag{2.2.7}$$

该式是在(t,Ω)平面的离散栅格上求出的 STFT，注意式中 τ 仍是连续的时间变量。在 2.4节将对该问题作深入的讨论。

2.3　离散信号的短时傅里叶变换

要在计算机上实现一个信号的短时傅里叶变换时，该信号必须是离散的，且为有限长。设给定的信号为 $x(n)$，$n=0,1,\cdots,L-1$，对应(2.1.1)式，有

$$\begin{aligned}\mathrm{STFT}_x(m,\mathrm{e}^{\mathrm{j}\omega}) &= \sum_n x(n)g^*(n-mN)\mathrm{e}^{-\mathrm{j}\omega n} \\ &= \langle x(n), g(n-mN)\mathrm{e}^{\mathrm{j}\omega n}\rangle\end{aligned} \tag{2.3.1}$$

式中，N 是在时间轴上窗函数移动的步长；ω 是圆周频率，$\omega=\Omega T_s$，T_s 为由 $x(t)$ 得到 $x(n)$ 的抽样间隔。(2.3.1)式对应傅里叶变换中的 DTFT，即时间是离散的，频率是连续的。为了在计算机上实现，应将频率 ω 离散化，令

$$\omega_k = \frac{2\pi}{M}k \tag{2.3.2}$$

则

$$\mathrm{STFT}_x(m,\omega_k) = \sum_n x(n)g^*(n-mN)\mathrm{e}^{-\mathrm{j}\frac{2\pi}{M}nk} \tag{2.3.3}$$

(2.3.3)式将频域的一个周期 2π 分成了 M 点，显然，它是一个 M 点的 DFT。若窗函数 $g(n)$ 的宽度正好也是 M 点，那么(2.3.3)式可写成

$$\mathrm{STFT}_x(m,k) = \sum_{n=0}^{M-1} x(n)g^*(n-mN)W_M^{nk}, \quad k=0,1,\cdots,M-1 \tag{2.3.4}$$

若 $g(n)$ 的宽度小于 M，那么可将其补零，使之变成 M；若 $g(n)$ 的宽度大于 M，则应增大 M 使之等于窗函数的宽度。总之，(2.3.4)式为一标准 DFT，时域、频域的长度都是 M。(2.3.4)式中，N的大小决定了窗函数沿时间轴移动的间距，N 越小，m 的取值越多，得到的时频曲线越密。若 $N=1$，即窗函数在 $x(n)$的时间方向上每隔一个点移动一次，这样按(2.3.4)式，共应做 $L/N=L$ 个 M 点的 DFT。当然，这时前 $M/2$ 个和后 $M/2$ 个 DFT 所截的数据不完全，得到的效果不够好。

MATLAB 的时频分析 Toolbox 中给出了实现(2.3.4)式的程序[Aug95]，即 tfrstft。

(2.3.4)式的反变换是

$$x(n) = \frac{1}{M}\sum_m \sum_{k=0}^{M-1} \mathrm{STFT}_x(m,k)W_M^{-nk} \tag{2.3.5}$$

式中，m 的求和范围取决于数据的长度 L 及窗函数移动的步长 N。

2.4 Gabor 变换的基本概念

早在 1946 年，Gabor 就提出，可以用二维的时频平面上离散栅格上的点来表示一个一维的信号，即

$$x(t)=\sum_{m=-\infty}^{\infty}\sum_{n=-\infty}^{\infty}C_{m,n}h_{m,n}(t)=\sum_{m=-\infty}^{\infty}\sum_{n=-\infty}^{\infty}C_{m,n}h\ (t-na)\mathrm{e}^{\mathrm{j}2\pi mbt} \tag{2.4.1}$$

式中，a，b 为常数；a 代表栅格的时间长度；b 代表栅格的频率长度，如图 2.4.1 所示。在图 2.4.1 中，离散栅格上的时间间隔 a 在有的文献中又标记为 T，而频率间隔 b 又标记为 Ω。

(2.4.1)式称为连续信号的 Gabor 展开，式中的 $C_{m,n}$ 是一维信号 $x(t)$ 的展开系数，$h(t)$ 是一母函数，展开的基函数 $h_{m,n}(t)$ 由 $h(t)$ 做移位和调制所生成，如图 2.4.2 所示。

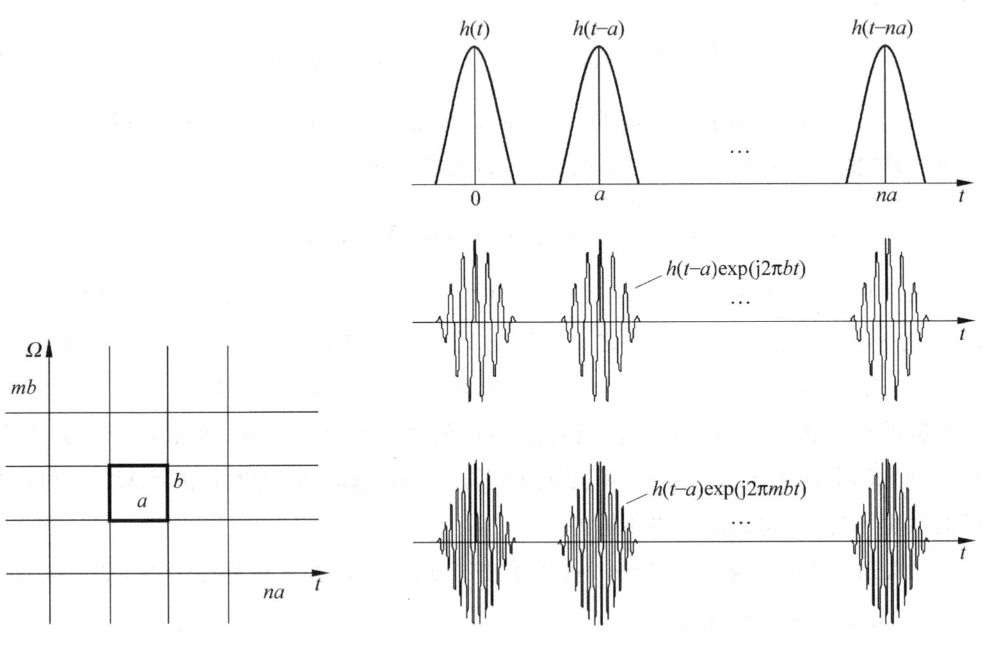

图 2.4.1　Gabor 展开的抽样栅格　　　图 2.4.2　Gabor 展开基函数的形成

由 $x(t)$ 求解系数 $C_{m,n}$ 的过程称为 Gabor 变换。对(2.4.1)式，自然会提出如下的问题：

(1) 如何选择 a 和 b？

(2) 如何选择母函数 $h(t)$？

(3) 选定了 $h(t)$ 及 a 和 b 后，如何计算展开系数 $C_{m,n}$？

(4) 是否任一能量有限信号(即 $x(t)\in L^2(R)$)都可作(2.4.1)式的分解？

(5) 时频平面离散栅格上的任意一个二维函数 $C_{m,n}$ 是否都能唯一地对应一个一维的信号 $x(t)$？

在 Gabor 变换中，常数 a 和 b(或 T,Ω)的取值有如下 3 种情况，即

当 $ab=1$(或 $T\Omega=2\pi$)时，称为临界抽样(critical sampling)

当 $ab>1$(或 $T\Omega>2\pi$)时，称为欠抽样(undersampling)

当 $ab<1$(或 $T\Omega<2\pi$)时，称为过抽样(oversampling)

可以证明[Dau90，Dau92]，在 $ab>1$ 的欠抽样的情况下，由于栅格过稀，因此将缺乏足够的信息来恢复原信号 $x(t)$。由于欠抽样时的这一固有的缺点，人们很少研究它，因此研究最多的是临界抽样和过抽样。可以想象，在 $ab<1$ 的过抽样的情况下，表示 $x(t)$的离散系数 $C_{m,n}$必然包含冗余的信息，这类似于对一维信号抽样时抽样间隔过小的情况。

当 Gabor 变换最初被提出时，限定了取 $ab=1$ 的临界抽样，其原因是临界抽样最为简单；此外，还限定了使用高斯窗，这是因为高斯函数的傅里叶变换也是高斯的，因此保证了时域和频域的能量都相对地较为集中，又由于高斯信号的时宽-带宽积满足不定原理的下限，即 $\Delta_t\Delta_\Omega=1/2$，因而又可得到最好的时间、频率分辨率。

由于展开系数 $C_{m,n}$计算上的困难，Gabor 变换长期没有被重视，甚至当 Gabor 由于在全息照相(holography)方面的突出贡献于 1971 年获得诺贝尔奖的时候，情况仍然如此。直到 1981 年 Bastians 提出了用建立 $h_{m,n}(t)$的辅助函数或对偶函数 $g_{m,n}(t)$来求解 $C_{m,n}$的方法[Bas81]之后，对 Gabor 展开的研究才引起了人们的兴趣。从 1981 年之后，已发表了大量的论文，这和几乎是同时开始的有关 Wigner 分布的研究一起构成了信号时频分析的主要研究内容。

近 20 年来，有关 Gabor 展开的研究主要是围绕在 Gabor 系数 $C_{m,n}$的求解方面，这包括在临界抽样和过抽样情况下连续 Gabor 展开以及对应的离散 Gabor 展开。在过抽样情况下 $C_{m,n}$的求解要用到标架理论，其次是有关 Gabor 展开的应用。

从理论上讲，Gabor 展开的讨论与时频分布、滤波器组以及小波变换等新的信号处理理论密切相关。因此，这些新的信号处理理论的应用也涉及 Gabor 展开的应用。Gabor 展开在信号、图像的表示，语音分析，目标识别，信号的瞬态检测等各方面都取得了很好的应用成果。

Gabor 展开的理论内容相当丰富，限于篇幅，本书仅对在临界抽样和过抽样情况下连续信号 Gabor 系数的计算作一个简要的介绍。

2.5　临界抽样情况下连续信号 Gabor 展开系数的计算

在 2.4 节已指出，文献[Bas81]提出了在临界抽样情况下用辅助函数来求解 $C_{m,n}$ 的方法，即选择一个母函数 $g(t)$，并令

$$g_{m,n}(t)=g(t-na)\mathrm{e}^{\mathrm{j}2\pi mbt} \tag{2.5.1}$$

显然，$g_{m,n}(t)$ 也是由 $g(t)$ 做移位和调制得到的，且移位和调制的方式和由 $h(t)$ 得到 $h_{m,n}(t)$ 的方式相同。

将 $x(t)$ 和 $g_{m,n}(t)$ 作内积，假定内积的结果就是 $C_{m,n}$，即

$$C_{m,n}=\langle x(t),g_{m,n}(t)\rangle=\int x(t)g^{*}(t-na)\mathrm{e}^{-\mathrm{j}2\pi mbt}\mathrm{d}t \tag{2.5.2}$$

通常，(2.5.2)式称为 Gabor 变换，而(2.4.1)式称为 Gabor 展开。将(2.5.2)式代入(2.4.1)式的右边，有

$$\begin{aligned}\sum_m\sum_n C_{m,n}h_{m,n}(t)&=\sum_m\sum_n\langle x(t),g_{m,n}(t)\rangle h_{m,n}(t)\\&=\sum_m\sum_n\left[\int x(t')g_{m,n}^{*}(t')\mathrm{d}t'\right]h_{m,n}(t)\\&=\int x(t')\Big[\sum_m\sum_n g_{m,n}^{*}(t')h_{m,n}(t)\Big]\mathrm{d}t'\end{aligned} \tag{2.5.3}$$

若要(2.5.3)式等于 $x(t)$，则必有

$$\sum_m\sum_n g_{m,n}(t')h_{m,n}(t)=\delta(t-t') \tag{2.5.4}$$

这时

$$x(t)=\sum_m\sum_n\langle x(t),g_{m,n}(t)\rangle h_{m,n}(t) \tag{2.5.5}$$

(2.5.5)式称为 $x(t)$ 的重构公式，而(2.5.4)式给出了为保证由 $C_{m,n}$ 恢复 $x(t)$，$h_{m,n}(t)$ 和 $g_{m,n}(t)$ 应遵循的条件，满足该条件的 $h_{m,n}(t)$ 被称为是完备的。

(2.5.4)式给出的是 $g_{m,n}(t)$ 和 $h_{m,n}(t)$ 之间应遵循的关系，文献[Bas81]还进一步给出了母函数 $h(t)$ 和 $g(t)$ 之间的关系，即

$$\int g(t)h^{*}(t-na)\mathrm{e}^{-\mathrm{j}2\pi mbt}\mathrm{d}t=\delta_m\delta_n \tag{2.5.6}$$

(2.5.6)式称为两个函数之间的双正交关系。显然，若 m,n 中有一个不为零，式中的积分即为零，即 $h(t)$ 和 $g(t)$ 正交；若 $m=n=0$，则

$$\int g(t)h^*(t)\mathrm{d}t = 1 \tag{2.5.7}$$

$g(t)$又称为$h(t)$的对偶函数,反之亦然。

由上面的讨论,可以得到在 $ab=1$ 的情况下求解 Gabor 系数的方法,即

(1) 选择一个母函数 $h(t)$;

(2) 求其对偶函数 $g(t)$,使之满足(2.5.6)式的双正交关系;

(3) 按(2.5.5)式作内积,从而得到 $C_{m,n}$。

例 2.5.1 令$h(t)$为一矩形窗函数,即

$$h(t)=\begin{cases}1/\sqrt{T}, & -T/2<t<T/2\\ 0, & \text{其他}\end{cases} \tag{2.5.8}$$

文献[Bas81]求出了其对偶函数 $g(t)$,$g(t)$的函数表达式仍由(2.5.8)式给出。这是因为矩形窗函数的平移和调制形式的集合$\{h_{m,n}(t),m,n\in\mathbb{Z}\}$本身已经是正交的,因此其对偶函数 $g(t)$就等于$h(t)$。

例 2.5.2 令$h'(t)=h(t)f(t)$。式中,$h(t)$是由(2.5.8)式定义的矩形窗函数;$f(t)$是t的任意函数。显然,$h'(t)$的宽度由 $h(t)$所决定,而其形状由 $f(t)$所决定。文献[Bas81]求出了$h'(t)$的对偶函数$g'(t)$,且

$$g'(t)=\begin{cases}\dfrac{1}{f^*(t)\sqrt{T}}, & -T/2<t<T/2\\ 0, & \text{其他}\end{cases} \tag{2.5.9}$$

例 2.5.3 对如下的高斯函数

$$h(t)=\left(\frac{\sqrt{2}}{T}\right)^{1/2}\exp\left[-\pi\left(\frac{t}{T}\right)^2\right] \tag{2.5.10}$$

文献[Bas81]求出了其对偶函数

$$g(t)=\left(\frac{1}{T\sqrt{2}}\right)^{1/2}\left(\frac{K_0}{\pi}\right)^{-3/2}\exp\left[-\pi\left(\frac{t}{T}\right)^2\right]\sum_{n+1/2\geqslant t/T}(-1)^n\exp\left[-\pi\left(n+\frac{1}{2}\right)^2\right] \tag{2.5.11}$$

$h(t)$的形状如图 2.5.1(a)所示,$g(t)$的形状如图 2.5.1(b)所示(该图不是按(2.5.11)式画出的,而是由 MATLAB 文件 tfrgabor.m 求出的)。有关该例的 MATLAB 程序是 exa020503。

由图 2.5.1 可以看出,在临界抽样的情况下,尽管$h(t)$是高斯的,但其对偶函数$g(t)$却是非高斯的,而且完全不具备能量集中的性能。可以设想,用这样的对偶函数来重建原信号 $x(t)$,重建结果将是不稳定的。

比较(2.5.2)式和(2.2.7)式可知,若 STFT 在离散栅格(na,mb)上取值,则

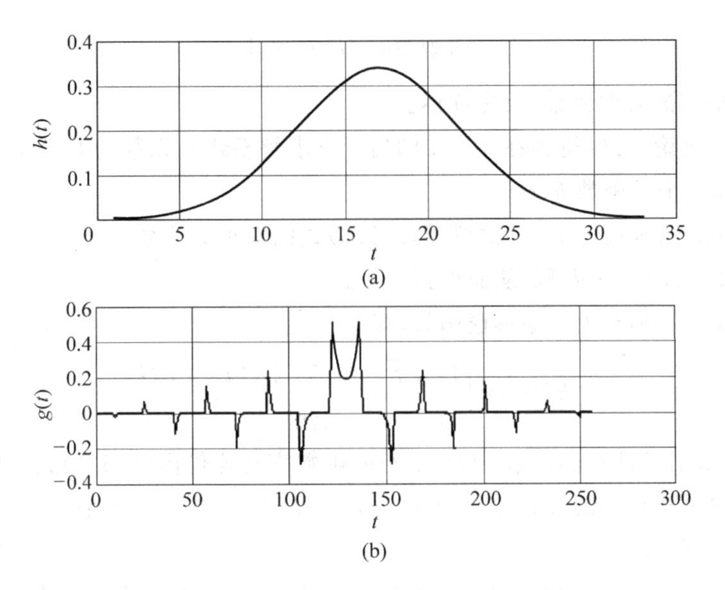

图 2.5.1　在 $ab=1$ 时高斯窗的对偶函数

(a) $h(t)$；(b) $g(t)$

$$C_{m,n} = \mathrm{STFT}_x(m,n) \tag{2.5.12}$$

即 Gabor 系数是在离散栅格上求出的 STFT。

文献[Wex90]将对偶函数的概念扩展到 $ab<1$ 的过抽样，得到了类似(2.5.6)式的关系，此处不再讨论。

2.6　过抽样情况下连续信号 Gabor 展开系数的计算

以上两节分别讨论了 Gabor 展开的基本概念和临界抽样情况下展开系数的计算问题。前文已指出，在过抽样(即 $ab<1$)的情况下，用 $C_{m,n}$ 表示 $x(t)$ 将会产生冗余。这说明 $h_{m,n}(t)$ 相对每一个 $m,n\in\mathbb{Z}$ 都不是线性独立的，当然更不是正交的，因此，(2.4.1)式中的 $C_{m,n}$ 将不是唯一的。为了研究 Gabor 展开的稳定性和展开系数的求解方法，人们将标架理论引入 Gabor 展开，并深入地研究了 $h_{m,n}(t)$ 构成标架的条件、边界 A 和 B 的计算、对偶标架 $g_{m,n}(t)$ 的求解以及 $C_{m,n}$ 的有效计算方法。本节对这些内容做一简要的介绍，并从标架的角度解释欠抽样和临界抽样时的 Gabor 展开问题。

在 1.8 节已指出，标架是研究信号离散表示的一个重要理论工具。一个标架应是完

备的，它对信号的重建也是稳定的，并且给出了离散表示的冗余度。不过在 1.8 节讨论的标架是一组一维的向量$\{\varphi_n, n\in\mathbb{Z}\}$，现在要把标架的定义扩展到二维的函数 $g_{m,n}(t)$或对偶函数 $h_{m,n}(t)$。

若存在两个常数 A 和 B，满足 $0<A\leqslant B<\infty$，并使得

$$A\|x(t)\|^2\leqslant\sum_m\sum_n|\langle x(t),g_{m,n}(t)\rangle|^2\leqslant B\|x(t)\|^2 \tag{2.6.1a}$$

成立，则称 $g_{m,n}(t)$构成了一个标架，由(2.5.2)式可知，(2.6.1a)式即是

$$A\|x(t)\|^2\leqslant\sum_m\sum_n|C_{m,n}|^2\leqslant B\|x(t)\|^2 \tag{2.6.1b}$$

如果(2.6.1b)式成立，那么 Gabor 系数 $C_{m,n}$的能量是有界的，因此对 $x(t)$的展开将是稳定的。问题的关键是，在什么条件下(2.6.1a)式才可成立，也即 $g_{m,n}(t)$可以构成一个标架。

首先，用标架的概念对欠抽样和临界抽样的情况做进一步的讨论。

在 $ab>1$ 的欠抽样的情况下，可以证明[Dau90]，给定 $g(t)\in L^2(R)$，对所有的 $m,n\in\mathbb{Z}$，都会有非零的函数 $x(t)\in L^2(R)$存在，使得$\langle x(t),g_{m,n}(t)\rangle=0$。因此，$g_{m,n}(t)$对 $x(t)$的表示是不完备的，即找不到常数 $A>0$ 使(2.6.1a)式成立，因而 $g_{m,n}(t)$不能构成一个标架。

$ab=1$ 的临界抽样是在时间-频率平面上所允许的最大的抽样栅格，也是 Gabor 最初提出的“最优的棋盘格”。临界抽样的情况下，$h_{m,n}(t)$是线性独立的，其对偶函数 $g_{m,n}(t)$是唯一的，且和 $h_{m,n}(t)$是双正交的，即(2.5.4)式和(2.5.6)式。但是 Balian-Law 定理指出，在临界抽样的情况下，$g_{m,n}(t)$不可能构成一个标架。

定理 2.6.1 选择 $g(t)\in L^2(R)$，$a,b>0$ 且 $ab=1$，如果 $g_{m,n}(t)$构成一个标架，那么，必有

$$x(t)g(t)\notin L^2(R) \quad \text{或} \quad g'(t)\notin L^2(R) \tag{2.6.2}$$

式中，$g'(t)$是 $g(t)$的导数。

定理 2.6.1 即是 Balian-Law 定理，其证明见文献[Dau90]，有关说明也可参看文献[Mal97]和[ZW4]。该定理指出，在临界抽样的情况下，如果 $g_{m,n}(t)$构成一个标架，那么，或者 $x(t)g(t)$不再是能量有限的，或者 $g(t)$的导数不再是能量有限的。因为假定 $g(t)\in L^2(R)$，对前者，说明 $x(t)$不再是能量有限的，这和讨论的 $x(t)\in L^2(R)$有矛盾；对后者，因为 $g(t)$的导数不是能量有限的，那么，$g(t)$在时域必然不是紧支撑的，即不具有能量集中的性能，对这样的窗函数，其傅里叶变换 $G(\mathrm{j}\Omega)$也不会是紧支撑的。定理 2.6.1 还说明，对给定的窗函数 $g(t)$，如果希望它在时域和频域都具有紧支撑的性能，那么在临界抽样的情况下，这样的窗函数就不可能构成标架。

例 2.5.1 给出的 $h(t)$是矩形窗，它是不连续的，其对偶函数 $g(t)$也是矩形窗。已指出，按(2.5.8)式定义的矩形窗是正交的，当然构成标架，但是，由于矩形窗是不连续的，因此其导数不是能量有限的，即 $g'(t)\notin L^2(R)$。此外，矩形窗的频谱是 sinc 函数，频域的定位功能很差，因此，在短时傅里叶变换和 Gabor 变换中很少应用矩形窗。

例 2.5.3 的 $h(t)$是高斯窗，然而其对偶函数 $g(t)$不是高斯的。由于 $g(t)$的不连续性，因此 $g'(t)\notin L^2(R)$，且 $g(t)$完全不具备时域的定位功能。如果将这样的 $g(t)$代入(2.5.2)式计算 $C_{m,n}$，那么 $C_{m,n}$将无法反映信号 $x(t)$在时频平面上能量分布的特征。

通过 1.8 节和本节的讨论可知，可以构成标架的一组函数(或向量)必定是完备的，因此，一组不完备的函数(或向量)肯定不能构成一个标架，如 $ab>1$ 的欠抽样情况。但是，一组完备的函数(或向量)也不一定构成一个标架，如 $ab=1$ 的临界抽样情况。因此，当利用 Gabor 变换时，总是取 $ab<1$。

现在来讨论在过抽样情况下对偶标架及 $C_{m,n}$的计算问题。以下公式的推导来自于文献[Zib93]，其中用到了 1.8 节的标架算子的概念和 1.10 节的 Zak 变换。

假定 $g_{m,n}$是 $h_{m,n}$的对偶函数，$h_{m,n}$(或 $g_{m,n}$)是否构成一个标架取决于 $h(t)$的选择及 a 和 b 的取值。令 S 是一个算子，并定义

$$Sx=\sum_m\sum_n\langle x,h_{m,n}\rangle h_{m,n}\tag{2.6.3}$$

若 $h_{m,n}$构成一个标架，则 S 为一标架算子(见 1.8 节)。定义 Z_x 为 $x(t)$的 Zak 变换，Z_{Sx}为 Sx 的 Zak 变换，由于 Zak 变换具有内积保持性质(见 1.10 节)，将(2.6.3)式两边分别对 $x(t)$作内积，有

$$\sum_m\sum_n|\langle x,h_{m,n}\rangle|^2=\langle Sx,x\rangle=\langle Z_{Sx},Z_x\rangle\tag{2.6.4}$$

利用(1.9.6)式的 Poisson 求和公式，即

$$\sum_m e^{-j2\pi mbt}=\frac{1}{b}\sum_m\delta\left(t-\frac{m}{b}\right)$$

可以得到

$$\begin{aligned}Sx&=\sum_m\sum_n e^{j2\pi mbt}h(t-na)\int x(t')e^{-j2\pi mbt'}h^*(t'-na)dt'\\&=\frac{1}{b}\sum_m\sum_n h(t-na)\int x(t')h^*(t'-na)\delta\left[t'-\left(t+\frac{m}{b}\right)\right]dt'\\&=\frac{1}{b}\sum_m x\left(t+\frac{m}{b}\right)\sum_n h(t-na)h^*\left(t-na+\frac{m}{b}\right)\end{aligned}\tag{2.6.5}$$

现考虑 a,b 的积为有理数的情况，即令 $ab=p/q$，$p,q\in\mathbb{N}$，可以证明

$$Z_{Sx}(t,\Omega)=\frac{1}{p}\sum_{i=0}^{p-1}\sum_{l=0}^{q-1}Z_h\left(t-l\frac{p}{q},\Omega\right)Z_h^*\left(t-l\frac{p}{q},\Omega-\frac{i}{p}\right)Z_x\left(t,l-\frac{i}{p}\right) \quad (2.6.6)$$

由(2.6.4)式及(2.6.6)式，有

$$\sum_m\sum_n|\langle x,h_{m,n}\rangle|^2=\frac{1}{p}\int_0^1\int_0^1\sum_{i=0}^{p-1}\sum_{l=0}^{q-1}Z_h\left(t-l\frac{p}{q},\Omega\right)Z_h^*\left(t-l\frac{p}{q},\Omega-\frac{i}{p}\right)$$

$$\times Z_x\left(t,l-\frac{i}{p}\right)Z_x^*(t,\Omega)\mathrm{d}t\mathrm{d}\Omega \quad (2.6.7)$$

对 $ab<1$，假定 $p=1$ 及 $q\in N$，(2.6.7)式可进一步简化为

$$\sum_m\sum_n|\langle x,h_{m,n}\rangle|^2=\int_0^1\int_0^1\sum_{l=0}^{q-1}\left|Z_h\left(t-\frac{l}{q},\Omega\right)\right|^2|Z_x(t,\Omega)|^2\mathrm{d}t\mathrm{d}\Omega \quad (2.6.8)$$

因此，标架界 A 和 B 分别是

$$A=\inf\left[\sum_{l=0}^{q-1}\left|Z_h\left(t-\frac{l}{q},\Omega\right)\right|^2\right] \quad (2.6.9a)$$

$$B=\sup\left[\sum_{l=0}^{q-1}\left|Z_h\left(t-\frac{l}{q},\Omega\right)\right|^2\right] \quad (2.6.9b)$$

只要 A 和 B 满足 $0<A\leqslant B<\infty$，那么 $h_{m,n}(t)$ 即可构成一个标架，即 $h_{m,n}(t)$ 构成标架的充要条件是

$$0<A\leqslant\sum_{l=0}^{q-1}\left|Z_h\left(t-\frac{l}{q},\Omega\right)\right|^2\leqslant B<\infty \quad (2.6.10)$$

对一个有限长的且是光滑的窗函数，(2.6.10)式是容易满足的。所以，当 $ab<1$ 时，$h_{m,n}$ 可以构成一个标架，因此，(2.4.1)式对 $x(t)$ 的展开是稳定的。

现在的问题是如何求出在 $ab<1$ 时，$h(t)$ 的对偶函数 $g(t)$。一般地，$g_{m,n}(t)$ 和 $h_{m,n}(t)$ 应有着类似的形式，即 $g_{m,n}(t)=g(t-na)\mathrm{e}^{\mathrm{j}2\pi mbt}$。由(2.6.3)式关于标架算子 S 的定义，显然

$$g_{m,n}=S^{-1}h_{m,n}\quad 或 \quad h_{m,n}=Sg_{m,n} \quad (2.6.11)$$

对(2.6.11)式两边取 Zak 变换，由(2.6.6)式，并假定 $x(t)=g(t)$，有

$$\sum_{i=0}^{p-1}\sum_{l=0}^{q-1}Z_h\left(t-l\frac{p}{q}q\right)Z_h^*\left(t-l\frac{p}{q},\Omega-\frac{i}{p}\right)Z_g\left(t,\Omega-\frac{i}{p}\right)=pZ_h(t,\Omega) \quad (2.6.12)$$

式中，$ab=p/q$，$p,q\in\mathbb{N}$。若令 $p=1$，则上式对 i 的求和不需进行，于是有

$$Z_g(t,\Omega)=\frac{Z_h(t,\Omega)}{\sum_{l=0}^{q-1}\left|Z_h\left(t-\frac{l}{q},\Omega\right)\right|^2} \quad (2.6.13)$$

(2.6.13)式给出了在 $p=1$ 时利用 Zak 变换由 $h(t)$ 求对偶函数 $g(t)$ 的方法。观察该式可以发现，对于较大的 q，(2.6.13)式的分母趋近于一个常数，这样 $Z_g(t,\Omega)$ 和 $Z_h(t,\Omega)$

很相似。因此，$g(t)$和$h(t)$很相似。若$h(t)$有好的时频定位性能，那么$g(t)$也将具有这一性能。这就是说，ab越小（q越大），$g(t)$和$h(t)$越相似。同理，若$h_{m,n}$是一标架，要想令其对偶函数$g_{m,n}(t)$也构成标架，就应选择使(2.6.13)式分母趋近常数的$h(t)$。

一旦$g_{m,n}(t)$求出，即可由(2.5.2)式求出Gabor系数$C_{m,n}$。当然，也可由(2.6.13)式直接表示$C_{m,n}$，即

$$C_{m,n}=\langle Z_x,Z_g\rangle=\int_0^1\int_0^1 Z_x(t,\Omega)\frac{Z_h^*\left(t-\dfrac{n}{q},\Omega\right)}{\sum\limits_{l=0}^{q-1}\left|Z_h\left(t-\dfrac{l}{q},\Omega\right)\right|^2}\mathrm{e}^{-\mathrm{j}2\pi mt}\,\mathrm{d}t\mathrm{d}\Omega \tag{2.6.14}$$

式中，仍然假定$p=1$。

为求Gabor展开系数$C_{m,n}$，按上面讨论的思路，应包含如下步骤：

(1) 选定一个窗函数$h(t)$；

(2) 选定时频平面上的步长a和b，要求$ab=1/q<1$，即q取大于1的整数；

(3) 计算$h(t)$的Zak变换$Z_h(t,\Omega)$；

(4) 计算信号$x(t)$的Zak变换$Z_x(t,\Omega)$；

(5) 计算(2.6.13)式的分母，即$\sum\limits_{l=0}^{q-1}\left|Z_h\left(t-\dfrac{l}{q},\Omega\right)\right|^2$；

(6) 由(2.6.13)式，求$Z_g(t,\Omega)$；

(7) 由(2.6.14)式，计算$Z_x(t,\Omega)$和$Z_g(t,\Omega)$的内积，从而得到$C_{m,n}$。

以上讨论的是$p=1$的简单情况，如果$p>1$，相应的公式推导较为复杂，详细内容请参看文献[Zib93]或[ZW4]，此处不再讨论。

如同求离散信号的STFT一样，若在计算机上实现一个信号的Gabor分解，$x(t)$必须离散化，上述各个步骤的计算也必须离散化。

离散信号Gabor展开的理论及实现颇为烦琐。其中包括离散Gabor变换的标架理论、周期序列的离散Gabor变换、非周期序列的离散Gabor变换以及各种快速算法等。限于篇幅，本书不再一一讨论。1.10节已给出了离散Zak变换的计算方法，MATLAB的Time-Frequency Toolbox中给出了Gabor变换的程序tfrgabor[Aug95]，可供读者调用。有关Gabor变换的计算可参看文献[Qia93，Red94，Mor94]及[ZW4]，文献[Fri89]讨论了如何利用Gabor变换来检测信号中的瞬态分量。

例2.6.1 图2.6.1给出了一个线性调频信号的Gabor变换。此处使用的是过抽样，其中参数$q=4$。由该图可以看出，Gabor变换的确反映了线性调频信号的频率随时间做线性变换的情况。有关该例的MATLAB程序是exa020601.m。运行程序exa020503.m，还可给出同一信号在参数$q=1$（对应临界抽样）时的Gabor变换。

有关Gabor变换的理论可参考文献[Fei98]，它较为全面地讨论了Gabor变换的理论和应用。

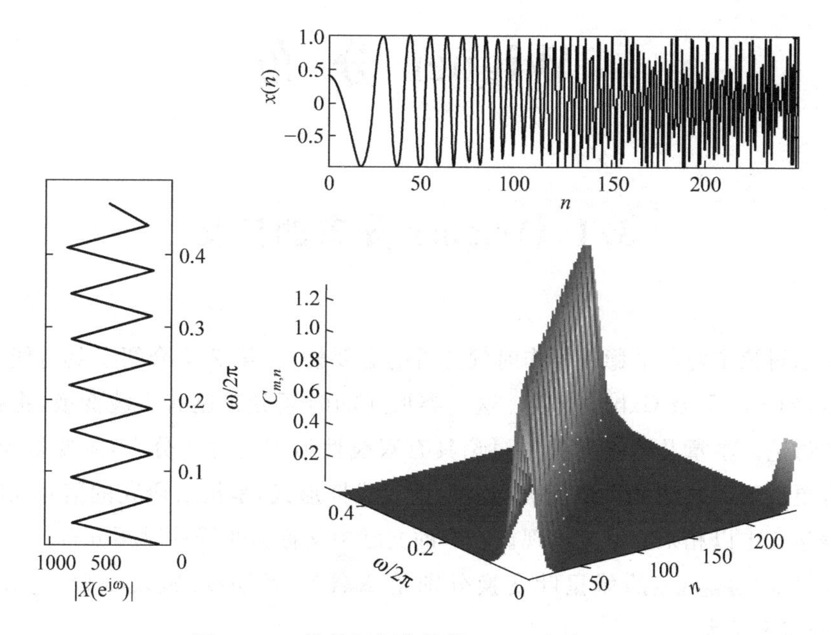

图2.6.1　线性调频信号的Gabor变换，$q=4$

第3章

Wigner 分 布

3.1 Wigner 分布的定义

第 1 章讨论了对非平稳信号作时频分析的必要性，在第 2 章介绍了具有线性形式的时频分布，如 STFT 及 Gabor 变换。这一类形式的时频分布还有小波变换，将在第 9 章以后详细讨论。本章及第 4 章集中讨论具有双线性形式的时频分布，主要是 Wigner 分布及具有更一般形式的 Cohen 类分布。所谓双线性形式，是指所研究的信号在时频分布的数学表达式中以相乘的形式出现。在有的文献中又称为非线性时频分布。

令信号 $x(t)$，$y(t)$ 的傅里叶变换分别是 $X(\mathrm{j}\Omega)$，$Y(\mathrm{j}\Omega)$，那么，$x(t)$，$y(t)$ 的联合 Wigner 分布定义为

$$W_{x,y}(t,\Omega)=\int_{-\infty}^{\infty}x(t+\tau/2)y^{*}(t-\tau/2)\mathrm{e}^{-\mathrm{j}\Omega\tau}\mathrm{d}\tau \tag{3.1.1}$$

信号 $x(t)$ 的自 Wigner 分布定义为

$$W_{x}(t,\Omega)=\int_{-\infty}^{\infty}x(t+\tau/2)x^{*}(t-\tau/2)\mathrm{e}^{-\mathrm{j}\Omega\tau}\mathrm{d}\tau \tag{3.1.2}$$

Wigner 于 1932 年首先提出了 Wigner 分布的概念[Wig32]，并把它用于量子力学领域。在之后的一段时间内并没有引起人们的重视。直到 1948 年，首先由 Ville 把它应用于信号分析，因此，Wigner 分布又称 Wigner-Ville 分布，简称为 WVD。1973 年，DE. Bruijn 对 WVD 做了评述，并给出了把 WVD 用于信号变换的新的数学基础[Bru73]。1966 年，Cohen 给出了各种时频分布的统一表示形式[Coh66]。1980 年，Classen 在 Philips. J. Res. 上连续发表了三篇关于 WVD 的文章，即文献[Cla80a，Cla80b，Cla80c]，对 WVD 的定义、性质等做了全面的讨论。这些工作使得 20 世纪 80 年代后人们对 WVD 的研究骤然产生兴趣，发表了很多论文，也取得了一些可喜的成果。由下面的讨论可知，在已提出的各种时频分布中，WVD 具有最简单的形式，并具有很好的性质。因此，本章首先讨论 WVD 的定义与性质，然后介绍 WVD 定义的离散化与实现。第 4 章将讨论时频分布的统一表示形式，即 Cohen 类时频分布，从而可进一步看出 Wigner 分布在时频分步中所具有的地位和作用。

现在，对(3.1.1)式及(3.1.2)式的定义稍加解释。在这两个式子中，τ 是积分变量，t 是时移，若令 $\tau/2=\lambda$，则 $\tau=2\lambda$，$\mathrm{d}\tau=2\mathrm{d}\lambda$，代入(3.1.1)式，有

$$W_{x,y}(t,\Omega)=2\int_{-\infty}^{\infty}x(t+\lambda)y^*(t-\lambda)\mathrm{e}^{-\mathrm{j}2\Omega\lambda}\mathrm{d}\lambda \tag{3.1.3}$$

其含义可用图3.1.1表示。对图中的阴影部分，即 $x(t+\tau/2)$ 和 $y^*(t-\tau/2)$ 乘积的公共部分作傅里叶变换，得到的便是 t 时刻的WVD。请注意，这时傅里叶变换的核函数是 $\mathrm{e}^{-\mathrm{j}2\Omega\lambda}$。

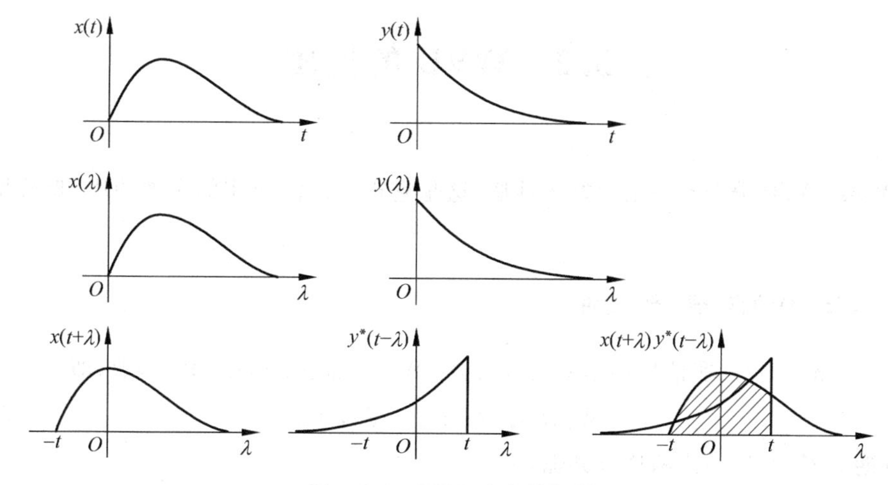

图3.1.1 WVD定义的解释

令 $x_1(\tau)=x(t+\tau/2)$，$y_1(\tau)=y^*(t-\tau/2)$，则 $x_1(\tau)$，$y_1(\tau)$ 的傅里叶变换分别是

$$X_1(\Omega)=2\mathrm{e}^{\mathrm{j}2\Omega t}X(2\Omega),\quad Y_1(\Omega)=2\mathrm{e}^{-\mathrm{j}2\Omega t}Y^*(2\Omega)$$

这样，(3.1.1)式可变为

$$\begin{aligned}W_{x,y}(t,\Omega)&=\int x_1(\tau)y_1(\tau)\mathrm{e}^{-\mathrm{j}\Omega\tau}\mathrm{d}\tau=X_1(\Omega)*Y_1(\Omega)\\&=\frac{4}{2\pi}\int X(2\alpha)Y^*(2\Omega-2\alpha)\mathrm{e}^{\mathrm{j}(4\alpha-2\Omega)t}\mathrm{d}\alpha\end{aligned}$$

令 $2\alpha=\Omega+\theta/2$，则上式变为

$$W_{x,y}(t,\Omega)=\frac{1}{2\pi}\int X(\Omega+\theta/2)Y^*(\Omega-\theta/2)\mathrm{e}^{\mathrm{j}\theta t}\mathrm{d}\theta \tag{3.1.4}$$

对自WVD，有

$$W_x(t,\Omega)=\frac{1}{2\pi}\int X(\Omega+\theta/2)X^*(\Omega-\theta/2)\mathrm{e}^{\mathrm{j}\theta t}\mathrm{d}\theta \tag{3.1.5}$$

显然，WVD在时域和频域有着非常明显的对称形式。

若令
$$r_{x,y}(t,\tau)=x(t+\tau/2)y^*(t-\tau/2)$$
则
$$W_{x,y}(t,\Omega)=\int_{-\infty}^{\infty}r_{x,y}(t,\tau)\mathrm{e}^{-\mathrm{j}\Omega\tau}\mathrm{d}\tau \tag{3.1.6}$$

显然,(3.1.6)式是普通的傅里叶变换式,只不过它依赖于时间 t。此处的 $r_{x,y}(t,\tau)$并不是以前定义过的相关函数[ZW2],在时频分析中,称 $r_{x,y}(t,\tau)$为瞬时互相关。

3.2　WVD 的性质

Wigner-Ville 分布有一系列好的性质,这是它得到广泛应用的主要原因,现分别给以讨论。

1. $W(t,\Omega)$的奇、偶、虚、实性

(1) 不论 $x(t)$是实信号还是复信号,其自 WVD 都是 t 和 Ω 的实函数,即
$$W_x(t,\Omega)\in\mathbb{R},\quad \forall t,\forall\Omega \tag{3.2.1}$$

证明　对(3.1.2)式两边取共轭,有
$$W_x^*(t,\Omega)=\int_{-\infty}^{\infty}x^*(t+\tau/2)x(t-\tau/2)\mathrm{e}^{\mathrm{j}\Omega\tau}\mathrm{d}\tau$$

令 $\lambda=-\tau$,则
$$W_x^*(t,\Omega)=\int_{-\infty}^{\infty}x^*(t-\lambda/2)x(t+\lambda/2)\mathrm{e}^{-\mathrm{j}\Omega\lambda}\mathrm{d}\lambda=W_x(t,\Omega)$$

(2) 若 $x(t)$为实信号,则 $W_x(t,\Omega)$不但是 t,Ω 的实函数,还是 Ω 的偶函数,即
$$W_x(t,\Omega)=W_x(t,-\Omega) \tag{3.2.2}$$

证明　由(3.1.2)式,因为
$$W_x(t,-\Omega)=\int_{-\infty}^{\infty}x^*(t+\tau/2)x(t-\tau/2)\mathrm{e}^{\mathrm{j}\Omega\tau}\mathrm{d}\tau$$

令 $\tau=-\lambda$,则
$$W_x(t,-\Omega)=\int_{-\infty}^{\infty}x^*(t-\lambda/2)x(t+\lambda/2)\mathrm{e}^{-\mathrm{j}\Omega\lambda}\mathrm{d}\lambda=W_x(t,\Omega)$$

(3) 对 $x(t),y(t)$的互 WVD,$W_{x,y}(t,\Omega)$不一定是实函数,但具有如下性质:
$$W_{x,y}(t,\Omega)=W_{y,x}^*(t,\Omega) \tag{3.2.3}$$

2. WVD 的能量分布性质

(1) 时间边缘性质

将(3.1.2)式两边对 Ω 积分,有

$$\begin{aligned}\frac{1}{2\pi}\int_{-\infty}^{\infty}W_x(t,\Omega)\mathrm{d}\Omega &= \frac{1}{2\pi}\iint x(t+\tau/2)x^*(t-\tau/2)\mathrm{e}^{-\mathrm{j}\Omega\tau}\mathrm{d}\Omega\mathrm{d}\tau \\ &= \int x(t+\tau/2)x^*(t-\tau/2)\left(\frac{1}{2\pi}\int \mathrm{e}^{-\mathrm{j}\Omega\tau}\mathrm{d}\Omega\right)\mathrm{d}\tau \\ &= \int x(t+\tau/2)x^*(t-\tau/2)\delta(\tau)\mathrm{d}\tau = |x(t)|^2 \end{aligned} \tag{3.2.4}$$

(3.2.4)式表明,信号 $x(t)$ 的 WVD 沿频率轴的积分等于该信号在 t 时刻的瞬时能量。由此可看出 WVD 具有能量分布性质。

(2) 频率边缘性质

同理,将(3.1.5)式两边同时对 t 积分,有

$$\begin{aligned}\int_{-\infty}^{\infty}W_x(t,\Omega)\mathrm{d}t &= \frac{1}{2\pi}\iint X(\Omega+\theta/2)X^*(\Omega-\theta/2)\mathrm{e}^{\mathrm{j}\theta t}\mathrm{d}\theta\mathrm{d}t \\ &= \int X(\Omega+\theta/2)X^*(\Omega-\theta/2)\delta(\theta)\mathrm{d}\theta = |X(\Omega)|^2 \end{aligned} \tag{3.2.5}$$

即 WVD 沿时间轴的积分等于该信号在频率 Ω 处的瞬时能量。

由(3.2.4)式及(3.2.5)式,还可进一步得到 WVD 在时频平面上能量分布的性质。

(3) 能量分布性质

$$\frac{1}{2\pi}\int_{t_a}^{t_b}\left[\int_{-\infty}^{\infty}W_x(t,\Omega)\mathrm{d}\Omega\right]\mathrm{d}t = \int_{t_a}^{t_b}|x(t)|^2\mathrm{d}t \tag{3.2.6}$$

$$\frac{1}{2\pi}\int_{\Omega_a}^{\Omega_b}\left[\int_{-\infty}^{\infty}W_x(t,\Omega)\mathrm{d}t\right]\mathrm{d}\Omega = \frac{1}{2\pi}\int_{\Omega_a}^{\Omega_b}|X(\Omega)|^2\mathrm{d}\Omega \tag{3.2.7}$$

$$\frac{1}{2\pi}\int_{-\infty}^{\infty}\int_{-\infty}^{\infty}W_x(t,\Omega)\mathrm{d}t\mathrm{d}\Omega = \int_{-\infty}^{\infty}|x(t)|^2\mathrm{d}t = \langle x(t),x(t)\rangle \tag{3.2.8}$$

这三个式子指出,$W_x(t,\Omega)$ 对频率积分后再在某一时间带内对时间积分,则积分值等于信号在该带内的能量;在某一频率带内的积分也有着同样的性质;$W_x(t,\Omega)$ 在整个 t-Ω 平面上的积分等于信号的总能量;因此 WVD 可以看作是信号的能量在时频平面上的分布。但是,由后面的讨论可知,$W_x(t,\Omega)$ 在 t-Ω 平面上某一点的值并不能反映信号的能量,这是因为 $W_x(t,\Omega)$ 在该点有可能取负值。上述 WVD 的能量分布性质可用图 3.2.1 来表示。

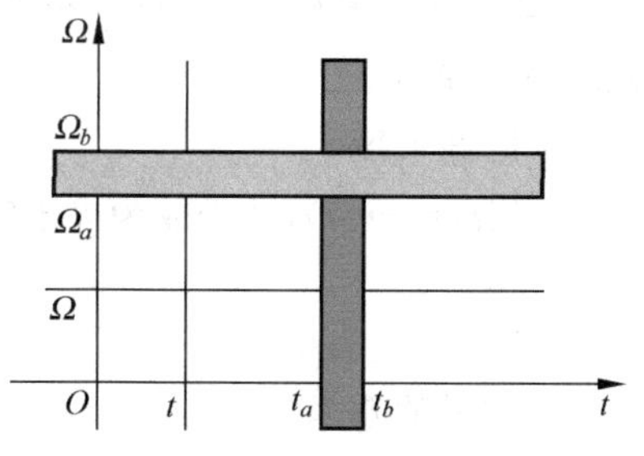

图 3.2.1 WVD 的能量分布

3. 由 WVD 重建信号 $x(t)$

由(3.1.2)式,有

$$x(t+\tau/2)x^*(t-\tau/2)=\frac{1}{2\pi}\int W_x(t,\Omega)\mathrm{e}^{\mathrm{j}\Omega\tau}\mathrm{d}\Omega$$

取 $t=\tau/2$ 这一特定的时刻,有

$$x(\tau)x^*(0)=\frac{1}{2\pi}\int W_x(\tau/2,\Omega)\mathrm{e}^{\mathrm{j}\Omega\tau}\mathrm{d}\Omega$$

再将 τ 换成 t,于是有

$$x(t)=\frac{1}{2\pi x^*(0)}\int W_x(t/2,\Omega)\mathrm{e}^{\mathrm{j}\Omega t}\mathrm{d}\Omega \tag{3.2.9}$$

也就是说,$x(t)$可由其 WVD 来重建。

但值得注意的是,若 $x(t)$含有常数的相位因子,如 $x(t)=A(t)\mathrm{e}^{\mathrm{j}\alpha}$,由于

$$r_x(t,\tau)=x(t+\tau/2)x^*(t-\tau/2)=A(t+\tau/2)A(t-\tau/2)$$

将相位因子抵消,因此由 WVD 恢复出的 $x(t)$将不会有此相位因子。

4. WVD 的运算性质

(1) 移位

令 $x'(t)=x(t-\lambda)$,$y'(t)=y(t-\lambda)$,则

$$W_{x',y'}(t,\Omega)=W_{x,y}(t-\lambda,\Omega) \tag{3.2.10}$$

(2) 调制

令 $x'(t)=x(t)\mathrm{e}^{\mathrm{j}\Omega_0 t}$,$y'(t)=y(t)\mathrm{e}^{\mathrm{j}\Omega_0 t}$,则

$$W_{x',y'}(t,\Omega)=W_{x,y}(t,\Omega-\Omega_0) \tag{3.2.11}$$

(3) 移位加调制

令 $x'(t)=x(t-\lambda)\mathrm{e}^{\mathrm{j}\Omega_0 t}$,$y'(t)=y(t-\lambda)\mathrm{e}^{\mathrm{j}\Omega_0 t}$,则

$$W_{x',y'}(t,\Omega)=W_{x,y}(t-\lambda,\Omega-\Omega_0) \tag{3.2.12}$$

(3.2.10)式称为 WVD 的移不变性,(3.2.11)式称为频率调制不变性,而(3.2.12)式则是二者的结合。

(4) 时间尺度

令 $x'(t)=x(\alpha t)$,此处 α 为大于零的常数,则

$$W_{x'}(t,\Omega)=\frac{1}{\alpha}W_x(\alpha t,\Omega/\alpha) \tag{3.2.13}$$

(5) 信号的相乘

令 $y(t)=x(t)h(t)$,则

$$W_y(t,\Omega)=\int x(t+\tau/2)h(t+\tau/2)x^*(t-\tau/2)h^*(t-\tau/2)\mathrm{e}^{-\mathrm{j}\Omega\tau}\mathrm{d}\tau$$
$$=\int r_x(t,\tau)r_h(t,\tau)\mathrm{e}^{-\mathrm{j}\Omega\tau}\mathrm{d}\tau=\frac{1}{2\pi}W_x(t,\Omega)\overset{\Omega}{*}W_h(t,\Omega)$$
$$=\frac{1}{2\pi}\int W_x(t,\zeta)W_h(t,\Omega-\zeta)\mathrm{d}\zeta \tag{3.2.14}$$

(3.2.14)式指出，两个信号乘积的自WVD等于这两个信号各自WVD在频率轴上的卷积。这是WVD的一个很好的性质，因为对无限长的信号加窗截短，只影响其频率分辨率，而不影响其时域分辨率。

(6) 信号的滤波

令 $y(t)=x(t)*h(t)$，则

$$W_y(t,\Omega)=W_x(t,\Omega)\overset{t}{*}W_h(t,\Omega)$$
$$=\int_{-\infty}^{\infty}W_x(t',\Omega)W_h(t-t',\Omega)\mathrm{d}t' \tag{3.2.15}$$

(7) 信号的相加

令 $x(t)=x_1(t)+x_2(t)$，则

$$W_x(t,\Omega)=\int[x_1(t+\tau/2)+x_2(t+\tau/2)][x_1^*(t-\tau/2)+x_2^*(t-\tau/2)]\mathrm{e}^{-\mathrm{j}\Omega\tau}\mathrm{d}\tau$$
$$=W_{x_1}(t,\Omega)+W_{x_2}(t,\Omega)+2\mathrm{Re}[W_{x_1,x_2}(t,\Omega)] \tag{3.2.16}$$

(3.2.16)式指出，两个信号和的WVD并不等于它们各自WVD的和。式中 $2\mathrm{Re}[W_{x_1,x_2}(t,\Omega)]$ 是 $x_1(t)$ 和 $x_2(t)$ 的互WVD，称为交叉项，它是由信号相加所引进的干扰。交叉项的存在是WVD的一个严重缺点。近20年来，人们提出了各种各样的方案来去除或减轻交叉项对信号各个分量的自WVD所带来的影响。现在再从互WVD的角度来考察交叉项的行为。令

$$x(t)=x_1(t)+x_2(t),\quad y(t)=y_1(t)+y_2(t)$$

则

$$W_{x,y}(t,\Omega)=W_{x_1,y_1}(t,\Omega)+W_{x_2,y_2}(t,\Omega)+W_{x_1,y_2}(t,\Omega)+W_{x_2,y_1}(t,\Omega) \tag{3.2.17}$$

式中后两项也是交叉项干扰。一般地，若 $x(t)$ 有 N 个分量，那么这些分量之间共产生 $N(N-1)/2$ 个互项的干扰。有关交叉项的性质及去除交叉项的办法，将在本章及第4章继续讨论。

5. WVD的时限与带限性质

(1) 若当 $t<t_a$ 和 $t>t_b$ 时，$x(t)=y(t)=0$，即 $x(t)$，$y(t)$ 是时限的，则对一切 Ω，有

$$W_{x,y}(t,\Omega)=0,\quad t<t_a\ 和\ t>t_b \tag{3.2.18}$$

(2) 由上述结论，若 $x(t)$，$y(t)$均是因果信号，且当 $t<0$ 时 $x(t)=y(t)=0$，那么

$$W_{x,y}(t,\Omega)=0,\quad t<0 \tag{3.2.19}$$

(3) 若当 $\Omega<\Omega_a$ 和 $\Omega>\Omega_b$ 时，$X(\Omega)=Y(\Omega)=0$，即 $X(\Omega)$，$Y(\Omega)$是带限的，则对一切 t，有

$$W_{x,y}(t,\Omega)=0,\quad \Omega<\Omega_a \text{ 和 } \Omega>\Omega_b \tag{3.2.20}$$

6. 解析信号的自 WVD

令 $\hat{x}(t)$是 $x(t)$的 Hilbert 变换，则

$$z(t)=x(t)+\mathrm{j}\hat{x}(t)$$

是 $x(t)$的解析信号。由(3.1.5)式，$z(t)$的 WVD 是

$$W_z(t,\Omega)=\frac{1}{2\pi}\int Z(\Omega+\theta/2)Z^*(\Omega-\theta/2)\mathrm{e}^{\mathrm{j}\theta t}\mathrm{d}\theta \tag{3.2.21}$$

由 Hilbert 变换的性质可知[ZW2]

$$Z(\Omega)=\begin{cases}2X(\Omega), & \Omega>0\\ 0, & \Omega<0\end{cases} \tag{3.2.22}$$

即解析信号只包含正频率成分。由(3.2.20)式的 WVD 带限性质可知，当 $\Omega<0$ 时，$W_z(t,\Omega)\equiv 0$。将(3.2.22)式代入(3.2.21)式，因为 θ 和 Ω 的实际关系如同图 3.1.1 中 τ 和 t 的关系，因此，(3.2.21)式的实际积分变为

$$W_z(t,\Omega)=\frac{1}{2\pi}\int_{-2\Omega}^{2\Omega}X(\Omega+\theta/2)X^*(\Omega-\theta/2)\mathrm{e}^{\mathrm{j}\theta t}\mathrm{d}\theta \tag{3.2.23}$$

(3.2.23)式的积分号中相当于乘了一个从 -2Ω 至 2Ω 的矩形窗。由运算性质(5)，可得到信号 $x(t)$与其解析信号 $z(t)$的 WVD 之间的关系，即

$$W_z(t,\Omega)=\begin{cases}\dfrac{4}{\pi}\displaystyle\int_{-\infty}^{\infty}W_x(t-\tau,\Omega)\,\frac{\sin(2\Omega\tau)}{\tau}\mathrm{d}\tau, & \Omega>0\\ 0, & \Omega<0\end{cases} \tag{3.2.24}$$

7. 瞬时频率与群延迟

设信号 $x(t)$可写成解析形式，即 $x(t)=A(t)\mathrm{e}^{\mathrm{j}\varphi(t)}$，其 WVD 为 $W_x(t,\Omega)$，则 $x(t)$的瞬时频率与 WVD 之间有如下关系：

$$\Omega_i(t)=\frac{\dfrac{1}{2\pi}\displaystyle\int\Omega W_x(t,\Omega)\mathrm{d}\Omega}{\dfrac{1}{2\pi}\displaystyle\int W_x(t,\Omega)\mathrm{d}\Omega}=\frac{\dfrac{1}{2\pi}\displaystyle\int\Omega W_x(t,\Omega)\mathrm{d}\Omega}{|A(t)|^2}=\varphi'(t) \tag{3.2.25}$$

证明[Qia95] 因为

$$\frac{1}{2\pi}\int \Omega W_x(t,\Omega)\mathrm{d}\Omega=\left(\frac{1}{2\pi}\right)^2\int \mathrm{e}^{\mathrm{j}\theta t}\int \Omega X(\Omega+\theta/2)X^*(\Omega-\theta/2)\mathrm{d}\Omega\mathrm{d}\theta \quad (3.2.26)$$

令

$$H(\Omega)=\Omega X(\Omega+\theta/2),\quad G(\Omega)=X(\Omega-\theta/2)$$

则

$$h(t)=-\mathrm{j}\frac{\mathrm{d}}{\mathrm{d}t}[x(t)\mathrm{e}^{-\mathrm{j}t\theta/2}],\quad g(t)=x(t)\mathrm{e}^{\mathrm{j}t\theta/2}$$

由 Parseval 定理,(3.2.26)式可写成

$$\begin{aligned}\frac{1}{2\pi}\int \Omega W_x(t,\Omega)\mathrm{d}\Omega&=\frac{1}{2\pi}\int \mathrm{e}^{\mathrm{j}\theta t}\int\left\{-\mathrm{j}\frac{\mathrm{d}}{\mathrm{d}a}[x(a)\mathrm{e}^{-\mathrm{j}a\theta/2}]x^*(a)\mathrm{e}^{-\mathrm{j}a\theta/2}\right\}\mathrm{d}a\mathrm{d}\theta\\&=\frac{1}{2\pi}\int \mathrm{e}^{\mathrm{j}\theta t}\int\left[-\frac{\theta}{2}\mid x(a)\mid^2\mathrm{e}^{-\mathrm{j}a\theta}-\mathrm{j}x^*(a)\frac{\mathrm{d}}{\mathrm{d}a}x(t)\mathrm{e}^{-\mathrm{j}a\theta}\right]\mathrm{d}a\mathrm{d}\theta\\&=\frac{1}{2\pi}\int \mathrm{e}^{\mathrm{j}\theta t}\int-\frac{\theta}{2}\mid x(a)\mid^2\mathrm{e}^{-\mathrm{j}a\theta}\mathrm{d}a\mathrm{d}\theta-\frac{\mathrm{j}}{2\pi}\int x^*(a)\frac{\mathrm{d}}{\mathrm{d}a}x(t)\int \mathrm{e}^{-\mathrm{j}(a-t)\theta}\mathrm{d}a\mathrm{d}\theta\\&=-\frac{1}{4\pi}\int\theta\mathrm{e}^{\mathrm{j}\theta t}\int\mid x(a)\mid^2\mathrm{e}^{-\mathrm{j}a\theta}\mathrm{d}a\mathrm{d}\theta-\mathrm{j}x^*(a)\frac{\mathrm{d}}{\mathrm{d}a}x(a)\end{aligned} \quad (3.2.27)$$

应用卷积定理,上式右边第一项变为

$$\begin{aligned}-\frac{1}{4\pi}\int\theta\mathrm{e}^{\mathrm{j}\theta t}\int\mid x(a)\mid^2\mathrm{e}^{-\mathrm{j}a\theta}\mathrm{d}a\mathrm{d}\theta&=-\frac{1}{4\pi}\int\theta\mathrm{e}^{\mathrm{j}\theta t}[X(\theta)*X(\theta)]\mathrm{d}\theta\\&=\frac{1}{4\pi}\int\theta X(b)\frac{1}{2\pi}\int X^*(\theta-b)\mathrm{e}^{\mathrm{j}\theta t}\mathrm{d}\theta\mathrm{d}b\\&=-\frac{\mathrm{j}}{2}\int X(b)\frac{\mathrm{d}}{\mathrm{d}t}[x^*(t)\mathrm{e}^{\mathrm{j}bt}]\mathrm{d}b\\&=-\frac{\mathrm{j}}{2}\int X(b)\left[\mathrm{e}^{\mathrm{j}bt}\frac{\mathrm{d}}{\mathrm{d}t}x^*(t)+\mathrm{j}bx^*(t)\mathrm{e}^{\mathrm{j}bt}\right]\mathrm{d}b\\&=-\frac{\mathrm{j}}{2}x(t)\frac{\mathrm{d}}{\mathrm{d}t}x^*(t)+\frac{\mathrm{j}}{2}x^*(t)\frac{\mathrm{d}}{\mathrm{d}t}x(t)\end{aligned}$$

将结果代入(3.2.27)式,有

$$\frac{1}{2\pi}\int\Omega W_x(t,\Omega)\mathrm{d}\Omega=-\frac{\mathrm{j}}{2}\left[x(t)\frac{\mathrm{d}}{\mathrm{d}t}x^*(t)+x^*(t)\frac{\mathrm{d}}{\mathrm{d}t}x(t)\right]=\mid A(t)\mid^2\varphi'(t)$$

于是(3.2.25)式得证。

类似上述证明,可得到群延迟和 WVD 的关系,即

$$\tau_g(\Omega)=\frac{\int_{-\infty}^{\infty}tW_x(t,\Omega)\mathrm{d}t}{\int_{-\infty}^{\infty}W_x(t,\Omega)\mathrm{d}t} \quad (3.2.28)$$

(3.2.25)式和(3.2.28)式为计算瞬时频率和群延迟又提供了一个新的途径。

8. WVD 的 Parseval 关系

令 $x(t)$和 $y(t)$的 WVD 分别是 $W_x(t,\Omega)$和 $W_y(t,\Omega)$，则

$$|\langle x(t),y(t)\rangle|^2 = \frac{1}{2\pi}\int_{-\infty}^{\infty}\int_{-\infty}^{\infty} W_x(t,\Omega)W_y^*(t,\Omega)\mathrm{d}t\mathrm{d}\Omega \tag{3.2.29a}$$

$$|\langle x(t),x(t)\rangle|^2 = \frac{1}{2\pi}\int_{-\infty}^{\infty}\int_{-\infty}^{\infty} W_x^2(t,\Omega)\mathrm{d}t\mathrm{d}\Omega \tag{3.2.29b}$$

(3.2.29)式称为 Moyal’s 公式。

9. WVD 的缺点

(1) 前已述及，两个信号和的 WVD 有交叉项存在，使得两个信号和的分布不再是两个信号各自分布的和；

(2) 由于 WVD 是信号能量的时间-频率分布，因此，理论上讲，$W_x(t,\Omega)$应始终为正值，但实际上并非如此。因为 $W_x(t,\Omega)$是 $r_x(t,\tau)=x(t+\tau/2)x^*(t-\tau/2)$的傅里叶变换，因此，可以保证 $W_x(t,\Omega)$始终为实值，但不一定能保证它是非负的。

由 WVD 的能量分布性质，$W_x(t,\Omega)$在 t-Ω 平面上沿直线 t 或 Ω，或一个时间带(t_b-t_a)，或一个频率带($\Omega_b-\Omega_a$)及在整个平面上的积分都为正值，这说明 WVD 确实是反映了信号能量分布。但是，在某一时刻 t 及某一频率 Ω 处的 WVD(即 t-Ω 平面上的一个点)却不能解释为信号的瞬时能量，因此，WVD 也不能理解为信号的能量密度。这一点可由 1.4 节所讨论的 Heisenberg 不定原理来解释。该原理指出，在量子力学中，不能同时精确地指定一个粒子的位置以及它所具有的动量。WVD 可理解为信号在($t-\Delta t/2, t+\Delta t/2$)及($\Omega-\Delta\Omega/2, \Omega+\Delta\Omega/2$)这一窗口内能量的测量，即

$$E_{\Delta t,\Delta\Omega} = \frac{1}{2\pi}\int_{t-\Delta t/2}^{t+\Delta t/2}\int_{\Omega-\Delta\Omega/2}^{\Omega+\Delta\Omega/2} W_x(t,\Omega)\mathrm{d}t\mathrm{d}\Omega \tag{3.2.30}$$

如果保证 $\Delta t\Delta\Omega\geqslant 1/2$ 或 $\Delta t\Delta f\geqslant 1/4\pi$，那么(3.2.30)式给出的 $E_{\Delta t,\Delta\Omega}$ 一般为正值[Coh85a]。其中，$\Delta t\Delta f\geqslant 1/4\pi$ 称作 Heisenberg 最小积分面积。这一关系也正是在 1.3 节给出的信号的时宽-带宽积的基本关系。

3.3　常用信号的 WVD

现举例说明几种常用信号的 WVD。

例 3.3.1　令

$$x(t) = \begin{cases} 1, & |t| < T \\ 0, & |t| > T \end{cases} \tag{3.3.1}$$

求$W_x(t,\Omega)$。

解 由(3.1.2)式关于自WVD的定义可知，需要首先确定对τ的积分限。由$|t+\tau/2|<T$和$|t-\tau/2|<T$，得

$$-2T+2t<\tau<2T-2t$$

或

$$-2T-2t<\tau<2T+2t$$

所以

$$W_x(t,\Omega)=\int_{-2T+2t}^{2T-2t}\mathrm{e}^{-\mathrm{j}\Omega\tau}\mathrm{d}\tau=\begin{cases}\dfrac{2\sin[2\Omega(T-|t|)]}{\Omega}, & |t|<T\\ 0, & |t|>T\end{cases}\tag{3.3.2}$$

由(3.3.2)式可以看出，对于$W_x(t,\Omega)$在时间轴上只在$-T\sim T$的范围内有值；在频率轴上是$\sin\Omega/\Omega$形式的sinc函数；最大值出现在$(t,\Omega)=(t,0)$处，且最大值$W_x(t,0)=4T$。(3.3.2)式的$W_x(t,\Omega)$如图3.3.1所示。

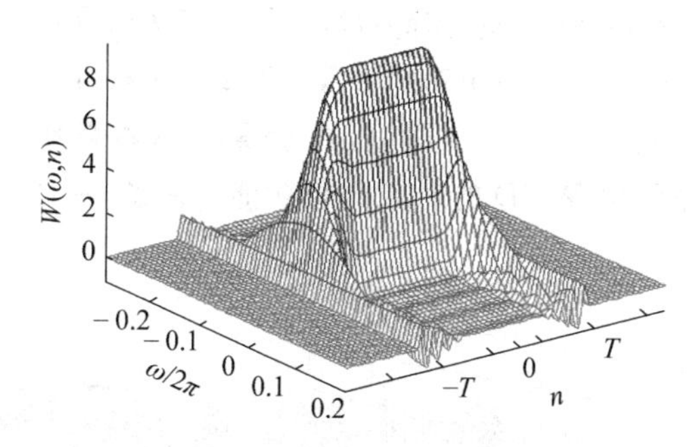

图3.3.1 例3.3.1的WVD

例3.3.2 令$x(t)=A\mathrm{e}^{\mathrm{j}\Omega_0 t}$，求$W_x(t,\Omega)$。

解 由(3.1.2)式，有

$$\begin{aligned}W_x(t,\Omega)&=\int_{-\infty}^{\infty}A\mathrm{e}^{\mathrm{j}\Omega_0(t+\tau/2)}A^*\mathrm{e}^{-\mathrm{j}\Omega_0(t-\tau/2)}\mathrm{e}^{-\mathrm{j}\Omega\tau}\mathrm{d}\tau\\&=|A|^2\int_{-\infty}^{\infty}\mathrm{e}^{-\mathrm{j}(\Omega-\Omega_0)\tau}\mathrm{d}\tau\end{aligned}$$

故

$$W_x(t,\Omega)=2\pi|A|^2\delta(\Omega-\Omega_0)\tag{3.3.3}$$

本例的$x(t)$为一确定性复正弦信号，当然也可以把它看作一个平稳的随机信号，因此，其WVD与时间无关。对任意的时间t，$W_x(t,\Omega)$都是位于$\Omega=\Omega_0$处的δ函数，如图3.3.2所示。由图3.3.1和图3.3.2还可以看出，在某些区域WVD取负值。

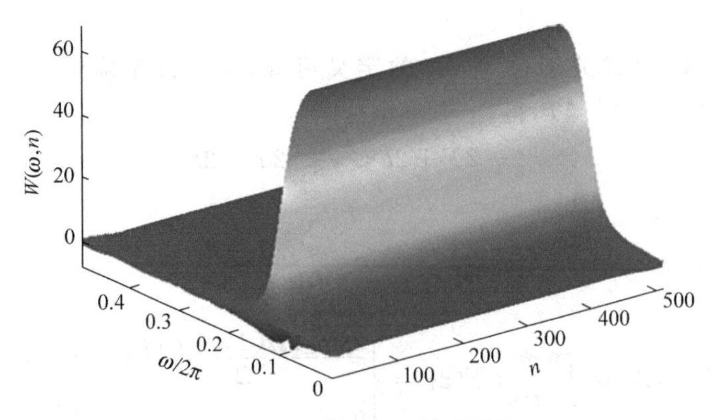

图3.3.2 例3.3.2的WVD

例3.3.3 令$x(t)$是由三个不同频率的复正弦信号首尾相连而形成的，即

$$x(t)=\begin{cases}\exp(\mathrm{j}2\pi f_1 t), & 0\leqslant t<T/4\\ \exp(\mathrm{j}2\pi f_2 t), & T/4\leqslant t<T/2\\ \exp(\mathrm{j}2\pi f_3 t), & T/2\leqslant t<T\end{cases}$$

式中，$f_1=f_0$，$f_2=2.5f_0$，$f_3=3.5f_0$。这里，f_0为某一基本频率。图3.3.3是该信号的WVD。由该图可清楚地看出WVD的时频定位功能。注意，三段信号时频分布之间有交叉项存在。

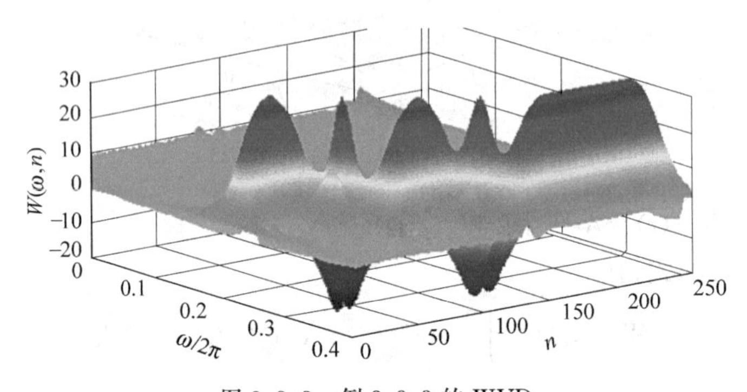

图3.3.3 例3.3.3的WVD

例3.3.4 令$x(t)=A\cos(\Omega_0 t)$，求$W_x(t,\Omega)$。

解 因为$x(t)=\dfrac{A}{2}(\mathrm{e}^{\mathrm{j}\Omega_0 t}+\mathrm{e}^{-\mathrm{j}\Omega_0 t})$，由例3.3.3结果及WVD的运算性质(6)，有

$$W_x(t,\Omega)=\frac{\pi\mid A\mid^2}{2}[\delta(\Omega+\Omega_0)+\delta(\Omega-\Omega_0)+2\cos(2\Omega_0 t)\delta(\Omega)] \quad (3.3.4)$$

$\cos(\Omega_0 t)$的谱线包含两个分量，它们分别位于$\pm\Omega_0$处，因此$\cos(\Omega_0 t)$可看作两个复信号$\mathrm{e}^{\pm \mathrm{j}\Omega_0 t}$的和。但是，$\cos(\Omega_0 t)$的WVD除了在$\pm\Omega_0$处各有一个不随时间变化的谱线

外，在 $\Omega=0$ 处还引入了一个随时间做余弦变化的交叉项，并且该交叉项的幅度还是真正谱线的两倍，如图 3.3.4 所示。图中 $\Omega=0$ 处在频率轴的中点。由例 3.3.3 的结果可知，将 $\cos(\Omega_0 t)$ 化为自己的解析信号 $e^{j\Omega_0 t}$ 来求 WVD，则可消除（或减轻）交叉项的干扰。

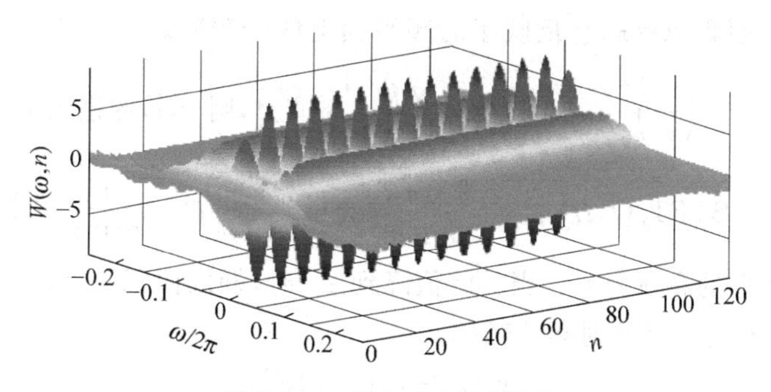

图 3.3.4　例 3.3.4 的 WVD

例 3.3.5　令

$$x(t)=\left(\frac{\alpha}{\pi}\right)^{\frac{1}{4}}e^{-\alpha t^2/2} \tag{3.3.5}$$

为一高斯信号，可求出其 WVD

$$W_x(t,\Omega)=2\exp(-\alpha t^2-\Omega^2/\alpha) \tag{3.3.6}$$

这是一个二维的高斯函数，且 $W_x(t,\Omega)$ 是恒正的，如图 3.3.5 所示。

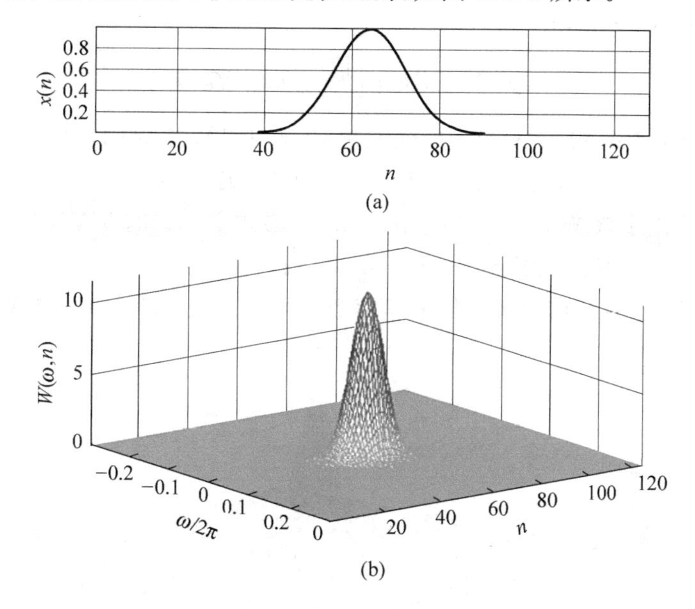

图 3.3.5　例 3.3.5 的 WVD

(a) 高斯信号；(b) 高斯信号的 WVD

由图 3.3.5 可以看出，该高斯信号的 WVD 的中心在$(t,\Omega)=(0,0)$处，峰值为 2。参数 α 控制了 WVD 在时间和频率方向上的扩展，α 越大，WVD 在时域的扩展越小，在频域的扩展越大，反之亦然。该例的 WVD 的等高线为一椭圆，当 WVD 由峰值降到 e^{-1}时，该椭圆的面积 $A=\pi$，它反映了时频平面上的分辨率。

如果令　$h(t)=\left(\frac{\alpha}{\pi}\right)^{\frac{1}{4}}e^{-\alpha t^2/2}$，$x(t)=\left(\frac{\beta}{\pi}\right)^{\frac{1}{4}}e^{-\beta t^2/2}$，则 $x(t)$的谱图为

$$|\mathrm{STFT}_x(t,\Omega)|^2=\frac{2\sqrt{\alpha\beta}}{\alpha+\beta}\exp\left(-\frac{\alpha\beta}{\alpha+\beta}t^2-\frac{1}{\alpha+\beta}\Omega^2\right) \tag{3.3.7}$$

它也是时频平面上的高斯函数。当其峰值降到 e^{-1}时，椭圆面积 $A=2\pi$。这一结果说明，WVD 比 STFT 有着更好的时频分辨率。

如果令
$$x_1(t)=x(t-t_0)e^{j\Omega_0 t} \tag{3.3.8}$$
式中，$x(t)$是(3.3.5)式的高斯函数。则显然，$x_1(t)$是 $x(t)$的时移加调制，其 WVD 是
$$W_{x_1}(t,\Omega)=2\exp[-\alpha(t-t_0)^2-(\Omega-\Omega_0)^2/\alpha] \tag{3.3.9}$$
它将(3.3.6)式的 $W_x(t,\Omega)$由$(t,\Omega)=(0,0)$移至$(t,\Omega)=(t_0,\Omega_0)$处。其 WVD 图形请读者自己画出。

例 3.3.6　令

$$z(t)=\left(\frac{\alpha}{\pi}\right)^{\frac{1}{4}}\exp\left(-\frac{\alpha t^2}{2}\right)\exp\left(j\frac{\beta t^2}{2}\right)\exp(j\Omega_0 t) \tag{3.3.10}$$

它是由(3.3.5)式的 $x(t)$与

$$y(t)=A\exp\left(\frac{j\beta t^2}{2}\right)\exp(j\Omega_0 t) \tag{3.3.11}$$

相乘而得到的(假定 $A=1$)。$y(t)$为线性调频 Chirp 信号，其 WVD 是
$$W_y(t,\Omega)=2\pi|A|^2\delta(\Omega-\Omega_0-\beta t) \tag{3.3.12}$$
图 1.1.2 中已给出了该 WVD。可以求出，(3.3.10)式中 $z(t)$的 WVD 是
$$W_z(t,\Omega)=2\exp[-\alpha t^2-(\Omega-\Omega_0-\beta t)^2/\alpha] \tag{3.3.13}$$
它是恒正的。显然，高斯信号和 Chirp 信号都是(3.3.10)式 $z(t)$的特例。$W_z(t,\Omega)$如图 3.3.6 所示。

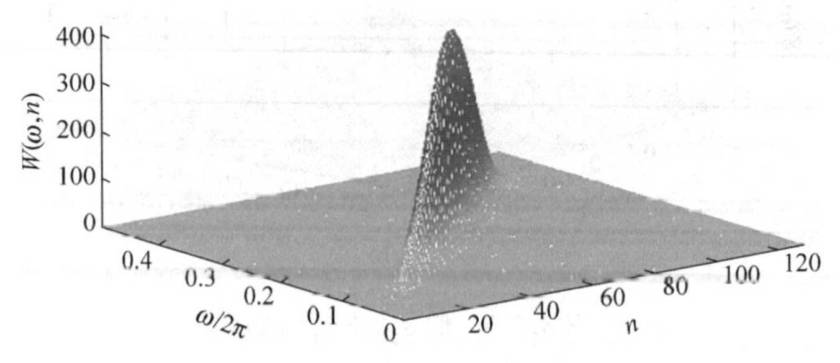

图 3.3.6　例 3.3.6 的 Chirp 信号的 WVD

例 3.3.7　令 $x(t)$为一多普勒信号。所谓多普勒信号指的是一个物体相对一个位置不变的观察者(如雷达)运动时,观察者所听到或所记录到的该物体运动的信号,如该物体运动的速度或发出的声音。众所周知,当运动物体接近和远离观察者时,其信号的频率会发生变化。图 3.3.7 给出了该信号的时域波形、频谱及时频分布。由图可以看出信号的能量随时间和频率的分布。

有关例 3.3.1～例 3.3.7 的 MATLAB 程序是 exa030301.m～exa030307.m。

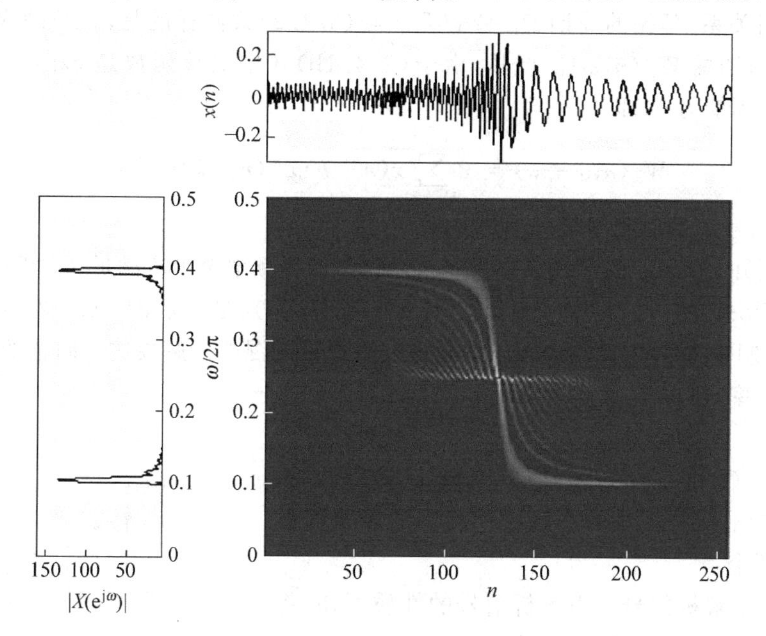

图 3.3.7　例 3.3.7 的 WVD

3.4　Wigner 分布的实现

如同其他信号处理的算法一样,最终的目的是要将它们应用于科研或工程的实际。这时所遇到的问题同样是信号的离散化及数据的有限长问题。

在(3.1.2)式中,若令对信号 $x(t)$的抽样间隔为 T_s,即 $t=nT_s$,并令 $\tau/2=kT_s$,则 $\tau=2kT_s$,这样,(3.1.2)式对 τ 的积分变成对 k 的求和,即

$$W_x(t,\Omega)=2T_s\sum_{k=-\infty}^{\infty}x(nT_s+kT_s)x^*(nT_s-kT_s)\mathrm{e}^{-\mathrm{j}2k\Omega T_s} \tag{3.4.1a}$$

若将 T_s 归一化为 1,并考虑到相对离散信号的频率 $\omega=\Omega T_s$[ZW2],则上式变为

$$W_x(n,\omega)=2\sum_{k=-\infty}^{\infty}x(n+k)x^*(n-k)\mathrm{e}^{-\mathrm{j}2k\omega} \tag{3.4.1b}$$

我们知道，将 $x(t)$ 变成 $x(n)$ 后，$x(n)$ 频谱 $X(\mathrm{e}^{\mathrm{j}\omega})$ 将变成周期的，周期为 2π，且 2π 对应抽样频率 f_s，$X(\mathrm{e}^{\mathrm{j}\omega})$ 与 $x(t)$ 的频谱 $X(\mathrm{j}\Omega)$ 之间的关系是

$$X(\mathrm{e}^{\mathrm{j}\omega})\big|_{\omega=\Omega T_s}=\frac{1}{T_s}\sum_{k=-\infty}^{\infty}X(\mathrm{j}\Omega-\mathrm{j}k\Omega_s) \tag{3.4.2}$$

即周期延拓关系，延拓的周期 $\Omega_s=2\pi/T_s$。与(3.4.2)式同样的是，$x(t)$ 的 WVD $W_x(t,\Omega)$ 也变成周期的 $W_x(n,\omega)$。但是，由于(3.4.1b)式中的核函数是 $\exp(-\mathrm{j}2k\omega)$，因此 $W_x(n,\omega)$ 的周期为 π，即

$$W_x(n,\omega+\pi)=2\sum_{k=-\infty}^{\infty}x(n+k)x^*(n-k)\mathrm{e}^{-\mathrm{j}2k(\omega+\pi)} \tag{3.4.3}$$

式中，k 是信号 x 的时间序号；n 代表时移。

众所周知，若 $x(t)$ 的最高频率为 $f_{\max}$，那么，抽样频率至少应满足 $f_s\geqslant 2f_{\max}$。这是由抽样定理所决定的。如若按 $f_s=2f_{\max}$ 对 $x(t)$ 抽样，并对抽样后的 $x(n)$ 做 WVD，由于其 WVD 的周期变为 π，因此在 WVD 中必将产生严重的混叠。解决这一问题的直接方法是提高抽样频率，要求 f_s 至少要满足

$$f_s\geqslant 4f_{\max} \tag{3.4.4}$$

但是，一旦 $x(t)$ 由 $f_s=2f_{\max}$ 抽样，变成 $x(n)$ 后，要想对 $x(t)$ 重新抽样是困难的。解决该问题的较为简便的方法有两个：

(1) 采用解析信号。由解析信号的性质可知，将 $x(t)$ 作 Hilbert 变换得到 $\hat{x}(t)$，按 $z(t)=x(t)+\mathrm{j}\hat{x}(t)$ 构成解析信号，则 $z(t)$ 只包含 $x(t)$ 的正频率部分。这样，既可减轻由正、负频率分量所引起的交叉项干扰，又可在保持原有抽样频率 $f_s=2f_{\max}$ 的情况下，避免频域的混叠；

(2) 对 $x(n)$ 作插值，人为地将其抽样频率 f_s 提高。例如，若想将抽样频率 f_s 提高一倍，可将 $x(n)$ 每两点之间插入一个零，然后再让该信号通过一个低通数字滤波器，从而将插入的这些零值点变成和原信号相对应的点。有关插值的原理，详见本书第 5 章，此处不再讨论。

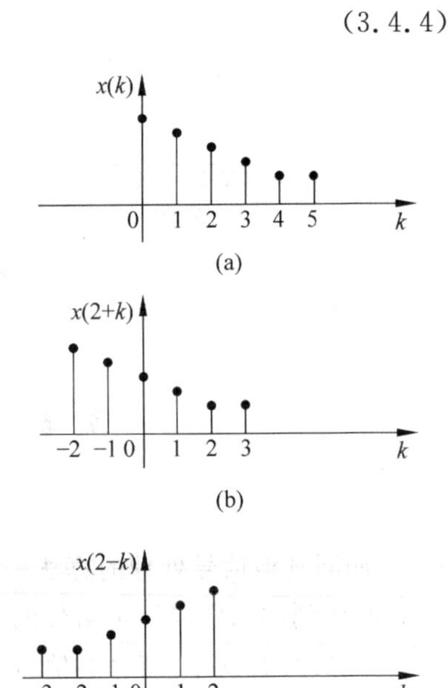

图 3.4.1　$r_1(n,k)$ 的解释

(a) $x(k)$；(b) $x(2+k)$；(c) $x(2-k)$

对(3.4.3)式，现在还剩下两个问题需要解决，一是频率 ω 的离散化，二是确定式中 k 的求和范围。

现令

$$r_x(n,k) = x(n+k)x^*(n-k) \tag{3.4.5}$$

并假定 $x(k)$ 的长度为 N，即 $k=0,1,\cdots,N-1$，再分析一下 $r_x(n,k)$ 的取值情况。

$x(k)$ 如图 3.4.1(a)所示，将 $x(k)$ 翻转得 $x(-k)$，现将 $x(k)$，$x(-k)$ 分别向左和向右移动 n 个时刻，如取 $n=2$，$N=6$，则 $x(2+k)$ 和 $x(2-k)$ 分别如图 3.4.1(b)和(c)所示。

当 $N=6$ 时，不难写出：

$$\left.\begin{array}{lll} n=0\text{ 时}, & r_x(0,k)=\{x_0x_0^*\}, & k=0 \\ n=1\text{ 时}, & r_x(1,k)=\{x_0x_2^*,x_1x_1^*,x_2x_0^*\}, & k=-1\sim 1 \\ n=2\text{ 时}, & r_x(2,k)=\{x_0x_4^*,x_1x_3^*,x_2x_2^*,x_3x_1^*,x_4x_0^*\}, & k=-2\sim 2 \\ n=3\text{ 时}, & r_x(3,k)=\{x_1x_5^*,x_2x_4^*,x_3x_3^*,x_4x_2^*,x_5x_1^*\}, & k=-2\sim 2 \\ n=4\text{ 时}, & r_x(4,k)=\{x_3x_5^*,x_4x_4^*,x_5x_3^*\}, & k=-1\sim 1 \\ n=5\text{ 时}, & r_x(5,k)=\{x_5x_5^*\}, & k=0 \end{array}\right\} \tag{3.4.6}$$

假如将 $r_x(n,k)$ 都扩充成 N 点序列，即在其后补零，那么，(3.4.1b)式可写成

$$W_x(n,l) = 2\sum_k r_x(n,k)\mathrm{e}^{-\mathrm{j}\frac{4\pi}{N}kl} \tag{3.4.7}$$

式中，$r_x(n,k)$ 在任一时刻 n 的长度都是 N，k 的实际取值情况由(3.4.6)式决定。这样，对(3.4.7)式稍作变化后即可用 DFT 来实现。

上述过程即是离散 WVD 的思路。具体实现方案见 MATLAB 的 High-Order Spectral Analysis Toolbox 中的 Wig2.m 文件。注意：$W_x(n,l)$ 在频域是周期的，周期为 π(归一化频率为 0.5)。

上述方法有着明显的缺点，即在不同的 n 下，计算 $r_x(n,k)$ 时所利用的 $x(k)$ 的点数有着明显的不同(见(3.4.6)式)。此外，由于 WVD 是二次函数的分布，有交叉项存在，因此，希望能对这种交叉项有所抑制。针对这两个问题，人们自然就提出了加窗 WVD，即伪 WVD(Pseudo WVD，PWVD)的实现方案。

取窗函数 $w(n)$，$w(n)$ 应是偶对称的实函数，假定其宽度为 $4L-1$，即当 $|k|\geqslant 2L$ 时，$w(k)=0$。用 $w(k)$ 乘 $r_x(n,k)$，由(3.4.5)式，有

$$pr_x(n,k) = w(k)x(n+k)x^*(n-k) \tag{3.4.8}$$

将其代入(3.4.1b)式，有

$$\begin{aligned} PW_x(n,k) &= 2\sum_{k=-(2L-1)}^{2L-1} w(k)x(n+k)x^*(n-k)\mathrm{e}^{-\mathrm{j}2\omega k} \\ &= 2\sum_{k=-(2L-1)}^{0} w(k)x(n+k)x^*(n-k)\mathrm{e}^{-\mathrm{j}2\omega k} + \end{aligned}$$

$$2\sum_{k=0}^{2L-1} w(k)x(n+k)x^*(n-k)\mathrm{e}^{-\mathrm{j}2\omega k} - 2x(n)x^*(n)$$

即

$$PW_x(n,k) = 4\mathrm{Re}\left[2\sum_{k=0}^{2L-1} w(k)x(n+k)x^*(n-k)\mathrm{e}^{-\mathrm{j}2\omega k}\right] - 2x(n)x^*(n) \quad (3.4.9)$$

为把 ω 离散化，可将 2π 分成 $2L$ 等份，即 $\omega_l=\dfrac{2\pi}{2L}l$，这样(3.4.9)式变为

$$PW_x(n,l) = 4\mathrm{Re}\left[\sum_{k=0}^{2L-1} w(k)x(n+k)x^*(n-k)\mathrm{e}^{-\mathrm{j}\frac{4\pi kl}{2L}}\right] - 2x(n)x^*(n) \quad (3.4.10)$$

式中，$l=0\sim 2L-1$。

由(3.4.10)式，有

$$PW_x(n,l)=Pw_x(n,l+iL),\quad i\in\mathbb{Z} \quad (3.4.11)$$

即 $PW_x(n,l)$以 L 为周期。这样，若按(3.4.10)式计算 $2L$ 点 FFT，则求出的 $PW_x(n,l)$将有一半的冗余。通常，假定

$$x(n+k)x^*(n-k)=0,\quad |k|>L \quad (3.4.12)$$

这样，(3.4.10)式即变为

$$PW_x(n,l) = 4\mathrm{Re}\left[\sum_{k=0}^{L-1} w(k)x(n+k)x^*(n-k)\mathrm{e}^{-\mathrm{j}\frac{2\pi}{L}kl}\right] - 2x(n)x^*(n) \quad (3.4.13)$$

这是一个标准的 L 点的 DFT，可用 FFT 来实现。式中，$l=0\sim L-1$。当 $l=L-1$ 时，对应的最高频率为 $f_s/2$ 或 π[Qia95]。

在时间 t 和频率 Ω 都是连续取值时的伪 WVD 是

$$PW_x(t,\Omega) = \int w(\tau)x(t+\tau/2)x^*(t-\tau/2)\mathrm{e}^{-\mathrm{j}\Omega\tau}\mathrm{d}\tau \quad (3.4.14)$$

加窗的结果等于未加窗时的 WVD 和窗函数的频谱在频率方向上的卷积，即

$$PW_x(t,\Omega) = \int W(\theta)W_x(t,\Omega-\theta)\mathrm{d}\theta \quad (3.4.15)$$

式中，$W(\Omega)$是窗函数 $w(t)$的傅里叶变换。加窗的结果是使 $x(t)$的 WVD 在频率方向上得到平滑。有关 Wigner 分布的计算还可参看文献[Boa87，Qia90]及[Sun89]。

MATLAB 的 Time-Frequency Toolbox 中既含有实现(3.4.7)式的程序 tfrwv. m，也含有实现(3.4.13)式的程序 tfrpwv. m(方法上略有不同)。同时，还给出了大量的其他类型的时频分布程序。在 3.3 节中，例 3.3.1～例 3.3.7 的结果，都是用伪 Wigner 分布求出的。若不用 PWVD，例如，对例 3.3.3，直接用(3.4.7)式的不加窗方法，所得结果如图 3.4.2 所示。有关该图的 MATLAB 程序是 exa030402. m。

将图 3.4.2 和图 3.3.3 相比较，会发现：

(1) 不加窗平滑时，交叉干扰项明显增多，也即加窗后可有效地抑制干扰项。

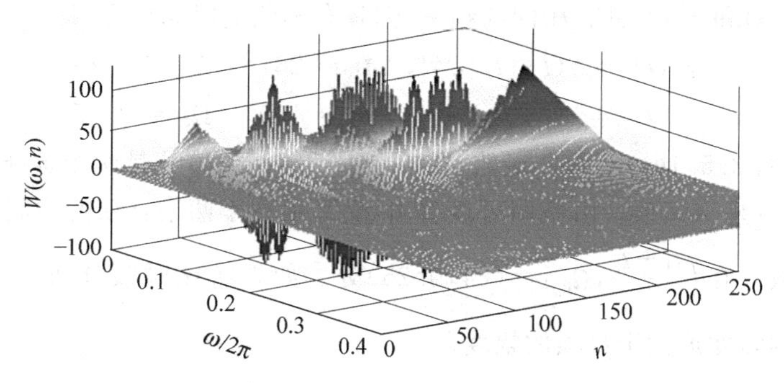

图 3.4.2 例 3.3.3 信号的 WVD,计算时不加窗

(2) 在图 3.4.2 中,每一条时频曲线的幅度呈三角状,这是由于在计算这些曲线时所使用的数据点数严重不同所造成的。而在加窗以后,由于求每一条时频曲线时所用的点数都基本上取决于窗函数的宽度,因此这一现象得到克服。

3.5 Wigner 分布中交叉项的行为

在 3.2 节讨论了 WVD 的许多优点,同时也指出:由于 WVD 是双线性形式的变换,因此两个信号和的分布将存在交叉项。由例 3.3.4 可知,由于实正弦信号在 $\pm\Omega_0$ 处有两个谱分量,由此产生了在 $\Omega=0$ 处的交叉项。该交叉项在 $\Omega=0$ 处以 Ω_0 为频率呈余弦变化,且幅度是两个自项的两倍。当 Ω_0 很小时,两个自项将和这一交叉项很接近。因此,交叉项的存在将严重影响对自项的识别,从而也就严重影响了对信号时频行为的识别。在第 4 章将要介绍目前人们已提出的十多种具有双线性形式的时频分布,它们被统称为 Cohen 类。提出这些分布的一个重要目的是削弱 Wigner 分布中的交叉项,并改进自项的分辨率。为了搞清削弱交叉项的途径,有必要仔细了解 Wigner 分布中交叉项的行为。现用几个例子来说明该问题。

例 3.5.1 设信号 $x(t)$ 由两个原子信号复合而成。所谓原子信号,是指诸如 $h(t-t_0)e^{j\Omega_0 t}$ 的一类信号,其中,$h(t)$ 为时域有限长的窗函数。在构成原子时,常用的是高斯窗。由于高斯窗的频谱也是高斯的,因此,这样的"原子"在时域和频域都是能量较为集中的信号。通过改变 t_0 和 Ω_0,可以改变该原子的时频中心,因此在时频分析中常利用它们作为试验信号。

设 $x_1(t)$,$x_2(t)$ 是两个原子,信号 $x(t)=x_1(t)+x_2(t)$。下面分两种情况来考虑它们的 WVD。

(1) 设 $x_1(t)$和 $x_2(t)$具有相同的频率,但具有不同的时间中心,即

$$x_1(t)=h(t-t_1)\mathrm{e}^{\mathrm{j}\Omega_0 t},\quad t_1=28,\quad \Omega_0=0.25$$

$$x_2(t)=h(t-t_2)\mathrm{e}^{\mathrm{j}\Omega_0 t},\quad t_2=100,\quad \Omega_0=0.25$$

其时频分布如图 3.5.1(a)所示。显然,在(t_1,Ω_0)及(t_2,Ω_0)处是两个原子的自 WVD,而二者之间的部分是交叉项。由该图可以看出,交叉项位于两个自项的中间,频率与自项相同,其位置大致是在$\left(\frac{t_1+t_2}{2},\Omega_0\right)=(64,0.25)$处。如果将该时频分布图画成立体的,那么,其交叉项的幅度远大于自项的幅度。

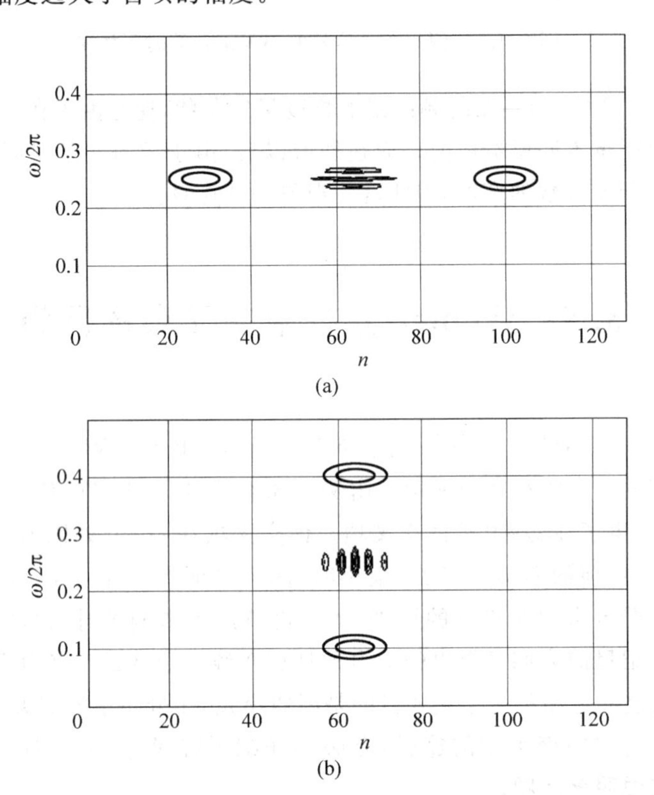

图 3.5.1 两个时频"原子"的 WVD 中交叉项的行为

(2) 设 $x_1(t)$和 $x_2(t)$具有相同的时间,但具有不同的频率中心,即

$$x_1(t)=h(t-t_0)\mathrm{e}^{\mathrm{j}\Omega_1 t},\quad t_0=64,\quad \Omega_1=0.1$$

$$x_2(t)=h(t-t_0)\mathrm{e}^{\mathrm{j}\Omega_2 t},\quad t_0=64,\quad \Omega_2=0.4$$

其时频分布如图 3.5.1(b)所示。显然,两个自项都位于同一时刻($t_0=64$)处,频率分别是 0.1 和 0.4;两个自项中间的是交叉项,其位置大致是在$\left(t_0,\frac{\Omega_1+\Omega_2}{2}\right)=(64,\ 0.25)$处。

同样，其交叉项的幅度也远大于自项的幅度。

有关本例的 MATLAB 程序是 exa030501a.m 和 exa030501b.m。

例 3.5.2 设 $x(t)$ 也是由两个原子复和而成。它们的位置分别位于 $(t_1, \Omega_1)=(32, 0.15)$，$(t_2, \Omega_2)=(96, 0.35)$ 处，$x(t)$ 的时域波形图 3.5.2(a) 所示，其时频分布如图 3.5.2(b) 所示。显然，两个自项的位置也分别在 (t_1, Ω_1)，(t_2, Ω_2) 处；交叉项在两个自项的中心连线上，位置大致在 $\left(\frac{t_1+t_2}{2}, \frac{\Omega_1+\Omega_2}{2}\right)=(64, 0.25)$ 处。

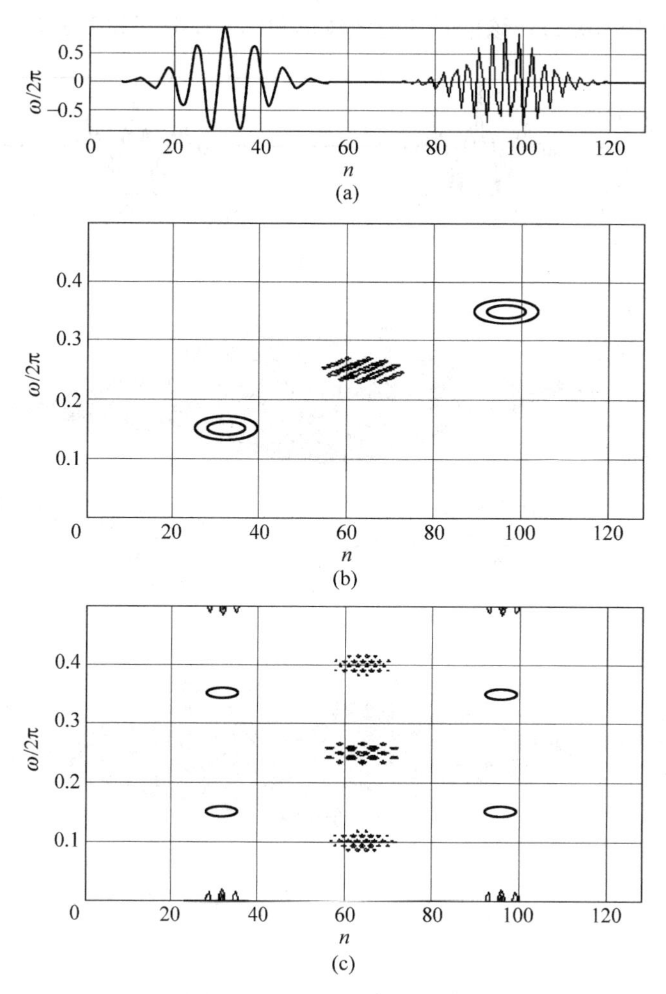

图 3.5.2 两个时间不同，频率不同的“原子”组成的信号的 WVD

由于由两个原子复合而成的 $x(t)$ 是解析信号，所以其频谱中无负频率存在，因此交叉项只有一项，如图 3.5.2(b) 所示。如果仅取 $x(t)$ 的实部来求 WVD，这时就有两个负频率分量存在，因此，该信号的 WVD 共有 4 个自项，分别位于(32，±0.15)，(96，±0.35)处。由这 4 个自项，将会产生 4×3/2=6 个交叉项，它们的位置如图 3.5.2(c)所示。其中，最中心的一个由两个交叉项互相叠加而成，而在同一时刻位于边缘上的两个实际上应为一个(周期关系)。

有关本例的 MATLAB 程序是 exa030502a.m 和 exa030502b.m。

例 3.5.3　令 $x(t)$ 由四个原子复合而成，即 $x(t)=x_1(t)+x_2(t)+x_3(t)+x_4(t)$，这四个"原子" 的位置分别是 $(t_1,\Omega_1)=(28,\ 0.1)$，$(t_2,\Omega_2)=(28,0.4)$，$(t_3,\Omega_3)=(100,\ 0.1)$，$(t_4,\Omega_4)=(100,0.4)$。该信号的时域波形和 WVD 分别如图 3.5.3(a)和(b)所示。

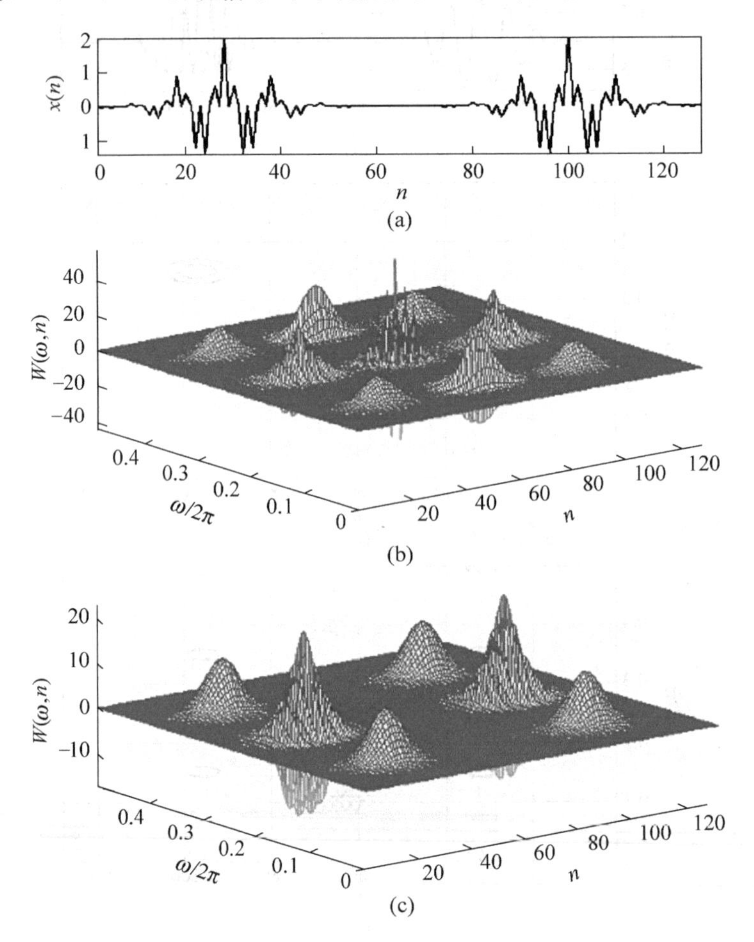

图 3.5.3　4 个"原子"叠加后的 WVD

(a) 时域波形；(b) 没加窗的 WVD；(c) 加窗后的伪 WVD

由图 3.5.3 可以看出，$x(t)$的 WVD 有四个自项，其时频位置分别是 $x_1(t)\sim x_4(t)$的时间位置，调制频率相同；$x(t)$的 WVD 含有六个交叉项，其中心位置分别在(28,0.25)，(64,0.1)，(64,0.25)，(64,0.4)，及(100,0.25)处。其中，最中心的(64,0.25)处应是两个交叉项的叠加。由此结果可以看出，交叉项的位置大致处在每两个自项中间，即$\left(\frac{t_i+t_j}{2},\frac{\Omega_i+\Omega_j}{2}\right)$处。如果在对该信号求 WVD 时用伪 WVD，即对 $r_x(t,\Omega)=x(t+\tau/2)\times x^*(t-\tau/2)$做加窗处理，那么，所得 WVD 如图 3.5.3(c)所示。显然，这时的交叉项可得到有效的抑制，即交叉项由六个变成了两个。

有关本例的 MATLAB 程序是 exa030503a.m 和 exa030503b.m。

以上以原子信号为例说明了 WVD 中交叉项的大致位置，现再以高斯幅度调制信号为例来进一步讨论交叉项的行为，以期为抑制这些交叉项找到有效的途径。

例 3.5.4 令

$$x(t)=\sum_{i=1}^{2}\left(\frac{\alpha}{\pi}\right)^{\frac{1}{4}}\exp\left[-\frac{\alpha(t-t_i)^2}{2}+\mathrm{j}\Omega_i t\right] \tag{3.5.1}$$

显然，$x(t)$由两个频率调制高斯信号所组成，中心分别在(t_1,Ω_1)和(t_2,Ω_2)处。可以求出$x(t)$的 WVD 为[Qia95]

$$\begin{aligned}W_x(t,\Omega)=&2\sum_{i=1}^{2}\exp\left[-\alpha(t-t_i)^2-\frac{1}{\alpha}(\Omega-\Omega_i)^2\right]+\\&4\exp\left[-\alpha(t-t_u)^2-\frac{1}{\alpha}(\Omega-\Omega_u)^2\right]\times\\&\cos[(\Omega-\Omega_u)t_d+(t-t_u)\Omega_d+\Omega_d t_u]\end{aligned} \tag{3.5.2}$$

(3.5.2)式包含两项，第一项是 $x(t)$的 WVD 的自项，中心也分别位于(t_1,Ω_1)和(t_2,Ω_2)处，它们都是高斯型函数；第二项是其交叉项，其中

$$t_u=(t_1+t_2)/2,\quad \Omega_u=(\Omega_1+\Omega_2)/2 \tag{3.5.3a}$$

$$t_d=t_1-t_2,\quad \Omega_d=\Omega_1-\Omega_2 \tag{3.5.3b}$$

显然，交叉项的包络也是高斯型函数，其中心在(t_u,Ω_u)处，这是两个自项在时频平面上的几何中心。交叉项的高斯包络在时间和频率两个方向上都受到余弦函数的调制。其振荡速度正比于 t_d 和Ω_d，即两个自项中心的时间、频率距离。由(3.5.2)式可以得出，该例 WVD 的自项是恒正的，但交叉项可取负值，如图 3.5.4 所示。

有关本例的 MATLAB 程序是 exa030504.m。

由上述四个例子可以看出，若 $x(t)$为多分量信号，那么每两个自项之间将产生一个交叉项，总的交叉项的数目为 $N(N-1)/2$，N 是 $x(t)$的分量个数。每一个交叉项都位于产生它的自项的几何中心，其振荡频率也取决于两个自项的时间和频率距离。进一步，若将(3.5.2)式代入(3.2.4)式，可以求出

$$|x(t)|^2=\sqrt{\frac{\alpha}{\pi}}\sum_{i=1}^{2}\exp[-\alpha(t-t_i)^2]+A(t_d^2)\exp[-\alpha(t-t_u)^2]\cos(\omega_d t) \tag{3.5.4}$$

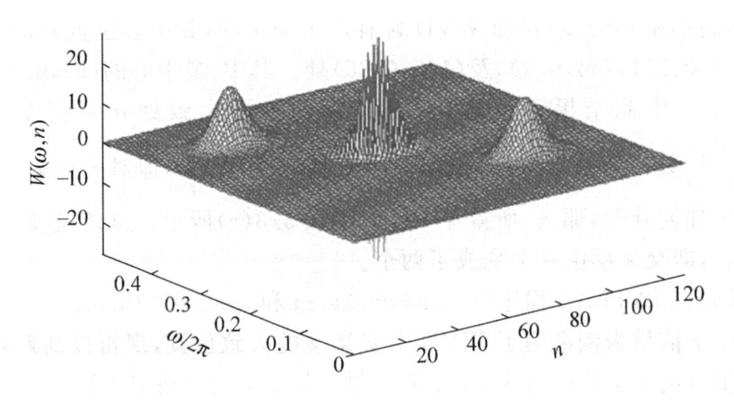

图 3.5.4　两个高斯调制信号的 WVD

式中

$$A(t_d^2)=2\sqrt{\frac{\alpha}{\pi}}\exp\left[-\frac{\alpha t_d^2}{4}\right] \tag{3.5.5}$$

$A(t_d^2)$反映了交叉项的衰减速度。显然，两个自项离得越远，则 t_d 越大，这样 $A(t_d^2)$衰减越快，于是 WVD 的互项中的能量越小。这说明，只有距离较近的自项所产生的交叉项才会产生大的影响。

以上有关交叉项行为的分析为抑制交叉项提供了理论依据。例如，若能精确地知道信号的 WVD 的自项，那么其交叉项可准确地计算出来。对这些交叉项作时频滤波（即平滑）或简单的赋给很小的值，即可实现抑制交叉项的目的。有关这方面的内容将在第 4 章详细讨论。

3.6　平滑 Wigner 分布

对信号 $x(t)$，在第 2 章给出了其短时傅里叶变换和谱图的定义，在本章又给出了其 WVD 的定义。可以证明，对同一个信号，其 WVD 和谱图之间有如下关系：

$$|\mathrm{STFT}_x(t,\Omega)|^2=\frac{1}{2\pi}\iint W_x(u,v)W_h(t-u,\Omega-v)\mathrm{d}u\mathrm{d}v \tag{3.6.1}$$

式中，$W_h(t,\Omega)$是对信号 $x(t)$做短时傅里叶变换时所用的窗函数 $h(t)$的 WVD。这里，先给出(3.6.1)式的证明[Qia95]，然后再解释该式的含义。

将(3.6.1)式右边展开，有

$$\iiiint x\left(u+\frac{\lambda}{2}\right)x^*\left(u-\frac{\lambda}{2}\right)h\left(t-u+\frac{\theta}{2}\right)h^*\left(t-u-\frac{\theta}{2}\right)\times$$

$$\exp[-\mathrm{j}(\lambda-\theta)v-\mathrm{j}\Omega\theta]\mathrm{d}\lambda\mathrm{d}\theta\mathrm{d}u\mathrm{d}v$$

$$=2\pi\iiint x\left(u+\frac{\lambda}{2}\right)x^*\left(u-\frac{\lambda}{2}\right)h\left(t-u+\frac{\theta}{2}\right)h^*\left(t-u-\frac{\theta}{2}\right)\times$$

$$\exp(-\mathrm{j}\Omega\theta)\delta(\lambda-\theta)\mathrm{d}\lambda\mathrm{d}\theta\mathrm{d}u$$

$$=2\pi\iint x\left(u+\frac{\theta}{2}\right)x^*\left(u-\frac{\theta}{2}\right)h\left(t-u+\frac{\theta}{2}\right)h^*\left(t-u-\frac{\theta}{2}\right)\exp(-\mathrm{j}\Omega\theta)\mathrm{d}\theta\mathrm{d}u \qquad (3.6.2)$$

令

$$a=u+\theta/2,\quad b=u-\theta/2$$

则

$$u=(a+b)/2,\quad \theta=a-b$$

Jacobian 行列式为

$$J=\begin{bmatrix}\partial u/\partial a & \partial u/\partial b\\ \partial\theta/\partial a & \partial\theta/\partial b\end{bmatrix}=\begin{bmatrix}0.5 & 0.5\\ 1 & -1\end{bmatrix}=-1$$

又因为

$$\mathrm{d}u\mathrm{d}\theta=|J|\mathrm{d}a\mathrm{d}b$$

这样，(3.6.2)式变为

$$2\pi\iint x(a)x^*(b)h(t-b)h^*(t-a)\exp[-\mathrm{j}(a-b)\Omega]\mathrm{d}a\mathrm{d}b$$

$$=2\pi\int x(a)h^*(t-a)\mathrm{e}^{-\mathrm{j}\Omega a}\mathrm{d}a\int x^*(b)h(t-b)\mathrm{e}^{\mathrm{j}\Omega b}\mathrm{d}b$$

$$=2\pi|\mathrm{STFT}_x(t,\Omega)|^2$$

于是结果得证。

(3.6.1)式是一个二维卷积的表达式。可以想象，如果 $W_h(t,\Omega)$ 是一个二维的低通函数，那么卷积的结果将是对 $W_x(t,\Omega)$ 的平滑。由例 3.3.5 可知，高斯窗函数的 WVD 仍是 (t,Ω) 平面的高斯函数，因此，如果作 STFT 时用的 $h(t)$ 是高斯窗，那么 $W_h(t,\Omega)$ 是二维高斯的，因此它是低通的。这样，(3.6.1)式卷积的结果是对信号 $x(t)$ 的 WVD 作了平滑，从而减少了交叉项的干扰。因此，同一个信号的谱图是对该信号的 WVD 的平滑。当然，平滑在减轻交叉项干扰的同时也降低了时频的分辨率。不论平滑的效果如何，(3.6.1)式提供了一个改造 WVD 的途径。

一般地，设 $G(t,\Omega)$ 是某一窗函数的时频分布，令 $G(t,\Omega)$ 和 $W_x(t,\Omega)$ 在 t 和 Ω 两个方向上的卷积为平滑 WVD，记为 $SW_x(t,\Omega)$，即

$$SW_x(t,\Omega)=\frac{1}{2\pi}\iint W_x(u,\xi)G(t-u,\Omega-\xi)\mathrm{d}u\mathrm{d}\xi \qquad (3.6.3)$$

至于 $G(t,\Omega)$ 对 $W_x(t,\Omega)$ 作用的效果，取决于 $G(t,\Omega)$ 的形状。实际上，(3.6.3)式的左边即是在第 4 章要讨论的 Cohen 类成员的一般表现形式之一。选择不同的 $G(t,\Omega)$，即可得

到不同的时频分布。

给定一个基本函数 $\psi(t)$，令

$$\psi_{a,b}(t)=\frac{1}{\sqrt{a}}\psi\left(\frac{t-b}{a}\right) \tag{3.6.4}$$

为 $\psi(t)$的移位与伸缩，定义

$$WT_x(a,b)=\frac{1}{\sqrt{a}}\int x(t)\psi^*\left(\frac{t-b}{a}\right)\mathrm{d}t \tag{3.6.5}$$

为 $x(t)$ 的小波变换（wavelet transform，WT），并记 $|WT_x(a,b)|$ 为 $x(t)$ 的尺度图（scalogram），它也是时频分布的一种形式。可以证明，该尺度图和 WVD 的关系是

$$|WT_x(a,b)|^2=\iint W_x(t,\Omega)W_\psi\left(\frac{t-b}{a},a\Omega\right)\mathrm{d}t\mathrm{d}\Omega \tag{3.6.6}$$

式中，$W_\psi(t,\Omega)$是 $\psi(t)$的 WVD。因此，小波变换和信号的时频分析也有着密切的联系。

类似(3.6.6)式的时频分布又称 affine class 时频分布。有关这方面更进一步的内容请参看文献[Aug95，Fla90]及[Gon98]，此处不再讨论。

第 4 章

Cohen 类时频分布

4.1 引　　言

除了 Wigner 分布和谱图以外，近几十年来人们还提出了很多其他具有双线性形式的时频分布。1966 年，Cohen 给出了时频分布的更一般表示形式[Coh66]

$$C_x(t,\Omega;\ g)=\frac{1}{2\pi}\iiint x(u+\tau/2)x^*(u-\tau/2)g(\theta,\tau)\mathrm{e}^{-\mathrm{j}(\theta t+\Omega\tau-u\theta)}\,\mathrm{d}u\mathrm{d}\tau\mathrm{d}\theta \tag{4.1.1}$$

式中，共有五个变量，即 t,Ω,τ,θ 和 u，它们的含义将在 4.2 节解释；$g(\theta,\tau)$称为时频分布的核函数，也可以理解为是加在原 Wigner 分布上的窗函数。给出不同的 $g(\theta,\tau)$，就可以得到不同类型的时频分布。通过后面的讨论可知，目前已提出的绝大部分具有双线性形式的时频分布都可以看作是 Cohen 类的成员。对 Cohen 类分布的讨论有助于更全面地理解时频分布，深入地了解它们的性质，并提出改进诸如交叉项等不足之处的方法。在 Cohen 类时频分布及抑制交叉项的方法的讨论中，广泛应用于雷达信号处理中的模糊函数(ambiguity function, AF)起着重要的作用。因此，本章首先给出模糊函数的定义及其与 Wigner 分布的关系，然后讨论 Cohen 类分布及其不同的成员。在 4.4 节讨论为确保 Cohen 类分布具有一系列好的性质而对 $g(\theta,\tau)$提出的要求。最后，在 4.5 节讨论核的设计问题。

文献[Coh89]对非平稳信号的联合时频分布给出了较为详细且是较为权威性的论述。

4.2 Wigner 分布与模糊函数

令 $x(t)$为一复信号，在第 3 章已定义

$$r_x(t,\tau)=x(t+\tau/2)x^*(t-\tau/2) \tag{4.2.1}$$

为 $x(t)$的瞬时自相关函数，并定义 $r_x(t,\tau)$相对 τ 的傅里叶变换

$$W_x(t,\Omega)=\int r_x(t,\tau)\mathrm{e}^{-\mathrm{j}\Omega\tau}\mathrm{d}\tau \tag{4.2.2}$$

为 $x(t)$ 的 WVD。如无特别说明，(4.2.2)式及以下各式中的积分均是从 $-\infty$ 到 $+\infty$。

$x(t)$ 的对称模糊函数 $A_x(\theta,\tau)$ 定义为 $r_x(t,\tau)$ 相对变量 t 的傅里叶逆变换[Woo53,Coh85]，即

$$A_x(\theta,\tau)=\frac{1}{2\pi}\int r_x(t,\tau)\mathrm{e}^{\mathrm{j}\theta t}\mathrm{d}t \tag{4.2.3}$$

对比(4.2.2)和(4.2.3)两式可以看到，$W_x(t,\Omega)$ 和 $A_x(\theta,\tau)$ 之间似应有某种联系，至少在形式上有一种对称关系。由(4.2.3)式，有

$$r_x(t,\tau)=\int A_x(\theta,\tau)\mathrm{e}^{-\mathrm{j}\theta t}\mathrm{d}\theta \tag{4.2.4}$$

对(4.2.4)式两边取相对变量 τ 的傅里叶变换，立即可得

$$W_x(t,\Omega)=\iint A_x(\theta,\tau)\mathrm{e}^{-\mathrm{j}(\theta t+\Omega\tau)}\mathrm{d}\theta\mathrm{d}\tau \tag{4.2.5}$$

(4.2.5)式说明，信号 $x(t)$ 的 WVD 是其 AF 的二维傅里叶变换。WVD 和 AF 是信号的两个不同的表示形式，其关系即是(4.2.5)式。有关 WVD 的含义已在第 3 章作了详细讨论。现在对模糊函数的含义稍作解释。

令 $x(t)$ 为一复信号，定义 $x_1(t)$，$x_2(t)$ 分别是 $x(t)$ 作正、负移位和正、负频率调制所得到的新信号，即

$$x_1(t)=x(t+\tau/2)\mathrm{e}^{\mathrm{j}\theta t/2} \tag{4.2.6a}$$

$$x_2(t)=x(t-\tau/2)\mathrm{e}^{-\mathrm{j}\theta t/2} \tag{4.2.6b}$$

式中，τ 为时移；θ 为频移。显然

$$\langle x_1(t),x_2(t)\rangle=\int x(t+\tau/2)x^*(t-\tau/2)\mathrm{e}^{\mathrm{j}\theta t}\mathrm{d}t=2\pi A(\theta,\tau) \tag{4.2.7}$$

即模糊函数可理解为信号 $x(t)$ 在作时移和频率调制后的内积。

当将信号 $x(t)$ 发射出去并由一固定目标作无失真反射回来时，反射信号应是 $x(t+\tau)$。通过估计时间 τ 可知道从信号发射点到目标之间的距离。若目标是移动的，由多普勒效应，还将产生频移，即接收到的信号应是 $x(t+\tau)\mathrm{e}^{\mathrm{j}\theta t}$。因此，模糊函数在雷达理论中具有重要的作用。

读者可自行证明，模糊函数具有如下性质：

(1) 若 $y(t)=x(t-t_0)$，则

$$A_y(\theta,\tau)=\mathrm{e}^{\mathrm{j}\theta t_0}A_x(\theta,\tau) \tag{4.2.8}$$

(2) 若 $y(t)=x(t)\mathrm{e}^{\mathrm{j}\Omega_0 t}$，则

$$A_y(\theta,\tau)=\mathrm{e}^{\mathrm{j}\Omega_0\tau}A_x(\theta,\tau) \tag{4.2.9}$$

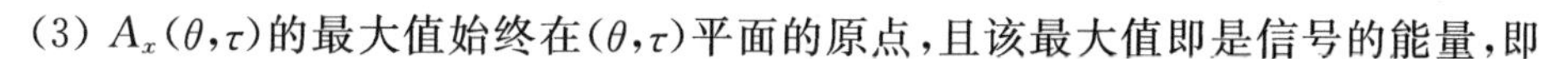

(3) $A_x(\theta,\tau)$的最大值始终在(θ,τ)平面的原点,且该最大值即是信号的能量,即

$$\max A_x(\theta,\tau)=A_x(0,0)=\frac{1}{2\pi}E_x \tag{4.2.10}$$

如果再定义

$$R_x(\Omega,\theta)=X^*(\Omega+\theta/2)X(\Omega-\theta/2) \tag{4.2.11}$$

为$X(\Omega)$的"瞬时"谱自相关,式中$X(\Omega)$为$x(t)$的傅里叶变换,则

$$\begin{aligned}W_x(t,\Omega)&=\frac{1}{2\pi}\int R_x(\Omega,\theta)\mathrm{e}^{-\mathrm{j}\theta t}\mathrm{d}\theta\\&=\frac{1}{2\pi}\int X^*(\Omega+\theta/2)X(\Omega-\theta/2)\mathrm{e}^{-\mathrm{j}\theta t}\mathrm{d}\theta\end{aligned} \tag{4.2.12}$$

(4.2.12)式和(3.1.5)式的定义稍有不同。由于$W_x(t,\Omega)$始终是实函数,因此对(3.1.5)式两边取共轭即可得到(4.2.12)式。请读者推导$R_x(\Omega,\theta)$与模糊函数及$r_x(t,\tau)$之间分别有如下关系:

$$A_x(\theta,\tau)=\frac{1}{4\pi^2}\int R_x(\Omega,\theta)\mathrm{e}^{\mathrm{j}\Omega\tau}\mathrm{d}\Omega \tag{4.2.13}$$

$$R_x(\Omega,\theta)=\iint r_x(t,\tau)\mathrm{e}^{-\mathrm{j}(\Omega\tau+\theta t)}\mathrm{d}\tau\mathrm{d}t \tag{4.2.14}$$

以上各式给出了同一信号的WVD和AF的不同表示形式及内在联系,但WVD和AF有着如下本质的区别。

(1) 不论$x(t)$是实信号还是复信号,其WVD始终是实信号,但其模糊函数一般为复函数。两个信号$x(t)$,$y(t)$的互WVD满足

$$W_{x,y}(t,\Omega)=W_{y,x}^*(t,\Omega) \tag{4.2.15a}$$

而其互AF不存在上述关系,即

$$A_{x,y}(\theta,\tau)\neq A_{y,x}^*(\theta,\tau) \tag{4.2.15b}$$

(2) WVD和AF分别处在不同的域。在(4.1.1)式及(4.2.1)式~(4.2.15)式中,遇到了五个变量,即t,Ω,τ,θ和u。显然,t是时间;Ω是频率;τ应是时移;θ应是频移;u是积分变量。前四个变量的不同组合形成了不同的域,即

(t,Ω)　时频域,对应$W_x(t,\Omega)$

(t,τ)　瞬时自相关域,对应$r_x(t,\tau)$

(Ω,θ)　瞬时谱自相关域,对应$R_x(\Omega,\theta)$

(θ,τ)　模糊函数域,对应$A_r(\theta,\tau)$

由此可以看出,之所以称$A_x(\theta,\tau)$为模糊函数,是因为θ和τ分别对应了频域的"频移"和时域的"时移"。这几个二维函数的关系如图4.2.1所示。图中,F_θ表示对变量θ

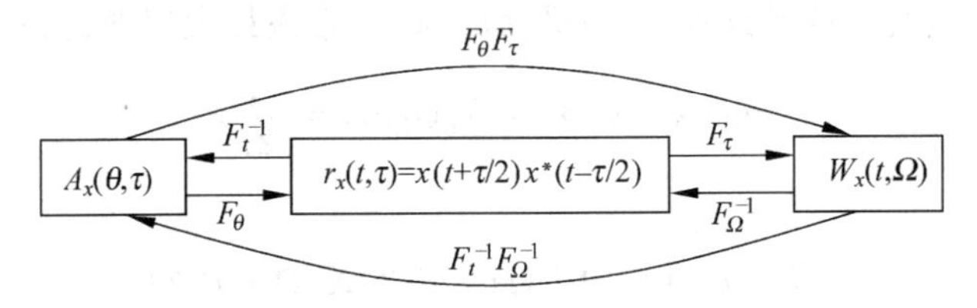

图 4.2.1　WVD 和 AF 的关系

作 FT；F_t^{-1} 表示相对 t 作傅里叶反变换；其他符号类似。

至此，读者不难发现，(4.1.1)式中的窗函数 $g(\theta,\tau)$ 也处在模糊域。使用它的目的是为了抑制 WVD 中的交叉项，这一抑制一般是在模糊域中进行的。这就是在讨论时频分布的同时要讨论模糊函数的原因。

(3) $W_x(t,\Omega)$ 和 $A_x(\theta,\tau)$ 在 (t,Ω) 和 (θ,τ) 平面上的位置的不同。现举例说明这一差别。

例 4.2.1　令 $x(t)$ 为一高斯幅度调制信号，即

$$x(t)=\left(\frac{\alpha}{\pi}\right)^{\frac{1}{4}}\exp\left[-\frac{\alpha(t-t_0)^2}{2}\right]\exp(\mathrm{j}\Omega_0 t) \tag{4.2.16}$$

在例 3.3.5 中已求出其 WVD 是

$$W_x(t,\Omega)=2\exp\left[-\alpha(t-t_0)^2-\frac{(\Omega-\Omega_0)^2}{\alpha}\right] \tag{4.2.17}$$

同样可求出其模糊函数是[Qia95]

$$A_x(\theta,\tau)=\frac{1}{2\pi}\exp\left[-\left(\frac{1}{4\alpha}\theta^2+\frac{\alpha}{4}\tau^2\right)\right]\exp[\mathrm{j}(\Omega_0\tau+\theta t_0)] \tag{4.2.18}$$

分析(4.2.17)式和(4.2.18)式所给出的结果，可以看出：

① $W_x(t,\Omega)$ 是实函数，而 $A_x(\theta,\tau)$ 是复函数；

② $W_x(t,\Omega)$ 的中心在 (t_0,Ω_0) 处，它是一高斯型函数，时域、频域的扩展受 α 的控制；而 $A_x(\theta,\tau)$ 的中心在 $(\theta,\tau)=(0,0)$ 处，其幅值也是高斯型函数，且受到一复正弦的调制。该复正弦在 τ 和 θ 轴方向上的振荡频率由 t_0 和 Ω_0 所控制。这就是说，t_0 和 Ω_0 并不影响 $A_x(\theta,\tau)$ 的中心位置，影响的只是其振荡速度。

例 4.2.2　令

$$x(t)=\sum_{i=1}^{2}\left(\frac{\alpha}{\pi}\right)^{\frac{1}{4}}\exp\left[-\frac{\alpha(t-t_i)^2}{2}+\mathrm{j}\Omega_i t\right] \tag{4.2.19}$$

这是在例 3.5.4 已遇到的信号，其 WVD 已由(3.5.2)式给出。其模糊函数是[Qia95]

$$A_x(\theta,\tau)=\sum_{i=1}^{2}A_{x_i}(\theta,\tau)+A_{x_1,x_2}(\theta,\tau)+A_{x_2,x_1}(\theta,\tau) \tag{4.2.20}$$

式中，$A_{x_1}(\theta,\tau)$，$A_{x_2}(\theta,\tau)$分别是$x(t)$的自项，它们已由(4.2.18)式给出，它们的中心都位于(θ,τ)平面的原点；而$A_{x_1,x_2}(\theta,\tau)$及$A_{x_2,x_1}(\theta,\tau)$是$x(t)$的AF的互项，其中

$$A_{x_1,x_2}(\theta,\tau)=\frac{1}{2\pi}\exp\left[-\frac{1}{4\alpha}(\theta-\Omega_d)^2+\frac{\alpha}{4}(\tau-t_d)^2\right]\times \exp[\mathrm{j}(\Omega_u\tau+\theta t_u+\Omega_d t_u)] \tag{4.2.21}$$

式中

$$t_u=(t_1+t_2)/2,\quad \Omega_u=(\Omega_1+\Omega_2)/2$$

为$W_x(t,\Omega)$两个自项中心位置在时、频方向上的几何中心。而

$$t_d=t_1-t_2,\quad \Omega_d=\Omega_1-\Omega_2$$

是其距离。这样，$A_{x_1,x_2}(\theta,\tau)$的中心在$(\theta,\tau)=(\Omega_d,t_d)=(\Omega_1-\Omega_2,t_1-t_2)$处。同理，$A_{x_2,x_1}(\theta,\tau)$的中心在$(\theta,\tau)=(-\Omega_d,-t_d)=(\Omega_2-\Omega_1,t_2-t_1)$处，它们都是远离原点$(\theta,\tau)=(0,0)$的。显然，$\Omega_1$和$\Omega_2$，$t_1$和$t_2$相差越大，则它们离开原点的距离越大。$x(t)$的AF如图4.2.2(a)所示。图4.2.2(b)为$x(t)$中两个原子理想的时频分布(即不包含交叉项)，可以看出，它们的时频中心分别在(32,0.4)和(96,0.15)处。

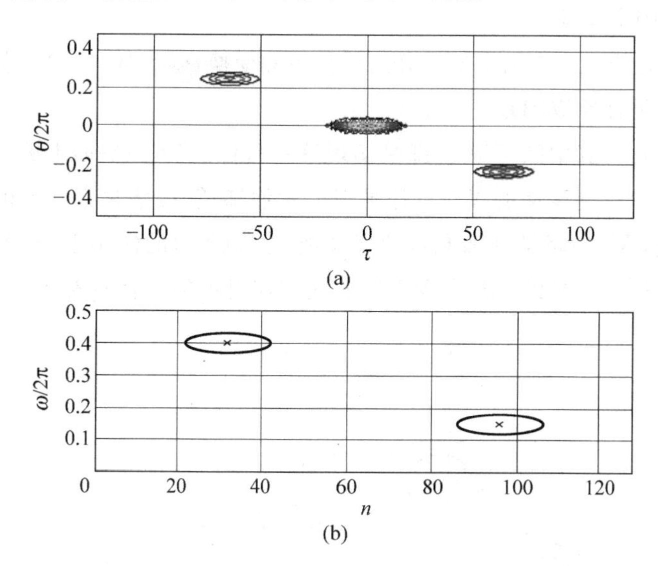

图 4.2.2 $x(t)$的模糊函数与时频分布

(a) 模糊函数；(b) 时频分布

现将(3.5.2)式中的WVD的互项及(4.2.21)式均写成极坐标的形式，即

$$W_{x_1,x_2}(t,\Omega)=A_W(t,\Omega)\exp[\mathrm{j}\varphi_W(t,\Omega)] \tag{4.2.22a}$$

$$A_{x_1,x_2}(\theta,\tau)=A_A(\theta,\tau)\exp[\mathrm{j}\varphi_A(\theta,\tau)] \tag{4.2.22b}$$

由(4.2.21)式，有

$$\frac{\partial}{\partial\theta}\varphi_A(\theta,\tau)=t_u,\quad \frac{\partial}{\partial\tau}\varphi_A(\theta,\tau)=\Omega_u \tag{4.2.23a}$$

由(3.5.2)式，有

$$\frac{\partial}{\partial\Omega}\varphi_W(t,\Omega)=t_d,\quad \frac{\partial}{\partial t}\varphi_W(t,\Omega)=\Omega_d \tag{4.2.23b}$$

上述结果表明，WVD 中互项的相位对 Ω 和 t 的偏导数分别对应于该信号模糊函数的互项的中心坐标，即(t_d, Ω_d)。通常，相位的导数意味着频率，所以，AF 中互项的位置直接反映了 WVD 中交叉项的振荡状况。WVD 中交叉项振荡越厉害，那么，AF 中互项的中心距(θ,τ)平面的原点越远，反之，由 AF 互项的中心位置又可大致判断 WVD 互项的振荡程度。WVD 和 AF 各自的互项与自项的位置及它们互项间的关系为抑制 WVD 中的交叉项提供了一个有效途径，即

(1) 首先对 $x(t)$ 求模糊函数，由于 $A_x(\theta,\tau)$ 的自项始终在(θ,τ)平面的原点处，而互项远离原点，因此，可设计一个(θ,τ)平面的二维低通滤波器对 $A_x(\theta,\tau)$ 滤波，从而有效地抑制了 $A_x(\theta,\tau)$ 中的交叉项；

(2) 对滤波后的 AF 按(4.2.5)式作二维傅里叶变换，得到 $W_x(t,\Omega)$，这时的 $W_x(t,\Omega)$ 已是被抑制了交叉项的新 WVD。

实际上，(4.1.1)式中的 $g(\theta,\tau)$ 即是实现这一目标的(θ,τ)平面上的二维低通滤波器。它的作用是对原含有交叉项的 WVD 作平滑。我们知道，振荡频率越高的项，平滑后变得越小。这就是说，AF 中越是远离原点的交叉项，在 $g(\theta,\tau)$ 的作用下，抑制的效果越明显。图 4.2.3 给出了同一信号的 AF 及 WVD 的互项与自项的位置示意图[Qia95]。

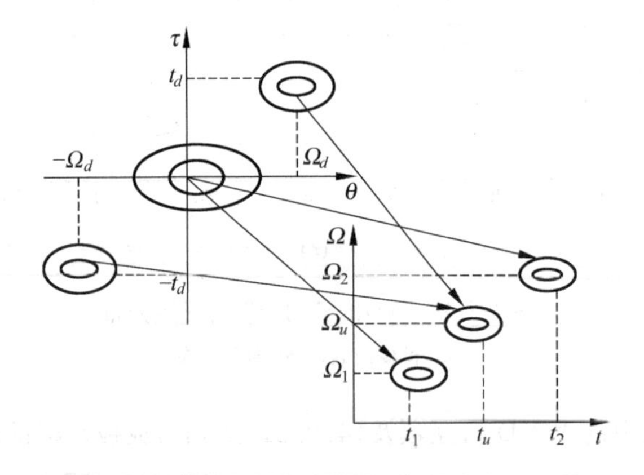

图 4.2.3　同一信号 AF 及 WVD 互项与自项的位置示意图

4.3 Cohen 类时频分布

在 4.1 节给出了 Cohen 类分布的统一表示形式。在 4.2 节简单地说明了核函数 $g(\theta,\tau)$的作用，即给定不同的核函数，就可以得到不同形式的时频分布。例如，若 $g(\theta,\tau)=1$，有

$$
\begin{aligned}
C_x(t,\Omega;\ g) &= \frac{1}{2\pi}\iiint x(u+\tau/2)x^*(u-\tau/2)\mathrm{e}^{-\mathrm{j}(\theta t+\Omega\tau-u\theta)}\mathrm{d}u\mathrm{d}\tau\mathrm{d}\theta \\
&= \frac{1}{2\pi}\iint x(u+\tau/2)x^*(u-\tau/2)\mathrm{e}^{-\mathrm{j}\Omega\tau}\left[\int \mathrm{e}^{-\mathrm{j}(u-t)\theta}\mathrm{d}\theta\right]\mathrm{d}u\mathrm{d}\tau \\
&= \iint x(u+\tau/2)x^*(u-\tau/2)\delta(u-t)\mathrm{e}^{-\mathrm{j}\Omega\tau}\mathrm{d}u\mathrm{d}\tau \\
&= \int x(t+\tau/2)x^*(t-\tau/2)\mathrm{e}^{-\mathrm{j}\Omega\tau}\mathrm{d}\tau
\end{aligned}
$$

即

$$
C_x(t,\Omega;\ g) = W_x(t,\Omega) \tag{4.3.1}
$$

这一结果表明，当核函数取最简单的形式，即 $g(\theta,\tau)=1$ 时，Cohen 类分布变为 Wigner 分布。也就是说，Wigner 分布是 Cohen 类的成员，且是最简单的一种。

$g(\theta,\tau)=1$ 意味着该核函数是(θ,τ)平面上的二维全通函数。由 4.2 节的讨论及图 4.2.3可知，(θ,τ)平面模糊函数的互项对应 WVD 的互项(即交叉项)，且 AF 的互项远离(θ,τ)平面的原点。由于 Wigner 分布的 $g(\theta,\tau)$是全通函数，它对 AF 的互项无抑制作用，因此，其 WVD 也就存在着较大的交叉项。这就是 WVD 中存在较严重的交叉项干扰的原因。自然，应该选择(θ,τ)平面上的二维低通函数来作为 $g(\theta,\tau)$。

近 20 年来，人们提出的时频分布的形式有十多种。除了已讨论过的谱图及 Wigner 分布外，还有

$g(\theta,\tau)=\mathrm{e}^{\mathrm{j}\theta\tau/2}$	Rihaczec 分布
$g(\theta,\tau)=\mathrm{e}^{\mathrm{j}\theta\vert\tau\vert/2}$	Page 分布
$g(\theta,\tau)=\mathrm{e}^{-\mathrm{j}\theta^2\tau^2/\sigma}$	Choi-Willams 分布
$g(\theta,\tau)=\sin(\pi\theta\tau)/(\pi\theta\tau)$	Born-Jordan 分布

读者自然会想到，$g(\theta,\tau)$的选取将对时频分布的性质产生重要的影响。关于这一点，将在 4.4 节详细讨论。现在讨论除了(4.1.1)式以外的 Cohen 类分布的其他表示形式。

(1) 用 $x(t)$的频谱 $X(\Omega)$表示

$$C_x(t,\Omega) = \frac{1}{2\pi}\iiint R_x(u,\theta)g(\theta,\tau)\mathrm{e}^{\mathrm{j}(u\tau-\theta t-\Omega\tau)}\,\mathrm{d}u\mathrm{d}\theta\mathrm{d}\tau \tag{4.3.2}$$

$R_x(u,\theta)$的定义如(4.2.11)式所示。

(2) 用模糊函数表示

对比(4.2.1)式、(4.2.3)式及(4.1.1)式，有

$$C_x(t,\Omega) = \iint A_x(\theta,\tau)g(\theta,\tau)\mathrm{e}^{-\mathrm{j}(t\theta+\Omega\tau)}\,\mathrm{d}\tau\mathrm{d}\theta \tag{4.3.3}$$

上式说明，$C_x(t,\Omega)$可由 AF 乘上 $g(\theta,\tau)$后再做二维傅里叶变换得到。

(3) 用 WVD 表示

在(4.3.3)式中，$A_x(\theta,\tau)$和 $g(\theta,\tau)$在(θ,τ)域相乘，其结果对应的是二者各自的二维傅里叶变换在(t,Ω)域作卷积。由(4.2.5)式，$A_x(\theta,\tau)$的二维傅里叶变换是 $W_x(t,\Omega)$，令 $G(t,\Omega)$是 $g(\theta,\tau)$的二维傅里叶变换，那么

$$C_x(t,\Omega) = \frac{1}{4\pi^2}\iint W_x(u,\zeta)G(t-u,\Omega-\zeta)\,\mathrm{d}u\mathrm{d}\zeta \tag{4.3.4}$$

(4.3.4)式有两重含义，一是任意信号的 $C_x(t,\Omega)$都可以由该信号的 WVD 和加权函数 $G(t,\Omega)$作二维线性卷积而得到。前已述及，已知的所有时频分布都可以由 Cohen 的统一表示形式所得到，也就是说，已知的所有分布都可以由 Wigner 分布来表示；第二个含义是，WVD 本身可能为负值，且有交叉项存在，那么和 $G(t,\Omega)$的卷积，可在某种程度上减少负值和交叉项的影响。这实际上是对 WVD 作平滑，平滑的结果正是 $C_x(t,\Omega)$。

(4) 用广义模糊函数表示[Coh66]

在(4.3.3)式中，定义

$$M_x(\theta,\tau) = A_x(\theta,\tau)g(\theta,\tau) \tag{4.3.5}$$

为信号 $x(t)$的广义模糊函数，那么

$$C_x(t,\Omega) = \iint M_x(\theta,\tau)\mathrm{e}^{-\mathrm{j}(\theta t+\Omega\tau)}\,\mathrm{d}\tau\mathrm{d}\theta \tag{4.3.6}$$

这是一个标准的二维傅里叶变换表达式。

(5) 用广义时间相关表示

定义

$$g'(t,\tau) = \int g(\theta,\tau)\mathrm{e}^{-\mathrm{j}t\theta}\,\mathrm{d}\theta \tag{4.3.7}$$

为时间自相关域的核函数，那么广义时间自相关定义为

$$r'(t,\tau) = \frac{1}{2\pi}\int r_x(u,\tau)g'(t-u,\tau)\,\mathrm{d}u \tag{4.3.8}$$

式中，$r_x(t,\tau)$由(4.2.1)式定义。这样，$C_x(t,\Omega)$可表示为$r'_x(t,\tau)$的傅里叶变换，即

$$C_x(t,\Omega) = \int r'_x(t,\tau)e^{-j\Omega\tau}d\tau \tag{4.3.9}$$

(6) 用广义谱自相关表示

定义

$$G'(\Omega,\theta) = \int g(-\theta,\tau)e^{-j\Omega\tau}d\tau \tag{4.3.10}$$

为谱自相关域的核函数，那么广义谱自相关定义为

$$R'_x(\Omega,\theta) = \frac{1}{2\pi}\int R_x(\zeta,\theta)G'(\Omega-\zeta,\theta)d\zeta \tag{4.3.11}$$

式中，$R_x(\Omega,\theta)$由(4.2.11)式定义。这样，$C_x(t,\Omega)$可表为$R'_x(\Omega,\theta)$的傅里叶逆变换，即

$$C_x(t,\Omega) = \frac{1}{2\pi}\int R'_x(\Omega,\theta)e^{jt\theta}d\theta \tag{4.3.12}$$

以上给出了 Cohen 类时频分布$C_x(t,\Omega)$的六种表达形式，归纳起来可分为四类。

(1) $W_x(t,\Omega)$和$G(t,\Omega)$在(t,Ω)域内的卷积((4.3.4)式)；

(2) 广义模糊函数的二维傅里叶变换((4.3.5)式、(4.3.6)式及(4.3.3)式)；

(3) 瞬时时间自相关$r_x(t,\tau)$和时间自相关域核函数$g'_x(t,\tau)$在t方向上卷积后的傅里叶变换((4.3.7)式～(4.3.9)式)；

(4) 瞬时谱自相关$R_x(\Omega,\theta)$和谱自相关域核函数$G'(\Omega,\theta)$在Ω方向上卷积的傅里叶变换((4.3.10)式～(4.3.12)式)。

这些表示形式见于不同的文献中。这四类六个函数充分揭示了 Cohen 类分布的内在关系，它们在核函数设计(提出一个新的分布)和对某一分布实现上都具有重要的作用。一般情况下，前两类关系用于核的设计，后两类用于分布的实现。

由(3.2.29)式的 Moyal's 公式，可以证明，谱图也是 Cohen 类的成员，即

$$|\mathrm{STFT}_x(t,\Omega)|^2 = \iint W_x(u,\zeta)W_h(t-u,\Omega-\zeta)du d\zeta \tag{4.3.13}$$

式中，$W_h(t,\Omega)$是做 STFT 时所用的时域窗函数$h(t)$的 WVD。与(4.3.4)式比较可知，$W_h(t,\Omega)$对应$G(t,\Omega)$，它应是某一模糊函数的二维傅里叶变换。

表 4.3.1 给出了不同形式的时频分布及其核函数，它们都属于 Cohen 类的成员。

表 4.3.1 已知时频分布及其核函数[Boa92a]

分布名称	核函数 $g(\theta,\tau)$	时频分布表达式 $C_x(t,\Omega)$
Wigner	1	$\int x(t+\tau/2)x^*(t-\tau/2)e^{-j\Omega\tau}d\tau$
伪 Wigner 分布	$h(\tau)$	$\int x(t+\tau/2)x^*(t-\tau/2)h(\tau)e^{-j\Omega\tau}d\tau$

续表

分布名称	核函数 $g(\theta,\tau)$	时频分布表达式 $C_x(t,\Omega)$
Re [Rihaczek]	$\cos(\theta\tau/2)$	$\mathrm{Re}[x(t)X^*(\Omega)\mathrm{e}^{-\mathrm{j}\Omega t}]$
Rihaczek	$\mathrm{e}^{\mathrm{j}\theta\tau/2}$	$x(t)X^*(\Omega)\mathrm{e}^{-\mathrm{j}\Omega t}$
Born-Jordan (Cohen)	$\dfrac{\sin(a\theta\tau)}{a\theta\tau}$	$\dfrac{1}{2a}\int\dfrac{1}{\tau}\mathrm{e}^{-\mathrm{j}\Omega\tau}\int_{t-a\tau}^{t+a\tau}x(u+\tau/2)x^*(u-\tau/2)\mathrm{e}^{-\mathrm{j}\Omega\tau}\mathrm{d}u\mathrm{d}\tau$
Page	$\mathrm{e}^{\mathrm{j}\theta\|\tau\|/2}$	$\dfrac{\partial}{\partial t}\left\|\int_{-\infty}^{t}x(t')\mathrm{e}^{-\mathrm{j}\Omega t'}\mathrm{d}t'\right\|^2$
Choi-Williams (ED)	$\mathrm{e}^{-\theta^2\tau^2/\sigma}$	$\iint\sqrt{\dfrac{\pi\sigma}{\tau^2}}x(u+\tau/2)x^*(u-\tau/2)\mathrm{e}^{-\pi^2\sigma(u-t)^2/4\tau^2-\mathrm{j}\Omega\tau}\mathrm{d}u\mathrm{d}\tau$
Zhao-Atlas-Marks	$2g_1(\tau)\dfrac{\sin(\theta\|\tau\|/a)}{\theta}$	$\int g_1(\tau)\mathrm{e}^{-\mathrm{j}\Omega\tau}\int_{t-\|\tau\|/a}^{t+\|\tau\|/a}x(u+\tau/2)x^*(u-\tau/2)\mathrm{d}u\mathrm{d}\tau$
Spectrogram (谱图)	$\int h(u+\tau/2)\times$ $h^*(u-\tau/2)\mathrm{e}^{-\mathrm{j}\theta u}\mathrm{d}u$	$\left\|\int x(\tau)h(\tau-t)\mathrm{e}^{-\mathrm{j}\Omega\tau}\mathrm{d}\tau\right\|^2$ 其中,$h(t)$ 为一窗函数

4.4　时频分布所希望的性质及对核函数的制约

由表 4.3.1 可以看出,给出不同的核函数可以得到不同的分布。因此,通过对核函数的性能的分析,可以考察其时频分布的性能,对核函数施加一些制约条件,可以得到所希望的时频分布的性质。表4.4.1列出了这些性质(P_i)及对核函数的制约(Q_i)[Boa92a,Jeo92]。

表 4.4.1　所希望的时频分布的性质及对核函数的制约

性质名称	表　达　式	对核函数的制约
P_0　非负性	$C_x(t,\Omega)\geqslant 0,\ \forall t,\ \forall\Omega$	Q_0　$g(\theta,\tau)$ 是某些函数的模糊函数
P_1　实值性	$C_x(t,\Omega)\in R,\ \forall t,\ \forall\Omega$	Q_1　$g(\theta,\tau)=g^*(-\theta,-\tau)$
P_2　时移	$s(t)=x(t-t_0)\rightarrow$ $C_s(t,\Omega)=C_x(t-t_0,\Omega)$	Q_2　$g(\theta,\tau)$ 不决定于 t
P_3　频移	$s(t)=x(t)\mathrm{e}^{\mathrm{j}\Omega_0 t}\rightarrow$ $C_s(t,\Omega)=C_x(t,\Omega-\Omega_0)$	Q_3　$g(\theta,\tau)$ 不决定于 Ω
P_4　时间边界条件	$\dfrac{1}{2\pi}\int C_x(t,\Omega)\mathrm{d}\Omega=\|x(t)\|^2$	Q_4　$g(\theta,0)=1,\ \forall\theta$
P_5　频率边界条件	$\int C_x(t,\Omega)\mathrm{d}t=\|X(\Omega)\|^2$	Q_5　$g(0,\tau)=1,\ \forall\tau$

续表

性质名称	表达式	对核函数的制约
P_6 瞬时频率	$\Omega_i(t)=\dfrac{\int\Omega\ C_x(t,\Omega)\mathrm{d}\Omega}{\int C_x(t,\Omega)\mathrm{d}\Omega}$	Q_6 Q_4 及 $\left.\dfrac{\partial g(\theta,\tau)}{\partial\tau}\right\|_{\tau=0}=0,\ \forall\theta$
P_7 群延迟	$\tau_g(\Omega)=\dfrac{\int t\,C_x(t,\Omega)\mathrm{d}t}{\int C_x(t,\Omega)\mathrm{d}t}$	Q_7 Q_5 及 $\left.\dfrac{\partial g(\theta,\tau)}{\partial\theta}\right\|_{\theta=0}=0,\ \forall\tau$
P_8 时间支持域	若 $x(t)=0$,则 $C_x(t,\Omega)=0,\ \|t\|>t_c$	Q_8 $\int g(\theta,\tau)\mathrm{e}^{-\mathrm{j}\theta t}\mathrm{d}\theta=0,\ \|\tau\|<2\|t\|$
P_9 频率支持域	若 $X(\Omega)=0$,则 $C_x(t,\Omega)=0,\ \|\Omega\|>\Omega_c$	Q_9 $\int g(\theta,\tau)\mathrm{e}^{\mathrm{j}\Omega\tau}\mathrm{d}\tau=0,\ \|\theta\|<2\|\Omega\|$
P_{10} 减少干扰		Q_{10} $g(\theta,\tau)$ 是一个二维低通滤波器

表 4.4.2 给出了几个常见分布满足性质 $P_0\sim P_{10}$ 的情况比较(√表示满足),在目前已提出的时频分布中,还没有一个能满足 P_0 至 P_{10} 的。

表 4.4.2 6 个时频分布满足性质 $P_0\sim P_{10}$ 情况比较[Cho89]

性质名称 / 分布名称	P_0	P_1	P_2	P_3	P_4	P_5	P_6	P_7	P_8	P_9	P_{10}
Wigner		√	√	√	√	√	√	√	√	√	
Rihaczek			√	√	√	√			√	√	
Re [Rihaczek]		√	√	√	√	√	√	√	√	√	√
Choi-williams		√	√	√	√	√	√	√			√
Spectrogram	√	√	√	√	√						√
Born-Jordan		√	√	√	√	√	√	√	√	√	√

现对表中性质 P_i 及对核函数 $g(\theta,\tau)$ 的要求 Q_i 给出一些解释。

(1) P_0 表示时频分布的非负性,即 $C_x(t,\Omega)\geqslant 0,\ \forall t,\forall\Omega$。但遗憾的是,对已知的许多分布,它们并不满足这一性质。如表 4.4.2 中的六个分布,只有谱图总是正的。当然,对于一些特殊的函数,如例 3.3.5 和例 3.3.6 中的高斯信号或调制高斯信号,它们的 WVD 是恒正的。条件 Q_0 指出,若想保证 Cohen 类的某一成员是恒正的分布,则 $g(\theta,\tau)$ 应是某一函数的模糊函数。现对这一结论证明如下。

证明 给定一个函数 $q(t)$,设其模糊函数为 $g(\theta,\tau)$,即

$$g(\theta,\tau)=\frac{1}{2\pi}\int q(t+\tau/2)q^*(t-\tau/2)\mathrm{e}^{\mathrm{j}t\theta}\mathrm{d}t \tag{4.4.1}$$

那么,$g(\theta,\tau)$ 对 θ 的傅里叶变换即是 $q(t+\tau/2)q^*(t+\tau/2)$,即

$$\int g(\theta,\tau)\mathrm{e}^{-\mathrm{j}t\theta}\mathrm{d}\theta = q(t+\tau/2)q^*(t-\tau/2) = g'(t,\tau) \tag{4.4.2}$$

式中，$g'(t,\tau)$由(4.3.7)式定义。由(4.3.8)式和(4.3.9)式及(4.4.2)式结果，有

$$C_x(t,\Omega) = \int\left[\frac{1}{2\pi}\int x(u+\tau/2)x^*(u-\tau/2)q(t-u+\tau/2)q^*(t-u-\tau/2)\mathrm{d}u\right]\mathrm{e}^{-\mathrm{j}\Omega\tau}\mathrm{d}\tau$$

令 $u+\tau/2=\lambda$，$u-\tau/2=\zeta$，则上式变成

$$\begin{aligned}C_x(t,\Omega) &= \frac{1}{2\pi}\iint x(\lambda)x^*(\zeta)q(t-\zeta)q^*(t-\lambda)\mathrm{e}^{-\mathrm{j}\Omega(\lambda-\zeta)}\mathrm{d}\zeta\mathrm{d}\lambda \\ &= \frac{1}{2\pi}\int x(\lambda)q^*(t-\lambda)\mathrm{e}^{-\mathrm{j}\Omega\lambda}\mathrm{d}\lambda\int x^*(\zeta)q(t-\zeta)\mathrm{e}^{\mathrm{j}\Omega\zeta}\mathrm{d}\zeta \\ &= \frac{1}{2\pi}\left|X_q(t,\Omega)\right|^2\end{aligned} \tag{4.4.3}$$

于是结论得证。式中，$X_q(\Omega)$是 $x(t)$乘上窗函数 $q(t)$后的傅里叶变换。(4.4.3)式说明，如果 $g(\theta,\tau)$是某一函数的模糊函数，那么用此 $g(\theta,\tau)$所得到的 $C_x(t,\Omega)$等效于谱图。因此，谱图也是 Cohen 类成员。

(2) P_1 表示 Cohen 类分布的实值性，即 $C_x(t,\Omega)\in\mathbb{R}, \forall t, \forall\Omega$，条件是

$$Q_1 \quad g(\theta,\tau) = g^*(-\theta,-\tau)$$

该条件要求 $g(\theta,\tau)$不但是实函数，而且是偶对称的，这正是对窗函数的基本要求。

证明　由(4.1.1)式，有

$$C_x^*(t,\Omega) = \frac{1}{2\pi}\iiint x^*(u+\tau/2)x(u-\tau/2)g^*(\theta,\tau)\mathrm{e}^{\mathrm{j}(t\theta+\Omega\tau-u\theta)}\mathrm{d}\theta\mathrm{d}u\mathrm{d}\tau$$

令 $\theta=-\theta'$，$\tau=-\tau'$，则上式变为

$$C_x^*(t,\Omega) = \frac{1}{2\pi}\iiint x^*(u+\tau'/2)x(u-\tau'/2)g^*(-\theta',-\tau')\mathrm{e}^{\mathrm{j}(t\theta'+\Omega\tau'-u\theta')}\mathrm{d}\theta'\mathrm{d}u\mathrm{d}\tau'$$

显然，如要求 $C_x^*(t,\Omega)=C_x(t,\Omega)$，必有 $g(\theta,\tau)=g^*(-\theta,-\tau)$。

(3) P_2 表示 Cohen 类分布的移不变性质，即 $s(t)=x(t-t_0)$，则 $C_s(t,\Omega)=C_x(t-t_0,\Omega)$条件是

$$Q_2 \quad g(\theta,\tau)\ \text{与}\ t\ \text{无关}$$

证明　因为 $g(\theta,\tau)$处于(θ,τ)域，和 t 无关，所以它不影响分布的时移性质；同理，$g(\theta,\tau)$也和频率 Ω 无关，因此有性质 P_3 和制约 Q_3。

(4) P_4 表示 Cohen 类分布的时间边缘条件，即

$$\frac{1}{2\pi}\int C_x(t,\Omega)\mathrm{d}\Omega = |x(t)|^2$$

条件是

$$Q_4 \quad g(\theta, 0) = 1, \quad \forall\theta$$

证明　将(4.1.1)式两边对 Ω 积分，有

$$\int C_x(t,\Omega)\mathrm{d}\Omega=\frac{1}{2\pi}\iiiint x(u+\tau/2)x^*(u-\tau/2)g(\theta,\tau)\mathrm{e}^{-\mathrm{j}(t\theta+\Omega\tau-u\theta)}\mathrm{d}u\mathrm{d}\tau\mathrm{d}\theta\mathrm{d}\Omega$$

$$=\iiint x(u+\tau/2)x^*(u-\tau/2)g(\theta,\tau)\delta(\tau)\mathrm{e}^{-\mathrm{j}\theta(t-u)}\mathrm{d}u\mathrm{d}\tau\mathrm{d}\theta$$

$$=\iint |x(u)|^2 g(\theta,0)\mathrm{e}^{-\mathrm{j}\theta(t-u)}\mathrm{d}u\mathrm{d}\theta$$

欲使上式的积分等于$|x(t)|^2$,必有

$$\int g(\theta,0)\ \mathrm{e}^{-\mathrm{j}\theta(t-u)}\mathrm{d}\theta=2\pi\delta(t-u)$$

欲使该式成立,必有$\int g(\theta,\ 0)\mathrm{d}\theta=1$。也就是说,为保证$C_x(t,\Omega)$具有WVD的边界性质,$g(\theta,\tau)$在$\theta$轴上应始终为1。

(5) P_5表示Cohen类分布的频率边缘条件,即

$$\int C_x(t,\Omega)\mathrm{d}t=|X(\Omega)|^2$$

条件是

$$Q_5\quad g(0,\tau)=1,\quad \forall\tau$$

其证明请读者自己完成。

前已述及,为了有效地抑制AF中远离$(\theta,\tau)=(0,0)$的互项,$g(\theta,\tau)$应为(θ,τ)平面上的二维低通函数。但Q_4和Q_5要求$g(\theta,\tau)$在θ和τ轴上应为1。这样,如果AF中的互项正好落在θ轴或τ轴上,那么这些位置上的互项将得不到抑制。

(6) P_6,P_7分别表示Cohen类分布和瞬时频率及群延迟的关系,即

$$\Omega_{\mathrm{i}}(t)=\frac{\int\Omega C_x(t,\Omega)\mathrm{d}\Omega}{\int C_x(t,\Omega)\mathrm{d}\Omega},\quad \tau_{\mathrm{g}}(\Omega)=\frac{\int tC_x(t,\Omega)\mathrm{d}t}{\int C_x(t,\Omega)\mathrm{d}t}\tag{4.4.4}$$

条件分别是

$$Q_6\quad Q_4\ 及\left.\frac{\partial g(\theta,\tau)}{\partial\tau}\right|_{\tau=0}=0,\quad \forall\theta$$

$$Q_7\quad Q_5\ 及\left.\frac{\partial g(\theta,\tau)}{\partial\tau}\right|_{\theta=0}=0,\quad \forall\tau$$

在3.2节已证明了WVD和瞬时频率与群延迟的关系,此处的证明从略。有关瞬时频率定义的解释及瞬时频率的估计可参看文献[Boa92b,Boa92c],这是两篇详细讨论瞬时频率的论文。

(7) P_8表示Cohen类分布的时域支撑性质,即

若$|t|>t_c$时,$x(t)=0$,希望$|t|>t_c$时,$C_x(t,\Omega)\equiv 0$

条件是

$$Q_8 \quad \int g(\theta,\tau)\mathrm{e}^{-\mathrm{j}\theta t}\mathrm{d}\theta = 0, \quad |\tau| < 2|t|$$

(8) P_9 表示 Cohen 类分布的频域支撑性质，即

$$\text{若 } |\Omega| > \Omega_c \text{ 时}, X|\Omega| \equiv 0, \text{希望 } |\Omega| > \Omega_c \text{ 时}, C_x(t,\Omega) \equiv 0$$

条件是

$$Q_9 \quad \int g(\theta,\tau)\mathrm{e}^{\mathrm{j}\theta\tau}\mathrm{d}\theta = 0, \quad |\theta| < 2|\Omega|$$

现对性质 P_8 和 P_9 作一简单的解释。给定一个信号 $x(t)$，记其时频分布为 $TF_x(t,\Omega)$。假定 $x(t)$在 $t<t_1$ 和 $t>t_2$ 的范围内为零，若 $TF_x(t,\Omega)$在 $t<t_1$ 和 $t>t_2$ 的范围内也为零，则称 $TF_x(t,\Omega)$具有弱有限时间支撑性质。同理，假定 $X(\Omega)$在(Ω_1,Ω_2)之外为零，若 $TF_x(t,\Omega)$在(Ω_1,Ω_2)之外也为零，则称 $TF_x(t,\Omega)$具有弱有限频率支撑性质。P_8 和 P_9 指的是弱有限支撑。

若信号 $x(t)$分段为零，$TF_x(t,\Omega)$在 $x(t)$为零的区间内也为零，则称 $TF_x(t,\Omega)$具有强有限时间支撑性质。强有限支撑的含义是：只要 $x(t)$为零，在所对应的时间段内 $TF_x(t,\Omega)$恒为零。同理可定义强有限频率支撑。

由(4.3.7)式，Q_8 的要求等效于要求

$$\int g(\theta,\tau)\mathrm{e}^{-\mathrm{j}t\theta}\mathrm{d}t = g'(t,\tau) = 0, \quad |\tau| < 2|t|$$

式中，$g'(t,\tau)$是时间域的核函数。当该核函数在(t,τ)平面上的$|\tau|<2|t|$范围内为零时，$C_x(t,\Omega)$即具有弱有限时间支撑性质。有关$|\tau|<2|t|$的由来见 4.5 节的讨论。

(9) P_{10}表示 Cohen 类分布是否具有减少交叉项干扰的性能。如果有，则要求

$$Q_{10} \quad g(\theta,\tau) \text{ 是}(\theta,\tau) \text{ 平面上的二维低通函数}$$

减少交叉项干扰分布(reduced interference distribution，RID)又称 RID 分布，其核函数还有着其他的一些特殊性质，将在 4.6.1 节进一步讨论。

4.5　核函数对时频分布中交叉项的抑制

在 1.5 节已给出了单分量信号和多分量信号的概念。其区别是在任意固定的时刻，该信号的瞬时频率 $\Omega_i(t)$是单值的还是多值的。一个多分量信号又可表为单分量信号的和，即

$$x(t) = \sum_{k=1}^{n} x_k(t) \tag{4.5.1}$$

式中，$x_k(t)$，$k=1,2,\cdots,n$ 都是单分量信号。因此

$$x(t+\tau/2)x^*(t-\tau/2)=\sum_{k=1}^{n}x_k(t+\tau/2)x_k^*(t-\tau/2)+\sum_{\substack{i=1\\i\neq j}}^{n}\sum_{j=1}^{n}x_i(t+\tau/2)x_j^*(t-\tau/2)\tag{4.5.2}$$

相应的时频分布

$$C_x(t,\Omega)=\sum_{k=1}^{n}C_{x_k,x_k}(t,\Omega)+\sum_{\substack{i=1\\i\neq j}}^{n}\sum_{j=1}^{n}C_{x_i,x_j}(t,\Omega)\tag{4.5.3}$$

同样也由自项和互项所组成。互项即是交叉项，它是对真正时频分布的干扰，应设法将其去除或尽量减轻。减轻 $C_x(t,\Omega)$ 中交叉项的一个有效途径是通过 $x(t)$ 的模糊函数来实现的。由 4.2 节的讨论，$x(t)$ 的广义模糊函数

$$M_x(\theta,\tau)=\sum_{k=1}^{n}M_{x_k,x_k}(\theta,\tau)+\sum_{\substack{i=1\\i\neq j}}^{n}\sum_{j=1}^{n}M_{x_i,x_j}(\theta,\tau)\tag{4.5.4}$$

式中

$$M_{x_k,x_k}(\theta,\tau)=g(\theta,\tau)\int x_k(u+\tau/2)x_k^*(u-\tau/2)\mathrm{e}^{\mathrm{j}\theta u}\mathrm{d}u\tag{4.5.5}$$

$$M_{x_i,x_j}(\theta,\tau)=g(\theta,\tau)\int x_i(u+\tau/2)x_j^*(u-\tau/2)\mathrm{e}^{\mathrm{j}\theta u}\mathrm{d}u\tag{4.5.6}$$

分别是 AF 的自项和互项。在 4.2 节中已指出，模糊函数的自项通过 (θ,τ) 平面的原点，互项远离 (θ,τ) 平面的原点，而 AF 中的互项又对应了时频分布中的交叉项，这就为去除或抑制时频分布中的交叉项提供了一个有效的途径，即令核函数 $g(\theta,\tau)$ 取 (θ,τ) 平面上的二维低通函数。

由上节的讨论可知，为保证 $C_x(t,\Omega)$ 具有时间及频率边缘条件性质，核函数 $g(\theta,\tau)$ 应满足 Q_4 和 Q_5，即在 θ 和 τ 轴上应恒为 1，这也是设计核函数时必须考虑的要求。当然，除了 Q_0 难于满足外，$Q_1\sim Q_{10}$ 应尽量满足。

现举例说明核函数 $g(\theta,\tau)$ 对交叉项抑制的效果。

Choi-Willarms 于文献[Cho89]提出了一个指数核，即

$$g(\theta,\tau)=\mathrm{e}^{-\theta^2\tau^2/\sigma}\tag{4.5.7}$$

其相应的时频分布称为指数分布(ED)。由表 4.3.1，它属于 Cohen 类。显然，$g(0,0)=1$，$g(0,\tau)=g(\theta,0)=1$，且当 θ 和 τ 同时不为零时 $g(\theta,\tau)<1$。式(4.5.7)中，σ 为常数，σ 越大，自项的分辨率越高；σ 越小，对交叉项的抑制越大。因此，σ 的取值应在自项分辨率和交叉项的抑制之间取折中，并视信号的特点而定。若信号的幅度和频率变化得快，那么就应该取较大的 σ，反之取较小的 σ。σ 的取值推荐在 0.1～10 之间。当 $\sigma\to\infty$ 时，$g(\theta,\tau)\to 1$，ED 变成 WVD。在这种情况下 ED(即 WVD)具有最好的分辨率，但交叉项也变得很大。ED 可以有效地抑制交叉项，但不能保证性质 P_8 和 P_9。

ED 对应的时域的核为[Qia95]

$$g'(t,\tau)=\int g(\theta,\tau)\mathrm{e}^{-\mathrm{j}t\theta}\mathrm{d}\theta=\sqrt{\frac{\sigma}{4\pi\tau^2}}\exp\left[\frac{-\sigma t^2}{4\tau^2}\right] \tag{4.5.8}$$

相应的时频分布是

$$CW_x(t,\Omega)=\iint\sqrt{\frac{\sigma}{4\pi\tau^2}}\exp\left(-\frac{\sigma t^2}{4\tau^2}\right)x\left(u+\frac{\tau}{2}\right)x^*\left(u-\frac{\tau}{2}\right)\mathrm{e}^{-\mathrm{j}\Omega\tau}\mathrm{d}u\mathrm{d}\tau \tag{4.5.9}$$

例 4.5.1　令 $x(t)$ 由 3 个时频原子组成，$x_1(t)$ 和 $x_2(t)$ 具有相同的归一化频率(0.4)，但具有不同的时间位置(32 和 96)。令 $x_3(t)$ 和 $x_2(t)$ 具有相同的时间位置，但归一化频率为0.1。$x(t)$ 的时域波形如图 4.5.1(a)所示，其理想的时频分布如图 4.5.1(b)所示，其 WVD 如图 4.5.1(c)所示。可以看到，图(c)中存在由这三个“原子”两两产生的共三个交叉项。

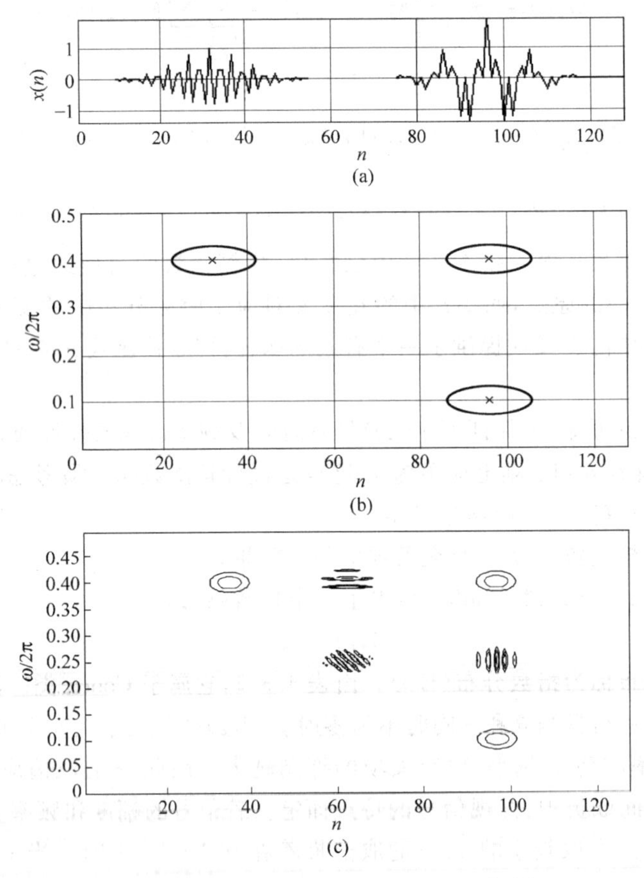

图 4.5.1　核函数 $g(\theta,\tau)$ 对交叉项的抑制

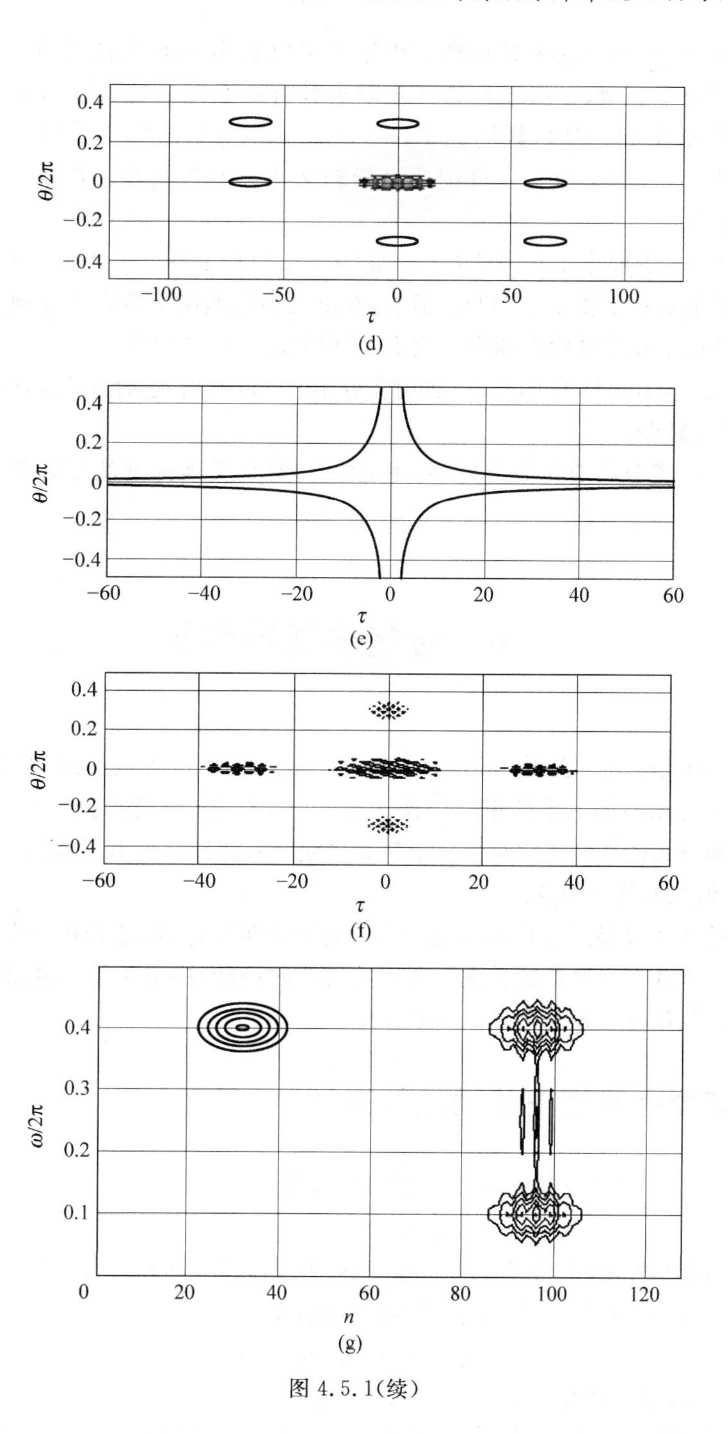

0.4
0.2
0
−0.2
−0.4
θ/2π
−100
−50
0
50
100
τ
(d)
0.4
0.2
0
−0.2
−0.4
θ/2π
−60
−40
−20
0
20
40
60
τ
(e)
0.4
0.2
0
−0.2
−0.4
θ/2π
−60
−40
−20
0
20
40
60
τ
(f)
0.4
0.3
0.2
0.1
ω/2π
0
20
40
60
80
100
120
n
(g)

图 4.5.1(续)

图 4.5.1(d)是 $x(t)$的模糊函数。由该图可以看出,AF 的自项位于中心;在 θ 轴和 τ 轴上各有两个互项,在第二和第四象限也各有一个互项,因此,该信号的 AF 共有六个互项。图 4.5.1(e)是指数核 $g(\theta,\tau)=\exp\lfloor -\theta^2\tau^2/\sigma \rfloor$的等高线图,它在原点最大,在 θ 轴和 τ 轴上恒为 1。改变 σ 可调节坐标轴两边两个等高线的距离,σ 越大,距离越大,反之则越小。

$g(\theta,\tau)$的作用是抑制 AF 中的互项。将图 4.5.1(d)和图 4.5.1(e)对应相乘,即 $g(\theta,\tau)A_x(\theta,\tau)$,其结果示于图 4.5.1(f)。显然,在第二和第四两个象限的互项已被去除,在 θ 轴和 τ 轴上的四个互项虽然在图中体现出来,但实际上也被抑制。

图 4.5.1(g)是用 ED 求出的 $x(t)$的时频分布。可以看出,这时的交叉项较图 4.5.1(b)的 WVD 已大大减轻。

对于 Cohen 类分布的其他成员,所用 $g(\theta,\tau)$对交叉项抑制的原理和上述过程大致相同。

4.6　最优核函数设计

由(4.3.3)式可以看出,信号 $x(t)$的联合时频分布 $C_x(t,\Omega)$是其模糊函数 $A_x(\theta,\tau)$和核函数 $g(\theta,\tau)$相乘后的二维傅里叶变换。给定一个信号,其模糊函数是固定的,因此该信号联合时频分布的性能就完全由核函数来决定。4.5 节已指出,核函数 $g(\theta,\tau)$应该是(θ,τ)平面上的二维低通函数。

除了在前面几节提到的 Cohen 类的各种时频分布外,人们还希望能设计出其他更好的时频分布。这其中主要是减少交叉项干扰的核的设计,决定于信号的最优核的设计和自适应最优核的设计。现分别给以简要介绍。

4.6.1　减少交叉项干扰的核的设计

如果 $g(\theta,\tau)$可以写成变量 θ,τ 的积的函数,即

$$g(\theta,\tau) = g(\theta\tau)$$

那么该核函数称为“积核”,在表 4.3.1 中,$\cos(\theta\tau/2)$,$e^{j\theta\tau/2}$,$\mathrm{sinc}(a\theta\tau)$及 ED 核都是积核。进一步,如果 $g(\theta,\tau)$可以写成 θ,τ 各自函数的积,即

$$g(\theta,\tau) = g_1(\theta)g_2(\tau)$$

那么 $g(\theta,\tau)$又称为可分离的核。

在上述概念的基础上,文献[Jeo92]给出了一个核设计的方法,其设计步骤如下:

步骤1 设计一个基本函数 $h(t)$,使之满足下述条件:

① $h(t)$有单位面积,即$\int h(t)\mathrm{d}t=1$;

② $h(t)$为偶对称,即 $h(-t)=h(t)$;

③ $h(t)$是时限的,即当$|t|>1/2$ 时 $h(t)=0$;

④ $h(t)$以 $t=0$ 为中心向边际平滑减少,以保证 $h(t)$含有较少的高频分量。

步骤2 取 $h(t)$的傅里叶变换,即

$$H(\theta)=\int h(t)\mathrm{e}^{-\mathrm{j}t\theta}\mathrm{d}t$$

步骤3 用 $\theta\tau$ 代替 $H(\theta)$中的 θ,得到积核函数

$$g(\theta,\tau)=H(\theta\tau) \tag{4.6.1}$$

按照这种方法设计出的核 $g(\theta,\tau)$ 所对应的分布称为减少干扰分布,即 RID。RID 主要强调如何抑制交叉项干扰,但同时也兼顾时频分布的其他性质。现考察一下这类核对表 4.4.1 的 $Q_0\sim Q_{10}$的满足情况。

这类核对 Q_0 无法保证满足,但对 Q_2,Q_3 是满足的。这是因为 $g(\theta,\tau)$ 同样和 t,Ω 无关。由于(4.6.1)式的 $g(\theta,\tau)$ 中的 θ 和 τ 以乘积的形式出现,所以 Q_4和 Q_5满足,因此条件①对应 Q_4和 Q_5。由于由 $H(\theta)$ 得到的 $g(\theta,\tau)$ 是实函数($h(t)$ 偶对称),所以 Q_1满足,即步骤 1 的条件②保证了 Q_1。此外,若 $\mathrm{d}H(\theta)/\mathrm{d}\theta$ 存在,步骤 1 的条件②也保证了 Q_6和 Q_7。现在考察步骤 1 的条件③。现将(4.6.1)式两边相对 θ 作傅里叶变换,即

$$\int g(\theta,\tau)\mathrm{e}^{-\mathrm{j}t\theta}\mathrm{d}\theta=g'(t-\tau)=\int H(\theta\tau)\mathrm{e}^{-\mathrm{j}t\theta}\mathrm{d}\theta \tag{4.6.2}$$

式中 $g'(t,\tau)$即是(4.3.7)式的时域核。按(4.6.2)式,$H(\theta)$ 的傅里叶反变换对应的是 $2\pi h(-t)$。按傅里叶变换的变量加权性质,有

$$\int H(\theta\tau)\mathrm{e}^{-\mathrm{j}t\theta}\mathrm{d}\theta=\frac{2\pi}{|\tau|}h\left(\frac{-t}{\tau}\right)=\frac{2\pi}{|\tau|}h\left(\frac{t}{\tau}\right) \tag{4.6.3}$$

步骤 1 的条件③要求$|t|>1/2$ 时 $h(t)\equiv 0$,即是当$\left|\frac{-t}{\tau}\right|>1/2$ 时,(4.6.2)式恒为零,也即 $|\tau|<2|t|$ 时$\int g(\theta,\tau)\mathrm{e}^{-\mathrm{j}t\theta}\mathrm{d}\theta=0$。这正是 Q_8,同理,条件③意味着 Q_9 满足。

步骤 1 的条件④的目的是用以减少交叉项干扰,即令 $g(\theta,\tau)$是(θ,τ)平面的 2-D 低通函数,因此满足 Q_{10}。

文献[Jeo92]考察了几个最简单的 $h(t)$所对应的时频分布形式,发现它们和已提出的时频分布有着直接的对应关系。即,

(1) 若 $h(t)=\delta(t)$,那么 $g(\theta,\tau)=1$,对应的分布是 WVD。$h(t)$满足步骤 1 的条件①~③,但不满足④,因此 WVD 不具备性质 P_{10}及相应的制约 Q_{10}。

(2) 若 $h(t)=[\delta(t-1/2)+\delta(t+1/2)]/2$,则 $g(\theta,\tau)=\cos(\theta\tau/2)$,对应 Re[Rihaczek]

分布，$h(t)$ 也只满足步骤 1 的条件①～③，但不满足④，所以该分布和 WVD 一样，满足 $P_1 \sim P_9$，不满足 P_{10} 及相应的制约 Q_{10}。

(3) 若 $h(t)=\delta(t+1/2)$，则 $g(\theta,\tau)=\mathrm{e}^{\mathrm{j}\theta\tau/2}$，此为复数核形式的 Rihaczek 分布，$h(t)$ 满足步骤 1 的条件①和③，不满足条件②和④，因此该分布只满足性质 $P_2 \sim P_5$ 和 $P_8 \sim P_9$。

(4) 若 $h(t)=1$ 对 $|t|<1/2$，则 $g(\theta,\tau)=g(\theta\tau)=\dfrac{2\sin(\theta\tau/2)}{\theta\tau}$，对应 Born-Jordn 分布，$h(t)$ 满足步骤 1 的条件①～④，所以该分布满足性质 $P_1 \sim P_{10}$。

(5) 若 $h(t)=(1/\sqrt{2\pi}\alpha)\exp(-t^2/2\alpha^2)$，此 $h(t)$ 对应 Choi-Willams 分布，$h(t)$ 满足步骤 1 的条件①，②和④，所以相应的时频分布满足性质 $P_1 \sim P_7$ 和 P_{10}。

由于步骤(4)和(5)的 $h(t)$ 对应的分布满足性质 P_{10}，所以它们属于减少干扰类(RID)分布。现以 Born-Jodan 分布为例，说明这一设计方法的思路及所得到的核在四个域内的形状。

Born-Jodan 分布对应的 $h(t)=1$，对 $|t|<1/2$。该 $h(t)$ 满足步骤 1 的①～④四个条件。由

$$H(\theta)=\int_{-1/2}^{1/2} h(t)\mathrm{e}^{-\mathrm{j}t\theta}\mathrm{d}t=\frac{\sin(\theta/2)}{\theta/2}$$

用 $\theta\tau$ 代替 θ，可以得到 BJ 分布的核，即

$$g(\theta,\tau)=H(\theta\tau)=\frac{\sin(\theta\tau/2)}{\theta\tau/2} \tag{4.6.4}$$

这是模糊域(θ,τ)的核函数。其形状如图 4.6.1(a)所示，它是(θ,τ)平面的二维 sinc 函数。显然，由于积核的原因，这一类核具有十字交叉(cross-shaped)的形状，即在 θ 轴及 τ 轴上 $g(\theta,\tau)$ 恒等于一个常数。

对应(t,τ)域，有

$$g'(t,\tau)=\int g(\theta,\tau)\mathrm{e}^{-\mathrm{j}t\theta}\mathrm{d}\theta=\int H(\theta\tau)\mathrm{e}^{-\mathrm{j}t\theta}\mathrm{d}\theta$$

令，$\theta\tau=\lambda$，则 $\theta=\lambda/\tau$，利用傅里叶变换的定标性质，有

$$g'(t,\tau)=\int \frac{\sin(\lambda/2)}{\lambda/2}\mathrm{e}^{-\mathrm{j}\lambda t/\tau}\frac{1}{\tau}\mathrm{d}\lambda=\frac{2\pi}{|\tau|}h\left(\frac{-t}{\tau}\right)$$

因为 $h(t)$ 的存在区间是$(-1/2 \sim 1/2)$，所以上式中的取值范围是 $|\tau|>2|t|$，考虑到 $h(t)$ 是偶函数，有

$$g'(t,\tau)=\begin{cases}\dfrac{2\pi}{|\tau|}h(t/\tau), & |\tau|>2|t| \\ 0, & |\tau|<2|t|\end{cases} \tag{4.6.5}$$

同理可得 $g(t,\tau)$ 在(Ω,θ)域的表示形式，即

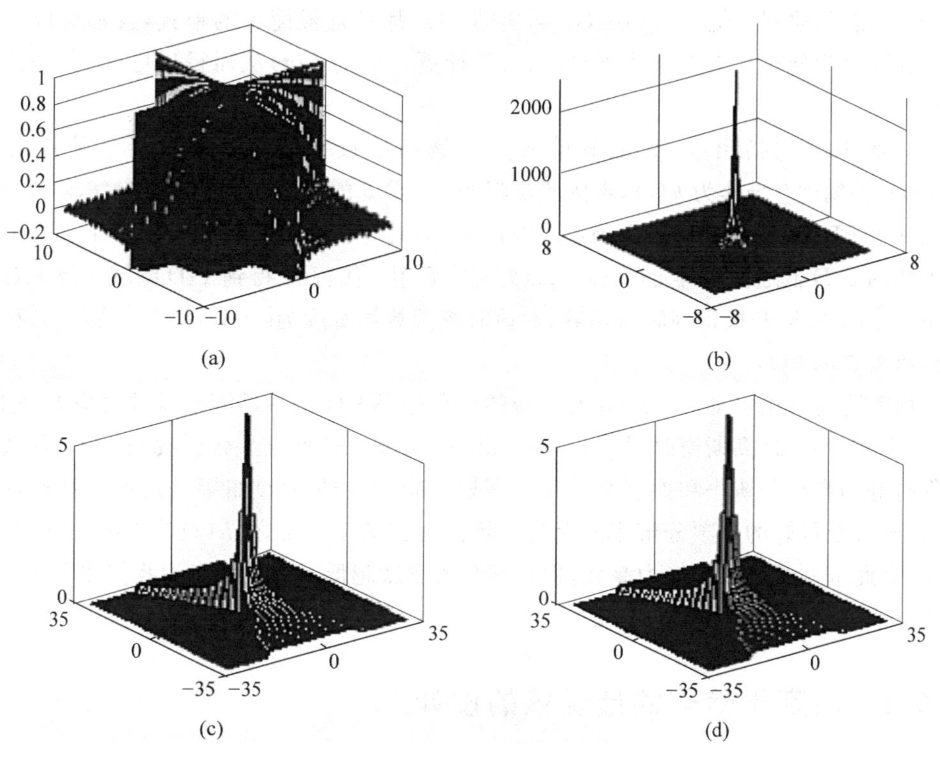

图 4.6.1　BJ 分布核函数在四个域内的形状

(a) (θ,τ)域；(b) (t,Ω)域；(c) (t,τ)域；(d) (Ω,θ)域

$$G'(\Omega,\theta)=\begin{cases}\dfrac{4\pi^2}{|\theta|}h(\Omega/\theta), & |\theta|>2|\Omega| \\ 0, & |\theta|<2|\Omega|\end{cases} \tag{4.6.6}$$

$g'(t,\tau)$和$G'(\Omega,\theta)$的形状如图 4.6.1(c)和(d)所示。在各自的平面上它们的存在范围有着“蝴蝶结”似的形状。由于(4.6.5)式和(4.6.6)式的对称性。二者的形状几乎相同。

由上面的导出过程可知，给定的$h(t)$只要满足步骤 1 的条件③的时限性质，其在(t,τ)和(Ω,θ)域的核的自变量的取值范围必然要受到(4.6.5)式和(4.6.6)式的制约。这也就是表 4.4.1 中的制约 Q_8 和 Q_9。

最后，$g(\theta,\tau)$ 在(t,Ω)域的表示形式应是$g(\theta,\tau)$的 2-D 傅里叶变换，即

$$G(t,\Omega)=\iint g(\theta,\tau)\mathrm{e}^{-\mathrm{j}(\theta t+\Omega\tau)}\mathrm{d}\theta\mathrm{d}\tau=2\pi\int\frac{1}{|\tau|}h(t/\tau)\mathrm{e}^{-\mathrm{j}\theta\tau}\mathrm{d}\tau \tag{4.6.7}$$

其形状如图 4.6.1(b)所示。

对于其他属于 RID 的分布，其核函数在四个域内有着类似的形状。

上面的讨论揭示了不同形式时频分布的内在联系，给我们指出了一个设计较好的时

频分布的总的原则。但是,(1)～(5)给出的 $h(t)$ 都只是最简单的形式,且都对应了已提出的各种时频分布。人们自然要问,如何设计更一般的 $h(t)$ 从而得出更多、更好的时频分布?

文献[Jeo92]指出,一个最简单的方法是利用数字信号处理中经常使用的汉宁(Hanning)窗[ZW2]来作为 $h(t)$,再按照步骤2～步骤3的方法得到核函数 $g(\theta,\tau)$ 。另外,可以利用FIR滤波器设计的窗函数法来得到 $h(t)$。具体方法是,先指定一个具有十字交叉形状的2-D低通滤波器 $g(\theta,\tau)=H(\theta\tau)$,然后用 θ 代替 $\theta\tau$ 得到1-D频域函数 $H(\theta)$,对 $H(\theta)$ 做傅里叶反变换得到时域函数,对该时域函数加宽度为[−1/2,1/2]的矩形窗,从而得到所需要的 $h(t)$。

由前述的讨论可知,$h(t)=\delta(t)$ 对应的分布是WVD,$h(t)$ 是矩形函数对应的是Born-Jordn分布,$h(t)$ 是高斯窗时对应Choi-Willams分布。这些结果告诉我们,$h(t)$ 的选取将在保持好的自项分辨率和抑制交叉项之间取得折中。即 $h(t)$ 如果是接近于脉冲形状的函数,则可获得好的自项分辨率但无法有效抑制交叉项。反之,$h(t)$ 越平滑,其高频分量越少,因此抑制交叉项的能力越强,但自项分辨率就越低。这些特点为我们按上述方法设计 $h(t)$ 提供了一个指导性的意见。

4.6.2　决定于信号的最优核的设计

至今,我们讨论的实现信号时频分布的方法都是使用固定的核,即不考虑信号自身的特点而选用表4.3.1中已提出的某一种核。显然,这种方法对某一些信号有可能得不到预期的效果,合理的方法应该是根据不同信号自身的特点而设计出不同的核,这就是决定于信号(Signal-Dependent)的核的设计方法。

文献[Bar93a]给出了一种设计方法,其基本思路是求解一个最优化问题,即对给定信号 $x(t)$ 的模糊函数 $A_x(\theta,\tau)$,令

$$\max_g \int_{-\infty}^{\infty}\int_{-\infty}^{\infty} \mid A_x(\theta,\tau)g(\theta,\tau)\mid^2 \mathrm{d}\theta\mathrm{d}\tau \tag{4.6.8}$$

$$\text{s.t.}\quad \begin{cases} g(0,0)=1 & (4.6.9\text{a}) \\ g(\theta,\tau)\ \text{沿着径向是非递增的} & (4.6.9\text{b}) \\ \dfrac{1}{2\pi}\displaystyle\int_{-\infty}^{\infty}\int_{-\infty}^{\infty} \mid g(\theta\tau)\mid^2 \mathrm{d}\theta\mathrm{d}\tau \leqslant \alpha,\quad \alpha>0 & (4.6.9\text{c}) \end{cases}$$

式中s.t.是"subject to"的缩写。(4.6.9b)式的含意是要求

$$g(r_1,\psi)\geqslant g(r_2,\psi)\quad \forall r_1<r_2,\quad \forall\psi$$

式中 $g(r_1,\psi)$ 是核函数 $g(\theta,\tau)$ 的极坐标表示形式,r 和 ψ 分别为半径和角度。

(4.6.8)式的目标函数及(4.6.9)式的制约条件都是要保证设计出的核函数是体积不

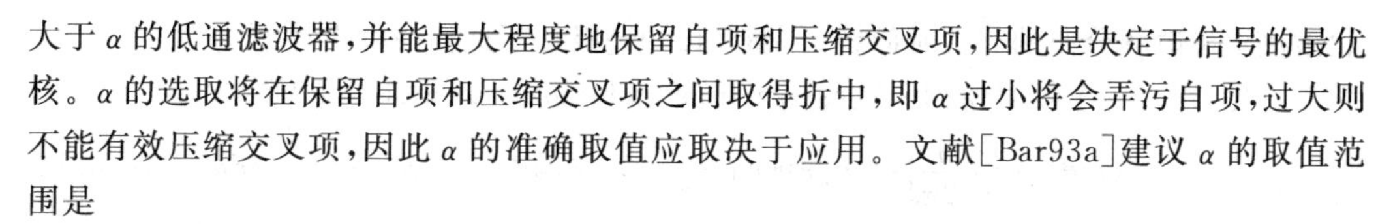

大于 α 的低通滤波器，并能最大程度地保留自项和压缩交叉项，因此是决定于信号的最优核。α 的选取将在保留自项和压缩交叉项之间取得折中，即 α 过小将会弄污自项，过大则不能有效压缩交叉项，因此 α 的准确取值应取决于应用。文献[Bar93a]建议 α 的取值范围是

$$0.69 \leqslant \alpha \leqslant 3.0$$

(4.6.8)式的求解是一个线性规划(linear programming，LP)问题，有关 LP 的基本概念见本书的 15.2.4 节，具体的求解算法见文献[Bar94]，此处不再讨论。

上述决定于信号的核函数的设计方法一般可以给出很好的结果，但求出的核函数不够平滑，即带有纹波。在文献[Bar93a]发表的同时，该文的作者又发表了文献[Bar93b]，在上述工作的基础上提出了一个基于径向高斯函数的核函数设计方法。其指导思想是，设计出的核函数不但应该是低通的，而且应该是平滑的，此外，核函数的形式优化问题容易求解。为满足这些要求，核函数应该具有某一种函数形式，为此，文献[Bar93b]提出了如下的径向高斯函数

$$g(\theta,\tau) = \mathrm{e}^{-(\theta^2+\tau^2)/2\sigma^2(\psi)} \tag{4.6.10}$$

式中 $\psi=\arctan(\tau/\theta)$ 是径向角度，函数 $\sigma(\psi)$ 控制了高斯函数在角度 ψ 上的控制，因此称之为"扩展函数"。显然，如果 $\sigma(\psi)$ 是平滑的，那么 $g(\theta,\tau)$ 也将是平滑的。

由于(4.6.10)式的核函数具有二维的低通特性，因此更适于用极坐标表示，即

$$g(r,\psi) = \mathrm{e}^{-r^2/2\sigma^2(\psi)} \tag{4.6.11}$$

式中 $r=\sqrt{\theta^2+\tau^2}$ 是径向变量。这时，(4.6.8)式和(4.6.9)式的优化问题可重新列写为

$$\max_g \int_0^{2\pi}\int_0^{\infty} \mid A_x(r,\psi)g(r,\psi) \mid^2 r\mathrm{d}r\mathrm{d}\psi \tag{4.6.12}$$

$$\text{s.t.} \quad \begin{cases} g(r,\psi) = \mathrm{e}^{-r^2/2\sigma^2(\psi)} \\ \dfrac{1}{4\pi^2}\displaystyle\int_0^{2\pi}\int_0^{\infty} \mid g(r,\psi) \mid^2 r\mathrm{d}r\mathrm{d}\psi \leqslant \alpha \quad \alpha > 0 \end{cases} \tag{4.6.13}$$

式子 $A_x(r,\psi)$ 是模糊函数的极坐标表示。求解上述优化问题可得到最优的核函数 g_{opt}，有关求解的快速算法也见文献[Bar93b]。

4.6.3 自适应最优核的设计

4.6.2 节设计出的核函数还存在两个不足，一是它是针对"块数据"的，不能实时实现。这句话的含意是，在(4.2.3)式中，为求出模糊函数需要对 θ 和 τ 的积分是从 $-\infty$ 到 ∞，这就需要数据采集完毕后才能实现时频分析，因此是非实时的。二是当信号的模式发生变化时，针对前面信号求出的最优核对变化后的信号将不再是最优的。基于此，人们自然想到应该发展一种自适应的核函数设计方法，使求出的核函数能适应信号的变化，同时

也解决求出时频分布的非实时问题。文献[Jon95]报告了这样一种设计方法。

首先，定义一个短时模糊函数(short-time ambiguity function，STAF)，即

$$A_x(t;\theta,\tau)=\frac{1}{2\pi}\int r_x(u,\tau)w(u-t+\tau/2)w^*(u-t-\tau/2)\mathrm{e}^{\mathrm{j}\theta u}\mathrm{d}u \qquad (4.6.14)$$

式子 $r_x(u,\tau)$是信号 $x(t)$的瞬时自相关函数，其定义见(4.2.1)式，$w(u)$是一窗函数，且 $|w(u)|=0,|u|>T$。θ 和 τ 依然是模糊平面的变量，t 是施加窗函数的中心位置。显然，短时模糊函数类似于短时傅里叶变换，目的都是把信号分成一个个的小段后做所需要的变换。

有了短时模糊函数的定义，那么，决定于信号的径向高斯核函数的设计就变得相当简单，即，在时间 t，将求得的 $A_x(t;\theta,\tau)$ 代入(4.6.12)式的目标函数，在(4.6.13)式的制约下求解线性规划问题，得到在 t 时刻的最优核 $g_{\mathrm{opt}}(t;\theta,\tau)$ 。不断地移动 t，从而得到不同时刻的最优核。有关具体的计算方法请参看文献[Jon95]。

文献[Jon95]利用下述的试验信号

$$\begin{aligned}x(n)=&6\delta(n-11)+6\delta(n-19)+6\delta(n-213)\\&+r_{40,79}(n)\left[\mathrm{e}^{-\mathrm{j}(n-39)\pi/6}+\mathrm{e}^{-\mathrm{j}(n-39)\pi/8}\right]+1.41r_{90,142}(n)\mathrm{e}^{-(n-116)^2/100}\\&+r_{153,192}(n)\mathrm{e}^{-\mathrm{j}0.03(n-152)^2}\left[\mathrm{e}^{-\mathrm{j}(n-152)\pi/2}+\mathrm{e}^{-\mathrm{j}(n-152)\pi/5}\right]\end{aligned} \qquad (4.6.15)$$

来比较所提出的设计方法和其他已有核函数的性能。上式中的

$$r_{a,b}(n)=\begin{cases}1, & a\leqslant n\leqslant b\\0, & 其他\end{cases} \qquad (4.6.16)$$

比较的结果如图 4.6.2 所示。

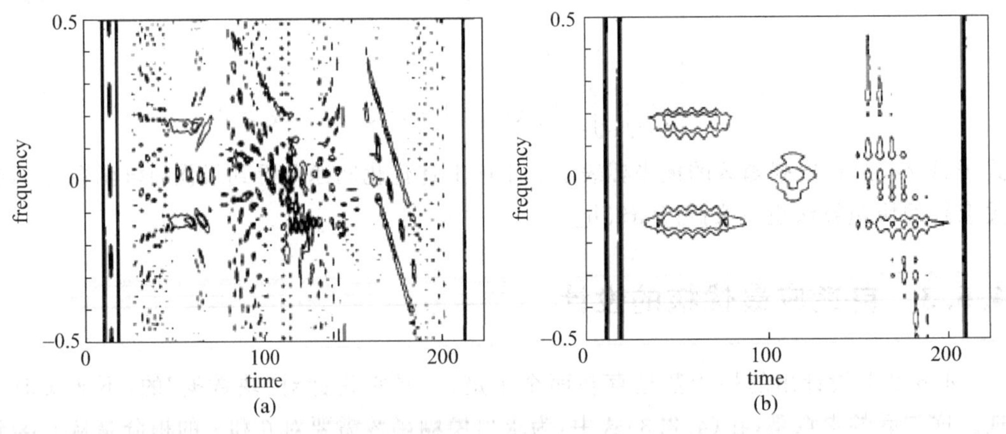

图 4.6.2[Jon95] (4.6.15)式所给信号的时频分布

(a) Wigner 分布；(b) Choi-Williams 分布，$\sigma=1$；(c) 径向高斯核对应的分布，$\alpha=2$；
(d) 自适应径向高斯核对应的分布，$\alpha=1.4$，$T=16$

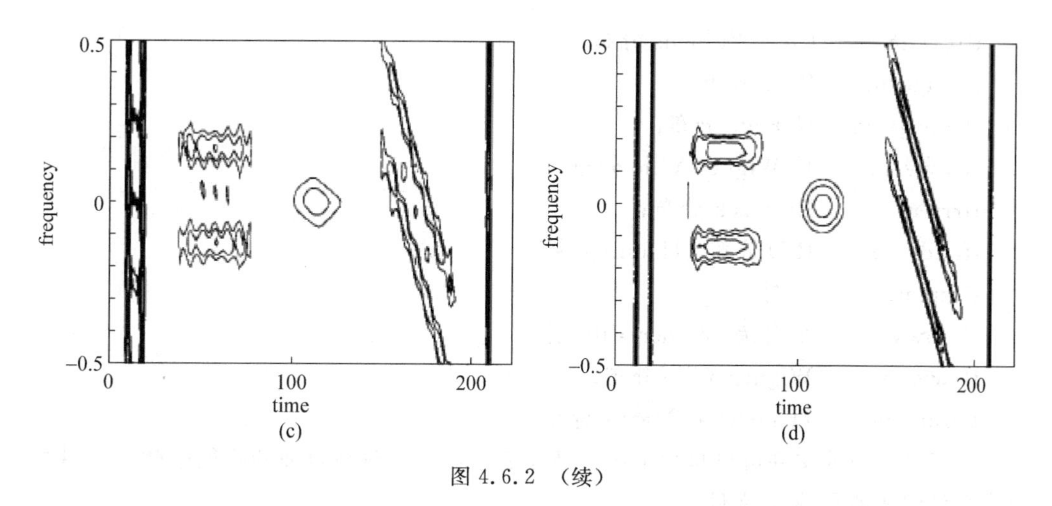

图 4.6.2 (续)

由该图可以看出，由于(4.6.15)式所给信号是一个多分量信号，因此 Wigner 分布产生了严重的交叉项，以致使自项几乎无法分辨；Choi-Williams 分布属于 RID，交叉项得到了抑制，但不彻底；径向高斯核对应的分布进一步得到改善，但还存在少许的交叉项，而自适应径向高斯核对应的分布基本上去除了交叉项，使自项分辨得非常清楚。

4.7 有关时频联合分析的 MATLAB 软件

美国 MathWorks 公司推出的 MATLAB 软件包(如 R2014a)，除了一个有关谱图的文件 spectrogram. m 外，并没有给出其他的时频分析的软件。但网站 http://tftb.nongnu.org 推出了一个功能强大的时频分析工具箱。该工具箱是法国国家科学研究院和美国 Rice 大学在 20 世纪 90 年代联合推出的。它不但包含了本书所涉及的绝大部分时频分布，还包含了本书没有涉及的时频分布，如仿射类(affine class)时频分布和时频分布的再排列(reassignment)方法。

该工具箱给出了两个说明文件，一个是 tutorial. pdf，详细而又易懂地介绍了时频联合分析的原理；另一个是 refguide. pdf，逐一介绍了每一个 m 文件的功能、参数、调用格式及应用举例。给出的 8 个 demo 文件将引导读者一步步了解并掌握时频联合分析的方方面面。

该工具箱给出的 m 文件总的可分为三大类。一是信号产生文件；二是信号处理文件；三是图形显示文件。现仅列出信号处理文件中几个有关 Cohen 类的时频分布文件：

tfrbj. m　　Born-Jordan 分布；

tfrcw. m　Choi-Williams 分布；

tfrpage. m　Page 分布；

tfrppage. m　伪 Page 分布；

tfrpwv. m　伪 Wigner-Ville 分布；

tfrri. m　Rihaczek 分布；

tfrridh. m　RID 分布（Hanning 窗）；

tfrsp. m　谱图；

tfrspwv. m　平滑伪 Wigner-Ville 分布；

tfrwv. m　Wigner-Ville 分布；

tfrzam. m　Zhao-Atlas-Marks 分布；

该工具箱中的文件可以自由下载。请读者下载后安放在合适的路径中就可使用本书所附光盘中所涉及的 m 文件。

有关该工具箱中文件的介绍可参看文献[ZW6]。

第2篇 滤波器组

第5章

信号的抽取与插值

5.1 引　　言

至今,我们讨论的信号处理的各种理论、算法及实现这些算法所需要的系统都是把抽样频率 f_s 视为恒定值,即在一个数字系统中只有一个抽样频率(抽样率)。但是,在实际工作中,经常会遇到抽样率转换的问题。具体说明如下。

(1) 一个数字传输系统,既可传输一般的语音信号,也可传输视频信号,这些信号的频率成分相差甚远,因而相应的抽样频率也相差甚远。因此,该系统应具有传输多种抽样率信号并自动地完成抽样率转换的能力。

(2) 在对音频信号的处理和应用中目前存在着多种抽样频率。得到立体声音频信号(studio work)所用的抽样频率是 48 kHz,CD 产品用的抽样率是 44.1 kHz,而数字音频广播用的是 32 kHz[Vai93]。

(3) 当需要将数字信号在两个具有独立时钟的数字系统之间传递时,则要求该数字信号的抽样率能根据时钟的不同而转换。

(4) 如 1.2 节所述,对信号(如语音、图像)进行谱分析或编码时,可用具有不同频带的低通、带通及高通滤波器对该信号做子带分解,对分解后的信号再做抽样率转换及特征提取,以最大限度地减少数据量,即实现数据压缩的目的。

(5) 对一个信号抽样时,若抽样率过高,必然会造成数据的冗余,这时,希望能将该数字信号的抽样率减下来。

以上几个方面都是希望能对抽样率进行转换,或要求数字系统能工作在多抽样率状态。因此,建立在抽样率转换理论及其系统实现基础上的多抽样率数字信号处理已成为现代信号处理的重要内容。多抽样率数字信号处理的核心内容是信号抽样率的转换及滤波器组。

降低抽样率以去掉过多数据的过程称为信号的抽取(decimation);增加抽样率以增加数据的过程称为信号的插值(interpolation)。抽取、插值及二者相结合的使用便可实现信号抽样率的转换。

滤波器组，顾名思义，是一组滤波器，它用以实现对信号频率分量的分解，然后根据需要对其各个子带信号进行多种多样的处理（如编码）或传输，在另一端再用一组滤波器将处理后的子带信号相综合。前者称为分析滤波器组，后者称为综合滤波器组。

本章详细讨论抽样率转换的理论与方法，在第 6～8 章讨论滤波器组的分析、设计和应用。

5.2 信号的抽取

设 $x(n)=x(t)|_{t=nT_s}$，欲使 f_s 减少 M 倍，最简单的方法是将 $x(n)$ 中每 M 个点抽取一个，依次组成一个新的序列 $y(n)$，即

$$y(n)=x(Mn),\quad n\in(-\infty,+\infty) \tag{5.2.1}$$

$y(n)$ 和 $x(n)$ 的 DTFT 有如下关系：

$$Y(e^{j\omega})=\frac{1}{M}\sum_{k=0}^{M-1}X\left[e^{j(\omega-2\pi k)/M}\right] \tag{5.2.2}$$

证明　由(5.2.1)式，$y(n)$ 的 z 变换为

$$Y(z)=\sum_{n=-\infty}^{\infty}y(n)z^{-n}=\sum_{n=-\infty}^{\infty}x(Mn)z^{-n} \tag{5.2.3}$$

为了导出 $Y(z)$ 和 $X(z)$ 之间的关系，定义一个中间序列 $x_1(n)$，即

$$x_1(n)=\begin{cases}x(n), & n=0,\pm M,\pm 2M,\cdots\\ 0, & \text{其他}\end{cases} \tag{5.2.4}$$

注意，$x_1(n)$ 的抽样率仍为 f_s，而 $y(n)$ 的抽样率是 f_s/M。$x(n)$，$x_1(n)$ 及 $y(n)$ 的关系如图 5.2.1(a)，(b) 和 (c) 所示，横坐标为抽样点数；抽取的框图如图 5.2.1(d) 所示。图中，符号 $\downarrow M$ 表示作 M 倍的抽取。

由图 5.2.1，显然 $y(n)=x(Mn)=x_1(Mn)$。这样，有

$$Y(z)=\sum_{n=-\infty}^{\infty}x_1(Mn)z^{-n}=\sum_{n=-\infty}^{\infty}x_1(n)z^{-n/M}$$

上式也可这样来理解：对序列 $x_1(n)$，当 n/M 为非整数时，$x_1(n)$ 恒为零，因此不影响式中的求和。于是有

$$Y(z)=X_1(z^{1/M}) \tag{5.2.5}$$

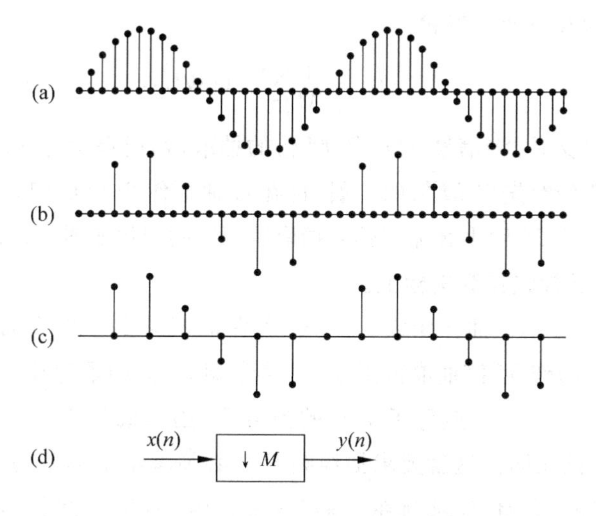

图 5.2.1 信号抽取示意图，$M=3$

(a) 原信号 $x(n)$；(b) $x_1(n)$；(c) 抽取后的信号 $y(n)$；(d) 抽取的框图

现在的任务是要找到 $X_1(z)$和 $X(z)$之间的关系。

令

$$p(n)=\sum_{i=-\infty}^{\infty}\delta(n-Mi) \tag{5.2.6a}$$

为一脉冲序列，它在 M 的整数倍处的值为 1，其余皆为零，其抽样频率也为 f_s。由 1.9 节的 Possion 和公式及(1.9.6)式，$p(n)$又可表示为

$$p(n)=\frac{1}{M}\sum_{k=0}^{M-1}W_M^{-kn},\quad W_M=\mathrm{e}^{-\mathrm{j}2\pi/M} \tag{5.2.6b}$$

显然，$x_1(n)=x(n)p(n)$，所以有

$$\begin{aligned}X_1(z)&=\sum_{n=-\infty}^{\infty}x(n)p(n)z^{-n}=\frac{1}{M}\sum_{n=-\infty}^{\infty}x(n)\sum_{k=0}^{M-1}W_M^{-kn}z^{-n}\\&=\frac{1}{M}\sum_{k=0}^{M-1}\left[\sum_{n=-\infty}^{\infty}x(n)(zW_M^k)^{-n}\right]\end{aligned}$$

即

$$X_1(z)=\frac{1}{M}\sum_{k=0}^{M-1}X(zW_M^k) \tag{5.2.7}$$

将(5.2.7)式代入(5.2.5)式，有

$$Y(z)=\frac{1}{M}\sum_{k=0}^{M-1}X(z^{\frac{1}{M}}W_M^k) \tag{5.2.8}$$

将 $z=\mathrm{e}^{\mathrm{j}\omega}$代入(5.2.8)式，即得(5.2.2)式，证毕。

(5.2.8)式又常写成如下形式：

$$Y(z^M) = \frac{1}{M}\sum_{k=0}^{M-1} X(zW_M^k) \tag{5.2.9}$$

(5.2.2)式的含义是，将信号 $x(n)$ 作 M 倍的抽取后，所得信号 $y(n)$ 的频谱等于将原信号 $x(n)$ 的频谱 $X(e^{j\omega})$ 先作 M 倍的扩展，再在 ω 轴上作 $2\pi k(k=1,2,\cdots,M-1)$ 倍的移位，幅度降为原来的 $1/M$ 后再叠加。信号抽取后频谱的变化如图 5.2.2 所示，图中 $M=3$，每一个子图的含义已标注在纵坐标上。

由抽样定理，在由 $x(t)$ 抽样变成 $x(n)$ 时，若保证 $f_s \geqslant 2f_c$，那么抽样的结果不会发生频谱的混叠。对 $x(n)$ 作 M 倍抽取得到 $y(n)$，若保证由 $y(n)$ 重建出 $x(t)$，那么，$Y(e^{j\omega})$ 在自己的一个周期内 $(-\pi,\pi)$ 也应等于 $x(t)$ 的频谱 $X(j\Omega)$，或和 $X(e^{j\omega})$ 在其一个周期内作 M 倍的扩展后的频谱相同。这就要求抽样频率 f_s 必须满足 $f_s \geqslant 2Mf_c$。图 5.2.2 正是这种情况。图中，$X(e^{j\omega})$ 的频谱限制在 $-\pi/3 \sim \pi/3$ 内，而又正好作 $M=3$ 的抽取，因此 $Y(e^{j\omega})$ 中没有发生频谱的混叠。

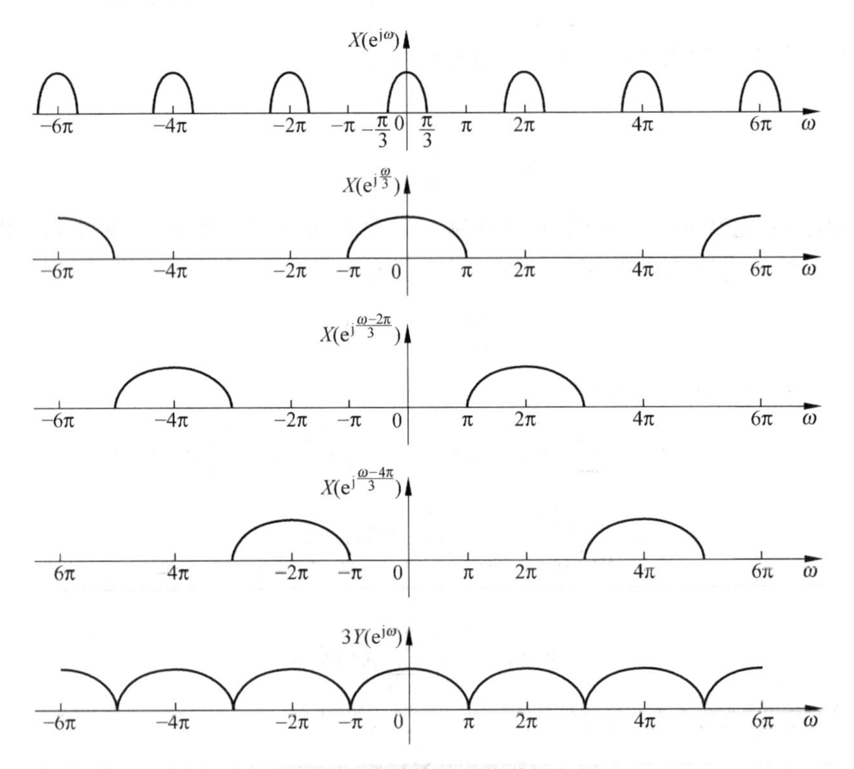

图 5.2.2　信号抽取后频谱的变化

但是，如果 $f_s \geqslant 2Mf_c$ 的条件不能得到满足，那么 $Y(c^{j\omega})$ 中将发生混叠，因此也就无法重建出 $x(t)$。如图 5.2.3(a)所示，$X(e^{j\omega})$ 的频谱在 $|\omega| \geqslant \pi/2$ 的范围内仍有值，因此，即使作 $M=2$ 倍的抽取，也必然发生混叠，抽取后的频谱如图 5.2.3(b)所示。

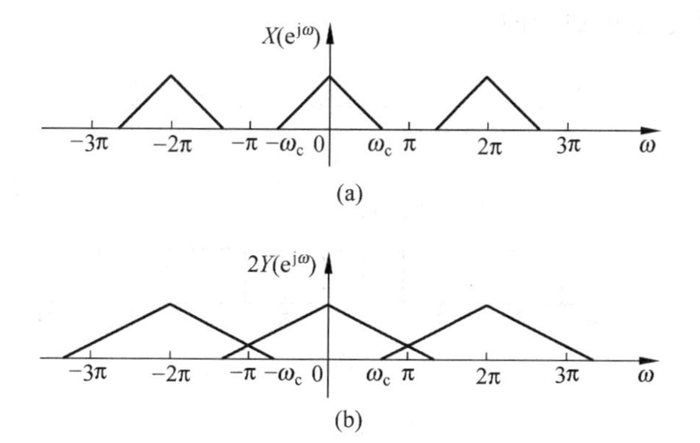

图 5.2.3 抽取后频谱发生混叠

(a) $X(e^{j\omega})$；(b) $2Y(e^{j\omega})$

由于 M 是可变的，所以很难要求在不同的 M 下都能保证 $f_s \geqslant 2Mf_c$。为此，防止抽取后在 $Y(e^{j\omega})$ 中出现混叠的方法是在对 $x(n)$ 抽取前先进行低通滤波，压缩其频带，如图 5.2.4(a)所示。图中，$H(z)$ 为一理想低通滤波器，其频带范围

$$H(e^{j\omega}) = \begin{cases} 1, & |\omega| \leqslant \pi/M \\ 0, & \text{其他} \end{cases} \tag{5.2.10}$$

如图 5.2.4(b)所示。令滤波后的输出为 $v(n)$，则

$$v(n) = \sum_{k=-\infty}^{\infty} h(k)x(n-k)$$

记对 $v(n)$ 抽取后的序列为 $y(n)$，则

$$\begin{aligned} y(n) = v(Mn) &= \sum_{k=-\infty}^{\infty} h(k)x(Mn-k) \\ &= \sum_{k=-\infty}^{\infty} x(k)h(Mn-k) \end{aligned} \tag{5.2.11}$$

由前面的推导不难得出

$$Y(z) = \frac{1}{M}\sum_{k=0}^{M-1} X(z^{1/M}W_M^k)H(z^{1/M}W_M^k) \tag{5.2.12a}$$

及

$$Y(e^{j\omega}) = \frac{1}{M}\sum_{k=0}^{M-1} X[e^{j(\omega-2\pi k)/M}]H[e^{j(\omega-2\pi k)/M}] \tag{5.2.12b}$$

设 $x(n)$ 的频谱和 $H(z)$ 的频谱仍如图 5.2.3(a)和图 5.2.4(b)所示，则 $v(n)$ 的频谱 $V(e^{j\omega})$ 如图 5.2.4(c)所示，$Y(e^{j\omega})$ 如图 5.2.4(d)所示。由图 5.2.4 可以看出，加上频带为 $(-\pi/M,\pi/M)$ 的低通滤波器后，可以避免抽取后频谱的混叠。因此，在对信号抽取时，抽取前的低通滤波器是不可缺少的。

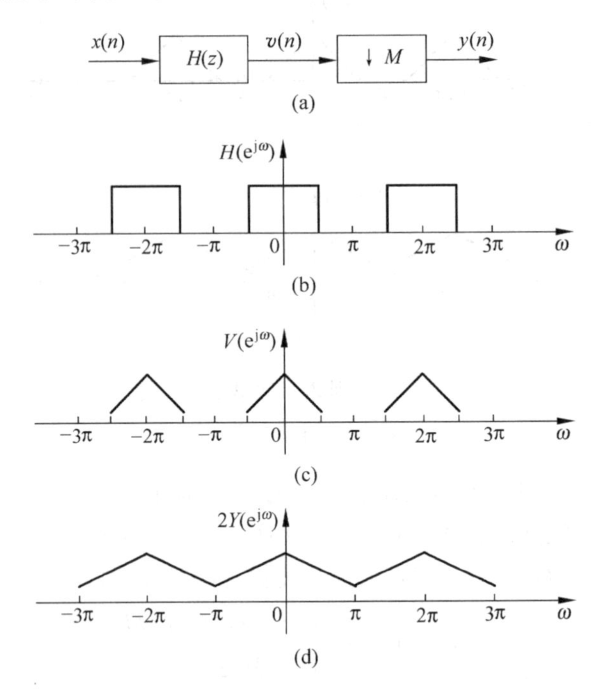

图 5.2.4　先滤波再抽取后的频谱的变化，$M=2$

(a) 抽取的框图；(b) $H(e^{j\omega})$；(c) $V(e^{j\omega})$；(d) $2Y(e^{j\omega})$

图 5.2.4(a)是一个多抽样率系统，在抽取器前、后的信号工作在不同的抽样频率，因此，标注该系统中各处信号频率的变量 ω 也就具有不同的含义。在图 5.2.4(a)中，若记 $x(n)$ 的抽样频率为 f_x，$y(n)$ 的抽样频率为 f_y，则 $f_x=Mf_y$，这体现了抽样频率的减少；同理，若令相对 $Y(e^{j\omega})$ 的圆周频率为 ω_y，相对 $X(e^{j\omega})$ 的圆周频率为 ω_x，则 ω_y 和 ω_x 有如下关系：

$$\omega_y = 2\pi f/f_y = 2\pi f/(f_x/M) = 2\pi Mf/f_x = M\omega_x \tag{5.2.13}$$

若要求 $|\omega_y|\leqslant\pi$，则必须有 $|M\omega_x|\leqslant\pi$，即 $|\omega_x|\leqslant\pi/M$，这正是(5.2.10)式对 $H(e^{j\omega})$ 频带所提要求的原因。同时使用 ω_y 和 ω_x 两个变量固然能指出抽取前后信号频率的内涵，但使用起来非常不方便。例如，图 5.2.4(b)，(c)和(d)中横坐标的刻度就会不一样，这和平常大家把 2π 作为一个周期相矛盾。因此，在本书中，除非特别说明，在抽取前后及 5.3 节要

讨论的插值前后，信号的圆周频率统一用 ω 表示之。只要搞清了抽取和插值前后的频率关系，一般是不会混淆的。

5.3 信号的插值

如果希望将 $x(n)$ 的抽样频率 f_s 增加 L 倍，即变成 Lf_s，那么，最简单的方法是将 $x(n)$ 每两个点之间补 $L-1$ 个零。设补零后的信号为 $v(n)$，则

$$v(n)=\begin{cases}x(n/L), & n=0,\pm L,\pm 2L,\cdots \\ 0, & \text{其他}\end{cases} \tag{5.3.1}$$

如图 5.3.1(a)和(b)所示。

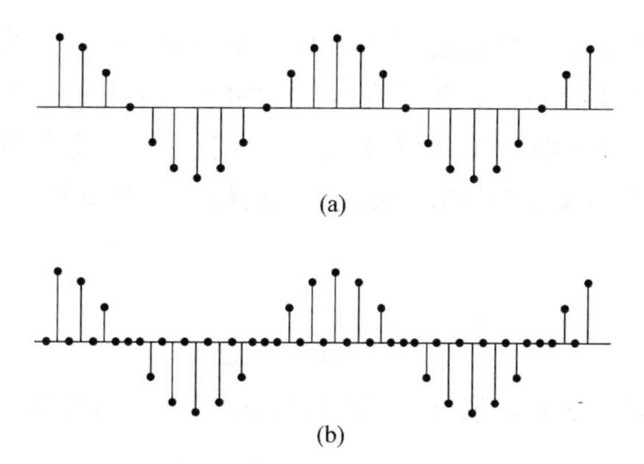

图 5.3.1 信号的插值

(a) 原信号 $x(n)$；(b) 插入 $L-1$ 个零后得到的 $v(n)$，$L=2$

现在来分析 $x(n)$ 和 $v(n)$ 各自 DTFT 之间的关系。由于

$$V(e^{j\omega})=\sum_{n=-\infty}^{\infty}v(n)e^{-j\omega n}=\sum_{n=-\infty}^{\infty}x(n/L)e^{-j\omega n}=\sum_{k=-\infty}^{\infty}x(k)e^{-j\omega kL}$$

所以

$$V(e^{j\omega})=X(e^{j\omega L}) \tag{5.3.2}$$

同理

$$V(z)=X(z^{L}) \tag{5.3.3}$$

式中，$V(e^{j\omega})$ 和 $X(e^{j\omega})$ 都是周期的，$X(e^{j\omega})$ 的周期是 2π，但 $X(e^{j\omega L})$ 的周期是 $2\pi/L$，这样，$V(e^{j\omega})$ 的周期也是 $2\pi/L$。(5.3.2)式的含义是：在 $-\pi\sim\pi$ 的范围内，$X(e^{j\omega})$ 的带宽被压

缩了 L 倍，同时产生了 $L-1$ 个映像，因此，$V(\mathrm{e}^{\mathrm{j}\omega})$在$-\pi\sim\pi$内包含了 L 个 $X(\mathrm{e}^{\mathrm{j}\omega})$的压缩样本，如图 5.3.2 所示。图 5.3.2(a)是插值前的频谱，图 5.3.2(b)是插值后的频谱。

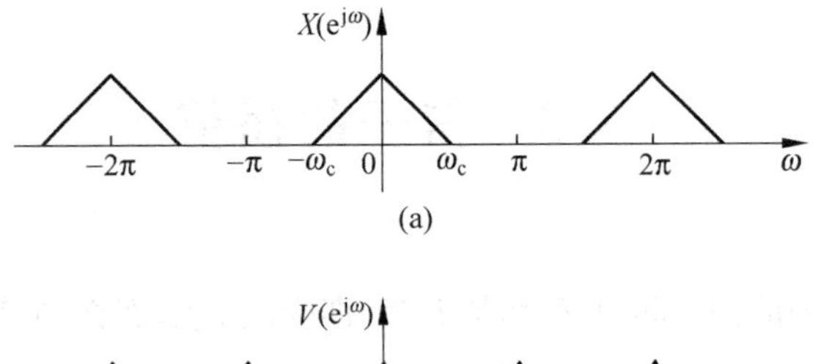

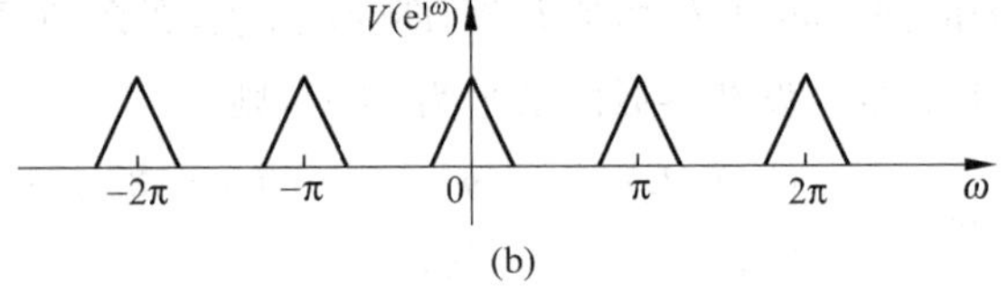

图 5.3.2　插值后对频域的影响，$L=2$

由图 5.3.2 可以看出，插值以后，在原来的一个周期($-\pi\sim\pi$)内，$V(\mathrm{e}^{\mathrm{j}\omega})$出现了 L 个周期，前已述及，多余的 $L-1$ 个周期称为 $X(\mathrm{e}^{\mathrm{j}\omega})$的映像，应当设法去除这些映像。

实际上，图 5.3.1(b)用填充零的方法实现的插值是毫无意义的，因为补零不可能增加信息，因此不是实际意义上的插值。实现有效插值的方法是将 $v(n)$再通过一个低通滤波器

$$H(\mathrm{e}^{\mathrm{j}\omega})=\begin{cases}c, & |\omega|\leqslant\pi/L\\0, & \text{其他}\end{cases}\tag{5.3.4}$$

式中，c 是一定标常数。令 $v(n)$通过滤波器后的输出为 $y(n)$，如图 5.3.3 所示。

$x(n)$ → $\uparrow L$ → $v(n)$ → $H(z)$ → $y(n)$

图 5.3.3　插值后的滤波

滤波器 $H(z)$的作用有两个，一是去除了 $V(\mathrm{e}^{\mathrm{j}\omega})$中多余的 $L-1$ 个映像，这是由其频带的设置所实现的(见(5.3.4)式)；二是实现了对 $v(n)$中填充的零值点的平滑，这是由卷积运算所实现的。实际上，$H(z)$的这两个功能本质上是一样的。

因为

$$Y(\mathrm{e}^{\mathrm{j}\omega})=H(\mathrm{e}^{\mathrm{j}\omega})V(\mathrm{e}^{\mathrm{j}\omega})=cV(\mathrm{e}^{\mathrm{j}\omega})=cX(\mathrm{e}^{\mathrm{j}\omega L}),\quad |\omega|\leqslant\pi/L$$

$$y(0)=\frac{1}{2\pi}\int_{-\pi}^{\pi}Y(\mathrm{e}^{\mathrm{j}\omega})\mathrm{d}\omega$$

所以

$$y(0)=\frac{c}{2\pi}\int_{-\pi/L}^{\pi/L}X(e^{j\omega L})d\omega=\frac{c}{2\pi L}\int_{-\pi}^{\pi}X(e^{j\omega})d\omega=\frac{c}{L}x(0)$$

这样，若取 $c=L$，则可保证 $y(0)=x(0)$。

现在，来分析一下图 5.3.3 中的时域关系。由(5.3.1)式，有

$$\begin{aligned}y(n)&=v(n)*h(n)=\sum_{k}v(k)h(n-k)\\&=\sum_{k}x(k/L)h(n-k)\end{aligned}$$

或

$$y(n)=\sum_{k=-\infty}^{\infty}x(k)h(n-kL)\tag{5.3.5}$$

5.4 抽取与插值相结合的抽样率转换

对给定的信号 $x(n)$，若希望将抽样率转变为 L/M 倍，可以按以上两节讨论的方法，先将 $x(n)$ 作 M 倍的抽取，再作 L 倍的插值来实现，或是先作 L 倍的插值，再作 M 倍的抽取。一般来说，抽取使 $x(n)$ 的数据点减少，会造成信息的丢失，因此，合理的方法是先对信号做插值，然后再抽取，如图 5.4.1(a)所示。

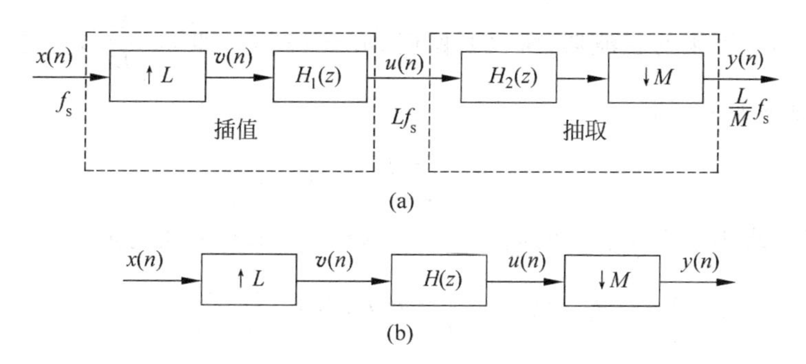

图 5.4.1 插值和抽取的级联实现

(a) 使用两个低通滤波器；(b) 使用一个低通滤波器

图 5.4.1 中，插值和抽取工作在级联状态。图 5.4.1(a)中滤波器 $h_1(n)$，$h_2(n)$所处理的信号的抽样率都是 Lf_s，因此可以将它们合起来变成一个滤波器，如图 5.4.1(b)所示。令

$$H(e^{j\omega})=\begin{cases}L, & 0\leqslant|\omega|\leqslant\min(\pi/L,\pi/M)\\0, & 其他\end{cases}\tag{5.4.1}$$

则该滤波器既去除了插值后的映像又防止了抽取后的混叠。

现在分析一下图 5.4.1(b)中各部分信号的关系。由上两节的讨论可知

$$v(n)=\begin{cases}x(n/L), & n=0,\pm L,\pm 2L,\cdots\\0, & 其他\end{cases}\tag{5.4.2}$$

及

$$y(n)=u(Mn),\quad n=-\infty\sim+\infty\tag{5.4.3}$$

因为

$$u(n)=v(n)*h(n)=\sum_{k=-\infty}^{\infty}h(n-k)v(k)\tag{5.4.4}$$

所以

$$u(n)=\sum_{k=-\infty}^{\infty}h(n-k)x(k/L)=\sum_{k=-\infty}^{\infty}h(n-Lk)x(k)\tag{5.4.5}$$

及

$$y(n)=\sum_{k=-\infty}^{\infty}x(k)h(Mn-Lk)\tag{5.4.6}$$

对比(5.2.11)式及(5.3.5)式可以看出,(5.4.6)式中的 $y(n)$正是单独抽取和单独插值时时域关系的结合。

因为 $h(n)$是因果的滤波器,所以要保证 $Mn-Lk\geqslant 0$,即 $k\leqslant\frac{M}{L}n$,这是(5.4.6)式中 k 的取值的制约关系。记

$$k=\left\lfloor\frac{Mn}{L}\right\rfloor-m\tag{5.4.7}$$

式中,$\lfloor p\rfloor$表示求小于或等于 p 的最大整数。这样,(5.4.6)式可写成

$$y(n)=\sum_{m=-\infty}^{\infty}x\left(\left\lfloor\frac{Mn}{L}\right\rfloor-m\right)h\left(Mn-\left\lfloor\frac{Mn}{L}\right\rfloor L+mL\right)\tag{5.4.8}$$

由于

$$Mn-\left\lfloor\frac{Mn}{L}\right\rfloor L=Mn\pmod L$$

$y(n)$和 $x(n)$之间的关系也可写成如下的表达式:

$$y(n)=\sum_{m=-\infty}^{\infty}x\left(\left\lfloor\frac{Mn}{L}\right\rfloor-m\right)h(mL+\langle Mn\rangle_L)\tag{5.4.9}$$

式中,$\langle Mn\rangle_L$ 表示 Mn 对模 L 求余。

现在通过一个实例来分析一下上述抽样率转换的过程。令 $L=3$，$M=2$，$x(n)$和$h(n)$都是一个 4 点的序列，如图 5.4.2 所示。

实现图 5.4.1(b)的 L/M 倍抽样率转换，一个办法是从 $x(n)$依次求出 $v(n)$，$u(n)$及 $y(n)$。如要求出 $u(n)$，按(5.4.4)式，有

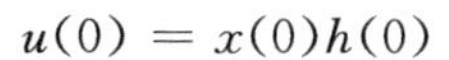

$$
\begin{aligned}
u(0) &= x(0)h(0) \\
u(1) &= 0h(0) + x(0)h(1) = x(0)h(1) \\
u(2) &= 0h(0) + 0h(1) + x(0)h(2) = x(0)h(2) \\
u(3) &= x(1)h(0) + 0h(1) + 0h(2) + x(0)h(3) \\
&= x(1)h(0) + x(0)h(3)
\end{aligned}
$$

显然，式中包含很多与零相乘的运算，这实际上是不需要的。若按(5.4.5)式，则

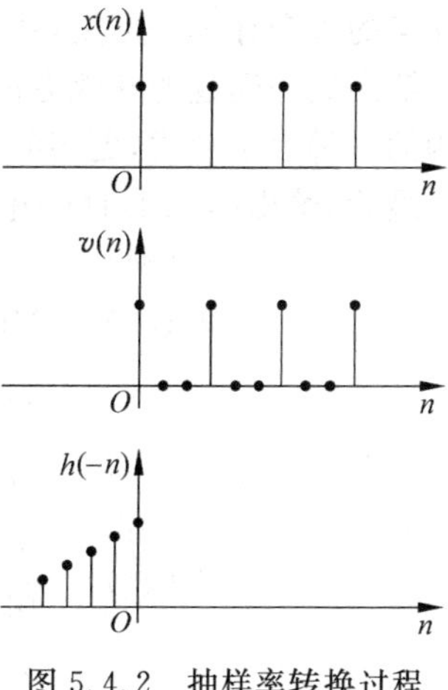

图 5.4.2　抽样率转换过程

$$
\begin{aligned}
u(0) &= x(0)h(0) \\
u(1) &= x(0)h(1) \\
u(2) &= x(0)h(2) \\
u(3) &= x(1)h(0) + x(0)h(3) \\
u(4) &= x(1)h(1) \\
&\cdots
\end{aligned}
$$

从而避免了乘以零的不必要的计算。但是，把 $u(0)$，$u(1)$，$u(2)$，$u(3)$，…，都求出来也没有必要，因为对 $u(n)$要作 $M=2$ 倍的抽取，这样，$u(1)$，$u(3)$，…，要被舍弃，因此，没有必要计算。改由(5.4.9)式，即一步由 $x(n)$得到 $y(n)$，有

$$
y(n) = \sum_{m=-\infty}^{\infty} x\left(\left\lfloor \frac{2n}{3} \right\rfloor - m\right) h(3m + \langle 2n \rangle_3)
$$

故

$$
\begin{aligned}
y(0) &= \sum_{m=-\infty}^{\infty} x(-m)h(3m) = x(0)h(0) = u(0) \\
y(1) &= \sum_{m=-\infty}^{\infty} x\left(\left\lfloor \frac{2}{3} \right\rfloor - m\right) h(3m + \langle 2 \rangle_3) \\
&= \sum_{m=-\infty}^{\infty} x(-m)h(3m+2) = x(0)h(2) = u(2) \\
y(2) &= \sum_{m=-\infty}^{\infty} x\left(\left\lfloor \frac{4}{3} \right\rfloor - m\right) h(3m + \langle 4 \rangle_3) \\
&= \sum_{m=-\infty}^{\infty} x(1-m)h(3m+1) = x(1)h(1) = u(4) \\
&\cdots
\end{aligned}
$$

这样,按(5.4.9)式计算时既避免了与插值后为零的点相乘的多余运算,又避免了被舍弃点的多余计算。可见,在多抽样率转换中,不同计算方法的选取会产生不同的计算量。解决这一问题的有效方法是采用信号的多相(polyphase)结构。(5.4.9)式即是多相结构的一种表示形式,更多的内容将在 5.5 节讨论。

最后,给出图 5.4.1(b)中 $x(n)$ 和 $y(n)$ 的频域关系。由上两节的讨论,有

$$V(e^{j\omega}) = X(e^{j\omega L})$$

$$U(e^{j\omega}) = V(e^{j\omega})H(e^{j\omega}) = X(e^{j\omega L})H(e^{j\omega}) = \begin{cases} LX(e^{j\omega L}), & |\omega| \leqslant \min\left(\frac{\pi}{M}, \frac{\pi}{L}\right) \\ 0, & \text{其他} \end{cases} \tag{5.4.10}$$

$$Y(e^{j\omega}) = \frac{1}{M}\sum_{k=0}^{M-1} U[e^{j(\omega-2\pi k)/M}] = \begin{cases} \frac{L}{M}\sum_{k=0}^{M-1} X[e^{j(\omega-2\pi k)L/M}], & |\omega| \leqslant \min\left(\frac{\pi}{M}, \frac{\pi}{L}\right) \\ 0, & \text{其他} \end{cases} \tag{5.4.11}$$

在(5.4.10)式中已假定 $H(z)$ 为理想的低通滤波器,即(5.3.4)式。在实际工作中,无论抽取还是插值,所用的滤波器一般都选取截止性能好而且是线性相位的 FIR 滤波器,最好用切比雪夫最佳一致逼近法来设计[ZW2]。

文献[Cro81]给出了信号抽取与插值的概论性的介绍。

5.5　信号的多相表示

信号的多相表示在多抽样率信号处理中有着重要的作用。使用多相表示不但可以在抽样率转换的过程中去掉许多不必要的计算,从而大大提高运算的速度,另一方面多相结构还是多抽样率信号处理中的工具,常常用于理论的推导。

给定序列 $h(n)$,令 $n=0\sim\infty$,假定 $M=4$,有

$$\begin{aligned} H(z) = \sum_{n=0}^{\infty} h(n)z^{-n} &= h_0 + h_4 z^{-4} + h_8 z^{-8} + h_{12} z^{-12} + \cdots + \\ & h_1 z^{-1} + h_5 z^{-5} + h_9 z^{-9} + h_{13} z^{-13} + \cdots + \\ & h_2 z^{-2} + h_6 z^{-6} + h_{10} z^{-10} + h_{14} z^{-14} + \cdots + \\ & h_3 z^{-3} + h_7 z^{-7} + h_{11} z^{-11} + h_{15} z^{-15} + \cdots \\ &= z^0 (h_0 + h_4 z^{-4} + h_8 z^{-8} + h_{12} z^{-12} + \cdots) + \\ & z^{-1} (h_1 + h_5 z^{-4} + h_9 z^{-8} + h_{13} z^{-12} + \cdots) + \end{aligned}$$

$$z^{-2}(h_2+h_6z^{-4}+h_{10}z^{-8}+h_{14}z^{-12}+\cdots)+$$
$$z^{-3}(h_3+h_7z^{-4}+h_{11}z^{-8}+h_{15}z^{-12}+\cdots)$$

即

$$H(z)=\sum_{l=0}^{M-1}z^{-l}\sum_{n=0}^{\infty}h(Mn+l)z^{-Mn} \tag{5.5.1}$$

记

$$E_l(z)=\sum_{n=0}^{\infty}h(Mn+l)z^{-n} \tag{5.5.2}$$

则

$$H(z)=\sum_{l=0}^{M-1}z^{-l}E_l(z^M) \tag{5.5.3}$$

若再记

$$e_l(n)=h(Mn+l) \tag{5.5.4}$$

为 $h(n)$的多相分量，则

$$E_l(z)=\sum_{n=0}^{\infty}e_l(n)z^{-n} \tag{5.5.5}$$

上面各式的求和都是从 $0\sim\infty$，这是考虑 $h(n)$为因果序列。对任一序列 $x(n)$，上面各式的求和均可扩展至$-\infty\sim+\infty$。

上面的多相表示对 FIR 和 IIR 系统均适用。例如，令

$$H(z)=1+1.5z^{-1}+2.2z^{-2}+4z^{-3}+2.2z^{-4}+1.5z^{-5}+z^{-6}$$

取 $M=2$，则有

$$E_0(z)=1+2.2z^{-1}+2.2z^{-2}+z^{-3}$$
$$E_1(z)=1.5+4z^{-1}+1.5z^{-2}$$

及

$$H(z)=E_0(z^2)+z^{-1}E_1(z^2)$$

再例如[Vai93]，令

$$H(z)=\frac{1}{1-\alpha z^{-1}}$$

由关系 $1-z^{-1}=\frac{1-z^{-2}}{1+z^{-1}}$，有

$$H(z)=\frac{1}{1-\alpha z^{-1}}=\frac{1}{1-\alpha^2z^{-2}}+\frac{\alpha z^{-1}}{1-\alpha^2z^{-2}}$$

令

$$E_0(z)=\frac{1}{1-\alpha^2z^{-1}},\quad E_1(z)=\frac{\alpha}{1-\alpha^2z^{-1}}$$

则

$$H(z) = E_0(z^2) + z^{-1}E_1(z^2)$$

(5.5.1)式～(5.5.5)式称为类型Ⅰ多相表示。如果用 $M-1-l$ 代替类型Ⅰ中的 l，则有

$$H(z) = \sum_{l=0}^{M-1} z^{-(M-1-l)} R_l(z^M) \tag{5.5.6}$$

式中

$$R_l(z) = E_{M-1-l}(z) = \sum_{n=0}^{\infty} h(Mn + M - 1 - l) z^{-n} \tag{5.5.7}$$

这两个表达式称为类型Ⅱ多相表示。

若用 $-l$ 代替(5.5.1)式～(5.5.5)式中的 l，则有

$$Q_l(z) = \sum_{n=0}^{\infty} h(Mn - l) z^{-n} \tag{5.5.8}$$

$$H(z) = \sum_{l=0}^{M-1} z^l Q_l(z^M) \tag{5.5.9}$$

这两个表达式称为类型Ⅲ多相表示。显然，$Q_l(z) = z^{-1}E_{M-1}(z)$。

$E(z)$，$R(z)$和 $Q(z)$是信号重新组合的三种不同形式，在本书中，最常用的是 $E(z)$和 $R(z)$。现在，来观察一下它们对原序列重新组合的不同方式。

令

$$h_l^{(E)}(n) = h(Mn + l), \quad h_l^{(R)}(n) = h(Mn + M - 1 - l), \quad h_l^{(Q)}(n) = h(Mn - l)$$

则

$$h_0^{(E)}(n) = \{h_0, h_4, h_8, h_{12}, \cdots\},\ h_0^{(R)}(n) = \{h_3, h_7, h_{11}, h_{15}, \cdots\},\ h_0^{(Q)}(n) = \{h_0, h_4, h_8, h_{12}, \cdots\}$$

$$h_1^{(E)}(n) = \{h_1, h_5, h_9, h_{13}, \cdots\},\ h_1^{(R)}(n) = \{h_2, h_6, h_{10}, h_{14}, \cdots\},\ h_1^{(Q)}(n) = \{h_3, h_7, h_{11}, h_{15}, \cdots\}$$

$$h_2^{(E)}(n) = \{h_2, h_6, h_{10}, h_{14}, \cdots\},\ h_2^{(R)}(n) = \{h_1, h_5, h_9, h_{13}, \cdots\},\ h_2^{(Q)}(n) = \{h_2, h_6, h_{10}, h_{14}, \cdots\}$$

$$h_3^{(E)}(n) = \{h_3, h_7, h_{11}, h_{15}, \cdots\},\ h_3^{(R)}(n) = \{h_0, h_4, h_8, h_{12}, \cdots\},\ h_3^{(Q)}(n) = \{h_1, h_5, h_9, h_{13}, \cdots\}$$

请读者自己寻找出信号三种多相分量表示之间的关系。

5.6　多抽样率系统中的几个恒等关系

在多抽样率系统中有如下几个重要的恒等关系。

(1) 恒等关系 1：两个信号分别定标(即被常数乘)以后再相加后的抽取等于它们各自抽取后再定标和相加，如图 5.6.1 所示，图中⇔表示等效。

(2) 恒等关系 2：信号延迟 M 个样本后作 M 倍抽取和先抽取再延迟一个样本等效，

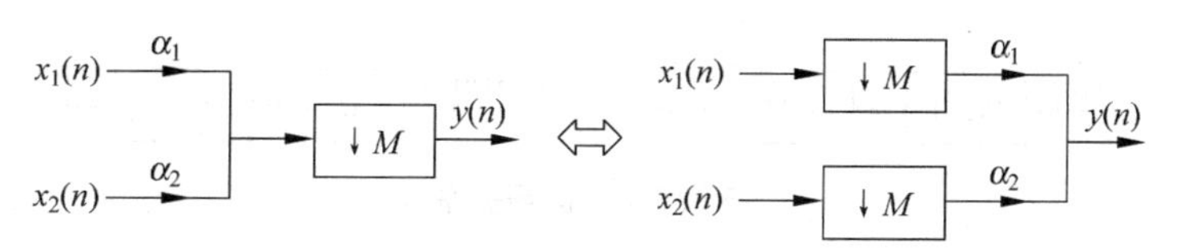

图 5.6.1　恒等关系 1

如图 5.6.2 所示。

图 5.6.2　恒等关系 2

证明　对图 5.6.2 的左图，设

$$x'(n) = x(n-M)$$

则

$$X'(z) = z^{-M}X(z)$$

由抽取前后的频域关系，有

$$Y(z) = \frac{1}{M}\sum_{k=0}^{M-1} X'(z^{1/M}W_M^k)$$

所以

$$\begin{aligned} Y(z) &= \frac{1}{M}\sum_{k=0}^{M-1} (z^{1/M}W_M^k)^{-M}X(z^{1/M}W_M^k) \\ &= \frac{1}{M}\sum_{k=0}^{M-1} z^{-1}X(W_M^k z^{1/M}) \end{aligned}$$

对图 5.6.2 的右图，令

$$y'(n) = x(Mn)$$

则

$$y(n) = y'(n-1), \quad Y(z) = z^{-1}Y'(z)$$

又

$$Y'(z) = \frac{1}{M}\sum_{k-0}^{M-1} X(z^{1/M}W_M^k)$$

所以

$$Y(z) = \frac{1}{M}\sum_{k=0}^{M-1} z^{-1}X(z^{1/M}W_M^k)$$

因此，图 5.6.2 的左图和右图是等效的。

(3) 恒等关系 3：若将 M 倍抽取器前的滤波器移到该抽取器后，则滤波器的变量 z 的幂减少 M 倍，如图 5.6.3 所示。

图 5.6.3　恒等关系 3

证明　设 $H(z^M)$的输出为 $y'(n)$,则

$$Y'(z)=X(z)H(z^M),\quad Y(z)=\frac{1}{M}\sum_{k=0}^{M-1}Y'(z^{1/M}W_M^k)$$

所以

$$\begin{aligned}Y(z)&=\frac{1}{M}\sum_{k=0}^{M-1}X(z^{1/M}W_M^k)H[(z^{1/M}W_M^k)^M]\\&=\frac{1}{M}\sum_{k=0}^{M-1}X(z^{1/M}W_M^k)H(z)\end{aligned}$$

这即是图 5.6.3 的右图所对应的关系,所以左图和右图等效。

(4) 恒等关系 4:两个信号分别定标(即被常数乘)以后再相加后的插值,等于它们各自插值后再定标和相加,如图 5.6.4 所示。

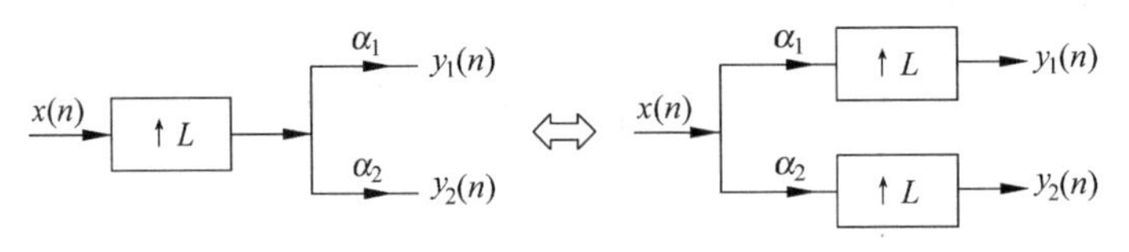

图 5.6.4　恒等关系 4

(5) 恒等关系 5:信号经单位延迟后作 L 倍插值和先作 L 倍插值再延迟 L 个样本等效,如图 5.6.5 所示。

图 5.6.5　恒等关系 5

(6) 恒等关系 6:若将 L 倍插值器前的滤波器移到该插值器后,则滤波器的变量 z 的幂增加 L 倍,如图 5.6.6 所示。

图 5.6.6　恒等关系 6

请读者自行证明恒等关系 4,5,6。这六个关系,又称为 Noble identities[Vai93]。为保证这六个关系成立,$H(z)$应是 z(或 z^{-1})的有理多项式,而且 z 的幂均应是整数。

5.7 抽取和插值的滤波器实现

5.7.1 抽取的滤波器实现

对图 5.7.1(a)的抽取,按照顺序,首先是对 $x(n)$作滤波,即求 $x(n)$和 $h(n)$的卷积,然后对卷积后的结果 $v(n)$作抽取,如图 5.7.1(b)所示。但这种实现方式费时,因为求出的 $v(n)$中只有 $v(0)$,$v(M)$,$v(2M)$,…,是需要的,而其余的点在抽取后都被舍弃了,即作了大量不必要的运算。

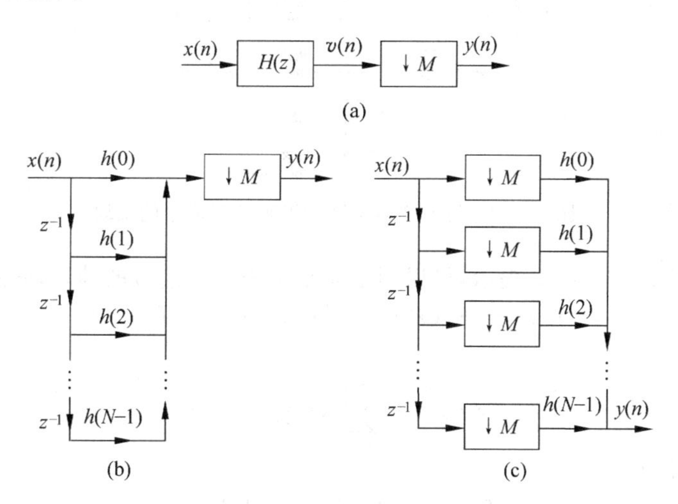

图 5.7.1 抽取的滤波器实现

(a) 一般框图;(b) 先卷积后抽取;(c) 先抽取后卷积

合理的方法应按图 5.7.1(c)来进行,这时,卷积在低抽样率下进行,即

$$y(n)=\sum_{k=0}^{N-1}h(k)x(Mn-k)$$

式中,假定 $h(n)$为 N 点 FIR 滤波器。

现在分析一下图 5.7.1(c)中 $x(n)$分组的情况,假定 $M=3$,则

输入到 h_0 的是 x_0, x_3, x_6, x_9, …

输入到 h_1 的是 x_1, x_4, x_7, x_{10}, …

输入到 h_2 的是 x_2, x_5, x_8, x_{11}, …

输入到 h_3 的是 x_3, x_6, x_9, x_{12}, …

输入到 h_4 的是 x_4, x_7, x_{10}, x_{13}, …

……

假定 $N=9$，由上面结果可以看出，与子序列 $x(Mn)$ 做卷积的滤波器系数是 h_0，h_3 和 h_6，与 $x(Mn+1)$ 作卷积的系数是 h_1，h_4，h_7，与 $x(Mn+2)$ 作卷积的系数是 h_2，h_5，h_8。这样，可将 FIR 的系数分成 N/M 组，如图 5.7.2 所示。

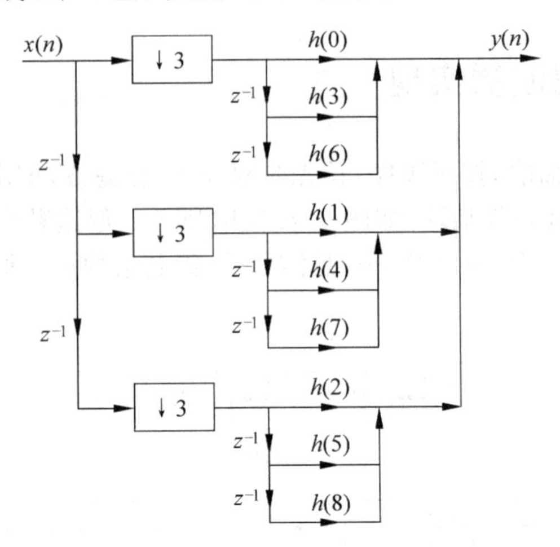

图 5.7.2　将滤波器系数分组来实现信号的抽取

上面的分析及图 5.7.2 提示，可以用多相结构来实现信号的抽取，假定 $M=3$，则

$$H(z)=E_0(z^3)+z^{-1}E_1(z^3)+z^{-2}E_2(z^3)$$

而

$$E_i(z)=\sum_{n=0}^{N/M-1}h(Mn+i)z^{-n}$$

仍假定 $N=9$，有

$$E_0(z)=h_0+h_3z^{-1}+h_6z^{-2}$$
$$E_1(z)=h_1+h_4z^{-1}+h_7z^{-2}$$
$$E_2(z)=h_2+h_5z^{-1}+h_8z^{-2}$$

这样，图 5.7.2 可变成图 5.7.3 所示的多相形式。不难发现，在图 5.7.3 中使用了恒等关系 3。

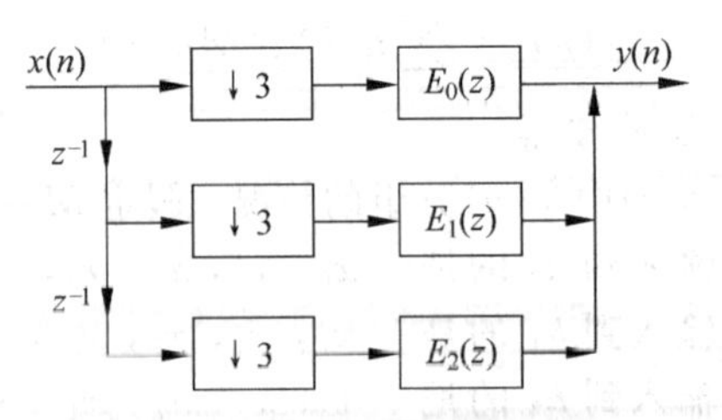

图 5.7.3　抽取的多相结构实现

5.7.2　插值的滤波器实现

图 5.7.4(a)是插值的一般表示形式。由于 $v(n)$中每两点增加了 $L-1$ 个零,这些零和 $h(n)$做乘法是毫无意义的,因此按图中的顺序直接实现插值和滤波是费时的做法。由图 5.7.1 可知,抽取前的滤波可以在低抽样率端进行,同理,插值后的滤波也可以在低抽样率端进行。

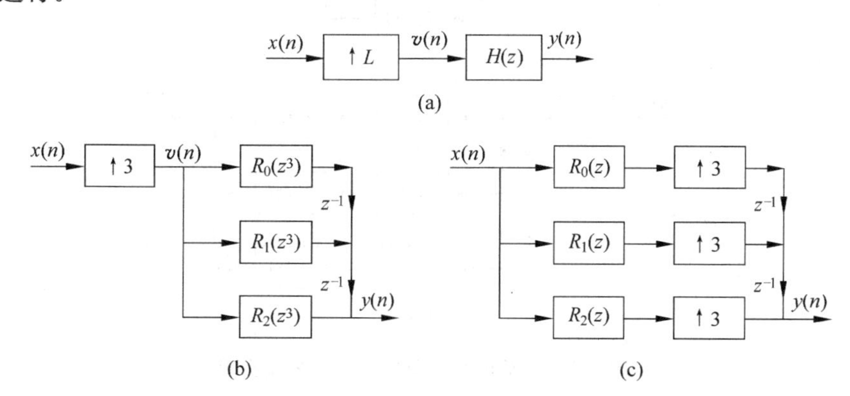

图 5.7.4　插值的多相实现

(a) 一般框图;(b) 直接多相实现;(c) 高效多相实现

假定 $L=3$,由多相表示的第二种形式,即

$$H(z)=\sum_{l=0}^{L-1}z^{-(L-1-l)}R_l(z^L)$$
$$=z^{-2}R_0(z^3)+z^{-1}R_1(z^3)+R_2(z^3)$$

式中

$$R_l(z)=\sum_{n=0}^{N/L-1}h(Ln+L-1-l)z^{-n}$$

则图 5.7.4(a)的多相直接实现如图 5.7.4(b)所示,当然,这时卷积仍是在高抽样率端进行。利用恒等关系 6,可将图 5.7.4(b)转变为图(c),这时卷积在低抽样率端进行,从而避免了乘以零的无意义运算。

5.7.3　抽取和插值相结合的滤波器实现

在前两节分别讨论了抽取和插值的多相实现。对图 5.7.5(a)所示的抽取和插值相结合的抽样率转换,若用多相形式直接实现,则如图 5.7.5(b)所示,利用恒等关系 1 和 3,则可得到图 5.7.5(c),显然,图 5.7.5(c)比图(b)的效率高。图中,假定 $M=3,L=2$。

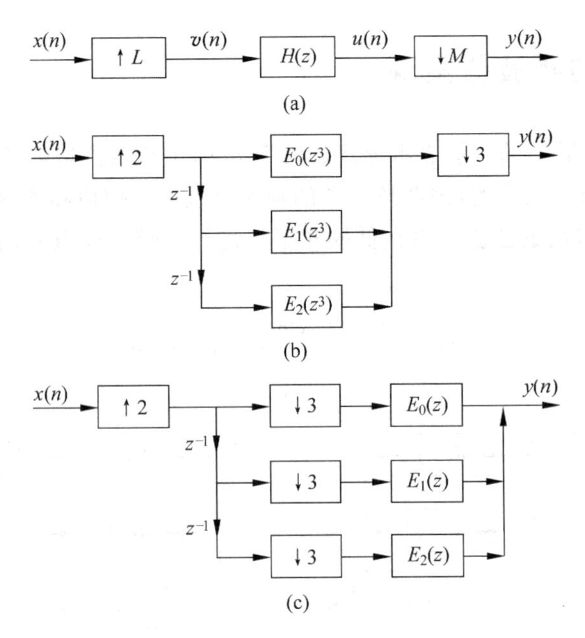

图 5.7.5　抽取与插值的类型Ⅰ多相实现

(a) 一般框图；(b) 直接多相实现；(c) 高效实现

在图 5.7.5 (c)中，插值器处在网络的前端，这仍然有可能出现与零相乘的多余运算。为了解决这一问题，现在对 $h(n)$按类型Ⅱ多相结构进行分解。由图 5.7.4，图 5.7.5(a)又可表示成图 5.7.6(a)的形式。

图 5.7.5(c)和图 5.7.6(a)都是单独地对抽取和插值多相表示，现希望把二者结合起来以达到计算量最少的目的。对图 5.7.6(a)来说，困难的是不能把↑2 简单地移到右边，↓3 也不能简单地移到左边。但是，如果把图中的 z^{-1}写成 z^2z^{-3}的形式，利用 5.6 节的恒等关系则可得到图 5.7.6(b)，再将抽取与插值交换位置，则得到图 5.7.6(c)。

在图 5.7.6(c)中，抽取环节仍在 $R_0(z)$，$R_1(z)$的后面，这必然存在多余的运算。由图 5.7.3，可以将 $R_0(z)$，$R_1(z)$再作多相分解，即

$$R_0(z) = R_{00}(z^3) + z^{-1}R_{01}(z^3) + z^{-2}R_{02}(z^3)$$

$$R_1(z) = R_{10}(z^3) + z^{-1}R_{11}(z^3) + z^{-2}R_{12}(z^3)$$

此处是将 $R_0(z)$和 $R_1(z)$按类型Ⅰ作多相分解。这样，可得到抽取与插值相结合时的最有效的结构，如图 5.7.7 所示。读者可证明，图 5.7.7 所示的结构和图 5.7.5(c)、图 5.7.6(a)是等效的。

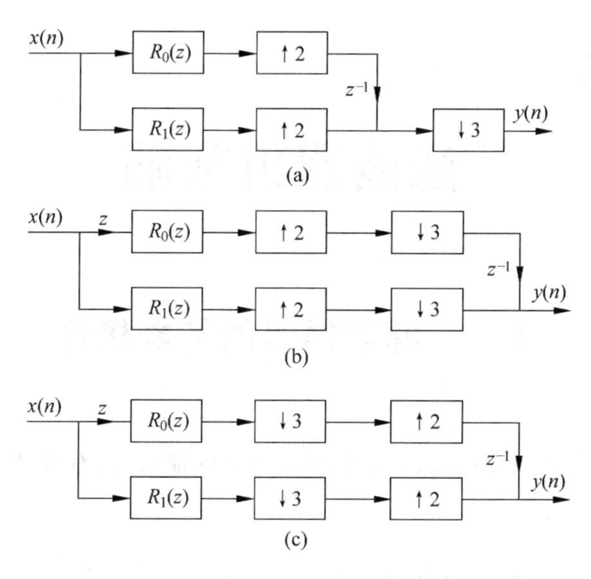

图 5.7.6　抽取与插值的类型Ⅱ多相实现

(a) 插值的类型Ⅱ实现；(b) 将 z^{-1}写成 z^2z^{-3}后再作恒等变换；(c) 抽取与插值交换位置

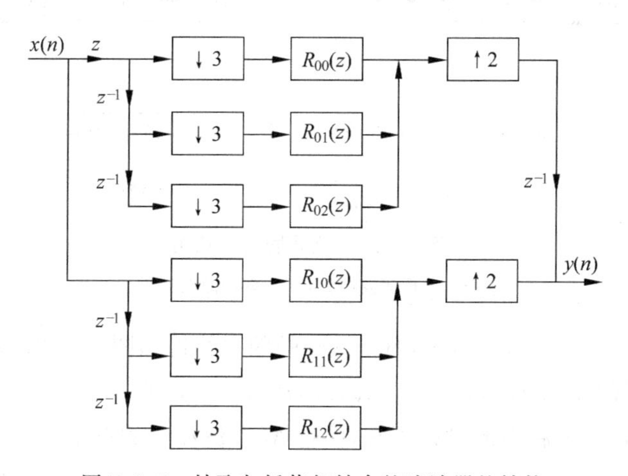

图 5.7.7　抽取与插值相结合的滤波器的结构

由本节的讨论可以看出，在多抽样率系统中，由于作 L 倍插值时有 $L-1$ 倍的零出现，作 M 倍抽取后又有 $M-1$ 倍的数据要舍弃，因此考虑系统结构时应尽量避免无效的运算。正是由于这一原因，多抽样率系统结构的种类就比较繁多，有关内容可参看文献[Vai93]和[Pro88]。

MATLAB 中有用于抽取和插值的命令文件，如 interp. m，decimate. m，resample. m 及 upfirdn. m 等。有关抽取与插值的软件实现见文献[ZW2]，此处不再讨论。

第6章

滤波器组基础

6.1 滤波器组的基本概念

一个滤波器组是指一组滤波器，它们有着共同的输入，或有着共同的相加后的输出，如图6.1.1所示。

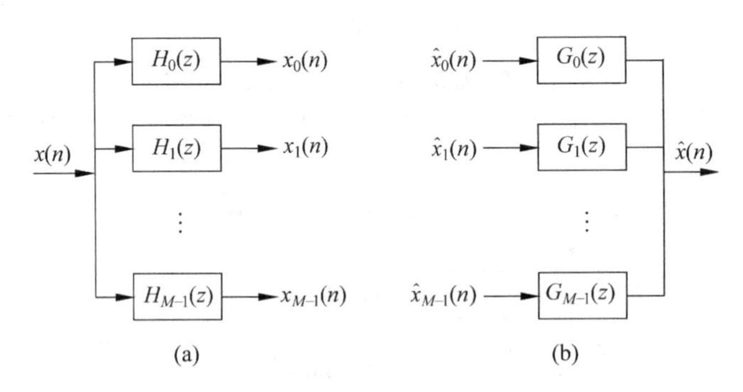

图6.1.1 滤波器组示意图

(a) 分析滤波器组；(b) 综合滤波器组

假定滤波器 $H_0(z),H_1(z),\cdots,H_{M-1}(z)$ 的频率特性如图6.1.2(a)所示，$x(n)$ 通过这些滤波器后，得到的 $x_0(n),x_1(n),\cdots,x_{M-1}(n)$ 将是 $x(n)$ 的一个个子带信号，它们的频谱相互之间没有交叠。由后面的讨论可知，使这 M 个滤波器的频谱之间没有交叠是不可能的，因此，若 $H_0(z),H_1(z),\cdots,H_{M-1}(z)$ 的频率特性如图6.1.2(b)所示，那么 $x_0(n)$，$x_1(n),\cdots,x_{M-1}(n)$ 的频谱相互之间将产生不同程度的混叠。设计滤波器组的一个重要任务是综合应用 $H_k(z)$ 和 $G_k(z)$ 来抵消混叠失真。由于 $H_0(z),H_1(z),\cdots,H_{M-1}(z)$ 的作用是将 $x(n)$ 作子带分解，因此称它们为分析滤波器组。

将一个信号分解成许多子信号是信号处理中常用的方法。例如，若 $M=2$，那么，在图6.1.2中，$H_0(z)$ 和 $H_1(z)$ 的频率特性将分别占据 $0\sim\frac{\pi}{2}$ 和 $\frac{\pi}{2}\sim\pi$ 两个频段，前者对应低频段，后者对应高频段。这样得到的 $x_0(n)$ 将是 $x(n)$ 的低频成分，而 $x_1(n)$ 将是 $x(n)$

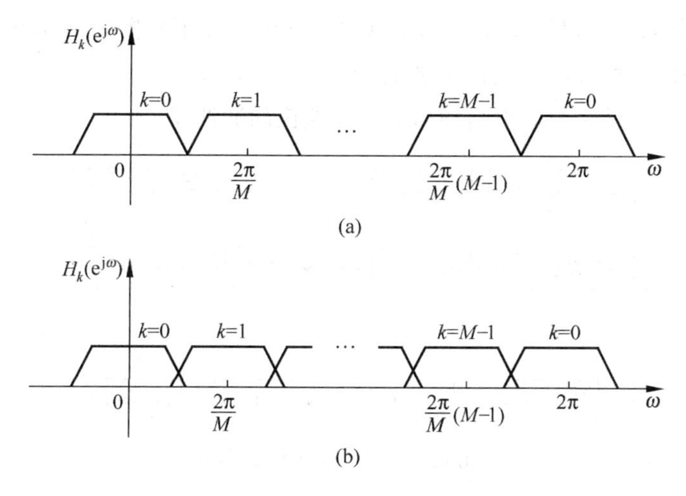

图 6.1.2 分析滤波器组的频率响应

(a) 无混叠；(b) 有混叠

的高频成分。可依据实际工作的需要对 $x_0(n)$ 和 $x_1(n)$ 作出不同的处理。例如，希望对 $x(n)$ 编码，设 $x(n)$ 的抽样频率为 20 kHz，若每个数据点用 16 bit，那么每秒钟需要的码流为 320 kbit。若 $x(n)$ 是一低频信号，也即 $x(n)$ 的有效成分（或有用成分）大都集中在 $x_0(n)$ 内，则 $x_1(n)$ 内含有很少的信号能量。这样，可对 $x_0(n)$ 仍用 16 bit，对 $x_1(n)$ 改用 8 bit，甚至是 4 bit。由于 $x_0(n)$ 和 $x_1(n)$ 的带宽都比 $x(n)$ 减少了一倍，所以，$x_0(n)$ 和 $x_1(n)$ 的抽样频率可降低一倍。这样，对 $x_0(n)$ 编码的数据量是 160 kbit/s；对 $x_1(n)$，若用 4 bit，则数据量为 40 kbit/s。总的数据量为 200 kbit/s，这比 320 kbit/s 减少了约 37%。

在图 6.1.1(b) 中，M 个信号 $\hat{x}_0(n),\hat{x}_1(n),\cdots,\hat{x}_{M-1}(n)$ 分别通过滤波器 $G_0(z)$，$G_1(z),\cdots,G_{M-1}(z)$，所产生的输出分别是 $y_0(n),y_1(n),\cdots,y_{M-1}(n)$。这 M 个信号相加后得到的是信号 $\hat{x}(n)$。显然，$G_0(z),G_1(z),\cdots,G_{M-1}(z)$ 是综合滤波器组，其任务是将 M 个子带信号 $\hat{x}_0(n),\hat{x}_1(n),\cdots,\hat{x}_{M-1}(n)$ 综合为单一的信号 $\hat{x}(n)$。

前已述及，将 $x(n)$ 分成 M 个子带信号后，这 M 个子带信号的带宽将是原来的 $1/M$。因此，它们的抽样率可降低 M 倍。这样，在分析滤波器组 $H_0(z),H_1(z),\cdots,H_{M-1}(z)$ 后还应分别加上一个 M 倍的抽取器，如图 6.1.3 所示。图中，$H_0(z),H_1(z),\cdots,H_{M-1}(z)$ 工作在抽样频率 f_s 状态下，而 $v_0(n),v_1(n),\cdots,v_{M-1}(n)$ 处在低抽样频率状态 (f_s/M)。希望重建后的信号 $\hat{x}(n)$ 等于原信号 $x(n)$，或是 $x(n)$ 的好的近似，那么，首先应保证 $\hat{x}(n)$ 和 $x(n)$ 的抽样频率一致。因此，在综合滤波器组 $G_0(z),G_1(z),\cdots,G_{M-1}(z)$ 之前还应加上一个 M 倍的插值器，如图 6.1.3 所示。该图即是一个完整的 M 通道滤波器组。

图 6.1.3 中 $H_0(z),H_1(z),\cdots,H_{M-1}(z)$的作用一方面是将原 $x(n)$分成 M 个子带信号，另一方面是作为抽取前的抗混叠滤波器。同理，$G_0(z),G_1(z),\cdots,G_{M-1}(z)$一方面起到信号重建的作用，另一方面也是插值后去除映像的滤波器。

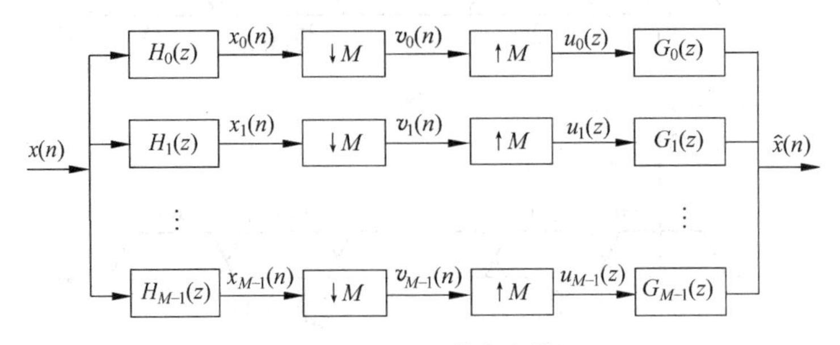

图 6.1.3　M 通道滤波器组

也许读者会问，图 6.1.3 中 M 倍抽取后又紧跟 M 倍的插值，二者的作用不是抵消了吗？实际上不是如此。前已述及，对 $x(n)$分解成 $x_0(n),x_1(n),\cdots,x_{M-1}(n)$后再抽取，得到 $v_0(n),\cdots,v_{M-1}(n)$，其目的是在低抽样频率状态下针对它们能量分布的特点给出不同的处理(例如编码)。这些处理或编码后的信号，在送到插值器之前可能要经过很长的传输距离，因此图 6.1.3 中的抽取和插值环节都是必要的。

将信号 $x(n)$通过分解、处理和综合后得到 $\hat{x}(n)$，希望 $\hat{x}(n)=x(n)$。例如，在通信中，总希望接收到的信号和发送的信号完全一样。当然，要求 $\hat{x}(n)=x(n)$是非常困难的，也几乎是不可能的。如果 $\hat{x}(n)=cx(n-n_0)$，式中 c 和 n_0 是常数，即 $\hat{x}(n)$是 $x(n)$纯延迟后的信号，且只在幅度上发生倍乘的变换，那么称 $\hat{x}(n)$是 $x(n)$的准确重建(perfect reconstruction,PR)。能实现 PR 的滤波器组就称为 PR 系统。

在图 6.1.3 的系统中，$\hat{x}(n)$对 $x(n)$的失真主要来自如下三个方面。

(1) 混叠失真：这是由于分析滤波器组和综合滤波器组的频带不能完全分开及 $x(n)$的抽样频率 f_s不能大于其最高频率成分的 M 倍所致；

(2) 幅度及相位失真：这两项失真来源于分析及综合滤波器组的频带在通带内不是全通函数，而其相频特性不具有线性相位所致；

(3) 对 $x_0(n),x_1(n),\cdots,x_{M-1}(n)$作 M 倍抽取后再作处理(如编码)所产生的误差(如量化误差)。

上述误差来源中，第三种来源于信号编码或处理算法，它和滤波器组无关，因此，在本书中不作讨论。在滤波器组中，研究最多的是如何消除第一种和第二种失真，或是着重消除其中的一种。在本章，则集中讨论和滤波器组有关的一些基本概念，给出相关的定义与公式。至于滤波器组本身的讨论，则留待第7章和第8章讨论。

除了上面谈到的几种失真外，读者肯定还会对图6.1.3的滤波器组提出一系列的问题。如图6.1.3中的$2M$个滤波器相互之间有什么关系？它们是否要一一设计？每一路的滤波如何计算？整个滤波器组的滤波运算如何实现？等等。有关这些问题也在第7章和第8章一一讨论。

6.2 滤波器组的种类及有关的滤波器

滤波器组的种类很多，从通道数目上分，有两通道滤波器组和多通道滤波器组；从滤波器组中各滤波器的关系上分，有正交滤波器组和双正交滤波器组；对多通道调制滤波器组来说，又有DFT调制和余弦调制之分。所有这些内容都将在第7章和第8章中讨论。本节主要介绍这些滤波器组中的一些共同概念，如最大抽取均匀滤波器组、第M带滤波器、半带滤波器及功率互补滤波器等，它们是后续两章继续讨论的基础。

6.2.1 最大均匀抽取滤波器组

设某一滤波器组有K个分析滤波器$H_0(z),\cdots,H_{K-1}(z)$，这K个滤波器有关系

$$H_k(z) = H_0(zW_K^k) \tag{6.2.1a}$$

即

$$H_k(e^{j\omega}) = H_0[e^{j(\omega-2\pi k/K)}],\quad k = 0,1,\cdots,K-1 \tag{6.2.1b}$$

则称该滤波器组为均匀滤波器组。$x(n)$经$H_k(z)$滤波后变成一个个子带信号，因此可以进一步的抽取以降低其抽样率。如果作M倍的抽取，并且$M=K$，那么称该滤波器组为最大均匀抽取滤波器组(maximally decimated uniform filter bank)，称这种情况为临界抽样(critical subsampling)。这是因为$M=K$是保证实现准确重建的最大抽取数。

在均匀滤波器组中，$H_1(z),\cdots,H_{M-1}(z)$的频率响应是由低通滤波器$H_0(z)$做均匀移位后的结果，这时，$h_k(n)=h_0(n)e^{j\frac{2\pi}{M}kn}$，$k=1,2,\cdots,M-1$，显然它们均为复数，因此$|H_k(e^{j\omega})|$ $(k=1,2,\cdots,M-1)$相对$\omega=0$不再是偶对称的，如图6.1.2所示。这样的滤波器组又称DFT滤波器组，有关DFT滤波器组的详细讨论见8.5节。

在实际工作中，由于要处理的信号一般都是实信号，因此总希望滤波器组中的所有$2M$个滤波器的系数也都是实的。得到实系数的M通道均匀滤波器组一般有两个途径，

一是分别设计 $H_0(z),H_1(z),\cdots,H_{M-1}(z)$；二是利用余弦调制。和 DFT 滤波器组类似，余弦调制滤波器组也是先设计一个低通原型滤波器 $h(n)$，然后令

$$h_0^+(n) = h(n)\mathrm{e}^{\mathrm{j}\pi n/2M} \tag{6.2.2a}$$

$$h_0^-(n) = h(n)\mathrm{e}^{-\mathrm{j}\pi n/2M} \tag{6.2.2b}$$

将二者结合起来即可得到一个实的滤波器

$$h_0(n) = h_0^+(n) + h_0^-(n) = 2h(n)\cos\left(\frac{\pi n}{2M}\right) \tag{6.2.2c}$$

将 $H(z)$ 分别作 $\pm(2k+1)\pi/2M$ 的频率移位，然后相结合即可得到

$$h_k(n) = 2h(n)\cos\left[\frac{(2k+1)\pi n}{2M}\right],\quad k = 0,1,\cdots,M-1 \tag{6.2.2d}$$

从而可以得到 M 个实的且是均匀抽取的分析滤波器组。有关余弦调制滤波器组的讨论见 8.6 节和 8.7 节。

实系数均匀抽取滤波器组的 M 个分析滤波器 $H_0(z),H_1(z),\cdots,H_{M-1}(z)$ 的幅频特性都是相对 $\omega=0$ 为偶对称的，如图 6.2.1 所示，图中 $M=8$。由该图可以看出，$H_0(z)$ 是低通滤波器，$H_7(z)$ 是高通滤波器，而 $H_1(z),\cdots,H_6(z)$ 是带通滤波器，并且它们具有相同的带宽，都是 $\pi/8$。

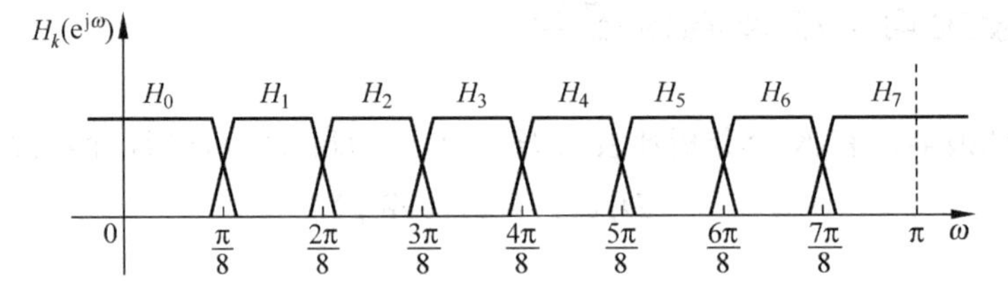

图 6.2.1　8 通道、实系数、最大均匀抽取滤波器组的幅频响应

6.2.2　正交镜像滤波器组

令 $M=2$，由图 6.1.3，可得到一个两通道的滤波器组，如图 6.2.2(a)所示。由图 6.2.1，两通道分析滤波器 $H_0(z)$ 和 $H_1(z)$ 的频域关系是

$$H_1(\mathrm{e}^{\mathrm{j}\omega}) = H_0[\mathrm{e}^{\mathrm{j}(\omega-\pi)}]$$

它们的幅频响应是关于 $\pi/2$ 镜像对称的，如图 6.2.2(b)所示。

若 $H_0(\mathrm{e}^{\mathrm{j}\omega})$ 和 $H_1(\mathrm{e}^{\mathrm{j}\omega})$ 二者没有重合，即当 $\pi/2\leqslant|\omega|\leqslant\pi$ 时 $|H_0(\mathrm{e}^{\mathrm{j}\omega})|\equiv 0$，那么，$H_0(\mathrm{e}^{\mathrm{j}\omega})$ 和 $H_1(\mathrm{e}^{\mathrm{j}\omega})$ 是正交的。因此，这一类滤波器组又称为正交镜像滤波器组(quadrature mirror filter bank，QMFB)。

实际上，若 $H_0(e^{j\omega})$ 和 $H_1(e^{j\omega})$ 有少量的重叠，如图 6.2.2(b)所示，亦称它们为 QMFB。将这种情况推广到 M 通道最大均匀抽取滤波器组，若它们的幅频响应仅有少许重叠，如图 6.2.1 所示，也称它们为 QMFB。

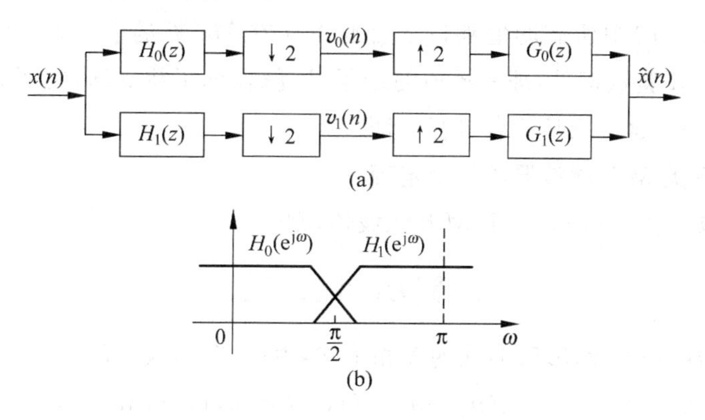

图 6.2.2　两通道滤波器组

(a) 系统框图；(b) 镜像对称的幅频响应

6.2.3　第 M 带滤波器

将分析滤波器组写成多相形式，如果其第 0 相，也即 $E_0(z^M)$ 恒为一常数 c，即

$$H(z) = c + \sum_{l=1}^{M-1} z^{-l} E_l(z^M) \tag{6.2.3}$$

那么，其单位抽样响应必有

$$h(Mn) = e_0(n) = \begin{cases} c, & n = 0 \\ 0, & \text{其他} \end{cases} \tag{6.2.4}$$

满足(6.2.4)式的滤波器 $h(n)$ 称为第 M 带滤波器(Mth filter)。第 M 带(Mth)滤波器又称 Nyquist(M)滤波器。(6.2.4)式的含义是，除了在 $n=0$ 点外，$h(n)$ 在 M 的整数倍处都为零，如图 6.2.3 所示。

如果将这样一个滤波器接在一个 L 倍的插值器后，且 $L=M$，如图 6.2.4 所示，那么

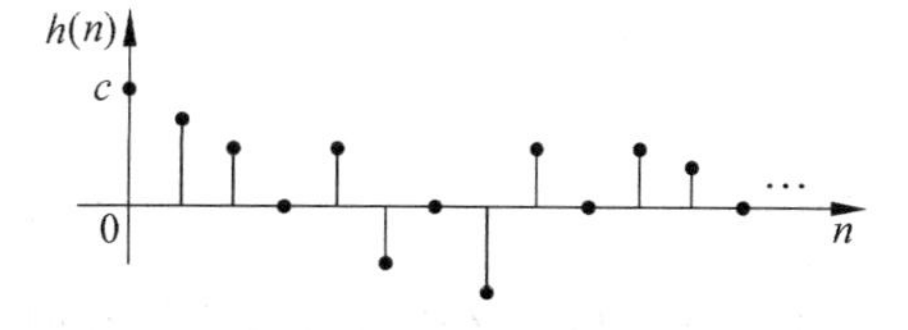

图 6.2.3　某一 Mth 滤波器的单位抽样响应，$M=3$

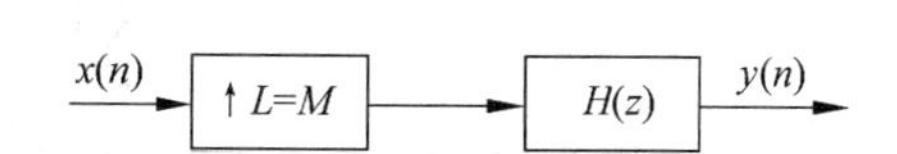

图 6.2.4　$H(z)$为 Mth 滤波器时对插值后的滤波

$$Y(z)=H(z)X(z^M)=\left[c+\sum_{l=1}^{M-1}z^{-1}E_l(z^M)\right]X(z^M) \tag{6.2.5}$$

(6.2.5)式意味着 $y(Mn)=cx(n)$，这就是说，将 $x(n)$ 作 $L=M$ 倍的插值后，再经一个 Mth 滤波器，则 $x(n)$ 中所有的值乘以 c 后变为 y 在 Mn 处的值。若 $c=1$，则 $y(Mn)=x(n)$，在 n 的非 M 整数倍处，即是插值的结果，这就保证了将 $x(n)$ 的所有的值都无失真地传递给了 $y(n)$。这一点请读者自行验证。

现在证明有关 Mth 滤波器的一个定理。

定理 6.2.1　若 $H(z)$ 是一个 Mth 滤波器，则

$$\sum_{k=0}^{M-1}H(zW_M^k)=1 \tag{6.2.6}$$

证明　将 $H(z)$ 写成(5.5.3)式的多相形式，由(5.5.4)式，有

$$e_l(n)=h(Mn+l)=h(n)\delta(n-Mi-l),\quad l=0,1,\cdots,M-1,\ n=-\infty\sim+\infty$$

因为

$$E_l(z)=\sum_{n=-\infty}^{\infty}e_l(n)z^{-n}$$

所以

$$\begin{aligned}E_l(z)&=\sum_{n=-\infty}^{\infty}h(n)\delta(n-Mi-l)z^{-n}\\&=\sum_{n=-\infty}^{\infty}h(n)\left[\frac{1}{M}\sum_{k=0}^{M-1}\mathrm{e}^{-\mathrm{j}2\pi k(l-n)/M}\right]z^{-n}\\&=\frac{1}{M}\sum_{k=0}^{M-1}\sum_{n=-\infty}^{\infty}h(n)(zW_M^k)^{-n}W_M^{kl}=\frac{1}{M}\sum_{k=0}^{M-1}H(zW_M^k)W_M^{kl}\end{aligned}$$

当 $l=0$ 时，$E_0(z)=c$，假定 $c=1/M$，则有

$$\sum_{k=0}^{M-1}H(zW_M^k)=1$$

于是定理得证。

若令 $H_0(z)=H(z)$，$H_k(z)=H(zW_M^k)$，$k=0,1,\cdots,M-1$，则 $H_0,H_1,\cdots,H_{M-1}$ 的频率响应有如下关系

$$\sum_{k=0}^{M-1}H[\mathrm{e}^{\mathrm{j}(\omega-2\pi k/M)}]=1 \tag{6.2.7}$$

这就是说，如果有一个 Mth 滤波器 $h(n)$，那么将其依次移位 $2\pi k/M$ 后，所得到的 M 个滤波器的频率响应之和等于 1。

(6.2.3)式的 Mth 滤波器也可推广到更一般的情况。

假定 $H(z)$的第 k 个多相分量 $E_k(z)=cz^{-n_k}$，则

$$H(z) = E_0(z^M) + z^{-1}E_1(z^M) + \cdots + cz^{-k}z^{-Mn_k} + \cdots + z^{-(M-1)}E_{M-1}(z^M) \tag{6.2.8a}$$

这时，$h(n)$应有如下特点：

$$h(Mn+k) = \begin{cases} c, & n = n_k \\ 0, & \text{其他} \end{cases} \tag{6.2.8b}$$

对应图 6.2.4，输出 $y(n)$和输入 $x(n)$有如下关系：

$$Y(z) = cz^{-k}z^{-Mn_k}X(z^M) + \sum_{\substack{l=0 \\ l\neq k}}^{M-1} z^{-1}E_l(z^M)X(z^M) \tag{6.2.9}$$

$$y(Mn + Mn_k + k) = cx(n) \tag{6.2.10}$$

如果 $k=0, n_k=0$，则(6.2.8)式～(6.2.10)式就简化成(6.2.3)式所对应的情况。

6.2.4 半带滤波器

在 6.2.3 节的 Mth 滤波器中，若令 $M=2$，则所得的滤波器称为半带滤波器(half-band filter)。这时，(6.2.3)式及(6.2.4)式分别变为

$$H(z) = c + z^{-1}E_1(z^2) \tag{6.2.11}$$

$$e_1(n) = h(2n+1) \tag{6.2.12a}$$

$$e_0(n) = h(2n) = \begin{cases} c, & n = 0 \\ 0, & \text{其他} \end{cases} \tag{6.2.12b}$$

也就是说，$h(n)$除了在 $n=0$ 处以外，所有偶序号处的值皆为零，如图 6.2.5 所示。

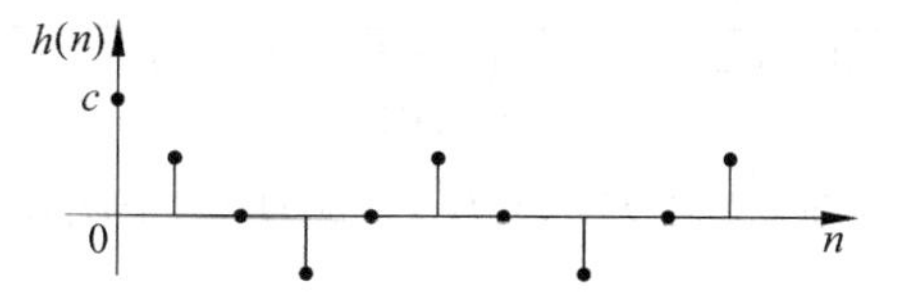

图 6.2.5 某一半带滤波器的 $h(n)$

满足(6.2.11)式的系统可以举出很多，如[Vai93]

$$H(z) = 1 + z^{-3}, \quad E_1(z) = z^{-1}$$

$$H(z) = z + 1 + z^{-1}, \quad E_1(z) = 1 + z$$

$$H(z) = 1 + \mathrm{j}z^{-1}, \quad E_1(z) = \mathrm{j}$$

等均是半带滤波器。也就是说，半带滤波器可以是因果的，也可以是非因果的；其系数可

以是实的，也可以是复的。但是，在实际工作中，限定所要讨论的对象是实系数的、因果的且具有线性相位的半带滤波器。

由定理 6.2.1，若假定 $c=1/2$，则

$$H(z)+H(-z)=1 \tag{6.2.13a}$$

$$H(e^{j\omega})+H[e^{j(\omega-\pi)}]=1 \tag{6.2.13b}$$

记 $H_0(z)=H(z)$，$H_1(z)=H(-z)$，并假定 $H(z)$具有线性相位，即

$$H(e^{j\omega})=e^{-j(N-1)\omega/2}H_g(\omega)$$

式中，$H_g(\omega)$是 ω 的实函数，称为 $H(z)$的增益，那么，$H_0(z)+H_1(z)$的增益在整个频带内等于 1，相当于是一个全通系统。$H_0(z)$，$H_1(z)$及 $H_0(z)+H_1(z)$的增益如图 6.2.6 所示。可以看出，$H_0(z)+H_1(z)$的增益在整个频率范围内基本上等于 1。产生该图的 MATLAB 程序是 exa060206.m。

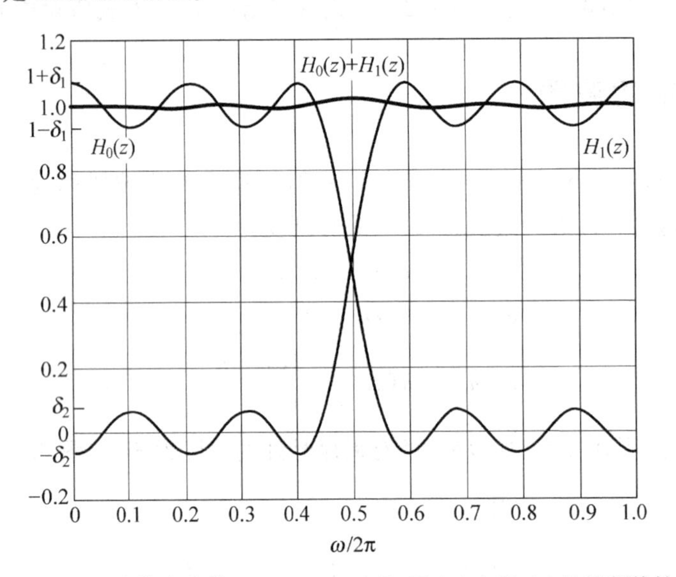

图 6.2.6　半带滤波器 $H_0(z)$，$H_1(z)$及 $H_0(z)+H_1(z)$的幅频特性

在 6.2.3 节已指出，若 $H_0(e^{j\omega})$和 $H_1(e^{j\omega})$满足(6.2.2)式，即 $H_1(e^{j\omega})$和 $H_0(e^{j\omega})$关于 $\pi/2$ 为对称，则称 $H_0(z)$和 $H_1(z)$镜像对称，并称 $H_0(z)$和 $H_1(z)$构成一个正交镜像滤波器组(QMFB)。但在 QMFB 中，并没有要求 $H_0(e^{j\omega})+H_1(e^{j\omega})=1$。所以，两通道正交镜像滤波器不一定是半带滤波器。反过来，由(6.2.13)式，半带滤波器一定是正交镜像滤波器。

由以上讨论，可以把半带滤波器的特点总结如下。

(1) 为满足(6.2.13b)式，$H(e^{j\omega})$的通带与阻带的纹波必须相等，即 $\delta_1=\delta_2$，如图 6.2.6 所示。

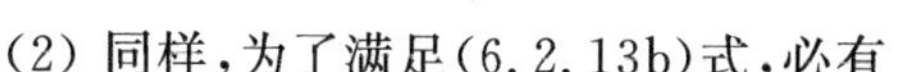

(2) 同样，为了满足(6.2.13b)式，必有

$$H[e^{j(\frac{\pi}{2}-\theta)}]+H[e^{j(\frac{\pi}{2}+\theta)}]=1,\quad 0<\theta<\pi/2 \tag{6.2.14}$$

即该频率响应关于半带频率($\pi/2$)是对称的。另外，若 $H(e^{j\omega})$的通带截止频率为 ω_p，阻带截止频率为 ω_s，那么 ω_p 和 ω_s 相对 $\omega=\pi/2$ 是等距的。正因为这些特点，该类滤波器被称为“半带滤波器”。

(3) 除 $n=0$ 外，$h(n)$的所有偶序号项全为零，即(6.2.12b)式。

(4) 若 $H(z)$是非因果的、零相位的 FIR 滤波器，即 $h(n)=h(-n)$，那么，$h(n)$的单边的最大长度为 $2J-1$(J 为整数)，总的长度为

$$N=2(2J-1)+1=4J-1 \tag{6.2.15}$$

即半带滤波器的长度总是奇数，且是 4 的整数倍减 1。若将 $H(z)$乘以 $z^{-(2J-1)}$，即可将零相位的 FIR 滤波器变成因果的、具有线性相位的滤波器。

(5) 由于半带滤波器的 $h(n)$有近一半的值为零，因此可以有效地减少计算量。

半带滤波器在设计具有准确重建性能的滤波器组方面具有重要的作用，将在第 7 章详细讨论。有关半带滤波器的设计将在 6.3 节讨论。

6.2.5 互补型滤波器

1. 严格互补滤波器

一组滤波器 $H_0(z),H_1(z),\cdots,H_{M-1}(z)$，若它们的转移函数满足关系

$$\sum_{k=0}^{M-1}H_k(z)=cz^{-n_0} \tag{6.2.16}$$

则称 $H_0(z),H_1(z),\cdots,H_{M-1}(z)$是一组严格互补(strictly complementary)的滤波器。

假定利用 $H_0(z),H_1(z),\cdots,H_{M-1}(z)$把 $x(n)$分成 M 个子带信号，然后再把这 M 个子带信号相加，有

$$X(z)H_0(z)+\cdots+X(z)H_{M-1}(z)=X(z)\sum_{k=0}^{M-1}H_k(z)=X(z)cz^{-n_0}$$

$X(z)cz^{-n_0}$ 对应的时域信号是 $cx(n-n_0)$，它和 $x(n)$仅差了一个延迟和常数倍。显然，这样严格互补的滤波器对于信号的准确重建是非常有用的。

由定理 6.2.1，Mth 滤波器一定是严格互补型滤波器。半带滤波器是 Mth 滤波器的特例，因此，半带滤波器也是严格互补的。然而，严格互补的一组滤波器并不一定是 Mth 滤波器或半带滤波器。

2. 功率互补滤波器

若 M 个滤波器的频率响应满足

$$\sum_{k=0}^{M-1} |H_k(e^{j\omega})|^2 = c, \quad c\text{ 为常数} \tag{6.2.17}$$

则称 $H_0(z),\cdots,H_{M-1}(z)$是功率互补(power complementary)的。该式又可表示为

$$\sum_{k=0}^{M-1} H_k(z)\widetilde{H}_k(z) = c \tag{6.2.18}$$

式中

$$\widetilde{H}(z) = H_*(z^{-1}) \tag{6.2.19}$$

表示将 $H(z)$的系数取共轭,并用 z^{-1}代替 z。若 $H(z)$的系数是实的,则 $\widetilde{H}(z)=H(z^{-1})$。

下面的定理给出了功率互补滤波器和 Mth 滤波器之间的关系。

定理 6.2.2　给定一转移函数 $H(z)$,其多相表示为 $H(z)=\sum_{l=0}^{M-1} z^{-1}E_l(z^M)$,再令 $G(z)=\widetilde{H}(z)H(z)$,当且仅当 $G(z)$是一 Mth 滤波器时,$E_0(z),\cdots,E_{M-1}(z)$是功率互补的。

证明　为证明上述结论,定义一组滤波器

$$H_k(z) = H(zW_M^{-k}), \quad k = 0,1,\cdots,M-1 \tag{6.2.20}$$

那么,$H_k(z)$的多相分量可以表示为

$$H_k(z) = \sum_{l=0}^{M-1} z^{-1}W_M^{kl}E_l(z^M) \tag{6.2.21}$$

将(6.2.21)式写成矩阵形式,有

$$\underbrace{\begin{bmatrix} H_0(z) \\ H_1(z) \\ \vdots \\ H_{M-1}(z) \end{bmatrix}}_{\boldsymbol{h}(z)} = \boldsymbol{W} \underbrace{\begin{bmatrix} 1 & 0 & \cdots & 0 \\ 0 & z^{-1} & \cdots & 0 \\ \vdots & \vdots & \ddots & \vdots \\ 0 & 0 & \cdots & z^{-(M-1)} \end{bmatrix}}_{\boldsymbol{\Lambda}(z)} \underbrace{\begin{bmatrix} E_0(z^M) \\ E_1(z^M) \\ \vdots \\ E_{M-1}(z^M) \end{bmatrix}}_{\boldsymbol{E}(z)} \tag{6.2.22}$$

式中,$\boldsymbol{W}$ 是 M 阶 DFT 矩阵,满足 $\boldsymbol{W}^{\mathrm{H}}\boldsymbol{W}=M\boldsymbol{I}$,如果 $\boldsymbol{E}(z)$要满足功率互补关系,则应有 $\widetilde{\boldsymbol{E}}(z)\boldsymbol{E}(z)=c$。由(6.2.22)式,有

$$\widetilde{\boldsymbol{h}}(z)\boldsymbol{h}(z) = \widetilde{\boldsymbol{E}}(z)\widetilde{\Lambda}(z)\boldsymbol{W}^{\mathrm{H}}\boldsymbol{W}\boldsymbol{\Lambda}(z)\boldsymbol{E}(z) = M\widetilde{\boldsymbol{E}}(z)\boldsymbol{E}(z) \tag{6.2.23}$$

由(6.2.23)式,有以下结论。

(1) 若 $\boldsymbol{E}(z)$是功率互补的,则

$$\widetilde{\boldsymbol{h}}(z)\boldsymbol{h}(z) = Mc = c'$$

因为

$$\widetilde{\boldsymbol{h}}(z)\boldsymbol{h}(z) = \sum_{k=0}^{M-1} |H_k(z)|^2 = c' \tag{6.2.24}$$

所以,$H_0(z),H_1(z),\cdots,H_{M-1}(z)$也都是功率互补的。由 $G(z)$的定义,即 $G(z)=\widetilde{H}(z)\times H(z)$,那么

$$G(zW_M^k)=\widetilde{H}(zW_M^k)H(zW_M^k)=\widetilde{H}_k(z)H_k(z) \tag{6.2.25a}$$

因此有

$$\sum_{k=0}^{M-1}G(zW_M^k)=\sum_{k=0}^{M-1}|H_k(z)|^2=c' \tag{6.2.25b}$$

即 $G(z)$满足(6.2.6)式,由定理 6.2.1,所以 $G(z)$为一个 Mth 滤波器。

(2) 反过来,若 $G(z)$是 Mth 滤波器,则(6.2.24)式和(6.2.25)式成立,从而 $\widetilde{\boldsymbol{h}}(z)\times\boldsymbol{h}(z)=Mc$。对(6.2.22)式中的$\Lambda(z)$求逆,有 $\boldsymbol{E}(z)=\Lambda^{-1}(z)\boldsymbol{W}^{-1}\boldsymbol{h}(z)$。

用同样的方法可证明 $\widetilde{\boldsymbol{E}}(z)\boldsymbol{E}(z)=$常数,从而 $\boldsymbol{E}(z)$是功率互补的,证毕。

该定理指出,由一个 Mth 滤波器可得到一组功率互补的滤波器。由(6.2.25a)式,$H_k(z)$实际上是 $G(zW_M^k)$的谱因子,因此,用谱分解[ZW2]的方法可以由 $G(zW_M^k)$得到功率互补的 $H_k(z)$。功率互补滤波器在实现准确重建的滤波器组中起到了重要的作用。例如,在图 6.1.1(b)中,若令综合滤波器组 $G_k(z)$分别等于 $\widetilde{H}_k(z)$,并将图 6.1.1(b)直接和图 6.1.1(a)相级联,那么,所形成的滤波器组的每一条支路的两个滤波器都满足功率互补关系,因此有 $\hat{x}(n)=cx(n)$。

若 $M=2$,由(6.2.24)式,有

$$\widetilde{H}_0(z)H_0(z)+\widetilde{H}_1(z)H_1(z)=c \tag{6.2.26}$$

即 $H_0(z)$、$H_1(z)$是功率互补的。令 $H_0(z)=H(z)$,$H_1(z)=H(zW_2^{-1})=H(-z)$,由定理 6.2.2 可知,$G(z)=\widetilde{H}(z)H(z)$应是一个半带滤波器,并有 $G(z)+G(-z)=c$。如果希望设计出符合功率互补的滤波器 $H_0(z)$,可以先设计一个半带滤波器 $G(z)$,然后对 $G(z)$作谱分解,即可得到 $H(z)$,于是 $H_0(z)=H(z)$。

顺便指出,若(6.2.19)式中的 $H(z)$是一矩阵($H(z)$变为 $\boldsymbol{H}(z)$),即 $\boldsymbol{H}(z)$的各元素都是 z 的多项式,记

$$\widetilde{\boldsymbol{H}}(z)=\boldsymbol{H}_*^{\mathrm{T}}(z^{-1}) \tag{6.2.27}$$

那么 $\widetilde{\boldsymbol{H}}(z)$是将 $\boldsymbol{H}(z)$ ①各元素的系数取共轭;②用 z^{-1}代替 z;③对矩阵取转置后得到的新矩阵。$\widetilde{\boldsymbol{H}}(z)$又称为 $\boldsymbol{H}(z)$的仿共轭(paraconjugate)矩阵。有关仿共轭矩阵的概念将在第 7 章、第 8 章用到。

6.3　半带滤波器设计

半带滤波器在两通道滤波器组的分析与实现中具有重要的作用，本节讨论其设计方法。由 6.2 节所述，半带滤波器的单位抽样响应 $h(n)$ 除 $n=0$ 以外的偶序号项皆为零，且其频率响应有着(6.2.14)式的对称性。至今，人们已提出了多种半带滤波器的设计方法，现择其主要讨论。

1. 窗函数法

用窗函数法设计 FIR 滤波器是简单易行的方法。它包括：

① 令理想滤波器的频率响应 $H_d(e^{j\omega})$；

② 对 $H_d(e^{j\omega})$ 作积分求出理想的单位抽样响应 $h_d(n)$；

③ 对 $h_d(n)$ 截短、移位等步骤，最后得到因果的、有限长且具有线性相位的滤波器 $H(z)$[ZW2]。

由图 6.2.6，可以假定要设计的半带滤波器的截止频率 $\omega_c=\pi/2$，并令理想滤波器的频率特性为

$$H_d(e^{j\omega}) = \begin{cases} 1, & |\omega| < \pi/2 \\ 0 & \text{其他} \end{cases} \tag{6.3.1a}$$

于是可求出

$$h_d(n) = \frac{1}{2\pi}\int_{-\frac{\pi}{2}}^{\frac{\pi}{2}} e^{j\omega n}\,d\omega = \frac{\sin(n\pi/2)}{\pi n} \tag{6.3.1b}$$

显然，$h_d(0)=1/2$，$h_d(2)=h_d(4)=\cdots=h_d(2k)=0$，即 $h_d(n)$ 是一个零相位的半带滤波器。将 $h_d(n)$ 截短并移位，得

$$h(n) = h_d[n-(2J-1)]w(n) \tag{6.3.2}$$

式中，$w(n)$ 是选用的窗函数；$h(n)$ 即是所设计的半带滤波器，$h(n)$ 的长度是 $N=4J-1$。

2. 利用 Lagrange 插值法

文献[Ans91]提出了一个用 Lagrange 插值设计半带滤波器的方法。首先由

$$h(2n-1) = \frac{(-1)^{n+J-1}\prod_{k=1}^{2J}(J-k+0.5)}{(J-n)!(J-1+n)!(2n-1)}, \quad n=1,2,\cdots,J \tag{6.3.3}$$

求出 $h(0)$，$h(3)$，$h(5)$，…，$h(2J-1)$，并令 $h(0)=0.5$，于是，半带滤波器

$$H(z) = \frac{1}{2} + \sum_{n=1}^{J} h(2n-1)(z^{-2n+1}+z^{2n-1}) \tag{6.3.4}$$

显然，$h(n)$的总长度 $N=4J-1$。

例 6.3.1 试利用(6.3.3)式、(6.3.4)式，求 $J=5$(即 $N=19$) 时的半带滤波器。

解 由(6.3.3)式，很容易求得

$$h(9)=0.000\ 267\ 028\ 808\ 593\ 75=h(-9)$$

$$h(7)=-0.003\ 089\ 904\ 785\ 156\ 25=h(-7)$$

$$h(5)=0.017\ 303\ 466\ 796\ 875=h(-5)$$

$$h(3)=-0.067\ 291\ 259\ 765\ 625=h(-3)$$

$$h(1)=0.302\ 810\ 668\ 945\ 313=h(-1)$$

令 $h(0)=0.5, h(2)=h(-2)=h(4)=h(-4)=h(6)=h(-6)=h(8)=h(-8)=0$，即可得所要的半带滤波器 $H(z)$。$H(z)$共有 18 个零点，8 个在右半平面共轭、镜像对称，10 个是在 $z=-1$ 处的重零点，如图 6.3.1(a)所示。该滤波器的幅频响应如图 6.3.1(b)所示，显然该滤波器具有低通特性。

有关该例的 MATLAB 程序是 exa060301.m。

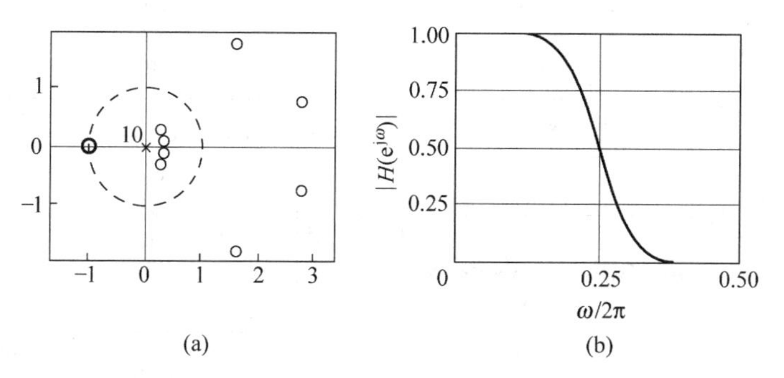

图 6.3.1 19 点 Lagrange 半带滤波器的极零图与幅频响应

3. 用单带滤波器来设计半带滤波器

欲设计一个半带滤波器 $H(z)$，假定其长度为 N，截止频率为 ω_p，阻带频率为 ω_s，为了达到设计的目的，文献[Vai93]提出了一个用单带滤波器来设计半带滤波器的方法。其步骤是：首先，用 Chebyshew 最佳一致逼近法[ZW2]设计出一个"单带"滤波器 $G(z)$，所谓"单带"，是令 $G(z)$的通带频率为 $2\omega_p$，阻带频率 $\omega_s=\pi$，从 $2\omega_p\sim\pi$ 是其过渡带，因此，$G(z)$只有一个通带，没有阻带；然后，对 $g(n)$作二倍的插值，并令插值后序列的中心点为 0.5，即

$$H(z)=\frac{1}{2}\left[G(z^2)+z^{-(N-1)/2}\right] \tag{6.3.5}$$

这样，$H(z)$是一半带滤波器，通带截止频率在 ω_p，其通带和阻带的纹波分别是 $G(z)$的一半。注意，由于半带滤波器的长度 $N=4J-1$，并且 $h(n)$是由 $g(n)$作二倍的插值得到的，所以 $g(n)$的长度为$(N+1)/2=2J$，即始终为偶数。文献[Vai93]称该方法为一个"trick"。

例 6.3.2　试通过单带滤波器来设计一半带滤波器，要求半带滤波器的 $\omega_p=0.42\pi$，$h(n)$的长度 $N=31$(即 $J=8$)。

解　按上面讨论的思路，首先设计单带滤波器 $G(z)$，令其通带截止频率为 $2\omega_p=0.84\pi$，$\omega_s=\pi$，长为 $2J=16$；然后再由 $G(z)$得到 $H(z)$。设计结果如图 6.3.2 所示，图(a)是 $g(n)$，图(b)是 $|G(e^{j\omega})|$，图(d)是所要求的半带滤波器的幅频响应 $|H(e^{j\omega})|$，图(c)是 $h(n)$。显然，除中心点外，n 为偶序号的项皆为零。

有关该例的 MATLAB 程序是 exa060302.m。

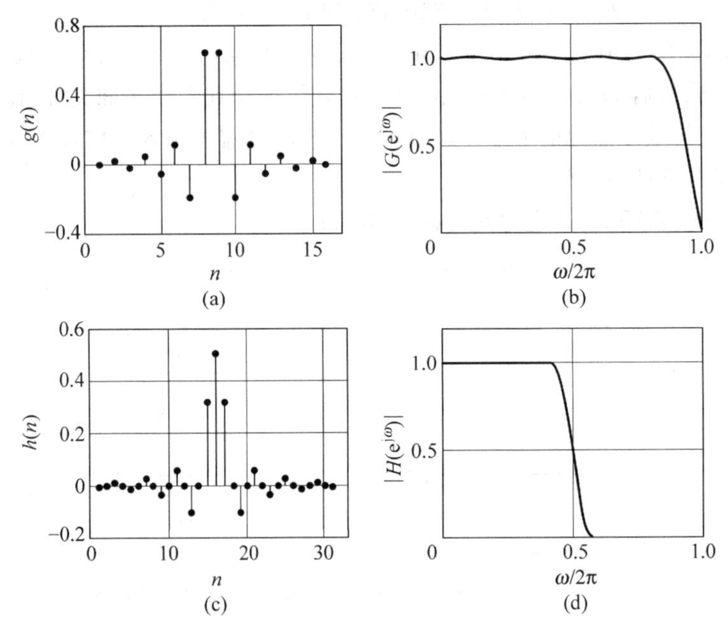

图 6.3.2　半带滤波器的设计

6.4　多抽样率系统的应用简介

含有抽取和插值环节的离散时间系统又称为多抽样率系统。当然，一个 M 通道的滤波器组也是一个多抽样率系统。现举例简单地说明一下多抽样率系统的应用。

例 6.4.1　语音系统。

一般地，语音信号的能量主要集中在 20 Hz～22 kHz 之间，因此，对语音信号抽样时，令抽样频率 $f_s=44$ kHz 即可满足要求。为了去除抽样时的混叠失真，应在抽样前让模拟

语音信号 $x(t)$先通过一个抗混叠滤波器 $H_a(j\Omega)$以去除 $X(j\Omega)$中 22 kHz 以上的频率成分。在设计 $H_a(j\Omega)$时,应该令其通带截止频率 $f_p=22$ kHz,阻带截止频率 $f_c>22$ kHz。然而,过渡带的存在必然保留 $X(j\Omega)$中 22 kHz 以上的部分频率成分,这不可避免地要产生抽样时的混叠失真。

对滤波器 $H_a(j\Omega)$,希望它:①通带尽量地平;②过渡带尽量地窄;③阻带衰减足够大;④最好能具有线性相位。对模拟滤波器来说,做到通带尽量平、阻带衰减足够大并不困难,但如果要求过渡带又特别地窄就比较困难,进而,要求具有线性相位几乎是不可能的。解决上述矛盾的方案是将抽样频率 f_s 提高一倍,即取 $f_s=88$ kHz。这样,$H_a(j\Omega)$的过渡带即可加宽,例如,仍然令 $f_p=22$ kHz,阻带截止频率现在可以放宽到 $f_c=44$ kHz,这样 $H_a(j\Omega)$的设计就比较容易。不但可取得好的通带和阻带衰减,而且通过选择合适的滤波器(如利用 Bessel 滤波器)还可使其在通带内接近线性相位。这样做的结果虽然避免了混叠失真,但另一方面也带来了新的问题,即由于 $H_a(j\Omega)$过渡带的加宽,将使抽样后的信号 $x(n)$含有频率大于 22 kHz 的噪声,这是不希望的。这一新的问题可以通过对 $x(n)$的滤波来解决。由于设计出高性能、线性相位的数字滤波器要比设计模拟滤波器容易得多,因此可以设计一个通带截止频率 $f_p=22$ kHz,过渡带极窄且又具有线性相位的数字滤波器 $H(z)$对 $x(n)$滤波,这就很方便地去除了多余的频率成分。由于这时 $x(n)$工作在高抽样率状态,含有信息的冗余,因此可对其作两倍的抽取。以上过程如图 6.4.1 所示。

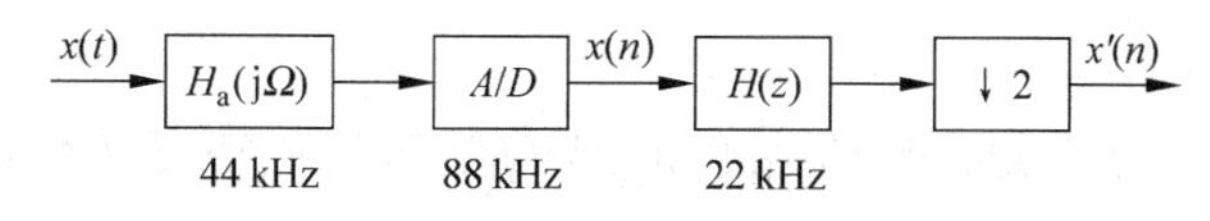

图 6.4.1 语音系统中的抽样

在 5.1 节已指出,在语音系统中存在着多种抽样率。如,立体声所采用的抽样率通常是 48 kHz,CD 唱盘(或数字磁带)所采用的抽样率是 44.1 kHz,而数字广播所用的抽样率是 32 kHz。这样,同一首歌曲要从一个媒体转到另一个媒体,或是通过数字广播播出,它们之间必须进行抽样率转换。有了抽取和插值的基本理论,抽样率的转换并不困难。例如,若从 48 kHz 转换到 44.1 kHz,只需取 $L=441$,再取 $M=480$,然后作分数倍的抽样率转换即可实现。

例 6.4.2 语音和图像的子带编码。

一个实际的物理信号,其频谱不会在 $0\sim2\pi$ 内均匀分布。同理,一幅实际的图像,其能量也不会在空域频率$[0,2\pi]\times[0,2\pi]$的范围内均匀分布。根据这一基本事实,在对语音和图像编码时,一个常用的方法就是利用滤波器组将信号分解成一个个的子带信号,并令这些子带信号占据不同的频带。由于这些子带信号所具有的能量是不会相同的,因此可按其能量的大小(也即重要性)给出不同的字长,从而达到高效编码的目的。6.1 节以两通道滤波器组为例给出了如何利用信号子带分解来减少 bit 数的例子,现再用实际例子加以说明。图 6.4.2(a)的 $x(n)$是一个正弦加白噪声的信号,现将它输入到图 6.2.2(a)的两通道滤波器组。图 6.4.2(b)是 $x(n)$通过低通滤波器 $H_0(z)$后的输出,即 $v_0(n)$。图 6.4.2(c)是 $x(n)$通过高通滤波器 $H_1(z)$后的输出,即 $v_1(n)$。显然,$v_0(n)$已接近于正弦信号,而 $v_1(n)$基本上全是噪声,且能量很小。因此,对 $v_1(n)$中的每一个点可给以较少的 bit 数。产生图 6.4.2 的 MATLAB 程序是 exa060402. m。

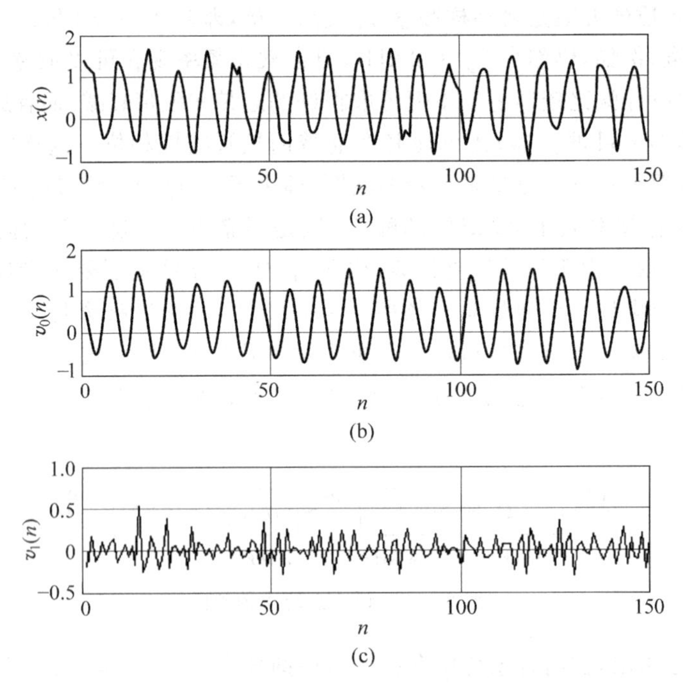

图 6.4.2　含白噪声的信号通过两通道滤波器组后的分解

图 6.4.3(a)是一幅 256×256 的图像。用两通道滤波器组将其分解的步骤如下:首先将该图像的每一列分别通过 $H_0(z)$和 $H_1(z)$,并对滤波后的数据作二倍抽取;然后把低频部分放在上半部,高频部分放在下半部;对上述分解后的图像再按行分别通过 $H_0(z)$和 $H_1(z)$,并让低频部分放在左边,高频部分放在右边。这样图(a)就被分成了四部分,如图(b)所示。记 L 为低频部分,H 为高频部分,显然图(b)的左上角为 LL,右上角为 LH,左下角为 HL,右下角为 HH。由该图可以看出,左上角的图形 LL 含有原图像的绝大部分信息,而其他三部分,特别是右下角的 HH,则只是含有原图像的细节。可针对这 4 幅子图像的重要性,分别给以不同的字长来表示之(或编码),从而达到图像高效编码的目的。

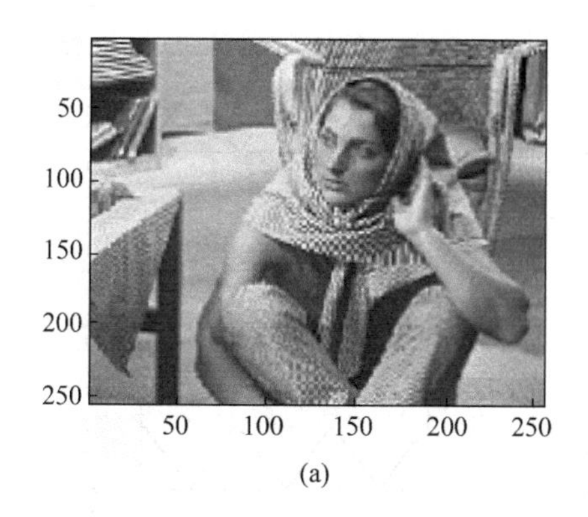

(a)

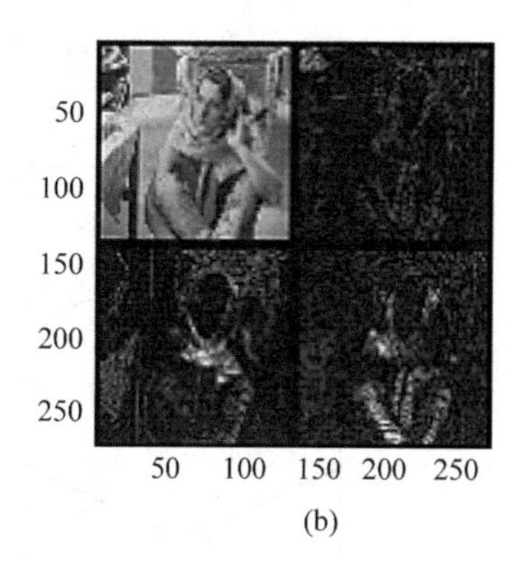

(b)

图 6.4.3 图像分解

(a) 原始图像；(b) 分解后的图像

例 6.4.3 时分复用和频分复用。

在数字网络中，在一条线路上传输多路信号的常用方法是时分复用（time division multiplexed，TDM）和频分复用（frequency division multiplexed，FDM）。假定要在一条线路上同时传输三路数字信号，TDM 的方案如图 6.4.4(a)和(b)所示。在图(a)中，在传输线上出现的 $y(n)$是

$$x_1(0),\ x_2(0),\ x_3(0),\ x_1(1),\ x_2(1),\ x_3(1),\ x_1(2),\ \cdots$$

这样，$y(n)$是 $x_1(n)$，$x_2(n)$及 $x_3(n)$按时间分开后的组合。在接收端，$y(n)$通过图(b)的网络可以很容易地将 $x_1(n)$，$x_2(n)$和 $x_3(n)$再次分开。

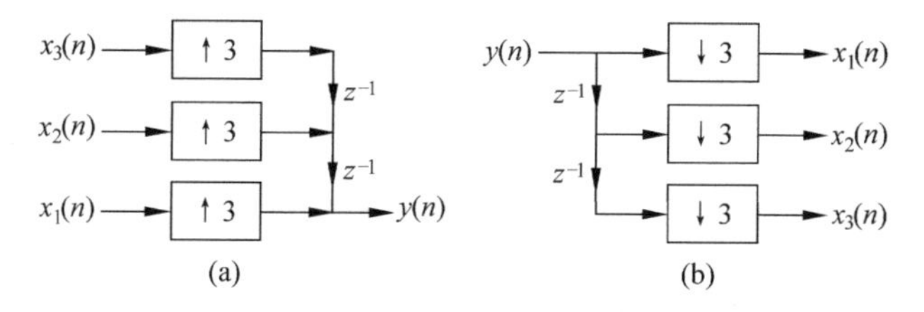

图 6.4.4 时分复用的原理

(a) 信号的合成；(b) 信号的分离

在 TDM 中，$x_1(n)$，$x_2(n)$，$x_3(n)$三个信号在时域上是分离的，但频域上却是混在一起的，即 $y(n)$的频谱是三者的叠加。FDM 的概念是将三者的频谱分开，如图 6.4.5 所示。在图(a)中，由上至下依次是三个信号的频谱。将 $x_1(n)$，$x_2(n)$，$x_3(n)$分别作三倍的插值后，它们在各自原来的频谱中多出了两个映像，如图(b)所示。将三个插值后的频谱分别用低通、带通以及高通滤波器截取后再叠加，即形成了图(d)的频谱 $Y(e^{j\omega})$，插值的网络如图(c)所示。将 $Y(e^{j\omega})$对应的 $y(n)$传输出去，在接收端再分别用低通、带通以及高通信号截取，然后再作三倍的抽取，即可恢复出原信号 $x_1(n)$，$x_2(n)$及 $x_3(n)$。

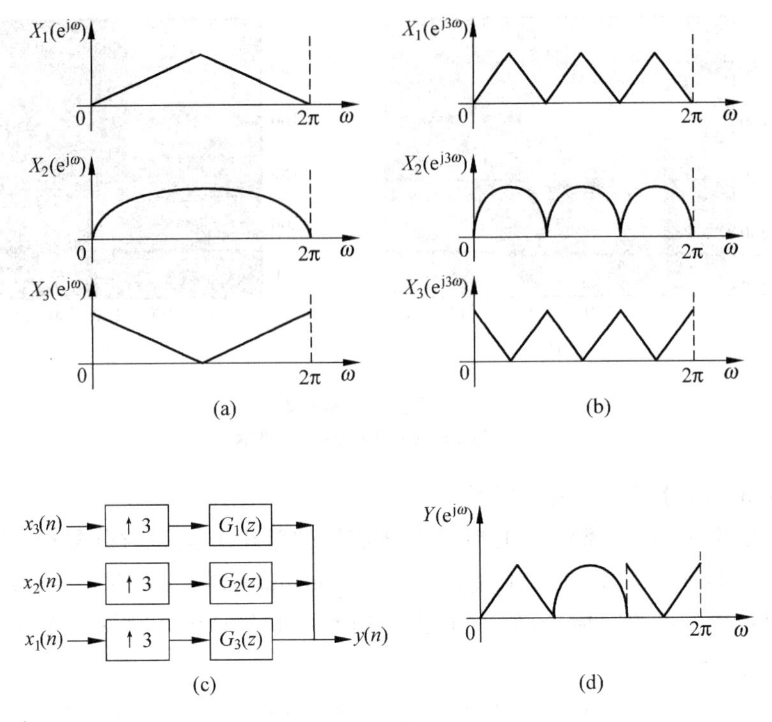

图 6.4.5　频分复用的原理

(a) $X_i(e^{j\omega})$；(b) $X_i(e^{j3\omega})$，$i=1,2,3$；(c) 插值网络；(d) $Y(e^{j\omega})$

第7章

两通道滤波器组

7.1 两通道滤波器组中各信号的关系

在6.1节已提及，滤波器组分为分析滤波器组和综合滤波器组。分析滤波器组将$x(n)$分成M个子带信号。若$M=2$，则分析滤波器组由一个低通滤波器和一个高通滤波器所组成，它们把$x(n)$分成了一个低通信号和一个高通信号。可依据这两个子带信号所具有的能量的不同，也即"重要性"的不同，而分别给予不同的对待及处理。例如，分别赋予不同的字长来实现信号的编码及压缩，或是别的处理。处理后的信号经传输后再由综合滤波器组重建出原信号。由于分析滤波器组将原信号的带宽压缩为$1/M$，因此，对每一个子带信号均可作M倍的抽取，从而将抽样率减低M倍。这样可减小编码和处理的计算量，同时，在硬件实现时也可以降低对系统性能的要求，从而降低成本。在综合滤波器组前面，再作M倍的插值，以得到和原信号相同的抽样率。一个两通道滤波器组如图7.1.1所示。

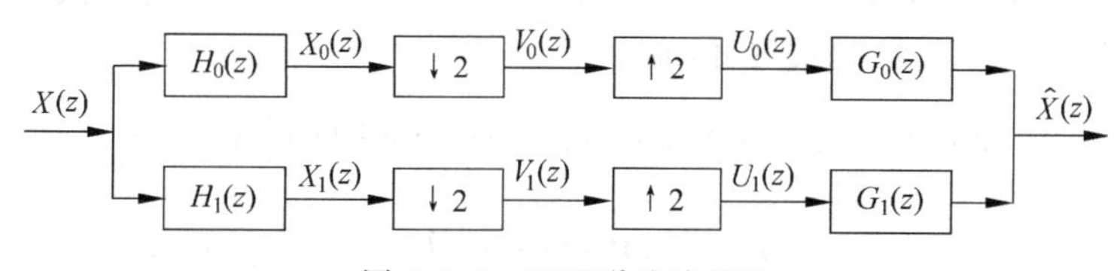

图7.1.1 两通道滤波器组

如果$\hat{x}(n)=x(n)$，或$\hat{x}(n)=cx(n-n_0)$，式中c和n_0为常数，称$\hat{x}(n)$是对$x(n)$的准确重建(perfect reconstruction, PR)。本节首先讨论图7.1.1中各信号间的关系，然后讨论实现准确重建的途径，也即如何确定$H_0(z)$，$H_1(z)$，$G_0(z)$和$G_1(z)$才能去除混叠失真、幅度失真及相位失真。

由图7.1.1及第5章关于抽取与插值的输入、输出关系，对图中的分析滤波器组，有

$$X_0(z)=X(z)H_0(z),\ X_1(z)=X(z)H_1(z)$$

$$V_0(z)=\frac{1}{2}[X_0(z^{\frac{1}{2}})+X_0(-z^{\frac{1}{2}})]$$

$$=\frac{1}{2}\left[X(z^{\frac{1}{2}})H_0(z^{\frac{1}{2}})+X(-z^{\frac{1}{2}})H_0(-z^{\frac{1}{2}})\right] \tag{7.1.1a}$$

$$V_1(z)=\frac{1}{2}[X_1(z^{\frac{1}{2}})+X_1(-z^{\frac{1}{2}})]$$

$$=\frac{1}{2}[X(z^{\frac{1}{2}})H_1(z^{\frac{1}{2}})+X(-z^{\frac{1}{2}})H_1(-z^{\frac{1}{2}})] \tag{7.1.1b}$$

即

$$\begin{bmatrix}V_0(z)\\V_1(z)\end{bmatrix}=\frac{1}{2}\begin{bmatrix}H_0(z^{\frac{1}{2}}) & H_0(-z^{\frac{1}{2}})\\H_1(z^{\frac{1}{2}}) & H_1(-z^{\frac{1}{2}})\end{bmatrix}\begin{bmatrix}X(z^{\frac{1}{2}})\\X(-z^{\frac{1}{2}})\end{bmatrix} \tag{7.1.2}$$

对综合滤波器组，有

$$\hat{X}(z)=U_0(z)G_0(z)+U_1(z)G_1(z)$$

而

$$U_0(z)=V_0(z^2),\ U_1(z)=V_1(z^2)$$

所以

$$\hat{X}(z)=(G_0(z)\quad G_1(z))\begin{bmatrix}V_0(z^2)\\V_1(z^2)\end{bmatrix} \tag{7.1.3}$$

将(7.1.2)式代入(7.1.3)式，有

$$\hat{X}(z)=\frac{1}{2}(G_0(z)\quad G_1(z))\begin{bmatrix}H_0(z) & H_0(-z)\\H_1(z) & H_1(-z)\end{bmatrix}\begin{bmatrix}X(z)\\X(-z)\end{bmatrix} \tag{7.1.4}$$

该式给出了 $\hat{X}(z)$ 和 $X(z)$ 及分析滤波器组 $H_i(z)(i=0,1)$，综合滤波器组 $G_i(z)(i=0,1)$ 之间的关系。将(7.1.4)式展开，有

$$\hat{X}(z)=\frac{1}{2}[H_0(z)G_0(z)+H_1(z)G_1(z)]X(z)+$$

$$\frac{1}{2}[H_0(-z)G_0(z)+H_1(-z)G_1(z)]X(-z)$$

令

$$T(z)=\frac{1}{2}[H_0(z)G_0(z)+H_1(z)G_1(z)] \tag{7.1.5a}$$

$$F(z)=\frac{1}{2}[H_0(-z)G_0(z)+H_1(-z)G_1(z)] \tag{7.1.5b}$$

则

$$\hat{X}(z)=T(z)X(z)+F(z)X(-z) \tag{7.1.6}$$

由于 $X(-z)\Big|_{z=e^{j\omega}}=X(-e^{j\omega})=X[e^{j(\omega+\pi)}]$ 是 $X(e^{j\omega})$ 移位 π 后的结果，因此它是混叠

分量。显然，若令 $F(z)=0$，则可有效地去除混叠失真，这样

$$\hat{X}(z)=T(z)X(z)=\frac{1}{2}[H_0(z)G_0(z)+H_1(z)G_1(z)]X(z) \tag{7.1.7}$$

$T(z)$反映了去除混叠失真后的两通道滤波器组的总的传输特性。系统的幅度失真及相位失真均与 $T(z)$有关，因此 $T(z)$被称为失真传递函数(distortion transfer function)。

由(7.1.7)式，不难得出如下的结论：

(1) 若 $T(z)$是全通系统，那么整个滤波器组将不会发生幅度失真；

(2) 若 $T(z)$具有线性相位，那么该滤波器组也不会发生相位失真；

因此，在去除了混叠失真后，全通的且是具有线性相位的 $T(z)$是保证图 7.1.1 的两通道滤波器组实现 PR 的充要条件；

(3) 最简单的情况是令 $T(z)$为纯延迟，即 $T(z)=cz^{-k}$，那么 $\hat{X}(z)=cz^{-k}X(z)$，$\hat{x}(n)=cx(n-k)$，从而实现了 PR。

问题是：如何保证 $F(z)=0$？如何保证 $T(z)$为全通系统？如何保证 $T(z)$具有线性相位？能否保证 $T(z)=cz^{-k}$？在 $T(z)$，$F(z)$按上述要求赋值的情况下，$H_0(z)$，$G_0(z)$，$H_1(z)$和 $G_1(z)$相互之间有何关系？这是后续几节主要讨论的内容。

7.2 $G_0(z)$和 $G_1(z)$的选择

观察(7.1.5b)式，若简单的选取

$$G_0(z)=H_1(-z) \tag{7.2.1a}$$

$$G_1(z)=-H_0(-z) \tag{7.2.1b}$$

则 $F(z)=0$，从而保证了去除混叠失真。由此可以看出，在两通道滤波器组中，$G_0(z)$及 $G_1(z)$的选取是独立于 $H_0(z)$及 $H_1(z)$的，也即，不论给出什么样的 H_0 和 H_1，只要按(7.2.1)式选定 $G_0(z)$和 $G_1(z)$，即可去除混叠失真。这时，

$$\hat{X}(z)=T(z)X(z)=\frac{1}{2}[H_0(z)H_1(-z)-H_0(-z)H_1(z)]X(z) \tag{7.2.2}$$

式中

$$T(z)=\frac{1}{2}[H_0(z)H_1(-z)-H_0(-z)H_1(z)] \tag{7.2.3}$$

若令

$$P(z)=H_0(z)H_1(-z) \tag{7.2.4a}$$

则

$$P(-z)=H_0(-z)H_1(z) \tag{7.2.4b}$$

这时

$$T(z)=\frac{1}{2}[P(z)-P(-z)] \tag{7.2.5}$$

前已述及，在去除了混叠失真后，若保证 $\hat{x}(n)$ 是 $x(n)$ 的准确重建，则要求 $T(z)$ 是具有线性相位的全通系统，或 $T(z)=cz^{-k}$。保证 $T(z)$ 具有上述性质的关键是 $H_0(z)$ 和 $H_1(z)$ 的选取。在给出 $H_0(z)$ 和 $H_1(z)$ 的选取方法之前，先深入地讨论一下 $G_0(z)$ 和 $G_1(z)$ 的一般选取原则。

由(7.1.4)式，有

$$\begin{aligned}\hat{X}(-z)&=\frac{1}{2}(G_0(-z)\quad G_1(-z))\begin{bmatrix}H_0(-z) & H_0(z)\\ H_1(-z) & H_1(z)\end{bmatrix}\begin{bmatrix}X(-z)\\ X(z)\end{bmatrix}\\ &=\frac{1}{2}(G_0(-z)\quad G_1(-z))\begin{bmatrix}H_0(z) & H_0(-z)\\ H_1(z) & H_1(-z)\end{bmatrix}\begin{bmatrix}X(z)\\ X(-z)\end{bmatrix}\end{aligned} \tag{7.2.6}$$

将该式和(7.1.4)式合并，有

$$\begin{bmatrix}\hat{X}(z)\\ \hat{X}(-z)\end{bmatrix}=\frac{1}{2}\begin{bmatrix}G_0(z) & G_1(z)\\ G_0(-z) & G_1(-z)\end{bmatrix}\begin{bmatrix}H_0(z) & H_0(-z)\\ H_1(z) & H_1(-z)\end{bmatrix}\begin{bmatrix}X(z)\\ X(-z)\end{bmatrix} \tag{7.2.7}$$

令

$$\boldsymbol{G}_{\mathrm{m}}=\begin{bmatrix}G_0(z) & G_1(z)\\ G_0(-z) & G_1(-z)\end{bmatrix},\quad \boldsymbol{H}_{\mathrm{m}}=\begin{bmatrix}H_0(z) & H_1(z)\\ H_0(-z) & H_1(-z)\end{bmatrix} \tag{7.2.8}$$

$$\hat{\boldsymbol{X}}=(\hat{X}(z)\quad \hat{X}(-z))^{\mathrm{T}},\quad \boldsymbol{X}=(X(z)\quad X(-z))^{\mathrm{T}} \tag{7.2.9}$$

则

$$\hat{\boldsymbol{X}}=\frac{1}{2}\boldsymbol{G}_{\mathrm{m}}\boldsymbol{H}_{\mathrm{m}}^{\mathrm{T}}\boldsymbol{X} \tag{7.2.10}$$

式中，$\boldsymbol{H}_{\mathrm{m}}$，$\boldsymbol{G}_{\mathrm{m}}$ 分别称为调制矩阵，这是因为它们的表达式中都有 $-z$ 出现。此外，$\boldsymbol{H}_{\mathrm{m}}$ 又称混叠分量(alias component, AC)矩阵。

希望 $\hat{\boldsymbol{X}}$ 是对 $\boldsymbol{X}$ 的准确重建，等效于要求

$$\frac{1}{2}\boldsymbol{G}_{\mathrm{m}}\boldsymbol{H}_{\mathrm{m}}^{\mathrm{T}}=\begin{bmatrix}z^{-k} & 0\\ 0 & (-z)^{-k}\end{bmatrix} \tag{7.2.11}$$

这样，$\hat{X}(z)=z^{-k}X(z)$，$\hat{X}(-z)=(-z)^{-k}X(-z)$。后者是混叠分量，因此需要舍弃。由(7.2.11)式，有

$$\boldsymbol{G}_{\mathrm{m}}=2z^{-k}\begin{bmatrix}1 & 0\\ 0 & (-1)^{-k}\end{bmatrix}(\boldsymbol{H}_{\mathrm{m}}^{\mathrm{T}})^{-1}$$

$$= \frac{2z^{-k}}{\det \boldsymbol{H}_{\mathrm{m}}} \begin{bmatrix} H_1(-z) & -H_0(-z) \\ H_1(z) & -H_0(z) \end{bmatrix} \tag{7.2.12}$$

式中

$$\det \boldsymbol{H}_{\mathrm{m}} = H_0(z)H_1(-z) - H_0(-z)H_1(z) \tag{7.2.13}$$

在实际的工作中，在保证准确重建的条件下，还希望所设计的滤波器组中的所有滤波器都是 FIR 的。这是因为 FIR 滤波器不但是稳定的，而且可以实现线性相位。分析(7.2.12)式和(7.2.13)式可知，即使 $H_0(z)$ 和 $H_1(z)$ 是 FIR 的，但由于 $\det \boldsymbol{H}_{\mathrm{m}}$ 出现在(7.2.12)式的分母上，那么 $G_0(z)$ 和 $G_1(z)$ 也将变成 IIR 的。

保证 $G_0(z)$ 和 $G_1(z)$ 是 FIR 的唯一可能是令

$$\det \boldsymbol{H}_{\mathrm{m}} = 2cz^{-l}, \quad l \in \mathbb{Z} \tag{7.2.14}$$

这时

$$G_0(z) = \frac{1}{c} z^{-(k-l)} H_1(-z) \tag{7.2.15a}$$

$$G_1(z) = -\frac{1}{c} z^{-(k-l)} H_0(-z) \tag{7.2.15b}$$

将(7.2.15)式代入(7.1.5b)式，有 $F(z)=0$，从而去除了混叠失真。再将(7.2.15)式代入(7.1.5a)式，由(7.2.13)关于 $\det \boldsymbol{H}_{\mathrm{m}}$ 的定义，有

$$T(z) = \frac{1}{2c} z^{-(k-l)} \det \boldsymbol{H}_{\mathrm{m}} \tag{7.2.16a}$$

将(7.2.14)式代入(7.2.16a)式，有 $T(z)=z^{-k}$，实现了准确重建。因此(7.2.15)式可以看作是 $G_0(z)$ 和 $G_1(z)$ 选取的一般原则。

在(7.2.15)式中，若令 $k-l=0$，$c=1$，那么(7.2.15)式即变成了(7.2.1)式，所以(7.2.1)式是 $G_0(z)$ 和 $G_1(z)$ 选取的最直观的方法。这时，$\det \boldsymbol{H}_{\mathrm{m}}$ 和 $T(z)$ 有如下简单的关系：

$$\det \boldsymbol{H}_{\mathrm{m}} = 2T(z) \tag{7.2.16b}$$

不难发现，尽管去除混叠失真取决于 $G_0(z)$ 和 $G_1(z)$ 的选择，但要保证 $G_0(z)$ 和 $G_1(z)$ 是 FIR 的还是取决于 $H_0(z)$ 和 $H_1(z)$ 的选择，即满足(7.2.14)式。因此，在两通道滤波器组中，$H_0(z)$ 和 $H_1(z)$ 的选择是最主要的。

以下几个关系在后面的讨论中经常遇到，现总结如下。

给定一滤波器 $H(z)$，其频率响应为 $H(\mathrm{e}^{\mathrm{j}\omega})$，单位抽样响应为 $h(n)$，若

$$A(z) = H(-z)$$

则

$$A(\mathrm{e}^{\mathrm{j}\omega}) = H\left[\mathrm{e}^{\mathrm{j}(\omega \pm \pi)}\right], \quad a(n) = (-1)^n h(n) \tag{7.2.17a}$$

若

$$A(z) = H(z^{-1})$$

则

$$A(e^{j\omega}) = H^*[e^{j\omega}], \quad a(n) = h(-n) \tag{7.2.17b}$$

若

$$A(z) = H(-z^{-1})$$

则

$$A(e^{j\omega}) = H^*[e^{j(\omega\pm\pi)}], \quad a(n) = (-1)^n h(-n) \tag{7.2.17c}$$

若

$$A(z) = z^{-(N-1)}H(-z^{-1})$$

则

$$A(e^{j\omega}) = e^{-j(N-1)\omega}H^*[e^{j(\omega\pm\pi)}]$$
$$a(n) = (-1)^{N-1-n}h(N-1-n) \tag{7.2.17d}$$

7.3 标准正交镜像滤波器组

7.3.1 标准正交镜像滤波器组中的基本关系

为了去除混叠失真，在上一节给出了 $G_0(z)$ 和 $G_1(z)$ 的选择，即(7.2.1)式和(7.2.15)式，并且指出，为了保证 $G_0(z)$ 和 $G_1(z)$ 是 FIR 的及实现准确重建，则需要合适地选择 $H_0(z)$ 和 $H_1(z)$。

当给定一个低通原型滤波器 $H(z)$ 后，最简单也是最直接的方法是选取 $H_0(z)=H(z)$，及

$$H_1(z) = H_0(-z) \tag{7.3.1a}$$

这时

$$H_1(e^{j\omega}) = H_0[e^{j(\omega+\pi)}] \tag{7.3.1b}$$

是 $H_0(e^{j\omega})$ 移位 π 后的结果。因为 $H_0(z)$ 是低通的，所以 $H_1(z)$ 是高通的，且 $H_0(e^{j\omega})$，$H_1(e^{j\omega})$ 是关于 π/2 对称的。按这种方法选定的滤波器组称为“标准正交镜像滤波器组”，这也是最早提出的一种两通道滤波器组，简称 QMFB[Est77, Rot83]。读者不难发现，按(7.2.1)式，$G_0(z)$ 也是低通的，而 $G_1(z)$ 是高通的。

将(7.3.1a)式及(7.2.1)式分别代入(7.2.4)式及(7.2.3)式，有

$$P(z) = H_0^2(z), \quad P(-z) = H_1^2(z) \tag{7.3.2a}$$

于是

$$T(z)=\frac{1}{2}[P(z)-P(-z)]=\frac{1}{2}[H_0^2(z)-H_1^2(z)] \tag{7.3.2b}$$

为保证 PR 条件，要求

$$T(z)=\frac{1}{2}[H_0^2(z)-H_1^2(z)]=cz^{-k} \tag{7.3.3a}$$

或

$$T(\mathrm{e}^{\mathrm{j}\omega})=\frac{1}{2}[H_0^2(\mathrm{e}^{\mathrm{j}\omega})-H_0^2(\mathrm{e}^{\mathrm{j}(\omega+\pi)})]=c\mathrm{e}^{-\mathrm{j}\omega k} \tag{7.3.3b}$$

不失一般性，若令 $c=1/2,k=0$，则

$$T(z)=\frac{1}{2}[H_0^2(z)-H_1^2(z)]=\frac{1}{2} \tag{7.3.4a}$$

及

$$H_0^2(z)-H_1^2(z)=1 \tag{7.3.4b}$$

如果 $H_0(z)$，$H_1(z)$均是具有线性相位的 FIR 滤波器，由(7.3.2b)式，$T(z)$也是 FIR 的且也具有线性相位，因此可以去除相位失真。如果(7.3.4)式也能成立，那么又可去除幅度失真，从而实现了 PR。问题是，怎样设计 $H_0(z)$，$H_1(z)$，才能使(7.3.4)式成立且具有线性相位？在具体讨论该问题之前，先用多相结构的形式来描述一下两通道滤波器组中的基本关系。

令

$$H_0(z)=E_0(z^2)+z^{-1}E_1(z^2) \tag{7.3.5a}$$

则

$$H_1(z)=H_0(-z)=E_0(z^2)-z^{-1}E_1(z^2) \tag{7.3.5b}$$

由(7.2.1)式，有

$$G_0(z)=H_0(z)=E_0(z^2)+z^{-1}E_1(z^2) \tag{7.3.6a}$$

$$G_1(z)=-H_1(z)=-E_0(z^2)+z^{-1}E_1(z^2) \tag{7.3.6b}$$

写成矩阵形式，有

$$\begin{bmatrix}H_0(z)\\H_1(z)\end{bmatrix}=\begin{bmatrix}1 & 1\\1 & -1\end{bmatrix}\begin{bmatrix}E_0(z^2)\\z^{-1}E_1(z^2)\end{bmatrix} \tag{7.3.7a}$$

$$[G_0(z)\quad G_1(z)]=[z^{-1}E_1(z^2)\quad E_0(z^2)]\begin{bmatrix}1 & 1\\1 & -1\end{bmatrix} \tag{7.3.7b}$$

由(7.1.5a)式关于 $T(z)$的定义，有

$$T(z)=2z^{-1}E_0(z^2)E_1(z^2) \tag{7.3.8}$$

(7.3.8)式将两通道滤波器组的失真传递函数 $T(z)$和 $H_0(z)$的多相表示 $E_0(z^2)$和 $E_1(z^2)$联系了起来，这在滤波器组的分析与实现中都是非常有用的。同时，由(7.3.7)式，还可以将图 7.1.1 的两通道滤波器组改成图 7.3.1 的多相表示形式。

利用5.6节所讨论的恒等关系3，图7.3.1又可改为图7.3.2的形式。该实现形式是两通道滤波器组Lattice结构的基础，将在7.7节详细讨论。

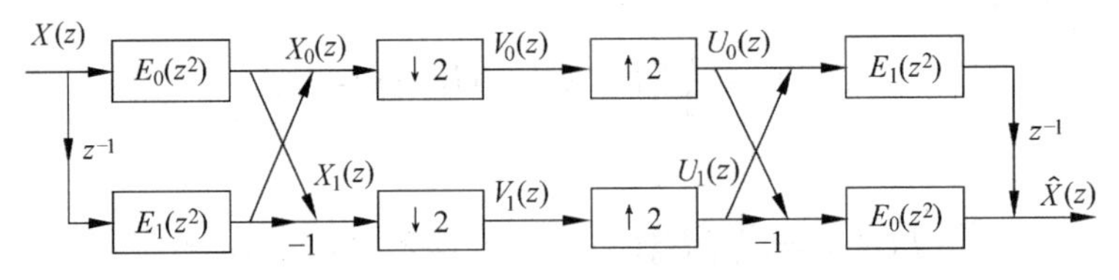

图7.3.1　两通道QMFB的多相结构表示

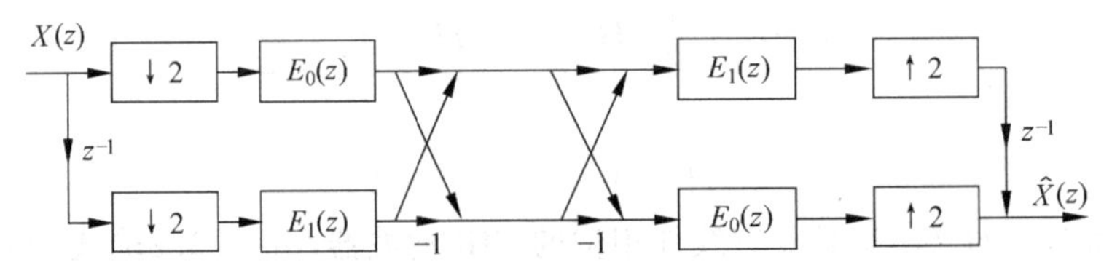

图7.3.2　两通道QMFB多相结构的另一实现形式

现在利用前述的结果来讨论QMFB中的幅度失真与相位失真问题。

前已述及，去除幅度失真的必要条件是，$T(z)$必须是全通的；消除相位失真的必要条件是，$T(z)$具有线性相位。由(7.3.8)式，如果取

$$E_1(z^2)=\frac{1}{2}cz^{-k}/E_0(z^2) \tag{7.3.9}$$

则$T(z)=cz^{-k-1}$，从而达到了PR的要求。但是，这时的$E_1(z^2)$将不再是FIR滤波器，从而H_0，H_1，G_0和G_1都不再是FIR滤波器。若想保证H_0，H_1，G_0和G_1都是FIR滤波器，那么$E_0(z)$和$E_1(z)$只能选取纯延迟的形式。例如，若令$E_0(z)=c_0z^{-n_0}$，$E_1(z)=c_1z^{-n_1}$，那么

$$H_0(z)=c_0z^{-2n_0}+c_1z^{-(2n_1+1)} \tag{7.3.10a}$$

$$H_1(z)=c_0z^{-2n_0}-c_1z^{-(2n_1+1)} \tag{7.3.10b}$$

显然，该关系满足$H_1(z)=H_0(-z)$。若按$G_0(z)=H_0(z)$，$G_1(z)=-H_1(z)$来确定G_0，G_1，那么有$T(z)=2c_0c_1z^{-(2n_0+2n_1+1)}=c'z^{-k}$及$F(z)=0$。这样，既实现了混叠抵消，又实现了PR条件。

众所周知，作为一个滤波器，希望它的通带应尽量地平，阻带应尽可能地快速衰减，且过渡带应尽量地窄。然而，(7.3.10)式给出的$H_0(z)$，$H_1(z)$不可能满足这些要求，因此它们无任何实际意义。也许读者会问，目的不是准确重建吗？既然最终有$\hat{X}(z)=cz^{-k}X(z)$，何必要关心滤波器组中间过程的$H_0(z)$，$H_1(z)$的性能呢？

实际上，尽管PR是最终目的，但滤波器组的核心作用是信号的子带分解。因此，在

两通道 FB 中，希望 $H_0(z)$和 $H_1(z)$能把 $x(n)$分成频谱分别在 $0\sim\pi/2$ 和 $\pi/2\sim\pi$ 的两个子带信号，且希望频谱尽量不重叠，因此对 $H_0(z)$，$H_1(z)$通带和阻带的性能要求是非常高的。

由上述分析可知，在要求 $H_0(z)$，$H_1(z)$都是 FIR 的情况下，若想既要保持滤波器组的 PR 性质，又要使 $H_0(z)$，$H_1(z)$具有实际意义是不可能的。这一结果也说明，若按照 $H_1(z)=H_0(-z)$的简单方式指定分析滤波器组，在 $H_0(z)$，$H_1(z)$有实用价值的情况下，就不可能完全消除幅度失真，因此也做不到 PR。反之，如果完全消除了幅度失真，就不可能去除相位失真，因此也做不到 PR。解决上述矛盾的途径是：

(1) 在去除相位失真的前提下，尽可能地减小幅度失真，从而做到近似 PR。实现这一功能的是 FIR QMF 滤波器组；

(2) 去除幅度失真，不考虑相位失真，这种情况也是近似实现 PR。实现这一功能的是 IIR QMF 滤波器组；

(3) 放弃 $H_1(z)=H_0(-z)$的简单形式，取更为合理的形式，从而实现 PR。

下面，将对上述三种情况分别讨论。

7.3.2　FIR 标准正交镜像滤波器组

FIR 滤波器是容易设计成线性相位的。例如，假定 $H_0(z)$是 N 点 FIR 低通滤波器，即

$$H_0(z)=\sum_{n=0}^{N-1}h_0(n)z^{-n}$$

若 $h_0(n)=h(N-1-n)$，则 $H_0(z)$是线性相位的，那么，H_1，G_0 和 G_1 也是线性相位的，从而 $T(z)$也是线性相位的，于是去除了相位失真。现在来分析一下，在保证线性相位的条件下，$T(e^{j\omega})$的幅度情况。

$H_0(e^{j\omega})$可表示为

$$H_0(e^{j\omega})=e^{-j\omega(N-1)/2}H_g(\omega) \tag{7.3.11}$$

式中，$H_g(\omega)$是 ω 的实函数，可正可负，代表 $H_0(e^{j\omega})$的“增益”。将(7.3.11)式代入(7.3.2b)式，有

$$\begin{aligned}T(e^{j\omega})&=e^{-j\omega(N-1)}\frac{1}{2}[H_g^2(\omega)-(-1)^{N-1}H_g^2(\omega+\pi)]\\&=e^{-j\omega(N-1)}\frac{1}{2}[|H_0(e^{j\omega})|^2-(-1)^{N-1}|H_0(e^{j(\omega+\pi)})|^2]\end{aligned} \tag{7.3.12}$$

如果$(N-1)$为偶数，即 N 为奇数，则 $|H_0(e^{j\omega})|^2-|H_0(e^{j(\omega+\pi)})|^2$ 在 $\omega=\dfrac{\pi}{2}$处为零，即 $T(e^{j\omega})|_{\omega=\frac{\pi}{2}}=0$。那么$|T(e^{j\omega})|$将不可能是全通函数，这将产生严重的幅度失真。如果选

择 N 为偶数，则

$$T(\mathrm{e}^{\mathrm{j}\omega})=\mathrm{e}^{-\mathrm{j}\omega(N-1)}\frac{1}{2}\left[\,|H_0(\mathrm{e}^{\mathrm{j}\omega})|^2+|H_0(\mathrm{e}^{\mathrm{j}(\omega+\pi)})|^2\,\right] \tag{7.3.13}$$

由该式看出，如果

$$|H_0(\mathrm{e}^{\mathrm{j}\omega})|^2+|H_0(\mathrm{e}^{\mathrm{j}(\omega+\pi)})|^2=1 \tag{7.3.14}$$

则 $T(\mathrm{e}^{\mathrm{j}\omega})=0.5\mathrm{e}^{-\mathrm{j}\omega(N-1)}$，这样，既去除了相位失真，又去除了幅度失真。这时，(7.3.14)式实际上可写成

$$|H_0(\mathrm{e}^{\mathrm{j}\omega})|^2+|H_1(\mathrm{e}^{\mathrm{j}\omega})|^2=1 \tag{7.3.15}$$

这是已在第 6 章熟知的功率互补形式。

在 7.3.1 节已指出，若使用 FIR 滤波器组及简单的选择 $H_1(z)=H_0(-z)$，那么要做到 PR，则 $H_0(z)$和 $H_1(z)$只可能取(7.3.10)式的纯延迟形式，从而使这样的滤波器无实用价值。由于 FIR 滤波器容易实现线性相位以去除相位失真，因此，可以设计出具有线性相位且具有实用意义的滤波器 $H_0(z)$。这时，该滤波器的幅频响应只能近似(7.3.14)式，因此，所设计的滤波器组只能是近似地实现准确重建，近似的程度取决于滤波器的设计。

文献[Joh80]提出了一个设计 $H_0(z)$以满足(7.3.14)式的优化方法。其思路是：确定一目标函数 Φ，它包含两部分内容，一部分反映了 $H_0(\mathrm{e}^{\mathrm{j}\omega})$在阻带的衰减；另一部分反映了通带相加接近于 1 的程度，即

$$\Phi=\alpha\Phi_1+(1-\alpha)\Phi_2,\quad 0<\alpha<1 \tag{7.3.16a}$$

式中

$$\Phi_1=\int_{\omega_s}^{\pi}|H_0(\mathrm{e}^{\mathrm{j}\omega})|^2\mathrm{d}\omega \tag{7.3.16b}$$

$$\Phi_2=\int_0^{\pi}\left[1-|H_0(\mathrm{e}^{\mathrm{j}\omega})|^2-|H_0(\mathrm{e}^{\mathrm{j}(\omega+\pi)})|^2\right]\mathrm{d}\omega \tag{7.3.16c}$$

这里，$\omega_s=\frac{\pi}{2}+\varepsilon$ 为 $H_0(z)$的阻带截止频率，且 $\varepsilon>0$。显然，Φ_1 是 $H_0(\mathrm{e}^{\mathrm{j}\omega})$在阻带内的能量，它应越小越好；$\Phi_2$ 是 (7.3.14)式的左边在 $0\sim\pi$ 内相对 1 的误差，也应该越小越好；α 用于调整两个误差源 Φ_1 及 Φ_2 的重要程度。当通过优化使 Φ_1 及 Φ_2 都达到最小时，$H_0(\mathrm{e}^{\mathrm{j}\omega})$在通带内的幅频特性接近于 1，在阻带内接近于零。同时，由于选择了 $H_1(z)=H_0(-z)$，因此 $H_1(\mathrm{e}^{\mathrm{j}\omega})$在 $H_0(\mathrm{e}^{\mathrm{j}\omega})$的通带内的幅频特性近似为零，在其阻带内近似为 1，二者的幅频特性近似做到(7.3.15)式的功率互补。

以上优化算法又称 Johnston 算法。Johnston 利用该算法设计了一批线性相位的低通滤波器 $H_0(z)$。具体的优化算法及所设计出的 $H_0(z)$的单位抽样响应可参看文献[Cro83]和文献[Joh80]。

例 7.3.1　下面给出的是文献[Cro83]和文献[Joh80]中用 Johnston 算法设计出的序

号为 16 A 的滤波器的单位抽样响应，即

$h(0) = 0.001\,050\,167\,0 = h(15)$，　　$h(1) = -0.005\,054\,526\,0 = h(14)$，

$h(2) = -0.002\,589\,756\,0 = h(13)$，　　$h(3) = 0.027\,641\,400 = h(12)$，

$h(4) = -0.009\,666\,376\,0 = h(11)$，　　$h(5) = -0.090\,392\,230 = h(10)$，

$h(6) = 0.097\,798\,170 = h(9)$，　　$h(7) = 0.481\,028\,40 = h(8)$，

由该抽样响应求出的 $H_0(z)$，以及由 $H_1(z)=H_0(-z)$ 求出的 $H_1(z)$ 的对数幅频响应，如图 7.3.3(a)所示，二者幅平方之和的对数幅频特性如图 7.3.3(b)所示，可见它们在 0～π 之内不完全等于 0。

实现本例的 MATLAB 程序是 exa070301.m。

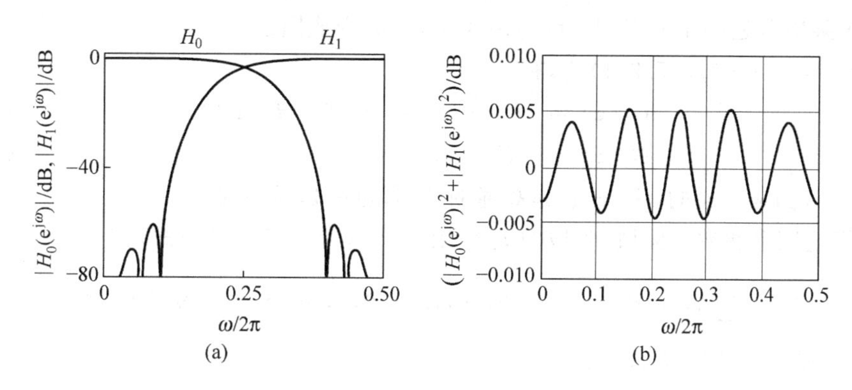

图 7.3.3　序号为 16 A 的滤波器的幅频特性

(a) H_0 和 H_1 的对数幅频响应；(b) H_0 和 H_1 对数幅频响应之和

7.4　共轭正交镜像滤波器组

在 7.3 节指出，由于在 QMFB 中简单的选择 $H_1(z)=H_0(-z)$，在 $H_0(z)$，$H_1(z)$ 是 FIR 的情况下，若保证滤波器组的 PR 性能，$H_0(z)$，$H_1(z)$ 只能取纯延迟的形式，从而使这样的滤波器无实际意义。因此，最后只能采取次最佳的方法来设计 $H_0(z)$，使整个滤波器组近似实现 PR。

由 7.3 节的讨论可知，在要求两通道滤波器组中四个滤波器都是 FIR 的情况下，要想实现 PR，一方面要放弃对 $H_0(z)$ 和 $H_1(z)$ 的线性相位的要求；另一方面，由(7.2.13a)式和(7.2.16b)式，必须保证

$$\det\boldsymbol{H}_{\mathrm{m}} = H_0(z)H_1(-z) - H_0(-z)H_1(z) = 2T(z) \Rightarrow cz^{-k} \tag{7.4.1}$$

即失真传递函数 $T(z)$ 取纯延迟的形式。这样，尽管 $H_0(z)$ 和 $H_1(z)$ 不是线性相位的，但整个滤波器组是具有线性相位的。

文献[Smi84]和文献[Min85]几乎是同时独立地提出了满足(7.4.1)式的 $H_0(z)$ 和 $H_1(z)$ 的指定方法。假定 $H_0(z)$ 是一个低通 FIR 滤波器，令

$$H_1(z) = z^{-(N-1)} H_0(-z^{-1}) \tag{7.4.2}$$

式中，N 为偶数。按(7.4.2)式，由 $H_0(z)$ 得到 $H_1(z)$ 包含如下三个步骤：

(1) 将 z 变成 $-z$，这等效于将 $H_0(e^{j\omega})$ 移动 π，所以得到的 $H_0(-z)$ 是高通的；

(2) 将 z 变成 z^{-1}，这等效于将 $h_0(n)$ 翻转变成 $h_0(-n)$。若 $h_0(n)$ 是因果的，即 $n=0,1,\cdots,N-1$，那么 $h_0(-n)$ 将是非因果的，其范围是 $-(N-1),\cdots,-1,0$；

(3) 乘以延迟因子 $z^{-(N-1)}$，目的是令 $h_0(-n)$ 变成因果的。

将(7.4.2)式代入(7.2.1)式，有

$$G_0(z) = H_1(-z) = -z^{-(N-1)} H_0(z^{-1}) \tag{7.4.3a}$$

$$G_1(z) = -H_0(-z) \tag{7.4.3b}$$

显然，$G_0(z)$ 仍是低通的，$G_1(z)$ 仍是高通的，二者也都是因果的。

现把这四个滤波器频域、时域的关系归纳如下(参看(7.2.17)式)：

$$H_0(z) = \sum_{n=0}^{N-1} h_0(n) z^{-n}, \qquad h_0(n), n = 0,1,\cdots,N-1, N \text{ 为偶数} \tag{7.4.4a}$$

$$H_1(z) = z^{-(N-1)} H_0(-z^{-1}),$$

$$h_1(n) = (-1)^{N-1-n} \qquad h_0(N-1-n) = (-1)^{n+1} h_0(N-1-n) \tag{7.4.4b}$$

$$G_0(z) = H_1(-z), \qquad g_0(n) = -h_0(N-1-n) \tag{7.4.4c}$$

$$G_1(z) = -H_0(-z), \qquad g_1(n) = (-1)^{n+1} h_0(n) \tag{7.4.4d}$$

按(7.4.2)式定义的 $H_1(z)$ 的幅频特性，虽然和按(7.3.1a)式定义的 $H_1(z)$ 的幅频特性一样，但由于(7.4.2)式中的 z 变成了 z^{-1}，所以(7.4.2)式的定义在相频响应上比(7.3.1a)式多了一个共轭，因此称按(7.4.2)式和(7.4.3)式定义的滤波器组为共轭正交镜像滤波器组，简称 CQMFB。

将(7.4.3)式定义的 $H_1(z)$、$G_0(z)$ 和 $G_1(z)$ 和(7.4.2)式代入(7.1.5b)式，请读者验证，有 $F(z)=0$，从而去除了混叠失真。

再将(7.4.2)式的 $H_1(z)$ 代入(7.2.13a)式，有

$$\det \boldsymbol{H}_m = -z^{-(N-1)} [H_0(z) H_0(z^{-1}) + H_0(-z) H_0(-z^{-1})] \tag{7.4.5}$$

(7.4.5)式右边括弧中对应的频率关系是

$$|H_0(e^{j\omega})|^2 + |H_0[e^{j(\omega+\pi)}]|^2$$

如果能设计出 FIR 的且是功率互补的 $H_0(z)$，即保证

$$|H_0(e^{j\omega})|^2 + |H_0[e^{j(\omega+\pi)}]|^2 = 1 \tag{7.4.6a}$$

或

$$H_0(z)H_0(z^{-1})+H_0(-z)H_0(-z^{-1})=1 \tag{7.4.6b}$$

那么

$$\det\boldsymbol{H}_{\mathrm{m}}=-z^{-(N-1)} \tag{7.4.7a}$$

由(7.4.2)式，有

$$T(z)=\frac{1}{2}\det\boldsymbol{H}_{\mathrm{m}}=-\frac{1}{2}z^{-(N-1)} \tag{7.4.7b}$$

再由(7.1.7)式，有

$$\hat{X}(z)=T(z)X(z)=-\frac{1}{2}z^{-(N-1)}X(z) \tag{7.4.8}$$

从而实现了准确重建。因此，现在的任务是寻求能满足(7.4.6)式的功率互补关系的 FIR 滤波器 $H_0(z)$。

为了讨论的方便，记

$$P(z)=H_0(z)H_0(z^{-1}) \tag{7.4.9a}$$

则

$$P(-z)=H_0(-z)H_0(-z^{-1}) \tag{7.4.9b}$$

由(7.4.6)式，显然有

$$P(z)+P(-z)=1 \tag{7.4.10}$$

(7.4.9)式与(7.3.2a)式在形式上有些类似，但本质上明显不同。(7.3.2a)式中的 $P(z)=H_0(z)H_0(z)$，而(7.4.9a)式中的 $P(z)=H_0(z)H_0(z^{-1})$，这一区别为利用谱分解的方法设计 $H_0(z)$打下了基础，同时也是共轭正交镜像滤波器组可以实现准确重建的主要原因。

现在证明在 CQMFB 中的两个基本事实。

事实一 满足(7.4.9a)式和(7.4.10)式的 $P(z)$是一个半带滤波器。

证明 将 $P(z)$写成多相形式，有

$$P(z)=E_{P0}(z^2)+z^{-1}E_{P1}(z^2)$$

则

$$P(-z)=E_{P0}(z^2)-z^{-1}E_{P1}(z^2)$$

将 $P(z)$，$P(-z)$代入(7.4.10)式，有

$$E_{P0}(z^2)=0.5$$

因此

$$P(z)=0.5+z^{-1}E_{P1}(z^2)$$

由半带滤波器的定义，因此 $P(z)$ 为一半带滤波器。

由上面的讨论可知，我们的目的是寻求(即设计)一个FIR的且是功率互补的 $H_0(z)$，以满足(7.4.6)式～(7.4.8)式，那么可以先设计一个FIR的半带滤波器 $P(z)$，然后将 $P(z)$ 分解为 $H_0(z)$ 和 $H_0(z^{-1})$，于是可得到功率互补的 $H_0(z)$。

一个半带滤波器 $P(z)$，若能给出 $P(z)=H_0(z)H_0(z^{-1})$ 的分解，则称 $P(z)$ 为“合适的半带滤波器(valid half-band filter)”。读者很容易证明，$H_0(z)$ 和 $H_0(z^{-1})$ 有着相同的幅频特性。有关 $P(z)$ 和 $H_0(z)$ 的设计将在7.5节讨论。

事实二　$h_0(n)$ 和 $h_1(n)$ 各自及相互之间有如下正交性：

(1) $h_0(n)$ 和 $h_1(n)$ 各自都具有偶次移位的正交归一性，即

$$\langle h_0(n), h_0(n+2k)\rangle=\delta_k,\quad k\in\mathbb{Z} \tag{7.4.11a}$$

$$\langle h_1(n), h_1(n+2k)\rangle=\delta_k,\quad k\in\mathbb{Z} \tag{7.4.11b}$$

(2) $h_0(n)$ 和 $h_1(n)$ 之间具有偶次移位的正交性，即

$$\langle h_0(n), h_1(n+2k)\rangle=0,\quad k\in\mathbb{Z} \tag{7.4.12}$$

因此，共轭镜像滤波器组又称为正交滤波器组。

证明　先证明(7.4.11a)式。

由

$$P(z)=H_0(z)H_0(z^{-1})$$

有

$$p(n)=h_0(n)*h_0(-n)=r_h(n)$$

此处 $r_h(n)$ 等于 $h(n)$ 的自相关函数。前已证明，$P(z)$ 为一半带滤波器，因此，除 $p(0)\neq 0$ 外，$p(2n)\equiv 0$，因此有

$$\langle h_0(n), h_0(n+2k)\rangle=\sum_{k=-\infty}^{\infty}h_0(n)h_0(n+2k)=\delta_k$$

同理可证(7.4.11b)式。

(7.4.12)式的左边表示 $h_0(n)$ 和 $h_1(n)$ 作互相关。由于 $h_1(n)=(-1)^{n+1}\times h_0(N-1-n)$，即 $h_1(n)$ 是将 $h_0(n)$ 翻转、移位并将偶序号项取负所得到的。因此两者经偶序号移位后再作内积，所得序列的前一半必须与后一半大小相等、符号相反，因此，(7.4.12)式成立。

例如，若 $h_0(n)$ 如图7.4.1(a)所示，$h_1(n)$ 则如图7.4.1(b)所示，显然

$$\langle h_0(n), h_1(n)\rangle\big|_{k=0}=-h_0h_5+h_0h_5+h_1h_4-h_1h_4+h_2h_3-h_2h_3=0$$

$$\langle h_0(n), h_1(n+2)\rangle\big|_{k=1}=-h_0h_3+h_3h_0+h_1h_2-h_2h_1=0$$

$$\langle h_0(n), h_1(n+4)\rangle\big|_{k=2}=-h_0h_1+h_1h_0=0$$

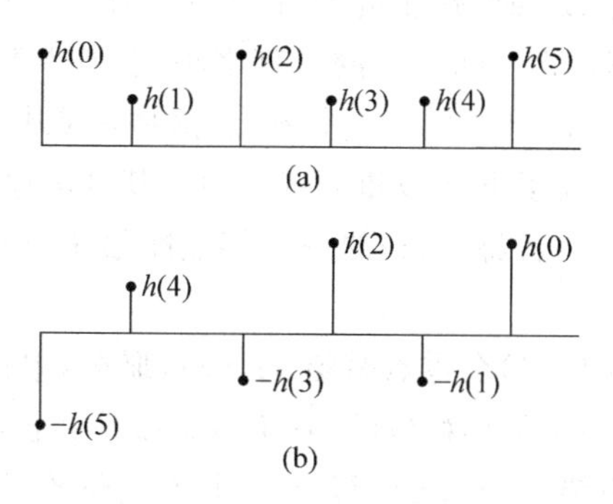

图 7.4.1 (7.4.12)式的说明

(a) $h_0(n)$；(b) $h_1(n)$

7.5 共轭正交镜像滤波器的设计

设计 CQMFB 的关键是设计 $H_0(z)$，一旦 $H_0(z)$设计出来，由(7.4.2)式和(7.4.3)式便可得到 H_1，G_0 和 G_1。

在 7.4 节已证明，若 $P(z)=H_0(z)H_0(z^{-1})$满足(7.4.10)式的关系，则 $P(z)$为一半带滤波器，$H_0(z)$是功率互补的。由这一结论，可按下述步骤设计 $H_0(z)$[Fli94]。

(1) 利用第 6 章已讲过的方法，首先设计一个半带滤波器 $H_{LF}(z)$。$H_{LF}(z)$的长度 $N=4J-1$，其通带截止频率 ω_p 和阻带截止频率 ω_s 关于 $\pi/2$ 对称，且 $H_{LF}(e^{j\omega})$通带和阻带的纹波一样大。所以，当用 Chebyshev 最佳一致逼近法设计该半带滤波器时[ZW2]，通带和阻带的加权应一样大。

(2) 由于 $P(e^{j\omega})=H_0(e^{j\omega})H_0^*(e^{j\omega})=|H_0(e^{j\omega})|^2$，因此，对一切 ω，$P(e^{j\omega})$始终是非负的。而半带滤波器 $H_{LF}(e^{j\omega})$在阻带内有可能取负值，为此，令中间过渡的滤波器

$$H_{LF}^{+}(e^{j\omega})=H_{LF}(e^{j\omega})+|\delta| \tag{7.5.1}$$

式中，$|\delta|$为 $H_{LF}(e^{j\omega})$在阻带内的最大纹波值。假定 $H_{LF}(z)$为零相位，实现(7.5.1)式的一个简单办法是令

$$h_{LF}^{+}(n)=\begin{cases} h_{LF}(n), & n\neq 0 \\ h_{LF}(n)+|\delta|, & n=0 \end{cases} \tag{7.5.2}$$

再令

$$P(z)=\frac{0.5}{0.5+|\delta|}H_{LF}^{+}(z) \tag{7.5.3}$$

则 $P(z)$是一个半带滤波器，$P(e^{j\omega})$是非负的，且 $P(e^{j\omega})$在 $\omega=\pi/2$ 处的值为 0.5。

(3) 对 $P(z)$作谱分解。$P(z)$是 z^{-1} 的有理多项式，其系数 $p(n)$皆为实数，且 $P(e^{j\omega})$是线性相位的。$P(z)$应有 $N-1=4J-2$ 个零点，这些零点将是成对共轭且以单位圆为镜像对称出现的，这些零点属于 $H_0(z)$和 $H_0(z^{-1})$。其分配原则是：

① 为保证 $h_0(n)$为实数，若将 $P(z)$的一个零点赋给 $H_0(z)$，则其共轭零点也应赋给 $H_0(z)$。

② 若把单位圆内的$(2J-1)$个零点赋给 $H_0(z)$，那么，单位圆外的$(2J-1)$个零点将属于 $H_0(z^{-1})$，这时，$H_0(z)$是最小相位的，它不具备线性相位特性。

③ 若把关于单位圆为镜像对称的$(2J-1)$个零点赋给 $H_0(z)$，则 $H_0(z)$具有线性相位。

④ 在 7.3 节已说明，满足功率对称的滤波器 $H_0(z)$若具有线性相位，那么它只能取(7.3.10)式的纯延迟形式，从而使滤波器不具备好的幅频响应，对 QMFB 是如此，对本节的 CQMFB 也是如此。对这一结论，在 7.8 节还将进一步证明。

综上所述，在由(7.4.9a)式得到 $H_0(z)$时，$H_0(z)$应取最小相位形式。

(4) 对 $P(z)$作因式分解。对 $P(z)$作谱分解时，由于

$$K\sum_{r=1}^{2J-1}(z-z_{0r})K\sum_{r=1}^{2J-1}(z^{-1}-z_{0r}) = P_{2J-1}z^{2J-1}+\cdots \tag{7.5.4}$$

及

$$H_0(z) = K\sum_{r=1}^{2J-1}(z-z_{0r}) \tag{7.5.5}$$

所以

$$P_{2J-1} = K^2\prod_{r=1}^{2J-1}z_{0r}$$

由此可以得到对 $H_0(z)$定标的常数 K，且

$$K = \left[P_{2J-1}\Big/\prod_{r=1}^{2J-1}z_{0r}\right]^{1/2} \tag{7.5.6}$$

这样，由(7.5.5)式即可得到 $H_0(z)$。再由(7.4.2)式和(7.4.3)式又可求出 H_1，G_0 和 G_1。于是，具有 PR 性能的 CQMFB 可以求出。

例 7.5.1　试设计一共轭正交镜像滤波器组，并给出相关过程。

按上述设计步骤，本例的设计过程如下。

(1) 令 $N=22$，$\omega_p=0.45\pi$，那么 $2\omega_p=0.9\pi$。如同例 6.4.1，先用切比雪夫最佳一致逼近法设计单带滤波器 $G(z)$，再由此单带滤波器得到半带滤波器 $H_{LF}(z)$，这样，$h_{LF}(n)$的长度为 43，相应的 $J=11$。单带滤波器 $G(z)$的幅频响应如图 7.5.1(a)所示，半带滤波器的幅频响应如图 7.5.1(b)所示，可以看出它在阻带内有时取负值。

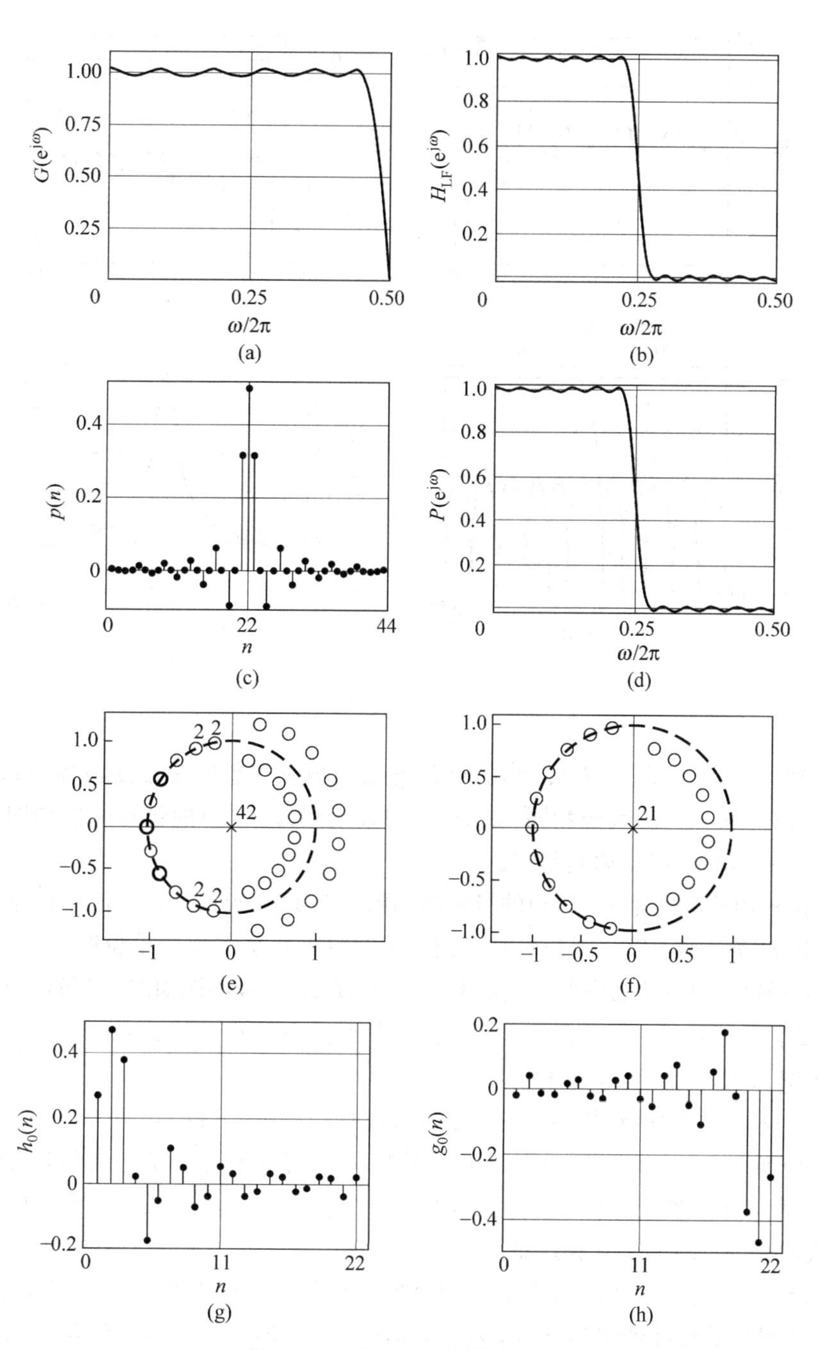

图 7.5.1 CQMFB 的设计过程

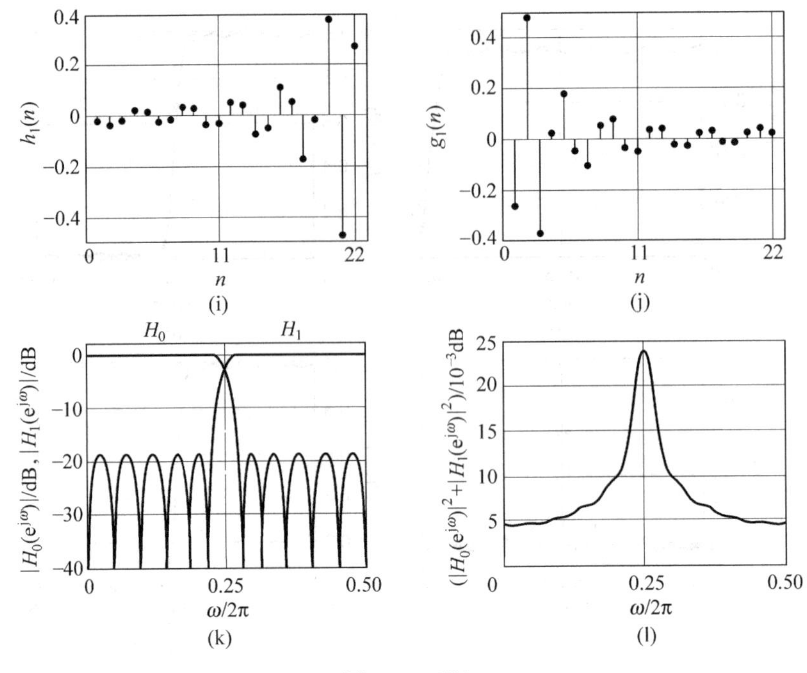

图 7.5.1(续)

(2) 利用(7.5.1)式～(7.5.3)式,可得到幅频响应非负的半带滤波器 $P(z)$,其单位抽样响应 $p(n)$ 和 $h_{LF}(n)$ 大致相同,如图 7.5.1(c)所示。$P(z)$ 的幅频响应如图 7.5.1(d)所示,可以看出,它在阻带内是恒正的。

(3) $p(n)$ 的长度也为 43,$P(z)$ 的极零图如图 7.5.1(e)所示。它有位于在原点的 42 重极点,有 10 对零点关于单位圆为对称,另有 11 对零点几乎都位于单位圆上(左半边)。将 $P(z)$ 作谱分解后,取单位圆内的零点赋予 $H_0(z)$,$H_0(z)$ 的极零图如图 7.5.1(f) 所示。

(4) $H_0(z)$ 求出后 $h_0(n)$ 自然也就求出,同理,$g_0(n)$,$h_1(n)$,$g_1(n)$ 均一一求出,它们分别示于图 7.5.1(g),(h),(i)和(j)。

$H_0(e^{j\omega})$ 和 $H_1(e^{j\omega})$ 的对数幅频响应如图 7.5.1(k)所示。$|H_0(e^{j\omega})|^2+|H_1(e^{j\omega})|^2$ 的对数幅频响应如图 7.5.1(l)所示,由该图可以看出,它在整个频带内的最大值是0.025 dB,因此 H_0 和 H_1 基本上实现了功率互补。若增大滤波器的阶次,功率互补性能会更好。

实现本例的 MATLAB 程序是 exa070501.m。

例 7.5.2　信号 $x(n)$ 由两个实正弦信号加白噪声所组成,如图 7.5.2(a)所示。$x(n)$ 通过例 7.5.1 设计的滤波器组后,输出 $\hat{x}(n)$,如图 7.5.2(b)所示。其中包含了 H_0 和 H_1 对 $x(n)$ 的分解,二倍的抽取与插值,以及利用 G_0 和 G_1 对分解后的信号重建等过程。为了比较的方便,现将图 7.5.2(a)和(b)画在一起得到图(c)。由该图可以看出,$\hat{x}(n)$ 基本上实现了对

$x(n)$的准确重建(由于相位延迟的原因,绘图时每一条曲线的起点有所不同)。

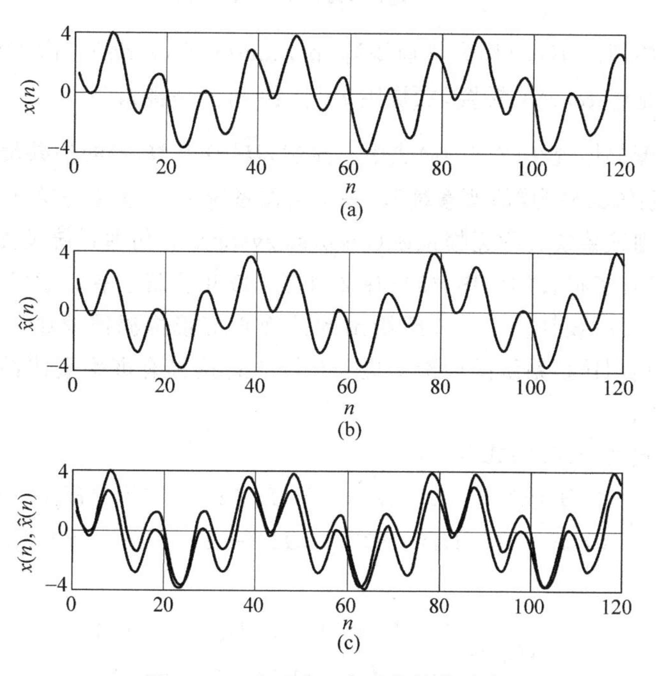

图 7.5.2 CQMFB 实现信号的重建

实现本例的 MATLAB 程序是 exa070502.m。

7.6 仿酉滤波器组

一个多输入多输出系统的转移函数可用矩阵 $\boldsymbol{H}(z)$来表示,其元素 $\boldsymbol{H}_{ij}(z)$是第 i 个输入对第 j 个输出的转移函数。如果

$$\boldsymbol{H}^{-1}(\mathrm{e}^{\mathrm{j}\omega}) = \boldsymbol{H}^{\mathrm{H}}(\mathrm{e}^{\mathrm{j}\omega}) \tag{7.6.1}$$

则称 $\boldsymbol{H}(\mathrm{e}^{\mathrm{j}\omega})$为酉矩阵(unitary matrix)。显然,$\boldsymbol{H}(\mathrm{e}^{\mathrm{j}\omega})$的逆等于其自身的共轭转置,即

$$\boldsymbol{H}^{\mathrm{H}}(\mathrm{e}^{\mathrm{j}\omega})\boldsymbol{H}(\mathrm{e}^{\mathrm{j}\omega}) = \boldsymbol{I} \tag{7.6.2}$$

这样 $\boldsymbol{H}(\mathrm{e}^{\mathrm{j}\omega})$的任意两列都是正交的,且每一列都有着相同的范数。

用 $z=\mathrm{e}^{\mathrm{j}\omega}$代入(7.6.1)式,有

$$\boldsymbol{H}^{-1}(z) = \boldsymbol{H}_{*}^{\mathrm{T}}(z^{-1}) = \widetilde{\boldsymbol{H}}(z) \tag{7.6.3a}$$

由(7.6.2)式及(7.6.3a)式,有

$$\widetilde{\boldsymbol{H}}(z)\boldsymbol{H}(z)=\boldsymbol{I} \tag{7.6.3b}$$

满足(7.6.3)式的矩阵 $\boldsymbol{H}(z)$ 称为仿酉矩阵(paraunitary matrix)。由 $\boldsymbol{H}(z)$ 得到 $\widetilde{\boldsymbol{H}}(z)$ 包括三个步骤,一是将 $\boldsymbol{H}(z)$ 取转置,二是用 z^{-1} 代替 z,三是将 $\boldsymbol{H}(z)$ 每一个元素的系数都取共轭,这 3 个步骤都体现在(7.6.3a)式中。显然,$\widetilde{\boldsymbol{H}}(z)$ 是 $\boldsymbol{H}(z)$ 的仿共轭矩阵。仿酉矩阵 $\boldsymbol{H}(z)$ 所代表的系统又称为"仿酉系统"。一个仿酉系统,如果其每一个元素 $H_{ij}(z)$ 都是稳定的和因果的,则该系统又称无损系统(lossless system)。仿酉系统及无损系统在传统的网络分析中已经有了很长的历史,如早在 20 世纪 30 年代就已有文章提出这些概念,后又被用于数字滤波器的设计。7.4 节所给出的共轭正交镜像滤波器组等效于一个仿酉系统。这样,可以利用仿酉系统的理论来进一步深入讨论具有准确重建性能的滤波器组的分析和综合问题。

由(7.2.8)式及(7.4.2)式有

$$\boldsymbol{H}_{\mathrm{m}}=\begin{bmatrix}H_0(z) & H_1(z)\\ H_0(-z) & H_1(-z)\end{bmatrix}=\begin{bmatrix}H_0(z) & z^{-(N-1)}H_0(-z^{-1})\\ H_0(-z) & -z^{-(N-1)}H_0(z^{-1})\end{bmatrix} \tag{7.6.4a}$$

及

$$\widetilde{\boldsymbol{H}}_{\mathrm{m}}=\begin{bmatrix}H_0(z^{-1}) & H_0(-z^{-1})\\ z^{N-1}H_0(-z) & -z^{N-1}H_0(z)\end{bmatrix} \tag{7.6.4b}$$

式中,N 为偶数。利用(7.4.6b)的关系,有

$$\widetilde{\boldsymbol{H}}_{\mathrm{m}}\boldsymbol{H}_{\mathrm{m}}=\begin{bmatrix}1 & 0\\ 0 & 1\end{bmatrix}=\boldsymbol{I} \tag{7.6.5}$$

这样,CQMFB 的调制矩阵 $\boldsymbol{H}_{\mathrm{m}}$ 是仿酉矩阵,它对应的系统也是仿酉系统。由(7.6.4a)及(7.4.2)式,有

$$\det\boldsymbol{H}_{\mathrm{m}}=-z^{-(N-1)} \tag{7.6.6}$$

将这一结果代入(7.2.8)式,并利用(7.4.4c)式和(7.4.4d)式的关系,有

$$\boldsymbol{G}_{\mathrm{m}}=\begin{bmatrix}H_1(-z) & -H_0(-z)\\ H_1(z) & -H_0(z)\end{bmatrix}=\begin{bmatrix}-z^{-(N-1)}H_0(z^{-1}) & -H_0(-z)\\ z^{-(N-1)}H_0(-z^{-1}) & -H_0(z)\end{bmatrix} \tag{7.6.7}$$

请读者自己验证 $\boldsymbol{G}_{\mathrm{m}}\widetilde{\boldsymbol{G}}_{\mathrm{m}}=\boldsymbol{I}$,即 $\boldsymbol{G}_{\mathrm{m}}$ 也是仿酉矩阵。

将(7.6.4a)式及(7.6.7)式代入(7.2.10)式,有

$$\begin{aligned}\hat{\boldsymbol{X}}&=\frac{1}{2}\boldsymbol{G}_{\mathrm{m}}\boldsymbol{H}_{\mathrm{m}}^{\mathrm{T}}\boldsymbol{X}\\ &=\frac{1}{2}\begin{bmatrix}-z^{-(N-1)}H_0(z^{-1}) & -H_0(-z)\\ z^{-(N-1)}H_0(-z^{-1}) & -H_0(z)\end{bmatrix}\begin{bmatrix}H_0(z) & H_0(-z)\\ z^{-(N-1)}H_0(-z^{-1}) & -z^{-(N-1)}H_0(z^{-1})\end{bmatrix}\boldsymbol{X}\end{aligned}$$

由(7.4.6b)式,有

$$\hat{\boldsymbol{X}}=-\frac{1}{2}z^{-(N-1)}\begin{bmatrix}1 & 0\\0 & -1\end{bmatrix}\boldsymbol{X} \tag{7.6.8}$$

因此，实现了对 $\boldsymbol{X}$ 的准确重建。

上面的结论说明，仿酉的调制矩阵 $\boldsymbol{H}_{\mathrm{m}}$ 对应 CQMFB 的分析滤波器组。同理，调制矩阵 $\boldsymbol{G}_{\mathrm{m}}$ 也是仿酉的，它对应 CQMFB 的综合滤波器组。由 $\boldsymbol{H}_{\mathrm{m}}$ 和 $\boldsymbol{G}_{\mathrm{m}}$ 构成的仿酉系统即是在 7.4 节讨论过的共轭正交镜像滤波器组。显然，仿酉滤波器组总是包含了功率互补的关系。

需要指出的是，仿酉系统等效 CQMFB，可以实现准确重建。但可实现准确重建的系统却并不一定是仿酉的，例如，在 7.8 节要讨论的双正交滤波器组可以实现准确重建，但它不是仿酉的。

现在利用上述讨论的结果来给出仿酉系统的多相表示形式。记

$$H_0(z)=E_{00}(z^2)+z^{-1}E_{01}(z^2) \tag{7.6.9a}$$

$$H_1(z)=E_{10}(z^2)+z^{-1}E_{11}(z^2) \tag{7.6.9b}$$

$$G_0(z)=z^{-1}R_{00}(z^2)+R_{01}(z^2) \tag{7.6.10a}$$

$$G_1(z)=z^{-1}R_{10}(z^2)+R_{11}(z^2) \tag{7.6.10b}$$

式中，$E_{ij}(R_{ij})$的下标 i 代表 H_0，H_1 的序号，j 代表多相结构的序号。显然，H_0，H_1 是按第 1 类多相结构分解，G_0，G_1 是按第二类多相结构分解。

由上述四式，有

$$\begin{bmatrix}H_0(z)\\H_1(z)\end{bmatrix}=\begin{bmatrix}E_{00}(z^2) & E_{01}(z^2)\\E_{10}(z^2) & E_{11}(z^2)\end{bmatrix}\begin{bmatrix}1\\z^{-1}\end{bmatrix}=\boldsymbol{E}(z^2)\begin{bmatrix}1\\z^{-1}\end{bmatrix} \tag{7.6.11a}$$

$$(G_0(z)\quad G_1(z))=(z^{-1}\quad 1)\begin{bmatrix}R_{00}(z^2) & R_{10}(z^2)\\R_{01}(z^2) & R_{11}(z^2)\end{bmatrix}=(z^{-1}\quad 1)\boldsymbol{R}(z^2) \tag{7.6.11b}$$

对照图 7.1.1，有

$$\begin{bmatrix}X_0(z)\\X_1(z)\end{bmatrix}=X(z)\begin{bmatrix}H_0(z)\\H_1(z)\end{bmatrix}=\boldsymbol{E}(z^2)\begin{bmatrix}1\\z^{-1}\end{bmatrix}X(z) \tag{7.6.12a}$$

及

$$\hat{X}(z)=(G_0(z)\quad G_1(z))\begin{bmatrix}U_0(z)\\U_1(z)\end{bmatrix}=(z^{-1}\quad 1)\boldsymbol{R}(z^2)\begin{bmatrix}U_0(z)\\U_1(z)\end{bmatrix} \tag{7.6.12b}$$

于是图 7.1.1 可改为图 7.6.1 的形式。由 5.6 节的恒等变换，图 7.6.1 又可改为图 7.6.2。

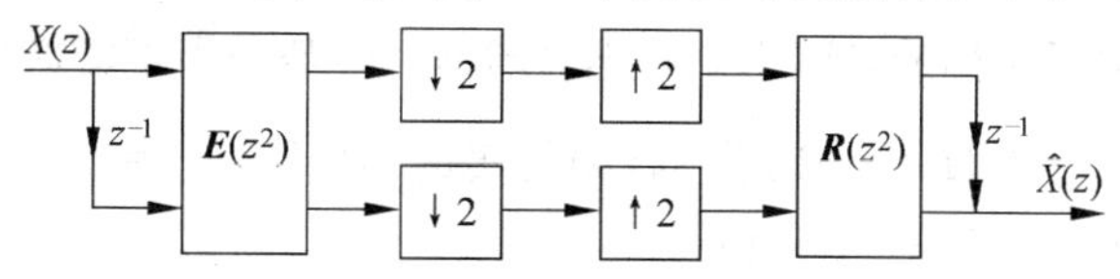

图 7.6.1　两通道 FB 的多相表示

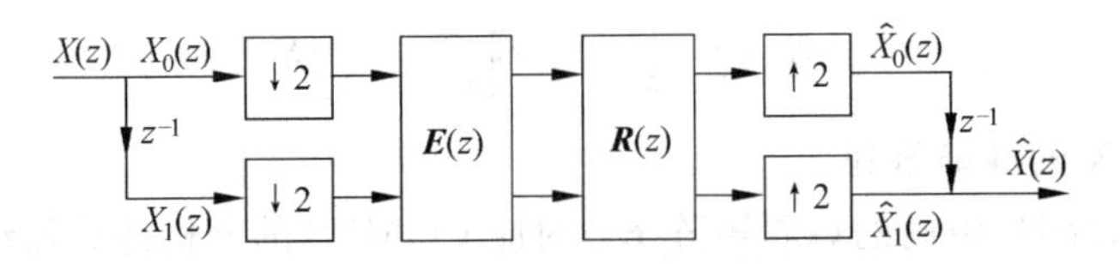

图 7.6.2　应用恒等变换后的两通道 FB 的多相表示

令

$$\boldsymbol{P}(z)=\boldsymbol{R}(z)\boldsymbol{E}(z) \tag{7.6.13}$$

显然,若希望 $\hat{X}(z)$是 $X(z)$的准确重建,必要条件是 $\boldsymbol{P}(z)$为一单位阵,即

$$\boldsymbol{P}(z)=\boldsymbol{R}(z)\boldsymbol{E}(z)=cz^{-k}\boldsymbol{I} \tag{7.6.14a}$$

(7.6.14a)式又等效为

$$\boldsymbol{R}(z)=cz^{-k}\boldsymbol{E}^{-1}(z) \quad 或 \quad \boldsymbol{E}(z)=cz^{-k}\boldsymbol{R}^{-1}(z) \tag{7.6.14b}$$

显然,只要保证 $\boldsymbol{E}(z)$和 $\boldsymbol{R}(z)$互为逆矩阵(不考虑系数 cz^{-k}),那么 $\boldsymbol{P}(z)$必为单位阵,这样的滤波器组即可实现准确重建。如果能设计出互为逆矩阵的 $\boldsymbol{E}(z)$和 $\boldsymbol{R}(z)$,那么便可由 $\boldsymbol{E}(z)$,$\boldsymbol{R}(z)$得到 $H_0(z)$,$H_1(z)$,$G_0(z)$和 $G_1(z)$,这是设计两通道 FB 的一个新的思路。这一结论也可推广到 M 通道滤波器组。

若 $\boldsymbol{R}(z)$,$\boldsymbol{E}(z)$都是仿酉矩阵,由(7.6.14b)式,有

$$\boldsymbol{R}(z)=cz^{-k}\widetilde{\boldsymbol{E}}(z),\quad \boldsymbol{E}(z)=cz^{-k}\widetilde{\boldsymbol{R}}(z) \tag{7.6.15}$$

(7.6.14b)式和(7.6.15)式给出了在两通道滤波器组中,为实现准确重建,分析滤波器组和综合滤波器组的多相矩阵应满足的关系。进一步,由(7.6.14a)式,有

$$\det[\boldsymbol{P}(z)]=\det[\boldsymbol{R}(z)\boldsymbol{E}(z)]=\det[\boldsymbol{R}(z)]\det[\boldsymbol{E}(z)]=cz^{-k} \tag{7.6.16}$$

即 PR 系统的多项矩阵行列式之积必须为纯延迟。由(7.6.16)式,必有

$$\det[\boldsymbol{E}(z)]=\alpha z^{-k_1} \tag{7.6.17a}$$

$$\det[\boldsymbol{R}(z)]=\beta z^{-k_2} \tag{7.6.17b}$$

式中,$\alpha\beta=c$;$k_1+k_2=k$。(7.6.17a)式是滤波器组实现准确重建的充要条件的又一表示形式。如果 $\boldsymbol{E}(z)$的每一个元素都是 FIR 的,则 $\boldsymbol{R}(z)$的每一个元素也都是 FIR 的,从而保证 $H_0(z)$,$H_1(z)$,$G_0(z)$和 $G_1(z)$都是 FIR 的。

其实,(7.6.14)式~(7.6.17)式给出的关系基本上是等效的。总之,对两通道共轭正交镜像滤波器组,它的调制矩阵 $\boldsymbol{H}_m$ 是仿酉矩阵,其多相矩阵 $\boldsymbol{E}(z)$也是仿酉矩阵。这一类滤波器组有如下性质:

(1) $H_0(z)$是功率对称的,或 $P(z)=\widetilde{H}_0(z)H_0(z)$是一半带滤波器;

(2) $H_1(z)=z^{-(N-1)}\widetilde{H}_0(-z)$,若 $h_0(n)$是实的,则 $H_1(z)-z^{-(N-1)}H_0(-z^{-1})$,在频率响应上,$|H_1(e^{j\omega})|=|H_0(-e^{j\omega})|$;

(3) $H_0(z)$,$H_1(z)$是功率互补的;

(4) $\boldsymbol{R}(z)$也是仿酉矩阵，因此，$|G_k(\mathrm{e}^{\mathrm{j}\omega})|=|H_k(\mathrm{e}^{\mathrm{j}\omega})|(k=0,1)$，$G_0(z)$，$G_1(z)$也是功率互补的；

(5) $H_0(z)$，$H_1(z)$，$G_0(z)$和$G_1(z)$有着同样的长度N(N为偶数)，因此，设计出$H_0(z)$，$H_1(z)$、$G_0(z)$和$G_1(z)$便自动得到。

上面的结论都是在7.4节已经介绍过的CQMFB的性质，现在只是从仿酉滤波器组的角度加以讨论。由此可以看出，两通道仿酉滤波器组和CQMFB是等效的。但是，引入仿酉的概念后可以为滤波器组的分析与设计提供新的工具。例如，得到CQMFB的4个滤波器要用到7.5节的谱分解。具有好的通带和阻带性能的FIR滤波器的阶次一般都比较高，对高阶次的多项式作谱分解存在两个问题，一是计算量比较大，二是误差也比较大。利用仿酉系统的性质，可以直接设计和实现具有CQMFB功能的仿酉滤波器组。

7.7　两通道仿酉滤波器组的 Lattice 结构

Lattice结构是实现离散系统的常用结构[Pro88, ZW2]，它在随机信号的自回归(AR)模型、语音信号处理和自适应信号处理等领域都有着广泛的应用。Lattice结构和离散系统的直接实现形式相比，其最大的优点是对滤波器系数的量化不敏感。本节先给出一般FIR系统Lattice结构的基本关系，然后讨论功率互补滤波器Lattice结构的特点。通过这一讨论可知，用Lattice结构实现功率互补滤波器时，Lattice结构系数的变化不影响每一级的功率互补特性。最后，讨论仿酉滤波器组的Lattice结构，从而给出不经过谱分解而直接设计仿酉滤波器组的方法。

7.7.1　FIR 系统的 Lattice 结构

一个标准的Lattice结构的基本单元如图7.7.1所示。显然，图中输入、输出有如下关系

$$P_i(z)=P_{i-1}(z)+\alpha_i z^{-1}Q_{i-1}(z) \tag{7.7.1a}$$

$$Q_i(z)=\alpha_i P_{i-1}(z)+z^{-1}Q_{i-1}(z) \tag{7.7.1b}$$

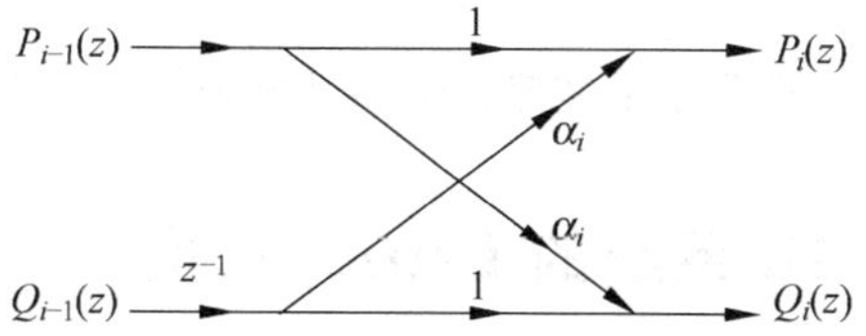

图7.7.1　FIR系统Lattice结构的基本单元

将图 7.7.1 的基本单元级联起来，就得到一个 FIR 系统完整的 Lattice 结构，如图 7.7.2 所示。图中，N 是滤波器的长度。

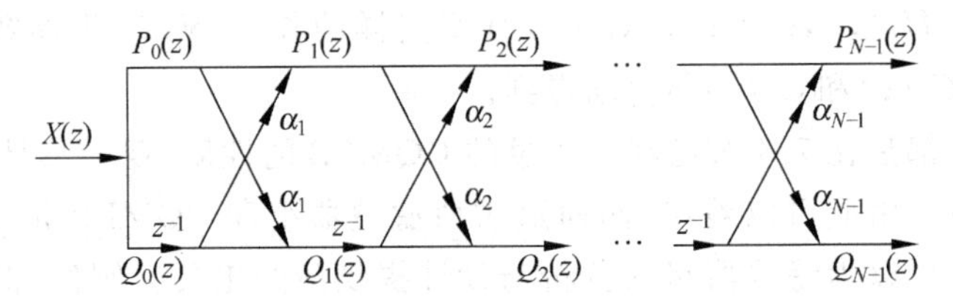

图 7.7.2　FIR 系统的 Lattice 结构

若定义

$$H_i(z) = P_i(z)/X(z), \quad i = 1,2,\cdots,N-1 \tag{7.7.2a}$$

$$G_i(z) = Q_i(z)/X(z), \quad i = 1,2,\cdots,N-1 \tag{7.7.2b}$$

则图 7.7.2 中有如下的递推关系：

$$H_i(z) = H_{i-1}(z) + \alpha_i z^{-1} G_{i-1}(z) \tag{7.7.3a}$$

$$G_i(z) = \alpha_i H_{i-1}(z) + z^{-1} G_{i-1}(z) \tag{7.7.3b}$$

由(7.7.3)式，又可导出 $H_i(z)$之间的递推关系，即

$$H_{i-1}(z) = \frac{H_i(z) - \alpha_i G_i(z)}{1-\alpha_i^2} \tag{7.7.4}$$

记每一级的转移函数具有如下的形式

$$H_i(z) = 1 + \sum_{k=1}^{i} b_{ik} z^{-k} \tag{7.7.5}$$

那么，最后可以得到 Lattice 系数和滤波器系数之间的递推关系，即

$$\alpha_i = b_{ii}, \quad i = 1,2,\cdots,N-1 \tag{7.7.6}$$

这样，给定一个转移函数 $H(z)$，即可按上述关系求出其 Lattice 系数。反之，若已知其 Lattice 系数，也可按上述关系综合给出 $H(z)$。

由(7.7.3)式，不难导出 Lattice 结构中上、下支路在各个节点处的转移函数之间的关系，即

$$G_i(z) = z^{-i} H_i(z^{-1}) \tag{7.7.7}$$

显然，$G_i(z)$的零点和 $H_i(z)$的零点是关于单位圆为镜像对称的，此外，如果 $H_i(z)$是因果的，那么 $G_i(z)$也是因果的。

有关 Lattice 结构的详细推导见文献[Pro88]和文献[ZW2]，此处不再讨论。

7.7.2　功率互补 FIR 系统的 Lattice 结构

如果 $H(z)$是一个功率对称的滤波器，那么

$$H(z)H(z^{-1})+H(-z)H(-z^{-1})=c \tag{7.7.8}$$

如果 $H(z)$ 和 $G(z)$ 是一对功率互补的滤波器，那么

$$H(z)\widetilde{H}(z)+G(z)\widetilde{G}(z)=c \tag{7.7.9}$$

上面两式中的 c 是任意常数，$H(z)$ 和 $G(z)$ 满足如下的关系

$$G(z)=z^{-(N-1)}H(-z^{-1}) \tag{7.7.10}$$

式中，N 是 $H(z)$ 的长度，并假定 N 为偶数。注意(7.7.10)式和(7.7.7)式的区别。

(7.7.8)式和(7.7.10)式所给的功率对称及功率互补关系是在共轭正交滤波器组中所遇到的基本关系。功率互补是在滤波器组中避免幅度失真的必要条件，因此，讨论功率互补滤波器的 Lattice 结构是必要的。

文献[Vai88]证明了功率互补滤波器的 Lattice 结构有如下特点：

(1) 每一级的上、下支路的系数 α_i 的符号相反；

(2) 当 i 为偶序号时，$\alpha_i=0$。

这样，一个功率互补滤波器的 Lattice 结构如图 7.7.3 所示。

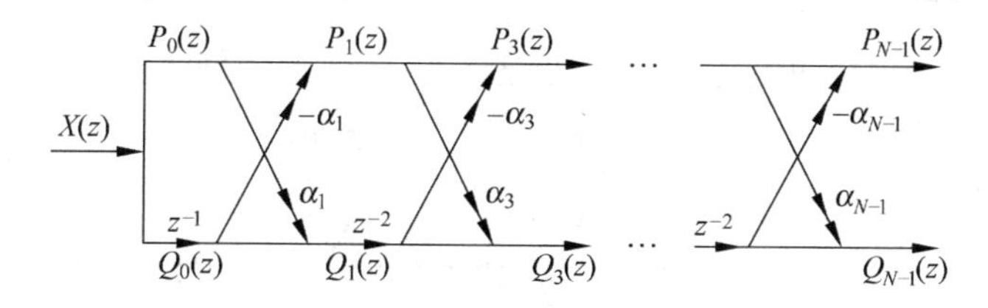

图 7.7.3 功率互补 FIR 系统的 Lattice 结构

若要证明功率互补滤波器的 Lattice 结构具有图 7.7.3 的特点，应该从两个方面入手。一是给定图 7.7.3，证明它的每一级的 $H_i(z)$，$G_i(z)$ 都是功率互补的，且 i 为奇数；二是证明对任一功率对称的滤波器 $H(z)$，其 Lattice 结构必有图 7.7.3 的形式。下面说明第一点，第二点的证明见文献[Vai88]，在 7.7.3 节将对此稍作说明。

对图 7.7.3 的第 1 级，有

$$H_1(z)=H_0(z)-\alpha_1 z^{-1}G_0(z)=P_0(z)/X(z)-\alpha_1 z^{-1}Q_0(z)/X(z) \tag{7.7.11a}$$

$$G_1(z)=\alpha_1 H_0(z)+z^{-1}G_0(z)=\alpha_1 P_0(z)/X(z)+z^{-1}Q_0(z)/X(z) \tag{7.7.11b}$$

若令

$$P_0(z)=Q_0(z)=\frac{1}{\sqrt{2}}X(z) \quad 即 \quad H_0(z)=G_0(z)=\frac{1}{\sqrt{2}}$$

则

$$H_1(z)=\frac{1}{\sqrt{2}}-\frac{1}{\sqrt{2}}\alpha_1 z^{-1},\quad G_1(z)=\frac{1}{\sqrt{2}}\alpha_1+\frac{1}{\sqrt{2}}z^{-1}$$

显然有

$$H_1(z)\widetilde{H}_1(z) + G_1(z)\widetilde{G}_1(z) = 1 + \alpha_1^2$$

即 $H_1(z)$，$G_1(z)$是功率互补的，并有 $G_1(z)=z^{-1}H_1(-z^{-1})$。

假定图 7.7.3 中的第 $i-1$ 级是功率互补的，那么，对第 $i+1$ 级，有

$$H_{i+1}(z) = H_{i-1}(z) - \alpha_{i+1}z^{-2}G_{i-1}(z) \tag{7.7.12a}$$

$$G_{i+1}(z) = \alpha_{i+1}H_{i-1}(z) + z^{-2}G_{i-1}(z) \tag{7.7.12b}$$

经推导，有

$$H_{i+1}(z)\widetilde{H}_{i+1}(z) + G_{i+1}(z)\widetilde{G}_{i+1}(z) = (1+\alpha_{i+1}^2)[H_{i-1}(z)\widetilde{H}_{i-1}(z) + \widetilde{G}_{i-1}(z)\widetilde{G}_{i-1}(z)]$$

由于假定 $H_{i-1}(z)$，$G_{i-1}(z)$是功率互补的，所以 $H_{i+1}(z)$，$G_{i+1}(z)$也是功率互补的。因此，图 7.7.3 的各级中，上、下节点处的转移函数都满足功率互补关系。从上面的推导也可看出，系数 α_i 的改变并不影响每一级的功率互补性质，当然也不影响整个系统的功率互补特性。因此，系数 α_i 的量化不会改变系统的功率互补性质，这是 Lattice 结构的一个突出优点。

例 7.7.1　对图 7.7.4 所示的系统，求其转移函数，并讨论其功率互补性质。

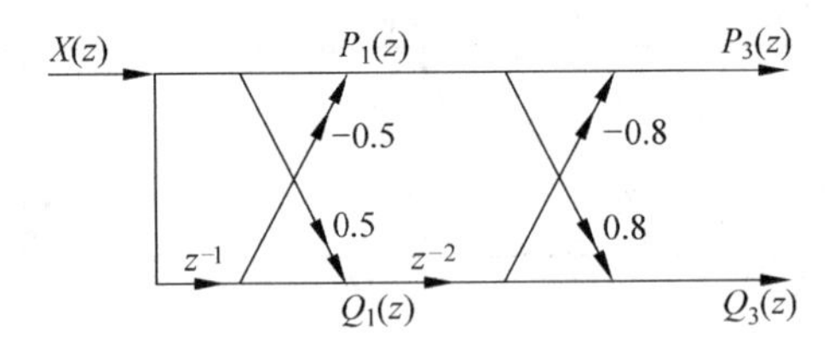

图 7.7.4　例 7.7.1 的 Lattice 结构

由该图可以看出：

$$P_1(z) = X(z) - 0.5z^{-1}X(z), \quad Q_1(z) = z^{-1}X(z) + 0.5X(z)$$

所以

$$H_1(z) = 1 - 0.5z^{-1}, \quad G_1(z) = z^{-1} + 0.5$$

并有

$$P_3(z) = P_1(z) - 0.8z^{-2}Q_1(z), \quad Q_3(z) = z^{-2}Q_1(z) + 0.8P_1(z)$$

将 $P_1(z)$，$Q_1(z)$代入上式，两边再同除以 $X(z)$，最后得

$$H_3(z) = 1 - 0.5z^{-1} - 0.4z^{-2} - 0.8z^{-3}$$

$$G_3(z) = 0.8 - 0.4z^{-1} + 0.5z^{-2} + z^{-3}$$

读者不难验证：

① $G_1(z) = z^{-1}H_1(-z^{-1})$，$G_3(z) = z^{-3}H_3(-z^{-1})$；

② $H_1(z)$，$H_3(z)$都是功率对称的；

③ $H_1(z)$和 $G_1(z)$，$H_3(z)$和 $G_3(z)$都是功率互补的。

由该例可以看出，在功率互补滤波器的 Lattice 结构中，$H_i(z)$和 $G_i(z)$的关系恰是

CQMFB 中分析滤波器组中两个滤波器的关系。因此，若令本例中的 $H_3(z)$ 是 CQMFB 中的低通滤波器 $H_0(z)$，那么 $G_3(z)$ 就应该是 CQMFB 中的高通滤波器 $H_1(z)$。同理，$P_3(z)$ 就应该是图 7.1.1 中的 $X_0(z)$，$Q_3(z)$ 是其中的 $X_1(z)$。这样，该 Lattice 结构上、下支路同时完成了分析滤波器组对信号的分解，也即有效地实现了分析滤波器组的功能。同时注意到，在满足功率互补关系的 Lattice 结构中，Lattice 系数的个数是滤波器长度的一半。

7.7.3 两通道仿酉滤波器组的 Lattice 结构

现在把上述两节的内容扩展到仿酉滤波器组的实现与设计问题。

观察图 7.6.2，由于

$$\begin{bmatrix} X_0(z) \\ X_1(z) \end{bmatrix} = \begin{bmatrix} 1 \\ z^{-1} \end{bmatrix} X(z), \quad \hat{X}(z) = (z^{-1} \quad 1) \begin{bmatrix} \hat{X}_0(z) \\ \hat{X}_1(z) \end{bmatrix} \tag{7.7.13}$$

是非常简单的形式。因此，图 7.6.2 的实现关键是 $\boldsymbol{R}(z)$ 和 $\boldsymbol{E}(z)$ 的实现。$\boldsymbol{E}(z)$ 对应分析滤波器组，$\boldsymbol{R}(z)$ 对应重建滤波器组，对 CQMFB，二者均为仿酉矩阵，其关系如(7.6.15)式。因此，解决了 $\boldsymbol{E}(z)$ 的实现就等于解决了 $\boldsymbol{R}(z)$ 的实现，从而也就解决了整个滤波器组的实现。

仿酉系统(或仿酉矩阵)有一个重要的性质，即两个仿酉系统(或仿酉矩阵)的级联仍是仿酉系统(或仿酉矩阵)。如令 $\boldsymbol{H}_1(z)$，$\boldsymbol{H}_2(z)$ 分别是仿酉系统，并令 $\boldsymbol{H}(z) = \boldsymbol{H}_1(z)\boldsymbol{H}_2(z)$，则

$$\begin{aligned} \widetilde{\boldsymbol{H}}(z)\boldsymbol{H}(z) &= [\boldsymbol{H}_1(z^{-1})\boldsymbol{H}_2(z^{-1})]^{\mathrm{H}}\boldsymbol{H}_1(z)\boldsymbol{H}_2(z) \\ &= \boldsymbol{H}_2^{\mathrm{H}}(z^{-1})\boldsymbol{H}_1^{\mathrm{H}}(z^{-1})\boldsymbol{H}_1(z)\boldsymbol{H}_2(z) \end{aligned}$$

由于 $\boldsymbol{H}_1^{\mathrm{H}}(z^{-1})\boldsymbol{H}_1(z) = \boldsymbol{I}$，$\boldsymbol{H}_2^{\mathrm{H}}(z^{-1})\boldsymbol{H}_2(z) = \boldsymbol{I}$，所以

$$\widetilde{\boldsymbol{H}}(z)\boldsymbol{H}(z) = \boldsymbol{I} \tag{7.7.14}$$

即 $\boldsymbol{H}(z)$ 是仿酉的。将此结论推广到更多的级，可将仿酉矩阵 $\boldsymbol{E}(z)$ 分解成一系列简单仿酉矩阵的级联，如

$$\boldsymbol{E}(z) = \boldsymbol{B}_{N-1}\boldsymbol{D}(z)\boldsymbol{B}_{N-2}\boldsymbol{D}(z)\cdots\boldsymbol{B}_1\boldsymbol{D}(z)\boldsymbol{B}_0 \tag{7.7.15}$$

若选择

$$\boldsymbol{B}_k = \begin{bmatrix} \cos\theta_k & -\sin\theta_k \\ \sin\theta_k & \cos\theta_k \end{bmatrix}, \quad k = 0,1,\cdots,N-1 \tag{7.7.16a}$$

则

$$\widetilde{\boldsymbol{B}}_k\boldsymbol{B}_k = \boldsymbol{I} \tag{7.7.16b}$$

因此，$\boldsymbol{B}_k$ 是仿酉矩阵。此外，$\boldsymbol{B}_k$ 又称为旋转矩阵。再选择

$$\boldsymbol{D}(z)=\begin{bmatrix}1 & 0\\ 0 & z^{-1}\end{bmatrix} \tag{7.7.17a}$$

由于

$$\widetilde{\boldsymbol{D}}(z)\boldsymbol{D}(z)=\boldsymbol{I} \tag{7.7.17b}$$

所以 $\boldsymbol{D}(z)$ 也是仿酉矩阵，并称其为转移矩阵。不难证明，由于

$$[\widetilde{\boldsymbol{B}_k\boldsymbol{D}}(z)][\boldsymbol{B}_k\boldsymbol{D}(z)]=\boldsymbol{I} \tag{7.7.18}$$

所以按(7.7.15)式得到的 $\boldsymbol{E}(z)$ 是仿酉矩阵，即

$$\widetilde{\boldsymbol{E}}(z)\boldsymbol{E}(z)=\boldsymbol{I}$$

利用(7.7.15)式，则图 7.6.2 中的 $\boldsymbol{E}(z)$ 可按图 7.7.5 来实现。

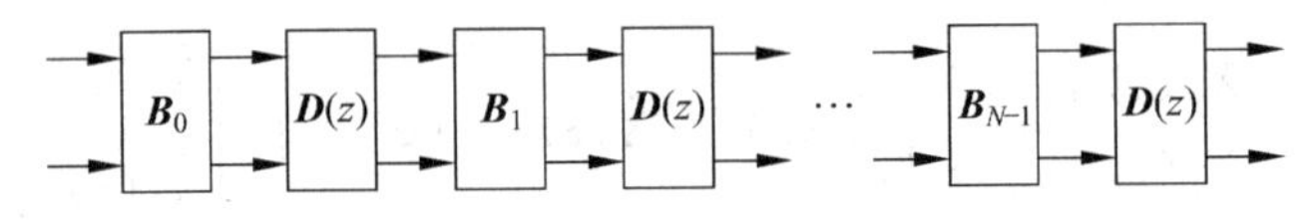

图 7.7.5　仿酉矩阵 $\boldsymbol{E}(z)$ 的级联实现

记　$C_k=\cos\theta_k$，$S_k=\sin\theta_k$，$\alpha_k=\tan\theta_k$，则 $\boldsymbol{B}_k$ 可表示为

$$\boldsymbol{B}_k=\begin{bmatrix}C_k & -S_k\\ S_k & C_k\end{bmatrix}=C_k\begin{bmatrix}1 & -\alpha_k\\ \alpha_k & 1\end{bmatrix} \tag{7.7.19}$$

利用(7.7.17a)式和(7.7.19)式，图 7.7.5 可用图 7.7.6 来实现。图 7.7.6 中

$$\beta=\prod_{k=0}^{N-1}C_k=\prod_{k=0}^{N-1}\frac{1}{\sqrt{1+\alpha_k^2}} \tag{7.7.20}$$

是定标常数。显然，该图具有 Lattice 结构的形式。

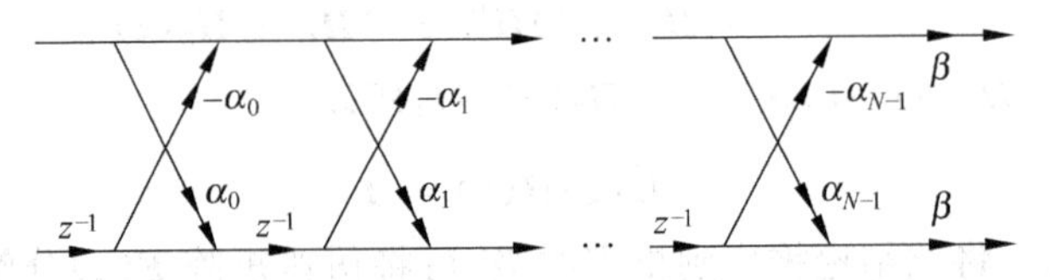

图 7.7.6　仿酉矩阵 $\boldsymbol{E}(z)$ 的 Lattice 实现的一般形式

图 7.7.5 和图 7.7.6 仅考虑了 $\boldsymbol{E}(z)$ 的实现，把图 7.6.2 中的输入和二抽取环节都考虑进去，并将二抽取环节移到 $\boldsymbol{E}(z)$ 的后面(见图 7.6.1)，利用 5.6 节的恒等变换，可得到仿酉系统分析滤波器组的 Lattice 结构，如图 7.7.7 所示。图中，二抽取环节之前的部分实际上实现的是矩阵 $\boldsymbol{E}(z^2)$。注意图中 Lattice 系数只有奇序号项，现对此稍作说明。

假定满足 CQMFB 的滤波器 $H_0(z)$ 来自于一个半带滤波器 $P(z)$，$P(z)$ 的长度 $N'=$

$4J-1$，它始终为奇数，而 $H_0(z)$ 的长度 $N=2J$ 为偶数。由(5.5.4)式关于多相分量的定义，$E_i(z)(i=0,1)$ 的长度等于 J，它恰是 $H_0(z)$ 的长度的一半，因此 Lattice 系数的个数也是 J。由于实现的是 $\boldsymbol{E}(z^2)$ 的 Lattice 结构，即把二抽取环节放到了最后，因此，图7.7.6中偶序号项的 Lattice 系数全为零，且除了最前面的一个延迟外，图中的延迟都变成了 z^{-2}，这也就是将图 7.7.6 变成图 7.7.7 的原因。

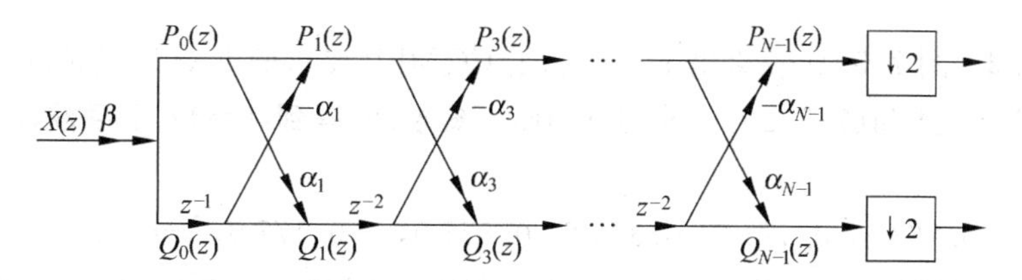

图 7.7.7 两通道仿酉系统分析滤波器组的 Lattice 实现

仿酉矩阵 $\boldsymbol{R}(z)$ 及综合滤波器组的实现分别和 $\boldsymbol{E}(z)$ 及分析滤波器组的实现方法类似，此处不再讨论。

由(7.7.12)式，有

$$H_{i-1}(z)=\frac{H_{i+1}(z)+\alpha_{i+1}G_{i+1}(z)}{1+\alpha_{i+1}^2},\quad i=2,4,\cdots,N-2 \tag{7.7.21}$$

该式给出了 $H_{i+1}(z)$ 到 $H_{i-1}(z)$ 的递推关系。记

$$H_{i+1}(z)=\sum_{n=0}^{i+1}h_{i+1,n}z^{-n} \tag{7.7.22}$$

由(7.7.12a)式可以看出，Lattice 系数 α_{i+1} 就是 $H_{i+1}(z)$ 最高项的系数，即

$$\alpha_{i+1}=h_{i+1,i+1} \tag{7.7.23}$$

因为 $H_{N-1}(z)$ 就是分析滤波器组中的低通滤波器 $H_0(z)$，若 $H_0(z)$ 已知，那么由(7.7.21)式和(7.7.23)式可求出所有的 Lattice 系数，即 $\alpha_1,\alpha_3,\cdots,\alpha_{N-1}$。

下面给出的一个简单的 MATLAB 程序以求出给定滤波器的 Lattice 系数。

```
function alfa=lattice(h0)
h1=-qmf(h0,1);
lh=length(h0);
alfa=zeros(lh/2,1);
c=1;
for j=lh/2:-1:1
    alfa(j)=-h0(2*j)/h0(1);
    h0temp=(h0-alfa(j)*h1)/(1+alfa(j)^2);
    h0=h0temp(1:(2*j-2));
    h1=-qmf(h0,1);
```

```
    a=1+alfa(j)^2;
    a=sqrt(a);
    a=1/a;
    c=c*a;
end
```

例 7.7.2　图7.5.1(g)给出了一个满足CQMFB要求的$h_0(n)$，其长度$N=2J=22$，现利用(7.7.21)式和(7.7.23)式求其Lattice系数，可得到$J=11$个系数，$h_0(n)$和α_i分别如下：

$h_0(n)=\{0.2678, 0.4719, 0.3752, 0.0210, -0.1779, -0.0513, 0.1069, 0.0472, -0.0723, -0.0389, 0.0524, 0.0311, -0.0398, -0.0243, 0.0311, 0.0187, -0.0247, -0.0154, 0.0215, 0.0163, -0.0370, 0.0210\}$

$\alpha_0=-1.6813$，　$\alpha_1=0.6141$，

$\alpha_2=-0.3752$，　$\alpha_3=0.2576$，

$\alpha_4=-0.1862$，　$\alpha_5=0.1388$，

$\alpha_6=-0.1060$，　$\alpha_7=0.0821$，

$\alpha_8=-0.0632$，　$\alpha_9=0.0491$，

$\alpha_{10}=-0.0786$

由此结果可以看出，α_i的符号是正负交替出现的，而且其幅度是递减的。注意上述Lattice系数依次对应图7.7.7中的$\alpha_1,\alpha_3,\cdots,\alpha_{21}$。

例7.7.2中的$H_0(z)$是由一半带滤波器$P(z)$作谱分解得到的。$P(z)$的长度为$4J-1$，为得到$H_0(z)$就需要求解一个阶次为$4J-2$的多项式。当J较大，特别是当$P(z)$有较多的零点位于单位圆上时，这一分解将会出现较大的误差，从而影响$H_0(z)$和$H_1(z)$的功率互补性质。文献[Vai88]给出了利用最优化方法直接求解CQMFB的Lattice系数的方法，从而避免了谱分解运算。该算法首先定义一个目标函数

$$\Phi_{N-1}=\int_{\omega_s}^{\pi}|H_{(N-1)}(e^{j\omega})|^2 d\omega \tag{7.7.24}$$

式中，假定$H_{(N-1)}(c^{j\omega})=H_0(e^{j\omega})$；$\omega_s$是其阻带边沿频率；然后使$H_{(N-1)}(e^{j\omega})$在阻带的能量达到最小。由于$H_{(N-1)}(e^{j\omega})$就是$H_0(z)$，而$H_1(e^{j\omega})$是$H_0(e^{j\omega})$的移位，因此保证$|H_0(e^{j\omega})|^2$和$|H_1(e^{j\omega})|^2$之和为最平，即功率互补。具体做法是，先指定滤波器$H_0(z)$的阶次，然后可用7.3节所提到的Johnston的方法设计出一个近似功率互补的$H_0'(z)$作为初始递推的基础；然后再用(7.7.24)式，在使$\Phi_i(i=N-1,N-3,\cdots,3,1)$都为最小的情况下求出最佳的系数$\alpha_{N-1},\alpha_{N-3},\cdots,\alpha_3,\alpha_1$。文献[Vai88]利用该思路计算了二十多个不同阶次及不同通带、阻带以及不同衰减下的Lattice系数，可满足多种情况下的需要。

有了 $\alpha_{N-1},\alpha_{N-3},\cdots,\alpha_3,\alpha_1$ 后，一方面可以按图 7.7.7 实现分析滤波器组，另一方面也可得到所对应的低通滤波器 $H_0(z)$。

总结本节的讨论，两通道 CQMFB 的 Lattice 结构有如下的优点[Vai93]。

(1) Lattice 系数的量化不影响整个系统的功率互补性质；

(2) 当 $\boldsymbol{E}(z)$为仿酉矩阵时，它自动满足

① $H_0(e^{j\omega})$和 $H_1(e^{j\omega})$的功率互补性质；

② $H_1(z)=z^{-(N-1)}H_0(-z^{-1})$及 $G_k(z)=z^{-(N-1)}H_k(z^{-1})$，$k=0,1$；

③ $H_0(z)$是功率对称的，即 $\widetilde{H}_0(z)H_0(z)$是一半带滤波器；

④ 分析和综合滤波器组的 Lattice 结构是一 FIR 的准确重建系统；

(3) Lattice 结构在所有已知的 CQMFB 结构中，具有最小的计算复杂性；

(4) Lattice 结构还可以作为一个设计工具，通过使(7.7.24)式最小化来设计出最优的两通道 CQMFB，避免了谱分解；

(5) 在图 7.7.7 中任意删去若干级，系统仍具有 PR 性质，并具有 CQMFB 的相应性质，当增加级数时，在实现 PR 的同时，又可有效提高滤波器的频率特性。

7.8 线性相位准确重建两通道滤波器组

7.8.1 两通道滤波器组中的制约关系

至此，已讨论了两种滤波器组，一种是 7.3 节的标准正交镜像滤波器组(QMFB)，另一种是 7.4 节的共轭正交镜像滤波器组(CQMFB)，并在 7.6 节中指出，CQMFB 等效于一个仿酉系统。现在总结一下这两类滤波器组中的制约关系，并探讨设计和实现线性相位准确重建滤波器组的方法。

(1) 由(7.1.5)式～(7.1.6)式，在保证 $F(z)=0$，即去除了混叠失真的条件下，滤波器组实现准确重建的充要条件是失真传递函数

$$T(z)=\frac{1}{2}\left[H_0(z)G_0(z)+H_1(z)G_1(z)\right] \tag{7.8.1}$$

是具有线性相位的全通函数。最简单的情况是令 $T(z)$为纯延迟，即

$$T(z)=cz^{-k} \tag{7.8.2a}$$

这时

$$\hat{X}(z)=cz^{-k}X(z) \tag{7.8.2b}$$

(2) 为去除混叠失真,即保证 $F(z)=0$,在 7.2 节已指出综合滤波器组应按如下的原则选取(见(7.2.1)式):

$$G_0(z)=H_1(-z),\quad G_1(z)=-H_0(-z) \tag{7.8.3a}$$

或(见(7.2.15)式)

$$G_0(z)=c'z^{-(k-l)}H_1(-z),\quad G_1(z)=-c'z^{-(k-l)}H_0(-z) \tag{7.8.3b}$$

因此,一旦分析滤波器组给定,综合滤波器组也就随之确定。

(3) 在标准正交镜像滤波器组(QMFB)中,分析滤波器组选择了简单的关系,即

$$H_1(z)=H_0(-z) \tag{7.8.4}$$

这样,若 $H_0(z)$是低通的 FIR 滤波器,那么 $H_1(z)$就是高通的 FIR 滤波器。在 7.3 节已说明,如果坚持要求 QMFB 具有 PR 性质,那么 $H_0(z)$,$H_1(z)$只能取简单的纯延迟形式,如(7.3.10)式。当然,$G_0(z)$,$G_1(z)$也是纯延迟。这样的滤波器无实用价值。为了使

① $H_0(z)$具有好的通带和阻带性能;

② $H_0(z)$,$H_1(z)$,$G_0(z)$和 $G_1(z)$都是 FIR 的;

③ 四个滤波器都具有线性相位。

只能放弃 PR 要求,即做到近似 PR。具体方法是先用 Johnston 方法设计出具有线性相位的 $H_0(z)$,然后由(7.8.4)式得到 $H_1(z)$,再由(7.8.3)式得到 $G_0(z)$和 $G_1(z)$。这样的分析滤波器组的性能见例 7.3.1。

(4) 在共轭正交镜像滤波器组(CQMFB)中,选择

$$H_1(z)=z^{-(N-1)}H_0(-z^{-1}) \tag{7.8.5}$$

这时分析滤波器组具有功率互补性质,即

$$H_0(z)\widetilde{H}_1(z)+H_1(z)\widetilde{H}_1(z)=c \tag{7.8.6}$$

从而做到了准确重建。(7.8.6)式和(7.4.6b)式是等效的,这样 $H_0(z)$,可由半带滤波器 $P(z)=\widetilde{H}_0(z)H_0(z)$作谱分解而得到,但 $H_0(z)$是最小相位的。因此,尽管 CQMFB 最后实现了准确重建,但四个滤波器都不是线性相位的。

QMFB 和 CQMFB 的一些基本情况的比较如表 7.8.1 所示。表中的"相位失真:去除",是指 $\hat{x}(n)=cx(n-n_0)$,即总的效果。对 CQMFB,尽管 $H_0(z)$不是线性相位的,但由于其 PR 性能,最终还是去除了相位失真。

在实际的工作中,特别是在语音、通信以及图像处理中,总希望所使用的滤波器是线性相位的,从而保证在滤波器组内部各点处的中间信号也不发生相位失真。因此,对一个两通道滤波器组,希望①它具有 PR 性能;②四个滤波器都具有好的通带和阻带;③四个滤波器都具有线性相位。

表 7.8.1 QMFB 和 CQMFB 的比较

	QMFB	CQMFB
基本关系	$H_1(z)=H_0(-z)$ $G_0(z)=H_0(z)$ $G_1(z)=-H_1(z)$	$H_1(z)=z^{-(N-1)}H_0(-z^{-1})$ $G_0(z)=-z^{-(N-1)}H_0(z^{-1})$ $G_1(z)=-H_0(-z)$
$H_0(z)$的相位特点	线性	非线性
$H_0(e^{j\omega})$的幅频特点	近似功率对称	功率对称
去除失真情况	混叠失真：抵消 幅度失真：最小 相位失真：去除	混叠失真：抵消 幅度失真：去除 相位失真：去除
PR 情况	近似 PR	PR

由上面的讨论可知，不论是 QMFB 还是 CQMFB，四个滤波器实际上都来自于同一个滤波器 $H_0(z)$。要寻求既具有线性相位又满足 PR 性能的滤波器组，就不能简单地由 $H_0(z)$得到 $H_1(z)$。具体地说，一是要放弃 $H_1(z)=H_0(-z)$，二是要放弃 $H_1(z)=z^{-(N-1)}H_0(-z^{-1})$。由 7.3 节的讨论，放弃 $H_1(z)=H_0(-z)$的简单关系是比较好理解的[Ngu89]；对后者，实际上是要放弃仿酉系统中的功率互补性质，这似乎不太好理解，现在加以简要说明。

假定 $H_0(z)$，$H_1(z)$都是长度为 N 的因果的 FIR 系统，且都具有线性相位，那么，$\widetilde{H}_0(z)$，$\widetilde{H}_1(z)$可分别表示为

$$\widetilde{H}_0(z)=z^{(N-1)}e^{j\alpha}H_0(z) \tag{7.8.7a}$$

$$\widetilde{H}_1(z)=z^{(N-1)}e^{j\beta}H_1(z) \tag{7.8.7b}$$

的形式。再假定 $H_0(z)$，$H_1(z)$是功率互补的，将(7.8.7)式代入(7.8.6)式，经化简后有

$$[e^{j\alpha/2}H_0(z)+je^{j\beta/2}H_1(z)][e^{j\alpha/2}H_0(z)-je^{j\beta/2}H_1(z)]=cz^{-(N-1)} \tag{7.8.8}$$

因为该方程两边都是 FIR 的，且右边仅有一项，这意味着

$$e^{j\alpha/2}H_0(z)+je^{j\beta/2}H_1(z)=pz^{-k} \tag{7.8.9a}$$

$$e^{j\alpha/2}H_0(z)-je^{j\beta/2}H_1(z)=qz^{-l} \tag{7.8.9b}$$

式中，$pq=c$，$k+l=N-1$。将这两项分别相加、相减，有

$$H_0(z)=az^{-k}+bz^{-l} \tag{7.8.10a}$$

$$H_1(z)=r(az^{-k}-bz^{-l}) \tag{7.8.10b}$$

式中，a,b,r 是合适的常数，且$|r|<1$。

上述结果表明，若 $H_0(z)$，$H_1(z)$是 FIR 的，且是功率互补的，若再满足线性相位，那么 $H_0(z)$，$H_1(z)$只能取(7.8.10)式这样简单的纯延迟形式。这和 7.3 节讨论过的

QMFB 的情况是一样的，因此，这样的滤波器也是无实际意义的。由此可以看出，若希望所设计的两通道滤波器组满足 PR，同时又具有线性相位性质，那么就必须放弃 $H_0(z)$ 和 $H_1(z)$ 之间的功率互补性质。

放弃 $H_1(z)=H_0(-z)$ 和 $H_1(z)=z^{-(N-1)}H_0(-z^{-1})$，表面上是要求 $H_1(z)$ 不再是简单地来自 $H_0(z)$，本质上是放弃 $H_0(z)$ 和 $H_1(z)$ 之间的正交性。由后面的讨论可知，满足 PR 和具有线性相位的 $H_0(z)$ 和 $H_1(z)$ 满足的是双正交关系，称这一类滤波器组为双正交滤波器组。既具有 PR 性质又具有线性相位的两通道分析滤波器组，可以由谱分解的方法得到，也可以由 Lattice 结构导出，现分别讨论之。

7.8.2　由谱分解求 $H_0(z)$，$H_1(z)$

在 7.4 节指出，满足

$$P(z)=H_0(z)H_0(z^{-1}) \tag{7.8.11}$$

的 $P(z)$ 称为合适的半带滤波器。$P(z)$ 本身具有线性相位，长度为 $4J-1$。$H_0(z)$ 是最小相位的，$H_0(z^{-1})$ 是最大相位的，它们的长度均为 $2J$，且幅频响应均相同。但(7.8.11)式不是对 $P(z)$ 的唯一的分解方式。例如，将因果的 $z^{-(N-1)}P(z)$ 按

$$z^{-(N-1)}P(z)=H_0(z)H_1(-z) \tag{7.8.12}$$

来分解，那么 $H_0(z)$ 和 $H_1(z)$ 也可定义一个分析滤波器组。由(7.2.13)式及(7.8.12)式，有

$$\begin{aligned} T(z) &= \frac{1}{2}[H_0(z)H_1(-z)-H_1(z)H_0(-z)] \\ &= \frac{1}{2}z^{-(N-1)}[P(z)+P(-z)] \end{aligned} \tag{7.8.13}$$

由(7.4.10)式，即 $P(z)+P(-z)=1$，那么

$$T(z)=\frac{1}{2}z^{-(N-1)} \tag{7.8.14}$$

为纯延迟。再按(7.8.3)式选择 $G_0(z)$，$G_1(z)$ 结果，$H_0(z)$，$H_1(z)$，$G_0(z)$ 和 $G_1(z)$ 将实现准确重建。

(7.8.12)式的谱分解称为广义谱分解。分解时，$H_0(z)$ 和 $H_1(-z)$ 的零点个数可以不一样，因此二者的幅频响应也就不一样，得到的 $H_0(z)$ 和 $H_1(-z)$ 就是两类不同的滤波器。这样分解的好处是可以保证两个滤波器都具有线性相位。(7.8.11)式的分解可以看作是广义谱分解的特殊情况。

由于 $H_0(z)$ 和 $H_1(-z)$ 是两类不同的滤波器，所以 $H_0(z)$ 和 $H_1(z)$ 不是正交的。但由于 $G_0(z)=H_1(-z)$，$G_1(z)=-H_0(-z)$，所以 $G_0(z)$ 和 $H_1(z)$ 是正交的；同理 $G_1(z)$ 和 $H_0(z)$ 是正交的。这即是双正交关系。

例 7.8.1　令 $P(z)=\frac{1}{4}(z+2+z^{-1})$，试按(7.8.12)式对 $P(z)$ 作谱分解。

解　由所给 $P(z)$ 可知 $N=2$，因此，由(7.8.12)式，有

$$z^{-1}P(z)=\frac{1}{4}z^{-1}(z+2+z^{-1})=\frac{1}{4}(1+2z^{-1}+z^{-2})$$

显然，$z^{-1}P(z)$ 只有两个在 $z=-1$ 处的重零点，自然一个给 $H_0(z)$，一个给 $H_1(-z)$。于是，可求出

$$H_0(z)=\frac{1}{2}(1+z^{-1}),\quad H_1(z)=\frac{1}{2}(1-z^{-1})$$

并有

$$G_0(z)=\frac{1}{2}(1+z^{-1}),\quad G_1(z)=-\frac{1}{2}(1-z^{-1})$$

将 $H_0(z)$，$H_1(z)$，$G_0(z)$ 和 $G_1(z)$ 分别代入(7.1.5a)式和(7.1.5b)式，有 $T(z)=\frac{1}{2}z^{-1}$，$F(z)=0$，既做到了混叠抵消，又实现了准确重建，且四个滤波器都具有线性相位。

例 7.8.2　对例 6.3.1 的 19 点 Lagrange 半带滤波器按(7.8.12)式作谱分解。

解　谱分解的一个基本原则是要保证分解后的 $H_0(z)$ 和 $H_1(-z)$ 的系数都是实的，根据本节的目的，当然还要求它们都具有线性相位。为此，可将图 6.3.1(a)中的 18 个零点等分给 $H_0(z)$ 和 $H_1(-z)$。按照上述原则，$H_0(z)$ 的零点如图 7.8.1(b)所示，$H_1(z)$ 的

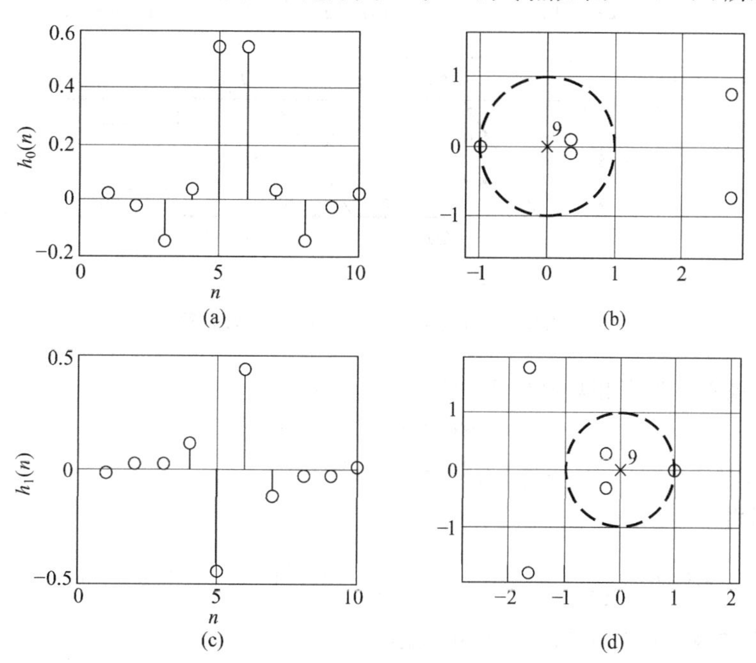

图 7.8.1　按(7.8.12)式对 19 点 Lagrange 半带滤波器做谱分解

零点如图(d)所示，二者的单位抽样响应分别如图(a)和(c)所示。可以看出，$h_0(n)$是偶对称的，而$h_1(n)$是奇对称的。

$H_0(z)$和 $H_1(z)$的幅频响应如图 7.8.2 所示。显然，二者的幅频特性都不理想。7.8.3节将讨论如何设计既具有线性相位又具有良好幅频特性且可以实现 PR 的滤波器。

实现本例的 MATLAB 程序是 exa070802.m。

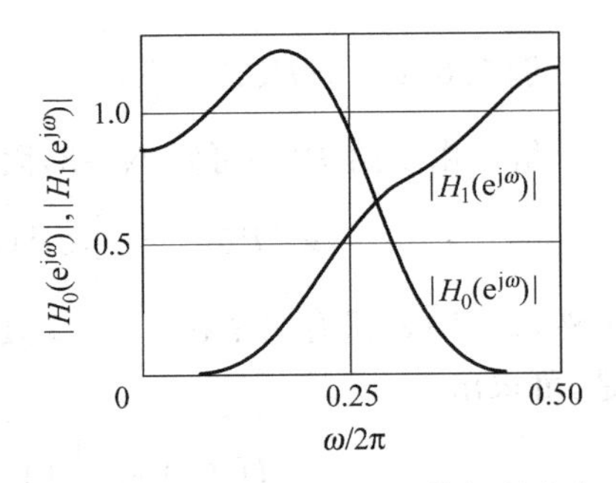

图 7.8.2　$H_0(z)$和 $H_1(z)$的幅频响应

7.8.3　Lattice 实现

设计和实现具有线性相位和准确重建的两通道滤波器组的有效方法是采用 Lattice 结构。由(7.6.17)式，如果能保证分析和综合滤波器组的多相矩阵的行列式为纯延迟，即，$\det[\boldsymbol{E}(z)]=\alpha z^{-k_1}$，$\det[\boldsymbol{R}(z)]=\beta z^{-k_2}$，那么该滤波器组可以实现准确重建。再限定它们的元素都是 FIR 的，并且都具有线性相位。图 7.8.3 给出的是一个简单的分析滤波器组[Vai93]，若定义

$$\boldsymbol{T}_0=\begin{bmatrix}1 & \alpha\\ \alpha & 1\end{bmatrix},\quad \boldsymbol{D}(z)=\begin{bmatrix}1 & 0\\ 0 & z^{-1}\end{bmatrix},\quad \boldsymbol{T}_1=\begin{bmatrix}1 & 1\\ 1 & -1\end{bmatrix}\tag{7.8.15}$$

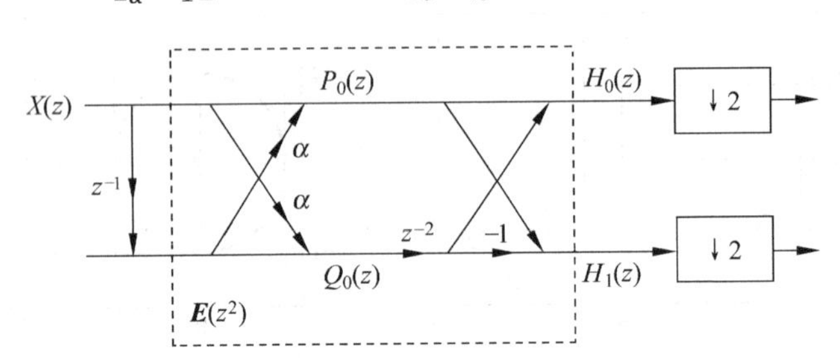

图 7.8.3　线性相位准确重建分析滤波器组

则该分析滤波器组的多相矩阵可表示为

$$\boldsymbol{E}(z)=\boldsymbol{T}_1\boldsymbol{D}(z)\boldsymbol{T}_0\tag{7.8.16}$$

式中，α 是实的且不等于±1(目的是防止 $\boldsymbol{T}_0$ 奇异)。

不难求出

$$\boldsymbol{E}(z)=\begin{bmatrix}1+\alpha z^{-1} & \alpha+z^{-1}\\ 1-\alpha z^{-1} & \alpha-z^{-1}\end{bmatrix},\quad \det[\boldsymbol{E}(z)]=2(\alpha^2-1)z^{-1}$$

再由 $\boldsymbol{E}(z)$的定义(见(7.6.11a)式)，可求出

$$H_0(z)=1+\alpha z^{-1}+\alpha z^{-2}+z^{-3}\tag{7.8.17a}$$

$$H_1(z) = 1 + \alpha z^{-1} - \alpha z^{-2} - z^{-3} \tag{7.8.17b}$$

由(7.6.14b)式，并假定 $c=1, k=1$，有

$$\boldsymbol{R}(z) = z^{-1}\boldsymbol{E}^{-1}(z) = \boldsymbol{T}_0^{-1}\begin{bmatrix} z^{-1} & 0 \\ 0 & 1 \end{bmatrix}\boldsymbol{T}_1^{-1} \tag{7.8.18}$$

由此可求出

$$G_0(z) = 1 - \alpha z^{-1} - \alpha z^{-2} + z^{-3} \tag{7.8.19a}$$

$$G_1(z) = -1 + \alpha z^{-1} - \alpha z^{-2} + z^{-3} \tag{7.8.19b}$$

综合滤波器组的多相结构如图 7.8.4 所示。

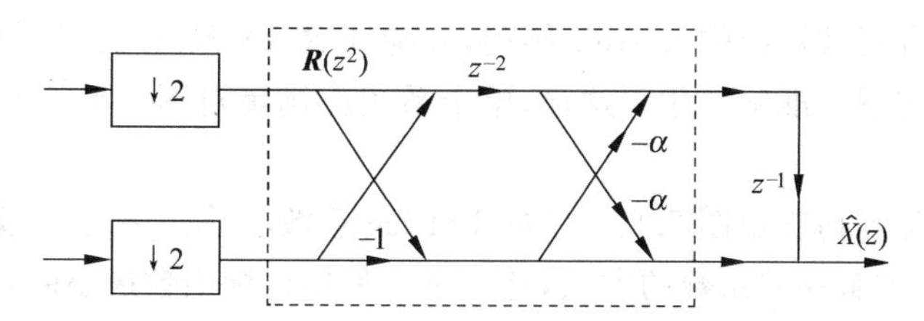

图 7.8.4 线性相位准确重建综合滤波器组

由(7.8.17)式和(7.8.19)式可以看出：

① $H_0(z)$，$H_1(z)$，$G_0(z)$和 $G_1(z)$都具有线性相位；

② $G_0(z)=H_1(-z)$，$G_1(z)=-H_0(-z)$满足(7.2.1)式的混叠抵消条件；

③ $H_0(z)$和 $H_1(z)$不是功率互补的，$H_1(z)$也不等于 $H_0(-z)$；

④ 由于 $\boldsymbol{R}(z)\boldsymbol{E}(z)=z^{-1}\boldsymbol{I}$，或者 $\det[\boldsymbol{E}(z)]=2z^{-1}(\alpha^2-1)$，因此该系统具有 PR 性质；

⑤ $H_0(z)$，$H_1(z)$，$G_0(z)$和 $G_1(z)$并不是简单的纯延迟。

上面讨论的滤波器组虽然简单，但是若将 $\boldsymbol{T}_0(z)$，$\boldsymbol{D}(z)$当作一个基本单元加以扩展，即可得到高阶的、具有线性相位且满足准确重建性能的滤波器组，这样的分析滤波器组的 Lattice 结构如图 7.8.5 所示。

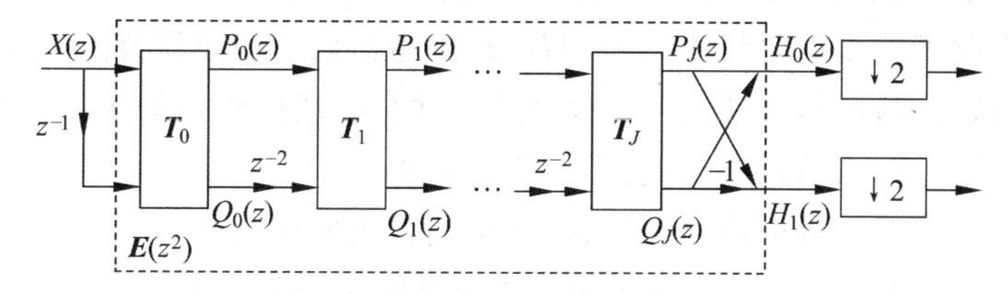

图 7.8.5 线性相位准确重建分析滤波器组 Lattice 结构的一般形式

在图 7.8.5 中，矩阵

$$\boldsymbol{T}_m = \begin{bmatrix} 1 & \alpha_m \\ \alpha_m & 1 \end{bmatrix}, \quad m = 0,1,\cdots,J \tag{7.8.20}$$

各级转移函数有如下关系：

$$P_m(z)=P_{m-1}(z)+\alpha_m z^{-2}Q_{m-1}(z)$$
$$Q_m(z)=\alpha_m P_{m-1}(z)+z^{-2}Q_{m-1}(z)$$

对最后一级，有

$$\begin{bmatrix}H_0(z)\\H_1(z)\end{bmatrix}=\begin{bmatrix}1 & 1\\1 & -1\end{bmatrix}\begin{bmatrix}P_J(z)\\Q_J(z)\end{bmatrix} \tag{7.8.21}$$

并且

$$H_0(z)=z^{-N}H_0(z^{-1}),\quad H_1(z)=-z^{-N}H_1(z^{-1}),\quad N=2J+1 \tag{7.8.22}$$

即 $H_0(z)$和 $H_1(z)$都具有线性相位，其中 $H_0(z)$的系数偶对称，$H_1(z)$的系数奇对称。请读者自己画出综合滤波器组的 Lattice 结构，并验证 $\boldsymbol{R}(z)$，$\boldsymbol{E}(z)$的行列式都是纯延迟，因此整个滤波器组实现了准确重建。这样，整个系统亦满足对图 7.8.3 和图 7.8.4 解释的五点内容。

余下的问题是如何确定图 7.8.5 中的 Lattice 系数 $\alpha_0,\alpha_1,\cdots,\alpha_J$。文献[Ngu89]和文献[Vai93]给出了求解这些系数的方法，这也是一种使目标函数最小的寻优方法。目标函数是

$$\Phi=\int_0^{\omega_p}[1-|H_0(e^{j\omega})|]^2 d\omega+\int_{\omega_s}^{\pi}|H_0(e^{j\omega})|^2 d\omega+\int_{\omega_s}^{\pi}[1-|H_1(e^{j\omega})|]^2 d\omega+\int_0^{\omega_p}|H_1(e^{j\omega})|^2 d\omega \tag{7.8.23}$$

注意，在该式中是同时令 $H_0(z)$和 $H_1(z)$的通带都最接近于 1 并且在阻带中的能量都最小。在 CQMFB 的 Lattice 结构中，由于 $H_0(z)$是功率对称的，$H_0(z)$和 $H_1(z)$是功率互补的，因此其目标函数仅仅令 $H_0(e^{j\omega})$在阻带内的能量为最小即可，如(7.7.24)式所示。

具体方法也是先用 7.3 节所提到的 Johnston 的方法设计出一个 $H_0(z)$，并初始选择 $H_1(z)=H_0(-z)$。用 Johnston 方法得到的 $H_0(z)$具有线性相位且是近似功率对称的，见例 7.3.1。但是，在线性相位 PR 系统中，要放弃的正是 $H_1(z)=H_0(-z)$及二者的功率互补关系，因此下一步需要将 $H_0(z)$，$H_1(z)$作为初始的滤波器代入(7.8.23)式。通过一次次的优化迭代，最后得到的是可以实现 PR 并具有线性相位的 $H_0(z)$和 $H_1(z)$，二者都有着好的幅频响应，当然，它们不会是功率互补的。

例 7.8.3　文献[Ngu89]利用 Johnston 法设计出的滤波器 64D[Cro83]并作为初始化的滤波器，得到了一对长度 $N=64$，满足 PR 的线性相位分析滤波器组。$h_0(n)$，$h_1(n)$分别如图 7.8.6(a)和(b)所示，具体数据见本书所附光盘中的 MATLAB 程序 exa070803.m。图 7.8.6(c)是 $H_0(z)$和 $H_1(z)$的对数幅频响应，图 7.8.6(d)是$|H_0(e^{j\omega})|^2+|H_1(e^{j\omega})|^2$取对数以后的曲线，单位均为 dB。由该图可以看出，$H_0(z)$和 $H_1(z)$都具有较好的幅频特性，然而它们并不是功率互补的。按(7.8.3a)式得到 $G_0(z)$，$G_1(z)$后，由这四个滤波器构成的多相矩阵的行列式均应为纯延迟，因此该滤波器组仍然具有 PR 性质。两个滤波

器对应的 Lattice 系数见文献[Ngu89]，此处不再给出。

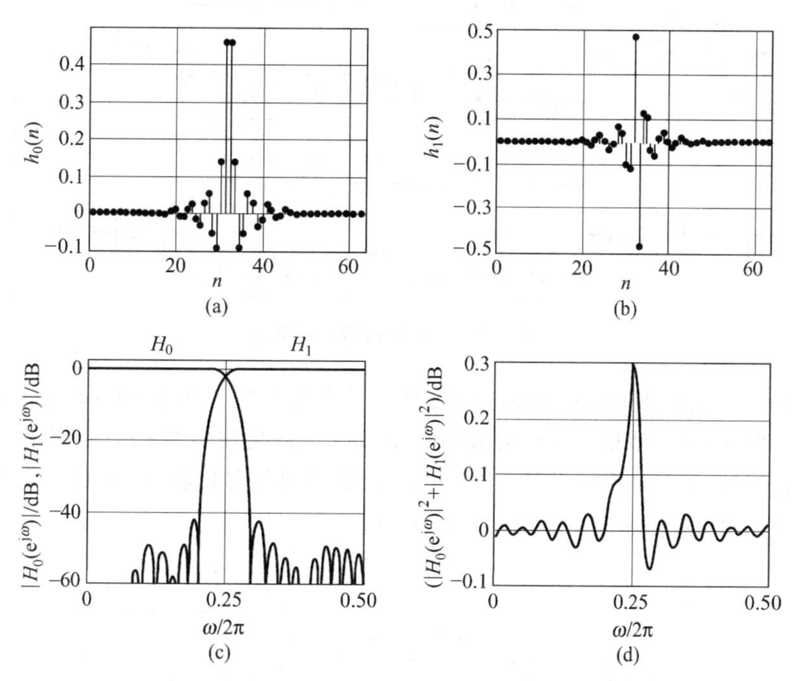

图 7.8.6 线性相位 PR 分析滤波器组的单位抽样响应与幅频响应

7.9 树状滤波器组

前面所讨论的滤波器组都是均匀抽取两通道滤波器组。在实际工作中，有时需要将信号作多层次的分解，有时希望所分解的信号占有不同的频带，因此，人们又提出了多种多样的树状滤波器组。图 7.9.1 是一规则树状滤波器组。图中的 $H_0(z)$，$H_1(z)$，$G_0(z)$ 和 $G_1(z)$ 如果可以构成满足 PR 条件的两通道滤波器组，那么，将这 4 个滤波器用在图 7.9.1中，所构成的树状滤波器同样也可以满足 PR 条件。注意图中第 1 级和第 2 级用的都是 $H_0(z)$，$H_1(z)$，这是因为在经过第 1 级的二抽取后，工作在第 2 级的信号的抽样率减半，因此，工作在第 2 级的 $H_0(z)$，$H_1(z)$ 较之第 1 级的 $H_0(z)$，$H_1(z)$ 的实际频带也随之减半。图中，$u_0(n)$ 是低通信号；$u_3(n)$ 是高通信号；$u_1(n)$ 和 $u_2(n)$ 是带通信号，其频带依次为 $0\sim\pi/4$，$\pi/4\sim\pi/2$，$\pi/2\sim3\pi/4$ 和 $3\pi/4\sim\pi$。

图 7.9.2 是一个非均匀树状分析滤波器组。与图 7.9.1 相对比，该滤波器组分解后

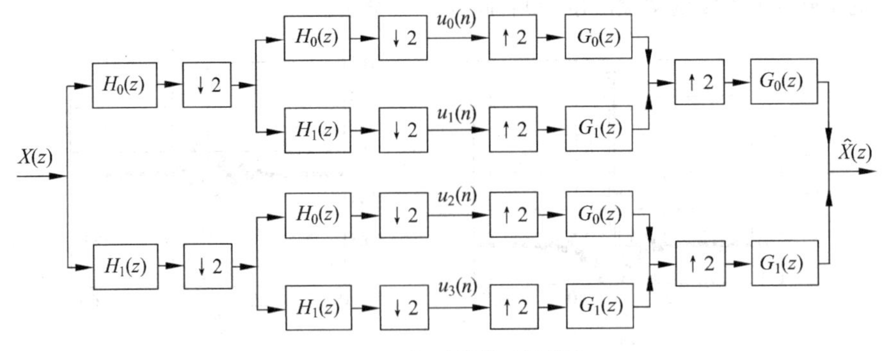

图 7.9.1　规则树状滤波器组

所得到的 $u_0(n)$，$u_1(n)$，$u_2(n)$ 和 $u_3(n)$ 的频带是不等宽的。由于 $H_0(z)$ 是低通滤波器，$H_1(z)$ 是高通滤波器，所以 $u_3(n)$ 的频带是 $\pi/2\sim\pi$，是高通信号；$u_2(n)$ 的频带是 $\pi/4\sim\pi/2$，是带通信号；$u_1(n)$ 的频带是 $\pi/8\sim\pi/4$，也是带通信号；而 $u_0(n)$ 的频带是 $0\sim\pi/8$，是低通信号。相应的滤波器组如图 7.9.3 所示。

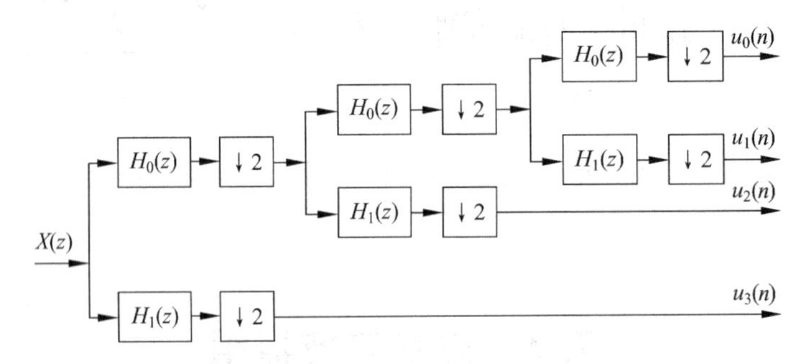

图 7.9.2　非均匀树状分析滤波器组

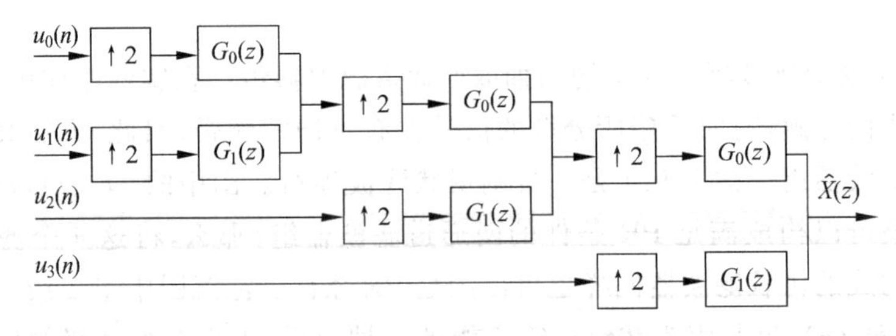

图 7.9.3　图 7.9.2 的综合滤波器组

请读者自己证明，图 7.9.2 可等效为图 7.9.4(a)，而图 7.9.3 可等效为图 7.9.4(b)，并请说明 $H'_0\sim H'_3$ 应具有的频带范围。

树状结构滤波器组和均匀滤波器组一样，在语音、图像的子带编码和压缩中都有着广

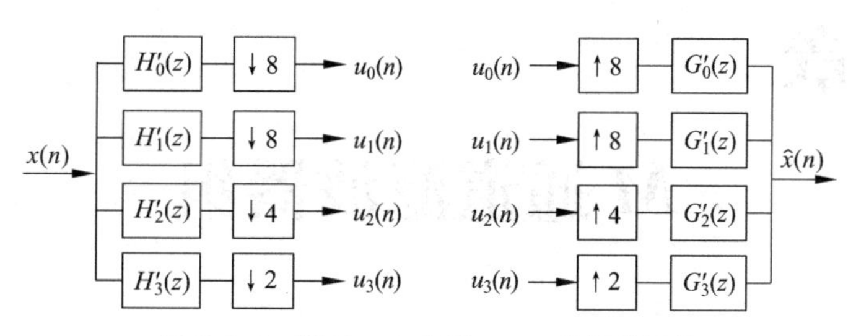

图 7.9.4 图 7.9.2 和图 7.9.3 的等效结构

泛的应用[Fli94, Vai93, Vet95]。图 7.9.2 的非均匀滤波器组还用来构成了 Mallat 多分辨分析的算法基础,在小波变换中占有重要的地位。详细内容将在第 10 章中讨论。

第8章

M 通道滤波器组

在第7章集中讨论了两通道滤波器组的理论，本章将这些理论推广到 M 通道滤波器组，$M>2$。两通道滤波器组在小波变换中得到了广泛的应用，详细内容见第10章，而多通道滤波器组在音频、视频等信号的分析、处理及压缩中也得到了广泛的应用。例如，在数字助听器中要将输入的音频信号分解成许多的子带，然后根据听力患者的听力曲线给予不同程度的放大与抑制，从而补偿佩戴者的听力损失以达到助听的目的。

本章前三节讨论 M 通道滤波器组中的一般问题，即输入、输出关系，混叠抵消和准确重建的条件。8.4节介绍一般的设计方法，该方法在最优的准则下分别设计出 M 个分析滤波器，然后再按照一定的关系得到 M 个综合滤波器。8.5节和8.6节集中介绍 M 通道调制滤波器组，这一类滤波器组可由一个低通原型滤波器通过调制而得到，从而简化了设计并减少了计算复杂性。8.5节介绍的是复数调制滤波器组，即DFT滤波器组，该滤波器组常常作为典型例子来说明滤波器组中的一些内部关系和实现方法。8.6节介绍的是实数调制滤波器组，即余弦调制滤波器组，这是一类得到广泛应用的 M 通道滤波器组。最后，在8.7节进一步讨论余弦调制滤波器组的其他内容。

8.1 M 通道滤波器组中的基本关系

图8.1.1是一个标准的 M 通道滤波器组，由第5章至第7章的讨论，不难得到图中各处信号之间的相互关系，即

$$X_k(z) = X(z)H_k(z) \tag{8.1.1}$$

$$V_k(z) = \frac{1}{M}\sum_{l=0}^{M-1} X_k(W_M^l z^{\frac{1}{M}}) = \frac{1}{M}\sum_{l=0}^{M-1} X(W_M^l z^{\frac{1}{M}})H_k(W_M^l z^{\frac{1}{M}}) \tag{8.1.2}$$

$$U_k(z) = V_k(z^M) = \frac{1}{M}\sum_{l=0}^{M-1} X(zW_M^l)H_k(zW_M^l) \tag{8.1.3}$$

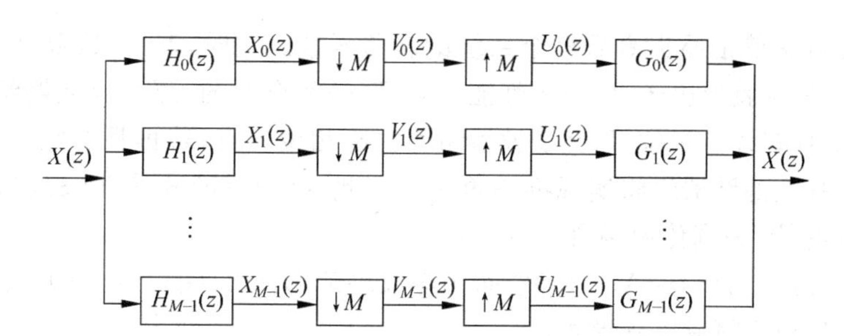

图 8.1.1 M 通道滤波器组

于是，该滤波器组的最后输出

$$\begin{aligned}\hat{X}(z) &= \sum_{k=0}^{M-1} G_k(z) U_k(z) \\ &= \frac{1}{M}\sum_{l=0}^{M-1} X(zW_M^l) \sum_{k=0}^{M-1} H_k(zW_M^l) G_k(z)\end{aligned} \tag{8.1.4}$$

若令

$$A_l(z) = \frac{1}{M}\sum_{k=0}^{M-1} H_k(zW_M^l) G_k(z) \tag{8.1.5}$$

则

$$\hat{X}(z) = \sum_{l=0}^{M-1} A_l(z) X(zW_M^l) \tag{8.1.6}$$

这样，最后的输出 $\hat{X}(z)$是 $X(zW_M^l)$的加权和，权函数是 $A_l(z)$。

和两通道滤波器组讨论的内容一样，对于 M 通道滤波器组，也需要研究如何去除混叠失真、幅度失真以及相位失真，需要研究如何实现输出对输入的准确重建。由于

$$X(zW_M^l)\big|_{z=e^{j\omega}} = X[e^{j(\omega-2\pi l/M)}] \tag{8.1.7}$$

在 $l\neq 0$ 时是 $X(e^{j\omega})$的移位，因此，$\hat{X}(e^{j\omega})$是 $X(e^{j\omega})$及其移位的加权和。由第 7 章的讨论可知，在 $l\neq 0$ 时，$X[e^{j(\omega-2\pi l/M)}]$是混叠分量，应想办法去除。由(8.1.6)式，若保证

$$A_l(z) = 0, \quad l = 1,2,\cdots,M-1 \tag{8.1.8}$$

则可以去除图 8.1.1 所示滤波器组中的混叠失真。这时

$$\hat{X}(z) = A_0(z) X(z) \tag{8.1.9a}$$

式中

$$A_0(z) = \frac{1}{M}\sum_{k=0}^{M-1} H_k(z) G_k(z) \tag{8.1.9b}$$

并记

$$T(z) = A_0(z) \tag{8.1.9c}$$

显然，$T(z)$是在去除混叠失真后整个系统的转移函数。这时，$\hat{X}(z)$是否对 $X(z)$产生幅度失真和相位失真就取决于 $T(z)$的性能。若 $T(z)$是全通的，那么滤波器组可避免幅度失真；若 $T(z)$具有线性相位，那么滤波器组将去除相位失真；若再具有纯延迟的形式，即 $T(z)=cz^{-k}$，那么滤波器组将实现准确重建。因此，(8.1.9c)式的 $T(z)$和(7.1.7)式的 $T(z)$一样，都称为"失真传递函数"。

由(8.1.5)式，$A_1(z)\sim A_{M-1}(z)$能否为零取决于 $H_k(z)$，$G_k(z)(k=0,1,\cdots,M-1)$的性质。将(8.1.5)式写成矩阵形式，有

$$M\begin{bmatrix} A_0(z) \\ A_1(z) \\ \vdots \\ A_{M-1}(z) \end{bmatrix} = \begin{bmatrix} H_0(z) & H_1(z) & \cdots & H_{M-1}(z) \\ H_0(zW) & H_1(zW) & \cdots & H_{M-1}(zW) \\ \vdots & \vdots & \ddots & \vdots \\ H_0(zW^{M-1}) & H_1(zW^{M-1}) & \cdots & H_{M-1}(zW^{M-1}) \end{bmatrix} \begin{bmatrix} G_0(z) \\ G_1(z) \\ \vdots \\ G_{M-1}(z) \end{bmatrix} \tag{8.1.10}$$

令

$$\boldsymbol{a}(z) = (A_0(z)\ A_1(z)\ \cdots\ A_{M-1}(z))^{\mathrm{T}} \tag{8.1.11a}$$

$$\boldsymbol{g}(z) = (G_0(z)\ G_1(z)\ \cdots\ G_{M-1}(z))^{\mathrm{T}} \tag{8.1.11b}$$

并令(8.1.10)式右边的矩阵为 $\boldsymbol{H}(z)$。由(8.1.8)式，若去除混叠失真，除了 $A_0(z)$外，$\boldsymbol{a}(z)$的其他元素都应等于零。所以，混叠抵消的条件又可表示为

$$\boldsymbol{H}(z)\boldsymbol{g}(z) = \boldsymbol{t}(z) \tag{8.1.12a}$$

式中

$$\boldsymbol{t}(z) = (MA_0(z)\ 0\ \cdots\ 0)^{\mathrm{T}} \tag{8.1.12b}$$

由(8.1.10)式，$\boldsymbol{H}(z)$的第 1 行是 $H_0(z),\cdots,H_{M-1}(z)$，第 2～$M-1$ 行分别是由这 M 个滤波器的依次移位所构成。因此，$\boldsymbol{H}(z)$又称混叠分量(alias component，AC)矩阵，它等效于两通道情况下由(7.2.8)式中的矩阵 $\boldsymbol{H}_{\mathrm{m}}$。

由(8.1.12)式，有

$$\boldsymbol{g}(z) = \boldsymbol{H}^{-1}(z)\boldsymbol{t}(z) \tag{8.1.13}$$

为保证去除混叠失真，可选 $\boldsymbol{t}(z)=(MA_0(z)\ 0\ \cdots\ 0)^{\mathrm{T}}=(c'z^{-k}\ 0\ \cdots\ 0)$。这样，若 $\boldsymbol{H}(z)$已知，即可求出综合滤波器组 $\boldsymbol{g}(z)$，且整个的 M 通道滤波器组将具有 PR 性质。(8.1.13)式又可表示为

$$\boldsymbol{g}(z) = \frac{\mathrm{adj}[\boldsymbol{H}(z)]}{\det[\boldsymbol{H}(z)]}\boldsymbol{t}(z) \tag{8.1.14}$$

式中，adj[$\boldsymbol{H}(z)$]是 $\boldsymbol{H}(z)$的伴随矩阵。分析(8.1.14)式可知：

(1) 若 $\boldsymbol{H}(z)$的每一个元素都是 FIR 的，则 det[$\boldsymbol{H}(z)$]也是 FIR 的，这时 $\boldsymbol{g}(z)$将变成 IIR 的；

(2) 若选择 $\det[\boldsymbol{H}(z)]=cz^{-n_0}\boldsymbol{t}(z)$，这时 $\boldsymbol{g}(z)$可保证是 FIR 的，但由于 $\boldsymbol{g}(z)=\mathrm{adj}[\boldsymbol{H}(z)]$，因此 $\boldsymbol{g}(z)$的阶次将远大于 $\boldsymbol{H}(z)$的阶次；

(3) 若$\boldsymbol{H}(z)$有零点在单位圆上,则$\boldsymbol{g}(z)$的幅度将会产生较大的失真。

此外,由(8.1.13)式或(8.1.14)式并不容易找出$\boldsymbol{H}(z)$与$\boldsymbol{g}(z)$的关系以及$\boldsymbol{H}(z)$自身应具有的特点,因此,将采用多相结构的方法来进一步研究如何去除混叠失真及探讨实现PR的途径。

8.2 *M*通道滤波器组的多相结构

仿照(7.6.9)式,在多通道情况下的分析滤波器组可表示为

$$H_k(z)=\sum_{l=0}^{M-1}z^{-l}E_{k,l}(z^M) \tag{8.2.1}$$

写成矩阵形式,有

$$\begin{bmatrix}H_0(z)\\H_1(z)\\\vdots\\H_{M-1}(z)\end{bmatrix}=\begin{bmatrix}E_{0,0}(z^M) & E_{0,1}(z^M) & \cdots & E_{0,M-1}(z^M)\\E_{1,0}(z^M) & E_{1,1}(z^M) & \cdots & E_{1,M-1}(z^M)\\\vdots & \vdots & \ddots & \vdots\\E_{M-1,0}(z^M) & E_{M-1,1}(z^M) & \cdots & E_{M-1,M-1}(z^M)\end{bmatrix}\begin{bmatrix}1\\z^{-1}\\\vdots\\z^{-(M-1)}\end{bmatrix} \tag{8.2.2}$$

记

$$\boldsymbol{h}(z)=(H_0(z)\ H_1(z)\ \cdots\ H_{M-1}(z))^{\mathrm{T}} \tag{8.2.3a}$$

$$\boldsymbol{e}(z)=(1\ z^{-1}\ \cdots\ z^{-(M-1)})^{\mathrm{T}} \tag{8.2.3b}$$

并记(8.2.2)式右边的矩阵为$\boldsymbol{E}(z^M)$,则

$$\boldsymbol{h}(z)=\boldsymbol{E}(z^M)\boldsymbol{e}(z) \tag{8.2.4}$$

式中,$\boldsymbol{E}(z^M)$称为多相矩阵;$\boldsymbol{h}(z)$是由上一节的AC矩阵$\boldsymbol{H}(z)$的第1行构成的列向量。

同理,综合滤波器组$G_k(z)$按第二类多相结构展开,有

$$G_k(z)=\sum_{l=0}^{M-1}z^{-(M-1-l)}R_{l,k}(z^M) \tag{8.2.5}$$

写成矩阵形式,有

$$(G_0(z)\ G_1(z)\ \cdots\ G_{M-1}(z))=(z^{-(M-1)}\ z^{-(M-2)}\ \cdots\ 1)\times\begin{bmatrix}R_{0,0}(z^M) & R_{0,1}(z^M) & \cdots & R_{0,M-1}(z^M)\\R_{1,0}(z^M) & R_{1,1}(z^M) & \cdots & R_{1,M-1}(z^M)\\\vdots & \vdots & \ddots & \vdots\\R_{M-1,0}(z^M) & R_{M-1,1}(z^M) & \cdots & R_{M-1,M-1}(z^M)\end{bmatrix} \tag{8.2.6}$$

记该式右边的多相矩阵为 $\boldsymbol{R}(z^M)$，则(8.2.6)式可写为如下更简洁的形式：

$$\boldsymbol{g}^{\mathrm{T}}(z)=z^{-(M-1)}\tilde{\boldsymbol{e}}(z)\boldsymbol{R}(z^M) \tag{8.2.7}$$

式中，$\boldsymbol{g}(z)$已在(8.1.11b)式中定义；$\tilde{\boldsymbol{e}}(z)=\boldsymbol{e}^{\mathrm{T}}(z^{-1})$。利用(8.2.2)式和(8.2.6)式，图 8.1.1 的 M 通道滤波器组可改为图 8.2.1(a)的形式。利用恒等变换，图 8.2.1(a)又可改成图 8.2.1(b)的形式，图中

$$\boldsymbol{P}(z)=\boldsymbol{R}(z)\boldsymbol{E}(z) \tag{8.2.8}$$

若 $\boldsymbol{P}(z)$为单位阵，那么该滤波器组一定可以实现准确重建。

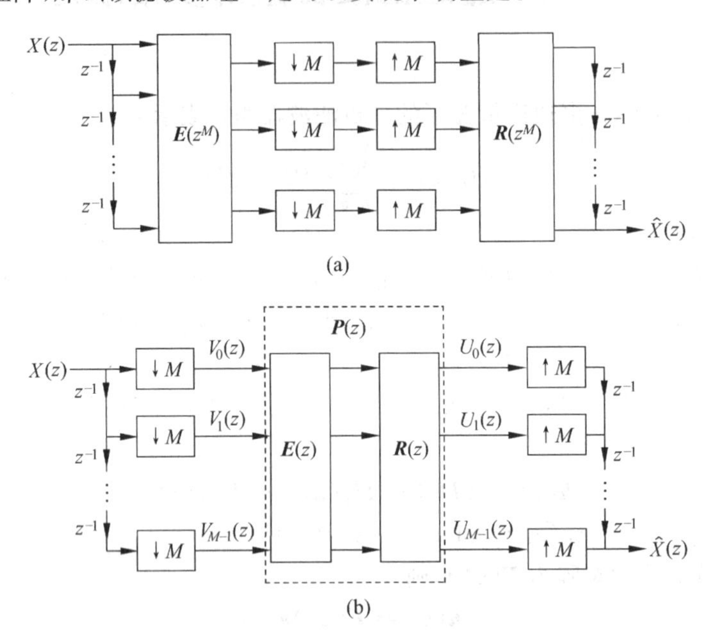

图 8.2.1　M 通道滤波器组的多相结构

至此，已讨论了 M 通道滤波器组的两种表示形式，一是用(8.1.10)式的 AC 矩阵表示的形式，二是用(8.2.2)式多相矩阵表示的形式。在深入讨论 $\boldsymbol{E}(z)$，$\boldsymbol{R}(z)$的性能对整个系统 PR 性能的影响之前，先讨论一下 AC 矩阵 $\boldsymbol{H}(z)$和多相矩阵 $\boldsymbol{E}(z)$的关系。

由(8.2.3)式及(8.1.10)式对 $\boldsymbol{h}(z)$和 $\boldsymbol{E}(z)$的定义，有

$$\boldsymbol{H}^{\mathrm{T}}(z)=(\boldsymbol{h}(z)\ \boldsymbol{h}(zW)\ \cdots\ \boldsymbol{h}(zW^{M-1})) \tag{8.2.9}$$

由(8.2.2)式，$\boldsymbol{H}^{\mathrm{T}}(z)$又可表示为

$$\begin{aligned}\boldsymbol{H}^{\mathrm{T}}(z)&=(\boldsymbol{E}(z^M)\boldsymbol{e}(z)\ \boldsymbol{E}(z^M)\boldsymbol{e}(zW)\ \cdots\ \boldsymbol{E}(z^M)\boldsymbol{e}(zW^{M-1}))\\&=\boldsymbol{E}(z^M)(\boldsymbol{e}(z)\ \boldsymbol{e}(zW)\ \cdots\ \boldsymbol{e}(zW^{M-1}))\end{aligned}$$

记

$$\boldsymbol{W}=\begin{bmatrix}1 & 1 & \cdots & 1\\ 1 & W & \cdots & W^{M-1}\\ \vdots & \vdots & \ddots & \vdots\\ 1 & W^{M-1} & \cdots & W^{(M-1)(M-1)}\end{bmatrix} \tag{8.2.10}$$

$$\boldsymbol{D}(z)=\mathrm{diag}(1\ z^{-1}\ \cdots\ z^{-(M-1)}) \tag{8.2.11}$$

则

$$\boldsymbol{H}^{\mathrm{T}}(z)=\boldsymbol{E}(z^M)\boldsymbol{D}(z)\boldsymbol{W}^* \tag{8.2.12a}$$

或

$$\boldsymbol{H}(z)=\boldsymbol{W}^{\mathrm{H}}\boldsymbol{D}(z)\boldsymbol{E}^{\mathrm{T}}(z^M) \tag{8.2.12b}$$

(8.2.12)式即是混叠分量矩阵 $\boldsymbol{H}(z)$和多相矩阵 $\boldsymbol{E}(z^M)$的关系。

8.3 混叠抵消和 PR 条件的多相表示

在 8.1 节已指出，对 M 通道滤波器组，若 $A_1(z),\cdots,A_{M-1}(z)$全为零，可去除混叠失真，若 $T(z)$为全通函数并具有线性相位，则可分别去除幅度失真和相位失真，若 $T(z)=cz^{-k}$，则该滤波器组可以实现准确重建。现在讨论这些条件的多相表示。

定理 8.3.1 一个 M 通道最大抽取滤波器组混叠抵消的充要条件是多相矩阵 $\boldsymbol{P}(z)$为伪循环矩阵。

$\boldsymbol{P}(z)$的定义见(8.2.8)式。所谓伪循环矩阵，是将一个循环矩阵

$$\begin{bmatrix}P_0(z) & P_1(z) & P_2(z) & \cdots & P_{M-1}(z)\\ P_{M-1}(z) & P_0(z) & P_1(z) & \cdots & P_{M-2}(z)\\ P_{M-2}(z) & P_{M-1}(z) & P_0(z) & \cdots & P_{M-3}(z)\\ \vdots & \vdots & \vdots & \ddots & \vdots\\ P_1(z) & P_2(z) & P_3(z) & \cdots & P_0(z)\end{bmatrix}$$

主对角线以下的元素都乘以 z^{-1}所得到的矩阵，即

$$\begin{bmatrix}P_0(z) & P_1(z) & P_2(z) & \cdots & P_{M-1}(z)\\ z^{-1}P_{M-1}(z) & P_0(z) & P_1(z) & \cdots & P_{M-2}(z)\\ z^{-1}P_{M-2}(z) & z^{-1}P_{M-1}(z) & P_0(z) & \cdots & P_{M-3}(z)\\ \vdots & \vdots & \vdots & \ddots & \vdots\\ z^{-1}P_1(z) & z^{-1}P_2(z) & z^{-1}P_3(z) & \cdots & P_0(z)\end{bmatrix}$$

该伪循环矩阵所对应的时域关系是

$$\begin{bmatrix} p_0(n) & p_1(n) & p_2(n) & \cdots & p_{M-1}(n) \\ p_{M-1}(n-1) & p_0(n) & p_1(n) & \cdots & p_{M-2}(n) \\ p_{M-2}(n-1) & p_{M-1}(n-1) & p_0(n) & \cdots & p_{M-3}(n) \\ \vdots & \vdots & \vdots & \ddots & \vdots \\ p_1(n-1) & p_2(n-1) & p_3(n-1) & \cdots & p_0(n) \end{bmatrix}$$

证明　由图8.2.1(b)及(8.2.8)式，有

$$V_l(z) = \frac{1}{M}\sum_{k=0}^{M-1}(z^{\frac{1}{M}}W^k)^{-l}X(z^{\frac{1}{M}}W^k),\quad l=0,1,\cdots,M-1 \tag{8.3.1}$$

$$U_s(z) = \sum_{l=0}^{M-1}P_{s,l}(z)V_l(z) \tag{8.3.2}$$

滤波器组最后的输出

$$\begin{aligned}\hat{X}(z) &= \sum_{s=0}^{M-1}z^{-(M-1-s)}U_s(z^M)\\ &= \sum_{s=0}^{M-1}z^{-(M-1-s)}\sum_{l=0}^{M-1}P_{s,l}(z^M)V_l(z^M)\\ &= \frac{1}{M}\sum_{s=0}^{M-1}z^{-(M-1-s)}\sum_{l=0}^{M-1}P_{s,l}(z^M)\sum_{k=0}^{M-1}(zW^k)^{-l}X(zW^k)\end{aligned} \tag{8.3.3}$$

该式即是M通道滤波器组中输入、输出关系的多相表示。交换求和顺序，有

$$\hat{X}(z) = \frac{1}{M}\sum_{k=0}^{M-1}X(zW^k)\sum_{l=0}^{M-1}W^{-kl}\sum_{s=0}^{M-1}z^{-l}z^{-(M-1-s)}P_{s,l}(z^M) \tag{8.3.4}$$

因为$X(zW^k)(k=1,2,\cdots,M-1)$为混叠分量，为使混叠抵消，应设法令其等于零。也就是说，混叠抵消的充要条件是：

$$\sum_{l=0}^{M-1}W^{-kl}\sum_{s=0}^{M-1}z^{-l}z^{-(M-1-s)}P_{s,l}(z^M)\equiv 0,\quad k\neq 0 \tag{8.3.5}$$

记

$$\sum_{s=0}^{M-1}z^{-l}z^{-(M-1-s)}P_{s,l}(z^M) = Q_l(z) \tag{8.3.6}$$

则(8.3.5)式可表示为

$$\sum_{l=0}^{M-1}W^{-kl}Q_l(z) = \begin{cases}cz^{-n_0}, & k=0\\ 0, & k=1,2,\cdots,M-1\end{cases} \tag{8.3.7}$$

式中，c为不等于零的常数。

为便于观察矩阵$\boldsymbol{P}(z)$中元素$P_{s,l}$的规律，现将(8.3.6)式作进一步的展开。假定$M=4$，有

$$Q_0(z) = z^{-3}P_{0,0}+z^{-2}P_{1,0}+z^{-1}P_{2,0}+P_{3,0} \tag{8.3.8a}$$

$$Q_1(z) = z^{-4}P_{0,1}+z^{-3}P_{1,1}+z^{-2}P_{2,1}+z^{-1}P_{3,1} \tag{8.3.8b}$$

$$Q_2(z) = z^{-5}P_{0,2} + z^{-4}P_{1,2} + z^{-3}P_{2,2} + z^{-2}P_{3,2} \tag{8.3.8c}$$

$$Q_3(z) = z^{-6}P_{0,3} + z^{-5}P_{1,3} + z^{-4}P_{2,3} + z^{-3}P_{3,3} \tag{8.3.8d}$$

注意式中省去了$P_{s,l}(z^4)$的(z^4)。同时，(8.3.7)式可表示为

$$\boldsymbol{W}^{\mathrm{H}}\begin{bmatrix} Q_0(z) \\ Q_1(z) \\ \vdots \\ Q_{M-1}(z) \end{bmatrix} = \begin{bmatrix} cz^{-n_0} \\ 0 \\ \vdots \\ 0 \end{bmatrix}$$

由于$\boldsymbol{WW}^{\mathrm{H}}=M\boldsymbol{I}$，所以上式又变为

$$\begin{bmatrix} Q_0(z) \\ Q_1(z) \\ \vdots \\ Q_{M-1}(z) \end{bmatrix} = \boldsymbol{W}\begin{bmatrix} c'z^{-n_0} \\ 0 \\ \vdots \\ 0 \end{bmatrix} \tag{8.3.9}$$

式中，常数c'包含了常数c和M。由于$\boldsymbol{W}$是DFT矩阵，其第1行和第1列全为1。因此，(8.3.9)式意味着

$$Q_0(z) = Q_1(z) = \cdots = Q_{M-1}(z) = c'z^{-n_0} \tag{8.3.10}$$

由(8.3.8)式和(8.3.10)式可知，矩阵$\boldsymbol{P}(z)$中各元素$P_{s,l}$应有如下规律(以$M=4$为例)：

① 同为z^{-3}的系数应该相等，即

$$P_{0,0} = P_{1,1} = P_{2,2} = P_{3,3}$$

② 同为z^{-2}的系数应该相等，即

$$P_{1,0} = P_{2,1} = P_{3,2}$$

③ 同为z^{-1}的系数应相等，即

$$P_{2,0} = P_{3,1}$$

④ 由于$Q_0(z)=Q_1(z)$，因此，在(8.3.8)式的前两个式子中，必应有

$$P_{3,0} = z^{-4}P_{0,1}$$

⑤ 同理，由(8.3.8b)式和(8.3.8c)式，应有

$$z^{-1}P_{3,1} = z^{-5}P_{0,2}$$

由(8.3.8c)式和(8.3.8d)式，应有

$$z^{-2}P_{3,2} = z^{-6}P_{0,3}$$

因此矩阵$\boldsymbol{P}$的各元素之间应有

$$\boldsymbol{P} = (P_{s,l}) = \begin{bmatrix} P_{0,0} & P_{0,1} & P_{0,2} & P_{0,3} \\ P_{1,0} & P_{1,1} & P_{1,2} & P_{1,3} \\ P_{2,0} & P_{2,1} & P_{2,2} & P_{2,3} \\ P_{3,0} & P_{3,1} & P_{3,2} & P_{3,3} \end{bmatrix}$$

$$=\begin{bmatrix} P_{0,0} & P_{0,1} & P_{0,2} & P_{0,3} \\ z^{-1}P_{0,3} & P_{0,0} & P_{0,1} & P_{0,2} \\ z^{-1}P_{0,2} & z^{-1}P_{0,3} & P_{0,0} & P_{0,1} \\ z^{-1}P_{0,1} & z^{-1}P_{0,2} & z^{-1}P_{0,3} & P_{0,0} \end{bmatrix}$$

注意，式中由 z^{-5} 改成 z^{-1} 是因为矩阵 $\boldsymbol{P}$ 实际上是 $\boldsymbol{P}(z^4)$。由此可以看出，$\boldsymbol{P}(z)$ 确实是一伪循环矩阵。

本定理的证明可参看文献[Vai93]及文献[ZW5]。

在两通道的情况下，若 $\boldsymbol{P}(z)=\boldsymbol{R}(z)\boldsymbol{E}(z)=\boldsymbol{I}$，则该系统可以实现准确重建。同样，由图 8.2.1(c)，在 M 通道的情况下，若 $\boldsymbol{P}(z)$ 为单位阵，那么该系统也必然会实现 PR。其实，在 M 通道情况下，不一定要求 $\boldsymbol{P}(z)$ 为单位阵，条件可适当放宽。下面的定理给出了 M 通道滤波器组实现 PR 的充要条件。

定理 8.3.2　一个 M 通道最大抽取滤波器组实现准确重建的充要条件是

$$\boldsymbol{P}(z)=\boldsymbol{R}(z)\boldsymbol{E}(z)=cz^{-n_0}\begin{bmatrix} \boldsymbol{0} & \boldsymbol{I}_{M-r} \\ z^{-1}\boldsymbol{I}_r & \boldsymbol{0} \end{bmatrix} \tag{8.3.11}$$

式中，n_0，r 为整数，$0\leqslant r\leqslant M-1$；$c$ 为不等于零的常数。

证明　PR 条件意味着混叠抵消条件成立。由(8.3.4)式，在 $k=0$ 时，有

$$\hat{X}(z)=\frac{1}{M}X(z)\sum_{l=0}^{M-1}\sum_{s=0}^{M-1}z^{-l}z^{-(M-1-s)}P_{s,l}(z^M) \tag{8.3.12}$$

由(8.3.6)式的定义，则

$$\hat{X}(z)=\frac{1}{M}X(z)\sum_{l=0}^{M-1}Q_l(z)=\frac{1}{M}X(z)[Q_0(z)+Q_1(z)+\cdots+Q_{M-1}(z)]$$

由(8.3.10)式，并定义

$$Q_0(z)=Q_1(z)=\cdots=Q_{M-1}(z)=Q(z) \tag{8.3.13}$$

则

$$\hat{X}(z)=X(z)Q(z) \tag{8.3.14}$$

希望 $\hat{x}(n)=cx(n-n_0)$，则 $Q(z)=cz^{-n_0}$。由(8.3.8a)式，又由于

$$Q_0(z)=Q(z)=z^{-(M-1)}P_{0,0}(z)+z^{-(M-2)}P_{1,0}(z)+\cdots+z^{-1}P_{M-2,0}(z)+P_{M-1,0}(z)$$

因此，要求 $Q(z)=cz^{-n_0}$，等效地要求 $Q_0(z)$ 中只能包含一项。不失一般性，设 $Q_0(z)$ 中下标为$(r,0)$的元素不为零，该项是 $z^{-(M-1-r)}P_{r,0}(z)$。由于 $\boldsymbol{P}(z)$ 又是伪循环矩阵，也即从第 1 行开始，以下各行元素都是第 0 行元素循环移位的结果，因此，$\boldsymbol{P}(z)$ 必然具有如下形式：

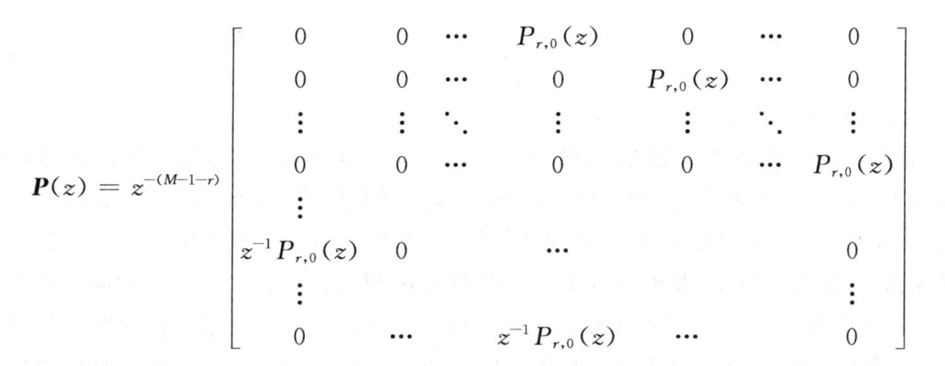

即

$$\boldsymbol{P}(z)=z^{-(M-1-r)}\begin{bmatrix}\boldsymbol{0} & \boldsymbol{I}_{M-r}\\ z^{-1}\boldsymbol{I}_r & \boldsymbol{0}\end{bmatrix} \tag{8.3.15}$$

于是定理得证。

8.4 M通道滤波器组的设计

定理8.3.1和定理8.3.2指出，对M通道最大抽取滤波器组，若去除混叠失真，则$\boldsymbol{P}(z)=\boldsymbol{R}(z)\boldsymbol{E}(z)$应为一伪循环矩阵。若再做到准确重建，则$\boldsymbol{P}(z)$的每一行(或列)只能有一个元素不为零，整个的$\boldsymbol{P}(z)$如(8.3.11)式所示。这样，实现PR的$M$通道滤波器组的$\boldsymbol{P}(z)$结构已确定，余下的任务即是寻求$H_k(z)$，$G_k(z)$($k=0,1,\cdots,M-1$)来满足$\boldsymbol{P}(z)$。直接求出$H_k(z)$，$G_k(z)$是比较困难的。由于$\boldsymbol{P}(z)=\boldsymbol{R}(z)\boldsymbol{E}(z)$，因此，由给定形式后的$\boldsymbol{P}(z)$来寻求$\boldsymbol{E}(z)$相对比较容易。由于一旦求出$\boldsymbol{E}(z)$后，为求$\boldsymbol{R}(z)$需要求逆运算，而求逆往往会带来数值上的不稳定或是使$\boldsymbol{R}(z)$变为IIR的，因此，为避免求逆运算，往往假定$\boldsymbol{E}(z)$是仿酉的，这时

$$\boldsymbol{R}(z)=cz^{-n_0}\widetilde{\boldsymbol{E}}(z) \tag{8.4.1}$$

并且

$$\boldsymbol{P}(z)=\boldsymbol{R}(z)\boldsymbol{E}(z)=cz^{-n_0}\widetilde{\boldsymbol{E}}(z)\boldsymbol{E}(z)=cz^{-n_0}\boldsymbol{I} \tag{8.4.2}$$

从而保证了系统的PR性质((8.4.2)式对应(8.3.11)式中的$r=0$)。反之，若系统满足PR，由(8.4.2)式和(8.4.1)式，$\boldsymbol{E}(z)$必定是仿酉的。现在的问题是如何设计出$\boldsymbol{E}(z)$，使之满足(8.4.2)式，一旦$\boldsymbol{E}(z)$求出，由

$$H_k(z)=\sum_{l=0}^{M-1}z^{-l}E_{k,l}(z^M) \tag{8.4.3a}$$

$$G_k(z) = \sum_{l=0}^{M-1} z^{-(M-1-l)} R_{l,k}(z^M) \tag{8.4.3b}$$

即可求出 $H_k(z)$ 和 $G_k(z)(k=0,1,\cdots,M-1)$。

由第7章对两通道滤波器组的分析可知，若要设计出一个满足要求的仿酉矩阵 $\boldsymbol{E}(z)$，可行的方法是将 $\boldsymbol{E}(z)$ 分解成一系列简单仿酉矩阵的积，如(7.7.15)式所示。在该式中，将 $\boldsymbol{E}(z)$ 分解成旋转矩阵 $\boldsymbol{B}_k$ 和对角矩阵 $\boldsymbol{D}(z)$ 的级联，$\boldsymbol{B}_k$ 中仅包含一个参数 α_k。通过最优的方法可求出 α_k，从而得到 $\boldsymbol{E}(z)$，也即得到 $H_0(z)$ 和 $H_1(z)$。对多通道情况下的 $\boldsymbol{E}(z)$，也可仿照(7.7.15)式将其分解为旋转矩阵和对角矩阵的级联。但这时的旋转矩阵 $\boldsymbol{B}_k$ 将会有较多的正弦和余弦，因此，$\boldsymbol{B}_k$ 中包含的参数将远不止一个，这将给后边的优化工作带来困难。文献[Vai93]提出了一个对 $\boldsymbol{E}(z)$ 分解的 diadic 方法。下面进行简要介绍。

设 $\boldsymbol{V}_m$ 是 $M\times1$ 的向量，且范数等于1，那么 $\boldsymbol{V}_m\boldsymbol{V}_m^{\mathrm{H}}$ 是 $M\times M$ 的矩阵。定义

$$\boldsymbol{C}_m(z) = \boldsymbol{I} - \boldsymbol{V}_m\boldsymbol{V}_m^{\mathrm{H}} + \boldsymbol{V}_m\boldsymbol{V}_m^{\mathrm{H}}z^{-1} \tag{8.4.4}$$

则 $\boldsymbol{C}_m(z)$ 是仿酉矩阵，即

$$\widetilde{\boldsymbol{C}}_m(z)\boldsymbol{C}_m(z) = \boldsymbol{I} \tag{8.4.5}$$

此式的证明见文献[Vai93，ZW5]。这样，给定每一个向量 $\boldsymbol{V}_m$，由它们按(8.4.4)式构成的 $\boldsymbol{C}_m(z)(m=0,1,\cdots,M-1)$ 都是一阶的仿酉系统，这样的系统可由图8.4.1来实现。

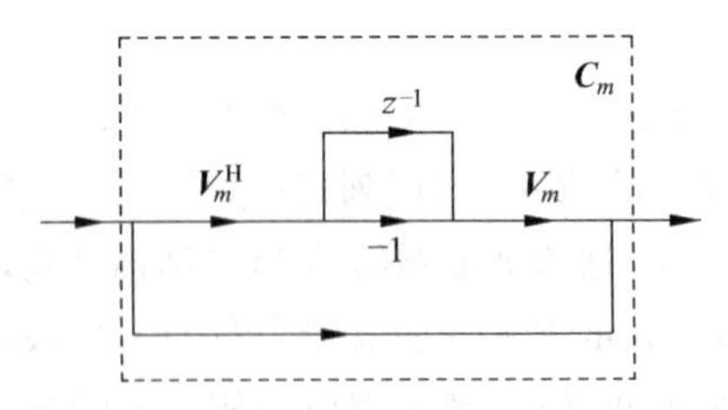

图 8.4.1　一阶仿酉系统 $\boldsymbol{C}_m(z)$ 的实现

可以证明，一个 J 阶的仿酉矩阵 $\boldsymbol{E}(z)$ 可由一阶的仿酉矩阵 $\boldsymbol{C}_m(z)$ 的级联来构成，即

$$\boldsymbol{E}(z) = \boldsymbol{C}_J(z)\boldsymbol{C}_{J-1}(z)\cdots\boldsymbol{C}_1(z)\boldsymbol{U} \tag{8.4.6}$$

式中，$\boldsymbol{U}$ 为常数酉矩阵，即 $\boldsymbol{U}^{\mathrm{H}}\boldsymbol{U}=d\boldsymbol{I}$，其中 d 为常数。矩阵 $\boldsymbol{U}$ 可进一步作如下分解：

$$\boldsymbol{U} = \sqrt{d}\boldsymbol{U}_1\boldsymbol{U}_2\cdots\boldsymbol{U}_{M-1}\boldsymbol{D} \tag{8.4.7}$$

式中，$\boldsymbol{D}$ 是对角阵，其元素 $\boldsymbol{U}_{ii}=\mathrm{e}^{\mathrm{j}\theta_i}$；而矩阵 $\boldsymbol{U}_i$ 可表示为

$$\boldsymbol{U}_i = \boldsymbol{I} - 2\boldsymbol{u}_i\boldsymbol{u}_i^{\mathrm{H}} \tag{8.4.8}$$

的形式。式中，$\boldsymbol{u}_i$ 也是范数为1的向量，即 $\boldsymbol{u}_i^{\mathrm{H}}\boldsymbol{u}_i=1$。因此 $\boldsymbol{U}_i^{\mathrm{H}}\boldsymbol{U}_i=\boldsymbol{I}$，$\boldsymbol{U}_i$ 称为"Householder"矩阵。

无论 $\boldsymbol{E}(z)$ 的系数是实的还是复的，(8.4.6)式及(8.4.7)式的分解都成立。如果 $\boldsymbol{E}(z)$ 的系数是实的，那么向量 $\boldsymbol{V}_m$ 和 $\boldsymbol{u}_i$ 的元素也都是实的。由(8.4.6)式～(8.4.7)式可以看出，向量 $\boldsymbol{V}_m$ 和 $\boldsymbol{u}_i$ 完全决定了矩阵 $\boldsymbol{E}(z)$，因此，只要能求出 $\boldsymbol{V}_m$ 和 $\boldsymbol{u}_i$ 便可求出矩阵 $\boldsymbol{E}(z)$。文献[Vai93]给出了用最优化方法设计多通道滤波器组的方法。目标函数可选 $H_k(z)(k=0,1,\cdots,M-1)$ 这 M 个滤波器阻带内能量的和，即

$$\phi = \sum_{k=0}^{M-1} \int_{\text{阻带}} |H_k(e^{j\omega})|^2 d\omega \tag{8.4.9}$$

令 ϕ 对 $\boldsymbol{V}_m$ 和 $\boldsymbol{u}_i$ 最小可得到好的 $H_k(z)$，再由 $G_k(z)=cz^{-(N-1)}\widetilde{H}_k(z)$ 即可得到综合滤波器组 $G_k(z)$。

以上四节分别讨论了 M 通道滤波器组的内部关系、多相结构、实现准确重建的充要条件及基于多相矩阵 $\boldsymbol{E}(z)$ 分解的滤波器设计方法。由于多通道滤波器组在信号与图像中的广泛应用，因此人们对该课题的研究具有浓厚的兴趣。近年来的研究内容主要集中在两大方面，一是调制类滤波器组，有关内容将在后续三节介绍；二是有关具有线性相位的 M 通道滤波器组的理论及实现方法，内容涉及重叠正交变换(LOT)[Mav92]和多通道时的 Lattice 结构，此处不再讨论，可参看文献[Som93]，文献[Tra00] 及文献[Gan01]等。

例 8.4.1 文献[Vai93]利用上述优化方法设计了一个三通道的滤波器组，$h_0(n)$，$h_1(n)$和 $h_2(n)$的数值如表 8.4.1 所示，三个滤波器的幅频响应如图 8.4.2 所示，可以看出，每个滤波器的阻带约有 20 dB 的衰减。

表 8.4.1 三通道滤波器组各滤波器的系数

n	$h_0(n)$	$h_1(n)$	$h_2(n)$
0	−0.042 975 3	−0.092 770 4	0.042 988 8
1	0.000 013 9	0.000 000 8	−0.000 013 9
2	0.148 910 4	0.008 765 4	−0.148 921 7
3	0.297 195 4	0.000 022 6	0.297 235 4
4	0.353 753 9	0.186 402 5	−0.353 749 6
5	0.267 226 6	−0.000 002 0	0.267 200 7
6	0.087 075 8	−0.354 330 3	−0.087 050 8
7	−0.052 115 5	−0.000 036 3	−0.052 090 9
8	−0.087 597 3	0.356 459 4	0.087 578 6
9	−0.042 709 6	−0.000 004 9	−0.042 706 7
10	0.047 453 0	−0.193 108 2	−0.047 445 2
11	0.042 961 8	0.000 023 0	0.042 967 7
12	0.0	0.0	0.0
13	−0.023 276 5	−0.000 002 6	−0.023 274 9
14	0.000 002 2	0.0	0.000 002 2

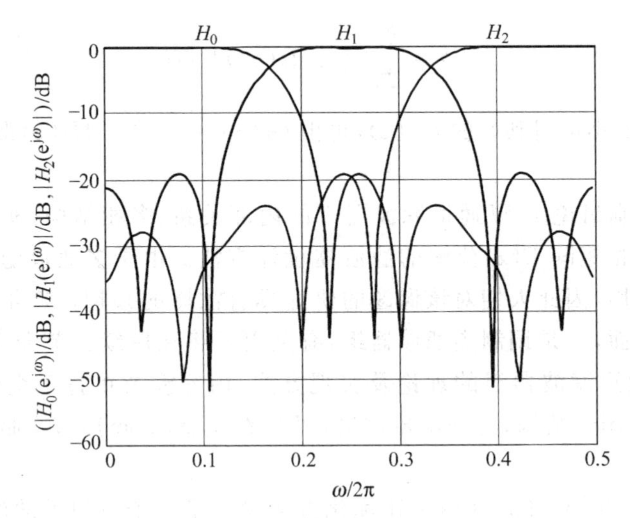

图 8.4.2　三通道滤波器组的幅频响应

8.5　复数调制滤波器组

8.4 节介绍的设计方法是在最优的准则下分别设计出 M 个分析滤波器，然后再按照一定的关系得到 M 个综合滤波器。实际上可由一个低通原型滤波器通过调制来得到整个的 M 通道滤波器组，从而简化设计并减少计算复杂性。本节讨论复数调制滤波器组，又称 DFT 滤波器组，后面两节讨论实数调制滤波器组，即余弦调制滤波器组。

8.5.1　DFT 滤波器组

给定一个低通原型滤波器 $H(z)$，其单位抽样响应为 $h(n)$，其频带为 $-\pi/M \sim \pi/M$，即带宽为 $2\pi/M$。记图 8.1.1 中第 k 条支路上的分析滤波器为 $H_k(z)$，并假定它和 $H(z)$ 有如下关系：

$$h_k(n) = h(n)\mathrm{e}^{\mathrm{j}\frac{2\pi}{M}kn}, \quad k = 0,1,\cdots,M-1 \tag{8.5.1}$$

则

$$H_k(z) = H(z\mathrm{e}^{-\mathrm{j}\frac{2\pi k}{M}}) = H(zW_M^k) \tag{8.5.2a}$$

$$H_k(\mathrm{e}^{\mathrm{j}\omega}) = H[\mathrm{e}^{\mathrm{j}\frac{\omega-2\pi k}{M}}], \quad k = 0,1,\cdots,M-1 \tag{8.5.2b}$$

这样，M 个分析滤波器可以由 $h(n)$ 通过复数调制来得到，调制因子即是 $\exp\left(\mathrm{j}\,\dfrac{2\pi}{M}kn\right)$，相

应的频谱是 $H(\mathrm{e}^{\mathrm{j}\omega})$作均匀移位所得到的，每次移位 $2\pi/M$。显然，这 M 个分析滤波器是一个最大均匀抽取滤波器组。这里不准备进一步讨论该滤波器组的性能，但是，一个简单的结论是：为防止 $H_k(\mathrm{e}^{\mathrm{j}\omega})$之间有混叠，$H(\mathrm{e}^{\mathrm{j}\omega})$的截止频率应小于 π/M，即最大带宽为 $2\pi/M$，如图 8.5.1 所示，图中 $M=8$。

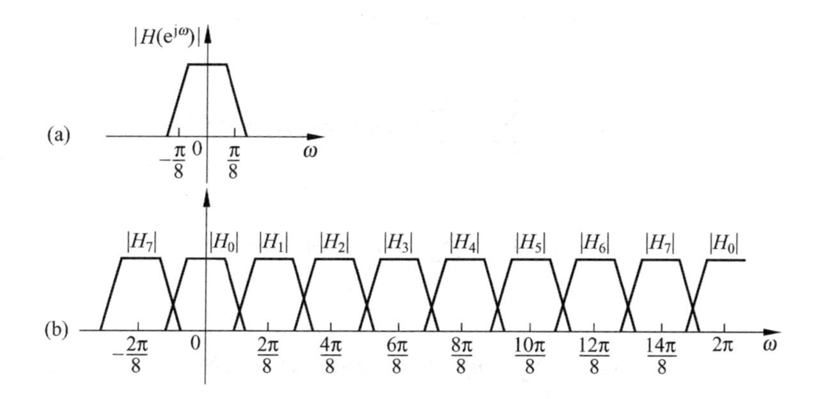

图 8.5.1 复数调制最大均匀抽取滤波器组

(a) $|H(\mathrm{e}^{\mathrm{j}\omega})|$；(b) $|H_k(\mathrm{e}^{\mathrm{j}\omega})|$，$k=0,1,\cdots,7$

假定图 8.1.1 表示的是一个复数调制滤波器组，现在讨论一下该滤波器组的计算问题。对其中的第 k 条支路，其分析滤波器部分如图 8.5.2 所示。

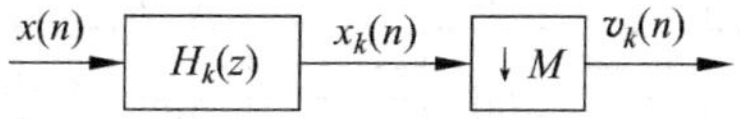

$$x(n) \rightarrow \boxed{H_k(z)} \xrightarrow{x_k(n)} \boxed{\downarrow M} \rightarrow v_k(n)$$

图 8.5.2 M 通道滤波器组中的第 k 条支路

由第 5 章的讨论，可知

$$v_k(n) = x_k(Mn)$$

$$x_k(n) = x(n) * h_k(n) = \sum_{m=-\infty}^{\infty} x(n-m)h(m)\mathrm{e}^{\mathrm{j}\frac{2\pi}{M}km} \tag{8.5.3}$$

所以

$$v_k(n) = \sum_{m=-\infty}^{\infty} x(Mn-m)h(m)\mathrm{e}^{\mathrm{j}\frac{2\pi}{M}km} \tag{8.5.4}$$

为了求出 M 个 $v_k(n)$，$k=0,1,\cdots,M-1$，需要利用(8.5.4)式 M 次，又由于 n 是变化的，可以想象，这将需要较多的计算量。现在，利用多相结构的理论来探讨减少运算量的措施。现将 $x(n)$分成 M 个子序列，令

$$m = Mr + l,\quad r \in (-\infty, +\infty),\ l = 0,1,\cdots,M-1$$

则

$$v_k(n)=\sum_{l=0}^{M-1}\sum_{r=-\infty}^{\infty}x(Mn-Mr-l)h(Mr+l)\mathrm{e}^{\mathrm{j}\frac{2\pi}{M}kl}$$

记

$$x_l(n-r)=x(Mn-Mr-l) \tag{8.5.5a}$$

$$p_l(r)=h(Mr+l) \tag{8.5.5b}$$

则

$$v_k(n)=\sum_{l=0}^{M-1}\left[\sum_{r=-\infty}^{\infty}x_l(n-r)p_l(r)\right]\mathrm{e}^{\mathrm{j}\frac{2\pi}{M}kl}$$

再记

$$t_l(n)=\sum_{r=-\infty}^{\infty}x_l(r)p_l(n-r) \tag{8.5.5c}$$

则

$$v_k(n)=\sum_{l=0}^{M-1}t_l(n)\mathrm{e}^{\mathrm{j}\frac{2\pi}{M}kl},\quad k=0,1,\cdots,M-1 \tag{8.5.6}$$

这是一个 M 点的逆 DFT(不含定标常数 $1/M$),其时域与频域序号分别是 l 和 k,它们分别标记在 $v_k(n)$和 $t_1(n)$的下标上。如果把 M 倍抽取器移到滤波器的前面则可得到如图 8.5.3所示的分析滤波器组。图中,$x_l(n)=x(Mn-l)$, $p_l(n)=h(n+l)$, $t_l(n)=x_l(n)*p_l(n)$。现在来分析一下完成图 8.5.3 的运算所需的计算量。

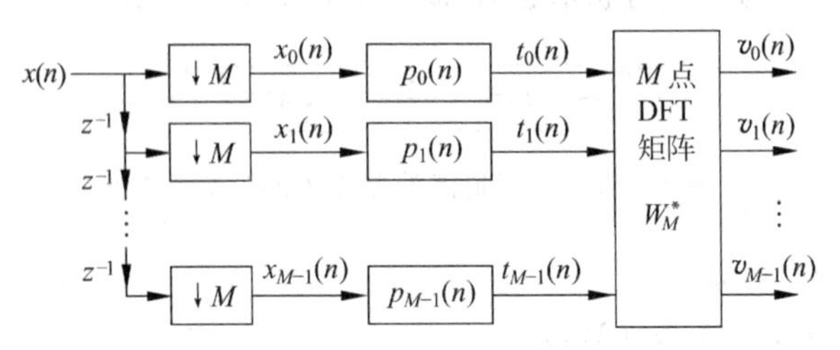

图 8.5.3　DFT 滤波器组

由于 $H_k(z)=H(zW_M^k)$,即每一个分析滤波器都是由 $H(z)$依次移位得到的,因此,设计时只需设计一个原型低通滤波器 $H(z)$即可。

假定 $M=8$,$h(n)$的长度为 48,则 $h_0(n),h_1(n),\cdots,h_7(n)$的长度也是 48。对图 8.5.2,假定将 M 倍抽取器已移至滤波器之前,如图 8.5.3 的一条支路,那么,计算出一个 $v_k(n)$需要 48 次乘法,将 n 时刻的 $v_0(n),\cdots,v_7(n)$全部求出需要 $48\times8=384$ 次乘法。按图 8.5.3 的结构,由于 $p_0(n),\cdots,p_7(n)$的长度都等于 $48/8=6$,所以将 n 时刻的 $t_0(n),\cdots,t_7(n)$全部求出所需的乘法是 $6\times8=48$ 次。将 $t_0(n),\cdots,t_7(n)$再作一个 8 点的 DFT,所需乘法是$\frac{8}{2}\mathrm{lb}8=12$ 次。这样,完成图 8.5.3 的运算所需的乘法总共是 $48+12=60$ 次,这

比 384 次大大减少。

图 8.5.3 的特点是，在求出 n 时刻的 $t_0(n)$，…，$t_7(n)$后，通过 DFT 可依次求出 $v_0(n)$，…，$v_7(n)$，不需要一条一条支路的分别计算，从而节约了计算时间。正因为图 8.5.3中包含了 DFT 矩阵 $\boldsymbol{W}_M$，且实际计算时也可通过 DFT 来实现，因此按(8.5.1)式及(8.5.2)式得到的复数调制滤波器组又称为 DFT 滤波器组。

8.5.2 DFT 的滤波器组解释

现在，从滤波器组的角度对数字信号处理中最重要的运算，即 DFT 给出新的解释。

给定信号 $x(n)$，$n=0,1,\cdots,M-1$，其 DFT 定义为

$$X(k)=\sum_{n=0}^{M-1}x(n)W_M^{nk} \tag{8.5.7}$$

这里，$X(0)$，$X(1)$，…，$X(M-1)$是 $x(n)$的 DFT 系数，它代表着 $x(n)$中直流分量、基波、二次谐波以及直至 $M/2-1$ 次谐波分量($X(M/2)$，…，$X(M-1)$对应负频率)的大小。因此，DFT 可以看作是用一个个中心频率在 $\omega_k=\mathrm{e}^{\mathrm{j}\frac{2\pi}{M}k}$ 处的带宽极窄的滤波器对 $x(n)$做滤波后的输出。

令

$$s_i(n)=x(n-i),\quad i=0,1,\cdots,M-1$$

将 $s_i(n)$输入到一个 $M\times M$ 的 DFT 矩阵 $\boldsymbol{W}_M^*$，设其输出为 $u_0(n)$，…，$u_{M-1}(n)$，如图 8.5.4 所示。

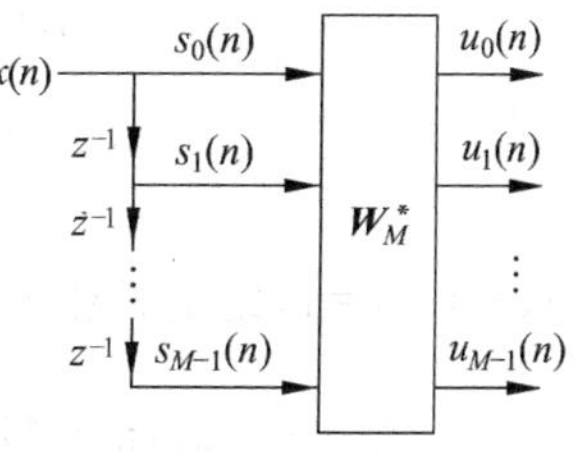

图 8.5.4 DFT 的滤波器组解释

由图 8.5.4 及 $s_i(n)$和 $x(n)$的关系，有

$$u_k(n)=\sum_{i=0}^{M-1}s_i(n)W_M^{-ki}=\sum_{i=0}^{M-1}x(n-i)W_M^{-ki} \tag{8.5.8a}$$

及

$$U_k(z)=\sum_{i=0}^{M-1}S_i(z)W_M^{-ki}=\sum_{i=0}^{M-1}(zW_M^k)^{-i}X(z) \tag{8.5.8b}$$

令

$$H_0(z)=\sum_{i=0}^{M-1}z^{-i}=\frac{1-z^{-M}}{1-z^{-1}} \tag{8.5.9}$$

则

$$U_0(z)=X(z)H_0(z) \tag{8.5.10}$$

并有

$$H_k(z)=H_0(zW_M^k) \tag{8.5.11a}$$

$$H_k(e^{j\omega}) = H_0[e^{j(\omega-2\pi k/M)}], \quad k=0,1,\cdots,M-1 \tag{8.5.11b}$$

及

$$U_k(z) = X(z)H_k(z), \quad k=0,1,\cdots,M-1 \tag{8.5.12}$$

这样，在图 8.5.4 中由 $x(n)$ 至 $u_i(n)$ 之间存在着一个分析滤波器组 $H_0(z),\cdots,H_{M-1}(z)$（图中未画出）。该滤波器组和(8.5.2)式有着相同的形式，即都是由原型低通滤波器作均匀移位而得到的。但是，二者有着重要的区别。区别之一是含义不同，(8.5.2)式是通过复数调制得到的滤波器组，而(8.5.11)式是 DFT 中隐含的滤波器组；区别之二是原型低通滤波器的性质，在(8.5.2)式中，原型低通滤波器 $H(z)$ 的长度没有限制，且希望它有着特别好的幅频特性，即截止频率应小于 π/M，而(8.5.11)式中的原型低通滤波器 $H_0(z)$ 是一个 M 点的平均器，或 M 点的梳状滤波器[ZW2]，其频率响应

$$H_0(e^{j\omega}) = e^{-j\omega(M-1)/2}\frac{\sin(\omega M/2)}{\sin(\omega/2)} \tag{8.5.13}$$

为一周期的 sin$c$ 函数。显然，由于 $H_0(z)$ 的长度限制为 M，且限制为一梳状滤波器，因此幅频性能将不会好。但是，由于(8.5.11)式的滤波器组和(8.5.2)式的滤波器组有着相同的均匀移位性能，因此(8.5.11)式的滤波器组也称为 DFT 滤波器组，不过它是 DFT 滤波器组中的最简单的形式。

现在来分析一下，$u_k(n)$ 和 $x(n)$ 的 DFT 系数 $X(k)$ 之间的关系。由(8.5.8a)式，有

$$\begin{aligned} u_k(n+M-1) &= \sum_{i=0}^{M-1} s_i(n+M-1)W_M^{-ki} \\ &= \sum_{i=0}^{M-1} x(n+M-1-i)W_M^{-ki} \end{aligned} \tag{8.5.14}$$

令 $M-1-i=l$，则上式变为

$$u_k(n+M-1) = W_M^k \sum_{l=0}^{M-1} x(n+l)W_M^{kl} = W_M^k X^{(n)}(k) \tag{8.5.15}$$

式中，$X^{(n)}(k)$ 表示由 n 为起点的 M 个点 $x(n),x(n+1),\cdots,x(n+M-1)$ 的第 k 个 DFT 系数。所以，$u_k(n+M-1)$ 和这 M 个点的 DFT 的第 k 个系数仅差一个 W^k 因子，二者的幅度完全一样。若 $n=M-1$，则 $s_i(n)=\{x(M-1),\cdots,x(0)\}$，这时的 $u_0(n),\cdots,u_{M-1}(n)$ 和(8.5.7)式中的 $X(k)(k=0,\cdots,M-1)$ 差一 W^k 因子。这样，即把 DFT 滤波器组和 DFT 联系起来。

由(8.5.15)式，$x(n+l)(l=0,1,\cdots,M-1)$ 的 DFT 恰是一个短时傅里叶变换的表达式，只不过式中的窗函数 $g(n,l)\equiv 1$。可以设想，如果在(8.5.15)式中增加一非矩形的窗函数，那么将会减少 $H_k(e^{j\omega})$ 中的边瓣影响。这一结果说明，短时傅里叶变换也可用滤波器组来实现[Vai93]。

8.5.3 DFT 滤波器组的多相结构

(8.5.9)式所表示的DFT 滤波器组中的 $H_0(z)$的长度仅为 M,且 $h_0(n)=\{1,1,\cdots,1\}$,因此其幅频响应很差。如真的将(8.5.11)式的 M 个滤波器构成一个滤波器组,那么 $H_k(z)$之间必然有着严重的混叠。若将 $H_0(z)$展开为多相形式,即

$$H_0(z) = \sum_{l=0}^{M-1} z^{-l} E_l(z^M) \tag{8.5.16}$$

必有

$$e_l(n) = 1, \quad l = 0,1,\cdots,M-1 \tag{8.5.17a}$$

$$E_l(z) = 1, \quad l = 0,1,\cdots,M-1 \tag{8.5.17b}$$

可以看出,其多相分量的长度仅为 1。

为了克服由于 $H_0(z)$性能不好所造成的滤波器组之间的混叠失真,现假定 $H_0(z)$的长度为 N,且 $N>M$,由(8.5.11)式和(8.5.16)式,有

$$H_k(z) = H_0(zW_M^k) = \sum_{l=0}^{M-1} (zW_M^k)^{-1} E_l(z^M) \tag{8.5.18}$$

再由(8.5.8b)式,有

$$U_k(z) = \sum_{l=0}^{M-1} [z^{-l} E_l(z^M) X(z)] W_M^{-kl} \tag{8.5.19}$$

(8.5.16)式、(8.5.18)式和(8.5.19)式的含义如图 8.5.5 所示。

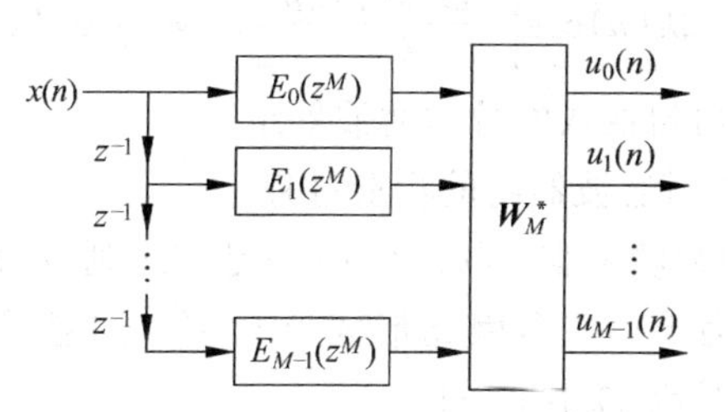

图 8.5.5 DFT 滤波器组的多相表示

如果令图 8.5.5 中的 $E_0(z),E_1(z),\cdots,E_{M-1}(z)$都等于 1,那么图 8.5.5 就变成图 8.5.4,因此图 8.5.4 可以看作是图 8.5.5 的特殊情况。由于假定 $h_0(n)$的长度将远大于 M,因此图 8.5.5 中 $E_0(z),E_1(z),\cdots,E_{M-1}(z)$的长度都大于 1,从而使 $H_0(e^{j\omega})$不再是简单的 sinc 函数,因此减少了 $II_k(c^{j\omega})$之间的混叠。这时,图 8.5.5 中的分析滤波器组将变成 8.5.1 节所讨论的复数调制滤波器组,其幅频响应如图 8.5.1 所示。

8.6　余弦调制滤波器组

8.5 节讨论的 DFT 滤波器组是一种复数调制滤波器组，即使 $h(n)$ 是实的，$h_k(n)$，$k=1,2,\cdots,M-1$ 也一定是复的，这样，对实信号 $x(n)$，经过分析滤波器组后，M 个子带信号也都变成复信号。这是 DFT 滤波器组的缺点。同时，由于 $h_k(n)$，$k=1,2,\cdots,M-1$ 是复值序列，因此，它们的幅频响应都不再是偶对称的，如图 8.5.1(b)所示。

20 世纪的 80 年代初，文献[Nus81]首先提出了伪 QMF 的概念，后来文献[Rot83]，文献[Chu85]等又对其内容作了发展，形成了基于“余弦调制”来设计 M 通道滤波器组的方法，文献[Vai93]对该方法作了较为详细的讨论。余弦调制滤波器组(cosine-modulated filter banks，CMFB)的总的思路是，若给定一个实序列的低通原型滤波器 $H(z)$，令

$$h_0^+(n)=h(n)\mathrm{e}^{\mathrm{j}\pi n/2M} \tag{8.6.1a}$$

$$h_0^-(n)=h(n)\mathrm{e}^{-\mathrm{j}\pi n/2M} \tag{8.6.1b}$$

将二者结合起来即可得到一个实的滤波器

$$h_0(n)=h_0^+(n)+h_0^-(n)=2h(n)\cos\left(\frac{\pi n}{2M}\right) \tag{8.6.1c}$$

按照同样的方法，将 $H(z)$分别作$\pm(2k+1)\pi/2M$ 的频率移位，然后相结合即可得到

$$h_k(n)=2h(n)\cos\left[\frac{(2k+1)\pi n}{2M}\right],\quad k=0,1,\cdots,M-1 \tag{8.6.1d}$$

从而产生 M 个实的且是均匀抽取的分析滤波器组。

现在详细讨论余弦调制滤波器组的构造过程。

(1) 给定一个低通原型滤波器 $h(n)$，且 $h(n)$是实序列，因此，其幅频响应是关于 $\omega=0$ 对称的，令其截止频率为$\pm\pi/2M$，因此带宽为 π/M。注意，该滤波器和图 8.5.1(a)的 $h(n)$相比，截止频率和带宽都减小了一倍。

(2) 令

$$p_k(n)=h(n)W_{2M}^{-kn},\quad k=0,1,\cdots,2M-1 \tag{8.6.2a}$$

式中，$W_{2M}=\mathrm{e}^{-\mathrm{j}2\pi/2M}$，则对应的 Z 变换和频率响应分别是

$$P_k(z)=H(zW_{2M}^k),\quad k=0,1,\cdots,2M-1 \tag{8.6.2b}$$

$$P_k(\mathrm{e}^{\mathrm{j}\omega})=H[\mathrm{e}^{\mathrm{j}(\omega-k\pi/M)}],\quad k=0,1,\cdots,2M-1 \tag{8.6.2c}$$

由于 $p_k(n)$，$k=1,\cdots,2M-1$ 仍然是复序列，因此有

$$|P_k(\mathrm{e}^{\mathrm{j}\omega})|=|P_{2M-k}(\mathrm{e}^{\mathrm{j}\omega})|,\quad k=1,2,\cdots,2M-1$$

即$|P_k(\mathrm{e}^{\mathrm{j}\omega})|$和$|P_{2M-k}(\mathrm{e}^{\mathrm{j}\omega})|$是关于 $\omega=0$ 对称的，如图 8.6.1 所示，图中 $M=8$。由此可以

设想，如果将 $p_k(n)$和 $p_{2M-k}(n)$相结合，就有可能产生实系数的滤波器，且其带宽也变成 $2\pi/M$。

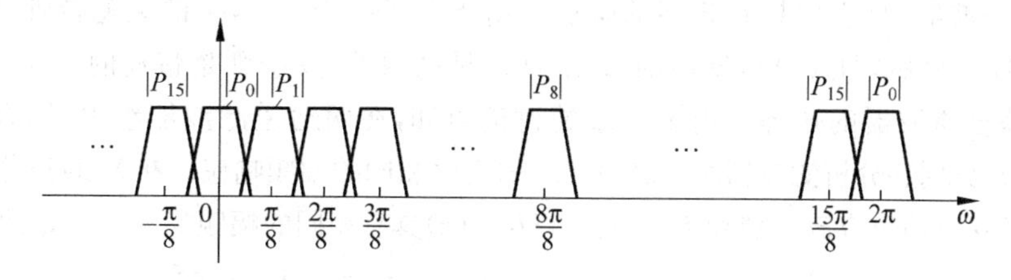

图 8.6.1　$P_k(z)$，$k=0,1,\cdots,2M-1$ 的幅频响应

(3) 按上述思路将 $p_k(n)$和 $p_{2M-k}(n)$相结合，产生的新滤波器的带宽是 $2\pi/M$，但 $p_0(n)$的带宽仍然是 π/M。为了保证分析滤波器组的所有滤波器都具有相同的带宽，将(8.6.2a)式的移位方式稍作改变，可得到如下一组新的滤波器：

$$q_k(n) = h(n)W_{2M}^{-(k+0.5)n},\quad k=0,1,\cdots,2M-1 \tag{8.6.3a}$$

$$Q_k(z) = H(zW_{2M}^{k+0.5}),\quad k=0,1,\cdots,2M-1 \tag{8.6.3b}$$

$$Q_k(e^{j\omega}) = H[e^{j(\omega-(k+0.5)\pi/M)}],\quad k=0,1,\cdots,2M-1 \tag{8.6.3c}$$

并有 $|Q_k(e^{j\omega})| = |Q_{2M-1-k}(e^{-j\omega})|$，即 $q_k(n)=q_{2M-1-k}^*(n)$。这一组滤波器的幅频响应如图 8.6.2 所示，图中仍假定 $M=8$。

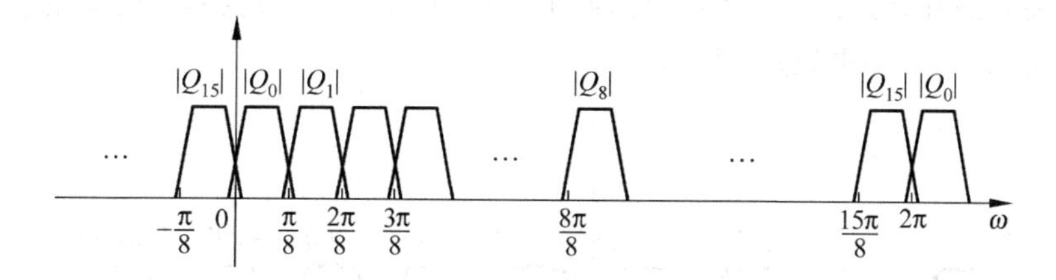

图 8.6.2　$Q_k(z)(k=0,1,\cdots,2M-1)$的幅频响应

(4) 实现 $q_k(n)$和 $q_{2M-k}(n)$的相结合。令

$$U_k(z) = c_kH(zW_{2M}^{k+0.5}) = c_kQ_k(z) \tag{8.6.4a}$$

$$V_k(z) = c_k^*H(zW^{-(k+0.5)}) = c_k^*Q_{2M-1-k}(z) \tag{8.6.4b}$$

式中，c_k 是模为 1 的常数。令

$$H_k(z) = a_kU_k(z) + a_k^*V_k(z),\quad k=0,1,\cdots,M-1 \tag{8.6.5}$$

式中，a_k 也是模为 1 的常数。由于

$$H(z) = \sum_{n=0}^{N-1} h(n)z^{-n} \tag{8.6.6}$$

是 FIR 实系数低通滤波器，所以，由(8.6.5)式得到的

$$H_k(z)=\sum_{n=0}^{N-1}h_k(n)z^{-n},\quad k=0,1,\cdots,M-1 \tag{8.6.7}$$

也是 FIR 滤波器，且它们具有相同的阶次。由于 $U_k(z),V_k,a_k,c_k$ 的共轭特性，因此$h_k(n)$也是实系数。显然，$H_0(z)$是低通的，$H_{M-1}(z)$是高通的，其余则是带通的。

(5) 综合滤波器的选择。由第 7 章的讨论可知，在两通道滤波器组中，综合滤波器组 $G_0(z),G_1(z)$分别和分析滤波器组 $H_0(z),H_1(z)$有着相同的幅频响应。在 M 通道滤波器组中，$G_0(z),\cdots,G_{M-1}(z)$也应该分别和 $H_0(z),\cdots,H_{M-1}(z)$具有相同的幅频响应。为此，可选择

$$G_k(z)=b_kU_k(z)+b_k^*V_k(z),\quad k=0,1,\cdots,M-1 \tag{8.6.8}$$

式中，b_k 也是模为 1 的常数。

在(8.6.4)式～(8.6.8)式中保留了三个常数，即 c_k,a_k 和 b_k 待确定。如同所有的滤波器组一样，需要研究如何实现混叠抵消及去除幅度失真和相位失真的问题，这三个参数的选择也和去除这些失真有关系。

(6) 关于混叠抵消。现在来分析一下按(8.6.5)式及(8.6.8)式定义了 $H_k(z),G_k(z)$后，M 通道滤波器组中的混叠情况。

由(8.1.3)式和(8.1.4)式可知，滤波器 $G_k(z)$的输出中将包含 M 个分量 $X(zW_M^l)\times H_k(zW_M^l),l=0,1,\cdots,M-1$。除了 $l=0$ 外，其余的都是混叠分量。但如果滤波器 $G_k(z)$在阻带内有足够高的衰减，那么只有和 $G_k(z)$频谱相邻近的分量才对混叠起到有意义的贡献。不失一般性，考虑 $k=2,G_2(z)$的两个分量 $U_2(z),V_2(z)$及其移位后的幅频响应如图 8.6.3 所示[Mit01]，图中假定 $M=8$。

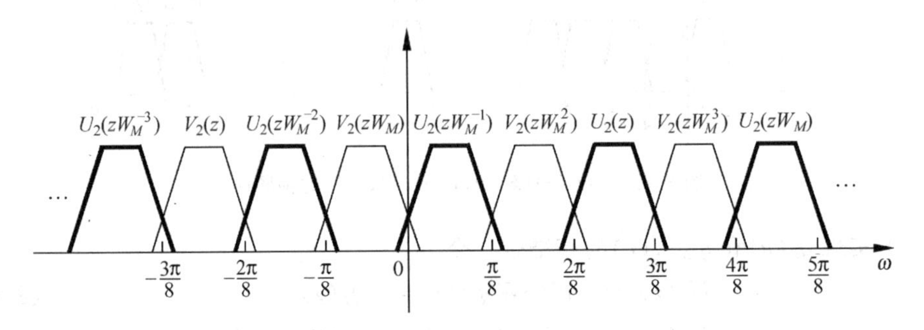

图 8.6.3　$U_2(z),V_2(z)$及其移位后的幅频响应

观察图 8.6.3 可知，由于 $U_2(zW_M)$是将 $U_2(z)$移动 $e^{j2\pi/M}$后的结果，所以 $U_2(z)$和 $U_2(zW_M)$没有搭接，当然，$U_2(z)$和 $U_2(zW_M^{-1})$也没有搭接；同理，$V_2(z)$和 $V_2(zW_M)$，$V_2(zW_M^{-1})$(图中没有画出)均没有搭接；但是，$U_2(z)$和 $V_2(zW_M^2),V_2(zW_M^3)$有搭接，$V_2(z)$和 $U_2(zW_M^{-3}),U_2(zW_M^{-2})$有搭接；正是这些搭接产生了混叠失真。当 l 的取值是 $l=-3,-2,2,3$ 时，混叠分量 $X(zW_M^l)$出现在 $U_2(z),V_2(z)$的输出端是有意义的。一般，对 $U_k(z),V_k(z)$(构成 $G_k(z)$)，有意义的 l 的取值为

$$l = -(k+1), -k, k, k+1 \tag{8.6.9a}$$

对 $G_{k-1}(z)$，有意义的 l 的取值为

$$l = -k, -(k-1), (k-1), k \tag{8.6.9b}$$

式中，l 取负值时要对 M 求余，如 $l=-1$ 等效于 $l=M-1$。

由(8.6.9)式可以看出，$G_k(z)$ 和 $G_{k-1}(z)$ 有着共同的混叠分量 $X(zW_M^{\pm k})$，可以通过合适的选择 $G_k(z)$ 和 $G_{k-1}(z)$，使混叠分量在它们输出相加时能够抵消。

(7) 混叠抵消对参数 a_k, b_k 的制约。由图 8.6.3 及上面的讨论可知，出现在 $b_k^* V_k(z)$（它实际上是 $G_k(z)$ 的负频率部分）的输出端的混叠成分是

$$[a_k b_k^* U_k(zW_M^{-k}) V_k(z)] X(zW_M^{-k}) + [a_k b_k^* U_k(zW_M^{-(k+1)}) V_k(z)] X(zW_M^{-(k+1)}) \tag{8.6.10a}$$

而出现在 $b_{k-1}^* V_{k-1}(z)$ 的输出端的混叠成分是

$$[a_{k-1} b_{k-1}^* U_{k-1}(zW_M^{-k}) V_{k-1}(z)] X(zW_M^{-(k-1)}) + [a_{k-1} b_{k-1}^* U_{k-1}(zW_M^{-k}) V_{k-1}(z)] X(zW_M^{-k}) \tag{8.6.10b}$$

显然，如果

$$a_k b_k^* U_k(zW_M^{-k}) V_k(z) + a_{k-1} b_{k-1}^* U_{k-1}(zW_M^{-k}) V_{k-1}(z) = 0 \tag{8.6.11a}$$

则可抵消混叠分量 $X(zW_M^{-k})$。由(8.6.4)式关于 $U_k(z)$ 和 $V_k(z)$ 的定义及 $|c_k| = |c_{k-1}|$，(8.6.11a)式可简化为

$$(a_k b_k^* + a_{k-1} b_{k-1}^*) V_k(z) V_{k-1}(z) = 0 \tag{8.6.11b}$$

为使该式等于零，必有

$$a_k b_k^* + a_{k-1} b_{k-1}^* = 0 \tag{8.6.12}$$

这即是为实现混叠抵消对参数 a_k, b_k 的制约。如果考虑 $a_k U_k(z)$（它实际上是 $G_k(z)$ 的正频率部分）的输出端的混叠成分的抵消，同样也可得到(8.6.12)式的制约条件。

由上面的讨论可知，此处所说的混叠抵消，仅仅考虑的是相邻两个通道之间的混叠抵消，而不是整个滤波器组的混叠抵消。当然，如果每一个滤波器的通带足够大，就可以做到基本上实现混叠抵消。这也就是伪 QMF 一词的来历。

(8) 去除相位失真对参数 a_k, b_k 及 c_k 的制约。由(8.1.9)式，整个 M 通道滤波器组的失真传递函数是

$$T(z) = \frac{1}{M}\sum_{k=0}^{M-1} H_k(z) G_k(z) \tag{8.6.13}$$

如果 $T(z)$ 具有线性相位，则可去除相位失真。

若选择

$$g_k(n) = h_k(N-1-n) \tag{8.6.14a}$$

或等效地选择

$$G_k(z) = z^{-(N-1)} H_k(z^{-1}) = z^{-(N-1)} \widetilde{H}_k(z) \tag{8.6.14b}$$

那么

$$T(z)=\frac{z^{-(N-1)}}{M}\sum_{k=0}^{M-1}H_k(z)H_k(z^{-1}) \tag{8.6.15a}$$

或

$$MT(e^{j\omega})=e^{-j(N-1)\omega}\sum_{k=0}^{M-1}|H_k(e^{j\omega})|^2 \tag{8.6.15b}$$

从而保证了 $T(z)$具有线性相位。由于 $H_k(z)$,$G_k(z)$都是由 $U_k(z)$,$V_k(z)$复合而成的,因此通过合适的选择参数 a_k,b_k 及 c_k 有可能保证满足(8.6.12)式。

很容易保证低通原型滤波器 $H(z)$具有线性相位,即令

$$\widetilde{H}(z)=z^{N-1}H(z) \tag{8.6.16a}$$

或

$$H(e^{j\omega})=e^{-j(N-1)\omega/2}H_g(e^{j\omega}) \tag{8.6.16b}$$

式中,$H_g(e^{j\omega})$是实函数。选择复系数的滤波器 $U_k(z)$,$V_k(z)$和原型滤波器 $H(z)$具有相同的相位。由(8.6.4)式,有

$$U_k(e^{j\omega})=c_kW_{2M}^{-(k+0.5)(N-1)/2}e^{-j(N-1)\omega/2}H_g[e^{j(\omega-\pi(k+0.5)/M)}]$$

如果选择

$$c_k=W_{2M}^{(k+0.5)(N-1)/2} \tag{8.6.17}$$

则 $U_k(z)$和 $H(z)$具有相同的相位。同理,c_k 的选择也保证了 $V_k(z)$和 $H(z)$具有相同的相位。这样,由于 $U_k(z)$,$V_k(z)$都具有线性相位,所以有

$$\widetilde{U}_k(z)=z^{N-1}U_k(z),\ \widetilde{V}_k(z)=z^{N-1}V_k(z)$$

将这一关系用于(8.6.5)式,有

$$z^{-(N-1)}\widetilde{H}_k(z)=a_k^*U_k(z)+a_kV_k(z) \tag{8.6.18}$$

如果选择

$$a_k^*=b_k \tag{8.6.19}$$

对照(8.6.8)式可知,(8.6.18)式的右边正好是 $G_k(z)$,因此,按(8.6.19)式指定 a_k,b_k 后,$H_k(z)$,$G_k(z)$满足(8.6.14b)式,因此 $T(z)$具有线性相位。

在(8.6.17)式给出了参数 c_k 的选择,在(8.6.12)式和(8.6.19)式给出了 a_k,b_k 的制约关系,余下的问题是如何确定参数 a_k。将(8.6.19)式代入(8.6.12)式,有 $a_k^2=-a_{k-1}^2$,即

$$a_k=\pm ja_{k-1} \tag{8.6.20}$$

因此,只要能指定 a_0,即可得到 $a_1,\cdots,a_{M-1}$。下面讨论指定 a_0 的方法。利用(8.6.19)式,将(8.6.18)式代入(8.6.13)式,并注意到 a_k 的模为1,有

$$MT(z)=\sum_{k=0}^{M-1}H_k(z)G_k(z)=\sum_{k=0}^{M-1}[a_kU_k(z)+a_k^*V_k(z)][a_k^*U_k(z)+a_kV_k(z)]$$

$$= \sum_{k=0}^{M-1}[U_k^2(z)+V_k^2(z)]+\sum_{k=0}^{M-1}[a_k^2+(a_k^*)^2]U_k(z)V_k(z) \tag{8.6.21}$$

在上式的最后的交叉项中，只有 $U_0(z)$ 和 $V_0(z)$，$U_{M-1}(z)$ 和 $V_{M-1}(z)$ 有局部的搭接，因此在 $\omega=0$ 和 $\omega=\pi$ 处可能给出混叠失真，如图 8.6.4 所示，图中假定 $M=8$。

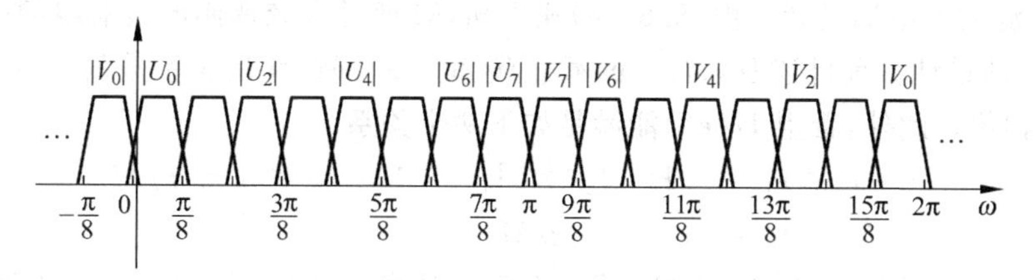

图 8.6.4 $U_k(z)$ 和 $V_k(z)$ 的搭接情况

为了去除此处的混叠失真，可以令

$$a_0^2+(a_0^*)^2=0, \quad a_{M-1}^2+(a_{M-1}^*)^2=0 \tag{8.6.22}$$

则

$$T(z)=\frac{1}{M}\sum_{k=0}^{M-1}[U_k^2(z)+V_k^2(z)] \tag{8.6.23}$$

为了保证(8.6.22)式成立，显然可以令 $a_0^4=a_{M-1}^4=-1$，满足此关系的参数 a_k 可以由下式给出

$$a_k=e^{j\theta_k}, \quad \theta_k=(-1)^k\frac{\pi}{4}, \quad k=0,1,\cdots,M-1 \tag{8.6.24}$$

这一关系也满足(8.6.20)式。指定了 a_k，由(8.6.19)式，自然也就指定了 b_k。至此，参数 a_k，b_k 及 c_k 均可指定。

(9) $h_k(n)$，$g_k(n)$ 的闭合表达形式。由上面的讨论可知，(8.6.5)式的 $H_k(z)$ 的第一项 $a_kU_k(z)$ 变为

$$\begin{aligned} a_kU_k(z) &= e^{j\theta_k}c_kH(zW_{2M}^{k+0.5}) \\ &= e^{j\theta_k}W_{2M}^{(k+0.5)(N-1)/2}\sum_{n=0}^{N-1}h(n)W_{2M}^{-(k+0.5)n}z^{-n} \end{aligned}$$

该式对应的滤波器系数是

$$e^{j\theta_k}W_{2M}^{(k+0.5)(N-1)/2}h(n)W_{2M}^{-(k+0.5)n} \tag{8.6.25}$$

请读者自己验证，$H_k(z)$ 的第二项，即 $a_k^*V_k(z)$ 对应的滤波器的系数恰是(8.6.25)式的共轭，因此，将两部分相加，最后可得到 $h_k(n)$ 的闭合表达式

$$h_k(n)=2h(n)\cos\left[(k+0.5)\left(n-\frac{D}{2}\right)\frac{\pi}{M}+\theta_k\right] \tag{8.6.26a}$$

同理可得

$$g_k(n) = 2h(n)\cos\left[(k+0.5)\left(n-\frac{D}{2}\right)\frac{\pi}{M}-\theta_k\right] \tag{8.6.26b}$$

式中，$k=0,1,\cdots,M-1$；$D=N-1$ 是滤波器的延迟。显然 $h_k(n)$，$g_k(n)$ 都是实系数的滤波器。

(10) 滤波器组的设计。由(8.6.26)式可知，M 通道余弦调制滤波器组的设计最后归结到 $H(z)$ 的设计。前已述及，$H(z)$ 的截止频率为 $\pi/2M$，且是实系数的 FIR 滤波器，并具有线性相位。此外，希望 $H(e^{j\omega})$ 能满足如下两个关系

$$|H(e^{j\omega})|^2+|H[e^{j(\omega-\pi/M)}]|^2=1,\quad 0<\omega<\pi/M \tag{8.6.27}$$

$$|H(e^{j\omega})|=0,\quad \omega>\pi/M \tag{8.6.28}$$

如果 $H(e^{j\omega})$ 能满足(8.6.27)式，那么在整个频率范围内 $|T(e^{j\omega})|=1$，从而去除了幅度失真，如果 $H(e^{j\omega})$ 再能满足(8.6.28)式，那么滤波器组将去除混叠失真。当然，上述两个条件只能近似满足。使用的方法仍然是最优化的方法。定义

$$\phi=\int_0^{\pi/M}[|H(e^{j\omega})|^2+|H[e^{j(\omega-\pi/M)}]|^2-1]^2\mathrm{d}\omega \tag{8.6.29}$$

为目标函数，通过迭代运算使 ϕ 最小，从而得到最接近满足(8.6.27)式和(8.6.28)式的原型滤波器 $H(z)$。当然，在使用(8.6.29)式时也有着不同的做法。

文献[Cre95]利用 Parks-McClellan 最佳一致逼近法[ZW2]作为基本工具设计线性相位 FIR 滤波器。在优化工程中，原型滤波器的长度、通带和阻带的加权以及阻带的边缘频率是固定的，而通带的边缘频率是可调的，每一次调整都要重复设计一次，最后得到的是保证目标函数 ϕ 为最小的滤波器。实现该设计方法的 MATLAB 程序见文献[Mit01]。文献[Lin98b]提出了用窗函数法来设计原型低通滤波器并使用了 Kaiser 窗，最优化的参数是滤波器的截止频率。文献[Rol02]提出的设计方法也是基于窗函数法，该方法控制通带截止频率(3 dB 点)并让其近似等于 $\pi/2M$，从而有效地减小了幅度失真和混叠失真。

例 8.6.1 利用上述讨论的方法，试设计一个八通道的余弦调制滤波器组。

图 8.6.5 是设计的结果。其中，图(a)是原型低通滤波器 $H(z)$ 的单位抽样响应 $h(n)$，长度 $N=128$，显然它是对称的，因此 $H(z)$ 具有线性相位。图(c)是八通道余弦调制滤波器组中的第一个滤波器，即 $H_0(z)$ 的单位抽样响应 $h_0(n)$，显然它不是对称的，因此 $H_0(z)$ 不具有线性相位。图(b)是八个滤波器的对数幅频响应，单位为 dB，图(d)是八个滤波器幅频响应的和，单位也是 dB，可见它们振荡的幅度只是在 ±0.005 dB 之间，所以接近于功率互补。设计该滤波器组的 MATLAB 程序是 cxa080501.m，该程序直接引用了文献[Mit01]中的两个子程序。

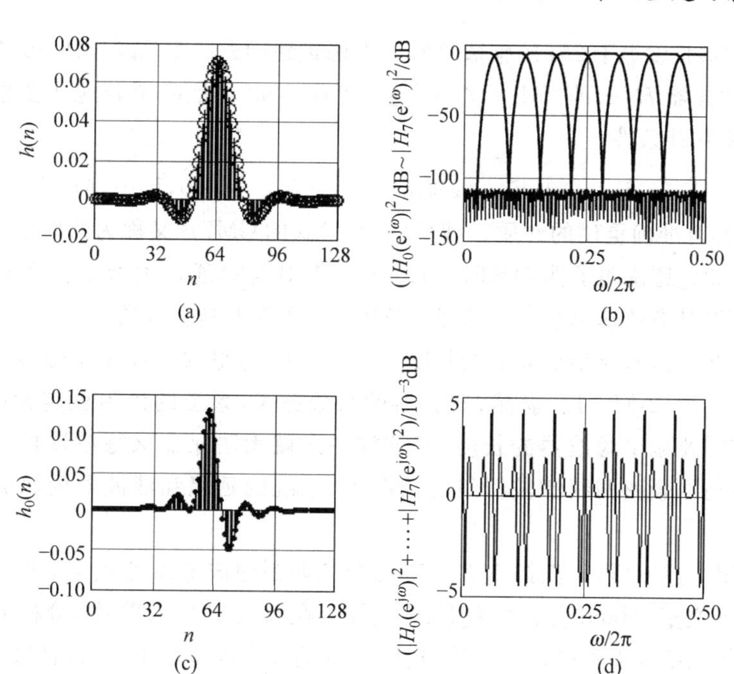

图 8.6.5　余弦调制滤波器组

8.7　余弦调制滤波器组准确重建的条件

由于余弦调制滤波器组(CMFB)可以由一个低通滤波器通过调制而得到,从而减轻了设计上的负担及计算复杂性,并且所有的 $2M$ 个滤波器都是实的,因此备受人们的欢迎。至今,有关 CMFB 的论文仍然很多,讨论的内容也非常广泛。这些内容集中在如何设计准确重建 CMFB 以及如何在保证准确重建的条件下又能让每一个滤波器都具有线性相位,即双正交 CMFB。

8.6 节讨论的 CMFB 是伪 QMFB,它不具备准确重建(PR)的性质,只是接近于准确重建。因此,从 CMFB 提出开始,人们就在探讨如何设计具有准确重建性质的 CMFB。由于在 M 通道情况下不像两通道时有着成熟的谱分解理论,因此实现 M 通道的准确重建有着相当大的难度。文献[Pri86],文献[Ram91]是关于这方面的较早的论文,它们将每一个滤波器的长度都限制为 $2M$ 这一简单的情况来讨论 PR 问题,文献[Mav90]将 PR 问题看作是重叠正交变换(lapped-orthogonal transform, LOT)的推广,有关 LOT 的详细讨论见文献[Mav92],一个简单的介绍见文献[ZW2];文献[Koi92]及文献[Vai93]进一步讨论了滤波器长度等于 $2M$ 的整数倍时的准确重建问题。令 $E_k(z)(k=0,1,\cdots,2M-1)$ 是原型低通滤波器 $H(z)$ 的 $2M$ 个多相分量，文献[Vai93]证明了若这些多相分量满足如下的成对功率互补条件

$$\widetilde{E}_k(z)E_k(z)+\widetilde{E}_{M+k}(z)E_{M+k}(z)=\alpha,\quad k=0,1,\cdots,M-1 \tag{8.7.1}$$

则该 CMFB 具有准确重建的性质。满足(8.7.1)式的 CMFB 又称为仿酉余弦调制滤波器组。文献[Vai93]还说明了伪 QMFB 和仿酉 CMFB 均可通过离散余弦变换(DCT)来实现。由于 DCT 具有快速算法[ZW2]，因此 CMFB 在实现上是有效的。

由(8.6.26)式，若原型滤波器的长度 $N=2sM$(s 为整数)，即子带数 M 的整数倍，那么系统的延迟 $D=2sM-1$。显然，滤波器的系数越长，系统的延迟就越大；若想减少系统的延迟，就需要减少滤波器的长度，但这样一来就无法保证该滤波器具有好的衰减性能。因此，在仿酉余弦调制滤波器组的情况下，系统的延迟和滤波器的性能之间存在着矛盾。

为了克服上述矛盾，人们提出在双正交余弦调制滤波器组的概念，如文献[Ngu96]，文献[Kar98]，文献[Hel99]及文献[Kar01]等。在双正交 CMFB 中，分析滤波器组和重建滤波器组的原型可以不是同一个滤波器，二者的长度也可以不同，这样做的目的是给出更大的设计自由度，得到更小的系统延迟，且系统的延迟独立于滤波器的长度和子带数。文献[Hel99]详细给出了这一类 CMFB 的设计思路，现在给予简要的介绍。

令 M 个分析滤波器和 M 个综合滤波器分别来自于如下的余弦调制：

$$h_k(n)=2h(n)\cos\left[(k+0.5)\left(n-\frac{D}{2}\right)\frac{\pi}{M}+\theta_k\right] \tag{8.7.2}$$

$$g_k(n)=2h(n)\cos\left[(k+0.5)\left(n-\frac{D}{2}\right)\frac{\pi}{M}-\theta_k\right] \tag{8.7.3}$$

假定 $h(n)$ 的长度为 N_h，$g(n)$ 的长度为 N_g，并假定整个滤波器组的延迟 D 也是可变的，其变化范围是

$$D\in[M-1,\ N_h+N_g-(M-1)] \tag{8.7.4a}$$

为讨论的方便，假定 D 取某一固定值，即

$$D=2sM+d,\quad 0\leqslant d\leqslant 2M-1,\ s\in\mathbb{Z}^+ \tag{8.7.4b}$$

这里的任务是寻求分析滤波器组的原型 $H(z)$ 及综合滤波器组的原型 $G(z)$，使得整个 FB 具有 PR 性质。为此，首先将 $H(z)$ 和 $G(z)$ 表示成 $2M$ 个多相分量的和，即

$$H(z)=\sum_{l=0}^{2M-1}z^{-l}E_l(z^{2M}) \tag{8.7.5a}$$

$$G(z)=\sum_{l=0}^{2M-1}z^{-l}R_l(z^{2M}) \tag{8.7.5b}$$

式中

$$E_l(z) = \sum_{k=0}^{N'_h-1} h(2Mk+l)z^{-k} \tag{8.7.6a}$$

$$R_l(z) = \sum_{k=0}^{N'_g-1} g(2Mk+l)z^{-k} \tag{8.7.6b}$$

N'_h,N'_g分别是$E(z)$,$R_l(z)$所对应的时域序列的长度。

定义

$$\boldsymbol{h}_0(z) = \mathrm{diag}(E_0(z)\ E_1(z)\ \cdots\ E_{M-1}(z)) \tag{8.7.7a}$$

$$\boldsymbol{h}_1(z) = \mathrm{diag}(E_M(z)\ E_{M+1}(z)\ \cdots\ E_{2M-1}(z)) \tag{8.7.7b}$$

并令$\boldsymbol{C}_1$是$M\times 2M$的余弦调制矩阵,即

$$[\boldsymbol{C}_1]_{k,l} = 2\cos\left[\left(k+\frac{1}{2}\right)\left(l-\frac{D}{2}\right)\frac{\pi}{M}+(-1)^k\frac{\pi}{4}\right]$$

$$0\leqslant k\leqslant M-1,\quad 0\leqslant l\leqslant 2M-1 \tag{8.7.8}$$

再令

$$\boldsymbol{E}(z) = \boldsymbol{C}_1\begin{bmatrix}\boldsymbol{h}_0(-z^2)\\ z^{-1}\boldsymbol{h}_1(-z^2)\end{bmatrix} \tag{8.7.9}$$

则分析滤波器组$H_0(z)$,$H_1(z)$,$\cdots$,$H_{M-1}(z)$的多相结构可表示为

$$\boldsymbol{h}(z) = \boldsymbol{E}(z^M)\begin{bmatrix}1\\ z^{-1}\\ \vdots\\ z^{-(M-1)}\end{bmatrix} \tag{8.7.10}$$

同理,对综合滤波器组,可定义:

$$\boldsymbol{g}_0(z) = \mathrm{diag}(R_{M-1}(z)\ R_{M-2}(z)\ \cdots\ R_0(z)) \tag{8.7.11a}$$

$$\boldsymbol{g}_1(z) = \mathrm{diag}(R_{2M-1}(z)\ R_{2M-2}(z)\ \cdots\ R_M(z)) \tag{8.7.11b}$$

$$[\boldsymbol{C}_2]_{k,l} = 2\cos\left[(2k+1)\frac{\pi}{2M}\left(2M-1-l-\frac{D}{2}\right)-(-1)^k\frac{\pi}{4}\right]$$

$$0\leqslant k\leqslant M-1,\quad 0\leqslant l\leqslant 2M-1 \tag{8.7.12}$$

$$\boldsymbol{R}(z) = (z^{-1}\boldsymbol{g}_1(-z^2)\ \boldsymbol{g}_0(-z^2))\boldsymbol{C}_2^{\mathrm{T}} \tag{8.7.13}$$

则综合滤波器组$G_0(z)$,$G_1(z)$,$\cdots$,$G_{M-1}(z)$的多相结构可表示为

$$\boldsymbol{g}^{\mathrm{T}}(z) = (z^{-(M-1)}\ z^{-(M-2)}\ \cdots\ 1)\boldsymbol{R}(z^M) \tag{8.7.14}$$

在上面的讨论中,$\boldsymbol{E}(z)$,$\boldsymbol{E}(z)$都是$M\times M$的多相矩阵,这样,整个滤波器组的多相传递矩阵

$$\begin{aligned}\boldsymbol{P}(z) &= \boldsymbol{R}(z)\boldsymbol{E}(z)\\ &= (z^{-1}\boldsymbol{g}_1(-z^2)\ \boldsymbol{g}_0(-z^2))\boldsymbol{C}_2^{\mathrm{T}}\boldsymbol{C}_1\begin{bmatrix}\boldsymbol{h}_0(-z^2)\\ z^{-1}\boldsymbol{h}_1(-z^2)\end{bmatrix}\end{aligned} \tag{8.7.15}$$

文献[Hel99]证明了 $\boldsymbol{C}_2^{\mathrm{T}}\boldsymbol{C}_1$ 具有如下形式：

$$\boldsymbol{C}_2^{\mathrm{T}}\boldsymbol{C}_1 = 2M\left(\begin{bmatrix}\boldsymbol{J}_M & \boldsymbol{0}\\ \boldsymbol{0} & -\boldsymbol{J}_M\end{bmatrix} + (-1)^s\begin{bmatrix}\boldsymbol{0} & -\boldsymbol{I}_{2M-1-d}\\ \boldsymbol{I}_{d+1} & \boldsymbol{0}\end{bmatrix}\right) \tag{8.7.16}$$

式中，$\boldsymbol{J}_M$ 为 $M\times M$ 的反单位阵。将(8.7.16)式代入(8.7.15)式，有

$$\boldsymbol{P}(z) = 2M(z^{-1}\boldsymbol{g}_1(-z^2)\ \boldsymbol{g}_0(-z^2))\times \left(\begin{bmatrix}\boldsymbol{J}_M & \boldsymbol{0}\\ \boldsymbol{0} & -\boldsymbol{J}_M\end{bmatrix} + (-1)^s\begin{bmatrix}\boldsymbol{0} & -\boldsymbol{I}_{2M-1-d}\\ \boldsymbol{I}_{d+1} & \boldsymbol{0}\end{bmatrix}\right)\begin{bmatrix}\boldsymbol{h}_0(-z^2)\\ z^{-1}\boldsymbol{h}_1(-z^2)\end{bmatrix} \tag{8.7.17}$$

由定理 8.3.2，一个 M 通道 FB 实现 PR 的充要条件是

$$\boldsymbol{P}(z) = \boldsymbol{R}(z)\boldsymbol{E}(z) = cz^{-m_0}\begin{bmatrix}\boldsymbol{0} & \boldsymbol{I}_{M-r}\\ z^{-1}\boldsymbol{I}_r & \boldsymbol{0}\end{bmatrix} \tag{8.7.18}$$

不失一般性，可假定 $c=1$。对比(8.7.18)式和(8.7.17)式，可得到在 d 取不同值时实现 PR 的 $\boldsymbol{P}(z)$ 的表达式：

$$\boldsymbol{P}(z) = z^{-(2s-1)}\begin{bmatrix}\boldsymbol{0} & \boldsymbol{I}_{M-1-d}\\ z^{-1}\boldsymbol{I}_{d+1} & \boldsymbol{0}\end{bmatrix}\quad 0\leqslant d\leqslant M-1 \tag{8.7.19a}$$

及

$$\boldsymbol{P}(z) = z^{-2s}\begin{bmatrix}\boldsymbol{0} & \boldsymbol{I}_{2M-1-d}\\ z^{-1}\boldsymbol{I}_{d+1-M} & \boldsymbol{0}\end{bmatrix}\quad M\leqslant d\leqslant 2M-1 \tag{8.7.19b}$$

现对上式中的一些参数做一简单的解释。

在(8.7.18)式中，$m_0>0$，$0\leqslant r\leqslant M-1$，且整个滤波器组的延迟等于 $(m_0+1)M+r-1$。由于在(8.7.4b)式中假定 $D=2sM+d$，因此，若 $0\leqslant d\leqslant M-1$，则 $r=d+1$，$m_0=2s-1$；若 $M\leqslant d\leqslant 2M-1$，则 $r=d-M+1$，$m_0=2s$。d 在两种情况下的取值就决定了(8.7.19)式中单位阵 $\boldsymbol{I}$ 的下标的取值及 z^{-1} 的幂的取值。

由于 $\boldsymbol{P}(z)=\boldsymbol{R}(z)\boldsymbol{E}(z)$，这里，$\boldsymbol{R}(z)$，$\boldsymbol{E}(z)$ 分别由原型 $G(z)$，$H(z)$ 的多相分量所组成，因此，由(8.7.19)式可找到为实现 PR$E_l(z)$，$R_l(z)$ 所应遵循的关系。文献[Hel99]经过冗长的推导给出了在 l 和 d 取不同值时的 PR 条件的表达式。文献[Mer99]把它写为一简洁的形式，即

$$E_l(z)R_{2M-1-l}(z) + E_{M+l}(z)R_{M-1-l}(z) = \frac{z^{-s}}{2M} \tag{8.7.20a}$$

$$E_l(z)R_{M+l}(z) - E_{M+l}(z)R_l(z) = 0 \tag{8.7.20b}$$

若选择

$$R_l(z) = \alpha z^{-\beta}E_l(z) \tag{8.7.21a}$$

$$R_{M+l}(z) = \alpha z^{-\beta}E_{M+l}(z) \tag{8.7.21b}$$

则(8.7.20b)式得到满足。在(8.7.21)式中，若再选择 $\alpha=1$，$\beta=0$，那么 $R_l(z)=E_l(z)$，$l=0,1,\cdots,2M-1$。这实际上是将分析滤波器和综合滤波器的原型取为同一个滤波器。

这时，(8.7.20a)式变成

$$E_l(z)E_{2M-1-l}(z)+E_{M+l}(z)E_{M-1-l}(z)=\frac{z^{-s}}{2M},\ l=0,1,\cdots,M/2-1 \quad (8.7.22)$$

即

$$E_0(z)E_{2M-1}(z)+E_M(z)E_{M-1}(z)=\frac{z^{-s}}{2M}$$

$$E_1(z)E_{2M-2}(z)+E_{M+1}(z)E_{M-2}(z)=\frac{z^{-s}}{2M}$$

……

$$E_{M/2-1}(z)E_{2M-1-(M/2-1)}(z)+E_{M+(M/2-1)}(z)E_{M-(M/2-1)}(z)=\frac{z^{-s}}{2M} \quad (8.7.23)$$

这 $M/2$ 个方程犹如 $M/2$ 个两通道滤波器组的 PR 条件。

如果再按(8.6.14a)式决定综合滤波器和分析滤波器的关系，即 $g_k(n)=h_k(N-1-n)$，$G_k(z)=z^{-(N-1)}\widetilde{H}_k(z)$，$k=0,1,\cdots,M-1$，那么由(8.7.22)式可导出(8.7.1)式的 PR 条件。这时，双正交 CMFB 即变成了前述的仿酉 CMFB。

双正交 CMFB 中的原型滤波器可以用正交制约下的最小平方(quadratic-constrained least squares，QCLS)方法来设计，QCLS 方法的详细讨论见文献[Ngu95]，此处不再讨论。此外，读者不难发现(8.7.8)式的矩阵 $\boldsymbol{C}_1$ 和(8.7.12)式的矩阵 $\boldsymbol{C}_2$ 即是 DCT 矩阵，因此，整个分析滤波器组和综合滤波器组的实现都可由 DCT 的快速算法来实现。

第3篇 小波变换

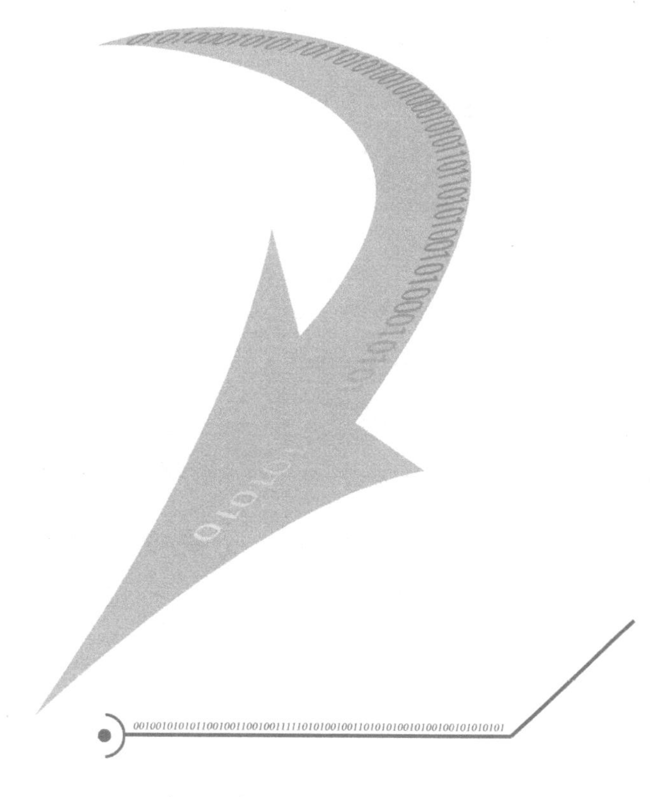

第9章

小波变换基础

9.1 小波变换的定义

给定一个基本函数 $\psi(t)$，令

$$\psi_{a,b}(t)=\frac{1}{\sqrt{a}}\psi\left(\frac{t-b}{a}\right) \tag{9.1.1}$$

式中，a,b 均为常数，且 $a>0$。显然，$\psi_{a,b}(t)$是基本函数 $\psi(t)$先作移位再作伸缩以后得到的。若 a,b 不断地变化，可得到一组函数 $\psi_{a,b}(t)$。给定平方可积的信号 $x(t)$，即 $x(t)\in L^2(R)$，则 $x(t)$的小波变换(wavelet transform，WT)定义为

$$\begin{aligned}WT_x(a,b)&=\frac{1}{\sqrt{a}}\int x(t)\psi^*\left(\frac{t-b}{a}\right)\mathrm{d}t\\&=\int x(t)\psi_{a,b}^*(t)\mathrm{d}t=\langle x(t),\psi_{a,b}(t)\rangle\end{aligned} \tag{9.1.2}$$

式中，a,b 和 t 均是连续变量。因此该式又称为连续小波变换(CWT)。如无特别说明，该式及以后各式中的积分都是从$-\infty$到$+\infty$。信号 $x(t)$的小波变换 $WT_x(a,b)$是 a 和 b 的函数，b 是时移，a 是尺度因子。$\psi(t)$又称为基本小波，或母小波。$\psi_{a,b}(t)$是母小波经移位和伸缩所产生的一组函数，称之为小波基函数，或简称小波基。这样，(9.1.2)式的 WT 又可解释为信号 $x(t)$和一组小波基的内积。

母小波可以是实函数，也可以是复函数。若 $x(t)$是实信号，$\psi(t)$也是实函数，则 $WT_x(a,b)$也是实函数，反之，$WT_x(a,b)$为复函数。

在(9.1.1)式中，时移 b 的作用是确定对 $x(t)$分析的时间位置，也即时间中心。尺度因子 a 的作用是把基本小波 $\psi(t)$作伸缩。在 1.2 节中已指出，由 $\psi(t)$变成 $\psi(t/a)$，当 $a>1$ 时，a 越大，则 $\psi(t/a)$的时域支撑范围(即时域宽度)较之 $\psi(t)$变得越大；反之，当 $a<1$ 时，a 越小，则 $\psi(t/a)$的宽度越窄。这样，a 和 b 联合起来确定了对 $x(t)$分析的中心位置及分析的时间宽度，如图 9.1.1 所示。

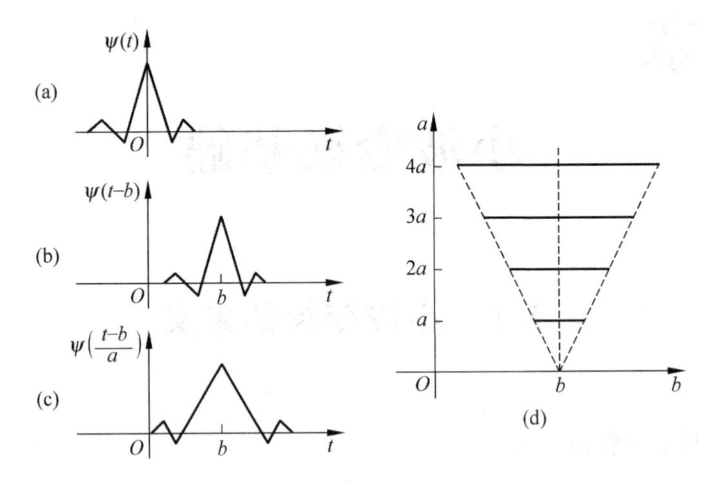

图 9.1.1　基本小波的伸缩及参数 a 和 b 对分析范围的控制

(a) 基本小波；(b) $b>0$，$a=1$；(c) b 不变，$a=2$；(d) 分析范围

这样，(9.1.2)式的小波变换可理解为用一组分析宽度不断变化的基函数对 $x(t)$ 作分析，这一变化正好适应了对信号分析时在不同频率范围需要不同的分辨率这一基本要求。

(9.1.1)式中的因子$\frac{1}{\sqrt{a}}$是为了保证在不同的尺度 a 时，$\psi_{a,b}(t)$始终能和母函数 $\psi(t)$有着相同的能量，即

$$\int|\psi_{a,b}(t)|^2\mathrm{d}t=\frac{1}{a}\int\left|\psi\left(\frac{t-b}{a}\right)\right|^2\mathrm{d}t$$

令$\frac{t-b}{a}=t'$，则 $\mathrm{d}t=a\mathrm{d}t'$，这样，上式右边的积分即等于$\int|\psi(t)|^2\mathrm{d}t$。

令 $x(t)$的傅里叶变换为 $X(\Omega)$，$\psi(t)$的傅里叶变换为 $\Psi(\Omega)$，由傅里叶变换的性质，$\psi_{a,b}(t)$的傅里叶变换为

$$\psi_{a,b}(t)=\frac{1}{\sqrt{a}}\psi\left(\frac{t-b}{a}\right)\Leftrightarrow\Psi_{a,b}(\Omega)=\sqrt{a}\Psi(a\Omega)\mathrm{e}^{-\mathrm{j}\Omega b}\tag{9.1.3}$$

由 Parseval 定理，(9.1.2)式可重新表达为

$$\begin{aligned}WT_x(a,b)&=\frac{1}{2\pi}\langle X(\Omega),\ \Psi_{a,b}(\Omega)\rangle\\&=\frac{\sqrt{a}}{2\pi}\int_{-\infty}^{+\infty}X(\Omega)\Psi^*(a\Omega)\mathrm{e}^{\mathrm{j}\Omega b}\mathrm{d}\Omega\end{aligned}\tag{9.1.4}$$

此式即为小波变换的频域表达式。

9.2 小波变换的特点

下面，从小波变换的恒 Q 性质、时域及频率分辨率以及和小波变换与其他变换方法的对比来讨论小波变换的特点，以便对小波变换有更深入的理解。

比较(9.1.2)式和(9.1.4)式对小波变换的两个定义可以看出，如果 $\psi_{a,b}(t)$ 在时域是有限支撑的，那么它和 $x(t)$ 作内积后将保证 $WT_x(a,b)$ 在时域也是有限支撑的，从而实现所希望的时域定位功能，也即使 $WT_x(a,b)$ 反映的是 $x(t)$ 在 b 附近的性质。同样，若 $\Psi_{a,b}(\Omega)$ 具有带通性质，即 $\Psi_{a,b}(\Omega)$ 围绕着中心频率是有限支撑的，那么 $\Psi_{a,b}(\Omega)$ 和 $X(\Omega)$ 作内积后也将反映 $X(\Omega)$ 在中心频率处的局部性质，从而实现所希望的频率定位功能。显然，这些性能正是所希望的。问题是如何找到这样的母小波 $\psi(t)$，使其在时域和频域都是有限支撑的。有关小波的种类及小波设计的问题，将在后续章节中详细讨论。

由 1.3 节可知，若 $\psi(t)$ 的时间中心是 t_0，时宽是 Δ_t，$\Psi(\Omega)$ 的频率中心是 Ω_0，带宽是 Δ_Ω，那么 $\psi(t/a)$ 的时间中心变为 at_0，时宽变成 $a\Delta_t$，$\psi(t/a)$ 的频谱 $a\Psi(a\Omega)$ 的频率中心变为 Ω_0/a，带宽变成 Δ_Ω/a。这样，$\psi(t/a)$ 的时宽-带宽积仍是 $\Delta_t\Delta_\Omega$，与 a 无关。这一方面说明小波变换的时频关系也受到不定原理的制约，但另一方面，也即更主要的是揭示了小波变换的一个性质，也即恒 Q 性质。定义

$$Q = \Delta_\Omega/\Omega_0 = \text{带宽} / \text{中心频率} \tag{9.2.1}$$

为母小波 $\psi(t)$ 的品质因数，对 $\psi(t/a)$，其

$$\text{带宽} / \text{中心频率} = \frac{\Delta_\Omega/a}{\Omega_0/a} = \Delta_\Omega/\Omega_0 = Q$$

因此，不论 a 为何值($a>0$)，$\psi(t/a)$ 始终和 $\psi(t)$ 具有相同的品质因数。恒 Q 性质是小波变换的一个重要性质，也是区别于它其他类型的变换且被广泛应用的一个重要原因。图 9.2.1 说明了 $\Psi(\Omega)$ 和 $\Psi(a\Omega)$ 的带宽及中心频率随 a 变化的情况。

将图 9.1.1 和图 9.2.1 结合起来，可看到运用小波变换在进行信号分析时有如下特点：当 a 变小时，对 $x(t)$ 的时域观察范围变窄，但对 $X(\Omega)$ 在频率观察的范围变宽，且观察的中心频率向高频处移动，如图 9.2.1(c)所示。反之，当 a 变大时，对 $x(t)$ 的时域观察范围变宽，频域的观察范围变窄，且分析的中心频率向低频处移动，如图9.2.1(b)所示。将图 9.1.1 和图 9.2.1 所反映的时频关系结合在一起，可得到

在不同尺度下运用小波变换所分析的时宽、带宽、时间中心和频率中心的关系，如图 9.2.2 所示。

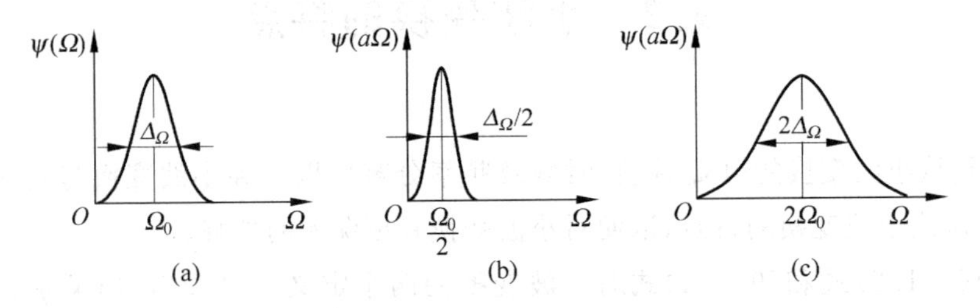

图 9.2.1　$\Psi(a\Omega)$随 a 变化的说明

(a) $a=1$；(b) $a=2$；(c) $a=1/2$

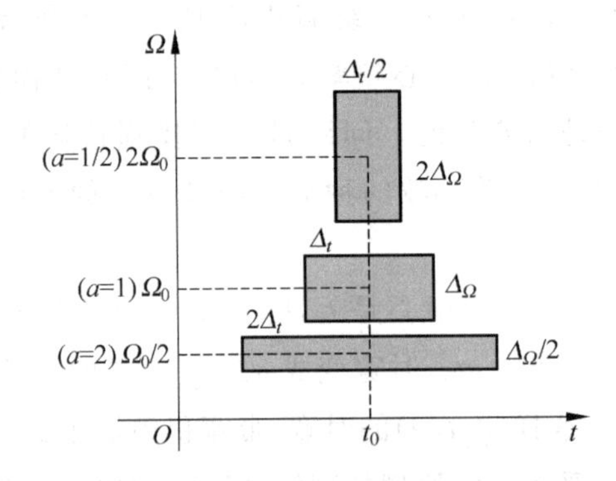

图 9.2.2　a 取不同值时小波变换对信号分析的时频区间

由于小波变换的恒 Q 性质，因此在不同尺度下，图 9.2.2 中三个时、频分析区间（即三个矩形）的面积始终保持不变。由此看到，小波变换提供了一个在时、频平面上可调的分析窗口。该分析窗口在高频端（图中 $2\Omega_0$）处的频率分辨率不好（矩形窗的频率边变长），但时域的分辨率变好（矩形的时间边变短）；反之，在低频端（图中 $\Omega_0/2$）处，频率分辨率变好，而时域分辨率变差。但在不同的 a 值下，图 9.2.2 中分析窗的面积保持不变。由此可见，信号的时、频分辨率可以随分析任务的需要作调整。

众所周知，信号的时域中的快变成分，如陡峭的前沿、后沿、尖脉冲等属于高频成分，因此时、频分析窗应处在高频端的位置。另外，对这一类信号分析时要求时域分辨率要好，以适应快变成分时间间隔短的需要，对频域的分辨率则可以放宽。与此相反，低频信号往往是信号中的慢变成分，对这类信号分析时一般希望频率的分辨率要好，而时间的分辨率可以放宽，同时分析的中心频率也应移到低频处。显然，小波变换的特点可以自动满足这些客观实际的需要。

总结上述小波变换的特点可知，当用较小的 a 对信号作高频分析时，实际上是用高频小波对信号作细致观察，当用较大的 a 对信号作低频分析时，实际上是用低频小波对信号作概貌观察。如上面所述，小波变换的这一特点既符合对信号作实际分析时的要求，也符合人们的视觉特点。

现在来讨论一下小波变换和前面几章所讨论过的其他信号分析方法的区别。

傅里叶变换的基函数是复正弦。这一基函数在频域有着最佳的定位功能（频域的 δ 函数），但在时域所对应的范围是 $-\infty \sim +\infty$，完全不具备定位功能。这是傅里叶变换的一个严重的缺点。

人们希望用短时傅里叶变换来弥补 FT 的不足。重写(2.1.1)式，即

$$\begin{aligned}\mathrm{STFT}_x(t,\Omega) &= \int x(\tau) g^*(\tau - t) \mathrm{e}^{-\mathrm{j}\Omega\tau} \mathrm{d}\tau \\ &= \int x(\tau) g_{t,\Omega}^*(\tau) \mathrm{d}\tau = \langle x(\tau), g(\tau - t) \mathrm{e}^{\mathrm{j}\Omega\tau} \rangle \end{aligned} \tag{9.2.2}$$

由于该式中只有窗函数的位移而无时间的伸缩，因此，位移量的大小不会改变复指数 $\mathrm{e}^{-\mathrm{j}\Omega\tau}$ 的频率。同理，当复指数由 $\mathrm{e}^{-\mathrm{j}\Omega\tau}$ 变成 $\mathrm{e}^{-\mathrm{j}2\Omega\tau}$（即频率发生变化）时，这一变化也不会影响窗函数 $g(\tau)$。这样，当复指数 $\mathrm{e}^{-\mathrm{j}\Omega\tau}$ 的频率变化时，STFT 的基函数 $g_{t,\tau}(\tau)$ 的包络不会改变，改变的只是该包络下的频率成分。这样，当 Ω 由 Ω_0 变化成 $2\Omega_0$ 时，$g_{t,\tau}(\tau)$ 对 $x(\tau)$ 分析的中心频率改变，但分析的频率范围不变，也即带宽不变。因此，STFT 不具备恒 Q 性质，当然也不具备随着分辨率变化而自动调节分析带宽的能力，如图 9.2.3 所示。图中 $g(t) = \mathrm{e}^{-t^2/T}$。

在第 6～8 章所讨论的 M 通道最大抽取滤波器组是将 $x(n)$ 分成 M 个子带信号，每一个子带信号需有相同的带宽，即 $2\pi/M$，其中心频率依次为 $\pi k/M$，$k=0,1,\cdots,M-1$（若是 DFT 滤波器组，则中心频率在 $2\pi k/M, k=0,1,\cdots,M-1$），且这 M 个子带信号有着相同的时间长度。在小波变换中，是通过调节参数 a 来得到不同的分析时宽和带宽，但它不需要保证在改变 a 时使所得到的时域子信号有着相同的时宽或带宽。这是小波变换和均匀滤波器组的不同之处。但小波变换和 7.9 节讨论过的树状滤波器组在对信号的分析方式上极其相似。离散小波变换是通过“多分辨率分析”来实现的，而“多分辨率分析”最终是由两通道滤波器组来实现的。

由(9.1.1)式，定义

$$|WT_x(a,b)|^2 = \left| \frac{1}{\sqrt{a}} \int x(t) \psi^*\left(\frac{t-b}{a}\right) \mathrm{d}t \right|^2 \tag{9.2.3}$$

为信号的尺度图（scalogram）。它也是一种能量分布，但它是随位移 b 和尺度 a 的能量分

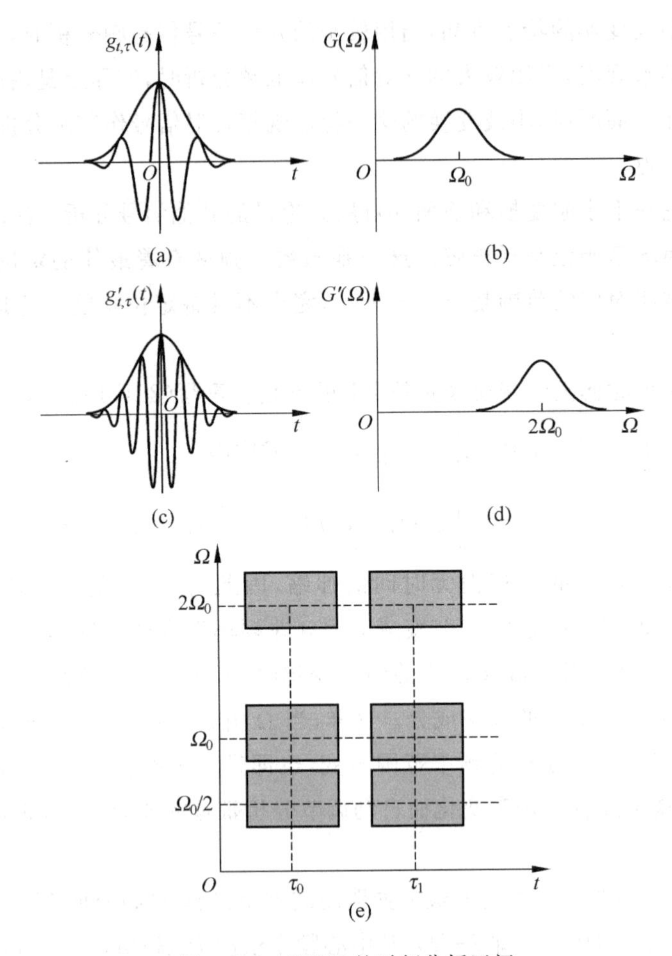

图 9.2.3　STFT 的时频分析区间

(a) $g_{t,\tau}(t)=g(\tau-t)\mathrm{e}^{-\mathrm{j}\Omega_0 t}$；(b) $G(\Omega)$；(c) $g'_{t,\tau}(t)=g(\tau-t)\mathrm{e}^{-\mathrm{j}2\Omega_0 t}$；(d) $G'(\Omega)$；(e) 时频分析区间

布，而不是简单的随(t,Ω)的能量分布，即在第 2～4 章所讨论的时频分布。由于尺度 a 间接对应频率(a 小对应高频，a 大对应低频)，因此，尺度图实质上也是一种时频分布。

综上所述，由于小波变换具有恒 Q 性质及自动调节对信号分析的时宽-带宽等一系列突出优点，因此被人们称为信号分析的数学显微镜。小波变换是 20 世纪 80 年代后期发展起来的应用数学分支。法国数学家 Meyer. Y，地球物理学家 Morlet. J 和理论物理学家 Grossman. A 对小波理论作出了突出的贡献。法国学者 Daubechies. I 和 Mallat. S 在将小波理论引入工程应用，特别是信号处理领域起到了重要的作用。人们称这些人为法国学派。在小波理论中一些有影响的教科书如文献[Dau92a, Chu92, Mal99]等，一些有影响的论文如文献[Dau92b, Dau88,Dau90,Coh92,Mal89a,She92,Vet92]等。国内从工程应用的目的较为全面地介绍小波理论的著作见文献[ZW3],结合 MATLAB 介绍小波理论的著作见文献[ZW1]。

9.3 连续小波变换的计算性质

1. 时移性质

若 $x(t)$的 CWT 是 $WT_x(a,b)$,那么 $x(t-\tau)$的 CWT 是 $WT_x(a,b-\tau)$。该结论极易证明。记 $y(t)=x(t-\tau)$,则

$$\begin{aligned} WT_y(a,b) &= \frac{1}{\sqrt{a}}\int x(t-\tau)\psi^*\left(\frac{t-b}{a}\right)\mathrm{d}t \\ &= \frac{1}{\sqrt{a}}\int x(t')\psi^*\left[\frac{t'-(b-\tau)}{a}\right]\mathrm{d}t' \\ &= WT_x(a,b-\tau) \end{aligned} \tag{9.3.1}$$

2. 尺度转换性质

如果 $x(t)$的 CWT 是 $WT_x(a,b)$,令 $y(t)=x(\lambda t)$,则

$$WT_y(a,b) = \frac{1}{\sqrt{\lambda}}WT_x(\lambda a,\lambda b) \tag{9.3.2}$$

证明 由于

$$WT_y(a,b) = \frac{1}{\sqrt{a}}\int x(\lambda t)\psi^*\left(\frac{t-b}{a}\right)\mathrm{d}t$$

令 $t'=\lambda t$,则

$$\begin{aligned} WT_y(a,b) &= \frac{1}{\sqrt{a}}\int x(t')\psi^*\left[\frac{t'/\lambda-b}{a}\right]\frac{1}{\lambda}\mathrm{d}t' \\ &= \frac{1}{\sqrt{\lambda}}\frac{1}{\sqrt{\lambda a}}\int x(t)\psi^*\left[\frac{t-\lambda b}{\lambda a}\right]\mathrm{d}t = \frac{1}{\lambda}WT_x(\lambda a,\lambda b) \end{aligned}$$

该性质指出,当信号的时间轴按 λ 作伸缩时,其小波变换在 a 和 b 两个轴上同时要作相同比例的伸缩,但小波变换的波形不变。这是小波变换优点的又一体现。

3. 微分性质

如果 $x(t)$ 的 CWT 是 $WT_x(a,b)$，令 $y(t)=\frac{\mathrm{d}x(t)}{\mathrm{d}t}=x'(t)$，则

$$WT_y(a,b)=\frac{\partial}{\partial b}WT_x(a,b) \tag{9.3.3}$$

证明　因为

$$\begin{aligned}WT_y(a,b)&=\frac{1}{\sqrt{a}}\int\frac{\mathrm{d}x(t)}{\mathrm{d}t}\psi^*\left(\frac{t-b}{a}\right)\mathrm{d}t\\&=\lim_{\Delta t\to 0}\frac{1}{\sqrt{a}}\int\frac{x(t+\Delta t)-x(t)}{\Delta t}\psi^*\left(\frac{t-b}{a}\right)\mathrm{d}t\\&=\lim_{\Delta t\to 0}\frac{1}{\Delta t}\left[\frac{1}{\sqrt{a}}\int x(t+\Delta t)\psi^*\left(\frac{t-b}{a}\right)\mathrm{d}t-\frac{1}{\sqrt{a}}\int x(t)\psi^*\left(\frac{t-b}{a}\right)\mathrm{d}t\right]\end{aligned}$$

由(9.3.1)式的移位性质，有

$$WT_y(a,b)=\lim_{\Delta t\to 0}\frac{WT_x(a,b+\Delta t)-WT_x(a,b)}{\Delta t}$$

即

$$WT_y(a,b)=\frac{\partial}{\partial b}WT_x(a,b)$$

4. 两个信号卷积的 CWT

令 $x(t)$，$h(t)$ 的 CWT 分别是 $WT_x(a,b)$ 及 $WT_h(a,b)$，并令 $y(t)=x(t)*h(t)$，则

$$WT_y(a,b)=x(t)\overset{b}{*}WT_h(a,b)=h(t)\overset{b}{*}WT_x(a,b) \tag{9.3.4}$$

式中，符号 $\overset{b}{*}$ 表示对变量 b 作卷积。

证明　因为

$$\begin{aligned}WT_y(a,b)&=\frac{1}{\sqrt{a}}\int\left[\int_{-\infty}^{+\infty}x(\tau)h(t-\tau)\mathrm{d}\tau\right]\psi^*\left(\frac{t-b}{a}\right)\mathrm{d}t\\&=\int_{-\infty}^{+\infty}x(\tau)\left[\frac{1}{\sqrt{a}}\int h(t-\tau)\psi^*\left(\frac{t-b}{a}\right)\mathrm{d}t\right]\mathrm{d}\tau\end{aligned}$$

再由(9.3.1)式的移位性质，有

$$WT_y(a,b)=\int_{-\infty}^{+\infty}x(\tau)WT_h(a,b-\tau)\mathrm{d}\tau$$

同理

$$WT_y(a,b)=\int_{-\infty}^{+\infty}h(\tau)WT_x(a,b-\tau)\mathrm{d}\tau$$

于是(9.3.4)式得证。

5. 两个信号和的CWT

令 $x_1(t)$，$x_2(t)$的CWT分别是 $WT_{x_1}(a,b)$，$WT_{x_2}(a,b)$，且 $x(t)=x_1(t)+x_2(t)$，则

$$WT_x(a,b)=WT_{x_1}(a,b)+WT_{x_2}(a,b) \tag{9.3.5a}$$

同理，如果 $x(t)=k_1x_1(t)+k_2x_2(t)$，则

$$WT_x(a,b)=k_1WT_{x_1}(a,b)+k_2WT_{x_2}(a,b) \tag{9.3.5b}$$

(9.3.5)式说明两个信号和的CWT等于各自CWT的和，也即小波变换满足叠加原理。看到WT的这一性质，读者一定会想到WVD中的交叉项问题。由(9.3.5)式看来，似乎小波变换不存在交叉项。但实际上并非如此。(9.1.2)式所定义的CWT是线性变换，即 $x(t)$只在式中出现一次，而在(3.1.2)式的WVD表达式中 $x(t)$出现了两次，即 $x(t+\tau/2)x^*(t-\tau/2)$，所以，称以Wigner分布为代表的一类时频分布为双线性变换。正因为如此，$W_x(t,\Omega)$是信号 $x(t)$能量的分布。与之相对比，小波变换的结果 $WT_x(a,b)$不是能量分布。但小波变换的幅平方，即(9.2.3)式的尺度图则是信号 $x(t)$能量的一种分布。将 $x(t)=x_1(t)+x_2(t)$代入(9.2.3)式，可得

$$\begin{aligned}|WT_x(a,b)|^2=&|WT_{x_1}(a,b)|^2+|WT_{x_2}(a,b)|^2\\&+2|WT_{x_1}(a,b)||WT_{x_2}(a,b)|\cos(\theta_{x_1}-\theta_{x_2})\end{aligned} \tag{9.3.6}$$

式中，θ_{x_1}，θ_{x_2}分别是 $WT_{x_1}(a,b)$，$WT_{x_2}(a,b)$的幅角。

证明 因为

$$\begin{aligned}|WT_x(a,b)|^2&=WT_x(a,b)WT_x^*(a,b)\\&=[WT_{x_1}(a,b)+WT_{x_2}(a,b)][WT_{x_1}^*(a,b)+WT_{x_2}^*(a,b)]\\&=|WT_{x_1}(a,b)|^2+|WT_{x_1}(a,b)|^2\\&\quad+WT_{x_1}(a,b)WT_{x_2}^*(a,b)+[WT_{x_1}(a,b)WT_{x_2}^*(a,b)]^*\end{aligned}$$

由于后两项互为共轭，因此必有(9.3.6)式。

(9.3.6)式表明在尺度图中同样也有交叉项存在，但该交叉项的行为和WVD中的交叉项稍有不同。在3.5节中已指出，WVD的交叉项位于两个自项的中间，即位于(t_μ,Ω_μ)处，$t_\mu=(t_1+t_2)/2$，$\Omega_\mu=(\Omega_1+\Omega_2)/2$。这里，$(t_1,\Omega_1)$，$(t_2,\Omega_2)$分别是两个自项的时频中心。由(9.3.6)式可以得出，尺度图中的交叉项出现在 $WT_{x_1}(a,b)$和 $WT_{x_2}(a,b)$同时不为零的区域，也即是真正相互交叠的区域中，这和WVD有着明显的区别。可以证明[Qia95]，同一信号 $x(t)$的WVD和其尺度图有如下关系：

$$|WT_x(a,b)|^2=\iint W_x(t,\Omega)W_\psi\left(\frac{t-b}{a},a\Omega\right)\mathrm{d}t\mathrm{d}\Omega \tag{9.3.7}$$

式中，$W_\psi(t,\Omega)$是母小波 $\psi(t)$的WVD，该式揭示了WVD和WT之间的关系，这说明

Cohen 类的时频分布和小波变换有着非常密切的内在联系。

6. 小波变换的内积定理

定理 9.3.1　设 $x_1(t),x_2(t),\psi(t)\in L^2(R)$，$x_1(t),x_2(t)$ 的小波变换分别是 $WT_{x_1}(a,b)$，$WT_{x_2}(a,b)$，则

$$\int_0^{\infty}\int_{-\infty}^{+\infty} WT_{x_1}(a,b)WT_{x_2}^*(a,b)\,\frac{\mathrm{d}a}{a^2}\mathrm{d}b = C_\psi\langle x_1(t),x_2(t)\rangle \tag{9.3.8}$$

式中

$$C_\psi = \int_0^{\infty}\frac{|\Psi(\Omega)|^2}{\Omega}\mathrm{d}\Omega \tag{9.3.9}$$

$\Psi(\Omega)$ 为 $\psi(t)$ 的傅里叶变换。

证明　由(9.1.4)式关于小波变换的频域定义，可知(9.3.8)式的左边为

$$\begin{aligned}
&\int_0^{\infty}\int_{-\infty}^{\infty}\frac{a}{4\pi^2}\int_{-\infty}^{\infty}X_1(\Omega)\Psi^*(a\Omega)\mathrm{e}^{\mathrm{j}\Omega b}\mathrm{d}\Omega\int_{-\infty}^{\infty}X_2^*(\Omega')\Psi(a\Omega')\mathrm{e}^{-\mathrm{j}\Omega' b}\mathrm{d}\Omega'\,\frac{\mathrm{d}a}{a^2}\mathrm{d}b \\
&= \int_0^{\infty}\int_{-\infty}^{\infty}\frac{\mathrm{d}a}{4\pi^2 a}\int_{-\infty}^{\infty}X_1(\Omega)X_2^*(\Omega')\Psi^*(a\Omega)\Psi(a\Omega')\mathrm{d}\Omega\mathrm{d}\Omega'\int\mathrm{e}^{\mathrm{j}(\Omega-\Omega')b}\mathrm{d}b \\
&= \int_0^{\infty}\int_{-\infty}^{\infty}\frac{\mathrm{d}a}{2\pi a}\int_{-\infty}^{\infty}X_1(\Omega)X_2^*(\Omega')\Psi^*(a\Omega)\Psi(a\Omega')\delta(\Omega-\Omega')\mathrm{d}\Omega\mathrm{d}\Omega' \\
&= \int_0^{\infty}\int_{-\infty}^{\infty}\frac{\mathrm{d}a}{2\pi a}X_1(\Omega)X_2^*(\Omega)|\Psi(a\Omega)|^2\mathrm{d}\Omega \\
&= \int_{-\infty}^{\infty}\frac{1}{2\pi}\left[\int_0^{\infty}\frac{|\Psi(a\Omega)|^2}{a\Omega}\mathrm{d}(a\Omega)\right]X_1(\Omega)X_2^*(\Omega)\mathrm{d}\Omega
\end{aligned}$$

假定积分

$$\int_0^{\infty}\frac{|\Psi(a\Omega)|^2}{a\Omega}\mathrm{d}(a\Omega) = \int_0^{\infty}\frac{|\Psi(\Omega')|^2}{\Omega'}\mathrm{d}\Omega' = C_\psi$$

存在，再由 Parseval 定理，上述的推导最后为

$$C_\psi\frac{1}{2\pi}\int_{-\infty}^{\infty}X_1(\Omega)X_2^*(\Omega)\mathrm{d}\Omega = C_\psi\langle x_1(t),x_2(t)\rangle$$

于是定理得证。

(9.3.8)式实际上可看作是小波变换的 Parseval 定理。该式又可写成更简单的形式，即

$$a^{-2}\langle WT_{x_1}(a,b),WT_{x_2}(a,b)\rangle = C_\psi\langle x_1(t),x_2(t)\rangle \tag{9.3.10}$$

进一步，如果令 $x_1(t)=x_2(t)=x(t)$，由(9.3.8)式，有

$$\int_{-\infty}^{\infty}|x(t)|^2\mathrm{d}t = \frac{1}{C_\psi}\int_0^{\infty}\int_{-\infty}^{\infty}a^{-2}|WT_x(a,b)|^2\mathrm{d}a\mathrm{d}b \tag{9.3.11}$$

该式更清楚地说明，小波变换的幅平方在尺度-位移平面上的加权积分等于信号在时域

的总能量，因此，小波变换的幅平方可看作是信号能量时频分布的一种表示形式。

(9.3.8)式和(9.3.11)式中对 a 的积分是从 $0\sim\infty$，这是因为假定 a 总为正值。这两个式子中出现的 a^{-2} 是由于定义小波变换时在分母中出现了 $1/\sqrt{a}$，而式中又要对 a 作积分所引入的。

读者都熟知傅里叶变换中的 Parseval 定理，即时域中的能量等于频域中的能量。但小波变换的 Parseval 定理稍微复杂，它不但要有常数加权，而且以 C_ψ 的存在为条件。

9.4 小波反变换及小波容许条件

下述定理给出了连续小波反变换的公式及反变换存在的条件。

定理 9.4.1 设 $x(t),\psi(t)\in L^2(R)$，记 $\Psi(\Omega)$ 为 $\psi(t)$ 的傅里叶变换，若

$$C_\psi = \int_0^\infty \frac{|\Psi(\Omega)|^2}{\Omega}\mathrm{d}\Omega < \infty$$

则 $x(t)$ 可由其小波变换 $WT_x(a,b)$ 来恢复，即

$$x(t) = \frac{1}{C_\psi}\int_0^\infty a^{-2}\int_{-\infty}^\infty WT_x(a,b)\psi_{a,b}(t)\mathrm{d}a\mathrm{d}b \tag{9.4.1}$$

证明 设 $x(t)=x_1(t),x_2(t)=\delta(t-t')$，则

$$\langle x_1(t),x_2(t)\rangle = x(t')$$

$$WT_{x_2}(a,b) = \frac{1}{\sqrt{a}}\int\delta(t-t')\psi\left(\frac{t-b}{a}\right)\mathrm{d}t = \frac{1}{\sqrt{a}}\psi\left(\frac{t'-b}{a}\right)$$

将它们分别代入(9.3.8)式的两边，再令 $t'=t$，于是有

$$x(t) = \frac{1}{C_\psi}\int_0^\infty a^{-2}\int_{-\infty}^\infty WT_x(a,b)\psi_{a,b}(t)\mathrm{d}a\mathrm{d}b$$

于是定理得证。

在定理 9.1 和定理 9.2 中，结论的成立都是以 $C_\psi<\infty$ 为前提条件的。(9.3.9)式又称为容许条件(admissibility condition)。该容许条件有着以下的多层的含义。

(1) 并不是时域的任一函数 $\psi(t)\in L^2(R)$ 都可以充当小波。可以作为小波的必要条件是其傅里叶变换满足该容许条件。

(2) 由(9.3.9)式可知，若 $C_\psi<\infty$，则必有 $\Psi(0)=0$，否则 C_ψ 必趋于无穷。这等效于，小波函数 $\psi(t)$ 必须是带通函数。

(3) 由于 $\Psi(\Omega)|_{\Omega=0}=0$，因此必有

$$\int\psi(t)\mathrm{d}t = 0 \tag{9.4.2}$$

这一结论指出，$\psi(t)$的取值必然是有正有负，也即它是振荡的。

以上三条勾画出了作为小波的函数所应具有的大致特征，即 $\psi(t)$是一带通函数，它的时域波形应是振荡的。此外，从时频定位的角度，总希望 $\psi(t)$是有限支撑的，因此它应是快速衰减的。这也是时域有限长且是振荡的这一类函数被称作小波(wavelet)的原因。

(4) 由上述讨论，$\psi(t)$自然应和一般的窗函数一样满足

$$\int |\psi(t)| \mathrm{d}t < \infty \tag{9.4.3}$$

(5) 由后面的讨论可知，尺度 a 常按 $a=2^j(j\in\mathbb{Z})$来离散化。由(9.1.3)式，对应的傅里叶变换是 $2^{j/2}\Psi(2^j\Omega)\mathrm{e}^{-\mathrm{j}\Omega b}$，由于需要在不同的尺度下对信号进行分析，同时也需要在该尺度下由 $WT_x(a,b)$来重建 $x(t)$，因此要求$|\Psi(2^j\Omega)|^2$是有界的，当 $j\in(-\infty,+\infty)$时，应有

$$A \leqslant \sum_{j=-\infty}^{\infty} |\Psi(2^j\Omega)|^2 \leqslant B \tag{9.4.4}$$

式中，$0<A\leqslant B<\infty$。(9.4.4)式称为小波变换的稳定性条件，它是在频域对小波函数提出的又一要求。满足(9.4.4)式的小波称作二进(dyadic)小波。

9.5　重建核与重建核方程

在 9.4 节指出，并不是时域任一函数都可以用作小波 $\psi(t)$。可以作为小波的函数至少要满足(9.3.9)式的容许条件。与此结论相类似，并不是(a,b)平面上的任一二维函数 $WT(a,b)$都对应某一函数的小波变换。$WT(a,b)$如果是某一时域信号，如 $x(t)$的小波变换，它应满足一定的条件，此即本节要讨论的内容。

定理 9.5.1　设(a_0,b_0)是(a,b)平面上的任一点，(a,b)上的二维函数 $WT_x(a,b)$是某一函数的小波变换的充要条件是它必须满足如下的重建核方程，即

$$WT_x(a_0,b_0) = \int_0^{\infty} a^{-2}\int_{-\infty}^{\infty} WT_x(a,b)K_\psi(a_0,b_0;a,b)\mathrm{d}a\mathrm{d}b \tag{9.5.1}$$

式中，$WT_x(a_0,b_0)$是 $WT_x(a,b)$在(a_0,b_0)处的值；$K_\psi(a_0,b_0;a,b)$称为重建核，且

$$\begin{aligned} K_\psi(a_0,b_0;a,b) &= \frac{1}{C_\psi}\int \psi_{a,b}(t)\psi^*_{a_0,b_0}(t)\mathrm{d}t \\ &= \frac{1}{C_\psi}\langle \psi_{a,b}(t),\psi_{a_0,b_0}(t)\rangle \end{aligned} \tag{9.5.2}$$

证明　由(9.1.2)式小波变换的定义，有

$$WT_x(a,b) = \int x(t)\psi^*_{a,b}(t)\mathrm{d}t$$

将(9.4.1)式代入该式,有

$$\begin{aligned} WT_x(a_0,b_0) &= \int\left[\frac{1}{C_\psi}\int_0^\infty a^{-2}\int_{-\infty}^\infty WT_x(a,b)\psi_{a,b}(t)\mathrm{d}a\mathrm{d}b\right]\psi_{a_0,b_0}^*(t)\mathrm{d}t \\ &= \int_0^\infty a^{-2}\int_{-\infty}^\infty WT_x(a,b)\left[\frac{1}{C_\psi}\int\psi_{a,b}(t)\psi_{a_0,b_0}^*(t)\mathrm{d}t\right]\mathrm{d}a\mathrm{d}b \\ &= \int_0^\infty a^{-2}\int_{-\infty}^\infty WT_x(a,b)\left[\frac{1}{C_\psi}\langle\psi_{a,b}(t),\psi_{a_0,b_0}^*(t)\rangle\right]\mathrm{d}a\mathrm{d}b \end{aligned}$$

此即(9.5.1)式和(9.5.2)式。

(9.5.1)式的重建核方程和(9.5.2)式的重建核公式说明,若 $WT_x(a,b)$ 是 $x(t)$ 的小波变换,那么在 (a,b) 平面上某一点 (a_0,b_0) 处小波变换的值 $WT_x(a_0,b_0)$ 可由半平面 $(a\in\mathbb{R}^+,b\in\mathbb{R})$ 上的值 $WT_x(a,b)$ 来表示,也即,$WT_x(a_0,b_0)$ 是半平面上 $WT_x(a,b)$ 的总贡献。既然 (a,b) 平面上各点的 $WT_x(a,b)$ 可由(9.5.1)式互相表示,因此这些点上的值是相关的,也即(9.4.1)式对 $x(t)$ 的重建是存在信息冗余的。这一结论说明,可以用 (a,b) 平面上离散栅格上的 $WT_x(a,b)$ 来重建 $x(t)$,以消除重建过程中的信息冗余。

在第2章中已指出,当用 $x(t)$ 的短时傅里叶变换 $\mathrm{STFT}_x(t,\Omega)$ 来重建 $x(t)$ 时,(t,Ω) 平面上的信息也是有冗余的,即 (t,Ω) 平面上各点的 $\mathrm{STFT}_x(t,\Omega)$ 是相关的,因此引出了离散栅格上的 STFT,即(2.2.7)式,进一步的发展是信号的 Gabor 展开与 Gabor 变换。由此可以得出,将一个一维的函数映射为一个二维函数后,在二维平面上往往会存在信息的冗余,由此引出了二维函数的离散化问题及标架理论。有关离散小波变换及小波标架的内容将在本章的最后两节来讨论。

重建核 $K_\psi(a_0,b_0;a,b)$ 是小波 $\psi_{a,b}(t)$ 和 (a_0,b_0) 处的小波 $\psi_{a_0,b_0}(t)$ 的内积,因此 K_ψ 反映了 $\psi_{a,b}(t)$ 和 $\psi_{a_0,b_0}(t)$ 的相关性。若 $a=a_0$,$b=b_0$,即两个小波重合时,K_ψ 取最大值;若 (a,b) 远离 (a_0,b_0),则 K_ψ 将迅速减小。若能保证 $K_\psi=\delta(a-a_0,b-b_0)$,则 (a,b) 平面上各点小波变换的值将互不相关。这等效地要求对任意的尺度 a 及位移 b,由母小波 $\psi(t)$ 形成的一组 $\psi_{a,b}(t)$ 应是两两正交的。可以想象,若 a,b 连续取值,要想找到这样的母小波 $\psi(t)$ 使 $\psi_{a,b}(t)$ 两两正交,那将是非常困难的。因此,连续小波变换的 $WT_x(a,b)$ 必然存在信息冗余。然而,当 a,b 离散取值时,则有可能得到一组正交小波基 $\psi_{a,b}(t)$。

9.6 小波的分类

由前两节的讨论可知,可以作为小波的函数 $\psi(t)$,它一定要满足容许条件,在时域一定要是有限支撑的,同时,也希望在频域也是有限支撑的,当然,若时域越窄,其频域必然是越宽,反之亦然。在时域和频域的有限支撑方面往往只能取一个折中。此外,希望由母小波$\psi(t)$形成的$\psi_{a,b}(t)$是两两正交的，或是双正交的；进一步，希望$\psi(t)$有高阶的消失矩，希望与$\psi(t)$相关的滤波器具有线性相位，等等。根据上述要求可以对现已提出的大量的小波函数作一粗略地分类。在下面的分类中，第一类是所谓地经典小波，在MATLAB中把它们称作原始(crude)小波。这是一批在小波发展历史上比较有名的小波；第二类是Daubecheis构造的正交小波，第三类是由Cohen，Daubechies构造的双正交小波。

9.6.1　经典类小波

1. Haar小波

Haar小波来自于数学家Haar于1910年提出的Haar正交函数集，其定义是

$$\psi(t)=\begin{cases}1, & 0\leqslant t<1/2\\ -1, & 1/2\leqslant t<1\\ 0, & \text{其他}\end{cases}\tag{9.6.1}$$

其波形如图9.6.1(a)所示。$\psi(t)$的傅里叶变换是

$$\Psi(\Omega)=\mathrm{j}\,\frac{4}{\Omega}\sin^2\left(\frac{\Omega}{4}\right)\mathrm{e}^{-\mathrm{j}\Omega/2}\tag{9.6.2}$$

Haar小波有很多优点，如：

(1) Haar小波在时域是紧支撑的，即其非零区间为(0,1)。

(2) 若取$a=2^j$，$j\in\mathbb{Z}^+$，$k\in\mathbb{Z}$，那么Haar小波不但在其整数位移处是正交的，即

$$\langle\psi(t),\psi(t-k)\rangle=0$$

而且在j取不同值时也是两两正交的，即

$$\langle\psi(t),\psi(2^{-j}t)\rangle=0$$

如图9.6.1(b)和(c)所示，所以Haar小波属正交小波。

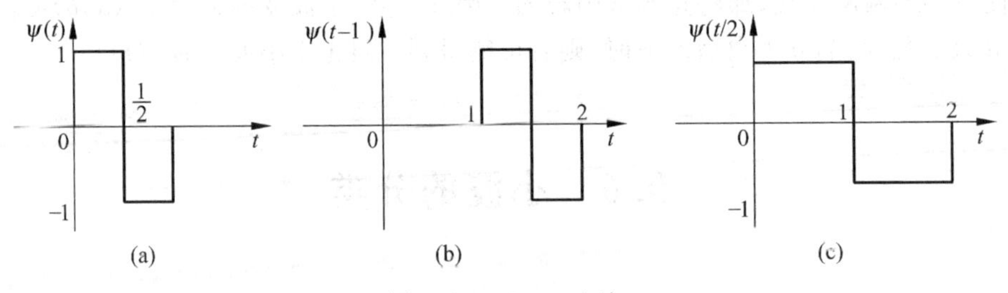

图9.6.1　Haar小波

(3) Haar小波是对称的。系统的单位抽样响应若具有对称性，则该系统具有线性相位，这对于去除相位失真是非常有利的。Haar小波是目前唯一一个既具有对称性又是有

限支撑的正交小波；

(4) Haar 小波仅取＋1 和－1，因此计算简单。

但 Haar 小波是不连续小波，由于 $\int t\psi(t)\mathrm{d}t \neq 0$，因此 $\Psi(\Omega)$ 在 $\Omega=0$ 处只有一阶零点，这就使得 Haar 小波在实际的信号分析与处理中受到了限制。但由于 Haar 小波有上述的多个优点，因此在教科书与论文中常被用作范例来讨论。

2. Morlet 小波

Morlet 小波定义为

$$\psi(t) = \mathrm{e}^{-t^2/2}\mathrm{e}^{\mathrm{j}\Omega_0 t} \tag{9.6.3}$$

其傅里叶变换是

$$\Psi(\Omega) = \sqrt{2\pi}\mathrm{e}^{-(\Omega-\Omega_0)^2/2} \tag{9.6.4}$$

显然，Morlet 小波是一个具有高斯包络的单频率复正弦函数。考虑到待分析的信号一般是实信号，所以在 MATLAB 中将(9.6.3)式改造为

$$\psi(t) = \mathrm{e}^{-t^2/2}\cos\Omega_0 t \tag{9.6.5}$$

并取 $\Omega_0=5$。该小波不是紧支撑的，理论上讲 t 的取值范围可以是$(-\infty,+\infty)$。但是当 $\Omega_0=5$，或再取更大的值时，$\psi(t)$ 和 $\Psi(\Omega)$ 在时域和频域都具有很好的集中，如图 9.6.2 所示。

图 9.6.2 是由 MATLAB 文件在计算机上生成的 Morlet 小波。因此，小波函数 ψ 应是离散的。但是，在由滤波器递推求解小波的过程中，往往将离散的点压缩到支撑范围内，使其变成连续的(详见 11.2 节)，因此图中标注的是时间 t。其频谱本应是 ω 的函数(对应 DTFT)，但考虑到要和连续信号相对应，因此标注的是 $|\Psi(\Omega)|$ 和 Ω。以下有关小波波形和频谱的标注都是按照这一原则。

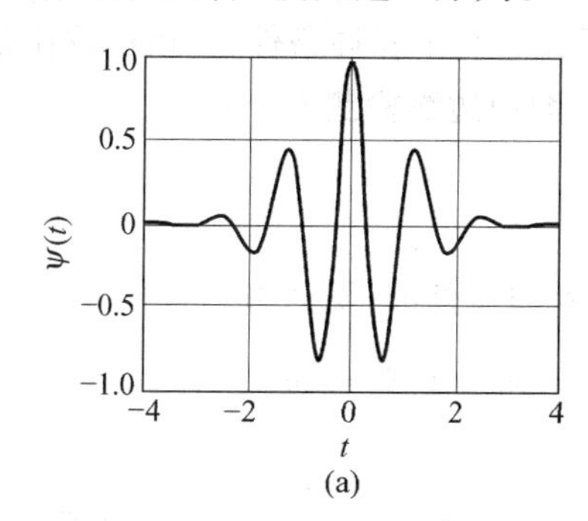

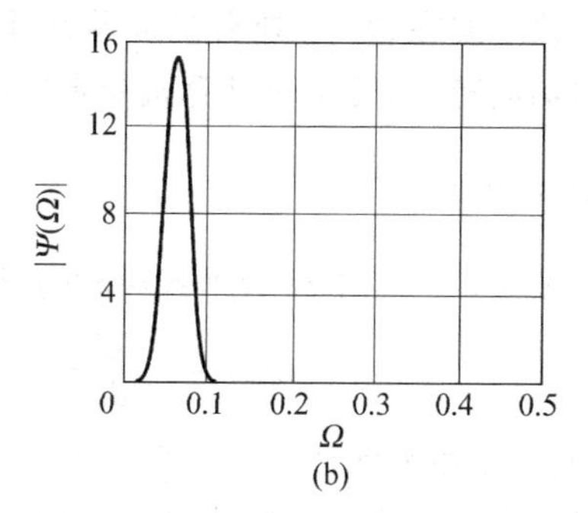

图 9.6.2　Morlet 小波

(a) 时域波形；(b) 频谱

Morlet 小波不是正交的,也不是双正交的,可用于连续小波变换。但该小波是对称的,是应用较为广泛的一种小波。

3. Mexican hat 小波

该小波的中文名字为墨西哥草帽小波,又称 Maar 小波。它定义为

$$\psi(t) = c(1-t^2)\mathrm{e}^{-t^2/2} \tag{9.6.6}$$

式中,$c=\frac{2}{\sqrt{3}}\pi^{1/4}$,其傅里叶变换为

$$\Psi(\Omega) = \sqrt{2\pi}c\Omega^2\mathrm{e}^{-\Omega^2/2} \tag{9.6.7}$$

该小波是由一高斯函数的二阶导数得到的,它沿着中心轴旋转一周所得到的三维图形犹如一顶草帽,并由此而得名。其波形和频谱如图 9.6.3 所示。

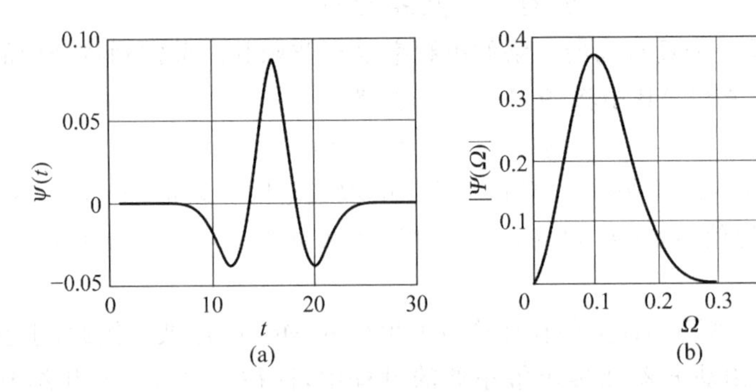

图 9.6.3　墨西哥草帽小波

(a) 时域波形;(b) 频谱

该小波不是紧支撑的,不是正交的,也不是双正交的,但它是对称的,可用于连续小波变换。由于该小波在 $\Omega=0$ 处有二阶零点,因此它满足容许条件,且该小波比较接近人眼视觉的空间响应特征,可用于计算机视觉中的图像边缘检测[Jay93]。

4. Gaussian 小波

高斯小波是由一基本高斯函数对时间求导而得到的,定义为

$$\psi(t) = c\frac{\mathrm{d}^k}{\mathrm{d}t^k}\mathrm{e}^{-t^2/2}, \quad k=1,2,\cdots,8 \tag{9.6.8}$$

式中,定标常数 c 用来保证 $\|\psi(t)\|^2=1$。

该小波不是正交的,也不是双正交的,也不是紧支撑的。当 k 取偶数时,$\psi(t)$ 偶对称,当 k 取奇数时,$\psi(t)$ 反对称。图 9.6.4 给出了 $k=4$ 时的 $\psi(t)$ 的时域波形及对应的频谱。

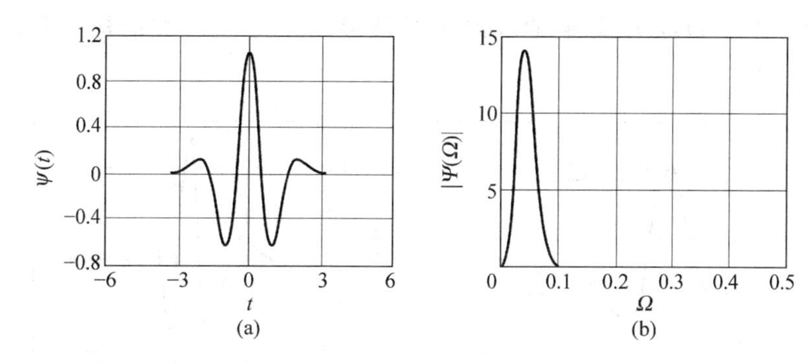

图 9.6.4　高斯小波，$k=4$

(a) 时域波形；(b) 频谱

9.6.2　正交小波

目前提出的正交小波大致可分为四种，即 Daubechies 小波，对称小波，Coiflets 小波和 Meyer 小波。这些正交小波和前面所讨论的经典小波不同，它们一般不能由一个简洁的表达式给出 $\psi(t)$，而是通过一个叫作尺度函数(scalling function)的 $\phi(t)$的加权组合来产生的。尺度函数是小波变换的又一个重要概念。小波函数 $\psi(t)$，尺度函数 $\phi(t)$同时和一个低通滤波器 $H_0(z)$及高通滤波器 $H_1(z)$相关连，$H_0(z)$和 $H_1(z)$可构成一个两通道的分析滤波器组。这些内容构成了小波变换的多分辨率分析的理论基础。因此，在讨论正交小波时，同时涉及尺度函数 $\phi(t)$，分析滤波器组 $H_0(z)$，$H_1(z)$及综合滤波器组 $G_0(z)$，$G_1(z)$。MATLAB 中的 Wavelet Toolbox 中有相关的软件来产生各类正交小波及其相应的滤波器。

1. Daubechies 小波

Daubechies 小波简称 db 小波。它是由法国学者 Dauechies Ingrid 于 20 世纪 90 年代初提出并构造的。Daubechies 对小波变换的理论做出了突出的贡献，特别是在尺度 a 取 2 的整数次幂时的小波理论及正交小波的构造方面进行了深入的研究，其代表作《Ten Lectures on Wavelet(小波十讲)》深受同行们的欢迎。

db$N$ 中的 N 表示 db 小波的阶次，在 MATLAB 6.5 中，$N=2\sim45$。当 $N=1$ 时，db1 即是 Haar 小波。因此，前述的 Haar 小波应归于正交小波类。db 小波是正交小波，当然也是双正交小波，并是紧支撑的。$\phi(t)$的支撑范围在 $t=0\sim(2N-1)$，$\psi(t)$的支撑范围在$(1-N)\sim N$。小波 $\psi(t)$具有 N 阶消失矩，$\Psi(\Omega)$在 $\Omega=0$ 处具有 N 阶零点。但 db 小波是非对称的，其相应的滤波器组属共轭正交镜像滤波器组(CQMFB)。图 9.6.5

给出了$N=4$时，$\psi(t)$，$\phi(t)$及$\Psi(\Omega)$，$\Phi(\Omega)$的波形。有关 db 小波的构造等更多内容见第 11 章。

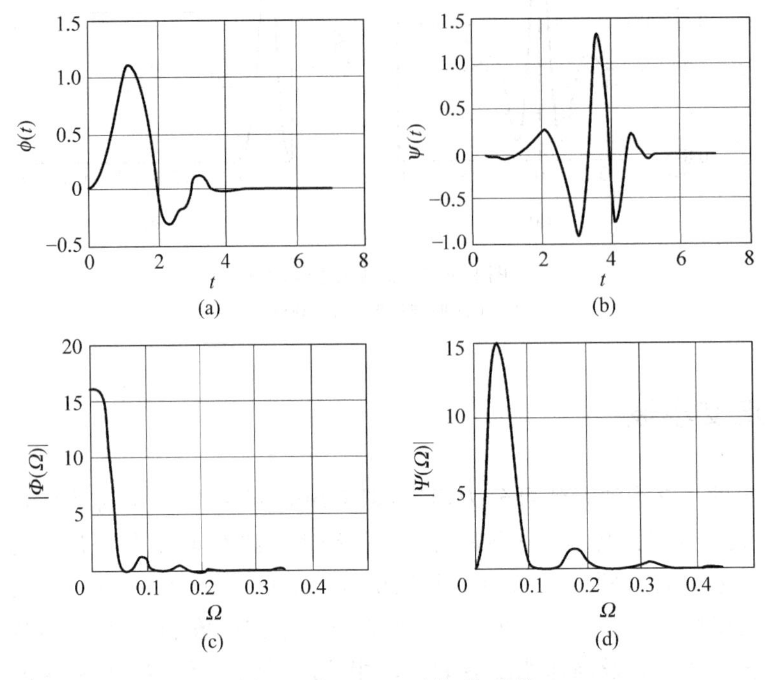

图 9.6.5　$N=4$时的 db 小波

(a) $\phi(t)$；(b) $\psi(t)$；(c) $\Phi(\Omega)$；(d) $\Psi(\Omega)$

2. 对称小波

对称小波简记为 sym$N$，$N=2,\cdots,45$。它是 db 小波的改进，也是由 Daubechies 提出并构造的。它除了有 db 小波的特点外，主要是$\psi(t)$是接近对称的，因此，所用的滤波器可接近于线性相位。图 9.6.6 是$N=4$时的对称小波。

3. Coiflets 小波

该小波简记为 coif$N$，$N=1,2,\cdots,5$。在 db 小波中，Daubechies 小波仅考虑了使小波函数$\psi(t)$具有消失矩（N阶），而没考虑尺度函数$\phi(t)$。Coifman 于 1989 年向 Daubechies 提出建议，希望能构造出使$\phi(t)$也具有高阶消失矩的正交紧支撑小波。Daubechies 接受了这一建议，构造出了这一类小波，并以 Coifman 的名字命名。

coif$N$ 是紧支撑正交、双正交小波，支撑范围为$6N-1$，也是接近对称的。$\psi(t)$的消失矩是$2N$，$\phi(t)$的消失矩是$2N-1$。图 9.6.7 是$N=4$时的 Coiflets 小波。

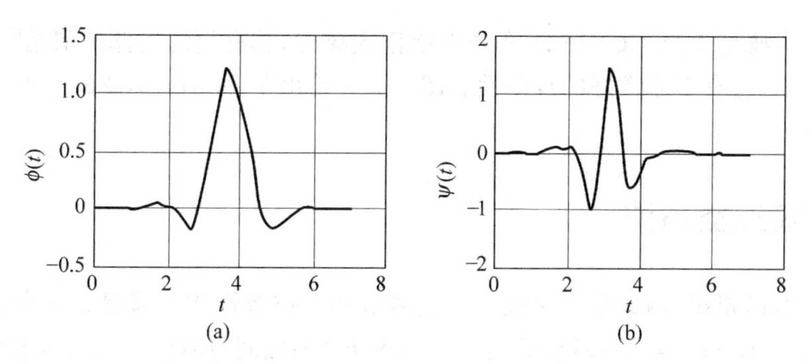

图 9.6.6　$N=4$ 时的对称小波

(a) $\phi(t)$；(b) $\psi(t)$

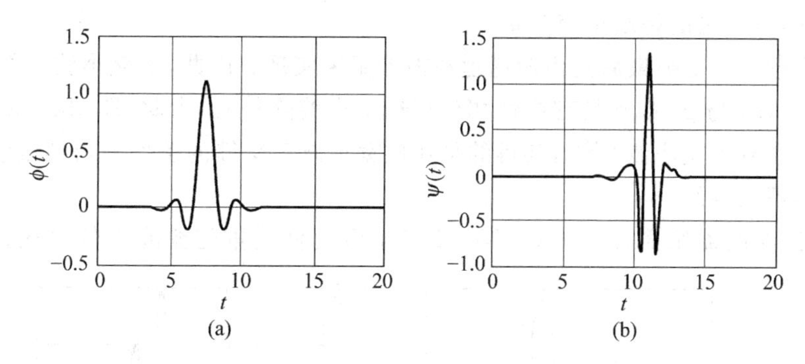

图 9.6.7　$N=4$ 时的 Coiflets 小波

(a) $\phi(t)$；(b) $\psi(t)$

4. Meyer 小波

Meyer 小波简记为 meyr。它是由 Meyer 于 1986 年提出的，该小波无时域表达式，它是由一对共轭正交镜像滤波器组的频谱来定义的，详细内容见第 11 章。

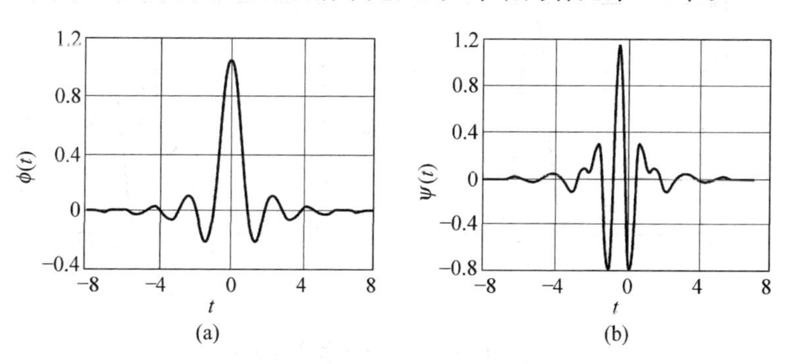

图 9.6.8　Meyer 小波

(a) $\phi(t)$；(b) $\psi(t)$

Meyer 小波是正交、双正交的，但不是有限支撑的，其有效的支撑范围是[−8,8]。该小波是对称的，且有着非常好的规则性。图 9.6.8 给出了 Meyer 小波的尺度函数 $\phi(t)$ 和小波函数 $\psi(t)$。

9.6.3 双正交小波

在第 7 章已指出，两通道正交镜像滤波器组具有仿酉性质。满足这一条件的分析滤波器 $H_0(z)$ 和 $H_1(z)$ 是功率对称的，且 $h_0(n)$ 和 $h_1(n)$ 之间有着(7.4.11)式和(7.4.12)式的正交性，再者 $h_0(n)$，$h_1(n)$，$g_0(n)$ 和 $g_1(n)$ 有着同样的长度，都不是线性相位的。为了获得线性相位的滤波器组，需放弃 $H_0(z)$ 的功率互补性质。这也就放弃了 $h_0(n)$ 和 $h_1(n)$ 之间的正交性，代之的是双正交关系。

由于离散小波变换最后是由两通道滤波器组来实现。因此，正交小波条件下的 $\psi(t)$，$\phi(t)$ 和 h_0，h_1，g_0 与 g_1 都不具有线性相位(Haar 小波除外)。为此，Daubechies 和 Cohen 提出并构造了双正交小波[Coh92]，其目的是在放宽小波正交性的条件下得到线性相位的小波及相应的滤波器组。

双正交滤波器组简称bior$Nr.Nd$。其中，Nr是低通重建滤波器的阶次；Nd是低通

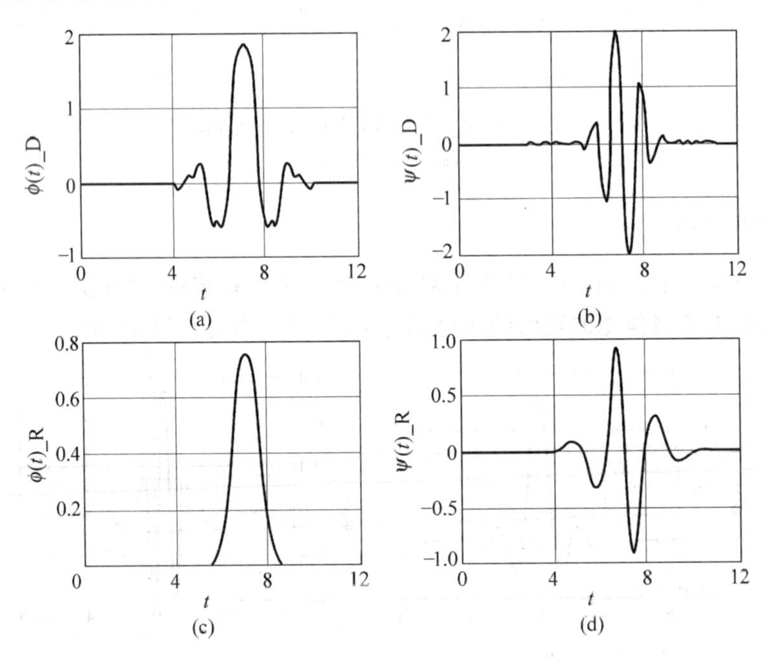

图 9.6.9　双正交小波 bior3.7

(a) 分解尺度函数 $\phi(t)$；(b) 分解小波 $\psi(t)$；(c) 重建尺度函数 $\phi(t)$；(d) 重建小波 $\psi(t)$

分解滤波器的阶次。在 MATLAB 中,Nr 和 Nd 的可能组合是

$$Nr = 1,\ Nd = 1,3,5;$$
$$Nr = 2,\ Nd = 2,4,6,8;$$
$$Nr = 3,\ Nd = 1,3,5,7,9;$$
$$Nr = Nd = 4;$$
$$Nr = Nd = 5;$$
$$Nr = 6,\ Nd = 8$$

这一类小波自然不是正交的,但它们是双正交的,是紧支撑的,更主要的是它们是对称的,因此具有线性相位。分解小波 $\psi(t)$ 的消失矩为 $Nr-1$。图 9.6.9 给出了 bior3.7 的分解小波及其尺度函数和重建小波及其尺度函数。

生成图 9.6.2～图 9.6.9 的 MATLAB 程序是 exa090602.m～exa090609.m。

9.7 连续小波变换的计算

在(9.1.2)式关于小波变换的定义中,变量 t,a 和 b 都是连续的,当我们在计算机上实现一个信号的小波变换时,t,a 和 b 均应离散化。对 a 离散化最常用的方法是取 $a=a_0^j$,$j\in\mathbb{Z}$,并取 $a_0=2$,这样 $a=2^j$。对于 a 按 2 的整次幂取值所得到的小波,习惯上称之为二进(dyadic)小波。对这一类小波变换,可用第 10 章的有关离散小波变换的方法来实现。然而取 $a=2^j$,$j\in\mathbb{Z}$,在实际工作中有时显得尺度跳跃太大。当希望 a 在 $a>0$ 的范围内任意取值时,这时的小波变换即是连续小波变换。

计算(9.1.2)式的最简单的方法是用数值积分的方法。令

$$\begin{aligned} WT_x(a,b) &= \frac{1}{\sqrt{a}}\int x(t)\psi^*\left(\frac{t-b}{a}\right)\mathrm{d}t \\ &= \sum_k \frac{1}{\sqrt{a}}\int_k^{k+1} x(t)\psi^*\left(\frac{t-b}{a}\right)\mathrm{d}t \end{aligned} \tag{9.7.1}$$

由于在 $t=k\sim k+1$ 的区间内,$x(t)=x(k)$,所以(9.7.1)式又可写为

$$\begin{aligned} WT_x(a,b) &= \frac{1}{\sqrt{a}}\sum_k\int_k^{k+1} x(k)\psi^*\left(\frac{t-b}{a}\right)\mathrm{d}t \\ &= \frac{1}{\sqrt{a}}\sum_k x(k)\left[\int_{-\infty}^{k+1}\psi^*\left(\frac{t-b}{a}\right)\mathrm{d}t - \int_{-\infty}^{k}\psi^*\left(\frac{t-b}{a}\right)\mathrm{d}t\right] \end{aligned} \tag{9.7.2}$$

由该式可以看出,小波变换 $WT_x(a,b)$ 可看作是 $x(k)$ 和 $\psi^*\left(\frac{t-b}{a}\right)$ 作卷积后再累加所

得到的结果，卷积的中间变量是 t，卷积后的变量为 b 及 a。MATLAB 中的 cwt.m 即是按此思路来实现的。具体过程大致如下：

(1) 先由指定的小波名称得到母小波 $\psi(t)$ 及其时间轴上的刻度，假定刻度长为 $0\sim N-1$；

(2) 从时间轴坐标的起点开始求积分 $\int_0^k \psi^*(t)\mathrm{d}t,\ k=1,\cdots,N-1$；

(3) 由尺度 a 确定对上述积分值选择的步长，a 越大，上述积分值被选中的越多；

(4) 求 $x(k)$ 和所选中的积分值序列的卷积，然后再作差分，即完成(9.7.2)式。

该方法的不足之处是在 a 变化时，(9.7.2)式中括号内的积分、差分后的点数不同，也即和 $x(k)$ 卷积后的点数不同。解决的方法是在不同的尺度下对 $\psi(t)$ 作插值，使其在不同的尺度下，在其有效支撑范围内的点数始终相同。有关 CWT 快速计算的方法还可借助于 CZT 及梅林变换等方法，详细内容见文献[ZW3]，此处不再讨论。

例 9.7.1　令 $x(t)$ 为一正弦加噪声信号，它取自 MATLAB 中的 noissin.mat。对该信号做 CWT，a 分别等于 2 和 128。$a=2$ 时，小波变换的结果对应信号中的高频成分，$a=128$ 时，小波变换对应信号中的低频成分。其原始信号及变换结果见图 9.7.1(a)，(b)和(c)。

实现本例的 MATLAB 程序是 exa090701.m。

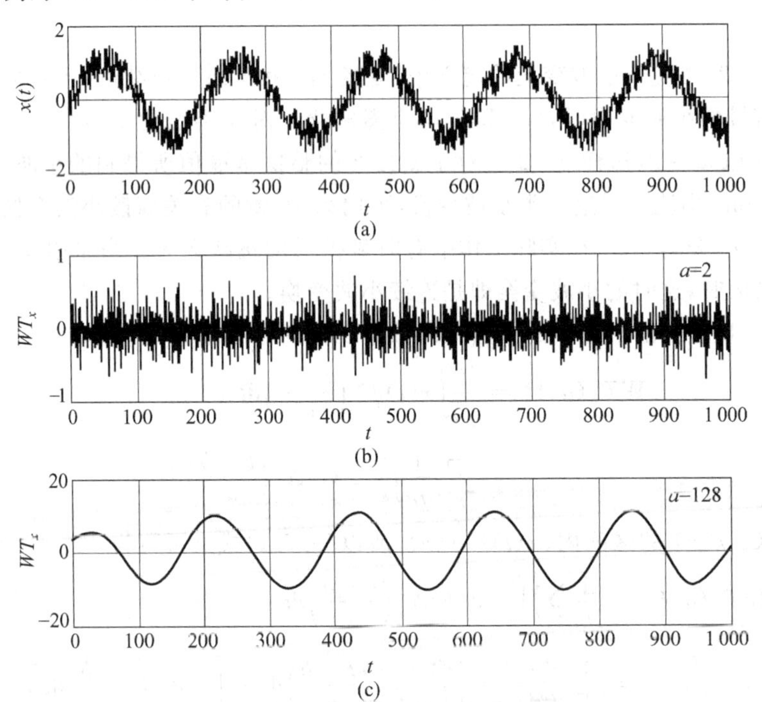

图 9.7.1　信号 noissin 的小波变换

(a) 原信号；(b) $a=2$，(c) $a=128$

例 9.7.2 仍然使用例 9.7.1 的信号 noissin，对其作 CWT 时，a 分别取 10，30，60，90，120 及 150。图 9.7.2 是在各个尺度下所得到的小波系数的灰度图，颜色越深，说明在该尺度及该位移(水平轴)处的小波系数越大。此例旨在说明对小波变换的结果具有不同的表示方式。

实现本例的 MATLAB 程序是 exa090702.m。

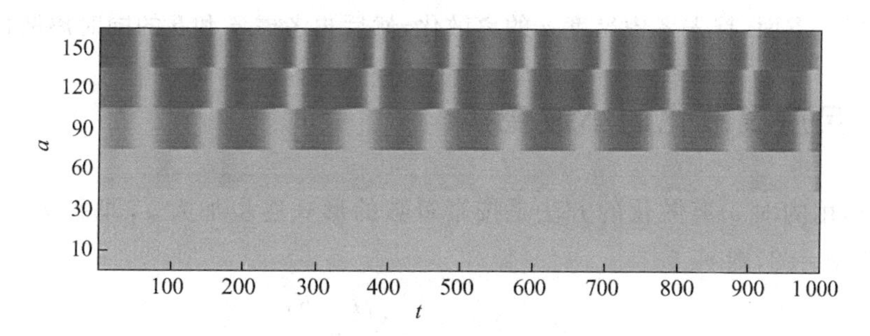

图 9.7.2 多尺度下小波变换的灰度表示

9.8 尺度离散化的小波变换及小波标架

在(9.1.2)式定义了信号 $x(t)$ 的连续小波变换，式中，a，b 和 t 都是连续变量。为了在计算机上有效地实现小波变换，t 自然应取离散值，a 和 b 也应取离散值。从减少信息冗余的角度，a 和 b 也没有必要连续取值。

a 和 b 形成了一个二维的尺度-位移平面。前已述及，a 越大，$\Psi(a\Omega)$ 对应的频率越低，反之，对应的频率越高。因此，a-b 平面也可视为时频平面。对同一个信号 $x(t)$，已给出过不同的表示形式，如 STFT，Gabor 变换，WVD 及本章的小波变换。

现重写几个有关的公式，即

$$x(t)=\frac{1}{2\pi g(0)}\int \mathrm{STFT}_x(t,\Omega)\mathrm{e}^{\mathrm{j}\Omega t}\mathrm{d}\Omega \tag{9.8.1}$$

$$x(t)=\sum_{m=-\infty}^{\infty}\sum_{n=-\infty}^{\infty}c_{m,n}h_{m,n}(t) \tag{9.8.2}$$

$$x(t)=\frac{1}{2\pi x^*(0)}\int W_x\left(\frac{t}{2},\Omega\right)\mathrm{e}^{\mathrm{j}\Omega t}\mathrm{d}\Omega \tag{9.8.3}$$

$$x(t)=\frac{1}{c_\psi}\int_0^{\infty}a^{-2}\int_{-\infty}^{\infty}WT_x(a,b)\psi_{a,b}(t)\mathrm{d}a\mathrm{d}b \tag{9.8.4}$$

其中，(9.8.2)式是用时频平面离散栅格(m,n)上的点来表示 $x(t)$ 的形式，即 Gabor 展开，

(9.8.3)式是具有双线性变换的表示形式，它和其他三种表示形式有较大的区别。(9.8.1)式和(9.8.4)式说明同一信号 $x(t)$ 在时频平面上具有不同的表示形式。在第2章已指出，(9.8.1)式的反变换是有信息冗余的，即不需要 $\mathrm{STFT}(t,\Omega)$ 的所有的值即可恢复 $x(t)$。同理，(9.8.4)式的小波变换也存在着信息冗余。在这两个式子中，只需取时频平面上的离散栅格处的点即可。问题的关键是如何决定 a 和 b 抽样的步长以保证对 $x(t)$ 的准确重建。下面，首先考虑尺度 a 的离散化，然后再考虑 a 和 b 的同时离散化。

9.8.1　尺度离散化的小波变换

目前通用的对 a 离散化的方法是按幂级数的形式逐步加大 a，即令 $a=a_0^j$，$a_0>0$，$j\in\mathbb{Z}$。若取 $a_0=2$，则

$$\psi_{j,b}(t)=\frac{1}{\sqrt{2^j}}\psi\left(\frac{t-b}{2^j}\right) \tag{9.8.5}$$

称为半离散化二进小波，而

$$\begin{aligned} WT_x(j,b) &= \langle x(t),\psi_{j,b}(t)\rangle \\ &= \frac{1}{\sqrt{2^j}}\int x(t)\psi^*\left(\frac{t-b}{2^j}\right)\mathrm{d}t \end{aligned} \tag{9.8.6}$$

称为二进小波变换。

设母小波 $\psi(t)$ 的中心频率为 Ω_0，带宽为 Δ_Ω，当 $a=2^j$ 时，$\psi_{j,b}(t)$ 的中心频率变为 $(\Omega_j)_0=\Omega_0/2^j=2^{-j}\Omega_0$，带宽 $\Delta_{\Omega_j}=2^{-j}\Delta_\Omega$。若 $a=2^{j+1}$ 时，$\psi_{j+1,b}(t)$ 的中心频率和带宽分别是 $(\Omega_{j+1})_0=2^{-j-1}\Omega_0$ 和 $\Delta_{\Omega_{j+1}}=2^{-j-1}\Delta_\Omega$。从对信号作频域分析的角度，希望当 a 由 2^j 变成 2^{j+1} 时，$\psi_{j,b}(t)$ 和 $\psi_{j+1,b}(t)$ 在频域对应的分析窗

$$[(\Omega_j)_0-\Delta_{\Omega_j},(\Omega_j)_0+\Delta_{\Omega_j}]\quad 和 \quad [(\Omega_{j+1})_0-\Delta_{\Omega_{j+1}},(\Omega_{j+1})_0+\Delta_{\Omega_{j+1}}]$$

能够相连接。这样，当 j 由0变至无穷大时，$\psi_{j,b}(t)$ 的傅里叶变换可以覆盖整个 Ω 轴。显然，若令母小波 $\psi(t)$ 的 $\Omega_0=3\Delta_\Omega$，则上面两个频域窗首尾相连，即

$$[2^{-j}\Delta_\Omega,\ 2^{-j+1}\Delta_\Omega]\quad 和 \quad [2^{-j+1}\Delta_\Omega,\ 2^{-j+2}\Delta_\Omega]$$

首尾相连。通过对母小波作合适的调制，可以方便地做到 $\Omega_0=3\Delta_\Omega$。这时，尺度为 2^j 的小波的频率中心是

$$(\Omega_j)_0=2^{-j}\Omega_0=3\times 2^{-j}\Delta_\Omega,\quad j\in\mathbb{Z}$$

现在，讨论如何由(9.8.6)式的 $WT_x(j,b)$ 来恢复 $x(t)$。设 $\hat{\psi}(t)$ 是 $\psi(t)$ 的对偶小波，并令 $\hat{\psi}_{j,b}(t)$ 和 $\psi_{j,b}(t)$ 取类似的形式，即

$$\hat{\psi}_{j,b}(t)=\frac{1}{\sqrt{2^j}}\hat{\psi}\left(\frac{t-b}{2^j}\right) \tag{9.8.7}$$

这样,通过对偶小波,希望能重建 $x(t)$,即

$$x(t)=\sum_{j=-\infty}^{\infty}2^{-3j/2}\int WT_x(j,b)\hat{\psi}[2^{-j}(t-b)]\mathrm{d}b \tag{9.8.8}$$

为了寻找 $\hat{\psi}(t)$ 和 $\psi(t)$ 应满足的关系,现对(9.8.8)式作如下改变:

$$\begin{aligned}x(t)&=\sum_{j=-\infty}^{\infty}2^{-3j/2}\langle WT_x(j,b),\hat{\psi}^*[2^{-j}(t-b)]\rangle\\&=\sum_{j=-\infty}^{\infty}2^{-3j/2}\frac{1}{2\pi}\langle\mathscr{F}[WT_x(j,b)],\mathscr{F}\{\hat{\psi}^*[2^{-j}(t-b)]\}\rangle\end{aligned}$$

式中,$\mathscr{F}$代表求傅里叶变换。由(9.1.3)式和(9.1.4)式,有

$$\begin{aligned}x(t)&=\sum_{j=-\infty}^{\infty}2^{-3j/2}\frac{1}{2\pi}\int[X(\Omega)2^{j/2}\Psi^*(2^j\Omega)][2^j\hat{\Psi}(2^j\Omega)\mathrm{e}^{\mathrm{j}\Omega t}]\mathrm{d}\Omega\\&=\frac{1}{2\pi}\int X(\Omega)\Big[\sum_{j=-\infty}^{\infty}\Psi^*(2^j\Omega)\hat{\Psi}(2^j\Omega)\Big]\mathrm{e}^{\mathrm{j}\Omega t}\mathrm{d}\Omega\end{aligned} \tag{9.8.9}$$

显然,若

$$\sum_{j=-\infty}^{\infty}\Psi^*(2^j\Omega)\hat{\Psi}(2^j\Omega)=1 \tag{9.8.10}$$

则(9.8.9)式的右边变成 $X(\Omega)$的傅里叶反变换,自然就是 $x(t)$。

9.4 节已指出,对于满足容许条件的小波 $\psi(t)$,当 $a=2^j,j\in\mathbb{Z}$ 时,其二进制小波 $\psi_{j,b}(t)$ 对应的傅里叶变换应满足(9.4.4)式的稳定性条件。这样,结合(9.4.4)式和(9.8.10)式,可得到对偶小波 $\hat{\psi}(t)$[Mal97] 的傅里叶变换的表达式:

$$\hat{\Psi}(\Omega)=\frac{\Psi(\Omega)}{\sum_{j=-\infty}^{\infty}|\Psi(2^j\Omega)|^2} \tag{9.8.11}$$

由于(9.8.11)式的分母满足(9.4.4)式,因此有

$$A\leqslant\sum_{j=-\infty}^{\infty}|\Psi(2^j\Omega)|^2\leqslant B \tag{9.8.12}$$

这样,对偶小波 $\hat{\psi}(t)$ 也满足稳定性条件,也即,总可以找到一个稳定的对偶小波 $\hat{\psi}(t)$ 由(9.8.8)式重建出 $x(t)$。下面的定理更完整地回答了在半离散二进小波变换情况下 $x(t)$ 的重建问题。

定理 9.8.1 如果存在常数 $A>0,B>0$,使得

$$A\leqslant\sum_{j=-\infty}^{\infty}|\Psi(2^j\Omega)|^2\leqslant B,\quad\forall\Omega \tag{9.8.13}$$

则

$$A\|x\|^2\leqslant\sum_{j=-\infty}^{\infty}\frac{1}{2^j}\|WT_x(j,b)\|^2\leqslant B\|x\|^2 \tag{9.8.14}$$

如果 $\hat{\psi}(t)$满足

$$\sum_{j=-\infty}^{\infty} \Psi^*(2^j\Omega)\hat{\Psi}(2^j\Omega) = 1, \quad \forall \Omega \in \mathbb{R} \tag{9.8.15}$$

则

$$\begin{aligned} x(t) &= \sum_{j=-\infty}^{\infty} 2^{-j} WT_x(j,b) \overset{b}{*} \hat{\psi}_{j,b}(t) \\ &= \sum_{j=-\infty}^{\infty} 2^{-3j/2} \int WT_x(j,b)\hat{\psi}[2^{-j}(t-b)]\mathrm{d}b \end{aligned} \tag{9.8.16}$$

该定理指出，若 $\psi(t)$的傅里叶变换满足稳定性条件，则 $x(t)$在 $a=2^j(j\in\mathbb{Z})$上的小波变换的幅平方的和是有界的。进而，$\psi(t)$和 $\hat{\psi}(t)$的傅里叶变换若满足(9.8.15)式(也即(9.8.10)式)，则 $x(t)$可由(9.8.16)式重建。

总之，若 $\psi(t)$满足容许条件，且再满足稳定性条件，由二进小波变换 $WT_x(j,b)$总可以重建 $x(t)$，也即一个满足稳定性条件的对偶小波 $\hat{\psi}(t)$总是存在的。但是，满足稳定性条件的对偶小波 $\hat{\psi}(t)$不一定是唯一的。如何构造“好的”小波 $\psi(t)$及得到唯一的对偶小波 $\hat{\psi}(t)$是小波理论中的重要内容，将在第 11 章详细讨论。

文献[Mer99]证明了若(9.8.13)式的稳定性条件满足，则(9.3.9)式的容许条件必定满足，且

$$A\ln 2 \leqslant \int_0^{\infty} \frac{|\Psi(\Omega)|^2}{\Omega}\mathrm{d}\Omega \leqslant B\ln 2 \tag{9.8.17}$$

从而，由连续小波变换 $WT_x(a,b)$总可以恢复 $x(t)$，也即(9.4.1)式总是成立。

以上讨论的是仅对 a 作二进制离散化的情况，现在考虑 a 和 b 同时离散化的相应理论问题。

9.8.2　离散栅格上的小波变换

令 $a=a_0^j, j\in\mathbb{Z}$，可实现对 a 的离散化。若 $j=0$，则 $\psi_{j,b}(t)=\psi(t-b)$。欲对 b 离散化，最简单的方法是将 b 均匀抽样，如令 $b=kb_0$，b_0 的选择应保证能由 $WT_x(j,k)$来恢复出$x(t)$。当 $j\neq 0$ 时，将 a 由 a_0^{j-1} 变成 a_0^j 时，即是将 a 扩大了 a_0 倍，这时小波 $\psi_{j,k}(t)$的中心频率比 $\psi_{j-1,k}(t)$的中心频率下降了 a_0 倍，带宽也下降了 a_0 倍。因此，这时对 b 抽样的间隔也可相应地扩大a_0 倍。由此可以看出，当尺度 a 分别取 $a_0^0, a_0^1, a_0^2, \cdots$时，对 b 的抽样间隔可以取 $a_0^0 b_0, a_0^1 b_0, a_0^2 b_0, \cdots$，这样，对 a 和 b 离散化后的结果是

$$\psi_{j,k}(t) = \frac{1}{\sqrt{a_0^j}}\psi\left(\frac{t-ka_0^j b_0}{a_0^j}\right) = a_0^{-j/2}\psi(a_0^{-j}t-kb_0), \quad j,k\in\mathbb{Z} \tag{9.8.18}$$

对给定的信号 $x(t)$，(9.1.2)式的连续小波变换可变成如下离散栅格上的小波变换，即

$$WT_x(j,k)=\int x(t)\psi_{j,k}^*(t)\mathrm{d}t \tag{9.8.19}$$

此式称为离散小波变换(discrete wavelet transform，DWT)。注意，式中 t 仍是连续变量。这样，(a,b)平面上离散栅格的取点如图 9.8.1 所示。图中，取 $a_0=2$；尺度轴取以 2 为底的对数①坐标。由该图可看出小波分析的"变焦距"作用，即在不同的尺度下(也即不同的频率范围内)，对时域的分析点数是不相同的。

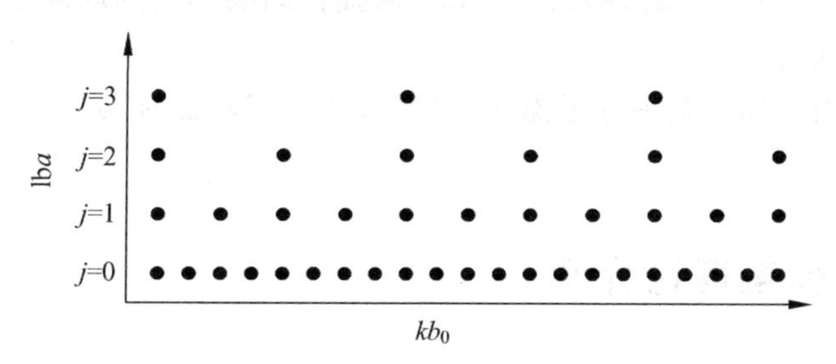

图 9.8.1　DWT 取值的离散栅格

记 $d_j(k)=WT_x(j,k)$，可以仿照傅里叶级数和 Gabor 展开来重建 $x(t)$，即

$$x(t)=\sum_{j=0}^{\infty}\sum_{k=-\infty}^{\infty}d_j(k)\hat{\psi}_{j,k}(t) \tag{9.8.20}$$

该式称为小波级数。式中，$d_j(k)$称为小波系数；$\hat{\psi}_{j,k}(t)$是 $\psi_{j,k}(t)$的对偶函数，或对偶小波。

对任一周期信号 $x(t)$，若周期为 T，且 $x(t)\in L^2(0,T)$，则 $x(t)$可展成傅里叶级数，即

$$x(t)=\sum_{k=-\infty}^{\infty}X(k\Omega)\mathrm{e}^{\mathrm{j}k\Omega_0 t},\quad \Omega_0=2\pi/T \tag{9.8.21a}$$

式中，$X(k\Omega_0)$是 $x(t)$的傅里叶系数，它可由下式求出：

$$X(k\Omega_0)=\frac{1}{T}\int_{-T/2}^{T/2}x(t)\mathrm{e}^{-\mathrm{j}k\Omega_0 t}\mathrm{d}t \tag{9.8.21b}$$

小波级数和傅里叶级数形式上类似，但其物理概念却有着明显的不同，即

(1) 傅里叶级数的基函数 $\mathrm{e}^{\mathrm{j}k\Omega_0 t}(k\in\mathbb{Z})$是一组正交基，即$\langle \mathrm{e}^{\mathrm{j}k_1\Omega_0 t},\mathrm{e}^{\mathrm{j}k_2\Omega_0 t}\rangle=\delta(k_1-k_2)$。而小波级数所用的一组函数 $\hat{\psi}_{j,k}(t)$不一定是正交基，甚至不一定是一组基。

(2) 对傅里叶级数来说，基函数是固定的，且分析和重建的基函数是一样的，即都是 $\mathrm{e}^{\mathrm{j}k\Omega_0 t}$(差一负号)；对小波级数来说，分析所用的函数 $\psi_{j,k}(t)$是可变的，且分析和重建所用的函数是不相同的，即分析时是 $\psi_{j,k}(t)$，而重建时是 $\hat{\psi}_{j,k}(t)$。

① $\mathrm{lb}x=\log_2 x$。

(3) 在傅里叶级数中,时域和频域的分辨率是固定不变的,而小波级数在 a,b 轴上的离散化是不等距的,这正体现了小波变换"变焦"和恒 Q 性的特点。因此,小波变换在时域和频域的分辨率随尺度 a 的变化而变化。

将(9.1.2)式的连续小波变换改变成(9.8.19)式的离散小波变换,人们自然会问:

(1) 一组小波函数 $\psi_{j,k}(k)$,$(j,k\in\mathbb{Z})$,在空间 $L^2(R)$上是否是完备的?所谓完备,是指对任一 $x(t)\in L^2(R)$,它都可以由这一组函数(即 $\psi_{j,k}(t)$)来表示。

(2) 如果 $\psi_{j,k}(t)$是完备的,那么 $\psi_{j,k}(t)$对 $x(t)$的表示是否有信息的冗余?

(3) 如果 $\psi_{j,k}(t)$是完备的,那么对 a 和 b 的抽样间隔如何选取才能保证对 $x(t)$的表示不存在信息的冗余?

Daubechies 对上述问题进行了深入的研究,给出了小波标架理论[Dau92],现介绍一下其中主要的结论。

9.8.3　小波标架理论介绍

在 1.8 节给出了标架的基本理论,其要点如下。

(1) 若$\{\psi_n\}$是 Hilbert 空间中的一组向量,对给定的 $x(t)\in L^2(R)$,若存在常数 $0<A\leqslant B<\infty$,满足

$$A\|x\|^2\leqslant\sum_n|\langle x,\psi_n\rangle|^2\leqslant B\|x\|^2 \tag{9.8.22}$$

则$\{\psi_n\}$构成了一个标架。

(2) 若 $A=B$,则称$\{\psi_n\}$为紧标架,若 $A=B=1$,则$\{\psi_n\}$构成一正交基。

(3) 定义标架算子 S 为

$$Sx=\sum_n\langle x,\psi_n\rangle\psi_n \tag{9.8.23}$$

则

$$x=\sum_n\langle x,S^{-1}\psi_n\rangle\psi_n=\sum_n\langle x,\psi_n\rangle S^{-1}\psi_n \tag{9.8.24}$$

记 $\hat{\psi}_n=S^{-1}\psi_n$ 为 ψ_n 的对偶函数族,则 $\hat{\psi}_n$ 也构成一个标架,标架界分别为 B^{-1} 和 A^{-1}。

(4) 用标架来表征一个信号 x,也即对 x 作分解时,标架可给出完备的且是稳定的表示,但这种表示是冗余的,即$\{\psi_n\}$之间是线性相关的,因此 $\hat{\psi}_n$ 不是唯一的。对信号的冗余表示有时并不一定是坏事,它在表示的稳定性、对噪声的鲁棒性(robustness)方面都优于正交基。

(5) 标架边界 A 和 B 之比值,即 B/A 称为冗余比。在实际工作中,总希望 B/A 接近于 1,即$\{\psi_n\}$为紧标架。当 $A=B$ 时,有

$$\hat{\psi}_j=\frac{1}{A}\psi_j \tag{9.8.25}$$

将以上要点内容用于小波变换，即得到小波标架的理论。在(9.8.18)式中，令 $a=a_0^j$，$b=ka_0^jb_0$ 从而得到了一组在尺度和位移上均是离散的小波 $\psi_{j,k}(t)$。能否由离散小波变换 $WT_x(j,k)=d_j(k)$ 来重建 $x(t)$，显然取决于 a_0 和 b_0。a_0 和 b_0 越小，重建越容易，当然冗余度也越大，$\psi_{j,k}(t)$ 对不同的 $j,k\in\mathbb{Z}$ 是线性相关的，这时将有无数的 $\hat{\psi}_{j,k}(t)$ 存在。当然，a_0，b_0 过大，准确重建将不可能。下面两个定理给出了小波标架的主要内容。

定理 9.8.2 如果 $\psi_{j,k}(t)=a_0^{-j/2}\psi(a_0^{-j}t-kb_0)$ $(j,k\in\mathbb{Z})$ 构成 $L^2(R)$ 中的一个标架，且标架边界分别为 A 和 B，则母小波 $\psi(t)$ 须满足

$$\frac{b_0\ln a_0}{2\pi}A\leqslant\int_0^{\infty}\frac{|\Psi(\Omega)|^2}{\Omega}\mathrm{d}\Omega\leqslant\frac{b_0\ln a_0}{2\pi}B \tag{9.8.26a}$$

及

$$\frac{b_0\ln a_0}{2\pi}A\leqslant\int_{-\infty}^{0}\frac{|\Psi(\Omega)|^2}{\Omega}\mathrm{d}\Omega\leqslant\frac{b_0\ln a_0}{2\pi}B \tag{9.8.26b}$$

定理 9.8.2 的证明见文献[Dau92]。该定理又称为 $\psi_{j,k}(t)$ 构成标架的必要条件。这一条件实际上即是连续小波变换中的容许条件。当仅对 a 取二进制离散化，且 b 保持连续(即 9.8.1 节的内容)时，该必要条件也就是充分条件。

若 $\psi_{j,k}(t)$ 构成紧标架，即 $A=B$，那么，其标架边界

$$A=\frac{2\pi}{b_0\ln a_0}\int_0^{\infty}\frac{|\Psi(\Omega)|^2}{\Omega}\mathrm{d}\Omega=\frac{2\pi}{b_0\ln a_0}\int_{-\infty}^{0}\frac{|\Psi(\Omega)|^2}{\Omega}\mathrm{d}\Omega \tag{9.8.27}$$

若 $\psi_{j,k}(t)$ 构成 $L^2(R)$ 中正交基，则

$$\int_0^{\infty}\frac{|\Psi(\Omega)|^2}{\Omega}\mathrm{d}\Omega=\int_{-\infty}^{0}\frac{|\Psi(\Omega)|^2}{\Omega}\mathrm{d}\Omega=\frac{b_0\ln a_0}{2\pi} \tag{9.8.28}$$

定理 9.8.3 定义

$$\beta(\xi)=\sup_{1\leqslant|\Omega|\leqslant a_0}\sum_{j=-\infty}^{\infty}|\Psi(a_0^j\Omega)||\Psi(a_0^j\Omega+\xi)| \tag{9.8.29}$$

及

$$\Delta=\sum_{\substack{k=-\infty\\k\neq0}}^{\infty}\left[\beta\left(\frac{2\pi k}{b_0}\right)\beta\left(-\frac{2\pi k}{b_0}\right)\right]^{1/2} \tag{9.8.30}$$

如果 a_0 和 b_0 的选取保证

$$A_0=\frac{1}{b_0}\left(\inf_{1\leqslant|\Omega|\leqslant a_0}\sum_{j=-\infty}^{\infty}|\Psi(a_0^j\Omega)|^2-\Delta\right)>0 \tag{9.8.31a}$$

及

$$B_0=\frac{1}{b_0}\left(\sup_{1\leqslant|\Omega|\leqslant a_0}\sum_{j=-\infty}^{\infty}|\Psi(a_0^j\Omega)|^2+\Delta\right)<\infty \tag{9.8.31b}$$

则 $\{\psi_{j,k}(t)\}$ 是 $L^2(R)$ 中的一个标架。式中，A_0，B_0 分别是标架界 A 和 B 的下界与上界。

定理 9.8.3 的证明仍见文献[Dau92]，定理中 sup 表示上限或上确界(supmum)，inf

表示下限或下确界(infimum)。该定理指出,尽管 $\psi(t)$ 满足容许条件,但若 a_0,b_0 取的不合适,也即(9.8.31)式不能得到满足,$\{\psi_{j,k}(t)\}$ 也不一定构成一个标架。

例 9.8.1　对(9.6.6)式给出的墨西哥草帽小波,文献[Dau92]利用(9.8.31)式计算了在 a 和 b 取不同步长时边界 A 和 B 的值,如表 9.8.1 所示。表中,$a=a_0^j$,$a_0=2^{1/N}$,$N=1,2,3,4$。显然,若 $N=1$,则 $a=a_0^j=\{\cdots,1,2,4,8,\cdots\}$;若 $N=2$,则 $a=a_0^{j/2}=\{\cdots,1,2^{1/2},2,2^{3/2},\cdots,\}$;若 $N=3$,则 $a=a_0^{j/3}=\{\cdots,1,2^{1/3},2^{2/3},2,\cdots,\}$;$N=4$ 时,$a=a_0^{j/4}=\{\cdots,1,2^{1/4},2^{1/2},2^{3/4},\cdots,\}$。总之,$N$ 越大,对 a 离散化的步长越小。

表 9.8.1　墨西哥草帽标架界的计算

$N=1$				$N=2$			
b_0	A	B	B/A	b_0	A	B	B/A
0.25	13.091	14.183	1.083	0.25	27.273	27.278	1.0002
0.50	6.546	7.092	1.083	0.50	13.673	13.639	1.0002
0.75	4.364	4.728	1.083	0.75	9.091	9.093	1.0002
1.00	3.223	3.596	1.116	1.00	6.768	6.870	1.015
1.25	2.001	3.454	1.726	1.25	4.834	6.077	1.257
1.50	0.325	4.221	12.982	1.50	2.609	6.483	2.485
				1.75	0.517	7.276	14.061

$N=3$				$N=4$			
b_0	A	B	B/A	b_0	A	B	B/A
0.25	40.914	40.914	1.0000	0.25	54.552	54.552	1.0000
0.50	20.457	20.457	1.0000	0.50	27.276	27.276	1.0000
0.75	13.638	13.638	1.0000	0.75	18.184	18.184	1.0000
1.00	10.178	10.279	1.010	1.00	13.586	13.690	1.007
1.25	7.530	8.835	1.173	1.25	10.205	11.616	1.138
1.50	4.629	9.009	1.947	1.50	6.594	11.590	1.758
1.75	1.747	9.942	5.691	1.75	2.928	12.659	4.324

由表 9.8.1 可以看出:

(1) 当 $b_0 \leqslant 0.75$ 时,无论 $N=1,2,3,4$,墨西哥草帽离散化后的 $\psi_{m,n}(t)$ 都接近于构成一个紧标架,即这时的 B/A 接近于 1。

(2) 对同一个 N 值,b_0 越小(如 $b_0=0.25$),A 和 B 的值越大,因为这时 $A \approx B$,所以它们的值反映了冗余度的大小。显然,b_0 越小,冗余度越大,自然 A 和 B 越大。

(3) 对同一个 N 值,b_0 越大,B/A 的值越大,这就越远离紧标架。若再增加 b_0,有可能使求出的 A 为负值,从而使这时的 $\psi_{m,n}(t)$ 不再构成标架。

总之,以上的标架理论及边界 A,B 值的计算给出了一个大致估计 a_0,b_0 选取的原则,即二者的选取要保持离散化后的 $\psi_{m,n}(t)$ 至少要构成一个标架,以保证对信号稳定、完备的表示。但在一般情况下,标架并不是正交基,除非 $A=B=1$。

在 1.8 节还给出了 Riesz 基的概念,现把这一概念扩展到二维函数 $\{\psi_{j,k}(t)\}$。

定义 9.8.1[Chu92, ZW4] 若 $\{\psi_{j,k}(t)\}(j,k\in\mathbb{Z})$ 是由母小波 $\psi(t)$ 通过伸缩与移位生成的 $L^2(R)$ 上的二维函数族,并且存在常数 A 和 B,使得

$$A\|\{c_{j,k}\}\|_2^2\leqslant\left\|\sum_{j=-\infty}^{\infty}\sum_{k=-\infty}^{\infty}c_{j,k}\psi_{j,k}\right\|_2^2\leqslant B\|\{c_{j,k}\}\|_2^2 \tag{9.8.32}$$

对于所有满足平方可和(平方相加为有限值)的序列 $\{c_{j,k}\}$ 成立,式中

$$\|\{c_{j,k}\}\|_2^2=\sum_{j=-\infty}^{\infty}\sum_{k=-\infty}^{\infty}|c_{j,k}|^2<\infty \tag{9.8.33}$$

则称 $\{\psi_{j,k}(t),j,k\in\mathbb{Z}\}$ 是 $L^2(R)$ 上的一个 Riesz 基,常数 A 和 B 分别称为 Riesz 基的下界和上界。

定义 9.8.1 指出,首先,$\{\psi_{j,k}(t),j,k\in\mathbb{Z}\}$ 是一个标架,然后,对任意的 $j,k\in\mathbb{Z}$,$\psi_{j,k}$ 之间还是线性无关的。这样,Riesz 基可以比标架更大限度地去除冗余度。此外,生成 Riesz 基 $\{\psi_{j,k}(t),j,k\in\mathbb{Z}\}$ 的母小波 $\psi(t)$ 称为 Riesz 函数。

可以证明[Mal99],Riesz 基的对偶函数序列 $\{\hat{\psi}_{j,k}(t),j,k\in\mathbb{Z}\}$ 也是一个 Riesz 基,因此,$\hat{\psi}_{j,k}$ 对任意的 j,k 是线性无关的,对给定的 $\psi_{j,k}$,其对偶基 $\hat{\psi}_{j,k}$ 是唯一的。这样,有

$$x(t)=\sum_{j=-\infty}^{\infty}\sum_{k=-\infty}^{\infty}\langle x,\hat{\psi}_{j,k}\rangle\psi_{j,k}=\sum_{j=-\infty}^{\infty}\sum_{k=-\infty}^{\infty}\langle x,\psi_{j,k}\rangle\hat{\psi}_{j,k} \tag{9.8.34}$$

下面,在 1.6 节关于小波分类的基础上再给出几个有关小波的定义。

(1) 正交小波

若 Riesz 基 $\{\psi_{j,k}(t),j,k\in\mathbb{Z}\}$ 满足

$$\langle\psi_{j,k},\psi_{j',k'}\rangle=\delta_{j,j'}\delta_{k,k'} \tag{9.8.35}$$

则称生成 $\psi_{j,k}(t)$ 的母小波 $\psi(t)$ 为正交小波。式中

$$\delta_{j,j'}\delta_{k,k'}=\delta(j-j')\delta(k-k')=\begin{cases}1, & j=j',k=k'\\0, & \text{其他}\end{cases} \tag{9.8.36}$$

(9.8.35)式指出,在同一尺度 j 下,不同移位之间的 $\psi_{j,k}$ 是正交的。同时,在同一位移 k 下,不同尺度 j 之间的 $\psi_{j,k}$ 也是正交的。

(2) 半正交小波

若 $\{\psi_{j,k}(t),j,k\in\mathbb{Z}\}$ 满足

$$\langle\psi_{j,k},\ \psi_{j',k'}\rangle=0,\quad j',k'\in\mathbb{Z} \tag{9.8.37}$$

则称生成 $\psi_{j,k}(t)$ 的母小波 $\psi(t)$ 为半正交小波。(9.8.37)式的含义是,若 $j=j'$,则 $\langle\psi_{j,k},\psi_{j',k'}\rangle\neq0$。这时,对不同的位移 k,$\psi_{j,k}$ 不是正交的。

(3) 双正交小波

若$\{\psi_{j,k}(t), j,k\in\mathbb{Z}\}$和其对偶小波$\{\hat{\psi}_{j,k}(t), j,k\in\mathbb{Z}\}$之间满足

$$\langle \psi_{j,k}, \hat{\psi}_{j',k'} \rangle = \delta_{j,j'}\delta_{k,k'}, \quad j',k' \in \mathbb{Z} \tag{9.8.38}$$

则称生成$\{\psi_{j,k}(t)\}$的$\psi(t)$为双正交小波。

半正交小波不是正交小波，双正交小波指的是$\psi(t)$和其对偶$\hat{\psi}(t)$之间的关系，因此也不是正交小波。但一个正交小波必定是半正交的，也是双正交的。下面的定理给出了正交小波、半正交小波及双正交小波之间的关系。

定理 9.8.4[Chu92, ZW4]　令$\psi(t)\in L^2(R)$是一个半正交小波，其傅里叶变换为$\Psi(\Omega)$，定义

$$\hat{\Psi}(\Omega) = \frac{\Psi(\Omega)}{\sum_{k=-\infty}^{\infty} |\Psi(\Omega + 2k\pi)|^2} \tag{9.8.39}$$

并记$\hat{\Psi}(\Omega)$的傅里叶反变换为$\hat{\psi}(t)$，则由$\psi(t)$和$\hat{\psi}(t)$分别作二进制伸缩和移位生成的$\psi_{j,k}$和$\hat{\psi}_{j,k}$之间是双正交的，即它们满足(9.8.38)式。

该定理的证明见文献[Chu92]。同时，该定理给出了将半正交小波变成正交小波的方法。由(1.7.11)式，若$\psi(t)$为正交小波，则(9.8.39)式的分母为1，这样，$\hat{\Psi}(\Omega)=\Psi(\Omega)$，也即$\hat{\psi}(t)=\psi(t)$。这正是以前所指出的，即正交基和其对偶基是一样的。因此，令

$$\Psi^{\perp}(\Omega) = \frac{\Psi(\Omega)}{\left[\sum_{k=-\infty}^{\infty} |\Psi(\Omega + 2k\pi)|^2\right]^{1/2}} \tag{9.8.40}$$

并记$\psi^{\perp}(t)$为$\Psi^{\perp}(\Omega)$的傅里叶反变换，则$\psi^{\perp}(t)$的对偶小波$\hat{\psi}^{\perp}(t)$应由下式给出

$$\hat{\Psi}^{\perp}(\Omega) = \frac{\hat{\Psi}^{\perp}(\Omega)}{\sum_{k=-\infty}^{\infty} |\Psi^{\perp}(\Omega + 2k\pi)|^2} \tag{9.8.41}$$

可以证明，$\Psi^{\perp}(\Omega)=\hat{\Psi}^{\perp}(\Omega)$，即$\psi^{\perp}(t)$和其对偶函数$\hat{\psi}^{\perp}(t)$是自对偶的，因此，$\psi^{\perp}(t)$即是正交小波。有关该结论的证明可参看定理10.2.2的证明。

第 10 章

离散小波变换的多分辨率分析

在第 9 章给出了连续小波变换的定义与性质,并给出了在(a,b)平面上离散栅格上小波变换的定义及与其有关的标架问题。在这两种情况下,时间 t 仍是连续的。在实际应用中,特别是在计算机上实现小波变换时,信号总要变成离散的,因此,研究 a,b 及 t 都是离散值情况下的小波变换,进一步发展一套快速小波变换算法是非常必要的。由 Mallat 等人自 20 世纪 80 年代末期所创立的多分辨率分析理论[Mal89a, Mal89b, Mal99]在这方面起到了关键的作用。该算法和多抽样率信号处理中的滤波器组及图像处理中的金字塔编码等算法[Bur83,Bur88]结合起来,构成了小波分析的重要工具。本章将详细讨论多分辨率分析的定义、算法及应用。

10.1 多分辨率分析的引入

10.1.1 信号的分解近似

现以信号的近似分解为例来说明多分辨率分析的基本概念。

给定一个连续信号 $x(t)$,可用不同的基函数并在不同的分辨率水平上对它作近似。如图 10.1.1(a)所示,令

$$\phi(t)=\begin{cases}1, & 0\leqslant t<1\\ 0, & \text{其他}\end{cases}\tag{10.1.1}$$

显然,$\phi(t)$的整数位移之间是相互正交的,即

$$\langle\phi(t-k),\phi(t-k')\rangle=\delta(k-k'),\quad k,k'\in\mathbb{Z}\tag{10.1.2}$$

这样,$\phi(t)$的整数位移$\{\phi(t-k),k\in\mathbb{Z}\}$就构成了一组正交基。

设空间 V_0 由这一组正交基所构成,这样,$x(t)$在空间 V_0 中的投影(记作 $P_0x(t)$)可表示为

$$P_0x(t) = \sum_k a_0(k)\phi(t-k) = \sum_k a_0(k)\phi_{0,k}(t) \tag{10.1.3}$$

式中，$\phi_{0,k}(t)=\phi(t-k)$；$a_0(k)$是基$\phi_{0,k}(t)$的权函数。$P_0x(t)$如图 10.1.1(b)所示，它可以看作是$x(t)$在V_0中的近似。$a_0(k)$是离散序列，如图 10.1.1(c)所示。

令

$$\phi_{j,k}(t)=2^{-j/2}\phi(2^{-j}t-k) \tag{10.1.4}$$

是由$\phi(t)$作二进制伸缩及整数位移所产生的函数系列，显然，对图 10.1.1(a)的$\phi(t)$，$\phi_{j,k}(t)$和$\phi_{j,k'}(t)$是正交的。这一结论可证明如下。

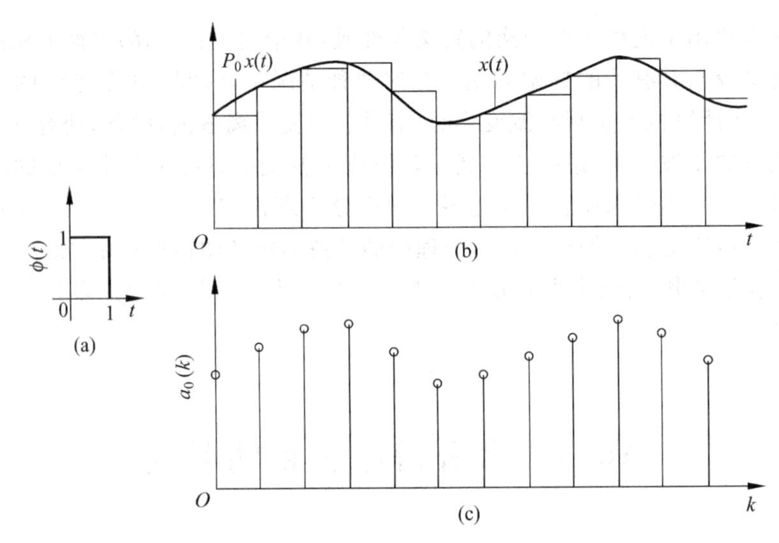

图 10.1.1　$j=0$时信号$x(t)$的概貌近似

因为

$$\langle\phi_{j,k}(t),\phi_{j,k'}(t)\rangle = 2^{-j}\int\phi(2^{-j}t-k)\phi^*(2^{-j}t-k')\mathrm{d}t$$

令$2^{-j}t=t'$，则$t=2^jt'$，$\mathrm{d}t=2^j\mathrm{d}t'$。再由(10.1.2)式，有

$$\int\phi(t'-k)\phi^*(t'-k')\mathrm{d}t' = \delta(k-k') \tag{10.1.5}$$

于是结论得证。

将$\phi(t)$作 2 倍的扩展后得$\phi\left(\frac{t}{2}\right)$，如图 10.1.2(a)所示。由$\phi\left(\frac{t}{2}\right)$作整数倍位移所产生的函数组

$$\phi_{1,k}(t) = 2^{-1/2}\phi(2^{-1}t-k),\quad k\in\mathbb{Z}$$

当然也是两两正交的(对整数k)，它们也构成了一组正交基。称由这一组基形成的空间为V_1，记信号$x(t)$在V_1中的投影为$P_1x(t)$，则

$$P_1x(t) = \sum_k a_1(k)\,\phi_{1,k}(t) \tag{10.1.6}$$

式中，$a_1(k)$为加权系数。$P_1x(t)$如图 10.1.2(b)所示。$a_1(k)$仍为离散序列，如图 10.1.2(c)所示。

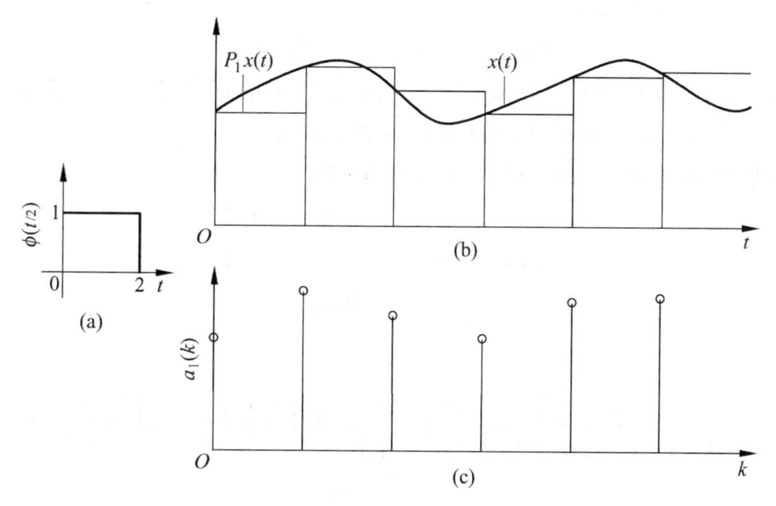

图 10.1.2　$j=1$ 时信号 $x(t)$的概貌近似

若如此继续下去，由给定图 10.1.1(a)的 $\phi(t)$，可在不同尺度 j 下，通过作整数位移得到一组组的正交基，它们所构成的空间是 $V_j, j\in\mathbb{Z}$。用这样的正交基对 $x(t)$作近似，就可得到 $x(t)$在 V_j 中的投影 $P_jx(t)$。

由图 10.1.1(a)和图 10.1.2(a)，不难发现

$$\phi\left(\frac{t}{2}\right)=\phi(t)+\phi(t-1) \tag{10.1.7}$$

再比较图 10.1.1(b)和图 10.1.2(b)，显然图 10.1.1(b)对 $x(t)$的近似要优于图 10.1.2(b)对 $x(t)$的近似，也即分辨率高。所以，用 $\phi_{j,k}(t)$对 $x(t)$做(10.1.3)式或(10.1.6)式的近似，j 越小，近似的程度越好，也即分辨率越高。当 $j\to-\infty$时，$\phi_{j,k}(t)$中的每一个函数的宽度都变成无穷小，因此，有

$$P_jx(t)\big|_{j\to-\infty}=x(t) \tag{10.1.8}$$

另一方面，若 $j\to+\infty$，那么 $\phi_{j,k}(t)$中的每一个函数的宽度都变为无穷大，因此，$P_jx(t)\big|_{j\to\infty}$时对 $x(t)$的近似误差最大。按此思路及(10.1.7)式，可以想象，低分辨率的基函数 $\phi\left(\frac{t}{2}\right)(j=1)$完全可以由高一级分辨率的基函数 $\phi(t)(j=0)$所决定。从空间上来讲，低分辨率的空间 V_1 应包含在高分辨率的空间 V_0 中，即

$$V_0\supset V_1 \tag{10.1.9}$$

但是，毕竟 V_0 不等于 V_1，也即 $P_0x(t)$比 $P_1x(t)$对 $x(t)$近似地好。因为二者对 $x(t)$近似

的差别是由 $\phi(t-k)$ 和 $\phi\left(\frac{t}{2}-k\right)$ 的宽度不同而产生的，因此，这一差别应是一些细节信号，记之为 $D_1x(t)$。这样，有

$$P_0x(t)=P_1x(t)+D_1x(t) \tag{10.1.10}$$

该式的含义是：$x(t)$ 在高分辨率基函数所形成的空间中的近似等于它在低分辨率空间中的近似再加上某些细节。现在寻找 $D_1x(t)$ 的表示方法。

设有一基本函数 $\psi(t)$，如图 10.1.3(a)所示，即

$$\psi(t)=\begin{cases}1, & 0\leqslant t<1/2\\ -1, & 1/2\leqslant t<1\\ 0, & \text{其他}\end{cases} \tag{10.1.11}$$

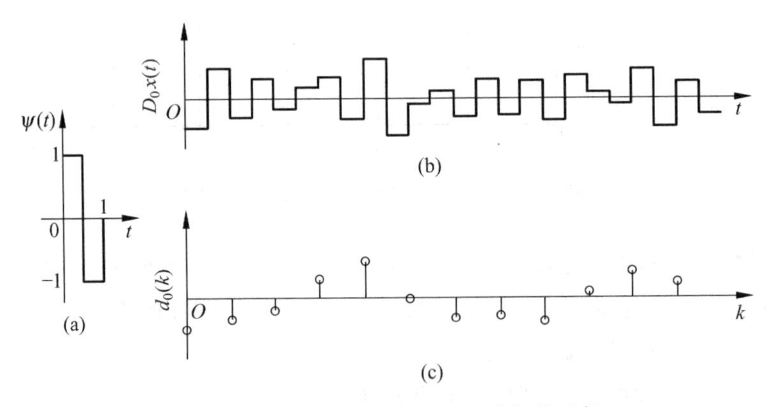

图 10.1.3　$j=0$ 时对信号 $x(t)$ 的细节近似

很明显，$\psi(t)$ 的整数位移也是正交的，即

$$\langle\psi(t-k),\psi(t-k')\rangle=\int\psi(t-k)\psi^*(t-k')\mathrm{d}t=\delta(k-k') \tag{10.1.12}$$

进一步，$\psi(t)$ 在不同尺度下的位移 $\psi_{j,k}(t)(j,k\in\mathbb{Z})$ 也是正交的，即

$$\begin{aligned}\langle\psi_{j,k}(t),\psi_{j,k'}(t)\rangle&=2^{-j}\int\psi(2^{-j}t-k)\psi^*(2^{-j}t-k')\mathrm{d}t\\&=\delta(k-k')\end{aligned} \tag{10.1.13}$$

$\psi(t/2)$ 如图 10.1.4(a)所示。同时，$\phi(t)$ 和 $\psi(t)$ 的整数位移之间也是正交的，即

$$\langle\phi(t-k),\psi(t-k')\rangle=0,\qquad k,k'\in\mathbb{Z} \tag{10.1.14}$$

观察图 10.1.1～图 10.1.4(a)，不难发现，$\psi(t)$ 和 $\phi(t)$ 之间有如下关系：

$$\phi(t)=\frac{1}{2}\left[\phi\left(\frac{t}{2}\right)+\psi\left(\frac{t}{2}\right)\right] \tag{10.1.15a}$$

及

$$\phi(2t-1)=[\phi(t)\quad\psi(t)]/2 \tag{10.1.15b}$$

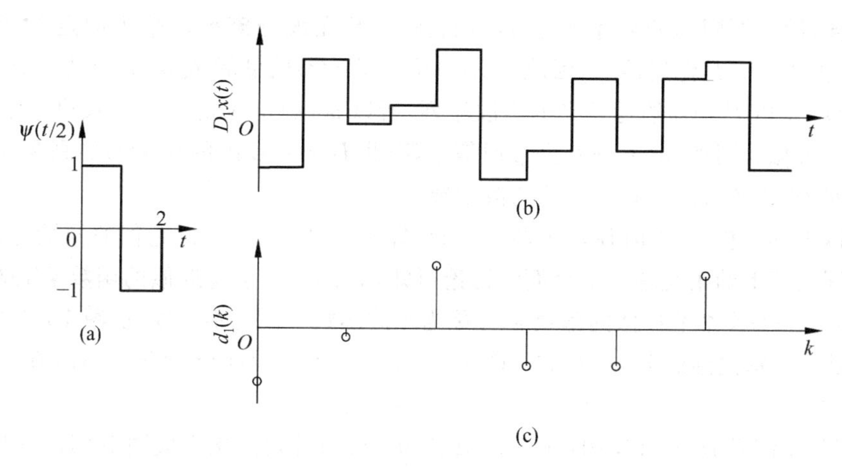

图 10.1.4 $j=1$ 时对信号 $x(t)$ 的细节近似

记 $\psi(t-k)$ 张成的空间为 W_0，$\psi(2^{-1}t-k)$ 张成的空间为 W_1，依次类推，$\psi_{j,k}(t)$ 张成的空间为 W_j，又记 $x(t)$ 在空间 W_0 中的投影为 $D_0x(t)$，在 W_1 中的投影为 $D_1x(t)$，它们均可表示为相应基函数 $\psi_{j,k}(t)$ 的线性组合，即

$$D_0x(t)=\sum_k d_0(k)\psi_{0,k}(t) \tag{10.1.16}$$

$$D_1x(t)=\sum_k d_1(k)\psi_{1,k}(t) \tag{10.1.17}$$

式中，$d_0(k)$，$d_1(k)$ 分别是 $j=0$，$j=1$ 尺度下的加权系数，它们均是离散序列。$D_0x(t)$，$d_0(k)$ 分别如图 10.1.3(b)和(c)所示，$D_1x(t)$，$d_1(k)$ 分别如图 10.1.4(b)和(c)所示。

如果将图 10.1.2(b)的 $P_1x(t)$ 和图 10.1.4(b)的 $D_1x(t)$ 相加，即可得到图 10.1.1(b) 的 $P_0x(t)$。用空间表示，即是

$$V_0=V_1\oplus W_1 \tag{10.1.18}$$

式中，$\oplus$ 表示空间的直和[①]。这说明，W_1 是 V_1 的正交补空间，并有 $V_1\subset V_0$，$W_1\subset V_0$[②]。把上述概念加以推广，显然有

$$\begin{aligned}V_0&=V_1\oplus W_1=V_2\oplus W_2\oplus W_1\\&=\cdots V_j\oplus W_j\oplus W_{j-1}\cdots\oplus W_1\end{aligned} \tag{10.1.19}$$

并且

$$V_0\supset V_1\supset V_2\cdots\supset V_j\supset V_{j+1}\cdots \tag{10.1.20}$$

---

① 令 S_1，S_2 是空间 S 的子空间，若 $S_1\cap S_2=0$ 且 $S_1\cup S_2=S$，则称 S 是 S_1 和 S_2 的直和。其中，"$\cap$"表示求 S_1 和 S_2 的交集，"$\cup$"表示求 S_1 和 S_2 的并集。

② $X\supset Y$，"$\supset$"表示包含，即空间 X 含空间 Y。

这样，给定不同的分辨率水平 j，可得到 $x(t)$ 在该分辨率水平上的近似 $P_jx(t)$ 和 $D_jx(t)$，由于 $\phi(t)$ 是低通信号，因此 $P_jx(t)$ 反映了 $x(t)$ 的低频成分，称其为 $x(t)$ 的概貌。由于 $a_j(k)$ 是由 $P_jx(t)$ 边缘得到的离散序列，所以 $a_j(k)$ 也应是 $x(t)$ 在尺度 j 下的概貌，或称离散近似。同理，由于 $\psi(t)$ 是带通信号，因此 $D_jx(t)$ 反映的是 $x(t)$ 的高频成分，或称为 $x(t)$ 的细节，而 $d_j(k)$ 是 $x(t)$ 的离散细节。

在以上的分析中，同时使用了两个函数，即 $\phi(t)$ 和 $\psi(t)$，并由它们的伸缩与移位形成了在不同尺度下的正交基。由后面的讨论可知，对 $x(t)$ 作概貌近似的函数 $\phi(t)$ 称为尺度函数，而对 $x(t)$ 作细节近似的函数 $\psi(t)$ 称为小波函数。读者不难发现，图 10.1.3(a)中的 $\psi(t)$ 即是上一章提到的 Haar 小波。图 10.1.1(a)中的 $\phi(t)$ 即是 Haar 小波在 $j=0$ 时的尺度函数。

MATLAB 程序 exa100101.m～exa100104.m 可分别用来生成图 10.1.1～图 10.1.4(b)和(c)。

10.1.2　树结构理想滤波器组

在第 7 章和第 8 章详细讨论了滤波器组的原理。一个离散时间信号 $x(n)$ 经过一个两通道滤波器组后，$H_0(z)$ 的输出为其低频部分，频带在 $0\sim\pi/2$；$H_1(z)$ 的输出为其高频部分，频带为 $\pi/2\sim\pi$。由于 $H_0(z)$ 和 $H_1(z)$ 输出后的信号频带均比 $x(n)$ 的频带降低了一倍，因此，在 $H_0(z)$ 和 $H_1(z)$ 的输出后都各带一个二抽取环节，如图 10.1.5(a)所示。

如果把 $x(n)$ 的总频带（$0\sim\pi$）定义为空间 V_0，经第一次分解后，V_0 被分成两个子空间，一个是低频段的 V_1，其频率范围为 $0\sim\pi/2$；另一个是高频段的 W_1，其频带在 $\pi/2\sim\pi$ 之间。显然，$V_0=V_1\oplus W_1$，并且 V_1 和 W_1 是正交的，即二者的并集为空间 V_0（此亦是直和的定义），交集为 0。按此思路，可在 $H_0(z)$ 的输出后再接一个两通道分析滤波器组，这样就将空间 V_1 进一步剖分成两部分，一个是高频段的空间 $W_2(\pi/4\sim\pi/2)$，另一个是低频段的空间 $V_2(0\sim\pi/4)$，如图 10.1.5 (b)所示。

由上面的分解不难发现，空间 V_j 和 W_j（$j\in\mathbb{Z}$）各自以及相互之间有如下关系：

$$V_0=V_1\oplus W_1,\ V_1=V_2\oplus W_2,\cdots,V_{j-1}=V_j\oplus W_j \tag{10.1.21a}$$

及

$$V_0=W_1\oplus W_2\oplus\cdots\oplus W_j\oplus V_j \tag{10.1.21b}$$

或

$$V_0\supset V_1\supset V_2\supset\cdots\supset V_j \tag{10.1.21c}$$

现在分析一下图 10.1.5 对信号分解的特点。

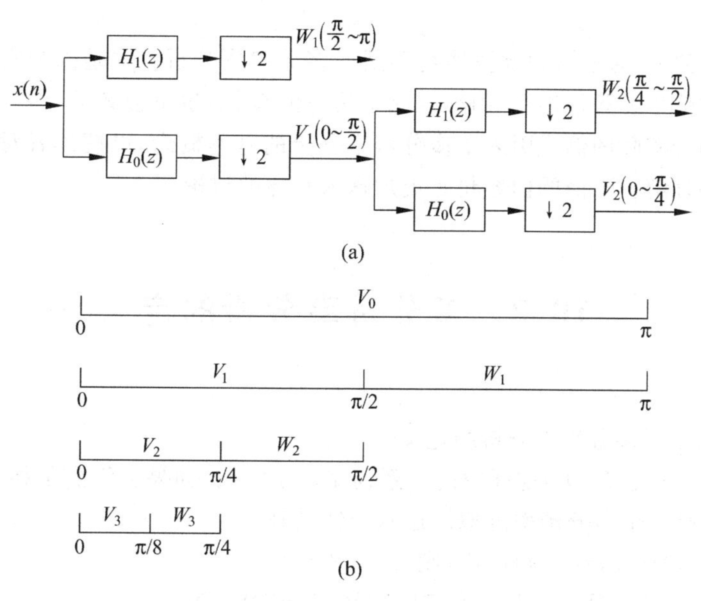

图 10.1.5 基于滤波器组的频带剖分

(a) 滤波器组；(b) 频带剖分

(1) 各带通空间 W_j 和各低通空间 V_j 的恒 Q 性

先看带通空间。由图 10.1.5 (b)，W_1 的带宽为 $\pi/2$，中心频率为 $3\pi/4$，其 $Q=\frac{\pi}{2}\Big/\frac{3\pi}{4}=2/3$；$W_2$ 的带宽为 $\pi/4$，中心频率在 $3\pi/8$，所以其 Q 也是 2/3。同理，W_3，W_4 的 Q 均是 2/3。

再看低通空间 V_j，很明显，V_0 的 $Q=\pi\Big/\frac{\pi}{2}=2$，$V_1$ 的 $Q=\frac{\pi}{2}\Big/\frac{\pi}{4}=2$，$V_2$ 的 Q 也是 $Q=\frac{\pi}{4}\Big/\frac{\pi}{8}=2$。以此类推，$V_3$，$V_4$ 的 Q 均是 2。

(2) 各级滤波器的一致性

在图 10.1.5 (a)中，将各级滤波器组的低通和高通滤波器都写成了 $H_0(z)$ 和 $H_1(z)$，这意味着各级滤波器组使用的是同一组滤波器，这一方面体现了树状滤波器组中各级滤波器的一致性，也深刻体现了上述空间剖分的特点，现对此作一简单的解释。

假定对 $x(n)$ 的抽样频率 $f_s=1\,000$ Hz，对 $H_0(z)$，设其截止频率 $f_p=300$ Hz，也即 $\omega_p=0.6\pi$，或归一化频率 $f_p'=0.3$；对第二级，由于前一级有一二抽取环节，致使 f_s 变成了 500 Hz，同时，由于第一级的输出使频带减少一半，故第二级低通滤波器的 f_p 应改为 150 Hz，但是，这时的 ω_p 仍为 0.6π，即 $\omega_p=2\pi\times150/500$。以此类推，各级的 $H_0(z)$ 和 $H_1(z)$ 均保持不变。这样，只要设计出第一级的 $H_0(z)$ 和 $H_1(z)$，以后各级的滤波器均可采用它们。

图 8.1.1 的 M 通道均匀滤波器组不适于多分辨率分析。这是因为它不是按照由大及小的方式对信号的频带逐级分解，因此不具备恒 Q 性，也不会满足(10.1.21)式。

以上用两个实际的例子引入了多分辨率分析的基本概念，以期读者对多分辨率分析有一个直观的理解。下面的内容将是更加深入具体的讨论。

10.2　多分辨率分析的定义

Mallat 给出了多分辨率分析的定义[Mal99]。

设$\{V_j\}, j\in\mathbb{Z}$是 $L^2(R)$空间中的一系列闭合子空间，如果它们满足如下六个性质，则说$\{V_j\}, j\in\mathbb{Z}$是一个多分辨率近似。这六个性质是：

(1) $\forall (j,k)\in\mathbb{Z}$，若 $x(t)\in V_j$，则 $x(t-2^j k)\in V_j$　　(10.2.1)

(2) $\forall j\in\mathbb{Z}$，$V_j\supset V_{j+1}$，即$\cdots V_0\supset V_1\supset V_2\supset\cdots\supset V_j\supset V_{j+1}\cdots$　　(10.2.2)

(3) $\forall j\in\mathbb{Z}$，若 $x(t)\in V_j$，则 $x\left(\frac{t}{2}\right)\in V_{j+1}$　　(10.2.3)

(4) $\lim\limits_{j\to\infty} V_j=\bigcap\limits_{j=-\infty}^{\infty} V_j=\{0\}$　　(10.2.4)

(5) $\lim\limits_{j\to-\infty} V_j=\text{Closure}\left(\bigcup\limits_{j=-\infty}^{\infty} V_j\right)=L^2(R)$　　(10.2.5)

(6) 存在一个基本函数 $\theta(t)$，使得$\{\theta(t-k)\}, k\in\mathbb{Z}$是 V_0 中的 Riesz 基。

现对以上六个性质作一些直观的解释。

性质(1)说明，空间 V_j 对于正比于尺度 2^j 的位移具有不变性，也即函数的时移不改变其所属的空间。在上一章对(a,b)作二进制离散化时曾说明，若令 $a=2^j$，则 b 应取 $b=2^j k b_0$，将 b_0 归一化为 1，则

$$\psi_{a,b}(t)=\frac{1}{\sqrt{a}}\psi\left(\frac{t-b}{a}\right)=a^{-j/2}\psi(2^{-j}t-k)=\psi_{j,k}(t) \tag{10.2.6}$$

所以，(10.2.1)式实际上应等效为

$$\forall j\in\mathbb{Z},\quad 若\ x(t)\in V_j,\quad 则\ x(t-k)\in V_j \tag{10.2.7}$$

这是因为$\forall j\in\mathbb{Z}$，必有 $2^j\in\mathbb{Z}$。

性质(2)说明，在尺度 2^j(或 j)时，对 $x(t)$作的是分辨率为 2^{-j} 的近似，其结果将包含在较低一级分辨率 2^{-j-1}时对 $x(t)$近似的所有信息，此即空间的包含，也即(10.2.2)式。

性质(3)是性质(2)的直接结果。在 V_{j+1} 中，函数作了二倍的扩展，分辨率降为 2^{-j-1}，所以 $x\left(\frac{t}{2}\right)$应属于 V_{j+1}。

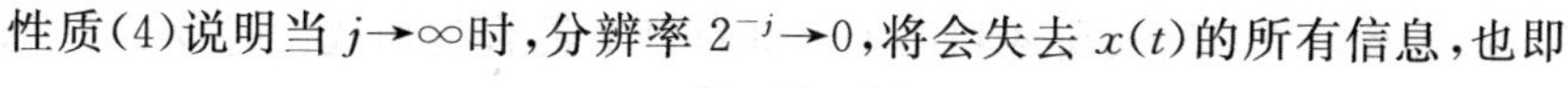

性质(4)说明当 $j\to\infty$ 时，分辨率 $2^{-j}\to 0$，将会失去 $x(t)$ 的所有信息，也即

$$\lim_{j\to\infty} P_j x(t) = 0$$

从空间上讲，所有 V_j 的交集为零空间。

性质(5)是性质(4)的另一面，即当 $j\to-\infty$ 时，分辨率 $2^{-j}\to\infty$，那么信号 $x(t)$ 在该尺度下的近似将收敛于它自身，即

$$\lim_{j\to-\infty} \left| P_j x(t) - x(t) \right| = 0 \tag{10.2.8}$$

从空间上讲，即是所有 V_j 的并集收敛于整个 $L^2(R)$ 空间。

性质(6)说明了 V_0 中 Riesz 基的存在性问题，并将要由此引出 $V_0, V_1, \cdots, V_j$ 中正交基的存在性问题，因此，需要着重加以解释。

设 V_0 是一 Hilbert 空间(能量有限的空间 $L^2(R)$ 即是 Hilbert 空间)，$\{\theta_k=\theta(t-k), k\in\mathbb{Z}\}$ 是 V_0 中的一组基向量，其个数与 V_0 的维数一致。自然，V_0 中的任一元素 x 都可表为 θ_k 的线性组合，即

$$x(t) = \sum_{k=-\infty}^{\infty} c_k \theta(t-k) \tag{10.2.9}$$

在 1.8 节已指出，若

(1) $\{\theta_k=\theta(t-k), k\in\mathbb{Z}\}$ 之间是线性无关的，且

(2) 存在常数 $0<A\leqslant B<\infty$，使得

$$A\|x\|^2 \leqslant \sum_{k=-\infty}^{\infty} |c_k|^2 \leqslant B\|x\|^2 \tag{10.2.10}$$

则 $\{\theta_k=\theta(t-k), k\in\mathbb{Z}\}$ 是 V_0 中的 Riesz 基。

注意，(10.2.10)式等效于(9.8.32)式，只不过在(10.2.10)式中令(9.8.32)式中的 $j=0$。Riesz 基本身是一个标架，但它比标架的要求要高，即 θ_k 之间是线性无关的，但它又比正交基要求低，即并不要求 θ_k 之间一定要两两正交。(10.2.10)式的能量约束关系保证了(10.2.9)式对 $x(t)$ 表示的数值稳定性。

下述定理给出了在 V_0 中存在 Riesz 基的充要条件。

定理 10.2.1　$\{\theta(t-k), k\in\mathbb{Z}\}$ 是 V_0 中的 Riesz 基的充要条件是存在常数 $A>0$，$B>0$ 使得

$$\frac{1}{B} \leqslant \sum_{k=-\infty}^{\infty} |\hat{\theta}(\Omega+2k\pi)|^2 \leqslant \frac{1}{A}, \quad \forall \Omega \in [-\pi, \pi] \tag{10.2.11}$$

式中，$\hat{\theta}(\Omega)$ 是 $\theta(t)$ 的傅里叶变换。

证明　对任意的 $x(t)\in V_0$，均可按(10.2.9)式对 $x(t)$ 作分解。现对(10.2.9)式两边作傅里叶变换，有

$$X(\Omega) = \int \sum_{k=-\infty}^{\infty} c_k \theta(t-k) \mathrm{e}^{-\mathrm{j}\Omega t}\, \mathrm{d}t = \hat{\theta}(\Omega) \sum_{k=-\infty}^{\infty} c_k \mathrm{e}^{-\mathrm{j}\Omega k} \tag{10.2.12}$$

这是在(1.7.14)式及(1.7.15)式所遇到的 FT 和 DTFT 混合的形式。若设想 c_k 的实际间隔为 T_s，由 $\omega=\Omega T_s$[ZW2]，则

$$\sum_{k=-\infty}^{\infty} c_k \mathrm{e}^{-\mathrm{j}\Omega T_s k} = \sum_{k=-\infty}^{\infty} c_k \mathrm{e}^{-\mathrm{j}\omega k} = C(\mathrm{e}^{\mathrm{j}\omega}) \tag{10.2.13}$$

应是周期的，且周期为 2π。为了书写方便，暂把 $C(\mathrm{e}^{\mathrm{j}\omega})$ 记作 $C(\Omega)$，这样，(10.2.12)式变成

$$X(\Omega) = \hat{\theta}(\Omega)C(\Omega) \tag{10.2.14}$$

于是，$x(t)$ 的范数的平方

$$\begin{aligned}\|x\|_2^2 &= \frac{1}{2\pi}\int_{-\infty}^{\infty} |X(\Omega)|^2 \mathrm{d}\Omega \\ &= \frac{1}{2\pi}\int_0^{2\pi} |C(\Omega)|^2 \sum_{k=-\infty}^{\infty} |\hat{\theta}(\Omega+2k\pi)|^2 \mathrm{d}\Omega\end{aligned} \tag{10.2.15}$$

注意，式中 $\hat{\theta}(\Omega)$ 的 Ω 的范围应为 $(-\infty,+\infty)$，式中的分段积分及对 k 的求和保证了这一点。

(10.2.10)式所要求的 Riesz 基的条件进一步可表示为

$$A\|x\|_2^2 \leqslant \frac{1}{2\pi}\int_0^{2\pi} |C(\Omega)|^2 \mathrm{d}\Omega = \sum_{k=-\infty}^{\infty} |c_k|^2 \leqslant B\|x\|_2^2 \tag{10.2.16}$$

若 $\{\theta_k=\theta(t-k), k\in\mathbb{Z}\}$ 是 V_0 中的 Riesz 基，则(10.2.16)式必须成立。为保证(10.2.16)式成立，由(10.2.15)式，由于 $x(t)\in L^2(R)$，即 $x(t)$ 的能量是有限的，因此 $\hat{\theta}(\Omega)$ 必须满足(10.2.11)式。因此必要性得证。

反之，若(10.2.11)式成立，则由(10.2.15)式必然可导出(10.2.16)式。此外，凡满足(10.2.9)式的 c_k，它必然满足(10.2.16)式。若 $x(t)=0$，则必有 $c_k=0$，$\forall k$，因此 $\{\theta_k=\theta(t-k), k\in\mathbb{Z}\}$ 是线性无关的。由此，充分性保证。于是定理 10.2.1 得证。

在实际工作中，人们总是偏爱正交基。下述定理给出了如何由 Riesz 基构造正交基的方法。

定理 10.2.2　令 $\{V_j\}$，$j\in\mathbb{Z}$ 是一多分辨率分析的空间序列，$\phi(t)$ 是一尺度函数，若其傅里叶变换可由下式给出：

$$\Phi(\Omega) = \frac{\hat{\theta}(\Omega)}{\left[\sum_{k=-\infty}^{\infty} |\hat{\theta}(\Omega+2k\pi)|^2\right]^{1/2}} \tag{10.2.17}$$

并令

$$\phi_{j,k}(t) = 2^{-j/2}\phi(2^{-j}t-k) \tag{10.2.18}$$

则对所有的 $j\in\mathbb{Z}$，$\phi_{j,k}(t)$ 是 V_j 中的正交归一基。式中，$\hat{\theta}(\Omega)$ 是产生 Riesz 基的基本函数 $\theta(t)$ 的傅里叶变换。

证明 为了构造一个正交基，需要寻找一个基本函数 $\phi(t)$，由(10.2.18)式的定义，$\phi_{0,0}(t)=\phi(t)$必然属于 V_0。由定理10.2.1，$\phi(t)$也可表为Riesz基 $\theta(t-k)$的线性组合，即

$$\phi(t) = \sum_k c_k \theta(t-k) \tag{10.2.19}$$

由(10.2.14)式，(10.2.19)式对应的频域关系是

$$\Phi(\Omega) = \hat{\theta}(\Omega) C(\Omega) \tag{10.2.20}$$

式中，$C(\Omega)$是 c_k 的DTFT，因此，它仍是周期的，且周期为 2π。

如果，$\{\phi(t-k,)k\in\mathbb{Z}\}$是 V_0 中的正交归一基，由1.7节关于正交基的性质，有

$$\sum_{k=-\infty}^{\infty} |\Phi(\Omega+2k\pi)|^2 = 1 \tag{10.2.21}$$

将(10.2.20)式代入(10.2.21)式，有

$$\begin{aligned}\sum_{k=-\infty}^{\infty} |\hat{\theta}(\Omega+2k\pi)C(\Omega+2k\pi)|^2 &= \sum_{k=-\infty}^{\infty} |\hat{\theta}(\Omega+2k\pi)|^2 |C(\Omega+2k\pi)|^2 \\ &= \sum_{k=-\infty}^{\infty} |C(\Omega)|^2 |\hat{\theta}(\Omega+2k\pi)|^2 \\ &= |C(\Omega)|^2 \sum_{k=-\infty}^{\infty} |\hat{\theta}(\Omega+2k\pi)|^2 = 1\end{aligned}$$

由Riesz基的性质，$\sum_{k=-\infty}^{\infty} |\hat{\theta}(\Omega+2k\pi)|^2$ 是有界的，因此，有

$$|C(\Omega)|^2 = \frac{1}{\sum_{k=-\infty}^{\infty} |\hat{\theta}(\Omega+2k\pi)|^2}$$

若 $C(\Omega)$具有零相位，则

$$C(\Omega) = \frac{1}{\left[\sum_{k=-\infty}^{\infty} |\hat{\theta}(\Omega+2k\pi)|^2\right]^{1/2}} \tag{10.2.22}$$

将(10.2.22)式代入(10.2.20)式，即得(10.2.17)式。因此，$\{\phi(t-k),k\in\mathbb{Z}\}$是 V_0 中的正交归一基。若 $C(\Omega)$不具有零相位，则赋予 $C(\Omega)$一个常数相位，将其代入(10.2.20)式后，仍不影响$\{\phi(t-k),k\in\mathbb{Z}\}$的正交性。

(10.1.12)式和(10.1.13)式已证明，若$\{\phi(t-k),k\in\mathbb{Z}\}$是正交归一基，则 $\phi(t)$ 按(10.2.18)式作二进制伸缩与位移所产生的 $\phi_{j,k}(t)$，$\forall j$，都是相应 V_j 中的正交归一基。于是定理10.2.2得证。

在9.8节给出了由半正交小波求正交小波的方法，其原理和定理10.2.2是一样的。这样，定理10.2.1给出了 V_0 空间中Riesz基的存在性，定理10.2.2给出了由Riesz基过渡到正交基的方法。在实际工作中，找到一个正交归一的基函数$\{\phi(t-k),k\in\mathbb{Z}\}$并不太

容易，但找到一组 Riesz 基$\{\phi(t-k),k\in\mathbb{Z}\}$却比较容易。具体步骤是：

(1) 由 $\theta(t)$作傅里叶变换得 $\hat{\theta}(\Omega)$；

(2) 由(10.2.17)式求 $\Phi(\Omega)$；

(3) 由 $\Phi(\Omega)$作逆傅里叶变换得 $\phi(t)$，则$\{\phi(t-k),k\in\mathbb{Z}\}$即是一组正交基。

文献[Dau92]和文献[ZW3]介绍了利用此方法构造 Battle-Lemarie 小波的例子。其思路是令 $\theta(t)$为一个三角波，其傅里叶变换为

$$\hat{\theta}(\Omega)=\frac{4}{\Omega^2}\sin^2\left(\frac{\Omega}{2}\right) \tag{10.2.23}$$

可以证明，$\{\theta(t-k),k\in\mathbb{Z}\}$构成一组 Riesz 基，但是，$\theta(t-k)$之间并不正交。可以求出

$$\sum_{k=-\infty}^{\infty}\left|\hat{\theta}(\Omega+2k\pi)\right|^2=\frac{1}{3}\left(1+2\cos^2\frac{\Omega}{2}\right) \tag{10.2.24}$$

显然，$\hat{\theta}(\Omega)$是有界的，满足(10.2.11)式所要求的 Riesz 基的频域条件。按(10.2.17)式，可以求出

$$\Phi(\Omega)=\sqrt{3}\,\frac{4\sin^2\left(\dfrac{\Omega}{2}\right)}{\Omega^2\left(1+2\cos^2\dfrac{\Omega}{2}\right)^{1/2}} \tag{10.2.25}$$

由 $\Phi(\Omega)$作反变换即可得到 $\phi(t)$。$\{\phi(t-k),k\in\mathbb{Z}\}$即可构成一组正交基。

10.3　空间 V_j，W_j 中信号的分解

由 10.1 节和 10.2 节关于频率轴剖分的思想，$\phi(t)$应是 V_0 中的低通函数，$\psi(t)$应是 W_0 中的带通函数。将 $\phi(t)$归一化，有

$$\int_{-\infty}^{\infty}\phi(t)\mathrm{d}t=1 \tag{10.3.1}$$

定理 10.2.2 已指出，$\{\phi(t-k),k\in\mathbb{Z}\}$是 V_0 中的正交归一基，$\{\phi_{j,k}(t),j,k\in\mathbb{Z}^2\}$是 V_j 中的正交归一基。这样，可将 $x(t)\in L^2(R)$按此基函数逐级进行分解。

1. 子空间 V_0

令 $P_0x(t)$是在 V_0 中的投影，则

$$P_0x(t)=\sum_{k=-\infty}^{\infty}a_0(k)\phi(t-k)=\sum_{k=-\infty}^{\infty}a_0(k)\phi_{0,k}(t) \tag{10.3.2}$$

式中，$a_0(k)$是加权系数，它应是一个离散序列。由 $\phi(t-k)$的正交性质，有

$$a_0(k)=\langle P_0x(t),\phi_{0,k}(t)\rangle$$

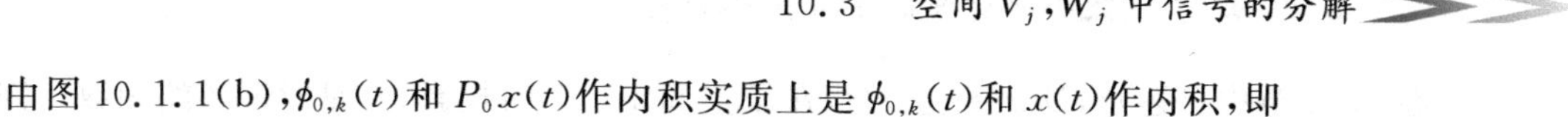

由图 10.1.1(b),$\phi_{0,k}(t)$和 $P_0x(t)$作内积实质上是 $\phi_{0,k}(t)$和 $x(t)$作内积,即

$$a_0(k)=\langle x(t),\phi_{0,k}(t)\rangle \tag{10.3.3}$$

这样

$$P_0x(t)=\sum_{k=-\infty}^{\infty}\langle x(t),\phi_{0,k}(t)\rangle\phi_{0,k}(t) \tag{10.3.4}$$

这是已经很熟悉的信号分解的表示形式。由于 $P_0x(t)$是时间 t 的函数,而 $\phi(t-k)$又具有低通性质,因此称 $P_0x(t)$是 $x(t)$在 V_0 中的分段平滑逼近,而称 $a_0(k)$为 $x(t)$在 V_0 中的离散逼近。它们都是 $x(t)$在分辨率 $j=0$ 时的概貌。

2. 子空间 V_1

由多分辨率分析的定义,若 $\phi(t)\in V_0$,则 $\phi\left(\frac{t}{2}\right)\in V_1$,由定理10.2.2,$\phi_{1,k}(t)=2^{-1/2}\phi(2^{-1}t-k)$是 V_1 中的正交归一基。仿照(10.3.2)式~(10.3.4)式,有

$$P_1x(t)=\sum_{k=-\infty}^{\infty}a_1(k)\phi_{1,k}(t)=\frac{1}{\sqrt{2}}\sum_{k=-\infty}^{\infty}a_1(k)\phi(2^{-1}t-k) \tag{10.3.5}$$

$$a_1(k)=\langle P_1x(t),\phi_{1,k}(t)\rangle=\langle x(t),\phi_{1,k}(t)\rangle \tag{10.3.6}$$

及

$$P_1x(t)=\sum_{k=-\infty}^{\infty}\langle x(t),\phi_{1,k}(t)\rangle\phi_{1,k}(t) \tag{10.3.7}$$

3. 子空间 W_1

若在子空间 W_0 中能找到一个带通函数 $\psi(t)$,使$\{\psi(t-k),k\in\mathbb{Z}\}$是 W_0 中的正交归一基,类似尺度函数 $\phi(t)$,因 $\psi(t)\in W_0$,则 $\psi\left(\frac{t}{2}\right)\in W_1$,$\psi_{1,k}(t)=\frac{1}{\sqrt{2}}\psi(2^{-1}t-k)$也可构成 W_1 中的正交归一基,即

$$\int\psi(t)\,\mathrm{d}t=0 \tag{10.3.8}$$

$$\langle\psi_{1,k}(t),\psi_{1,k'}(t)\rangle=\delta(k-k') \tag{10.3.9}$$

以此类推,$\psi_{j,k}(t)$将是 W_j 中的正交归一基。称 $\psi(t)$为小波函数,满足上述正交归一性质的正交小波的构造问题将在下一章详细讨论。这样,可依次将 $x(t)$在 W_j 中作类似在 V_j 各空间中的分解。

令

$$D_1x(t)=\sum_{k=-\infty}^{\infty}d_1(k)\psi_{1,k}(t) \tag{10.3.10}$$

则

$$d_1(k)=\langle D_1x(t),\psi_{1,k}(t)\rangle=\langle x(t),\psi_{1,k}(t)\rangle \tag{10.3.11}$$

在 10.1 节中已述及，$D_1x(t)$是 $x(t)$在子空间 W_1 上的投影，它是时间 t 的函数。因为$\psi(t)$是带通函数，所以 $D_1x(t)$是 $x(t)$的分段连续细节逼近。同理，$d_1(k)$是 $x(t)$在 W_1 中的离散细节。由于 $V_0=V_1\oplus W_1$，所以必有

$$P_0x(t) = P_1x(t) + D_1x(t) \tag{10.3.12}$$

或

$$D_1x(t) = P_0x(t) - P_1x(t) \tag{10.3.13}$$

这两个式子指出，$x(t)$在 W_1 中的投影等于 $x(t)$分别在 V_0 和 V_1 中的投影的差，它也是在 $j=0$ 和 $j=1$ 这两个分辨率水平上的逼近之差，因此，$D_1x(t)$和 $d_1(k)$均被称为 $x(t)$的细节。实际上，它们反映的也是 $x(t)$的高频成分，且 $d_1(k)$就是尺度 $a=2^1$ 时的离散栅格上的小波变换。

4. 子空间 V_j，W_j

将上述的讨论加以推广，自然有如下的结论：

$$P_jx(t) = \sum_{k=-\infty}^{\infty} a_j(k)\phi_{j,k}(t) \tag{10.3.14}$$

$$a_j(k) = \langle x(t), \phi_{j,k}(t)\rangle \tag{10.3.15}$$

$$D_jx(t) = \sum_{k=-\infty}^{\infty} d_j(k)\psi_{j,k}(t) \tag{10.3.16}$$

$$d_j(k) = \langle x(t), \psi_{j,k}(t)\rangle \tag{10.3.17}$$

$$P_{j-1}x(t) = P_jx(t) + D_jx(t) \tag{10.3.18}$$

一般地，令 $j=1\sim\infty$，可依次实现对 $x(t)$的多分辨率分析。10.4 节，将深入地探讨这种分解的内在联系。

10.4　二尺度差分方程

前已指出，$\phi_{j,k}(t)$是 V_j 中的正交归一基，$\psi_{j,k}(t)$是 W_j 中的正交归一基，并且 $V_j\perp W_j$，$V_{j-1}=V_j\oplus W_j$。这一关系表明，在相邻尺度(如 j 和 $j-1$)下的尺度函数和尺度函数之间、尺度函数和小波函数之间必然存在着一定的联系。

由于 $\phi_{j,0}(t)=2^{-j/2}\phi(2^{-j}t)\in V_j$，而 V_j 包含在 V_{j-1} 中，这样，把 $\phi_{j,0}(t)$设想成是 V_{j-1} 中的一个元素，因此它当然可以表示为 V_{j-1} 中正交基的线性组合，即

$$\phi_{j,0}(t) = \sum_{k=-\infty}^{\infty} h_0(k)\phi_{j-1,k}(t)$$

式中，$h_0(k)$是加权系数，它是一个离散序列。将上式进一步展开，有

$$2^{-j/2}\phi(2^{-j}t) = 2^{-(j-1)/2}\sum_{k=-\infty}^{\infty}h_0(k)\phi[2^{-(j-1)}t-k]$$

即

$$\phi\left(\frac{t}{2^j}\right)=\sqrt{2}\sum_{k=-\infty}^{\infty}h_0(k)\phi\left(\frac{t}{2^{j-1}}-k\right) \tag{10.4.1}$$

同理，由于 W_j 也包含在 V_{j-1} 中，因此，W_j 中的 $\psi_{j,0}(t)$也可表示为 V_{j-1} 中正交基 $\phi_{j-1,k}(t)$的线性组合，即

$$\psi\left(\frac{t}{2^j}\right)=\sqrt{2}\sum_{k=-\infty}^{\infty}h_1(k)\phi\left(\frac{t}{2^{j-1}}-k\right) \tag{10.4.2}$$

式中，$h_1(k)$也是加权系数。

(10.4.1)式和(10.4.2)式被称为二尺度差分方程[Dau92]，它们揭示了在多分辨率分析中尺度函数和小波函数的相互关系，这一关系存在于任意相邻的两级之间。如$j=1$，有

$$\phi\left(\frac{t}{2}\right)=\sqrt{2}\sum_{k=-\infty}^{\infty}h_0(k)\phi(t-k) \tag{10.4.3a}$$

$$\psi\left(\frac{t}{2}\right)=\sqrt{2}\sum_{k=-\infty}^{\infty}h_1(k)\phi(t-k) \tag{10.4.3b}$$

(10.4.3)式又等效于

$$\phi(t) = \sqrt{2}\sum_{k=-\infty}^{\infty}h_0(k)\phi(2t-k) \tag{10.4.4a}$$

$$\psi(t) = \sqrt{2}\sum_{k=-\infty}^{\infty}h_1(k)\phi(2t-k) \tag{10.4.4b}$$

因此，二尺度差分方程是多分辨率分析中小波函数和尺度函数的一个重要性质。

由 $\phi_{j,k}$和 $\psi_{j,k}$各自的正交性，$h_0(k)$，$h_1(k)$可由下式求得：

$$\begin{aligned} h_0(k) &= \langle\phi_{j,0}(t),\phi_{j-1,k}(t)\rangle \\ &= \frac{1}{\sqrt{2^j 2^{j-1}}}\int\phi\left(\frac{t}{2^j}\right)\phi^*\left(\frac{t}{2^{j-1}}-k\right)\mathrm{d}t \end{aligned}$$

令$\frac{t}{2^{j-1}}=t'$，则

$$h_0(k) = \frac{1}{\sqrt{2}}\int\phi\left(\frac{t'}{2}\right)\phi^*(t'-k)\mathrm{d}t'$$

或

$$h_0(k) = \langle\phi_{1,0}(t),\phi_{0,k}(t)\rangle \tag{10.4.5}$$

同理

$$h_1(k) = \langle\psi_{1,0}(t),\psi_{0,k}(t)\rangle \tag{10.4.6}$$

这两个式子揭示了一个重要的关系，即 $h_0(k)$ 和 $h_1(k)$ 与 j 无关，它对任意两个相邻级中的 ϕ 和 ψ 的关系都适用。这就是说，由 $j=0$ 和 $j=1$ 的二尺度差分方程求出的 $h_0(k)$ 和 $h_1(k)$ 适用于 j 取任何整数时的二尺度差分方程。由此，读者可能会想到，$h_0(k)$ 和 $h_1(k)$ 类似于图 10.1.5 (a)中的两通道滤波器组，$h_0(k)$ 对应低通滤波器 $H_0(z)$，$h_1(k)$ 对应高通滤波器 $H_1(z)$，且在每一级，$H_0(z)$ 和 $H_1(z)$ 保证不变。如果这一设想是正确的，那么就把小波变换和滤波器组联系了起来。当然，实际情况也正是如此。

现在再回过来观察图 10.1.1 ～ 图 10.1.4，显然有

$$\phi\left(\frac{t}{2}\right)=\phi(t)+\phi(t-1)=\sqrt{2}\left[\frac{1}{\sqrt{2}}\phi(t)+\frac{1}{\sqrt{2}}\phi(t-1)\right]$$

$$\phi\left(\frac{t}{2}\right)=\phi(t)-\phi(t-1)=\sqrt{2}\left[\frac{1}{\sqrt{2}}\phi(t)-\frac{1}{\sqrt{2}}\phi(t-1)\right]$$

对比(10.4.3)式和(10.4.4)式，有

$$h_0(0)=\frac{1}{\sqrt{2}},\quad h_0(1)=\frac{1}{\sqrt{2}},\quad h_1(0)=\frac{1}{\sqrt{2}},\quad h_1(1)=-\frac{1}{\sqrt{2}}$$

这是 Haar 小波及其尺度函数所对应的滤波器的系数。

现在来研究二尺度差分方程在频域的表示形式。对(10.4.3a)式两边取傅里叶变换，有

$$\int\phi\left(\frac{t}{2}\right)\mathrm{e}^{-\mathrm{j}\Omega t}\mathrm{d}t=\sqrt{2}\int\sum_{k=-\infty}^{\infty}h_0(k)\phi(t-k)\mathrm{e}^{-\mathrm{j}\Omega t}\mathrm{d}t$$

该式是在前面多次遇到过的 FT 和 DTFT 的混合表示形式，式中 $\phi(t-k)$ 是 $\phi(t)$ 在 b 轴上离散取值所得到的，假定对 b 轴的抽样间隔为 T_s，则上式

$$左边=2\Phi(2\Omega)$$

$$\begin{aligned}右边&=\sqrt{2}\sum_{k=-\infty}^{\infty}h_0(k)\int\phi(t-kT_s)\mathrm{e}^{-\mathrm{j}\Omega t}\mathrm{d}t\\&=\sqrt{2}\sum_{k=-\infty}^{\infty}h_0(k)\mathrm{e}^{-\mathrm{j}k\Omega T_s}\Phi(\Omega)=\sqrt{2}H_0(\mathrm{e}^{\mathrm{j}\omega})\Phi(\Omega)\end{aligned}$$

式中，$\omega=\Omega T_s$，Ω 是相对连续信号的角频率，$\Omega=2\pi f$，而 ω 是相对离散信号的圆频率。由于后面的讨论以离散信号和离散系统为主，所以，将 Ω,ω 都记为 ω，并将 $\mathrm{e}^{\mathrm{j}\omega}$ 简记为 ω。这样，最后有

$$\sqrt{2}\Phi(2\omega)=H_0(\omega)\Phi(\omega)\tag{10.4.7}$$

同理，有

$$\sqrt{2}\Psi(2\omega)=H_1(\omega)\Phi(\omega)\tag{10.4.8}$$

请读者记住，$\Phi(\omega)$，$\Phi(2\omega)$ 和 $\Psi(2\omega)$ 都是连续信号的傅里叶变换(FT)，而 $H_0(\omega)$，$H_1(\omega)$ 是离散信号的傅里叶变换(DTFT)。

将(10.4.3)式和(10.4.4)式的两边分别对 t 积分，由于 $\int\phi(t)\mathrm{d}t=1$，$\int\psi(t)\mathrm{d}t=0$，所以

$$\sum_{k=-\infty}^{\infty}h_0(k)=\sqrt{2} \tag{10.4.9}$$

$$\sum_{k=-\infty}^{\infty}h_1(k)=0 \tag{10.4.10}$$

对应于频域，有

$$H_0(\omega)\big|_{\omega=0}=\sum_{k=-\infty}^{\infty}h_0(k)=\sqrt{2} \tag{10.4.11}$$

$$H_1(\omega)\big|_{\omega=0}=\sum_{k=-\infty}^{\infty}h_1(k)=0 \tag{10.4.12}$$

因此，$H_0(z)$应是低通滤波器，$H_1(z)$应是高通滤波器。

由(10.4.7)式，有

$$\begin{aligned}\Phi(\omega)&=\frac{1}{\sqrt{2}}H_0\left(\frac{\omega}{2}\right)\Phi\left(\frac{\omega}{2}\right)\\&=\frac{1}{\sqrt{2}}H_0\left(\frac{\omega}{2}\right)\frac{1}{\sqrt{2}}H_0\left(\frac{\omega}{4}\right)\Phi\left(\frac{\omega}{4}\right)\\&=\frac{1}{\sqrt{2}}H_0\left(\frac{\omega}{2}\right)\frac{1}{\sqrt{2}}H_0\left(\frac{\omega}{4}\right)\frac{1}{\sqrt{2}}H_0\left(\frac{\omega}{8}\right)\Phi\left(\frac{\omega}{8}\right)=\cdots\\&=\prod_{j=1}^{J}\frac{H_0\left(\frac{\omega}{2^j}\right)}{\sqrt{2}}\Phi\left(\frac{\omega}{2^j}\right)\end{aligned} \tag{10.4.13}$$

由于当 $J\to\infty$ 时，$\Phi\left(\frac{\omega}{2^j}\right)=\Phi(0)=1$，因此

$$\Phi(\omega)=\prod_{j=1}^{\infty}\frac{H_0(\omega/2^j)}{\sqrt{2}}=\prod_{j=1}^{\infty}H_0'(2^{-j}\omega) \tag{10.4.14}$$

式中，$H_0'(2^{-j}\omega)=H_0(2^{-j}\omega)\big/\sqrt{2}$。

同理，可由(10.4.8)式求出

$$\begin{aligned}\Psi(\omega)&=\frac{1}{\sqrt{2}}H_1\left(\frac{\omega}{2}\right)\Phi\left(\frac{\omega}{2}\right)\\&=\frac{1}{\sqrt{2}}H_1\left(\frac{\omega}{2}\right)\prod_{j=2}^{\infty}\frac{H_0(2^{-j}\omega)}{\sqrt{2}}\end{aligned}$$

即

$$\Psi(\omega)=H_1'\left(\frac{\omega}{2}\right)\prod_{j=2}^{\infty}H_0'(2^{-j}\omega) \tag{10.4.15}$$

式中，$H_1'(\omega/2)=H_1(\omega/2)\big/\sqrt{2}$。

这样，(10.4.14)式和(10.4.15)式分别建立了 $H_0(\omega)$，$H_1(\omega)$和 $\Phi(\omega)$，$\Psi(\omega)$的直接关系。若 $H_0(z)$，$H_1(z)$已知，可由它们求出相应的 $\Phi(\omega)$和 $\Psi(\omega)$，进一步求出相应的 $\phi(t)$和 $\psi(t)$。

例如，若 $H_0(\omega)=\sqrt{2}\mathrm{e}^{-\mathrm{j}\omega}$，即 $H_0'(\omega)=\mathrm{e}^{-\mathrm{j}\omega}$，则

$$\Phi(\omega)=\prod_{l=1}^{\infty}\exp[-\mathrm{j}\omega/2^l]=\exp\left[-\mathrm{j}\left(\frac{\omega}{2}+\frac{\omega}{4}+\cdots\right)\right]=\mathrm{e}^{-\mathrm{j}\omega} \tag{10.4.16}$$

若 $H_0(\omega)=\sqrt{2}\cos\omega$，即 $H_0'(\omega)=\cos\omega$，则

$$\Phi(\omega)=\prod_{j=1}^{\infty}\cos(2^{-j}\omega)=\lim_{j\to\infty}\left(\cos\frac{\omega}{2}\cos\frac{\omega}{4}\cdots\cos\frac{\omega}{2^j}\right)=\frac{\sin\omega}{\omega} \tag{10.4.17}$$

此外，由于 $V_0=W_1\oplus W_2\cdots\oplus W_j\oplus V_j$，且当 $j\to\infty$时，$V_j=\{0\}$因此，从能量守恒的角度，有

$$|\Phi(\omega)|^2=\sum_{j=1}^{\infty}|\Psi(2^j\omega)|^2 \tag{10.4.18}$$

或

$$|\Phi(\omega)|^2=\sum_{j=1}^{J}|\Psi(2^j\omega)|^2+|\Phi(2^J\omega)|^2 \tag{10.4.19}$$

10.5　二尺度差分方程与共轭正交滤波器组

(10.4.7)式和(10.4.8)式给出了二尺度差分方程的频域关系，(1.7.11)式和(1.7.12)式给出了正交基的频域性质。在此基础上，可导出在二尺度差分方程中 $h_0(k)$和$h_1(k)$的频域关系，从而把多分辨率分析和滤波器组结合起来。

定理 10.5.1　设 $\phi\in L^2(R)$，$\psi\in L^2(R)$分别是多分辨率分析中的尺度函数和小波函数，$h_0(k)$，$h_1(k)$分别是满足二尺度差分方程(10.4.3)式和(10.4.4)式的滤波器系数，则

$$|H_0(\omega)|^2+|H_0(\omega+\pi)|^2=2 \tag{10.5.1a}$$

$$|H_1(\omega)|^2+|H_1(\omega+\pi)|^2=2 \tag{10.5.1b}$$

$$H_0(\omega)H_1^*(\omega)+H_0(\omega+\pi)H_1^*(\omega+\pi)=0 \tag{10.5.1c}$$

证明　先证明(10.5.1a)式。

由(10.4.7)式，有

$$\Phi(\omega)=\frac{1}{\sqrt{2}}H_0\left(\frac{\omega}{2}\right)\Phi\left(\frac{\omega}{2}\right) \tag{10.5.2}$$

由于 $\phi(t-k)$ 是 V_0 中的正交归一基，所以，其傅里叶变换满足(1.7.11)式，于是

$$\sum_{k=-\infty}^{\infty}|\Phi(\omega+2k\pi)|^2=\frac{1}{2}\sum_{k=-\infty}^{\infty}\left|H_0\left(\frac{\omega+2k\pi}{2}\right)\right|^2\left|\Phi\left(\frac{\omega+2k\pi}{2}\right)\right|^2=1$$

即

$$\sum_{k=-\infty}^{\infty}\left|H_0\left(\frac{\omega}{2}+k\pi\right)\right|^2\left|\Phi\left(\frac{\omega}{2}+k\pi\right)\right|^2=2$$

式中，$H_0(\omega)$ 实际上是 $H_0(\mathrm{e}^{\mathrm{j}\omega})$，它是以 2π 为周期的。现将 k 按奇、偶分开，即分别令 $k=2p$ 和 $k=2p+1$，于是，有

$$\sum_{p=-\infty}^{\infty}\left|H_0\left(\frac{\omega}{2}\right)\right|^2\left|\Phi\left(\frac{\omega}{2}+2p\pi\right)\right|^2+\sum_{p=-\infty}^{\infty}\left|H_0\left(\frac{\omega}{2}+\pi\right)\right|^2\left|\Phi\left(\frac{\omega}{2}+2p\pi+\pi\right)\right|^2=2$$

令 $\dfrac{\omega}{2}=\omega'$，又有

$$|H_0(\omega')|^2\sum_{p=-\infty}^{\infty}|\Phi(\omega'+2p\pi)|^2+|H_0(\omega'+\pi)|^2\sum_{p=-\infty}^{\infty}|\Phi(\omega'+2p\pi+\pi)|^2=2$$

由(1.7.11)式，$\sum_{p=-\infty}^{\infty}|\Phi(\omega'+2p\pi)|^2=1$，作了常数移位后，$\sum_{p=-\infty}^{\infty}|\Phi(\omega'+2p\pi+\pi)|^2$ 也必然等于1。因此

$$|H_0(\omega)|^2+|H_0(\omega+\pi)|^2=2$$

即(10.5.1a)式得证。同理可证明(10.5.1b)式。

由第7章的讨论可知，满足(10.5.1a)式和(10.5.1b)式的 $H_0(z)$ 及 $H_1(z)$ 分别都是功率对称的，二者是功率互补的。

现在证明(10.5.1c)式。由 (1.7.12)式，有

$$\sum_{k=-\infty}^{\infty}\Phi(\omega+2k\pi)\Psi^*(\omega+2k\pi)=0 \tag{10.5.3}$$

令 $\omega=2\omega'$，则上式变成

$$\sum_{k=-\infty}^{\infty}\Phi(2\omega'+2k\pi)\Psi^*(2\omega'+2k\pi)=0$$

将二尺度差分方程的频域关系代入上式，有

$$\frac{1}{2}\sum_{k=-\infty}^{\infty}H_0(\omega'+k\pi)\Phi(\omega'+k\pi)H_1^*(\omega+k\pi)\Phi^*(\omega+k\pi)=0$$

再一次地将 k 按奇、偶分开，并注意到 $H_0(\omega)$，$H_1(\omega)$ 都是以 2π 为周期的，于是

$$\sum_{p=-\infty}^{\infty}H_0(\omega'+2p\pi)\Phi(\omega'+2p\pi)H_1^*(\omega'+2p\pi)\Phi^*(\omega'+2p\pi)+$$

$$\sum_{p=-\infty}^{\infty}H_0(\omega'+2p\pi+\pi)\Phi(\omega'+2p\pi+\pi)H_1^*(\omega'+2p\pi+\pi)\Phi^*(\omega'+2p\pi+\pi)=0$$

即

$$H_0(\omega')H_1^*(\omega')\sum_{p=-\infty}^{\infty}|\Phi(\omega'+2p\pi)|^2+$$

$$H_0(\omega'+\pi)H_1^*(\omega'+\pi)\sum_{p=-\infty}^{\infty}|\Phi(\omega'+2p\pi+\pi)|^2=0$$

由(10.5.1a)式的证明过程，最后可得

$$H_0(\omega)H_1^*(\omega)+H_0(\omega+\pi)H_1^*(\omega+\pi)=0$$

这样(10.5.1c)式得证。

将(10.5.1)式写成 Z 变换的形式，有

$$H_0(z)H_0(z^{-1})+H_0(-z)H_0(-z^{-1})=2 \tag{10.5.4a}$$

$$H_1(z)H_1(z^{-1})+H_1(-z)H_1(-z^{-1})=2 \tag{10.5.4b}$$

$$H_0(z)H_1(z^{-1})+H_0(-z)H_1(-z^{-1})=0 \tag{10.5.4c}$$

将(10.5.4a)式和(7.4.6b)式相比较，立即发现，满足小波变换多分辨率分析中二尺度差分方程的 $H_0(z)$，$H_1(z)$ 正是一对共轭正交滤波器组(CQMFB)。这样，就把小波变换和滤波器组联系了起来，从而为离散信号的小波变换的快速实现提供了有效的途径。

需要指出的是，按照(7.4.9a)式关于 $P(z)$ 的定义，(10.5.4a)式对应的是 $P(z)+P(-z)=2$，而不是(7.4.10)式的 $P(z)+P(-z)=1$，但是这没有本质的区别。其原因是(7.4.6)式～(7.4.10)式的定标和(10.5.4a)式差一个二倍。另外，满足(10.5.1c)式的 $H_0(\omega)$ 和 $H_1(\omega)$ 并不唯一，其中一个解是

$$H_1(\omega)=-\mathrm{e}^{-\mathrm{j}\omega}H_0^*(\omega+\pi) \tag{10.5.5a}$$

或

$$H_1(z)=-z^{-1}H_0(-z^{-1}) \tag{10.5.5b}$$

读者可自行验证，若令 $H_1(\omega)=\pm c\mathrm{e}^{\pm\mathrm{j}\omega}H_0^*(\omega+\pi)$，(10.5.1c)式仍然成立。

在7.4节给出了 CQMFB 中 $H_0(z)$ 和 $H_1(z)$ 的关系。由(7.4.2)式，$H_1(z)=z^{-(N-1)}H_0(-z^{-1})$，由(7.4.4b)式，则 $h_1(n)=(-1)^{n+1}h_0(N-1-n)$，现在若按(10.5.5b)式定义 $H_0(z)$ 和 $H_1(z)$ 的关系，即等效于取 $N=2$，且比(7.4.2)式多了一个负号。很容易验证(10.5.5b)式所对应的时域关系是

$$h_1(k)=(-1)^k h_0(1-k) \tag{10.5.6}$$

下面给出了一系列重要的概念，它们分别是：

(1) 在 V_0 中总存在 $\theta(t)$，使$\{\theta(t-k),k\in\mathbb{Z}\}$构成 V_0 中的 Riesz 基。

(2) 定理 10.2.2 说明如何由 Riesz 基 $\theta(t-k)$得到 V_0 中的正交归一基，进而 $\phi_{j,k}$ 是 V_j 中的正交归一基，即 $\phi(t)$是尺度函数。

(3) 把 W_j 视为 V_j 的正交补，并假定在 W_0 中存在小波函数 $\psi(t)$，使 $\{\psi(t-k),k\in\mathbb{Z}\}$ 是 W_0 中的正交归一基，进而 $\psi_{j,k}$ 是 W_j 中的正交归一基。

(4) 由于假定 $W_j\perp V_j$，所以假定 $\phi_{j,k}$ 和 $\psi_{j,k}$ 是正交的。

(5) 按 $\phi_{j,k}$，$\psi_{j,k}$ 分别对 $x(t)$ 作分解，得到(10.3.14)式～(10.3.18)式的分解(或投影)关系。

(6) 由 $V_j\supset V_{j+1}$，$V_{j+1}\oplus W_{j+1}=V_j$ 这一包含关系，得到了(10.4.4)式的二尺度差分方程，其频域关系如(10.4.7)式和(10.4.8)式所示。

(7) 由定理 10.5.1，满足二尺度差分方程的 $H_0(z)$ 和 $H_1(z)$ 恰是一对共轭正交滤波器组，即它们满足(10.5.1)式。

按此思路，即可有效地实现信号 $x(t)$ 的小波变换，这即是下一节要讨论的 Mallat 算法。在讨论这一算法之前，也许读者已经看到上述总结的第三条中，W_j 中正交基 $\psi_{j,k}(t)$ 的存在性及 $\psi_{j,k}(t)$ 和 $\phi_{j,k}(t)$ 的正交关系并没得到证明，在这之前，对它们的认同还都是"假设"。下述两个定理证实了这一结论。

定理 10.5.2　令 $\{V_j\}$ 是一多分辨率分析序列，$\phi_{j,k}(t)$ 是 V_j 中的正交归一基，再令 $H_0(z)$ 和 $H_1(z)$ 是一对共轭正交滤波器组，记 $\psi(t)$ 的傅里叶变换为 $\Psi(\omega)$，若

$$\Psi(\omega)=\frac{1}{\sqrt{2}}H_1\left(\frac{\omega}{2}\right)\Phi\left(\frac{\omega}{2}\right) \tag{10.5.7}$$

则存在基本小波函数 $\psi(t)$，使 $\{\psi(t-k),k\in\mathbb{Z}\}$ 是 W_0 中的正交归一基，进而，$\{\psi_{j,k}(t),j,k\in\mathbb{Z}\}$ 是 W_j 中的正交归一基。

证明　定理 10.5.2 实际上是定理 10.5.1 的逆命题。若 $\{\psi(t-k),k\in\mathbb{Z}\}$ 构成 W_0 中的正交归一基，由 1.7 节关于正交基的性质，则必有

$$\sum_{k=-\infty}^{\infty}|\Psi(\omega+2k\pi)|^2=1 \tag{10.5.8}$$

将(10.5.7)式的所给条件代入(10.5.8)式的左边，有

$$\begin{aligned}\sum_{k=-\infty}^{\infty}|\Psi(\omega+2k\pi)|^2&=\frac{1}{2}\sum_{k=-\infty}^{\infty}\left|H_1\left(\frac{\omega}{2}+k\pi\right)\right|^2\left|\Phi\left(\frac{\omega}{2}+k\pi\right)\right|^2\\&=\frac{1}{2}\left\{\sum_{k=2p}\left|H_1\left(\frac{\omega}{2}+2p\pi\right)\right|^2\left|\Phi\left(\frac{\omega}{2}+2p\pi\right)\right|^2+\right.\\&\left.\sum_{k=2p+1}\left|H_1\left(\frac{\omega}{2}+2p\pi+\pi\right)\right|^2\left|\Phi\left(\frac{\omega}{2}+2p\pi+\pi\right)\right|^2\right\}\end{aligned}$$

令 $\frac{\omega}{2}=\omega'$，考虑到 $H_1(\omega)$ 是以 2π 为周期的，$\phi(t)$ 是正交归一基，因此

$$上式=\frac{1}{2}[|H_1(\omega')|^2+|H_1(\omega'+\pi)|^2]$$

因为 $H_0(z)$，$H_1(z)$ 是一对共轭正交滤波器组，所以，$H_1(\omega)$，必满足(10.5.1b)式，因此

(10.5.8)式得证,即$\{\psi(t-k),k\in\mathbb{Z}\}$是$W_0$中的正交归一基。

由(10.1.3)式,可证$\{\psi_{j,k}(t),j,k\in\mathbb{Z}\}$是$W_j$中的正交归一基,因此定理得证。

定理 10.5.3　设$\{V_j\}$是一多分辨率分析序列,$V_{j-1}=V_j\oplus W_j$,$\phi_{j,k}$和$\psi_{j,k}$分别是V_j和W_j中的正交归一基,则$\phi_{j,k}$和$\psi_{j,k}$是正交的,即

$$\langle \phi_{j,k_1},\psi_{j,k_2}\rangle = 0,\quad \forall k_1,k_2\in\mathbb{Z} \tag{10.5.9}$$

证明　同样,由 1.7 节关于正交基的性质,若证明(10.5.9)式,只需证明

$$\sum_{k=-\infty}^{\infty}\Phi(\omega+2k\pi)\Psi^*(\omega+2k\pi)=0 \tag{10.5.10}$$

即可。将

$$\Phi(\omega)=H_0(\omega/2)\Phi(\omega/2)\big/\sqrt{2}$$

及

$$\Psi(\omega)=H_1(\omega/2)\Phi(\omega/2)\big/\sqrt{2}$$

代入(10.5.10)式,再利用(10.5.1c)式有关正交滤波器组的关系,则(10.5.10)式可证。

10.6　Mallat 算法

在多分辨率分析的基础上,下述两个定理给出了如何通过滤波器组实现信号的小波变换及反变换。

定理 10.6.1[Mal99]　令$a_j(k)$,$d_j(k)$是多分辨率分析中的离散逼近系数,$h_0(k)$,$h_1(k)$是满足(10.4.3)式和(10.4.4)式的二尺度差分方程的两个滤波器,则$a_j(k)$,$d_j(k)$存在如下递推关系:

$$a_{j+1}(k)=\sum_{n=-\infty}^{\infty}a_j(n)h_0(n-2k)=a_j(k)*\bar{h}_0(2k) \tag{10.6.1a}$$

$$d_{j+1}(k)=\sum_{n=-\infty}^{\infty}a_j(n)h_1(n-2k)=a_j(k)*\bar{h}_1(2k) \tag{10.6.1b}$$

式中,$\bar{h}(k)=h(-k)$。

证明　先证明(10.6.1a)式。

由于正交基函数$\phi_{j+1,k}\in V_{j+1}$,$\phi_{j,k}\in V_j$,而$V_{j+1}\subset V_j$,因此,$\phi_{j+1,k}(t)$可用正交基$\phi_{j,k}(t)$来作分解,即

$$\phi_{j+1,k}(t)=\sum_{n=-\infty}^{\infty}c_n\phi_{j,n}(t) \tag{10.6.2}$$

式中,分解系数

$$c_n = \langle \phi_{j+1,k}(t), \phi_{j,n}(t) \rangle = \frac{1}{\sqrt{2^{j+1}}\sqrt{2^j}} \int \phi(2^{-(j+1)}t - k)\phi^*(2^{-j}t - n)\mathrm{d}t$$

令 $\frac{t'}{2} = 2^{-(j+1)}t - k$，则

$$c_n = \frac{1}{\sqrt{2}} \int \phi\left(\frac{t'}{2}\right)\phi^*(t' - n + 2k)\mathrm{d}t' = \langle \phi_{1,0}(t), \phi_{0,n-2k}(t) \rangle$$

由(10.4.5)式，有

$$\langle \phi_{1,0}(t), \phi_{0,n-2k}(t) \rangle = h_0(n - 2k) = c_n$$

于是，(10.6.2)式变成

$$\phi_{j+1,k}(t) = \sum_{n=-\infty}^{\infty} h_0(n - 2k)\phi_{j,n}(t) \tag{10.6.3}$$

将(10.6.3)式两边分别对 $x(t)$ 作内积，由(10.3.15)式，有

$$左边 = \langle x(t), \phi_{j+1,k}(t) \rangle = a_{j+1}(k)$$

$$\begin{aligned} 右边 &= \langle x(t), \sum_{n=-\infty}^{\infty} h_0(n - 2k)\phi_{j,n}(t) \rangle \\ &= \sum_{n=-\infty}^{\infty} h_0(n - 2k)\langle x(t), \phi_{j,n}(t) \rangle = \sum_{n=-\infty}^{\infty} a_j(n)h_0(n - 2k) \end{aligned}$$

这样，左边等于右边，有

$$a_{j+1}(k) = \sum_{n=-\infty}^{\infty} a_j(n)h_0(n - 2k)$$

于是(10.6.1a)式得证。(10.6.1b)式的证明留给读者来完成。

下面说明(10.6.1)式的含义。

设 $j=0$，$a_0(k)$ 是 $x(t)$ 在 V_0 中由正交基 $\phi(t-k)$ 作分解的系数，它是在 V_0 中对 $x(t)$ 所作的离散平滑逼近。将 $a_0(k)$ 通过一滤波器后得到 $x(t)$ 在 V_1 中的离散平滑逼近 $a_1(k)$。该滤波器是将 $h_0(k)$ 先作一次翻转，得 $h_0(-k)=\bar{h}_0(k)$，然后 $a_0(k)$ 再和 $\bar{h}_0(k)$ 作卷积运算。(10.6.1a)式中出现的 $\bar{h}_0(2k)$，正体现了二抽取环节，如图 10.6.1(a)所示。(10.6.1b)式的输入、输出关系如图 10.6.1(b)所示。假定从 $j=0$ 级开始分解，将图 10.6.1(a)和图 10.6.1(b)合起来后即是图 10.6.1(c)。

如果令 j 由 0 逐级增大，即得到多分辨率的逐级实现，如图 10.6.2 所示。该图所反映的过程(也即(10.6.1)式)即是 Mallat 算法，也即小波变换的快速实现。

由(10.6.1)式及图 10.6.2，可以看出 Mallat 多分辨率分析的思路。

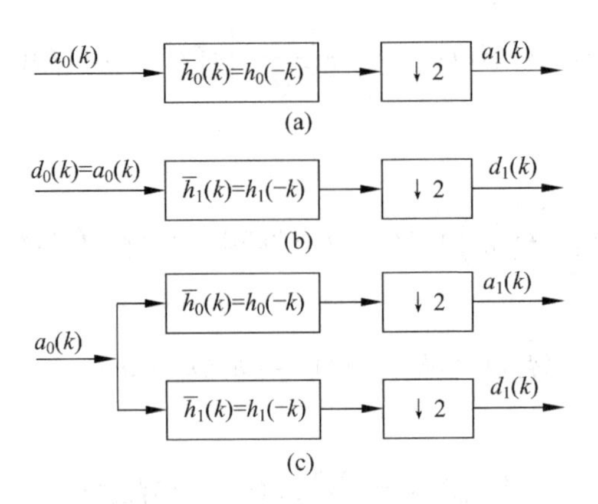

图 10.6.1　(10.6.1)式的网络结构

(a) 低通分解；(b) 高通分解；(c) 二者的结合

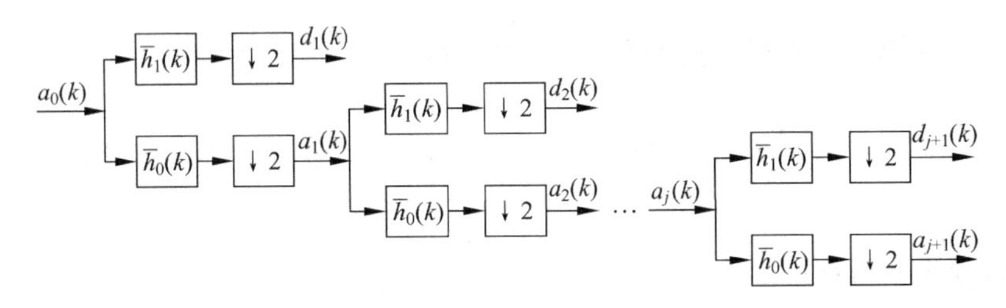

图 10.6.2　多分辨率分解的滤波器组实现

(1) 从滤波器组的角度看，若 $h_0(-k)$ 的频带在 $0\sim\pi/2$，$h_1(-k)$ 的频带在 $\pi/2\sim\pi$，那么，$a_0(k)$ 所处的频带是 $0\sim\pi$，$a_1(k)$ 在 $0\sim\pi/2$，$d_1(k)$ 在 $\pi/2\sim\pi$；对 $a_1(k)$ 再分解后，$a_2(k)$ 在 $0\sim\pi/4$，而 $d_2(k)$ 在 $\pi/4\sim\pi/2$。这就实现了对频带的逐级剖分。按这样的方式剖分，一方面保证了各子频带的恒 Q 性，另一方面又保证了 $H_0(z)$ 和 $H_1(z)$ 在各级的不变性。

(2) 若记 $a_0(k)$ 所处的频带为空间 V_0，$a_1(k)$ 处于 V_1，$d_1(k)$ 处于 W_1，由它们频带的性质，显然，$V_0=V_1\oplus W_1$，$V_1\perp W_1$，$V_{j-1}=V_j\oplus W_j$，$V_j\perp W_j$，$j=1\sim\infty$，同时，有

$$V_0 = W_1 \oplus W_2 \oplus L \oplus W_j \oplus V_j,\quad j\in\mathbb{Z}$$

当 $j\to\infty$ 时，$a_j(k)$，$d_j(k)$ 占据的空间(也即频带)趋于无穷小，因此必有 $\{V_j\}_{j\to\infty}=\{0\}$，当然，这时的分辨率最差，因此 $P_jx(t)|_{j\to\infty}=0$。这就是在多分辨率分析中所讨论的主要思想。

(3) 多分辨率分解归结到图 10.6.2 来实现，这就把对离散信号的小波变换归结到逐级的线性卷积来实现。若 $h_0(n)$，$h_1(n)$ 的系数不是太长，卷积可在时域直接实现，否则，可用 DFT 及 FFT 来实现。

下面讨论信号的重建问题，也即小波反变换。

定理 10.6.2 若 $a_{j+1}(k)$，$d_{j+1}(k)$按(10.6.1)式得到，则 $a_j(k)$可由下式重建

$$a_j(k) = \sum_{n=-\infty}^{\infty} a_{j+1}(n)h_0(k-2n) + \sum_{n=-\infty}^{\infty} d_{j+1}(n)h_1(k-2n) \tag{10.6.4}$$

证明 由于 $V_j = V_{j+1} \oplus W_{j+1}$，$\phi_{j+1,k}(t) \in V_{j+1}$，$\psi_{j+1,k}(t) \in W_{j+1}$，因此，$V_j$ 中的任一函数 $\phi_{j,k}(t)$可按如下方式分解：

$$\phi_{j,k}(t) = \sum_{n=-\infty}^{\infty} \langle \phi_{j,k}, \phi_{j+1,n} \rangle \phi_{j+1,n}(t) + \sum_{n=-\infty}^{\infty} \langle \phi_{j,k}, \psi_{j+1,n} \rangle \psi_{j+1,n}(t) \tag{10.6.5}$$

由定理 10.6.1，有

$$\langle \phi_{j,k}, \phi_{j+1,n} \rangle = h_0(k-2n) \tag{10.6.6a}$$

$$\langle \phi_{j,k}, \psi_{j+1,n} \rangle = h_1(k-2n) \tag{10.6.6b}$$

将它们代入(10.6.5) 式，有

$$\phi_{j,k}(t) = \sum_{n=-\infty}^{\infty} \phi_{j+1,n}(t)h_0(k-2n) + \sum_{n=-\infty}^{\infty} \psi_{j+1,n}(t)h_1(k-2n) \tag{10.6.7}$$

将该式两边对 $x(t)$作内积，即产生(10.6.4)式，于是定理得证。

(10.6.4)式所对应的网络结构如图 10.6.3(a)所示。若 j 由 j 递减，则整个的重建过程如图 10.6.3(b)所示，它正好是图 10.6.2 的逆过程。不过在分解的过程中，h_0 和 h_1 要先作翻转，而在重建过程中，h_0，h_1 不作翻转。分解时存在二抽取，而在恢复过程中存在二插值。由(10.6.4)式及图 10.6.3 可以看出，在用正交小波对信号作多分辨率分解与重建的过程中，分解和重建所用的滤波器是相同的，即都是 $H_0(z)$和 $H_1(z)$。

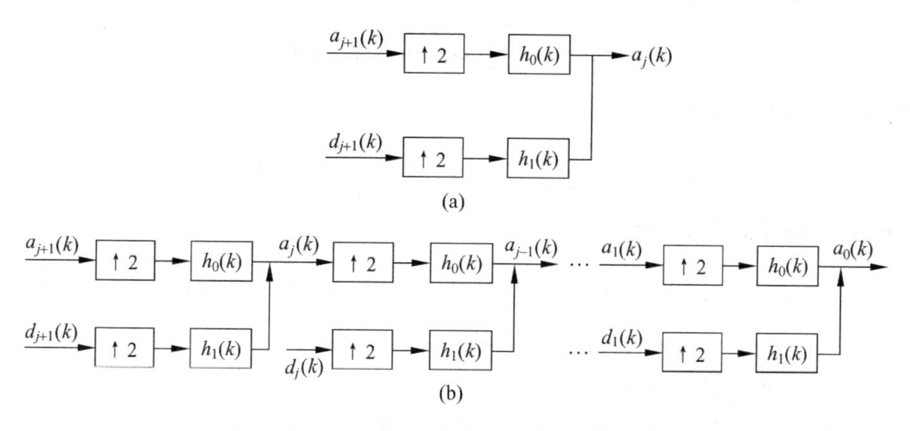

图 10.6.3 小波逆变换

(a) 第 j 级；(b) 由 j 至 0 的过程

10.7 Mallat 算法的实现

以上各节讨论了 Mallat 算法的定义，V_j 及 W_j 中正交基的存在性以及用滤波器组实现小波算法的一系列问题。但在具体实现时，尚有一些具体的问题要解决。这主要是初始化问题和在分解过程中数据逐渐减少的问题。

1. 初始化问题

观察图10.5.2，在 V_0 空间，假定 $a_0(k)$是已知的，并由此实现 $j=1,2,\cdots$的逐级分解。但实际上 $a_0(k)$是未知的，并且在图中的分解过程中，也并没出现要分析的离散信号$x(n)$。

由(10.3.3)式，有

$$a_0(k) = \langle x(t), \phi(t-k) \rangle = \int x(t)\phi^*(t-k)\mathrm{d}t \tag{10.7.1}$$

因此，$a_0(k)$只是 V_0 中对 $x(t)$的离散逼近，它并不等于 $x(t)$的抽样 $x(n)$。至今，人们已提出了很多由 $x(n)$求解 $a_0(k)$的方法，如

(1) 由 Shannon 抽样定理引出 $a_0(k)$和 $x(n)$的关系[ZW3]

因为

$$x(t) = \sum_{n=-\infty}^{\infty} x(n)\mathrm{sinc}(t-n)$$

将其代入(10.7.1)式，有

$$a_0(k) = \sum_{n=-\infty}^{\infty} x(n)\int \mathrm{sinc}(t-n)\phi(t-k)\mathrm{d}t$$

若把 $\mathrm{sinc}(t-n)$近似为 δ 函数，有

$$a_0(k) \approx \sum_{n=-\infty}^{\infty} x(n)\int \delta(t-n)\phi(t-k)\mathrm{d}t = \sum_{n=-\infty}^{\infty} x(n)\phi(n-k) \tag{10.7.2}$$

即 $a_0(k)$是 $x(n)$和尺度函数 $\phi(t)$的离散序列 $\phi(n)$的卷积。

(2) 由 $\phi(n)$的逆滤波器求 $a_0(k)$[Mal99]

在 V_0 中，$x(t)$可用正交基 $\phi(t-k)$来分解，分解系数为 $a_0(k)$，即

$$x(t) = \sum_{k=-\infty}^{\infty} a_0(k)\phi(t-k) \tag{10.7.3}$$

对 t 取离散值 n，并令 $x_d(n)=x(n)$，$\phi_d(n)=\phi(n)$，对固定时刻 $t=p$，(10.7.3)式可变成

$$x_d(p) = a_0(k) * \phi_d(p)$$

令 $\Phi_d(\omega)$为 $\phi_d(n)$的傅里叶变换，并令 $\Phi_d^{-1}(\omega)=1/\Phi_d(\omega)$，则 $\Phi_d^{-1}(\omega)$对应的时间序列为 $\phi_d^{-1}(n)$，即

$$a_0(k) = x_d * \phi_d^{-1}(k) \tag{10.7.4}$$

不过上述两种方法均需耗费太多的计算，使用起来很不方便。现在通用的简便方法即是假定

$$a_0(k) = x(k)$$

MATLAB 中 Wavelet Toolbox 中有关的程序，如 DWT，即是按此思路给定的。

2. 数据逐级减少问题

在图 10.5.2 中，由于每一级的 $H_0(z)$和 $H_1(z)$后都有一个二抽取环节，这样，每一级分解后 $d_{j+1}(k)$和 $a_{j+1}(k)$的数据就要比 $d_j(k)$和 $a_j(k)$减少一半。当 j 较大时，数据量的减少也是很可观的。对此，也可采用不同的方法来处理数据。

(1) 逐点计算[ZW3]

观察图 10.6.2，对每一级 $H_1(z)$的输出，若取消其后的二抽取环节，则该级的 $d_j(k)$的数据量将比抽取前多一倍。但这时，仍要解决前一级的 $a_{j-1}(k)$的减少问题。

对 $H_0(z)$的输出，其后的二抽取环节是保留其偶序号项，舍弃其奇序号项。假定不舍弃其奇序号项，而是仍让其参加下一级的分解，如图 10.7.1 所示。在该图中，在第$j-1$级，$H_0(z)$的输出分成两部分，一部分是偶序号项的 $a_{j-1}^{(e)}(k)$，一部分是奇序号项的 $a_{j-1}^{(o)}(k)$，二者各送入一个两通道滤波器组，各自 $H_1(z)$的输出分别记作 $d_j^{(e)}(k)$和$d_j^{(o)}(k)$，将二者按时间顺序交替合成即是该级的细节逼近 $d_j(k)$。其余各级类推。不过，这样做的结果是增加了计算量。

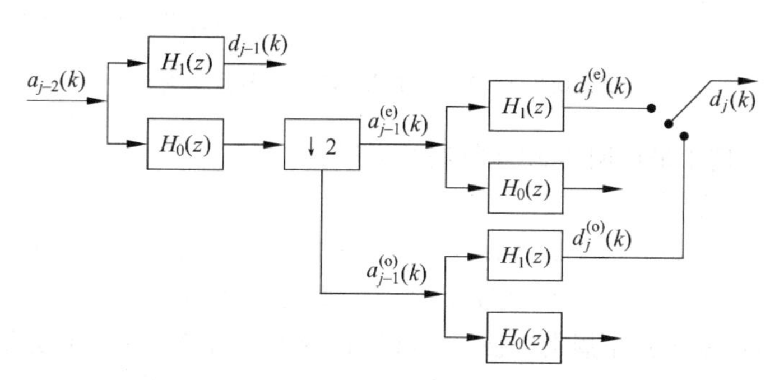

图 10.7.1 保持 $H_1(z)$输出数据不减少的措施

(2) 采用多孔算法(atrous algorithm)

再次观察图 10.6.2，每一级的 $d_j(k)$都是由上一级的 $a_j(k)$通过 $H_1(z)$作二抽取后的

输出。若不考虑图中 $\bar{h}_0(k)$，$\bar{h}_1(k)$和 $h_0(k)$，$h_1(k)$的翻转关系，即把该图方框中的滤波器都记作 $H_0(z)$和 $H_1(z)$，那么，对 $d_3(k)$，其信号流图如图 10.7.2 所示。利用 5.6 节的恒等变换关系，图 10.7.2 又可表示为图 10.7.3。

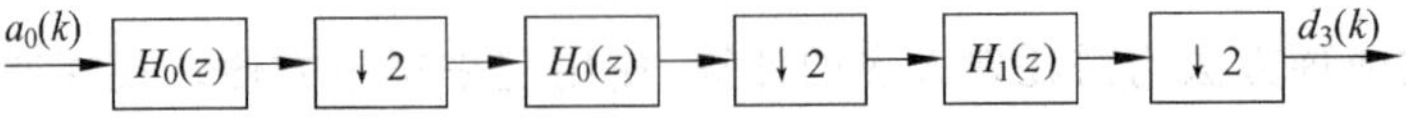

a0(k)
H0(z)
↓2
H0(z)
↓2
H1(z)
↓2
d3(k)

图 10.7.2　求出 $d_3(k)$的等效信号流图

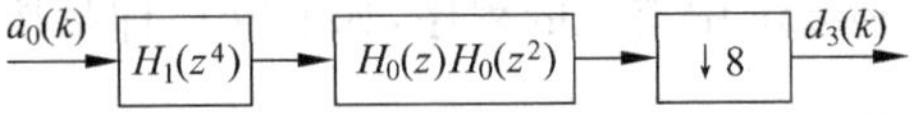

a0(k)
H1(z4)
H0(z)H0(z2)
↓8
d3(k)

图 10.7.3　图 10.7.2 的等效表示

图 10.7.3 中，$H_1(z^4)$是将 $h_1(n)$每两个点之间插入三个零得到的新滤波器。同理，$H_0(z^2)$是 $h_0(n)$每两个点插入一个零后所得到的新滤波器。这样就把每一级的抽取移到了最后。这样即可保证总的数据(即 $d_3(k)$)不会逐级减少，而且有效地实现了 Mallat 算法。由于 $H_1(z^4)$，$H_0(z^2)$是使原 $h(n)$中补零，使空隙增大，因此，该算法被称之为多孔算法[Dut89,She92]。一个用多孔算法实现四级分解的 Mallat 算法流程如图 10.7.4 所示。

a0(k)
H1(z)
↓2
d1(k)
H0(z)
H1(z2)
↓4
d2(k)
H0(z2)
H1(z4)
↓8
d3(k)
H0(z4)
H1(z8)
↓16
d4(k)
H0(z8)

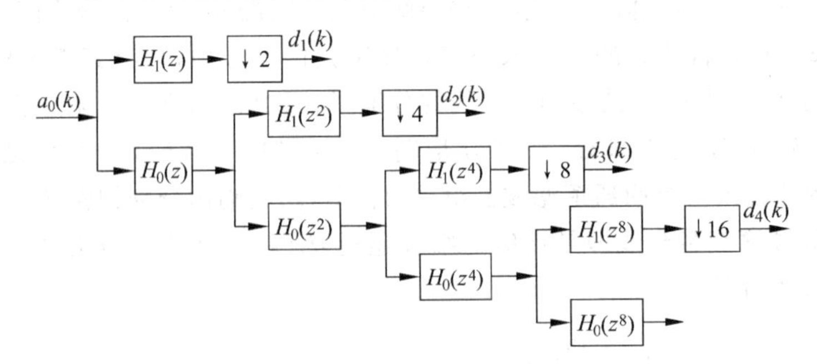

图 10.7.4　实现 Mallat 算法的多孔算法

下面，用一个例子来说明 Mallat 算法的应用。

例 10.7.1　令信号

$$x(t) = \sin(2\pi f_1 t) + \sin(2\pi f_2 t) + \sin(2\pi f_3 t) = s_1(t) + s_2(t) + s_3(t)$$

其中，$f_1 = 1$ Hz，$f_2 = 20$ Hz，$f_3 = 40$ Hz，$f_s = 200$ Hz。设数据长度 $N = 400$，这样，对每一个正弦分量都可以采集到正周期。使用小波变换的方法将这三个正弦分量分开。

图 10.7.5 是利用 Mallat 算法对所给信号分解的结果，共有四级分解，每一个子图的名字均已标在图中。在分解的过程中使用了多孔算法，所以每一级的细节和概貌都和原数据有着相同的长度。使用的小波是 sym8。

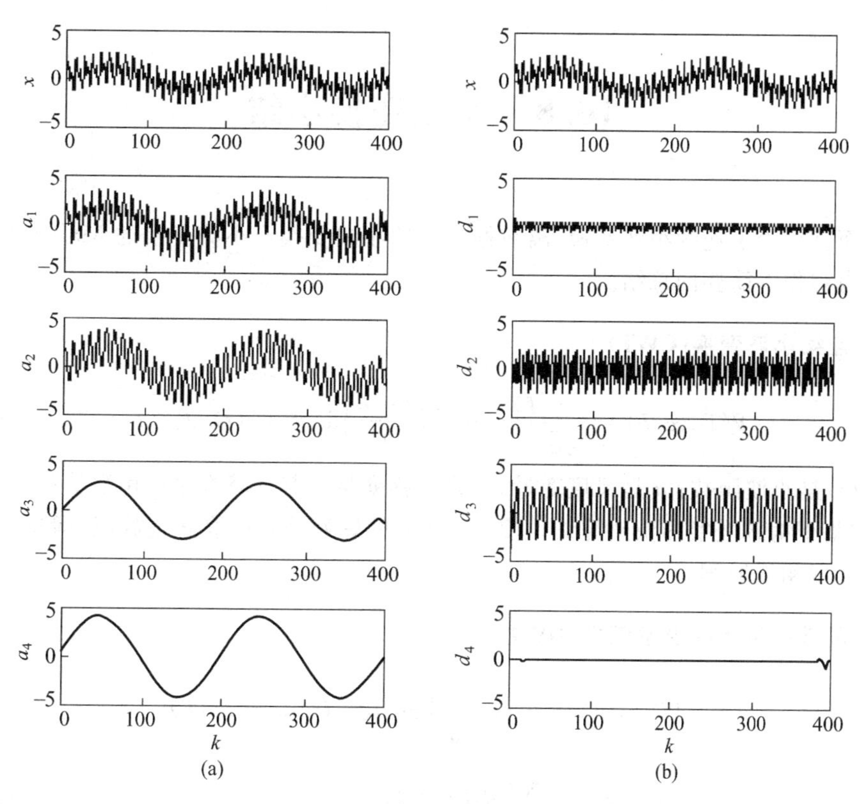

图 10.7.5 多分辨率分解，使用“多孔算法”

四级分解，将原 V_0 空间（对应 0 Hz～100 Hz）分成了 V_j，W_j（$j=1,2,3,4$），共八个空间。由于 W_1 对应（51 Hz～100 Hz），所以该空间中应没有信号，三个信号仍然集中在 V_1 空间。但由于分解滤波器不可能是锐截止的，所以图中 d_1 仍有少量的信号。经过第二级分解，空间 W_2 对应 26 Hz～50 Hz，所以其中有信号 $s_3(t)$，如图中 d_2 所示。空间 V_2 中保留 $s_1(t)+s_2(t)$。经过第三级分解，空间 W_3 对应 12.5 Hz～25 Hz，所以其中有信号$s_2(t)$，如图中 d_3 所示。空间 V_3 中只保留信号 $s_1(t)$。再作一次分解，即 $j=4$，由于空间 W_4 对应 6.25 Hz～12.5 Hz，所以其中没有信号，如图中 d_4 所示。这时，空间 V_4 和 V_3 一样，仅含有 $s_1(t)$。

总之，通过上述分解，信号 $s_3(t)$被分解到空间 W_2，即细节 d_2，信号 $s_2(t)$被分解到空间 W_3，即细节 d_3，信号 $s_1(t)$被分解到空间 V_3，即概貌 a_3。对本例，$j=4$ 这一级的分解是多余的。

实现本例的 MATLAB 程序是 exa100701 和子程序 wavelet_dec. m。

10.8　小波变换小结

前面已讨论了连续小波变换、离散栅格上的小波变换及小波变换的 Mallat 算法。现对以上内容作一简要的总结。

1. 连续小波变换(CWT)

$$WT_x(a,b) = \frac{1}{\sqrt{a}}\int x(t)\psi^*\left(\frac{t-b}{a}\right)\mathrm{d}t = \langle x(t),\psi_{a,b}(t)\rangle \tag{10.8.1}$$

式中,$\psi(t)$是小波函数;a 是尺度变量;b 是位移变量。其计算方法可用数值积分,或基于 CZT,或基于梅林变换的快速算法。使用 CWT 的好处是 a 可取非整数值,即按实际分辨率的需要取粗或取细。

2. 离散栅格上的小波变换(DWT)

$$WT_x(a_0^j,kb_0) = \frac{1}{\sqrt{a}}\int x(t)\psi_{j,k}^*(t)\mathrm{d}t = d_j(k) \tag{10.8.2}$$

$$x(t) = \sum_{j=0}^{\infty}\sum_{k=-\infty}^{\infty} d_j(k)\hat{\psi}_{j,k}(t) \tag{10.8.3}$$

式中,$\hat{\psi}_{j,k}(t)$是 $\psi_{j,k}(t)$的对偶小波。若 $\psi_{j,k}(t)$是正交小波,则 $\hat{\psi}_{j,k}(t)=\psi_{j,k}(t)$,(10.8.3)式称为小波级数,$d_j(k)$为小波系数。

在 DWT 中,时间 t 仍是连续的,这和以前讨论过的 DFT、DCT 等有着本质的不同。若取 $a_0=2$,$b=2^jkb_0$,并令 $b_0=1$,则(10.8.2)式就变成了二进制小波变换,即

$$\begin{aligned} WT_x(j,k) &= WT_x(2^j,2^jk) \\ &= 2^{-j/2}\int x(t)\psi^*(2^{-j}t-k)\mathrm{d}t = \langle x(t),\psi_{j,k}(t)\rangle \end{aligned} \tag{10.8.4}$$

3. 离散序列的小波变换(DSWT)

由于在实际工作中,计算机所处理的信号总是离散的,即 $x(t)$应取 $x(n)$,$\psi(t)$也应取为 $\psi(n)$。所以,读者一定会问:为什么至今看不到(10.8.2)式或(10.8.3)式的离散形式?例如,对(10.8.4) 式,若将 t 离散化,取 $t=nT_s$,$T_s=1$,有

$$WT_x(2^j,2^jk) = 2^{-j/2}\sum_{n=-\infty}^{\infty} x(n)\psi^*(2^{-j}n-k) \tag{10.8.5}$$

(10.8.5)式应视为 DSWT。但将该式用于实际工作中去会有几个困难。

(1) 除少数的母小波外,小波 $\psi(t)$一般无闭合的表达式,所以不易简单地利用 $t=nT_s$ 来得到离散小波 $\psi(n)$。

(2) 当$\psi(t)\big|_{t=nT_s}=\psi(n)$或$\phi(t)\big|_{t=nT_s}=\phi(n)$时,由于要实现尺度的伸缩,那么 $2^{-j}n=n/2^j$不一定会是整数,这样(10.8.5)式的实现就不现实。

(3) 当 $x(n)$产生移位,即 $x(n)$变成 $x(n-l)$时,由(10.8.5)式

$$2^{-j/2}\sum_{n=-\infty}^{\infty}x(n-l)\psi^*(2^{-j}n-k)=2^{-j/2}\sum_{i=-\infty}^{\infty}x(i)\psi^*[2^{-j}i-(k-2^{-j}l)] \tag{10.8.6}$$

显然,只有当 l 是 2^j 的整数时,(10.8.6)式才具有移不变性。而在多数情况下,$x(n)$作移位时,按(10.8.5)式求出的小波变换往往不具有移不变性。

由于上述原因,对离散序列的小波变换必须要采用特殊的方法来实现。这一实现,即是 Mallat 算法。尽管本章导出多分辨率分析时使用的始终是(10.8.4)式,即 $x(t)$,$\psi(t)$,$\phi(t)$都是连续的,但最后归结为离散的滤波器系统(即 $h_0(n)$,$h_1(n)$)来实现。只要假定 $a_0(k)=x(t)\big|_{t=kT_s}=x(k)$,则离散序列的小波变换便迎刃而解,从而避免了上述的三个困难。所以,把 Mallat 算法就称为 DSWT。

(10.8.5)式和多孔算法有关,文献[She92]讨论了 Mallat 算法与多孔算法的等效问题,由(10.8.5)式求 DSWT 等问题,此处不再讨论。

4. 尺度 *a* 及位移 *b* 在 Mallat 算法中的体现

也许读者会问,在 CWT 中曾讨论过的小波函数 $\psi(t)$以及它的伸缩和移位,在 DSWT 中又体现在哪儿?这是一个很有意义的问题。比较 CWT,DWT 及以 Mallat 算法为代表的 DSWT,就会看到其中内在的相似性及联系。

(1) 在 DWT,特别是在 Mallat 算法中引入的尺度函数 $\phi(t)$是低通的,小波 $\psi(t)$当然是带通的。对应的,$H_0(z)$是低通的,$H_1(z)$是高通的。

(2) 在正交基的情况下,$\phi_{j,k}(t)$是正交的,$\psi_{j,k}(t)$是正交的。$\phi_{j,k}(t)$和 $\psi_{j,k}(t)$之间也是正交的,与之相对应,$H_0(z)$,$H_1(z)$满足共轭正交滤波器组的要求。$h_0(n)$,$h_1(n)$的偶序号移位具有正交性(见第 7 章)。

(3) 由(10.3.17)式,即

$$d_j(k)=\langle x(t),\psi_{j,k}(t)\rangle=\int x(t)\psi_{j,k}^*(t)\mathrm{d}t \tag{10.8.7}$$

是 $x(t)$在分辨率 2^{-j}情况下的小波变换,由(10.6.1b)式,有

$$d_j(k)=\sum_{n=-\infty}^{\infty}a_{j-1}(n)h_1(n-2k)=a_{j-1}(k)*h_1(2k) \tag{10.8.8}$$

这样，在 Mallat 算法中，小波变换 $d_j(k)$ 由第 j 级的高通滤波器 $H_1(z)$ 的输出得到。

(4) 观察图 10.7.2 和图 10.7.3，将 $h_1(n)$ 作四倍插值得 $H_1(z^4)$，$H_1(e^{j\omega})$ 也变成 $H_1(e^{j4\omega})$ 即，频带压缩了四倍，同理 $H_0(z)$ 变成 $H_0(z^2)$，则 $h_0(n)$ 作了二倍插值，这些都体现了小波变换中尺度 a 伸缩的作用。只不过这些伸缩不是由尺度 a 直接实现的，而是由 $H_0(z)$ 和 $H_1(z)$ 来实现的。

第 11 章

正交、双正交小波构造及正交小波包

在第 10 章中集中讨论了离散小波变换中的多分辨率分析，证明了在空间 V_0 中存在正交归一基$\{\phi(t-k), k\in\mathbb{Z}\}$，由 $\phi(t)$作尺度伸缩及位移所产生的$\{\phi_{j,k}(t), j,k\in\mathbb{Z}\}$是 V_j 中的正交归一基。$\phi(t)$是尺度函数，在有的文献中又称其为“父小波”。同时，假定 V_j 的正交补空间 W_j 中也存在正交归一基$\{\psi_{j,k}(t), j,k\in\mathbb{Z}\}$，它即是小波基，$\psi(t)$为小波函数，又称“母小波”。在本章，将集中讨论如何构造出一个正交小波 $\psi(t)$。所谓正交小波，指的是由 $\psi(t)$生成的空间 W_j 中的正交归一基$\{\psi_{j,k}(t), j,k\in\mathbb{Z}\}$。

Daubechies 在正交小波的构造中做出了突出的贡献。本章所讨论的正交小波的构造方法即是以她的理论为基础的。

11.1 正交小波概述

现在举两个大家熟知的例子来说明什么是正交小波及对正交小波的要求，一是 Haar 小波，二是 Shannon 小波。

1. Haar 小波

在 10.1 节中已给出 Haar 小波的定义及其波形，见图 10.3.1(a)，Haar 小波的尺度函数 $\phi(t)$如图 10.1.1(a)所示。重写其定义，即

$$\psi(t)=\begin{cases}1, & 0\leqslant t<1/2\\ -1, & 1/2\leqslant t<1\\ 0, & \text{其他}\end{cases}\tag{11.1.1}$$

$$\phi(t)=\begin{cases}1, & 0\leqslant t<1\\ 0, & \text{其他}\end{cases}\tag{11.1.2}$$

显然，$\psi(t)$的整数位移互相之间没有重叠，所以$\langle\psi(t-k),\psi(t-k')\rangle=\delta(k-k')$，即它们是正交的。同理，$\langle\psi_{j,k}(t),\psi_{j,k'}(t)\rangle=\delta(k-k')$。

很容易推出，$\psi(t)$和 $\phi(t)$的傅里叶变换分别是

$$\Psi(\omega) = \mathrm{j}\mathrm{e}^{-\mathrm{j}\omega/2}\ \frac{\sin^2 \omega/4}{\omega/4} \tag{11.1.3}$$

$$\Phi(\omega) = \mathrm{e}^{-\mathrm{j}\omega/2}\ \frac{\sin\omega/2}{\omega/2} \tag{11.1.4}$$

注意，式中 ω 实际上应为Ω。由于 Haar 小波在时域是有限支撑的，因此它在时域有着极好的定位功能。但是，由于时域的不连续引起了频域的无限扩展，因此，Haar 小波在频域的定位功能极差。

第 10 章指出，Haar 小波对应的二尺度差分方程中的滤波器分别是

$$h_0(n) = \left\{\frac{1}{\sqrt{2}},\frac{1}{\sqrt{2}}\right\},\quad h_1(n) = \left\{\frac{1}{\sqrt{2}},-\frac{1}{\sqrt{2}}\right\} \tag{11.1.5}$$

它们是最简单的两系数滤波器。

2. Shannon 小波

令

$$\phi(t) = \frac{\sin \pi t}{\pi t} \tag{11.1.6}$$

则

$$\Phi(\omega) = \begin{cases} 1, & |\omega| \leqslant \pi \\ 0, & 其他 \end{cases} \tag{11.1.7}$$

记 $\phi(t-k)$的傅里叶变换为 $\Phi_{0,k}(\omega)$，显然，由于

$$\begin{aligned}\langle \phi(t-k),\phi(t-k')\rangle &= \frac{1}{2\pi}\int \Phi_{0,k}(\omega)\Phi_{0,k'}^*(\omega)\mathrm{d}\omega \\ &= \frac{1}{2\pi}\int_{-\pi}^{\pi} \mathrm{e}^{-\mathrm{j}(k-k')\omega}\mathrm{d}\omega = \delta(k-k')\end{aligned} \tag{11.1.8}$$

所以$\{\phi(t-k),k\in\mathbb{Z}\}$构成 V_0 中的正交归一基。$\phi(t)$称为 Shannon 小波的尺度函数。

由于 $\phi_{0,k}(t)\in V_0$，$V_0\oplus W_0=V_{-1}$，由二尺度性质，$\phi(2t-k)\in V_{-1}$，因此

$$\Phi_{-1,k}(\omega) = \begin{cases} 1, & |\omega| \leqslant 2\pi \\ 0, & 其他 \end{cases} \tag{11.1.9}$$

这样，对 $\psi(t)\in W_0$，有

$$\Psi(\omega) = \begin{cases} 1, & \pi < |\omega| \leqslant 2\pi \\ 0, & 其他 \end{cases} \tag{11.1.10}$$

于是可求出

$$\psi(t)=\frac{\sin \pi t/2}{\pi t/2}\cos\frac{3\pi t}{2} \tag{11.1.11}$$

很容易验证$\{\psi(t-k),k\in\mathbb{Z}\}$之间有如下关系：

$$\langle\psi(t-k),\psi(t-k')\rangle=\delta(k-k') \tag{11.1.12}$$

也即$\{\psi(t-k),k\in\mathbb{Z}\}$构成$W_0$中的正交归一基。其实，从频域可以看到，$\Psi_{j,k}(\omega)$和$\Phi_{j,k}(\omega)$各自及相互之间的整数移位都没有重叠，因此它们是正交的，如图11.1.1所示。

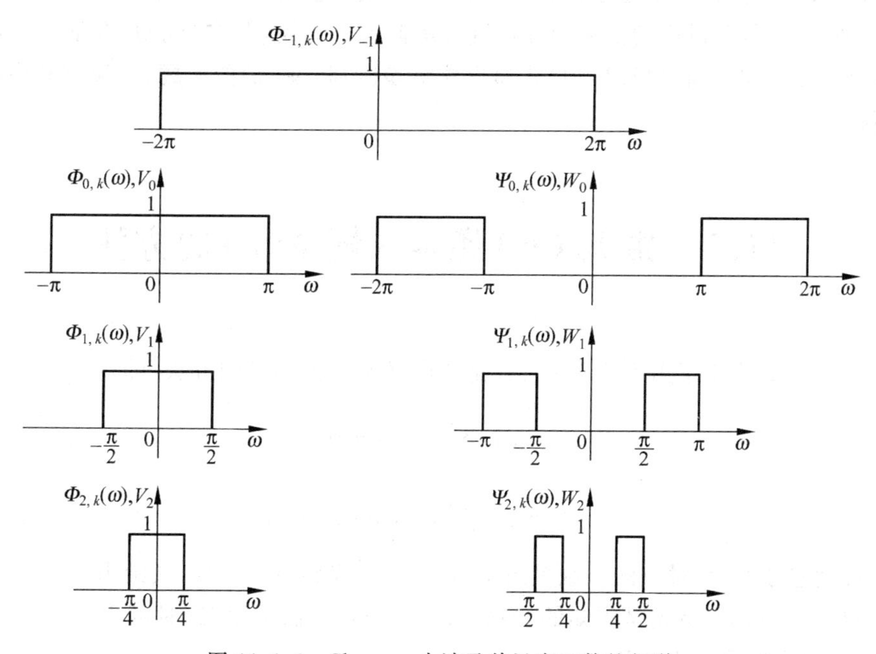

图11.1.1　Shannon小波及其尺度函数的频谱

显然，Shannon小波在频域是紧支撑的，因此，它在频域有着极好的定位功能。但频域的不连续引起时域的无限扩展，也即时域为sinc函数。这样，Shannon小波在时域不是紧支撑的，因此，它在时域的定位功能极差。

Haar小波和Shannon小波是正交小波中两个极端的例子。自然，欲构造的正交小波应介于两者之间。9.4节给出了能作为小波的函数$\psi(t)$的基本要求，即：$\psi(t)$应是带通的；由于$\int\psi(t)\mathrm{d}t=0$，因此它应是振荡的；$\Psi(\Omega)$应满足(9.3.9)式的容许条件；$\Psi(\Omega)$还应满足(9.4.4)式的稳定性条件；此外，$\psi(t)$、$\Psi(\Omega)$最好都是紧支撑的。

由二尺度差分方程，$\Phi(\omega)$，$\Psi(\omega)$均和$H_0(\omega)$，$H_1(\omega)$有着内在的联系。重写(10.4.14)式和(10.4.15)式，有

$$\Phi(\omega)=\prod_{j=1}^{\infty}\frac{H_0(\omega/2^j)}{\sqrt{2}}=\prod_{j=1}^{\infty}H'_0(2^{-j}\omega) \tag{11.1.13}$$

$$\Psi(\omega)=\frac{H_1(\omega/2)}{\sqrt{2}}\prod_{j=2}^{\infty}\frac{H_0(\omega/2^j)}{\sqrt{2}}=H'_1(\omega/2)\prod_{j=2}^{\infty}H'_0(2^{-j}\omega) \tag{11.1.14}$$

这两个式子明确指出，正交小波及其尺度函数可由共轭正交滤波器组作无限次的递推来产生。这一方面指出了构造正交小波的途径，另一方面也指出，在（11.1.13）式和(11.1.14)式的递推过程中还存在着一个收敛的问题，这就要求对小波函数还要提出更多的要求，如 11.3 节要讨论的消失矩和规则性等问题。为说明这些问题，在下一节首先讨论如何由(11.1.13)式和(11.1.14)式递推求解 $\Phi(\omega)$ 和 $\Psi(\omega)$ 的问题，并说明其中可能存在的问题。

11.2　由 $h_0(n)$ 递推求解 $\phi(t)$ 的方法

(10.4.4)式给出了由 $h_0(n)$，$h_1(n)$ 递推求解 $\phi(t)$ 和 $\psi(t)$ 的方法，即

$$\phi(t)=\sqrt{2}\sum_{n=-\infty}^{\infty}h_0(n)\phi(2t-n) \tag{11.2.1a}$$

$$\psi(t)=\sqrt{2}\sum_{n=-\infty}^{\infty}h_1(n)\phi(2t-n) \tag{11.2.1b}$$

此即二尺度差分方程，对应的频域关系由(11.1.13)式和(11.1.14)式给出。

假定 $\phi(t)$ 和 $\psi(t)$ 事先是未知的，当然(11.2.1)式无法利用，这时可用(11.1.13)式或(11.1.14)式递推求解 $\phi(t)$ 和 $\psi(t)$。若令

$$H_0^{[J]}(z)=\prod_{j=0}^{J-1}H_0(z^{2^j}) \tag{11.2.2a}$$

并用它来近似 $\Phi(\omega)$，那么(11.2.2a)式对应的时域关系是

$$h_0^{[J]}(n)=h_0^{(0)}(n)*h_0^{(1)}(n)*\cdots*h_0^{(J-1)}(n) \tag{11.2.2b}$$

式中，$J\geqslant1$；$h_0^{(0)}(n)=h_0(n)$；$h_0^{(1)}(n)$ 是由 $h_0^{(0)}(n)$ 每两点插入一个点所得到的新序列；同理，$h_0^{(2)}(n)$ 是将 $h_0^{(0)}(n)$ 每两点插入 $2^2-1=3$ 个零所得的新序列。假定 $h_0^{(0)}(n)=h_0(n)$ 的长度为 N，则 $h_0^{(1)}(n)$ 的长度为 $2N-1$，$h_0^{(0)}(n)*h_0^{(1)}(n)$ 的长度为 $3N-2$，$h_0^{(2)}(n)$ 的长度为 $4N-3$，…，其余可类推。由此可以看出，(11.2.2)式卷积的结果将使 $h_0^{[J]}(n)$ 的长度急剧增加。

例如，若令 $h_0(n)=\frac{\sqrt{2}}{8}\{1,\ 3,\ 3,\ 1\}$，即 $N=4$，则

$$h_0^{[1]}(n)=h_0^{(0)}(n)=h_0(n)$$
$$h_0^{[2]}(n)=h_0^{[1]}(n)*h_0^{(1)}(n)$$
$$=\left(\frac{\sqrt{2}}{8}\right)^2\{1,3,3,1\}*\{1,0,3,0,3,0,1\}$$
$$=\left(\frac{\sqrt{2}}{8}\right)^2\{1,3,6,10,12,12,10,6,3,1\}$$
$$h_0^{[3]}(n)=h_0^{[2]}(n)*h_0^{(2)}(n)$$
$$=\left(\frac{\sqrt{2}}{8}\right)^3\{1,3,6,10,12,12,10,6,3,1\}*\{1,0,0,0,3,0,0,0,3,0,0,0,1\}$$

如此，当 J 趋近于无穷大时，$H_0^{[J]}(\omega)$逼近 $\Phi(\omega)$，$h_0^{[J]}(n)$逼近连续函数 $\phi(t)$，但这一逼近，需要将接近于无限长的 $h_0^{[J]}(n)$压缩回到有限的区间内。由于 $h_0(n)$的长度为 N，假定 $\phi(t)$的长度也为 N，只不过此处范围 $0\sim N-1$ 代表的是连续时间 t 的序号。也即，$\phi(t)$的时间持续区间是 $0\sim N-1$，在这一范围内应包含 $h_0^{[J]}(n)$的所有点，压缩比等于$h_0^{[J]}(n)$的长度除 N。MATLAB 中的 wavefun. m 文件可以实现上述的递推算法。

文献[Mer99]给出了一个由基本函数递推求出 $\phi(t)$的方法。类似(11.2.1a)式，若令

$$x_{i+1}(t)=\sqrt{2}\sum_{n=-\infty}^{\infty}h_0(n)x_i(2t-n) \tag{11.2.3}$$

并令基本函数

$$x_0(t)=\begin{cases}1, & 0\leqslant t<1\\ 0, & \text{其他}\end{cases} \tag{11.2.4}$$

则当 $i\to\infty$时，$x_i(t)$逼近尺度函数 $\phi(t)$。显然，$\phi(t)$的形状和性能取决于 $h_0(n)$。

例如，若给定 $h_0(n)=\frac{\sqrt{2}}{8}\{1,3,3,1\}$，则利用(11.2.3)式递推的结果如图 11.2.1 所示。由该图可以看出，$x_1(t)$，$x_2(t)$都是阶梯状的分段连续曲线，当 $i=8$ 时，$x_8(t)$已是一光滑的连续曲线。这说明，按给定的 $h_0(n)$，(11.1.13)式求出的 $\Phi(\omega)$是收敛的。

假定将 $h_0(n)$改为 $h_0(n)=\frac{\sqrt{2}}{4}\{-1,3,3,-1\}$，则由(11.2.3)和(11.2.4)式递推的结果示于图 11.2.2。这时的 $x_8(t)$产生了较强的振荡，它不会收敛于一个连续的、平滑的且低通的尺度函数 $\phi(t)$。

总之，二尺度差分方程及其频域关系给出了由滤波器组递推求解正交尺度函数和正交小波的方法。但是，这种递推并不保证总是收敛的，它涉及离散情况下的正则性条件等问题。对此，将在下一节给以讨论。

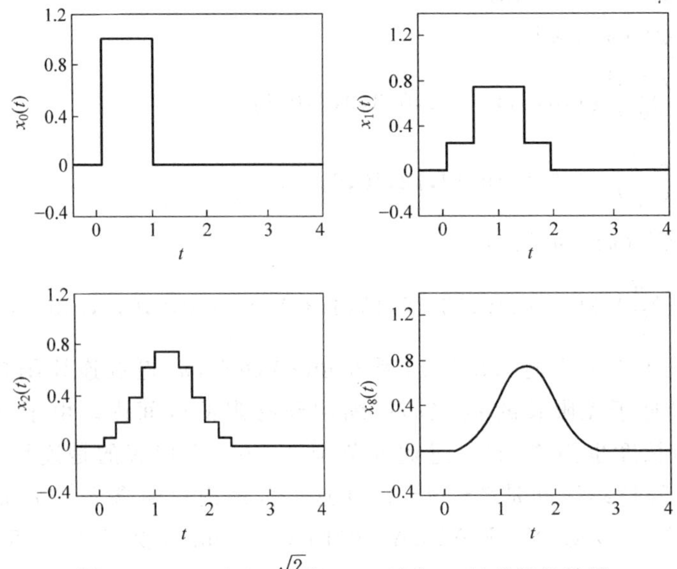

图 11.2.1　$h_0(n)=\frac{\sqrt{2}}{8}\{1,3,3,1\}$和 $x_0(t)$递推的结果

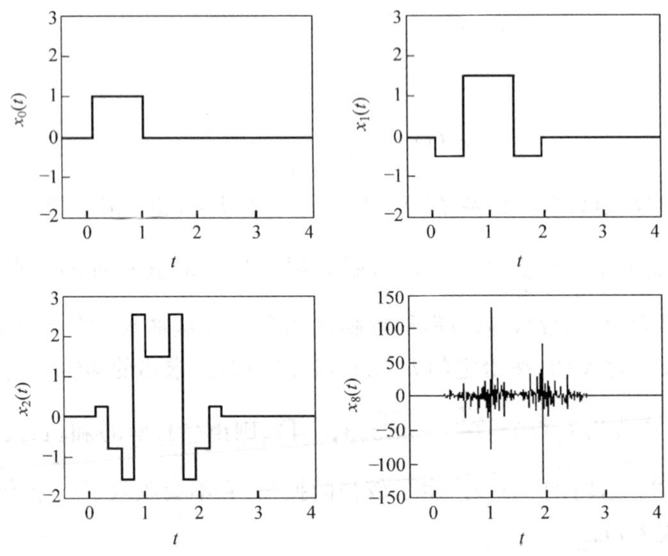

图 11.2.2　$h_0(n)=\frac{\sqrt{2}}{4}\{-1,3,3,-1\}$和 $x_0(t)$递推的结果

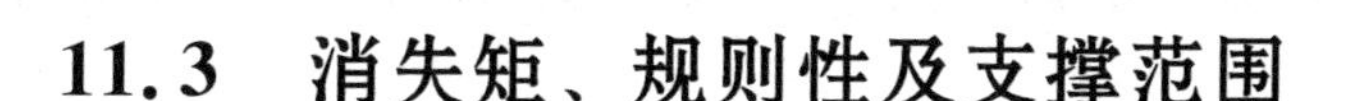

11.3 消失矩、规则性及支撑范围

1. 消失矩(vanishing moments)

令

$$m_k = \int_{-\infty}^{\infty} t^k \psi(t) \mathrm{d}t \tag{11.3.1}$$

为小波函数 $\psi(t)$的 k 阶矩。由傅里叶变换的性质,很容易得到

$$m_k = (-j)^{-k} \left. \frac{\mathrm{d}^k \Psi(\omega)}{\mathrm{d}\omega^k} \right|_{\omega=0} \tag{11.3.2}$$

如果 $\Psi(\omega)$在 $\omega=0$ 处有 p 阶重零点,即

$$\Psi(\omega) = \omega^p \Psi_0(\omega), \quad \Psi_0(\omega)\big|_{\omega=0} \neq 0 \tag{11.3.3}$$

则

$$m_k = \int_{-\infty}^{\infty} t^k \psi(t) \mathrm{d}t = 0, \quad k = 0,1,\cdots,p-1 \tag{11.3.4}$$

称小波函数 $\psi(t)$具有 p 阶消失矩。显然,若 $k=0$,这即是容许条件。

假定信号 $x(t)$为一个 $p-1$ 阶的多项式,即

$$x(t) = \sum_{k=0}^{p-1} \alpha_k t^k \tag{11.3.5a}$$

再假定 $\psi(t)$有 p 阶消失矩,由(11.3.4)式,显然

$$\langle x(t), \psi(t) \rangle = 0 \tag{11.3.5b}$$

也即,$x(t)$的小波变换恒为零。若 $x(t)$可展成一高阶的多项式(如用泰勒级数),如 N 阶,且 $N>p$。那么其中阶次小于 p 的多项式部分(对应低频)在小波变换中的贡献恒为零,反映在小波变换中的只是阶次大于 p 的多项式部分,它们对应高频端,这就有利于突出信号中的高频成分及信号中的突变点。从这个角度讲,希望 $\psi(t)$能具有尽量高的消失矩。消失矩越高,$\Psi(\omega)$在 $\omega=0$ 处越平滑地为零,因此也越具有好的带通性质。

由(10.3.17)式

$$d_j(k) = \langle x(t), \psi_{j,k}(t) \rangle$$

正是信号 $x(t)$的小波变换,$d_j(k)$是在尺度 j 时的小波系数。当将小波变换用于实际的信号分析和处理时,不论是从数据压缩的角度,还是从去除噪声的角度以及从突出 $x(t)$中的奇异点的角度,都希望小波变换后的能量集中在少数的系数,也即 $d_j(k)$

上。也就是说，希望 $d_j(k)$ 的绝大部分能为零或尽量地小。这一方面取决于信号 $x(t)$ 本身的特点，另一方面取决于 $\psi(t)$ 的支撑范围，再一方面取决于 $\psi(t)$ 是否具有高的消失矩。

由(11.1.14)式，$\Psi(\omega)$ 取决于 $H_1(\omega)$ 和 $H_0(\omega)$。因此，$\Psi(\omega)$ 是否具有高的消失矩将取决于 $H_1(\omega)$ 和 $H_0(\omega)$。希望 $\Psi(\omega)$ 在 $\omega=0$(即 $z=1$)处具有 p 阶重零点，这等效地要求 $H_1(z)$ 在 $z=1$ 处有 p 阶重零点。由(10.5.5b)式，由于 $H_1(z)=-z^{-1}H_0(-z^{-1})$，因此，这等效地要求 $H_0(z)$ 在 $z=-1$ 处有 p 阶重零点。例如，若令

$$H_0(z)=\sqrt{2}\left(\frac{1+z^{-1}}{2}\right)^p Q(z) \tag{11.3.6}$$

则 $H_0(z)$ 在 $z=-1$ 处有 p 阶重零点。这为设计具有高阶消失矩的小波提供了一个切实可行的方法。下面的定理进一步明确了有关消失矩的几个相关概念。

定理 11.3.1[Mal97] 若 $\Psi(\omega)$ 在 $\omega=0$ 处是 p 阶连续可微的，则下面三个说法是等效的：

(1) 小波 $\psi(t)$ 有 p 阶消失矩；

(2) $\Psi(\omega)$ 和它的前 $p-1$ 阶导数在 $\omega=0$ 处恒为零；

(3) $H_0(\omega)$ 和它的前 $p-1$ 阶导数在 $\omega=\pi$ 处恒为零，即

$$\left.\frac{\mathrm{d}^k H_0(\omega)}{\mathrm{d}\omega^k}\right|_{\omega=\pi}=0,\quad 0\leqslant k<p \tag{11.3.7}$$

证明 因为

$$\Psi(\omega)=\int_{-\infty}^{\infty}\psi(t)\mathrm{e}^{-\mathrm{j}\omega t}\,\mathrm{d}t$$

所以

$$\Psi^{(k)}(\omega)=\frac{\mathrm{d}^k\Psi(\omega)}{\mathrm{d}\omega^k}=\int_{-\infty}^{\infty}(-\mathrm{j}t)^k\psi(t)\mathrm{e}^{-\mathrm{j}\omega t}\,\mathrm{d}t$$

在 $\omega=0$ 处，有

$$\Psi^{(k)}(0)=(-\mathrm{j})^k\int_{-\infty}^{\infty}t^k\psi(t)\,\mathrm{d}t$$

于是说法(1)和说法(2)等效。

由(10.4.8)式和(10.5.5b)式，有

$$\Psi(2\omega)=H_1(\omega)\Phi(\omega)=-\mathrm{e}^{-\mathrm{j}\omega}H_0^*(\omega+\pi)\Phi(\omega) \tag{11.3.8}$$

由于 $\Phi(\omega)$ 是低通的，即 $\Phi(0)$ 不等于零。对上式连续微分，可证明说法(2)等效于说法(3)。证毕。

(11.3.1)式及(11.3.4)式有关消失矩的定义也适用于离散信号。例如，令

$$H_1(\omega)=\sum_n h_1(n)\mathrm{e}^{-\mathrm{j}\omega n}$$

则

$$\frac{\mathrm{d}^k H_1(\omega)}{\mathrm{d}\omega^k} = \sum_n (-\mathrm{j}n)^k h_1(n) \mathrm{e}^{-\mathrm{j}\omega n} \tag{11.3.9}$$

所以，如果 $H_1(z)$ 在 $z=1$ 处有 p 阶重零点，则 $h_1(n)$ 具有 p 阶消失矩，即

$$\sum_n n^k h_1(n) = 0, \quad k = 0,1,\cdots,p-1 \tag{11.3.10}$$

2. 规则性

规则性(regularity)又称正则性，在数学上是用于描述函数局部特征的一种度量。在信号处理中，用于描述信号在某点，或某一区间内的平滑性和奇异性。

给定信号 $x(t)$，假定 $x(t)$ 在 $t=t_0$ 处是 m 次可微的，令

$$P_{t_0}(t) = \sum_{k=0}^{m-1} \frac{x^{(k)}(t_0)}{k!}(t-t_0)^k \tag{11.3.11}$$

显然，$P_{t_0}(t)$ 是 $x(t)$ 在 t_0 处的前 $m-1$ 阶泰勒多项式。$P_{t_0}(t)$ 对 $x(t)$ 的近似误差为

$$e_{t_0}(t) = x(t) - P_{t_0}(t)$$

泰勒级数理论证明了

$$|e_{t_0}(t)| \leqslant \frac{|t-t_0|^m}{m!}\left[\sup_{u\in[t_0-h,t_0+h]} |x^{(m)}(u)|\right], \quad \forall t \in [t_0-h, t_0+h] \tag{11.3.12}$$

这样，当 $t\to t_0$ 时，$x(t)$ 的连续 m 阶可导性产生了 $e_{t_0}(t)$ 的上界。Lipschitz 规则性用一非整数的 α 来定量描述这一上界，所以 α 又称 Lipschitz 指数。

对给定的信号 $x(t)$，如果存在常数 $K>0$ 及阶次 $m=\lfloor\alpha\rfloor$ 的多项式 $P_{t_0}(t)$，使得

$$|x(t)-P_{t_0}(t)| \leqslant K|t-t_0|^\alpha, \quad \forall t\in\mathbb{R} \tag{11.3.13}$$

则说 $x(t)$ 在 t_0 处的 Lipschitz 指数为 α，且 $\alpha>0$。如果 $x(t)$ 在 t_0 处是奇异的，如有阶跃性突变或冲激性突变，则 α 可能等于或小于零；

若对所有的 $\forall t_0\in[a,b]$，(11.3.13)式都可满足，则说 $x(t)$ 在区间 $[a,b]$ 上有均匀的 Lipschitz 指数 α；$x(t)$ 在 t_0 或在区间 $[a,b]$ 内的规则性定义为 Lipschitz 指数 α 的上界。

有关信号规则性的定义可参考文献[Dau92,Mal99,ZW3]，本书将在第 12 章进一步深入讨论信号的规则性描述及信号的奇异性检测问题。几种特殊情况是：在 t_0 处一次可微，但一阶导数不连续的分段线性函数在拐点处的 $\alpha=1$；阶跃函数在阶跃点的 $\alpha=0$；而 $\delta(t-t_0)$ 在 t_0 处的 $\alpha=-1$。

由上面的讨论可知，α 和信号 $x(t)$ 在 t_0 或在 $[a,b]$ 区间上的可微性有关。若 $x(t)$ 在此处的导数阶次越高，相应的 α 越大。反映在信号的特性上，$x(t)$ 在此处越平滑。Daubechies 将此规则性的概念用于尺度函数平滑性的测量，定义

$$|\Phi(\omega)| \leqslant \frac{c}{[1+|\omega|]^{r+1}}, \quad \omega\in\mathbb{R} \tag{11.3.14}$$

时的 r 的最大值为 $\phi(t)$ 的规则性。式中，c 为常数。此式意味着 $\phi(t)$ 是 m 次可微的，$r \geqslant m$。显然，r 越大，$|\Phi(\omega)|$ 衰减的越快。其衰减的速度决定了 $\phi(t)$ 的平滑程度。

由图 11.2.1 和图 11.2.2，不同的 $H_0(z)$ 所递推求出的 $x_i(t)$（它等效于要求出的 $\phi(t)$）具有不同的平滑性。在图 11.2.1 中，$\phi(t)$ 是平滑的，当然递推是收敛的，在图 11.2.2中，递推是不收敛的，因此得不到平滑的 $\phi(t)$，现在从规则性的角度来讨论一下这个现象。

由于 $H_0(z)$ 是低通滤波器，所以它在 $z=-1$ 处至少应有一个零点。现设 $H_0(z)$ 在 $z=-1$处有 p 个重零点，如(11.3.6)式所示，对应的频率响应是

$$|H_0(\omega)| = \sqrt{2}\left|\cos\frac{\omega}{2}\right|^p Q(\omega), \quad Q(\pi) \neq 0 \tag{11.3.15}$$

若 $H_0(z)$ 的阶次为 N，则 $Q(z)$ 的阶次为 $N-1-p$。由(11.1.13)式

$$|\Phi(\omega)| = \left(\prod_{j=1}^{\infty}\left|\cos\frac{\omega}{2^j}\right|^p \Big/ \sqrt{2}\right)\prod_{j=1}^{\infty}|Q(\omega/2^j)| \tag{11.3.16}$$

经推导[Mal99]，有

$$|\Phi(\omega)| = \left|\frac{\sin\omega/2}{\omega/2}\right|^p \prod_{j=1}^{\infty}|Q(\omega/2^j)| \tag{11.3.17}$$

式中，第一项 $\left|\frac{\sin\omega/2}{\omega/2}\right|$ 是 sinc 函数，随着 ω 的增大它是衰减的，p 越大，衰减的越快。从而 $\Phi(\omega)$ 衰减的也越快。若

$$\sup_{0\leqslant\omega\leqslant 2\pi}|Q(\omega)| < 2^{p-1} \tag{11.3.18}$$

则可保证由 $h_0(n)$ 递推卷积求出的 $\phi(t)$ 是收敛的。如果 $Q(\omega)$ 再满足

$$\sup_{0\leqslant\omega\leqslant 2\pi}|Q(\omega)| < 2^{p-m-1} \tag{11.3.19}$$

则递推求出的 $\phi(t)$ 是 m 次连续可微的。因此，(11.3.19)式可作为 $\phi(t)$ 规则性的一个测量。

对图 11.2.1 中的 $h_0(n)=\frac{\sqrt{2}}{8}\{1,3,3,1\}$，可以构造出

$$H_0(z) = \sqrt{2}\left(\frac{1+z^{-1}}{2}\right)^3 Q(z)$$

显然 $p=3$，$Q(z)=1$。这样 $|Q(\omega)|$ 在 $0\sim 2\pi$ 内恒为 1，它小于 $2^{3-1}=4$。所以该图中的 $\phi(t)$ 收敛于一连续曲线。

对图 11.2.2 中的 $h_0(n)=\frac{\sqrt{2}}{4}\{-1,3,3,-1\}$，可构造出

$$H_0(z) = \sqrt{2}\left(\frac{1+z^{-1}}{2}\right)Q(z), \quad Q(z) = -\frac{1-4z^{-1}+z^{-2}}{2}$$

式中，$p=1$。可以求出 $|Q(\omega)|$ 在 $0\sim 2\pi$ 内的最大值为 $2\sqrt{2}$，显然 $2\sqrt{2}>2^{1-1}=1$，所以该例的 $Q(e^{j\omega})$ 不满足(11.3.19)式。因此该图中的 $\phi(t)$ 不收敛。

3. 支撑范围

由(11.2.1)式，$\phi(t)$和$\psi(t)$均可由$h_0(n)$，$h_1(n)$递推得到，所以，$\phi(t)$，$\psi(t)$的支撑范围取决于$h_0(n)$和$h_1(n)$的长度。若$h_0(n)$和$h_1(n)$均是FIR的，则$\phi(t)$和$\psi(t)$是有限支撑的。下面的定理更准确地回答了这一问题。

定理 11.3.2[Mal99] 如果$h_0(n)$(或$h_1(n)$)是有限支撑的，则尺度函数$\phi(t)$和小波函数$\psi(t)$均是有限支撑的。若$h_0(n)$的支撑范围是$[N_1,N_2]$，则$\phi(t)$的支撑范围也是$[N_1,N_2]$，而$\psi(t)$的支撑范围是$\left[\frac{N_1-N_2+1}{2},\frac{N_2-N_1+1}{2}\right]$。

证明 因为

$$\phi\left(\frac{t}{2}\right)=\sqrt{2}\sum_n h_0(n)\phi(t-n) \tag{11.3.20a}$$

$$h_0(n)=\frac{1}{\sqrt{2}}\left\langle\phi\left(\frac{t}{2}\right),\phi(t-n)\right\rangle \tag{11.3.20b}$$

所以，如果$\phi(t)$是紧支撑的，则$\phi(t/2)$也必然是紧支撑的，由(11.3.20b)式，$h_0(n)$是紧支撑的。反之，若$h_0(n)$是有限支撑的，由(11.3.20a)式，$\phi(t)$也必然是紧支撑的。由于$h_1(n)$和$h_0(n)$有着同样的长度，由(11.2.1b)式，$\psi(t)$也必然是紧支撑的。若$h_0(n)$在$[N_1,N_2]$的范围内非零，$\phi(t)$在$[K_1,K_2]$的范围内非零，则$\phi(t/2)$应在$[2K_1,2K_2]$的范围内非零。但(11.3.20a)式右边的求和范围是$[K_1+N_1,K_2+N_2]$。由于(11.3.20a)式两边的支撑范围应该一样，所以必有$K_1=N_1$，$K_2=N_2$。所以$\phi(t)$和$h_0(n)$有着相同的支撑范围。

由(11.2.1b)式和(10.5.6)式，有

$$\psi\left(\frac{t}{2}\right)=\sqrt{2}\sum_n(-1)^n h_0(1-n)\phi(t-n) \tag{11.3.21}$$

因为$h_0(n)$和$\phi(t)$的支撑范围都是$[N_1,N_2]$，所以(11.3.21)式左边求和后的范围是$[N_1-N_2+1,N_2-N_1+1]$。考虑到该式右边是$\psi(t/2)$，所以$\psi(t)$的支撑范围是$\left[\frac{N_1-N_2+1}{2},\frac{N_2-N_1+1}{2}\right]$，于是定理得证。

11.4 Daubechies 正交小波构造

Daubechies 提出了一类正交小波的构造方法，其思路即是本章前3节所述的内容。具体地说，即首先由共轭正交滤波器组出发，先设计出符合要求的$H_0(z)$，然后由$H_0(z)$

构造 $\phi(t)$ 和 $\psi(t)$。$\phi(t)$ 和 $\psi(t)$ 要有限支撑，且 $\psi(t)$ 有高的消失矩和高的规则性。将这些要求落实到 $H_0(z)$，则是要求：

(1) $H_0(z)$ 是 FIR 的，且 $H_0(z)\big|_{z=1}=\sqrt{2}$。

(2) $H_0(z)$ 在 $z=-1$ 处应有 p 阶零点，从而保证 $\psi(t)$ 具有 p 阶消失矩。为做到这一点，假定 $H_0(z)$ 可作如下的分解，即

$$H_0(z)=\sqrt{2}\left(\frac{1+z^{-1}}{2}\right)^p Q(z) \tag{11.4.1}$$

(3) 上式中 $Q(z)$ 是辅助函数，要求

$$Q(z)\big|_{z=-1}\neq 0;\ Q(z)\big|_{z=1}=1;\ \sup_{0\leqslant\omega\leqslant 2\pi}\left|Q(\mathrm{e}^{\mathrm{j}\omega})\right|\leqslant 2^{p-1};$$

$$Q(z)\text{的系数是实的，即}\left|Q(\mathrm{e}^{\mathrm{j}\omega})\right|=\left|Q(\mathrm{e}^{-\mathrm{j}\omega})\right|$$

现在的问题是，如何求出具有最小阶次 m 且满足上述要求的多项式 $Q(z)$，使得

$$\left|H_0(\omega)\right|^2+\left|H_0(\omega+\pi)\right|^2=2 \tag{11.4.2}$$

这样，$H_0(z)$ 的阶次 $N=m+p$。Daubechies 证明了满足要求的 $Q(z)$ 的最小阶次 $m=p-1$。这样，$h_0(n)$ 将有 $N=2p$ 个非零系数。现给出这一结论的导出过程。

由(11.4.1)式，有

$$\begin{aligned}\left|H_0(\mathrm{e}^{\mathrm{j}\omega})\right|^2&=\sqrt{2}\times\sqrt{2}\left[\frac{1+\mathrm{e}^{-\mathrm{j}\omega}}{2}\,\frac{1+\mathrm{e}^{\mathrm{j}\omega}}{2}\right]^p\left|Q(\mathrm{e}^{\mathrm{j}\omega})\right|^2\\&=2\left[\cos^2\frac{\omega}{2}\right]^p\left|Q(\mathrm{e}^{\mathrm{j}\omega})\right|^2\end{aligned}$$

由于 $H_0(\mathrm{e}^{\mathrm{j}\omega})$ 的系数是实的，所以 $\left|H_0(\mathrm{e}^{\mathrm{j}\omega})\right|^2$ 是 ω 的偶函数，因此，$\left|H_0(\mathrm{e}^{\mathrm{j}\omega})\right|^2$ 可以表示为 $\cos\omega$ 的函数。那么，$\left|Q(\mathrm{e}^{\mathrm{j}\omega})\right|^2$ 当然也可表示为 $\cos\omega$ 的函数。由于 $(1-\cos\omega)/2=\sin^2(\omega/2)$，所以 $\left|Q(\mathrm{e}^{\mathrm{j}\omega})\right|^2$ 可改为 $\left|Q(\sin^2\omega/2)\right|^2$ 的形式。这样，继续上式的推导，有

$$\left|H_0(\mathrm{e}^{\mathrm{j}\omega})\right|^2=2\left[1-\sin^2\frac{\omega}{2}\right]^p\left|Q\left(\sin^2\frac{\omega}{2}\right)\right|^2 \tag{11.4.3}$$

令

$$y=\sin^2\frac{\omega}{2}\in[0,1] \tag{11.4.4a}$$

并记

$$P(y)=\left|Q\left(\sin^2\frac{\omega}{2}\right)\right|^2 \tag{11.4.4b}$$

这样

$$\left|H_0(\mathrm{c}^{\mathrm{j}\omega})\right|^2=2(1-y)^pP(y) \tag{11.4.4c}$$

同理可得

$$\left|H_0\left[\mathrm{e}^{\mathrm{j}(\omega+\pi)}\right]\right|^2=2y^pP(1-y) \tag{11.4.4d}$$

将(11.4.4b)式和(11.4.4c)式代入(11.4.2)，有

$$(1-y)^p P(y) + y^p P(1-y) = 1 \tag{11.4.5}$$

该式称为 Bezout 方程。显然，当 $y \in [0,1]$ 时，多项式 $P(y) = |Q(y)|^2$ 应是非负的。现在的任务是寻求这样的多项式 $P(y)$。

Bezout 定理指出，若 $Q_1(y)$ 和 $Q_2(y)$ 是两个阶次分别为 n_1 和 n_2 的多项式，且二者之间没有共同的零点，那么，唯一地存在两个阶次分别为 n_2-1, n_1-1 的多项式 $P_1(y)$ 和 $P_2(y)$，使得

$$Q_1(y)P_1(y) + Q_2(y)P_2(y) = 1 \tag{11.4.6}$$

比较(11.4.6)式和(11.4.5)式，若令 $Q_1(y)=(1-y)^p$，即 $n_1=p$，又令 $Q_2(y)=y^p$，也即 $n_2=p$，显然，$Q_1(y)$ 和 $Q_2(y)$ 间无共同的零点。那么，必有 $P_1(y)=P(y)$，$P_2(y)=P(1-y)$，且 $P(y)$ 的阶次为 $p-1$，$P(1-y)$ 的阶次也是 $p-1$。这样(11.4.5)式左边两项的阶次都是 $2p-1$。因此，$h_0(n)$ 至少有 $2p$ 个非零系数。

Daubechies 提出，满足(11.4.5)式的多项式 $P(y)$ 可取如下形式：

$$P(y) = \sum_{n=0}^{p-1} \binom{p+n-1}{n} y^n + y^p R(1-2y) \tag{11.4.7}$$

式中，$R(y)$ 是一奇对称多项式，即 $R(y) = -R(1-y)$。$R(y)$ 保证在区间 $y \in [0,1]$ 内 $P(y) \geqslant 0$。对 $R(y)$ 的不同选择可构造出不同类型的小波，在构造正交小波时，Daubechies 选择 $R(y)=0$，于是

$$P(y) = \sum_{n=0}^{p-1} \binom{p+n-1}{n} y^n \tag{11.4.8}$$

由(11.4.4)式，(11.4.8)式的含义应是

$$\begin{aligned} \left|Q\left(\sin^2\frac{\omega}{2}\right)\right|^2 &= |Q(e^{j\omega})|^2 = Q(e^{j\omega})Q^*(e^{j\omega}) \\ &= \sum_{n=0}^{p-1} \binom{p+n-1}{n} \left[\sin^2\frac{\omega}{2}\right]^n \end{aligned} \tag{11.4.9}$$

我们的目的是求出(11.4.1)式中的 $Q(z)$，从而得到 $H_0(z)$。由(11.4.9)式，有

$$Q(z)Q(z^{-1}) = \sum_{n=0}^{p-1} \binom{p+n-1}{n} \left(\frac{2-z-z^{-1}}{4}\right)^n \tag{11.4.10}$$

对于给定的 p，可求出上式右边的多项式，其所有的零点应共同属于 $Q(z)$ 和 $Q(z^{-1})$。此时，自然会想到在第 7 章用过的谱分解。可将单位圆内的零点赋予 $Q(z)$，将单位圆外的零点赋予 $Q(z^{-1})$，这样，$Q(z)$ 是最小相位的。于是符合共轭正交条件且具有 p 阶消失矩的 $H_0(z)$ 可以求出，从而 $\phi(t)$ 和 $\psi(t)$ 也可递推求出。现举例说明 Daubechies 小波设计的过程。

例 11.4.1 令 $p=1$，求 db 小波 $\psi(t)$ 及对应的尺度函数 $\phi(t)$。

解 由(11.4.10)式，因 $p=1$，所以 $n=0$，故 $Q(z)=1$。再由(11.4.1)式，有

$$H_0(z) = \frac{\sqrt{2}}{2}(1+z^{-1})$$

即

$$h_0(0)=\sqrt{2}/2,\ h_0(1)=\sqrt{2}/2$$

根据 11.2 节由 $h_0(n)$求 $\phi(t)$的方法，有

$$h_0^{[2]}(n)=\left(\frac{\sqrt{2}}{2}\right)^2\{1,1\}*\{1,0,1\}=\left(\frac{\sqrt{2}}{2}\right)^2\{1,1,1,1\}$$

$$h_0^{[3]}(n)=h_0^{[2]}(n)*\frac{\sqrt{2}}{2}\{1,0,0,0,1\}=\left(\frac{\sqrt{2}}{2}\right)^3\{1,1,1,1,1,1,1,1\}$$

……

$$h_0^{[J]}(n)=\left(\frac{\sqrt{2}}{2}\right)^J\{1,1,\cdots,1\}$$

由定理 11.3.2，$\phi(t)$和 $h_0(n)$有着相同的支撑。在本例中，$h_0(n)$的支撑是[0,1]，所以 $\phi(t)$的支撑范围是 $t=0\sim1$。将 $h_0^{[J]}(n)$除以$(\sqrt{2}/2)^J$，让 $t=0\sim1$ 内的分点数等于 $h_0^{[J]}(n)$的长度，于是得

$$\phi(t)=\begin{cases}1, & 0\leqslant t<1\\0, & \text{其他}\end{cases}$$

由(10.5.6)式，可求得 $h_1(n)=\left\{\frac{\sqrt{2}}{2},-\frac{\sqrt{2}}{2}\right\}$，由

$$\psi\left(\frac{t}{2}\right)=\sqrt{2}\sum_{n=-\infty}^{\infty}h_1(n)\phi(t-n)=\phi(t)-\phi(t-1)$$

得

$$\psi(t)=\begin{cases}1, & 0\leqslant t<\frac{1}{2}\\-1, & \frac{1}{2}\leqslant t<1\\0, & \text{其他}\end{cases}$$

这正是 Haar 小波。所以 Haar 小波是 Daubechies 正交小波中的一员，但也是最简单的一员。

例 11.4.2　令 $p=2$，求 db 小波 $\psi(t)$及相应的尺度函数 $\phi(t)$。

解　由(11.4.10)式，有

$$Q(z)Q(z^{-1})=1+2\left[\frac{2-z-z^{-1}}{4}\right]=2-\frac{1}{2}z-\frac{1}{2}z^{-1}$$

$$=\frac{1}{4}\left[(1+\sqrt{3})+(1-\sqrt{3})z\right]\left[(1+\sqrt{3})+(1-\sqrt{3})z^{-1}\right]$$

取单位圆内的零点赋予 $Q(z)$，则

$$Q(z)=\frac{1}{2}\left[(1+\sqrt{3})+(1-\sqrt{3})z^{-1}\right]$$

由(11.4.1)式，有

$$H_0(z)=\frac{\sqrt{2}}{8}(1+z^{-1})^2\left[(1+\sqrt{3})+(1-\sqrt{3})z^{-1}\right]$$

将该式展开，有

$$h_0(0)=0.48296,\quad h_0(1)=0.83652,$$
$$h_0(2)=0.22414,\quad h_0(3)=-0.12941$$

可以验证

$$H_0(z)\big|_{z=1}=\sum_{n=0}^{3}h_0(n)=\sqrt{2}$$

且 $H_0(z)$的阶次为 $2p-1=3$。

如同例 11.4.1，由 11.2 节由 $h_0(n)$递推卷积求 $\phi(t)$的方法可求出 $p=2$ 时的 $\phi(t)$。按同样的方法则可求出小波 $\psi(t)$。

Daubechies 按此方法构造了 $p=2\sim10$ 时所对应的共轭正交滤波器 $H_0(z)$和$H_1(z)$，按上述方法又可构造出对应的 $\phi(t)$及 $\psi(t)$，p 为 $H_0(z)$的消失矩。p 取不同值时，滤波器的系数可以由 MATLAB 文件 wfilters 求出，不过，wfilters 给出的是 $h_0(-n)$，其好处是在实现 Mallat 算法时 $h_0(n)$和 $h_1(n)$不需要再翻转(见 10.6 节)。下面给出的是由 wfilters 求出的 $p=2\sim5$ 时 $h_0(n)$的数值。

$p=2,\ n=0,1,\cdots,3$

$h_0(n)=\{-0.129\,409\,522\,550\,921, 0.224\,143\,868\,041\,857, 0.836\,516\,303\,737\,469, 0.482\,962\,913\,144\,69\}$

$p=3,\ n=0,1,\cdots,5$

$h_0(n)=\{0.035\,226\,291\,882\,100\,7, -0.085\,441\,273\,882\,241\,5, -0.135\,011\,020\,010\,391\ 0.459\,877\,502\,119\,331, 0.806\,891\,509\,313\,339, 0.332\,670\,552\,950\,957\}$

$p=4,\ n=0,1,\cdots,7$

$h_0(n)=\{-0.010\,597\,401\,784\,997\,3, 0.032\,883\,011\,666\,982\,9, 0.030\,841\,381\,835\,987, -0.187\,034\,811\,718\,881, -0.027\,983\,769\,416\,983\,8, 0.630\,880\,767\,929\,59, 0.714\,846\,570\,552\,542, 0.230\,377\,813\,308\,855\}$

$p=5,\ n=0,1,\cdots,9$

$h_0(n)=\{0.003\,335\,725\,285\,001\,55, -0.012\,580\,751\,999\,015\,5, -0.006\,241\,490\,213\,011\,71, 0.077\,571\,493\,840\,065\,1, -0.032\,244\,869\,585\,029\,5, -0.242\,294\,887\,066\,19, 0.138\,428\,145\,901\,103, 0.724\,308\,528\,438\,574, 0.603\,829\,269\,797\,473, 0.160\,102\,397\,974\,125\}$

图 11.4.1 给出了 $p=2\sim9$ 时 db 小波 $\phi(t)$和 $\psi(t)$的波形，产生这些波形的 MATLAB 程序是 exa110401。由这些波形可以看出，随着 p 的增大，$\phi(t)$和 $\psi(t)$的支撑范围逐渐变宽。

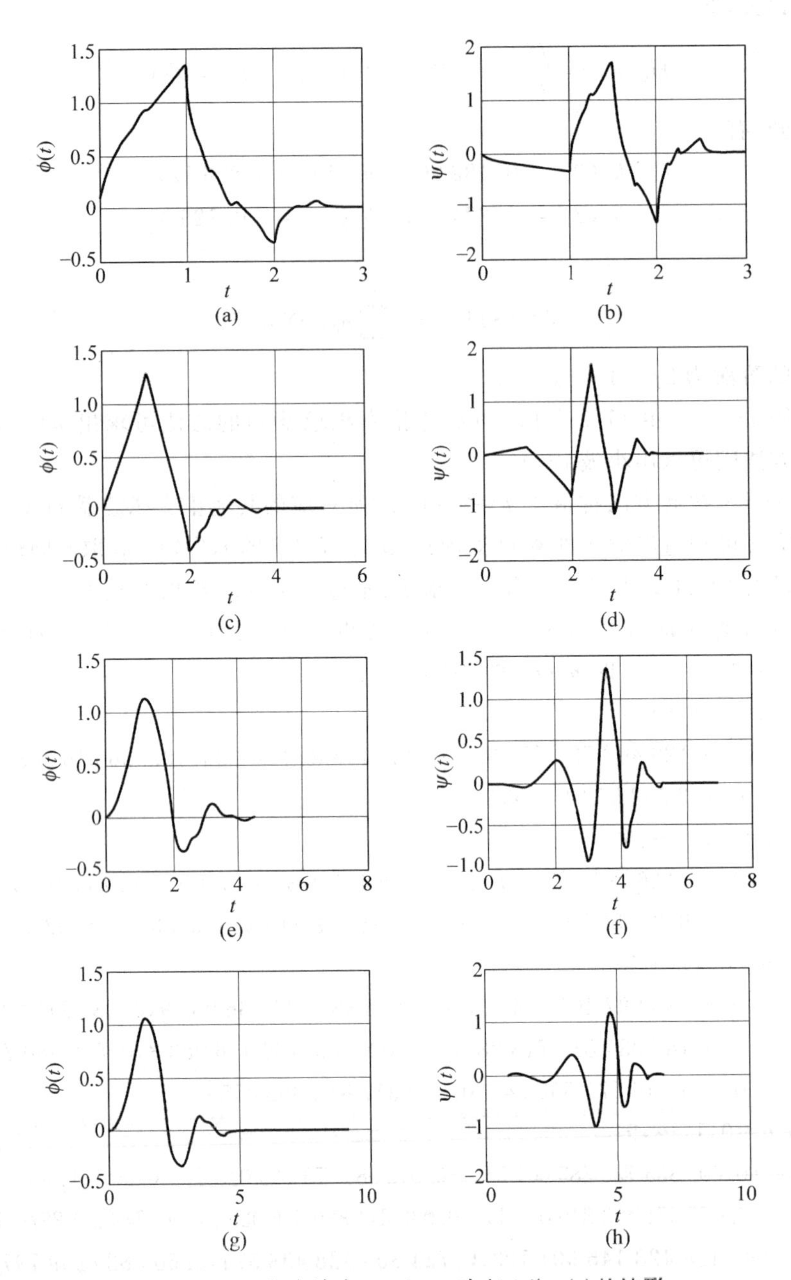

图 11.4.1　db 小波在 $p=2\sim9$ 时 $\phi(t)$ 及 $\psi(t)$ 的波形

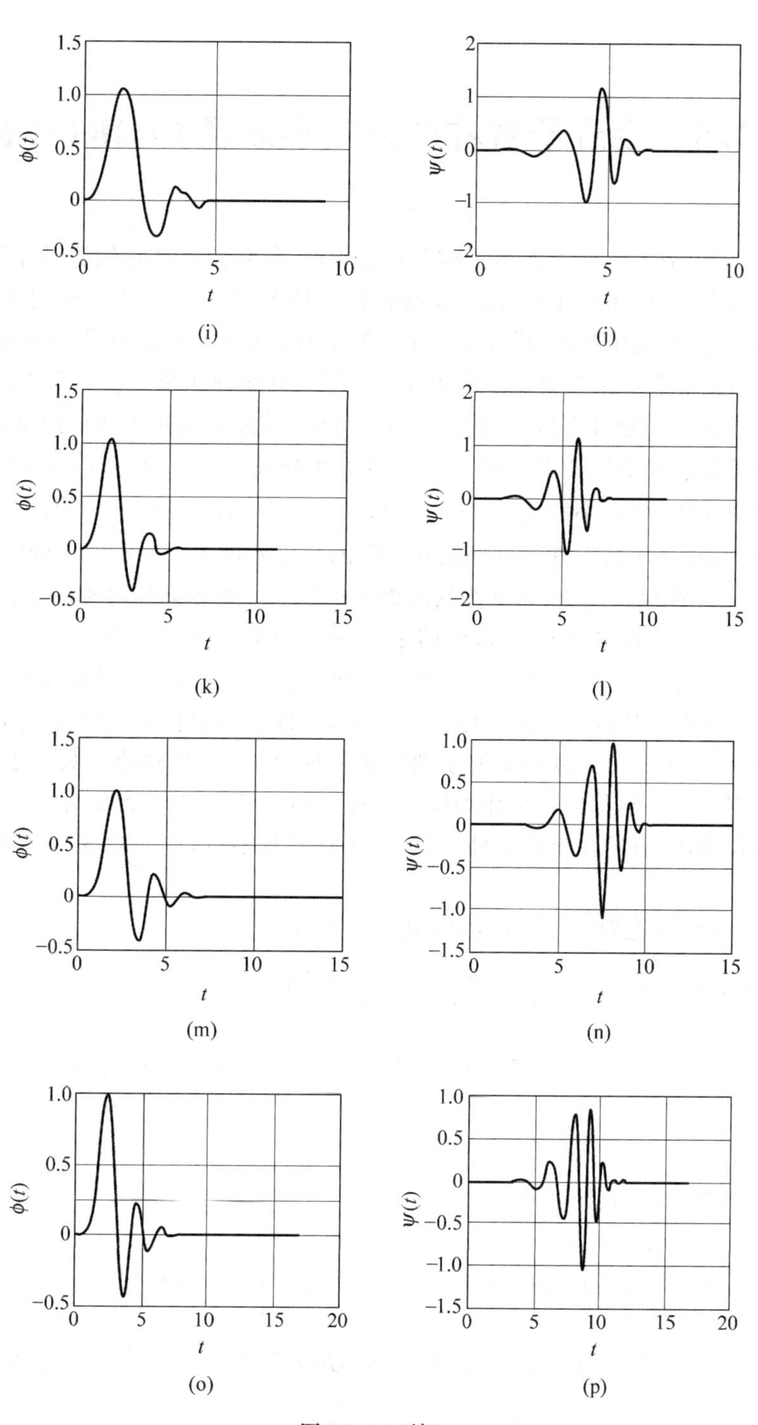

1.5
1.0
0.5
0
−0.5
φ(t)
0
5
10
t
(i)
2
1
0
−1
−2
ψ(t)
0
5
10
t
(j)
1.5
1.0
0.5
0
−0.5
φ(t)
0
5
10
15
t
(k)
2
1
0
−1
−2
ψ(t)
0
5
10
15
t
(l)
1.5
1.0
0.5
0
−0.5
φ(t)
0
5
10
15
t
(m)
1.0
0.5
0
−0.5
−1.0
−1.5
ψ(t)
0
5
10
15
t
(n)
1.0
0.5
0
−0.5
φ(t)
0
5
10
15
20
t
(o)
1.0
0.5
0
−0.5
−1.0
−1.5
ψ(t)
0
5
10
15
20
t
(p)

图 11.4.1(续)

11.5　接近于对称的正交小波及 Coiflet 小波

11.4 节所构造的 db 小波是紧支撑的正交小波，但它们不是对称的，如图 11.4.1(b)，(d)，(f)，(h)，(j)，(l)，(n)，(p)所示。反映在滤波器上，$H_0(z)$和 $H_1(z)$将不具有线性相位。因此，这一类小波在图像、语音及其他一些信号处理领域中的应用将受到一些限制。

Daubechies 证明了正交紧支撑的小波不可能具有线性相位。在 7.8 节说明了共轭正交 FIR 滤波器组不可能具有线性相位。这两个结论其实是互通的，因为 Daubechies 正交小波即是用正交滤波器组的基本关系——功率互补关系(见(11.4.2)式)为基础来构造的。唯一的例外是 Haar 小波，其 $h_0(n)=\{1/\sqrt{2},1/\sqrt{2}\}$，$h_1(n)=\{1/\sqrt{2},-1/\sqrt{2}\}$是对称的。但由于 Haar 小波的不连续性使其在实际的信号处理中失去了实用价值。

Daubechies 在保证正交、紧支撑的前提下构造了一类接近于对称的小波滤波器及小波。在 MATLAB 中命名为 sym$N$，N 即是上一节中的 p，$N=4\sim10$。

sym$N$ 小波和 db 小波构造的方法基本相同。在由(11.4.10)式求 $Q(z)$时，db 小波按最小相位原则对$|Q(z)|^2=Q(z)Q(z^{-1})$作分解，即将单位圆内的零点赋予 $Q(z)$，单位圆外的零点赋予 $Q(z^{-1})$。最小相位序列的能量集中在 $n=0$ 后的少数点上[ZW2]，因此造成了该序列严重的不对称性。使序列较为对称的办法是令 $Q(z)$为混合相位系统，即其零点有的在单位圆内，有的在单位圆外。当然，如有复数零点，应共轭成对选取。现举例说明之。

例如，令 $N=4$，也即(11.4.10)式中的 $p=4$，有

$$
\begin{aligned}
Q(z)Q(z^{-1}) &= \sum_{n=0}^{3}\binom{3+n}{n}\left(\frac{2-z-z^{-1}}{4}\right)^n \\
&= 1+(2-z-z^{-1})+\frac{5}{8}(2-z-z^{-1})^2+\frac{5}{16}(2-z-z^{-1})^3 \\
&= \frac{1}{16}(-5z^3+40z^2-131z+208-131z^{-1}+40z^{-2}-5z^{-3})
\end{aligned}
$$

该多项式有六个零点，它们分别是：

$$
\begin{aligned}
&z_1=0.328\,9, && z_2=3.040\,7 \\
&z_3=0.284\,1+\mathrm{j}0.243\,2, && z_4=0.284\,1-\mathrm{j}0.243\,2 \\
&z_5=2.031\,1+\mathrm{j}1.739\,0, && z_6=2.031\,1-\mathrm{j}1.739\,0
\end{aligned}
$$

db 小波是将 z_1，z_3 及 z_4 赋予 $Q(z)$。对 sym4 小波，可将 z_2，z_3 及 z_4 赋予 $Q(z)$，再由

$$
H_0(z)=\sqrt{2}\left(\frac{1+z^{-1}}{2}\right)^4 Q(z)
$$

即可求出 $H_0(z)$，继而求出 $\phi(t)$ 和 $\psi(t)$。sym4～sym10 对应的 $H_0(z)$ 的系数见文献[Dau92]。图 11.5.1 给出了 $N=4,6,8,10$ 时的 $\phi(t)$ 和 $\psi(t)$ 的波形，产生这些波形的 MATLAB 程序是 exa110501。将图 11.5.1 和图 11.4.1 相比较可以看出，对相同的 N，

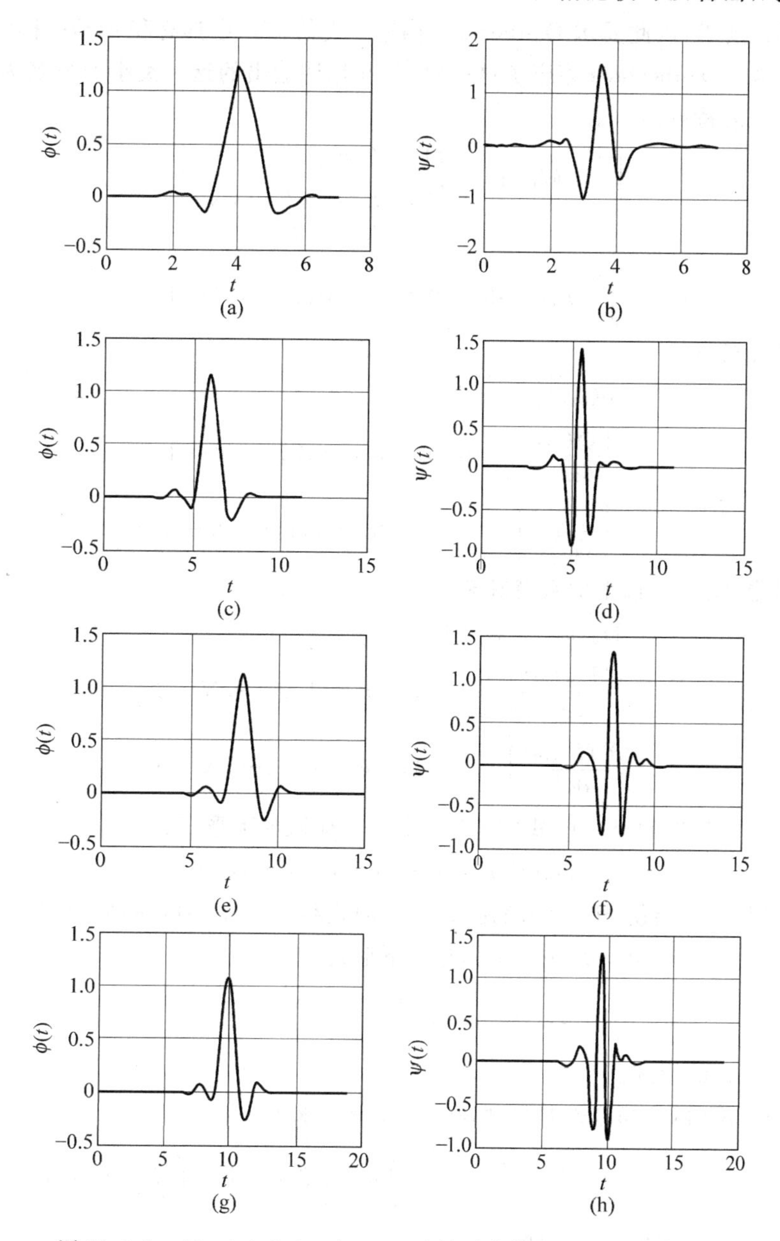

图 11.5.1 $N=4,6,8,10$ 时 sym$N$ 小波对应的 $\phi(t)$ 和 $\psi(t)$ 的波形

sym$N$ 小波确实比 db$N$ 小波更具有对称性。

Daubechies 在构造 db$N$ 正交小波时，保证了小波函数 $\psi(t)$ 具有最大的消失矩(N)，但没有考虑尺度函数 $\phi(t)$ 的消失矩问题。Coifman 感到这一类小波在数值分析中的应用中尚不能满足要求，因此要求 Daubechies 构造一类使 $\phi(t)$ 也具有和 $\psi(t)$ 一样消失矩的正交紧支撑小波。Daubechies 答应了这一要求，并把构造出的这一类小波命名为 Coiflet 小波。这类小波的特点是

$$\int_{-\infty}^{\infty} t^k \phi(t)\mathrm{d}t = \begin{cases} 1, & k=0 \\ 0, & k=1,2,\cdots,N-1 \end{cases} \tag{11.5.1}$$

同时有

$$\int_{-\infty}^{\infty} t^k \psi(t)\mathrm{d}t = 0, \quad k=0,1,\cdots,N-1 \tag{11.5.2}$$

对应的频域关系是

$$\Phi(\omega)\big|_{\omega=0} = 1 \tag{11.5.3a}$$

$$\left.\frac{\mathrm{d}^k\Phi(\omega)}{\mathrm{d}\omega^k}\right|_{\omega=0} = 0, \quad k=1,2,\cdots,N-1 \tag{11.5.3b}$$

$$\left.\frac{\mathrm{d}^k\Psi(\omega)}{\mathrm{d}\omega^k}\right|_{\omega=0} = 0, \quad k=0,1,\cdots,N-1 \tag{11.5.4}$$

对滤波器 $H_0(z)$，以上关系意味着

$$H_0(\omega)\big|_{\omega=0} = 1 \tag{11.5.5a}$$

$$\left.\frac{\mathrm{d}^k H_0(\omega)}{\mathrm{d}\omega^k}\right|_{\omega=0} = 0, \quad k=1,2,\cdots,N-1 \tag{11.5.5b}$$

$$\left.\frac{\mathrm{d}^k H_0(\omega)}{\mathrm{d}\omega^k}\right|_{\omega=\pi} = 0, \quad k=0,1,\cdots,N-1 \tag{11.5.5c}$$

从满足(11.5.5a)和(11.5.5b)式的角度，$H_0(\mathrm{e}^{\mathrm{j}\omega})$应取如下形式：

$$H_0(\mathrm{e}^{\mathrm{j}\omega}) = 1 + (1-\mathrm{e}^{-\mathrm{j}\omega})^N U(\mathrm{e}^{\mathrm{j}\omega}) \tag{11.5.6}$$

式中，$U(\mathrm{e}^{\mathrm{j}\omega})$是一个能使 $H_0(\mathrm{e}^{\mathrm{j}\omega})$满足(11.5.5a)式和(11.5.5b)式的多项式。

为满足(11.5.5c)式，$H_0(\mathrm{e}^{\mathrm{j}\omega})$应具有如下形式：

$$H_0(\mathrm{e}^{\mathrm{j}\omega}) = \sqrt{2}\left(\frac{1+\mathrm{e}^{-\mathrm{j}\omega}}{2}\right)^N Q(\mathrm{e}^{\mathrm{j}\omega}) \tag{11.5.7}$$

这即是(11.4.1)的形式。

从单独满足(11.5.5c)式的角度，在 11.4 节已求出

$$|Q(\mathrm{e}^{\mathrm{j}\omega})|^2 = \sum_{n=0}^{N-1}\binom{N-n+1}{n}\sin^{2n}\left(\frac{\omega}{2}\right) + \sin^{2N}\left(\frac{\omega}{2}\right)R(\cos\omega) \tag{11.5.8}$$

这即是(11.4.7)式的另一种写法。

这样，(11.5.6)式和(11.5.7)式对$U(\mathrm{e}^{\mathrm{j}\omega})$的系数给出了$N$个独立的制约。当$N>6$

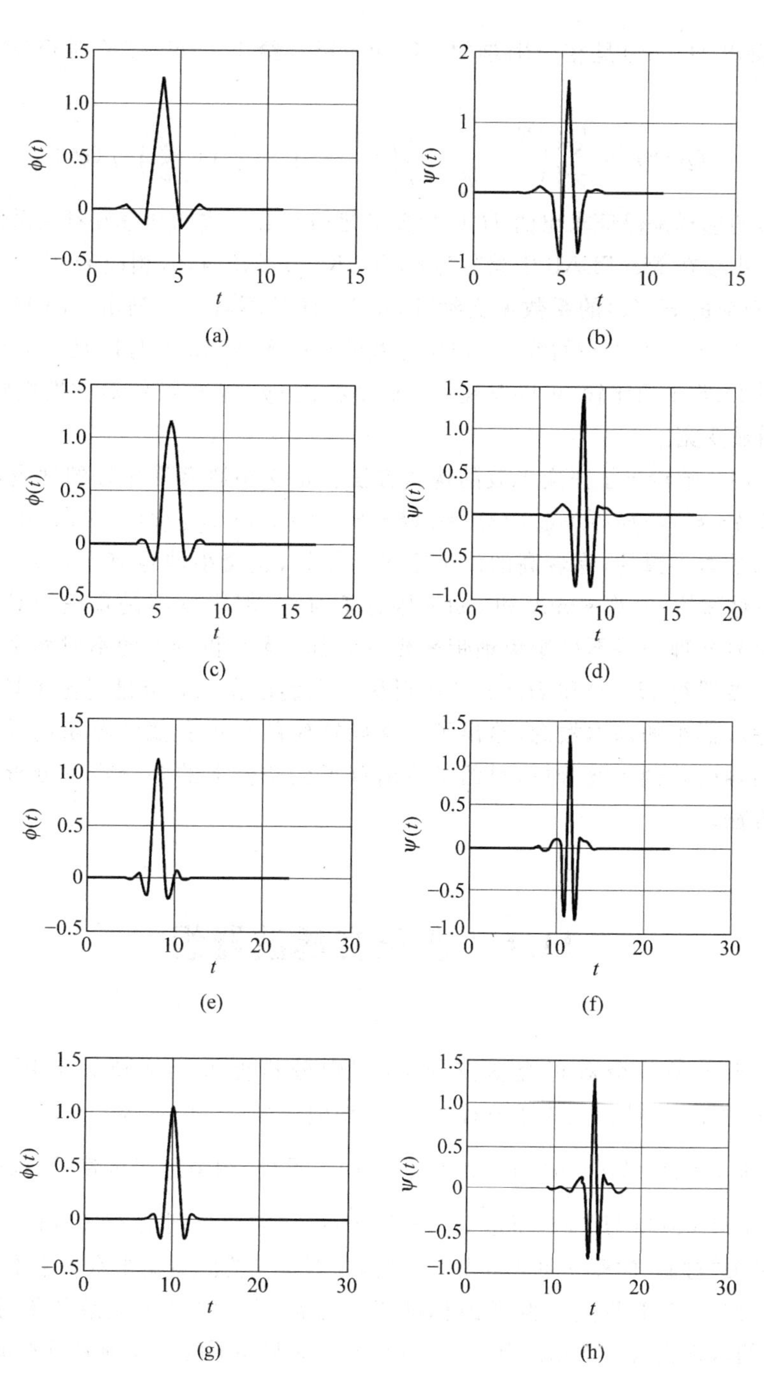

图 11.5.2 $K=2,3,4,5$ 时 coif$K$ 小波对应的 $\phi(t)$ 和 $\psi(t)$ 的波形

时，直接求解出 $H_0(e^{j\omega})$ 是相当困难的。Daubechies 给出了 $N=2K$ 时 $Q(e^{j\omega})$ 的求解方法，即令

$$Q(e^{j\omega})=\sum_{n=0}^{K-1}\binom{K+n+1}{n}\left(\sin^2\frac{\omega}{2}\right)^n+\left(\sin^2\frac{\omega}{2}\right)^K f(e^{j\omega}) \tag{11.5.9}$$

式中，$f(e^{j\omega})$ 的选择是保证求出的 $H_0(e^{j\omega})$ 要满足(11.4.2)式的功率互补关系。

Coiflet 小波在 MATLAB 中缩写为 coif$K$，$K=1,2,3,4,5$，相应的 $N=2,4,6,8,10$。coif$K$ 小波对应的 $H_0(z)$ 的系数见文献[Dau92]，此处不再一一列出。图 11.5.2 给出了 $K=2,3,4,5$ 时 $\phi(t)$ 和 $\psi(t)$ 的波形，产生这些波形的 MATLAB 程序是 exa110501。将这些波形和图 11.5.1 相比较，可以发现 coif$K$ 小波比 sym$N$ 小波的对称性更好一些，但其支撑范围明显变宽。

本章上述 5 节给出了正交小波的构造方法。正交小波有许多好的性质，如 $\langle\phi_{j,k}(t),\phi_{j,k'}(t)\rangle=\delta(k-k')$，$\langle\psi_{j,k}(t),\psi_{j,k'}(t)\rangle=\delta(k-k')$，$\langle\phi_{j,k}(t),\psi_{j,k'}(t)\rangle=0$，此外，尺度函数和小波函数都是紧支撑的，有着高的消失矩等。但是，正交小波也有不足之处，即 $\phi(t)$ 和 $\psi(t)$ 都不是对称的，尽管 sym$N$ 和 coif$N$ 接近于对称，但毕竟不是真正的对称，因此，这在实际的信号处理中将不可避免地带来相位失真。$\phi(t)$ 和 $\psi(t)$ 的不对称来自所使用的共轭正交滤波器组 $H_0(z)$ 和 $H_1(z)$ 的不对称。我们已在 7.8 节已讨论了具有线性相位的双正交滤波器组的基本概念，给出了可准确重建的双正交滤波器组的设计方法。现在把这些内容引入到小波分析，目的是给出双正交条件下的多分辨率分析及双正交小波的构造方法。

11.6　双正交滤波器组

图 11.6.1 是一个双正交滤波器组，图中分析滤波器之所以使用 $H_0(z^{-1})$ 和 $H_1(z^{-1})$，是考虑了在图 10.6.2 中对 $a_0(n)$ 分解时需要将 $H_0(z)$ 和 $H_1(z)$ 的系数作时间上的翻转，即 $\bar{h}_0(n)=h_0(-n)$，$\bar{h}_1(n)=h_1(-n)$。另外，图中用于重建的滤波器不再是图 10.6.3 中的 $H_0(z)$ 和 $H_1(z)$，而是 $\hat{H}_0(z)$ 和 $\hat{H}_1(z)$，它们分别是 $H_0(z)$ 和 $H_1(z)$ 的对偶滤波器。有关“对偶”的概念见 1.6 节。因此，在双正交滤波器组中有 4 个不同的滤波器。

读者仿照 7.3.1 节关于两通道标准正交滤波器组中基本关系的推导，不难得到图 11.6.1 的双正交滤波器组的基本关系，并可以证明如下的有关准确重建定理。

定理 11.6.1　对如图 11.6.1 所示的两通道滤波器组，对任意的输入信号 $a_0(n)$，其准确重建的充要条件是

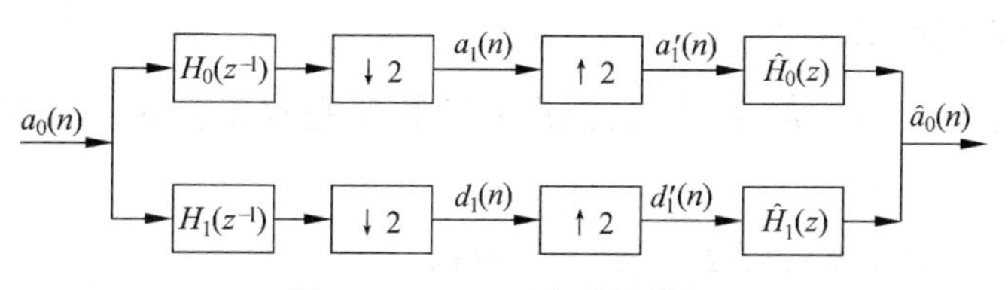

图 11.6.1　双正交滤波器组

$$H_0^*(\omega+\pi)\hat{H}_0(\omega)+H_1^*(\omega+\pi)\hat{H}_1(\omega)=0 \tag{11.6.1a}$$

及

$$H_0^*(\omega)\hat{H}_0(\omega)+H_1^*(\omega)\hat{H}_1(\omega)=2 \tag{11.6.1b}$$

上述两个式子对应的复频域表示是

$$H_0(-z^{-1})\hat{H}_0(z)+H_1(-z^{-1})\hat{H}_1(z)=0 \tag{11.6.2a}$$

$$H_0(z^{-1})\hat{H}_0(z)+H_1(z^{-1})\hat{H}_1(z)=2 \tag{11.6.2b}$$

将(11.6.2)式和(7.1.5)式相比较可以看出，在双正交滤波器组的情况下，我们分别用 $\hat{H}_0(z)$、$\hat{H}_1(z)$ 代替了正交滤波器组中的 $G_0(z)$ 和 $G_1(z)$，并在分析滤波器组中，用 $H_0(z^{-1})$、$H_1(z^{-1})$ 分别代替了 $H_0(z)$ 和 $H_1(z)$。仿照(7.2.16)式对 $G_0(z)$ 和 $G_1(z)$ 的定义，可给出在双正交条件下对偶滤波器和分析滤波器之间的关系是

$$H_1(\omega)=\mathrm{e}^{-\mathrm{j}(2l+1)\omega}\hat{H}_0^*(\omega+\pi) \tag{11.6.3a}$$

$$\hat{H}_1(\omega)=\mathrm{e}^{-\mathrm{j}(2l+1)\omega}H_0^*(\omega+\pi) \tag{11.6.3b}$$

或

$$H_1(z)=z^{-(2l+1)}\hat{H}_0(-z^{-1}) \tag{11.6.4a}$$

$$\hat{H}_1(z)=z^{-(2l+1)}H_0(-z^{-1}) \tag{11.6.4b}$$

假定 $l=0$，它们对应的时域关系是

$$h_1(n)=(-1)^{n+1}\hat{h}_0(1-n) \tag{11.6.5a}$$

$$\hat{h}_1(n)=(-1)^{n+1}h_0(1-n) \tag{11.6.5b}$$

在定理 11.6.1 的基础上，现在可给出在双正交小波分析中要用到的“基”的概念。

定理 11.6.2[Mal99]　如果图 11.6.1 中的 4 个滤波器 $H_0(z)$，$H_1(z)$，$\hat{H}_0(z)$ 和 $\hat{H}_1(z)$ 满足准确重建条件，且它们的傅里叶变换均是有界的，则

$$\{\hat{h}_0(n-2l),\hat{h}_1(n-2l),\quad n,l\in Z\} \tag{11.6.6a}$$

和

$$\{h_0(n-2l),h_1(n-2l),\quad n,l\in Z\} \tag{11.6.6b}$$

是 $L^2(R)$中的双正交 Riesz 基。

证明　为证明 h_0、h_1、$\hat{h}_0$ 及 $\hat{h}_1$ 的偶序号项移位是双正交的，需证明如下三个关系成立

$$\langle \hat{h}_0(k), h_0(k-2n) \rangle = \delta(n) \tag{11.6.7a}$$

$$\langle \hat{h}_1(k), h_1(k-2n) \rangle = \delta(n) \tag{11.6.7b}$$

$$\langle \hat{h}_0(k), h_1(k-2n) \rangle = \langle \hat{h}_1(k), h_0(k-2n) \rangle = 0 \tag{11.6.7c}$$

将(11.6.3)式代入(11.6.1)中的两个式子，可得到如下 4 个关系

$$\frac{1}{2}[H_0^*(\omega)\hat{H}_0(\omega) + H_0^*(\omega+\pi)\hat{H}_0(\omega+\pi)] = 1 \tag{11.6.8a}$$

$$\frac{1}{2}[H_1^*(\omega)\hat{H}_1(\omega) + H_1^*(\omega+\pi)\hat{H}_1(\omega+\pi)] = 1 \tag{11.6.8b}$$

$$H_0^*(\omega)\hat{H}_1(\omega) + H_0^*(\omega+\pi)\hat{H}_1(\omega+\pi) = 0 \tag{11.6.8c}$$

$$H_1^*(\omega)\hat{H}_0(\omega) + H_0^*(\omega+\pi)\hat{H}_1(\omega+\pi) = 0 \tag{11.6.8d}$$

(11.6.8a)式对应的时域关系是

$$\hat{h}_0(n) * \bar{h}_0(2n) = \sum_{k=-\infty}^{\infty} \hat{h}_0(k) h_0(k-2n) = \delta(n) \tag{11.6.9}$$

于是(11.6.7a)式得证。同理，由(11.6.8b)式可证明(11.6.7b)式，而(11.6.8c)和(11.6.8d)式对应的时域关系即是(11.6.7c)式。

若 h_0,$\hat{h}_0$,h_1,$\hat{h}_1$ 的偶序号位移能够构成 $L^2(R)$中的双正交 Riesz 基，它们还需满足如下的条件

$$\frac{1}{B} \leqslant \sum_{k=-\infty}^{\infty} |\hat{\theta}(\omega+2k\pi)|^2 \leqslant \frac{1}{A}, \quad \forall\, \omega \in [-\pi, \pi] \tag{11.6.10}$$

此即(10.2.11)式。式中 $A>0$,$B>0$,$\hat{\theta}(\omega)$是 θ 的傅里叶变换，此处 θ 代表 h_0,$\hat{h}_0$,h_1和 $\hat{h}_1$。由于定理 11.6.1 已要求这四个滤波器的傅里叶变换都是有界的，所以满足(11.6.10)式，因此 h_0,$\hat{h}_0$,h_1及 $\hat{h}_1$的偶序号移位构成 $L^2(R)$中的双正交 Riesz 基，于是定理得证。

之所以说这些序列为“双正交”基，是因为在图 11.6.1 的滤波器组中，上下支路各自是正交的，即 h_0和其对偶 $\hat{h}_0$正交，h_1和其对偶 $\hat{h}_1$正交；同时，上下支路交叉正交，即 h_0正交于 $\hat{h}_1$,h_1正交于 $\hat{h}_0$。注意，在双正交滤波器中，并没有强调 $H_0(z)$和 $H_1(z)$之间的正交关系，而这一正交关系是共轭正交滤波器组中的基本关系。由此读者可搞清正交和双正交的区别。总之，在小波的多分辨率分析中，使用正交滤波器组时，分解滤波器和重建滤波器是相同的，而在双正交小波分析中，分析滤波器是 H_0和 H_1，而综合滤波器是它们

的对偶，即 $\hat{H}_0$ 和 $\hat{H}_1$。

11.7 基于双正交小波的多分辨率分析

类似第10章正交小波的多分辨率分析，现在可给出有关双正交小波的多分辨率分析。

令 $d_j(k)=WT_x(j,k)$ 为小波系数，由(9.8.20)式，有

$$x(t)=\sum_{j=0}^{\infty}\sum_{k=-\infty}^{\infty}d_j(k)\hat{\psi}_{j,k}(t)=\sum_{j=0}^{\infty}\sum_{k=-\infty}^{\infty}\langle x(t),\psi_{j,k}(t)\rangle\hat{\psi}_{j,k}(t) \tag{11.7.1}$$

式中 $\hat{\psi}_{j,k}(t)$ 是 $\psi_{j,k}(t)$ 的对偶小波，$\psi_{j,k}(t)$ 用于信号的分析，对偶小波 $\hat{\psi}_{j,k}(t)$ 用于信号的综合。在正交小波的情况下，$\hat{\psi}_{j,k}(t)=\psi_{j,k}(t)$。

在第10章关于离散小波变换的多分辨率分析中，引出了尺度函数 $\phi(t)$，证明了在 $L^2(R)$ 中存在正交基 $\phi_{j,k}(t)$ 和 $\psi_{j,k}(t)$，给出了 $\phi_{j,k}(t)$、$\psi_{j,k}(t)$ 和正交滤波器组的关系，即二尺度差分方程和(10.4.7)和(10.4.8)式的频域关系。在双正交滤波器组的情况下，分解滤波器(H_0，H_1)和重建滤波器($\hat{H}_0$，$\hat{H}_1$)将产生两个尺度函数($\phi,\hat{\phi}$)和两个小波函数($\psi,\hat{\psi}$)。其中 ϕ 和 ψ 对应信号的分解，而 $\hat{\phi}$ 和 $\hat{\psi}$ 对应信号的重建。它们和 H_0，$\hat{H}_0$，H_1 及 $\hat{H}_1$ 相应的时域和频域的关系分别是

$$\phi(t)=\sqrt{2}\sum_{n=-\infty}^{\infty}h_0(n)\phi(2t-n) \tag{11.7.2a}$$

$$\hat{\phi}(t)=\sqrt{2}\sum_{n=-\infty}^{\infty}\hat{h}_0(n)\hat{\phi}(2t-n) \tag{11.7.2b}$$

$$\psi(t)=\sqrt{2}\sum_{n=-\infty}^{\infty}h_1(n)\phi(2t-n) \tag{11.7.3a}$$

$$\hat{\psi}(t)=\sqrt{2}\sum_{n=-\infty}^{\infty}\hat{h}_1(n)\hat{\phi}(2t-n) \tag{11.7.3b}$$

及

$$\Phi(2\omega)=\frac{1}{\sqrt{2}}H_0(\omega)\Phi(\omega) \tag{11.7.4a}$$

$$\hat{\Phi}(2\omega)=\frac{1}{\sqrt{2}}\hat{H}_0(\omega)\hat{\Phi}(\omega) \tag{11.7.4b}$$

$$\Psi(2\omega) = \frac{1}{\sqrt{2}} H_1(\omega)\Phi(\omega) \tag{11.7.5a}$$

$$\hat{\Psi}(2\omega) = \frac{1}{\sqrt{2}} \hat{H}_1(\omega)\hat{\Phi}(\omega) \tag{11.7.5b}$$

由上面的讨论可知，在双正交的情况下，我们在第 7 章及第 10 章所讨论的滤波器组及两尺度差分方程各增加了一套对偶，即 $H_0, \hat{H}_0$；$H_1, \hat{H}_1$；$\phi, \hat{\phi}$和 $\psi, \hat{\psi}$。前 4 个构成了双正交滤波器，后 4 个构成了双正交函数。给定了双正交滤波器，并不能保证对应的双正交函数存在，但下面的定理给出双正交小波基存在的充要条件。

定理 11.7.1[Coh92, Dau92a, Mal99]　假定存在两个恒正的三角多项式 $p(\omega)$和 $\hat{p}(\omega)$，使得

$$\left|H_0\left(\frac{\omega}{2}\right)\right|^2 p\left(\frac{\omega}{2}\right) + \left|H_0\left(\frac{\omega}{2}+\pi\right)\right|^2 p\left(\frac{\omega}{2}+\pi\right) = 2p(\omega) \tag{11.7.6a}$$

$$\left|\hat{H}_0\left(\frac{\omega}{2}\right)\right|^2 \hat{p}\left(\frac{\omega}{2}\right) + \left|\hat{H}_0\left(\frac{\omega}{2}+\pi\right)\right|^2 \hat{p}\left(\frac{\omega}{2}+\pi\right) = 2\hat{p}(\omega) \tag{11.7.6b}$$

并假定 $|H_0(\omega)|$，$|\hat{H}_0(\omega)|$ 在 $-\frac{\pi}{2} \sim \frac{\pi}{2}$ 内非零，则

(1) 由(11.7.4)式定义的 $\phi(t)$和 $\hat{\phi}(t)$属于 $L^2(R)$，且满足双正交关系

$$\langle \phi(t-n), \hat{\phi}(t-n') \rangle = \delta(n-n') \tag{11.7.7}$$

(2) 两个小波函数序列 $\psi_{j,k}(t)$和 $\hat{\psi}_{j,k}(t)$是 $L^2(R)$中的双正交 Riesz 基，即

$$\langle \psi_{j,k}(t), \hat{\psi}_{j',k'}(t) \rangle = \delta(j-j')\delta(k-k') \tag{11.7.8}$$

该定理的证明见文献[Coh92]。有了 $L^2(R)$中的双正交基，我们可对 $x(t)$作如下的分解

$$\begin{aligned} x(t) &= \sum_{j=0}^{\infty} \sum_{k=-\infty}^{\infty} \langle x(t), \psi_{j,k}(t) \rangle \hat{\psi}_{j,k}(t) \\ &= \sum_{j=0}^{\infty} \sum_{k=-\infty}^{\infty} \langle x(t), \hat{\psi}_{j,k}(t) \rangle \psi_{j,k}(t) \end{aligned} \tag{11.7.9}$$

既然 $\psi_{j,k}(t)$，$\hat{\psi}_{j,k}(t)$是 $L^2(R)$中的 Riesz 基，则必然存在常数 $A>0, B>0$，使得

$$A\|x(t)\|^2 \leqslant \sum_{j,k} |\langle x(t), \psi_{j,k}(t) \rangle|^2 \leqslant B\|x(t)\|^2 \tag{11.7.10a}$$

$$\frac{1}{B}\|x(t)\|^2 \leqslant \sum_{j,k} |\langle x(t), \hat{\psi}_{j,k}(t) \rangle|^2 \leqslant \frac{1}{A}\|x(t)\|^2 \tag{11.7.10b}$$

由上面的讨论可知，在双正交的情况下，我们并不要求 $\{\psi_{j,k}\}$ 和 $\{\psi_{j,k'}\}$ 之间是正交的，也不要求 $\{\phi_{j,k}\}$ 和 $\{\psi_{j,k}\}$ 之间，以及其对偶函数 $\{\hat{\phi}_{j,k}\}$ 和 $\{\hat{\psi}_{j',k}\}$ 之间是正交的，仅要求 $\{\phi_{j,k}\}$ 和 $\{\hat{\phi}_{j,k'}\}$ 之间以及 $\{\psi_{j,k}\}$ 和 $\{\hat{\psi}_{j',k'}\}$ 之间是正交的，也即(11.7.7)式和(11.7.8)式。正交性的放宽是使 $H_0(z)$及 $H_1(z)$具有线性相位，从而使 $\phi(t)$和 $\psi(t)$更具有对称

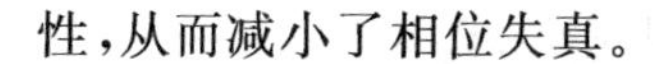

性，从而减小了相位失真。

在第 10 章的多分辨率分析中，我们假定

$$V_j = \mathrm{close}\{\phi_{j,k}, j, k \in Z\} \tag{11.7.11a}$$

$$W_j = \mathrm{close}\{\psi_{j,k}, j, k \in Z\} \tag{11.7.11b}$$

并有

$$V_j = V_{j+1} \oplus W_{j+1}, W_j \perp V_j \tag{11.7.11c}$$

在双正交情况下，尺度函数 $\phi_{j,k}$ 及其对偶 $\hat{\phi}_{j,k}$ 将产生两个空间序列。除了(11.7.11a)式和(11.7.11b)式的关系外，还有

$$\hat{V}_j = \mathrm{close}\{\hat{\phi}_{j,k}, j, k \in Z\} \tag{11.7.12a}$$

及

$$\hat{W}_j = \mathrm{close}\{\hat{\psi}_{j,k}, j, k \in Z\} \tag{11.7.12b}$$

V_j 和 $\hat{V}_j$ 的嵌套关系是

$$V_{-1} \supset V_0 \supset V_1 \supset \cdots \supset V_j \supset V_{j+1} \cdots \tag{11.7.13a}$$

$$\hat{V}_{-1} \supset \hat{V}_0 \supset \hat{V}_1 \supset \cdots \supset \hat{V}_j \supset \hat{V}_{j+1} \cdots \tag{11.7.13b}$$

此时，W_j 不再是 V_j 的正交补空间，但 V_j，$\hat{V}_j$，W_j 和 $\hat{W}_j$ 之间有如下关系

$$V_j \perp \hat{W}_j, \quad \hat{V}_j \perp W_j \tag{11.7.14a}$$

$$V_{j-1} = V_j \oplus W_j, \quad \hat{V}_{j-1} = \hat{V}_j \oplus \hat{W}_j \tag{11.7.14b}$$

由 1.7 节关于正交基的性质，有

$$\sum_{k=-\infty}^{\infty} \Phi(\omega + 2k\pi)\hat{\Phi}^*(\omega + 2k\pi) = 0 \tag{11.7.15a}$$

$$\sum_{k=-\infty}^{\infty} \Psi(\omega + 2k\pi)\hat{\Psi}^*(\omega + 2k\pi) = 0 \tag{11.7.15b}$$

双正交小波时的快速算法和正交小波时的快速算法基本相同，区别是在重建时使用的是对偶滤波器 $\hat{H}_0(z)$ 和 $\hat{H}_1(z)$。具体的分解方程和重建方程是

$$a_j(n) = a_{j-1}(n) * \bar{h}_0(2n) = \sum_{k=-\infty}^{\infty} a_{j-1}(k) h_0(k - 2n) \tag{11.7.16a}$$

$$d_j(n) = a_{j-1}(n) * \bar{h}_1(2n) = \sum_{k=-\infty}^{\infty} a_{j-1}(k) h_1(k - 2n) \tag{11.7.16b}$$

$$\begin{aligned} a_{j-1}(n) &= a'_j(n) * \hat{h}_0(n) + d'_j(n) * \hat{h}_1(n) \\ &= \sum_{k=-\infty}^{\infty} a_j(k)\hat{h}_0(n - 2k) + \sum_{k=-\infty}^{\infty} d_j(k)\hat{h}_1(n - 2k) \end{aligned} \tag{11.7.17}$$

式中 $a_j'(n)$，$d_j'(n)$分别是 $a_j(n)$，$d_j(n)$做二插值得到的序列，见图 11.6.1。

11.8　双正交小波的构造

双正交小波的构造包括 $\psi(t)$，$\hat{\psi}(t)$，$\phi(t)$及 $\hat{\phi}(t)$的构造，而它们又都源于 $H_0(z)$、$H_1(z)$、$\hat{H}_0(z)$和 $\hat{H}_1(z)$。因此，双正交小波构造的核心问题是这 4 个滤波器的构造。如同前面关于正交小波的讨论，在具体给出双正交小波的构造方法之前，先讨论一下有关支撑范围、消失矩等有关的问题。

1. 支撑范围

如果 $h_0(n)$和 $\hat{h}_0(n)$都是 FIR 滤波器，由(11.7.2)和(11.7.3)式，$\phi(t)$，$\hat{\phi}(t)$，$\psi(t)$及 $\hat{\psi}(t)$将都具有有限支撑。若 $h_0(n)$和 $\hat{h}_0(n)$的支撑范围分别是 $N_1 \leqslant n \leqslant N_2$，$\hat{N}_1 \leqslant n \leqslant \hat{N}_2$，则 $\phi(t)$和 $\hat{\phi}(t)$的支撑范围分别是$[N_1, N_2]$和$[\hat{N}_1, \hat{N}_2]$，而小波函数 $\psi(t)$和 $\hat{\psi}(t)$的支撑范围分别是

$$\left[\frac{N_1-\hat{N}_2+1}{2}, \frac{N_2-\hat{N}_1+1}{2}\right] \quad 和 \quad \left[\frac{\hat{N}_1-N_2+1}{2}, \frac{\hat{N}_2-N_1+1}{2}\right]$$

它们的长度都是$(N_2-N_1+\hat{N}_2-\hat{N}_1)/2$

2. 消失矩

$\psi(t)$和 $\hat{\psi}(t)$消失矩的数目取决于 $H_0(\omega)$和 $\hat{H}_0(\omega)$在 $\omega=\pi$ 处零点的数目。由定理 11.3.1，若 $H_0(\omega)$在 $\omega=\pi$ 处有 p 阶零点，则 $\psi(t)$有 p 阶消失矩。同理，若 $\hat{H}_0(\omega)$在 $\omega=\pi$ 处有 $\hat{p}$ 阶零点，则 $\hat{\psi}(t)$有 $\hat{p}$阶消失矩。因此，在构造 $H_0(z)$和 $\hat{H}_0(z)$时，应尽量让它们在 $\omega=\pi$ 处有高阶的重零点。

3. 规则性

此处不再详细讨论，其一般结论是：

(1) 由(11.7.3a)式，$\phi(t)$和 $\psi(t)$有着相同的规则性；

(2) $\phi(t)$和 $\psi(t)$的规则性随着 $H_0(\omega)$在 $\omega=\pi$ 处零点数的增加而增加；

(3) $\hat{\phi}(t)$和$\hat{\psi}(t)$的规则性也是随着$\hat{H}_0(\omega)$在$\omega=\pi$处零点数的增加而增加；

(4) 如果$H_0(\omega)$和$\hat{H}_0(\omega)$在$\omega=\pi$处有不同的零点数，则$\psi(t)$和$\hat{\psi}(t)$的规则性也不相同。

4. 对称性

之所以使用双正交小波，其目的是使$H_0(z)$，$H_1(z)$及其对偶滤波器具有线性相位，同时也使$\phi(t)$和$\psi(t)$都具有对称性。除Haar小波外，在正交小波的情况下，上述对称性是不可能实现的。在双正交小波的构造中，有两种对称方式需要分别考虑：如果$h_0(n)$，$\hat{h}_0(n)$具有奇数长且以$n=0$为对称，则$\phi(t)$和$\hat{\phi}(t)$是以$t=0$为对称的，而$\psi(t)$和$\hat{\psi}(t)$是相对位移中心为对称的；如果$h_0(n)$，$\hat{h}_0(n)$具有偶数长且以$n=1/2$为中心对称，则$\phi(t)$和$\hat{\phi}(t)$是以$t=1/2$为中心作对称的，而$\psi(t)$和$\hat{\psi}(t)$以其位移中心作反对称。

显然，若$h_0(n)$，$h_1(n)$是对称的，则图11.6.1中的$H_0(z^{-1})$，$H_1(z^{-1})$都可改记为$H_0(z)$和$H_1(z)$，也即在对$a_j(n)$作分解时无须再将$h_0(n)$和$h_1(n)$翻转。

5. $H_0(z)$及$\hat{H}_0(z)$的构造

由于要求$H_0(z)$及$\hat{H}_0(z)$具有线性相位，因此，它们的频率响应可表为

$$H_0(\omega)=e^{jk\omega}\mid H_0(\omega)\mid \tag{11.8.1a}$$

$$\hat{H}_0(\omega)=e^{j\hat{k}\omega}\mid \hat{H}_0(\omega)\mid \tag{11.8.1b}$$

这是和Daubechies正交小波的一个主要区别。在实际工作中，我们总选取$h_0(n)$和$\hat{h}_0(n)$为实值序列。因此，又有

$$H_0(\omega)=H_0(-\omega),\quad \hat{H}_0(\omega)=\hat{H}_0(-\omega) \tag{11.8.2}$$

并总是选择$\phi(t)$为实函数，因此又有$\Phi(\omega)=\Phi(-\omega)$。同样的结论适用于$\hat{\phi}(t)$。

若$\phi(t)$和$\hat{\phi}(t)$以$t=1/2$为对称，例如，Haar小波的尺度函数即是如此。此时要求$H_0(\omega)$、$\hat{H}_0(\omega)$仍是偶对称，但要增加一个移位因子，即

$$H_0(-\omega)=e^{j\omega}H_0(\omega),\quad \hat{H}_0(-\omega)=e^{j\omega}\hat{H}_0(\omega) \tag{11.8.3}$$

现在的问题是，如何找到合适的$H_0(z)$及$\hat{H}_0(z)$，使其所形成的滤波器组为双正交滤波器组，即满足

$$H_0^*(\omega)\hat{H}_0(\omega)+\hat{H}_0^*(\omega+\pi)\hat{H}_0(\omega+\pi)=2$$

习惯上将该式两边分别取共轭，即

$$H_0(\omega)\hat{H}_0^*(\omega)+H_0(\omega+\pi)\hat{H}_0^*(\omega+\pi)=2 \tag{11.8.4}$$

Cohen，Daubechies 给出了不同类型的双正交小波的结构方法[Coh92, Dau92a]，其要点是

(1) 因为 $h_0(n)$、$\hat{h}_0(n)$是实序列，$H_0(\omega)$、$\hat{H}_0(\omega)$满足(11.8.2)式，所以 $H_0(\omega)$、$\hat{H}_0(\omega)$均应是实系数的三角多项式，它们可表为如下的形式

$$H_0(\omega)=\sqrt{2}\left(\cos\frac{\omega}{2}\right)^{2l}P_0(\cos\omega) \tag{11.8.5a}$$

$$\hat{H}_0(\omega)=\sqrt{2}\left(\cos\frac{\omega}{2}\right)^{2\hat{l}}\hat{P}_0(\cos\omega) \tag{11.8.5b}$$

若 $H_0(\omega)$、$\hat{H}_0(\omega)$按(11.8.3)式的形式对称，则它们可表为

$$H_0(\omega)=\sqrt{2}\mathrm{e}^{-\mathrm{j}\omega/2}\left(\cos\frac{\omega}{2}\right)^{2l+1}P_0(\cos\omega) \tag{11.8.6a}$$

$$\hat{H}_0(\omega)=\sqrt{2}\mathrm{e}^{-\mathrm{j}\omega/2}\left(\cos\frac{\omega}{2}\right)^{2\hat{l}+1}\hat{P}_0(\cos\omega) \tag{11.8.6b}$$

(2) 将(11.8.5)式和(11.8.6)式分别代入(11.8.4)式，有

$$\left(\cos\frac{\omega}{2}\right)^{2k}P_0(\cos\omega)\hat{P}_0(\cos\omega)+\left(\sin\frac{\omega}{2}\right)^{2k}P_0(-\cos\omega)\hat{P}_0(-\cos\omega)=1 \tag{11.8.7}$$

对应(11.8.5)式，$k=l+\hat{l}$；对应(11.8.6)式，$k=l+\hat{l}+1$。

由于$\left(\sin\frac{\omega}{2}\right)^2=\frac{1-\cos\omega}{2}$，所以 $P_0(\cos\omega)$，$\hat{P}_0(\cos\omega)$均可以表示为 $\sin^2\frac{\omega}{2}$ 的函数，再令

$$P\left(\sin^2\frac{\omega}{2}\right)=P_0\left(\sin^2\frac{\omega}{2}\right)\hat{P}_0\left(\sin^2\frac{\omega}{2}\right) \tag{11.8.8}$$

则(11.8.7)式可表示为

$$\left(\cos\frac{\omega}{2}\right)^{2k}P\left(\sin^2\frac{\omega}{2}\right)+\left(\sin\frac{\omega}{2}\right)^{2k}P\left(\cos^2\frac{\omega}{2}\right)=1 \tag{11.8.9}$$

(3) 令 $y=\sin^2\frac{\omega}{2}$，则(11.8.9)式又可表为如下的 Bezout 方程

$$(1-y)^kP(y)+y^kP(1-y)=1 \tag{11.8.10}$$

该方程和(11.4.5)式是一样的，区别只是 $P(y)$所表示的内容。只要能求出 $P(y)$，由(11.8.8)式，即可得到 $P_0(y)$和 $\hat{P}_0(y)$，从而可按(11.8.5)式或(11.8.6)式构造出 $H_0(z)$和 $\hat{H}_0(z)$。

(4) (11.8.10)式的解由下式给出

$$P(y)=\sum_{m=0}^{k-1}\binom{k-1+m}{m}y^m+y^kR(1-2y) \tag{11.8.11}$$

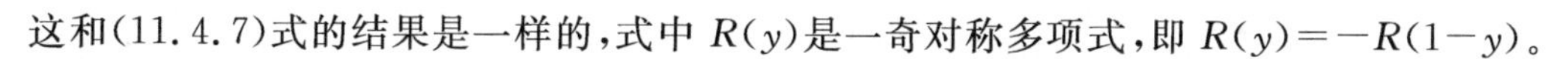

这和(11.4.7)式的结果是一样的,式中 $R(y)$是一奇对称多项式,即 $R(y)=-R(1-y)$。

当　$k=l+\hat{l}$时,$H_0(z)$, $\hat{H}_0(z)$以 $n=0$ 为对称

$k=l+\hat{l}+1$ 时, $H_0(z)$, $\hat{H}_0(z)$以 $n=1/2$ 为对称

选用不同的 $R(y)$,对 $P(y)=P_0(y)\hat{P}_0(y)$作不同的分解可得到不同类型的双正交小波。Daubechies 重点给出了基于样条函数的双正交小波的构造方法,同时也给出了 $H_0(z)$, $\hat{H}_0(z)$长度接近相等的基于样条函数的双正交小波的构造方法,下面分别给以讨论。

11.9 双正交样条小波

样条函数是分段光滑且在连结点处具有一定光滑性的一类函数,它在数值逼近方面获得了广泛的应用。其中基数 B 样条(Cardinal B-Spline)函数具有最小的支撑范围且又容易在计算机上实现,因此被认为是构造小波函数的最佳候选者之一。

m 次 B 样条函数 $N_m(t)$是一阶 B 样条函数 $N_1(t)$自身作 $m-1$ 次卷积所得到的,而 $N_1(t)$正是 Haar 小波的尺度函数,即

$$N_1(t)=\begin{cases}1, & 0\leqslant t<1\\ 0, & \text{其他}\end{cases} \tag{11.9.1}$$

所以

$$N_2(t)=N_1(t)*N_1(t)=\begin{cases}t, & 0\leqslant t<1\\ 2-t, & 1\leqslant t<2\\ 0, & \text{其他}\end{cases} \tag{11.9.2}$$

$$N_3(t)=N_2(t)*N_1(t)=\begin{cases}t^2/2, & 0\leqslant t<1\\ \dfrac{3}{4}-(t-3/2)^2, & 1\leqslant t<2\\ \dfrac{1}{2}(t-3)^2, & 2\leqslant t<3\\ 0, & \text{其他}\end{cases} \tag{11.9.3}$$

依次类推,有

$$\begin{aligned}N_m(t)&=N_{m-1}(t)*N_1(t)=N_{m-2}(t)*N_1(t)*N_1(t)\\ &=N_1(t)*N_1(t)*\cdots*N_1(t)\end{aligned} \tag{11.9.4}$$

Battle 和 Lemarie 用上述的样条函数构造了小波[Mal99],其思路是令尺度函数 $\hat{\phi}(t)$等于 $N_m(t)$。考虑到 $\hat{\phi}(t)$往往以 $t=0$ 为对称,所以令

$$m = 1 \qquad \hat{\phi}(t) = N_1(t) \tag{11.9.5}$$

$$m = 2 \qquad \hat{\phi}(t) = N_2(t+1) = \begin{cases} 1-|t|, & |t| \leqslant 1 \\ 0, & \text{其他} \end{cases} \tag{11.9.6}$$

$$m = 3 \qquad \hat{\phi}(t) = N_3(t+1) = \begin{cases} 0.5(t+1)^2, & -1 \leqslant t < 0 \\ \dfrac{3}{4} - \left(t - \dfrac{1}{2}\right)^2, & 0 \leqslant t < 1 \\ \dfrac{1}{2} - (t-2)^2, & 1 \leqslant t < 2 \\ 0, & \text{其他} \end{cases} \tag{11.9.7}$$

$m=1,2,3$ 时的 $\hat{\phi}(t)$ 如图 11.9.1 所示。由该图可以看出，$N_1(t)$ 是不连续的，$N_2(t)$ 连续但一阶导数不连续，而 $N_3(t)$ 的一阶导数是连续的，曲线已比较光滑。当 m 增大时，$N_m(t)$ 会变得更光滑。生成该图的 MATLAB 程序是 exa110901.m。

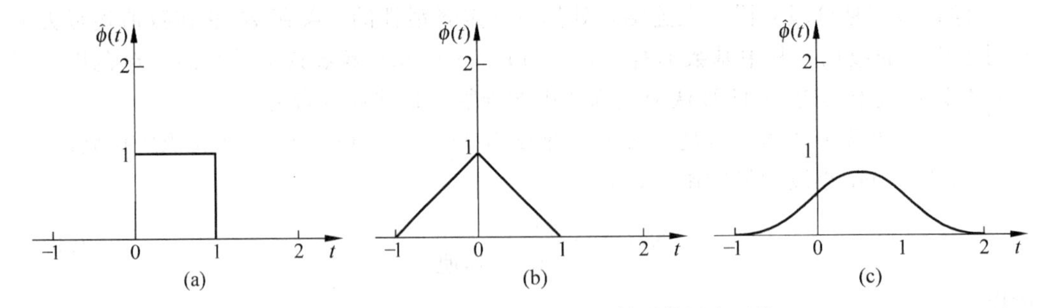

图 11.9.1　由 $N_m(t)(m=1,2,3)$ 得到的尺度函数

很容易证明由(11.9.4)式所决定的 $N_m(t)$ 的傅里叶变换是

$$\left(\frac{1-\mathrm{e}^{-\mathrm{j}\omega}}{\mathrm{j}\omega}\right)^m = \mathrm{e}^{-\mathrm{j}\omega m/2}\left[\frac{\sin\omega/2}{\omega/2}\right]^m \tag{11.9.8}$$

而对移位后的 $\hat{\phi}(t)=N_m(t+1)$，其傅里叶变换为

$$\hat{\Phi}(\omega) = \mathrm{e}^{-\mathrm{j}\varepsilon\omega/2}\left[\frac{\sin\omega/2}{\omega/2}\right]^m \tag{11.9.9}$$

如果 m 为偶数，式中 $\varepsilon=0$，若 m 为奇数，则 $\varepsilon=1$。

分析(11.9.6)式，我们发现

$$\hat{\phi}(t) = N_2(t+1) = \frac{1}{2}\hat{\phi}(2t+1) + \hat{\phi}(2t) + \frac{1}{2}\hat{\phi}(2t-1) \tag{11.9.10}$$

满足在第 10 章所讨论的二尺度差分方程。同时，可求出

$$\sum_{l=-\infty}^{\infty} |\hat{\Phi}(\omega+2\pi l)|^2 = \frac{1}{3} + \frac{2}{3}\cos^2\frac{\omega}{2} \tag{11.9.11}$$

是有界的。当 $m=3$ 时，

$$\hat{\phi}(t)=N_3(t+1)=\frac{1}{4}\hat{\phi}(2t+1)+\frac{3}{4}\hat{\phi}(2t)+\frac{3}{4}\hat{\phi}(2t-1)+\frac{1}{4}\hat{\phi}(2t-2) \tag{11.9.12}$$

同样也满足二尺度差分方程，同理可求出

$$\sum_{l=-\infty}^{\infty}|\hat{\Phi}(\omega+2\pi l)|^2=\frac{8}{15}+\frac{13}{30}\cos\omega+\frac{1}{30}\cos^2\omega \tag{11.9.13}$$

也是有界的。因此，在 $m=1,2,3$ 时不同的 $\hat{\phi}(t)$ 可构成一个多分辨率分析。由 1.7 节关于正交基频域的性质，由于(11.9.11)式 和(11.9.13)式的右边不等于 1，因此 $\hat{\phi}(t)$ 的整数移位之间不构成正交基。由(9.8.40)式，可将 $\hat{\phi}(t)$"正交化"，即令

$$\hat{\Phi}^{\perp}(\omega)=\frac{\hat{\Phi}(\omega)}{\left[\sum_{k=-\infty}^{\infty}|\hat{\Phi}(\omega+2\pi l)|^2\right]^{\frac{1}{2}}} \tag{11.9.14}$$

对 $\hat{\Phi}^{\perp}(\omega)$ 作反变换，得尺度函数 $\hat{\phi}(t)$，则 $\hat{\phi}(t-n)$，$n\in Z$ 可形成一族正交基。再由第 10 章的方法可得到正交归一的小波函数。

在双正交的情况下，我们不必对 $\hat{\phi}(t)$ 作(11.9.14)式的正交化，而直接用 $N_m(t)$ 作适当移位后的 $\hat{\phi}(t)$ 作为尺度函数，如(11.9.5)式～(11.9.7)式所示。这样选定 $\hat{\phi}(t)$ 后，Daubechies 令(11.8.11)式中的 $R(1-2y)$ 等于零，并令 $\hat{P}_0(y)=1$，因此 $P(y)=P_0(y)$，从而得到了在双正交条件下样条小波分析滤波器 $H_0(z)$ 和重建滤波器 $\hat{H}_0(z)$ 的系数，即

$$\hat{H}_0(\omega)=\begin{cases}\sqrt{2}\left(\cos\frac{\omega}{2}\right)^{\hat{N}}, & \hat{N}=2\hat{l} \quad (11.9.15a)\\ \sqrt{2}e^{-j\omega/2}\left(\cos\frac{\omega}{2}\right)^{\hat{N}}, & \hat{N}=2\hat{l}+1 \quad (11.9.15b)\end{cases}$$

$$H_0(\omega)=\begin{cases}\sqrt{2}\left(\cos\frac{\omega}{2}\right)^{N}\sum_{m=0}^{l+\hat{l}-1}\begin{bmatrix}l+\hat{l}-1+m\\ m\end{bmatrix}\left(\sin^2\frac{\omega}{2}\right)^m, & N=2l \quad (11.9.16a)\\ \sqrt{2}e^{-j\omega/2}\left(\cos\frac{\omega}{2}\right)^{N}\sum_{m=0}^{l+\hat{l}}\begin{bmatrix}l+\hat{l}+m\\ m\end{bmatrix}\left(\sin^2\frac{\omega}{2}\right)^m, & N=2l+1 \quad (11.9.16b)\end{cases}$$

(11.9.15)中的两个式子分别对应(11.8.5b)式和(11.8.6b)式，而(11.9.16)中的两个式子分别是(11.8.5a)式、(11.8.6a)式和(11.8.11)式的结合。

由(11.9.15)式可以看出，$\hat{H}_0(\omega)$ 仅和 $\hat{l}$ 有关，而和 l 无关；由(11.9.16)式，$H_0(\omega)$ 不

但和 l 有关,而且还和 $\hat{l}$有关,也即 $H_0(\omega)$取决于 N 和 $\hat{N}$。给定不同的 N 和 $\hat{N}$,就可求出一对 $H_0(\omega)$和 $\hat{H}_0(\omega)$。将(11.9.15)式、(11.9.8)式及(11.9.9)式相比较可以看出,尺度函数 $\hat{\phi}(t)$的傅里叶变换的阶次 m 和 $\hat{H}_0(\omega)$中的 $\hat{N}$等价,也即 $\hat{N}-1$ 即是得到 $\hat{\phi}(t)$时由 $N_1(t)$卷积的次数,或称之为 $\hat{\phi}(t)$的阶次。

现给出不同 N 和 $\hat{N}$组合情况下 $H_0(z)$、$\hat{H}_0(z)$、$\phi(t)$、$\hat{\phi}(t)$、$\psi(t)$和 $\hat{\psi}(t)$的系数。

情况 1　令 $\hat{N}=1$,则必有 $\hat{l}=0$,由(11.9.15b)式,有

$$\hat{H}_0(\omega)=\sqrt{2}\mathrm{e}^{-\mathrm{j}\omega/2}\left[\frac{\mathrm{e}^{\mathrm{j}\omega/2}+\mathrm{e}^{-\mathrm{j}\omega/2}}{2}\right]=\frac{\sqrt{2}}{2}[1+\mathrm{e}^{-\mathrm{j}\omega}]$$

所以①

$$\hat{H}_0(z)=\frac{\sqrt{2}}{2}(1+z^{-1})$$

即

$$\hat{h}_0(n)=\{0.707,0.707\}$$

令 $N=1$,则必有 $l=0$,由(11.9.16b)式,有

$$H_0(\omega)=\sqrt{2}\mathrm{e}^{-\mathrm{j}\omega/2}\left[\frac{\mathrm{e}^{\mathrm{j}\omega/2}+\mathrm{e}^{-\mathrm{j}\omega/2}}{2}\right]\sum_{m=0}^{0}\begin{bmatrix}m\\m\end{bmatrix}\left(\frac{1-\cos\omega}{2}\right)^m=\frac{\sqrt{2}}{2}(1+\mathrm{e}^{-\mathrm{j}\omega})$$

所以

$$H_0(z)=\frac{\sqrt{2}}{2}(1+z^{-1}),\quad h_0(n)=\{0.707,0.707\}$$

在 $\hat{N}=1$ 时的尺度函数 $\hat{\phi}(t)$即是 Haar 尺度函数,即 $\hat{\phi}(t)=1$,对 $0\leqslant t\leqslant 1$,其余为零。又由于在 $N=\hat{N}=1$ 时的 $\hat{H}_0(z)=H_0(z)$,由(11.7.4)式,必有 $\phi(t)=\hat{\phi}(t)$。

易知在该情况下的小波函数即是 Haar 小波,即

$$\psi(t)=\hat{\psi}(t)=\begin{cases}1, & 0\leqslant t<1/2\\-1, & 1/2\leqslant t<1\\0, & \text{其他}\end{cases}$$

我们知道,Haar 小波属正交小波,即 db1,但因为它是对称的,故又属双正交小波。记在该情况下的 $\phi(t)$,$\hat{\phi}(t)$,$\psi(t)$和 $\hat{\psi}(t)$分别为 $1.1\hat{\phi}(t)$,$1.1\phi(t)$,$1.1\psi(t)$及 $1.1\hat{\psi}(t)$。前

① Daubechies 在文献[Dau92a]中令 $z=\mathrm{e}^{-\mathrm{j}\omega}$,这和本书定义的 $z=\mathrm{e}^{\mathrm{j}\omega}$有区别。

面的 1 代表 $\hat{N}$,后面的 1 代表 N,以下均相同。

在 $\hat{N}=1$ 的情况下,我们再令 $N=3$,则必有 $l=1$,由(11.9.16b)式,有

$$
\begin{aligned}
H_0(\omega) &= \sqrt{2}\mathrm{e}^{-\mathrm{j}\omega/2}\left[\frac{\mathrm{e}^{\mathrm{j}\omega/2}+\mathrm{e}^{-\mathrm{j}\omega/2}}{2}\right]^3\sum_{m=0}^{1}\binom{1+m}{m}\left(\frac{1-\cos\omega}{2}\right)^m \\
&= \frac{\sqrt{2}}{8}[\mathrm{e}^{\mathrm{j}\omega}+3+\mathrm{e}^{-\mathrm{j}\omega}+\mathrm{e}^{-\mathrm{j}2\omega}]\cdot\left[\frac{4-\mathrm{e}^{\mathrm{j}\omega}-\mathrm{e}^{-\mathrm{j}\omega}}{2}\right]
\end{aligned}
$$

所以

$$
H_0(z)=\sqrt{2}\left[-\frac{1}{16}z^2+\frac{1}{16}z+\frac{1}{2}+\frac{1}{2}z^{-1}+\frac{1}{16}z^{-2}-\frac{1}{16}z^{-3}\right]
$$

因为 $\hat{N}$仍为 1,所以,1.3$\hat{\phi}(t)$不变,1.3$\phi(t)$,1.3$\psi(t)$及 1.3$\hat{\psi}(t)$可由上一节的公式推出。

情况 2 令 $\hat{N}=2$,则 $\hat{l}=1$,由(11.9.5a)式,有

$$
\hat{H}_0(\omega)=\sqrt{2}\left(\cos\frac{\omega}{2}\right)^2=\frac{\sqrt{2}}{4}(\mathrm{e}^{\mathrm{j}\omega}+2+\mathrm{e}^{-\mathrm{j}\omega})
$$

$$
\hat{H}_0(z)=\frac{\sqrt{2}}{4}(z+2+z^{-1})
$$

再令 $N=2$,则 $l=1$,由(11.9.16a)式,有

$$
\begin{aligned}
H_0(\omega) &= \sqrt{2}\cos^2\frac{\omega}{2}\sum_{m=0}^{1}\binom{1+m}{m}\left(\sin^2\frac{\omega}{2}\right)^m \\
&= \frac{\sqrt{2}}{8}(\mathrm{e}^{\mathrm{j}\omega}+\mathrm{e}^{-\mathrm{j}\omega}+2)(4-\mathrm{e}^{\mathrm{j}\omega}-\mathrm{e}^{-\mathrm{j}\omega})
\end{aligned}
$$

即

$$
H_0(z)=\sqrt{2}\left[-\frac{1}{8}z^2+\frac{1}{4}z+\frac{3}{4}+\frac{1}{4}z^{-1}-\frac{1}{8}z^{-2}\right]
$$

按此方法类推,读者不难得出在不同 $\hat{N}$ 和 N 的组合下的 $\hat{H}_0(z)$及 $H_0(z)$。$\hat{N}$ 和 N 的合适组合是

$$
\hat{N}=\begin{cases}1, & N=1,3,5\\ 2, & N=2,4,6,8\\ 3, & N=1,3,5,7,9\end{cases}
$$

表 11.9.1 给出了在 $\hat{N}-1,2,3$ 时 N 取不同值时 $\hat{H}_0(z)/\sqrt{2}$,$H_0(z)/\sqrt{2}$ 的系数,由于在 $\hat{N}=2,N=6$ 和 8;$\hat{N}=3,N=5,7$ 和 9 时的 $H_0(z)$的系数过长,故表中没有列入,详细数据可参考文献[Dau92a]。

表 11.9.1　$\hat{H}_0(z)/\sqrt{2}$，$H_0(z)/\sqrt{2}$的系数

$\hat{N}$	$\hat{H}_0(z)/\sqrt{2}$	N	$H_0(z)/\sqrt{2}$
1	$\frac{1}{2}(1+z^{-1})$	1	$\frac{1}{2}(1+z^{-1})$
		3	$-\frac{1}{16}z^2+\frac{1}{16}z+\frac{1}{2}+\frac{1}{2}z^{-1}+\frac{1}{16}z^{-2}-\frac{1}{16}z^{-3}$
		5	$\frac{3}{256}z^4-\frac{3}{256}z^3-\frac{11}{128}z^2+\frac{11}{128}z+\frac{1}{2}+\frac{1}{2}z^{-1}+\frac{11}{128}z^{-2}-\frac{11}{128}z^{-3}-\frac{3}{256}z^{-4}+\frac{3}{256}z^{-5}$
2	$\frac{1}{4}(z+2+z^{-1})$	2	$-\frac{1}{8}z^2+\frac{1}{4}z+\frac{3}{4}+\frac{1}{4}z^{-1}-\frac{1}{8}z^{-2}$
		4	$\frac{3}{128}z^4-\frac{3}{64}z^3-\frac{1}{8}z^2+\frac{19}{64}z+\frac{45}{64}+\frac{19}{64}z^{-1}-\frac{1}{8}z^{-2}-\frac{3}{64}z^{-3}+\frac{3}{128}z^{-4}$
3	$\frac{1}{8}(z+3+3z^{-1}+z^{-2})$	1	$-\frac{1}{4}z+\frac{3}{4}+\frac{3}{4}z^{-1}-\frac{1}{4}z^{-2}$
		3	$\frac{3}{64}z^3-\frac{9}{64}z^2-\frac{7}{64}z+\frac{45}{64}+\frac{45}{64}z^{-1}-\frac{7}{64}z^{-2}-\frac{9}{64}z^{-3}+\frac{3}{64}z^{-4}$

由该表可以看出，$\hat{H}_0(z)/\sqrt{2}$ 和 $H_0(z)/\sqrt{2}$，特别是 $H_0(z)/\sqrt{2}$，其分母的系数都是 2 的整次幂，因此有利于在计算机上快速实现。此外，在不同的 $\hat{N}$值下，$\hat{\phi}(t)$都是精确已知的，这些都是基于样条函数的双正交小波的优点。

图 11.9.2～11.9.6 给出了 $\hat{N}$和 N 在不同组合下的 $\phi(t)$，$\hat{\phi}(t)$，$\psi(t)$及 $\hat{\psi}(t)$的波形。各图中 bior $\hat{N}.N$ 指的是阶次分别为 $\hat{N}$ 和 N 的双正交小波，ϕ_D 指的是用于分解的尺度函数，ϕ_R 指的是用于重建的尺度函数 $\hat{\phi}(t)$；小波 ψ 的标注方法和尺度函数相同。另外，图中的横坐标是 MATLAB 按正的坐标求出的，这和 11.8 节所给出的支撑范围有所区别。其中图 11.9.2 给出的是 $\hat{N}=1$，$N=3$ 和 5 时用于分解的 $\phi(t)$及 $\psi(t)$；图 11.9.3 给出的是 $N=2$，$N=2,4,6$，和 8 时用于分解的 $\phi(t)$和 $\psi(t)$；图 11.9.4 给出的是 $\hat{N}=3$，N 3,5,7 和 9 时用于分解的 $\phi(t)$和 $\psi(t)$。

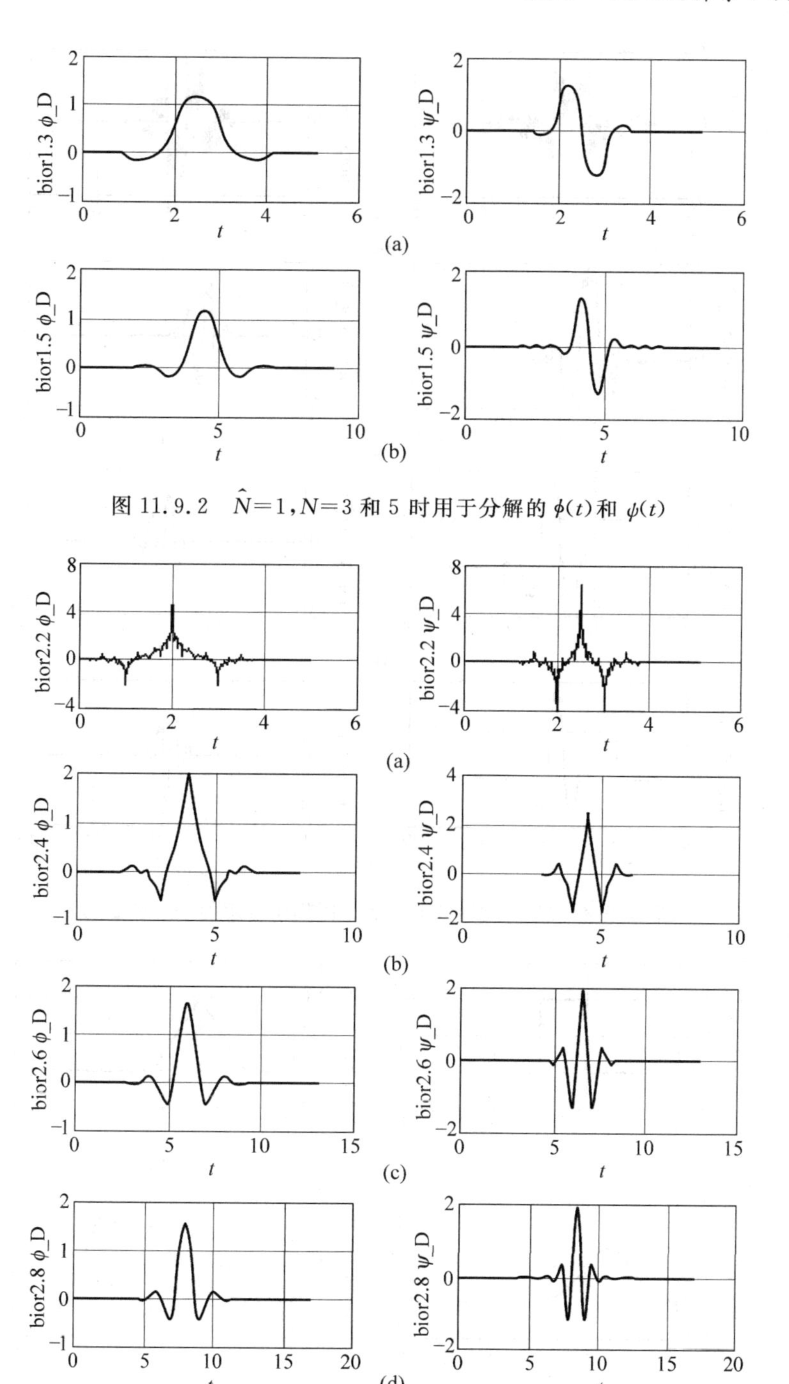

图 11.9.2 $\hat{N}=1, N=3$ 和 5 时用于分解的 $\phi(t)$ 和 $\psi(t)$

图 11.9.3 $\hat{N}=2, N=2,4,6$ 和 8 时用于分解的 $\phi(t)$ 和 $\psi(t)$

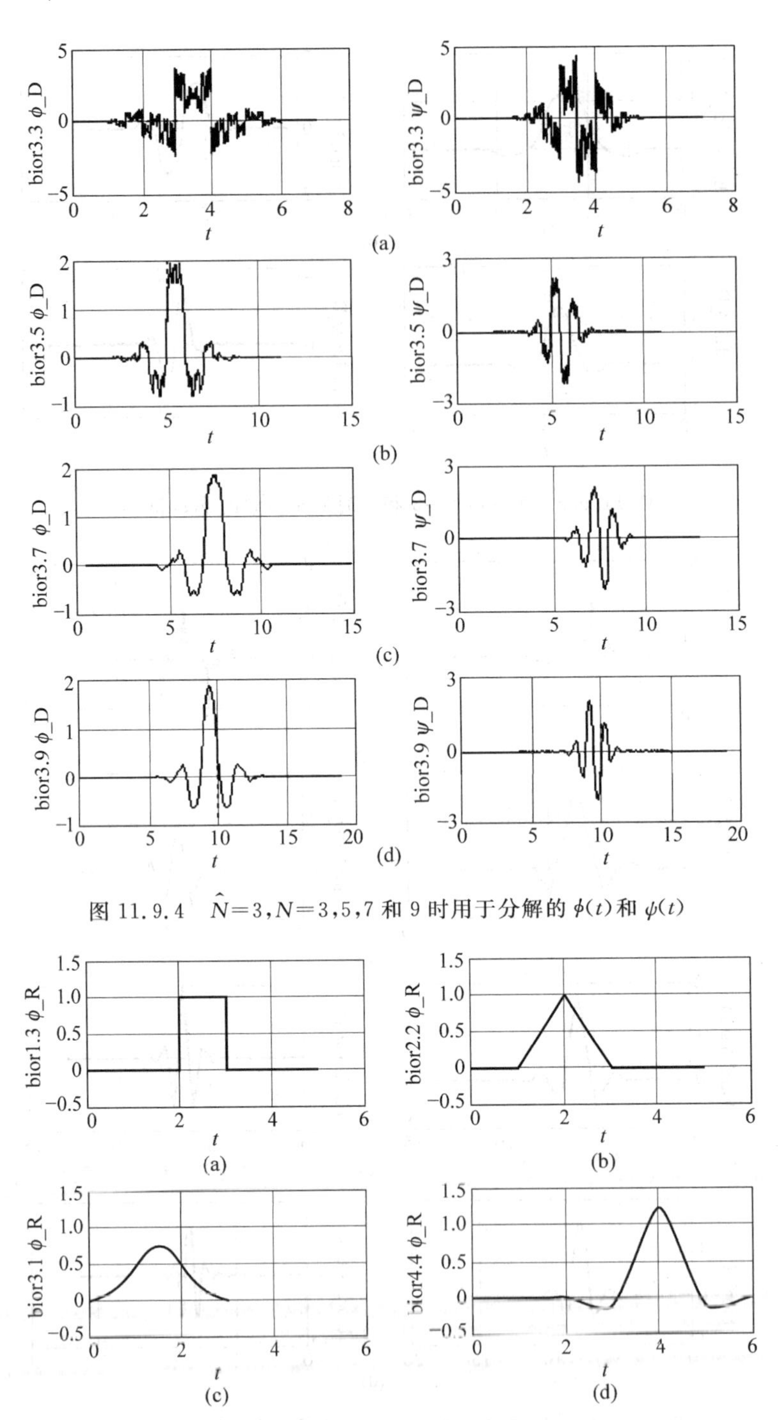

图 11.9.4 $\hat{N}=3, N=3,5,7$ 和 9 时用于分解的 $\phi(t)$ 和 $\psi(t)$

图 11.9.5 $\hat{N}=1,2,3$ 和 4 时用于重建的 $\hat{\phi}(t)$

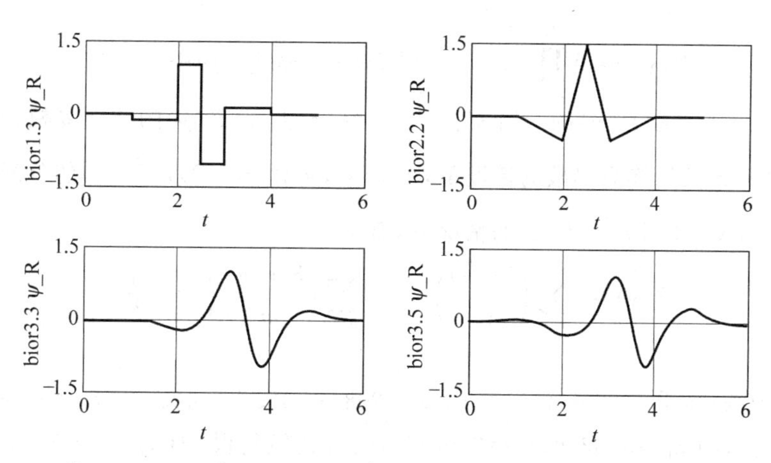

图 11.9.6 $\hat{N}=1,N=3$；$\hat{N}=2,N=2$；$\hat{N}=3,N=3$ 和 $\hat{N}=3,N=5$ 时用于重建的 $\hat{\psi}(t)$

图 11.9.5 给出的是 $\hat{N}=1,2,3$ 和 4 时用于重建的 $\hat{\phi}(t)$，图中 ϕ_R 指的是用于重建的尺度函数。显然，$\hat{N}=1$ 时的 $\hat{\phi}(t)$ 即是 Haar 尺度函数，它即是图 11.8.1(a)。而 $\hat{N}=2$ 时的 $\hat{\phi}(t)$ 即是图 11.8.1(b)，$\hat{N}=3$ 时的 $\hat{\phi}(t)$ 即是图 11.1.1 (c)。它们分别是 $N_1(t)$，$N_2(t)$ 和 $N_3(t)$。显然，图中 $\hat{N}=4$ 时的 $\hat{\phi}(t)$ 应是 $N_4(t)$。注意，$\hat{\phi}(t)$ 只和 $\hat{N}$ 有关，而和 N 无关。

图 11.9.6 给出的是 $\hat{N}=1,N=3$；$\hat{N}=2,N=2$；$\hat{N}=3,N=3$ 和 $\hat{N}=3,N=5$ 时用于重建的 $\hat{\psi}(t)$。图中 ψ_R 指的是用于重建的小波函数。显然，$\hat{\psi}(t)$ 不仅和 $\hat{N}$ 有关，而且也和 N 有关。

由以上讨论可知，按(11.9.15)式或(11.9.16)式构造出的 $\hat{H}_0(z)$ 及 $H_0(z)$ 的长度差别甚大，且 N 越大，这一差别越明显。由(11.6.5a)式，$\hat{h}_0(n)$ 的长度决定了 $h_1(n)$ 的长度。这样，一对分解滤波器 $H_0(z)$ 和 $H_1(z)$ 的长度将会有着明显的不同，这在语音和图像处理方面将会带来不便和麻烦。

$\hat{H}_0(z)$ 和 $H_0(z)$ 长度不同的原因在于对 $P(y)=P_0(y)\hat{P}_0(y)$ 的分解，即(11.9.15)式和(11.9.16)式是在假定 $P_0(y)=1$，$P(y)=P_0(y)$ 的情况下得到的。如果对 $P(y)$ 作另外形式的分解，如令

$$P(y)=\sum_{m=0}^{k-1}\binom{k-1+m}{m}y^m=P_0(y)\hat{P}_0(y),\quad k=l+\hat{l},\hat{P}_0(y)\neq 1 \tag{11.9.17}$$

然后将 $P_0(y)$ 和 $\hat{P}_0(y)$ 分别代入(12.3.5)式和(12.3.6)式，则可得到保证在双正交条件下且长度接近的 $\hat{H}_0(z)$ 和 $H_0(z)$。Daubechies 令[Dau92a]

$$P(y)=A\prod_{j=1}^{J_1}(y-y_i)\prod_{j=1}^{J_2}(y^2-2\mathrm{Re}[z_i]y+|y_i|^2) \tag{11.9.18}$$

式中 $y_j(j=1\sim J_1)$ 为 $P(y)$ 的一阶实根，$y_i,i=1\sim J_2$ 是 $P(y)$ 的共轭复根，然后在保证 $P_0(y)$、$\hat{P}_0(y)$ 系数始终为实数的情况下，考虑 y_j,y_i 对 $P_0(y)$ 和 $\hat{P}_0(y)$ 的分配。

在 $\hat{N}=4,N=4$，即 $\hat{l}=l=2$ 的情况下，有

$$P(y)=\sum_{m=0}^{3}\binom{3+m}{m}y^m=\sum_{m=0}^{3}\binom{3+m}{m}\left(\sin^2\frac{\omega}{2}\right)^m$$

即

$$P(z)=[-5z^3+40z^2-131z+208-131z^{-1}+40z^{-2}-5z^{-3}]/16$$

它有两个实根，即 $z_1=0.3289,z_2=3.0470$，两对共轭复根，即 $z_{3,4}=0.2841\pm j0.2432$，$z_{5,6}=2.0311\pm j1.7390$。又由于

$$\left(\cos\frac{\omega}{2}\right)^{2l}=\left(\cos\frac{\omega}{2}\right)^{2\hat{l}}=\left[\frac{\mathrm{e}^{\mathrm{j}\omega/2}+\mathrm{e}^{-\mathrm{j}\omega/2}}{2}\right]^4=\left[\frac{\mathrm{e}^{\mathrm{j}\omega}+2+\mathrm{e}^{-\mathrm{j}\omega}}{4}\right]^2$$

令 $z=\mathrm{e}^{\mathrm{j}\omega}$，则上式等效为 $[z^2+4z+6+4z^{-1}+z^{-2}]/16$，它既属于 $\hat{H}_0(z)$，也属于 $H_0(z)$。若将上面分解出的零点 z_1 和 z_2 赋给 $\hat{H}_0(z)$，则 $\hat{H}_0(z)$ 的长度为7。将余下的 $z_{3,4}$ 和 $z_{5,6}$ 赋给 $H_0(z)$，则 $H_0(z)$ 的长度为9。这样，二者的长度基本相等，既满足了(11.8.9)式，且又具有对称性。

$\hat{N}=4,N=4$ 时用于分解的 $\phi(t),\psi(t)$ 和用于重建的 $\hat{\phi}(t),\hat{\psi}(t)$ 如图11.9.7所示，$\hat{N}=5,N=5$ 时用于分解的 $\phi(t),\psi(t)$ 和用于重建的 $\hat{\phi}(t),\hat{\psi}(t)$ 如图11.9.8所示。生成图11.9.2～图11.9.8的MATLAB程序分别是exa110902.m～exa110908.m。

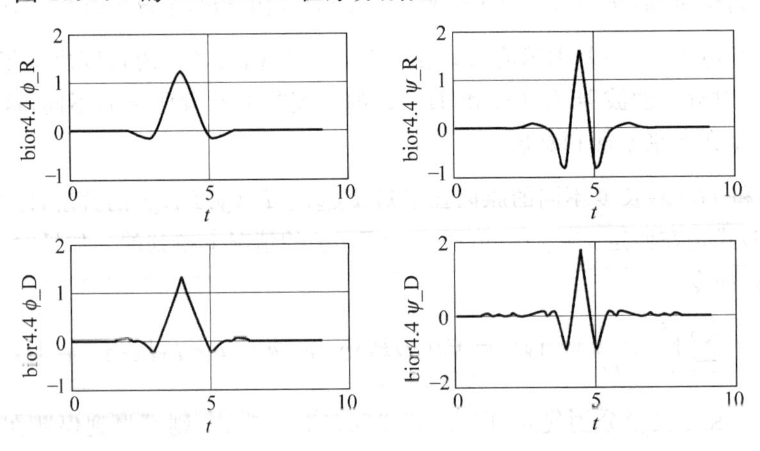

图11.9.7 $\hat{N}=4,N=4$ 时用于分解的 $\phi(t)$，$\psi(t)$ 和用于重建的 $\hat{\phi}(t),\hat{\psi}(t)$

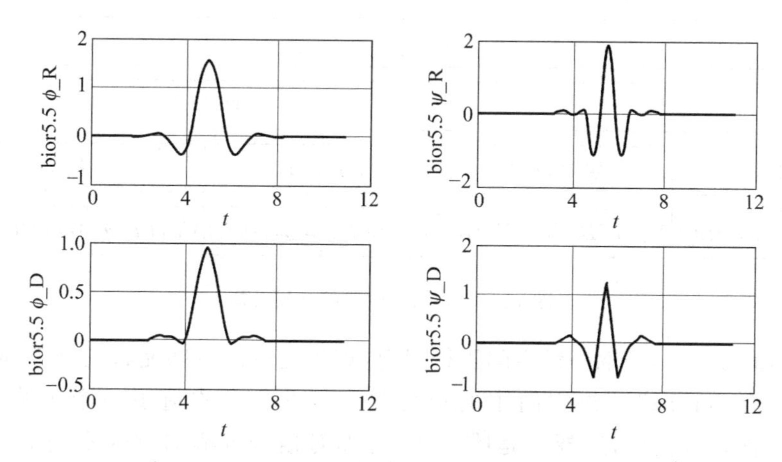

图 11.9.8 $\hat{N}=5,N=5$ 时用于分解的 $\phi(t)$，$\psi(t)$及用于重建的 $\hat{\phi}(t)$，$\hat{\psi}(t)$

最后顺便指出，$(\hat{N},N)=(2,2)$和 $(\hat{N},N)=(4,4)$的双正交小波，由于其滤波器长度的特点，文献上分别称它们为 db5/3 小波和 db9/7 小波。它们在图像处理和图像压缩中获得了广泛的应用。

11.10 正交小波包

第 10 章讨论的多分辨率分析将 $L^2(R)$空间逐层进行分解，如将 V_0 分成 V_1 和 W_1，再将 V_1 分成 V_2和 W_2，…，其中 $V_0=V_1\oplus W_1$，$V_1=V_2\oplus W_2$，及 $V_0=\bigoplus_{j\in Z^+} W_j$。对同一尺度 j，V_j是低频空间，W_j是高频空间，因此，信号 $x(t)$在 V_j中的展开系数 $a_j(n)$反映了信号的“概貌”，而在 W_j中的展开系数 $d_j(n)$反映了信号的“细节”，也即 $x(t)$的小波系数。由于这种分解具有恒 Q 性质，即在高频端可获得很好的时域分辨率而在低频端可获得很好的频域分辨率，由于这种分解相对均匀滤波器组和短时傅里叶变换有着许多突出的优点，因此获得了广泛的应用。

但这种分解仅是将 V_j逐级往下分解。而对 W_j不再作分解。将 W_1和 W_2相比，显然，W_1对应最好的时间分辨率，但是有着最差的频率分辨率。这在既想得到好的时间分辨率又想得到好的频率分辨率的场合是不能满足需要的。当然，在任何情况下，时间一频率分辨率之间都要受到不定原理的制约，但是，我们毕竟可根据工作的需要在二者之间取得最好的折中。例如，在多分辨率分解的基础上，我们可将 W_j空间再作分解，如图 11.10.1 所示。

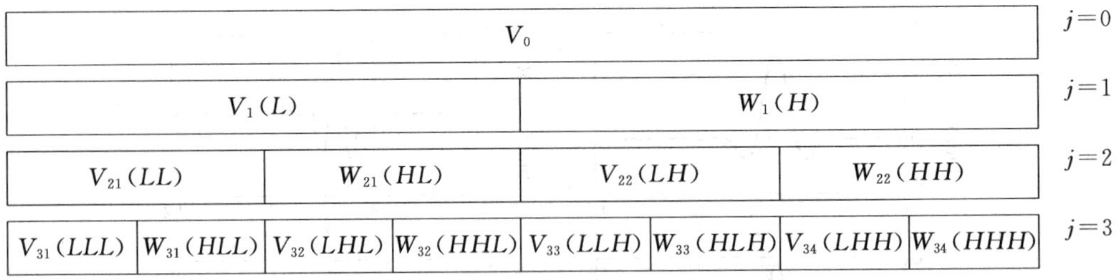

<table>
<tr><td colspan="8">V_0</td><td>$j=0$</td></tr>
<tr><td colspan="4">$V_1(L)$</td><td colspan="4">$W_1(H)$</td><td>$j=1$</td></tr>
<tr><td colspan="2">$V_{21}(LL)$</td><td colspan="2">$W_{21}(HL)$</td><td colspan="2">$V_{22}(LH)$</td><td colspan="2">$W_{22}(HH)$</td><td>$j=2$</td></tr>
<tr><td>$V_{31}(LLL)$</td><td>$W_{31}(HLL)$</td><td>$V_{32}(LHL)$</td><td>$W_{32}(HHL)$</td><td>$V_{33}(LLH)$</td><td>$W_{33}(HLH)$</td><td>$V_{34}(LHH)$</td><td>$W_{34}(HHH)$</td><td>$j=3$</td></tr>
</table>

图 11.10.1　V_0 空间的逐级分解

在该图的分解中，任取一组空间进行组合，如果这一组空间能将空间 V_0 覆盖并且相互之间不重合，则称这一组空间中的正交归一基的集合构造了一个小波包（wavelet packet）。显然，小波包的选择不是唯一的，也即对信号分解的方式不是唯一的。如在图 11.10.1 中，我们可选择

① $V_{31}, W_{31}, V_{32}, W_{32}, V_{33}, W_{33}, V_{34}, W_{34}$；

② $V_{31}, W_{31}, W_{21}, V_{22}, W_{22}$；

③ V_1, V_{22}, W_{22}

等不同空间来组合，它们都可覆盖 V_0，相互之间又不重合。如何决定最佳的空间组合及寻找这些空间中的正交归一基便是小波包中的主要研究内容。

图 11.10.1 的空间分解可用图 11.10.2 的滤波器组来实现。注意，在实现各级的卷积时，图中滤波器 H_0, H_1 的系数要事先翻转，即将 $h_i(n)$ 变成 $h_i(-n)$，$i=0,1$。

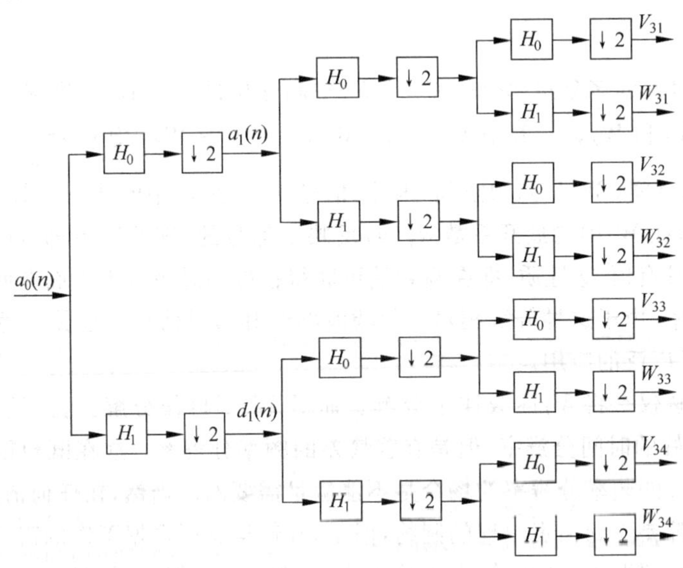

图 11.10.2　图 11.10.1 的滤波器组实现

由该图可以看出，基于小波包的信号分解也是用一对滤波器 $H_0(z)$和 $H_1(z)$来实现的。在第 10 章的多分辨率分析中，我们详细讨论和论证了在 V_j和 W_j中分别存在正交归一基$\phi_{j,k}(t)$和 $\psi_{j,k}(t)$，它们和共轭正交镜像滤波器组 $H_0(z)$、$H_1(z)$有如下关系，即

$$\phi\left(\frac{t}{2^j}\right)=\sqrt{2}\sum_{k=-\infty}^{\infty}h_0(k)\phi\left(\frac{t}{2^{j-1}}-k\right) \tag{11.10.1a}$$

$$\psi\left(\frac{t}{2^j}\right)=\sqrt{2}\sum_{k=-\infty}^{\infty}h_1(k)\phi\left(\frac{t}{2^{j-1}}-k\right) \tag{11.10.1b}$$

当 $j=0$ 时，有

$$\phi(t)=\sqrt{2}\sum_{k=-\infty}^{\infty}h_0(k)\phi(2t-k) \tag{11.10.2a}$$

$$\psi(t)=\sqrt{2}\sum_{k=-\infty}^{\infty}h_1(k)\phi(2t-k) \tag{11.10.2b}$$

此即二尺度差分方程。式中，$h_0(k)$、$h_1(k)$有如下关系

$$h_1(k)=(-1)^k h_0(1-k) \tag{11.10.3}$$

在上述的多分辨率分析中，当将 V_j 分解成 V_{j+1}和 W_{j+1}时，V_j中的正交归一基 $\phi_{j,k}(t)$产生了两个正交归一基 $\phi_{j+1,k}(t)$和 $\psi_{j+1,k}(t)$，它们分别属于 V_{j+1}和 W_{j+1}，生成的办法即是(11.10.1)式的二尺度差分方程。由此我们可以设想，在图 11.10.1 中，将 W_1分解生成W_{21}和 W_{22}时，W_1中的正交归一基 $\psi_{1,k}(t)$也将会依照二尺度差分方程分别生成 W_{21}和W_{22}中的正交归一基。如果这一结论正确，则图 11.10.1 中的各个子空间将都存在正交归一基。该结论可由下述定理来描述：

定理 11.10.1 令 $\theta_{j,k}(t)$是空间 U_j中的正交归一基，$h_0(k)$，$h_1(k)$是满足(11.10.3)式的一对共轭正交滤波器，令

$$\theta_{j+1}^0(t)=\sum_{k=-\infty}^{\infty}h_0(k)\theta(2^{-j}t-k) \tag{11.10.4a}$$

$$\theta_{j+1}^1(t)=\sum_{k=-\infty}^{\infty}h_1(k)\theta(2^{-j}t-k) \tag{11.10.4b}$$

则

$$\{\theta_{j+1,k}^0(t),\theta_{j+1,k}^1(t)\},\quad k\in Z$$

是 U_j 中的正交归一基。

该定理的证明见文献[Mal99]。显然，令 U_{j+1}^0，U_{j+1}^1分别是 $\theta_{j+1,k}^0(t)$和 $\theta_{j+1,k}^1(t)$所产生的空间，应该有

$$U_{j+1}^0\oplus U_{j+1}^1=U_j \tag{11.10.5}$$

在图 11.10.1 中，V_0中有正交基 $\phi_{0,k}(t)$，V_1中有正交基 $\phi_{1,k}(t)$，W_1中有正交基 $\psi_{1,k}(t)$。按定理 11.10.1，由 $\psi_{1,k}(t)$可生成 W_{21}，W_{22}中的正交基。依次类推，我们可得到图 11.10.1

中任一子空间中的正交归一基。

对于给定的尺度 j，在图 11.10.1 中，共有 2^j 个子空间。为了讨论的方便，我们将图中的子空间统一标记为 $W_j^0, W_j^1, \cdots, W_j^{2^j-1}$。如 $j=3$，共有 $W_3^0, W_3^1, \cdots, W_3^7$ 个子空间。显然，W_j^{2p} 对应每一次剖分的低频部分，而 W_j^{2p+1} 对应其高频部分，$p=0,1,\cdots,2^{j-1}-1$。令子空间 W_j^{2p} 中的正交归一基为 $\psi_{j,k}^{2p}(t)$，子空间 W_j^{2p+1} 中的正交归一基为 $\psi_{j,k}^{2p+1}(t)$。由(11.10.1)式及(11.10.4)式，有

$$\psi^{2p}\left(\frac{t}{2^{j+1}}\right) = \sqrt{2}\sum_{k=-\infty}^{\infty} h_0(k)\psi^p\left(\frac{t}{2^j} - k\right) \tag{11.10.6a}$$

$$\psi^{2p+1}\left(\frac{t}{2^{j+1}}\right) = \sqrt{2}\sum_{k=-\infty}^{\infty} h_1(k)\psi^p\left(\frac{t}{2^j} - k\right) \tag{11.10.6b}$$

及

$$\sqrt{2}h_0(k) = \left\langle \psi^{2p}\left(\frac{t}{2^{j+1}}\right), \psi^p\left(\frac{t}{2^j} - k\right)\right\rangle \tag{11.10.7a}$$

$$\sqrt{2}h_1(k) = \left\langle \psi^{2p+1}\left(\frac{t}{2^{j+1}}\right), \psi^p\left(\frac{t}{2^j} - k\right)\right\rangle \tag{11.10.7b}$$

由(11.10.5)式，有

$$W_{j+1}^{2p} \oplus W_{j+1}^{2p+1} = W_j^p \tag{11.10.8}$$

显然，当 $p=0$ 时，$W_0^p = W_0^0$ 即是空间 V_0，基函数 $\psi^p(2^{-j}t-k) = \psi^0(t-k)$ 即是 V_0 中的正交归一基 $\phi(t-k)$，也即尺度函数。由图 11.10.1 也可看出，W_j^1 即是我们在第 10 章讨论过的多分辨率分析中的空间 W_j，因此 W_j^1 中的正交归一基 $\psi^1(2^{-j}t-k)$ 即是 W_j 中的正交归一基 $\psi_{j,k}(t)$，也即小波函数。由(11.10.6)式，令 $j=0$，则

$$\psi^{2p}(t) = \sqrt{2}\sum_{k=-\infty}^{\infty} h_0(k)\psi^p(2t-k) \tag{11.10.9a}$$

$$\psi^{2p+1}(t) = \sqrt{2}\sum_{k=-\infty}^{\infty} h_1(k)\psi^p(2t-k) \tag{11.10.9b}$$

按照上述思路，只要我们给定了 V_0 中的尺度函数 $\phi(t)$ 及相应的小波函数 $\psi(t)$，由(11.10.6)式，或(11.10.9)式即可递推地求出小波包分解中各个子空间中的基函数 $\psi_{j,k}^{2p}(t)$ 和 $\psi_{j,k}^{2p+1}(t)$。

例 11.10.1　对 Harr 小波，$h_0(0)=h_0(1)=\dfrac{1}{\sqrt{2}}$，$h_1(0)=\dfrac{1}{\sqrt{2}}$，$h_1(1)=-\dfrac{1}{\sqrt{2}}$，由(11.10.6)式，有

$$\psi_{j+1}^{2p}(t) = \sqrt{2}\sum_{k=0}^{1} h_0(k)\psi_j^p(t-2^jk)$$

$$\psi_{j+1}^{2p+1}(t) = \sqrt{2}\sum_{k=0}^{1} h_1(k)\psi_j^p(t-2^jk)$$

式中 $\psi_j^p(t-2^jk)=\psi^p(t/2^j-k)$。显然，
当 $j=0$ 时，有

$$\psi_1^0(t) = \psi_0^0(2t) + \psi_0^0(2t-1)$$
$$\psi_1^1(t) = \psi_0^0(2t) - \psi_0^0(2t-1)$$

当 $j=1$ 时，有

$$\psi_2^0(t) = \psi_1^0(2t) + \psi_1^0(2t-1)$$
$$\psi_2^1(t) = \psi_1^0(2t) - \psi_1^0(2t-1)$$
$$\psi_2^2(t) = \psi_1^1(2t) + \psi_1^1(2t-1)$$
$$\psi_2^3(t) = \psi_1^1(2t) - \psi_1^1(2t-1)$$

$\psi_1^0(t)$，$\psi_1^1(t)$的宽度都是 $2T$，而 $\psi_2^0(t)\sim\psi_2^3(t)$的宽度为 $4T$。$j=1,2,3$ 时的 $\psi_j^p(t)$分别示于图 11.10.3(a)，(b)和(c)。其中，图(a)是 $\psi_1^0(t)$，$\psi_1^1(t)$；图(b)是 $\psi_2^0(t)\sim\psi_2^3(t)$；图(c)是 $\psi_3^4(t)\sim\psi_3^7(t)$，$\psi_3^0(t)\sim\psi_3^3(t)$和 $\psi_2^0(t)\sim\psi_2^3(t)$完全一样，所以不用再给出。

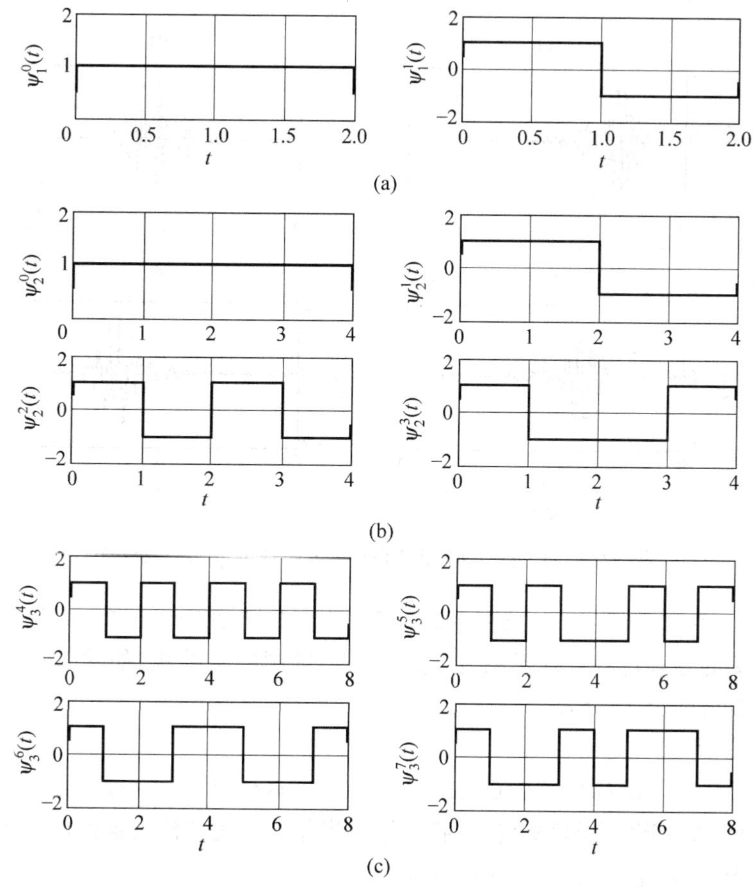

图 11.10.3 由 Harr 小波生成的小波包

例 11.10.2　令 V_0 空间中的 $\phi(t)$ 为“db5”小波对应的尺度函数，当 $j=3$ 时，可求出 $W_3^0 \sim W_3^7$ 中的小波基 $\psi_3^0(t) \sim \psi_3^7(t)$，如图 11.10.4 所示。

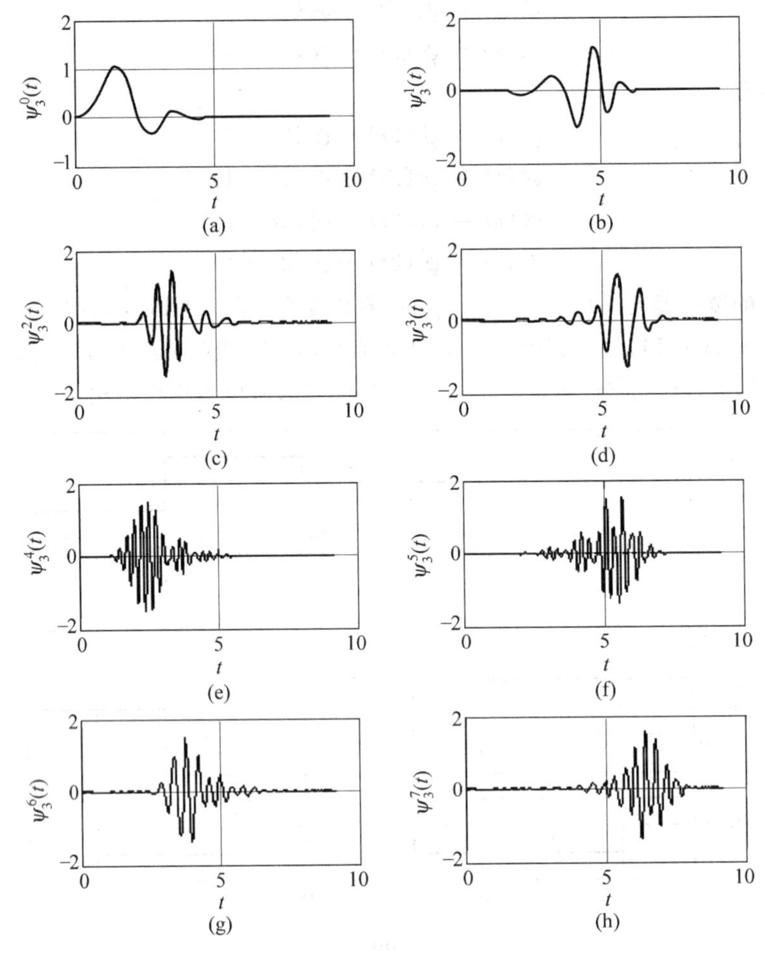

图 11.10.4　$j=3$ 时，由“db5”小波生成的 $\psi_3^0(t) \sim \psi_3^7(t)$

对应例 11.10.1 和例 11.10.2 的 MATLAB 程序分别是 exa111001.m 和 exa111002.m。

上述两例的分解过程可以形象地表为一个二进制的树结构，如图 11.10.5 所示。图中结点处的数值即为 (j,p)。

令 $x(t) \in L^2(R)$，则

$$a_0(n) = \langle x(t), \phi(t-n) \rangle = \langle x(t), \psi_0^0(t-n) \rangle \tag{11.10.10}$$

是 $x(t)$ 在空间 $V_0 = W_0^0$ 中的“概貌”。我们把它当作一个树状滤波器组的输入信号。在小波包的分解中，对任意的结点 (j,p)，则

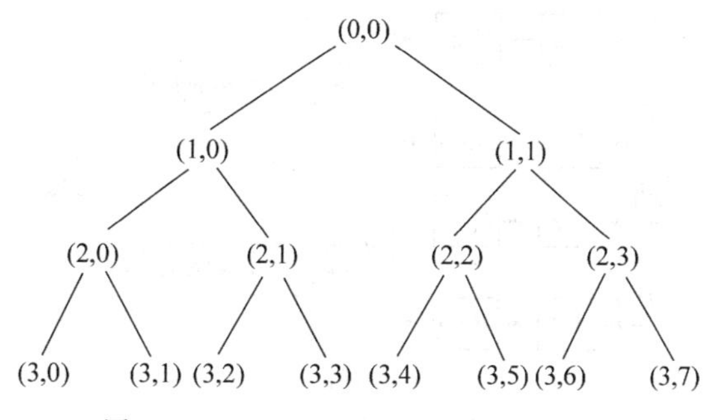

图 11.10.5 $j=3$ 时的二进制树结构图

$$d_j^p(n) = \langle x(t), \psi_j^p(t) \rangle$$

为 $x(t)$ 在该结点(或子空间 W_j^p)处的小波包系数,它是 $x(t)$ 和基函数 $\psi^p(2^{-j}t-n)$ 作内积的结果。下述定理给出了小波包系数的快速计算方法。

定理 11.10.2 在小波包的分解中,在结点$(j+1,p)$处的小波包系数由下式给出

$$d_{j+1}^{2p}(k) = d_j^p(k) * \bar{h}_0(2k) = \sum_{m=-\infty}^{\infty} d_j^p(m) h_0(m-2k) \tag{11.10.11a}$$

$$d_{j+1}^{2p+1}(k) = d_j^p(k) * \bar{h}_1(2k) = \sum_{m=-\infty}^{\infty} d_j^p(m) h_1(m-2k) \tag{11.10.11b}$$

而在结点 (j,p)处的小波包系数 d_j^p 可由下式重建

$$d_j^p(k) = \breve{d}_{j+1}^{2p}(k) * h_0(k) + \breve{d}_{j+1}^{2p+1}(k) * h_1(k) \tag{11.10.12}$$

式中 $\breve{d}_{j+1}^{2p}(k)$和 $\breve{d}_{j+1}^{2p+1}(k)$分别是 $d_{j+1}^{2p}(k)$和 $d_{j+1}^{2p+1}(k)$每两个点插入一个零后所得到的序列。

该定理的证明类似于定理 10.6.1 和定理 10.6.2,此处不再讨论。$j=2$ 时的分解与重建如图 11.10.6(a)和(b)所示。图中 $d_0^0(n)$即是 $a_0(n)$。在图(a)中,当实现各级的卷积时,图中滤波器 H_0,H_1 的系数同样要事先翻转,即将 $h_i(n)$变成 $h_i(-n)$,$i=0,1$。

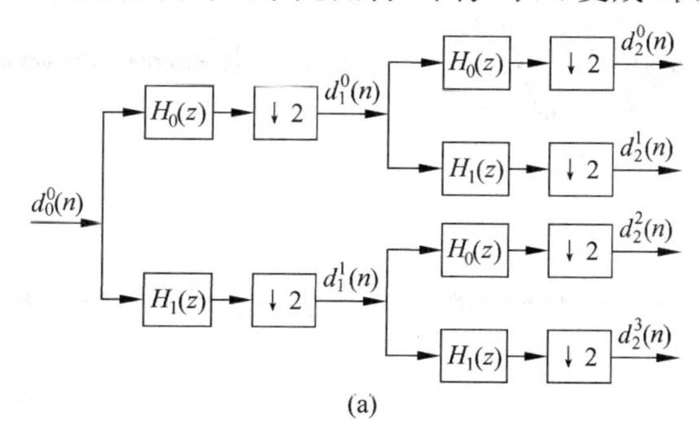

图 11.10.6 基于滤波器组的小波包分解与重建

(a)小波包分解,(b)小波包重建

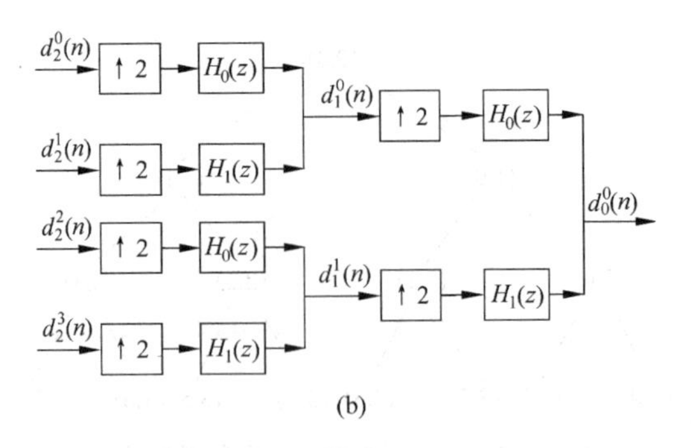

(b)

图 11.10.6 （续）

例 11.10.3 信号 $x(t)$是 MATLAB 中所给的信号 noisdopp. mat，如图 11.10.7(a)所示。令 $j=3$，我们可得到对 $x(t)$作小波包分解后的各个子空间的系数 d_j^p。由此可看出信号 $x(t)$在各个频带上的时域行为。图中所用小波均是"db5"正交小波。图(b)对应 $j=1,p=0$；图(c)对应 $j=2,p=0,1$；图(d)对应 $j=3,p=0,1$；图(e)对应 $j=3,p=2,3$。

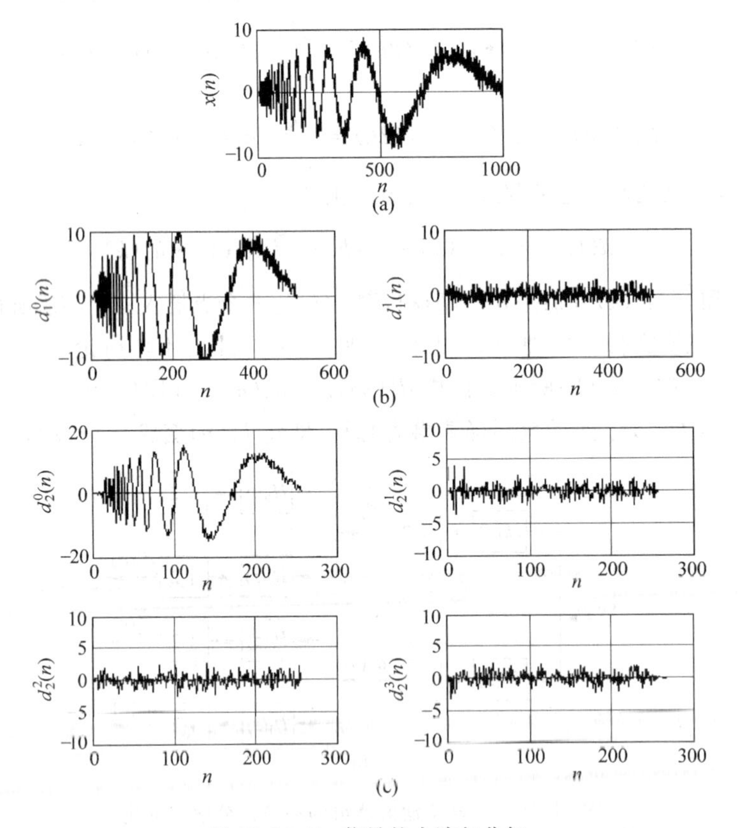

图 11.10.7　信号的小波包分解

(a) 原信号 $x(t)$；(b) d_1^0 和 d_1^1；(c) d_2^0,d_2^1,d_2^2 及 d_2^3；(d) $d_3^0\sim d_3^3$；(e) $d_3^4\sim d_3^7$

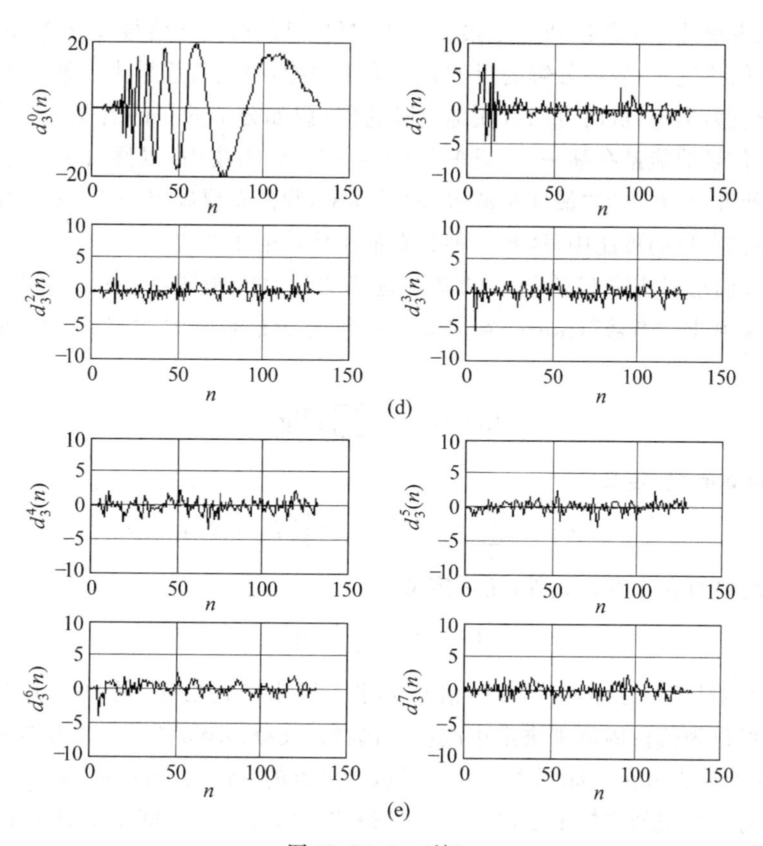

图 11.10.7 (续)

由图 11.10.7 可以看出，当 $j=1$ 时，$d_1^0(n)$反映了 $x(t)$的概貌，它相当于多分辨率分析中 V_1 空间的 $a_1(n)$。而 $d_1^1(n)$相当于 W_1 空间的 $d_1(n)$，它是 $x(t)$中的噪声分量，也即高频成分；当 $j=2$ 时，$d_2^0(n)$仍是信号的概貌，但比 $d_1^0(n)$含有较少的噪声，$d_2^1(n)$，$d_2^2(n)$及 $d_3^3(n)$也属于噪声分量，当 $j=3$ 时，反映概貌的 $d_3^0(n)$已几乎不含噪声，$d_3^1\sim d_3^7$ 属于噪声成分，但其幅值已很小。

生成图 11.10.7 的 MATLAB 程序是 exa11003.m。

上述分解是将 $j=1,2$ 及 3 时的分解系数全部求出。实际上，根据小波包的定义，我们只需要取部分互不重迭且又能覆盖 V_0 的子空间即可，这即是所谓"最佳小波包"的选择问题。一个最佳小波包的选择取决于三个因素：

(1) 信号本身的性质；

(2) 信号分解的目的；

(3) "最佳"原则的选择。

显然，一个最佳的小波包应使信号 $x(t)$在其各个子空间中的投影(即 d_j^p)尽可能地大。至于说由哪几个空间组成一个最佳的小波包，显然取决于信号 $x(t)$ 能量随频率的分布。从应用的角度看，假如分解的目的若是为了去噪，我们希望噪声在某一个（或多个）子空间的能量较为集中，从而可以方便地去除它们；假如分解的目的若是为了数据的压缩，则我们希望信号的能量在某一个（或多个）子空间中较为集中，以便对它们进行编码。但是，无论何种目的，在决定"最佳小波包"的过程中，我们总要确定一个"代价函数"，从而使在各种小波包选择的可能中，选择一种具有最小代价的小波包。

至今，人们已提出了代价函数的多种选择方法，如"编码率-失真（R-D）指标"[ZW3]，"Shannon"熵判据，"范数"（norm）判据等。若令 x_i 为信号 $x(t)$ 在某一子空间正交基上的投影，则定义

$$E_1(x) = -\sum_i x_i^2 \lg x_i^2 \tag{11.10.13}$$

为 x 的 Shannon 熵，定义

$$E_2(x) = \sum_i |x_i|^p = \|x\|_p^p,\quad 1 \leqslant p < 2 \tag{11.10.14}$$

为 x 的 l^p 范数的 p 次方。此外，还可定义，

$$E_3(x) = \sum_i \log x_i^2 \tag{11.10.15}$$

为 x 的对数能量熵。这样，对给定的信号 x，我们可求出它在每一个子空间中的"熵"或范数，并把它们作为代价函数来决定小波包的选择。文献[ZW3]以 $j=3$ 为例介绍了一种自底向顶的快速搜索方法。如图 11.10.8 所示。上方的空间为"母空间"，下方的空间为"子空间"。在每一个空间都标上了由(11.10.13)式～(11.10.15)式中的任一式求出的代价函数。如果子空间的代价总和小于母空间的代价，这说明这一分解是值得的，因此，该子

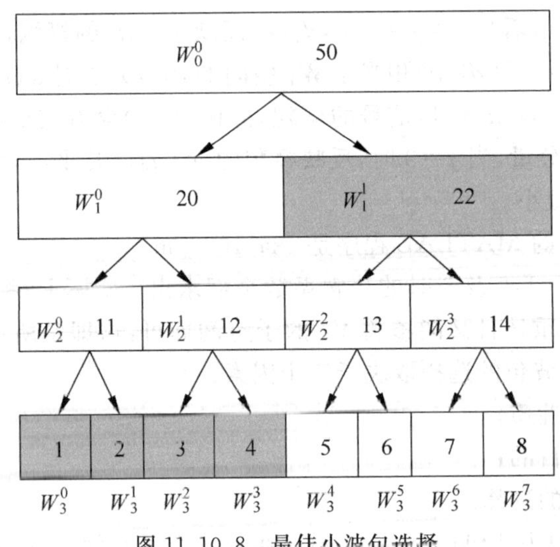

图 11.10.8　最佳小波包选择

空间应予以保留。反之,若子空间的代价总和大于母空间的代价,则这一分解是不适当的,应加以放弃,即保留“母空间”。

由于W_3^0加上W_3^1中的代价为3,小于W_2^0的代价11,所以由W_2^0至W_3^0和W_3^1的分解应加以保留;W_3^2加上W_3^3的代价为7,小于W_2^1的代价12,所以这一分解也应保留。同理,W_3^4加W_3^5的代价为11,小于W_2^2的代价13,应加以保留,但W_3^6加W_3^7的代价为15,大于W_2^3的代价14,因此这一分解应该放弃。依次往上类推,最后选中的应是子空间W_3^0,W_3^1,W_3^2,W_3^3及W_1^1,由它们构成在所给定意义上最佳的“小波包”。其中,选中的W_3^4,W_3^5和W_2^3由于可由W_1^1所覆盖,故可以放弃。

MATLAB的wavelet Toolbox中有着丰富的有关小波包的m文件。但是,随着MATLAB版本的变化,这些m文件也不断的变化(包括名称和调用格式)。在MATLAB6.5中,有关小波包的m文件共有16个,大体可分为三部分,其名称和功能分别是:

1. 用于小波包分解的m文件

(1) wpdec:一维小波包分解,返回小波包分解树;
(2) wpdec2:二维小波包分解,返回对应数据阵的分解树;
(3) wpsplt:对小波包分解树的某个节点再分解,返回新的分解树;
(4) wpcoef:提取分解树中某一个节点处的小波包系数;
(5) wpfun:对给定的小波名字“wname”,生成相应的小波包;
(6) wp2wtree:从小波包分解树中提取小波树;
(7) wenergy:分别计算小波包分解后概貌和细节的能量百分比;

2. 用于小波包重构的m文件

(8) wprcoef:小波包系数重构,即计算小波包分解树某一节点处的重构系数;
(9) wprec:一维小波包重构,即返回对应小波包分解树的重建向量;
(10) wprec2:二维小波包重构;

3. 用于小波分解结构操作的m文件

(11) wpcutree:剪切小波包分解树;
(12) wpjoin:重新组合小波包;
(13) bestlevt:计算完整的最佳小波包树;
(14) besttree:计算最佳的小波包分解树;
(15) wentropy:计算小波包的熵;
(16) entrupd:更新小波包的熵值。

下面的例子说明了上述部分 m 文件的应用，其他文件请读者自己编程应用。通过这些 m 文件的应用，非常有助于对小波包理论的理解，同时也有助于我们将它们用于工程实际。

例 11.10.4　令 $x(t)$仍然为 MATLAB 中的 noisdopp.mat，如图 11.10.7(a)的第一个图所示。分别使用 wpdec，wpcutree，wpsplt 和 wpjoin 4 个 m 文件，可分别得到相对该数据的原始分解树、在 $j=2$ 级截断后的分解树、在某一节点再分解的分解树和重新组合的分解树。相应的程序是 exa111004.m，读者运行该程序便可给出这些树结构。限于篇幅，这些树结构的图在此不再一一给出。

第 12 章

基于小波变换的信号奇异性检测及去噪

在第 9～11 章中，较为详细地讨论了小波变换的定义、性质、算法以及小波构造的方法。由这些讨论可知，通过改变母小波 $\psi(t)$ 的尺度，从而改变了信号分析的频率中心和带宽，而这一改变恰好适应了对快变的信号要求好的时间分辨率、对慢变的信号要求好的频率分辨率这一基本要求。利用 Mallat 的多分辨率分析算法，通过不断地改变分析的尺度，从而实现了对信号由表及里、由粗及精的分析，揭示了信号在不同频带内的形态，实现了信号时域和频域的定位。因此，小波变换的确是信号分析的数学显微镜。由于小波变换的这些突出优点，它在各个领域都获得了广泛的应用。

由于小波应用的广泛性和多样性，要想列出小波应用的所有领域，或是用几个具体的例子来说明小波的应用都是很困难的。本章将以一维信号和二维图像处理中的几个典型问题，即信号的奇异性检测、信号的去噪和图像压缩编码等来集中讨论小波变换的应用。通过这几个问题的讨论，读者不难把其中的理论和方法引申到自己所需要解决的领域。实际上，下面讨论的小波应用也是小波变换理论的进一步丰富。

12.1 信号的奇异性检测

信号是信息的载体，信号分析和信号处理的任务是从所采集（或记录）到的信号中提取出有用的信息。显而易见，信号中所包含的信息主要体现在信号的瞬变点或瞬变的区域中。例如，一个不随时间变化的直流信号除了能给出信号的幅度外不再包含其他任何的信息，一个慢变的信号所包含的信息也是非常贫乏的。众所周知，白噪声在任意两点之间都是不相关的，因此它是最随机的，所以白噪声包含了最丰富的信息。当然，白噪声是一个极端的例子，实用的信号不会是白噪声。但上述例子说明，正是信号中的瞬变部分才包含了所需要的信息，因此，信号中的瞬变部分也正是需要检测的。信号的瞬变程度常用信号的奇异性（singularity）来描述，有关奇异性的定义将在 12.1.1 节详细讨论。

信号中的瞬变部分反映了产生该信号的物体在相应的时刻发生了状态的改变，通过瞬变部分的检测可以研究该物体变化的机理，因此，信号的瞬变部分的检测几乎是信号分析和处理的基本任务。例如，图 12.1.1 是一段正常的心电图(electrocardiogram，ECG)，图中，P，Q，R，S 和 T 波都是瞬变点，它们反映了心脏运动的不同状态。

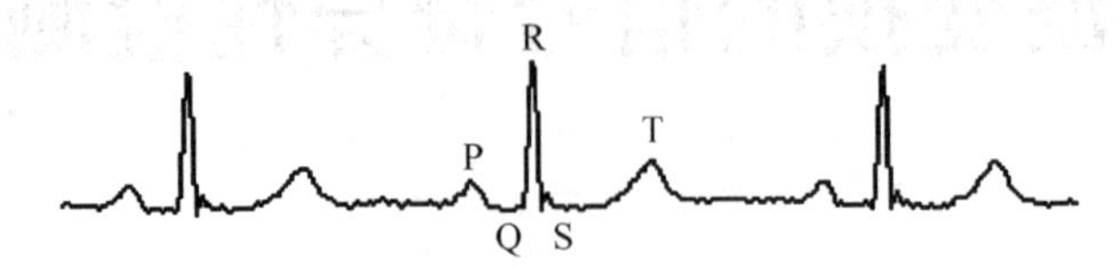

图 12.1.1　一段典型的心电信号

心脏在我们生命的全过程中始终周而复始地运动着。由窦房结发出的自主运动命令先引起心房的兴奋(又称去极化)，再引起心室的兴奋，从而将新鲜血液通过主动脉送入人体，然后心房、心室处于静息状态(又称复极)，等待下一个运动周期。每一个运动周期的快慢直接反映了心脏跳动的快慢，可以由此计算出瞬时心率。P，Q，R，S 和 T 波相互之间的距离反映了心脏各部分兴奋传导所需要的时间，这些传导时间和每一个波形的形态都反映了心脏各器官的性能，因此，这些参数就成为了临床心脏病诊断的有力工具。具体来说，图中，P 波反映了心房去极化过程的电位变化，QRS 复合波反映了心室去极化过程的电位变化，T 波反映了心室复极过程所引起的电位变化，P-R 间期反映了窦房结产生的兴奋由心房传到心室从而引起心室开始兴奋所需要的时间，Q-T 间期反映了从心室开始兴奋到恢复完全静息状态所需要的时间，等等。心电图的计算机辅助分析所研究的内容即是这些波形的自动检测和心脏疾病的自动识别，它在危重病房(ICU)的实时监护、动态心电图的回放分析、心电工作站、远程医疗以及家庭护理方面都有着广泛的应用。当然，要完成这些任务，首要的是发展一套高水平的算法，能将 P，Q，R，S 和 T 这些波形准确地检测出来。因此，这是一个典型的奇异性检测问题。

本节先介绍描述信号(或函数)奇异性的一个重要指数，即 Lipschitz 指数，然后讨论傅里叶变换在描述信号奇异性方面的特点与不足，最后重点讨论小波变换在信号奇异性描述和检测方面的应用。

Mallat 在信号的奇异性检测方面做出了卓有成效的工作，其成果主要反映在文献[Mal92a]，文献[Mal92b]，文献[Mal99]及文献[Mal91]中，本章有关这方面的内容主要参考了这些文献。

12.1.1　Lipschitz 指数

给定一个信号(或函数)$x(t)$，希望描述它在某一点(如 t_0)或每一个区间(如$[a,b]$)之

间的规则性(regularity)或奇异性(singularity)。粗略地说,若信号在某一点或某一个区间内是可微的,则该信号在该点或该区间内是规则的,反之,则是奇异的。若在该点或该区间内可微的阶次越高,那么该信号的规则性越强,或者说该信号在该点或该区间内越平滑。因此,信号的规则性、奇异性和平滑性,实际上指的是同一件事,即该信号在该点或该区间内可微的情况。在数学上,Lipschitz 指数(以下简称为李氏指数)被用来定量地描述函数的规则性和奇异性,当然,这一描述方法也同样可用于信号的描述。

数学中的泰勒(Taylor)级数也是用来描述函数在某一个区间的可微性及用多项式近似的方法,因此,李氏指数和泰勒级数有着密切的关系。

信号 $x(t)$在某一点 t_0 的一个邻域$[t_0-h,t_0+h]$的泰勒级数是

$$p_{t_0}(t)=\sum_{k=0}^{n-1}\frac{x^{(k)}(t_0)}{k!}(t-t_0)^k \tag{12.1.1}$$

$p_{t_0}(t)$和 $x(t)$在该邻域内的近似误差是

$$e_{t_0}(t)=x(t)-p_{t_0}(t)$$

且 $e_{t_0}(t)$满足如下关系:

$$|e_{t_0}(t)|\leqslant\frac{|t-t_0|^n}{n!}\sup|x^{(n)}(u)|,\quad \forall t\in[t_0-h,t_0+h] \tag{12.1.2}$$

式中,$u\in[t_0-h,t_0+h]$。

因此,如果 $x(t)$在 t_0 处是 n 次可微的,那么当 t 趋近于 t_0 时,(12.1.2)式给出了误差函数 $e_{t_0}(t)$的上界。不过(12.1.2)式中的指数 n 是整数,Lipschitz 指数利用一个非整数 α 来改进了这个误差的上界[Mal97],显然,$n<\alpha<n+1$。下面给出有关 Lipschitz 指数的定义。

定义 12.1.1　给定信号 $x(t)$,若存在常数 $K>0$ 及 $n=\lfloor\alpha\rfloor$阶的多项式 $p_{t_0}(t)$,使得

$$|x(t)-p_{t_0}(t)|\leqslant K|t-t_0|^\alpha,\quad \forall t \tag{12.1.3}$$

称 $x(t)$在 t_0 处具有李氏指数 α。

显然,多项式 $p_{t_0}(t)$即是信号 $x(t)$在 t_0 处的 n 阶泰勒多项式。令 $h=t-t_0$,由(12.1.1)式及 $e_{t_0}(t)$的定义,信号的泰勒展开又可表示为

$$\begin{aligned}x(t)&=p_{t_0}(t)+O(h^{n+1})\\&=x(t_0)+a_1h+a_2h^2+\cdots+a_nh^n+O(h^{n+1})\end{aligned} \tag{12.1.4}$$

式中,$a_1,a_2,\cdots,a_n$ 是多项式 $p_{t_0}(t)$的系数;$O(h^{n+1})$表示和 $h^{n+1}=(t-t_0)^{n+1}$同量级的量。例如,若

$$x(t)=x(t_0)+a_1h+a_2h^2+a_3h^3+a'h^{3.6}$$

则 $3<\alpha=3.6<4$。

由上面的讨论可知,如果 $x(t)$在 t_0 处 n 次可微,但 n 阶导数不连续,那么它是 $n+1$ 次不可微的。这时,$x(t)$在 t_0 处的李氏指数有 $n\leqslant\alpha<n+1$。

由上面的结论,若信号 $x(t)$在 t_0 处可微,但其一阶导数不连续,如果该导数值有界,

那么，$x(t)$在 t_0 处的李氏指数有 $1 \leqslant \alpha < 2$。图 12.1.2(a)的斜坡函数 $r(t-t_0)$即是这种情况，将其李氏指数取为整数，即 $\alpha=1$。

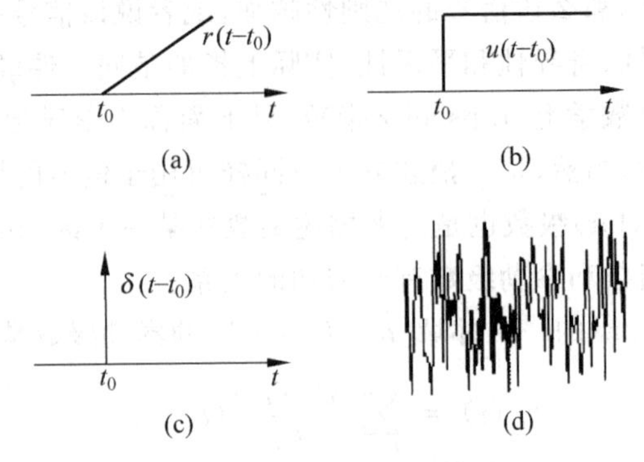

图 12.1.2 四种特殊信号

显然，若信号 $x(t)$在 t_0 处是不可微的，那么其李氏指数必然小于 1，这时，信号将是奇异的。图 12.1.2(b)的阶跃函数 $u(t-t_0)$在 t_0 处是不连续的，它是图(a)的斜坡函数的导数，因此，其李氏指数 $\alpha=0$。

由上面的讨论可知，若 $x(t)$ 在 t_0 处的李氏指数为 α，令 $y(t)=\int x(t)\mathrm{d}t$，那么 $y(t)$的李氏指数变为 $\alpha+1$，即函数积分一次，李氏指数加 1。但是，反过来不一定成立，即如果 $x(t)$在 t_0 处的李氏指数为 α，其导数 $x'(t)$的指数不一定是 $\alpha-1$，这对应于信号在 t_0 处具有快速振荡特性的情况，详见文献[Mal92]。对奇异信号，由于阶跃信号是斜坡信号的导数，而单位冲激信号 $\delta(t)$可以是阶跃信号的导数，因此，对图 12.1.2(c)的冲激函数 $\delta(t-t_0)$，其李氏指数 $\alpha=-1$。对图 12.1.2(d)的白噪声信号，文献[Mal92]指出，其李氏指数为负值，可以表示为 $\alpha=-0.5-\varepsilon(\varepsilon>0)$。

定义 12.1.1 给出的是 $x(t)$在 t_0 处的李氏指数的定义，因此又称为逐点(pointwise)或点态李氏指数。如果对所有的 $t_0\in[a,b]$，(12.1.3)式都能满足，则称 $x(t)$在区间$[a,b]$有着均匀(uniformly)或一致李氏指数 α。可以证明：

(1) 当且仅当 $x(t)$的导数在区间$[a,b]$有均匀李氏指数 $\alpha-1$ 时，$x(t)$在区间$[a,b]$才有均匀李氏指数 α；

(2) 当且仅当 $x(t)$的积分在区间$[a,b]$有均匀李氏指数 $\alpha+1$ 时，$x(t)$在区间$[a,b]$才有均匀李氏指数 α。

总之，李氏指数 α 和信号 $x(t)$在 t_0 或在区间$[a,b]$上的可微性有关。若 $x(t)$在此处的导数阶次越高，相应的 α 越大。反映在信号的特性上，$x(t)$在此处越平滑。若 $x(t)$在 t_0 处的李氏指数小于 1，则信号在该点是不可微的，或是奇异的。因此，李氏指数 α 可作为信号在某一点，或某一区间的规则性(或奇异性)程度的一个度量。

12.1.2 傅里叶变换与信号的规则性

由上一小节的讨论可知，若信号 $x(t)$ 在某一点或某一个区间内可微的阶次越高，那么信号在该点或该区间内越平滑，或越具有高的规则性。由傅里叶变换的理论可知，一个信号越平滑，那么它含有的高频分量越少，因此，其傅里叶变换 $X(\mathrm{j}\Omega)$ 随着频率的增大就衰减得越快。作为这一现象的一个直接结果，$X(\mathrm{j}\Omega)$ 的支撑范围也就越小。显然，一个信号的傅里叶变换和该信号的规则性一定有着紧密的联系，也就是说，由信号的傅里叶变换的特点可以大致判断信号的规则性。

图 12.1.3 说明了信号的可微性与其傅里叶变换的衰减及支持范围之间的关系[Bra00]。其中，图(a)的 $x_0(t)$ 是冲激信号，其傅里叶变换不随 Ω 的增大而衰减，而且它是无限支撑的。图(b)的 $x_1(t)$ 的一阶导数是冲激信号，$X_1(\Omega)$ 是 sinc 函数，它以 $|\Omega|^{-1}$ 的速度衰减。

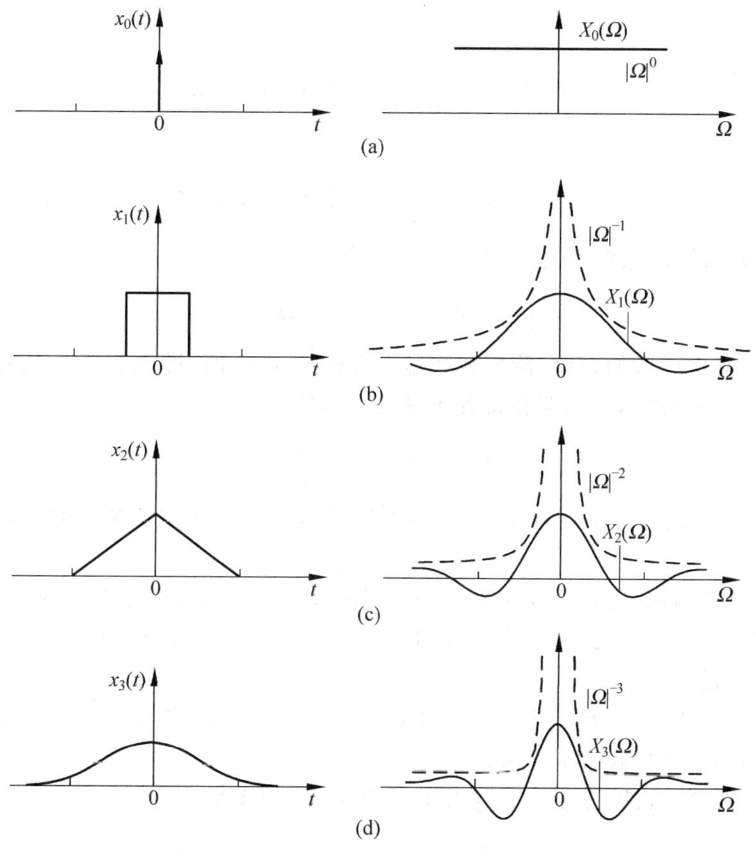

图 12.1.3 信号的可微性与其傅里叶变换的衰减及支持范围的关系

图(c)的 $x_2(t)$ 的二阶导数是冲激信号，$X_2(\Omega)$ 以 $|\Omega|^{-2}$ 的速度衰减。同理，由于图(d)的 $x_3(t)$ 的三阶导数是冲激信号，因此 $X_3(\Omega)$ 以 $|\Omega|^{-3}$ 的速度衰减。显然，随着信号时域可微性阶次的增加，其傅里叶变换的支撑范围也逐渐变窄。

由图 12.1.3 可以看出，如果信号 $x(t)$ 的 n 阶导数变为冲激信号，那么它的傅里叶变换 $X(\Omega)$ 以 $|\Omega|^{-n}$ 的速度衰减，即

$$\lim_{|\Omega|\to\infty} |\Omega|^n X(\Omega) = 0 \tag{12.1.5}$$

下面的定理进一步说明了信号的规则性和其傅里叶变换衰减特性之间的关系。

定理 12.1.1[Mal99]　如果信号 $x(t)$ 的傅里叶变换 $X(\Omega)$ 满足

$$\int_{-\infty}^{\infty} |X(\Omega)|(1+|\Omega|^p)\mathrm{d}\Omega < \infty \tag{12.1.6}$$

则 $x(t)$ 是有界的、p 次可微的，且 $x(t)$ 的各阶导数也都是有界的。

证明　由傅里叶反变换的公式

$$x(t) = \frac{1}{2\pi}\int_{-\infty}^{\infty} X(\Omega)\mathrm{e}^{\mathrm{j}\Omega t}\mathrm{d}\Omega$$

有

$$x^{(k)}(t) = \frac{1}{2\pi}\int_{-\infty}^{\infty} (\mathrm{j}\Omega)^k X(\Omega)\mathrm{e}^{\mathrm{j}\Omega t}\mathrm{d}\Omega \tag{12.1.7}$$

及

$$|x^{(k)}(t)| \leqslant \frac{1}{2\pi}\int_{-\infty}^{\infty} |X(\Omega)||\Omega|^k\mathrm{d}\Omega \tag{12.1.8}$$

由(12.1.6)式所给的条件，对任意的 $k\leqslant p$，必有

$$\int_{-\infty}^{\infty} |X(\Omega)||\Omega|^k\mathrm{d}\Omega < \infty \tag{12.1.9}$$

因此，$x(t)$ 是 p 次可微的，且各阶导数都是有界的。$p=0$ 时，即说明 $x(t)$ 是有界的。

定理 12.1.1 说明，如果存在常数 K 和 $\varepsilon>0$，使得

$$|X(\Omega)| \leqslant \frac{K}{1+|\Omega|^{p+1+\varepsilon}} \tag{12.1.10}$$

则 $x(t)$ 是 p 次可微的。由定理 12.1.1 还可证明，如果 $X(\Omega)$ 是有限支撑的，则 $x(t)$ 是无限次可微的。

(12.1.6)式指出，若信号 $x(t)$ 是 p 次可微的，且其 p 阶导数是有界的，那么它的 $p+1$ 阶导数变成冲激信号，因此 $x(t)$ 的傅里叶变换的衰减速度正比于 $|\Omega|^{p+1}$，此处 $p+1$ 等于(12.1.5)式中的 n。

下面的定理 12.1.2 是定理 12.1.1 的一个自然推广，即将傅里叶变换的衰减特性和信号的 Lipschitz 指数联系了起来。

定理 12.1.2　如果信号 $x(t)$ 的傅里叶变换 $X(\Omega)$ 满足

$$\int_{-\infty}^{\infty} |X(\Omega)|(1+|\Omega|^{\alpha})\mathrm{d}\Omega < \infty \tag{12.1.11}$$

则 $x(t)$是有界的，且在整个$\mathbb{R}$（实数集合）上具有均匀的李氏指数 α。

该定理的证明见文献[Mal99]。显然，由定理 12.1.1，(12.1.11)式成立意味着 $x(t)$ 是 $p=\lfloor\alpha\rfloor$阶可微的，且各阶导数是有界的。

以上两个定理将信号的规则性（包括度量该规则性的李氏指数 α）和其傅里叶变换的衰减特性联系了起来。但是，傅里叶变换的衰减特性只能给出信号 $x(t)$在整个$\mathbb{R}$上的均匀李氏指数，它不能给出 $x(t)$在局部区域或某一个点上的规则性，这正是傅里叶变换缺乏时频定位功能的又一体现。如图 12.1.3(b)所示，尽管 $X_1(\Omega)$衰减得较慢，但是无法由它确定 $x_1(t)$在何处有间断点及其间断点的特点。为此，需要进一步讨论小波变换在表征信号规则性和奇异性方面的特点。

12.1.3 小波变换与信号的奇异性

在 9.3 节讨论了小波变换的计算性质，在 11.3 节介绍了小波消失矩和规则性的概念，本小节在此基础上进一步讨论信号的奇异性在小波变换中的体现和行为，从而了解小波在信号奇异性检测中的作用。

由(9.1.2)式给出的小波变换的定义是最经常使用的定义，但是，小波变换的定义也可以用卷积的方式来给出。令

$$\psi_a(t)=\frac{1}{\sqrt{a}}\psi\left(\frac{t}{a}\right) \tag{12.1.12a}$$

则信号 $x(t)$的小波变换可定义为

$$WT_x(a,t)=x(t)*\psi_a(t)=\frac{1}{\sqrt{a}}\int x(b)\psi^*\left(\frac{t-b}{a}\right)\mathrm{d}b \tag{12.1.12b}$$

注意，式中将变量 t 当作位移，而 b 是积分哑变量。由于 t 和(9.1.2)式中的 b 都是时间变量，因此(9.1.2)式和(12.1.12b)式给出的小波变换的定义在本质上是一样的。其实，由于

$$\langle x(t),\psi(t-b)\rangle=\int x(t)\psi^*(t-b)\mathrm{d}t$$

而

$$x(t)*\psi^*(t)=\int x(b)\psi^*(t-b)\mathrm{d}b$$

将 t 和 b 交换，则

$$\int x(t)\psi^*(b-t)\mathrm{d}t=\int x(t)\psi^*[-(t-b)]\mathrm{d}t$$

因此，对小波变换来说，按内积来定义和按卷积来定义，在计算上并没有本质的区别。

但是，按卷积来定义，一个信号的小波变换就可以看作是信号通过一个系统的输出，而该系统的冲激响应恰好是(12.1.12a)式的 $\psi_a(t)$，如图 12.1.4 所示。

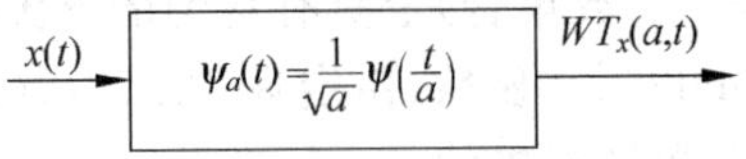

图 12.1.4　小波变换的卷积表示

假定 $\theta(t)$ 是一低通函数，并假定它具有高阶的导数，再令 $\psi^{(1)}(t)=\mathrm{d}\theta(t)/\mathrm{d}t$，$\psi^{(2)}(t)=\mathrm{d}^2\theta(t)/\mathrm{d}t^2$，那么有下述结论：

(1) $\psi^{(1)}(t)$ 和 $\psi^{(2)}(t)$ 是带通函数，它们可以作为小波母函数使用；

(2) 信号平滑（即通过一个低通滤波器）后求一阶导数等效于直接用该平滑函数的一阶导数来滤波，如图 12.1.5 所示。

图 12.1.5　信号平滑后求一阶导数和用平滑函数的一阶导数作滤波的等效

(3) 信号平滑后求二阶导数等效于直接用该平滑函数的二阶导数来滤波，如图 12.1.6 所示。

图 12.1.6　信号平滑后求二阶导数和用平滑函数的二阶导数作滤波的等效

以上的等效过程还可以推广到 $\theta(t)$ 的更高阶导数，如 k 阶。那么，信号 $x(t)$ 通过 $\theta(t)$ 后求 p 阶导数等效于直接让 $x(t)$ 通过 $\psi^{(p)}(t)=\mathrm{d}^p\theta(t)/\mathrm{d}t^p$。从数学的角度，一个函数的一阶导数等于零的点对应于该函数的极值点，而二阶导数等于零的点对应于该函数的拐点，即转折点。这样，如果用于小波变换的小波函数是来自于某一个低通函数的一阶导数或二阶导数，那么小波变换的结果将体现出信号的极值点或转折点。

前已述及，信号中所包含的信息主要体现在信号的瞬变点或瞬变的区域中。信号中常见的瞬变有两种，一是边缘的突变，这相当于在该处叠加了一个阶跃信号；另一个是峰值的突变，这相当于在该处叠加了一个冲激信号。这两种情况分别对应了信号的极值点和转折点，它们统称为信号的奇异点。显然，这些奇异点一般都可在其小波变换的幅值中反映出来，即或是对应小波变换的过零点，或是对应小波变换的峰值点。具体地说，用 $\psi^{(1)}(t)$ 对 $x(t)$ 作小波变换，得 $WT_x^{(1)}(a,t)$，其等于零的点反映了 $x(t)$ 的极值，因此可实现极值点的检测；同理，用 $\psi^{(2)}(t)$ 对 $x(t)$ 作小波变换所得 $WT_x^{(2)}(a,t)$ 等于零的点反映了 $x(t)$ 的转折点，从而可实现转折点的检测。以上两种奇异点检测的概念如图 12.1.7 所示，图中，$x_1(t)$ 表示边缘突变的信号；$x_0(t)$ 表示峰值突变的信号；每个子图所代表的含义在其纵坐标上标明。

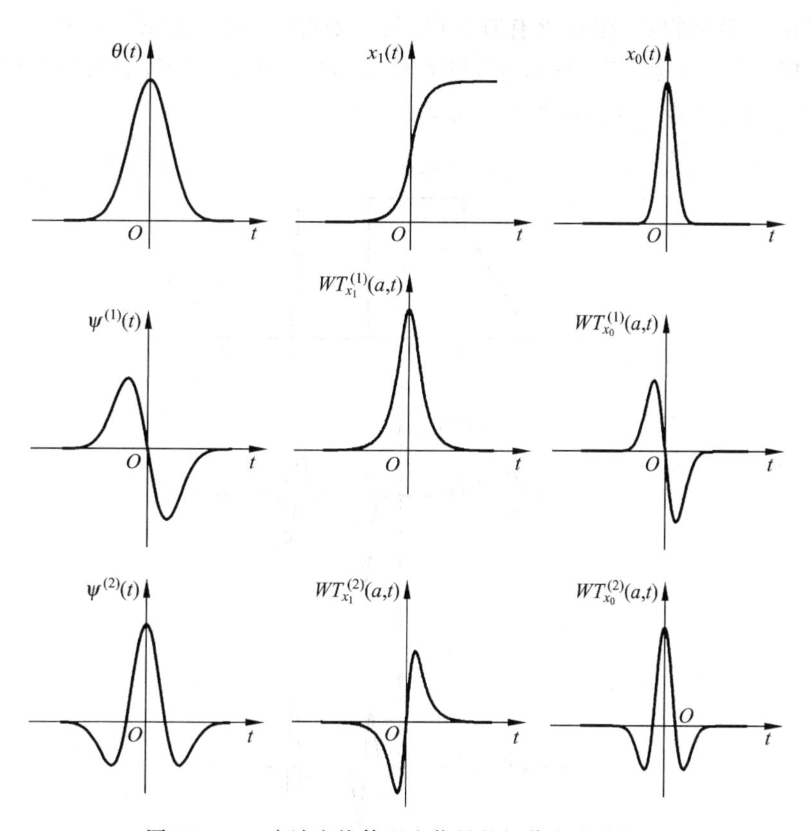

图 12.1.7 小波变换体现出信号的极值点或转折点

现对图 12.1.7 作一简要的解释：

(1) 由于 $\theta(t)$是低通函数，所以 $\psi^{(1)}(t)$是奇对称的，而 $\psi^{(2)}(t)$是偶对称的；

(2) 由于 $\psi^{(2)}(t)=\mathrm{d}\psi^{(1)}(t)/\mathrm{d}t$，所以 $WT_x^{(2)}(a,t)$是 $WT_x^{(1)}(a,t)$的导数；

(3) 因为冲激函数是阶跃函数的导数，所以，尖脉冲的小波变换大致是阶跃函数小波变换的导数；

(4) 信号中突变点的位置，可能反映在小波变换的过零点上，也可能反映在小波变换的极值点上，但由于过零点易受噪声的干扰，因此，一般地，根据过零点检测不如根据峰值点检测来得稳健；

(5) 一般地，检测信号的边缘宜用类似于 $\psi^{(1)}(t)$的反对称小波，检测信号中的尖脉冲宜用类似于 $\psi^{(2)}(t)$的偶对称小波；

(6) 为保证检测有效，一方面，$\psi^{(1)}(t)$和 $\psi^{(2)}(t)$应分别是某一低通函数 $\theta(t)$的一阶和二阶导数，另一方面，尺度 a 要选得合适，使信号的奇异点在该尺度下能尽量地反映出来。

图 12.1.8 是说明利用小波变换检测信号中奇异点的更为综合的例子。图(a)中的信

号 $x(t)$在 t_1,t_2 处有拐点,在 t_3 处有阶跃点,在 t_4 处有峰值点。经 $\psi^{(1)}(t)$和 $\psi^{(2)}(t)$作小波变换后的 $WT_x^{(1)}(a,t)$和 $WT_x^{(2)}(a,t)$分别如图(b)和(c)所示。请读者自己总结信号中的拐点、转折点及峰值点在小波变换中的体现。

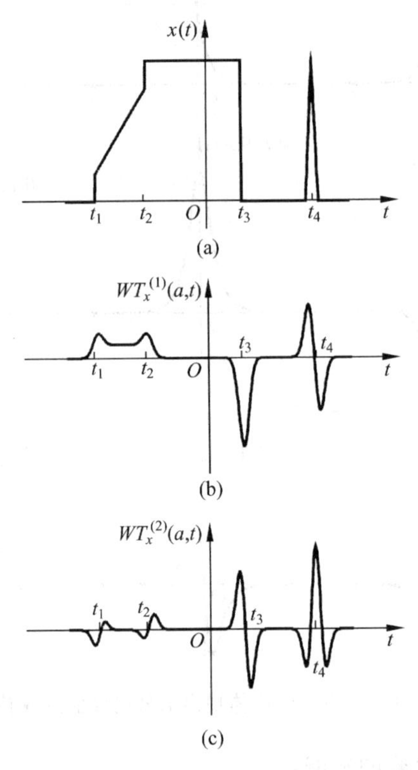

图 12.1.8　信号中的奇异点在小波变换中的表现

以上给出了利用小波变换来检测信号中奇异点的一般原则。在本小节的最后,再重新讨论一下在 11.3 节介绍的小波消失矩的概念。实际上,具有 p 阶消失矩的小波可以看作是一个低通函数 $\theta(t)$的 p 阶导数,因此,用这样的小波对信号做小波变换,其变换过程相当于是对信号施加了一个多尺度的微分运算。下面的定理说明了这一变换的本质。

定理 12.1.3　给定一个具有快速衰减特性的低通函数 $\theta(t)$,当且仅当

$$\psi(t) = (-1)^p \frac{\mathrm{d}^p\theta(t)}{\mathrm{d}t^p} \tag{12.1.13}$$

$\psi(t)$是快速衰减的且具有 p 阶消失矩的小波函数。这时,信号 $x(t)$的小波变换可表示为

$$WT_x(a,b)=a^p\frac{\mathrm{d}^p}{\mathrm{d}t^p}\left[x(t)*\frac{1}{\sqrt{a}}\theta\left(-\frac{t}{a}\right)\right] \tag{12.1.14}$$

此外，当且仅当$\int_{-\infty}^{\infty}\theta(t)\mathrm{d}t\neq 0$时，$\psi(t)$具有不超过$p$阶的消失矩。

该定理的证明见文献[Mal99]。有了图12.1.4～图12.1.6，定理12.1.3并不难理解。在11.3节已指出，具有高阶消失矩的小波更容易体现出信号中的高频成分，而高频成分正是由信号中的突变点所贡献的。因此，在设计和选用小波时，都希望它具有高阶的消失矩。

由上面的讨论可知，具有p阶消失矩的小波$\psi(t)$可以看作是低通函数$\theta(t)$的p阶导数，用这样的小波对信号$x(t)$作小波运算等效于一个多尺度的微分算子。上面所说的快速衰减是指，对任意的衰减指数n(n为正整数)，则存在一个常数C_n，使得

$$|\psi(t)|\leqslant\frac{C_n}{1+|t|^n} \tag{12.1.15}$$

12.2 基于小波变换的信号奇异性检测

12.2.1 小波变换与信号的李氏指数

12.1节讨论了信号的奇异点(阶跃点和峰值点)在小波变换中的表现，由此不难想象，小波变换应和表征信号奇异性及规则性度量的李氏指数之间有着密切的联系。下面的定理回答了该问题。

定理12.2.1 设$x(t)\in L^2(R)$，并且$x(t)$在t_0处具有李氏指数$\alpha\leqslant n, n\in\mathbb{Z}^+$是小波$\psi(t)$的消失矩的阶次，则存在常数$A$使得

$$|WT_x(a,b)|\leqslant Aa^{\alpha+0.5}\left(1+\left|\frac{t-t_0}{a}\right|^\alpha\right),\quad \forall a\in\mathbb{R}^+, t\in\mathbb{R} \tag{12.2.1}$$

成立。

证明 由于$x(t)$在t_0处具有李氏指数α，故存在$\lfloor\alpha\rfloor<n$阶多项式$p_{t_0}(t)$及常数K，使得

$$|x(t)-p_{t_0}(t)|\leqslant K|t-t_0|^\alpha,\quad \forall t\in\mathbb{R}$$

又由于$\psi(t)$具有n阶的消失矩，由(11.3.5)式，所以多项式$p_{t_0}(t)$相对该小波的小波变换恒等于零，于是

$$|WT_x(a,b)|=\left|\frac{1}{\sqrt{a}}\int_{-\infty}^{\infty}x(t)\psi\left(\frac{t-b}{a}\right)\right|\mathrm{d}t$$

$$= \left| \frac{1}{\sqrt{a}} \int_{-\infty}^{\infty} [x(t) - p_{t_0(t)}] \psi\left(\frac{t-b}{a}\right) \right| \mathrm{d}t$$

$$\leqslant \frac{1}{\sqrt{a}} \int_{-\infty}^{\infty} K |t - t_0|^{\alpha} \left| \psi\left(\frac{t-b}{a}\right) \right| \mathrm{d}t \tag{12.2.2}$$

作变量代换，令 $s=(t-b)/a$，则上式可变为

$$|WT_x(a,b)| \leqslant \sqrt{a} \int_{-\infty}^{\infty} K |sa + b - t_0|^{\alpha} |\psi(s)| \mathrm{d}s$$

由于 $|x+y|^k \leqslant 2^k(|x|^k + |y|^k)$，故可以得

$$|WT_x(a,b)| \leqslant \sqrt{a} \int_{-\infty}^{\infty} K |sa + b - t_0|^{\alpha} |\psi(s)| \mathrm{d}s$$

$$\leqslant K 2^{\alpha} \sqrt{a} \left[\int_{-\infty}^{\infty} a^{\alpha} |s|^{\alpha} |\psi(s)| \mathrm{d}s + \int_{-\infty}^{\infty} |b - t_0|^{\alpha} |\psi(s)| \mathrm{d}s \right]$$

将式中的 s 再换为 t，则

$$|WT_x(a,b)| \leqslant K 2^{\alpha} a^{\alpha+0.5} \left[\int_{-\infty}^{\infty} |t|^{\alpha} |\psi(t)| \mathrm{d}t + \left| \frac{b-t_0}{a} \right|^{\alpha} \int_{-\infty}^{\infty} |\psi(t)| \mathrm{d}t \right]$$

由(12.1.15)式，由于 $\psi(t)$ 具有 n 阶消失矩，因此它是快速衰减的，所以上式中两个积分都是有限值，因此，定理 12.2.1 得证。

定理 12.2.1 给出了信号 $x(t)$ 在某一点 t_0 处规则性度量的必要条件。其充分条件可以描述为：若 $\alpha<n$ 为非整数，且存在常数 A 和 α' 使得

$$|WT_x(a,b)| \leqslant A a^{\alpha+0.5} \left(1 + \left| \frac{t-t_0}{a} \right|^{\alpha'} \right), \quad \forall a \in \mathbb{R}^+, t \in \mathbb{R}$$

成立，则 $x(t)$ 在 t_0 处具有李氏指数 α。

现考虑信号 $x(t)$ 仅在 t_0 处有一个奇异点的情况。很容易想象，$x(t)$ 在 t_0 处的奇异性将不会影响到整个尺度-时间平面上的小波变换，而主要影响该平面上围绕 t_0 的一个小的范围。该范围称为 t_0 的影响锥(cone of influence)。假定所使用的小波 $\psi(t)$ 具有紧支撑，支撑范围是$[C,C]$，那么 $\psi_{a,b}(t)$ 的支撑范围是$[t-Ca, t+Ca]$。所谓影响锥，是指尺度-时间平面上使得 t_0 包含在 $\psi_{a,b}(t)$ 范围内的所有点的集合。于是，t_0 的影响锥为

$$|t - t_0| \leqslant Ca \tag{12.2.3}$$

如图 12.2.1 所示。

显然，在 t_0 的影响锥内，$x(t)$ 的小波变换主要取决于它在 t_0 附近的值，也即最大程度地反映了 $x(t)$ 在该点的奇异性。对比(12.2.3)式和(12.2.1)式，显然，在 t_0 的影响锥内，$x(t)$ 的小波变换满足

$$|WT_x(a,b)| \leqslant A' a^{\alpha+0.5} \tag{12.2.4}$$

式中，A' 为常数(在下面的讨论中，仍改记为 A)。

不论是(12.2.1)式还是和(12.2.4)式，它们都给出了李氏指数与该信号在各个尺度

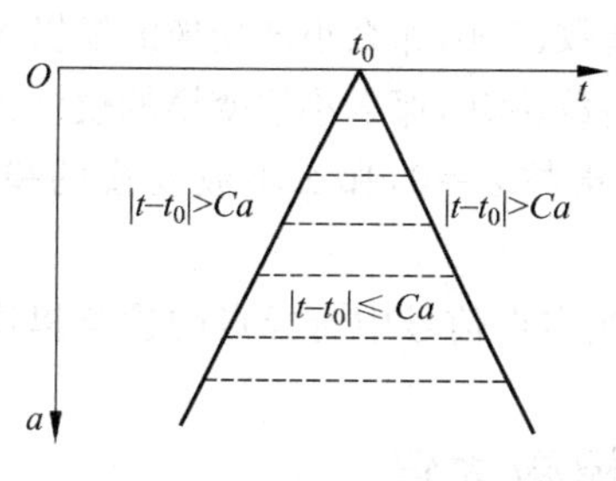

图 12.2.1　t_0 的影响锥

下的小波变换的模的关系，更具体地说，定理 12.2.1 给出了小波变换的模与尺度 a 及李氏指数 α 的关系。

定理 12.2.1 给出的是点态李氏指数和小波变换的关系，与此相对应，还应给出在某一区间上均匀李氏指数和小波变换的关系，相应的结论即是(12.2.4)式，详细内容请参看文献[Mal99]，此处不再详细讨论。顺便指出，Mallat 在他有关该内容的早期论文[Mal92]中，将 $\psi_a(t)$ 定义为 $\psi_a(t)=\frac{1}{a}\psi\left(\frac{t}{a}\right)$，而不是(12.1.12a)式的 $\psi_a(t)=\frac{1}{\sqrt{a}}\psi\left(\frac{t}{a}\right)$，因此定理 12.2.1 对应的表达式是

$$|WT_x(a,b)|\leqslant A(a^\alpha+|t-t_0|^\alpha),\quad \forall a\in\mathbb{R}^+,t\in\mathbb{R}$$

对应(12.2.4)式，即在影响锥内，有

$$|WT_x(a,b)|\leqslant Aa^\alpha \tag{12.2.5}$$

显然，(12.2.5)式和(12.2.4)式并没有本质的区别。不过，由于(12.2.5)式提出较早(1992 年)，因此被广泛引用。式中，$|WT_x(a,t)|$ 称为信号 $x(t)$ 的小波变换的模(modulus)。

如果

$$\frac{\partial WT_x(a_0,t_0)}{\partial t}=0 \tag{12.2.6}$$

那么(a_0,t_0)应为 $WT_x(a,t)$的局部极值点；当 t 处在 t_0 的左邻域或者右邻域时，如果都满足 $|WT_x(a_0,t)|<|WT_x(a_0,t_0)|$，那么$(a_0,t_0)$应为 $WT_x(a,t)$的模极大值点，而 $|WT_x(a_0,t_0)|$是相应的模极大值。在尺度-时间(a-t)平面上所有模极大值的连线称为模极大值线。

在二进制小波变换中，令 $a=2^j$，对(12.2.5)式两边再取以 2 为底的对数，有

$$\mathrm{lb}|WT_x(a,b)|\leqslant \mathrm{lb}A+j\alpha \tag{12.2.7a}$$

对应(12.2.4)式，有

$$\mathrm{lb}|WT_x(a,b)|\leqslant \mathrm{lb}A+j(\alpha+0.5) \tag{12.2.7b}$$

显然，对于信号 $x(t)$，有如下结论成立：

(1) 如果在 t_0 处的李氏指数 $\alpha>0$，那么小波变换的模极大值随着尺度 j 的增大而增大；

(2) 如果在 t_0 处的李氏指数 $\alpha<0$，那么小波变换的模极大值随着尺度 j 的增大而减小；

(3) 如果在 t_0 处的李氏指数 $\alpha=0$，那么小波变换的模极大值不随尺度 j 的变化而变化。

上述结论为利用小波变换实现信号中奇异点的检测提供了理论依据。

12.2.2　小波变换的模极大值

由(12.2.4)式可知，在尺度 a，小波变换的模极大值不大于 $Aa^{\alpha+0.5}$，即模的极大值和尺度、李氏指数有着密切的联系。因此，研究小波变换模极大值在不同尺度下的行为，对于信号规则性的估计、奇异点的检测以及去除噪声都有着重要的意义。现用一个例子来说明该问题。

例 12.2.1　图 12.2.2 给出了一个利用小波变换模极大值检测信号奇异性和判断信号规则性的典型例子(注：该图由文献[Mal99]推荐的程序包 WAVELAB 中的 MATLAB文件 wt06fig06.m 所产生)。图 12.2.2(a)是信号 $x(t)$；图(b)是 $x(t)$的连续小波变换$WT_x(a,t)$，图中最亮处表示正的极大，最暗处表示负的极大。由图(b)可以看出，对应信号 $x(t)$奇异点和峰值点的地方，相应的小波变换均产生了“突起”，即“脊”。将这些“突起”沿尺度连接起来，就构成了模极大值线，如图(c)所示。图(c)的纵坐标是尺度的对数，即 lb$a$，横坐标是位移 t。图(d)和图(e)是图(c)中四条模极大值曲线的斜率。其中，图(d)中的粗实线对应 $t=416$ 时模极大值曲线的斜率，细虚线对应 $t=64$ 时模极大值曲线的斜率；图(e)中的粗实线对应 $t=162$，细虚线对应 $t=280$。图(d)和图(e)的横坐标是尺度的对数，即 lb$a$，纵坐标是模极大值的对数，即 lb$|WT_x(a,b)|$。本例使用的小波来自于高斯函数的二阶导数，即 $\psi(t)=\theta''(t)$，$\theta(t)$的方差为 1。

观察图 12.2.2(a)可知，信号在 $t=162$ 处有一个阶跃突变，在 $t=416$ 处有一个较尖的峰，在 $t=64$ 处有一个较钝的峰，而在 $t=280$ 处有一个较快的下降。信号中这四个明显的变化成分在图(b)的小波变换系数中都很好地反映了出来，特别是在 $t=162$ 处的阶跃变化对应的小波变换系数最大(即最亮)。由图(c)可以看出，信号中这四个明显变化成分的模极大曲线，在尺度由大变小的过程中都分别收敛于相应的变化时刻。因此，如果在某一个尺度下，在某一个位移处搜索到一个模极大值点，并在该位移处沿着尺度减小的方向在影响锥内继续搜索模极大值，那么，在接近为零的尺度上搜索到的模极大值所对应的时刻应该是信号中的奇异点或峰值点。但是，模极大曲线对应的点究竟是奇异点还是非奇异的峰值点，还要靠观察模极大曲线的衰减情况来决定，也即求出模极大曲线的斜率。由(12.2.7)式可以看出，模极大曲线的斜率对应李氏指数 α。

可以求出，图 12.2.2(e)中粗实线的斜率是 0.5，由(12.2.7b)式，即 $\alpha+0.5=0.5$，所

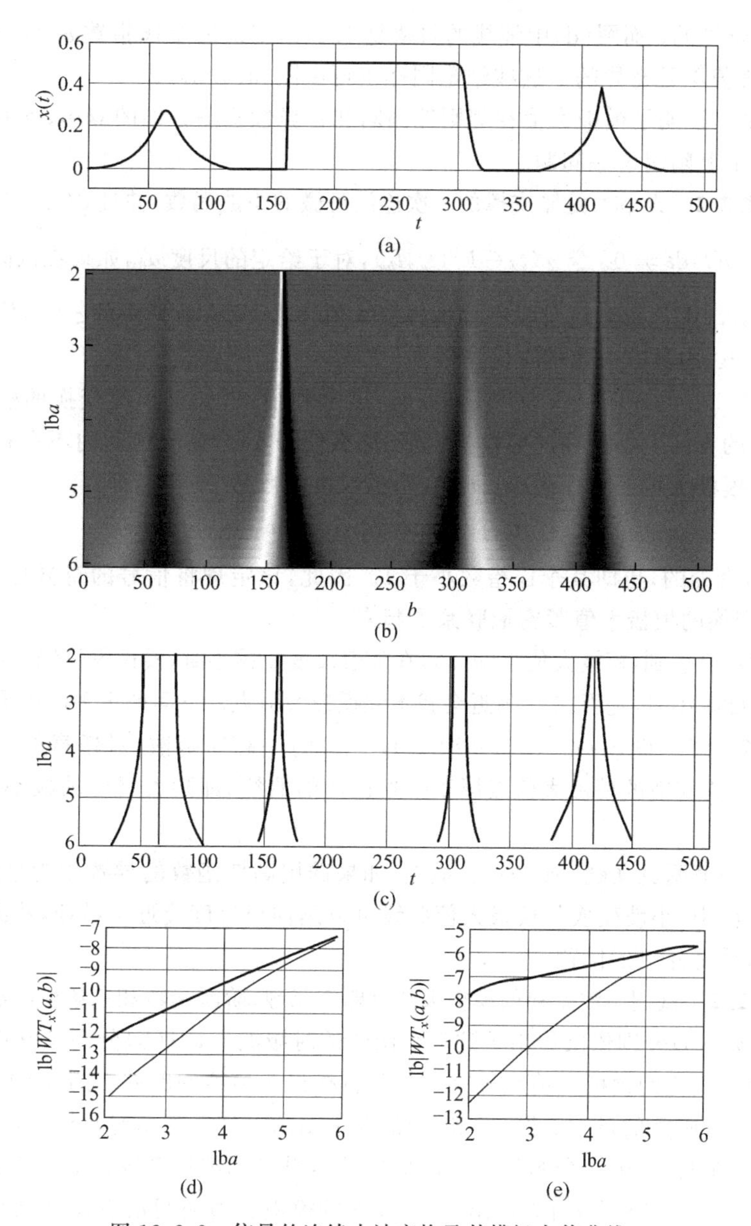

图 12.2.2 信号的连续小波变换及其模极大值曲线

以 $\alpha=0$。前已述及，阶跃函数的李氏指数为零，因此，该曲线对应的时域点（即 $t=162$ 处）应有一个阶跃突变，显然，这是符合实际的。同理，可求出图(e)中细线的斜率是 1.75，对应的李氏指数 $\alpha=1.25$，因此，该曲线对应的时域点（$t=280$ 处）不是奇异的，这由图(a)也可以看出。同样，由图(d)可求出粗实线的斜率是 1.25，所以 $\alpha=0.75$，即在 $t=416$ 处的峰值波形是奇异的；而图(d)中细线的斜率是 1.875，对应的李氏指数 $\alpha=1.375$，因此，在 $t=64$ 处的峰值不是奇异的。这些结论同样也可由图(a)看出。

例 12.2.1 说明了模极大值在规则性判断和奇异性检测方面的应用，下面两个定理将进一步从理论上阐明这一问题。

定理 12.2.2　设 $\psi(t)$ 是紧支撑的 n 次连续可微的小波函数，并且 $\psi(t)=(-1)^n\theta^{(n)}(t)$，$\theta(t)$ 满足 $\int_{-\infty}^{\infty}\theta(t)\mathrm{d}t\neq 0$。令 $x(t)\in L^1(t_a,t_b)$，对于给定的尺度 a_0，如果在区间 $[t_a,t_b]$ 内对所有的 $a<a_0$，$|WT_x(a,t)|$ 都没有局部模极大值存在，那么对任意的 $\varepsilon>0$，信号 $x(t)$ 在区间 $[t_a+\varepsilon,t_b-\varepsilon]$ 内具有一致的李氏指数 n。

定理 12.2.2 的证明见文献[Mal92a]。该定理指出，如果小波变换的模在一个区间内在小尺度的方向上不存在局部模极大值，那么信号 $x(t)$ 在该区间内不存在奇异点。如果存在一个模极大值的点序列 (a_p,t_p) 在小的尺度下收敛于点 t_0，即

$$\lim_{p\to\infty}t_p=t_0\quad 及\quad \lim_{p\to\infty}a_p=0$$

那么 $x(t)$ 是奇异的，也即其李氏指数小于 1。因此，该定理将信号的奇异性(包括李氏指数)和小波变换的模极大值紧密地联系了起来。

读者肯定会想到，模极大值点 (a_0,t_0) 在随着尺度 a 减小时，模极大值线会不会中断？也即在随着尺度减小时，是否在 t_0 附近会找不到模极大值点。下面的定理回答了这个问题。

定理 12.2.3　设 $\psi(t)=(-1)^n\theta^{(n)}(t)$，$\theta(t)$ 为一高斯函数，对任意的 $x(t)\in L^2(t_a,t_b)$，$x(t)$ 的小波变换的模极大值点属于一条连通的曲线，即随着尺度的减小，模极大值线不会中断。

该定理的证明见文献[Mal99]。显然，如果选用高斯函数的导数作为小波，那么在信号奇异性检测中，小波变换的模极大值曲线可以延伸至尺度接近于零处，从而保证可以准确地找到信号奇异点的位置。

例 12.2.2　试用小波变换的模极大值判断 δ 函数、阶跃函数和三角形函数的奇异性。

图 12.2.3(a)分别依次给出了这三个函数的时域波形，图(b)分别是它们的连续小波变换，图(c)是相应的模极大值线，图(d)是各自模极大值线的斜率。图(d)中，粗线对应正的最大，细线对应负的最大。图(b)和(c)的 6 个图的纵坐标都是对数尺度，即 lb$a$，横坐标都是位移 t；而图(d)中三个图的横坐标都是 lb$a$，纵坐标都是模极大值以 2 为底的对数。

由图 12.2.3(b)和(c)可以看出，小波变换的模极大值曲线沿着尺度减小的方向在一个锥形的区域内收敛到信号的奇异点或转折点的位置。因此，由模极大值线可以检测到这些奇异点或转折点。

图 12.2.3(d)的三个图，不论是由正的模极大值线还是由负的模极大值线，都可以求出，冲激函数、阶跃函数和三角形函数的模极大值曲线的斜率分别是 −0.5，0.5 和 1.5。由(12.2.7b)式，将它们分别减去 0.5，于是可以求出冲激函数的 $\alpha=-1$，阶跃函数的

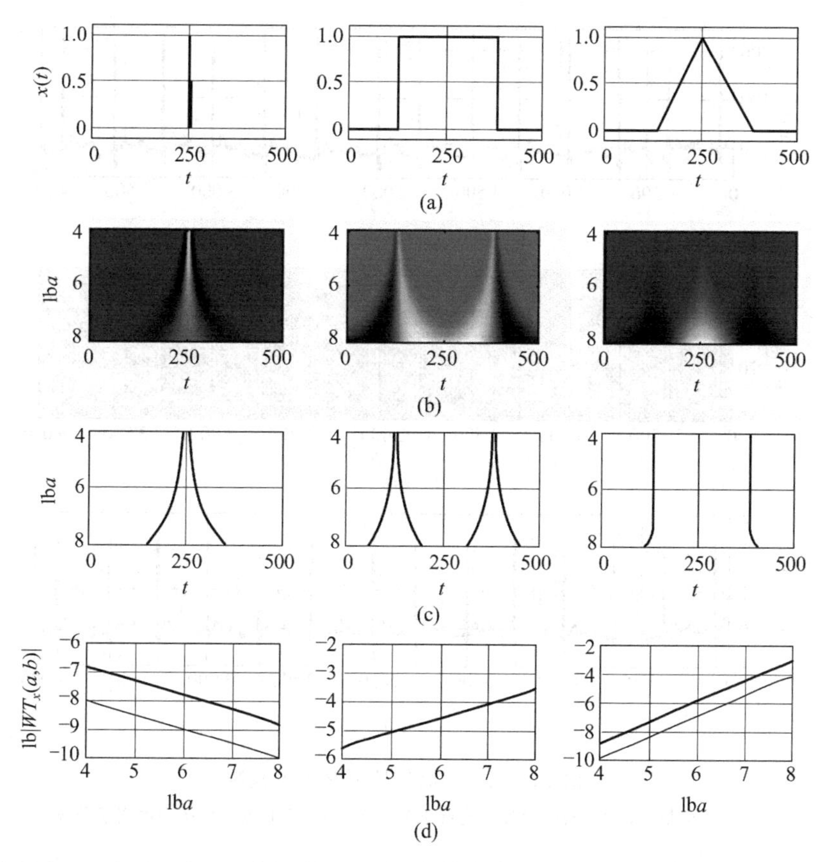

图 12.2.3 δ 函数、阶跃函数和三角函数的时域波形、小波变换、模极大值线及其斜率

$\alpha=0$，三角形函数的 $\alpha=1$。这和 12.1.1 节讨论的结论是一致的。

有关该例的 MATLAB 程序是 exa120202。

例 12.2.3 在心电类医疗仪器(如床旁心电监护仪、动态心电记录仪(又称心电 Holter)及心电工作站等)中，R 波的准确检测和定位是非常重要的。给定一段心电信号，如图 12.2.4(a)所示，图中幅度最大的尖峰即是 R 波，试用奇异性检测的方法确定图中 R 波的位置。

R 波检测的方法很多，对此感兴趣的读者可参看文献[koh02]，现仅以小波变换模极大来说明检测的方法。具体检测的方法可以按以下步骤进行。

(1) 对给定的信号作连续小波变换。由后面的讨论可知，R 波对应的李氏指数小于 1，因此是奇异的。例 11.4.1 已指出，Haar 小波具有一阶消失矩，所以使用 Haar 小波可以满足检测出 R 波的要求，并且使小波变换的模极大值线的数目最少，当然，计算上也最为简单。本例中使用的尺度为 1～32，小波变换的结果如图 12.2.4(b)所示。由该图可以

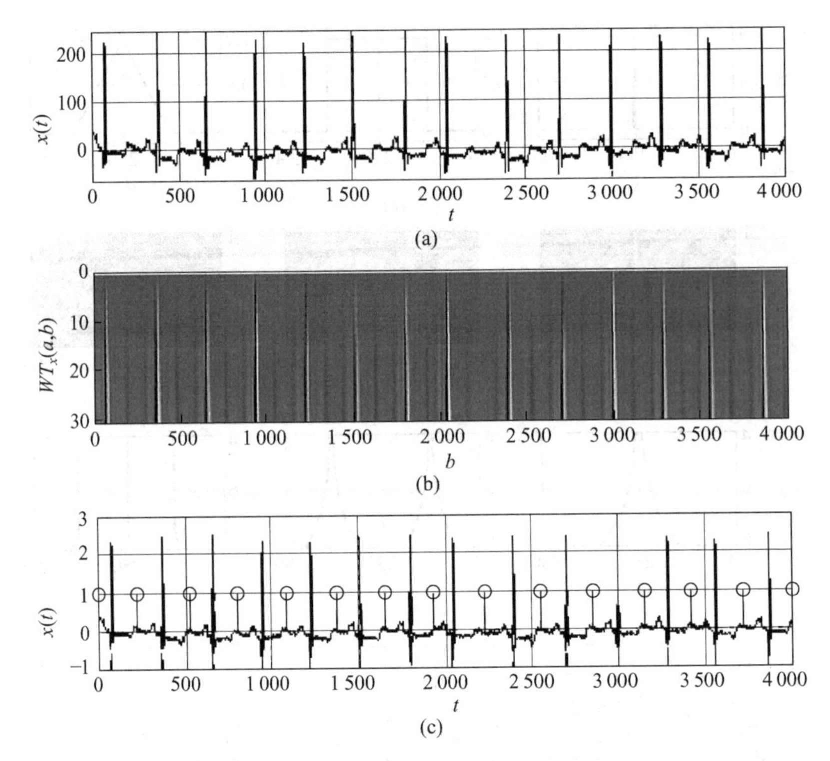

图 12.2.4　心电信号中R波的检测

(a) 心电信号；(b) 心电信号的连续小波变换；(c) 将心电信号按心动周期分段

看出，每个R波的位置都对应于小波变换的模极大值的汇聚点，且每一个模极大值都存在于一个尺度-时间平面上的锥形区域内。

(2) 对心电信号按照每个心动周期进行分段，以便分别对一个心动周期内的波形进行奇异性分析。分段算法是首先对尺度-时间图(即图12.2.4(b))按尺度 a 的方向进行累加，从而得到在尺度方向上小波变换的积分值随时间变化的曲线。对于Haar小波而言，该曲线在R波之前有一个波峰，R波之后有一个波谷。再分别选其正、负极大值的一半作为正、负阈值，对积分值随时间变化的曲线进行阈值化处理，并令大于正阈值的点为+1，小于负阈值的点为−1，在两者之间的点为0。这样，在每一个R波位置的之前就有一个+1，之后有一个−1，两者之间的区域为0。把某一个−1位置和其后出现的第一个+1位置这一段数据的中点定为心动周期的分割点，从而实现了信号的分段，每一段都包括一个心动周期，而其R波在该段的中部。分段后的结果如图12.2.4(c)所示。

(3) 在每一个心动周期内检测模极大值，从而确定R波的位置。具体算法是：对每段信号的尺度-时间图，分别找出在每一尺度下的正的极大值点和负的极大值点，其连线即是模极大值线。图 12.2.5(a)给出的是第一个心动周期的小波变换；图(b)是其极大值线，图中白色代表正的极大，黑色代表负的极大。然后再对每一条正、负极大值线进行直线拟合，分别求出它们在尺度 $a=0$ 的时间位置，如图(d)所示。图中，+表示在各个尺度下的正模极大值点，* 表示负的模极大值点。由图(d)可以看出，在 $a=0$ 时正、负模极大值并不收敛于同一个点，因此取二者的平均作为 R 波位置。

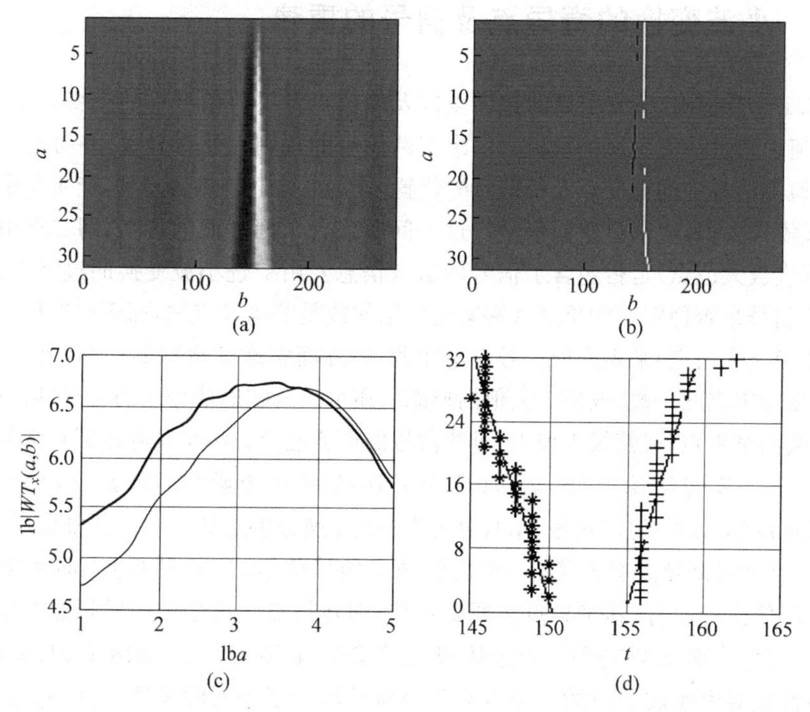

图 12.2.5 由模极大值线确定 R 波位置及估计其李氏指数

图 12.2.5(c)给出的是分别由正、负模极大值线求出的斜率曲线，横坐标仍是 lb$a$，纵坐标是模极值以 2 为底的对数。图中，粗线对应正的模极大值；细线对应负的模极大值。由正的模极大值线求出 R 波的李氏指数为 0.7，负的模极大值线求出 R 波的李氏指数为 0.5。显然，R 波的规则性小于 1，所以它是奇异的。

有关该例的程序是 exa120203。

本例给出的 R 波的检测方案仅仅是为了说明信号奇异性检测的应用。由于心脏病患者心电图的复杂性以及监护时的实时性要求等，一个实际的 R 波检测方案要比此处介绍的方案复杂得多。对此有兴趣的读者可参看文献[Lic95]。

12.3　由小波变换的模极大值重建信号

12.3.1　小波变换的奇异点及信号的重建

在12.1.3节指出，小波变换的过零点以及峰值点都反映信号中的突变。在12.2节又讨论了如何由二进小波变换的模极大值来判断信号的规则性及奇异性，并讨论了如何用模极大值来检测信号中的突变点及峰值点的位置。因此，人们自然会想到，能否由小波变换的过零点(或模极大值点)来重建原信号？这一问题包含了两方面的含义，即二进小波变换的过零点(或模极大值点)是否包含了信号的所有信息？由二进小波变换的过零点(或模极大值点)重建信号是否稳定？如果这些答案是肯定的或是基本肯定的，那么可以放心地用这些过零点(或模极大值点)来表征原信号。这样做，一方面实现了数据的压缩，另一方面，通过人为地改变过零点的个数(或模极大值的形态)，还可以调整原信号中的奇异性。因此，研究用小波变换的过零点(或模极大值点)重建信号的可能性及方法是具有重要意义的。

由12.1.3节的讨论可知，若$\theta(t)$为一连续可导的函数，令$\psi^{(1)}(t)=\mathrm{d}\theta(t)/\mathrm{d}t$，$\psi^{(2)}(t)=\mathrm{d}^2\theta(t)/\mathrm{d}t^2$，对给定的信号$x(t)$，对应的小波变换分别是$WT_x^{(1)}(a,t)$和$WT_x^{(2)}(a,t)$。前已述及，$x(t)$中的奇异点有两类，一是尖脉冲式的峰值点，二是转折点，即变化较快的边缘。对大部分信号而言，其奇异点主要是后者，即转折点。信号中的转折点在$WT_x^{(1)}(a,t)$上体现为峰值点，而在$WT_x^{(2)}(a,t)$上体现为过零点，如图12.1.7和图12.1.8所示。

人们首先对由小波变换的过零点来重建信号给予了较大的关注。这一关注来源于文献[Log77]关于过零检测的Logan定理，后来文献[Cur87]，[San87]及[Zee86]将Logan定理加以推广，文献[Hum89]对由过零点重建信号问题给予了详细的综述。文献[Hum89]和文献[Yui86]在给定一些附加条件的情况下(如将平滑函数$\theta(t)$选为高斯函数，限定信号$x(t)$是多项式等)，证明了由小波变换的过零点来重建$x(t)$的完备性。但是有反例证明，由$WT_x^{(2)}(a,t)$的过零点并不能唯一地确定$x(t)$，例如，$\sin(t)$和$\sin(t)+\sin(2t)/5$有着相同的过零点。文献[Mye91]也给出了相当多的这样的反例。

Mallat在文献[Mal91]中对由过零点重建原信号问题进行了深入的研究，在上面对这一问题的简单介绍也是取自该文献。为了能从过零点完备且稳定地重建信号，Mallat推测，除了记录所有在二进尺度上的过零点以外，还要计算出两个过零点之间的积分值

$$e_n=\int_{t_n}^{t_{n+1}}WT_x^{(2)}(a,t)\mathrm{d}t$$

那么也许就可以完备地重建出原信号。式中，t_n和t_{n+1}表示$WT_x^{(2)}(a,t)$的任意两个连续

的过零点。由于 $WT_x^{(2)}(a,t)$ 的过零点是 $WT_x^{(1)}(a,t)$ 的极值点，因此上式等效于计算

$$e_n = WT_x^{(1)}(a,t_{n+1}) - WT_x^{(1)}(a,t_n)$$

即 $WT_x^{(1)}(a,t)$ 在任意两个连续点上极大值的差。

文献[Mal91]在上述思路的基础上给出了一个基于交替投影(alternate projection)的算法，以过零点和 e_n 来完备地重建原信号。但是，文献[Mye91]指出，这一完备性取决于平滑函数 $\theta(t)$ 的选择。因此，在一般情况下，这种推测是不成立的。

在 12.1.3 节已指出，由于过零点易受噪声的干扰，因此，一般地说，根据过零点检测不如根据峰值点检测来得稳健，又由于信号中的奇异点多是边缘性的突变，而 $WT_x^{(1)}(a,t)$ 中的模极大值恰好对应了信号中边缘的突变，因此，人们自然会想到要用 $WT_x^{(1)}(a,t)$ 的模极大值来实现信号的重建。对此，Mallat 给予了详细的研究，其成果反映在他的经典性的论文[Mal92b]中。在该文献中，Mallat 详细地讨论了信号小波变换的多尺度边缘的特征，提出了利用交替投影算法来近似地重建原信号的方法，重建的均方误差在 10^{-2} 量级。

如同用 $WT_x^{(2)}(a,t)$ 的过零点重建信号一样，用 $WT_x^{(1)}(a,t)$ 的模极大值来重建信号同样也存在完备性的问题。文献[Mey93]和[Ber93]证明，对一般的二进小波，不可能由模极大值来精确地重建出原信号。他们发现了一些时域不同的信号，但它们却有着相同模极大值，即重建的不唯一性。但是，他们指出，这些不同是很微小的，因此，近似重建是可能的。文献[Kic97]证明，如果信号是带限的，并且使用的小波是有限支撑的，那么小波变换的模极大值可以给出信号的完备和稳定的表示，即重建是唯一的。除了文献[Mal92b]给出的算法(文献上又称 Mallat-Zhong 算法)外，还有一些其他重建算法，详见文献[Car95]，[Cve95]及 [Gro93]。

12.3.2 由小波变换模极大值重建信号的思路

下面简要介绍一下由小波变换的模极大值重建原信号的思路。

给定信号 $x(t)\in L^2(R)$，令小波变换的尺度 $a=2^j, j\in\mathbb{Z}$，记 $x(t)$ 的二进小波变换为 $WT_x(j,t)$，式中 t 相当于在第 9 章中给出的位移 b。由于信号 $x(t)$ 的分辨率(不论是时域还是频域)是有限的，因此，小波变换中的尺度不能取到无穷小。在二进小波变换中，j 的最小值取为 1。假定分解的最大的尺度为 J'，如果 J 足够大，那么所有尺度大于 J 的信息都集中在低频函数 $a_J(t)$ 上，它即是第 J 级的概貌。令 $(t_{j,n})_{n\in Z}$ 为 $WT_x(j,t)$ 取模极大值时的横坐标，那么 $|WT_x(j,t_{j,n})|$ 就是模极大值。现在的目标是由坐标 $(t_{j,n})_{n\in Z}$、模极大值 $|WT_x(j,t_{j,n})|$ 及最后一级的概貌 $a_J(t)$ 来重建出信号 $x(t)$。

假定小波 $\psi(t)$ 在 Sobolev 空间的意义上是可微的，因为 $WT_x(j,t)$ 是 $x(t)$ 和 $\psi(j,t)$ 的卷积，因此，$WT_x(j,t)$ 在 Sobolev 空间的意义上也是可微的，且 $|WT_x(j,t_{j,n})|$ 有有限个模极大值。有关 Sobolev 空间及其范数的概念可参看文献[Maz85]，此处不再讨论。

为了重建 $x(t)$，假定有一信号集合 $h(t)$，令该集合中的信号的小波变换和 $x(t)$ 的小波变换具有相同的模极大值。显然，希望在某一准则下在 $h(t)$ 中选取一个信号来最佳地近似 $x(t)$。记 $h(t)$ 的小波变换为 $WT_h(j,t)$。那么，上述对 $WT_h(j,t)$ 的制约条件可如下表示：

① 对应每一个尺度 j，在所有的模极大值横坐标 $(t_{j,n})_{n\in Z}$ 处，都应有

$$|WT_h(j,t_{j,n})| = |WT_x(j,t_{j,n})|$$

② 对应每一个尺度 j，$WT_h(j,t)$ 的局部极值都应位于模极大值横坐标 $(t_{j,n})_{n\in Z}$ 处。

先分析条件①。由(12.1.12b)式，对任意的点 t_0，有

$$WT_x(j,t_0) = \langle x(t), \psi_j(t_0 - t)\rangle \tag{12.3.1}$$

要满足条件①，即是要求

$$\langle h(t), \psi_j(t_{j,n} - t)\rangle = \langle x(t), \psi_j(t_{j,n} - t)\rangle \tag{12.3.2}$$

式中，$t_{j,n}$ 是 $x(t)$ 小波变换模极大值的横坐标。

设 U 是希尔伯特空间 $L^2(R)$ 中的一个子空间，并假定 U 是由一组函数 $\psi_j(t_{j,n}-t)$ 所张成。那么，如果保证(12.3.2)式成立，$h(t)$ 在 U 上的正交投影(即 $h(t)$ 和 U 中一组正交基的内积)应该等于 $x(t)$ 在 U 上的正交投影。令 O 是希尔伯特空间上 U 的正交补空间，即 O 也是和 U 正交的，那么

$$U \oplus O = L^2(R)$$

这样，满足(12.3.20)式的 $h(t)$ 可写成如下的形式：

$$h(t) = x(t) + g(t), \quad g(t) \in O$$

显然，如果 $U=L^2(R)$，那么 $O=\{0\}$，$h(t)=x(t)$。一般情况下，由于极值点的位置是随机的，且极值点的个数也是有限的，因此 O 不是零空间，所以单靠(12.3.2)式，并不能保证由 $h(t)$ 唯一地表征 $x(t)$。

条件②要求 $WT_h(j,t)$ 的局部极值点都位于模极大值横坐标 $(t_{j,n})_{n\in Z}$ 处，这是比较困难的。为了解决这一问题，Mallat 提出了一个近似的方法，其思路是：条件①已确定 $WT_h(j,t)$ 在 $(t_{j,n})_{n\in Z}$ 处取模极大值，但不强求 $WT_h(j,t)$ 在以外的横坐标处没有模极大值(这正是条件②所要求的)，代之要求 $|WT_h(j,t)|^2$ 在其他点上的平均值尽可能为最小。$WT_h(j,t)$ 模极大值点数的多少取决于其振荡情况，为了使 $WT_h(j,t)$ 在 $(t_{j,n})_{n\in Z}$ 以外有尽可能少的模极大值点，除了要求 $\|WT_h(j,t)\|_2^2$ 最小外，还需要求 $WT_h(j,t)$ 导数的能量也最小。为此，引入 Sobolev 范数，即

$$\|\boldsymbol{h}\|_*^2 = \sum_{j\in Z}\left[\|WT_h(j,t)\|_2^2 + 2^{2j}\left\|\frac{\mathrm{d}WT_h(j,t)}{\mathrm{d}t}\right\|_2^2\right] \tag{12.3.3}$$

该范数将两个最小都包括了进去。式中，导数前的加权因子 2^{2j} 是为了增加大尺度下的权重，因为尺度 j 越大，对应的频率越低，因此变化趋缓，导数减小。

下面的工作是求解使 $\|\boldsymbol{h}\|_*^2$ 为最小的 $WT_h(j,t)$，求解的方法即是交替投影算法。

12.3.3　由小波变换模极大值重建信号的交替投影算法

令 V 是 $L^2(R)$ 上所有信号的二进小波变换所组成的空间，令 K 是序列 $g_j(t)$ 所组成的空间，$g_j(t)$ 满足

$$\|\boldsymbol{g}\|_*^2=\sum_{j\in\mathbb{Z}}\left[\|g_j(t)\|_2^2+2^{2j}\left\|\frac{\mathrm{d}g_j(t)}{\mathrm{d}t}\right\|_2^2\right]<\infty \tag{12.3.4}$$

显然，$K\supset V$。对比(12.3.3)式，显然序列 $g_j(t)$ 应是某一个序列的小波变换。再令 Γ 是空间 K 上的一个闭包，其中的元素 $g_j(t)$ 满足

$$g_j(t_{j,n})=WT_x(j,t_{j,n}) \tag{12.3.5a}$$

或者，可以更完全地表示为

$$\Gamma=\{\{g_j(t)\}\in K\,|\,g_j(t_{j,n})=WT_x(j,t_{j,n}),j,n\in\mathbb{Z}\} \tag{12.3.5b}$$

这样，满足条件①的小波变换应是空间

$$\Lambda=V\cap\Gamma \tag{12.3.6}$$

中的元素。现在的任务转变为求 Λ 中的一个元素，使其范数为最小。实现这一目标的方法是 V 和 Γ 之间的交替投影。

上面给出了四个空间，即 K,V,Γ 和 Λ。由于 V 是 $L^2(R)$上所有信号的二进小波变换的集合，K 是满足(12.3.4)式的序列 $g_j(t)$的集合，所以 V 包含在 K 中。而集合 Γ 也包含在 K 中，且其中元素的模极大值和信号 $x(t)$的小波变换的模极大值一致，因此，V 和 Γ 交集中的元素，既满足(12.3.5)式，又是一个二进小波变换。显然 Γ 中的元素即是前述的$h(t)$，求 $h(t)$的过程，即是令(12.3.4)式的 Sobolev 范数为最小。

记投影算子

$$\boldsymbol{P}_V=\boldsymbol{W}\circ\boldsymbol{W}^{-1} \tag{12.3.7}$$

式中，$\boldsymbol{W}$ 表示小波正变换，$\boldsymbol{W}^{-1}$表示小波反变换。(12.3.7)式的写法是先作反变换，后作正变换。可以证明，空间 V 中任意一个二进小波变换在 $\boldsymbol{P}_V$ 的作用下是不变的。现在使用 $\boldsymbol{P}_V$，目的是将 K 中的任一序列

$$X=\{g_j(t)\}_{j\in\mathbb{Z}}\in K \tag{12.3.8}$$

投影到空间 V。

投影算子 $\boldsymbol{P}_\Gamma$ 的作用是将(12.3.8)式的序列 X 投影到空间 Γ。由于 X 属于 K，所以在其中的序列都定义了(12.3.4)式的 Sobolev 范数。经 $\boldsymbol{P}_\Gamma$ 投影后，X 的极值点及其大小将和 $|WT_x(j,t_{j,n})|$ 相同，并最接近序列 $h_j(t)$。所谓最接近，即是令

$$\varepsilon_j(t)=h_j(t)-g_j(t) \tag{12.3.9}$$

并且使其在 Sobolev 范数意义上为最小，即

$$\|\boldsymbol{\varepsilon}\|_*^2=\sum_{j\in\mathbb{Z}}\left(\|\varepsilon_j(t)\|_2^2+2^{2j}\left\|\frac{\mathrm{d}\varepsilon_j(t)}{\mathrm{d}t}\right\|_2^2\right)=\min \tag{12.3.10}$$

要使(12.3.10)式为最小，应保证在各个尺度 j，(12.3.10)式中的每一项都最小，即

$$\|\varepsilon_j(t)\|_2^2 + 2^{2j}\left\|\frac{\mathrm{d}\varepsilon_j(t)}{\mathrm{d}t}\right\|_2^2 = \min \tag{12.3.11}$$

设 t_n, t_{n+1} 是 $WT_x(j,t)$ 的两个相邻的模极大值点，由于 $\{h_j(t)\}_{j\in Z}\in\Gamma$，因而

$$\left.\begin{aligned}\varepsilon_j(t_n) &= WT_x(j,t_n) - g_j(t_n)\\ \varepsilon_j(t_{n+1}) &= WT_x(j,t_{n+1}) - g_j(t_{n+1})\end{aligned}\right\} \tag{12.3.12}$$

因此，在区间 $[t_n, t_{n+1}]$，欲使(12.3.11)式最小，等价于使

$$\int_{t_n}^{t_{n+1}}\left(\|\varepsilon_j(t)\|_2^2 + 2^{2j}\left\|\frac{\mathrm{d}\varepsilon_j(t)}{\mathrm{d}t}\right\|_2^2\right)\mathrm{d}t \tag{12.3.13}$$

为最小。式中，$\varepsilon_j(t)$ 满足(12.3.12)式的约束条件。

(12.3.9)式～(12.3.13)式构成了一个有约束的最小化问题。对(12.3.13)式的最小化可通过求解如下的 Euler 方程给出：

$$\varepsilon_j(t) - 2^{2j}\frac{\mathrm{d}^2\varepsilon_j(t)}{\mathrm{d}t^2} = 0 \tag{12.3.14}$$

在区间 $[t_n, t_{n+1}]$，(12.3.14)式的解是

$$\varepsilon_j(t) = \alpha \mathrm{e}^{2^{-j}t} + \beta \mathrm{e}^{-2^{-j}t} \tag{12.3.15}$$

式中，常数 α 和 β 由(12.3.12)式的约束条件给出。

在实现 $\boldsymbol{P}_\Gamma$ 时，先由(12.3.15)式和(12.3.12)式求出 $\varepsilon_j(t)$，再由(12.3.9)式得到

$$h_j(t) = \varepsilon_j(t) + g_j(t)$$

迭代开始时，令 $g_j(t)=0$，则交替投影求得的 $\varepsilon_j(t)$ 就是所求的 $h_j(t)$。

令 $\boldsymbol{P}=\boldsymbol{P}_V\circ\boldsymbol{P}_\Gamma$ 是空间 V 和 Γ 之间的交替投影算子，$\boldsymbol{P}^n=\boldsymbol{P}\circ\boldsymbol{P}\circ\cdots\circ\boldsymbol{P}$ 是 $\boldsymbol{P}$ 的 n 次迭代，则对任一序列 $X=\{g_j(t)\}_{j\in Z}\in K$，可以证明，有

$$\lim_{n\to\infty}\boldsymbol{P}^n X = \boldsymbol{P}_\Lambda X \tag{12.3.16}$$

因此，空间 V 和 Γ 之间的交替投影收敛到对空间 Λ 的正交投影。前已述及，迭代开始时，选取 $g_j(t)=0$，则交替投影后收敛到 Λ 的元素的范数接近于零，做到了使 Sobolev 范数最小。空间 V 和 Γ 之间的交替投影如图 12.3.1 所示。

前已述及，原信号 $x(t)$ 的小波变换的模极大值只位于 $(t_{j,n})_{n\in Z}$ 处，但是，在迭代过程中，中间结果有可能产生多余的极值点，即产生寄生的振荡，因此，需要去除掉这些多余的极值点。为此，引入一个凸集 Y，Y 定义为 $\{g_j(t)\}_{j\in Z}\in K$ 在相邻的两个极值点 $t_{j,n}, t_{j,n+1}$ 上满足下述条件的序列的集合：

如果 $\operatorname{sign}[g_j(t_n)]=\operatorname{sign}[g_j(t_{n+1})]$ 则

$$\operatorname{sign}[g_j(t)] = \operatorname{sign}[g_j(t_n)] \tag{12.3.17a}$$

如果 $\operatorname{sign}[g_j(t_n)]\neq\operatorname{sign}[g_j(t_{n+1})]$ 则

$$\operatorname{sign}\left[\frac{\mathrm{d}g_j(t)}{\mathrm{d}t}\right] = \operatorname{sign}[g_j(t_{n+1}) - g_j(t_n)] \tag{12.3.17b}$$

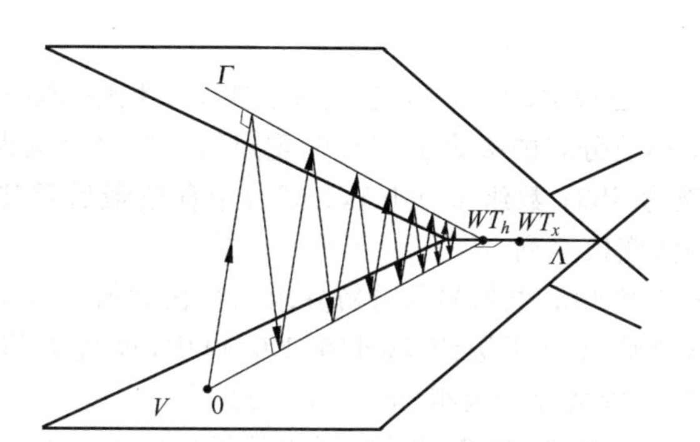

图 12.3.1　空间 V 和 Γ 之间的交替投影

式中，sign 为符号函数。(12.3.17)式的含义是：如果两个模极大值同符号(同为正或同为负)，则 $g_j(t)$ 在区间 $[t_{j,n},t_{j,n+1}]$ 内也应同符号；如果两个模极大值符号相反，那么 $g_j(t)$ 在区间 $[t_{j,n},t_{j,n+1}]$ 内的变换趋势由两个极大值的变化方向来决定。

上述计算 $\boldsymbol{P}_Y$ 的过程过于复杂，可以用简单的方法(对 $g_j(t)$ 在两个极大值点之间的"裁剪"算法)来代替，如图 12.3.2 所示。图(a)表示 $g_j(t)$ 在区间 $[t_{j,n},t_{j,n+1}]$ 两个端点处的极大值的符号相同，因此删除其间的反符号(小于零)的部分；图(b)表示 $g_j(t)$ 在区间 $[t_{j,n},t_{j,n+1}]$ 两个端点处的极大值的符号相反，则使两端点之间的信号保持单调变化，并保证信号的上下界不能超过两个端点的范围。

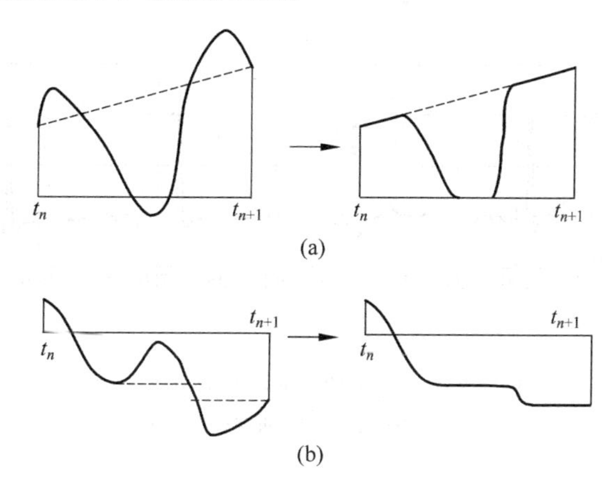

图 12.3.2　算子 $\boldsymbol{P}_Y$ 对 $g_j(t)$ 在两个极大值点之间的"裁剪"算法

这样，Mallat 的基于小波变换模极大值的重建算法即是实现 V，Γ 和 Y 之间的交替投影，即 $\boldsymbol{P}=\boldsymbol{P}_V\circ\boldsymbol{P}_\Gamma\circ\boldsymbol{P}_Y$。由于 $\boldsymbol{P}_Y$ 采用的是图 12.3.2 的简化算法，因此 $\boldsymbol{P}_Y$ 不是正交投影。但仿真结果及 Mallat 在文献[Mal92b]中的分析表明，上述投影算法仍然收敛到 $Y\cap V\cap\Gamma$(即 $Y\cap\Lambda$)中的元素。

例 12.3.1　对例 12.2.3 给出的心电信号做小波变换，由小波变换的模极大值重建原信号。

实现本例的主程序是 exa120301.m，它包含了四个子程序，现分别给以简要介绍。

主程序中规定了小波分解的级为 $j=1\sim6$，重建迭代的次数也为 6；原数据的长度为 1 024点；使用的小波为 db3；数组 pswd(1,1 024)中存放最后重建的心电信号；w2(6, 1 024)为重建后的小波变换序列。

子程序 wave_peak 实现心电信号的分解并求出模极大值。其中，概貌信号存于数组 swa(6,1 024)中，细节信号存于数组 swd(6,1 024)中，模极大值存于数组 wpeak(6, 1 024)中，模极大值的位置数存于数组 ddw(6,1 024)中。

子程序 Py_Pgama 实现 $\boldsymbol{P}_Y$ 和 $\boldsymbol{P}_\Gamma$ 投影，调用的子程序 Py 实现 $\boldsymbol{P}_Y$ 投影，调用子程序 P_gama实现 $\boldsymbol{P}_\Gamma$ 投影。

图 12.3.3(a)是一段心电信号，仍记为 $x(t)$；图(b)是重建后的信号，记为 $\hat{x}(t)$。可以看出，二者基本上没有区别。通过本程序的计算可知，重建误差约为 30dB。

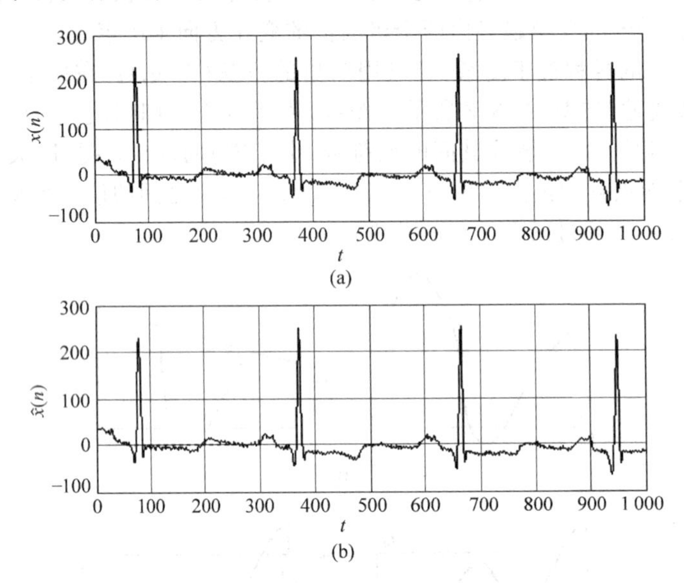

图 12.3.3　由小波变换模极大值重建信号

(a) 信号 $x(t)$；(b) 重建信号 $\hat{x}(t)$

12.4　小波去噪

信号的产生、处理及传输都不可避免地要受到噪声的干扰，此外，由于有限字长影响，在数字信号处理中又普遍地存在着模拟信号抽样时的量化噪声和计算时的舍入噪声，因此，去噪是信号处理中的永恒的话题。信号处理中的许多理论都和去噪紧密相关，如滤波器设计、最优估计、奇异值分解（SVD）、独立分量分析（ICA）、相干平均以及信号建模等，以上内容可参看文献[ZW2]。

传统的滤波方法是假定信号和噪声处在不同的频带，但实际上噪声（特别是作为噪声模型的白噪声）的频带往往分布在整个频率轴上，且等幅度，因此，滤波的方法有其局限性。上述方法尽管在某些方面有自己的特点，但作为信号处理中的去噪问题，其理论和方法都还远远没有解决。

由第 10 章的讨论可知，正交小波变换是通过 Mallat 的多分辨率分解来实现的，如图 10.6.2 所示。通过低通滤波器 $H_0(z)$ 和高通滤波器 $H_1(z)$ 将信号的频谱分解到不同的频率范围，从而得到一个个的子带信号；又由于正交变换具有去除信号中的相关性和信号能量集中的功能，因此，通过小波变换就把信号的能量集中到某些频带的少数系数上。这样，通过将其他频带上的小波系数置零或是给予小的权重，即可达到有效抑制噪声的目的。因此，小波去噪随着小波变换理论的发展也不断丰富起来，并取得了良好的效果。其中，以 Donoho 的阈值去噪法最为突出，其代表性的论文见文献[Don94a]，[Don94b]，[Don95a]及[Don95b]，有关小波去噪的专著见文献[Jan01]。

本节先简要介绍一下小波去噪的原理，然后重点讨论 D. L. Donoho 的阈值去噪法。

12.4.1 小波去噪的原理

令观察信号

$$x(n) = s(n) + u(n) \tag{12.4.1}$$

式中，$s(n)$ 是有用的信号；$u(n)$ 是噪声序列。假定 $u(n)$ 是零均值且服从高斯分布的随机序列，即服从 $N:(0,\sigma_u^2)$ 分布。对(12.4.1)式两边做小波变换，由(9.3.5)式，有

$$WT_x(a,b) = WT_s(a,b) + WT_u(a,b) \tag{12.4.2}$$

即两个信号和的小波变换等于各个信号小波变换的和。

再令 $u(n)$ 是零均值、独立同分布的平稳随机信号，记 $\boldsymbol{u}=(u(0)\ u(1)\ \cdots\ u(N-1))^{\mathrm{T}}$，显然

$$E\{\boldsymbol{u}\boldsymbol{u}^{\mathrm{T}}\} = \sigma_u^2\boldsymbol{I} \triangleq \boldsymbol{Q} \tag{12.4.3a}$$

式中，$E\{\cdot\}$ 代表求均值运算，$\boldsymbol{Q}$ 是 $\boldsymbol{u}$ 的协方差矩阵。

令 $\boldsymbol{W}$ 是小波变换矩阵，对于正交小波变换，它是正交阵。分别令 $\boldsymbol{x}$ 和 $\boldsymbol{s}$ 是对应 $x(n)$ 和 $s(n)$ 的向量，向量 $\boldsymbol{X}$，$\boldsymbol{S}$ 和 $\boldsymbol{U}$ 分别是 $x(n)$，$s(n)$ 和 $u(n)$ 的小波变换，即

$$\boldsymbol{X} = \boldsymbol{W}\boldsymbol{x},\quad \boldsymbol{S} = \boldsymbol{W}\boldsymbol{s},\quad \boldsymbol{U} = \boldsymbol{W}\boldsymbol{u}$$

由(12.4.2)式，有 $\boldsymbol{X}=\boldsymbol{S}+\boldsymbol{U}$。令 $\boldsymbol{P}$ 是 $\boldsymbol{U}$ 的协方差矩阵，由于

$$E\{\boldsymbol{U}\} = E\{\boldsymbol{W}\boldsymbol{u}\} = \boldsymbol{W}E\{\boldsymbol{u}\} = \boldsymbol{0}$$

所以

$$\boldsymbol{P}=E\{\boldsymbol{U}\boldsymbol{U}^{\mathrm{T}}\}=E\{\boldsymbol{W}\boldsymbol{u}\boldsymbol{u}^{\mathrm{T}}\boldsymbol{W}^{\mathrm{T}}\}=\boldsymbol{W}\boldsymbol{Q}\boldsymbol{W}^{\mathrm{T}} \tag{12.4.3b}$$

因为 $\boldsymbol{W}$ 是正交阵，且 $\boldsymbol{Q}=\sigma_u^2\boldsymbol{I}$，所以 $\boldsymbol{P}=\sigma_u^2\boldsymbol{I}$。

由此，可得到一个重要的结论：平稳白噪声的正交小波变换仍然是平稳的白噪声。

由该结论可知，对于(12.4.1)式的加法性噪声模型，经正交小波变换后，最大程度地去除了 $s(n)$的相关性，其能量将集中在少数的小波系数上。由 12.3 节的讨论可知，这些系数即是在各个尺度下的模极大值。但是，噪声 $u(n)$经正交小波变换后仍然是白噪声，因此，其小波系数仍然是互不相关的，它们将分布在各个尺度下的所有时间轴上。这一结论就为抑制噪声提供了理论依据，即在小波变换的各个尺度下保留那些模极大值点，而将其他点置零，或是最大程度地减小，然后利用处理后的小波系数做小波反变换，即可达到抑制噪声的目的。

例 12.4.1　图 12.4.1(a)是不带噪声的信号 $s(n)$，称为 Blocks[Don94a]，图(c)是加了高斯白噪后的信号，即 $x(n)$。对 $x(n)$用 db3 小波做两层分解，得图(b)、(d)、(f)所示信号，图(b)是细节 $d_1(n)$，图(d)是细节 $d_2(n)$，图(f)是概貌 $a_2(n)$。由图(b)和图(d)可以看出，噪声分布在整个时间轴上，且幅度较小。将它们全部置零，再和 $a_2(n)$一起做小波反变换，得到的结果如图(e)所示，记之为 $\hat{x}(n)$。将图(e)和图(c)相比较，可以看出，噪声得

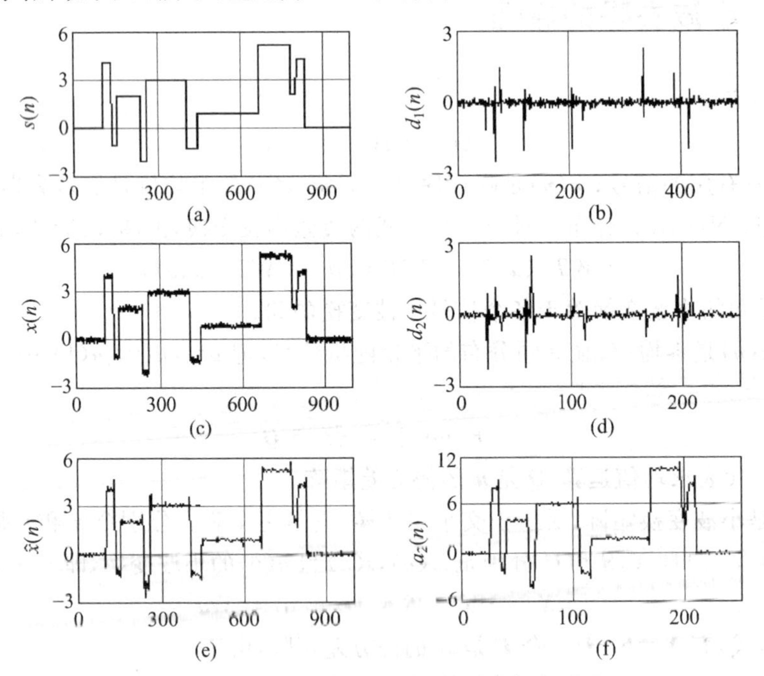

图 12.4.1　带噪信号的正交小波分解与重建

到了明显的抑制。

关于该例的 MATLAB 程序是 exa120401。

总之，正交小波变换在最大程度上去除了原信号中的相关性，并将其能量集中在少数稀疏的、幅度相对较大的小波系数上，而白噪声的小波变换仍然是白噪声，它广泛地分布在各个尺度的时间轴上，且幅度不是很大，以上结论就是小波去噪的理论依据。

由图 12.4.1(b)和(d)可以看出，在细节 $d_1(n)$和 $d_2(n)$中仍含有信号的成分，因此，将它们简单地置零显然是不合理的。合理的方法是根据每一个尺度下噪声的水平对其施加不同的阈值。这即是下面要讨论的小波阈值去噪的主要内容。

12.4.2 小波阈值施加的方式

Donoho 在 20 世纪 90 年代初提出了非线性小波阈值去噪的概念，又称为小波收缩(wavelet shrinkage)。其中包括了如何根据信号中的噪声水平来估计阈值，以及如何对小波变换的系数施加阈值。

首先考虑如何施加阈值。阈值可分为硬阈值、软阈值和改进的阈值三种，其含义如图 12.4.2 所示。图中，w 是小波系数的大小；w_λ 是施加阈值后小波系数的大小；λ 是阈值。现分别加以解释。

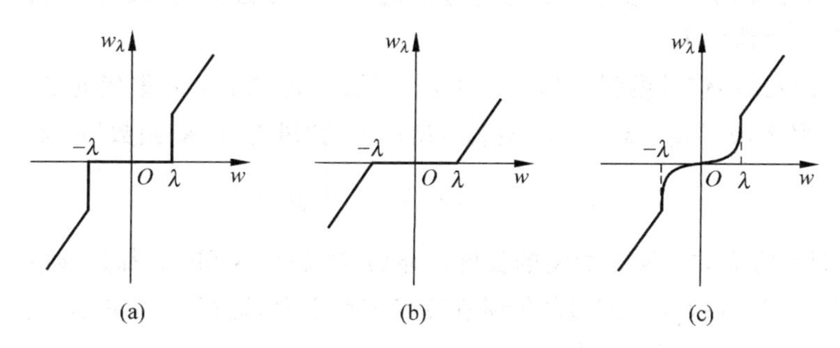

图 12.4.2 阈值的种类

(a) 硬阈值；(b) 软阈值；(c) 改进的阈值

(1) 硬阈值

当小波系数的绝对值小于给定的阈值时，令其为零；而大于阈值时，则令其保持不变，即

$$w_\lambda = \begin{cases} w, & |w| \geqslant \lambda \\ 0, & |w| < \lambda \end{cases} \tag{12.4.4}$$

(2) 软阈值

当小波系数的绝对值小于给定的阈值时，令其为零；大于阈值时，令其都减去阈值，即

$$w_\lambda = \begin{cases} [\mathrm{sign}(w)](|w|-\lambda), & |w| \geqslant \lambda \\ 0, & |w| < \lambda \end{cases} \tag{12.4.5}$$

显然,硬阈值是一种简单的置零的方法,而软阈值对于大于阈值的小波系数作了“收缩”,即都减去阈值,从而使输入-输出曲线变成连续的。尽管硬阈值看起来是自然的选择,但是在有的情况下不好用[Jan01],因此,人们偏爱软阈值。改进的阈值是硬阈值和软阈值之间的一个折中,即当小波系数小于阈值时,不是简单地置为零,而是平滑地减小为零,当大于阈值时,小波系数幅度都减去阈值。这样,既保证了大的小波系数,又保证了加阈值后系数的平滑过渡。

在 MATLAB 有关去噪的文件(如 wden)中还给出了对不同尺度小波系数施加阈值的选择方式,一种选择是所有的尺度都用一个阈值,另一种选择是各个尺度下使用不同的阈值,对此,我们在 12.4.4 节将进一步讨论。

12.4.3　小波阈值估计的思路

小波阈值 λ 在去噪过程中起到了决定性的作用。如果 λ 太小,那么,施加阈值以后的小波系数中将包含过多的噪声分量,达不到去噪的目的;反之,如果 λ 太大,那么将去除一部分信号的分量,从而使由小波系数重建后的信号产生过大的失真。因此,在实际工作中,首先要估计阈值的大小。

由(12.4.1)式的信号模型,记 $\boldsymbol{x}_\lambda$ 是对小波系数施加阈值 λ 后重建的信号,$\boldsymbol{u}_\lambda$ 是 $\boldsymbol{x}_\lambda$ 中残留的噪声,那么,$\boldsymbol{u}_\lambda=\boldsymbol{x}_\lambda-\boldsymbol{s}$。由 $\boldsymbol{x}_\lambda$ 近似 $\boldsymbol{s}$ 所产生的“风险(risk)函数”定义为

$$R(\lambda) = \mathrm{MSE}(\lambda) = \frac{1}{N}\|\boldsymbol{u}_\lambda\|^2 \tag{12.4.6a}$$

式中,MSE 是均方误差;N 是数据的长度。显然,$R(\lambda)$和 $\mathrm{MSE}(\lambda)$都是阈值 λ 的函数。

因为正交小波变换保持信号的能量在变换前后不变,记 $\boldsymbol{U}_\lambda$ 是噪声施加阈值后的小波系数,则(12.4.6a)式又可表示为

$$R(\lambda) = \mathrm{MSE}(\lambda) = \frac{1}{N}\|\boldsymbol{U}_\lambda\|^2 \tag{12.4.6b}$$

其中,$\boldsymbol{U}_\lambda=\boldsymbol{X}_\lambda-\boldsymbol{S}$,$\boldsymbol{X}_\lambda$ 是施加阈值后观察信号的小波系数。

为了使(12.4.6)式的风险函数 $R(\lambda)$为最小,从而寻求最优的阈值 λ,需要考虑施加阈值后用 $\boldsymbol{X}_\lambda$ 来近似 $\boldsymbol{S}$ 的行为。由于

$$E\{\boldsymbol{X}\} = E\{\mathrm{W}\boldsymbol{x}\} = WE\{\boldsymbol{x}\} = W\boldsymbol{s} = \boldsymbol{S}$$

即如果使用不加阈值的小波系数 $\boldsymbol{X}$ 作为对 $\boldsymbol{S}$ 的估计,那么该估计是无偏(unbiased)的,但这时由于没有去除噪声,因此 $\boldsymbol{X}$ 对 $\boldsymbol{S}$ 估计的方差将会很大。可以设想,如果用 $\boldsymbol{X}_\lambda$ 代替 $\boldsymbol{X}$ 来作为对 $\boldsymbol{S}$ 的估计,那么估计的偏差将会增大,但方差将会减小。令

$$\text{bias}^2(\lambda) = \frac{1}{N}\| E\{\boldsymbol{X}_\lambda\} - \boldsymbol{S}\|^2 \tag{12.4.7a}$$

$$\text{var}(\lambda) = \frac{1}{N}E\{\|\boldsymbol{X}_\lambda - E\{\boldsymbol{X}_\lambda\}\|^2\} \tag{12.4.7b}$$

可以证明

$$\begin{aligned}\text{Risk} &= E\{R(\lambda)\} = \text{bias}^2(\lambda) + \text{var}(\lambda) \\ &= \frac{1}{N}\| E\{\boldsymbol{X}_\lambda\} - \boldsymbol{S}\|^2 + \frac{1}{N}E\{\|\boldsymbol{X}_\lambda - E\{\boldsymbol{X}_\lambda\}\|^2\}\end{aligned} \tag{12.4.8}$$

该式表明，估计的风险(Risk)是风险函数的均值，它等于估计偏差的平方加上估计的方差。可以设想，如果能做到

$$\lim_{\lambda\to\infty}\text{var}(\lambda) = 0$$

那么所使用的阈值将去除了所有的噪声。但是，同时也去除了所有的信号(即小波系数)，这时的偏差

$$\lim_{\lambda\to\infty}\text{bias}^2(\lambda) = \frac{1}{N}|\boldsymbol{S}|$$

达到了最大值，即有用信号小波变换系数的能量。反之，若偏差等于零，那么估计的方差达到最大值，即噪声的方差 σ_u^2。

图 12.4.3(a)给出了偏差和方差随阈值 λ 变化的行为。因此，使偏差和方差同时都达到最小的阈值 λ 应选作为最优阈值。这时，该阈值将使估计的风险为最小，如图 12.4.3(b)所示。

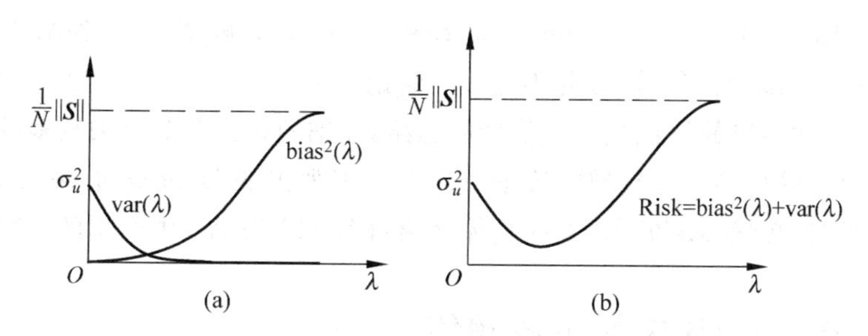

图 12.4.3 方差、偏差与风险随阈值 λ 变化的行为

文献[Don94b]和[Jan01]证明了以下结论。如果满足下述三个条件：

(1) $x(t)$是定义在[0,1]上由分段多项式构成的函数，其离散值 $n=0, 1, \cdots, N-1$；

(2) 对 $x(n)$做正交小波变换的小波的消失矩大于 $x(t)$中多项式的最高阶次；

(3) 噪声$u(n)$是方差为 σ_u^2 的零均值的高斯白噪。

如果 λ_{MSE}使 $E\{R(\lambda)\}$为最小，则

$$\lambda_{\text{MSE}} \sim \sqrt{2\ln N}\,\sigma_u \tag{12.4.9}$$

式中，符号～表示渐近等效(asymptotic equivalence)，所谓渐近等效，是指两个函数有关

系$\lim\limits_{t\to\infty} f(t)/g(t)=1$；$\lambda_{\mathrm{MSE}}$称为基于均方误差的最小风险阈值。实际工作中最小均方误差很难估计，在小波文献中，人们利用通用(universal)阈值

$$\lambda_{\mathrm{UNIV}} = \sqrt{2\ln N}\,\sigma_u \tag{12.4.10}$$

来代替(12.4.9)式中的等效。实际上，λ_{MSE}和λ_{UNIV}随着N的变化基本上差一个常数。

(12.4.9)式和(12.4.10)式给出的阈值，一方面和噪声的方差有关，另一方面又和信号的长度有关。对于前者，应该比较好理解，因为噪声的方差就是噪声的能量，自然和小波系数的大小有关；而对于后者，似乎不好理解。文献[Jan01]对此给出了如下说明。

由于正交小波变换有去除相关和使能量集中的性质，因此信号经小波变换后，其能量集中在少数的小波系数上。增加数据点数，等效于增加了信息的冗余，这时，代表信号的小波系数的个数不会增加，增加的只是这些系数的幅度。因此，允许小波阈值λ有所增加。实际上，随着N的增加，(12.4.10)式的λ_{UNIV}只是缓慢地增加。例如，若假定$\sigma_u=1$，那么，$N=256$时$\lambda_{\mathrm{UNIV}}=3.33$，$N=4\,096$时$\lambda_{\mathrm{UNIV}}=4.09$。另一方面，对方差为$\sigma_u^2$的高斯白噪声，经正交变换后，其小波系数分布在整个时间轴上，这些小波系数保证其能量也为σ_u^2。如果阈值和N无关，那么将有较多的噪声小波系数通过阈值，从而使重建的信号中仍含有较多的噪声。因此，从这两方面来看，合理的方法是让阈值一方面正比于σ_u，另一方面随N的增大而缓慢增加。

除了上面介绍的最小风险阈值λ_{MSE}及通用阈值λ_{UNIV}外，还有基于观察数据$\boldsymbol{x}$的小波变换$\boldsymbol{X}$估计出的SURE(Stein's unbiased risk estimation)阈值[Jan01]，使最大风险最小化的最小最大(minimax)阈值等，在此不再一一讨论。

应该说，上述给出的仅仅是阈值估计的思路，详细的讨论需要有关较多的参数估计的理论和相当复杂的推导。有兴趣的读者可参看本书列出的Donoho有关去噪的文献，以及文献[Jan01]和文献[Mal99]。下面具体介绍目前MATLAB中给出的各种阈值。

12.4.4　MATLAB中的小波阈值

MATLAB中有四种阈值选取的方法，现给以简要介绍。在下面的介绍中，假定信号的长度为N，信号模型如(12.4.1)式，噪声是零均值、方差为σ_u^2的高斯白噪声。

1. 固定阈值

该阈值又称sqtwolog阈值，其选取算法是令

$$\lambda = \sqrt{2\ln N} \tag{12.4.11}$$

和(12.4.10)式的λ_{UNIV}相比，该阈值缺少了噪声的方差，对此，稍后给出解释。

2. Rigrsure 阈值

该阈值即是利用 Stein 的无偏估计求出的 SURE 阈值，其具体算法如下：

(1) 把信号 $x(n)$中的每一个元素取绝对值，再由小到大排序，然后将各个元素取平方，从而得到新的信号序列

$$sx2(k)=(\mathrm{sort}(|x|))^2,\quad k=0,1,\cdots,N-1 \tag{12.4.12}$$

式中，sort 是 MATLAB 中的排序命令。

(2) 若取阈值为 $sx2(k)$的第 k 个元素的平方根，即

$$\lambda_k=\sqrt{sx2(k)},\quad k=0,1,\cdots,N-1 \tag{12.4.13}$$

则该阈值产生的风险为

$$\mathrm{Rish}(k)=\left[N-2k+\sum_{j=1}^{k}sx2(j)+(N-k)sx2(N-k)\right]/N \tag{12.4.14}$$

(3) 根据所得到的风险曲线 Risk(k)，记其最小风险点所对应的值为 $k_{\min}$，那么 Rigrsure 阈值定义为

$$\lambda=\sqrt{sx2(k_{\min})} \tag{12.4.15}$$

3. 启发式阈值(heursure)

该阈值是固定阈值和 Rigrsure 阈值的综合。实际工作表明，当 $x(n)$的信噪比较小时，SURE 估计会有很大的误差，在这种情况下就需要采取这种固定阈值准则。具体方法是：首先判断两个变量

$$\mathrm{eta}=\left[\sum_{j=1}^{N}|x_j|^2-N\right]/N,\quad \mathrm{crit}=\sqrt{\frac{1}{N}\left(\frac{\ln N}{\ln 2}\right)^3}$$

的大小，如果 eta<crit，则选用(12.4.11)式的固定阈值；否则取固定阈值和 Rigrsure 阈值中的较小者作为本准则选定的阈值。

4. 极大极小阈值

前已述及，极小极大原理是令估计的最大风险最小化，其阈值选取算法是，令

$$\lambda=\begin{cases}0.3936+0.1829\left(\dfrac{\ln N}{\ln 2}\right), & N>32\\ 0, & N\leqslant 0\end{cases} \tag{12.4.16}$$

在上面四个阈值选取方法中，都没有涉及噪声的方差，显然这是不合理的。实际上，MATLAB 中对噪声是单独处理的。方法介绍如下。

(1) 首先估计噪声的方差。估计的方法是取小波系数在各个尺度下绝对值的中值，然后将该中值除以常数 0.6745 作为该尺度下小波系数中噪声强度的估计[Mal99]，即

$$\hat{\sigma}_{u,j}=\frac{\text{median}(|d_j(k)|)}{0.6745} \tag{12.4.17}$$

式中，j 是小波分解的尺度；median 是 MATLAB 中求中值运算的命令。

(2) MATLAB 中使用该方差的方法有三个，它们分别是：

① 如果使用标志 one，则上述求出的四个阈值和 $\hat{\sigma}_{u,j}$ 无关。

② 如果使用标志 sln，则将由(12.4.11)式～(12.4.16)式求出的阈值再乘以 $\hat{\sigma}_{u,j}$，而且在各个尺度下 $\hat{\sigma}_{u,j}$ 不变，即 $\hat{\sigma}_{u,j}$ 是仅用 $j=1$ 尺度下的小波系数求出。

③ 如果使用标志 mln，则要按(12.4.17)式求出各个尺度下的 $\hat{\sigma}_{u,j}$，把求出的阈值分别乘以 $\hat{\sigma}_{u,j}$。因此可以看出，在这种情况下，不同的尺度使用不同的阈值。显然，这样做是合理的。

例 12.4.2　图 12.4.4(a)是由图 12.4.1(a)的 Blocks 信号加上高斯白噪得到的含噪信号 $x(n)$，显然，它比图 12.4.1(c)含有的噪声要强。使用软阈值和 db3 小波对该信号做去噪处理。

图 12.4.2(b)和图 12.4.2(c)是用 sqtwolog 固定阈值，噪声方差标志分别是 one 和 mln 去噪后的结果，分别记为 $\hat{x}_s^{\text{one}}(n)$，$\hat{x}_s^{\text{mln}}(n)$；图 12.4.2(d)～(f)是用 Rigrsure 阈值去噪的结果，噪声方差标志分别是 one，sln 和 mln，分别记为 $\hat{x}_R^{\text{one}}(n)$，$\hat{x}_R^{\text{sln}}(n)$ 和 $\hat{x}_R^{\text{mln}}(n)$；图 12.4.2(g)～(i)是用 heursure 阈值去噪的结果，噪声方差标志分别也是 one，sln 和 mln，记为 $\hat{x}_h^{\text{one}}(n)$，$\hat{x}_h^{\text{sln}}(n)$ 和 $\hat{x}_h^{\text{mln}}(n)$。

分析各种情况下去噪效果的好坏，一是要看噪声去除的情况，二是要看和原信号近似的情况。将图 12.4.4(b)～(i)分别和图 12.4.1(a)相比较，可以看出：

(1) 在三种阈值情况下，如果使用噪声标志 one，即在估计阈值时不考虑噪声方差的存在，那么，去噪后对原信号的近似都不好，如图(b)、(d)和(g)所示。

(2) 在都使用噪声标志 mln 的情况下，Rigrsure 阈值和 heursure 阈值的去噪及对信号重建的效果都远好于 sqtwolog 固定阈值，即图(f)和(i)都优于图(c)。

(3) 对同一类阈值，使用噪声标志 mln 要比 sln 要好一些。显然，上面八个重建结果中，图(f)和图(i)最好，其次是图(e)和图(h)。

有关该例的程序是 exa120402。

读者还可以使用不同的小波、不同的取阈值的方法(如硬阈值)，进一步比较在各种情况下的去噪和重建的效果。

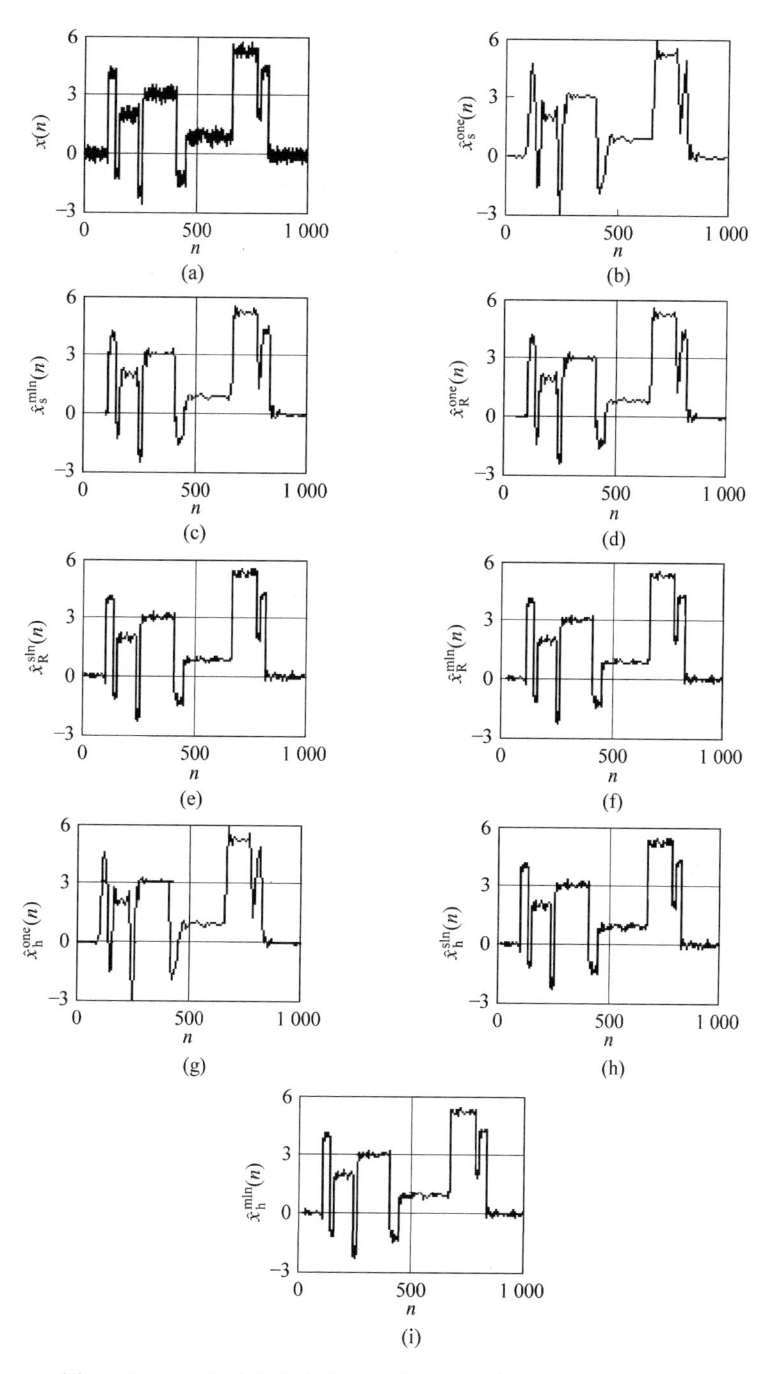

图 12.4.4　三种取阈值方法和三种噪声标志对去噪性能的影响

第4篇 Hilbert-Huang变换

第13章

Hilbert-Huang 变换基础

我们在现实世界中所获得的信号绝大部分都是非平稳(nonstationary)和非线性(nonlinear)的,而我们在文献[ZW2]中讨论的众多数字信号处理的方法都是假定所要处理的信号都是线性的,并且要么是确定性的,要么是平稳的。本书的前三篇,即时频分析、滤波器组和小波变换都是针对非平稳随机信号而发展起来的有效算法。而针对非线性信号的分析和处理,我们至今还没有涉及。

美籍华人科学家黄锷(Norden E. Huang)教授针对非平稳和非线性信号的分析,于1998年提出了一个称之为 Hilbert-Huang 变换(希尔伯特-黄变换,HHT)的新算法,从而为非平稳,特别是非线性信号的分析与处理开辟了一个高效和新颖的途径[Hua08]。HHT 包括两个主要的步骤,一是"经验模式分解(empirical mode decomposition, EMD)",二是 Hilbert 谱分析。EMD 将一个复杂的信号分解为一系列的简单信号,这一分解既不像滤波器组那样按照固定的频带做子带分解,也不像小波变换或其他变换那样预先选定基函数,而是取决于信号本身,因而它是自适应的,且是高效的。分解出的简单信号有许多特点,主要的是:①它们的数量是有限的,且是少量的;②它们适于做 Hilbert 变换,以方便求出瞬时频率;③该分解取决于信号的局部性质,因而特别适用于非平稳和非线性信号。经 EMD 得到的一个个简单分量称之为"固有模态函数"(intrinsic mode function,IMF)。将每一个 IMF 求 Hilbert 变换,得到相位函数,再进一步得到其瞬时频率。最后得到信号能量随时间和频率的分布,称为 Hilbert 谱。

HHT 自提出后便受到了广泛的重视,并且在许多领域都获得了成功的应用。1998年后,黄锷教授和他的合作者又陆续发表了20余篇论文,对 HHT 进一步改进和深化,使之成为在信号处理领域相对独立且又具有创新性的重要内容。因此,本书将 HHT 列为一篇进行讨论。HHT 涉及的知识面较宽,包括非平稳、非线性信号的基本概念,特别是频率和瞬时频率的基本概念,再是 EMD 分解的具体内容,本章将对这些内容给以较为详细的介绍。

13.1　非平稳和非线性信号

我们在文献[ZW2]中给出了宽平稳信号的定义。对随机信号(或“过程”)$X(t)$,如果其均值为常数,即

$$\mu_X(t) = E\{X(t)\} = \mu_X$$

式中 $E\{*\}$表示求均值运算,它表示的是求集总(ensemble)平均;其方差为有限值且也为常数,即

$$\sigma_X^2(t) = E\{|X(t) - \mu_X|^2\} = \sigma_X^2 < \infty$$

且自相关函数 $r_X(t_1, t_2)$和 t_1, t_2 的选取起点无关,而仅和 t_1, t_2 之差有关,即

$$r_X(t_1, t_2) = E\{X(t_1)X(t_1)\} = r_X(t_2 - t_1) = r_X(\tau)$$

则称 $X(t)$是宽平稳的。此处使用大写的 $X(t)$,意指它包含无穷多样本,每一个样本都是时间 t 的函数,即 $x_i(t), t=1,\cdots,\infty$。上面的式中还假定 $X(t)$是实过程。

宽平稳过程又称二阶平稳过程,意指其二阶统计量是不随时间变化的。反之,不满足上述条件,即其二阶统计量若是随时间变化的,则该过程就是非平稳过程。

根据 Wiener-Khintchine 定理,$X(t)$的功率谱 $P_X(\Omega)$是其自相关函数 $r_X(\tau)$的傅里叶变换,因此,平稳随机信号的功率谱也是二阶统计量,它也应该是不随时间变化的。关于这一点,我们可以从下面两个方面来理解:

(1) 因为自相关函数和具体的时间起点无关,所以其傅里叶变换后所得到的功率谱 $P_X(\Omega)$自然也和时间无关;

(2) 傅里叶变换是全局性的变换,变换后不再包含时间信息。所以应该认为 $P_X(\Omega)$是不随时间变化的。

我们在 1.1 节引用了文献[Qia95]的说法,即频率不随时间变化的信号称为时不变信号,或平稳信号。从上面的讨论可知,平稳信号的两个定义的基本结论是一致的,即前者强调了二阶统计量是不随时间变化,而后者着重强调频率不随时间变化。

Chirp 信号 $e^{j\alpha t^2}$ 是典型的非平稳信号,其频率是随时间线性增长的,如图 1.1.2(c)所示。Chirp 信号是人们构造出的信号,而现实世界中的信号基本上都是非平稳的,如我们的语音信号和脑电信号等。我们在 1.1 节已指出,傅里叶变换对非平稳信号是不适用的,即它反映不出这一类信号频率随时间变化的客观现实,如图 1.1.2(b)所示。为了说明这一点,现重写傅里叶级数的表达式[ZW2]:

$$x(t) = \sum_{k=-\infty}^{\infty} X(k\Omega) e^{jk\Omega_0 t} \tag{13.1.1}$$

式子 $X(k\Omega_0)$称为 $x(t)$的傅里叶系数。显然,上式的含义是将 $x(t)$分解为无限多幅度和频率都不随时间变化的复正弦,$x(t)$则是它们的线性组合。当然,上式的 $x(t)$是周期的,对于非周期信号,傅里叶级数可以过渡到傅里叶变换,如(1.1.2)式所示。该式同样说明,傅里叶变换是将信号分解为无穷多幅度和频率都是常数的复正弦。只不过 $X(k\Omega_0)$表示谐波幅度的大小,随 k 取离散值,而 $X(j\Omega)$表示频谱密度,且在 Ω 轴上连续取值。

傅里叶变换是信号分析和处理中的基本方法,已获得了广泛的应用,但也存在明显的不足。我们在 1.1 节指出了这些不足:一是缺乏时一频定位功能,二是不适用于非平稳信号,三是在分辨率方面的不足。由于傅里叶变换的全局积分的特点使得它必须受不定原理的制约,因而其时域和频域分辨率不能同时为最小;另外,它又不像小波那样具有自动调节时域和频域的分辨率的功能,因此缺乏分辨率调节的自适应能力。傅里叶变换的这些不足从而也推动了信号分析与处理理论的发展。本书前三篇的内容都是针对非平稳信号的分析和处理而发展起来的。

非线性信号是指非线性系统输出的信号。我们在文献[ZW2]中详细讨论了线性移不变(LSI)离散随机系统的定义和性质。式(13.1.2)是一个 LSI 系统时域的输入、输出关系

$$y(n) = -\sum_{k=1}^{N} a_k y(n-k) + \sum_{r=0}^{M} b_r x(n-r) \tag{13.1.2}$$

该式又称为离散时间系统的差分方程。该系统的转移函数是

$$H(z) = \frac{\sum_{r=0}^{M} b_r z^{-r}}{1 + \sum_{k=1}^{N} a_k z^{-k}} \tag{13.1.3a}$$

线性系统的最大特点是满足叠加原理,即

$$\begin{aligned} y(n) &= \mathrm{T}[\alpha x_1(n) + \beta x_2(n)] = \alpha \mathrm{T}[x_{(}n)] + \beta \mathrm{T}[x_2(n)] \\ &= \alpha y_1(n) + \beta y_2(n) \end{aligned} \tag{13.1.3b}$$

式子 $y=\mathrm{T}[x]$表示将输入 x 映射为输出 y。为了保证(13.1.2)式是线性系统,式中:①系数 $a_k, k=1,\cdots,N$ 和 $b_r, r=0,\cdots,M$ 必须是常数;②x,y,n,k 和 r 的幂必须是一次的;③不包含常数项。上述 3 个条件如果有一个不满足,则系统将变成非线性系统。非线性系统输出的信号即是非线性信号。当然,线性系统也可能产生非线性的输出。例如,一个线性放大器在其动态范围之内的输出和输入呈线性关系,但一旦该放大器“饱和”,则输出和输入不再是线性关系。信号是由系统产生(或输出)的,而系统是由电子元器件组

成的，如传感器、电阻、电容及放大器等，这些元器件多少都会存在一些非线性的成分。

线性系统是人们针对复杂对象而提出的理想化模型。在多数情况下，这一假设可以近似成立。例如，我们在人体体表采集到的电生理信号（如心电 ECG、脑电 EEG 和肌电 EMG）都是细胞膜电位通过人体系统后在体表叠加的结果。人体组织是非线性的，因此，这些信号严格地说都是非线性信号，但目前我们都是把它们当作线性信号来处理。在现实世界中确存在着很多非线性系统（或过程）是无法用线性系统来近似的。例如，著名的 Van der Pol 微分方程

$$\frac{\mathrm{d}^2 x}{\mathrm{d}t^2}+\mu(x^2-1)\frac{\mathrm{d}x}{\mathrm{d}t}+x=0 \tag{13.1.4a}$$

便代表了一类重要的非线性系统。该系统类似于一个线性的二阶系统，但具有非线性的阻尼。即当 $\mu>0$ 时，如果 $|x|>1$，系统具有正的阻尼，如果 $|x|<1$，则具有负的阻尼。该系统在自激振荡理论中有着重要的作用，是数学物理方程中的一个基本方程。

另一个著名的非线性方程是 Duffing 方程，即

$$\frac{\mathrm{d}^2 x}{\mathrm{d}t^2}+x+\varepsilon x^3=\gamma\cos\Omega t \tag{13.1.4b}$$

式子右边是系统的输入，γ 是幅度，Ω 是频率。式中 ε 是一个小的常数。如果 $\varepsilon=0$，则 Duffing 方程退化为一个线性方程，反之，则为非线性方程。Duffing 方程描述了一类非线性振荡器的特点。将上式改写为

$$\frac{\mathrm{d}^2 x}{\mathrm{d}t^2}+x(1+\varepsilon x^2)=\gamma\cos\Omega t \tag{13.1.5}$$

则括号中的量是位置 x 的函数，它可表示为一个非线性振荡器的弹簧"常数"（当然，它是变化的"常数"），或一个非线性单摆的长度（该长度随摆的角度而变化）[Hua09]。正因为如此，因此 Duffing 方程所代表的振荡器的振荡频率是时时在变化的，即使在一个振荡周期（振荡周期也是变化的）内也是如此。这种频率随时间变化的现象称为"内部波"（intrawave）调制。内部波调制是非线性系统的重要特征。显然，这种特征只能用瞬时频率来描述。

我们在 1.1 已指出，傅里叶变换不适用于非平稳信号，当然，它更不适用于非线性信号。傅里叶变换是线性变换。该线性变换一方面表现为两个信号和的傅里叶变换等于每一个信号傅里叶变换的和，另一方面也体现在（13.1.1）式和（1.1.2）式中，即傅里叶变换是将信号分解为无限多常数幅度和常数频率的线性叠加，因此它无法表现上述内部波频率调制的非线性现象。如同描述非平稳信号一样，瞬时频率也是描述非线性信号最有力的工具。

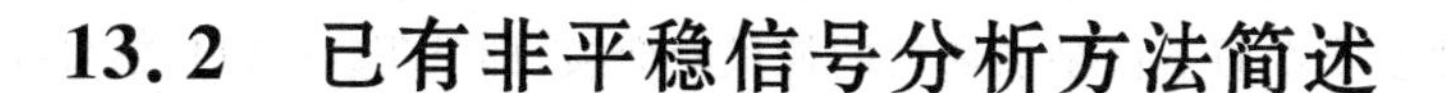

13.2 已有非平稳信号分析方法简述

本书的前三篇介绍了若干非平稳信号分析的方法。现在对它们的性能简要地给以述评。

1. 短时傅里叶变换

短时傅里叶变换是人们针对非平稳信号最早提出且又是最简单的信号分析和处理的方法。第2章讨论了其基本思路和性质。短时傅里叶变换假定所研究的非平稳信号是分段平稳的,从而对每一段分别求傅里叶变换,最后得到信号的联合时频分析,如谱图。短时傅里叶变换的不足也是明显的,即如何确定多长的一段是局部平稳的?如何保证每一段都是局部平稳的(实际工作中多是等长分段)?由于短时傅里叶变换只是分段后的傅里叶变换,因此在分辨率方面也受到不定原理的制约,即为了有好的定位功能,我们希望每一段尽量短,但这影响频率分辨率,反之亦然,如例2.1.1~例2.1.5所示。

2. Wigner-Ville 分布

Wigner-Ville 分布给出了信号的能量随时间和频率的分布,因此被公认为是对非平稳信号分析和处理的重要工具,并已获得广泛应用。由 Wigner-Ville 分布,还可定义信号的瞬时频率,如(3.2.25)式所示。但 Wigner-Ville 分布也有不足。除了在3.2节讨论过的两点外,还有

(1) 由(3.1.2)式可以看出,Wigner-Ville 分布是 $x(t+\tau/2)x^*(t-\tau/2)$ 的傅里叶变换。因此,傅里叶变换的一些不足也基本上在 Wigner-Ville 分布中体现出来。例如,它也受到不定原理的制约。

(2) (3.2.25)式给出的瞬时频率 $\Omega_i(t)$ 是时间的单值函数,因此,它无法表示多分量信号频率分布的特点,给出的只是多个频率在一个时间点上的平均值。

3. 小波变换

小波变换是过去二十年来信号处理领域最重要的进展。在 HHT 提出(1998)之前,它是分析和处理非平稳信号最成功的工具。如(9.1.2)式所示,小波变换的最大特点是在基本小波 $\psi(t)$ 中引入了尺度因子 a,从而改变了分析窗 $\psi(t/a)$ 的宽度,也改变了分析窗所对应的频率范围。这一特点导致了小波具有恒 Q 性,也即在时域和频域分辨率上具有自动调节的功能。Mallat 所引入的小波多分辨率分析使得我们可以按需要实现信号的子

带分解。小波变换已在各个领域取得了广泛的应用，特别是在图像和语音压缩、图像边缘检测、信号奇异性检测和去噪等方面表现了突出的优势。当然，小波变换也有如下不足：

(1) 小波变换本质上也是加窗后的傅里叶变换，即 $WT_x(a,b)$是信号在尺度 a 和时间 $t=b$ 时的"能量"[Hua08]，而 a 间接对应了频率。因此，小波变换也受到不定原理的制约。

(2) 在对信号实施小波变换前，小波变换的基函数需要预先指定。而基函数一旦指定，在对该信号分析的过程中间，基函数保持不变。也就是说，基函数的选择缺乏自适应性。

(3) 在小波变换中，如何选择小波基是一个仍未解决的问题。因此，在使用小波变换时，如何根据自己信号处理的对象和目的来准确选择小波常常是困扰使用者的一个现实问题。解决的方法是不断的试用各类小波。

我们在本书前面的章节中对上面三种非平稳信号分析和处理的方法已给出了较为详细的讨论。此外还有进化谱(evolutionary spectrum)、经验正交函数展开(empirical orthogonal function expansion，EOF)等非平稳信号分析的方法。限于篇幅，此处不再讨论。上述这些方法，都无法解决非线性信号的分析和处理。我们讨论这些方法的目的，是要和本篇要讨论的 Hilbert-Huang 变换进行比较。

13.3　关于瞬时频率的进一步讨论

我们已在 1.5 节给出了信号瞬时频率的基本概念。瞬时频率是描述非平稳和非线性信号最重要的工具，也是 HHT 中的核心内容。因此，有必要在此给出进一步的讨论。

信号的瞬时能量和瞬时包络的概念已被广泛接受，但瞬时频率自提出之日起，便存在着很大的争议。如有文献说要"将瞬时频率永远从通信工程师的词典中删除"，有的文献说"瞬时频率在给非线性失真波形赋以物理意义方面是概念上的创新"[Hua09]。瞬时频率之所以存在如此多的争议，一是其"频率"一词在概念上和我们通常所说的频率存在混淆，二是瞬时频率的定义存在多样性，三是瞬时频率在计算方面还存在问题。

频率是研究各种振荡运动中的一个基本物理量。最简单的简谐运动的方程是正弦函数。我们已熟知，正弦函数的频率定义为其周期的倒数，即

$$f = 1/T$$

显然，为得到频率，至少需要一个周期的长度。按照这个推理，小于一个周期的数据将无法得到它的频率。显然，瞬时频率的"瞬时"更远小于一个周期，自然也就无法对应频率。

对非周期信号，我们通过傅里叶变换来研究信号的频率成分。前已述及，傅里叶变换是将信号分解为无穷多幅度和频率都是常数的复正弦，由此得到的频率又称为傅里叶频

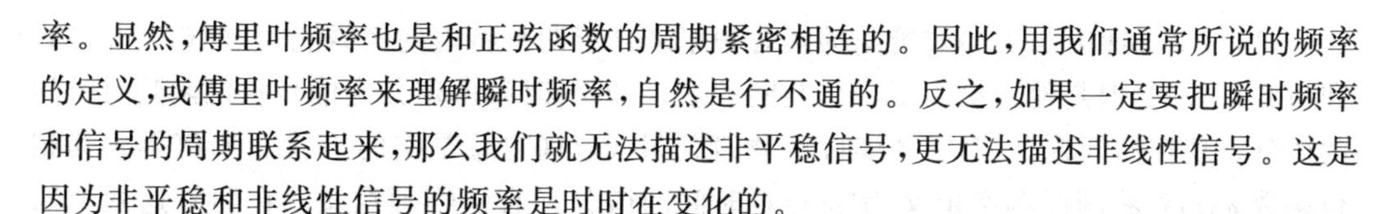

率。显然,傅里叶频率也是和正弦函数的周期紧密相连的。因此,用我们通常所说的频率的定义,或傅里叶频率来理解瞬时频率,自然是行不通的。反之,如果一定要把瞬时频率和信号的周期联系起来,那么我们就无法描述非平稳信号,更无法描述非线性信号。这是因为非平稳和非线性信号的频率是时时在变化的。

尽管存在上述矛盾,但瞬时频率毕竟是客观存在的。如我们身边绚丽的色彩,悠扬的旋律,都包含了不断变化的频率成分。问题是如何给出确切的定义和有效的计算方法。

下面从瞬时频率的发展过程、瞬时频率的定义、定义成立的条件及瞬时频率的计算等方面对瞬时频率进行较为深入的讨论。

13.3.1 瞬时频率的发展过程

瞬时频率的概念起源于20世纪30年代。人们在研究调频无线电广播时发现使用频率调制(FM)可以减小信号传输的噪声,从而引起人们对瞬时频率概念及其描述的兴趣。Carson和Fry于1937年首次给出了瞬时频率的定义[Car37]。他们在研究电路理论时定义了一类FM信号

$$x(t)=\exp\left[\mathrm{j}\left(\Omega_0 t+\lambda\int_0^t m(t)\mathrm{d}t\right)\right] \tag{13.3.1}$$

式子$\Omega_0=2\pi f_0$是常数载波角频率,λ是实的调制指数,$m(t)$是要传输的低频信号。记

$$\Omega_0 t+\lambda\int_0^t m(t)\mathrm{d}t=\varphi(t)$$

则他们给出瞬时频率为

$$f_i(t)=\frac{1}{2\pi}\frac{\mathrm{d}\varphi(t)}{\mathrm{d}t}=f_0+\frac{\lambda}{2\pi}m(t) \tag{13.3.2}$$

Carson和Fry强调按上式给出的瞬时频率的定义是常数频率在概念上的推广,也就是说,瞬时频率定义为相位函数在时间t处的变化率。(13.3.2)式是首次将瞬时频率和相位的导数联系起来。另外需要说明的是,(13.3.1)式中给出的信号是复信号。

1946年,非线性系统分析的开拓者之一的Van der Pol给出了一个可变频率的振荡运动的表达式[Van46],即

$$x(t)=a\cos\left[\int_0^t 2\pi f_i(t)\mathrm{d}t+\theta\right] \tag{13.3.3}$$

记式中cos函数的宗量是$\varphi(t)$,他强调相位函数应该是瞬时频率的积分,因此定义了和(13.3.2)式类似的瞬时频率表达式,即

$$f_i(t)=\frac{1}{2\pi}\frac{\mathrm{d}\varphi(t)}{\mathrm{d}t} \tag{13.3.4}$$

注意到(13.3.3)式表示的是实信号。

(13.3.2)式和(13.3.4)式给出的瞬时频率来自于两种特定的信号表示，即(13.3.1)式和(13.3.3)式，但是他们给出了一个共同的结果，即瞬时频率定义为信号相位函数对时间的微分。现在的问题是，对一个实际的物理信号 $x(t)$（它总是实的），我们如何得到其相位函数 $\varphi(t)$？将瞬时频率定义为 $\varphi(t)$ 对时间的微分又有何物理意义？在回答这两个问题之前，下面先说明为得到相位函数 $\varphi(t)$ 需要将实信号转变成复信号的理由：

(1) 我们熟知，实信号的幅频响应是偶对称的，由(1.3.2b)式，这时求出的该信号的平均频率(或频率中心) $\mu(\Omega)=\Omega_0=0$，这将无实际的意义。我们最关心的是信号的频谱在频率轴上左右两边各个谱成分对应的频率中心。试想，如果在(1.3.2b)式中的积分范围是从 0 到∞，那么得到的频率中心将不再是零，而是正频谱成分的中心。这正是解析信号的思路。

(2) 由(1.3.4)式，平均频率是瞬时频率的加权积分，权函数即是能量密度 $|x(t)|^2$。上面已指出，实信号的平均频率为零，这必然导致出实信号的瞬时频率为零的结论。显然，对于非平稳和非线性信号来说，这是不正确的。

(3) 复信号易于确定其相位函数。

理论上说，对给定的实信号 $x(t)$，可以有无数的方法来构造其虚部从而得到与之相关的复信号。但目前只有两种方法有明确的物理意义和实用价值。其一是正交分量法，其二是解析信号法。正交分量法是一种理想化的方法。该方法首先假定所研究的实信号可以表示成 $x(t)=a(t)\cos\varphi(t)$ 的形式，显然该式是幅度调制(AM)的表达式，式中 $\cos\varphi(t)$ 是载波，取其 90°相移，得 $\sin\varphi(t)$。这样，我们令 $a(t)\sin\varphi(t)=x_q(t)$ 作为虚部，从而可以构成复信号

$$z_q(t)=a(t)\cos\varphi(t)+\mathrm{j}a(t)\sin\varphi(t)=a(t)\mathrm{e}^{\mathrm{j}\varphi(t)} \tag{13.3.5}$$

并得到相位函数 $\varphi(t)$。正交分量法在 20 世纪 30 年代即出现在通信领域，但该方法在应用时存在一个实际的问题，即对一个实际的信号 $x(t)$（或抽样后的数据 $x(n)$），如何分离出其幅度 $a(t)$ 和相位 $\cos\varphi(t)$，从而构成 $a(t)\cos\varphi(t)$ 的形式？对给定的实际的实信号，如同可以有无数的方法来构造其虚部从而得到与之相关的复信号一样，也存在无数的方法可以得到其不同的幅度 $a(t)$ 和相位 $\cos\varphi(t)$。因此，正交分量法长时间得不到实际的应用，直到黄锷教授在 2009 年给出了具体的解决方法[Hua09]。

解析信号是由 Gabor 于 1946 年提出的[Gab46]。重写(1.5.3)式，即

$$z(t)=x(t)+\mathrm{j}\hat{x}(t)=a(t)\mathrm{e}^{\mathrm{j}\varphi(t)} \tag{13.3.6}$$

式中 $\hat{x}(t)$ 是 $x(t)$ 的 Hilbert 变换，$a(t)=[x^2(t)+\hat{x}^2(t)]^{1/2}$，$\varphi(t)=\arctan(\hat{x}(t)/x(t))$。解析信号有如下特点：

(1) 解决了如何将实信号转变成复信号的难题。将得到的复信号写成极坐标的形式，即可唯一地得到信号的幅度 $a(t)$ 和相位 $\varphi(t)$，从而得到瞬时频率。

(2) 由(1.5.4)式，解析信号 $z(t)$ 的频谱在负频率处恒为零，因此克服了实信号平均

频率为零的问题。

(3) $\hat{x}(t)$是$x(t)$和$1/\pi t$的卷积,因此可以突出$x(t)$的局部特征,这一特点反映到(13.3.6)式的极坐标里,使得相位函数$\varphi(t)$对时间的微分是瞬时频率。这和瞬时频率体现的是信号的局部特征这一概念相符合的。

由于通过解析信号可以方便地构造出信号的相位,从而为瞬时频率的求解提供了一个新的途径。因此,解析信号的提出是非平稳和非线性信号分析和处理中的重要进展。

Ville于1948年把Carson与Fry和Gabor的工作结合起来,将信号$x(t)=a(t)\cos\varphi(t)$的瞬时频率定义为[Vil48]

$$f_i(t)=\frac{1}{2\pi}\frac{\mathrm{d}}{\mathrm{d}t}[\arg z(t)] \tag{13.3.7}$$

式中$z(t)$是$x(t)$的解析信号,$\arg z(t)$即是$\varphi(t)$。Ville还给出了如下关系[Boa92c]

$$\mu(f)=\int_{-\infty}^{\infty}f\mid Z(f)\mid^2\mathrm{d}f\Big/\int_{-\infty}^{\infty}\mid Z(f)\mid^2\mathrm{d}f \tag{13.3.8a}$$

$$\mu(f_i)=\int_{-\infty}^{\infty}f_i(t)\mid z(t)\mid^2\mathrm{d}t\Big/\int_{-\infty}^{\infty}\mid z(t)\mid^2\mathrm{d}t \tag{13.3.8b}$$

$$\mu(f)=\mu(f_i) \tag{13.3.8c}$$

式子$\mu(f)$表示平均频率,$\mu(f_i)$表示瞬时频率的平均频率。这一结果的含义是:由解析信号的频谱得到的平均频率等于由解析信号得到的瞬时频率的平均频率。注意上面(13.3.8a)式是对频率积分,(13.3.8b)式是对时间积分。Ville进一步利用上面的结果给出了我们在第1篇讨论过的Wigner-Ville分布。

自从Ville确定了一个实信号的瞬时频率是其解析信号相位函数的微分后,这一概念一直被沿用。在这一过程中,人们也给出了瞬时频率的其他定义。其中最重要是利用时频分布给出的定义,如(3.2.25)式及(4.4.4)式。这两个公式的含义是:我们可以利用时频分布的一阶矩来定义瞬时频率。(3.2.25)式还证明了如下结论:如果式中的时频分布就是WVD,那么,(3.2.25)式定义的瞬时频率和(13.3.7)式定义的瞬时频率是一样的。当然,如果是Cohen类分布,则二者稍有区别,具体内容可参看文献[ZW7],此处不再讨论。(3.2.25)式及(4.4.4)式的存在也体现了我们在前面提到的瞬时频率定义的多样性问题。

在本节的最后,我们从两个方面来指出将瞬时频率定义为解析信号相位的导数是有物理意义的。

(1) 考察(1.3.4)式可以看出,该式的左边是信号的平均频率(或频率中心)Ω_0,右边是密度函数$|x(t)|^2$乘上一个量的积分。为得到平均频率,这个量应该是时变的。式中已给出,这个量即是相位的导数,也即瞬时频率。换句话说,瞬时频率乘上密度函数在整个时间范围内的积分是信号的平均频率。此结论可以帮助我们理解瞬时频率的"瞬时"的含义。

(2) 对(13.3.6)式的 $z(t)$ 求傅里叶变换,有

$$Z(f)=\int_{-\infty}^{\infty}a(t)\mathrm{e}^{\mathrm{j}\varphi(t)}\mathrm{e}^{-\mathrm{j}2\pi ft}\mathrm{d}t=\int_{-\infty}^{\infty}a(t)\mathrm{e}^{\mathrm{j}[\varphi(t)-2\pi ft]}\mathrm{d}t \tag{13.3.9}$$

平稳相位原理指出[Boa92c],(13.3.9)式的积分将在频率 f_i 处有最大的值,而 f_i 须满足

$$\frac{\mathrm{d}}{\mathrm{d}t}[\varphi(t)-2\pi f_i t]=0$$

也即

$$f_i=\frac{1}{2\pi}\frac{\mathrm{d}\varphi(t)}{\mathrm{d}t}$$

这正是(13.3.4)式和(13.3.7)式定义的瞬时频率。这一结论说明,非平稳信号的能量主要集中在该信号的瞬时频率处,这一结论在信号的识别、检测、估计和建模中是非常有用的。

文献[Boa92a]和[Boa99c]是对瞬时频率进行全面讨论的两个重要文献。作者 B. Boashash 在文献中对瞬时频率的历史、定义、定义的解释、估计算法以及应用等各个方面都给予了较为详尽的讨论。该文献的发表也促进了非平稳和非线性信号的分析与处理方法的研究。

13.3.2 解析信号用于瞬时频率的限制

前面指出,通过解析信号可以方便并唯一地构造出信号的相位,从而为瞬时频率的求解提供了一个新的途径。但是,对任何属于 L^p 的信号 $x(t)$,其 Hilbert 变换都是存在的,因此我们都可以按(13.3.6)式构造出其解析信号。但这样做是否都有意义?另外,(13.3.6)式中的 $z(t)$ 和(13.3.5)式中的 $z_q(t)$ 是否相等?即通过解析信号法得到的信号极坐标的形式和通过正交分量法得到的信号极坐标的形式是否相同?由上述问题产生了瞬时频率的很多模糊概念和误解。为此,Cohen 在文献[Coh95]中将它们归纳为5个自相矛盾(paradoxes)的说法。上述问题说明,在利用解析信号求解信号的瞬时频率时必须对信号本身提出一些要求,否则求出的结果无物理意义。我们在1.5节对该问题已给出了一个初步的讨论,现在上述讨论的基础上继续加以说明:

(1) 由于 $\mathrm{d}\varphi(t)/\mathrm{d}t$ 是 t 的单值函数,因此,它在每一个给定的时间只能给出一个瞬时频率的值,这就要求所研究的信号 $x(t)$ 必须是单分量(monocomponent)信号。对于多分量(multicomponent)信号,由 $\mathrm{d}\varphi(t)/\mathrm{d}t$ 给出的是其每一个单分量信号的瞬时频率在该时刻的平均值,如图1.5.1所示。

至今,对于单分量信号并没有一个明确的数学定义,但人们公认的一个定义是:在任意时间 t,由 $\mathrm{d}\varphi(t)/\mathrm{d}t$ 给出的必须是单值的、有物理意义且恒正的瞬时频率的信号才能称为单分量信号[Hua05a]。对多分量信号,为了求解其瞬时频率,必须对其做如下的分解

$$x(t) = \sum_k a_k(t)\mathrm{e}^{\mathrm{j}\varphi_k(t)} \tag{13.3.10}$$

$a_k(t)$是第 k 个单分量信号的幅度(或包络),$\varphi_k(t)$是第 k 个单分量信号的相位。HHT 的 EMD 就是用来实现这种分解。当然,分解后的每一个分量都要满足下述的求瞬时频率的条件。

(2) 信号 $x(t)$必须是零均值的,且相对于零均值是上、下对称的。为说明这一点,文献[Hua09]给出了一个简单的例子。令

$$x(t) = a + \cos\alpha t \tag{13.3.11}$$

可求出其 Hilbert 变换 $\hat{x}(t)=\sin\alpha t$,及

$$f_i(t) = \frac{\alpha(1 + a\sin\alpha t)}{1 + 2a\cos\alpha t + a^2} \tag{13.3.12}$$

显然,虽然给出的信号 $x(t)$是一纯余弦函数,但由于其均值不为零,结果通过解析信号求出的瞬时频率变成了时间 t 的函数。通过(13.3.12)式可以看出,如果 $a=0$,那么 $f_i(t)=\alpha$,这当然是一正确定结果。

(3) Bedrosian 定理[Bed63]指出,为了使通过解析信号求得的瞬时频率有物理意义,信号 $x(t)$的包络和载波应满足如下关系

$$H\{a(t)\cos\varphi(t)\} = a(t)H\{\cos\varphi(t)\} \tag{13.3.13}$$

式中 $H\{*\}$表示取 Hilbert 变换。上式的含义是,包络可以从信号的 Hilbert 变换中分离出来。注意到 $H\{\cos\varphi(t)\}=\sin\varphi(t)$,因此,Bedrosian 定理确保可以得到载波的正交分量,从而使 $x(t)$的解析信号 $z(t)=z_q(t)$。

为了使(13.3.13)式成立,等效地要求:对实的幅度调制信号 $x(t)=a(t)\cos\varphi(t)$,$a(t)$的频谱 $A(\mathrm{j}\Omega)$和 $\cos\varphi(t)$的频谱必须是可以分开的,且 $A(\mathrm{j}\Omega)$处在低频端,$\cos\varphi(t)$的频谱处在高频端。这一要求和我们在 1.5 节讨论过的结果是一致的。如果 $A(\mathrm{j}\Omega)$和 $\cos\varphi(t)$的频谱不能分开,那么通过解析信号求出的相位函数将不再是原来载波的相位函数,它已受到了幅度函数的影响,因此求出的瞬时频率将产生误差。

(13.3.13)式成立的条件又可等效为:信号 $x(t)$不但应该是单分量的,而且应该是窄带的。我们知道,固定载波频率的幅度调制 $x(t)=a(t)\cos\Omega_0 t$ 是低通的幅度 $a(t)$乘上一个余弦函数,在保证 $A(\mathrm{j}\Omega)$的频率范围远小于 Ω_0 时,$x(t)$不但是窄带的,且是零均值的,即以零均值为轴上、下对称的,这也是我们在本节谈到的第(2)点。从上述结果还可进一步得到如下结论:$x(t)$的极值数和过零点数应该是一样的(最多差一个)。

上面从不同的角度讨论了为了使从解析信号得到的瞬时频率有物理意义应对信号提出的要求,这些要求有不同的表述方法,但基本上可由 Bedrosian 定理得出。这些要求也是 EMD 分解的核心思想。

幅度调制不是得到窄带信号的唯一方法,利用带通滤波器同样可以得到窄带信号。如我们在第二篇讨论的滤波器组就可以将信号分解为一系列具有不同中心频率的带通信

号。但是带通滤波是线性运算，滤波的结果往往去除了非线性信号中的非线性成分，这是不希望的。

13.3.3 瞬时频率的估计

(13.3.4)式和(13.3.7)式给出了基于解析信号的瞬时频率的定义。在实际应用时还存在一些具体问题：一是数据通常是有限长的，二是连续信号要通过抽样变成离散信号，因此瞬时频率需要估计。

文献[Boa92c]讨论了瞬时频率的估计方法，包括基于相位函数的差分法，基于过零点的方法，基于最小均方(least mean square)的 LMS 算法，基于递归最小二乘(recursive least squares)的 RLS 算法和基于时频分布的算法。此处仅介绍基于相位函数的差分法。

将连续信号变成离散信号，(13.3.4)式的微分将由差分来实现。最简单的差分实现是

(1) 前向有限差分(forward finite differences，FFD)，即

$$\hat{f}_i^{\mathrm{f}}(n)=\frac{1}{2\pi}[\varphi(n+1)-\varphi(n)] \tag{13.3.14a}$$

(2) 后向有限差分(backward finite differences，BFD)，即

$$\hat{f}_i^{\mathrm{b}}(n)=\frac{1}{2\pi}[\varphi(n)-\varphi(n-1)] \tag{13.3.14b}$$

(3) 中心有限差分(central finite differences，CFD)，即

$$\hat{f}_i^{\mathrm{c}}(n)=\frac{1}{4\pi}[\varphi(n+1)-\varphi(n-1)] \tag{13.3.14c}$$

在上述三个瞬时频率估计式中，CFD 较之 FFD 和 BFD 有着明显的优点：一是对应 Chirp 这一类线性调频(FM)信号，CFD 可以给出无偏的瞬时频率估计，二是它对应了我们在第一篇讨论过的时频分布的一阶矩。

因为理想差分器的频率响应 $H(\mathrm{e}^{\mathrm{j}\omega})=\mathrm{j}\omega$ 是频率 ω 的线性函数[ZW2]，频率越高，放大倍数越大，而噪声多处于高频端，因此差分放大器对噪声比较敏感，易产生大的估计方差。为此，文献[Boa92c]给出了一个加权平均的瞬时频率估计方法，即

$$\hat{f}(n)=\frac{1}{2\pi}\sum_{n=0}^{N-1}w(n)[\varphi(n+1)-\varphi(n)] \tag{13.3.15a}$$

式子 N 是数据的长度，$w(n)$是加权平滑窗函数，可由下式给出

$$w(n)=\frac{1.5N}{N^2-1}\left\{1-\left[\frac{N-(N/2)-1}{N/2}\right]^2\right\} \tag{13.3.15b}$$

(13.3.15a)式的差分类似于文献[ZW2]讨论过的平滑化差分。

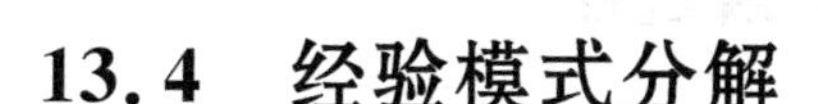

13.4 经验模式分解

13.4.1 固有模态函数

前已述及，瞬时频率是研究非平稳和非线性信号最有力的工具，但是，实际的非平稳和非线性信号受13.3.2节讨论过的限制，无法直接求解瞬时频率。一个自然的想法就是：将待研究的信号分解为一个个单分量信号，每一个单分量信号只包含一种振荡模式（即单一的瞬时频率），且符合在13.3.2节提出的要求。文献[Hua98]将这些分解后的分量称为固有模态函数（IMF），这一分解过程即是经验模式分解（EMD）。一个IMF应满足如下要求：

（1）在其时间区间内，其极值点的数目和过零点的数目应该相等，或最多差一个；

（2）在其时间区间内的任一点，分别由信号的局部最大和局部最小定义的上、下包络的均值为零。

显然，这些条件是针对13.3.2节讨论过的为求解析信号而对信号的限制所提出的。条件(1)要求IMF是一个窄带信号，条件(2)着重考虑信号的局部特征，目的是防止由于信号波形不对称所产生的瞬时频率的起伏。其实，IMF名称的含义是指它可以揭示蕴涵在信号中的固有振荡模式，即在其由过零点定义的每一个"周期"中只包含一个振荡模式，而没有叠加其他的复杂波形。图13.4.1是一个分解后的IMF，显然，它的极值点和过零点相同，且上、下包络的均值为零。

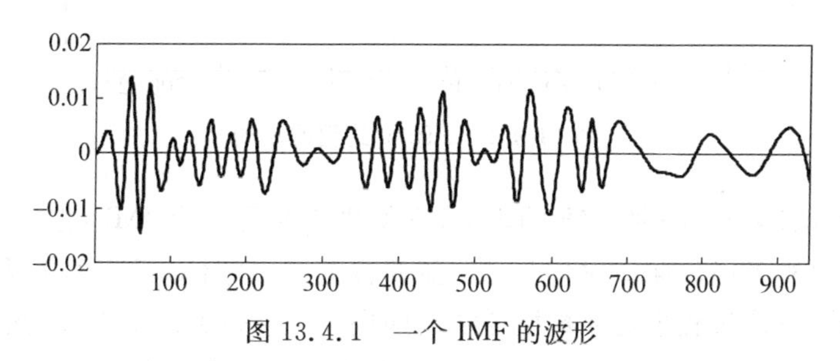

图13.4.1 一个IMF的波形

由上面的讨论也可以看出，一个IMF表示了一个简单的振荡模式，类似于傅里叶级数（或傅里叶变换）分解出的一个具有固定幅度和固定频率的分量。但是，IMF更具有一般性，它包含了幅度调制和频率调制。

EMD分解得到的IMF分量满足通过解析信号求解瞬时频率的必要条件，但还不一定会满足充分条件，即保证每一个IMF分量都满足式(13.3.13)。

13.4.2　经验模式分解过程

经验模式分解的过程又称为筛选(sifting)过程，其步骤如下：

(1) 对信号 $x(t)$，找出其局部最大值点和局部最小值点，再利用三次样条函数分别对这些局部最大值点和局部最小值点进行插值得到 $x(t)$ 的上包络 $u(t)$ 和下包络 $l(t)$；令 $m_1(t)=[u(t)+l(t)]/2$，则 $m_1(t)$ 为上、下包络的均值。再令

$$h_1(t) = x(t) - m_1(t) \tag{13.4.1}$$

从而完成一次迭代，上述过程如图 13.4.2 所示。图中显示了原始信号 $x(t)$(说明：原始信号如图 13.4.3 所示，为了看清包络的变化，此处将原数据做了 4 抽取)，求出的上、下包络和包络的均值。

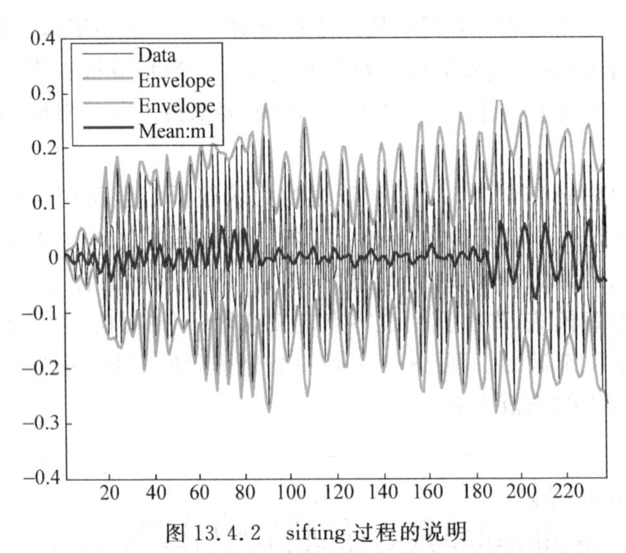

图 13.4.2　sifting 过程的说明

按照 $h_1(t)$ 的得到方法和 IMF 的定义，它似乎应该是一个 IMF，但实际上并非如此。由于在利用三次样条函数插值时将会产生新的极值点，并且对原有的极值点也会加以放大和平移，此外，插值过程也会在数据的端点处也会产生较大的扰动，因此，第一次的迭代得到的 $h_1(t)$ 一般不会符合 IMF 的要求，需要进入下一步继续迭代运算。

(2) 找 $h_1(t)$ 的局部最大和最小值点，同样利用三次样条函数对其插值得到上、下包络 $u_{11}(t)$，$l_{11}(t)$，求出它们的均值曲线 $m_{11}(t)$，从而得到 $h_{11}(t)=h_1(t)-m_{11}(t)$。检查 $h_{11}(t)$ 是否符合 IMF 的条件，如果不符合，继续上述迭代过程，直到

$$h_{1k}(t) = h_{1(k-1)}(t) - m_{1k}(t) \tag{13.4.2}$$

符合了 IMF 的条件。并令

$$c_1(t)=h_{1k}(t) \tag{13.4.3}$$

则 $c_1(t)$是筛选出的第一个 IMF 分量，上述过程完成了第一次筛选。由上面的步骤也可看出，筛选起到两个主要的作用，一是去除波形内叠加的其他模式的波形(riding waves)，并使波形的形状相对于 0 更对称。

上述为求出 $h_{1k}(t)$的迭代过程需要一个停止的准则，为此文献[Hua98]给出了如下的准则

$$\mathrm{SD}_k=\sum_{t=0}^{T}\left[\frac{\left|h_{1(k-1)}(t)-h_{1k}(t)\right|^2}{h_{1(k-1)}^2(t)}\right] \tag{13.4.4a}$$

式中 T 是数据的长度。该式是两个连续迭代过程的归一化标准差。其参考值是 0.2～0.3。一旦 SD_k 小于该值，则可停止迭代，即得到 $c_1(t)$。停止准则在 EMD 中是一个重要的参数，它决定了通过多少次迭代才能求得一个 IMF。

一个实际的非平稳或非线性信号不可能只含有一个 IMF 分量，即它可能包含多种振荡模式，我们需要将它们继续分离出来，为此还要进行如下的步骤。

(3) 令

$$r_1(t)=x(t)-c_1(t) \tag{13.4.5}$$

显然，它是原信号和第一个 IMF 分量之差，将其视为信号 $x(t)$，重复步骤(1)和(2)，于是可得到

$$r_2(t)=r_1(t)-c_2(t)$$
$$\vdots$$
$$r_m(t)=r_{m-1}(t)-c_m(t)$$

式中 $c_2(t),\cdots,c_m(t)$是新筛选出的 IMF 分量。该分解过程直到 $r_m(t)$变成一个单调的函数，或只含有一个极值点时停止。这样，信号 $x(t)$就被分解成 m 个 IMF 分量和最后的残余 $r_m(t)$之和，即

$$x(t)=\sum_{k=1}^{m}c_k(t)+r_m(t) \tag{13.4.6}$$

实际上，$r_m(t)$是一个简单的趋势函数，或一个常数。

例 13.4.1 对图 13.4.3 给出的信号 $x(t)$，求其 IMF 分量。

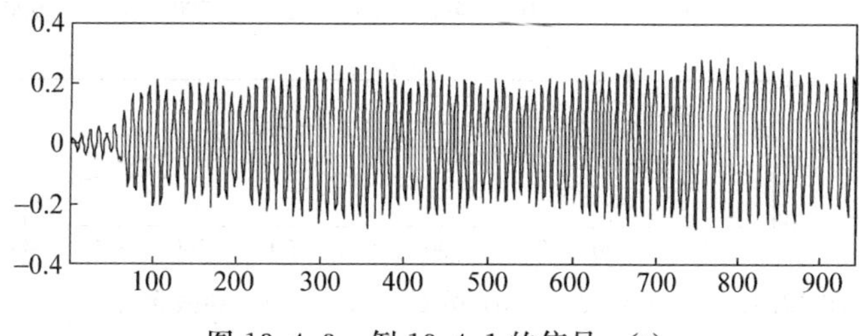

图 13.4.3 例 13.4.1 的信号 $x(t)$

解　该信号的长度 $N=941$，取 sifting 的次数 $m=\log_2 N-1=8$（见 13.4.5 节），因此可得到 8 个 IMF 分量 $c_1(t)\sim c_8(t)$ 和残余分量 $r_8(t)$，它们如图 13.4.4 所示。由该图可以看出，$c_7(t)$ 和 $c_8(t)$ 已是简单的波形，因此其 sifting 过程实际上到 $m=6$ 时即可结束。

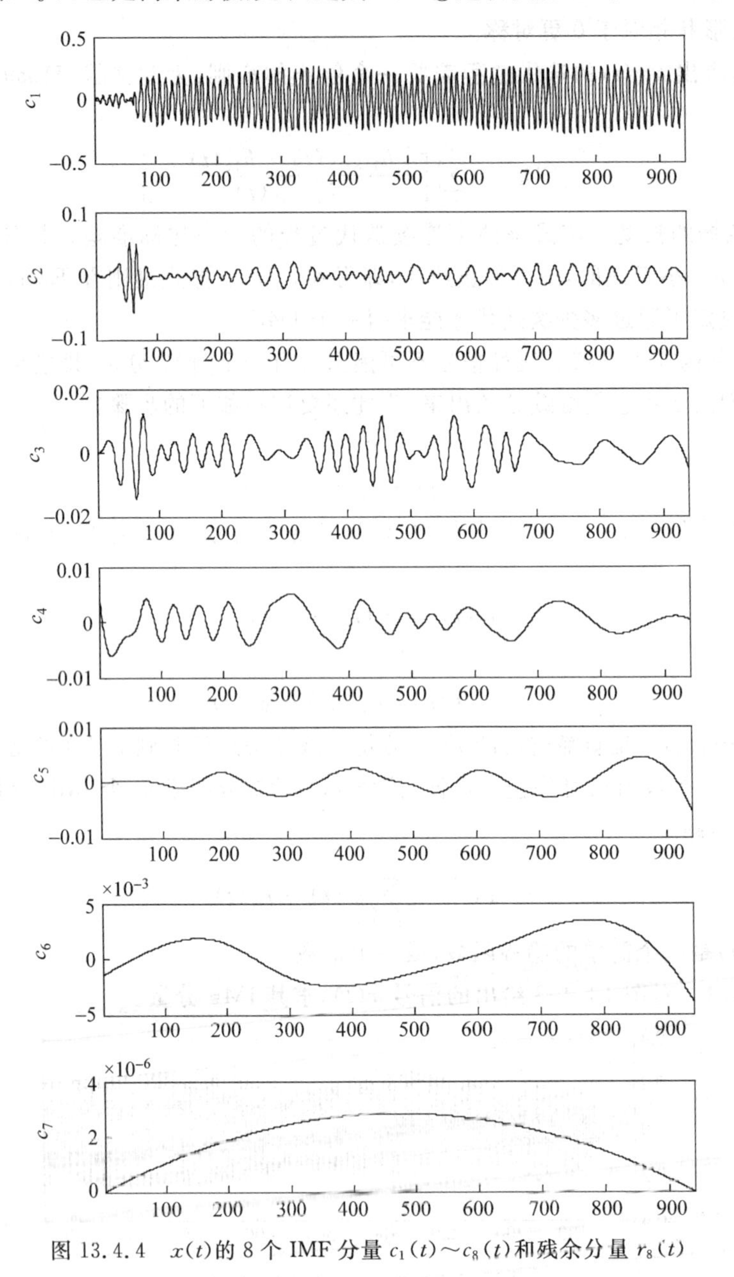

图 13.4.4　$x(t)$ 的 8 个 IMF 分量 $c_1(t)\sim c_8(t)$ 和残余分量 $r_8(t)$

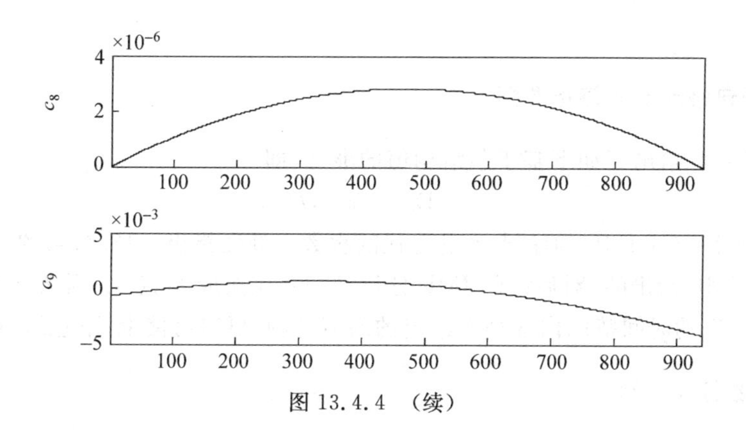

图 13.4.4 (续)

13.4.3 迭代的停止准则

在 EMD 的过程中,通过多少次迭代才能筛选出一个 IMF,需要一个停止准则(stoppage criterion)。自 EMD 提出以后,如何给出停止准则自然也就引起人们的关注。至今,人们已给出了多种停止准则,现给以简要介绍。

1. Cauchy 类型的停止准则

(13.4.4a)式称为 Cauchy 类型的停止准则。由于该式是分之分母相除后再求和,因此,式中较小的 $h_{1(k-1)}(t)$将会对 SD_k 产生较大的影响。为避免这一点,文献[Hua08]将其改为

$$\mathrm{SD}_k = \frac{\sum\limits_{t=0}^{T} \mid h_{1(k-1)}(t) - h_{1k}(t) \mid^2}{\sum\limits_{t=0}^{T} h_{1(k-1)}^2(t)} \tag{13.4.4b}$$

注意到该式是分子、分母分别求和后再相除。第三个 Cauchy 类型的停止准则是[Wan10]

$$\mathrm{SD}_k = \frac{[h_{1(k-1)}(t) - h_{1k}(t)]^2}{h_{1(k-1)}^2(t)} \tag{13.4.4c}$$

它要求在 $0 \sim T$ 的时间范围内都小于给定的阈值。

(13.4.4)式给出的三个准则看起来在数学上是严格的,但使用起来有困难并存在不足。一是要求 SD_k 小于一个给定的小的阈值,但多小是小?二是该准则是建立在全局($0 \sim T$)上的总体误差基础上的,而 IMF 是着重局部特征的,也就是说,Cauchy 类型的停止准则和 IMF 的定义无关。三是由于 Cauchy 类型的停止准则没有涉及包络的极值点数、过零点数和对称性等重要方面的内容,因此它不能保证所得到的结果确实满足 IMF

的要求。

2. 基于包络均值的停止准则

文献[Fla04]给出了如下基于包络均值的准则，即

$$SD_k = m_{i,k}(t) \tag{13.4.7}$$

式中下标 i 是待求的 IMF 的序号，k 是迭代的次数。顺便指出，(13.4.4)的三个式子都是针对第一个 IMF 给出的，对后续的 IMF 分量，$h_{1k}(t)$应换成 $h_{i,k}(t)$。显然，(13.4.7)式要求均值在 $0\sim T$ 的时间范围内都小于给定的阈值，因此更容易使上、下包络对称。

3. "S"数停止准则

文献[Hua03]给出了一个称之为 S 数的停止准则，其定义为连续迭代的次数，而在这连续的迭代过程中，$h_k(t)$的极值点的个数和过零点的个数相等或最多差一个。显然，S 数准则更接近于 IMF 的定义，但也有不足，一是在迭代的每一步都要计算极值点数和过零点数，二是要主观地预先给出一个数 S。文献[Hua08]指出，如果 S 过大，将会出现过迭代，从而使迭代后得到的 IMF 缺乏物理意义；反之，如果 S 过小，将会出现欠迭代，使得到的 IMF 还包含其他模式的波形(riding waves)。该文献建议 S 取 4～8 之间。

4. 固定迭代次数的停止准则

文献[Fla04]和[Wuz04]证明了一个结论，即对白噪声做 EMD 分解时，EMD 实际上等效于一个二进滤波器组，详细说明见 14.2.1 节。文献[Wuz04]还指出，如果迭代次数大于 10 时这一等效不再成立，因此建议迭代的停止准则是 10 次。

实际上，黄锷教授在其网站([Hua_Web])上给出的 sifting 程序 eemd.m 中迭代的次数就是固定为 10 次。

13.4.4　迭代过程中数据端点的处理

由 13.4.2 节的讨论可知，为求出每一个 IMF 分量，需要进行多次的迭代运算。在每一次迭代时，都要先求出信号波形的局部最大值点和局部最小值点，然后用三次样条函数对其插值得到其上包络和下包络。在这过程中存在对波形端点数据的处理问题。其原因主要是端点数据一般不会是最大值点或最小值点。我们知道，三次样条函数插值是通过将最大值序列($\max(1),\max(2),\cdots,\max(M_{\max})$)和最小值序列($\min(1),\min(2),\cdots,\min(M_{\min})$)作为插值点来实现的。端点不是最大(或最小)值点，当然不能作为插值点。这样，从数据起始点到第一个插值点(图 13.4.5 中的 t_1)这一段的包络就无法确定，从而上、下包络的均值也无法确定，这将影响迭代过程中 $h_{i,k}$的确定，当然也就影响每一个

IMF 分量的确定。另外，由于每一次迭代和每一个 IMF 分量都是建立在前面的分解基础上的，因此，前面的误差会影响后面，并且向数据内部扩散，从而使最后的分解失败。

自 HHT 于 1998 年提出之后，数据端点的处理就引起了人们的重视，并已提出了各种处理方法。此处介绍两种方法，一是最大、最小值点扩展法，二是数据扩展法。

最大、最小值点扩展法如图 13.4.5 所示[Wuz08]。假定我们在信号起始段已得到了最大值点 max(1)、max(2) 和最小值点 min(1)、min(2)，则可通过下式在端点($t=0$)处构造出 max(0)和 min(0)

$$\max(0)=\frac{\max(1)t_3-\max(2)t_1}{t_3-t_1} \tag{13.4.8a}$$

$$\min(0)=\frac{\min(1)t_4-\min(2)t_2}{t_4-t_2} \tag{13.4.8b}$$

式中各个量的含义见图 13.4.5。终点处最大、最小值的扩展可类似此方法来实现。文献[Hua_Web]上给出的 sifting 程序 eemd.m 就是按此方法来此处理端点的。

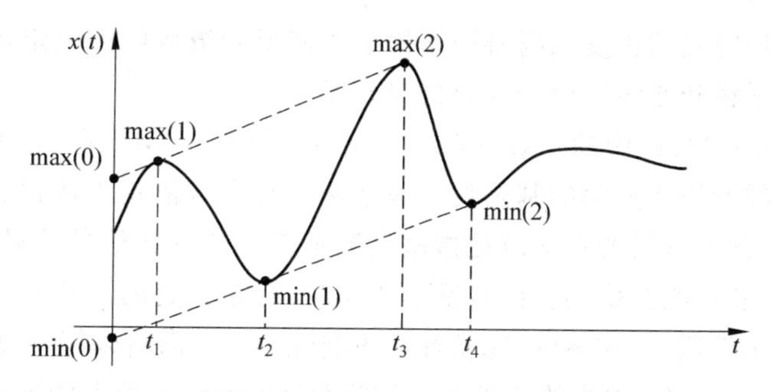

图 13.4.5 EMD 中端点的处理

数据扩展的方法很多，如线性预测法，镜像或反镜像扩展法，神经网络法和向量机法，等等。文献[Hua05a]给出了如下的数据扩展法：设信号 $x(t)$在开始段有局部最大值点 max(1) 和局部最小值点 min(1)，在结尾端有 max(M)和 min(M)，它们的时间坐标分别是 $t_{\max(1)}$，$t_{\min(1)}$，$t_{\max(M)}$和 $t_{\min(M)}$。在数据起始点前和结尾点后扩展如下的正弦函数

$$\text{wave extension}=A\sin(2\pi t/P)+\text{local mean} \tag{13.4.9}$$

式中幅度 A 和周期 P 要按起始点和结尾点分别考虑，它们的值按下式确定

$$\left.\begin{aligned}A_{\text{beginning}}&=\frac{1}{2}[|\max(1)|-|\min(1)|]\\A_{\text{end}}&=\frac{1}{2}[|\max(M)|-|\min(M)|]\\P_{\text{beginning}}&=2|t_{\max(1)}-t_{\min(1)}|\\P_{\text{end}}&=2|t_{\max(N)}-t_{\min(N)}|\end{aligned}\right\} \tag{13.4.10}$$

上面提到的数据扩展法都是针对线性和平稳过程而提出的，对于非平稳和非线性过

程，如何实现有效的数据扩展仍然是一个没有很好解决的问题。

13.4.5　EMD 的特点

总结上述筛选过程，我们可得到 EMD 的如下特点：

(1) EMD 分解可以看作是广义的傅里叶分解。对求得的每一个 IMF 分量 $c_k(t)$，我们都可以得到其瞬时幅度 $a_k(t)$ 和瞬时频率 $\Omega_k(t)$，因此(13.4.6)式可写成如下形式(式中没考虑最后的残余分量 $r_m(t)$)

$$x(t) = \mathrm{Re}\left\{ \sum_{k=1}^{m} a_k(t) \exp\left[\mathrm{j}\int \Omega_k(t)\mathrm{d}t \right] \right\} \tag{13.4.11}$$

与此相类似，(13.1.1)的傅里叶级数也可表示成如下的形式

$$x(t) = \mathrm{Re}\left[\sum_{k=1}^{\infty} a_k \mathrm{e}^{\mathrm{j}\Omega_k t} \right] \tag{13.4.12}$$

显然，EMD 是利用时变的幅度和瞬时频率代替了傅里叶级数中的固定幅度和固定频率，因此更有利于非平稳和非线性信号的分析与处理。

(2) 由于(13.4.11)式中的 $a_k(t)$ 和 $\Omega_k(t)$ 来自于第 k 个 IMF，即 c_k，因此，IMF 的集合可以看作是实现经验模式分解的基函数。该基函数是完全依赖于数据的，因此是自适应的，且是后验的。此处所说的自适应是指基函数适应了待分解信号的局部特征。与此相对应，傅里叶变换和小波变换的基函数都是先验的，且是固定的。此外，IMF 基函数具有一般基函数的基本性质，如收敛性，完备性和正交性等。下面给以简要说明。

(3) 收敛性。由 IMF 构成的基函数的收敛性目前尚无理论上的证明，但在实际应用中可以肯定地说：对任意小的正数 ε，总存在一个大的数 N，使得均值

$$|m_N| < \varepsilon$$

已有的实际例子都显示了上述的收敛性。文献[Hua_Web]指出，对于给定的数据长度 N，当筛选次数 $m \leqslant \log_2 N$ 时，筛选即收敛。该文献上给出的 sifting 程序 eemd.m 中 sifting 的次数(即 IMF 的个数)即是按 $\log_2 N - 1$ 给出的。

(4) 完备性。完备性(completeness)在不同的应用领域(如度量空间、统计学及图论等)有着不同的定义。此处所说的完备性是指信号 $x(t)$ 可以由其 IMF 分量完全重建。(13.4.6)式即是完备性的表达，另外，文献[Hua98]应用实际的例子说明了重建的过程与精度。

(5) 正交性。如同完备性，IMF 基函数的正交性在理论上也还没有得到证明。对(13.4.6)式，令 $r_m(t) = c_{m+1}(t)$，并对该式两边取平方，有

$$x^2(t) = \sum_{k=1}^{m+1} c_k^2(t) + 2\sum_{i=1}^{m+1}\sum_{l=1}^{m+1} c_i(t)c_l(t) \tag{13.4.13}$$

显然，如果上式的后一项，即 $\sum_{i=1}^{m+1}\sum_{l=1}^{m+1} c_i(t)c_l(t)=0$，则 $c_i(t)$和 $c_l(t)$之间是两两正交的。为检查它们的正交性，文献[Hua98]定义了一个指标

$$\mathrm{IO}=\sum_{T=0}^{T}\Big[\sum_{i=1}^{m+1}\sum_{l=1}^{m+1} c_i(t)c_l(t)\Big/x^2(t)\Big] \tag{13.4.11}$$

并通过实际的例子(wind data)说明 IO 很小(0.0067)。

(6) 由于傅里叶变换、时频分布和小波变换都是建立在傅里叶频率基础上的，而傅里叶频率是靠全局积分得到的，因此它们都受到不定原理的制约。而 EMD 分解是建立在局部的瞬时频率上的，而瞬时频率是通过 Hilbert 变换得到的，因此 EMD 不受不定原理的制约。

(7) 傅里叶变换只适用于确定性信号和平稳信号，时频分布和小波变换可适用于非平稳信号但不适用于非线性信号，而 EMD 既适用于非平稳信号，也适用于非线性信号。

13.5 Hilbert 谱分析

我们在本章开头已指出，HHT 包括两个主要的步骤，一是“经验模式分解(EMD)”，二是 Hilbert 谱分析(Hilbert Spectral Analysis，HSA)。EMD 将信号 $x(t)$分解成一个个的 IMF 分量，而分解方法保证了这些分量都满足(除去残余分量 $r_m(t)$)进行 Hilbert 变换的条件，并由此得到时变的幅度和瞬时频率。例如，对 IMF 分量 $c_i(t)$，可求出其 Hilbert 变换 $\hat{c}_i(t)$，从而构成解析信号 $z_i(t)=c_i(t)+\mathrm{j}\hat{c}_i(t)=a_i(t)\mathrm{e}^{\mathrm{j}\varphi_i(t)}$，式中

$$a_i(t)=[c_i^2(t)+\hat{c}_i^2(t)]^{1/2},\quad \varphi_i(t)=\arctan[\hat{c}_i(t)/c_i(t)] \tag{13.5.1}$$

求出信号的 IMF 并由此得到其时变的幅度和瞬时频率后，我们有两种方法来表示信号的特征，一是将得到的 m 个瞬时频率画在同一个平面上，以显示信号 $x(t)$的频率内容是如何随时间变化的。当然，该平面的横坐标是时间，纵坐标是频率，如同图 1.5.1(c)所示。二是将时变幅度和瞬时频率一起考虑，得到信号能量的时频分布，即 Hilbert 谱。这种方法和我们在第一篇所做的各种时频分布是类似的。

例 13.5.1 给定信号 $x(t)$是两个线性调频信号的和，即

$$x(t)=\sin[2\pi(300t+150)t]+\sin[2\pi(300t+50)t] \tag{13.5.2a}$$

试对其进行 EMD 分解并求其瞬时频率。

解 显然，$x(t)$是多分量信号，这两个分量的瞬时频率分别是

$$\begin{aligned} f_{i,1}(t)&=300t+150\\ f_{i,2}(t)&=300t+50 \end{aligned} \tag{13.5.2b}$$

它们是互相平行的。$x(t)$的 IMF 分量如图 13.5.1 所示，由 IMF 求出的瞬时频率如图 13.5.2 所示，显然，它们的瞬时频率都是线性函数，也是平行的，这和(13.5.2b)式是一致的。从该图可以看出，端点还是没有完全处理好。

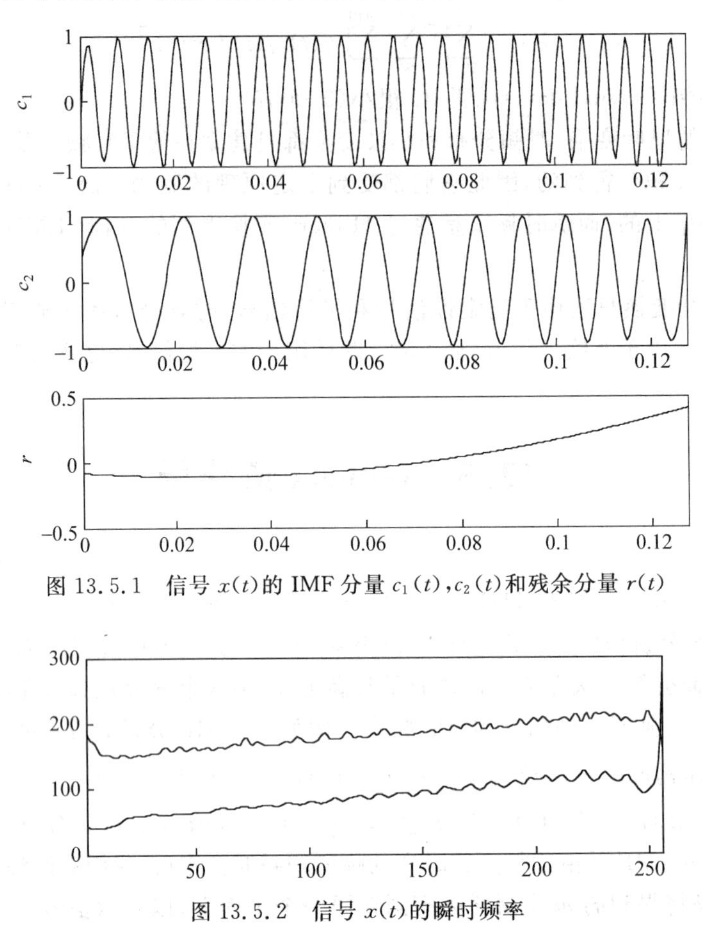

图 13.5.1　信号 $x(t)$的 IMF 分量 $c_1(t)$，$c_2(t)$和残余分量 $r(t)$

图 13.5.2　信号 $x(t)$的瞬时频率

文献[Hua09]对如何由求出的 IMF 分量得到瞬时频率进行了深入的研究，并给出了多种求解方法。这些方法体现在文献[Hua_Web]给出的 m 文件 fa.m 中。这些方法是：

(1) 利用 Hilbert 变换，即(13.5.1)式，得到 $\varphi_i(t)$后，然后采用(13.3.14)式或(13.3.15)式的差分方法得到瞬时频率 $f_i(t)$。在 MATLAB 中，求解差分的函数是 diff.m，它比(13.3.14)式和(13.3.15)式给出的求解差分的方法都要简单。在[Hua_Web]中对应的 m 文件是 FAhilbert.m。

(2) 利用正交分量法，对应的 m 文件是 FAquadrature.m。由于 $x(t)=\cos\varphi(t)$的正交分量是 $\sqrt{1-x^2(t)}=\sin\varphi(t)$，因此，对一个 IMF 分量 $c_i(t)$，可求出其正交分量是

$\sqrt{1-c_i^2(t)}$，相位函数可由下式求出[Hua09]

$$\varphi_i(t)=\arctan\frac{c_i(t)}{\sqrt{1-c_i^2(t)}} \tag{13.5.3}$$

式中要求 $c_i(t)$ 必须归一化，即要求 $|c_i(t)|<1$。有关归一化 HHT 将在 13.6 节讨论。图 13.5.2 的瞬时频率即是按照此方法求出的。

除了上述两个方法外，还有改进的 Hilbert 变换法，arccosine 法，广义过零法以及 cosine-formula 法等，对应的 m 文件分别是 FAimpHilbert. m，FAacos. m，FAzc. m 和 FAcosfor. m。此处不再介绍。详细的内容请见文献[Hua09]和[Hua_Web]上的 m 文件。

由 IMF 求解出瞬时幅度和瞬时频率后，为求出信号 $x(t)$ 的 Hilbert 谱，对一个 IMF，如 $c_i(t)$，定义其幅度的时频分布是

$$H_i(t,f)=\begin{cases}a_i(t), & f=f_i(t)\\ 0, & f\neq f_i(t)\end{cases} \tag{13.5.4}$$

如果将 $a_i(t)$ 取平方，则(13.5.4)式给出的是 $c_i(t)$ 的能量的时频分布。考虑所有 m 个 IMF 分量，则 $x(t)$ 的时频分布是

$$H(t,f)=\sum_{i=1}^{m}H_i(t,f) \tag{13.5.5}$$

同样，幅度取平方后，$H(t,f)$ 是 $x(t)$ 能量的时频分布。在绘制 Hilbert 谱时有一个重要的问题需要解决，即如何确定时间轴和频率轴的定标。

至今，我们已求出不同形式的时频分布，如第 2 章的短时傅里叶变换，第 3 章的 Wigner 分布，第 4 章的 Cohen 类分布，以及图 9.7.2 所表示的连续小波变换。在上述时频分布中，时间和频率分辨率要受到不定原理的制约。具体地说，短时傅里叶变换的时域分辨率受到窗函数宽度的影响，而窗函数主瓣的宽度又决定了频率的分辨率，如图 2.1.5 所示。对 Wigner 分布，其窗函数的宽度是图 3.1.1 的下图中 $-t\sim t$ 的宽度，对小波变换，则是 $\psi(t/a)$ 所张开的宽度。总之，对信号 $x(t)$，其最大频率分辨率是其长度的倒数，即 $1/T$。在傅里叶变换中，由于变换后不再包括时间，因此体现不出时间分辨率。

我们在 13.4.5 节已指出，由于 EMD 分解是建立在局部的瞬时频率上的，而瞬时频率是通过 Hilbert 变换得到的，且傅里叶频率和瞬时频率具有不同的物理意义，因此 HHT 不受不定原理的限制。这等效地说，在类似于图 9.2.3(e)的时频平面上的一个个时频方格的时间宽度和频率宽度可以“任意”地小，也即可取得我们所需要的时间和频率分辨率[Hua11]。由此，我们可得到 Hilbert 谱时间、频率轴的定标方法。设信号 $x(t)$ 的长度为 $0\sim T$，抽样频率是 f_s，则

(1) 时间轴上两点的间隔可以取得很小，但不能小于抽样间隔 T_s，也即时间轴的刻度可以是 $0\sim N-1$，N 是 $x(n)$ 的长度，即 $N=T/T_s$；

(2) 对频率轴，其最大频率是 $f_s/2$，即 Nyquist 频率，它对应的圆周频率 $\omega=\pi$。假定

我们选取频率轴的最大刻度是 M,则频率轴上的频率分辨率是 $f_s/2M$。由于瞬时频率是靠差分来实现的,如(13.3.14)式和(13.3.15a)式所示,差分需要相位的多个数据点来实现,这个数据的点数最好要包含一个振荡周期。为了得到稳定的差分运算和得到准确的瞬时频率,文献[Hua98]给出了一个确定 M 的方法,即

$$M=\frac{f_s/l}{T}=\frac{f_s/l}{NT_s}=\frac{N}{l} \tag{13.5.6}$$

式子 l 表示为对应一个震荡(或频率精度)所需要的最小数,由 l 决定的这一数据的宽度实际上是 lT_s。

下面是绘制 Hilbert 谱的几点说明:

(1) 由 MATLAB 函数 angle(A)得到的相位函数 $\varphi_i(n)$的值在$(-\pi,\pi)$之间,再由差分得到的瞬时频率 $f_i(n)$的值在 $(-2\pi,2\pi)$ 之间。但我们要求瞬时频率应当为正值,因此当 $f_i(n)<0$ 时,令 $f_i(n)=f_i(n)+2\pi$,这样可将其变为正值。因为 π 对应信号的最高频率 $f_s/2$,因此,我们要将瞬时频率的值映射到长度为 M 的频率轴上,注意 M 对应 π。具体方法是令

$$f_i(n)=f_i(n)M/2\pi \tag{13.5.7}$$

注意上式左边的 $f_i(n)$是映射后的瞬时频率,右边的 $f_i(n)$是映射前的瞬时频率。

(2) 由(13.5.4)式可知,绘制 Hilbert 谱的过程就是将$|a_i(t)|$投射到由$(n,f_i(n))$所决定的时频平面的过程。绘制出的图像可以是彩色编码图,也可以是等高线图。

(3) 由彩色编码图绘制的幅度(或能量)的时频分布是骨骼似的图,它反映了幅度(或能量)在时频平面上的分布结构。如果需要更加连续的形式,则可采用空间滤波器(如二维高斯滤波器)对其平滑。当然,这样会牺牲时、频两个方向上的分辨率。

(4) 类似于(3.2.5)式,将(13.5.5)式的 $H(t,f)$相对时间积分,可得到 Hilbert 谱的边际谱,即

$$h(f)=\int_0^T H(t,f)\mathrm{d}t \tag{13.5.8}$$

式子 $h(f)$表示了信号的幅度(或能量)在频率 f 处的累加,也即幅度(或能量)随频率的分布。

文献[Hua11]对 Hilbert 谱的表示进行了深入的讨论,并研究了如何将 Hilbert 谱和傅里叶谱及小波谱进行比较。限于篇幅,此处不再讨论。

图 13.5.3 是(13.5.2)式的信号 $x(t)$的 Hilbert 谱。注意该图和图 13.5.2 有着类似的形状,但它们的物理意义不同。图 13.5.2 给出的是 $x(t)$的瞬时频率,而该图是信号幅度谱(或能量)随频率的分布。当然,幅度分布在瞬时频率上。该图的横坐标是数据点数,纵坐标是频率(Hz)。

图 13.5.4 是图 13.4.3 所给信号的 Hilbert 谱。由图 13.4.3 可以看出,该信号是具

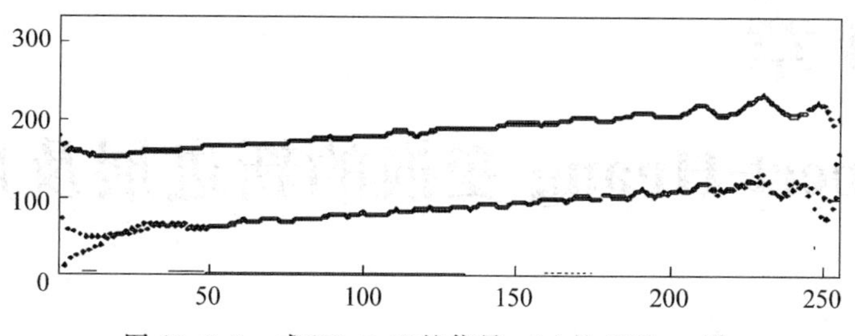

图 13.5.3 式(13.5.2)的信号 $x(t)$的 Hilbert 谱

有内部调制的正弦,因此,它不是标准的正弦信号,因此其频率内容甚为复杂。这一特点从图 13.4.4 所给出的它的 IMF 分量也可看出。在图 13.5.3 中,信号的主频在归一化频率 0.1 处,围绕着主频有上、下的震荡,但震荡模式较为复杂,该图尚不能清晰地给出。读者可自己对图 13.4.4 的各个 IMF 分量求瞬时频率,以观察其变化过程。

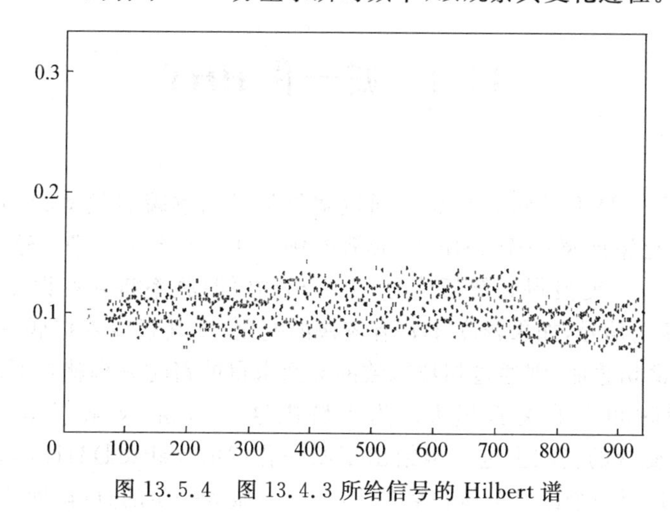

图 13.5.4 图 13.4.3 所给信号的 Hilbert 谱

第 14 章

Hilbert-Huang 变换的新进展及应用

HHT 自 1998 年被首次提出后，在过去的 15 年中，已获得了长足的进展，这些进展集中体现在 EMD 算法的改进，包括归一化 HHT、集总平均 EMD(EEMD)、互补集总平均 EMD(CEEMD)等。另一方面，HHT 在众多的领域也获得了成功的应用。本章对这些内容给予简要的介绍。

14.1 归一化 HHT

在前面已指出，IMF 分量只是满足通过解析信号求解瞬时频率的必要条件，但不是充分条件，即不能保证每一个 IMF 分量都能满足 Bedrosian 定理。这样，通过对这些 IMF 分量做 Hilbert 变换得到解析信号，再求出的瞬时频率将存在误差。总之，可表为 $a(t)\cos\varphi(t)$的解析信号，如果幅度 $a(t)$有较快的变化，则其频谱将扩展，一旦其频谱和载波 $\cos\varphi(t)$的频谱相叠加，则通过相位函数的导数求得的瞬时频率就是不准确的。$a(t)$的变化越快，则瞬时频率的失真越大。为了解决这一问题，文献[Hua09]在已提出的 Hilbert-Huang 变换的基础上进一步给出了归一化(Normalized) HHT，称之为 NHHT。NHHT 的思路是对一个已经分解得到的 IMF 分量做进一步的分解，即分解出包络(AM)和载波(FM)。具体步骤如下。

(1) 记 $x(t)$为一个分解出的 IMF 分量(即 $c_i(t)$)。取 $x(t)$的绝对值，然后求出其局部极值点，再用三次样条函数通过这些局部极值插值出包络 $e_1(t)$，如图 14.1.1 所示。图中的 IMF 是图 14.4.1 中的波形。

(2) 令

$$y_1(t)=\frac{x(t)}{e_1(t)} \tag{14.1.1}$$

则 $y_1(t)$是归一化的数据。理论上说，$y_1(t)$的所有局部极值点的幅度都应该等于 1，但实际情况是在某些点上可能大于 1，如图 14.1.2 所示，图中中间的粗线表示的是原来的 IMF 信号。

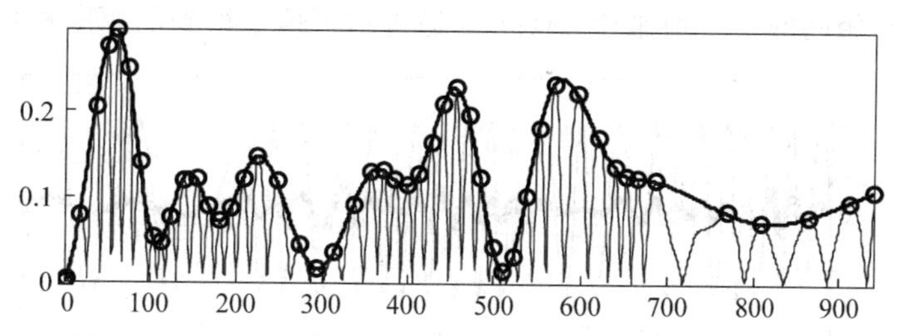

图 14.1.1 对一个 IMF 分量取绝对值、求极值和包络

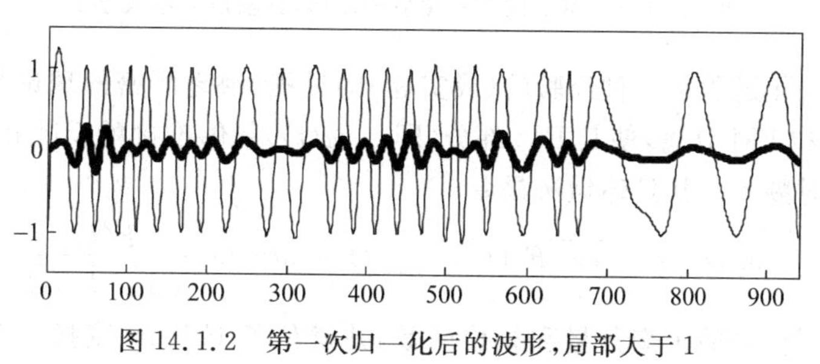

图 14.1.2 第一次归一化后的波形，局部大于 1

出现上述现象的原因是：因为样条函数是通过极值点来拟合出包络，在幅度变化较快的两个极值点之间，拟合出的包络有可能在原来数据点的下方，以致使 $y_1(t)$ 的一些点大于 1。为了去除这种现象，可以对 $y_1(t)$ 继续归一化，即

$$y_2(t) = \frac{y_1(t)}{e_2(t)} \tag{14.1.2}$$

并重复进行，即

$$y_n(t) = \frac{y_{n-1}(t)}{e_n(t)} \tag{14.1.3}$$

通过 n 此迭代，$y_n(t)$ 的所有值都将小于或等于 1，这就实现了 FM 和 AM 的分离。经验表明，上述的迭代只需进行 3 次即可达到要求。对图 14.1.1 给出的 IMF，第二次归一化后的波形如图 14.1.3 所示，显然，其幅值均不大于 1。最后，记 FM 部分的载波函数为 $F(t)$，则

$$F(t) = y_n(t) = \cos\varphi(t) \tag{14.1.4}$$

而包络

$$A(t) = \frac{x(t)}{F(t)} = e_1(t)e_2(t)\cdots e_n(t) \tag{14.1.5}$$

上述的 AM 和 FM 分解的结果是使得

$$x(t) = A(t)F(t) = A(t)\cos\varphi(t) \tag{14.1.6}$$

由(14.1.5)式可以看出，这时的幅度函数 $A(t)$ 显然和将 $x(t)$ 求解析信号后再求模得到

的幅度函数是不相同的。一般来说，$A(t)$ 与通过解析信号得到的幅度相比较为平滑。

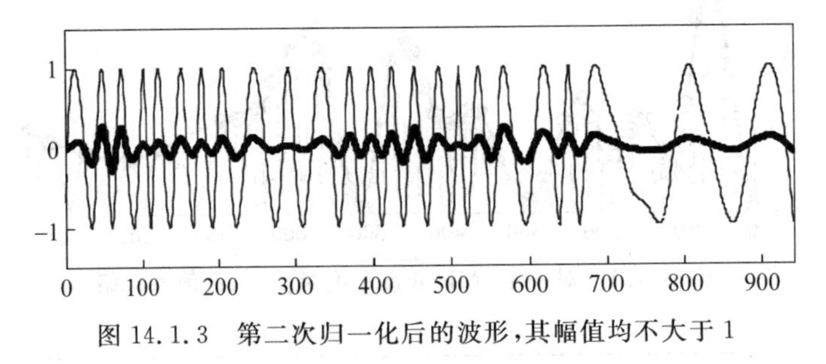

图 14.1.3 第二次归一化后的波形，其幅值均不大于 1

上述的归一化过程是一种经验的（或实验）的过程，缺乏严密的理论推导。但其结果是实现了 AM 和 FM 分离，使其 FM 部分（即 $\cos\varphi(t)$）能够准确的反映相位，从而使其导数是真正的瞬时频率。其具体做法是令

$$\sin\varphi(t) = \sqrt{1-F^2(t)}, \quad \varphi(t) = \arctan\frac{F(t)}{\sqrt{1-F^2(t)}} \tag{14.1.7}$$

从而直接得到了信号的正交分量和相位函数，并避免了 Hilbert 变换。对比(13.5.3)式可以看出，(13.5.3)式中的 $c_i(t)$ 换成了(14.1.7)式中归一化后的 $F(t)$。

14.2 集总经验模式分解

文献[Wuz08]针对经验模式分解还存在的问题，特别是所谓模式混合(mode mixing)问题，提出了一个改进的方法，即集总经验模式分解(ensemble EMD，EEMD)。EEMD 的思想主要是建立在白噪声的 EMD 的特征上的，因此，在本节我们首先讨论白噪声的 EMD 特征，然后讨论模式混合问题，最后介绍 EEMD 的主要思路和实现步骤。

14.2.1 白噪声的 EMD 特征

文献[Wuz04]和文献[Fla04]利用均匀分布的白噪声研究了 EMD 分解的特点，指出白噪声的 EMD 实际上等效于一个二进滤波器组。我们知道，白噪声的自相关函数 $r(m)=\sigma^2\delta(m)$，是在 $m=0$ 处的 δ 函数，因此功率谱 $P(e^{j\omega})=\sigma^2$ 是频域的一条直线。即白噪声的功率谱均匀地分布在 $0\sim\pi$ 之间，是典型的宽带谱。如果白噪声的 EMD 真的等效于一个二进滤波器组，那么其第一个 IMF，即 $c_1(t)$ 的频带应在 $\pi/2\sim\pi$ 之间，中心频率在 $3\pi/4$，而 $c_2(t)$ 的频带应在 $\pi/4\sim\pi/2$ 之间，中心频率在 $3\pi/8$，$c_3(t)$ 的频带应在 $\pi/8\sim\pi/4$

之间，中心频率在 $3\pi/16$，依此类推，类似于图 1.2.5，即此处的 $c_i(t)$ 应该类似于图中的细节 $d_i(t)$，它们都是带通的。由于 $d_i(t)$ 的中心频率是 $d_{i-1}(t)$ 中心频率的一半，因此，$d_i(t)$ 的周期应该是 $d_{i-1}(t)$ 周期的 2 倍。

文献[Wuz04]对长度 $N=10^6$ 的白噪声序列进行了 EMD 分解，分解出 9 个 IMF 分量，对每一个 IMF 分量通过检测其极值点的方法确定了它们的平均周期，其结果如表 14.2.1 所示[Wuz04]。

表 14.2.1 白噪声做 EMD 分解后的极值点数和平均周期

IMF 序号	极值点数	平均周期	IMF 序号	极值点数	平均周期
$c_1(t)$	347 042	0.240	$c_6(t)$	10 471	7.958
$c_2(t)$	168 176	0.496	$c_7(t)$	5290	14.75
$c_3(t)$	83 456	0.998	$c_8(t)$	2658	31.35
$c_4(t)$	41 632	2.000	$c_9(t)$	1348	61.75
$c_5(t)$	20 877	3.992			

由该表可以看出，每一个 IMF 分量的平均周期几乎精确地等于其上一个 IMF 分量平均周期的两倍，因此其中心频率也将是上一个的 1/2。由此可以看出，EMD 确实等效于一个二进滤波器组，它对信号的分解特点犹如图 10.6.2 的小波变换的 Mallat 算法。尽管 EMD 类似于小波的二进制分解，但这只是在频谱的意义（中心频率和带宽）来讨论的，实际上它们分解的效果有很大的区别。例如，EMD 要求分解出的 IMF 具有零均值，其极值点的数目和过零点的数目应该相等（或最多差一个），而小波变换分解出的细节 (d_j) 和概貌 (a_j) 没有这些要求。此外，图 10.6.2 的小波变换中有具体的滤波器 (h_0, h_1)，而 EMD 中不存在这样具体的滤波器。它的滤波器即是 EMD 分解算法的本身，显然它是时变的，且是自适应于数据的。由上面的讨论可以看出，EMD 等效于二进滤波器组的结论是通过实验的方法得到的，至今还没有精确的理论证明。

文献[Wuz04]指出对正态分布的白噪声同样有表 14.4.1 的结果，并且还得到如下结论：

① 表 14.4.1 中的每一个 IMF 的取值基本上是正态分布。

② 表中每一个 IMF 的傅里叶幅度谱都有着类似的形状，如果以上述平均周期的对数为横坐标，则这些谱有着基本相同的面积。

③ 每一个 IMF 的能量密度和平均周期的乘积是常数。

④ 对于白噪声，其可以分解的 IMF 的数量基本上是 $\log_2 N$，其中 N 是数据的长度。如果数据不是纯的噪声，那么它在 EMD 分解过程中可能会失去某些 IMF，从而使 IMF 的数量少于 $\log_2 N$。这一结论就为我们确定 EMD 分解的层数（即筛选次数）给出了一个

经验的依据。

文献[Fla04]利用分形高斯噪声(fractional Gaussian noise,fGn)研究了 EMD 的特点。得到的结论和文献[Wuz04]的结论类似,此处不再进一步讨论,现仅对 fGn 作一简单的解释。fGn 定义为分形 Brownian 运动的增量过程,其自相关函数可以由下式描述

$$r(m)=\frac{\sigma^2}{2}[|m-1|^{2H}-2|m|^{2H}+|m+1|^{2H}]$$

式子 $0<H<1$ 称为分形指数,或 Hurst 指数。显然,当 $H=1/2$ 时 fGn 退化为白噪声。

14.2.2　模式混合

模式混合,简单地说是指在一个信号中含有两个,或两个以上具有显著不同时间尺度(scale)的分量。那么,什么是时间尺度?文献[Hua99]定义了三个量来表示时间尺度,一是信号中局部两个连续过零点之间的时间宽度,二是信号中两个连续峰值之间的时间宽度,三是曲率上的两个连续峰值之间的时间宽度。在每一种情况下,该时间宽度都是信号局部特征的一个度量。显然,时间宽度(即时间尺度)越大,局部的频率越低,也即信号在该局部变化的越慢。反之,则信号在该局部变化的越快。除非一个信号是严格的窄带信号,那么用过零点表示其时间尺度就过于粗糙,这是因为在两个连续过零点之间有可能存在多个极值。曲率极值用来描述信号中弱的振荡(又称为"隐含的时间尺度")的极值。对大部分信号来说,文献[Hua99]认为两个连续峰值之间的时间宽度是时间尺度的一个较好的测量。

模式混合来源于信号中存在的间歇(intermittency)现象,如图 14.2.1(a)所示。图中有一个基波,它是一个标准的正弦信号,幅度为 1,在图中中间的三个基波上叠加了高频的幅度为 0.1 的正弦信号[Wuz08],显然,它是一种间歇振荡。从该图也可以明显地看出,基波和间歇振荡的波形有着显著不同的时间尺度,因此该信号中包含了模式混合现象。

由于实际的物理信号是复杂的,它不可能是简单的如正弦类的波形,因此模式混合在实际的物理信号中是会经常出现的。模式混合给信号处理带来一系列的问题。一是引起该信号的时频分布的混迭,二是使经验模式分解后得到的 IMF 失去物理意义,三是使得 IMF 缺乏稳定性和唯一性。例如,现对图 14.2.1(a)的信号做 EMD,第一步先求得它的局部极大值点,如图 14.2.1(b)所示。图中共有 14 个局部极大值点,其中 12 个是由间歇振荡波形所产生,另外两个是前后的基波所产生。第二步求上下包络和均值,如图 14.2.1(c)所示。显然,其上包络既不是基波的包络,也不是间歇振荡波的包络,而是二者各自包络的混合,由此得到的均值已发生严重的失真。该图中下面的一条曲线是信号的下包络,显然,它跟随了间歇振荡的最小值,因此无法反映基波的下包络。由上、下包络得到的均值如图中红

线所示。将原信号减去该均值后的波形如图 14.2.1(d)所示，它仍然是基波和间歇振荡波的混合，从而使得识别其物理含义愈发困难。文献[Hua08]利用两个非常类似的数据(RSS T2 和 UAH T2)说明了在存在模式混合的情况下，它们的 IMF 会有明显的不同。

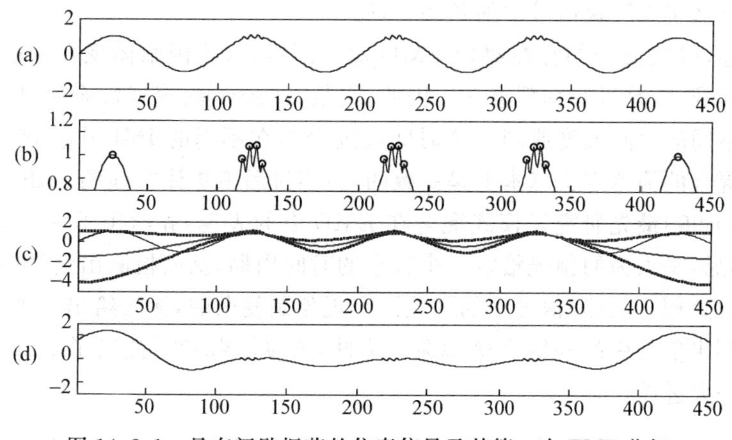

图 14.2.1 具有间歇振荡的仿真信号及其第一次 EMD 分解

实验研究表明，在存在模式混合的情况下，数据中些微的扰动可能会产生新的一组 IMF，从而使 EED 分解后的 IMF 不唯一。EMD 不稳定和 IMF 不唯一的主要原因是因为 EMD 算法本身仅仅是建立在信号局部极值的分布上的，因此，当信号含有随机噪声和模式混合后，其极值的分布便发生变化。

对图 14.2.1(a)的信号做 EMD，求得的 4 个 IMF 分量如图 14.2.2(a)～(d)所示。

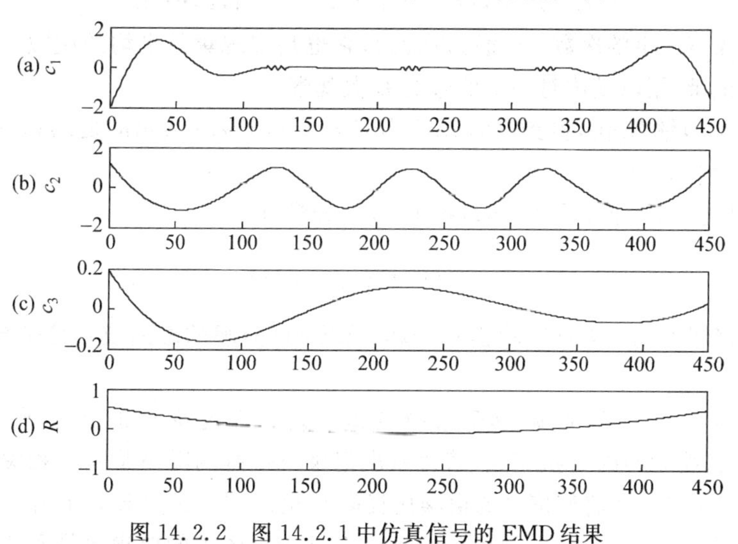

图 14.2.2 图 14.2.1 中仿真信号的 EMD 结果

显然,前两个 IMF 都包含有严重的模式混合现象,也就是说,它们含有明显的不同周期的分量。以 c_1 为例,它既包含了低频的基波,也包含了高频的间歇振荡波,在振荡波出现的位置,基波消失,而在不存在振荡波的地方,基波得以保留。这一现象说明 EMD 没能实现该信号不同频率成分的分离,因此,这样分解出的 IMF 缺乏物理意义,从而使求解出的瞬时频率不能真实地反映信号中的频率特点。

综上所述,模式混合的存在将使 EMD 发生困难,这些困难体现在分解出的 IMF 分量是否稳定和唯一,是否有物理意义。因此,文献[Hua08]将模式混合定义为:一个 IMF 中含有明显不同的时间尺度或同一个时间尺度分布在不同的 IMF 中。该定义和在本小节给出模式混合的简单定义基本上是一致的,只不过后者更注重强调 IMF。

文献[Hua99]最先研究了模式混合在 EMD 中的表现,并给出了一个间歇检验的方法。其基本思路是人为的预先给定一个较小的时间周期,从而检测出信号中的间歇振荡,然后对其单独处理。显然,信号中的模式混合现象是复杂的,无法给出一个客观而又准确的准则来检测出信号中的间歇振荡现象。为此,文献[Wuz08]提出了 EEMD 的方法,这是 HHT 的一大进展。

14.2.3　集总经验模式分解的步骤和理论依据

EEMD 的实现方法其实很简单。假定将要进行 HHT 的信号是 $x(t)$,其步骤如下:

(1) 对 $x(t)$加上一定幅度、且是一次次产生的白噪声 $w_i(t)$,从而得到信号

$$x_k(t)=x(t)+w_k(t),\quad k=1,2,\cdots,L \tag{14.2.1}$$

式中 L 是白噪声产生的次数,下面可以看到,它也是实现集总平均的次数。$x_k(t)$是人为构成的 L 个记录,用以模仿对一个信号的 L 次观察。

(2) 对 $x_k(t)$做 EMD,得到它的 IMF 分量 $c_{jk}(t)$,下标 j 表示的是 $x_k(t)$的第 j 个 IMF 分量,注意 $k=1,2,\cdots,L$。

(3) 做集总平均,得到信号 $x(t)$各个 IMF 分量,即

$$c_j(t)=\frac{1}{L}\sum_{k=1}^{L}c_{jk}(t) \tag{14.2.2}$$

上面三个步骤即完成了集总经验模式分解。EEMD 分解的思路或理论依据可以大致地解释为:

(1) 类似于我们在文献[ZW2]中的例 12.4.5 讨论过的相干平均(coherence average),对信号 $x(t)$的 L 次记录,若每一次记录所带有的噪声是互不相关的,那么对这 L 次记录做相干平均后将使信号的信噪比提高 L 倍。在上述的 EEMD 中,人为地加上白噪声,虽然使每一个记录混进了噪声,但是由于每一次产生的白噪声是不相关的,将它们

做 EMD 后留在各个 IMF 中的噪声同样也是不相关的，因此，只要集总平均的次数足够大，就会最后将白噪声抵消掉，或仅留下可忽略的量。由此可以看出，EEMD 所希望得到的有物理意义的 IMF 不是期望来自于不含噪声的信号，而是来自于足够多含有噪声的 IMF 的集总平均。对每一个记录加上白噪声换来的是如下的好处。

(2) 如前所述，白噪声的 EMD 等效于一个二进滤波器组。我们知道，白噪声的频谱是均匀的宽带谱，经 EMD 分解后，就将其频谱分解到类似于图 1.2.5 的各个区间。在这各个区间中的频谱对应的各个时域信号应该具有互不相同的时间尺度，但每一个时域信号的时间尺度应该是均匀的。至今没有文献证明一个实际的物理信号的 EMD 也等效于一个二进滤波器组，但是，将白噪声加到一个实际的物理信号，该信号经 EMD 分解后，就将其所包含的成分自动地投影到由白噪声 EMD 建立的时频框架上，也就是合适的时间尺度上。即使原信号中包含有模式混合，由于经过这样的分解后使它们各自投影到不同的尺度上，因此也就实现了信号和间歇振荡波的分离。这正是我们所希望的。文献[Wuz10]形象地指出，EEMD 中添加白噪声，犹如在化学反应中添加催化剂，催化剂不影响最后的反应结果，但明显影响了反应的过程。

将信号加上一定幅度的白噪声，实际上是对信号的一个“扰动”，改变了信号的极值分布，这有利于对其极值的样条拟和和进一步的 EMD 分解。下面的例子可以看出 EEMD 的效果。

图 14.2.3 是对图 14.2.1(a)所示仿真信号做 EEMD 的结果。对每一次 EMD 时，所加白噪声的幅度按与原信号 0.1 的标准差(standard deviation)求出，集总平均的次数是 50。由该图可以看出，一是分解出的 IMF 是 6 个，多于图 14.2.2 分解出的 4 个，这是由于加上了噪声的缘故，二是 $c_4(t)$可以很好地表示原信号中的低频基波分量，即在其上面已没有间歇振荡波形，三是如果将 $c_1(t)$和 $c_2(t)$相加，则其结果就是原波形中的间歇振荡波形。这一现象说明，间歇振荡波形分解到了两个 IMF 中，这是由于白噪声的相邻的 IMF 的频谱发生了混迭的缘故。在 EEMD 中，两个相邻的 IMF 分量相加有时是必要的。至于是否需要相加，可以用 IMF 的正交性来经验。前已述及，各个 IMF 之间具有正交性，如果相邻的两个 IMF 明显的不正交，则需要将它们相加。

下面我们再用一个例子说明模式混合现象和 EEMD 的优势。

例 14.2.1 令信号 $x(t)$由 3 个具有不同幅度、频率和相位的正弦信号及一个间歇振荡信号 $v(t)$ 所组成[Yeh10]，即

$$x(t)=\sin(20\pi t+\pi/2)+0.2\sin(8\pi t+\pi/3)+0.1\sin(2\pi t-\pi/4)+v(t) \tag{14.2.3}$$

该信号的 4 个成分如图 14.2.4 所示。

对信号 $x(t)$做 EMD 分解，其结果如图 14.2.5 所示。

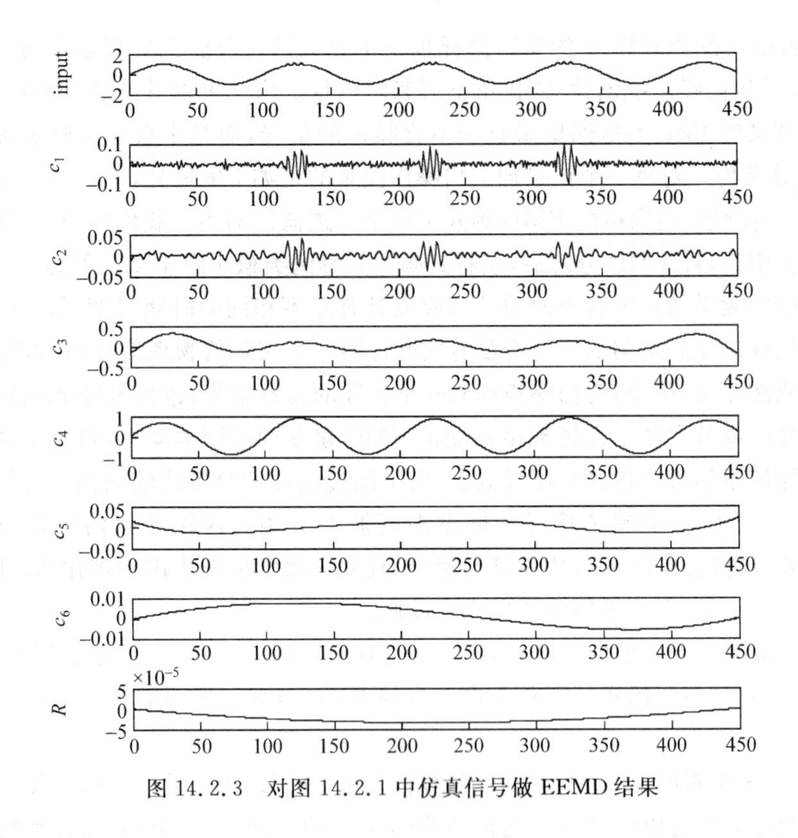

图 14.2.3　对图 14.2.1 中仿真信号做 EEMD 结果

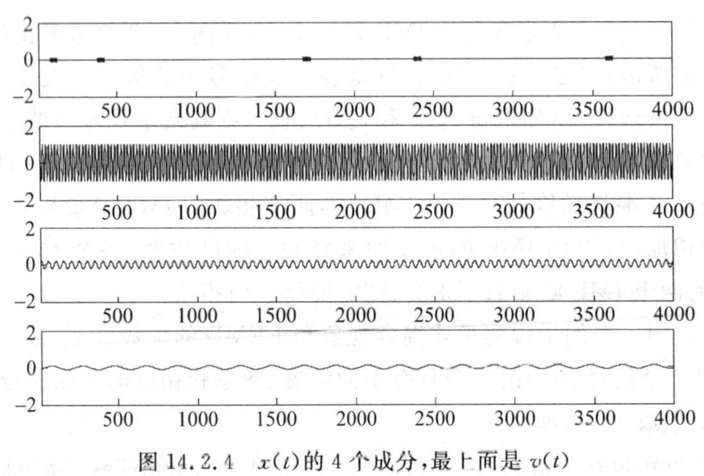

图 14.2.4　$x(t)$的 4 个成分，最上面是 $v(t)$

由图 14.2.5 可以看出，由于间歇振荡信号 $v(t)$的存在，本来应该是第一个正弦分量的 IMF1 发生了畸变，即其很多部分被 $v(t)$ 中的振荡部分所取代，而被取代的正弦分量

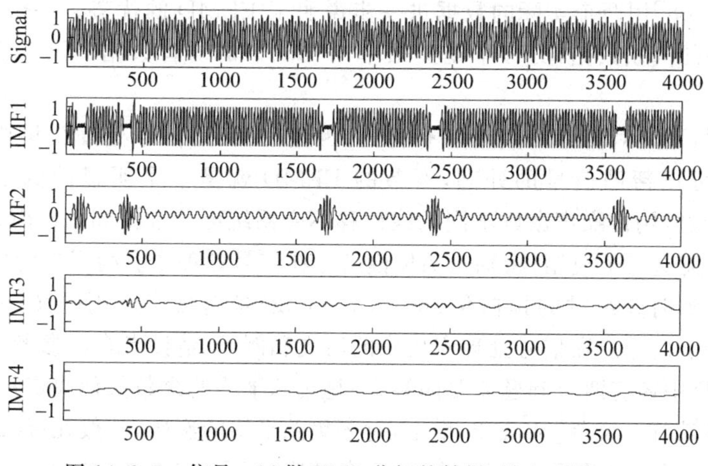

图 14.2.5 信号 $x(t)$做 EMD 分解的结果,最上面是 $x(t)$

被移到了 IMF2 分量中,在对应的位置,本应是 IMF2(即第二个正弦)的成分被移到了 IMF3,从而在这三个 IMF 分量中都出现了模式混合问题,当然也使得分解出的 IMF 不能代表应该有的信号分量。上述结果说明的 EMD 的不足。

对信号 $x(t)$做 EEMD,所得结果如图 14.2.6 所示。实现时,集总平均等次数 $L=1000$,所加白噪声的幅度和 $v(t)$类似。该结果清楚地表明,EEMD 确实去除了 EMD 中的模式混合问题,所分解出的四个 IMF 分量正是 $x(t)$的四个成分,即 IMF1 应该是 $v(t)$,其余三个是各个正弦。

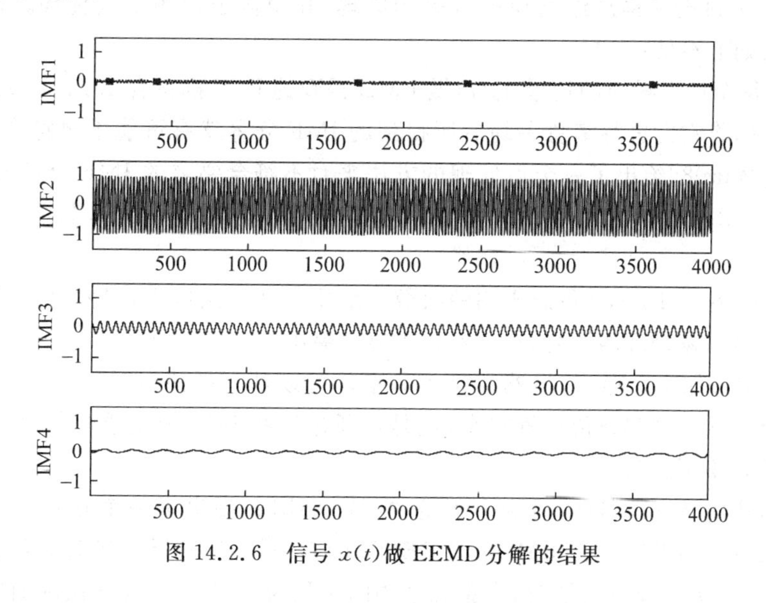

图 14.2.6 信号 $x(t)$做 EEMD 分解的结果

文献[Wuz08]用两个实际的数据进一步说明了 EEMD 的优势。一个是描述空气一海洋相互作用的气候数据,另一个是英语单词“hello”的语音数据。限于篇幅,此处不再一一讨论。

一般来说,噪声对实际的数据是有害的,因此,去噪是信号处理学科中永恒的话题。但是,噪声也可以帮助信号的处理,本节的 EEMD 就是一个明显的例子。另外,文献[ZW2]已讨论过,用白噪声激励不同的线性移不变系统可分别得到 AR 模型,MA 模型及 ARMA 模型,而这三个模型,特别是 AR 模型已在信号处理中获得了广泛的应用。另外,在讨论 AR 模型时介绍过的预白化(pre-whitening)是白噪声应用的又一个例子。文献[Wuz08]回顾了白噪声在信号处理应用中的历史和例子,请读者自己参考。

在 EEMD 中还有两个问题需要回答,一是集总平均的次数如何决定?二是所加白噪声的幅度如何选择?文献[Wuz08]指出,对于集总平均的次数,一般几百次的平均就会得到很好的结果,即在平均后 IMF 分量中残余的噪声不大于原信号的 1%。该文献也指出,所加白噪声的幅度不能太小,太小了不能改变原信号极值的分布,特别是当信号中含有较大的突变时更是如此。一般说,白噪声的幅度按与原信号 0.2 的标准差来确定即可取得满意的结果。如果信号中主要是高频成分,则白噪声的幅度可以减小,反之,如果信号中主要是低频成分,则白噪声的幅度应该适当增加。

14.2.4　互补集总经验模式分解

14.2.3 节讨论了集总经验模式分解的原理,并用例子说明了其优势。但是 EEMD 自身也存在如下不足:

(1) 对每个加了噪声的记录 $x_k(t)$ 做 EMD 得到的 IMF 都符合 13.4.1 节所说的 IMF 的要求,但是,将它们进行集总平均后所得到的 IMF 分量就有可能不再符合 IMF 要求。为此,文献[Wuz08]给出了一个后处理的方法来对不符合要求的 IMF 分量进行校正,并指出平均后 IMF 中不符合 IMF 要求的分量,其偏差一般是比较小的,基本上不影响瞬时频率的计算。

(2) 前已述及,EEMD 集总平均的次数一般要在几百次以上,显然这是非常耗时的,在需要对信号高速处理的场合,这一不足更显得突出。

(3) 对信号加上白噪声,虽然通过集总平均可以基本抵消,但毕竟会在每一个 IMF 分量中残留一些。这些残留尽管很小,但是当通过这些 IMF 分量重建信号时,重建信号中的噪声将是不可忽略的。

为了解决上述 EEMD 的后两个不足,文献[Yeh10]提出了一个互补的 EEMD 方法(Complementary EEMD,CEEMD)。CEEMD 的方法其实很简单,其主要思路是:

在对 $x(t)$ 做 EEMD 分解时,令集总平均的次数为 L,对 $x(t)$ 第 i 次施加噪声后,有

$$x_i^+(t) = x(t) + u_i(t), \quad i = 1,2,\cdots,L \tag{14.2.4a}$$

再令 $x(t)$减去 $u_i(t)$，得到

$$x_i^-(t) = x(t) - u_i(t), \quad i = 1,2,\cdots,L \tag{14.2.4b}$$

对 $x_i^+(t)$和 $x_i^-(t)$分别做 EEMD，各得到一组 IMF，分别记之为 IMF_i^+ 和 IMF_i^-，$i=1,\cdots,L$，令

$$\mathrm{IMF}_i = [\mathrm{IMF}_i^+ + \mathrm{IMF}_i^-]/2 \tag{14.2.5}$$

对 IMF_i 求集总平均，即

$$\mathrm{IMF} = \frac{1}{L}\sum_{i=1}^{L}\mathrm{IMF}_i \tag{14.2.6}$$

则 IMF 是对 $x(t)$做 CEEMD 分解所得到的固态模式函数，它一般应该有 $M=\log_2 N-1$ 个分量，即 $c_1(t),c_2(t),\cdots,c_M(t)$。式子 N 是 $x(t)$离散化以后的长度。

由上述 CEEMD 的原理可知，在做集总平均时，由于对 $x(t)$分别施加了同一个、但符号相反的白噪声，就使得在使用(14.2.5)式相加后残留在 IMF_i^+ 和 IMF_i^- 中的噪声基本相互抵消，从而最后使 IMF 分量 $c_1(t),c_2(t),\cdots,c_M(t)$中的噪声也基本抵消。上述加符号相反的白噪声，正是“互补”一词的含义。

图 14.2.7 是对(14.2.3)式信号 $x(t)$做 CEEMD 分解的结果。可用看出，该图和图 14.2.6 的 EEMD 的结果似乎没有明显的差别，但有两点需特别说明。一是图 14.2.6 的 EEMD 的集总平均的次数是 1000，而图 14.2.7 的 CEEMD 的集总平均的次数是 20，有了显著的减少。二是由它们的 IMF 分量按(13.4.6)式重建信号时，重建出的信号中的噪声水平有明显的差别。为了体现这一差别，将 $x(t)$分别减去它们重建出的信号，结果

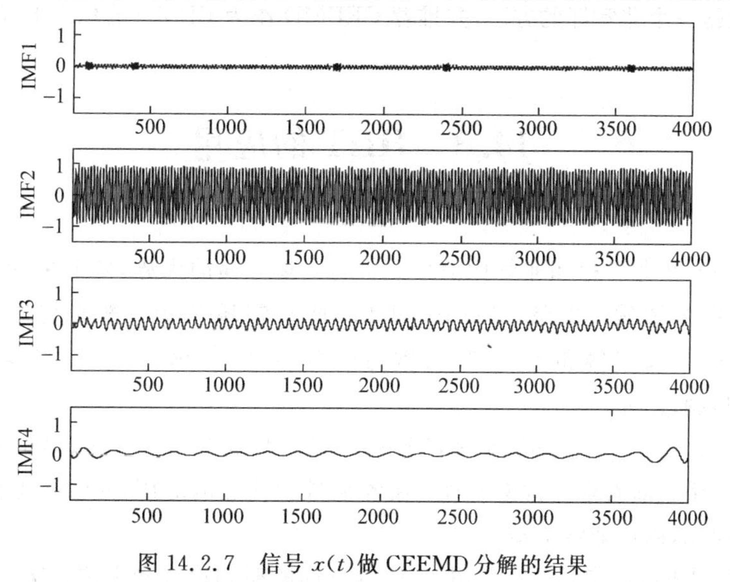

图 14.2.7　信号 $x(t)$做 CEEMD 分解的结果

如图 14.2.8 所示。由该图可以看出，$x(t)$和由 EEMD 重建出信号的差的幅度在 0.05 左右，而和由 CEEMD 重建出信号的差的幅度基本上是零(10^{-15}量级)。这些误差实际上反映了集总平均后残留的白噪声的水平。

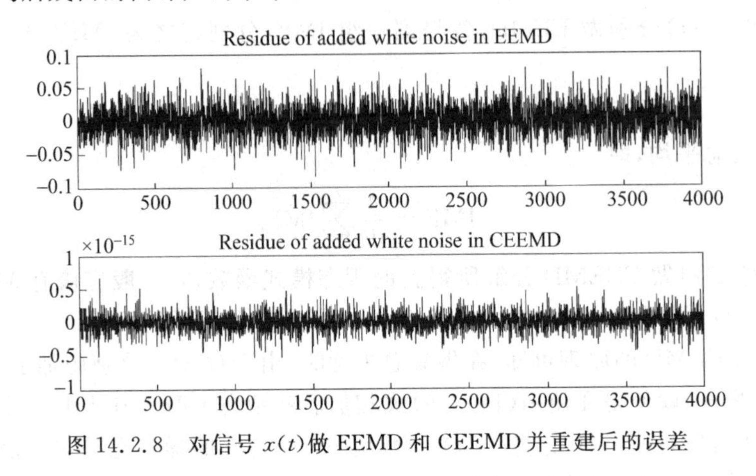

图 14.2.8　对信号 $x(t)$做 EEMD 和 CEEMD 并重建后的误差

文献[Yeh10]研究了集总平均次数对残留白噪声的影响。令集总平均次数由 $10^{0.2}$ 变到 10^4，发现 EEMD 的噪声残留和集总次数有密切关系，即集总次数越大，则噪声残留越小，反之则越大，而 CEEMD 的噪声残留基本上和集总平均次数无关。笔者对上面例子中的 $x(t)$做了 2 次集总平均的 CEEMD，其结果基本上和图 14.2.7 的结果一样。因此，文献[Yeh10]说，CEEMD 不但大大节约了计算时间，而且基本上去除了集总平均后残留的噪声，因此是一个非常好的方法，并推荐 CEEMD 作为 EEMD 的标准形式。

14.3　HHT 的应用

由于 HHT 在非平稳和非线性信号分析与处理方面的优势，自 1998 年问世后，便很快被应用到众多领域。文献[Wan10]指出，这些领域包括：语音增强[Kha10]、图像处理[Nun09]、医学[Che09]、气候和大气[Ruz09]、重力波分析[Cam09]、海洋[Hua98,Hua99]以及地球物理学[Bat07]等学科领域。

文献[Hua05a]和[Hua05b]是黄锷教授编辑出版的两本论文集，书中大部分篇幅讨论 HHT 的应用。前者重点讨论 HHT 在各个科学领域的应用，后者重点讨论 HHT 在工程领域的应用，内容非常丰富。

HHT 在国内也已得到广泛应用，有关这方面的期刊论文和学位论文也比较多，读者

很容易在网上搜索到,此处不再一一列举。

现根据文献[Hua08],就 HHT 在地球物理学研究、大气和气候研究及海洋学研究中的应用做一简要的介绍。

1. HHT 在地球物理学研究中的应用

早在 Hilbert-Huang 变换被提出之初([Hua98]),HHT 就被应用于地球物理学方面的研究。研究表明,Hilbert 谱能够反映出地震信号的非平稳和非线性特点。随后,黄锷教授等人([Hua01])应用 HHT 分析了 1999 年发生在中国台湾南投县集集镇的毁灭性地震。他们的研究表明,由于傅里叶变换是线性变换,因此对非平稳和非线性数据将会产生虚假的高频谐波,并严重的低估低频能量。

由于地震波的非平稳性及近场(near-field)运动的高度非线性,因此,将 HHT 应用于地震波的研究吸引了人们的注意。文献[Vas00]利用 HHT 研究地震波的传播和震源特征的提取,如反射波的尺度行为。文献[Zha06]研究了在追踪地震波传播方面的工作,认为某一较高频的 IMF 分量应该是在震源附近产生的,这是因为地震发生时的一个大的应力下降会产生高频信号。并认为低频分量代表源区朝远离震源方向上的一般性转移,且破裂带的传播会产生长周期信号。

2. HHT 在大气和气候研究中的应用

由于大气和气候现象具有高度的非平稳和非线性,因此 HHT 能够从这些现象中发掘出更深层次的信息。HHT 在这一领域的应用是多方面的。

首先是风场的研究。文献[Lun03]研究了大气边界层中的间歇和椭圆惯性振荡。长久以来,大气边界层一直被认为与昼夜交替现象有关。该文献利用 HHT 揭示了风场的间歇性,并确认了惯性运动与锋面过境的相关性。文献[Hua08]也发现了湍流的间歇现象,及整个风场结构的高度不均匀性。由于采用雷达测量局部风速需要多次扫描和平均,风场的小规模的不均匀性导致雷达测速存在很多困难,文献[Wus06]利用 HHT 滤波,成功地去除了局部小规模的波动并且得到了稳定的均值。

第二是有关降雨过程的高度间歇性现象的研究,其结果是:西澳大利亚州西南部的长期的降雨变化与非洲的季风直接相关;弗吉尼亚地区的 3 到 5 年的降雨周期和南方波动指数相关,两者在 95%的置信区间内的相关系数为 0.68,这表明厄尔尼诺现象与美国东海岸有着较强的遥相关联系,全球变暖的确已经造成了水涝与旱灾的循环。在尝试利用 HHT 来预测长期的降水量方面的工作主要有:非洲中南部降水的预测、印度季风带来的降水预测以及不同气候模式下的降水预测。

第三是利用 HHT 研究自然现象的周期性,如:通过卫星测量数据发现南极冰层厚度每十年间的变化;利用垂直偏振被动放射仪 85GHz 频率下采集到的数据中发现了一个大的区域中新雪厚度的明显变化；研究了全球变暖对北大西洋涛动（North Atlantic Oscillation，NAO）的影响，发现 NAO 中心的转移与大规模的大气波动有关，等等。

HHT 在大气和气候领域中另一个成功的应用是研究气候和太阳活动的关系。此处不再赘述，有关内容及上面所提到的各项应用的参考文献请见文献[Hua08]。

3. HHT 在海洋学研究中的应用

早在 HHT 提出的第二年，文献[Hua99]就将其应用于水波的非线性分析，实际上，HHT 最初提出的目的就是为了研究非线性水波的运动[Hua98]，至今，HHT 在水波问题中的应用依然占据着非常明显的位置。

无论是实验室中的研究还是在户外对水波的观察都表明基于傅里叶的分析是不充分的，即在传统的基于傅里叶的频谱表示中存在严重的不一致性。因为水波是非线性的，傅里叶分析需要谐波来模拟失真的波形。然而，谐波是数学产物，是通过对一个完全的非线性波系统强加上线性的傅里叶表示所产生的。其结果是，在水波的频谱表示中，我们不能将真正的能量从虚构的谐波成分中区分开来。大多数领域的研究证实了这一观察。

水波的非线性的影响仅在破浪点的附近显示得最清楚。HHT 已被用于研究来自水波奇异性的检测，如断裂、泡沫生成和湍流能量耗散等现象。

此外，HHT 还被用于较长尺度水波的研究以发现海潮的生成；用于海洋与气候关系的研究，如通过海洋数据的 HHT 分析来揭示其中丰富的时间尺度上的混合信息；用于海中冰的变化等等。

上面各项成功的应用表明 HHT 自身在如下几个方面具有突出的优势：

(1) 反映信号中的非平稳现象。我们知道，非平稳信号的频率内容是随时间变化的，傅里叶变换无法表达这一变化现象，而 HHT 将信号通过 EMD 分解为一个个的 IMF 分量，而这些分量适宜求 Hilbert 变换，从而求出其真实的瞬时频率，因此，能较为准确地反映信号频率内容随时间的变化。利用瞬时频率和 Hilbert 谱都可以实现这一目的。图 14.3.1 是形如图 3.3.7 中的上图的多普勒信号的 Hilbert 谱。由该图可以清楚看出信号中频率随时间变化的过程。将其和图 3.3.7 中的下图的 WVD 相比，可以看出后者有严重的交叉项的干扰，而 Hilbert 谱中不包含交叉项。

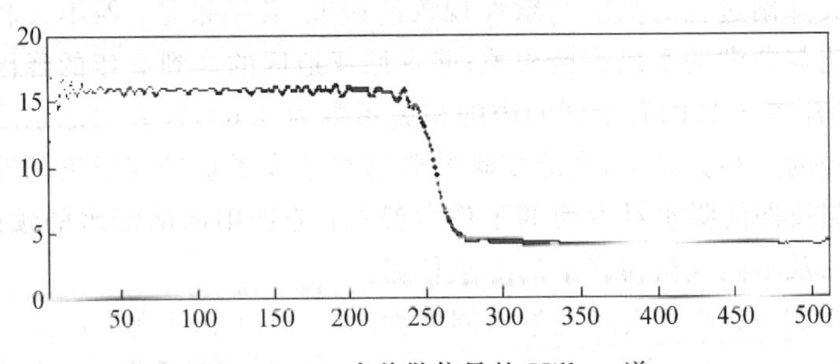

图 14.3.1　多普勒信号的 Hilbert 谱

(2) 反映信号中的非线性现象。应该说,这是 HHT 的最大特点。信号的非线性来自于系统的非线性,造成非线性的原因很多,但形如 $a\cos[\Omega_0 t+b\sin(\Omega_1 t)]$的内部波调制是最具代表性的非线性现象。显然,傅里叶变换给不出该信号真实的频率变换,而利用 HHT 可较为准确地给出其瞬时频率是一个余弦函数,如图 14.3.2 所示。

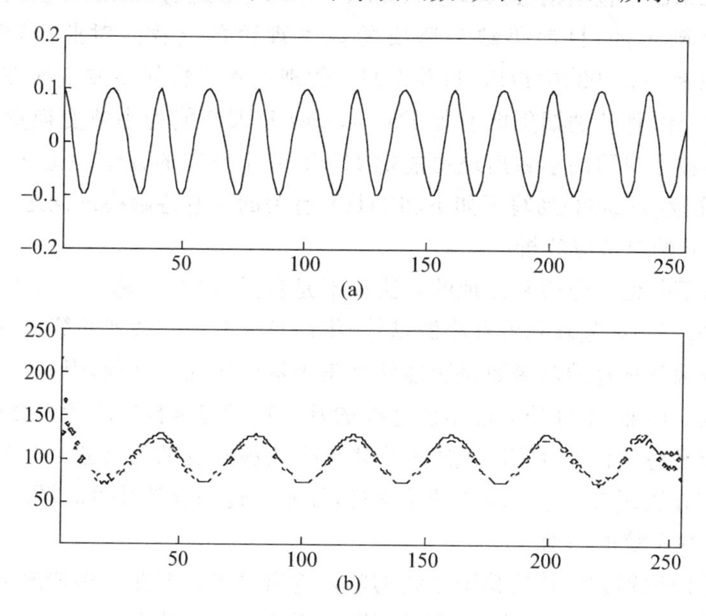

图 14.3.2 内部波调制信号和其 Hilbert 谱

(a) 内部波调制信号; (b) Hilbert 谱

(3) 信号中奇异性的检测。由于通过 EMD 分解出的 IMF 分量是从高频成分依次到低频成分,因此,信号中的各个频率成分必将投影到和它们频率成分相符合的 IMF 中。于是,信号中频率成分能量最大的分量投影到的 IMF 将有着最大的时域幅度,因此这有利于信号的检测。

(4) 信号的去噪。这一能力如同 13.4 节的小波去噪。一般,噪声频率高,将驻留在最初分解出的 IMF 中,通过对这些分量设置阈值,或置零,然后再通过将施加阈值后的 IMF 分量进行重建,即可达到去噪的目的。

14.4 关于 HHT 的几点讨论

HHT 自 1998 年首次提出以后,在过去的十五年中获得了较快的发展。这些发展体现在两个方面,一是 HHT 的应用,对此我们已在 14.3 节给予了简要的讨论,二是 EMD

算法的改进，其内容包括：迭代停止准则的发展，数据端点处理的改进，归一化 HHT，求解瞬时频率时正交分量的计算，白噪声通过 EMD 后的行为，集总 EMD(EEMD)，互补 EEMD(CEEMD)，等等。

应该说，EMD 中包括的分解算法、IMF 的定义及上述的 EMD 算法的各种改进都是建立在经验基础上的，目前仍缺乏坚实的数学理论的支撑。对此，黄锷教授在文献[Hua05a]和文献[Hua08]中指出，目前 HHT 的理论水平犹如小波变换在 20 世纪 80 年代初的水平，因此，他特别期望能有如 Daubechies I. 那样能为小波变换奠定坚实理论基础(如她的"小波十讲")的学者出现也能把 HHT 置于坚实的数学理论之上。为此，文献[Hua05a]和文献[Hua08]列写了如下和 HHT 有关的一些待解决的问题。

(1) 对信号的自适应分析

现在绝大部分信号分析和处理的方法都不是自适应的，其基本方法是选择一个基函数(如傅里叶的三角函数基和各种小波基等)将信号分解为一系列的简单分量。由于缺乏先验的知识以确认选择的基函数是否能够真正表示所研究的过程，因此，分解的结果的可信度受到怀疑。当然，最好的方法是所选择的基函数能完全自适应所研究的过程，特别是对非线性和非平稳过程。HHT 虽然可以对非线性和时变的信号进行"自适应"的分析，但这种自适应方法还缺乏进一步的理论支持，如唯一性和收敛性等问题。

(2) 非线性系统的识别

传统的系统识别方法是依赖于系统的输入输出关系。但在很多情况下我们能得到的往往是系统的输出，通常称之为"观察数据"，而系统的输入数据是很难得到的。通过观察数据能否实现系统的识别是一个未解决的问题，同样，系统的非线性特征能否通过这些数据来识别，也是一个悬而未决的问题。

通过对瞬时频率的研究可知，内部波频率调制(intrawave frequency modulation)可以看作是一个描述系统非线性的指标。这个方法的优点是其非线性特征反映在接近基本模式(fundamental mode)的频率中，而不是出现在高频的谐波中。用于高频谐波中包含了噪声，因此使得对系统的识别变得更加困难。虽然 HHT 利用了瞬时频率，但对于非线性系统的识别的问题仍然没有很好地解决。

(3) 非平稳过程的预测问题(EMD 端点的确定)

数据端点的处理会影响到数据分析方法的性能。在信号处理中，对数据端点处理的常用方法是加窗，例如在傅里叶变换和 FIR 滤波器设计中都大量采用了加窗的方法。虽然加窗简单易行，但却会损失数据中的部分信息。

在 HHT 中，需要准确地确定在最后一个极值点和最后一个数据之间的样条曲线(对起始点亦是如此)，如果该问题处理不好，产生的误差将会扩展到整个求解 IMF 的过程，因此，数据端点问题的处理尤为重要。13.4.4 节给出了两种方法，一是极值点扩展法，二是数据扩展法，它们都体现了信号的预测问题。由此引出的问题是：怎样去预测一个非

线性、时变的随机过程？非线性系统是否可以预测？在什么条件下是可预测的？怎样去定量衡量一个预测的好坏？现有的数据是否包含足够的信息去预测将来？这些都是有待解决的问题。

(4) 样条函数的选择

样条函数在 EMD 分解过程中起到了关键的作用，这一分解虽然总体上是对数据自适应的，但在条函数的使用上仍然存在一些尚未解决的问题，如：对 EMD 来说，那一种样条函数是最好的？如何定量决定某一个样条函数的优劣？再是 EMD 分解的收敛性问题，即对给定的数据，如何保证通过有限的步骤总是得到有限数目的 IMF？

(5) 最好 IMF 的选择和唯一性问题

了解了 HHT 的 EMD 分解过程，人们自然要问一个问题：一个信号的 IMF 分量是不是唯一的？我们知道，通过改变 sifting 过程的参数，便可以产生不同的 IMF 集。那么这些 IMF 集之间又有什么关系？不同 IMF 集的统计分布是什么？我们如何最佳 sifting 的过程以产生最佳的 IMF 函数？显然，sifting 过程的最优化问题仍然是一个尚未解决的问题。

IMF 的唯一性要追溯到 IMF 的定义。文献[Hua98]最初给出的 IMF 的定义很难定量，是否我们可以对 IMF 给出更严格的定义并发现相应的算法以自动地求出最佳的 IMF？从应用的实际例子看，尽管[Hua98]给出的 IMF 的定义是定性的，但不同 sifting 过程得到的 IMF 集之间却有着足够的相似性。看来，目前效果较好的分解方法是 EEMD。

(6) Hiblert 变换和正交分量问题

一般认为 Hiblert 变换定义的瞬时频率是不稳定，或不准确的，这体现在我们在 14.3 节讨论过的 Bedrosian 定理[Bed63]和另一个定理，即 Nuttall 定理[Nut66]。

Bedrosian 定理指出：对于乘积形式的信号，若其频谱不相交叠，则其希尔伯特变换是低频信号和高频信号希尔伯特变换之积。这保证了 $a(t)\cos\theta(t)$的希尔伯特变换是 $a(t)\sin\theta(t)$。Nuttall 的定理说：对任意的 $\theta(t)$，$\cos\theta(t)$的 Hiblert 变换没有必要一定是 $\sin\theta(t)$，并给出了一个公式来测量 $\cos\theta(t)$的 Hiblert 变换 $C_h(t)$和其正交分量 $C_q(t)$(相位的 90°相移)之间的误差，即

$$\Delta E=\int_0^T \mid C_q(t)-C_h(t)\mid^2 \mathrm{d}t=\int_{-\infty}^0 S_q(\Omega)\mathrm{d}\Omega \qquad (14.4.1)$$

式中 T 是数据的长度，$S_q(\Omega)$是正交分量的傅里叶变换。该结果实际上不好应用，一是 $S_q(\Omega)$是未知的，二是积分是在整个数据区间来实现的，对非平稳信号，它无法揭示局部的近似误差。

现在，Bedrosian 定理的限制可以通过 EMD 和 IMF 的归一化来克服。同时，经过 EMD 和 IMF 归一化后，Nuttall 给出的误差界也可以得到改进，即表示为瞬时能量的时

间函数。EMD 和 IMF 的归一化是对希尔伯特变换的一个突破。但是，IMF 的归一化所产生的影响需要定量化。这是因为归一化过程依赖于一个数据的非线性放大的过程，那么，这个非线性放大过程对最后结果的影响是什么？即使该归一化过程对任意的相位函数 $\theta(t)$ 都被接受，但得到的瞬时频率也只是一个近似，那么，如何改进这一近似？

在上面所谈到的 6 个方面中，每一个方面都存在很多问号，这说明 HHT 的确需要在理论上进一步完善。文献[Wan10]指出，随着 EEMD、CEEMD 的提出，看来目前的 EMD 已可以满足绝大部分实际问题的需要，余下的是有关 HHT 的严格的数学基础问题。但遗憾的是，HHT 在数学基础理论方面的进展是很艰难的，且又是相当缓慢的。该文献还指出，在众多的未解决定问题当中，最急需解决的是给出 IMF 的精确的定义和 EMD 过程精确的停止准则。

第5篇 压缩感知

第 15 章

压缩感知的基础理论

15.1 压缩感知的基本概念

随着微电子、计算机、通信等学科的飞速发展，我们已迅速进入了数字化的信息时代。数字通信，数字控制，数字化仪表，数字家电，数字化医疗仪器，数字化图书馆，等等，它们都是数字信息技术成功应用的领域。我们手中的手机、MP3、数码相机、录音笔、掌上电脑，等等，更是已被普及的数字化信息产品。可以说，数字化信息的理论和技术已和整个社会的发展及我们每一个人的生活密切相关。

然而，物理世界的信息（信号、语音和图像）的自变量（时间和空间）都是连续的，又称模拟的。将连续时间信号和连续空间图像转变为数字化的形式需要抽样，即模/数(A/D)转换。在数字信号处理中，经典的抽样定理，即 Shannon 抽样定理被誉为 A/D 转换的金标准。该抽样定理指出：设模拟信号 $x(t)$ 是有限带宽的，其最高频率是 f_h，抽样频率 f_s（又称 Nyquist 率）至少要是 f_h的两倍，才能由抽样后的离散信号 $x(n)$ 精确地恢复（或重建）出 $x(t)$。恢复的过程即是数/模(D/A)转换，D/A 的数学模型是通过 sinc 函数的插值来实现的，如(16.1.1)式所示。

在实际实现信号和图像的 A/D 转换时，经典抽样定理限定的抽样频率过高，以致数字化后的数据量太大。例如，假定一个数码相机的图像是一个 1024×2048 的长方阵，即该相机的技术指标是 200 万像素，再假设只考虑黑白图像，并且每一个像素的灰度（即其亮度）用 16bit 表示，那么，一张黑白图片就占有 4Mbit。实际上，现在高档次的数码相机的分辨率已经在 2000 万像素以上，若再考虑彩色所占用的存储量，那么一张高清晰度的图片需要的储藏量就非常可观。至于视频(video)图像，存储量就更大了，在数码相机阵列(camera arrays)、分布式无线传感器陈列等应用场合，每天要存储的更是海量数据。

对音频信号的抽样同样如此。例如，一个重要的会议需要对发言全部录音。语言信号的抽样频率一般为 44.1kHz，若 A/D 的字长为 8bit，那么一上午 4 个小时的数据量就是 5Gbit。

上面谈到的还是普通视频、音频的情况，至于卫星遥感、资源勘探、雷达检测、超宽带通信和军事等领域，抽样频率更高，当然数据量也就更大的惊人。超高的抽样频率已使得所需要的 A/D 转换器的复杂度超过了现有的工艺水平。

总之，由于经典的抽样定理是对信号进行逐点的均匀抽样，且被抽样信号的带宽可能很大，以至于给抽样的硬件和软件都带来了极大的压力，当然也显著地增加了成本。针对数据量过大的问题，现在工程上最常用的方法是数据压缩。数据压缩分为无损(lossless)压缩和有损(lossy)压缩两种。由于无损压缩的压缩比非常低，它只适用于如法医等少数的场合，因此应用最多的还是有损压缩。有损压缩中最重要的一类是基于正交变换的压缩。我们知道，正交变换，如离散傅里叶变换(DFT)、离散余弦变换(DCT)和离散小波变换(DWT)等都有着最大程度地去除信号中的相关性并将信号能量集中在少数系数上的性能，从而有利于实现信号的压缩。一个实际的压缩方案如图 15.1.1 所示。对输入的信号(或图像)$x(n)$做正交变换后，设得到的变换域系数为 s_i，我们可以设定一个阈值，将小于阈值的 s_i 都舍弃，仅对大于阈值的 s_i 进行量化、编码，然后传输；在接收端，将接收到的码流进行解码和正交反变换，从而得到原信号。

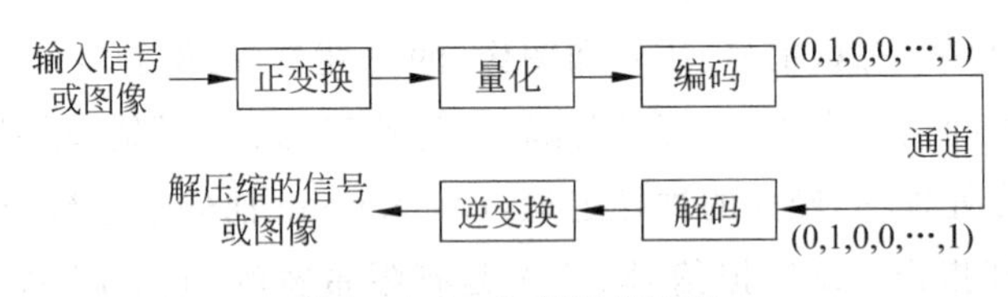

图 15.1.1　数据压缩流程

数据压缩在信息处理中的重要性是不言而喻的，为此，国际上针对不同的信息载体制定了不同的压缩标准，如针对静态图像的 JPEG 标准，针对视频图像的 MPEG 标准，针对音频信号的 MP3 标准，以及一般文本压缩的 ZIP 标准。这些不同标准的压缩原理基本上如图 15.1.1 所示，其中正交变换，用的最多的是 DCT 和 DWT。

上述的采集-压缩过程显然有如下三个不足：

(1) 初始采集的数据的长度 N 可能是非常大的；

(2) 即使绝大部分小系数 s_i 最终都被舍弃，但它们也必须都计算出来；

(3) 在编码过程中，大系数的位置也必须编码，这增加了运算和存储的负担。

文献[Don10]甚至认为经典的抽样定理是“错误”的，当然，它不是真正的错误，而是“心理”上的错误，即它促使人们在本来不用那么多数据的场合仍然想着要采集非常大量的数据。

想到经典抽样定理的这些不足，人们自然会问：我们辛辛苦苦地采集了数据，又把全

部数据都用来进行正交变换,结果,只保留了较大的变换系数,而将绝大部分小的系数都舍弃了,这不是非常不合理吗?我们能否直接"感知"信号 $x(t)$ 中重要的成分而对其采集、对不重要的成分而不采集呢?这似乎是一个不切实际的想法,但它确实是压缩感知想要解决的问题。

压缩感知,中文又称为"压缩传感",英文名字是"compressive sensing/compressed sensing,CS",或"compressive sampling(压缩抽样)/sparse recovery(稀疏恢复)"。CS 为一种新的信号抽样策略提供了理论基础,该抽样策略用远小于 Nyquist 率的抽样频率对信号抽样,然后利用算法来对原信号进行准确恢复,或近似恢复。这等效于将对信号的抽样和压缩合并为一步实现。这看起来和经典的抽样定理相矛盾,但 CS 利用了绝大部分物理信号所具有的一个基本特点,即它们基本上是稀疏的,或可压缩的,从而使得在低于 Nyquist 率下抽样变为可能。此处所说的"稀疏"是指信号中非零元素的数目远小于信号的长度,这是 CS 能工作的一个前提条件。而传统的 Shannon 抽样定理除了要求知道被抽样信号的带宽外,并不要求知道它们其他的先验知识。基于 CS 的新的抽样策略称为模拟/信息转换(analog to information converter, AIC)。由该名称可以看出,CS 要采集的不是信号本身均匀的点,而是它包含的信息,当然,应该是重要的信息。

由于 CS 能将对信号的采集和压缩合成一步完成,这一方面大大减少了数据的存储量,另一方面也减少了采集的时间和成本。这两方面的优点是不言而喻的,也是从事信息处理的工作者所苦苦追求的。例如,医学成像技术已广泛应用于临床,但成像速度还远不令人满意。例如,一幅核磁共振(MRI)图像的扫描时间多在 30 分钟以上,使病人躺在机器中常有不舒服的感觉,甚至是恐怖感。再例如,X 射线断层扫描(X-CT)会使病人遭受 X 射线的辐射,我们希望这一扫描过程越短越好。因此,CS 理论的研究和应用成为了信号处理、最优化和应用数学等领域近十年来最热门的话题。

需要说明的是,通过前面的讨论可以想到,CS 最终希望解决的是对模拟信号 $x(t)$ 提出一种新的抽样策略以解决经典抽样定理所带来的数据量过大的问题。CS 的理论正在朝着这一目标发展,并已取得了一些可喜的成果,如文献[Kir06a]、[Tro10]、[Mis10b]、[Mis11b]和[Dua08]等所报告的 AIC 方案。但就这些年来的发展看,目前主流的 CS 的理论框架还主要还是针对离散信号而言的。考虑其原因,一是有利于应用经典的数学理论,特别是以矩阵和向量为核心的线性代数理论,二是 AIC 的实施是建立在 CS 的理论上的,显然,CS 理论越发展和越完善,AIC 距离实际应用也越近,三是在实际应用中我们也可以"直接"得到离散信号,如我们的数码相机和 CT 图像。数码相机的感光器件主要有 CCD(charge couple device)和 CMOS(complementary metal-oxide semiconductor)两种,CMOS 自身带有 A/D,而 CCD 也多和 A/D 做到了一起,所以数码相机本身给出的是离散信号。基于这些原因,我们在本章对 CS 的讨论所针对的都是离散信号,在第 16 章将较为详细地讨论 AIC 的基本概念和实现方案。

也正因为目前 CS 的理论框架主要是针对离散信号的,因此,除了模拟/信息转换这一最重要的应用领域以外,CS 在针对数字信号和数字图像的领域也已经并正在获得广泛的应用,如医学成像、计算生物学、地球物理、人工智能、机器学习等。

在离散、有限长的情况下,我们经常把信号 $\boldsymbol{x}$ 看作 N 维 Euclidean(欧几里得)空间的向量,记为 $\boldsymbol{x}\in\mathbb{R}^N$,其元素是 $x(n),n=1,2,\cdots,N$。因此,在后续的讨论中,"信号"和"向量"往往是通用的,并且总是假定信号是实信号。

定义 15.1.1　如果向量 $\boldsymbol{x}$ 最多只有 k 个非零元素,则称 $\boldsymbol{x}$ 是 k 稀疏的。所有 k 稀疏信号的集合记为 Σ_k,即

$$k = \#\{i: x(i) \neq 0\} \tag{15.1.1a}$$

$$\Sigma_k = \{\boldsymbol{x}: \|\boldsymbol{x}\|_0 \leqslant k\} \tag{15.1.1b}$$

式中 $\#\{\boldsymbol{x}\}$(或 $\#\boldsymbol{x}$)表示向量 $\boldsymbol{x}$ 中非零元素的个数,$\|\boldsymbol{x}\|_0$ 是 $\boldsymbol{x}$ 的零范数,它也是 $\boldsymbol{x}$ 非零元素的个数,可以用来表示 $\boldsymbol{x}$ 的稀疏程度 k,因此在下文中我们又称 k 是信号的稀疏度。

现在,我们构造一个测量矩阵 $\boldsymbol{\Phi}\in\mathbb{R}^{M\times N}$,并且 $M\ll N$。利用 $\boldsymbol{\Phi}$ 对信号 $\boldsymbol{x}$ 进行"测量",设得到的测量值是 $\boldsymbol{y},\boldsymbol{y}\in\mathbb{R}^M$,即

$$\boldsymbol{y} = \boldsymbol{\Phi}\boldsymbol{x} \tag{15.1.2}$$

该测量过程如图 15.1.2 所示。不失一般性,在下面的讨论中,除非另作说明,我们都假定 $\boldsymbol{\Phi}$ 是行满秩的,即 $\text{rank}(\boldsymbol{\Phi})=M$。

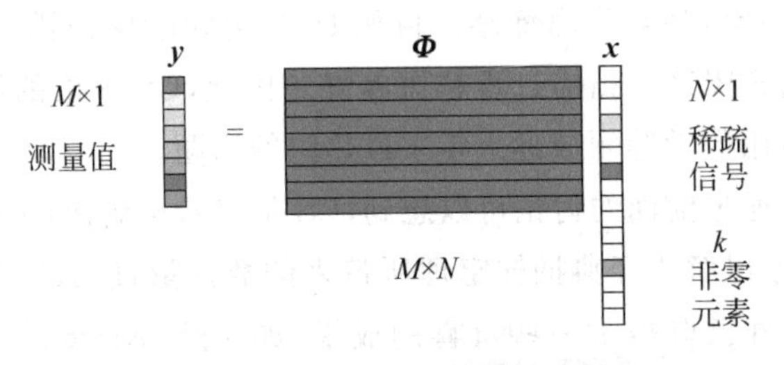

图 15.1.2　$\boldsymbol{y}=\boldsymbol{\Phi}\boldsymbol{x}$ 的测量过程

(15.1.2)式中的 $\boldsymbol{x}$ 可能是模拟信号 $x(t)$,这时,$\boldsymbol{y}$ 就是对模拟信号"感知"后而采集到的低维信号,显然,$\boldsymbol{y}$"感知"的是 $\boldsymbol{x}$ 中最重要的成分,并且 $\boldsymbol{y}$ 将会变成离散的。该情况对应模拟/信息转换问题。当然,$\boldsymbol{x}$ 也可以是离散信号,即 $\boldsymbol{x}\in\mathbb{R}^N$。注意,我们在下文中凡是提到 $\boldsymbol{x}\in\mathbb{R}^N$,都是假定 $x(n),n=1,2,\cdots,N$ 是 $x(t)$ 按 Nyquist 率抽样后的高维离散信号。这时,$\boldsymbol{y}$ 当然也是对 $\boldsymbol{x}$ 测量后的低维输出。这种情况对应高维离散信号的重建问题。

总之,$\boldsymbol{y}$ 在下面要讨论的重建问题中是已知的,并且总是离散的。我们的目的是希望

能由测量 $\boldsymbol{y}$ 唯一地恢复出 $\boldsymbol{x}\in\mathbb{R}^N$。为实现这一目的，前提条件是要求 $\boldsymbol{x}$ 是 k 稀疏的，或可压缩的。如果这一目的能达到，那么，由于 $M\ll N$，用 $\boldsymbol{y}$ 代替 $\boldsymbol{x}$，一方面大大减少了数据量，另一方面，又保证了原高维信号 $\boldsymbol{x}$(或 $x(t)$)在需要时的恢复。在下面的讨论中，我们又称 $\boldsymbol{y}=\boldsymbol{\Phi x}$ 为一测量系统。

由上面简单的讨论已可看出，CS 要解决的问题是：用尽可能小的测量数 M 得到测量 $\boldsymbol{y}\in\mathbb{R}^M$，然后通过合理设计测量矩阵 $\boldsymbol{\Phi}$ 和恢复算法重建出 $\boldsymbol{x}\in\mathbb{R}^N$。

显然，(15.1.2)式是一个欠定(underdetermined)方程，它有无穷多解。即有无穷多个 $\boldsymbol{x}$ 满足该方程，因此无法实现"唯一地恢复"$\boldsymbol{x}$。为了求解，我们必须对该方程施加一定的约束条件，即

$$\mathrm{P}_J: \quad \min J(\boldsymbol{x}) \qquad \text{s.t.} \quad \boldsymbol{y}=\boldsymbol{\Phi x} \tag{15.1.3}$$

式中 s.t. 是"subject to"的缩写，$J(\boldsymbol{x})$是我们定义的目标函数，P_J 是对应所选的 $J(\boldsymbol{x})$的解的名称。式中"min"在文献中也常写为"arg min"，或"$\arg\min\limits_{\boldsymbol{x}}$"，不过二者也有差别，前者强调使目标函数最小，后者更强调求出使目标函数取最小值时的变量值 $\boldsymbol{x}$。选定不同的 $J(\boldsymbol{x})$，自然会得到不同的解。从 Winner 滤波开始，构造 $J(\boldsymbol{x})$最著名的方法是利用 l_2 范数，即定义 $J(\boldsymbol{x})=\|\boldsymbol{x}\|_2^2$。为求解(15.1.3)式的优化问题，可以运用拉格朗日乘子法。定义拉格朗日乘子 $\lambda\in\mathbb{R}^N$ 和相应的拉格朗日函数

$$J'(\boldsymbol{x})=\|\boldsymbol{x}\|_2^2+\lambda^{\mathrm{T}}(\boldsymbol{\Phi x}-\boldsymbol{y}) \tag{15.1.4a}$$

若 $\boldsymbol{x}_0$ 是(15.1.3)式的一个最优解，那么必然存在相应的拉格朗日乘子 λ_0 使得

$$\frac{\partial J'(\boldsymbol{x})}{\partial \boldsymbol{x}_0}=2\boldsymbol{x}_0+\boldsymbol{\Phi}^{\mathrm{T}}\lambda_0=\boldsymbol{0}, \quad 及 \quad \frac{\partial J'(\boldsymbol{x})}{\partial \lambda_0}=\boldsymbol{\Phi x}_0-\boldsymbol{y}=\boldsymbol{0}$$

我们已假定 $\boldsymbol{\Phi}$ 是行满秩的，所以，可以求得 $\lambda_0=-2(\boldsymbol{\Phi\Phi}^{\mathrm{T}})^{-1}\boldsymbol{y}$，进而得到最优解

$$\mathrm{P}_2: \quad \boldsymbol{x}_0=\boldsymbol{\Phi}^{+}\boldsymbol{y} \tag{15.1.4b}$$

式中

$$\boldsymbol{\Phi}^{+}=\boldsymbol{\Phi}^{\mathrm{T}}(\boldsymbol{\Phi\Phi}^{\mathrm{T}})^{-1} \tag{15.1.4c}$$

是长方阵 $\boldsymbol{\Phi}$ 在行满秩情况下的 Moore-Penrose 伪逆。

显然，最小 l_2 范数解等效于最小平方解。最小平方解测量的是信号的能量，它着眼于信号整体的平方误差最小，因此，得到的解 $\boldsymbol{x}_0$ 不具有稀疏性，因此无法用于稀疏信号 $\boldsymbol{x}$ 的恢复。关于这一点，我们也可以这样来理解：由于(15.1.4c)式中的 $\boldsymbol{\Phi\Phi}^{\mathrm{T}}$ 使用了 $\boldsymbol{\Phi}$ 的所有列向量，因此，它以平均的方式包含了 $\boldsymbol{\Phi}$ 的"整体"信息，这一结果倾向于平滑每一个列向量给出的贡献，因此得到的 $\boldsymbol{x}_0$ 不再是稀疏信号。

由于 l_0 范数描述了信号的稀疏性，而又假设了 $\boldsymbol{x}$ 是 k 稀疏的，因此求解 $\boldsymbol{x}$ 的一个合

理方法是选择$J(\boldsymbol{x})=J_0(\boldsymbol{x})=\|\boldsymbol{x}\|_0$，即

$$\mathrm{P}_0:\quad \min\|\boldsymbol{x}\|_0 \quad \text{s.t.} \quad \boldsymbol{y}=\boldsymbol{\Phi x} \tag{15.1.5}$$

该式的含意是：在所有满足线性方程组$\boldsymbol{y}=\boldsymbol{\Phi x}$的解中，选择非零元素最少的一个作为我们需要恢复的$\boldsymbol{x}$。后面将要看到，该式的求解是非常困难的，因此$\boldsymbol{x}$的恢复算法是CS中的核心问题之一。

对每一个实际的物理信号，要想使它们在时域或空域都是k稀疏的是不切实际的，但是，实际的物理信号一般都含有很强的相关性，因此，对它们进行正交变换，变换后的系数却容易做到是稀疏的。

我们知道，空间$\mathbb{R}^N$中的任一信号$\boldsymbol{x}$都可以用$N\times1$的基向量$\{\psi_i\}_{i=1}^N$来表示。为了简单，假定$\{\psi_i\}_{i=1}^N$是正交基，并假定由这N个基向量组成的矩阵是$\boldsymbol{\Psi}$，即$\boldsymbol{\Psi}=[\psi_1,\psi_2,\cdots,\psi_N]$，显然，$\boldsymbol{\Psi}$是$N\times N$的正交阵。这样

$$\boldsymbol{x}=\sum_{i=1}^{N}s_i\psi_i,\quad 或 \quad \boldsymbol{x}=\boldsymbol{\Psi s} \tag{15.1.6}$$

式中，$s_i=\langle\boldsymbol{x},\psi_i\rangle=\psi_i^{\mathrm{T}}\boldsymbol{x}$。显然，$\boldsymbol{x}$和$\boldsymbol{s}$是信号的等效表示，$\boldsymbol{x}$在时域或空域，而$\boldsymbol{s}$在$\boldsymbol{\Psi}$域，或变换域。若$\boldsymbol{\Psi}$是DFT矩阵，$\boldsymbol{s}$就是频域向量。

如果系数向量$\boldsymbol{s}$最多只有k个非零元素，那么我们称$\boldsymbol{s}$是k稀疏的，而$\boldsymbol{x}$称为是可压缩的。由(15.1.5)式和(15.1.6)式，有

$$\boldsymbol{y}=\boldsymbol{\Phi x}=\boldsymbol{\Phi\Psi s}=\boldsymbol{\Theta s} \tag{15.1.7}$$

式中$\boldsymbol{\Theta}=\boldsymbol{\Phi\Psi}$是$M\times N$的矩阵，它又称为感知矩阵，也称为测量矩阵。(15.1.7)式的含意如图15.1.3所示[Bar07]。

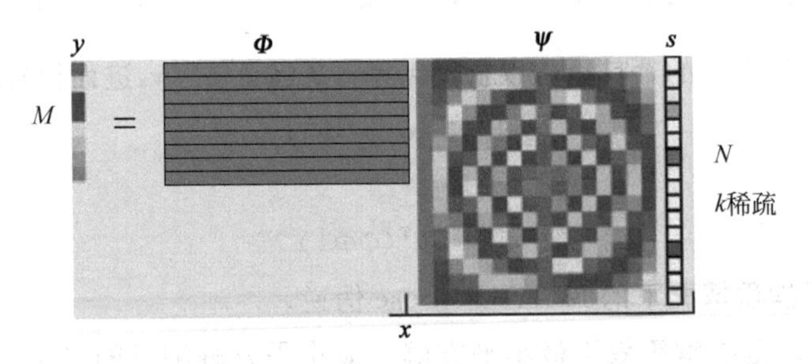

图15.1.3　$\boldsymbol{y}=\boldsymbol{\Phi\Psi s}=\boldsymbol{\Theta s}$的含意

利用(15.1.7)式，(15.1.5)式的优化问题又可表示为

$$\mathrm{P}_0:\quad \min\|\boldsymbol{s}\|_0 \quad \text{s.t.} \quad \boldsymbol{y}=\boldsymbol{\Theta s} \tag{15.1.8}$$

由(15.1.2)式和(15.1.7)式可以看出，对信号的感知分两种情况，一是信号在时域(或空域)是稀疏的，那么对信号的测量也在时域(或空域)进行，这对应(15.1.2)式；二是

信号在变换域是稀疏的，那么测量也在变换域进行，这对应(15.1.7)式。总之，CS测量的是稀疏信号。且我们把 $\boldsymbol{y}$ 看作已知的，而稀疏信号是要靠优化算法求解出来的。如果求出的是 $\boldsymbol{s}$，通过反变换，即可得到 $\boldsymbol{x}$。在后面如果没有特别说明，我们都认为测量是在时域进行，即待求的是 $\boldsymbol{x}$。由于 $\boldsymbol{\Psi}$ 是正交阵，它通常是确定性的矩阵，且对应某一种正交变换，它是固定的。因此，矩阵 $\boldsymbol{\Theta}$ 主要取决于 $\boldsymbol{\Phi}$。同样，如果没有特别说明时，下面谈到测量矩阵时指的都是 $\boldsymbol{\Phi}$。

(15.1.5)式和(15.1.8)式利用零范数作为优化的目标是合理的，但是，有两个问题必须回答。一是这两个式子给出的 P_0 解是否唯一？二是这两个式子求解起来是否容易？对第一个问题，我们留到15.4节再讨论，现在回答第二个问题。前已述及，CS要求待恢复的信号 $\boldsymbol{x}$ 是 k 稀疏的，当然，我们通过(15.1.5)式或(15.1.8)式恢复出的 $\boldsymbol{x}$ 也应该是 k 稀疏的。但是，$\boldsymbol{x}$ 中的 k 个非零元素的位置是未知的，当然也是不确定的。由于 $\boldsymbol{x}$ 的长度是 N，因此，这 k 个非零值有 C_N^k $\left(C_N^k \text{ 在文献中又常记为} \begin{pmatrix} N \\ k \end{pmatrix}\right)$ 个可能的分布，即仅要求 $\boldsymbol{x}$ 是 k 稀疏的，那么由(15.1.5)式或(15.1.8)式可恢复出 C_N^k 个 $\boldsymbol{x}$。假如 $\boldsymbol{x}$ 的 k 个非零值恰好处在前面，即 $x(1),\cdots,x(k)$ 的位置，这等效地说，我们只需 $\boldsymbol{\Phi}$ 的前 k 列即可恢复这样的 $\boldsymbol{x}$。但这种情况出现的概率只有 $1/C_N^k$。这一问题是一个组合的最小化问题，又称为NP-Hard问题[Mal93]。NP是Non-Deterministic Polynomial(非确定多项式)的缩写，在有的文献上又称为NP-Complete问题[ZW9]。NP-Hard和NP-Complete稍有区别，读者可以在网络上搜索到二者的定义与区别，此处不再赘述。

为解决NP-Hard所带来的求解困难问题，人们提出了两个实用的算法，一是基于 l_1 范数的基追踪(basis pursuit，BP)[Che98]算法，二是基于 l_0 范数的“贪婪(greedy algorithms)”算法，其代表性的算法是各种匹配追踪(matching pursuits，MP)算法。BP算法的核心思想是令目标函数 $J(\boldsymbol{x})=J_1(\boldsymbol{x})=\|\boldsymbol{x}\|_1$ 为最小，即

$$P_1: \quad \min \|\boldsymbol{x}\|_1 \quad \text{s.t.} \quad \boldsymbol{y}=\boldsymbol{\Phi x} \tag{15.1.9a}$$

或

$$P_1: \quad \min \|\boldsymbol{s}\|_1 \quad \text{s.t.} \quad \boldsymbol{y}=\boldsymbol{\Theta s} \tag{15.1.9b}$$

当然，对 P_1 解也存在如下问题：P_1 解是否唯一？如何求出 P_1 解？我们最终希望得到的是稀疏解，即 P_0，那么，P_1 在什么条件下等效于 P_0？这些也都是我们后续要讨论的问题。

在CS的文献中，测量矩阵 $\boldsymbol{\Phi}$ 又称为“编码器(encodcr)”，由已知的 $\boldsymbol{y}$ 求解未知 $\boldsymbol{x}$ 的过程称为“解码器(decorder)”，它代表了由 $\mathbb{R}^M \rightarrow \mathbb{R}^N$ 这一映射，记之为 Δ。这样，(15.1.5)式的 P_0 优化问题可简记为 $\Delta_0(\boldsymbol{\Phi x})$，同理，(15.1.9)式的 P_1 优化问题可简记为 $\Delta_1(\boldsymbol{\Phi x})$。

因此,我们在上面所问的问题又可表述为:在什么条件下 $\Delta_0(\boldsymbol{\Phi x})=\boldsymbol{x}$? $\Delta_1(\boldsymbol{\Phi x})=\boldsymbol{x}$ 以及 $\Delta_0(\boldsymbol{\Phi x})=\Delta_1(\boldsymbol{\Phi x})$? 由于 $\boldsymbol{y}=\boldsymbol{\Phi x}$,因此,这些条件都应该和测量矩阵$\boldsymbol{\Phi}$ 密切相关。这一结论明确指出,研究$\boldsymbol{\Phi}$ 应具有的性质和如何对其设计是 CS 理论中的一个极其重要的问题。

由上面的讨论,我们不难总结出 CS 的一些特点:

(1) 由于 $M \ll N$,因此 CS 对信号的测量是将信号的采集和压缩结合在了一个步骤,避免了经典抽样需要先采集、后压缩的分步实现。或者说,测量的数据 M 只正比于压缩后数据的长度,它远小于原数据的长度;

(2) 测量值 $\boldsymbol{y}$ 不是信号 $\boldsymbol{x}$ 本身,而是高维(N)信号到低维(M)的投影,或者说,$\boldsymbol{y}$ 的每一个值都是 $\boldsymbol{x}$ 的所有值的组合;

(3) 测量是非自适应的,即测量矩阵$\boldsymbol{\Phi}$ 不随 $\boldsymbol{x}$ 而变化;

(4) 如果信号在传感器端的采集是昂贵的,费时的,危险的,或不可能的,而在接收端的计算(即恢复)是低廉和容易实现的,那么 CS 是特别有应用价值的;

(5) 用低维的 $\boldsymbol{y}$ 来代替(或恢复)高维的 $\boldsymbol{x}$,这在数字信号和数字图像的压缩、识别、稀疏表示及重建等领域都有着广泛的应用。因此,CS 的应用领域既包括了我们本章开头重点强调的模拟/信息转换,也包括了众多的数字域的处理。

CS 理论依赖于三个要求:(1)信号 $\boldsymbol{x}$,或其在变换域是稀疏的;(2)测量矩阵$\boldsymbol{\Phi}$ 要满足一定的性质;(3)高效的恢复算法。因此,在 CS 的理论框架中,如下问题是其核心内容:

(1) 信号的稀疏表示;

(2) 对 k 稀疏信号,测量数 M 的最小值取多少才能保证唯一地由 $\boldsymbol{y}$ 恢复出 $\boldsymbol{x}$;

(3) 测量矩阵$\boldsymbol{\Phi}$ 所应具有的性质及测量矩阵$\boldsymbol{\Phi}$ 的设计;

(4) 信号恢复的算法;

(5) 如何得到测量 $\boldsymbol{y}$? 此即模拟/信息转换方案问题;

(6) CS 的应用。

其中前四个问题在本章讨论,后两个问题将在第 16 章讨论。

尽管 CS 所涉及的理论内容已经有了很长的历史,但学术界都把 2006 年两篇重要论文,即[Can06a]和[Don06]的发表看作是 CS 的开端。第一篇论文的作者是美国斯坦福大学数学和统计学的 Emmanuel J. Candès 教授,该文的另一位作者是华裔澳籍年轻的数学家陶哲轩(Terence Tao)教授,第二篇论文的作者是 David L. Donoho,他也是斯坦福大学统计学的教授。2006 年以来,CS 引起了人们极大的兴趣,特别是数学家、计算机科学家、信息领域和生物医学工程领域的科学家的兴趣,CS 同时也在信息学、天文学、生命科学、雷达、地震学等众多领域都引起了强烈的关注,到 2013 年,与压缩感知有关的论文已超过 1000 余篇[Kut13],读者可以在网站 http://dsp.rice.edu/CS 上看到其中大部分论文的题目,其中的大部分论文也都可以通过该网站下载。在研究 CS 理论的同时,人们也在探索 CS 的应用。例如,美国 RICE 大学已研制出单像素相机。基于这些原因,所以人们认为 CS 是信号处理中的"next big idea"。David L. Donoho 教授由于其在现代数学、统计学和最优化理论,特别是在存在噪声情况下大数据的稀疏表示和恢复方面的杰出贡献而获得 2013 年度的邵逸夫数学科学奖(Shaw Prize)。

15.2 预 备 知 识

在 CS 的理论中大量应用了线性代数和凸优化的知识,为便于读者阅读和理解,现在集中介绍一下将要用到的内容,即矩阵的零空间、矩阵的 spark、向量的范数和凸优化问题。

15.2.1 矩阵的零空间

矩阵零空间(null space)的概念在讨论测量矩阵$\boldsymbol{\Phi}$的性质时有着重要的应用。该概念来自于线性方程组解的性质和结构。考虑线性方程组 $\boldsymbol{y}=\boldsymbol{A}\boldsymbol{x}$,式子 $\boldsymbol{x}\in\mathbb{R}^N$,$\boldsymbol{y}\in\mathbb{R}^M$,$\boldsymbol{A}\in\mathbb{R}^{M\times N}$,显然,该方程组等效于(15.1.2)式,只不过此处将矩阵$\boldsymbol{\Phi}$换成了$\boldsymbol{A}$,目的是和我们在线性代数里所熟悉的符号一致。该线性方程组的解有如下情况:

(1) 如果 $M=N$,且 $\boldsymbol{A}$ 是满秩的,则方程组 $\boldsymbol{y}=\boldsymbol{A}\boldsymbol{x}$ 有唯一解,即 $\boldsymbol{x}=\boldsymbol{A}^{-1}\boldsymbol{y}$;

(2) 如果 $M=N$,且 $\boldsymbol{A}$ 是满秩的,则齐次方程组 $\boldsymbol{A}\boldsymbol{x}=\boldsymbol{0}$ 只有零解,即 $\boldsymbol{x}\equiv\boldsymbol{0}$;

(3) 如果 $M<N$,记 $\bar{\boldsymbol{A}}=(\boldsymbol{A},\boldsymbol{y})$ 为 $\boldsymbol{A}$ 的增广(augmented)矩阵,若 $\mathrm{rank}(\bar{\boldsymbol{A}})=\mathrm{rank}(\boldsymbol{A})$,则方程组 $\boldsymbol{y}=\boldsymbol{A}\boldsymbol{x}$ 有解;

(4) 如果 $M<N$,则齐次方程组 $\boldsymbol{A}\boldsymbol{x}=\boldsymbol{0}$ 有基础解系,且基础解系的个数为

$$N-\mathrm{rank}(\boldsymbol{A})\triangleq r$$

记该基础解系为$\eta_1,\eta_2,\cdots,\eta_r$,作为基础解系,$\eta_1,\eta_2,\cdots,\eta_r$有两点性质,一是它们是线性无关的,二是齐次方程组 $\boldsymbol{A}\boldsymbol{x}=\boldsymbol{0}$ 的所有其他解都可由$\eta_1,\eta_2,\cdots,\eta_r$的线性组合来得到。因此,我们可以把$\eta_1,\eta_2,\cdots,\eta_r$看作一个空间的基,该空间就是矩阵 $\boldsymbol{A}$ 的零空间,记为$\mathcal{N}(\boldsymbol{A})$。显然,该空间的任一元素 $\boldsymbol{x}$ 都使 $\boldsymbol{A}\boldsymbol{x}=\boldsymbol{0}$,因此,$\mathcal{N}(\boldsymbol{A})$中的元素又称为矩阵 $\boldsymbol{A}$ 的"化零向量"。在欠定方程的情况下,我们通常认为 $\boldsymbol{A}$ 是行满秩的,因此,$\mathcal{N}(\boldsymbol{A})$的维数是 $N-M$;

(5) 如果 $M<N$,在方程组 $\boldsymbol{y}=\boldsymbol{A}\boldsymbol{x}$ 有解(即情况(3))的情况下,假定 $\boldsymbol{x}_0$ 是它的一个特

解，η是$\mathcal{N}(\boldsymbol{A})$的一个元素，则 $\boldsymbol{x}_0+\eta$ 也是方程组 $\boldsymbol{y}=\boldsymbol{A}\boldsymbol{x}$ 的解，当η 取遍$\mathcal{N}(\boldsymbol{A})$中的所有元素时，我们就得到方程组 $\boldsymbol{y}=\boldsymbol{A}\boldsymbol{x}$ 的所有解。

基于上述讨论，我们可以给出矩阵零空间的定义：

定义 15.2.1　已知矩阵 $\boldsymbol{A}\in\mathbb{R}^{M\times N}$，其零空间定义为

$$\mathcal{N}(\boldsymbol{A}) = \{\boldsymbol{x}: \boldsymbol{A}\boldsymbol{x} = \boldsymbol{0}, \boldsymbol{x} \in \mathbb{R}^N\} \tag{15.2.1}$$

$\mathcal{N}(\boldsymbol{A})$也称为 $\boldsymbol{A}$ 的核空间，文献上又常记为 $\mathrm{Ker}(\boldsymbol{A})$。

定义 15.2.2　已知矩阵 $\boldsymbol{A}\in\mathbb{R}^{M\times N}$，其值域定义为

$$\mathcal{R}_{\boldsymbol{A}} = \{\boldsymbol{y}: \boldsymbol{y} = \boldsymbol{A}\boldsymbol{v}, \boldsymbol{v} \in \mathbb{R}^N\} \tag{15.2.2}$$

显然，$\mathcal{R}_{\boldsymbol{A}}=\mathrm{rank}(\boldsymbol{A})$。

$\mathcal{N}(\boldsymbol{A})$有如下性质：

性质 1：$\boldsymbol{y}=\boldsymbol{A}\boldsymbol{x}$ 的任何解都可以表示为$\mathcal{N}(\boldsymbol{A})$中的向量 η 加上特解 $\boldsymbol{x}_0$；

性质 2：已知矩阵 $\boldsymbol{A}\in\mathbb{R}^{M\times N}$的零空间是$\mathcal{N}(\boldsymbol{A})$，值域是$\mathcal{R}_A$，则零空间的维数与值域的维数满足“维数定理”，即 $\dim(\mathcal{N}(\boldsymbol{A}))+\dim(\mathcal{R}_A)=\mathcal{N}$。

例 15.2.1[ZW8]　已知矩阵

$$\boldsymbol{A} = \begin{bmatrix} 0 & 0 & 0 \\ 0 & 0 & 0 \\ 0 & 0 & 1 \end{bmatrix}$$

求 $\boldsymbol{A}$ 的零空间维数和值域的维数，并讨论方程组 $\boldsymbol{y}=\boldsymbol{A}\boldsymbol{x}$ 的解的形式。

解　对于任意$\boldsymbol{v}\in\mathbb{R}^3$，有

$$\boldsymbol{v} = v_1\boldsymbol{e}_1 + v_2\boldsymbol{e}_2 + v_3\boldsymbol{e}_3 = v_1\begin{bmatrix} 1 \\ 0 \\ 0 \end{bmatrix} + v_2\begin{bmatrix} 0 \\ 1 \\ 0 \end{bmatrix} + v_3\begin{bmatrix} 0 \\ 0 \\ 1 \end{bmatrix}$$

则

$$\boldsymbol{A}\boldsymbol{v} = v_1\boldsymbol{A}\boldsymbol{e}_1 + v_2\boldsymbol{A}\boldsymbol{e}_2 + v_3\boldsymbol{A}\boldsymbol{e}_3$$

并有

$$\boldsymbol{A}\boldsymbol{e}_1 = \begin{bmatrix} 0 & 0 & 0 \\ 0 & 0 & 0 \\ 0 & 0 & 1 \end{bmatrix}\begin{bmatrix} 1 \\ 0 \\ 0 \end{bmatrix} = \begin{bmatrix} 0 \\ 0 \\ 0 \end{bmatrix} = \boldsymbol{0}$$

$$\boldsymbol{A}\boldsymbol{e}_2 = \begin{bmatrix} 0 & 0 & 0 \\ 0 & 0 & 0 \\ 0 & 0 & 1 \end{bmatrix}\begin{bmatrix} 0 \\ 1 \\ 0 \end{bmatrix} = \begin{bmatrix} 0 \\ 0 \\ 0 \end{bmatrix} = \boldsymbol{0}$$

$$\boldsymbol{A}\boldsymbol{e}_3 = \begin{bmatrix} 0 & 0 & 0 \\ 0 & 0 & 0 \\ 0 & 0 & 1 \end{bmatrix} \begin{bmatrix} 0 \\ 0 \\ 1 \end{bmatrix} = \begin{bmatrix} 0 \\ 0 \\ 1 \end{bmatrix} = \boldsymbol{e}_3$$

于是

$$\boldsymbol{A}\boldsymbol{v} = v_1\boldsymbol{0} + v_2\boldsymbol{0} + v_3\boldsymbol{e}_3 = v_3\boldsymbol{e}_3$$

可以看出，$\boldsymbol{e}_1$ 和 $\boldsymbol{e}_2$ 通过 $\boldsymbol{A}$ 的映射后变成零向量，它们构成了矩阵 $\boldsymbol{A}$ 的零空间。显然，由 $\boldsymbol{e}_1$ 和 $\boldsymbol{e}_2$ 线性组合成的向量 $\boldsymbol{w}=w_1\boldsymbol{e}_1+w_2\boldsymbol{e}_2$ 也是 $\boldsymbol{A}$ 的零空间的元素，于是

$$\mathcal{N}(\boldsymbol{A}) = \text{span}\,\{\boldsymbol{e}_1, \boldsymbol{e}_2\}, \quad \dim(\mathcal{N}(\boldsymbol{A})) = 2$$

而对于任意 $\boldsymbol{v}\in\mathbb{R}^3$，由于 $\boldsymbol{A}\boldsymbol{v}=v_3\boldsymbol{e}_3$，因此 $\mathcal{R}_{\boldsymbol{A}}=\text{span}\,\{\boldsymbol{e}_3\}$，$\dim(\mathcal{R}_{\boldsymbol{A}})=1$，显然，

$$\dim(\mathcal{N}(\boldsymbol{A})) + \dim(\mathcal{R}_{\boldsymbol{A}}) = 3$$

下面讨论 $\boldsymbol{A}\boldsymbol{x}=\boldsymbol{y}$ 的解。

(1) 如果 $\boldsymbol{y}\in\mathcal{R}_{\boldsymbol{A}}$，如 $\boldsymbol{y}=[0,0,y_3]^{\mathrm{T}}$，那么该方程组就有一个解 $\boldsymbol{x}=[0,0,y_3]^{\mathrm{T}}$，但由于零空间的维数为 2，所以存在无穷多解，即任意形如 $\boldsymbol{x}+w_1\boldsymbol{e}_1+w_2\boldsymbol{e}_2$ 的向量都是该方程组的解。

(2) 如果 $\boldsymbol{y}\notin\mathcal{R}_{\boldsymbol{A}}$，如 $\boldsymbol{y}=[y_1,y_2,y_3]^{\mathrm{T}}$，且 $y_1\neq 0$ 或 $y_2\neq 0$，那么 $\boldsymbol{A}\boldsymbol{x}=\boldsymbol{y}$ 无解。

在上面的零空间定义的基础上，下面给出的是在 CS 中广泛应用的零空间性质的定义。

定义 15.2.3[For10] 矩阵 $\boldsymbol{A}\in\mathbb{R}^{M\times N}$ 被称为具有常数 $\gamma\in(0,1)$ 的 k 阶零空间性质(null space property, NSP)，如果

$$\|\boldsymbol{h}_T\|_1 \leqslant \gamma\,\|\boldsymbol{h}_{T^c}\|_1 \tag{15.2.3}$$

对矩阵 $\boldsymbol{A}$ 的任意化零向量 $\boldsymbol{h}\in\mathcal{N}(\boldsymbol{A})$ 和任意满足 $\# T\leqslant k$ 的下标集合

$$T \subset \{1,2,\cdots,N\} \tag{15.2.4}$$

都成立。

现对(15.2.3)式和(15.2.4)式的含意做一简单的说明：下标集合 $T\subset\{1,2,\cdots,N\}$ 在有关 CS 的文献中经常遇到，T^c 是 T 的补，T^c 又可表示为 $T^c=\{1,2,\cdots,N\}\backslash T$。例如，若 $N=5$，$T=\{1,3,5\}$，则 $T^c=\{2,4\}$。利用这一标记方法，显然，向量 $\boldsymbol{x}_T\in\mathbb{R}^N$ 和向量 $\boldsymbol{x}\in\mathbb{R}^N$ 在由 T 指定的位置上的元素是相同的，而其余的元素(由 T^c 指定)是 0。同理，矩阵 $\boldsymbol{A}_T$ 是矩阵 $\boldsymbol{A}$ 的子矩阵，其列是由 T 指定的 $\boldsymbol{A}$ 的列。

NSP 实际上是对矩阵 $\boldsymbol{A}$ 的零空间中向量的元素的分布提出了要求，即它的非零元素不能集中分布在一个小的子集中。我们知道，矩阵 $\boldsymbol{A}\in\mathbb{R}^{M\times N}$ 的零空间中存在着无穷多个非零的向量 $\boldsymbol{h}$ 使得 $\boldsymbol{A}\boldsymbol{h}=\boldsymbol{0}$，并且每一个这样的 $\boldsymbol{h}$ 都会有非零元素和零元素。可以想象，如果某个 $\boldsymbol{h}$ 有大于 k 个的非零元素，那么当我们从中抽取不超过 k 个元素时(即 $\# T\leqslant k$)，

剩余的元素(下标由 T^c 指定)一定有非零的,即 $\|\boldsymbol{h}_{T^c}\|_1>0$。这样才有可能找到一个大于零的常数 γ,使得 $\|\boldsymbol{h}_T\|_1\leqslant\gamma\|\boldsymbol{h}_{T^c}\|_1$ 成立。否则,如果 $\boldsymbol{h}$ 中非零元素不超过 k,那么将存在一种选择方法使得所有非零元素都被选到下标集合 T 中,从而使得 $\|\boldsymbol{h}_{T^c}\|_1=0$。这样,无论我们怎么选常数 γ,都不可能使得 $\|\boldsymbol{h}_T\|_1\leqslant\gamma\|\boldsymbol{h}_{T^c}\|_1$ 成立。由此得到的结论是:满足 k 阶零空间性质的向量 $\boldsymbol{h}$ 的非零元素的个数应大于 k。也就是说,如果 $\boldsymbol{A}$ 满足零空间性质,那么,在其零空间 $\mathcal{N}(\boldsymbol{A})$ 中唯一的 k 稀疏向量应是 $\boldsymbol{h}=0$。另外,由于要求 $0<\gamma<1$,(15.2.3)式的 $\|\boldsymbol{h}_T\|_1\leqslant\gamma\|\boldsymbol{h}_{T^c}\|_1$ 实际上可等效为 $\|\boldsymbol{h}_T\|_1\leqslant\|\boldsymbol{h}_{T^c}\|_1$,由此我们可以得到另一个结论:$\boldsymbol{h}$ 中非零元素的个数不但应大于 k,而且应该不少于 $2k$。否则,如果少于 $2k$,那么将它们从大到小排序、并将前 k 个较大的元素选入指标集 T,于是剩下的少于 k 个的元素就归于指标集 T^c,那么就一定有 $\|\boldsymbol{h}_T\|_1>\|\boldsymbol{h}_{T^c}\|_1$ 的情况,这时就没有可能找到一个小于 1 的常数 γ,使得(15.2.3)式成立了。此外,这不少于 $2k$ 个的元素的绝对值不能有太大的差别,即要保证 $\boldsymbol{h}$ 的能量在这些非零的下标上有较为均匀的分布。

此处顺便指出,如果 $\# T\leqslant 2k$,仍存在常数 $\gamma\in(0,1)$ 使(15.2.3)式成立,则说矩阵 $\boldsymbol{A}\in\mathbb{R}^{M\times N}$ 具有的 $2k$ 阶零空间性质。另外,由于 CS 是近十年来新发展的学科领域,因此一些定义和定理在文献中的描述并没有统一。例如,对零空间性质的定义就有着不同的说法。NSP 的另一个表达形式是[Dav12]

$$\|\boldsymbol{h}_T\|_2\leqslant C\frac{\|\boldsymbol{h}_{T^c}\|_1}{\sqrt{k}} \tag{15.2.5a}$$

式中 C 是大于 0 的常数。注意该式左边是 l_2 范数,而(15.2.3)式左边是 l_1 范数。由于对任意向量 $\boldsymbol{x}$,有 $\|\boldsymbol{x}\|_1^2\geqslant\|\boldsymbol{x}\|_2^2$,从而有 $\|\boldsymbol{x}\|_1\geqslant\|\boldsymbol{x}\|_2$,再由于(15.2.3)式要求 $0<\gamma<1$,而(15.2.5)式仅要求 $C>0$,因此,(15.2.3)式的条件要比(15.2.5a)式严,但二者的含意都是一样的。文献[Fou13]对 NSP 的定义是:如果

$$\|\boldsymbol{h}_T\|_1\leqslant\|\boldsymbol{h}_{T^c}\|_1 \tag{15.2.5b}$$

对所有的 $\# T\leqslant k$ 和 $\boldsymbol{h}\in\mathcal{N}(\boldsymbol{A})$ 成立,则称 $\boldsymbol{A}$ 具有 k 阶零空间性质。将该式和(15.2.3)式相比较,可以看出,(15.2.5b)式显然是令 $\gamma=1$。

15.2.2　矩阵的 spark

和零空间紧密相关联的另一个概念是矩阵的 spark,现给出其定义。

定义 15.2.4[Don03,Dav12]　一个矩阵 $\boldsymbol{A}$ 的 spark 是 $\boldsymbol{A}$ 的最小的线性相关的列数,记为 spark($\boldsymbol{A}$)。

现对该定义给出几点说明：

(1) 我们已熟知，对给定的 N 个向量 $\boldsymbol{a}_1, \boldsymbol{a}_2, \cdots, \boldsymbol{a}_N$，若存在 N 个不全为零的数 $k_1, k_2, \cdots, k_N$，使得 $k_1\boldsymbol{a}_1 + k_2\boldsymbol{a}_2 + \cdots + k_N\boldsymbol{a}_N = 0$，那么这 N 个向量是线性相关的。令 $\boldsymbol{a}_1, \boldsymbol{a}_2, \cdots, \boldsymbol{a}_N$ 是矩阵 $\boldsymbol{A}$ 的列向量，但 spark($\boldsymbol{A}$)并不等于 N，它等于“最小的线性相关的列数”。其含意是，若 $k_1, k_2, \cdots, k_N$ 只有 M 个不为零，不妨是其前 M 个，那么向量 $\boldsymbol{a}_1, \boldsymbol{a}_2, \cdots, \boldsymbol{a}_M$ 仍然是线性相关的，这时，spark($\boldsymbol{A}$)$=M$。

简单地说，spark($\boldsymbol{A}$)描述了从矩阵所有的列中，最少可以抽取多少列仍然满足线性相关性。这里之所以考虑“最小”，是因为向量越多越容易满足线性相关。

(2) 令 $\boldsymbol{A}$ 是 $M\times N$ 的矩阵，如果 $\boldsymbol{A}$ 没有全为零的列，则 spark($\boldsymbol{A}$)$\geqslant 2$，这是 spark($\boldsymbol{A}$)的下界。同时 spark($\boldsymbol{A}$)$\leqslant$rank($\boldsymbol{A}$)$+1$，它是 spark($\boldsymbol{A}$)的上界。即

$$2 \leqslant \operatorname{spark}(\boldsymbol{A}) \leqslant \operatorname{rank}(\boldsymbol{A}) + 1 \tag{15.2.6}$$

式中 rank($\boldsymbol{A}$)是 $\boldsymbol{A}$ 的秩。其理由如下：

关于下界，首先注意单个的非零向量 $\boldsymbol{a}_i \neq 0$，它总是线性无关的，因为要使得它的线性组合为零(就是 $k_i\boldsymbol{x}_i = 0$)只需系数 $k_i = 0$ 即可。所以只要矩阵 $\boldsymbol{A}$ 没有全为零的列向量，那么它的 spark 一定大于 1，即最少需要找两列去组合才能合成为零向量，这就是 spark 的下界为 2 的原因。另一方面，在 M 维向量空间中，最多只能找到 M 个线性无关的向量。也就是说，对 $M\times N$ 矩阵 $\boldsymbol{A}$，其最大行秩是 M，由于矩阵的行秩等于列秩，所以 $\boldsymbol{A}$ 的最大列秩也是 M。在 M 个线性无关的列中再增加一个列向量，它们自然就变成线性相关了。若 $\boldsymbol{A}$ 的最大行秩不是 M 而是 rank($\boldsymbol{A}$)，那么 rank($\boldsymbol{A}$)$+1$ 个列向量也必然线性相关，于是就有了(15.2.6)式的结论。例如，对于矩阵 $\begin{bmatrix} 1 & 2 & 2 & 4 \\ 2 & 3 & 4 & 5 \end{bmatrix}$，由于第 1 和第 3 个列向量线性相关(在二维平面上同向)，所以其 spark$=2$。而对于矩阵 $\begin{bmatrix} 1 & 2 & 3 & 4 \\ 2 & 3 & 4 & 5 \end{bmatrix}$，由于任意两个列向量都不相关(即在二维平面上不同向或者反向)，所以其 spark>2；但是三个二维列向量一起必然是相关的，如前三列有 $\begin{bmatrix} 1 \\ 2 \end{bmatrix} - 2\begin{bmatrix} 2 \\ 3 \end{bmatrix} + \begin{bmatrix} 3 \\ 4 \end{bmatrix} = 0$，所以其 spark$=3$，达到了上界。读者可自己验证，该矩阵的秩等于 2。

显然，如果 $\boldsymbol{A}$ 是 $N\times N$ 的满秩方阵，则 spark($\boldsymbol{A}$)$=N+1$。

(3) 矩阵的秩和 spark 都用来描述矩阵的基本特征，但二者有明显的不同。矩阵的秩是其最大线性无关的列数，而 spark 是其最小线性相关的列数，一个是“最大”，一个是“最小”，一个是“线性无关”，一个是“线性相关”。另外，对 $M\times N$ 矩阵，求出其秩的方法是通过初等变换将其转换为一个阶梯矩阵，其不等于零的行就是它的秩，这是一个“顺序”

的计算的过程，计算复杂性为 $O(N)$。而求解其 spark 是一个组合过程，计算复杂性为 $O(2^N)$。

15.2.3　向量的范数

一个向量 $\boldsymbol{x}$ 的 l_p 范数定义为

$$\|\boldsymbol{x}\|_p=\begin{cases}\left(\sum_{i=1}^{N}|x(i)|^p\right)^{1/p}, & p\in[1,\infty)\\ \max\limits_{i=1,2,\cdots,N}|x(i)|, & p=\infty\end{cases}\tag{15.2.7a}$$

当 $p\geqslant 1$ 时，l_p 又称为“真(true)范数”，因为它们满足如下四个关系：

(1) $\|\boldsymbol{x}\|_p\geqslant 0$；

(2) $\|\boldsymbol{x}\|_p=0\Leftrightarrow \boldsymbol{x}=\boldsymbol{0}$；

(3) $\|\alpha\boldsymbol{x}\|_p=|\alpha|\cdot\|\boldsymbol{x}\|_p, \forall\alpha\in\mathbb{R}$；

(4) $\|\boldsymbol{x}_1+\boldsymbol{x}_2\|_p\leqslant\|\boldsymbol{x}_1\|_p+\|\boldsymbol{x}_2\|_p$

在文献和实际工作中，有时要将 l_p 范数扩展到 $p<1$ 的情况。在此情况下，按上式定义的范数不再完全满足上述真范数的四个关系，因此，$p<1$ 时的范数称为“准范数(quasinorm)”。在 $p<1$ 的情况下，本篇应用最多的是 $p=0$ 时的范数，它定义为

$$\|\boldsymbol{x}\|_0=|\mathrm{supp}(\boldsymbol{x})|=\#\{i: x(i)\neq 0\}\tag{15.2.7b}$$

上式中 $\mathrm{supp}(\boldsymbol{x})$表示 $\boldsymbol{x}$ 的支撑范围，而$|\mathrm{supp}(\boldsymbol{x})|$表示 $\boldsymbol{x}$ 的“势(cardinality)”，即 $\boldsymbol{x}$ 中不为零的元素的数目。所以，一个向量的 l_0 范数定义为其不为零的元素的数目。注意，l_0 范数连“准范数”也不是，但人们已习惯这样来称呼和应用它，并且可以证明

$$\lim_{p\to 0}\|\boldsymbol{x}\|_p^p=\lim_{p\to 0}\sum_i|x_i|^p=\|\boldsymbol{x}\|_0$$

不同 p 时的 l_p 范数有着明显不同的物理含意和性质，例如 l_0 范数表示了向量 $\boldsymbol{x}$ 中不为零的元素的数目，l_1 范数表示了向量 $\boldsymbol{x}$ 各元素的绝对值的和，l_2 范数的平方表示了向量 $\boldsymbol{x}$ 的能量。在我们下面要讨论的信号的恢复(或重建)中，经常要用到“范数的单位球(unit ball)”的概念，它定义为

$$B_p=\{\boldsymbol{x}: \|\boldsymbol{x}\|_p\leqslant 1\}\tag{15.2.8}$$

图 15.2.1 给出了 $N=2$ 的情况下，$p=0,1/2,1,2$ 及∞时的 l_p 范数的单位球。由该图可以看出，l_0 的单位球是和坐标轴重合的十字架(不包括原点)，l_1 的单位球是菱形，其顶点在坐标轴上，而 l_2 的单位球是一个圆，圆心在原点。并且，当 $0<p<1$ 时，范数的单位球

是内凹的，当 $p \geqslant 1$ 时，范数的单位球是外凸的。

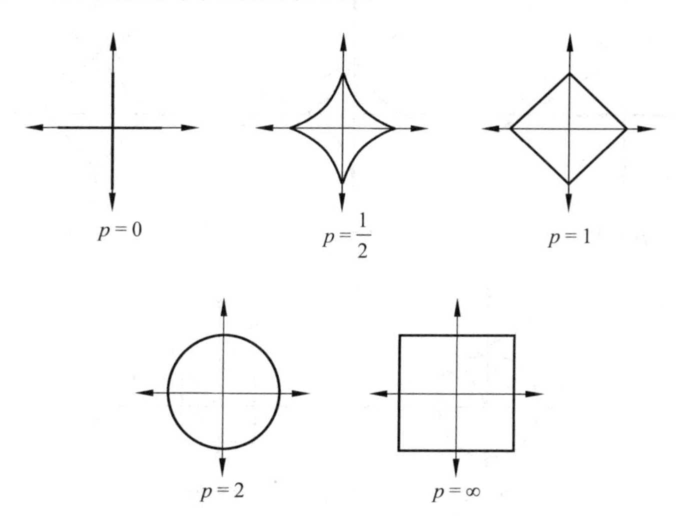

图 15.2.1　二维情况下 $p=0,1/2,1,2$ 及∞时的 l_p 范数的单位球

范数常用来表征一个信号的"强度"，或近似误差。例如，假定 $\boldsymbol{x} \in \mathbb{R}^2$，显然，它是二维平面上的一个点。再假定 $\boldsymbol{x}$ 是 $k=1$ 稀疏的，那么 $\boldsymbol{x}$ 就只有一个值非零，因此它不是在横坐标上就是在纵坐标上。现假定 $\boldsymbol{x}$ 位于纵坐标上，并假定我们通过某种算法得到 $\boldsymbol{x}$ 的一个近似，记为 $\hat{\boldsymbol{x}}$。显然，因为 $\boldsymbol{x}$ 是二维的、且是 $k=1$ 稀疏的，因此 $\hat{\boldsymbol{x}}$ 应该在二维平面的一条直线 A 上，如图 15.2.2 所示。显然，$\hat{\boldsymbol{x}}$ 是直线 A 上 p 范数最小的点。为找到 $\hat{\boldsymbol{x}}$，可以设想将范数单位球从原点处往外膨胀，它和 A 接触的那一点就应该是 $\hat{\boldsymbol{x}}$。由该图可以看出，因为 $\hat{\boldsymbol{x}}$ 的两个坐标都不为零，所以 p 越大，$\hat{\boldsymbol{x}}$ 对 $\boldsymbol{x}$ 的近似误差越大。p 越小$(1,1/2,0)$，$\hat{\boldsymbol{x}}$ 越靠近一个坐标轴，因此对 $\boldsymbol{x}$ 的近似误差越小，并且，$\hat{\boldsymbol{x}}$ 越接近于是稀疏的(一个坐标为零)。

为了进一步考查 l_1 范数和 l_2 范数的不同，现考虑 $N=3$ 和 $\boldsymbol{x} \in \Sigma_1$ 的情况。假定 $\boldsymbol{x}$ 位于水平坐标轴上，并假定 $\hat{\boldsymbol{x}}$ 是 $\boldsymbol{y}=\boldsymbol{A}\boldsymbol{x}$ 的一个解，由图 15.2.3 可以看出，当 l_1 范数球由小向大(外)膨胀时，它和平面 $\{\boldsymbol{s}: \boldsymbol{y}=\boldsymbol{A}\boldsymbol{s}\}$ 相交在坐标轴的一个顶点，因此所求出的 $\hat{\boldsymbol{x}}$ 和 $\boldsymbol{x}$ 的误差最小，而 l_2 范数球和上述平面无法相交在坐标顶点，因此求出的 $\hat{\boldsymbol{x}}$ 和 $\boldsymbol{x}$ 的误差很大。由图 15.2.2 和图 15.2.3 都可以看出，我们在最小平方求解中经常所使用的 l_2 范数能给出全局的最优解，但不能给出稀疏解。

现对欠定方程 $\boldsymbol{y}=\boldsymbol{A}\boldsymbol{x}$ 解的几何分布再给出一些解释。我们知道，该方程的解应该位于 M 个超平面的交集，由于我们假定 $\boldsymbol{A} \in \mathbb{R}^{M \times N}$ 是行满秩的，即 $\boldsymbol{A}$ 的 M 个行向量是互相独立的，因此这 M 个超平面是非平行的，所以它们的交集是存在的，且该交集是$(N-M)$

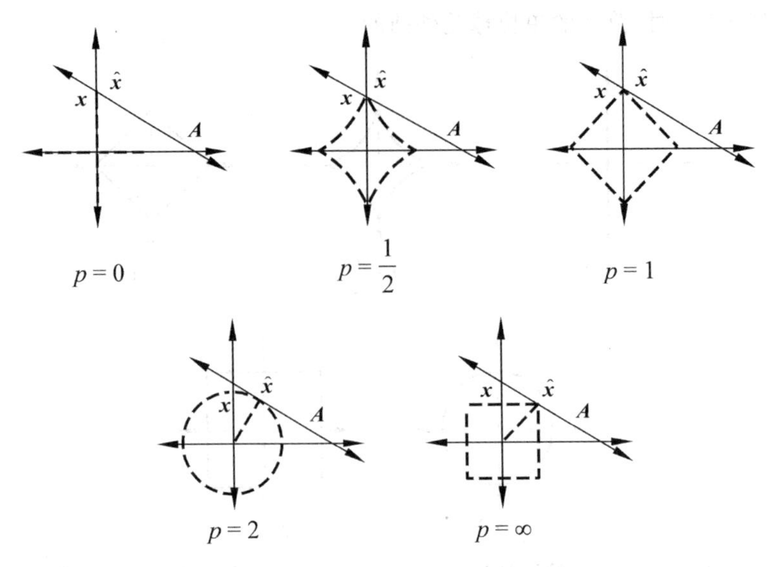

图 15.2.2　不同范数情况下 $\hat{\boldsymbol{x}}$ 对 $\boldsymbol{x}$ 的近似

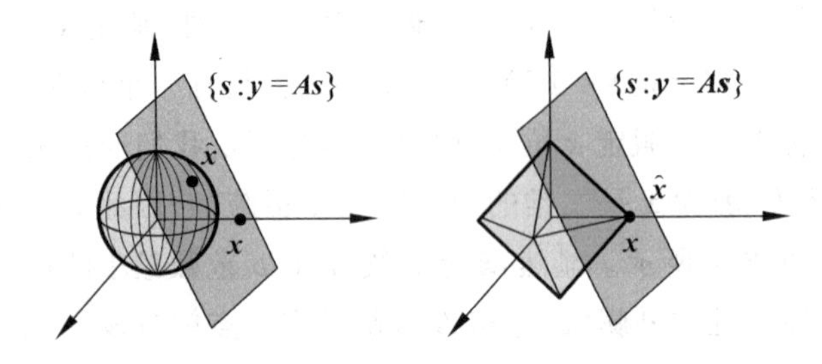

图 15.2.3　$N=3$ 和 $\boldsymbol{x}\in\Sigma_1$ 时，l_1 范数和 l_2 范数的解 $\hat{\boldsymbol{x}}$ 对 $\boldsymbol{x}$ 的近似

维的超平面。例如，当 $N=3$ 和有两个超平面(即 $M=2$)时，这两个平面的交集就变成了一条直线(维数 $N-M=1$)。记 $\boldsymbol{y}=\boldsymbol{Ax}$ 所有解的集合为$\mathcal{H}$，在 CS 的文献中对$\mathcal{H}$有着不同的称呼。如文献[Bar07]称它是“转化零空间(translated null space)”，文献[Coh09, The12]称其为“仿射空间(affine space)”。其实，这些称呼在本质上都是一样的，指的都是 $\boldsymbol{y}=\boldsymbol{Ax}$ 所有解所处的空间。假定 $\hat{\boldsymbol{x}}$ 是 $\boldsymbol{y}=\boldsymbol{Ax}$ 的一个特解，即 $\hat{\boldsymbol{x}}\in\mathcal{H}$，那么很容易证明，对 $\forall\,\boldsymbol{x}\in\mathcal{H}$，都有 $\boldsymbol{A}(\boldsymbol{x}-\hat{\boldsymbol{x}})=0$，即 $\boldsymbol{x}-\hat{\boldsymbol{x}}\in\mathcal{N}(\boldsymbol{A})$。这一结果又可表为

$$\mathcal{H}=\mathcal{N}(\boldsymbol{A})+\hat{\boldsymbol{x}}$$

这是我们在 15.2.1 节已指出的结论，即特解 $\hat{\boldsymbol{x}}$ 加上$\mathcal{N}(\boldsymbol{A})$的所有元素都是 $\boldsymbol{y}=\boldsymbol{Ax}$ 的解，它们都位于$(N-M)$维的超平面$\mathcal{H}$中。

在本小节的最后，我们再看一个简单的例子。令信号 $\boldsymbol{x}_{\text{spike}}=\{1,0,\cdots,0,\cdots,\}$，$\boldsymbol{x}_{\text{comb}}=$

$\{1/\sqrt{n},1/\sqrt{n},\cdots,1/\sqrt{n},\cdots,\}$，显然，二者具有相同的 l_2 范数，但它们的 l_1 范数不同。由于 $\boldsymbol{x}_{\text{spike}}$除了一个元素非零外，其余全部是零，该例一方面说明了信号的稀疏性，另一方面也说明利用 l_1 范数可以提升信号的稀疏性。实际上，l_1 范数球的顶点是 $\pm \boldsymbol{e}_i=\{0,0,\cdots,0,\pm 1,0,\cdots,0\}$，$i=1,2,\cdots,N$，它们正好位于 N 维空间每一个坐标轴上，而这样的向量是最稀疏的。同时，l_1 范数的求解等效于凸优化(Convex optimization)问题，有成熟的算法可以借用。因此可以说，l_1 范数是最接近于 l_0 范数的凸优化问题。

在上面的讨论中，我们之所以反复说明并比较 l_1 范数和 l_2 范数对稀疏信号求解时的不同结果，是因为 l_1 范数在 CS 起到了非常重要的作用。

15.2.4 凸优化与线性规划的基本概念

最优化问题在科学研究和国民经济的众多领域(如工业、农业、国防、交通运输、金融以及社会管理等)都有着广泛的应用。可以说，最优化是一个即古老而又年轻的学科领域。说它古老，是因为早在 17 世纪，著名科学家牛顿的微积分就给出了求解极值问题的理论基础，后来又出现了 Lagrange 乘子法，19 世纪的著名数学家 Cauchy 提出了求解函数极值的最快下降法，20 世纪苏联的科学家给出了线性规划的求解方法。随着科学技术和生产规模的飞速发展，特别是随着计算机的诞生，近几十年来最优化理论也获得了飞速的发展和广泛的应用。有关最优化的文献和教科书很多，笔者在此向读者推荐[ZW10]、[ZW11]和[Boy04]三本教材，前两本是国内的教材，后者是剑桥大学出版社的著名教材，且有中文翻译本出版。本小节的内容主要参考了这三本教材，特别是前两本的中文教材。

线性规划问题的一般数学描述是

$$\begin{aligned}
\min \quad & f(\boldsymbol{x})=\sum_{j=1}^{N} c_j x_j \\
\text{s.t.} \quad & \sum_{j=1}^{N} a_{ij} x_j = b_j, \quad i=1,2,\cdots,M \\
& x_j \geqslant 0, \qquad j=1,2,\cdots,N
\end{aligned} \tag{15.2.9}$$

写成矩阵形式是

$$\begin{aligned}
\min \quad & f(\boldsymbol{x})=\boldsymbol{c}^{\mathrm{T}}\boldsymbol{x} \\
\text{s.t.} \quad & \boldsymbol{A}\boldsymbol{x}=\boldsymbol{b} \\
& \boldsymbol{x}\geqslant 0
\end{aligned} \tag{15.2.10}$$

式中 $f(\boldsymbol{x})$是目标函数，$\boldsymbol{A}\boldsymbol{x}=\boldsymbol{b}$ 是约束条件，$\boldsymbol{x}\in\mathbb{R}^N$是变量，在实际应用领域它应该是非负

的，$\boldsymbol{c}\in\mathbb{R}^N$和$\boldsymbol{b}\in\mathbb{R}^M$都是列向量，并一般地假设$\boldsymbol{b}\geqslant 0$，$\boldsymbol{A}\in\mathbb{R}^{M\times N}$是约束矩阵。因为上面两式中的目标函数和约束条件都是$\boldsymbol{x}$的线性函数，因此(15.2.10)式的优化问题称为线性规划(linear programming)。线性函数更一般的表示是

$$f(\alpha\boldsymbol{x}+\beta\boldsymbol{y})=\alpha f(\boldsymbol{x})+\beta f(\boldsymbol{y})$$

如果点$\boldsymbol{x}\in\mathbb{R}^N$满足(15.2.10)式的所有约束条件，则称$\boldsymbol{x}$为可行点(feasible point)，所有可行点的集合称为可行域(feasible set)，记之为$\mathcal{F}$，即

$$\mathcal{F}=\{\boldsymbol{x}\mid \boldsymbol{A}\boldsymbol{x}=\boldsymbol{b},\boldsymbol{x}\geqslant 0\} \tag{15.2.11}$$

一个可行点$\boldsymbol{x}^*\in\mathcal{F}$，如果保证

$$f(\boldsymbol{x}^*)\leqslant f(\boldsymbol{x}),\quad \forall\,\boldsymbol{x}\in\mathcal{F} \tag{15.2.12}$$

则称$\boldsymbol{x}^*$称为(15.2.10)式的优化问题的全局最优解。

对可行点$\boldsymbol{x}^*$，如果存在一个邻域

$$\mathcal{N}(\boldsymbol{x}^*)=\{\boldsymbol{x}\mid \|\boldsymbol{x}-\boldsymbol{x}^*\|_2\leqslant\delta\}$$

使得

$$f(\boldsymbol{x}^*)\leqslant f(\boldsymbol{x}),\forall\,\boldsymbol{x}\in\mathcal{F}\cap\mathcal{N}(\boldsymbol{x}^*) \tag{15.2.13}$$

成立，则称$\boldsymbol{x}^*$为(15.2.10)式的优化问题的局部最优解。式中$\delta>0$是一个小的正数。如果(15.2.13)式对所有的$\boldsymbol{x}\in\mathcal{F}\cap\mathcal{N}(\boldsymbol{x}^*)$，$\boldsymbol{x}\neq\boldsymbol{x}^*$严格成立，则称$\boldsymbol{x}^*$为严格局部极小点，或局部最优解。

需要指出的是，并非所有的连续可微函数都有最优解，即使有，也不一定唯一，并且也不一定是全局最优解。然而，如果(15.2.10)式的目标函数$f(\boldsymbol{x})$是凸函数，而且可行域$\mathcal{F}$也是凸集，则(15.2.10)式的优化问题的任何最优解(不一定唯一)必然是全局最优解。进一步，对于凸集上的凸函数的最优化问题，存在唯一的全局最优解。因此，凸集与凸函数在最优化的理论中有着重要的作用。为此，下面简单介绍一下凸集(convex set)和凸函数(convex function)的基本概念。

定义 15.2.5　设$\mathbb{S}$为N维 Euclidean 空间$\mathbb{R}^N$中的一个集合，如果对$\mathbb{S}$内的任意两点$\boldsymbol{x}_1,\boldsymbol{x}_2$，联结它们之间的线段仍然属于$\mathbb{S}$，则称$\mathbb{S}$为一个凸集。用数学语言描述是：对任何实数$\lambda\in[0,1]$，有

$$\lambda\boldsymbol{x}_1+(1-\lambda)\boldsymbol{x}_2\in\mathbb{S} \tag{15.2.14}$$

图 15.2.4 形象地给出了二维情况下凸集的含意，显然，图(a)是凸集，而图(b)是非凸集。

在科学和工程实际中，凸集的例子很多，例如

(1) 集合$H=\{\boldsymbol{x}\mid\boldsymbol{p}^{\mathrm{T}}\boldsymbol{x}=\alpha\}$为凸集，式中$\boldsymbol{p}$是$N$维列向量，$\alpha$是常数。$H$称为$\mathbb{R}^N$中的超平面，所以超平面是凸集；

(2) 集合$H^-=\{\boldsymbol{x}\mid\boldsymbol{p}^{\mathrm{T}}\boldsymbol{x}\leqslant\alpha\}$为凸集。$H^-$称为半空间，所以半空间为凸集；

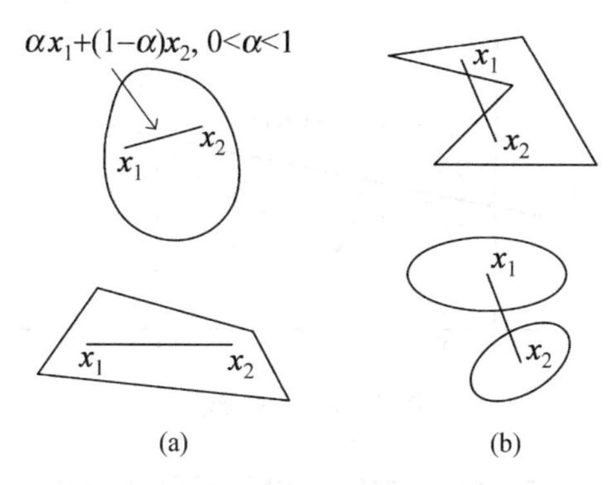

图 15.2.4 (a) 凸集；(b) 非凸集

(3) 集合$\mathbb{L}=\{\boldsymbol{x}\mid\boldsymbol{x}=\boldsymbol{x}^{(0)}+\lambda\boldsymbol{d},\lambda\geqslant 0\}$为凸集。式中 $\boldsymbol{d}$ 是 N 维列向量，$\boldsymbol{x}^{(0)}$ 是一个定点。$\mathbb{L}$ 称为射线，$\boldsymbol{x}^{(0)}$ 是射线的顶点。所以，射线是凸集。

另外，如果$\mathbb{S}_1$和$\mathbb{S}_2$是$\mathbb{R}^N$中的两个凸集，β 是实数，则

(1) $\mathbb{S}_1\cap\mathbb{S}_2$是凸集；

(2) $\mathbb{S}_1+\mathbb{S}_2$是凸集；

(3) $\mathbb{S}_1-\mathbb{S}_2$是凸集；

(4) $\beta\mathbb{S}_1$也是凸集。

在凸集中，有两个重要的特殊情况，即凸锥(convex cone)和多面集(polyhetral)。

定义 15.2.6 如果对集合$\mathbb{C}\in\mathbb{R}^N$中的每一点 $\boldsymbol{x}$ 和任意非负的 λ 都有 $\lambda\boldsymbol{x}\in\mathbb{C}$，则称$\mathbb{C}$为锥，又如果$\mathbb{C}$为凸集，则称$\mathbb{C}$为凸锥。

例如，向量 $\boldsymbol{a}_1,\boldsymbol{a}_2,\cdots,\boldsymbol{a}_k$ 的所有非负的线性组合构成的集合

$$\left\{\sum_{j=1}^{k}\lambda_j\boldsymbol{a}_j \mid \lambda_j\geqslant 0,\quad j=1,2,\cdots,k\right\}$$

是一个凸锥。

定义 15.2.7 有限个半空间的交集$\{\boldsymbol{x}\mid\boldsymbol{A}\boldsymbol{x}\leqslant\boldsymbol{b}\}$ 称为多面集。

有了上述凸集的概念，我们可以定义如下的凸函数。

定义 15.2.8 设$\mathbb{S}$是$\mathbb{R}^N$中的非空凸集，f 是定义在$\mathbb{S}$上的实函数，如果对任意的 $\boldsymbol{x},\boldsymbol{y}\in\mathbb{S}$ 及任意的 $\lambda\in[0,1]$，有

$$f(\lambda\boldsymbol{x}+(1-\lambda)\boldsymbol{y})\leqslant\lambda f(\boldsymbol{x})+(1-\lambda)f(\boldsymbol{y})\tag{15.2.15}$$

则称 $f(\boldsymbol{x})$是凸集$\mathbb{S}$上的凸函数。

由凸函数的定义可以理解，对二维凸集$\mathbb{S}$上的任意两点 $\boldsymbol{x}$ 和 $\boldsymbol{y}$，连接点$(\boldsymbol{x},f(\boldsymbol{x}))$和$(\boldsymbol{y},f(\boldsymbol{y}))$的弦位于凸函数 $f(\boldsymbol{x})$曲线的上方，如图 15.2.5 所示。

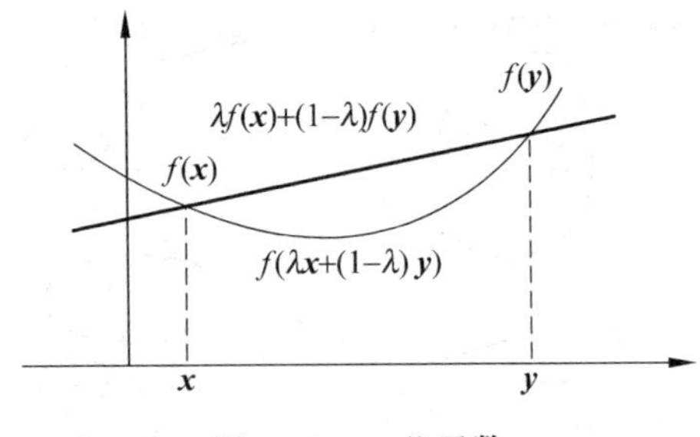

图 15.2.5　凸函数

可行域是凸集且目标函数为凸函数的最优化问题称为凸规划问题。前已述及，目标函数和约束函数如果是变量 $\boldsymbol{x}$ 的线性函数，则该最优化问题是线性规划问题。进一步，如果一个线性规划问题的可行域是非空的，则该线性规划就是一个凸规划问题。文献[ZW11]给出了如下凸优化最优解的定理：

定理 15.2.1　设 $\boldsymbol{x}^*$ 是凸规划的一个局部最优解，则

(1) 局部最优解 $\boldsymbol{x}^*$ 也是全局最优解；

(2) 如果目标函数是严格的凸函数，则 $\boldsymbol{x}^*$ 是唯一的全局最优解。

显然，无论是凸规划的局部最优解还是全局最优解，它都应该位于凸集的顶点。再由于可行域非空的线性规划就是一个凸规划，因此我们可得出有关线性规划最优解的结论，即

(1) 如果线性规划问题有最优解，那么最优解在可行域的顶点中确定；

(2) 如果可行域有界、且可行域只有有限个顶点，则最优解存在，并且只需在这有限个顶点中确定；

(3) 最优解由最优顶点处的约束条件所确定。

线性规划问题的求解有着很长的历史，经典的方法是由 Dantzig. G. B 在 1947 年提出的单纯形法(simplex method)和由 Karmarkar 于 1984 年提出的内点法(interior point method)。

单纯形法是一种迭代算法，它根据线性规划的最优解应该在凸集的顶点这一特点在可行域的顶点中逐步确定问题的最优解。开始时，选定一个顶点作为初始可行解，然后求一个使目标函数值有所改善的下一个基本可行解，即在每一个作为基本可行解的顶点，如果它不是最优的，则从与该顶点相连接的边中找到一个使目标函数下降的边，沿着这个边移动再找到目标函数优于该顶点的新的顶点，作为新的可行解。由于凸集的可行域的顶点数是有限的，因此，通过一次次迭代，最后必然能找到一个最优的顶点，即线性规划问题的最优解。MATLAB 中的 linprog.m 可用来实现单纯形法。

经分析，单纯形法的平均计算量为$O(M^4+M^2N)$阶。这一数字是M和N的多项式。如果一个算法求解所需的计算量是其参数(M或N)的多项式，则称这一算法的复杂性是多项式时间算法。如果所需的计算量是以M或N为幂的指数，即2^M或2^N，则称其复杂性为指数时间算法。显然，对同一个参数，如M，指数时间将远远大于多项式时间。虽然单纯形法的平均计算量为多项式时间，但有文献报道，对具体的线性规划问题，计算时间为$O(2^N)$，即指数时间。因此，单纯形法在理论上还不是多项式时间算法。Karmarkar于1984年提出的内点法在计算时间上取得了突破，该算法的计算量为$O(N^3L)$阶，L是把一个优化问题的数据输入到计算机所需二进制代码的长度，它和M、N和表示数的字节的长度有关。

内点法和基于可行域的一个个顶点搜索最优解的单纯形法不同，它是从可行域一个严格的内点开始，搜索出一个使目标函数值逐步改善的严格内点序列，并最后收敛于最优解。

有关单纯形法和内点法，此处仅仅给出一个初步的概念，详细内容请参看文献[ZW10]和[ZW11]。

15.3 信号的稀疏表示

15.3.1 稀疏信号及可压缩信号

对所要处理的信号建立一个精确的模型是非常必要的，也是信号处理中常用的方法。一个好的模型常常包含了信号的先验知识，能够反映信号的内部结构，并可以有效地帮助对其的识别、压缩和其他的处理。我们对信号的建模其实并不生疏，例如，我们在教材[ZW2]中对信号建立了AR模型，再例如，我们常常把长度为N的离散信号看作是存在于某一个合适空间的向量，这就是向量模型。简单的向量模型往往不能有效的表达信号中固有的内部结构，因此人们希望找到更有效的模型。其中，信号的稀疏模型就是最有效的一种。另外，稀疏性也符合人的视觉特点，例如，文献[Ols96]指出，研究表明人的初级视觉皮层(area V1)就是利用了稀疏编码来有效地表示自然景象。

我们在(15.1.6)式已给出了一个长度为N的信号$\boldsymbol{x}$的离散表示。在该式中，如果表示(或分解)系数$\boldsymbol{s}$只有远小于N个大的值，其余都等于或接近于零，则称$\boldsymbol{x}$是稀疏的或可压缩的。文献[Dav12]认为信号的稀疏模型是“奥卡姆剃刀(Occam's Razor)”问题的又一个例子，即面对一个信号的多种表达方式，最简单的一种即是最好的选择。因此，获得信号尽可能稀疏的表示方式是信号处理界多年来孜孜不倦的追求。

上述对稀疏信号和可压缩信号的定义只是概念上的，定义 15.1.1 则给出了稀疏信号的精确定义，即若 $\|\boldsymbol{x}\|_0 \leqslant k$，则说信号 $\boldsymbol{x}$ 是 k 稀疏的，并记为 $\boldsymbol{x} \in \Sigma_k$。$k$ 越小，信号的稀疏性越好。需要指出的是，信号的稀疏模型是一个高度非线性的模型。例如，假定信号 $\boldsymbol{x}_1$，$\boldsymbol{x}_2 \in \Sigma_k$，但 $\boldsymbol{x}_1 + \boldsymbol{x}_2$ 并不属于 Σ_k，实际上它属于 Σ_{2k}。也就是说，稀疏集合 Σ_k 形成的空间不是一个线性空间，它是由所有具有支撑 $\# T \leqslant k$ 的 C_N^k 个子空间形成的并集。图 15.3.1 显示的是 $\mathbb{R}^3$ 中所嵌入的 Σ_2 的子空间，显然，此处有 $C_3^2 = 3$ 个子空间。

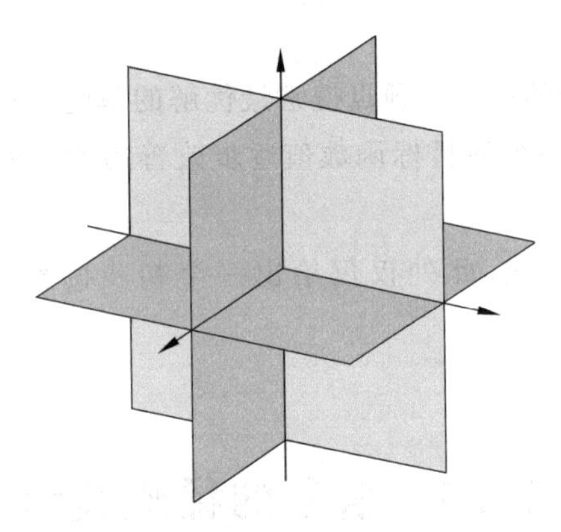

图 15.3.1　$\mathbb{R}^3$ 中所嵌入的 Σ_2 的子空间

如果 $\boldsymbol{x}$ 不是 k 稀疏的，但是如果它可以由一个稀疏信号很好的近似，那么，我们称该信号是可压缩的。为了表示近似的程度，我们定义如下的 p 范数下的最佳 k 稀疏近似误差为

$$\sigma_k(\boldsymbol{x})_p = \min_{\boldsymbol{z} \in \Sigma_k} \|\boldsymbol{x} - \boldsymbol{z}\|_p \tag{15.3.1}$$

在上式中已限定了对 $\boldsymbol{x}$ 最佳近似的向量 $\boldsymbol{z}$ 只能从 k 稀疏集合 Σ_k 中去寻找，所以，最佳的误差应该是 $\boldsymbol{z}$ 恰好取了 $\boldsymbol{x}$ 的 k 个最大元素而让其他元素为零所取得的。显然，如果 $\boldsymbol{x}$ 本身就是 k 稀疏的，则对任意的 $0 < p \leqslant \infty$ 都有 $\sigma_k(\boldsymbol{x})_p = 0$。有关 $\sigma_k(\boldsymbol{x})_p$ 的应用将在 15.5 节进一步讨论。

前已述及，对于一个自然的时域或空域信号，它在时域或空域往往不是稀疏的，但它通过(15.1.6)式的正交变换所得到的变换系数 $\boldsymbol{s}$ 往往是稀疏的。在这种情况下，信号 $\boldsymbol{x}$ 同样也称为是可压缩的。利用变换系数，我们可给出关于信号的可压缩性的又一个定义：

定义 15.3.1　将正交变换系数 $\boldsymbol{s}$ 按如下方式重新排列：$|s_1| \geqslant |s_2| \geqslant \cdots \geqslant |s_N|$，如

果系数$|s_i|$满足

$$|s_i| \leqslant C_1 i^{-q} \tag{15.3.2}$$

则称$\boldsymbol{x}$是可压缩的。式中C_1和$q>0$是常数。

显然，(15.3.2)式是说一个可压缩信号的正交变换系数是按幂律衰减的。q越大，则系数衰减得越快，信号$\boldsymbol{x}$越具有可压缩性。文献[Dav12]和[DeV98]指出，如果上述重新排序后的变换系数$|s_i|$按$i^{-r-1/2}$的速度衰减，则近似误差$\sigma_k(\boldsymbol{x})_2$按下面的方式衰减

$$\sigma_k(\boldsymbol{x})_2 < C_2 k^{-r} \tag{15.3.3}$$

式中C_2，$r>0$是和C_1及q有关的常数。

其实，将(15.3.2)式中的s_i换成时域信号x_i，该式成立时，$\boldsymbol{x}$同样是可压缩的。

15.3.2 信号稀疏表示的基本方法

所谓信号的稀疏表示，就是用高效的算法在保持信号信息不被破坏的情况下最大可能的降低信号的维数，这也是对信号建立最佳的稀疏模型问题。

现代信息技术的飞速发展使得每天都在产生着海量的数据，如语音、图像、视频、网络文档及生物信息学等领域，这给信息的采集、处理、传输和存储都带来了沉重的负担。人们早就发现，一个高维数据所包含的信息并不正比于它的长度，也不正比于其带宽，而决定于其内部的结构。例如，实际的语音信号和图像数据之间包含有很强的相关性，通过正交变换可以显著地将信号能量浓缩到少数系数上。这说明，大部分物理信号都具有稀疏性，因此，可以用稀疏模型来描述它们。

利用正交变换以实现信号的稀疏表示是当前语音和图像压缩最常用的方法。由于正交变换具有去除信号中的相关性和将信号的能量集中于少数系数上的能力，并且运算简单，因此被认为是一类“优雅”的变换。但是，正交变换也有其不足，这主要是当信号中包含多种模式时，利用单一的正交基不能很好地“匹配”所要分解的信号，因此也不能有效地实现信号的稀疏表示。

例如，离散傅里叶变换的核函数是正交基，它对于谐波信号、均匀平滑的信号是非常有效的。但是，由于傅里叶变换缺乏定位功能，当这样的信号中存在有间断点和尖脉冲时，傅里叶变换的效果就不理想，因为这些间断点和尖脉冲的频谱将分布在几乎整个频率轴上，因此将在所有的频带上都产生大的系数，从而无法得到好的稀疏表示。这一现象也说明单独的一个正交基不能同时匹配两种不同类型的信号。例如，我们有一段音频信号，它可能含有音乐信号、语音信号和环境声音等不同类型的信号。对音乐信号，因为它含有丰富的谐波，因此利用傅里叶变换可得到很好的表示和压缩；对语音信号，采用具有时间

信息的短时傅里叶变换易获得好的效果。再例如，一幅图像一般会包含比较平滑的区域，也会包含不少剧烈的边缘。由于小波变换在奇异性检测方面的优越性能使得它在表示具有有限断点的平滑分段连续信号方面是最优的，同时对具有复杂纹理结构的图像也具有很强的优势，以致 JPG2000 选取小波作为变换编码的工具。但是，由于图像的边缘具有不连续性，并且是按空间分布的，因此，小波在处理图像边缘方面的效果不理想。另外，当一个信号在高频端具有窄带分量时，小波也不能给出好的表示。

总之，当一个信号(或图像)含有多种模式时，用单一的固定的基就不能取得理想的稀疏表示。这促使人们去考虑是否应该用多个"基函数"构成一个混合的"基"来自适应信号的特征。也就是说，用混合的"基"中的不同成分去匹配信号中的不同模式，以取得最佳的稀疏效果。这里所说的混合的"基"在文献中称为"字典(dictionary)"，记为 D。D 实际上是一个变换矩阵$\Psi \in \mathbb{R}^{N\times L}$，且 $L\geqslant N$。D 又可以看作是一个参数化波形的集合，即 $D=\{\psi_j : j\in L\}$。ψ_j是Ψ 的列向量，其长度等于 N，它又称为"原子(atom)"。显然，如果 $L=N$，则Ψ 可能构成正交基，这时称 D 是完备的。如果 $L>N$，则Ψ 变成长方阵，它必有线性相关的列。这样的字典是冗余的，它已经不能再成为"基"。这时，称 D 是"过完备(overcomplete)"字典。当然，如果 $L<N$，则 D 是"欠完备(undercomplete)"字典。ψ_j的下标 j 随D 的选择可具有不同的物理意义。例如，若ψ_j是小波函数，则 j 表示的是时间，这时的 D 称为时间-尺度字典；若ψ_j是 DFT 矩阵 $\boldsymbol{W}$ 的列向量，则 j 表示的是频率，这时的 D 称为频率字典；若ψ_j取自(2.5.1)式的 Gabor 函数，则 D 称为时-频字典。

我们在本书 1.8 节给出了标架的基本概念，一个标架其实就是一个字典，它的原子可能是线性相关的，也可能是线性无关的，当然也可能是正交的。总之，标架和字典是对信号和图像冗余表示的不同称呼，它们不同的名称反映了学科发展的阶段性。

如果Ψ 是单位阵 $\boldsymbol{I}$，则 D 是最简单的时间一尺度正交字典，又称为 Dirac 字典，若Ψ 是 DFT 矩阵 $\boldsymbol{W}$，则 D 是信号处理中被广泛应用的频率字典，也即我们熟知的傅里叶变换。构成一个过完备字典的最简单的方法是将两个正交矩阵相级联。例如，令$\Psi=[\boldsymbol{I}, \boldsymbol{W}]$，则$\Psi$ 是过完备字典，这是在 CS 理论中被广泛讨论的一种字典，我们在后续的讨论中还会遇到它。将 DFT 矩阵和 DWT 矩阵相级联也是构造过完备字典常用的一种方法。

总之，用过完备字典代替传统的正交字典，目的是：

(1) 自适应信号 $\boldsymbol{x}$ 中的各种模式，以求得对 $\boldsymbol{x}$ 的最稀疏表示；

(2) 由 $\boldsymbol{x}$ 的最稀疏表示得到好的分辨率；

(3) 得到更快的分解速度，使计算量为 $O(N)$，或 $O(N\log(N))$的量级[Che98]。

给定信号 $\boldsymbol{x}\in\mathbb{R}^N$，现在我们寻求其稀疏表示 $\boldsymbol{u}\in\mathbb{R}^L$。我们希望 $\boldsymbol{u}$ 是 $\boldsymbol{x}$ 最稀疏的表示，于是有

$$\min \| \boldsymbol{u} \|_0 \quad \text{s.t} \quad \boldsymbol{x} = \boldsymbol{\Psi} \boldsymbol{u} \tag{15.3.4}$$

如果所使用的字典$\boldsymbol{\Psi}$能适应信号的特点，则(15.3.4)式以大的希望存在稀疏解$\boldsymbol{u}$。显然，如果$\boldsymbol{\Psi}$是正交阵，则(15.3.4)式存在唯一解。但现在$\boldsymbol{\Psi}$是长方阵，我们再一次遇到了NP-Hard问题。文献[Che98]为此提出了基追踪算法(BP)，即

$$\min \| \boldsymbol{u} \|_1 \quad \text{s.t} \quad \boldsymbol{x} = \boldsymbol{\Psi} \boldsymbol{u} \tag{15.3.5}$$

由上面两个式子可以看出，通过矩阵$\boldsymbol{\Psi}$将低维信号$\boldsymbol{x} \in \mathbb{R}^N$与某个为高维的表达$\boldsymbol{u} \in \mathbb{R}^L$对应起来。也许读者会问，这样做反而把低维信号变成高维，不是很不合理吗？对该问题可以这样理解：虽然$\boldsymbol{u}$是高维的，但它却是高度稀疏的，通过施加一定的阈值(如软阈值)，其有效长度就可变成远小于N。在实施(15.3.5)式的变换$\boldsymbol{x}=\boldsymbol{\Psi}\boldsymbol{u}$时，变换公式实际是

$$\hat{\boldsymbol{x}} = \sum_{i \in T} u_i \psi_i \tag{15.3.6}$$

式中T是(15.2.4)式所定义的下标集合，若$\# T = m$，则$\text{span}(\psi_i, i \in T)$就是由字典$D$中的$m$个原子张成的子空间。这$m$个原子应该最好地“匹配”原信号$\boldsymbol{x}$，即使其最大程度的稀疏。通常，$m \ll N$。因此，寻求最优、且$m$为最小的原子子集是信号稀疏表达的又一个任务。实际上$\# T$是可以变化的，其含意是：我们可从字典D中分别选取不同的原子来近似$\boldsymbol{x}$中的不同成分，以求得最大的稀疏效果。

使l_1范数最小可以有效地提升信号的稀疏性，这是因为l_1范数能防止将信号的能量扩散到过多的系数上。BP是一个非常简单的凸问题，可用来求解一大类最优化问题。例如，可以用于如下的基追踪去噪

$$\min \| \boldsymbol{u} \|_1 \quad \text{s.t} \quad \| \boldsymbol{x} - \boldsymbol{\Psi} \boldsymbol{u} \|_2 \leqslant \varepsilon \tag{15.3.7}$$

式中ε是给定的一个小的常数。为了进一步看清使用l_1范数如何提升信号的稀疏性，现使用如下的增广拉格朗日(augmented lagrangian)形式，即

$$\alpha = \arg\min_{\boldsymbol{u}} \left\| \boldsymbol{x} - \boldsymbol{\Psi} \boldsymbol{u} \right\|_2^2 + \lambda \| \boldsymbol{u} \|_1$$

如果$\boldsymbol{\Psi}$是正交阵，由Parseval定理和$\boldsymbol{x}=\boldsymbol{\Psi}\boldsymbol{s}$，有

$$\alpha = \arg\min_{\boldsymbol{u}} \left\| \boldsymbol{s} - \boldsymbol{u} \right\|_2^2 + \lambda \| \boldsymbol{u} \|_1$$

上式可进一步用各个向量的系数表示，即

$$\alpha_i = \arg\min_{u_i \in \mathbb{R}} (s_i - u_i)^2 + \lambda \mid u_i \mid \tag{15.3.8}$$

该问题的求解可以通过对$\boldsymbol{s}$施加软阈值得到。由(15.3.8)式可以看出，最小l_1范数强迫解$\boldsymbol{u}$具有稀疏性[Jac10]。关于这一结论，可以这样来理解：大部分实际信号的展开系数$\boldsymbol{s}$都是衰减很快的；于是对于系数向量$\boldsymbol{s}$中很多绝对值小于1的元素s_i，有$|s_i|^2 < |s_i|$。进而，令$u_i=0$，只要权重$\lambda>1$，这时的目标函数的取值$(s_i-u_i)^2+\lambda\,|u_i| = |s_i|^2$反而比

令 $u_i=s_i$ 时的取值 $(s_i-u_i)^2+\lambda|u_i|=\lambda|s_i|$ 要小得多，所以这样的目标函数会促使很多 u_i 趋向于 0；而且权重 λ 越大，这样的趋势就越明显。

(15.3.8)式的导出是基于 $\boldsymbol{\Psi}$ 是正交阵，而在 $\boldsymbol{\Psi}$ 是长方阵情况下的导出见文献[Dau04]，此处不再讨论。

通过上面的讨论，特别是对比(15.1.8)式和(15.3.4)式，读者一定发现，信号的稀疏表达和信号的压缩感知之间存在着密切的关系。确实，二者可以看作是一件事情的两个方面：CS 是已知低维的测量信号 $\boldsymbol{y}\in\mathbb{R}^M$，求未知的高维原信号 $\boldsymbol{x}\in\mathbb{R}^N$，即 $N\gg M$，并假设 $\boldsymbol{x}$ 具有稀疏性；而信号的稀疏表达是已知信号 $\boldsymbol{x}\in\mathbb{R}^N$，求其稀疏表达 $\boldsymbol{u}\in\mathbb{R}^L$，$L\gg N$。两种情况下所使用的矩阵($\boldsymbol{\Phi}$，$\boldsymbol{\Psi}$)都是长方阵，求解都遇到欠定问题，对 l_0 范数的优化也都遇到了 NP-Hard 问题，因此都使用了基追踪算法。所以，在 15.1 节已指出，压缩感知又称为稀疏恢复(sparse recovery)。

信号稀疏表示的研究已有 20 多年的历史，是近十年来现代信号处理中的重要内容，并已经影响到众多领域的应用，它的发展也为 CS 的提出和发展提供了理论基础。国际著名学术期刊“Proceedings of the IEEE”在 2010 年专门开辟了“Applications of Sparse Representation and Compressive Sensing”的专辑(vol. 98，No. 6)，把稀疏表示和压缩感知结合在一起进行讨论。

在信号的稀疏表示中有两个核心的问题要解决，一是如何设计最优的字典 D，二是如何从 D 中选取最优的 m 个原子。文献[Rub10]对字典发展的历史和字典设计问题进行了较为全面的讨论，现结合该文献就字典设计问题给以简要的介绍。

15.3.3　信号的变换及字典设计

信号的变换伴随着信号处理学科的产生而发展。在上个世纪的 60 年代，人们关注的是线性移不变一类的变换，由于快速傅里叶变换(FFT)[Coo65]在 1965 年的问世，因此，当时傅里叶变换就成了这一类变换的代表。前面已指出，傅里叶变换对平滑和谐波信号是有效的，但不连续信号将在几乎所有频率上都产生大的系数，因此无法做到稀疏表示。进入 80 年代，人们认识到为了增加信号的稀疏性必须放弃线性变换，而代之非线性变换。非线性的观点为设计一类新的和有效的变换指出了方向。作为非线性变换的字典，它们应具有如下特点：

(1) 定位功能。用于变换的原子如果具有紧支撑，则可以更灵活地表达信号的局部特征，并有效地防止不连续点在变换系数上的扩展，因此有利于信号的稀疏表示。早期这样的变换是短时傅里叶变换(STFT)，并被用于早期的 JPEG 标准。后来，Gabor 变换被

深入研究，由于其具有方向性的功能而被用于图像处理和计算机视觉。

(2) 多分辨率功能。多分辨率的概念出现在80年代初期，这是信号处理领域非常有意义的概念，其重要性和实现方法已在本书第10章进行了详细的讨论，此处不再赘述。在这方面最初的概念是文献[Bur83]提出的拉普拉斯金字塔(Laplacian pyramid)分解方案，而小波变换则是实现多分辨率分析最有效的工具，S. Mallat 的工作[Mal89b]为多分辨率分解的实现提供了系统的理论和有效算法。

(3) 自适应功能。到了90年代，人们对信号的稀疏表示有了更大的兴趣，并认识到由于正交变换只用少量有限的原子无法表示复杂信号的结构这一不足，因此提出了应该选取更灵活的变换方式，特别是应该让使用的原子能够适应信号自身的特点。在这方面，最早提出的是小波包。由11.10节可知，小波包的分解路径不是唯一的，可以通过一定的准则选取能适应信号的且是最佳的小波包，即"子字典"。

(4) 几何不变性和过完备功能。众所周知，图像一般都具有丰富的纹理结构，这就要求所使用的字典在对其变换时，在一些几何形变(如位移、旋转和长度伸缩等)的情况下应具有不变性。文献[Sim92]称这种性质为字典的"shiftability"，并指出，为了要使所设计的字典具有该性质，需要放弃正交性，而代之以过完备性。我们在式(10.8.6)已指出小波变换不具有移不变性，为此文献[Sim92]发展了一个具有方向性的过完备小波变换，称之为 steerable wavelet transform。

到了20世纪90年代中期，信号处理界的研究兴趣已逐渐由正交变换转向过完备的字典。开创性的工作是 S. Mallat 在文献[Mal93]中所提出的信号稀疏展开方案。该文献首次提出了利用过完备字典中小的原子子集来对信号进行展开的概念，而后，S. S. Chen 和 D. L. Donoho 在文献[Che98]中首次提出了利用基追踪实现原子分解的方案。上述两篇论文被认为是信号稀疏表示领域中的"种子"性的工作，由它们的带动，大批论文陆续出现，形成了有关该领域广泛的数学基础理论和相应的算法，从而也使信号的稀疏表示成为了现代信号处理的中心内容。有这些理论作为基础，因而在2006年促进了 CS 理论的诞生。

在过去的十多年中，人们提出了字典有10多种，但文献[Rub10]指出，字典的设计方法总体上可以分为两大类，一是解析字典，二是学习字典。解析字典的设计思路是对要研究的信号建立一个简单的数学模型，然后围绕该模型设计有效地表示方法。例如，建立在傅里叶变换上的字典围绕平滑信号来进行设计，而基于小波变换的字典围绕着分段平滑和具有奇异点的信号进行设计。这一类字典通常都具有解析公式和快速算法。学习字典的思想是来自于90年代发展起来的机器学习这一学科领域。人们意识到，隐含在自然现象中的复杂结构可以直接由表示该现象的数据抽取，而不是仅利用数学来描述。下面对这两类字典的基本情况给予简要的介绍。

1. 解析字典

虽然建立在傅里叶变换和小波变换上的早期字典对一维信号虽然工作得很好，但它们对多维信号却不令人满意。多维信号当然远比一维信号复杂，特别是具有了方向性结构，并且其奇异性也由一维时的孤立的点变成了多维时的曲线。因此，在字典设计中考虑方向性和定位功能就变得非常重要。为此，人们提出了一系列新的变换方法来设计字典。

(1) Curvelets 变换

文献[Can99]初始提出的 Curvelets 变换是连续形式的变换，文献[Can03]实现了离散化。每一个 Curvelets 原子被赋予一个特定的位置、方向和尺度，在二维情况下，它的支撑是一个瘦长的椭圆，并且沿着短轴振荡，沿着长轴平滑。Curvelets 变换展现了一些有用的数学性质，对后续提出的其他变换有着很大的影响。但 Curvelets 变换离散化较为困难，离散化后有较大的冗余，相应的算法也较为复杂。

(2) Contourlets 变换

Contourlets 变换[Do05]可以看作是二维 Curvelets 变换的变形，文献[Lu 06]又对其做了进一步改进。该变换兼有 Curvelets 变换的一些好的特点，如定位、方向和尺度，并且它的定义是在离散域直接给出的，因此使用起来更为简单。另外，Curvelets 变换具有较小的冗余。

(3) Bandelets 变换

文献[LeP05]和[Pey05]分别给出了第一代和第二代 Bandelets 变换，这是一个对信号特点具有自适应能力的变换，而 Curvelets 变换和 Contourlets 变换不具有各种自适应性。第一代 Bandelets 变换工作在空域，并充分利用图像的几何特征(如边缘和方向性)来拟合出最佳的原子集合。它根据局部图像的复杂性自适应地将图像按二进制分成一个个字图像，在每一个子图像都有一组倾斜的小波来匹配它。这样，小波原子基本上是卷绕(wrap-around)子图像的边缘，而不是与之交叉(cross)，这一过程显著减少了大的小波系数。

除了上述三种解析类变换外，在过去十年中人们还提出了其他一系列的解析类变换，如复小波变换[Kin01]，它通过使用两个满足一定要求的母小波实现了小波变换向多维的扩展并接近具有移不变性。此外还有 shcarlet 变换[Lab05]，directionlet 变换[Vel06]和 grouplet 变换[Mal09]等，此处不再一一讨论。

2. 学习字典

学习字典的同义词是字典学习，或字典训练。1996 年文献[Ols96]报告了一个很有影响的工作。作者为了对从一些自然图像收集来的小的图像块做稀疏表示而训练了所需要的字典。通过简单的算法，他们发现自己训练出来的字典原子和哺乳动物的简单细胞感受野非常类似。该结果表明稀疏性的假设可以用来解释生物视觉的基本行为，也说明通过样本训练的方法可以揭示复杂信号的内部结构。

学习字典的种类很多，现在仅仅列出其名称：(1) Method of Optimal Directions (MOD)[Eng99]；(2) Union of Orthobases[Les05]；(3) Generalized PCA (Principal Component Analysis)[Vid05]以及(4) K-SVD Algorithm[Aha06]。对这一领域感兴趣的读者可参看文献[Rub10]给出的概括性介绍或上述各个原文献。文献[Iva11]是对字典学习的一篇较新的综述。

15.4 测量矩阵需要满足的性质

在 15.1 节已指出，一个测量矩阵$\boldsymbol{\Phi}$用来对信号$\boldsymbol{x}\in\mathbb{R}^N$进行"感知"，从而得到测量信号$\boldsymbol{y}\in\mathbb{R}^M$，即$\boldsymbol{y}=\boldsymbol{\Phi x}$，并且$M\ll N$。显然，$\boldsymbol{\Phi}$是$M\times N$的矩阵，它将空间$\mathbb{R}^N$映射为空间$\mathbb{R}^M$，起到了降维的作用。在压缩感知中，有三个重要的问题需要回答，一是测量矩阵$\boldsymbol{\Phi}$应该具有什么样的性质才能使$\boldsymbol{y}$保留$\boldsymbol{x}$的全部信息？该问题如同我们在讨论抽样定理时所提出的问题一样，即如何选择抽样频率f_s才能保证抽样后的离散信号$x(n)$保留原模拟信号$x(t)$的全部信息？二是如何设计具有所需要性质的测量矩阵$\boldsymbol{\Phi}$？三是如何由$\boldsymbol{y}$来恢复$\boldsymbol{x}$？我们将要看到，如果$\boldsymbol{x}$是稀疏的，或可压缩的，那么通过合适的设计$\boldsymbol{\Phi}$，在$M\ll N$的情况下我们可以由$\boldsymbol{y}$精确地恢复$\boldsymbol{x}$。在上述第一个问题中又包含三个问题，即如何保证P_0解的唯一性(等同于l_0最小)？如何保证P_1解的唯一性(等同于l_1最小)？在什么条件下P_0和P_1等效？所有这些问题都取决于$\boldsymbol{\Phi}$应具有的性质。因此，深入讨论测量矩阵$\boldsymbol{\Phi}$应满足的性质是非常必要的。在此基础上再讨论$\boldsymbol{\Phi}$的设计问题，然后才能进一步讨论恢复算法问题。

人们对测量矩阵$\boldsymbol{\Phi}$(对应 15.2 节的矩阵$\boldsymbol{A}$)应具有的性质进行了深入的研究，并且从各个方面对其进行了描述，如我们在 15.2 节讨论过的矩阵的零空间性质 NSP 及 spark，它们为信号的稀疏重建提出了理论上的保证。但是零空间性质不好应用，而 spark 的求出是一个组合问题，也不好应用。为此，人们又提出了矩阵的其他参数以描述其性质，其中最著名的是矩阵的约束等距性质(restricted isometry property, RIP)及相干性(coherence)。下面对它们给以较为详细介绍的讨论。

15.4.1　测量矩阵的约束等距性质

定义 15.4.1　令整数 $k=1,2,3,\cdots$，对所有的 k 稀疏信号 $\boldsymbol{x}\in\Sigma_k$，等距常数 δ_k 是满足

$$(1-\delta_k)\left\|\boldsymbol{x}\right\|_2^2\leqslant\left\|\boldsymbol{\Phi x}\right\|_2^2\leqslant(1+\delta_k)\left\|\boldsymbol{x}\right\|_2^2 \tag{15.4.1a}$$

的最小标量。如果 $\delta_k\in(0,1)$，则称矩阵 $\boldsymbol{\Phi}\in\mathbb{R}^{M\times N}$ 满足 k 阶的 RIP 并具有等距常数 δ_k。

RIP 的概念最初由 Emmanuel J. Candès 和 Terence Tao 在文献[Can06b]中提出，当时称为均匀不定原理(uniform uncertainty principle, UUP)，后来文献[Can05]将其重新定义为 RIP(注：文献[Can06b]2004 年提交，2006 年发表)。现对 RIP 给出一些解释。

(1) (15.4.1a)式要求对所有的 $\boldsymbol{x}\in\Sigma_k$ 都成立，由于非零位置的不同，因此在 N 维空间中有 C_N^k 个这样的 $\boldsymbol{x}$。当然，对应实际的具体应用，$\boldsymbol{x}$ 只有一个，我们称其为真正的待求信号。

(2) 不严谨地说，如果 δ_k 不太接近于 1，则称矩阵 $\boldsymbol{\Phi}$ 具有 k 阶的 RIP 性质。

(3) 显然，如果 $\delta_k=0$，则(15.4.1a)式就是(1.7.3)式给出的正交变换的保范(数)性质，那么 $\boldsymbol{\Phi}$ 应该是正交阵。但现在 $\boldsymbol{\Phi}$ 是扁的长方阵，这隐含的意思是：从 $\boldsymbol{\Phi}$ 中任取 k 列所形成的 $M\times k$ 子矩阵应该接近于正交阵。显然 δ_k 越小，该子矩阵接近正交阵的程度越好。因此，当 $\boldsymbol{x}$ 投影到 $\boldsymbol{\Phi}$ 的行向量上后，具有 RIP 性质的矩阵 $\boldsymbol{\Phi}$ 就近似地保护了它的 Euclidean 范数[Can08b](或能量)。上述结论又意味着 k 稀疏信号不会落在 $\boldsymbol{\Phi}$ 的零空间。这一点很重要，否则我们就无法恢复该稀疏信号。为了强调该子矩阵，在文献中 RIP 的定义又经常按下式给出

$$(1-\delta_k)\left\|\boldsymbol{x}_T\right\|_2^2\leqslant\left\|\boldsymbol{\Phi}_T\boldsymbol{x}_T\right\|_2^2\leqslant(1+\delta_k)\left\|\boldsymbol{x}_T\right\|_2^2 \tag{15.4.1b}$$

式子 $T\subset\{1,2,\cdots,N\}$ 是下标集合，且 $\# T\leqslant k$。

(4) (15.4.1b)式又等效的说 Gram 矩阵 $\boldsymbol{\Phi}_T^{\mathrm{T}}\boldsymbol{\Phi}_T$ 是正定的，对 $\# T\leqslant k$，$\boldsymbol{\Phi}_T^{\mathrm{T}}\boldsymbol{\Phi}_T$ 的特征值在 $[1-\delta_k,1+\delta_k]$ 之间[Can05, Bar08]。

(5) (15.4.1)式的另一个含意是，如果矩阵 $\boldsymbol{\Phi}$ 满足 $2k$ 阶的 RIP，则(15.4.1a)式近似保护了任意两个 k 稀疏向量之间的 Euclidean 距离。令 $\boldsymbol{x}_1,\boldsymbol{x}_2\in\Sigma_k$，其差 $\boldsymbol{x}_1-\boldsymbol{x}_2\in\Sigma_{2k}$，则有[Can08b]

$$(1-\delta_{2k})\left\|\boldsymbol{x}_1-\boldsymbol{x}_2\right\|_2^2\leqslant\left\|\boldsymbol{\Phi x}_1-\boldsymbol{\Phi x}_2\right\|_2^2\leqslant(1+\delta_{2k})\left\|\boldsymbol{x}_1-\boldsymbol{x}_2\right\|_2^2 \tag{15.4.2}$$

这样，当 δ_{2k} 远小于 1 时，$\|\boldsymbol{\Phi x}_1-\boldsymbol{\Phi x}_2\|_2^2\approx\|\boldsymbol{x}_1-\boldsymbol{x}_2\|_2^2$，即保护了 Euclidean 距离。这一结果是使得各个稀疏向量的投影没有混淆，因此这意味着对 k 稀疏向量 $\boldsymbol{x}$ 恢复时，对其的“搜索”可在低维空间进行，而不需要在高维(N)空间进行。(15.4.2)式的含意如图 15.4.1 所示。

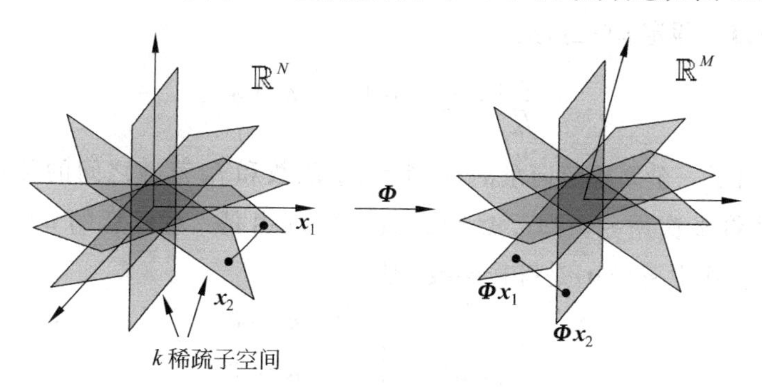

图 15.4.1　RIP 保护了两个 k 稀疏信号在变换前后的距离

(15.4.2)式中的 δ_{2k}，是指下标集合的势 $\# T\leqslant 2k$ 时仍满足(15.4.1)式的最小常数，当然，δ_{2k} 的取值也应该在(0,1)之间。这时，我们说 $\boldsymbol{\Phi}$ 具有 $2k$ 阶的 RIP 性质。类似的，我们还可以定义 δ_{3k}，δ_{4k} 等。

(6) 如果矩阵 $\boldsymbol{\Phi}$ 满足 k 阶的 RIP 并具有等距常数 δ_k，那么，对任意的 $k'<k$，$\boldsymbol{\Phi}$ 自动地具有 k' 阶的 RIP 性质并具有等距常数 $\delta_{k'}\leqslant\delta_k$[Dav12]。

(7) 如果 $\boldsymbol{y}$“感知”的不是 $\boldsymbol{x}$ 而是其变换系数 $\boldsymbol{s}$，那么(15.4.1)式的矩阵 $\boldsymbol{\Phi}$ 应该换为矩阵 $\boldsymbol{\Theta}=\boldsymbol{\Phi\Psi}$，$\boldsymbol{x}$ 换为 $\boldsymbol{s}$。这时，我们说 $\boldsymbol{\Theta}$ 具有 k 阶的 RIP。

(8) 将(15.4.1a)式关于 RIP 的定义和(1.8.1)式关于标架的定义相比较，立即发现二者有非常相似之处。它们都给出了信号 $\boldsymbol{x}$ 在通过非正交阵 $\boldsymbol{\Phi}$ 变换前后能量的约束关系。显然，(1.8.1)式的标架界 A 和 B 分别对应了(15.4.1a)式的 $(1-\delta_k)$ 和 $(1+\delta_k)$。不过，RIP 更注重的是参数 δ_k。

总之，测量矩阵 $\boldsymbol{\Phi}$ 的 RIP 性质保证了通过变换 $\boldsymbol{y}=\boldsymbol{\Phi x}$ 前后信号的能量及几何结构基本保持不变，同时也保护了两个 k 稀疏信号在变换前后的距离，从而使得 k 稀疏信号的准确恢复成为可能，也保证了恢复的稳定性。为了求得稀疏信号的准确恢复，人们希望在尽可能小的测量数目 M 的情况下，寻求具有较小的等距常数 δ 和较大稀疏度 k 的测量矩阵 $\boldsymbol{\Phi}$。

对同一个矩阵 $\boldsymbol{\Phi}$，定理 15.4.1 回答了它的 NSP 和 RIP 之间的关系。

定理 15.4.1[Dav12]　如果 $\boldsymbol{\Phi}\in\mathbb{R}^{M\times N}$ 满足 $2k$ 阶的 RIP 并具有等距常数 $\delta_{2k}<\sqrt{2}-1$，则 $\boldsymbol{\Phi}$ 具有 $2k$ 阶零空间性质，且(15.2.5)式的常数

$$C=\frac{\sqrt{2}\delta_{2k}}{1-(1+\sqrt{2})\delta_{2k}}$$

证明 该定理的证明需要如下两个引理。

引理 15.4.1 假定$\boldsymbol{u}\in\Sigma_k$，则

$$\frac{\|\boldsymbol{u}\|_1}{\sqrt{k}}\leqslant\|\boldsymbol{u}\|_2\leqslant\sqrt{k}\ \|\boldsymbol{u}\|_\infty \tag{15.4.3}$$

该引理给出了一个k稀疏向量的l_1范数、l_2范数和l_∞范数之间的关系，在后续的讨论中，这一关系将多次用到。(15.4.3)式成立的理由是：对任意的$\boldsymbol{u}\in\Sigma_k$，有$\|\boldsymbol{u}\|_1=|\langle\boldsymbol{u},\mathrm{sgn}(\boldsymbol{u})\rangle|$。式中$\mathrm{sgn}(\boldsymbol{u})$是符号函数，即

$$\mathrm{sgn}(\boldsymbol{u})=\begin{cases}1 & \boldsymbol{u}>0\\ 0 & \boldsymbol{u}=0\\ -1 & \boldsymbol{u}<0\end{cases}$$

利用 Cauchy-Schwarz 不等式，有$\|\boldsymbol{u}\|_1\leqslant\|\boldsymbol{u}\|_2\|\mathrm{sgn}(\boldsymbol{u})\|_2$。由于$\boldsymbol{u}\in\Sigma_k$，因此$\|\mathrm{sgn}(\boldsymbol{u})\|_2\leqslant\sqrt{k}$，这样(15.4.3)式左边的不等式成立。又由于$\boldsymbol{u}$的非零元素的最大值不会超过$\|\boldsymbol{u}\|_\infty$，因此(15.4.3)式右边的不等式成立。

引理 15.4.2 假定$\boldsymbol{\Phi}\in\mathbb{R}^{M\times N}$满足$2k$阶的 RIP，令$\boldsymbol{h}\in\mathbb{R}^N$，且$\boldsymbol{h}$为不等于零的任意向量(注意，没有限制$\boldsymbol{h}$在零空间)。令$T_0$是$\{1,2,\cdots,N\}$中的任意一个子集，且$|T_0|\leqslant k$，$T_1$是$\boldsymbol{h}_{T_0^c}$中幅度最大的$k$个元素的下标集合，再令$T=T_0\cup T_1$，则下述关系成立

$$\|\boldsymbol{h}_T\|_2\leqslant\alpha\frac{\|\boldsymbol{h}_{T_0^c}\|_1}{\sqrt{k}}+\beta\frac{|\langle\boldsymbol{\Phi}\boldsymbol{h}_T,\boldsymbol{\Phi}\boldsymbol{h}\rangle|}{\|\boldsymbol{h}_T\|_2} \tag{15.4.4}$$

式中

$$\alpha=\frac{\sqrt{2}\delta_{2k}}{1-\delta_{2k}},\quad \beta=\frac{1}{1-\delta_{2k}}$$

引理 15.4.2 就是下一小节的引理 15.5.1，因此本引理的证明见引理 15.5.1 的证明。有了以上两个引理，现在可以证明定理 15.4.1。

证明 为研究$\boldsymbol{\Phi}$的零空间性质，我们考虑非零向量$\boldsymbol{h}\in\mathcal{N}(\boldsymbol{\Phi})$。注意到引理 15.4.2 对一般的不为零的向量$\boldsymbol{h}$都成立，所以(15.4.4)式右边第二项为零，有

$$\|\boldsymbol{h}_T\|_2\leqslant\alpha\frac{\|\boldsymbol{h}_{T_0^c}\|_1}{\sqrt{k}} \tag{15.4.5a}$$

应用引理 15.4.1，有

$$\|\boldsymbol{h}_{T_0^c}\|_1=\|\boldsymbol{h}_{T_1}\|_1+\|\boldsymbol{h}_{T^c}\|_1\leqslant\sqrt{k}\|\boldsymbol{h}_{T_1}\|_2+\|\boldsymbol{h}_{T^c}\|_1$$

于是又有

$$\| \boldsymbol{h}_T \|_2 \leqslant \alpha \left(\| \boldsymbol{h}_{T_1} \|_2 + \frac{\| \boldsymbol{h}_{T^c} \|_1}{\sqrt{k}} \right) \tag{15.4.5b}$$

因为$\| \boldsymbol{h}_{T_1} \|_2 \leqslant \| \boldsymbol{h}_T \|_2$，所以，(15.4.5b)式可变为

$$(1-\alpha) \| \boldsymbol{h}_T \|_2 \leqslant \alpha \frac{\| \boldsymbol{h}_{T^c} \|_1}{\sqrt{k}} \tag{15.4.5c}$$

定理的假设$\delta_{2k} < \sqrt{2}-1$保证了$\alpha<1$。将(15.4.5c)式两边都除以$(1-\alpha)$，则不等式(15.4.5c)变号，将其结果和(15.2.5)式的NSP定义相比较，立即有

$$C = \frac{\alpha}{1-\alpha} = \frac{\sqrt{2}\delta_{2k}}{1-(1+\sqrt{2})\delta_{2k}}$$

因此 定理15.4.1得证。 □

定理15.4.1给出了一个重要的结论，即如果测量矩阵Φ满足$2k$阶的RIP，则它也同时满足$2k$阶的NSP。由后面的讨论可以知道，NSP给出的结果(如定理15.4.10)一般都不考虑噪声的存在，而RIP给出了更为严格的条件，可以用来考虑存在噪声情况下信号的恢复，因此RIP条件一般要比NSP条件严格。需要说明的是，该定理所说的零空间性质指的是(15.2.5a)式。针对(15.2.3)式所定义的零空间性质，文献[Coh09]给出了RIP和NSP的关系的另一个描述，即：如果Φ满足$3k$阶的RIP并具有等距常数$\delta_{3k}<1$，则Φ具有$2k$价零空间性质，且(15.2.3)式的常数

$$\gamma = \sqrt{2}\frac{1+\delta_{3k}}{1-\delta_{3k}}$$

定理15.4.1给出了Φ的RIP和其NSP之间的关系，下面的定理给出了矩阵Φ的spark和其零空间向量之间存在的关系。

定理 15.4.2 对$\forall \boldsymbol{h} \in \mathcal{N}(\Phi)/\{\boldsymbol{0}\}$，下面的关系成立

$$\| \boldsymbol{h} \|_0 \geqslant \text{spark}(\Phi) \tag{15.4.6}$$

该定理的结论是显而易见的。因为$\boldsymbol{h} \in \mathcal{N}(\Phi)$，因此必有$\Phi \boldsymbol{h} = 0$，这就意味着矩阵$\Phi$至少有$\| \boldsymbol{h} \|_0$列是线性相关的，由spark的定义，因此定理15.4.2成立。

15.4.2 测量矩阵的相干性

定义 15.4.2 测量矩阵$\Phi \in \mathbb{R}^{M \times N}$的相干性(coherence)[Don03]$\mu(\Phi)$定义为

$$\mu(\Phi) = \max_{1 \leqslant i < j \leqslant N} \frac{|\langle \varphi_i, \varphi_j \rangle|}{\| \varphi_i \|_2 \| \varphi_j \|_2} \tag{15.4.7a}$$

如果将Φ的列归一化，则$\mu(\Phi)$又简化为

$$\mu(\Phi)=\max_{1\leqslant i<j\leqslant N}|\langle\varphi_i,\varphi_j\rangle| \tag{15.4.7b}$$

显然，(15.4.7b)式的$\mu(\Phi)$是Φ任意两列内积的绝对值的最大值。$\mu(\Phi)$的最大值是 1，它表示Φ有两列完全相关或者反相关(即相关系数为-1)。可以证明，$\mu(\Phi)$的下界是$\sqrt{\dfrac{N-M}{M(N-1)}}$，它又称为 Welch 边界[Wel74]。如果$N\gg M$，则$\mu(\Phi)$的下界近似为$\sqrt{1/M}$，即$\mu(\Phi)\in(\sqrt{1/M},1)$。

我们知道，测量矩阵Φ的一个作用是"测量"一个未知的向量$\boldsymbol{x}$并把它的信息"存储"在向量$\boldsymbol{y}$，显然，如果Φ的列向量越接近于"独立"，则$\boldsymbol{y}$保留的$\boldsymbol{x}$的信息越多。另外，$\boldsymbol{y}$是Φ的列向量的线性组合，其权是$\boldsymbol{x}$的各个分量，如果Φ的列向量越接近于"独立"，那么$\boldsymbol{x}$的各个分量的信息就会从更多的不同方向上"贡献"给$\boldsymbol{y}$，这也越有利于$\boldsymbol{x}$的恢复。Φ的列向量越接近于"独立"就意味着Φ具有越小的相干性。因此，在构造测量矩阵时，我们希望它具有尽可能小的相干性。

例 15.4.1　令$[\boldsymbol{W}]_{n,k}=\dfrac{1}{\sqrt{N}}\exp\left(-\mathrm{j}\,\dfrac{2\pi}{N}nk\right)$，$n,k=0,1,2,\cdots,N-1$是一 DFT 矩阵，$\boldsymbol{I}$是一$N\times N$单位阵，则$\Phi=[\boldsymbol{W},\boldsymbol{I}]$是$N\times 2N$的长方阵。显然，$\boldsymbol{W}$的任意两列及$\boldsymbol{I}$的任意两列的内积都是零，很容易证明，$\boldsymbol{W}$和$\boldsymbol{I}$的任意两列之间的内积的绝对值都是$1/\sqrt{N}$，因此有$\mu(\Phi)=1/\sqrt{N}$，并且$\mathrm{spark}(\Phi)=N+1$。

定理 15.4.1、15.4.2 回答了Φ的 NSP、RIP 和 spark 之间的关系，而下面的定理 15.4.3、15.4.4 则分别给出了Φ的相干性和其 spark 及 RIP 之间的关系。定理 15.4.3 的证明需要如下的引理：

引理 15.4.3　$N\times N$矩阵$\boldsymbol{V}$的特征值位于N个圆盘$d_i=d_i(c_i,r_i)$的并集，这N个圆盘的圆心$c_i=v_{ii}$，半径$r_i=\sum\limits_{i\neq j}|v_{ij}|$。

该引理又称为 Gershgorin disk 定理，详见文献[Hor85]。

定理 15.4.3[Dav12,Brn09]　对任意的矩阵$\Phi\in\mathbb{R}^{M\times N}$，其相干性$\mu(\Phi)$和其 spark 有如下关系

$$\mathrm{spark}(\Phi)\geqslant 1+\frac{1}{\mu(\Phi)} \tag{15.4.8}$$

证明　因为$\mathrm{spark}(\Phi)$、$\mu(\Phi)$都和Φ的每一列的l_2范数值无关，不失一般性，我们可将其每一列的l_2范数都归一化为 1。再令下标集合$\#T=p$，并记$\boldsymbol{G}=\Phi_T^{\mathrm{T}}\Phi_T$，方阵$\boldsymbol{G}$又称为 Gram 矩阵，它有如下性质

(1) $g_{ii}=1, 1\leqslant i\leqslant p$;

(2) $|g_{ij}|\leqslant\mu(\Phi), 1\leqslant i,j\leqslant p, i\neq j$。

由引理15.4.3，如果$\sum_{i\neq j}|g_{ij}|<|g_{ii}|$，则$\boldsymbol{G}$是正定的，这意味着$\Phi_T$的列是线性无关的。任选正整数$p<1+1/\mu(\Phi)$，或等价地，$(p-1)\mu(\Phi)<1$，则

$$\sum_{i\neq j}|g_{ij}|\leqslant(p-1)\mu(\Phi)<1=g_{ii}$$

由Gershgorin圆盘定理可知，Gram矩阵$\boldsymbol{G}$的特征值都大于零，这也意味着$\boldsymbol{G}$是正定的，因此Φ_T的列是线性无关的。由于T是任意满足$\# T=p$的下标集合，所以矩阵Φ的任意p列线性无关，从而$\text{spark}(\Phi)>p$。最后，注意到整数p的上界是$1+1/\mu(\Phi)$，因此有$\text{spark}(\Phi)\geqslant 1+1/\mu(\Phi)$。于是定理15.4.3得证。 □

定理15.4.3给出了一个重要的关系，即测量矩阵Φ的相干性越小，那么它的spark越大，这说明Φ线性无关的列向量越多，由这些列构成的Φ的子矩阵越接近于正交。这正是我们所希望的。

定理15.4.4[Cai09] 记测量矩阵$\Phi\in\mathbb{R}^{M\times N}$的相干性为$\mu(\Phi)$，假定$\Phi$每一列的$l_2$范数都归一化为1，则对所有的$k<1/\mu(\Phi)$，$\Phi$具有$k$阶RIP并具有等距常数

$$\delta_k\leqslant(k-1)\mu(\Phi) \tag{15.4.9}$$

证明 考虑任一k稀疏信号$\boldsymbol{x}\in\Sigma_k$，不失一般性，假定其下标集合$T=\{1,2,\cdots,k\}$，显然

$$\|\Phi\boldsymbol{x}\|_2^2=\sum_{i,j=1}^{k}\langle\varphi_i,\varphi_i\rangle x_ix_j=\|\boldsymbol{x}\|_2^2+\sum_{1\leqslant i,j\leqslant k,i\neq j}\langle\varphi_i,\varphi_i\rangle x_ix_j$$

对上式右边的第二项取绝对值，有

$$\begin{aligned}\left|\sum_{1\leqslant i,j\leqslant k,i\neq j}\langle\varphi_i,\varphi_i\rangle x_ix_j\right|&\leqslant\mu(\Phi)\sum_{1\leqslant i,j\leqslant k,i\neq j}|x_ix_j|\leqslant\mu(\Phi)(k-1)\sum_{i=1}^{k}|x_i|^2\\&\leqslant\mu(\Phi)(k-1)\|\Phi\boldsymbol{x}\|_2^2\end{aligned}$$

结合上面两个式中的结果，很容易得到

$$[1-(k-1)\mu(\Phi)]\|\boldsymbol{x}\|_2^2\leqslant\|\Phi\boldsymbol{x}\|_2^2\leqslant[1+(k-1)\mu(\Phi)]\|\boldsymbol{x}\|_2^2$$

对比(15.4.1a)式关于RIP的定义，立即可以得到(15.4.9)式，因此定理15.4.4得证。 □

总之，定理15.4.1～15.4.4给出了同一个矩阵Φ的零空间性质、RIP常数、spark及其相干性之间的相互关系。正在由于这些关系的存在，在CS的文献中，人们对同一个问题(如P_0、P_1解的唯一性及它们的等效)的讨论会从不同的角度出发，因此往往有着不同的描述。

上述讨论的是测量矩阵Φ的自相干性，在 CS 的理论中，Φ和变换矩阵Ψ之间的互相干性同样有着重要的作用。假定Φ的行向量φ_i和Ψ的列向量ψ_j都已归一化为 1，则二者之间的互相干定义为

$$\mu(\Phi,\Psi)=\sqrt{N}\max|\langle\varphi_i,\psi_j\rangle|,\quad 1\leqslant i\leqslant M,1\leqslant j\leqslant N \tag{15.4.10}$$

显然$\mu(\Phi,\Psi)$测量了Φ和Ψ之间的最大相关性。如果二者之间有相关的列（和行），则$\mu(\Phi,\Psi)$取较大的值。反之则取较小的值。另外，对任意归一化后的行向量φ_i和正交变换矩阵Ψ，有

$$1=\|\varphi_i\|_2^2=\|\varphi_i\Psi\|_2^2=\sum_{j=1}^{N}|\langle\varphi_i,\psi_i\rangle|^2\leqslant N\max_{1\leqslant j\leqslant N}|\langle\varphi_i,\psi_i\rangle|^2$$

因此，$\mu(\Phi,\Psi)\in\left[1,\sqrt{N}\right]$。显然，如果(15.4.10)式前面没有定标系数$\sqrt{N}$，则这一结果和$\mu(\Phi)\in(\sqrt{1/M},1)$非常类似。

15.4.3　P_0解唯一性的条件

P_0解的唯一性问题也即l_0最小问题，或如何保证$\Delta_0(\Phi\boldsymbol{x})=\boldsymbol{x}$的问题。由测量$\boldsymbol{y}=\Phi\boldsymbol{x}$，我们可以立即想象到，如果希望$\Delta_0(\Phi\boldsymbol{x})=\boldsymbol{x}$，那么，对于两个不同的$\boldsymbol{x},\boldsymbol{x}'\in\Sigma_k$，我们必须有$\Phi\boldsymbol{x}\neq\Phi\boldsymbol{x}'$，否则，仅仅由测量$\boldsymbol{y}$我们将无法区别$\boldsymbol{x}$和$\boldsymbol{x}'$。由$\Phi\boldsymbol{x}\neq\Phi\boldsymbol{x}'$，必然会出现$\Phi(\boldsymbol{x}-\boldsymbol{x}')=0$的情况。15.3.1 节已指出，$\boldsymbol{x}-\boldsymbol{x}'\in\Sigma_{2k}$，那么，我们自然可以得出结论：当且仅当$\mathcal{N}(\Phi)$中不含有$\Sigma_{2k}$中的向量时才能唯一地由测量$y=\Phi\boldsymbol{x}$唯一地恢复出$\boldsymbol{x}$。该结论在 CS 的文献中又经常表为

$$\mathcal{N}(\Phi)\cap\Sigma_{2k}=\{0\}$$

这一结论，实际上也是回答了P_0解的唯一性问题，显然，它直接和Φ的性质有关。关于矩阵Φ的这一性质，文献上有着多个不同的描述方法，下面通过矩阵 spark 来给出的描述是最普遍的一个。

定理 15.4.5[Don03,Dav12]　对任意的向量$\boldsymbol{y}\in\mathbb{R}^M$和$M\times N$矩阵$\Phi$，当且仅当

$$\|\boldsymbol{x}\|_0=k<\frac{1}{2}\text{spark}(\Phi) \tag{15.4.11}$$

时，测量系统$\boldsymbol{y}=\Phi\boldsymbol{x}$有唯一解$\boldsymbol{x}\in\Sigma_k$。

证明　如果$\text{spark}(\Phi)\leqslant 2k$，那么就意味着在$\Phi$的列中存在着某一个不超过$2k$的集合，该集合中的列向量是线性相关的。这等效地说，将存在一个向量$\boldsymbol{h}\in\mathcal{N}(\Phi)$，并且$\boldsymbol{h}\in\Sigma_{2k}$，即$\boldsymbol{h}$是$2k$稀疏的。在这种情况下，我们可以把$2k$稀疏的向量$\boldsymbol{h}$表示为两个$k$稀疏向量的和（差），即$\boldsymbol{h}=\boldsymbol{x}-\boldsymbol{x}'$，而$\boldsymbol{x},\boldsymbol{x}'\in\Sigma_k$，由于$\Phi\boldsymbol{h}=0$，因此必然有$\Phi\boldsymbol{x}=\Phi\boldsymbol{x}'$，从而使

$\boldsymbol{x}$不唯一，这和定理所说的“有唯一解 $\boldsymbol{x}\in\Sigma_k$”相矛盾，因此，要求 $\mathrm{spark}(\boldsymbol{\Phi})>2k$。

反过来，假定 $\mathrm{spark}(\boldsymbol{\Phi})>2k$，再假定对于任意的向量 $\boldsymbol{y}\in\mathbb{R}^M$存在两个向量 $\boldsymbol{x},\boldsymbol{x}'\in\Sigma_k$，使得 $\boldsymbol{y}=\boldsymbol{\Phi x}=\boldsymbol{\Phi x}'$，令 $\boldsymbol{h}=\boldsymbol{x}-\boldsymbol{x}'$，于是我们有$\boldsymbol{\Phi h}=0$。由于 $\mathrm{spark}(\boldsymbol{\Phi})>2k$，所以矩阵$\boldsymbol{\Phi}$的所有多达 $2k$ 的列的集合都是线性无关的，这样，必有 $\boldsymbol{h}\equiv 0$，从而使 $\boldsymbol{x}=\boldsymbol{x}'$。也就是说，$\boldsymbol{x}\in\Sigma_k$ 是唯一的。因此定理 15.4.4 得证。 □

(15.4.11a)式又可理解为：如果 $\boldsymbol{y}=\boldsymbol{\Phi x}$ 有一个解 $\boldsymbol{x}^*$ 满足 $\|\boldsymbol{x}^*\|_0<\mathrm{spark}(\boldsymbol{\Phi})/2$，则 $\boldsymbol{x}^*$ 是 $\boldsymbol{y}=\boldsymbol{\Phi x}$ 所有解中最稀疏的一个，因此 $\boldsymbol{x}^*$ 是 P_0 问题的唯一解。

定理 15.4.5 也可按如下方法来证明：假定存在 $\boldsymbol{x},\boldsymbol{x}'\in\Sigma_k$ 满足 $\boldsymbol{y}=\boldsymbol{\Phi x}=\boldsymbol{\Phi x}'$，则，$\boldsymbol{\Phi}(\boldsymbol{x}-\boldsymbol{x}')=0$。由 spark 的定义，有

$$\|\boldsymbol{x}\|_0+\|\boldsymbol{x}'\|_0\geqslant\|\boldsymbol{x}-\boldsymbol{x}'\|_0\geqslant\mathrm{spark}(\boldsymbol{\Phi})\tag{15.4.12}$$

该不等式左边指出了一个重要的结论，即两个 k 稀疏向量差的非零元素不能超过这两个向量各自非零元素的和。因为我们已要求 $\|\boldsymbol{x}\|_0<\mathrm{spark}(\boldsymbol{\Phi})/2$，因此，任意的其他解 $\boldsymbol{x}'$，其非零元素必然大于 $\mathrm{spark}(\boldsymbol{\Phi})/2$，因此 $\boldsymbol{y}=\boldsymbol{\Phi x}$ 有唯一解 $\boldsymbol{x}\in\Sigma_k$。

定理 15.4.5 为由测量 $\boldsymbol{y}\in\mathbb{R}^M$来唯一地恢复 k 稀疏信号 $\boldsymbol{x}\in\mathbb{R}^N$奠定了理论基础，它也是确保 P_0 解唯一的必要条件。该定理的一个等效说法是：如果 $M\times N$ 矩阵$\boldsymbol{\Phi}$ 的任意 $2k$ 列都是线性无关的，那么，任意 k 稀疏信号 $\boldsymbol{x}$ 都可以唯一地由 $\boldsymbol{y}=\boldsymbol{\Phi x}$ 来恢复。由矩阵$\boldsymbol{\Phi}$ 的 spark 的定义和定理 15.4.5 要求的 $\mathrm{spark}(\boldsymbol{\Phi})>2k$，立即可得到这一等效说法。

(15.2.6)式给出了 $\mathrm{spark}(\boldsymbol{\Phi})$的上界是 $\mathrm{rank}(\boldsymbol{\Phi})+1$，而 $M\times N$ 矩阵$\boldsymbol{\Phi}$ 的最大秩是行数M，由定理 15.4.5，因此，必须有 $M\geqslant 2k$。该结论明确指出，为唯一地恢复 k 稀疏信号 $\boldsymbol{x}$，测量数 M 不能小于 $2k$。

文献[Coh09]对 P_0 解的唯一性问题给出了下面的等效说法，此处以定理的形式来介绍。

定理 15.4.6[Coh09] 对任意的向量 $M\times N$ 矩阵$\boldsymbol{\Phi}$，如果保证 $M\geqslant 2k$，则下述说法等效：

(1) 对所有的 $\boldsymbol{x}\in\Sigma_k$，存在一个解码器 Δ_0，使得 $\Delta_0(\boldsymbol{\Phi x})=\boldsymbol{x}$；

(2) $\mathcal{N}(\boldsymbol{\Phi})\cap\Sigma_{2k}=\{0\}$；

(3) 对任意具有 $\# T=2k$ 的下标集合 T，矩阵$\boldsymbol{\Phi}_T$的秩为 $2k$；

(4) Gram 矩阵$\boldsymbol{\Phi}_T^{\mathrm{T}}\boldsymbol{\Phi}_T$是可逆的，即是正定阵。

上述说法的(2)、(3)和(4)的等效是基本的线性代数问题，而(1)和(2)的等效和定理 15.4.4 的证明非常类似。简单地说，假定(1)成立，并假定 $\boldsymbol{x}\in\mathcal{N}(\boldsymbol{\Phi})\cap\Sigma_{2k}$，则可将 $\boldsymbol{x}$ 表示为 $\boldsymbol{x}=\boldsymbol{x}_1-\boldsymbol{x}_2$，而 $\boldsymbol{x}_1,\boldsymbol{x}_2\in\Sigma_k$。因为(1)成立，所以$\boldsymbol{\Phi x}_1=\boldsymbol{\Phi x}_2$，必有 $\boldsymbol{x}_1=\boldsymbol{x}_2$ 和 $\boldsymbol{x}=0$，

因此$\mathcal{N}(\Phi)\cap\Sigma_{2k}=\{0\}$，即(2)成立。由(2)到(1)的证明也很简单，请读者自己完成。

定理 15.4.5 通过矩阵的 spark 给出了保证 P_0 解唯一性的条件，下面两个定理分别利用矩阵的 $\mu(\Phi)$ 和 RIP 给出了保证 P_0 解唯一性的条件。

定理 15.4.7　对任意的向量 $\boldsymbol{y}\in\mathbb{R}^M$ 和 $M\times N$ 矩阵Φ，如果其解 $\boldsymbol{x}$ 满足如下关系

$$\|\boldsymbol{x}\|_0=k<\frac{1}{2}\left(1+\frac{1}{\mu(\Phi)}\right)\tag{15.4.13}$$

则 $\boldsymbol{y}=\Phi\boldsymbol{x}$ 有唯一解 $\boldsymbol{x}\in\Sigma_k$。

该定理的成立是显然的。因为定理 15.4.3 给出了关系 $\text{spark}(\Phi)\geqslant 1+1/\mu(\Phi)$，而定理 15.4.5 要求 $\|\boldsymbol{x}\|_0=k<\frac{1}{2}\text{spark}(\Phi)$，因此必然有(15.4.13)式。

注意定理 15.4.5 和定理 15.4.7 有着类似的形式，但定理 15.4.5 给出的条件要比定理 15.4.7 强。15.4.2 节已指出，$\mu(\Phi)$的上界近似为 $\sqrt{1/M}$，因此(15.4.13)式给出的 k 取值的上界是不大于$\sqrt{M}/2$，(15.2.6)式指出，$\text{spark}(\Phi)$的最大值是 $M+1$，因此，定理 15.4.5 给出的 k 取值的上界可以是不大于$M/2$。

定理 15.4.8[Can08b]　如果$\Phi\in\mathbb{R}^{M\times N}$满足 $2k$ 阶的 RIP 且 $\delta_{2k}<1$，则对所有 k 稀疏信号 $\boldsymbol{x}$，有 $\Delta_0(\Phi\boldsymbol{x})=\boldsymbol{x}$。

证明　假定 $\boldsymbol{x}^*$ 是(15.1.5)式的 P_0 解，则 $\Delta_0(\Phi\boldsymbol{x})=\boldsymbol{x}^*$。因为 $\boldsymbol{x}^*$ 是最优解，所以 $\|\boldsymbol{x}^*\|_0\leqslant\|\boldsymbol{x}\|_0$。注意到 $\|\boldsymbol{x}^*-\boldsymbol{x}\|_0\leqslant 2k$，又因为$\Phi$ 满足 $2k$ 阶的 RIP 并具有等距常数 δ_{2k}，所以

$$(1-\delta_{2k})\left\|\boldsymbol{x}-\boldsymbol{x}^*\right\|_2^2\leqslant\left\|\Phi\boldsymbol{x}-\Phi\boldsymbol{x}^*\right\|_2^2=\left\|\boldsymbol{y}-\boldsymbol{y}\right\|_2^2=0$$

再因为 $1-\delta_{2k}>0$，所以必有 $\boldsymbol{x}=\boldsymbol{x}^*$。 □

实际上，如果Φ 满足 $2k$ 阶的 RIP，则定理 15.4.6 的 4 条都成立[Coh09]。

定理 15.4.8 是比较直观的，因为如果 $\delta_{2k}=1$，由(15.4.1)式关于 RIP 的定义，Φ 将有 $2k$ 列是线性相关的，这意味着存在一个 $\boldsymbol{h}\in\Sigma_{2k}$使$\Phi\boldsymbol{h}=0$。将 $\boldsymbol{h}$ 分解为两个 k 稀疏向量的差，即 $\boldsymbol{h}=\boldsymbol{x}'-\boldsymbol{x}^*$，由此有$\Phi\boldsymbol{x}'=\Phi\boldsymbol{x}^*$，那么 $\boldsymbol{x}^*$ 就不是唯一解。

15.4.4　P_1 解唯一性的条件

定理 15.4.5～定理 15.4.8 回答了保证 P_0 解唯一性的必要条件，下面的两个定理分别通过矩阵的 RIP 和 NSP 回答了Φ 应具有什么性质才能保证 P_1 解唯一性的问题。

定理 15.4.9[Can08b]　如果$\Phi\in\mathbb{R}^{M\times N}$满足 $2k$ 阶的 RIP 且 $\delta_{2k}<\sqrt{2}-1$，则对所有 k 稀疏

信号 $\boldsymbol{x}$,有 $\Delta_1(\boldsymbol{\Phi x})=\boldsymbol{x}$。

该定理是下一小节定理 15.5.2 的特殊情况。定理 15.5.2 要求信号 $\boldsymbol{x}$ 是可压缩的,而定理 15.4.9 要求 $\boldsymbol{x}$ 是 k 稀疏的。因此,本定理的证明见定理 15.5.2 的证明。

对比定理 15.4.8 和 15.4.9 可以看出,为保证 P_0 解的唯一性,需要的 RIP 常数是 $\delta_{2k}<1$,而为保证 P_1 解的唯一性,需要 $\delta_{2k}<\sqrt{2}-1$,即 RIP 常数进一步减小,显然这是合理的。因为我们利用 l_1 范数来代替 l_0 范数是放宽了最优化的条件,当然对测量矩阵的要求要变得严一些。

如果把定理 15.4.8 的前提条件也改为 $\delta_{2k}<\sqrt{2}-1$,则对 k 稀疏信号 $\boldsymbol{x}$,定理 15.4.9 可以代替定理 15.4.8,即定理 15.4.9 既可保证 P_0 解的唯一性又可保证 P_1 解的唯一性,因此 $\boldsymbol{x}$ 是 k 稀疏的和 $\delta_{2k}<\sqrt{2}-1$ 可以看作是 P_0 解和 P_1 解等效的条件。

下面的定理通过矩阵的零空间性质给出了保证 P_1 解唯一性的条件。

定理 15.4.10[Fou13]　给定矩阵 $\boldsymbol{\Phi}\in\mathbb{R}^{M\times N}$,则当且仅当 $\boldsymbol{\Phi}$ 满足如(15.2.5b)式所示的 k 阶零空间性质时,任意 k 稀疏向量 $\boldsymbol{x}\in\mathbb{R}^N$ 都是对应测量系统 $\boldsymbol{y}=\boldsymbol{\Phi x}$ 的唯一的最小 l_1 范数解(即 P_1 解)。

证明　令 $T\subset\{1,2,\cdots,N\}$ 是一下标集合,且 $\# T\leqslant k$。假定每一个支撑在 T 上的 $\boldsymbol{x}\in\Sigma_k$ 都是测量系统 $\boldsymbol{\Phi x}=\boldsymbol{\Phi z}$ 的 $\|\boldsymbol{z}\|_1$ 的最小解,这样,对任意的 $\boldsymbol{h}\in\mathcal{N}(\boldsymbol{\Phi})\setminus\{\boldsymbol{0}\}$,向量 $\boldsymbol{h}_T$ 是 $\boldsymbol{\Phi z}=\boldsymbol{\Phi h}_T$ 的 $\|\boldsymbol{z}\|_1$ 的最小解。由于 $\boldsymbol{h}=\boldsymbol{h}_T+\boldsymbol{h}_{T^c}$,因此 $\boldsymbol{\Phi h}=\boldsymbol{\Phi}(\boldsymbol{h}_T+\boldsymbol{h}_{T^c})=\boldsymbol{0}$。于是有 $\boldsymbol{\Phi}(-\boldsymbol{h}_{T^c})=\boldsymbol{\Phi h}_T$。又因为 $-\boldsymbol{h}_{T^c}\neq\boldsymbol{h}_T$,所以,必然有 $\|\boldsymbol{h}_T\|_1<\|\boldsymbol{h}_{T^c}\|_1$。这正是(15.2.5b)式所给出的零空间性质。该结论说明,如果 $\boldsymbol{x}\in\Sigma_k$ 是测量系统 $\boldsymbol{y}=\boldsymbol{\Phi x}$ 唯一的最小 l_1 范数解,则 $\boldsymbol{\Phi}$ 应满足 k 阶零空间性质。

反过来,假定 $\boldsymbol{\Phi}$ 满足 k 阶零空间性质。给定一个支撑在 T 上的 $\boldsymbol{x}\in\mathbb{R}^N$,设 $\boldsymbol{z}\in\mathbb{R}^N$,$\boldsymbol{z}\neq\boldsymbol{x}$,现假定 $\boldsymbol{x}$ 和 $\boldsymbol{z}$ 都满足 $\boldsymbol{\Phi x}=\boldsymbol{\Phi z}$。于是有 $\boldsymbol{\Phi}(\boldsymbol{z}-\boldsymbol{x})=\boldsymbol{0}$,定义

$$\boldsymbol{h}=(\boldsymbol{z}-\boldsymbol{x})\in\mathcal{N}(\boldsymbol{\Phi})\setminus\{\boldsymbol{0}\}$$

由矩阵的零空间性质,有

$$\begin{aligned}\|\boldsymbol{x}\|_1&\leqslant\|\boldsymbol{x}-\boldsymbol{z}_T\|_1+\|\boldsymbol{z}_T\|_1=\|\boldsymbol{h}_T\|_1+\|\boldsymbol{z}_T\|_1\\&<\|\boldsymbol{h}_{T^c}\|_1+\|\boldsymbol{z}_T\|_1=\|-\boldsymbol{z}_{T^c}\|_1+\|\boldsymbol{z}_T\|_1=\|\boldsymbol{z}\|_1\end{aligned}$$

即 $\|\boldsymbol{x}\|_1<\|\boldsymbol{z}\|_1$,因此 $\boldsymbol{x}$ 是满足 $\boldsymbol{y}=\boldsymbol{\Phi x}$ 的最小 l_1 范数解。　□

定理 15.4.10 实际上说明,当矩阵 $\boldsymbol{\Phi}$ 具有 k 阶零空间性质时,P_1 解等价于 P_0 解,即对 NP-Hard 的 P_0 问题的求解可以转换为求解相应的 P_1 问题。任选 $\boldsymbol{x}\in\Sigma_k$,则 $\boldsymbol{x}$ 是对应测量系统 $\boldsymbol{y}=\boldsymbol{\Phi x}$ 的唯一最小 l_1 范数解。如果 $\boldsymbol{z}$ 是 $\boldsymbol{y}=\boldsymbol{\Phi x}$ 的最小 l_0 范数解,必然有 $\|\boldsymbol{z}\|_0\leqslant\|\boldsymbol{x}\|_0$,因此 $\boldsymbol{z}$ 也是 k 稀疏的。由定理 15.4.10,k 稀疏向量 $\boldsymbol{z}$ 应为测量系统 $\boldsymbol{y}=$

$\boldsymbol{\Phi x}=\boldsymbol{\Phi z}$ 的唯一最小 l_1 范数解,因此必然有 $\boldsymbol{x}=\boldsymbol{z}$。

在实际应用中,时域或空域的 $\boldsymbol{x}$ 多不是稀疏的,而它在经正交矩阵$\boldsymbol{\Psi}$变换后的 $\boldsymbol{s}$ 多是稀疏的,因此,研究测量矩阵$\boldsymbol{\Theta}=\boldsymbol{\Phi\Psi}$ 应具有的性质同样是重要的。在这个问题中,用的最多的是(15.4.6)式所定义的互相干 $\mu(\boldsymbol{\Phi},\boldsymbol{\Psi})$。下面的定理给出了互相干 $\mu(\boldsymbol{\Phi},\boldsymbol{\Psi})$和测量数 M 之间的关系以及保证 P_1 解唯一性的条件。

定理 15.4.11[Can07a,Can08a]　假定信号 $\boldsymbol{x}\in\mathbb{R}^N$在正交基$\boldsymbol{\Psi}$下的变换系数$\boldsymbol{s}\in\mathbb{R}^N$是 k 稀疏的,且 $\boldsymbol{y}\in\mathbb{R}^M$是对 $\boldsymbol{s}$ 的均匀和随机测量,记测量矩阵$\boldsymbol{\Phi}$和$\boldsymbol{\Psi}$ 的互相干为$\mu(\boldsymbol{\Phi},\boldsymbol{\Psi})$,如果保证

$$M\geqslant C\mu^2(\boldsymbol{\Phi},\boldsymbol{\Psi})k\log N \tag{15.4.14}$$

则(15.1.9b)式的 P_1 优化问题以大概率有准确解。

由(15.4.14)式可以看出,$\boldsymbol{\Phi}$和$\boldsymbol{\Psi}$ 的相干性$\mu(\boldsymbol{\Phi},\boldsymbol{\Psi})$越小,需要的测量数 M 也越小。例如,如果 $\mu(\boldsymbol{\Phi},\boldsymbol{\Psi})=1$,那么,我们利用 $O(k\log N)$个测量即可恢复原来的 N 个数据。因此,在 CS 中,人们努力寻找具有相干性低的$\boldsymbol{\Phi}$ 和$\boldsymbol{\Psi}$,以保证在恢复 k 稀疏信号时仅需要较小的 M 即可满足要求。文献[Bar07]指出,RIP 等效于要求$\boldsymbol{\Phi}$ 的行向量φ_i不能由$\boldsymbol{\Psi}$ 的列向量ψ_j线性表出,反之亦然。人们发现,如果选择$\boldsymbol{\Phi}$ 为随机矩阵,那么,$\boldsymbol{\Phi}$ 的 RIP 和$\boldsymbol{\Phi}$ 与$\boldsymbol{\Psi}$ 的不相干可以以大概率实现。这就为测量矩阵$\boldsymbol{\Phi}$ 的设计提供了理论依据。关于$\boldsymbol{\Phi}$ 的设计问题,我们将在 15.7 节详细讨论。

有关该定理的证明见文献[Can07a],此处不再讨论。

15.4.5　P_0 解和 P_1 解等效的条件

其实,定理 15.4.9 和 15.4.10 已经给出了 P_0 解和 P_1 等效的条件,前者是通过矩阵的 RIP 给出的(条件是 $\delta_{2k}<\sqrt{2}-1$ 和 $\boldsymbol{x}\in\Sigma_k$),而后者是通过矩阵的 NSP 给出的(条件是$\boldsymbol{\Phi}$具有 k 阶零空间性质和 $\boldsymbol{x}\in\Sigma_k$)。下面的定理通过矩阵的相干性进一步给出了二者等效的条件。

定理 15.4.12[Bru09]　令$\boldsymbol{\Phi}\in\mathbb{R}^{M\times N}$是一行满秩矩阵,其相干性 $\mu(\boldsymbol{\Phi})$如(15.4.7)式所定义,对测量系统 $\boldsymbol{y}=\boldsymbol{\Phi x}$,如果一个解 $\boldsymbol{x}$ 存在并满足

$$\|\boldsymbol{x}\|_0<\frac{1}{2}\left(1+\frac{1}{\mu(\boldsymbol{\Phi})}\right) \tag{15.4.15}$$

则 $\boldsymbol{x}$ 是 P_0 和 P_1 问题的唯一解。

注意该定理和定理 15.4.7 有着同样的条件。定理 15.4.7 是保证 P_0 解唯一性的条件,而定理 15.4.12 指出,该条件同时也保证了 P_1 解的唯一性。

证明[Ela10,Bru09] 定义下面的解的集合

$$F=\{\boldsymbol{u} \mid \boldsymbol{u}\neq \boldsymbol{x}, \|\boldsymbol{u}\|_1\leqslant \|\boldsymbol{x}\|_1, \|\boldsymbol{u}\|_0> \|\boldsymbol{x}\|_0, \boldsymbol{\Phi}(\boldsymbol{u}-\boldsymbol{x})=0\} \tag{15.4.16a}$$

该集合包含了 $\boldsymbol{y}=\boldsymbol{\Phi x}$ 所有的不同于 $\boldsymbol{x}$ 的解。如果 F 非空,这意味着有非零的解向量 $\boldsymbol{u}$ 存在。

证明的思路是:逐一分析集合 F 中的各个条件,并不断放大该集合,最后希望得出放大后的集合是空集的结论,从而得到 F 也是空集的结论。

由定理 15.4.7,(15.4.15)式已保证了 $\boldsymbol{x}$ 是最稀疏的解,因此,向量 $\boldsymbol{u}$ 要比 $\boldsymbol{x}$"密",因此(15.4.16a)式中的条件 $\|\boldsymbol{u}\|_0>\|\boldsymbol{x}\|_0$ 可以省去。定义 $\boldsymbol{e}=\boldsymbol{u}-\boldsymbol{x}$,这样,集合 F 的表达式可改变为

$$F_s=\{\boldsymbol{e} \mid \boldsymbol{e}\neq \boldsymbol{0}, \|\boldsymbol{e}+\boldsymbol{x}\|_1-\|\boldsymbol{x}\|_1\leqslant 0, \boldsymbol{\Phi e}=0\} \tag{15.4.16b}$$

不失一般性,假定 $\boldsymbol{x}$ 的 k 个非零元素都位于前部的位置,则(15.4.16b)式中的条件 $\|\boldsymbol{e}+\boldsymbol{x}\|_1-\|\boldsymbol{x}\|_1\leqslant 0$ 变为

$$\|\boldsymbol{e}+\boldsymbol{x}\|_1-\|\boldsymbol{x}\|_1=\sum_{j=1}^{k}(|e_j+x_j|-|x_j|)+\sum_{j>k}|e_j|\leqslant 0 \tag{15.4.17a}$$

利用不等式 $|a+b|-|b|\geqslant -|a|$,(15.4.17a)式变为

$$-\sum_{j=1}^{k}|e_j|+\sum_{j>k}|e_j|\leqslant \sum_{j=1}^{k}(|e_j+x_j|-|x_j|)+\sum_{j>k}|e_j|\leqslant 0 \tag{15.4.17b}$$

定义 $\boldsymbol{1}$ 是元素都为 1 的列向量,$\boldsymbol{1}_k^{\mathrm{T}}$ 是前 k 个元素都为 1 而其余为零的行向量,则 $\boldsymbol{1}_k^{\mathrm{T}}\boldsymbol{e}$ 表示对 $\boldsymbol{e}$ 的前 k 个元素求和。注意(15.4.17b)式的左边通过变形可写成如下更紧凑的形式

$$\begin{aligned}-\sum_{j=1}^{k}|e_j|+\sum_{j>k}|e_j| &= -\sum_{j=1}^{k}|e_j|+\sum_{j>k}|e_j|+\sum_{j=1}^{k}|e_j|-\sum_{j=1}^{k}|e_j| \\ &= \|\boldsymbol{e}\|_1-2\boldsymbol{1}_k^{\mathrm{T}}\boldsymbol{e}\leqslant 0\end{aligned} \tag{15.4.17c}$$

将该式代入(15.4.16b)式关于 F_s 的定义,有

$$F_s\subseteq\{\boldsymbol{e} \mid \boldsymbol{e}\neq \boldsymbol{0}, \|\boldsymbol{e}\|_1-2\boldsymbol{1}_k^{\mathrm{T}}\boldsymbol{e}\leqslant 0, \boldsymbol{\Phi e}=0\}\triangleq F_s^1 \tag{15.4.18}$$

由于利用条件 $\|\boldsymbol{e}\|_1-2\boldsymbol{1}_k^{\mathrm{T}}\boldsymbol{e}\leqslant 0$ 代替了(15.4.16b)式中的 $\|\boldsymbol{e}+\boldsymbol{x}\|_1-\|\boldsymbol{x}\|_1\leqslant 0$,从而使集合 F_s 被放大,上式已记放大后的集合是 F_s^1。这一含意是,每一个满足 F_s 条件的向量 $\boldsymbol{e}$ 必然满足 F_s^1 的条件,但反过来不一定成立。

上面的讨论是考虑 F_s 的条件 $\|\boldsymbol{e}+\boldsymbol{x}\|_1-\|\boldsymbol{x}\|_1\leqslant 0$,现在考虑其中的条件 $\boldsymbol{\Phi e}=0$。将该式两边左乘 $\boldsymbol{\Phi}^{\mathrm{T}}$,得 $\boldsymbol{\Phi}^{\mathrm{T}}\boldsymbol{\Phi e}=0$,这样做并不改变集合 F_s^1 的属性。矩阵 $\boldsymbol{\Phi}^{\mathrm{T}}\boldsymbol{\Phi}$ 的每一个元素都是归一化的内积,从而可以方便定义矩阵的相干性 $\mu(\boldsymbol{\Phi})$。由 $\boldsymbol{\Phi}^{\mathrm{T}}\boldsymbol{\Phi e}=0$ 可得

$-\boldsymbol{e}=(\Phi^{\mathrm{T}}\Phi-\boldsymbol{I})\boldsymbol{e}$，两边取绝对值，有

$$|\boldsymbol{e}|=|(\Phi^{\mathrm{T}}\Phi-\boldsymbol{I})\boldsymbol{e}|\leqslant|\Phi^{\mathrm{T}}\Phi-\boldsymbol{I}|\ |\boldsymbol{e}|\leqslant\mu(\Phi)(\boldsymbol{J}-\boldsymbol{I})\ |\boldsymbol{e}| \tag{15.4.19}$$

上式中利用了关系 $\sum_i|g_iv_i|\leqslant\sum_i|g_i|\ |v_i|$，$\boldsymbol{J}$ 是元素全为 1、因此秩也为 1 的方阵，即 $\boldsymbol{J}=\boldsymbol{1}\cdot\boldsymbol{1}^{\mathrm{T}}$。另外，式中绝对值符号的含义是对矩阵（或者向量）的每一个元素分别取绝对值。由(15.4.19)式中的 $|\boldsymbol{e}|\leqslant\mu(\Phi)(\boldsymbol{J}-\boldsymbol{I})|\boldsymbol{e}|$ 可得到 $|\boldsymbol{e}|\leqslant\mu(\Phi)/(1+\mu(\Phi))\boldsymbol{J}\ |\boldsymbol{e}|$，因此，(15.4.18)式的定义可改为

$$F_s^1\subseteq\left\{\boldsymbol{e}\ |\boldsymbol{e}\neq\boldsymbol{0},\ \|\boldsymbol{e}\|_1-2\boldsymbol{1}_k^{\mathrm{T}}\boldsymbol{e}\leqslant 0,|\boldsymbol{e}|\leqslant\frac{\mu(\Phi)}{1+\mu(\Phi)}\boldsymbol{J}\ |\boldsymbol{e}|\right\}\triangleq F_s^2 \tag{15.4.20}$$

如果 $\boldsymbol{e}\in F_s^2$，对任意的 $\alpha\neq 0$，也有 $\alpha\boldsymbol{e}\in F_s^2$，因此集合 F_s^2 是无界的。为此，我们限制 $\boldsymbol{e}$ 为归一化向量，即 $\|\boldsymbol{e}\|_1=1$。又由于 $\boldsymbol{J}\ |\boldsymbol{e}|=\boldsymbol{J}\cdot\boldsymbol{1}^{\mathrm{T}}\ |\boldsymbol{e}|$，并且 $\boldsymbol{1}^{\mathrm{T}}\ |\boldsymbol{e}|=\|\boldsymbol{e}\|_1=1$，这样，我们又可得到如下新的集合

$$F_r=\left\{\boldsymbol{e}\mid\|\boldsymbol{e}\|_1=1,1-2\boldsymbol{1}_k^{\mathrm{T}}\boldsymbol{e}\leqslant 0,|\boldsymbol{e}|\leqslant\frac{\mu(\Phi)}{1+\mu(\Phi)}\boldsymbol{J}\right\} \tag{15.4.21}$$

在集合 F_r 中，现在需要考虑的是如何满足条件 $1-2\boldsymbol{1}_k^{\mathrm{T}}\boldsymbol{e}\leqslant 0$。为了满足该条件，我们需要将 $\boldsymbol{e}$ 的最大的 k 个元素都移到其最前面的 k 个位置。F_r 中的两个条件，即 $\|\boldsymbol{e}\|_1=1$ 和 $|e_j|\leqslant\mu(\Phi)/(1+\mu(\Phi))$ 使得条件 $1-2\boldsymbol{1}_k^{\mathrm{T}}\boldsymbol{e}\leqslant 0$ 蕴含了下述关系

$$1-2\boldsymbol{1}_k^{\mathrm{T}}\boldsymbol{e}\geqslant 1-2k\ \frac{\mu(\Phi)}{1+\mu(\Phi)}\leqslant 0 \tag{15.4.22a}$$

于是有

$$F_r\subseteq\left\{\boldsymbol{e}\mid\|\boldsymbol{e}\|_1=1,1-2k\ \frac{\mu(\Phi)}{1+\mu(\Phi)}\leqslant 0,\ |\boldsymbol{e}|\leqslant\frac{\mu(\Phi)}{1+\mu(\Phi)}\boldsymbol{J}\right\} \tag{15.4.22b}$$

由本定理的前提条件 $k=\|\boldsymbol{x}\|_0<(1+1/\mu(\Phi))/2$，易知 $1-2k\ \frac{\mu(\Phi)}{1+\mu(\Phi)}>0$，这和(15.4.22a)式相矛盾，从而(15.4.22b)式右侧的集合应该为空集，进而

$$F=F_s\subseteq F_s^1\subseteq F_s^2\subseteq F_r$$

全部是空集。

F 是空集意味着除了向量 $\boldsymbol{x}$ 外，不存在任何其他的向量 $\boldsymbol{u}$ 满足 $\boldsymbol{y}=\Phi\boldsymbol{x}$ 并比 $\boldsymbol{x}$ 还稀疏。因此，$\boldsymbol{x}$ 是唯一的最稀疏解。因此，定理 15.4.12 得证。 □

15.4.6 测量边界

在测量系统 $\boldsymbol{y}=\Phi\boldsymbol{x}$ 中，为保证 $\boldsymbol{x}\in\Sigma_k$ 的准确恢复，一方面 Φ 要满足上述的一系列性质，另一方面，N,M 和 k 之间有着制约的关系。我们在 15.4.3 节已指出，为保证 P_0 解的

唯一性，测量数 M 不能小于 $2k$。定理15.4.10既给出了保证 P_1 解的条件，又通过互相干 $\mu(\Phi,\Psi)$ 给出了 N,M 和 k 的关系。M 在CS的文献中又称为测量边界(Measurement bounds)，下面的定理给出了 N,M 和 k 更一般的关系。

定理15.4.13[Dav12,Bar13]　如果 $\Phi\in\mathbb{R}^{M\times N}$ 满足 $2k$ 阶的RIP并具有等距常数 $\delta_{2k}\in(0,1/2]$，则

$$M\geqslant Ck\log(N/k) \tag{15.4.23}$$

式中常数 $C=\frac{1}{2}\log(\sqrt{24}+1)\approx 0.28$。

该定理的证明需要如下的引理。

引理15.4.4[Dav12]　令 k 和 N 满足关系 $k<N/2$。存在一个集合 $X\subset\Sigma_k$ 使得对所有的 $\boldsymbol{x}\in X$，有 $\|\boldsymbol{x}\|_2\leqslant\sqrt{k}$，并且，对所有的 $\boldsymbol{x},\boldsymbol{z}\in X$ 及 $\boldsymbol{x}\neq\boldsymbol{z}$，下述关系成立

$$\|\boldsymbol{x}-\boldsymbol{z}\|_2\geqslant\sqrt{k/2} \tag{15.4.24a}$$

$$\log|X|\geqslant\frac{k}{2}\log(N/k) \tag{15.4.24b}$$

证明　现在我们再定义一个集合

$$U=\{\boldsymbol{x}\in(0,+1,-1)^N:\|\boldsymbol{x}\|_0=k\}$$

由于 U 的这一结构，显然，对所有的 $\boldsymbol{x}\in U$，有 $\|\boldsymbol{x}\|_2^2=k$。如果我们令集合 X 的元素都来自于 U，那么 X 中的元素自动地满足 $\|\boldsymbol{x}\|_2\leqslant\sqrt{k}$。

另外，U 的结构决定了 $|U|=C_N^k 2^k$。注意到 $\|\boldsymbol{x}-\boldsymbol{z}\|_0\leqslant\|\boldsymbol{x}-\boldsymbol{z}\|_2^2$，这样，如果 $\|\boldsymbol{x}-\boldsymbol{z}\|_2^2\leqslant k/2$，则 $\|\boldsymbol{x}-\boldsymbol{z}\|_0\leqslant k/2$。从 U 中选择一个 $\boldsymbol{x}$ 来结构集合 X 的方法是：选择一个 $\boldsymbol{x}$ 后，把距离 $\boldsymbol{x}$ 的距离(即 l_2 范数)小于 $\sqrt{k/2}$ 的"点" $\boldsymbol{z}$ 都排除，这样的点，即 $|\{\boldsymbol{z}\in U:\|\boldsymbol{x}-\boldsymbol{z}\|_2^2\leqslant k/2\}|$ 的总数不会超过 $C_N^{k/2}3^{k/2}$，因此至少可以让 X 中点的总数满足如下关系

$$|X|C_N^{k/2}3^{k/2}\leqslant C_N^k 2^k \tag{15.4.24c}$$

该式左、右两个组合之比是

$$\frac{C_N^k}{C_N^{k/2}}=\frac{(k/2)!(n-k/2)!}{k!(n-k)!}=\prod_{i=1}^{k/2}\frac{n-k+i}{k/2+i}\geqslant\left(\frac{N}{k}-\frac{1}{2}\right)^{k/2}$$

后面的不等式来自于 $(n-k+i)/(k/2+i)$ 是随 i 递减的这一事实。如果令 $|X|=(N/k)^{k/2}$，则我们可得到

$$|X|\left(\frac{3}{4}\right)^{k/2}=\left(\frac{3N}{4k}\right)^{k/2}=\left(\frac{N}{k}-\frac{N}{4k}\right)^{k/2}\leqslant\left(\frac{N}{k}-\frac{1}{2}\right)^{k/2}\leqslant\frac{C_N^k}{C_N^{k/2}}$$

因此，对于 $|X|=(N/k)^{k/2}$，(15.4.24b)式成立。　□

上述选择"点"$\boldsymbol{x}$ 的过程，具体地说，就是先选择一个 $\boldsymbol{x}_0$，然后排除所有离 $\boldsymbol{x}_0$ 的距离小于 $\sqrt{k/2}$ 的点，再选择 $\boldsymbol{x}_1$，然后再排除所有离 $\boldsymbol{x}_1$ 的距离小于 $\sqrt{k/2}$ 的点，依次不断重复。

现在证明定理 15.4.13。

证明　由于Φ满足 $2k$ 阶的 RIP 并具有常数 $\delta_{2k}<1/2$，对于引理 15.4.4 所定义的集合 X，其中的点 $\boldsymbol{x},\boldsymbol{z}$ 满足如下关系

$$\|\Phi\boldsymbol{x}-\Phi\boldsymbol{z}\|_2 \geqslant \sqrt{1-\delta_{2k}}\ \|\boldsymbol{x}-\boldsymbol{z}\|_2 \geqslant \sqrt{k/4} \tag{15.4.25a}$$

与此类似，对所有的 $\boldsymbol{x}\in X$，还有如下关系成立

$$\|\Phi\boldsymbol{x}\|_2 \leqslant \sqrt{1+\delta_{2k}}\ \|\boldsymbol{x}\|_2 \leqslant \sqrt{3k/2} \tag{15.4.25b}$$

由不等式(15.4.25a)所建立的下界条件可知，任选两点 $\boldsymbol{x},\boldsymbol{z}\in X$，分别以$\Phi\boldsymbol{x}$ 和$\Phi\boldsymbol{z}$ 为中心建立半径为 $\sqrt{k/4}/2=\sqrt{k/16}$ 的两个球，那么这两个球是不相交的。进而如果对每一个点 $\boldsymbol{x}\in X$，我们都以$\Phi\boldsymbol{x}$ 为中心建立半径为 $\sqrt{k/16}$ 的球，则得到的整个一族圆球是互不相交的。并且，由不等式(15.4.25b)给出的上界条件可知，这族圆球全都包含在以原点为中心、半径为 $\sqrt{3k/2}+\sqrt{k/16}$ 的一个大球内。记 $B^M(r)=\{\boldsymbol{x}\in\mathbb{R}^M:\|\boldsymbol{x}\|_2\leqslant r\}$ 是一个在$\mathbb{R}^M$中半径为 r 的球，这意味着其体积满足如下关系

$$\mathrm{Vol}\left(B^M\left(\sqrt{3k/2}+\sqrt{k/16}\right)\right)\geqslant |X|\ \mathrm{Vol}\left(B^M\left(\sqrt{k/16}\right)\right)$$

进一步，又有

$$\left(\sqrt{3k/2}+\sqrt{k/16}\right)^M \geqslant |X|\left(\sqrt{k/16}\right)^M$$

以及

$$\left(\sqrt{24}+1\right)^M \geqslant |X|,\quad M\geqslant \frac{\log|X|}{\log(\sqrt{24}+1)}$$

将(15.4.24b)式的 $\log|X|$代入上式，并令 $C=0.5\log(\sqrt{24}+1)$，便可得到(15.4.23)式的结果，因此定理 15.4.13 得证。　□

文献[Dav12]还指出，定理 15.4.13 中要求 $\delta_{2k}\in(0,1/2]$，其实是任意选择的边界。实际上，选择 $\delta_{2k}\leqslant\delta_{\max}<1$ 都可以使(15.4.23)式成立，只是常数 C 的尺度会略有变化。

15.4.7　关于 P_1 解唯一性的进一步说明

在本节，我们利用测量矩阵Φ 的性质，即 spark、NSP、RIP、$\mu(\Phi)$和 $\mu(\Phi,\Psi)$，以 9 个定理(定理 15.4.5～15.4.13)的方式说明了 P_0 解、P_1 解唯一性的条件，P_0 和 P_1 等效的条件以及这些性质之间的关系。我们在 15.2.1 节已指出，由于 CS 是近十年来新发展起

来的学科领域，并且理论的发展也有一个不断完善的过程，因此，表述上述条件的定义和定理在文献中有着不同的说法。例如，关于矩阵零空间的定义，我们在 15.2.1 节就给出了 3 个。保证 P_0 解唯一性的条件比较简单，定理 15.4.5～15.4.7 利用Φ 的不同性质给出了明确的回答，但基于 RIP 的 P_1 解的唯一性条件，在 CS 的文献中却有着多种说法，使人有眼花缭乱之感。现给以简单的说明。

E. J. Candès 在文献[Can05]中首先给出了保证 P_1 解唯一性的条件是 $\delta_k+\delta_{2k}+\delta_{3k}<1$，一年之后，在文献[Can06c]中将其改进为 $\delta_{3k}+3\delta_{4k}<2$，到了 2008 年，文献[Can08b]又给出了 $\delta_{2k}<\sqrt{2}-1=0.414$ 的结论，这即是本节的定理 15.4.9。这一结论是较为简洁明了的，一是它只含有一个 RIP 常数 δ_{2k}，二是 δ_{2k} 已出现在(15.4.2)式，它对应了两个 k 稀疏信号之和(或差)是 $2k$ 稀疏的这一事实，因此物理意义较为明确。后来，文献[Fou09]将该条件放宽为 $\delta_{2k}<0.4531$，而文献[Cai10]又进一步将其改进为 $\delta_{2k}<1/(1+\sqrt{1.25})\approx 0.472$。显然，从 2005 年到 2010 年的这 5 年中，对 RIP 常数的要求经历了一个不断改进和发展的过程。

E. J. Candès 在给出 RIP 的定义的同时还给出了另外一个定义，即约束正交常数(restricted orthogonality constants)$\theta_{k,k'}$，用以描述Φ 的性质并和 RIP 常数 δ 一起来给出保证 P_1 解唯一性的条件。

定义 15.4.3[Can05] 令 $k+k'<N$，对所有的 $\boldsymbol{x}\in\Sigma_k$ 和 $\boldsymbol{x}'\in\Sigma_{k'}$，并且 Σ_k 和 $\Sigma_{k'}$ 具有不相交的支撑，定义约束正交常数 $\theta_{k,k'}$ 是满足

$$|\langle\boldsymbol{\Phi x},\boldsymbol{\Phi x}'\rangle|\leqslant\theta_{k,k'}\|\boldsymbol{x}\|_2\|\boldsymbol{x}'\|_2 \tag{15.4.26}$$

的最小常数。

显然，$\theta_{k,k'}$ 和 RIP 常数 δ 一样都被用来描述矩阵Φ 的列向量之间接近正交的程度。文献[Can05]还给出了 $\theta_{k,k'}$ 和 δ 之间的关系

$$\theta_{k,k'}\leqslant\delta_{k+k'}\leqslant\theta_{k,k'}+\max(\delta_k+\delta_{k'}) \tag{15.4.27}$$

E. J. Candès 利用 $\theta_{k,k'}$ 和 δ 给出的保证 P_1 解唯一性的第一个条件是

$$\delta_k+\theta_{k,k}+\theta_{k,2k}<1 \tag{15.4.28}$$

然后，该条件又被不断地更新。例如，文献[Can07b]将这一结果更新为 $\delta_{2k}+\theta_{k,2k}<1$，文献[Cai09]进一步改进为 $\delta_{1.5k}+\theta_{k,1.5k}<1$，并证明了这一结果等效为 $\delta_{1.75k}<\sqrt{2}-1$。到了 2010 年，文献[Cai10]又把这一结果改进为 $\delta_{1.25k}+\theta_{k,1.25k}<1$，并且指出，就保证 P_1 解的唯一性问题，下面 6 个结论是等效的。

(1) $\delta_{1.25k}+\theta_{k,1.25k}<1$；

(2) $\delta_{1.25k}+\sqrt{1.25}\delta_{2k}<1$；

(3) $\delta_{1.625k}<\sqrt{2}-1$;

(4) $\delta_{2k}<1/(1+\sqrt{1.25})\approx 0.472$;

(5) $\delta_{3k}<2(2-\sqrt{3})\approx 0.535$;

(6) $\delta_{4k}<2-\sqrt{2}\approx 0.585$。

不同的作者在自己的论文中,往往会采用上述不同的结论来得出自己的结果,从而使CS的文献在阅读起来常常使人感到困惑。

在本节的最后,我们需要指出,本节讨论的各个定理都是针对 $\boldsymbol{x}$ 是准确 k 稀疏信号和无测量噪声情况下的结论,在 $\boldsymbol{x}$ 不是 k 稀疏信号和存在测量噪声情况下的信号恢复问题在下面两小节给出。

15.5 可压缩信号的恢复

我们在15.4节集中讨论了测量矩阵$\boldsymbol{\Phi}$所应具有的性质,包括矩阵的spark、NSP、RIP及相干性。讨论这些性质的目的是确保 $\Delta(\boldsymbol{\Phi x})=\Delta(\boldsymbol{y})=\boldsymbol{x}$。为了保证准确的恢复 $\boldsymbol{x}\in\mathbb{R}^N$,除了$\boldsymbol{\Phi}$要具有一定的性质外,前提条件是 $\boldsymbol{x}$ 应该是 k 稀疏的。但是,$\boldsymbol{x}\in\Sigma_k$ 是一个理想的信号模型,现实世界中很难找到准确的时域或空域 k 稀疏信号,即使通过正交变换后得到的变换系数,也很难做到准确 k 稀疏的。实际情况是大多数信号都是可压缩的,或近似稀疏的。因此,研究通过压缩感知实现近似稀疏信号的恢复问题更具有实际意义。

可压缩信号的定义已在15.3.1节给出。假定 $\boldsymbol{x}$ 是一个可压缩信号,不失一般性,也可以把它看作是变换后的系数。现在用一个 k 稀疏的信号 $\boldsymbol{x}_k\in\Sigma_k$ 对其近似,在 p 范数下的 k 项近似误差定义为

$$\sigma_k(\boldsymbol{x})_p=\min\|\boldsymbol{x}-\boldsymbol{x}_k\|_p \tag{15.5.1a}$$

此式就是(15.3.1)式,式中 $0<p\leqslant\infty$,$\boldsymbol{x}_k$ 是按如下方法得到的 k 稀疏的信号:将 $\boldsymbol{x}$ 中绝对值最大的 k 个元素都安排在前面,并按大小依次排序,将这排序后的 k 个元素赋予 $\boldsymbol{x}_k$,再令其他元素为零。用数学公式可表述为

$$\boldsymbol{x}_k=\arg\min_{\boldsymbol{z}\in\Sigma_k}\|\boldsymbol{x}-\boldsymbol{z}\|_p \tag{15.5.1b}$$

对这样得到的 $\boldsymbol{x}_k$,文献[Coh09]称(15.5.1)式是在 p 范数下对 $\boldsymbol{x}$ 的最佳 k 项近似。显然,如果 $\boldsymbol{x}$ 是 k 稀疏的,则对任意的 $0<p\leqslant\infty$ 都有 $\sigma_k(\boldsymbol{x})_p=0$。为了进一步看清(15.5.1a)式的含意,令 $\boldsymbol{r}=(|x_{i_1}|,|x_{i_2}|,\cdots,|x_{i_N}|)^{\mathrm{T}}$,式中下标 i_j 表示对 $\boldsymbol{x}$ 的一个重新排序,使得

$|x_{i_j}|>|x_{i_{j+1}}|$,对 $j=1,2,\cdots,N$。显然,$\boldsymbol{x}_k$ 中不为零的元素的下标由 $\boldsymbol{r}$ 所确定,于是

$$\sigma_k(\boldsymbol{x})_p = \Big(\sum_{j=k+1}^{N} r_j(x)^p\Big)^{1/p} \tag{15.5.2}$$

(15.3.3)式已指出,在一定的条件下,$p=2$ 时最佳的 k 项近似误差按指数随 k 衰减,即 $\sigma_k(\boldsymbol{x})_2<Ck^{-r}$。

(15.5.1)式得到近似误差 $\sigma_k(\boldsymbol{x})_p$ 的过程是自适应和非线性的。所谓自适应,是指不同的可压缩信号 $\boldsymbol{x}$ 的最大的 k 个元素是各不相同的。非线性指的是 $\boldsymbol{x}$ 中非零元素的位置属于非线性信息。

当然,人们更关心的是对近似稀疏信号的压缩感知问题。我们在 15.1.1 节已讨论了 CS 的优势,即 CS 可以不通过变换和压缩环节而直接对信号实现抽样和压缩,并使测量数 M 远小于 N。这其中一个自然的问题是:对可压缩信号 $\boldsymbol{x}$,$\Delta(\boldsymbol{\Phi x})$是否还等于 $\boldsymbol{x}$?如果不等于,那么它对 $\boldsymbol{x}$ 的近似程度如何?由 15.4 节的讨论可知,如果 $\boldsymbol{x}$ 是 k 稀疏的,那么我们可以精确地恢复它,如果 $\boldsymbol{x}$ 是一般的信号,即非 k 稀疏的,那么,对它的恢复只能是近似的。这时,我们关心的是如下的保证形式

$$\|\boldsymbol{x}-\Delta(\boldsymbol{\Phi x})\|_2 \leqslant C\frac{\sigma_k(\boldsymbol{x})_1}{\sqrt{k}} \tag{15.5.3}$$

式子 C 是(15.2.5a)式中的 NSP 常数。我们说它是"保证形式",一是指如果 $\boldsymbol{x}$ 是 k 稀疏的,则 $\Delta(\boldsymbol{\Phi x})=\boldsymbol{x}$,保证了对 $\boldsymbol{x}$ 的准确恢复。二是指(15.5.3)式保证了对可压缩信号 $\boldsymbol{x}$ 恢复的鲁棒性。显然,近似的误差直接取决于 $\boldsymbol{x}_k$ 对 $\boldsymbol{x}$ 的近似程度。下面的定理给出了$\boldsymbol{\Phi}$ 的零空间性质和(15.5.3)式的关系。

定理 15.5.1 令 Δ 表示$\mathbb{R}^M\rightarrow\mathbb{R}^N$的任一解码算法,如果$\boldsymbol{\Phi}$ 和 Δ 满足(15.5.3)式,则$\boldsymbol{\Phi}$ 满足 $2k$ 阶 NSP。

证明 令 $\boldsymbol{h}\in\mathcal{N}(\boldsymbol{\Phi})$,并令 T 是对应 $\boldsymbol{h}$ 中 $2k$ 个最大元素的下标集合。将 T 分为 T_0 和 T_1 两部分,并且 $\#T_0=\#T_1=k$。令 $\boldsymbol{x}=\boldsymbol{h}_{T_1}+\boldsymbol{h}_{T^c}$ 及 $\boldsymbol{x}'=-\boldsymbol{h}_{T_0}$,则 $\boldsymbol{h}=\boldsymbol{x}-\boldsymbol{x}'$。由 $\boldsymbol{x}'$的结构,有 $\boldsymbol{x}'\in\Sigma_k$。因为 $\boldsymbol{x}'$是 k 稀疏的,所以 $\sigma_k(\boldsymbol{x}')_1=0$,由(15.5.3)式,必有 $\boldsymbol{x}'=\Delta(\boldsymbol{\Phi x}')$。又因为 $\boldsymbol{h}\in\mathcal{N}(\boldsymbol{\Phi})$,所以

$$\boldsymbol{\Phi h}=\boldsymbol{\Phi}(\boldsymbol{x}-\boldsymbol{x}')=0$$

于是$\boldsymbol{\Phi x}=\boldsymbol{\Phi x}'$,这样 $\boldsymbol{x}'=\Delta(\boldsymbol{\Phi x})$,最后,我们有

$$\begin{aligned}\|\boldsymbol{h}_T\|_2 &\leqslant \|\boldsymbol{h}\|_2 = \|\boldsymbol{x}-\boldsymbol{x}'\|_2 = \|\boldsymbol{x}-\Delta(\boldsymbol{\Phi x})\|_2\\ &\leqslant C\frac{\sigma_k(\boldsymbol{x})_1}{\sqrt{k}} = \sqrt{2}C\frac{\|\boldsymbol{h}_{T^c}\|_1}{\sqrt{2k}}\end{aligned}$$

式中最后一个不等式来自于(15.5.3)式。将上述结果和(15.2.5a)式关于 NSP 的定义相

比较,立即可以看出,Φ 满足 NSP。因此定理得证。 □

同理可以证明,如果Φ 满足 $2k$ 阶 NSP,则(15.5.3)式的近似误差成立。因此,Φ 满足 NSP 性质是(15.5.3)式成立的充要条件。注意,(15.5.3)式没有考虑在测量时存在误差的情况。存在测量误差情况下信号的恢复见 15.6 节。

定理 15.5.1 讨论的是 NSP 和任一解码算法 Δ 的保证关系。在实际工作中我们更关注基于 l_1 的解码算法 Δ_1。下面的定理给出了 Δ_1 和 RIP 之间的保证关系。

定理 15.5.2[Can08b]　令 $\boldsymbol{x}^*$ 是满足(15.1.9a)式的 P_1 解,对测量 $\boldsymbol{y}=\boldsymbol{\Phi x}$,如果 $\boldsymbol{\Phi}\in\mathbb{R}^{M\times N}$满足 $2k$ 阶的 RIP 且 $\delta_{2k}<\sqrt{2}-1$,则下面两式成立

$$\|\boldsymbol{x}^*-\boldsymbol{x}\|_1=\|\boldsymbol{x}-\Delta_1(\boldsymbol{\Phi x})\|_1\leqslant C_0\|\boldsymbol{x}-\boldsymbol{x}_k\|_1 \tag{15.5.4}$$

$$\|\boldsymbol{x}^*-\boldsymbol{x}\|_2=\|\boldsymbol{x}-\Delta_1(\boldsymbol{\Phi x})\|_2\leqslant C_0k^{-1/2}\|\boldsymbol{x}-\boldsymbol{x}_k\|_1 \tag{15.5.5}$$

式中 $\boldsymbol{x}_k$ 如(15.5.1b)式所定义。显然,如果 $\boldsymbol{x}\in\Sigma_k$,则 $\Delta_1(\boldsymbol{\Phi x})=\boldsymbol{x}^*=\boldsymbol{x}$,即是对稀疏信号的准确恢复,有 $\sigma_k(\boldsymbol{x})_1=0$。这时,定理 15.5.2 就是定理 15.4.9。对比(15.5.1)式关于 $\sigma_k(\boldsymbol{x})_p$ 的定义和(15.5.4)式、(15.5.5)式,立即可以看出这两个式中的右边分别是 $C_0\sigma_k(\boldsymbol{x})_1$ 和 $C_0k^{-1/2}\sigma_k(\boldsymbol{x})_1$。该定理说明,通过编码一解码对($\boldsymbol{\Phi}$,$\Delta_1$)对可压缩信号 $\boldsymbol{x}$ 恢复的质量如同对它的最佳 k 项近似的质量一样好,这犹如我们在试图对 $\boldsymbol{x}$ 进行测量时能事先知道其 k 个非零元素的位置一样,因此可以对其准确的“感知”[Can08a]。

定理 15.5.2 是 CS 理论中一个较为重要和著名的定理,由 E. J. Candès 在 2008 年提出[Can08b],并给出了证明。文献[Bar13]按照文献[Can08b]的思路又给出了较为详细的证明。此处对该定理的证明基本上参照了文献[Bar13]和[Can08b]的论述。

定理 15.5.2 证明的主要思路是令 $\boldsymbol{h}=\boldsymbol{x}^*-\boldsymbol{x}$,注意到 $\|\boldsymbol{h}\|_2$就是(15.5.5)式的左边,然后考查 $\|\boldsymbol{h}\|_2$的取值边界,从而和(15.5.5)式的右边建立起联系,然后再得到(15.5.4)式。该定理的证明需要如下 4 个引理。

引理 15.5.1　对任意的 $\boldsymbol{u},\boldsymbol{v}\in\Sigma_k$ 并且具有不相邻的支撑,如果$\boldsymbol{\Phi}$ 满足 $2k$ 阶的 RIP,则下述关系成立

$$|\langle\boldsymbol{\Phi u},\boldsymbol{\Phi v}\rangle|\leqslant\delta_{2k}\|\boldsymbol{u}\|_2\|\boldsymbol{v}\|_2 \tag{15.5.6}$$

证明　该引理已假定 $\boldsymbol{u},\boldsymbol{v}\in\Sigma_k$ 并且具有不相邻的支撑,再假定 $\|\boldsymbol{u}\|_2=\|\boldsymbol{v}\|_2=1$,这样 $\boldsymbol{u}\pm\boldsymbol{v}\in\Sigma_{2k}$,并且$\|\boldsymbol{u}\pm\boldsymbol{v}\|_2^2=2$。利用 RIP 的定义,有

$$2(1-\delta_{2k})\leqslant\|\boldsymbol{\Phi u}\pm\boldsymbol{\Phi v}\|_2^2\leqslant2(1+\delta_{2k})$$

再由平行四边形恒等式,可得

$$|\langle\boldsymbol{\Phi u},\boldsymbol{\Phi v}\rangle|\leqslant\frac{1}{4}\left|\|\boldsymbol{\Phi u}+\boldsymbol{\Phi v}\|_2^2-\|\boldsymbol{\Phi u}-\boldsymbol{\Phi v}\|_2^2\right|\leqslant\delta_{2k} \tag{15.5.7}$$

因此引理 15.5.1 得证。 □

引理 15.5.2 假定 $\boldsymbol{u}, \boldsymbol{v}$ 是相互正交的向量，则下面的关系成立

$$\|\boldsymbol{u}\|_2 + \|\boldsymbol{v}\|_2 \leqslant \sqrt{2}\|\boldsymbol{u}+\boldsymbol{v}\|_2 \tag{15.5.8}$$

证明 定义一个 2×1 的向量 $\boldsymbol{w}=[\|\boldsymbol{u}\|_2, \|\boldsymbol{v}\|_2]^{\mathrm{T}}$，利用(15.4.3)式的结论，并注意到此处 $k=2$，因此有 $\|\boldsymbol{w}\|_1 \leqslant \sqrt{2}\|\boldsymbol{w}\|_2$。由这一关系及 $\boldsymbol{w}$ 的定义，有

$$\|\boldsymbol{u}\|_2 + \|\boldsymbol{v}\|_2 \leqslant \sqrt{2}\sqrt{\|\boldsymbol{u}\|_2^2 + \|\boldsymbol{v}\|_2^2} \tag{15.5.9}$$

因为 $\boldsymbol{u}, \boldsymbol{v}$ 是相互正交的，所以 $\|\boldsymbol{u}\|_2^2 + \|\boldsymbol{v}\|_2^2 = \|\boldsymbol{u}+\boldsymbol{v}\|_2^2$，因此引理 15.5.2 得证。 □

引理 15.5.3 假定 $\boldsymbol{\Phi}$ 满足 $2k$ 阶的 RIP，令 $T_0 \subset \{1,2,\cdots,N\}$ 是 $\# T_0 \leqslant k$ 的任一下标集合，给定 $\boldsymbol{h}\in\mathbb{R}^N$，再令 T_1 是对应 $\boldsymbol{h}_{T_0^c}$ 的 k 个绝对值最大的元素的下标集合，并令 $T=T_0 \cup T_1$，则

$$\|\boldsymbol{h}_T\|_2 \leqslant \alpha \frac{\|\boldsymbol{h}_{T_0^c}\|_1}{\sqrt{k}} + \beta \frac{|\langle \boldsymbol{\Phi}\boldsymbol{h}_T, \boldsymbol{\Phi}\boldsymbol{h}\rangle|}{\|\boldsymbol{h}_T\|_2} \tag{15.5.10}$$

式中

$$\alpha = \frac{\sqrt{2}\delta_{2k}}{1-\delta_{2k}}, \quad \beta = \frac{1}{1-\delta_{2k}} \tag{15.5.11}$$

证明 因为 $\boldsymbol{h}\in\Sigma_{2k}$，由 RIP 的定义，其下界满足

$$(1-\delta_{2k})\|\boldsymbol{h}_T\|_2^2 \leqslant \|\boldsymbol{\Phi}\boldsymbol{h}_T\|_2^2 \tag{15.5.12}$$

在引理中已定义 T_1 是对应 $\boldsymbol{h}_{T_0^c}$ 的 k 个最大元素的下标集合，再定义 T_2 是 $\boldsymbol{h}_{T_0^c}$ 的下一个 k 个最大元素的下标集合，依次可定义 $T_3, T_4, \cdots$。因为 $\boldsymbol{\Phi}\boldsymbol{h}_T = \boldsymbol{\Phi}\boldsymbol{h} - \sum_{j\geqslant 2}\boldsymbol{\Phi}\boldsymbol{h}_{T_j}$，我们可重写(15.5.12)式为

$$(1-\delta_{2k})\|\boldsymbol{h}_T\|_2^2 \leqslant \langle \boldsymbol{\Phi}\boldsymbol{h}_T, \boldsymbol{\Phi}\boldsymbol{h}\rangle - \langle \boldsymbol{\Phi}\boldsymbol{h}_T, \sum_{j\geqslant 2}\boldsymbol{\Phi}\boldsymbol{h}_{T_j}\rangle \tag{15.5.13}$$

由引理 15.5.1 的结论((15.5.6)式)，意味着如下关系成立

$$|\langle \boldsymbol{\Phi}\boldsymbol{h}_{T_i}, \boldsymbol{\Phi}\boldsymbol{h}_{T_j}\rangle| \leqslant \delta_{2k}\|\boldsymbol{h}_{T_i}\|_2\|\boldsymbol{h}_{T_j}\|_2, \quad \text{for all } i,j \tag{15.5.14}$$

再由引理 15.5.2 的结论((15.5.8)式)，可得到如下关系

$$\|\boldsymbol{h}_{T_0}\|_2 + \|\boldsymbol{h}_{T_1}\|_2 \leqslant \sqrt{2}\|\boldsymbol{h}_T\|_2 \tag{15.5.15}$$

将(15.5.15)式代入(15.5.14)式，有

$$\begin{aligned}\left|\langle \boldsymbol{\Phi}\boldsymbol{h}_T, \sum_{j\geqslant 2}\boldsymbol{\Phi}\boldsymbol{h}_{T_j}\rangle\right| &= \left|\sum_{j\geqslant 2}\langle \boldsymbol{\Phi}\boldsymbol{h}_{T_0}, \boldsymbol{\Phi}\boldsymbol{h}_{T_j}\rangle + \sum_{j\geqslant 2}\langle \boldsymbol{\Phi}\boldsymbol{h}_{T_1}, \boldsymbol{\Phi}\boldsymbol{h}_{T_j}\rangle\right| \\ &\leqslant \sum_{j\geqslant 2}|\langle \boldsymbol{\Phi}\boldsymbol{h}_{T_0}, \boldsymbol{\Phi}\boldsymbol{h}_{T_j}\rangle| + \sum_{j\geqslant 2}|\langle \boldsymbol{\Phi}\boldsymbol{h}_{T_1}, \boldsymbol{\Phi}\boldsymbol{h}_{T_j}\rangle|\end{aligned}$$

$$\leqslant \delta_{2k} \| \boldsymbol{h}_{T_0} \|_2 \sum_{j \geqslant 2} \| \boldsymbol{h}_{T_j} \|_2 + \delta_{2k} \| \boldsymbol{h}_{T_1} \|_2 \sum_{j \geqslant 2} \| \boldsymbol{h}_{T_j} \|_2$$

$$\leqslant \sqrt{2} \delta_{2k} \| \boldsymbol{h}_T \|_2 \sum_{j \geqslant 2} \| \boldsymbol{h}_{T_j} \|_2 \tag{15.5.16}$$

由于下标集合 T_j 的定义使 $\boldsymbol{h}$ 的幅度随 j 的增大而递减，对 $j>2$，有

$$\| \boldsymbol{h}_{T_j} \|_\infty \leqslant \frac{\| \boldsymbol{h}_{T_{j-1}} \|_1}{k} \tag{15.5.17}$$

再一次利用(15.4.3)式的结论，有

$$\sum_{j \geqslant 2} \| \boldsymbol{h}_{T_j} \|_2 \leqslant \sqrt{k} \sum_{j \geqslant 2} \| \boldsymbol{h}_{T_j} \|_\infty \leqslant k^{-1/2} \sum_{j \geqslant 1} \| \boldsymbol{h}_{T_j} \|_1 = k^{-1/2} \| \boldsymbol{h}_{T_0^c} \|_1 \tag{15.5.18}$$

因此可得到如下关系

$$\sum_{j \geqslant 2} \| \boldsymbol{h}_{T_j} \|_2 \leqslant k^{-1/2} \| \boldsymbol{h}_{T_0^c} \|_1 \tag{15.5.19}$$

于是，(15.5.16)式变为

$$\left| \langle \boldsymbol{\Phi} \boldsymbol{h}_T, \sum_{j \geqslant 2} \boldsymbol{\Phi} \boldsymbol{h}_{T_j} \rangle \right| \leqslant \sqrt{2} \delta_{2k} \| \boldsymbol{h}_T \|_2 \frac{\| h_{T_0^c} \|_1}{\sqrt{k}} \tag{15.5.20}$$

结合(15.5.20)式和(15.5.13)式，有

$$\begin{aligned}
(1-\delta_{2k}) \left\| \boldsymbol{h}_T \right\|_2^2 &\leqslant \left| \langle \boldsymbol{\Phi} \boldsymbol{h}_T, \boldsymbol{\Phi} \boldsymbol{h} \rangle - \langle \boldsymbol{\Phi} \boldsymbol{h}_T, \sum_{j \geqslant 2} \boldsymbol{\Phi} \boldsymbol{h}_{T_j} \rangle \right| \\
&\leqslant \left| \langle \boldsymbol{\Phi} \boldsymbol{h}_T, \boldsymbol{\Phi} \boldsymbol{h} \rangle \right| + \left| \langle \boldsymbol{\Phi} \boldsymbol{h}_T, \sum_{j \geqslant 2} \boldsymbol{\Phi} \boldsymbol{h}_{T_j} \rangle \right| \\
&\leqslant \left| \langle \boldsymbol{\Phi} \boldsymbol{h}_T, \boldsymbol{\Phi} \boldsymbol{h} \rangle \right| + \sqrt{2} \delta_{2k} \| \boldsymbol{h}_T \|_2 \frac{\| \boldsymbol{h}_{T_0^c} \|_1}{\sqrt{k}}
\end{aligned} \tag{15.5.21}$$

进一步，该式变为

$$\left\| \boldsymbol{h}_T \right\|_2^2 \leqslant \| \boldsymbol{h}_T \|_2 \left[\frac{\sqrt{2} \delta_{2k}}{1-\delta_{2k}} \frac{\| \boldsymbol{h}_{T_0^c} \|_1}{\sqrt{k}} + \frac{1}{1-\delta_{2k}} \frac{| \langle \boldsymbol{\Phi} \boldsymbol{h}_T, \boldsymbol{\Phi} \boldsymbol{h} \rangle |}{\| \boldsymbol{h}_T \|_2} \right]$$

显然，该式即是(15.5.10)式。因此，引理 15.5.3 得证。 □

注意，引理 15.5.3 就是引理 15.4.2，它们分在两处分别用来证明定理 15.4.1 和定理 15.5.2。

引理 15.5.4　假定$\boldsymbol{\Phi}$满足 $2k$ 阶的 RIP 并具有 $\delta_{2k} < \sqrt{2}-1$，令 $\boldsymbol{x}, \boldsymbol{x}^* \in \mathbb{R}^N$ 及 $\boldsymbol{h} = \boldsymbol{x}^* - \boldsymbol{x}$。令 T_0 是对应 $\boldsymbol{x}$ 的 k 个最大元素的下标集合，T_1 是对应 $\boldsymbol{h}_{T_0^c}$ 的 k 个最大元素的下标集合，并令 $T = T_0 \cup T_1$。如果 $\| \boldsymbol{x}^* \|_1 \leqslant \| \boldsymbol{x} \|_1$，则

$$\| \boldsymbol{h} \|_2 \leqslant C_0 \frac{\sigma_k(\boldsymbol{x})_1}{\sqrt{k}} + C_1 \frac{| \langle \boldsymbol{\Phi} \boldsymbol{h}_T, \boldsymbol{\Phi} \boldsymbol{h} \rangle |}{\| \boldsymbol{h}_T \|_2} \tag{15.5.22}$$

式中

$$C_0 = 2\frac{1-(1-\sqrt{2})\delta_{2k}}{1-(1+\sqrt{2})\delta_{2k}}, \quad C_1 = \frac{2}{1-(1+\sqrt{2})\delta_{2k}} \tag{15.5.23}$$

证明 由于 $\boldsymbol{h}=\boldsymbol{h}_T+\boldsymbol{h}_{T^c}$，由三角不等式，有

$$\|\boldsymbol{h}\|_2 \leqslant \|\boldsymbol{h}_T\|_2 + \|\boldsymbol{h}_{T^c}\|_2 \tag{15.5.24}$$

我们需要确定 $\|\boldsymbol{h}_{T^c}\|_2$ 和 $\|\boldsymbol{h}_T\|_2$ 取值的边界。在本引理中已定义 T_1 是对应 $\boldsymbol{h}_{T_0^c}$ 的 k 个最大元素的下标集合，集合 $T_2, T_3, \cdots$，的定义如引理 15.5.3 所示。因此有(见文献[Bar13]的引理 7.8)

$$\|\boldsymbol{h}_{T^c}\|_2 = \left\|\sum_{j\geqslant 2}\boldsymbol{h}_{T_j}\right\|_2 \leqslant \sum_{j\geqslant 2}\|\boldsymbol{h}_{T_j}\|_2 \leqslant k^{-1/2}\|\boldsymbol{h}_{T_0^c}\|_1 \tag{15.5.25}$$

为确定 $\|\boldsymbol{h}_{T^c}\|_2$ 的取值，现在需要确定 $\|\boldsymbol{h}_{T_0^c}\|_1$ 的取值。因为 $\|\boldsymbol{x}^*\|_1 \leqslant \|\boldsymbol{x}\|_1$，再一次应用三角不等式，有

$$\begin{aligned}\|\boldsymbol{x}\|_1 \geqslant \|\boldsymbol{x}+\boldsymbol{h}\|_1 &= \|\boldsymbol{x}_{T_0}+\boldsymbol{h}_{T_0}\|_1 + \|\boldsymbol{x}_{T_0^c}+\boldsymbol{h}_{T_0^c}\|_1 \\ &\geqslant \|\boldsymbol{x}_{T_0}\|_1 - \|\boldsymbol{h}_{T_0}\|_1 + \|\boldsymbol{h}_{T_0^c}\|_1 - \|\boldsymbol{x}_{T_0^c}\|_1\end{aligned} \tag{15.5.26}$$

对(15.5.26)式重新安排并应用三角不等式，有如下结果

$$\begin{aligned}\|\boldsymbol{h}_{T_0^c}\|_1 &\leqslant \|\boldsymbol{x}\|_1 - \|\boldsymbol{x}_{T_0}\|_1 + \|\boldsymbol{h}_{T_0}\|_1 + \|\boldsymbol{x}_{T_0^c}\|_1 \\ &\leqslant \|\boldsymbol{x}-\boldsymbol{x}_{T_0}\|_1 + \|\boldsymbol{h}_{T_0}\|_1 + \|x_{T_0^c}\|_1\end{aligned} \tag{15.5.27}$$

由(15.5.1)式关于 $\sigma_k(\boldsymbol{x})_1$ 的定义，有 $\sigma_k(\boldsymbol{x})_1 = \|\boldsymbol{x}_{T_0^c}\|_1 = \|\boldsymbol{x}-\boldsymbol{x}_{T_0}\|_1$，所以(15.5.27)式可变为

$$\|\boldsymbol{h}_{T_0^c}\|_1 \leqslant \|\boldsymbol{h}_{T_0}\|_1 + 2\sigma_k(\boldsymbol{x})_1 \tag{15.5.28}$$

将这一结果和(15.5.25)式结合起来，有

$$\|\boldsymbol{h}_{T^c}\|_2 \leqslant \frac{\|\boldsymbol{h}_{T_0}\|_1 + 2\sigma_k(\boldsymbol{x})_1}{\sqrt{k}} \leqslant \|\boldsymbol{h}_{T_0}\|_2 + \frac{2\sigma_k(\boldsymbol{x})_1}{\sqrt{k}} \tag{15.5.29}$$

上式中最后一个不等式利用了(15.4.3)式的范数关系。

以上讨论确定了 $\|\boldsymbol{h}_{T^c}\|_2$ 取值的边界关系。因为 $\|\boldsymbol{h}_{T_0}\|_2 \leqslant \|\boldsymbol{h}_T\|_2$，由(15.5.24)式，有

$$\|\boldsymbol{h}\|_2 \leqslant 2\|\boldsymbol{h}_T\|_2 + \frac{2\sigma_k(\boldsymbol{x})_1}{\sqrt{k}} \tag{15.5.30}$$

现在讨论如何确定 $\|\boldsymbol{h}_T\|_2$ 取值的边界关系。应用引理 15.5.3 的结果，即(15.5.10)式，再结合(15.5.28)式，并再一次应用(15.4.3)式的范数关系，有

$$\|\boldsymbol{h}_T\|_2 \leqslant \alpha\frac{\|\boldsymbol{h}_{T_0^c}\|_1}{\sqrt{k}} + \beta\frac{|\langle\boldsymbol{\Phi}\boldsymbol{h}_T, \boldsymbol{\Phi}\boldsymbol{h}\rangle|}{\|\boldsymbol{h}_T\|_2}$$

$$\leqslant \alpha \frac{\| \boldsymbol{h}_{T_0} \|_1 + 2\sigma_k(\boldsymbol{x})_1}{\sqrt{k}} + \beta \frac{|\langle \boldsymbol{\Phi h}_T, \boldsymbol{\Phi h} \rangle|}{\| \boldsymbol{h}_T \|_2}$$

$$\leqslant \alpha \| \boldsymbol{h}_{T_0} \|_2 + 2\alpha \frac{\sigma_k(\boldsymbol{x})_1}{\sqrt{k}} + \beta \frac{|\langle \boldsymbol{\Phi h}_T, \boldsymbol{\Phi h} \rangle|}{\| \boldsymbol{h}_T \|_2} \tag{15.5.31}$$

因为 $\| \boldsymbol{h}_{T_0} \|_2 \leqslant \| \boldsymbol{h}_T \|_2$，所以上式可改为

$$(1-\alpha) \| \boldsymbol{h}_T \|_2 \leqslant 2\alpha \frac{\sigma_k(\boldsymbol{x})_1}{\sqrt{k}} + \beta \frac{|\langle \boldsymbol{\Phi h}_T, \boldsymbol{\Phi h} \rangle|}{\| \boldsymbol{h}_T \|_2} \tag{15.5.32}$$

引理假定 $\delta_{2k} < \sqrt{2} - 1$ 保证了 $\alpha < 1$，将(15.5.32)式两边除以$(1-\alpha)$，再结合(15.5.30)式，有

$$\| \boldsymbol{h} \|_2 \leqslant \left(\frac{4\alpha}{1-\alpha} + 2 \right) \frac{\sigma_k(\boldsymbol{x})_1}{\sqrt{k}} + \frac{2\beta}{1-\alpha} \frac{|\langle \boldsymbol{\Phi h}_T, \boldsymbol{\Phi h} \rangle|}{\| \boldsymbol{h}_T \|_2} \tag{15.5.33}$$

将(15.5.11)式关于 α, β 的定义代入(15.5.33)式，从而得到本引理的结果，即(15.5.22)式和(15.5.23)式，因此引理 15.5.4 得证。 □

有了引理 15.5.3 和 15.5.4，现在我们可以证明定理 15.5.2。

证明　因为 $\boldsymbol{x}^*$ 是满足(15.1.9a)式的 P_1 解，即 $\boldsymbol{x}^* = \min \| \boldsymbol{x} \|_1$，s. t. $\boldsymbol{y} = \boldsymbol{\Phi x}$，所以 $\boldsymbol{y} = \boldsymbol{\Phi x}^*$。$\boldsymbol{x}$ 是我们待求的原信号，由对它的感知得到了测量 $\boldsymbol{y}$，即 $\boldsymbol{y} = \boldsymbol{\Phi x}$。令 $\boldsymbol{h} = \boldsymbol{x}^* - \boldsymbol{x}$，则 $\boldsymbol{\Phi h} = 0$，即 $\boldsymbol{h} \in \mathcal{N}(\boldsymbol{\Phi})$。这时，$|\langle \boldsymbol{\Phi h}_T, \boldsymbol{\Phi h} \rangle| = 0$，因此(15.5.17)式(或(15.5.28)式)右边的第二项为零，结果有 $\| \boldsymbol{h} \|_2 \leqslant C_0 k^{-1/2} \sigma_k(\boldsymbol{x})_1$，此即(15.5.5)式。

下面证明(15.5.4)式。在下面用到的 T_0 和 T_1 的定义和引理 15.5.3 中的定义相同。由引理 15.5.3 及 $|\langle \boldsymbol{\Phi h}_T, \boldsymbol{\Phi h} \rangle| = 0$，有 $\| \boldsymbol{h}_T \|_2 \leqslant \alpha k^{-1/2} \| \boldsymbol{h}_{T_0^c} \|_1$。由(15.4.3)式，对 $\boldsymbol{u} \in \Sigma_k$，有关系 $\| \boldsymbol{u} \|_1 \leqslant k^{1/2} \| \boldsymbol{u} \|_2$ 存在，而 $\# T_0 = k$，因此，

$$\| \boldsymbol{h}_{T_0} \|_1 \leqslant k^{1/2} \| \boldsymbol{h}_{T_0} \|_2 \leqslant k^{1/2} \| \boldsymbol{h}_T \|_2 \leqslant \alpha \| \boldsymbol{h}_{T_0^c} \|_1 \tag{15.5.34}$$

将(15.5.34)式的结果代入(15.5.28)式，有

$$\| \boldsymbol{h}_{T_0^c} \|_1 \leqslant \| \boldsymbol{h}_{T_0} \|_1 + 2\sigma_k(\boldsymbol{x})_1 \leqslant \alpha \| \boldsymbol{h}_{T_0^c} \|_1 + 2\sigma_k(\boldsymbol{x})_1 \tag{15.5.35}$$

因为定理 15.5.2 假设了 RIP 常数 $\delta_{2k} < \sqrt{2} - 1$，即 $(\sqrt{2}+1)\delta_{2k} < 1$，从而引理 15.5.3 中的常数 $\alpha = \frac{\sqrt{2}\delta_{2k}}{1-\delta_{2k}} < 1$。这样可以将(15.5.35)式右侧的 $\alpha \| \boldsymbol{h}_{T_0^c} \|_1$ 移到左边，两边再除以 $1-\alpha$(不等式的方向不变)，得到

$$\| \boldsymbol{h}_{T_0^c} \|_1 \leqslant 2(1-\alpha)^{-1} \sigma_k(\boldsymbol{x})_1 \tag{15.5.36}$$

因为 $\| \boldsymbol{h} \|_1 \leqslant \| \boldsymbol{h}_{T_0} \|_1 + \| \boldsymbol{h}_{T_0^c} \|_1$，由(15.5.34)式，有 $\| \boldsymbol{h} \|_1 \leqslant (1+\alpha) \| \boldsymbol{h}_{T_0^c} \|_1$，再由(15.5.36)式，最后得到

$$\|\boldsymbol{h}\|_1=\|\boldsymbol{x}^*-\boldsymbol{x}\|_1\leqslant\|\boldsymbol{h}_{T_0}\|_1+\|\boldsymbol{h}_{T_0^c}\|_1\leqslant 2(1+\alpha)(1-\alpha)^{-1}\sigma_k(\boldsymbol{x})_1 \tag{15.5.37}$$

而 $2(1+\alpha)(1-\alpha)^{-1}=C_0$，又因为 $\sigma_k(\boldsymbol{x})_1=\|\boldsymbol{x}-\boldsymbol{x}_k\|_1$，因此这时的式(15.5.37)就是(15.5.4)式，于是定理15.5.2得证。 □

15.6 噪声情况下的信号恢复

在利用矩阵Φ对 $\boldsymbol{x}$ 测量的过程中，不可避免地会存在误差。误差可能来源于传感器，也可能来源于计算过程的舍入误差和量化误差。这时，(15.1.2)式的"感知"模型变成

$$\boldsymbol{y}=\Phi\boldsymbol{x}+\boldsymbol{e} \tag{15.6.1}$$

式中 $\boldsymbol{e}\in\mathbb{R}^M$是误差向量，也就是我们所说的噪声。它可能是随机的，也可能是确定性的。记 $\Delta(\boldsymbol{y})=\boldsymbol{x}^*$，我们关心的是 $\boldsymbol{x}^*$ 对 $\boldsymbol{x}$ 的近似性能。该问题是噪声情况下的信号恢复问题，也是压缩感知算法的稳健性问题(或鲁棒性，robustness)。

定义 15.6.1[Dav12] 令$\Phi\in\mathbb{R}^{M\times N}$是测量矩阵，$\Delta$ 是实现$\mathbb{R}^M\rightarrow\mathbb{R}^N$的恢复算法，对任意的 $\boldsymbol{x}\in\Sigma_k$ 和任意的 $\boldsymbol{e}\in\mathbb{R}^M$，如果

$$\|\boldsymbol{x}-\Delta(\Phi\boldsymbol{x}+\boldsymbol{e})\|_2=\|\boldsymbol{x}-\boldsymbol{x}^*\|_2\leqslant C\|\boldsymbol{e}\|_2 \tag{15.6.2}$$

成立，则称编码—解码对(Φ，Δ)是 C-稳定的。式中 C 为常数。

定义15.6.1说明了一个简单的事实，即在测量过程中产生的误差，在恢复过程中其影响不会任意大，它将不超过误差自身的 l_2 范数(乘上一常数)。下面的定理给出 C-稳定和 RIP 之间的关系。

定理 15.6.1[Dav12] 如果编码—解码对(Φ，Δ)是 C-稳定的，则对所有的 $\boldsymbol{x}\in\Sigma_{2k}$，下述关系成立

$$\frac{1}{C}\|\boldsymbol{x}\|_2\leqslant\|\Phi\boldsymbol{x}\|_2 \tag{15.6.3}$$

证明 令任意的 $\boldsymbol{u},\boldsymbol{v}\in\Sigma_k$，定义

$$\boldsymbol{e}_u=\frac{\Phi(\boldsymbol{v}-\boldsymbol{u})}{2},\quad \boldsymbol{e}_v=\frac{\Phi(\boldsymbol{u}-\boldsymbol{v})}{2},$$

显然，$\boldsymbol{e}_u=-\boldsymbol{e}_v$，并有$\Phi\boldsymbol{u}+\boldsymbol{e}_u=\Phi\boldsymbol{v}+\boldsymbol{e}_v=\dfrac{\Phi(\boldsymbol{u}+\boldsymbol{v})}{2}$。

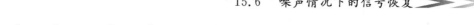

再令 $\hat{\boldsymbol{u}}=\Delta(\Phi\boldsymbol{u}+\boldsymbol{e}_u)=\Delta(\Phi\boldsymbol{v}+\boldsymbol{e}_v)$，由 C-稳定的定义和三角不等式，有

$$
\begin{aligned}
\|\boldsymbol{u}-\boldsymbol{v}\|_2 &= \|\boldsymbol{u}-\hat{\boldsymbol{u}}+\hat{\boldsymbol{u}}-\boldsymbol{v}\|_2 \\
&\leqslant \|\boldsymbol{u}-\hat{\boldsymbol{u}}\|_2+\|\hat{\boldsymbol{u}}-\boldsymbol{v}\|_2 \\
&\leqslant C\|\boldsymbol{e}_u\|_2+C\|\boldsymbol{e}_v\|_2=C\|\boldsymbol{\Phi u}-\boldsymbol{\Phi v}\|_2
\end{aligned}
$$

再因为 $\boldsymbol{u},\boldsymbol{v}\in\Sigma_k$，所以 $\boldsymbol{u}-\boldsymbol{v}\in\Sigma_{2k}$。把 $\boldsymbol{u}-\boldsymbol{v}$ 视为(15.6.3)式的 $\boldsymbol{x}$，于是定理得证。 □

比较(15.4.1a)式有关 RIP 的定义和(15.6.3)式，立即有 $(1-\delta_k)=1/C$。显然，如果 $C>1$，则 $\delta_k\in(0,1)$，确保了 Φ 具有 RIP 性质。当 $C\to1$ 时，$\delta_k\to0$，由(15.4.1a)式，有 $\|\boldsymbol{x}\|_2^2\leqslant\|\Phi x\|_2^2$，或(15.6.3)式的 $\|\boldsymbol{x}\|_2\leqslant\|\boldsymbol{\Phi x}\|_2$。这可以看作是在最大程度上减轻了噪声对恢复信号的影响。因此，为了减轻噪声对恢复信号的影响，应该通过合理的设计，使测量矩阵 Φ 有着尽量小的 RIP 常数 δ。

下面的定理进一步给出了噪声情况下信号恢复的误差和 RIP 的关系及误差的边界。

定理 15.6.2[Can06c,Can08b,Dav12] 如果 $\Phi\in\mathbb{R}^{M\times N}$ 满足 $2k$ 阶的 RIP 且 $\delta_{2k}<\sqrt{2}-1$，令 $\boldsymbol{y}=\boldsymbol{\Phi x}+\boldsymbol{e}$ 及 $\|\boldsymbol{e}\|_2\leqslant\varepsilon$，再令 $\boldsymbol{x}^*$ 是满足

$$
\boldsymbol{x}^*=\arg\min_{\boldsymbol{u}}\|\boldsymbol{u}\|_1,\quad \text{s.t.}\quad \|\boldsymbol{\Phi u}-\boldsymbol{y}\|_2\leqslant\varepsilon \tag{15.6.4}
$$

的最优解，则

$$
\|\boldsymbol{x}^*-\boldsymbol{x}\|_2\leqslant C_0\frac{\sigma_k(\boldsymbol{x})_1}{\sqrt{k}}+C_2\varepsilon \tag{15.6.5}
$$

式中

$$
C_0=2\frac{1-(1-\sqrt{2})\delta_{2k}}{1-(1+\sqrt{2})\delta_{2k}},\quad C_2=4\frac{\sqrt{1+\delta_{2k}}}{1-(1+\sqrt{2})\delta_{2k}} \tag{15.6.6}
$$

显然，(15.6.5)式的误差包含两项，第一项对应无噪声时信号恢复的误差，这就是(15.5.5)式左边的恢复误差。第二项正比于噪声的能量，因此该项是由噪声引起的。(15.6.4)式的含意如图 15.6.1 所示。图中 $\boldsymbol{x}$ 是待恢复的原信号，$\boldsymbol{x}^*$ 是通过 l_1 最小求出的信号，它位于 l_1 球的顶点，灰色的条带是所有满足 $\|\boldsymbol{\Phi u}-\boldsymbol{y}\|_2\leqslant\varepsilon$ 的自变量 $\boldsymbol{u}$ 的取值范围。

下面给出定理 15.6.2 的证明。

证明[Bar13] 该定理的证明延续定理 15.5.2 的证明，特别是要用到引理 15.5.3 和引理 15.5.4 的结果。由于 $\boldsymbol{x}^*$ 是满足 $\boldsymbol{x}^*=\arg\min\limits_{\boldsymbol{u}}\|\boldsymbol{u}\|_1$，s.t. $\|\boldsymbol{\Phi u}-\boldsymbol{y}\|_2\leqslant\varepsilon$ 的最优解，所以 $\|\boldsymbol{x}^*\|_1\leqslant\|\boldsymbol{x}\|_1$。再一次定义 $\boldsymbol{h}=\boldsymbol{x}^*-\boldsymbol{x}$，我们现在需要确定 $\|\boldsymbol{h}\|_2$ 取值得边界。重写(15.5.22)式，即

$$
\|\boldsymbol{h}\|_2\leqslant C_0\frac{\sigma_k(\boldsymbol{x})_1}{\sqrt{k}}+C_1\frac{|\langle\boldsymbol{\Phi h}_T,\boldsymbol{\Phi h}\rangle|}{\|\boldsymbol{h}_T\|_2} \tag{15.6.7}
$$

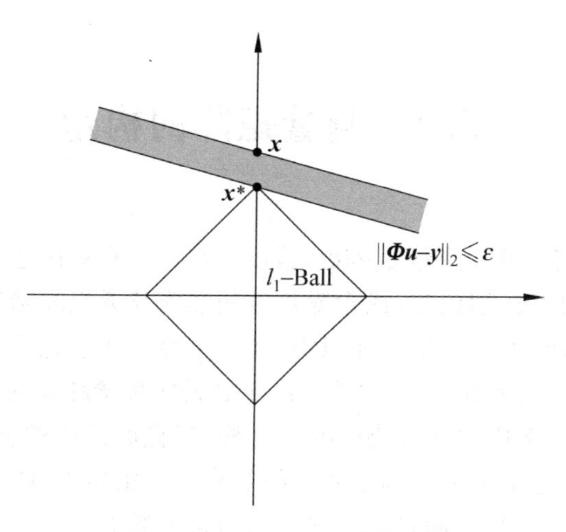

图 15.6.1 (15.6.4)式的含意

注意在存在噪声的情况下，$\boldsymbol{\Phi h}\neq 0$，因此上式第二项现在不等于零。容易看到

$$\begin{aligned}\|\boldsymbol{h}\|_2 &= \|\boldsymbol{\Phi x}^* - \boldsymbol{\Phi x}\|_2 = \|\boldsymbol{\Phi x}^* - \boldsymbol{y} + \boldsymbol{y} - \boldsymbol{\Phi x}\|_2 \\ &\leqslant \|\boldsymbol{\Phi x}^* - \boldsymbol{y}\|_2 + \|\boldsymbol{y} - \boldsymbol{\Phi x}\|_2 \leqslant 2\varepsilon\end{aligned} \tag{15.6.8}$$

利用(15.6.8)式的结果、RIP 的定义和三角不等式，我们可求出

$$|\langle \boldsymbol{\Phi h}_T, \boldsymbol{\Phi h}\rangle| \leqslant \|\boldsymbol{\Phi h}_T\|_2 \|\boldsymbol{\Phi h}\|_2 \leqslant 2\varepsilon\sqrt{1+\delta_{2k}}\|\boldsymbol{h}_T\|_2 \tag{15.6.9}$$

最后，(15.6.7)式变为

$$\|\boldsymbol{h}\|_2 \leqslant C_0\frac{\sigma_k(\boldsymbol{x})_1}{\sqrt{k}} + C_1 2\varepsilon\sqrt{1+\delta_{2k}} = C_0\frac{\sigma_k(\boldsymbol{x})_1}{\sqrt{k}} + C_2 2\varepsilon \tag{15.6.10}$$

因此定理 15.6.2 得证。 □

文献[Can08b]在给出定理 15.5.2 的同时也给出了定理 15.6.2 的证明，并指出，(15.6.5)式中的常数 C_0 和 C_2 都是相当小的数。例如，如果 $\delta_{2k}=0.2$，则(15.6.5)式的恢复误差将小于 $8.5\varepsilon+4.2\|\boldsymbol{x}-\boldsymbol{x}_k\|_1/\sqrt{k}$，其中 $\boldsymbol{x}_k$ 是取了 $\boldsymbol{x}$ 的 k 个最大元素而让其他元素为零所得到的。

在本小节的最后顺便指出，(15.6.4)式的优化问题又称为基追踪去噪(Basis Pursuit DeNoising，BPDN)[Che98]。另外，在(15.6.1)式中的噪声 $\boldsymbol{e}$ 如果服从零均值、方差为 σ_e^2 的高斯分布，那么，通过下式的优化问题也可以实现信号的稳定恢复

$$\min\|\boldsymbol{x}\|_1 \quad \text{s.t.} \quad \|\boldsymbol{\Phi}^{\mathrm{T}}(\boldsymbol{\Phi x}-\boldsymbol{y})\|_\infty \leqslant \varepsilon' \tag{15.6.11}$$

式中 $\varepsilon'=\lambda\sigma_e$，$\lambda$ 是大于零的某些常数。(15.6.11)式又称为 Dantzig Selector[Can07b]。

15.7　测量矩阵的构造

由前面各节的讨论可知，测量矩阵Φ，或$\Theta = \Phi\Psi$在 CS 中起到了非常重要的作用。为保证 k 稀疏信号，或可压缩信号，或含噪信号的准确及近似准确恢复，Φ 必须满足 15.4 节所讨论过的各个性质，即 spark、NSP、RIP 和相干性。从理论上说，我们希望Φ能具有大的 spark，小的相干性和小的 RIP 常数。由于Ψ是实现稀疏变换的正交阵，它通常是确定性的方阵，因此，Θ 的性质主要取决于Φ。这样，讨论Φ 的构造基本上等同于讨论Θ 的构造，上述对Φ 的要求也基本上等同于对Θ 的要求。对给定的 M 和 N，我们希望能构造出对尽可能大的稀疏度 k 仍能满足 k 阶 RIP 条件的矩阵Φ。

直接检查一个矩阵是否具有 spark、NSP 和 RIP 性质都是非常困难的。例如，要问Φ是否满足 RIP，我们必须考察由于非零元素位置不同而可能有的 C_N^k 个 k 稀疏信号 $\boldsymbol{x}$ 是否都满足(15.4.1)式，如果 k 是变化的，那么 k 稀疏信号的个数将是 $C_N^1 + C_N^2 + \cdots + C_N^k$，显然，这是几乎不可能实现的。

人们在研究 CS 的理论中发现，如果Φ是随机矩阵，那么就很容易以大概率确保Φ和Θ具有 RIP 性质。随机矩阵可能来自于高斯分布(又称为正态分布)，或伯努利分布(Bernoulli)，或亚高斯(subgaussian)分布。显然，选择了随机矩阵，那么测量 $\boldsymbol{y}$ 仅仅是信号 $\boldsymbol{x}$ 的元素的 M 个不同的随机线性加权。

文献[Bar08]给出了随机矩阵满足 RIP 的证明。其中用到了 Johnson-Lindenstrauss (JL) 引理和浓缩测量(Concentration of Measure)的概念。本小节先介绍一下 JL 引理和浓缩测量的概念，然后重点讨论随机矩阵，并简要介绍其他可用于 CS 的测量矩阵。

15.7.1　Johnson-Lindenstrauss 引理和浓缩测量的基本概念

Johnson-Lindenstrauss 引理[Jon84]讨论如下问题：令 Q 是 Euclidean 空间$\mathbb{R}^N$中点的集合，N 一般比较大，我们希望将这些点嵌入到低维的 Euclidean 空间$\mathbb{R}^M$中，并要求要近似保护任意两个点之间原来的距离。问题是：相对于 $\# Q$，M 能取到多小及如何嵌入？Johnson-Lindenstrauss 引理回答了这些问题。

Johnson-Lindenstrauss 引理：给定 $\varepsilon \in (0,1)$，对$\mathbb{R}^N$中每一个大小为 $\# Q$ 的点的集合 Q，如果 M 是一个正的整数，且 $M > M_0 = O(\ln(\# Q)/\varepsilon^2)$，则存在一个 Lipschitz 映射：$f: \mathbb{R}^N \to \mathbb{R}^M$，使得

$$(1-\varepsilon)\left\|\boldsymbol{u}-\boldsymbol{v}\right\|_2^2 \leqslant \left\|f(\boldsymbol{u})-f(\boldsymbol{v})\right\|_2^2 \leqslant (1+\varepsilon)\left\|\boldsymbol{u}-\boldsymbol{v}\right\|_2^2 \qquad (15.7.1)$$

对所有的$\boldsymbol{u},\boldsymbol{v}\in Q$成立。

读者可能会注意到，如果此处的点$\boldsymbol{u},\boldsymbol{v}$是空间$\mathbb{R}^N$中的向量$\boldsymbol{x}_1,\boldsymbol{x}_2$，映射$f$是矩阵$\boldsymbol{\Phi}$，那么，(15.7.1)式和(15.4.2)式有关RIP的定义极其相似。实际上，文献[Ach01]已证明，映射f可以由$M\times N$的随机矩阵$\boldsymbol{\Phi}$的线性映射来表示。Johnson-Lindenstrauss引理在线性代数、机器学习及其他需要降低维数的领域有着广泛的应用。

假定$\boldsymbol{\Phi}$的元素$\varphi_{i,j}$来自于一个随机变量的独立实现，并假定对任意的$\boldsymbol{x}\in\mathbb{R}^N$，随机变量$\|\boldsymbol{\Phi x}\|_2^2$的期望值等于$\|\boldsymbol{x}\|_2^2$，即

$$E\left\{\|\boldsymbol{\Phi x}\|_2^2\right\}=\|\boldsymbol{x}\|_2^2 \tag{15.7.2}$$

式中$E\{*\}$表示求均值运算。然后需要证明的是，对任意的$\boldsymbol{x}\in\mathbb{R}^N$，随机变量$\|\boldsymbol{\Phi x}\|_2^2$以大的概率集中于它的期望值，即

$$\mathbb{P}\left(\left|\|\boldsymbol{\Phi x}\|_2^2-\|\boldsymbol{x}\|_2^2\right|\geqslant\varepsilon\|\boldsymbol{x}\|_2^2\right)\leqslant 2\mathrm{e}^{-Mc_0(\varepsilon)},\quad 1<\varepsilon<1 \tag{15.7.3}$$

该式称为浓缩不等式(concentration inequality)。式中$\mathbb{P}$代表取概率运算，$c_0(\varepsilon)$是只和ε有关的常数，并且对于所有的$\varepsilon\in(0,1)$，有$c_0(\varepsilon)>0$。

文献[Bar08]利用上述的Johnson-Lindenstrauss引理和浓缩不等式证明了下一小节要讨论的随机矩阵具有RIP性质。有关这方面的证明还可参看文献[Fou13]。

15.7.2 随机测量矩阵

在随机测量矩阵中，最重要的是高斯测量矩阵和伯努利测量矩阵。

(1) 高斯测量矩阵

令$\boldsymbol{\Phi}\in\mathbb{R}^{M\times N}$的元素$\varphi_{i,j}$都是来自于高斯分布的独立、同分布(independent and identically distributed, i. i. d)的随机变量，且均值为零、方差为$1/M$，即

$$\varphi_{i,j}\sim\mathcal{N}(0,1/M) \tag{15.7.4}$$

则矩阵$\boldsymbol{\Phi}$和正交阵$\boldsymbol{\Psi}=\boldsymbol{I}$以大的概率不相干，此处$\boldsymbol{I}$是单位阵，又称为delta spikes阵。文献[Ach01]证明了高斯随机矩阵满足(15.7.3)式的浓缩不等式，且常数$c_0(\varepsilon)=\varepsilon^2/4-\varepsilon^3/6$。顺便指出，文献[Bar07]将高斯随机矩阵定义为$\varphi_{i,j}\sim\mathcal{N}(0,1/N)$。两种定义都是常数方差，不会影响其统计性质。

(2) 伯努利测量矩阵

一个伯努利矩阵的元素是取值为±1的独立实现，即

$$\varphi_{i,j}=\begin{cases}+1/\sqrt{M} & \text{with probability}1/2\\ -1/\sqrt{M} & \text{with probability } 1/2\end{cases} \tag{15.7.5a}$$

或者

$$\varphi_{i,j}=\begin{cases}+\sqrt{3/M} & \text{with probability } 1/6\\ 0 & \text{with probability } 2/3\\ -\sqrt{3/M} & \text{with probability } 1/6\end{cases}\tag{15.7.5b}$$

与高斯随机矩阵一样，伯努利矩阵也满足(15.7.3)式的浓缩不等式，且具有同样的常数 $c_0(\varepsilon)$。下面的定理指出了高斯随机矩阵和伯努利矩阵与 RIP 的关系。

定理 15.7.1[Bar08]　令 $0<\delta<1$，如果高斯随机矩阵Φ 满足(15.7.3)式的浓缩不等式，则存在只和 δ 有关的常数 C_1 和 C_2，使得Φ 以大于 $1-2\mathrm{e}^{-C_2M}$的概率具有 k 阶 RIP 性质，并且

$$k\leqslant C_1M/\log(N/k)\tag{15.7.6a}$$

及 RIP 常数 $\delta_k=\delta$。

限于篇幅和必要性，本小节的定理不再给出证明。

前已述及，高斯随机矩阵和伯努利矩阵都满足(15.7.3)式的浓缩不等式，因此定理 15.7.1 对它们都成立。由定理 15.7.1，我们可以进一步得到结论：对任意的 k 稀疏信号 $\boldsymbol{x}\in\mathbb{R}^N$，利用随机矩阵$\Phi$ 可以在测量数

$$M\geqslant Ck\log(N/k)\tag{15.7.6b}$$

的情况下稳定的被恢复。此结论就是我们在 15.4 节给出的(15.4.23)式。这一结果说明，测量数 M 正比于稀疏度 k，比例因子是 $\log(N/k)$，即 $M\sim O(k\log(N/k))$。文献[For10]指出，(15.7.6b)式给定的测量数不能被进一步的改进。

另外，不管正交阵Ψ 如何选择，矩阵$\Theta=\Phi\Psi$ 也将是 i.i.d 的随机矩阵，且具有 RIP 性质。在这个意义上，高斯和伯努利随机矩阵Φ 是通用的[Bar07]。

(3) 亚高斯测量矩阵

众所周知，一个标准的高斯随机变量 X 的概率密度函数是 $f(t)=\dfrac{1}{\sqrt{2\pi}}\mathrm{e}^{-t^2/2}$，并常记为 $X\sim\mathcal{N}(0,1)$。亚高斯随机变量定义为：

定义 15.7.1[Fou13]　如果存在常数 $\beta,\kappa>0$，使得

$$\mathbb{P}(|X|>t)\leqslant\beta\mathrm{e}^{-\kappa t^2},\quad \text{for all } t>0\tag{15.7.7}$$

成立，则称随机变量 X 服从亚高斯分布。

亚高斯随机变量的种类很多，特别重要的有三种：

(1) 如果 $X\sim\mathcal{N}(0,\sigma^2)$，即 X 服从均值为零、方差为 σ^2 的高斯分布，那么，X 服从常数为 $\kappa=\sigma$ 的亚高斯分布，即 $X\sim\mathrm{Sub}(\sigma^2)$。

(2) 如果随机变量 X 的分布是$\mathbb{P}(X=-1)=\mathbb{P}(X=1)=1/2$，则 X 服从亚高斯分布。显然，此处的 X 就是(15.7.5a)式的伯努利分布。

(3) 如果 X 是零均值且有界的随机变量，即存在常数 B 使得$|X|\leqslant B$ 以概率 1 成立，那么 X 服从常数为$\kappa=B$ 的亚高斯分布，即 $X\sim\mathrm{Sub}(B^2)$。

由以上讨论可以看出，在一定的条件下，高斯分布、伯努利分布和均匀分布都可以看作是亚高斯分布。因此，亚高斯分布是一类很具有代表性的分布。另外，文献[Dav10]指出，亚高斯分布也满足高斯分布的一些性质，如两个亚高斯分布的和仍然属于亚高斯分布。

如同高斯随机矩阵和伯努利随机矩阵地构成一样，利用亚高斯随机变量可以构造出由定义15.7.2给出的亚高斯随机矩阵。

定义15.7.2[Fou13] 如果矩阵$\Phi \in \mathbb{R}^{M \times N}$的元素$\varphi_{i,j}$都是来自于独立、同分布亚高斯的随机变量，且均值为零、方差为1，并且和(15.7.7)式的亚高斯随机变量X有着相同的常数β和κ，即

$$\mathbb{P}(|\varphi_{i,j}| \geqslant t) \leqslant \beta \mathrm{e}^{-\kappa t^2}, \quad \text{for all} \quad t > 0, i \in [M], \quad j \in [N] \tag{15.7.8}$$

则称Φ是亚高斯矩阵。

下面的定理给出了亚高斯矩阵和RIP的关系。

定理15.7.2[Fou13] 令$\Phi \in \mathbb{R}^{M \times N}$是亚高斯随机矩阵，则存在只和亚高斯参数$\beta$和$\kappa$有关的常数$C>0$，使得定标后的矩阵$\frac{1}{\sqrt{M}}\Phi$的RIP常数以至少$1-\varepsilon$的概率满足$\delta_k<\delta$，且

$$M \geqslant C\delta^{-2}(k\ln(eN/k) + \ln(2\varepsilon^{-1})) \tag{15.7.9}$$

如果令$\varepsilon = 2\exp(-\delta^2 M/(2C))$，则(15.7.10)式变为

$$M \geqslant C\delta^{-2}(k\ln(\mathrm{e}N/k) + \ln(\mathrm{e}^{\delta^2 M/(2C)})) = C\delta^{-2}k\ln(\mathrm{e}N/k) + M/2$$

将$M/2$移到方程的左边，得

$$M \geqslant 2C\delta^{-2}k\ln(\mathrm{e}N/k) \tag{15.7.10}$$

该式保证$\frac{1}{\sqrt{M}}\Phi$的RIP常数以至少$1-2\exp(-\delta^2 M/(2C))$的概率满足$\delta_k<\delta$。

由于高斯随机矩阵和伯努利随机矩阵也属于亚高斯矩阵，所以对它们也可得到类似(15.7.9)式的结果。注意(15.7.9)式和(15.7.6)式的结果并没有本质的不同，它们同属于$O(k\log(N/k))$的量级。

对亚高斯矩阵Φ，除了上面讨论过的特点外，还有两个特点需要强调，一是不管正交阵Ψ如何选择，矩阵$\Theta=\Phi\Psi$也是亚高斯的，且对Φ成立的RIP条件对Θ同样成立；二是对测量矩阵Θ，测量数M也满足(15.7.9)式。

15.7.3 部分随机傅里叶矩阵

虽然高斯和伯努利随机矩阵都具有RIP性质，且达到了(15.7.6)式所示的测量下界，但它们在实际应用中有如下不足：(1)在不同的实际应用中有时需要对测量矩阵提出各种物理的制约，但因为它们是随机的，所能给出的自由度很小，因此这种制约常常无法

实现；(2)随机矩阵$\boldsymbol{\Phi}$的$M\times N$个元素都要存储，因此在硬件实现时非常困难；(3)对随机矩阵缺少高效的矩阵和向量乘法的快速算法，因此限制了恢复算法的速度。

为了克服随机矩阵的上述不足，人们提出了利用部分随机的傅里叶矩阵来构造测量矩阵的方法。我们已熟知

$$[\boldsymbol{W}]_{n,k}=\exp\left(-\mathrm{j}\,\frac{2\pi}{N}nk\right),\quad n,k=0,1,2,\cdots,N-1 \tag{15.7.11}$$

是一 DFT 矩阵(注意此处n和k分别代表时间和频率的取值序号)，在其N行中随机且均匀的选择M行，从而构成$M\times N$的测量矩阵$\boldsymbol{\Phi}$。显然，$\boldsymbol{\Phi}$具有部分随机性，且又来自于 DFT 矩阵，因此称为部分随机的傅里叶矩阵，文献中又称为结构随机矩阵，或傅里叶集总(Fourier ensemble)。由这样的矩阵可以想象到，对稀疏信号$\boldsymbol{x}$的测量等效于“观察”N点 DFT，即$\boldsymbol{X}=\boldsymbol{W}\boldsymbol{x}$的$M$个元素。另外，部分随机傅里叶矩阵的一个突出优点是可用快速傅里叶变换(FFT)来计算矩阵和向量的乘法，从而提高了编码和解码的速度。文献[For10]证明了如下定理：

定理 15.7.3 令$\boldsymbol{\Phi}\in\mathbb{R}^{M\times N}$是按上述方法定义的部分随机傅里叶矩阵，则定标后的矩阵$\sqrt{N/M}\boldsymbol{\Phi}$的 RIP 常数以至少$1-N^{-\gamma\log^3(N)}$的概率满足$\delta_k<\delta$，且

$$M\geqslant C\delta^{-2}k\log^4(N) \tag{15.7.12}$$

式中C和$\gamma>1$是常数。

定理 15.7.3 指出，对所有的k稀疏信号$\boldsymbol{x}$，测量数M按$O(k\log^4 N)$取值可保证以大概率恢复。

类似上述傅里叶随机矩阵的构成，也可以利用一般的正交矩阵来构成结构随机矩阵。例如，令$\boldsymbol{\Psi}$是一$N\times N$的正交阵，在其N行中随机的选择M行，从而构成$M\times N$的测量矩阵$\boldsymbol{\Phi}$。显然，$\boldsymbol{\Phi}$也具有部分随机性。这一方法又称为一般正交集总(General orthogonal ensembles)，其有关性能见文献[Pat13]，此处不再讨论。

15.7.4 确定性测量矩阵

虽然随机矩阵可以大概率满足 RIP 条件，但由于其存储量大、缺乏快速算法等不足，特别是通过硬件实现时产生随机数较为困难，因此人们在工程实际中更希望能使用确定性测量矩阵。文献[DeV07]报告了一个建立在有限域(finite field)的多项式理论上的确定性矩阵的构造方法。但是，为满足 RIP 性质，这样的矩阵需要的测量数M是$O(k^2)$量级。文献[Bou11]报告的方法需要M为$O(k^{2-\alpha})$的量级，其中α是一个小的常数。因此，确定性矩阵需要的测量数M都偏大，在实际中还不实用。研究出既能满足 RIP 条件，又能接近于最佳的$M\sim O(k\log(N/k))$的确定性测量矩阵仍然是一个待解决的问题。基于此，本书对该问题也不再进一步讨论。

15.8 稀疏信号恢复算法

在CS的理论中，一个重要的问题是由传感器得到的测量 $\boldsymbol{y}\in\mathbb{R}^M$ 和15.7节构造的测量矩阵 $\boldsymbol{\Phi}\in\mathbb{R}^{M\times N}$ 恢复出原信号 $\boldsymbol{x}\in\mathbb{R}^N$，即 $\boldsymbol{y}=\boldsymbol{\Phi}\boldsymbol{x}$。由于 $M\ll N$，因此 $\boldsymbol{y}=\boldsymbol{\Phi}\boldsymbol{x}$ 是一个欠定问题。CS的理论证明了：如果 $\boldsymbol{x}$ 是足够稀疏的，并且测量矩阵 $\boldsymbol{\Phi}$ 和变换矩阵 $\boldsymbol{\Psi}$ 是不相干的，那么 $\boldsymbol{x}$ 可以精确地被恢复[Can06c,Bru09]。信号 $\boldsymbol{x}$ 是稀疏的，或可压缩的假设基本上是合理的，因为实际的物理信号通过(15.1.6)式的正交变换后是容易变成稀疏的。通过合适的构造测量矩阵 $\boldsymbol{\Phi}$，也容易做到使 $\boldsymbol{\Phi}$ 和 $\boldsymbol{\Psi}$ 不相干，那么，剩下的关键问题就是如何由 $\boldsymbol{y}=\boldsymbol{\Phi}\boldsymbol{x}$ 得到最稀疏的 $\boldsymbol{x}$。

因为假定 $\boldsymbol{x}$ 是 k 稀疏的，因此利用 l_0 范数对 $\boldsymbol{y}=\boldsymbol{\Phi}\boldsymbol{x}$ 进行优化求解(即(15.1.5)式的 P_0)是最直观的，但遗憾的是 P_0 是一个NP-Hard问题，几乎不可能求解。利用 l_2 范数可得到唯一解，即(15.1.4)式的伪逆解。这是一个最小平方解，虽然计算起来方便，但求出的解只是保证了具有最小的能量，但无法保证 $\boldsymbol{x}$ 的稀疏性，因此也不能用于稀疏信号的恢复。E. Candès、D. Donoho和陶哲轩在CS理论中的一个突出贡献是证明了利用 l_1 范数在一定的条件下可等效于利用 l_0 范数，从而实现稀疏信号的恢复，即(15.1.9)式的 P_1。此处的条件就是定理15.4.9中所说的RIP条件和定理15.4.10中所说的零空间性质。D. Donoho早在1998年就在文献[Che98]中证明了可以将基于 l_1 范数的优化问题等效于凸优化问题，进而等效为线性规划问题，并提出了基追踪算法，从而为稀疏信号的恢复提供了理论依据。

基于 l_1 范数的稀疏恢复，或稀疏优化(文献上又常记为 l_1-min)是近十年来信号处理领域以及最优化领域的热门话题，也是CS理论中的核心问题之一，并且在地球物理，语音识别，图像处理、压缩、增强，声纳网络和计算机视觉等领域有着广泛的应用。相关的论文很多，提出的算法也很多，本小节主要聚焦在基追踪算法和基于 l_0 范数最小的贪婪算法中的个别有代表性的算法，如同伦算法和正交匹配追踪算法，对它们的主要原理将给以简要的介绍。有关凸优化和线性规划的基本概念已在15.2.4节给出，此处将直接引用。

15.8.1 基追踪

基追踪(basis pursuit，BP)实际上不是一个算法，而是一个最优化的原理。其基本思想是找到一个信号的表示，使其表示系数有着最小的 l_1 范数。D. Donoho在文献[Che98]中使用了过完备字典对信号进行分解(即“表示”)，其本质就是(15.1.9a)式的CS

问题。现重写该式，即

$$P_1: \quad \min \| \boldsymbol{x} \|_1 \quad \text{s.t.} \quad \boldsymbol{y} = \boldsymbol{\Phi x} \tag{15.8.1}$$

现在证明基于 l_1 范数的最优化问题等效于一个线性规划问题，这也是 BP 的核心内容。

对任意的信号 $\boldsymbol{x} \in \mathbb{R}^N$，我们可以对其做如下的分解

$$\boldsymbol{x} = \boldsymbol{u} - \boldsymbol{v}, \quad \boldsymbol{u} \geqslant 0, \boldsymbol{v} \geqslant 0 \tag{15.8.2}$$

当然，$\boldsymbol{u}, \boldsymbol{v}$ 也都属于 $\mathbb{R}^N$。例如，如果令

$$u_i = \begin{cases} x_i & \text{if} \quad x_i > 0 \\ 0 & \text{if} \quad x_i < 0 \end{cases}, \quad v_i = \begin{cases} 0 & \text{if} \quad x_i > 0 \\ -x_i & \text{if} \quad x_i < 0 \end{cases}$$

则(15.8.2)式的分解无疑是正确的。于是

$$\| \boldsymbol{x} \|_1 = \sum_{j=1}^{N} (u_i + v_i) = [1, 1, \cdots, 1] \begin{bmatrix} \boldsymbol{u} \\ \boldsymbol{v} \end{bmatrix}$$

令 $\boldsymbol{1} = [1, 1, \cdots, 1]^{\mathrm{T}}$，$\boldsymbol{x}' = [\boldsymbol{u}^{\mathrm{T}}, \boldsymbol{v}^{\mathrm{T}}]^{\mathrm{T}}$，注意 $\boldsymbol{1}$ 和 $\boldsymbol{x}'$ 都是 $2N \times 1$ 的向量。这样

$$\min \| \boldsymbol{x} \|_1 = \min \boldsymbol{1}^{\mathrm{T}} \boldsymbol{x}'$$

这正是(15.2.10)式的线性规划的目标函数。再令 $\boldsymbol{A} = [\boldsymbol{\Phi}, -\boldsymbol{\Phi}]$，即 $\boldsymbol{A}$ 是 $\boldsymbol{\Phi}$ 和 $-\boldsymbol{\Phi}$ 的级联，因此 $\boldsymbol{A}$ 是 $M \times 2N$ 的矩阵。因为 $\boldsymbol{y} = \boldsymbol{\Phi x}$，所以 $\boldsymbol{A x}' = \boldsymbol{y}$。如果将 $\boldsymbol{y}$ 改记为 $\boldsymbol{b}$，则

$$\boldsymbol{A x}' = \boldsymbol{b}$$

这是(15.2.10)式的线性规划的约束函数。因此，基于 l_1 范数的最优化问题等效于一个线性规划，也即凸规划。由此，任何用于求解线性规划问题的算法都可用于求解 BP 问题。例如，将单纯形法用于 BP，称为 BP-Simplex 算法，将内点法用于 BP，则称为 BP-Interior 算法。

尽管经典的 BP-Simplex 算法和 BP-Interior 算法使用起来方便，并可以给出可靠的解，但是，在大数据的情况下其计算复杂性太大。例如，早在 1998 年，文献[Che98]在基追踪问题中使用的测量矩阵的维数就高达 8192×212 992，而现在的数据规模变得更大。为此，近十年来人们提出了各种各样的算法以改进计算的速度和节约计算时所需要的内存。文献上对这些算法的分类情况不尽相同，如文献[Fou13]将算法归纳为三大类，即最优化方法、贪婪方法和基于阈值的方法。在最优化方法中，该文献集中介绍了同伦算法(Homotopy Algorithm)，原始对偶算法(Primal-Dual Algorithm)和迭代重加权最小平方算法(Iteratively Reweighted Least Squares Algorithm)。而文献[Yan10]将 l_1-min 的算法分为五类，并给予了介绍。这五类是：梯度投影(gradient projection)法，同伦法，迭代紧缩阈值(iterative shrinkage-thresholding)算法，近似梯度(proximal gradient)法和交互方向(alternating direction)法。限于篇幅，下面仅对这一类算法中最具代表性的同伦算法和贪婪算法中的正交匹配追踪(orthogonal matching pursuit，OMP)算法给以较为详细的介绍。

15.8.2 同伦算法

同伦算法的目标是解决(15.8.1)式的 P_1 问题。如果测量过程带有误差,即 $\boldsymbol{y}=\boldsymbol{\Phi x}+\boldsymbol{e}$,则稀疏信号 $\boldsymbol{x}$ 的恢复可表为

$$P_{1,2}:\min\|\boldsymbol{x}\|_1 \quad \text{s.t.} \quad \|\boldsymbol{\Phi x}-\boldsymbol{y}\|_2\leqslant\varepsilon \tag{15.8.3}$$

此处假定 $\boldsymbol{e}$ 是白噪声,且 $\|\boldsymbol{e}\|_2\leqslant\varepsilon$。问题 $P_{1,2}$ 称为基追踪去噪(basis pursuit denoising, BPDN),又称为二次制约基追踪(quadratically constrained basis pursuit)。我们在 15.6 节已讨论了噪声情况下稀疏信号恢复的基本概念,并指出通过 BPDN 可以得到对原稀疏信号 $\boldsymbol{x}$ 的极好近似。因为噪声是普遍存在的,因此,上述 $P_{1,2}$ 的求解有着实际的意义,也是在设计恢复算法时必须考虑的。

对(15.8.3)式的 BPDN 问题,用下述的无制约问题来代替更为方便,即

$$P_\lambda:\min F_\lambda(\boldsymbol{x})=\min\left[\frac{1}{2}\left\|\boldsymbol{\Phi x}-\boldsymbol{y}\right\|_2^2+\lambda\|\boldsymbol{x}\|_1\right] \tag{15.8.4}$$

式中常数 $\lambda\in[0,\infty)$。显然,P_λ 是以 l_1 范数作为惩罚函数的最小平方问题,它也称为 BPDN。与 P_λ 相类似的是文献[Tib96]提出的 Lasso(Least absolute shrinkage and selection operator)问题,即

$$\min\left\|\boldsymbol{\Phi x}-\boldsymbol{y}\right\|_2^2, \quad \text{s.t}\ \|\boldsymbol{x}\|_1\leqslant\tau \tag{15.8.5a}$$

该问题的一个变形是

$$\min\|\boldsymbol{x}\|_1, \quad \text{s.t.} \quad \|\boldsymbol{\Phi}^{\mathrm{T}}(\boldsymbol{\Phi x}-\boldsymbol{y})\|_\infty\leqslant\lambda \tag{15.8.5b}$$

它又称为 Dantzig selector[Can07b]。

文献[Don08]指出,P_λ 问题和 Lasso 问题在合适的参数选择的情况下是等效的,另外,(15.8.5a)式最初解决的是 $M>N$ 的超定(超定)问题。文献[Osb00a]和[Osb00b]观察到 P_λ 问题的最优解 $\boldsymbol{x}^*$ 是随着 λ 的变化在一个多面体上从一个顶点移动到另一个顶点,并最终达到自己的最优值。在此基础上,这两篇文献提出了一个名为"Homotopy"的算法。由于"Homotopy"一词有"同伦"和"伦移"的含意,因此中文文献称其为"同伦"算法。文献[Mal05]第一次将同伦算法引入了欠定问题,即 $M<N$。文献[Fou13]给出了 $P_{1,2}$、P_λ 和 Lasso 三者解的关系:

(1) 如果 $\boldsymbol{x}^*$ 是(15.8.4)式的 P_λ 解的一个极小值并且常数 $\lambda>0$,则存在一个常数 $\varepsilon\geqslant0$ 使 $\boldsymbol{x}^*$ 是(15.8.3)式的 $P_{1,2}$ 解的一个极小值;

(2) 如果 $\boldsymbol{x}^*$ 是 $P_{1,2}$ 解唯一的极小值并且常数 $\varepsilon\geqslant0$,则存在一个常数 $\tau\geqslant0$ 使 $\boldsymbol{x}^*$ 是(15.8.5)式的 Lasso 问题唯一的极小值;

(3) 如果 $\boldsymbol{x}^*$ 是 Lasso 问题的一个极小值并且常数 $\lambda>0$,则存在一个常数 $\lambda>0$ 使 $\boldsymbol{x}^*$ 是 P_λ 解的一个极小值。

有关上述三个关系的证明见文献[Fou13]。该文献给出了同伦算法的原理和步骤，下面较为详细地介绍其中的主要内容。

令 $\boldsymbol{x}^*$ 是(15.8.1)式的 P_1 问题的极小值，$\boldsymbol{x}_\lambda$ 是(15.8.4)式的 P_λ 解的极小值并且常数 $\lambda>0$，则下面的定理成立。

定理 15.8.1　如果 $\boldsymbol{y}=\boldsymbol{\Phi x}$ 有一个解，并且(15.8.1)式的极小值解 $\boldsymbol{x}^*$ 是唯一的，则

$$\lim_{\lambda\to 0^+}\boldsymbol{x}_\lambda = \boldsymbol{x}^*$$

更一般地说，$\boldsymbol{x}_\lambda$ 是有界的，令 λ_n 是一个正的序列，且 $\lim\limits_{n\to\infty}\lambda_n=0^+$，则对任意的点簇$(\boldsymbol{x}_{\lambda_n})$，$\boldsymbol{x}_\lambda$ 收敛到(15.8.1)式的 P_1 的解 $\boldsymbol{x}^*$。

证明　对 $\lambda>0$，由上述关于 $\boldsymbol{x}^*$ 和 $\boldsymbol{x}_\lambda$ 的定义，有

$$\frac{1}{2}\left\|\boldsymbol{\Phi x}_\lambda-\boldsymbol{y}\right\|_2^2+\lambda\|\boldsymbol{x}_\lambda\|_1=F_\lambda(\boldsymbol{x}_\lambda)\leqslant F_\lambda(\boldsymbol{x}^*)=\lambda\|\boldsymbol{x}^*\|_1 \tag{15.8.6}$$

这意味着

$$\|\boldsymbol{x}_\lambda\|_1\leqslant\|\boldsymbol{x}^*\|_1 \tag{15.8.7a}$$

及

$$\frac{1}{2}\left\|\boldsymbol{\Phi x}_\lambda-\boldsymbol{y}\right\|_2^2\leqslant\lambda\|\boldsymbol{x}^*\|_1 \tag{15.8.7b}$$

令 $\boldsymbol{x}'$是点簇$(\boldsymbol{x}_{\lambda_n})$中的一个点，由(15.8.7b)式，当 $\lambda\to 0$ 时有 $\left\|\boldsymbol{\Phi x}'-\boldsymbol{y}\right\|_2^2=0$，即$\boldsymbol{\Phi x}'=\boldsymbol{y}$。再由(15.8.7a)式，有 $\|\boldsymbol{x}'\|_1\leqslant\|\boldsymbol{x}^*\|_1$，由 $\boldsymbol{x}^*$ 的定义，这也就意味着 $\|\boldsymbol{x}'\|_1=\|\boldsymbol{x}^*\|_1$。因此，点簇$(\boldsymbol{x}_{\lambda_n})$最后收敛到 $\boldsymbol{x}^*$。因此定理 15.8.1 得证。□

同伦算法的基本思路是跟随 P_λ 的解 $\boldsymbol{x}_\lambda$，即由 $\boldsymbol{x}_\lambda=0$ 一步步到达 $\boldsymbol{x}_\lambda=\boldsymbol{x}^*$。由于 $\boldsymbol{x}_\lambda$ 的路径 $\lambda\mapsto\boldsymbol{x}_\lambda$ 是分段线性的，因此只需要跟踪每一段的端点即可，这实际上是在跟踪一个多面体的顶点。为了求 $\min F_\lambda(\boldsymbol{x})$，需要对 $F_\lambda(\boldsymbol{x})$求微分。由(15.8.4)式可以看出，$F_\lambda(\boldsymbol{x})$中包含 $\|\boldsymbol{x}\|_1$ 项，由于向量的 l_1 范数是其每个分量的绝对值之和，而绝对值函数在零点处是不可导的，因此无法求出传统意义上的微分。为解决该问题要用到"次微分(subdifferential)"的概念。

定义 15.8.1　一个凸函数 $F(\boldsymbol{x})$在点 $\boldsymbol{x}\in\mathbb{R}^N$的次微分定义为

$$\partial F(\boldsymbol{x})=\{\boldsymbol{v}\in\mathbb{R}^N: F(\boldsymbol{z})\geqslant F(\boldsymbol{x})+\langle\boldsymbol{v},\boldsymbol{z}-\boldsymbol{x}\rangle,\text{for all } \boldsymbol{z}\in\mathbb{R}^N\} \tag{15.8.8}$$

$\partial F(\boldsymbol{x})$的元素又称为 $F(\boldsymbol{x})$在点 $\boldsymbol{x}$ 的"次梯度(subgradient)"。

由次微分的定义可以引出如下的结论：当且仅当 $\boldsymbol{0}\in\partial F(\boldsymbol{x})$时，向量 $\boldsymbol{x}$ 是凸函数 $F(\boldsymbol{x})$的最小值。因此，求解出使次微分为零的向量是最优化的关键。由(15.8.8)式关于次微分的定义，(15.8.4)式的次微分是

$$\partial F_\lambda(\boldsymbol{x})=\boldsymbol{\Phi}^{\mathrm{T}}(\boldsymbol{\Phi x}-\boldsymbol{y})+\lambda\partial\|\boldsymbol{x}\|_1 \tag{15.8.9a}$$

式中包含了 l_1 范数的次微分，它可由下式给出

$$\partial \| \boldsymbol{x} \|_1 = \{ \boldsymbol{v} \in \mathbb{R}^N : v_l \in \partial |x_l|, l \in [N] \} \tag{15.8.9b}$$

该式中又出现了绝对值的次微分，由定义 15.8.1 可知，绝对值的次微分为

$$\partial |z| = \begin{cases} \{\text{sgn}(z)\} & \text{if } z \neq 0 \\ [-1,1] & \text{if } z = 0 \end{cases} \tag{15.8.9c}$$

于是，将上述绝对值函数的次微分代入(15.8.9a)式，并由 $\boldsymbol{0} \in \partial F(\boldsymbol{x})$，得

$$(\boldsymbol{\Phi}^{\mathrm{T}}(\boldsymbol{\Phi x} - \boldsymbol{y}))_l = -\lambda \text{sgn}(x_l) \quad \text{if} \quad x_l \neq 0 \tag{15.8.10a}$$

$$|(\boldsymbol{\Phi}^{\mathrm{T}}(\boldsymbol{\Phi x} - \boldsymbol{y}))_l| \leqslant \lambda \quad \text{if} \quad x_l = 0 \tag{15.8.10b}$$

对所有的 $l \in [N]$。

同伦算法由 $\boldsymbol{x}_\lambda = \boldsymbol{x}^{(0)} = \boldsymbol{0}$ 开始迭代，由(15.8.10b)式，对应的 $\lambda^{(0)} = \| \boldsymbol{\Phi}^{\mathrm{T}} \boldsymbol{y} \|_\infty$。随着 λ 的变化，需要求出相应的极小值 $\boldsymbol{x}^{(1)}, \boldsymbol{x}^{(2)}, \cdots$。令

$$\boldsymbol{c}^{(j)} = \boldsymbol{\Phi}^{\mathrm{T}}(\boldsymbol{\Phi x}^{(j-1)} - \boldsymbol{y})$$

是第 j 步迭代时的残余相关向量，记 S_j 是迭代步骤的支撑集合，文献上称之为“作用集(active set)”。则迭代步骤为

步骤 $j=1$，计算

$$l^{(1)} = \arg\max_l |(\boldsymbol{\Phi}^{\mathrm{T}} \boldsymbol{y})_l| = \arg\max_l |c_l^{(1)}|, \quad l \in [N] \tag{15.8.11a}$$

这时集合 $S_1 = \{l^{(1)}\}$。显然，$l^{(1)}$ 表示在第一步时，矩阵$\boldsymbol{\Phi}$ 的所有列中与向量 $\boldsymbol{y}$ 的内积的绝对值取最大值的那一列的标号，该最大值也就是该步骤的残余相关。在算法中假定在每一步，(15.8.11a)式只有一个最大值。再引入向量 $\boldsymbol{d}^{(1)} \in \mathbb{R}^N$ 来描述解的路径的方向，其元素是

$$d_{l^{(1)}}^{(1)} = \| \varphi_{l^{(1)}} \|_2^{-2} \text{sgn}((\boldsymbol{\Phi}^{\mathrm{T}} \boldsymbol{y})_{l^{(1)}}) \quad \text{and} \quad d_l^{(1)} = 0, l \neq l^{(1)} \tag{15.8.11b}$$

式中 $\varphi_{l^{(1)}}$ 是矩阵 $\boldsymbol{\Phi} = \{\varphi_1, \varphi_2, \cdots, \varphi_N\}$ 的第 $l^{(1)}$ 列。向量 $\boldsymbol{d}^{(1)}$ 之所以按(15.8.11b)式来设计，是为了使得当沿着向量 $\boldsymbol{d}^{(1)}$ 的方向更新向量 $\boldsymbol{x}^{(0)}$，即 $\boldsymbol{x}(\gamma) = \boldsymbol{x}^{(0)} + \gamma \boldsymbol{d}^{(1)}, \gamma > 0$ 时，只要 $\lambda^{(0)} \geqslant \gamma$，就可以保证(15.8.10a)式对 $\boldsymbol{x}(\gamma)$ 和 $\lambda = \lambda^{(0)} - \gamma$ 成立。要说明这一结论，我们可以考察对应于 $\boldsymbol{x}(\gamma)$ 的残余相关向量

$$\begin{aligned} \boldsymbol{\Phi}^{\mathrm{T}}(\boldsymbol{\Phi x}(\gamma) - \boldsymbol{y}) &= \boldsymbol{\Phi}^{\mathrm{T}} \boldsymbol{\Phi} \gamma \boldsymbol{d}^{(1)} - \boldsymbol{\Phi}^{\mathrm{T}} \boldsymbol{y} \\ &= \gamma \| \varphi_{l^{(1)}} \|_2^{-2} \text{sgn}((\boldsymbol{\Phi}^{\mathrm{T}} \boldsymbol{y}) l^{(1)}) \cdot \boldsymbol{\Phi}^{\mathrm{T}} \varphi_{l^{(1)}} - \boldsymbol{\Phi}^{\mathrm{T}} \boldsymbol{y} \end{aligned}$$

鉴于向量 $\boldsymbol{x}(\gamma)$ 只有下标为 $l^{(1)}$ 的分量非零，因此我们只需考察上述残余相关向量的第 $l^{(1)}$ 分量。首先，易知 $(\boldsymbol{\Phi}^{\mathrm{T}} \varphi_{l^{(1)}})_{l^{(1)}} = \| \varphi_{l^{(1)}} \|_2^2$，其次，由(15.8.11)式可知$\boldsymbol{\Phi}^{\mathrm{T}} \boldsymbol{y}$ 的第 $l^{(1)}$ 分量是

$$(\boldsymbol{\Phi}^{\mathrm{T}} \boldsymbol{y})_{l^{(1)}} = \text{sgn}((\boldsymbol{\Phi}^{\mathrm{T}} \boldsymbol{y})_{l^{(1)}}) \cdot \max_l |(\boldsymbol{\Phi}^{\mathrm{T}} \boldsymbol{y})_l| = \lambda^{(0)} \text{sgn}((\boldsymbol{\Phi}^{\mathrm{T}} \boldsymbol{y})_{l^{(1)}})$$

于是

$$(\boldsymbol{\Phi}^{\mathrm{T}}(\boldsymbol{\Phi x}(\gamma) - \boldsymbol{y}))_{l^{(1)}} = \gamma \text{sgn}((\boldsymbol{\Phi}^{\mathrm{T}} \boldsymbol{y})_{l^{(1)}}) - (\boldsymbol{\Phi}^{\mathrm{T}} \boldsymbol{y})_{l^{(1)}} = -(\lambda^{(0)} - \gamma) \text{sgn}((\boldsymbol{\Phi}^{\mathrm{T}} \boldsymbol{y})_{l^{(1)}})$$

分量 $d_{l^{(1)}}^{(1)}$ 和向量 $\boldsymbol{x}(\gamma)$ 的构造决定了

$$\mathrm{sgn}(\boldsymbol{x}(\gamma)_{l^{(1)}}) = \mathrm{sgn}(d_{l^{(1)}}^{(1)}) = \mathrm{sgn}((\boldsymbol{\Phi}^{\mathrm{T}}\boldsymbol{y})_{l^{(1)}})$$

这样，只要 $\lambda^{(0)} \geqslant \gamma$，就可以保证(15.8.10a)式对向量 $\boldsymbol{x}(\gamma)$ 和 $\lambda=\lambda^{(0)}-\gamma$ 成立。

进一步，为保证(15.8.10b)式对向量 $\boldsymbol{x}(\gamma)$ 和 $\lambda=\lambda^{(0)}-\gamma$ 也成立，需要考察残余相关向量 $\boldsymbol{\Phi}^{\mathrm{T}}(\boldsymbol{\Phi}\boldsymbol{x}(\gamma)-\boldsymbol{y})$ 在下标 $l \neq l^{(1)}$ 时的分量，即

$$(\boldsymbol{\Phi}^{\mathrm{T}}(\boldsymbol{\Phi}\boldsymbol{x}(\gamma)-\boldsymbol{y}))_l = \gamma(\boldsymbol{\Phi}^{\mathrm{T}}\boldsymbol{\Phi}\boldsymbol{d}^{(1)})_l - (\boldsymbol{\Phi}^{\mathrm{T}}\boldsymbol{y})_l = \gamma(\boldsymbol{\Phi}^{\mathrm{T}}\boldsymbol{\Phi}\boldsymbol{d}^{(1)})_l + c_l^{(1)}$$

将上式代入(15.8.10b)式，并将其中的绝对值不等式展开，可得到与(15.8.10b)式等价的不等式，即

$$\gamma-\lambda^{(0)} \leqslant \gamma(\boldsymbol{\Phi}^{\mathrm{T}}\boldsymbol{\Phi}\boldsymbol{d}^{(1)})_l + c_l^{(1)} \leqslant \lambda^{(0)}-\gamma \tag{15.8.12a}$$

分析这一不等式，注意到向量 $\boldsymbol{d}^{(1)}$ 的特殊支撑决定了 $(\boldsymbol{\Phi}^{\mathrm{T}}\boldsymbol{\Phi}\boldsymbol{d}^{(1)})_l = d_{l^{(1)}}^{(1)} \cdot \varphi_l^{\mathrm{T}}\varphi_{l^{(1)}}$，由柯西不等式和前面关于下标 $l^{(1)}$ 的唯一性假设，我们有 $1+\boldsymbol{\Phi}^{\mathrm{T}}\boldsymbol{\Phi}\boldsymbol{d}^{(1)}>0$。于是，不等式(15.8.12a)可进一步表为

$$\gamma \leqslant \frac{\lambda^{(0)}-c_l^{(1)}}{1+(\boldsymbol{\Phi}^{\mathrm{T}}\boldsymbol{\Phi}\boldsymbol{d}^{(1)})_l} \quad 和 \quad \gamma \leqslant \frac{\lambda^{(0)}+c_l^{(1)}}{1-(\boldsymbol{\Phi}^{\mathrm{T}}\boldsymbol{\Phi}\boldsymbol{d}^{(1)})_l} \tag{15.8.12b}$$

注意到下标 $l^{(1)}$ 的唯一性假设也保证了 $\lambda^{(0)} \pm c_l^{(1)}>0$，于是(15.8.12b)的两个不等式的右边都恒正。这样，我们得到了保证(15.8.10b)式成立的条件，也即(15.8.12a)式成立的条件，它即是(15.8.12b)式给出的两个上界。同时不等式(15.8.12a)的成立也保证了 $\gamma \leqslant \lambda^{(0)}$。综合以上的限定条件，可知解的路径的第一个线段具有如下形式

$$\boldsymbol{x} = \boldsymbol{x}(\gamma) = \boldsymbol{x}^{(0)} + \gamma\boldsymbol{d}^{(1)} = \gamma\boldsymbol{d}^{(1)}, \quad \gamma \in [0, \gamma^{(1)}] \tag{15.8.12c}$$

式中

$$\gamma^{(1)} = \min_{l \neq l^{(1)}} \left\{ \frac{\lambda^{(0)}+c_l^{(1)}}{1-((\boldsymbol{\Phi}^{\mathrm{T}}\boldsymbol{\Phi}\boldsymbol{d}^{(1)})_l)}, \frac{\lambda^{(0)}-c_l^{(1)}}{1+((\boldsymbol{\Phi}^{\mathrm{T}}\boldsymbol{\Phi}\boldsymbol{d}^{(1)})_l)} \right\} \tag{15.8.12d}$$

这样，对 $\lambda^{(1)}=\lambda^{(0)}-\gamma^{(1)}$，$\boldsymbol{x}^{(1)}=\boldsymbol{x}(\gamma^{(1)})=\gamma^{(1)}\boldsymbol{d}^{(1)}$ 是 F_λ 的下一个极小值，并且 $\lambda^{(1)}$ 满足 $\lambda^{(1)}=\|\boldsymbol{c}^{(2)}\|_\infty$。令 $l^{(2)}$ 是(15.8.12d)式取最小值的下标，这时，支撑集合 $S_j=\{l^{(1)}, l^{(2)}\}$。

步骤 $j \geqslant 2$，解的新的路径方向 $\boldsymbol{d}^{(j)}$ 由下式决定

$$\boldsymbol{\Phi}_{S_j}^{\mathrm{T}}\boldsymbol{\Phi}_{S_j}\boldsymbol{d}_{S_j}^{(j)} = -\mathrm{sgn}(\boldsymbol{c}_{S_j}^{(j)})$$

该式意味着要求解一个大小为 $|S_j| \times |S_j|$ 的线性方程组，此处 $|S_j| \leqslant j$。对 $l \notin S_j$ 的分量，令 $d_l^{(j)}=0$。解的路径的下一个线段由下式给出

$$\boldsymbol{x}(\gamma) = \boldsymbol{x}^{(j-1)} + \gamma\boldsymbol{d}^{(j)}, \quad \gamma \in [0, \gamma^{(j)}]$$

现需要对这一结论做一简要的说明：由于(15.8.10a)式对 $\boldsymbol{x}=\boldsymbol{x}^{(j-1)}$ 和 $\lambda^{(j-1)}$ 成立，可知

$$\mathrm{sgn}(\boldsymbol{c}_{S_{j-1}}^{(j)}) = -\mathrm{sgn}(\boldsymbol{x}_{S_{j-1}}^{(j-1)}), \quad \text{and} \quad |c_{l \in S_{j-1}}^{(j)}| = \lambda^{(j-1)}$$

新的支撑集 S_j 可能是在支撑集 S_{j-1} 中新加入一个下标(记为 l)得到的，由于(15.8.10b)式对 $\boldsymbol{x}-\boldsymbol{x}^{(j-1)}$ 和 $\lambda^{(j-1)}$ 也成立，可知对该下标 l 有 $|c_l^{(j)}|=\lambda^{(j-1)}$；支撑集 S_j 还可能是从 S_{j-1} 中剔除某个下标得到的，这时不需要考虑新加入的下标。所以，对所有的 $l \in S_j$，总有

$$(\boldsymbol{\Phi}^{\mathrm{T}}(\boldsymbol{\Phi}\boldsymbol{x}^{(j-1)}-\boldsymbol{y}))_l=\lambda^{(j-1)}\operatorname{sgn}(c_l^{(j)})$$

成立。

沿用类似在步骤 $j=1$ 时的逻辑，可知当沿着向量 $\boldsymbol{d}^{(j)}$ 的方向更新向量 $\boldsymbol{x}^{(j-1)}$ 时，残余相关向量在支撑集 S_j 上的部分满足

$$\begin{aligned}(\boldsymbol{\Phi}^{\mathrm{T}}(\boldsymbol{\Phi}\boldsymbol{x}(\gamma)-\boldsymbol{y}))_{S_j}&=\gamma\cdot\boldsymbol{\Phi}_{S_j}^{\mathrm{T}}\boldsymbol{\Phi}_{S_j}\boldsymbol{d}_{S_j}^{(j)}+(\boldsymbol{\Phi}^{\mathrm{T}}(\boldsymbol{\Phi}\boldsymbol{x}^{(j-1)}-\boldsymbol{y}))_{S_j}\\&=(-\gamma+\lambda^{(j-1)})\operatorname{sgn}(\boldsymbol{c}_{S_j}^{(j)})\end{aligned}$$

于是，只要 $0\leqslant\gamma\leqslant\lambda^{(j-1)}$ 和 $\operatorname{sgn}(\boldsymbol{x}(\gamma))=\operatorname{sgn}(\boldsymbol{c}_{S_j}^{(j)})$，就可以保证(15.8.10a)式对 $\lambda=\lambda^{(j-1)}-\gamma$ 和 $\boldsymbol{x}(\gamma)=\boldsymbol{x}^{(j-1)}+\gamma\boldsymbol{d}^{(j)}$ 成立。注意在该更新过程中，如果对某个下标 $l\in S_j$，$\operatorname{sgn}(\boldsymbol{x}_l^{(j-1)})=-\operatorname{sgn}(d_l^{(j)})$，那么对应的 $\boldsymbol{x}(\gamma)$ 的分量 $(\boldsymbol{x}(\gamma))_l$ 可能会变号，于是我们得到了 γ 的第一组限制条件

$$\gamma\leqslant\overset{+}{\min_{l\in S_j}}\{-\boldsymbol{x}_l^{(j-1)}/d_l^{(j)}\mid d_l^{(j)}\neq 0\}\tag{15.8.13a}$$

式中符号 $\overset{+}{\min}$ 表示只对正的宗量取最小，这是因为可能存在某些分量满足 $\boldsymbol{x}_l^{(j-1)}/d_l^{(j)}>0$，这与 $0\leqslant\gamma$ 冲突。

进一步，残余相关向量在支撑集 S_j 之外的部分也应满足(15.8.10b)式，即

$$|(\boldsymbol{\Phi}^{\mathrm{T}}(\boldsymbol{\Phi}\boldsymbol{x}(\gamma)-\boldsymbol{y}))_l|=|\gamma(\boldsymbol{\Phi}^{\mathrm{T}}\boldsymbol{\Phi}\boldsymbol{d}^{(j)})_l+c_l^{(j)}|\leqslant\lambda^{(j-1)}-\gamma,\quad\forall l\notin S_j$$

将上式展开，可得到

$$(1+(\boldsymbol{\Phi}^{\mathrm{T}}\boldsymbol{\Phi}\boldsymbol{d}^{(j)})_l)\cdot\gamma\leqslant\lambda^{(j-1)}-c_l^{(j)}\quad\text{and}\quad(1-(\boldsymbol{\Phi}^{\mathrm{T}}\boldsymbol{\Phi}\boldsymbol{d}^{(j)})_l)\cdot\gamma\leqslant\lambda^{(j-1)}+c_l^{(j)}$$

首先注意到由于(15.8.10b)式对向量 $\boldsymbol{x}^{(j-1)}$ 和 $\lambda^{(j-1)}$ 成立，从而 $\lambda^{(j-1)}\pm c_l^{(1)}\geqslant 0$ 对所有 $l\in[N]$都成立。虽然这里我们不能确定 $1\pm(\boldsymbol{\Phi}^{\mathrm{T}}\boldsymbol{\Phi}\boldsymbol{d}^{(j)})_l$ 的符号而无法将该项从上述两个不等式中直接除过去，但是由于 $\gamma\geqslant 0$ 的限制，当 $1\pm(\boldsymbol{\Phi}^{\mathrm{T}}\boldsymbol{\Phi}\boldsymbol{d}^{(j)})_l<0$ 时，上述两个不等式自然成立。于是我们得到对于 γ 的第二组限制条件

$$\gamma\leqslant\overset{+}{\min_{l\notin S_j}}\left\{\frac{\lambda^{(j-1)}-c_l^{(j)}}{1+(\boldsymbol{\Phi}^{\mathrm{T}}\boldsymbol{\Phi}\boldsymbol{d}^{(j)})_l},\frac{\lambda^{(j-1)}+c_l^{(j)}}{1-(\boldsymbol{\Phi}^{\mathrm{T}}\boldsymbol{\Phi}\boldsymbol{d}^{(j)})_l}\right\}\tag{15.8.13b}$$

另外，上述不等式的成立也保证了 $0\leqslant\gamma\leqslant\lambda^{(j-1)}$。综合上述条件，并记(15.8.13a)式的 $\gamma=\gamma_-^{(j)}$，(15.8.13b)式的 $\gamma=\gamma_+^{(j)}$，令 $\gamma^{(j)}=\min\{\gamma_+^{(j)},\gamma_-^{(j)}\}$，则下一个断点是 $\boldsymbol{x}^{(j+1)}=\boldsymbol{x}(\gamma^{(j)})$。记使 $\gamma_+^{(j)}$ 为最小的下标为 $l_+^{(j)}$，如果 $\gamma^{(j)}=\gamma_+^{(j)}$，则将 $l_+^{(j)}$ 添加到作用集，即 $S_{j+1}=S_j\cup\{l_+^{(j)}\}$。记使 $\gamma_-^{(j)}$ 为最小的下标为 $l_-^{(j)}$，如果 $\gamma^{(j)}=\gamma_-^{(j)}$，则需要将 $l_-^{(j)}$ 从作用集中移走，即 $S_{j+1}=S_j\setminus\{l_-^{(j)}\}$。然后，更新 $\lambda^{(j)}=\lambda^{(j-1)}-\gamma^{(j)}$。

如果在步骤 $j\geqslant 2$ 中向量 $\boldsymbol{d}_{S_j}^{(j)}$ 不是唯一的(即矩阵 $\boldsymbol{\Phi}_{S_j}^{\mathrm{T}}\boldsymbol{\Phi}_{S_j}$ 不可逆)，只需在其中任选一个解即可。另外，如果在(15.8.12d)式、(15.8.13a)式和(15.8.13b)式中最小值不唯一的话，也只需任选一个即可。

上述迭代算法在 $\lambda^{(j)}=\|\boldsymbol{c}^{(j+1)}\|_\infty=0$ 时停止，这意味着残余向量消失。这时，算法

的输出 $\boldsymbol{x}^{(j)}=\boldsymbol{x}^{*}$ 。

由上面的计算原理可得出结论：假定(15.8.1)式的 P_1 有唯一解 $\boldsymbol{x}^{*}$，如果在每一步的迭代中极小值 $l^{(j)}$ 是唯一的，则同伦算法的输出是 $\boldsymbol{x}^{*}$ 。

有关同伦算法的原理和迭代步骤也可参看文献[Don08]。该文献还研究了同伦算法和 LARS(least angle regression)算法及正交匹配追踪(OMP)算法之间的关系，指出，LARS 算法基本上等同于同伦算法，差别是作用集中元素的增减，同伦算法的速度可与 OMP 算法相匹配。但 OMP 在某些情况下存在稀疏恢复失败的情况，而同伦算法，只要所要求的解是稀疏的，并且测量矩阵是不相干的，或随机的，它总可以给出满意的稀疏恢复。同伦算法还具有如下的 k 步求解性质：如果要求解的 $\boldsymbol{x}$ 是Φ 的 k 列的稀疏表示，则算法精确地在第 k 步停止，即得到最优解 $\boldsymbol{x}^{*}$ 。

文献[Don08]比较了不同算法在不同的(M,N,k)情况下的运算速度，如表 15.8.1 所示。表中 LP _ Solve 是单纯形法的线性规划算法，PDCO(Primal-Dual Convex Optimization solver)是对数-障碍内点(log-barrier interior point)算法，时间单位为秒。

表 15.8.1　同伦算法和其他两个算法计算时间的比较　　(秒)

(M,N,k)	同伦算法	LP_Solve	PDCO
(200,500,20)	0.03	2.04	0.90
(250,500,100)	0.94	9.27	1.47
(500,1000,100)	1.28	45.18	4.62
(750,1000,150)	2.15	85.78	7.68
(500,2000,50)	0.34	59.52	6.86
(1000,2000,200)	7.32	407.99	22.90
(1600,4000,320)	31.70	2661.42	122.47

由该表可以看出，同伦算法在所列的 7 种情况下都快于其他两种算法。例如，在$(M,N,k)=(500,2000,50)$时，同伦算法需要的时间是 0.34 秒，比 LP_Solve 算法快近 150 倍，比 PDCO 算法快近 20 倍。另外，在 N/M 较大的(即欠定情况更严重)情况下，即使解不是稀疏的(即 k 越大越不稀疏)，同伦算法比另外两种算法更有效。这一点很重要，它说明在不知道所要求解的 $\boldsymbol{x}$ 是否是稀疏的情况下，同伦算法可以“安全”地用来求解 l_1-min 问题。

网站 http://users.ece.gatech.edu/～sasif/homotopy 给出了求解同伦算法的 MATLAB 文件。该软件包功能较为强大，可用来求解如下优化问题：

(1) 基追踪去噪(BPDN)/ LASSO；

(2) Dantzig selector；

(3) l_1 范数解码；

(4) 重加权(Re-weighted)l_1 范数(迭代和自适应加权)。

此外，该软件包还包含一些动态算法以在下述应用的场合来更新优化问题的解：

(1) 数据流(Streaming signal)的恢复；

(2) 新的测量不断地加入测量系统；

(3) 待求的信号随时间变化，并且获得了新的测量向量。

15.8.3 贪婪算法

贪婪算法又称为贪婪追踪(greedy pursuit)算法，它是一大类算法的总称。其中最具代表性的是文献[Mal93]在1993年提出的匹配追踪(matching pursuit，MP)及文献[Pat93]对其改进的正交匹配追踪(OMP)。贪婪算法解决的是式(15.1.5)的 P_0 问题，以及如下的带有噪声时的稀疏恢复问题

$$\min \|\boldsymbol{x}\|_0 \quad \text{s.t.} \quad \|\boldsymbol{\Phi x}-\boldsymbol{y}\|_2 \leqslant \varepsilon$$

应该说，贪婪算法并不是最优化算法，它不像凸优化算法那样有一个目标函数并使之最小，而是通过一次次的迭代找到待重建 k 稀疏信号 $\boldsymbol{x}$ 的非零元素的位置及幅度，从而实现对 $\boldsymbol{x}$ 的恢复。

CS的基本公式 $\boldsymbol{y}=\boldsymbol{\Phi x}$ 可以从两个方面来理解，一是信号的稀疏分解，二是信号的重建。测量 $\boldsymbol{y}\in\mathbb{R}^M$ 可以看作是 k 稀疏信号 $\boldsymbol{x}\in\mathbb{R}^N$ 在字典 $\boldsymbol{\Phi}\in\mathbb{R}^{M\times N}$ 上的投影。由于 $M\ll N$，又由于 $\boldsymbol{x}$ 是 k 稀疏的，因此 $\boldsymbol{y}$ 又可以看作是 $\boldsymbol{\Phi}$ 的 k 列，也即 k 个原子的线性组合。我们希望 M 越小越好，这意味着希望用尽可能少的原子来得到原稀疏信号的一个测量。由 $\boldsymbol{y}$ 和 $\boldsymbol{\Phi}$ 重建 $\boldsymbol{x}$ 的过程，一是要找到 $\boldsymbol{x}$ 的支撑，二是要求出在这些支撑点上 $x_i(i=1,\cdots,k)$ 的大小。显然，前者等效于要准确地找到参与得到 $\boldsymbol{y}$ 的 $\boldsymbol{\Phi}$ 的 k 个列向量。一旦它们被找到，那么即可由这 k 个列向量和 $\boldsymbol{y}$ 得到 $\boldsymbol{x}$。这是一个建立在一系列局部最优的单次更新过程，每一次更新即是找到一个列向量，最终找到矩阵 $\boldsymbol{\Phi}$ 的"作用集"，即对应 $\boldsymbol{x}$ 中非零元素位置的那些列，与此同时，也估计出 $\boldsymbol{x}$ 的非零元素的值。

假定 $\text{spark}(\boldsymbol{\Phi})>2$，并且 $k=1$，这时 $\boldsymbol{y}$ 是 $\boldsymbol{\Phi}$ 某个列的标量乘，P_0 问题也有唯一最优解，问题是如何找到这一列。我们可以通过 N 次试验，检查 $\boldsymbol{\Phi}$ 的每一列和 $\boldsymbol{y}$ 的接近程度。例如，对第 j 次试验，我们求最小误差 $\varepsilon(j)=\min\limits_{z_j}\left\|z_j\varphi_j-\boldsymbol{y}\right\|_2^2$，从而有 $z_j^*=\varphi_j^{\mathrm{T}}\boldsymbol{y}/\left\|\varphi_j\right\|_2^2$，于是

$$\varepsilon(j)=\min_{z_j}\left\|z_j\varphi_j-\boldsymbol{y}\right\|_2^2=\left\|\frac{\varphi_j^{\mathrm{T}}\boldsymbol{y}}{\left\|\varphi_j\right\|_2^2}\varphi_j-\boldsymbol{y}\right\|_2^2=\left\|\boldsymbol{y}\right\|_2^2-\frac{(\varphi_j^{\mathrm{T}}\boldsymbol{y})^2}{\left\|\boldsymbol{\varphi}_j\right\|_2^2} \tag{15.8.14}$$

如果 $\varepsilon(j)=0$，我们即找到对应的列向量，从而得到所需要的解。如果 $\text{spark}(\boldsymbol{\Phi})>2k$，并

且 $k>1$，那么 $\boldsymbol{y}$ 是 $\boldsymbol{\Phi}$ 的 k 列的线性组合。前已述及，这有 C_N^k 个可能的组合，直接搜索是不可能的。贪婪追踪算法放弃这样的搜索，而是按照(15.8.14)式的思路，通过单个列的局部最优，从而找到所有 k 列，并把它们放到一个支撑集合 T 中，然后得到最优解 $\boldsymbol{x}$。

在正交匹配追踪算法中，定义最优解 $\boldsymbol{x}$ 的初始值 $\hat{\boldsymbol{x}}^{[0]}=0$，再定义初始残余误差向量 $\boldsymbol{r}^{[0]}=\boldsymbol{y}-\boldsymbol{\Phi}\hat{\boldsymbol{x}}^{[0]}=\boldsymbol{y}$，这样，(15.8.14)式变为

$$\begin{aligned}\varepsilon(j) &= \min_{z_j}\left\|z_j\varphi_j-\boldsymbol{r}^{[t-1]}\right\|_2^2=\left\|\frac{\varphi_j^{\mathrm{T}}\boldsymbol{r}^{[t-1]}}{\left\|\varphi_j\right\|_2^2}\varphi_j-\boldsymbol{r}^{[t-1]}\right\|_2^2\\ &= \left\|\boldsymbol{r}^{[t-1]}\right\|_2^2-\frac{(\varphi_j^{\mathrm{T}}\boldsymbol{r}^{[t-1]})^2}{\left\|\varphi_j\right\|_2^2}\end{aligned}\tag{15.8.15}$$

下面给出的是正交匹配追踪算法的计算步骤。

算法 15.8.1　正交匹配追踪算法[Ela10]。

任　务：近似 P_0：$\min\|\boldsymbol{x}\|_0$ s. t. $\boldsymbol{y}=\boldsymbol{\Phi x}$。

输　入：测量 $\boldsymbol{y}\in\mathbb{R}^M$，测量矩阵 $\boldsymbol{\Phi}\in\mathbb{R}^{M\times N}$，$\boldsymbol{x}$ 的稀疏度 k。

初始化：初始估计 $\hat{\boldsymbol{x}}^{[0]}=0$，初始残余误差 $\boldsymbol{r}^{[0]}=\boldsymbol{y}-\boldsymbol{\Phi}\hat{\boldsymbol{x}}^{[0]}=\boldsymbol{y}$，支撑集合 $T=\{0\}$，设置迭代指针 $t=1$，并令矩阵 $\boldsymbol{\Phi}^{[0]}$ 为空矩阵。

计算步骤：在迭代的第 t 步：

(1) 利用(15.8.15)式计算误差 $\varepsilon(j)$，式中最优的 z_j^* 是

$$z_j^*=\varphi_j^{\mathrm{T}}\boldsymbol{r}^{[t-1]}\Big/\left\|\varphi_j\right\|_2^2,\quad j=1,2,\cdots,N\tag{15.8.16}$$

(2) 找到 $\boldsymbol{\Phi}$ 的一个列向量 φ_{j_0}，该列向量的下标 j_0 对应

$$\forall j\notin T^{[t-1]},\quad \varepsilon(j_0)\leqslant\varepsilon(j)\tag{15.8.17}$$

(3) 更新作用集和作用集中向量构成的矩阵，即

$$T^{[t]}=T^{[t-1]}\cup\{j_0\}\tag{15.8.18a}$$

$$\boldsymbol{\Phi}^{[t]}=[\boldsymbol{\Phi}^{[t-1]},\varphi_{j_0}]\tag{15.8.18b}$$

(4) 求解如下最小平方问题，得到对信号 $\boldsymbol{x}$ 的估计

$$\hat{\boldsymbol{x}}^{[t]}=\underset{\boldsymbol{u}\in\mathbb{R}^{\# T^{[t]}}}{\arg\min}\left\|\boldsymbol{y}-\boldsymbol{\Phi}^{[t]}\boldsymbol{u}\right\|_2^2\tag{15.8.19}$$

这样得到的最优解 $\hat{\boldsymbol{x}}^{[t]}$ 也是 $\# T^{[t]}$ 维的向量。

(5) 得到对测量 $\boldsymbol{y}$ 在第 t 次迭代时的近似

$$\hat{\boldsymbol{y}}^{[t]}=\boldsymbol{\Phi}^{[t]}\hat{\boldsymbol{x}}^{[t]}\tag{15.8.20a}$$

并更新残余误差向量

$$\boldsymbol{r}^{[t]}=\boldsymbol{y}-\hat{\boldsymbol{y}}^{[t]}\tag{15.8.20b}$$

(6) $t=t+1$，并检查残余误差 $\boldsymbol{r}^{[t]}$ 是否满足 $\|\boldsymbol{r}^{[t]}\|_2<\varepsilon_0$，$\varepsilon_0$ 是预先给定的一个常数。如果满足，则迭代结束。否则，重复步骤 1～6。或者，如果 $t=k$，则停止。

算法输出：令 $\hat{\boldsymbol{x}}=\hat{\boldsymbol{x}}^{[k]}$，它即是恢复出的 k 稀疏向量。$\hat{\boldsymbol{x}}$ 的非零元素的下标由作用集 $T^{[k]}$ 中的元素

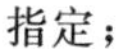

指定；

作用集 $T^{[k]}$，含有$\{1,2,\cdots,N\}$中的 k 个元素；

对测量 $\boldsymbol{y}$ 的近似 $\hat{\boldsymbol{y}}^{[k]}\in\mathbb{R}^M$；

残余误差向量 $\boldsymbol{r}^{[k]}\in\mathbb{R}^M$。

现对 OMP 算法给出一些解释。

(1) 上述算法的第(1)步，即利用(15.8.15)式计算最小误差 $\varepsilon(j)$，实际上是计算最大的$|(\varphi_j/\|\varphi_j\|_2)^{\mathrm{T}}\boldsymbol{r}^{[t-1]}|$，它是$\Phi$ 的列向量归一化后与向量 $\boldsymbol{r}^{[t-1]}$ 的内积的绝对值，绝对值最大的那一列的序号是 j_0，这样就完成了第(2)步的Φ 列向量的查找，即

$$j_0=\arg\max_j|\langle\varphi_j,\boldsymbol{r}^{[t-1]}\rangle|,\quad j=1,2,\cdots,N$$

(2) 在算法的第(4)步要计算最小的$\left\|\boldsymbol{y}-\Phi^{[t]}\boldsymbol{u}\right\|_2^2$，式子$\Phi^{[t]}$是 $M\times(\# T^{[t]})$的矩阵，$\boldsymbol{u}$ 是$\# T^{[t]}$维的向量。因此，对$\left\|\boldsymbol{y}-\Phi^{[t]}\boldsymbol{u}\right\|_2^2$ 相对 $\boldsymbol{u}$ 求导并令之为零，有

$$(\Phi^{[t]})^{\mathrm{T}}(\Phi^{[t]}\boldsymbol{u}-\boldsymbol{y})=-(\Phi^{[t]})^{\mathrm{T}}\boldsymbol{r}^{[t]}=0 \tag{15.8.21}$$

上式的导出过程中使用了 $\boldsymbol{r}^{[t]}=\boldsymbol{y}-\hat{\boldsymbol{y}}^{[t]}=\boldsymbol{y}-\Phi^{[t]}\hat{\boldsymbol{x}}^{[t]}$。(15.8.21)式给出了一个重要的结论，即残余误差向量 $\boldsymbol{r}^{[t]}$ 和矩阵$\Phi^{[t]}$的列向量总是正交的，即

$$\boldsymbol{r}^{[t]}\perp\operatorname{span}(\varphi_{j_1},\varphi_{j_2},\cdots,\varphi_{j_t})$$

这一特点保证了在第 $t+1$ 次迭代时不会再一次选择已经选择过的列向量，这是因为这些列向量和 $\boldsymbol{r}^{[t]}$都正交。如图 15.8.1 所示。这一特点也是“正交匹配追踪”名称的由来。

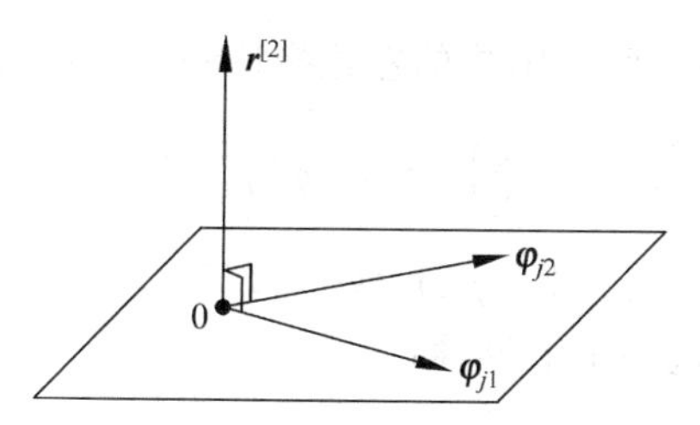

图 15.8.1 $\mathbb{R}^3$和 $t=2$ 时，误差向量和已选中的列向量正交

(3) 在上述计算过程中，如果在 k_0 步迭代后停止，则得到的解 $\boldsymbol{x}$ 是 k_0 稀疏的。

(4) OMP 算法的计算复杂性为 $O(kMN)$。计算最耗时的有两部分，一是(15.8.15)式的做内积的运算，二是解(15.8.19)式的最小平方问题。该最小平方问题有不同的求解方法，如伪逆的方法和矩阵 QR 分解方法。随所使用的方法不同，计算量也会不同。

(5) 在 OMP 的运算中，不存在最优化问题。迭代中需要确保的是残余误差向量 $\boldsymbol{r}^{[t]}$的 l_2 范数在每次迭代中都是递减的。因此，一般情况下无法保证最后的解 $\hat{\boldsymbol{x}}^{[k]}$一定逼近真正 k 稀疏的解 $\boldsymbol{x}$。但是，通过对测量矩阵Φ 提出一定的要求，可以得到对 $\boldsymbol{x}$ 好的恢复。此处所说的对测量矩阵Φ 提出的要求，可以通过矩阵的 spark 给出，也可以通过矩阵

的 RIP 给出，下面的定理则是从矩阵的相干性给出。

定理 15.8.2　记测量矩阵$\Phi \in \mathbb{R}^{M\times N}$的相干性为$\mu(\Phi)$，并假定$\Phi$是行满秩的，对测量系统 $\boldsymbol{y}=\Phi\boldsymbol{x}$，如果存在一个解 $\boldsymbol{x}$ 满足

$$\|\boldsymbol{x}\|_0 < \frac{1}{2}\left(1+\frac{1}{\mu(\Phi)}\right) \tag{15.8.22}$$

则 OMP 算法可确保在 $k=\|\boldsymbol{x}\|_0$ 次迭代时恢复出的 $\boldsymbol{x}$ 是最稀疏的。

证明　不失一般性，假定测量系统 $\boldsymbol{y}=\Phi\boldsymbol{x}$ 最稀疏的解 $\boldsymbol{x}$ 的 k 个非零元素都位于向量的前面，并且其绝对值按递减的顺序排放，即

$$\boldsymbol{y}=\Phi\boldsymbol{x}=\sum_{j=1}^{k} x_j\varphi_j \tag{15.8.23}$$

开始时，即 $t=0$，误差 $\boldsymbol{r}^{[t]}=\boldsymbol{r}^{[0]}=\boldsymbol{y}$，由(15.8.14)式，求出的误差集合

$$\varepsilon(j)=\min_{z_j}\left\|z_j\varphi_j-\boldsymbol{y}\right\|_2^2=\left\|\varphi_j\varphi_j^{\mathrm{T}}\boldsymbol{y}-\boldsymbol{y}\right\|_2^2=\left\|\boldsymbol{y}\right\|_2^2-(\varphi_j^{\mathrm{T}}\boldsymbol{y})^2\geqslant 0 \tag{15.8.24}$$

式中已假定Φ的列向量都归一化为 1。在第一次迭代，即 $t=1$，为了得到解 $\boldsymbol{x}$ 的 k 个元素中的一个，我们需要在 k 个下标中存在某个 j_0，使得$|\varphi_{j_0}^{\mathrm{T}}\boldsymbol{y}|>|\varphi_i^{\mathrm{T}}\boldsymbol{y}|$，$\forall i>k$ 成立。不失一般性，假定 $j_0=1$，即

$$|\varphi_1^{\mathrm{T}}\boldsymbol{y}|>|\boldsymbol{\varphi}_i^{\mathrm{T}}\boldsymbol{y}| \tag{15.8.25a}$$

将这一结果代入(15.8.23)式，这一需要变成

$$\left|\sum_{j=1}^{k} x_j\varphi_1^{\mathrm{T}}\varphi_j\right|>\left|\sum_{j=1}^{k} x_j\varphi_i^{\mathrm{T}}\varphi_j\right| \tag{15.8.25b}$$

为考虑最坏的情况，现对(15.8.25b)式的左边构造一个下界，即

$$\begin{aligned}\left|\sum_{j=1}^{k}x_j\varphi_1^{\mathrm{T}}\varphi_j\right| &\geqslant |x_1|-\sum_{j=2}^{k}|x_j|\,|\varphi_1^{\mathrm{T}}\varphi_j|\geqslant|x_1|-\sum_{j=2}^{k}|x_j|\mu(\Phi)\\ &\geqslant|x_1|(1-\mu(\Phi)(k-1))\end{aligned} \tag{15.8.26}$$

而对(15.8.25b)式右边构造一个上界，即

$$\left|\sum_{j=1}^{k}x_j\varphi_i^{\mathrm{T}}\varphi_j\right|\leqslant\sum_{j=1}^{k}|x_j|\,|\varphi_i^{\mathrm{T}}\varphi_j|\leqslant\sum_{j=1}^{k}|x_j|\mu(\Phi)\leqslant|x_1|\mu(\Phi)k \tag{15.8.27}$$

将(15.8.26)式和(15.8.27)式代入(15.8.25b)式，有

$$\left|\sum_{j=1}^{k}x_j\varphi_1^{\mathrm{T}}\varphi_j\right|\geqslant|x_1|(1-\mu(\Phi)(k-1))>|x_1|\mu(\Phi)k \tag{15.8.28}$$

由上式的最后一个不等式，有 $1+\mu(\Phi)>2\mu(\Phi)k$，即 $k<(1+\mu^{-1}(\Phi))/2$。也就是说，对(15.8.25a)式的需要变成对了(15.8.22)式的条件。因此，只要(15.8.22)式的条件成立，便保证了算法第一步迭代的成功，这意味着我们正确地选择了的Φ的一个列向量φ_{j_0}。此处所说的“正确”是指利用这样的列向量可以实现对 $\boldsymbol{x}$ 最稀疏的分解。

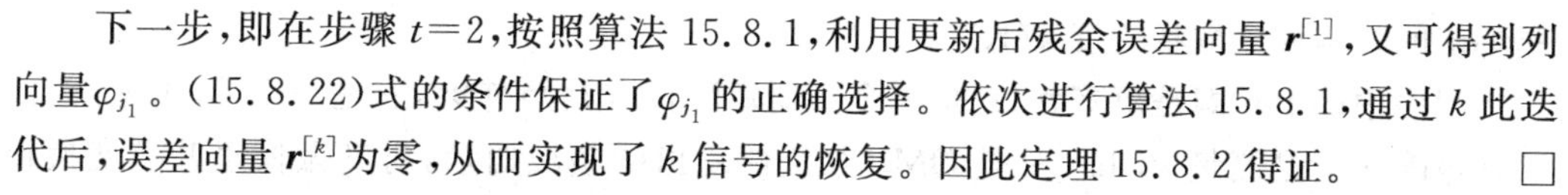

下一步，即在步骤 $t=2$，按照算法 15.8.1，利用更新后残余误差向量 $\boldsymbol{r}^{[1]}$，又可得到列向量φ_{j_1}。(15.8.22)式的条件保证了φ_{j_1}的正确选择。依次进行算法 15.8.1，通过 k 此迭代后，误差向量 $\boldsymbol{r}^{[k]}$ 为零，从而实现了 k 信号的恢复。因此定理 15.8.2 得证。 □

文献[Tro07]从随机测量的角度深入地研究了 OMP 性能。所谓随机测量，即是在测量系统 $\boldsymbol{y}=\boldsymbol{\Phi x}$ 中，$\boldsymbol{\Phi}$ 是随机矩阵，如我们在 15.7.2 节讨论过的高斯矩阵和伯努利矩阵。除了随机矩阵，该文献还定义了一类“可容许(admissible)测量矩阵”$\boldsymbol{\Phi}$。这些矩阵要满足如下四个性质：

(1) $\boldsymbol{\Phi}$ 的列向量是统计独立的；

(2) $\boldsymbol{\Phi}$ 的列向量的 l_2 范数全部归一化为 1；

(3) 令$\{\boldsymbol{u}_t\}$是 k 个向量序列，其 l_2 范数均不超过 1，$\boldsymbol{u}_t$ 和$\boldsymbol{\Phi}$ 的列向量之间的互相关满足

$$\mathbb{P}\,(\max|\langle \boldsymbol{u}_t,\varphi_j\rangle|\leqslant\varepsilon)\geqslant 1-2k\mathrm{e}^{-cM\varepsilon^2},\quad j=1,2,\cdots,N$$

(4) 令 $\boldsymbol{Z}$ 是$\boldsymbol{\Phi}$ 的一个子矩阵，其维数是 $M\times k$，其最小的特征值 $\sigma(\boldsymbol{Z})$应满足

$$\mathbb{P}\,(\sigma(\boldsymbol{Z})\geqslant 0.5)\geqslant 1-\mathrm{e}^{-cM}$$

在此定义的基础上，文献[Tro07]给出了如下定理：

定理 15.8.3　设 $\boldsymbol{x}\in\mathbb{R}^N$是任意的 k 稀疏向量，$\boldsymbol{\Phi}\in\mathbb{R}^{M\times N}$是随机，或“可容许”矩阵，及 $\boldsymbol{y}=\boldsymbol{\Phi x}$。常数 $\delta\in(0,0.36)$，若选择 $M\geqslant Ck\log(N/\delta)$，则 OMP 算法可以以超过 $1-\delta$ 的概率恢复 $\boldsymbol{x}$。

文献[Tro07]进一步指出，如果$\boldsymbol{\Phi}$ 是高斯矩阵，且 $M\geqslant 2k$，则通过 k 次迭代后，残余误差向量 $\boldsymbol{r}^{[k]}$应该变为零，否则，OMP 算法失败。

该文献比较了基追踪(BP)算法和 OMP 算法的优缺点，指出：OMP 算法最大的优点是速度快和容易实现，但是，BP 算法具有更好的稳定性。具体地说，BP 算法可以以大的概率恢复所有的稀疏信号，而 OMP 算法可以以大的概率恢复每一个稀疏信号，但在恢复所有的稀疏信号方面则以大的概率失败。

针对 OMP 算法的不足，人们又不断地提出一些改进算法，如 Stagewise OMP (StOMP)[Don12]算法以及 Compressive sampling matching pursuit(CoSaMP)[Nee09]算法等，此处不再讨论。

例 15.8.1　下面是一个正交匹配追踪的 MATLAB 程序，该程序由香港大学电机电子工程学系沙威博士于 2008 年编写，下载网址是：

http://www.eee.hku.hk/~wsha/Freecode/freecode.htm

现举例说明该程序的应用。

输入信号 $\boldsymbol{x}$ 是四个余弦信号的和，频率分别是 50Hz，100Hz，200Hz 和 400Hz，抽样频率是 800Hz。数据的长度 N(N)=256，测量数 M(M)=64。四个余弦信号和的频谱仍然是线谱，且只有 8 条谱线，且由其中的 4 条即可决定其他的 4 条，因此，$\boldsymbol{x}$ 的傅里叶变换

是稀疏的。本程序取稀疏度 $k(K)=7$。

程序中的 Phi 即是矩阵$\boldsymbol{\Phi}$，它是一个高斯矩阵，Psi 是矩阵$\boldsymbol{\Psi}$，它是一个 DFT 矩阵，而 T 是矩阵Θ，s 是测量 $\boldsymbol{y}$，hat_y 是 OMP 算法恢复出的频域向量，对其做傅里叶逆变换得到 hat_x 它即是恢复出的 $\hat{\boldsymbol{x}}$。运行该程序，可以看出 $\hat{\boldsymbol{x}}$ 基本上等于 $\boldsymbol{x}$，如图 15.8.2 所示。二者的近似误差为 $4.2127e^{-015}$。

```
% 1-D信号压缩传感的实现(正交匹配追踪法 Orthogonal Matching Pursuit)
%% 1. 时域测试信号生成
K=7;            % 稀疏度(做 FFT 可以看出来)
N=256;          % 信号长度
M=64;           % 测量数(M>=K*log(N/K),至少 40,但有出错的概率)
f1=50;          % 信号频率 1
f2=100;         % 信号频率 2
f3=200;         % 信号频率 3
f4=400;         % 信号频率 4
fs=800;         % 抽样频率
ts=1/fs;        % 抽样间隔
Ts=1:N;         % 抽样序列
x=0.3*cos(2*pi*f1*Ts*ts)+0.6*cos(2*pi*f2*Ts*ts)
   +0.1*cos(2*pi*f3*Ts*ts)+0.9*cos(2*pi*f4*Ts*ts);  % 原始信号
%% 2. 时域信号压缩感知
Phi=randn(M,N);                              % 测量矩阵(高斯分布白噪声)
s=Phi*x.';                                   % 获得线性测量
%% 3. 正交匹配追踪法重构信号(本质上是 L_1 范数最优化问题)
m=2*K;                                       % 算法迭代次数(m>=K)
Psi=fft(eye(N,N))/sqrt(N);                   % 傅里叶正变换矩阵
T=Phi*Psi';                                  % 恢复矩阵(测量矩阵*正交反变换矩阵)
hat_y=zeros(1,N);                            % 待重构的谱域(变换域)向量
Aug_t=[];                                    % 增量矩阵(初始值为空矩阵)
r_n=s;                                       % 残差值
for times=1:m;                               % 迭代次数(有噪声的情况下,该迭代次数为 K)
    for col=1:N;                             % 恢复矩阵的所有列向量
        product(col)=abs(T(:,col)'*r_n);  % 恢复矩阵的列向量和残差的投影系数(内积值)
    end
    [val,pos]=max(product);                  % 最大投影系数对应的位置
    Aug_t=[Aug_t,T(:,pos)];                  % 矩阵扩充
    T(:,pos)=zeros(M,1);             % 选中的列置零(实质上应该去掉,为了简单我把它置零)
    aug_y=(Aug_t'*Aug_t)^(-1)*Aug_t'*s;      % 最小二乘,使残差最小
```

```
    r_n=s-Aug_t*aug_y;                              % 残差
    pos_array(times)=pos;                           % 记录最大投影系数的位置
end
hat_y(pos_array)=aug_y;                             % 重构的谱域向量
hat_x=real(Psi'*hat_y.');                           % 做逆傅里叶变换重构得到时域信号
%% 4. 恢复信号和原始信号对比
subplot(211)
plot(hat_x,'k.-')                                   % 重建信号
subplot(212)
plot(x,'r')                                         % 原始信号
norm(hat_x.'-x)/norm(x)                             % 重构误差
```

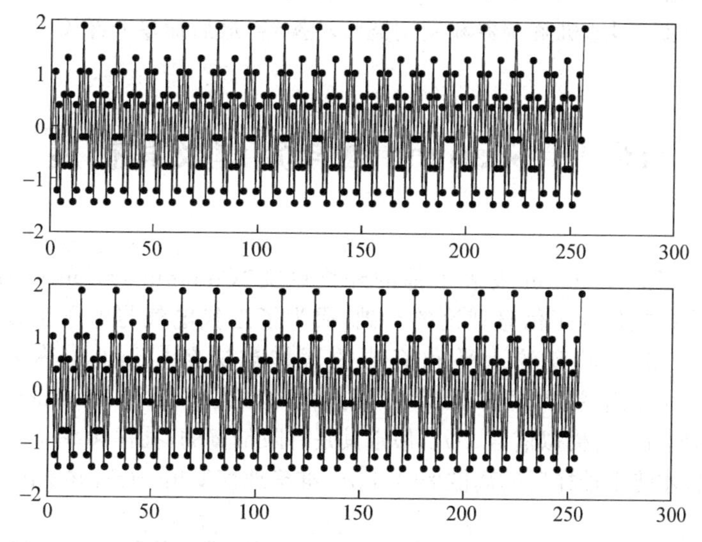

图 15.8.2 OMP 算法结果，下图是原信号 $\boldsymbol{x}$，上图是恢复出的信号 $\hat{\boldsymbol{x}}$

第16章 模拟/信息转换及压缩感知的应用

从标题上看，本章似要讨论两个问题，即模拟/信息转换和 CS 的应用。但实际上，模拟/信息转换是 CS 最重要、最直接，也是人们最期待的一个应用。因此，本章的内容实际上是 CS 的应用这一个主题。由于模拟/信息转换是 CS 的重要内容，因此将其单独列出。在本章中，我们先简要回顾一下 Shannon 抽样定理及其扩展，然后重点讨论模拟/信息转换的两个主要方案，即随机解调器和调制宽带转换器，最后简单介绍 CS 的其他应用。

16.1 Shannon 抽样定理及其扩展

1949 年，C. E. Shannon 发表了他的经典论文“Communication in the presence of noise”[sha49]。该论文建立了信息理论的基础，成为了近代电气与电子工程领域中最有影响的论文之一。由于其高的水平和简洁的写作被文献[Uns00]称为是一篇“杰作(masterpiece)”。在该论文中，Shannon 为了阐述他的率失真(rate/distortion)理论而提出了著名的抽样定理，即：对模拟信号 $x(t)$，假定其是有限带宽的，抽样频率 f_s 至少要是其最高频率 f_h 的两倍，才能由抽样后的离散信号 $x(n)$ 准确地恢复出 $x(t)$，并给出重建公式

$$x(t)=\sum_{n=-\infty}^{\infty}x(nT_s)\frac{\sin[\pi(t-nT_s)/T_s]}{\pi(t-nT_s)/T_s} \tag{16.1.1}$$

式中 T_s 是抽样间隔，$\sin(x)/x$ 是 sin$c$ 函数。(16.1.1)式的含意是，模拟信号 $x(t)$ 可由 sin$c$ 函数的移位后的加权和来得到，权就是其离散样本。显然，该式是一插值公式。

抽样定理在信号、图像处理和通信中起到了决定性的作用，它告诉我们如何将模拟信号转换成数字信号以在计算机上实现高效的处理，打开了由模拟世界进入数字世界的大门，从而带来了我们今天数字化信息社会的飞速发展。

由于 E. T. Whittaker、J. M. Whittaker 和 V. A. Kotel'nikov 早期对抽样定理理论上的贡献，文献上有时将 Shannon 抽样定理又称为 Whittaker-Kotel'nikov Shannon (WKS)抽样定理。Shannon 在文献[Sha49]中为了肯定 H. Nyquist 在通信理论中的重要贡献[Nyq28]，将 $f_s=2f_h$ 称为 Nyquist 频率，简称为 Nyquist 率，在本章中，我们将 Nyquist 率记为 f_{Nqui}，而 $T_{Nqui}=1/f_{Nqui}$ 为 Nyquist 抽样间隔。

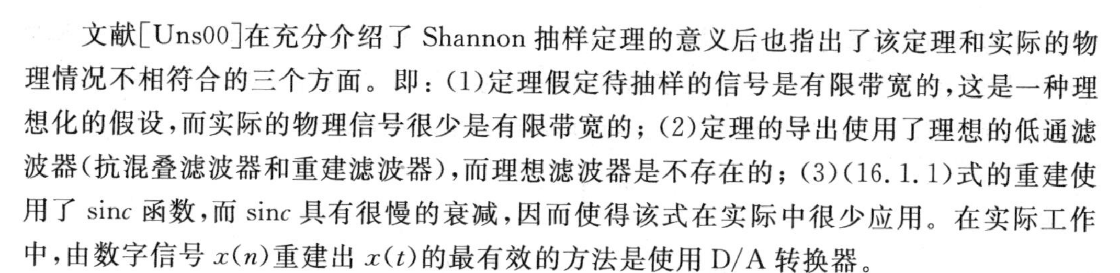

文献[Uns00]在充分介绍了 Shannon 抽样定理的意义后也指出了该定理和实际的物理情况不相符合的三个方面。即：(1)定理假定待抽样的信号是有限带宽的，这是一种理想化的假设，而实际的物理信号很少是有限带宽的；(2)定理的导出使用了理想的低通滤波器(抗混叠滤波器和重建滤波器)，而理想滤波器是不存在的；(3)(16.1.1)式的重建使用了 sinc 函数，而 sinc 具有很慢的衰减，因而使得该式在实际中很少应用。在实际工作中，由数字信号 $x(n)$ 重建出 $x(t)$ 的最有效的方法是使用 D/A 转换器。

如我们在 15.1 节所指出的，Shannon 抽样定理要求抽样频率 f_s 至少要是最高频率 f_h 的两倍，这在现代通信和雷达信号处理等领域都显得过高，以致给物理器件 A/D 和后续的处理都带来了极大的挑战。例如，在最近十多年发展起来的认知无线电(cognitive radio)中，若按 $f_s=2f_h$ 来抽样，抽样频率可高达几个 GHz。

实际上，一般的物理信号的频谱都具有稀疏性。也就是说，虽然其频谱的最高频率为 f_h，但实际上并不是都填满了整个 $0\sim f_h$ 的频率空间，中间会有许多为零和接近为零的频带，如带通信号和多带信号。因此，直观上看，不考虑频谱的稀疏性而一律采用 $f_s=2f_h$ 来抽样似不够合理。正因为如此，在 Shannon 抽样定理于 1949 年提出后，人们对该领域继续给予了很大的关注，并对其进行了多方面的扩展。

文献[Jer77]是第一篇全面介绍 Shannon 抽样定理的论文。该文较为详细地讨论了 Shannon 抽样定理的理论和应用，特别是较为详细地介绍了从 1949 到 1977 年近 30 年间 Shannon 抽样定理的扩展。这些扩展包括：(1)多变量信号(即 n 维信号)的抽样；(2)非均匀抽样；(3)非带限信号的抽样；(4)隐抽样(implicit sampling)；(5)随机过程抽样；(6)带通信号的抽样；(7)基于广义函数(generilized functions)的抽样等。

文献[Uns00]是全面讨论 Shannon 抽样定理的又一篇重要论文，该文可以看作是对文献[Jer77]的补充，特别是补充了从 1977 年至 2000 年间 Shannon 抽样定理的进一步扩展。这些扩展包括：(1)基于小波理论的抽样；(2)多通道抽样；(3)基于有限元(Finite Elements)和多小波(Multiwavelets)的抽样；(4)基于标架理论的抽样等。

由上面提到的各个扩展的名称可以看出，这些扩展的目的，一方面是扩大信号模型的范围(即不只是单个时间 t 的带限信号)，另一方面，也是最重要的，是希望用低于 f_{Nqui} 的频率来实现模拟信号的抽样。文献上称这样的抽样频率是“欠 Nyquist(under-Nyquist)频率”，或“亚 Nyquist(sub-Nyquist)频率”。

有关上述扩展的详细内容及原文献的出处请参看文献[Jer77]和[Uns00]。下面仅介绍几个和我们后面要讨论的模拟/信息转换有关的内容。

16.1.1 带通信号的抽样

带通信号又称窄带信号，如图 16.1.1 所示。显然，如果把该类信号看作是带限信号，那么对其的抽样频率至少应该是 $f_s=2(f_0+f_B/2)$。我们知道，带通信号多是幅度调制(AM)信号，而载波频率 f_0 是远大于信号的带宽的，因此，f_s 也势必很大。但是，由于带宽 $f_B \ll f_0+f_B/2$，因此，直观上看，这样选择抽样频率是不合理的。

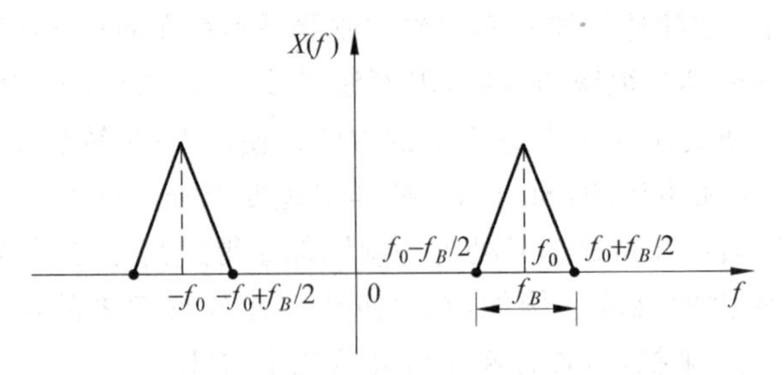

图 16.1.1　带通信号的频谱及其各个频率的含意

文献[Koh53]最早讨论了带通信号的抽样，并给出了带通信号的抽样定理：设信号 $x(t)$ 是一带通信号，中心频率为 f_0，带宽为 f_B，且 $f_0 \geqslant f_B/2$，若保证抽样频率

$$2f_B \leqslant f_s \leqslant 4f_B \tag{16.1.2}$$

那么，可由 $x(n)$ 准确重建出 $x(t)$。式中 f_s 的具体取值对应$(f_0+f_B/2)/f_B$ 的取值情况。若比值为整数，则 $f_s=2f_B$。文献[ZW2]给出了(16.1.2)式较为详细的公式推导。

显然，按(16.1.2)式实施带通信号的抽样时，需要事先知道 $x(t)$ 的带宽和中心频率。另外，上述的带通信号抽样方案也不适用于多通带信号。

16.1.2　基于解调的多带信号抽样

多带信号一般来自于通信领域。例如，发送端将多个模拟信号分别用不同的载波调制后再将它们发送出去，接收端将这些信号接收后混合为一个信号 $x(t)$，其频谱如图 16.1.2 所示。图中给出了三个频带，中心频率分别是 f_1，f_2 和 f_3，它们都是载波频率，并设每一个通带的带宽都不大于 f_B。由于频谱的对称性，图中实际上是六个频带。

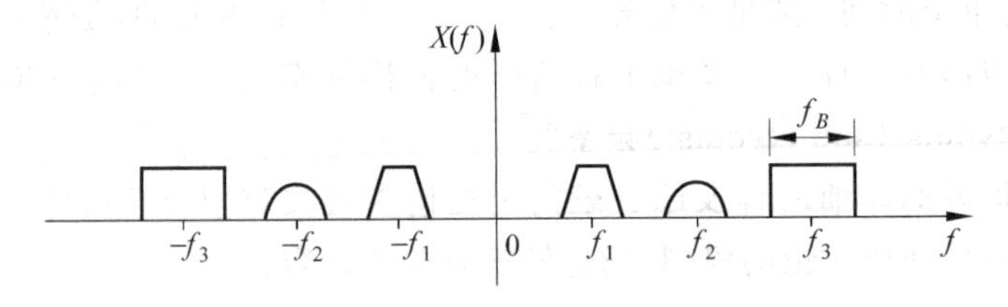

图 16.1.2　多带信号的频谱

为了说明解调抽样的过程，现在简单解释一下调制的过程。设图 16.1.2 各个通带对应的信号为 $x_i(t)$，对 $x_i(t)$ 可按下式进行调制

$$x_i(t) = I_i(t)\cos(2\pi f_i t) + Q_i(t)\sin(2\pi f_i t), \quad i = 1,2,3 \tag{16.1.3}$$

式中 f_i 是载波频率，它不影响 $x_i(t)$ 的频谱的形状，而只决定其位置，$Q_i(t)$ 和 $I_i(t)$ 是低通信号，它们的带宽都不超过 $f_B/2$。由于 $x_i(t)$ 的信息都体现 $Q_i(t)$ 和 $I_i(t)$ 中，所以二者又称为“信息”信号。对应幅度调制，$Q_i(t)=0$，$I_i(t)$ 就是要传输的低通信号。对应相位/频率调制(PM/FM)，要传输的模拟信息体现在 $g(t)=\arctan\,(I_i(t)/Q_i(t))$ 中。

在接收端，需要完成对多带信号 $x(t)=\sum_i x_i(t)$ 的抽样。当然，这时需要确定抽样频率。由图 16.1.2 可以看出，若把 $x(t)$ 视为带限信号，则 f_s 至少应该是 $f_s=2f_3+f_B$，这对射频(Radio-Frequency，RF)通信来说，抽样频率太高了。一个有效的方法是对接收到的信号 $x(t)$ 的各个分量(即 $x_i(t)$)逐一解调，然后再抽样。解调的方法基本上是(16.1.3)式的逆过程，如图 16.1.3 所示[Mis11a]。

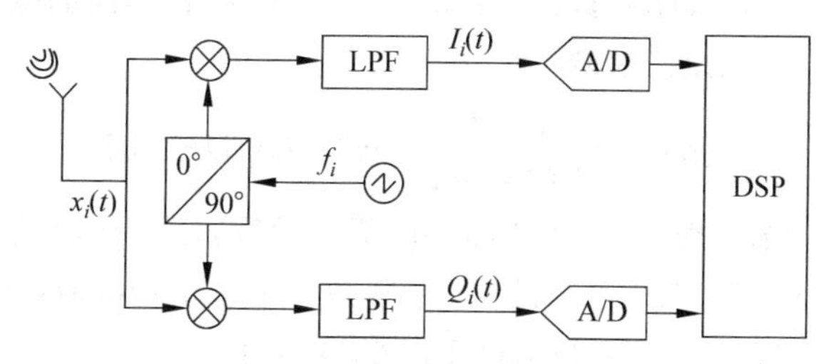

图 16.1.3　正交分量解调器

该图的含意是：将接收到的 $x(t)$ 的各个分量 $x_i(t)$ 分别和频率为 f_i 的正弦、余弦信号相乘，从而得到两路信号，它们在相位上相差 90°，即互为正交分量。然后再用低通滤波器对其滤波即可得到“信息”信号 $Q_i(t)$ 和 $I_i(t)$，它们即是将图 16.1.2 中的各个频带分别移到频率轴的原点处所对应的低通信号。由于 $Q_i(t)$ 和 $I_i(t)$ 的最高频率都是 $f_B/2$，所以对它们的抽样频率都可取 f_B。将 $Q_i(t)$ 和 $I_i(t)$ 抽样后分别得到 $Q_i(n)$ 和 $I_i(n)$，然后再通过图中的 DSP 模块，即信号处理算法将 $Q_i(n)$ 和 $I_i(n)$ 合成为 $x_i(n)$，并进一步将 $x_i(n)$ 合成为 $x(n)$，从而完成多带信号的抽样。

一般来说，若 $x(t)$ 有 N 个带，且每个带的带宽都不超过 f_B，那么，基于上述解调的方法对 $x(t)$ 抽样的频率为 $f_s=Nf_B$，它应该远小于 $x(t)$ 的 f_{Nqui}，即 $2(f_N+f_B/2)$。当然，如同带通信号的抽样一样，实施上述基于解调的多带信号抽样，同样事先要知道 $x(t)$ 中各个分量的中心频率和带宽。

16.1.3　多通道抽样

C. E. Shannon 在文献[Sha49]中没有证明地指出：若带限信号 $x(t)$ 及其一阶、二阶直至 $M-1$ 阶导数已知，通过对 $x(t)$ 及其这 $M-1$ 阶的导数分别用 f_{Nqui}/M 的速率抽样,那么,由抽样后的离散信号也可以准确重建 $x(t)$。按照这一思路,对 $x(t)$ 及其导数的抽样频率都比直接对 $x(t)$ 抽样时减少了 M 倍,从而减轻了 A/D 的压力。当然,整个的抽样频率仍然是 f_{Nqui}。

C. E. Shannon 的这一想法提出后,基于导数的抽样方案成为了 Shannon 抽样定理扩展的又一重要方面。A. Papoulis 在上述思路的基础上,创新性地提出了利用 M 个线性时不变系统构成的滤波器组来实现 sub-Nyquist 抽样的方案[Pap77a]。该方案对后来的 Shannon 抽样定理扩展及模拟/信息转换都产生了重要的影响。文献[Bro81]将 A. Papoulis 的方案进一步发展,提出了"多通道抽样"的概念。现结合这两篇文献简单介绍多通道抽样的基本思路。

设 $x(t)$ 是一带限信号(即低通信号),其最高频率是 f_{h}。给出 M 个线性时不变系统,其频率响应分别是 $H_1(\Omega),H_2(\Omega),\cdots,H_M(\Omega)$。它们有着共同的输入信号,即 $x(t)$,设输出是 $g_k(t),k=1,2,\cdots,M$。显然

$$g_k(t)=\frac{1}{2\pi}\int_{-2\pi f_h}^{2\pi f_h} X(\Omega)H_k(\Omega)\mathrm{e}^{\mathrm{j}\Omega t}\,\mathrm{d}\Omega \tag{16.1.4}$$

现在对 $g_k(t)$ 进行抽样,得 $g_k(nT_{\mathrm{s}})$,式中 $T_{\mathrm{s}}=MT_{\mathrm{Nqui}}$。我们的目的是用这 M 个 $g_k(nT_s)$ 来重建 $x(t)$。为实现这一目标,令常数 $c=2\times2\pi f_{\mathrm{h}}/M$,并构成如下系统

$$\begin{cases} H_1(\Omega)Y_1(\Omega,t)+\cdots+H_M(\Omega)Y_M(\Omega,t)=1 \\ \qquad\vdots \\ H_1(\Omega+rc)Y_1(\Omega,t)+\cdots+H_M(\Omega+rc)Y_M(\Omega,t)=\mathrm{e}^{\mathrm{j}rct} \\ \qquad\vdots \\ H_1(\Omega+Mc-c)Y_1(\Omega,t)+\cdots+H_M(\Omega+Mc-c)Y_M(\Omega,t)=\mathrm{e}^{\mathrm{j}(M-1)ct} \end{cases} \tag{16.1.5}$$

式中 t 是任意的时间变量,Ω 是角频率,取值在 $-2\pi f_{\mathrm{h}}\sim-2\pi f_{\mathrm{h}}+c$ 之间。

显然,(16.1.5)式定义了一个线性方程组,待求的是 M 个函数

$$Y_1(\Omega,t),Y_2(\Omega,t),\cdots,Y_M(\Omega,t)$$

它们都是 t 和 Ω 的函数,而方程组(16.1.5)的右边则都是时间 t 的函数。对 $H_k(\Omega)$ 的一个基本要求是在频率间隔($-2\pi f_{\mathrm{h}}\sim-2\pi f_{\mathrm{h}}+c$)内,它们所构成的(16.1.5)式的左边所对应的行列式不能等于零。否则,(16.1.5)式将无解。一旦 $Y_k(\Omega,t),k=1,2,\cdots,M$ 被求出,对它们做类似于傅里叶级数展开,则可得到 $y_k(t),k=1,2,\cdots,M$,即

$$y_k(t)=\frac{1}{c}\int_{-2\pi f_{\mathrm{h}}}^{-2\pi f_{\mathrm{h}}+c} Y_k(\Omega,t)\mathrm{e}^{\mathrm{j}\Omega t}\,\mathrm{d}\Omega,\quad k=1,2,\cdots,M \tag{16.1.6}$$

再记

$$z_k(t)=g_k*y_k=\sum_{n=-\infty}^{\infty} g_k(nT_{\mathrm{s}})y_k(t-nT_{\mathrm{s}}) \tag{16.1.7}$$

在此基础上，A. Papoulis 证明了下述的重建公式

$$x(t) = \sum_{k=1}^{M} z_k(t) \tag{16.1.8}$$

并称该式为“广义抽样定理(Generalized Sampling Theorem)”。有关该式的证明见文献[Pap77a]，此处不再讨论。(16.1.4)式～(16.1.8)式的含意如图 16.1.4 所示。

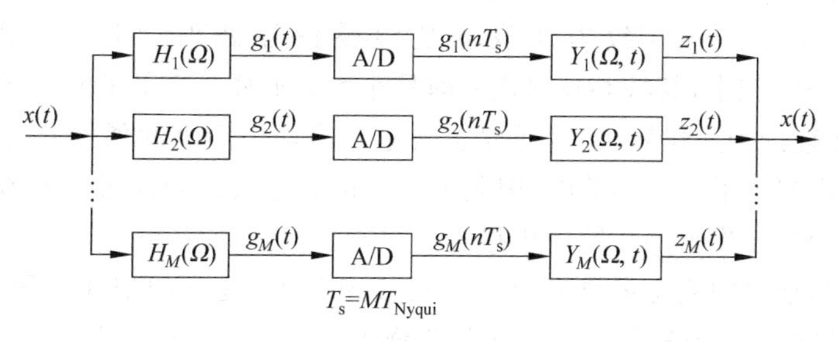

图 16.1.4　A. Papoulis 的广义抽样信号流图

文献[Uns98]指出，A. Papoulis 的广义抽样定理表明确实存在着多种不同的方法来抽取信号中的信息，这些信息都可以完备的描述该信号，而 Shannon 抽样定理仅是这些方法中的一种。广义抽样定理在很多场合有着很好的应用前景，如多传感器信号的采集和抽样、信号的交错抽样(interlaced sampling)等。文献[Pap77a]并没有给出具体的重建算法，文献[Uns98]对 A. Papoulis 的工作进一步加以扩展，包括给出重建算法和放宽了对带限信号的限制。

16.1.4　周期非均匀抽样

周期非均匀抽样(periodic nonuniform sampling，PNS)是在非均匀抽样的基础上发展起来的一种对多带信号抽样的策略。至今我们所讨论和使用过的抽样策略都是均匀抽样，即离散信号 $x(n)$ 各点之间的时间间隔都是 T_s。非均匀抽样，顾名思义，各个抽样点之间的间隔是不相等的，因此是非均匀的。一般，非均匀抽样时抽样间隔的确定有两种方法，即随机抽样和伪随机抽样。随机抽样中每个抽样点的选择是完全随机的，这是一种理想化的非均匀抽样，而伪随机抽样中每个抽样点的选择是经过挑选的伪随机数。

1953 年，H. S. Black 首先提出了非均匀抽样的概念，并提出了非均匀抽样情况下信号重建的条件和可能性[Bla53]，文献[Yen56]进一步发展了非均匀抽样的理论。

非均匀抽样的提出和发展有其应用背景。我们知道，在超高速抽样的场合，应用单个的 A/D 很难实现，而解决方案之一是使用多个 A/D 并行抽样，例如 M 个，而每一个 A/D 都工作在较低的抽样频率下，即 f_{Nqui}/M，从而减轻了每一个 A/D 的负担，而系统总的抽样频率仍可达到 f_{Nqui}，业界也早已推出了这样的 A/D 芯片。但是，这样的并行抽样随之

也带来一个问题，即各个 A/D 的时钟不同步和 A/D 之间参数的不一致所产生的抽样在时间和幅度上的不均匀，这是非均匀抽样产生的一个重要背景。另外，在一些特殊的场合，如地球物理和天文学领域，对目标信号实现均匀抽样较为困难，而非均匀抽样是较好的选择。

非均匀抽样的一个突出优点是其抗混叠的能力。例如，欧洲成立了一个名称为“EURODASP”的工作组，致力于发展抗混叠信号处理（Digital Alias-free Signal Processing，DASP）技术，其核心技术之一即是非均匀抽样。有关非均匀抽样的内容非常丰富，除了抽样理论和重建算法外，还要发展适应非均匀间隔的傅里叶变换和 Z 变换理论。所有这些都超出了本书的范围，因此不再讨论。有兴趣的读者可参看文献[Eur01]，这是 EURODASP 工作组的一篇应用报告。

周期非均匀抽样的概念最早来源于文献[Koh53]所提出的带通信号抽样理论，文献[Lin98]将其扩展到多带信号，并给予了较为详细的讨论。现结合文献[Lin98a]介绍 PNS 的基本概念。

对于类似于图 16.1.2 的具有稀疏谱的多带信号，H. J. Landau 早在 1967 年就证明了：如果 $x(t)$ 的频谱具有 N 个带，每个带的宽带都不超过 f_B，并且这些谱带的位置是已知的，那么，对 $x(t)$ 均匀抽样时，抽样频率的下界是 Nf_B[Lan67]。PNS 在不需要复杂的模拟预处理的情况下，可以达到 Nf_B 这一下界，且需要的硬件，除了 A/D 外，就是 M 个延迟器。PNS 的核心思想是得到 M 个欠抽样的延迟序列，即

$$y_k(n) = x(nT_s + d_k), \quad k = 1,2,\cdots,M$$

式子 $T_s = M/f_{\text{Nqui}} = MT_{\text{Nqui}}$，$d_k$ 是延迟因子。然后再由这 M 个延迟序列重建出 $x(t)$。显然，为保证 $x(t)$ 的准确重建，参数 T_s，M 和 d_k 的选择是至关重要的。现以 $M=2$ 来说明 PNS 的原理和这些参数选择的原则。

$M=2$ 时称为二阶 PNS，记为 PNS(2)，它针对的信号模型是具有两个通带的带通信号，即 $N=2$，如图 16.1.5(a)所示。令 f_l 和 f_h 分别是通带的下边缘和上边缘频率，并令 $B=(f_l, f_h)\cup(-f_h, -f_l)$ 是 $X(f)$ 不为零的频带集合。PNS(2)对信号抽样时是利用两个 A/D 分别对信号 $x(t)$ 进行均匀抽样，抽样间隔 $T_s=1/f_B$，其中一个没有延迟，而另一个延迟 $d_1 \triangleq d$。记两个 A/D 的输出分别是 $y_1(n)=x(nT_s)$ 和 $y_2(n)=x(nT_s+d)$，我们的目的是要利用 $y_1(n)$ 和 $y_2(n)$ 重建出 $x(t)$。由于延迟的存在，因此 $y_1(n)$ 和 $y_2(n)$ 之间的抽样间隔是不等距的，这就构成了非均匀抽样，由于在一个抽样间隔 T_s 进行了两次抽样($d<T_s$)，因此称为“周期”非均匀抽样。其含意如图 16.1.5(b)所示。信号抽样和重建的信号流图如图 16.1.5(c)所示，图中 $h_1(t)$ 和 $h_2(t)$ 是重建滤波器。这时，系统的整个抽样频率为 $2f_B$，它总是 $\leqslant f_{\text{Nqui}}$。

由图 16.1.5(a)可以看出，由于 $x(t)$ 的最高频率是 f_h，因此，用 $f_s=1/T_B=f_B$ 来对 $x(t)$ 进行抽样时，必然会产生频谱的混叠，这些混叠都会反映在 $Y_1(f)$ 和 $Y_2(f)$ 中。混

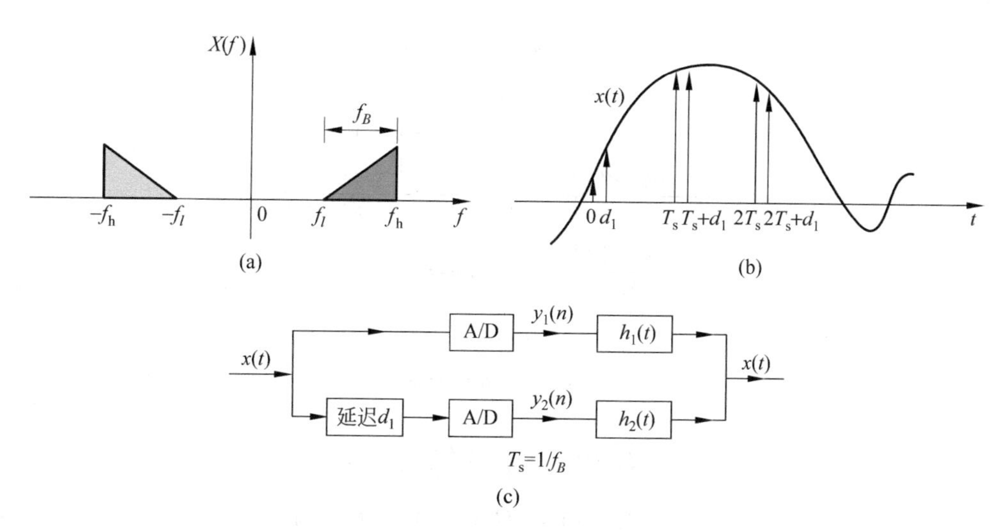

图 16.1.5　二阶 PNS 对信号的抽样和系统的信号流图

(a) 信号模型；(b) 二阶周期非均匀抽样示意图；(c) PNS(2)系统信号流图

叠的模式如图 16.1.6 所示(图中只画出了正频率)，图中 $k \geqslant \lfloor 2f_l/f_B \rfloor$。

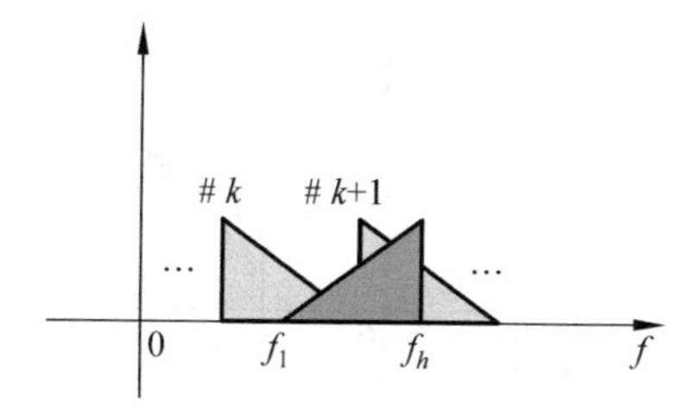

图 16.1.6　$Y_1(f)$、$Y_2(f)$中可能出现的混叠模式

可以求出，$Y_1(f)$ 和 $Y_2(f)$ 的表达式是[Lin98]

$$T_s Y_1(f) = X(f) + X(f - \beta(f) f_B) \tag{16.1.9a}$$

$$T_s Y_2(f) = X(f) + X(f - \beta(f) f_B) \mathrm{e}^{-\mathrm{j}2\pi\beta(f) d f_B} \tag{16.1.9b}$$

式中 $\beta(f)$是频谱折叠指示函数，如图 16.1.7 所示[Mis11a]。显然，$\beta(f)$ 在 $f \in B$ 的范围内是分段常数，幅度分别是$\pm k$ 和 $\pm(k+1)$，而在其他的频率范围内为零，且 $\beta(f) = -\beta(-f)$。

文献[Lin98]用定理的形式给出了如下结论：令 $x(t)$ 是一两带信号，每一个带的宽度不超过 f_B，那么，$x(t)$可以由 $x(nT_s)$和 $x(nT_s+d)$ 通过下式准确重建

$$x(t) = \sum_{n \in Z} [x(nT_s) h_1(t - nT_s) + x(nT_s + d) h_2(t - nT_s)] \tag{16.1.10}$$

式中 $T_s = 1/f_B$，d 在 $f \in B$ 的范围内使 $d\beta(f)/T_s$ 不为整数，$h_1(t)$和 $h_2(t)$ 是重建滤波器，它们都是带通滤波器，其频率响应分别是

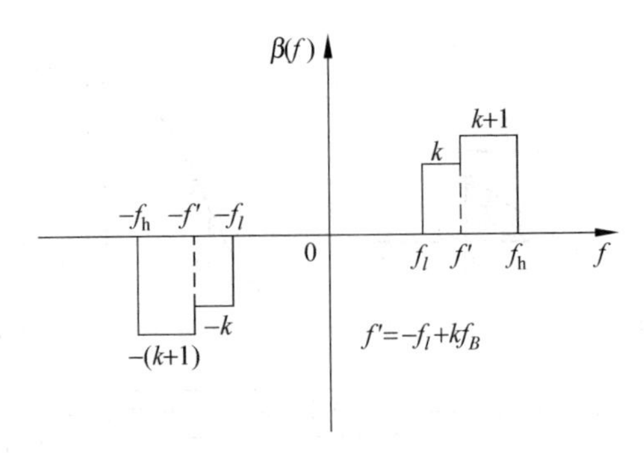

图 16.1.7　$\beta(f)$的波形

$$H_1(f) = \frac{T_s}{1 - e^{j2\pi\beta(f)df_B}},$$

$$H_2(f) = H_1(-f),\quad f \in B \tag{16.1.11}$$

$H_1(f)$的幅频响应如图 16.1.8 所示[Mis11a]。显然，重建滤波器 $h_1(t)$ 和 $h_2(t)$ 的一个重要功能是用来抵消由于在每一个支路欠抽样所产生的频谱的混叠。

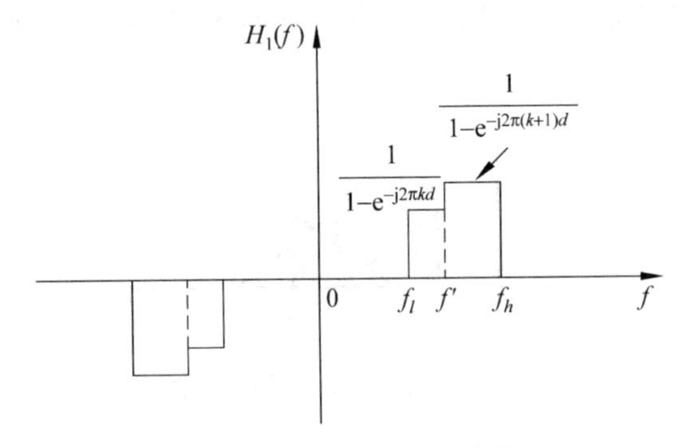

图 16.1.8　$H_1(f)$ 的波形

文献[Lin98a]进一步将上述两通道的情况推广到 M 阶 PNS，即 PNS(M)，并给出了较为详细的理论分析。PNS(M) 的信号流图如图 16.1.9 所示，其他内容此处不再讨论。

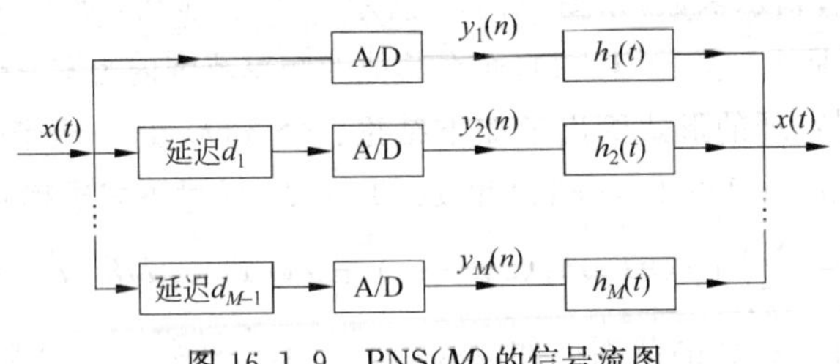

图 16.1.9　PNS(M)的信号流图

以上我们简单介绍了4种对Shannon抽样定理进行扩展的方案。通过分析可知，这4种方案有着一些共同的特点：(1)它们针对的信号模型基本上是带通信号或多通带信号，因为这些的信号频谱是稀疏的，因此才有降低抽样率的可能；(2)它们和A. Papoulis提出的广义抽样定理有着内在的联系，即把对$x(t)$利用单个A/D的抽样转换为M个通道并行的抽样，使每个通道的抽样频率降低为f_{Nqui}的$1/M$；(3)这些抽样方案都需要事先知道频谱的信息，即中心频率和带宽；(4)文献[Mis11a]指出，严格地说，这些抽样方案都没有违反Shannon抽样定理，因此，它们只是针对稀疏谱信号的特殊改进方案；(5)这些方案对下面要讨论的模拟/信息转换有着直接的影响。例如，频谱的稀疏性(多带信号)是模拟/信息转换成为可能的主要基础，而A. Papoulis的广义抽样定理和其后的各种多通道抽样方案为模拟/信息转换提供了思路和启发。

应该说，如果仅仅知道信号的带宽这一先验信息，那么Shannon抽样定理就是最佳的抽样方案。但幸运的是，我们的实际物理信号在某种正交基(如傅里叶基)，或是某种字典变换后大多都是稀疏的。压缩感知是以信号稀疏为前提的，压缩感知理论的发展和物理信号频谱稀疏的特点共同促使了模拟/信息转换理论和技术的诞生。

16.2 模拟/信息转换的基本概念

我们在第16章已指出，压缩感知(CS)理论的提出为发展新的抽样理论提供了理论基础，即抽样频率不必要是信号中最高频率的两倍，而只需要正比于信号所包含的信息(如不为零的带宽)，这就是模拟/信息转换一词的由来。

在CS中，给定信号$x(n),n=1,2,\cdots,N$，$N\times N$正交变换矩阵$\boldsymbol{\Psi}$，则可得到变换域的稀疏信号$\boldsymbol{s}$，即$\boldsymbol{x}=\boldsymbol{\Psi}\boldsymbol{s}$。令测量是$y(n),n=1,2,\cdots,M,M\ll N$，它是通过一个$M\times N$的测量矩阵$\boldsymbol{\Phi}$对$\boldsymbol{x}$测量的结果，即$\boldsymbol{y}=\boldsymbol{\Phi}\boldsymbol{x}=\boldsymbol{\Phi}\boldsymbol{\Psi}\boldsymbol{s}=\boldsymbol{\Theta}\boldsymbol{s}$。我们在第15章已给出了如下结论：

(1) 由15.7.2节的讨论可知，如果$\boldsymbol{\Phi}$是随机矩阵(如高斯矩阵或伯努利矩阵)，则$\boldsymbol{\Phi}$以大概率具有RIP性质，因此，测量$\boldsymbol{y}$可以看作是对$\boldsymbol{x}$的随机测量，也即$\boldsymbol{y}$是$\boldsymbol{x}$在$\boldsymbol{\Phi}$上的随机投影。随机测量的概念在我们如下要讨论的模拟/信息转换中有着重要的作用；

(2) 要求测量矩阵$\boldsymbol{\Phi}$和变换矩阵$\boldsymbol{\Psi}$是不相干的；

(3) 在CS中，假定测量$\boldsymbol{y}$是已知的，因此，讨论的主要问题是如何由$\boldsymbol{y}$恢复$\boldsymbol{x}$的问题；在模拟/信息转换中，不但要讨论如何由$\boldsymbol{y}$恢复$\boldsymbol{x}$的问题，同样要关心如何得到测量$\boldsymbol{y}$的问题；

(4) 上面所提到的$\boldsymbol{x}$,$\boldsymbol{y}$和$\boldsymbol{s}$都是离散的，有限长。在CS理论提出的初期，这样做是符合科学发展规律的，因为可以方便地利用矩阵和向量这些强有力的数学工具以快速推进理论的发展。可以预见，在CS理论的继续深入发展中，仍然还会假定 $\boldsymbol{x}$，$\boldsymbol{y}$ 和 $\boldsymbol{s}$ 都是离散的，有限长。

但是，CS理论的发展必然要走向应用，因为物理世界的信号 $x(t)$ 基本上都是连续的，因此，将CS理论应用于实际，必须解决信号的抽样问题，也即如何实现以远低于奈奎斯特率的频率进行抽样的问题。为达到这一目的，有如下问题必须解决：

(1) Shannon 抽样定理对带限信号的抽样来说无疑是绝对正确的，那么以远低于奈奎斯特率的频率进行抽样，如何解决频域的混叠问题？看来，有效的方法是在抽样之前就将待抽样的信号进行模拟压缩，以降低其带宽；

(2) 在CS的基本关系 $\boldsymbol{y}=\boldsymbol{\Phi x}$ 中，$\boldsymbol{x}$ 不但是离散、有限维，而且假定它是由 $x(t)$ 按奈奎斯特率均匀抽样得到的。其实，信号处理的绝大部分算法(包含在MATLAB的signal processing Toolbox中)，如滤波器设计、功率谱估计和各种时-频域的变换及联合分析等，都假定对所研究的信号是按奈奎斯特率均匀抽样得到的。改变抽样策略，即用远低于奈奎斯特率的频率抽样，那么，就必须发展一套新的信号处理算法；

(3) 在CS的基本关系 $\boldsymbol{y}=\boldsymbol{\Phi x}$ 中，我们要求 $\boldsymbol{x}$ 是稀疏的，可以想象，将CS理论应用于模拟信号，同样要求信号是稀疏的。但是，离散信号的稀疏性容易度量，只需要检测 $\boldsymbol{x}$ 的非零个数即可，而模拟信号的稀疏性却不容易度量，因为无论是非零个数还是为零的个数都是不可数的。显然，如果其频谱只有少数的线谱，或者是有限的不连续频带，那么 $\boldsymbol{x}$ 是频域稀疏的；

(4) 放弃对 $x(t)$ 按奈奎斯特率逐点进行均匀抽样，那么，抽样时就必须"感知" $x(t)$ 中的重要信息并将它们放入到测量 $\boldsymbol{y}$ 中。但是，如何"感知"出那些是重要信息？看来，对 $x(t)$ 进行随机抽样有可能是一个好的选择；

(5) 不但要由低抽样率下得到的 $\boldsymbol{y}$ 重建出原模拟信号 $x(t)$，而且需要重建出按奈奎斯特率抽样得到的离散信号 $x(n)$，其目的是使得到的离散信号能适应现有的信号处理算法。该问题是重建算法问题。其实，二者是一回事，因为由 $x(n)$ 通过D/A即可得到 $x(t)$；

(6) 模拟/信息转换是适用于所有的模拟信号还是某些信号？这是信号模型选择问题；

(7) 如何利用已有的商用器件实际实现能满足上述要求的模拟/信息转换方案？

应该说，从CS提出开始，模拟/信息转换的概念和实施问题就引起了人们的注意，并不断地提出一些方案。这些方案主要是：(1)随机抽样[Las06,Rag07]；(2)随机滤波器[Tro06]；(3)随机卷积[Rom09]；(4)随机解调(random demodulation/demodulator，RD)；(5)多陪集(Multi-coset)抽样[Lex11]；(6)调制宽带转换器(modulated wideband converter，MWC)[Mis10a]；(7)Nyquist-folding 系统[Fud08]；(8)分段压缩感知[Tah11]等。

应该指出的是，上述多数方案离实际的工程应用还有一定的距离。例如基于随机滤波器的转换方案目前还停留在采集离散信号方面，原文献只是说该方案有扩展到模拟信

号的可能。因此,模拟/信息转换的理论目前还在继续发展中。总的看,这些年来提出的模拟/信息转换方案中有两个值得关注,一个是随机解调(RD)方案,另一个是调制宽带转换器(MWC)方案。此外就是在 MWC 方案基础上发展起来的"Xampling"方案。因此,本章对 RD 和 MWC 给以较为详细的讨论,并简要介绍"Xampling"的基本概念。

16.3 基于随机解调的模拟/信息转换方案

随机解调抽样方案是美国 Rice 大学和 Michigan 大学共同进行的名称为"DARPA A2I Receiver Program"的科研项目的成果(http://dsp.rice.edu/a2i),第一篇论文发表在 2006 年[Kir06a]。该方案在文献中又称为随机解调器(demodulator)。RD 的原理框图如图 16.3.1 所示。

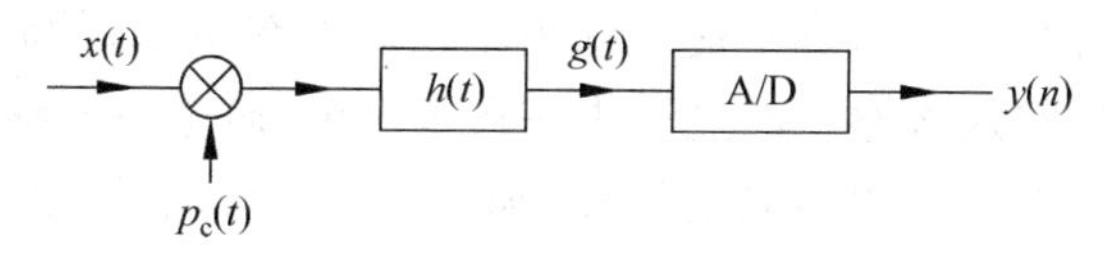

图 16.3.1 随机解调抽样方案的原理框图

由该图可以看出,RD 包含三个主要的部分,即解调、模拟低通滤波和低速率 A/D 抽样。模拟信号 $x(t)$ 首先和一个伪随机"序列" $p_c(t)$ 相乘。$p_c(t)$ 又称为"切普序列(chipping sequence)",其幅值在 ± 1 之间交替跳变,跳变的频率要大于或至少等于 $x(t)$ 最高频率的两倍,即其 f_{Nqui},在每一个跳变周期内取连续值,所以,它是一个跳变的方波,因此记为 $p_c(t)$。$h(t)$ 是一个理想的低通滤波器,其作用是抗混叠。由后面的讨论可知,它实际上是一个理想的积分器。我们熟知,将信号 $x(t)$ 乘以一个信号 $p_c(t)$,这是对信号的调制,而 RD 中却称之为解调。这是因为解调的过程有时也需要乘以正弦信号,如图 16.1.3 所示。文献[Bar13]就这一问题解释说:$x(t)$ 乘以 $p_c(t)$ 再通过后面的积分器等效于做相关,而在通信领域中,相关器又常称为解调器。

RD 针对的信号模型是一类纯音(pure tone)信号,或多音频信号(multitone),即 $x(t)$ 的频谱是线谱。具体地说,

(1) $x(t)$ 的频谱是带限的;

(2) $x(t)$ 是周期的,即每一个谱线都有着整数的频率。这等效于将周期信号分解为傅里叶级数,每一个分量,即 $X(k\Omega_0)$ 都在 Ω_0 的整数倍处;

(3) $x(t)$ 频谱是稀疏的,即谱线的数目远小于 f_h/f_0,f_0 是 $x(t)$ 的基波频率。

我们知道,目前主流的 CS 理论针对的是离散、有限长的信号。RD 是第一个将 CS 理

论引入模拟信号的抽样方案。它的信号模型决定了其选择的信号只能是离散的线谱。

下面从四个方面来讨论 RD 的原理，即 $p_c(t)$的作用，系统的时域分析、系统性能仿真及系统的硬件实现。

16.3.1　$p_c(t)$ 的作用

$p_c(t)$ 是一随机的跳变信号，其频谱是宽带的，$p_c(t)$ 和 $x(t)$ 时域相乘，频域对应卷积，卷积的结果是将 $x(t)$ 的频谱扩展。但由于我们限定 $x(t)$ 是多音频信号，即其频谱是线谱，因此卷积的结果是将 $p_c(t)$ 的宽带谱平移到了 $x(t)$ 的一个个线谱的位置，然后再叠加。

由于 $p_c(t)$是通过随机信号发生器生成的随机序列，频谱特性接近于白噪声的频谱，因此，如果从整个频谱中任意抽取一小段(narrow band)，那么这些小段以将以很大的概率是互不相同的。考虑一个正弦信号 $\cos(\Omega_0 t)$，其谱线在$\pm\Omega_0$ 处，现在我们只需要观察 $\cos(\Omega_0 t)p_c(t)$的低频段，就可以推知这一低频小段原本在 $p_c(t)$的频谱中处于什么位置，从而推知 $p_c(t)$的频谱在这次卷积的过程中平移了多少，而这一平移量正是 Ω_0，从而可知道 Ω_0 的值。如果 $x(t)$含有多个稀疏的谱线，那么 $x(t)p_c(t)$的低频小段等效于 $p_c(t)$的频谱在平移到不同位置后的各个小段的叠加。如果 $p_c(t)$足够随机，那么这些平移后的频谱将以大概率相互正交，所以，从理论上说，我们可以将它们区分开。这等效地说，由于这些小段各不相同，因此理论上保证了信号 $x(t)$的信息没有丢失，我们可以通过某些非线性的恢复算法找到这些稀疏的谱线。这样做的优点在于，即使 $x(t)$的某个谱线在非常高频的位置，频域卷积的作用也不过是把 $p_c(t)$的频谱平移了更远。但是，我们并不需要高速抽样，而是通过只观察低频段的信息就可以知道 $p_c(t)$的频谱被平移了多远及 $x(t)$的谱线原本的位置。这一过程类似于通信中的扩频(spread spectrum，SP)技术。

另一方面，$p_c(t)$又不是完全随机的，也就是说，只要使用相同的起始随机数种子即可重新得到使用过的 $p_c(t)$，因此，它可以精确的自我重复，其宽带频谱是精确的、稳定的，因此可以用来对信号进行编码和解码，也即调制和解调。这样，$p_c(t)$频谱的每一个小段都可以用作描述信号 $x(t)$ 频谱的特征，也即其谱线的位置。

总之，将 $p_c(t)$ 和 $x(t)$ 时域相乘，对 $x(t)$ 的频谱进行了频谱扩展，从而使 $x(t)p_c(t)$ 的频谱的低频段保留了 $p_c(t)$ 的不同频段，从而保留了频谱平移的信息，而这些信息即是可以用作编码解码的标识(signature)。经过后面的低通滤波，我们可以得到这些信息。这一过程等效地实现了对 $x(t)$ 在抽样前就实现了模拟压缩，从而降低了带宽。

文献[Tro10]用图 16.3.2、图 16.3.3 说明了在上面谈到的 $p_c(t)$ 的作用。在图 16.3.2 中，左边的三个图分别是纯正弦信号 $x(t)$、$p_c(t)$及 $x(t)p_c(t)$的时域波形，右边三个图，上面是纯正弦的线谱，此处应该在正、负频率处各有一根谱线，但图中只画出了正频率处的一根谱线，中间的图是 $p_c(t)$ 的宽带谱，下面的图是 $x(t)$ 和 $p_c(t)$ 频谱卷积后的结果，注意此图中包含了纯正弦正、负频率所产生的宽带谱的平移，因此有两条谱曲线。把谱的相位信息考虑进去，这两条谱曲线应该是正交的。图中虚线标出的是低通滤波器的通带范围，图 16.3.3 是该通带中两条谱曲线"放大"后的结果，它用来说明经过两种不同的移位，被移到低频区的 $p_c(t)$ 的频谱的相关性非常小。

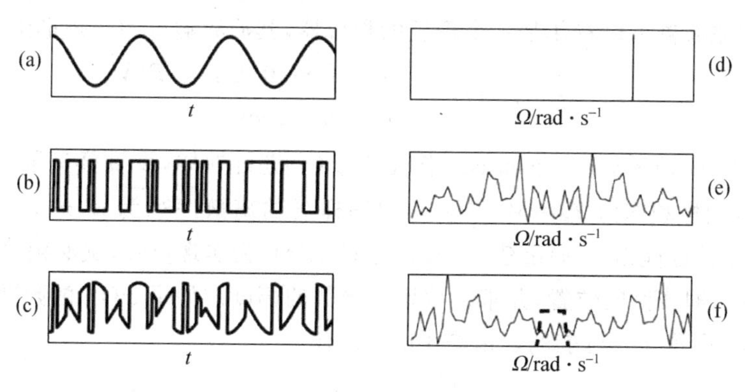

图 16.3.2 (a)，(b)及(c)分别是 $x(t)$，$p_c(t)$ 及 $x(t)p_c(t)$ 的波形；(d)，(e)及(f)分别是左边三个图的频谱

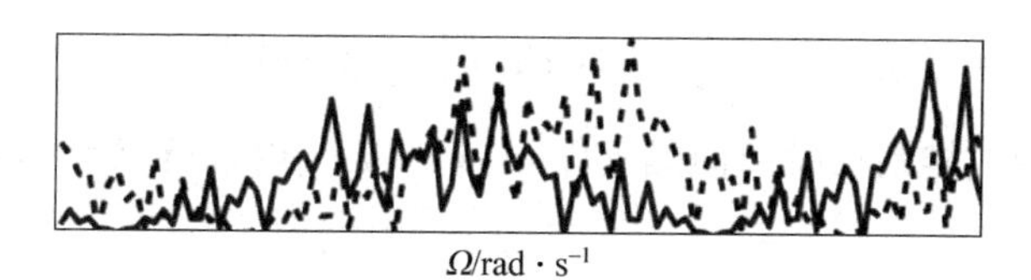

图 16.3.3 经两种不同移位后，被移到低频区的 $p_c(t)$ 的频谱近似正交

前已述及，在 CS 中，测量 $\boldsymbol{y}$ 可以看作是对 $\boldsymbol{x}$ 的随机测量，也即 $\boldsymbol{y}$ 是 $\boldsymbol{x}$ 在 $\boldsymbol{\Phi}$ 上的随机投影。此处用 $p_c(t)$ 和 $x(t)$ 时域相乘，即是增加了测量的随机性。

16.3.2 RD 抽样系统的时域分析

文献[Kir06a]在 2006 年提出 RD 的基本概念后，文献[Tro10]给出了 RD 系统的时域分析，文献[Lex12]给出了更为详细的讨论。现结合这两篇文献给出有关 RD 的时域分析。

在本小节已给出了 RD 中输入信号 $x(t)$ 的模型，再假定其长度为 T，由于假定它是周期的，并且是带限的，因此可展开为如下有限项的傅里叶级数

$$x(t) = \sum_{l=-N/2}^{N/2} X(l\Omega_0)\mathrm{e}^{\mathrm{j}l\Omega_0 t}, \quad t \in [0,T] \tag{16.3.1}$$

记 $f_h=W/2$，即 $f_{Nqui}=W$。式中 $\Omega_0=2\pi/T$ 是基波频率，$N=2\pi W/\Omega_0=TW$ 是 $x(t)$ 的谐波数，因为 $x(t)$ 是实信号，所以 N 为偶数。令 $p_c(t)$ 的长度也是 T，因此它也可展开为傅里叶级数

$$p_c(t)=\sum_{l=\infty}^{\infty}P(l\Omega_0)e^{jl\Omega_0 t},\quad t\in[0,T] \tag{16.3.2}$$

RD 中的模拟滤波器可以看作是一个理想的积分器，其冲激响应为一矩形函数，即

$$h(t)=\mathrm{rect}(t)=\begin{cases}1, & \text{for}\quad 0<t<T/M\\ 0, & \text{otherwise}\end{cases} \tag{16.3.3}$$

令 $g(t)=x(t)p_c(t)*h(t)$，下面的工作是对 $g(t)$ 进行抽样，设抽样间隔 $T_s=T/M$，而 $M\ll N$，所以，抽样频率为 $f_s=M/T$ Hz。记抽样后的离散序列为 $y(n)$，$n=1,2,\cdots,M$。当然，RD 必须保证能由 $y(n)$ 重建出$[0,T]$上的 $x(t)$，为实现重建，又必须要找到 $x(t)$ 频谱的频率支撑，即线谱的位置，并求出傅里叶级数的幅度。如果 $x(t)$ 的频谱是稀疏的，根据 CS 的理论，则重建是可能的。由图 16.3.1，有

$$g(t)=x(t)p_c(t)*h(t)=\int_0^T x(\tau)p_c(\tau)h(t-\tau)d\tau=\int_{t-\frac{T}{M}}^{t}x(\tau)p_c(\tau)d\tau$$

将(16.3.1)式代入上式，有

$$g(t)=\sum_{n=-N/2}^{N/2}X(n\Omega_0)\int_{t-T_s}^{t}p_c(\tau)e^{jn\Omega_0\tau}d\tau$$

式中积分区间表明抽样是在时间间隔 kT_s 至$(k+1)T_s$ 内进行，$k=0,1,\cdots,M-1$。抽样后的

$$y(k)=g((k+1)T_s)=\int_0^T x(\tau)p_c(\tau)h(t-\tau)d\tau\,\Big|_{t=(k+1)T_s} \tag{16.3.4a}$$

及

$$y(k)=g((k+1)T_s)=\sum_{n=-N/2}^{N/2}X(n\Omega_0)\int_{kT_s}^{(k+1)T_s}p_c(\tau)e^{j\Omega_0 n\tau}d\tau \tag{16.3.4b}$$

注意在积分间隔 T_s 内，$p_c(\tau)$ 的值是跳变的，因此，为求上式的积分，需要将积分区间分解为 $p_c(\tau)$ 的跳变间隔，即

$$\begin{aligned}y(k)&=\sum_{n=-N/2}^{N/2}X(n\Omega_0)\sum_{m=0}^{N/M-1}\int_{kT_s+\frac{m}{W}}^{kT_s+\frac{m+1}{W}}p_c(\tau)e^{j\Omega_0 n\tau}d\tau\\&=\sum_{n=-N/2}^{N/2}\sum_{m=0}^{N/M-1}X(n\Omega_0)p_c\left(kT_s+\frac{m}{W}\right)\int_{kT_s+\frac{m}{W}}^{kT_s+\frac{m+1}{W}}e^{j\Omega_0 nt}d\tau\end{aligned} \tag{16.3.5}$$

该式假定了理想积分器的积分区间长度 T_s 能够整除 $p_c(\tau)$ 的跳变间隔 $1/W$，即 $T_s/(1/W)=WT/M=N/M$ 是整数。在 N/M 不是整数情况下的讨论见文献[Tro10]。(16.3.5)式中的积分

$$\int_{kT_s+\frac{m}{W}}^{kT_s+\frac{m+1}{W}} e^{j\Omega_0 n\tau} d\tau = \begin{cases} T\dfrac{e^{j\frac{2\pi}{N}n}-1}{j2\pi n} e^{j\frac{2\pi}{N}n\left(k\frac{N}{M}+m\right)}, & n \neq 0 \\ \dfrac{1}{W}, & n = 0 \end{cases} \tag{16.3.6}$$

将(16.3.6)式代入(16.3.5)式，并令 $l=k\dfrac{N}{M}+m$，有

$$y(k) = \sum_{n=-N/2}^{N/2} \alpha(n) X(n\Omega_0) \sum_{l=kN/M}^{(k+1)N/M-1} p_c(l/W) e^{j\frac{2\pi}{N}nl} \tag{16.3.7}$$

式中 $p_c(l/W)$ 是 $p_c(t)$ 在时间 l/W 时的取值，及

$$\alpha(n) = \begin{cases} \dfrac{T}{j2\pi n}\left(e^{j\frac{2\pi}{N}n}-1\right), & n \neq 0 \\ 1/W, & n = 0 \end{cases} \tag{16.3.8}$$

注意到(16.3.7)式具有双求和，因此可以将该式写成矩阵形式，有

$$\boldsymbol{y} = \boldsymbol{\Phi\Psi s} \tag{16.3.9}$$

式中 $\boldsymbol{y}=[y(1),y(2),\cdots,y(M)]^{\mathrm{T}}$ 是测量向量，$\boldsymbol{s}$ 是由 $x(t)$ 的傅里叶系数形成的向量，即

$$\boldsymbol{s} = \left[\alpha\left(-\frac{N}{2}\right)X\left(-\frac{N}{2}\Omega_0\right),\cdots,\alpha\left(\frac{N}{2}\right)X\left(\frac{N}{2}\right)\Omega_0\right]^{\mathrm{T}}$$

式中 α 的值由(16.3.8)式指定。$\boldsymbol{\Psi}$ 是 $N\times(N+1)$ 的部分 DFT 矩阵，其元素是

$$e^{j\frac{2\pi}{N}nl}, \quad n=-N/2,\cdots,0,\cdots,N/2, l=0,1,\cdots,N-1 \tag{16.3.10}$$

$\boldsymbol{\Phi}$ 是 $M\times N$ 的测量矩阵，其元素是

$$\boldsymbol{\Phi} = \begin{bmatrix} p_c(0)\cdots p_c\left(\frac{N}{M}-1\right) & & & \\ & p_c\left(\frac{N}{M}\right)\cdots p_c\left(\frac{2N}{M}-1\right) & & \\ & & \ddots & \\ & & & p_c\,\frac{(M-1)N}{M}\cdots p_c(N-1) \end{bmatrix} \tag{16.3.11}$$

显然，$\boldsymbol{\Phi}$ 的每一行有 N/M 个非零元素。由于其元素都是 chipping sequence 的值，因此，此处的$\boldsymbol{\Phi}$ 是随机矩阵。例如，若 $N=12, M=4$，则$\boldsymbol{\Phi}$ 是[Bar13]

$$\boldsymbol{\Phi} = \begin{bmatrix} -1+1+1 & & & \\ & -1+1-1 & & \\ & & +1+1-1 & \\ & & & +1-1-1 \end{bmatrix}$$

由(16.3.9)式和(16.3.11)式可以看出，对 $\boldsymbol{x}$ 测量的过程是利用随机矩阵$\boldsymbol{\Phi}$ 的每一行和 $\boldsymbol{x}$ 相乘，然后对所得的 N/M 个值相加。一旦得到测量 $\boldsymbol{y}$，我们即可由 $\boldsymbol{y}$ 得到稀疏向量

$\boldsymbol{s}$,再通过傅里叶反变换可得到信号 $\boldsymbol{x}$,或 $x(t)$,从而实现信号的重建。

以上有关 RD 中信号的关系都是在时域给出的,由(16.3.4)式,也很容易得到 RD 系统的频域表达式

$$Y(n)=T\sum_{m=n-N/2+1}^{n+N/2}P(m\Omega_0)\mathrm{e}^{-\mathrm{j}n\Omega_0}\operatorname{sinc}\left(\frac{\pi}{M}n\right)X((n-m)\Omega_0) \qquad (16.3.12)$$

式子 $Y(n)$ 是测量 $\boldsymbol{y}$ 的 DFT,$P(n\Omega_0)$ 和 $X(n\Omega_0)$ 分别是 $p_c(t)$ 和 $x(t)$的傅里叶系数[Lex12]。该式清楚地表明了乘以 $p_c(t)$和被理想低通滤波器滤波后所产生的频域效果。这样,我们可以把 $Y(n)$看作是一个冲激响应 $H(n,m)=P(m\Omega_0)\mathrm{e}^{-\mathrm{j}n\Omega_0}\operatorname{sinc}\left(\frac{\pi}{M}n\right)$ 的频变滤波器的输出。其实,不论是在时域还是在频域,RD 的输出都可以看作是随机滤波器的输出和随机卷积的结果。这说明,RD 和 A/I 转换的随机滤波器[Tro06]方案及随机卷积[Rom09]方案也有着内在的联系。

16.3.3　RD 抽样系统的硬件实现

文献[Kir06b]、[Las07]和[Tro10] 都简单报告了他们在实现 RD 抽样系统时硬件选择的基本考虑。由图 16.3.1 可以看出,一个 RD 系统应包含一个随机序列发生器,一个模拟乘法器(mixer,Multiplier),一个模拟积分器($h(t)$)和一个 A/D 转换器。现综合这几篇文献简单介绍 RD 中硬件的选择。

随机序列发生器用来产生 chipping 序列,一个可行的方案是利用伪随机数发生器(pseudo-random number generator,RNG)。使用 RNG 的好处是:(1)容易产生;(2)容易存储;(3)其结构有利于后面数字算法的应用;(4)给定 RNG 开始时的"种子(seed)",则在重建端可精确地重现该序列,这有利于信号的重建。很多实际的硬件可用来实现 RNG,如基于 Mersenne twister 算法[Mat98]的移位寄存器和最大长度线性反馈寄存器(maximal length-linear feedback register,ML-LFSR)等。组成这些寄存器的基本器件是多谐振荡器(flip-flops)和异或(XOR)门,它们需要工作在至少是 f_{Nqui} 的高频,因此,选择高速的器件是非常必要的。例如,动态多谐振荡器(dynamic flip-flops,DFF)是这类器件中最快的。

模拟乘法器实现 $x(t)$和 $p_c(t)$ 在时域的实时相乘,由于 $p_c(t)$ 在±1 之间的转换速度至少是 f_{Nqui},因此该模拟乘法器也需要工作在高频。经典的 Gilbert 模拟乘法器可用来实现这一功能。实际上,$x(t)$和 $p_c(t)$相乘的过程是按照 $p_c(t)$的转换速度改变 $x(t)$的极性的过程,使用高速的反相器和多路器(multiplexer)即可实现。

$x(t)$和 $p_c(t)$ 相乘后被送进一个模拟低通滤波器 $h(t)$,前已述及,$h(t)$ 等效于一个积分器,其作用是将 $x(t)p_c(t)$ 在 T_s的时间间隔内的值相加。在一个 T_s内,$p_c(t)$ 有

N/M 个跳变，积分的结果即是将它们求平均，因此降低了 $x(t)p_c(t)$ 的动态范围，起到了抗混叠的作用，因此也起到了低通滤波的作用。最简单的模拟积分器可以用 R-C 电路实现，其时间常数决定了滤波器的截止频率，当然，具有 Gm-C 类型的集成差分积分器是更好的选择。

伪随机数发生器、模拟差分器和模拟积分器在工作时需要同步控制，并对积分器按时间帧置零，置零的目的一方面是防止不同帧的 $x(t)p_c(t)$ 的串扰，另一方面是防止当 $x(t)$ 的均值不为零时引起积分器的饱和。

由于在 RD 中抽样频率 f_s 远小于 $x(t)$ 的 f_{Nqui}，因此，A/D 转换器选取商用的普通 A/D 即可。

16.3.4 RD 抽样系统的性能仿真

文献[Tro10]利用仿真输入信号研究了 RD 的性能，给出了如下结论：若信号 $x(t)$ 是一多音频信号，其非零的傅里叶系数的个数为 k，即 $x(t)$ 在频域是 k 稀疏的，现在用 $f_s \ll f_{\mathrm{Nqui}}$ 的抽样频率对 $x(t)$ 按 RD 策略抽样，如果

$$f_s \geqslant 1.7k\log(f_{\mathrm{Nqui}}/k+1) \tag{16.3.13}$$

则可以大概率由测量 $\boldsymbol{y}$ 重建出信号以奈奎斯特率抽样得到的离散信号 $x(n)$，或 $x(t)$。

我们在定理 15.4.13 给出了为保证准确重建，测量数 M、信号长度 N 和信号稀疏度 k 应遵循的关系，即 $M \geqslant Ck\log(N/k)$。这一关系和(16.3.13)式有着紧密的对应关系。显然，f_s 越大，M 越大，同理，f_{Nqui} 越大，则 N 越大。因此，这两个式子有着同样的结构。文献[Tro10]称 f_s/f_{Nqui} 为压缩因子，而 k/f_s 称为抽样效率，它们的取值都在 0 和 1 之间。

[Las07]、[Rag08]等多个文献也给出了有关 RD 的仿真，下面简单介绍文献[Las07]给出的结果。

图 16.3.4(a)是 RD 的输入信号 $x(t)$ 的波形，它是一个幅度调制信号，一个频率为 100MHz 的信号被一个 200MHz 的载波所调制。显然，$x(t)$ 的 $f_{\mathrm{Nqui}}=600\mathrm{MHz}$。图(b)是 $p_c(t)$ 的波形，它的频率是 2GHz。图(c)是 $x(t)p_c(t)$ 的波形，图(d)是 $x(t)p_c(t)$ 通过低通滤波器 $h(t)$ 后的波形，即 $g(t)$。前已述及，$h(t)$ 等效于一个理想到积分器，它对 $x(t)p_c(t)$ 在 $p_c(t)$ 的跳变间隔内积分，起到了平滑的作用。图(e)是对 $g(t)$ 抽样后的波形，即 $y(n)$，使用的抽样频率 $f_s=100\mathrm{MHz}$，显然，它只是 $x(t)$ 的奈奎斯特率的 1/6。当然，我们关心的是 $y(n)$ 是否保留了 $x(t)$ 的全部信息。图(f)是由 $y(n)$ 重建出的 AM 信号的频谱，它也是对 $y(n)$ 做 DFT 的结果，显然，该频谱包含了三根谱线，一根在 200MHz 处，它是载波的频率，另外两根分别在 100MHz 和 300MHz，它正是被调制的正弦信号的两根谱线，原来位于±100MHz 处。由此可以看出，$y(n)$ 确实包含了 $x(t)$ 的全部信息，

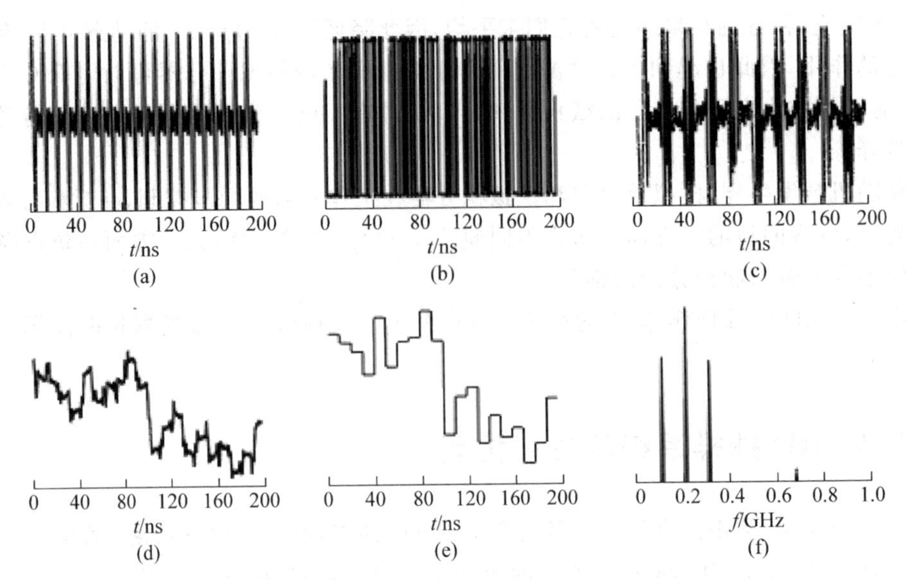

图 16.3.4　文献[Las07]对 RD 系统的仿真结果，各个子图的含义见正文

从而实现了对 $x(t)$ 的信息转换。

有关模拟/信息转换的工具箱见文献[Lex10]，上面有对 RD 仿真的 MATLAB 程序供下载。

文献[Yu 08]将图 16.3.1 的 RD 结构推广到多通道情况，称之为并行分段压缩感知(Parallel Segmented Compressed Sensing，PSCS)，并将其应用到认知无线电的抽样。

16.4　基于调制宽带转换器的模拟/信息转换方案

16.4.1　调制宽带转换器的信号模型

调制宽带转换器(modulated wideband converter，MWC)是由文献[Mis10]提出的一种新型的模拟/信息转换方案。其适用的信号模型是多带信号，如图 16.1.2 所示。多带信号在通信领域有着广泛的应用。例如，将多个接收器分别接收到的幅度调制信号合成后得到的即是多带信号。显然，多带信号模型比 RD 中应用的多音频信号模型有着更实际的意义，这是因为当多音频信号中的谱线过多时，由(16.3.13)式可以看出(即式子的 k 变大)，需要的抽样频率将迅速增加。而对实际的物理信号，又往往需要过多的谐波才能近似。

我们在16.1.2节给出了基于解调的多带信号抽样的策略。对这一类信号抽样，一个自然的方法是将模拟信号解调，即将其每一个频带都移位到频率的原点，然后用一个低通模拟滤波器将它们一一截取，然后再用低抽样率对它们进行抽样，如图16.1.3所示。但是，这种抽样方案要求事先知道每一个频带的频率中心和带宽，否则无法实现解调。在不知道频率中心和带宽情况下对多带信号的抽样称为“盲多带信号抽样”，其思路也是要把每一个频带移到低频处，然后对每一个频带分别抽样。当然，这其中必然包含了频带检测的步骤，因此算法将较为复杂。这就是MWC要完成的工作。

现在具体给出MWC中的信号模型。假定信号$x(t)$是能量有限的，并且是有限带宽的，频带限制在$\mathcal{F}=[-f_{\mathrm{Nqui}}/2, f_{\mathrm{Nqui}}/2]$的范围上。其傅里叶变换

$$X(f)=\int_{-\infty}^{\infty} x(t)\mathrm{e}^{-\mathrm{j}2\pi ft}\mathrm{d}t \tag{16.4.1}$$

在$f\notin\mathcal{F}$处为零。并假定$X(f)$是分段连续的。多带信号模型指的是集合$\mathcal{M}$中包含的所有信号$x(t)$，其频谱$X(f)$在$\mathcal{F}$中含有N个不相邻的带，每一个带的带宽不超过B。

考虑到实际的物理信号$x(t)$总是实信号，因此N应为偶数。现假定$X(f)$的N个频带的位置事先是不知道的。我们的目的是设计一抽样系统对$\mathcal{M}$中的信号进行抽样，并要求抽样频率尽可能地低，而且系统可容易地用商用器件来实现。

16.4.2　MWC的系统组成

MWC的实现方案如图16.4.1(a)所示[Mis10b]。由该图可以看出，待抽样的多带信号$x(t)$被送入m个通道，在每一个通道，$x(t)$分别和混合函数$p_i(t), i=1,\cdots,m$相乘，记相乘后的信号为$\tilde{x}_i(t)$，然后将它们分别送入每一个通道上的低通滤波器$h(t)$。将$h(t)$的输出分别用抽样频率f_s抽样，得到离散序列$y_1(n), y_2(n),\cdots,y_m(n)$，然后再将它们合成为一个离散信号$\hat{x}(n)$。当然，我们希望能由$\hat{x}(n)$重建出按奈奎斯特率对$x(t)$抽样后的$x(n)$，或$x(t)$。图中$h(t)$是一理想的低通滤波器，其截止频率是$f_s/2$，起到抗混叠的作用。

MWC使用m个通道的目的是使抽样频率f_s能远低于$x(t)$的f_{Nqui}。在该方案中，若选择$m\geqslant 4N$，$1/f_s=B$，这样，m个通道的抽样频率是$m/T_s=mf_s$，如果保证$mf_s\geqslant 4NB$，此处NB是信号$x(t)$的信息率，而且保证$4NB$远小于$x(t)$的f_{Nqui}，那么将可实现对$x(t)$的低速抽样。需要指出的是，这m个通道的抽样是同步的，相互之间没有时间延迟。与图16.4.1(a)相类似的一个方案是多陪集抽样，但该方案要求在各个通道之间有着不同的时间延迟。

$p_i(t)$的波形如图16.4.1(b)所示。首先，它是一个周期信号，其周期是T_p；第二，它在第k个间隔T_p/M内的取值为常数α_{ik}，且α_{ik}在±1之间跳变，即

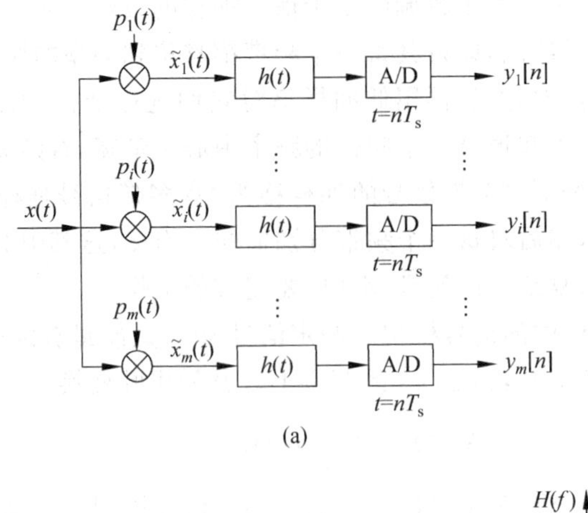

(a)

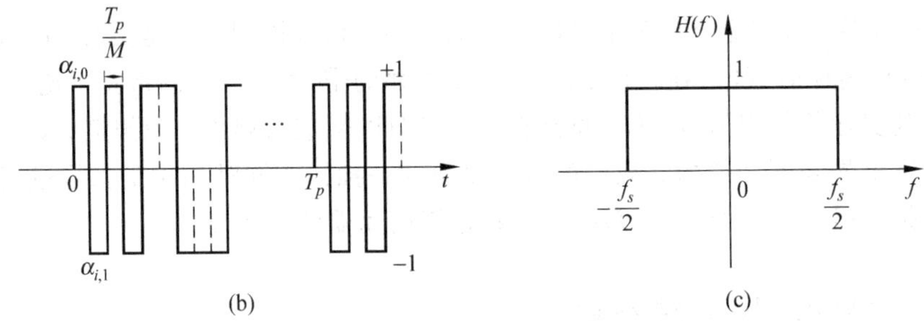

(b)　　(c)

图 16.4.1　MWC 的系统框图

(a) 系统框图；(b) $p_i(t)$的波形；(c) 低通滤波器的频谱 $H(f)$

$$p_i(t)=\alpha_{ik},\quad kT_p/M\leqslant t\leqslant(k+1)T_p/M,\quad 0\leqslant k\leqslant M-1 \tag{16.4.2}$$

显然，M 是 $p_i(t)$在一个周期 T_p 内取常数值的小段数，或转换次数。

由 $p_i(t)$的波形可以看出，它和 RD 中的 chipping 序列 $p_c(t)$不同。$p_c(t)$ 是以不低于奈奎斯特率的速度在±1 之间跳变，而此处的 $p_i(t)$ 是在一个周期 T_p内做 M 次符号改变。但它们的作用都是相同的，即实现抽样前信号的模拟压缩。另外，在实际实现时，和 $p_c(t)$ 一样，$p_i(t)$也是由伪随机数发生器产生的。

16.4.3　MWC 抽样系统的频域分析

16.3 节的 RD 系统依赖于时域分析，而本节的 MWC 主要依赖于频域分析。分析的目的是希望确定在图 16.4.1(a)中的各个参数以保证 $x(t)$ 和 $y_i(n)$ 之间存在唯一的映射，从而保证 $x(t)$ 的重建。这些参数有：抽样频率 f_s，$p_i(t)$的周期 T_p，其一个周期内的小段数 M，$X(f)$ 的通带数 N 及带宽 B。为方便下面的讨论，我们再定义两个频率集合，即

$$\mathcal{F}_p = [-f_p/2, f_p/2], \quad \mathcal{F}_s = [-f_s/2, f_s/2] \tag{16.4.3}$$

式中 $f_p = 1/T_p$，显然 $\mathcal{F}_s$ 代表了 $H(f)$ 的通带。注意，前面已定义 $\mathcal{F} = [-f_{\text{Nqui}}/2, f_{\text{Nqui}}/2]$。

考虑第 i 个通道，因为 $p_i(t)$ 是周期的，所以可展开为傅里叶级数

$$p_i(t) = \sum_{l=\infty}^{\infty} c_{il} \mathrm{e}^{\mathrm{j}\frac{2\pi}{T_p}lt} \tag{16.4.4}$$

式中 c_{il} 是傅里叶系数，即

$$c_{il} = \frac{1}{T_p}\int_0^{T_p} p_i(t)\mathrm{e}^{-\mathrm{j}\frac{2\pi}{T_p}lt}\mathrm{d}t \tag{16.4.5}$$

由图 16.4.1(a)，因为 $x(t)p_i(t) = \tilde{x}_i(t)$，所以 $\tilde{x}_i(t)$ 的傅里叶变换是

$$\begin{aligned}\tilde{X}_i(f) &= \int_{-\infty}^{\infty} \tilde{x}_i(t)\mathrm{e}^{-\mathrm{j}2\pi ft}\mathrm{d}t = \int_{-\infty}^{\infty} x(t)\left(\sum_{l=\infty}^{\infty} c_{il}\mathrm{e}^{\mathrm{j}\frac{2\pi}{T_p}lt}\right)\mathrm{e}^{-\mathrm{j}2\pi ft}\mathrm{d}t \\ &= \sum_{l=\infty}^{\infty} c_{il}\int_{-\infty}^{\infty} x(t)\mathrm{e}^{-\mathrm{j}2\pi(f-l/T_p)t}\mathrm{d}t = \sum_{l=\infty}^{\infty} c_{il}X(f-lf_p)\end{aligned} \tag{16.4.6}$$

这样，输入到滤波器 $H(f)$ 中的信号的频谱是 $X(f)$ 移位 f_p 后的叠加。因为对 $f \notin \mathcal{F}$，$X(f)=0$，所以在(16.4.6)式的求和中最多有 $\lceil f_{\text{Nqui}}/f_p \rceil$ 个非零项。式中 $\lceil \alpha \rceil$ 表示取大于或等于 α 的整数。

图 16.4.1(c)已假定 $H(f)$ 是一理想滤波器，这样，$\tilde{X}_i(f)$ 只有在 $f \in \mathcal{F}_s$ 的频谱才能出现在 $y_i(n)$ 中，于是 $y_i(n)$ 的 DTFT 是

$$Y_i(\mathrm{e}^{\mathrm{j}2\pi fT_s}) = \sum_{n=-\infty}^{\infty} y_i(n)\mathrm{e}^{-\mathrm{j}2\pi fnT_s} = \sum_{l=-L_0}^{L_0} c_{il}X(f-lf_p), \quad f \in \mathcal{F}_s \tag{16.4.7}$$

式中 L_0 是一个最小整数，它包含了 $X(f)$ 在 $f \in \mathcal{F}_s$ 上对(16.4.7)式求和的所有非零的频谱的贡献，L_0 的具体值是

$$L_0 = \left\lceil \frac{f_{\text{Nqui}} + f_s}{2f_p} \right\rceil - 1 \tag{16.4.8}$$

在(16.4.7)式中，$y_i(n)$ 的 DTFT 和未知的谱 $X(f)$ 联系在了一起，这是重建 $x(t)$ 的关键，需要深入讨论。为此，将(16.4.7)式写成矩阵形式，有

$$\boldsymbol{y}(f) = \boldsymbol{Az}(f), \quad f \in \mathcal{F}_s \tag{16.4.9}$$

式中

$$\boldsymbol{y}(f) = [Y_1(\mathrm{e}^{-\mathrm{j}2\pi fT_s}), \cdots, Y_m(\mathrm{e}^{-\mathrm{j}2\pi fT_s})]^{\mathrm{T}} \tag{16.4.10a}$$

$$\boldsymbol{z}(f) = [z_1(f), \cdots, z_L(f)]^{\mathrm{T}} \tag{16.4.10b}$$

$$L = 2L_0 + 1 \tag{16.4.10c}$$

$$z_i(f) = X(f+(i-L_0-1)f_p), 1 \leqslant i \leqslant L, f \in \mathcal{F}_s \tag{16.4.10d}$$

$m \times L$ 矩阵 $\boldsymbol{A}$ 的元素是

$$\mathbf{A}_{il} = c_{i,-l} = c_{il}^{*} \tag{16.4.11}$$

式中 c_{il} 是 $p_i(t)$ 的傅里叶系数，如(16.4.5)式所示。

图 16.4.2(a)给出了 $X(f)$ 的波形，它有 $N=4$ 个频带，且 $f_p \geqslant B$。图 16.4.2(b)给出了向量 $\mathbf{z}(f)$ 的每一个元素的波形，其左边的图对应 $f_s=f_p$，这时，$\mathbf{z}(f)$ 的长度 $L=11$，右边的图对应 $f_s=5f_p$，这时，$\mathbf{z}(f)$ 的长度 $L=15$。显然，$\mathbf{z}(f)$ 的每一个元素都是由 $X(f)$ 的长度为 f_s 的谱带通过移位叠加后所形成的，因此，为重建 $x(t)$，我们只需确定 $\mathbf{z}(f)$ 在 $f \in \mathcal{F}_p$ 上的各个元素的谱带的位置即可。

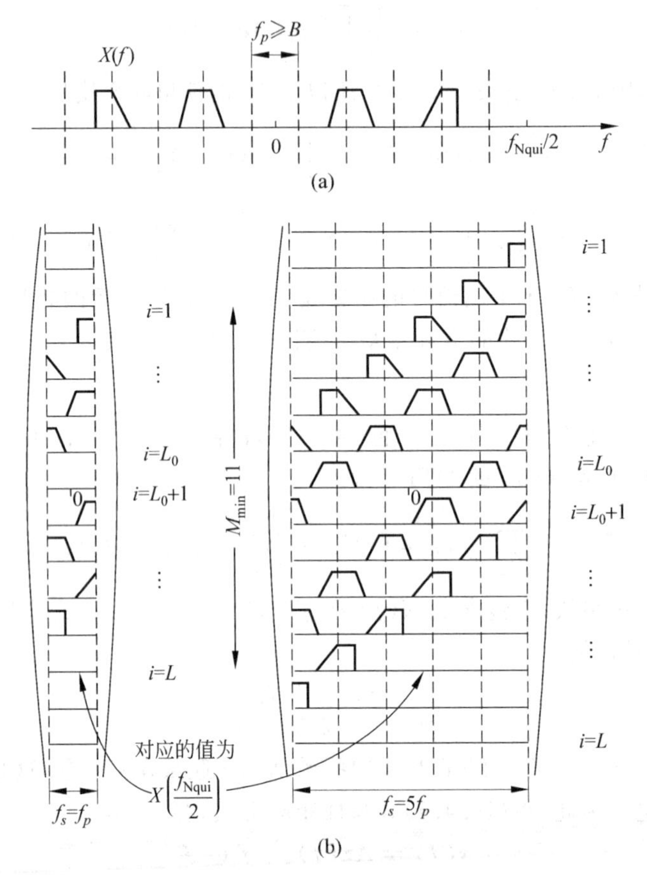

图 16.4.2[Mis10b]　$X(f)$ 和 $\mathbf{z}(f)$ 的波形

(a) $X(f)$，它有 $N=4$ 个频带；(b) $\mathbf{z}(f)$，左边的图对应 $f_s=f_p$，右边的图对应 $f_s=5f_p$

由(16.4.8)式可以看出，$\mathbf{y}(f)$ 各元素是 $\mathbf{z}(f)$ 通过矩阵 $\mathbf{A}$ 的变换，因为 $\mathbf{z}(f)$ 是 $X(f)$ 中各个频带的移位叠加，所以 $\mathbf{y}(f)$ 各个元素也是 $X(f)$ 中各个频带通过矩阵 $\mathbf{A}$ 加权后的移位叠加，如图 16.4.3 所示。

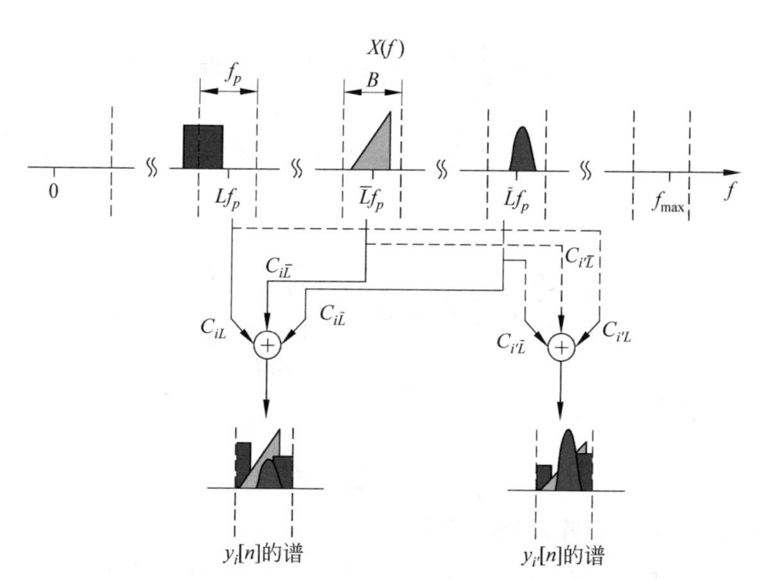

图 16.4.3[Mis11b] $y_i(n)$的频谱与$X(f)$中各个频带的对照关系

由上面的讨论和图 16.4.2，我们可以看出 MWC 系统中一些参数的作用：

(1) T_p决定了$X(f)$通过移位频率间隔 $f_p=1/T_p$ 在 $\boldsymbol{z}(f)$ 所产生的混叠情况，也就是说，它控制了 $X(f)$ 各个带在 $\boldsymbol{z}(f)$中的安排，如图 16.4.2(b)所示，因此我们称 f_p 为混叠率。由于选择 $f_p\geqslant B$ 以及 $\boldsymbol{z}(f)$ 的各个分量 $z_i(f)$是通过平移 f_p 得到的，所以对任意给定的 f，向量 $\boldsymbol{z}(f)=[z_1(f),\cdots,z_L(f)]^{\mathrm{T}}$至多只有 N 个非零元素。由图 16.4.2 也可以看出，参数 T_p用来将多带信号 $x(t)$ 转变为了稀疏的 $\boldsymbol{z}(f)$。

(2) f_s 是每一个支路的抽样频率，它确定了使(16.4.9)式成立的频率范围$\mathcal{F}_s$。由图 16.4.2(b)可以看出，只要 $f_s\geqslant f_p$，那么，由 $y_i(n)$ 恢复 $x(t)$ 就意味着由 $\boldsymbol{y}(f)$恢复$\boldsymbol{z}(f)$，对所有的 $f\in\mathcal{F}_p$。另外，由(16.4.8)式，f_s和 f_p又决定了参数 L_0，进而又决定了参数 L，它是 $\boldsymbol{z}(f)$的长度。

(3) 系统的通道 m 决定了 MWC 抽样系统整个的抽样频率，即 mf_s。对 f_s最简单的选择是令 $f_s=f_p\simeq B$，如图 16.4.2(b)左边所示。

(4) 混合信号 $p_i(t)$ 的作用通过 c_{il} 隐含在(16.4.9)式中，即每一个 $p_i(t)$ 给出了矩阵 $\boldsymbol{A}$ 的一行。由于 m 个 $p_i(t)$ 是互不相同的，因此 $\boldsymbol{A}$ 的行向量是线性无关的。另外，由于 $p_i(t)$ 在每一个周期 T_p都有很多的跳变，所以其傅里叶级数将有 L 个较大的项，每一个支路的输出 $y_i(n)$的 DTFT 都是 $z(f)$ 中谱带的组合，也即 $X(f)$谱带的组合，如(16.4.7)式所示。

现讨论如何计算 c_{il}。将(16.4.2)式代入(16.4.5)式，并考虑积分区间的变化，有

$$c_{il}=\frac{1}{T_p}\int_0^{\frac{T_p}{M}}\sum_{k=0}^{M-1}\alpha_{ik}\mathrm{e}^{-\mathrm{j}\frac{2\pi}{T_p}l\left(t+k\frac{T_p}{M}\right)}\mathrm{d}t$$

$$=\frac{1}{T_p}\sum_{k=0}^{M-1}\alpha_{ik}\mathrm{e}^{-\mathrm{j}\frac{2\pi}{M}lk}\int_0^{\frac{T_p}{M}}\mathrm{e}^{-\mathrm{j}\frac{2\pi}{T_p}lt}\mathrm{d}t \tag{16.4.12}$$

令式中的

$$\frac{1}{T_p}\int_0^{\frac{T_p}{M}}\mathrm{e}^{-\mathrm{j}\frac{2\pi}{T_p}lt}\mathrm{d}t\triangleq d_l=\begin{cases}\dfrac{1}{M} & l=0\\ \dfrac{1-\theta^l}{\mathrm{j}2\pi l} & l\neq 0\end{cases} \tag{16.4.13}$$

并记 $\theta=\mathrm{e}^{-\mathrm{j}2\pi/M}$，于是

$$c_{il}=d_l\sum_{k=0}^{M-1}\alpha_{ik}\theta^{lk} \tag{16.4.14}$$

令 $\bar{\boldsymbol{F}}$ 是 $M\times M$ 的 DFT 矩阵，其第 i 列是

$$\bar{\boldsymbol{F}}_i=[\theta^{0\cdot i},\theta^{1\cdot i},\cdots,\theta^{(M-1)\cdot i}]^{\mathrm{T}},\quad i=0,1,\cdots,M-1 \tag{16.4.15}$$

再令 $\boldsymbol{F}$ 是 M×L 矩阵，其列向量是 $\bar{\boldsymbol{F}}$ 的列向量的重新排序，即 $\boldsymbol{F}=[\bar{\boldsymbol{F}}_{L_0},\cdots,\bar{\boldsymbol{F}}_{-L_0}]$。显然，如果 $M=L$，则 $\boldsymbol{F}$ 是酉矩阵。这样，(16.4.9)式可重写为

$$\boldsymbol{y}(f)=\boldsymbol{SFDz}(f),\quad f\in\mathcal{F}_s \tag{16.4.16}$$

式中 $\boldsymbol{S}$ 是 $m\times M$ 符号矩阵，其元素是 $\boldsymbol{S}_{ik}=\alpha_{ik}$，$\boldsymbol{D}$ 是 $L\times L$ 的对角矩阵，其元素是 $\boldsymbol{D}=\mathrm{diag}(d_{L_0},\cdots,d_{-L_0})$，$d_l$ 由(16.4.13)式定义。这样，(16.4.16)式可进一步表为

$$\begin{bmatrix}Y_1(\mathrm{e}^{\mathrm{j}2\pi fT_s})\\ Y_2(\mathrm{e}^{\mathrm{j}2\pi fT_s})\\ \vdots\\ Y_m(\mathrm{e}^{\mathrm{j}2\pi fT_s})\end{bmatrix}=\begin{bmatrix}\alpha_{1,0} & \cdots & \alpha_{1,M-1}\\ \vdots & & \vdots\\ \alpha_{m,0} & \cdots & \alpha_{m,M-1}\end{bmatrix}[\bar{\boldsymbol{F}}_{L_0},\cdots,\bar{\boldsymbol{F}}_{-L_0}]\begin{bmatrix}d_{L_0} & & \\ & \ddots & \\ & & d_{-L_0}\end{bmatrix}\begin{bmatrix}X(f-L_0f_p)\\ \vdots\\ X(f)\\ \vdots\\ X(f+L_0f_p)\end{bmatrix} \tag{16.4.17}$$

(16.4.17)式建立了抽样序列 $y_i(n)$ 的 DTFT$\boldsymbol{y}(f)$ 和 $X(f)$、DFT 矩阵及其 $p_i(t)$ 取值的关系。如果我们记 $\boldsymbol{\Phi}=\boldsymbol{SF}$，$\boldsymbol{\Psi}=\boldsymbol{D}$，对比(16.1.7)式可以看出，$\boldsymbol{z}(f)$ 对应稀疏谱向量 $\boldsymbol{s}$，而 $\boldsymbol{y}(f)$ 即是测量向量 $\boldsymbol{y}$。我们的目的是要由 $\boldsymbol{y}$ 重建出 $\boldsymbol{s}$，因此，(16.4.16)式又可归结为 CS 问题。另外，由于矩阵 $\boldsymbol{S}$ 的元素是 $p_i(t)$ 的取值，因此矩阵 $\boldsymbol{\Phi}=\boldsymbol{SF}$ 是随机矩阵。

16.4.4　MWC 抽样系统中参数的选择

一个抽样系统的基本性质是抽样序列单一地匹配原模拟信号，否则就无法实现信号的恢复。上面说明了 MWC 中各个参数的作用，而文献[Mis10b]用两个定理的形式进一

步说明了如何选择这些参数以保证能由抽样得到的离散信号重建出原模拟信号。定理16.4.1是必要条件,而定理16.4.2是充分条件,现不加证明给出两个定理的表述。

定理16.4.1 设$x(t)\in\mathcal{M}$是一多带信号,按照图16.4.2的系统进行抽样,假定$f_p=B$,对$x(t)$盲抽样后准确重建的必要条件是$f_s\geqslant f_p$及$m\geqslant 2N$,对$p_i(t)$,一个另外的要求是

$$M\geqslant M_{\min}=2\left\lceil\frac{f_{\text{Nqui}}}{2f_{\text{p}}}+\frac{1}{2}\right\rceil-1 \tag{16.4.18}$$

该定理说明,在MWC中最重要的参数是f_s,f_p,m及M。

定理16.4.2 设$x(t)\in\mathcal{M}$是一多带信号,按照图16.4.2的系统进行抽样。如果

(1) $f_s\geqslant f_p\geqslant B$,并且$f_s/f_p$不是太大;

(2) $M\geqslant M_{\min}$,$M_{\min}$的定义见(16.4.18)式;

(3) 通道数$m\geqslant 2N$,N是$X(f)$的频带数;

(4) $\boldsymbol{SF}$的任意$2N$列都是线性无关的,则对每一个$f_s\in\mathcal{F}_s$,向量$\boldsymbol{z}(f)$是(16.4.16)式的唯一N稀疏解。

在盲抽样的情况下,由于$\boldsymbol{z}(f)$的非零位置是未知的,由CS的理论:一个k稀疏信号$\boldsymbol{x}$由欠定方程$\boldsymbol{y}=\boldsymbol{\Phi x}$唯一地恢复的必要条件是$\Phi$的任意$2k$列都是线性无关的。对本定理,由于$\boldsymbol{SF}$等效于$\Phi$,而$X(f)$是$N$稀疏的,因此定理16.4.2有了要求(4)。

为了使抽样频率减小到最小,我们可选择$f_s=f_p=B$及$m\geqslant 2N$,这时系统的总的抽样频率是$2NB$,这是对$x(t)\in\mathcal{M}$这一类信号抽样的最低抽样频率。文献[Mis10b]给出了一个参数选择的例子。信号模型是$N=6$和$B=50\text{MHz}$,并假定信号的$f_{\text{Nqui}}=10\text{GHz}$。选择$f_p=f_{\text{Nqui}}/195=51.3\text{MHz}$,$f_s=f_p=51.3\text{MHz}$及$m\geqslant 2N=12$。这样,系统的总的抽样频率是$mf_s\geqslant 615\text{MHz}$,稍大于$2NB=600\text{Hz}$。

16.4.5 MWC抽样系统的信号重建

现在讨论如何由m个支路的输出$y_i(n)$重建奈奎斯特率的$x(n)$,或模拟的$x(t)$。由(16.4.9)式可以看出,重建$x(t)$归结到恢复稀疏的频域向量$\boldsymbol{z}(f)$,对每一个$f\in\mathcal{F}_s$。恢复$\boldsymbol{z}(f)$的关键是找到其每一个元素中频带的支撑,即各个频带的频率中心,如图16.4.2(b)所示。

(16.4.9)式又称为参数集线性系统(parameterized set of linear systems),式中$\boldsymbol{z}(f)$的元素是$X(f)$中N个频带的混叠,这些频带的支撑就是参数集。稀疏的参数集线性系统可表为

$$\boldsymbol{v}(\lambda)=\boldsymbol{Au}(\lambda),\quad \lambda\in\Lambda \tag{16.4.19}$$

式中$\boldsymbol{A}$是$m\times M$矩阵,$m<M$,$\boldsymbol{v}$是m维向量,$\boldsymbol{u}$是M维稀疏向量,Λ是一个参数集合。这样,$\boldsymbol{u}(\Lambda)=\{\boldsymbol{u}(\lambda),\lambda\in\Lambda\}$就是一个满足(16.4.19)式的$M$维稀疏向量的集合,$\boldsymbol{u}(\Lambda)$又

称为是联合稀疏的。如果 $\boldsymbol{u}(\Lambda)$ 的支撑是已知的，则(16.4.19)式可通过伪逆来求解，若支撑是未知的，那么该式是 NP-Hard 问题。这类似于 CS 求解的基本问题，即(15.1.2)式。但此处的 Λ 是一个参数集合，因此(16.4.19)式又称为多测量向量(multiple measurement vectors，MMV)问题。如果集合 Λ 是无限的，那么，一个 MMV 又称为无限测量向量(infinite measurement vectors，IMV)问题。显然，在 IMV 的情况下为求解出 $\boldsymbol{u}(\Lambda)$ 需要求解无穷多个(16.4.19)式，这是不可能的。为此，文献[Mis09a]和[Mis08]提出了一个将无限维系统转化为有限维系统，并给出最后求解出(16.4.19)式中未知向量 $\boldsymbol{u}$ 的支撑的算法。这些算法称为连续-有限(continuous to finite，CTF)模块。有关 CTF 的具体内容请参看文献[Mis09a]，此处不再讨论。

求(16.4.19)式中 $\boldsymbol{u}$ 的支撑，实际上是求(16.4.9)式中 $\boldsymbol{z}(f)$ 的支撑。一旦通过 CTF 模块找到这些支撑，记这些支撑为下标集合 S，其元素实际上是稀疏向量 $\boldsymbol{z}(f)$ 不为零的频带的位置，那么，由(16.4.9)式，可求出

$$\boldsymbol{z}_S(n) = \boldsymbol{A}_S^{+}\boldsymbol{y} \tag{16.4.20a}$$

$$z_i(n) = 0, \quad i \notin S \tag{16.4.20b}$$

式中 $\boldsymbol{z}(n)=[z_1(n), z_2(n), \cdots, z_L(n)]^{\mathrm{T}}$，$z_i(n)$ 是 $z_i(f)$ 的逆 DTFT，它们的抽样频率是 f_s，$\boldsymbol{A}_S^{+}$ 是矩阵 $\boldsymbol{A}$ 取由 S 所指定的列得到的子矩阵的伪逆。

在得到 $\boldsymbol{z}(n)$ 后，可用下面的方法恢复 $x(t)$。首先，将 $z_i(n)$ 补零，得

$$\tilde{z}_i(l) = \begin{cases} z_i(n), & l = nL, n \in Z \\ 0, & \text{其他} \end{cases}$$

然后将 $\tilde{z}_i(n)$ 插值为奈奎斯特率，再按下式调制并求和，以得到奈奎斯特率的 $x(n)$，即

$$x(n) = \sum_{i \in S} [\tilde{z}_i(n) * h_I(n)] \mathrm{e}^{\mathrm{j}2\pi f_p T_{\mathrm{Nqui}}} \tag{16.4.21}$$

式子 $h_I(n)$ 是插值滤波器。将 $x(n)$ 通过一截止频率为 $f_{\mathrm{Nqui}}/2$ 的模拟低通滤波器，即可得到 $x(t)$，其原理即是(16.1.1)式。

文献[Mis10b]对 MWC 的性能，如稳定性、对噪声的灵敏性以及计算复杂性等问题进行了研究，并给出了仿真结果。其中一个结论是有关通道数的估计，即

$$m \approx 4N\log(M/2N) \tag{16.4.22}$$

式子 N 是 $X(f)$ 的频带数，M 如(16.4.18)式所定义。使用的仿真信号是

$$x'(t) = \sum_{i=1}^{3} \sqrt{E_i B}\,\mathrm{sinc}(B(t-\tau_i))\cos(2\pi f_i(t-\tau_i)) \tag{16.4.23}$$

式子幅度系数 $E_i=\{1,2,3\}$，时间延迟 $\tau_i=\{0.4, 0.7, 0.2\}\mu\mathrm{s}$，$B=50\mathrm{MHz}$。显然，$x'(t)$ 是 $N=6$ 的多带信号，其 $f_{\mathrm{Nqui}}=10\mathrm{GHz}$，载波频率 f_i 在 $[-f_{\mathrm{Nqui}}/2, f_{\mathrm{Nqui}}/2]$ 内随机的选择。令 $x(t)=x'(t)+u(t)$，$u(t)$ 是高斯白噪声，给以不同的幅度，可得到不同的信噪比，然后以 $x(t)$ 作为试验信号。

在设计的抽样系统中，选择 $m=100$ 个通道，$f_s=f_p=f_{\text{Nqui}}/195\simeq51.3\text{MHz}$，并选择 $p_i(t)$ 在一个周期内的转换次数 $M=195$。仿真时，令信噪比由 $-20\text{dB}\sim30\text{dB}$ 变化，通道数由 20～100 之间变换。仿真结果表明，在高的信噪比情况下，当通道数大于 35 时，$\boldsymbol{z}(f)$ 的支撑 S 可以准确识别，这时，整个系统的抽样频率是 f_{Nqui} 的 18%，所使用的最小通道数(35)和由(16.4.22)式估计出的 $4N\log(M/2N)\simeq30$ 基本接近。

16.5 基于 Xampling 的模拟/信息转换方案简介

以色列 Technion-Israel Institute of Technology 的 M. Mishali 和 Y. C. Eldar 在自己提出的 MWC 方案的基础上，从 2009 年开始，又提出了称为“Xampling”的模拟/信息转换方案，其主要文献见[Mis12]，[Mis11b]，[Mis11c]和[Mis09b]。

Xampling，提出者称其是“模拟信号的压缩感知”，前缀“X”表示“CS＋Sampling”，或者是“压缩＋Sampling”。Xampling 并不是指某一个具体的抽样方案，而是提出了一个统一而且可行的模拟/信息转换方案所应遵循的准则。这些准则是：

X1：信号模型。前已述及，RD 的信号模型是多音频信号，MWC 是多带信号。Xampling 指出，一个实用的模拟/信息转换系统应该可应用于更广泛的信号，即不论信号频谱的内容如何改变，都不需要改变已设计好的系统的硬件和软件。具体地说，对通信领域广泛存在的多带信号，应该允许其载波 f_i 在最高频率 f_h 内变化；

X2：抽样率。希望抽样频率尽可能的低于奈奎斯特率。对多带信号，其理论的最低抽样频率是 $2NB$，N 是频带数，B 是带宽。从系统稳定性的角度考虑，实际应用的抽样频率要高于 $2NB$，但只要是 NB 的较小的倍数，也认为满足 X2；

X3：有效实现。希望系统能用商用的器件来实现，并且要求在数字域的计算负担尽可能的小；

X4：基带(baseband)处理能力。要实现低于奈奎斯特率的抽样，必须将信号在抽样前进行模拟压缩，以降低其谱带。考虑在通信领域常用的多带信号模型，如图 16.1.2 所示，其中一对频带可用调制的形式表示。现重写(16.1.3)式，有

$$x_i(t)=I_i(t)\cos(2\pi f_i t)+Q_i(t)\sin(2\pi f_i t)\tag{16.5.1}$$

对应图 16.1.2，上式中 $i=1,2,3$。因为 $I_i(t)$ 和 $Q_i(t)$ 包含了实际的信号信息，所以又称它们为“信息信号”。由于它们都是低频信号，因此，实现低于奈奎斯特率的抽样的方法最好是能对 $I_i(t)$ 和 $Q_i(t)$ 直接抽样，这就是“基带处理能力”的含意。

上述四个准则基本上可分为两对，X1 和 X2 涉及低抽样率系统的理论问题，而 X3 和 X4 涉及系统的实现问题。对应上面四个原则，一个 Xampling 系统一般应包含下面四个

模块：

(1) 模拟预处理模块，目的是在抽样前先压缩模拟信号的带宽。记这一步骤为算子 P；

(2) 抽样模块，用商用的 A/D 进行低速抽样；

(3) 子空间检测模块。有关子空间检测的概念在下面介绍，具体地说，对多带信号就是利用算法在数字域实现其各个频带(中心频率及边缘频率)的检测；

(4) 标准的 DSP 算法和 D/AC 算法。此处所说的“标准”算法，是指对应于奈奎斯特率抽样得到的离散信号的各类数字信号处理算法。D/AC 用来将数字信号转换成模拟信号。

模块(1)和(2)称为 X-ADC，而模块(3)和(4)称为 X-DSP。现对上面提到的个别概念做一简单的解释。

关于 X1，Xampling 引入了子空间并集(Union of Subspaces，UoS)模型的概念。UoS 由文献[Lu 08]提出，其基本概念是：经典的 Shannon 抽样定理假定信号的频谱在 $0\sim f_h$ 之间，它被看作是一个空间，因此信号 $x(t)$ 只位于这一个空间，所以抽样频率取 f_h 的两倍，而实际的物理信号可看作位于多个子空间，即

$$x(t) \in \mathcal{U} \triangleq \bigcup_{\lambda \in \Lambda} \mathcal{A}_\lambda \tag{16.5.2}$$

式中 Λ 是下标集合，每一个子空间 $\mathcal{A}_\lambda$ 都属于 Hilbert 空间。UoS 的关键性质是 $x(t)$ 可位于由某些下标 $\lambda^* \in \Lambda$ 所指定的子空间 $\mathcal{A}_{\lambda^*}$，而在抽样前下标 λ^* 的信息是未知的。另外，该式的并集模型一般是非线性的，即对于 $x_1(t), x_2(t) \in \mathcal{U}$，而 $x_1(t)+x_2(t) \notin \mathcal{U}$。文献[Lu 08]给出了一些 UoS 的例子：

(1) 有限长 Dirac 函数 $x(t) = \sum_{k=1}^{K} c_k \delta(t-t_k)$，其位置$\{t_k\}_{k=1}^K$和权系数$\{c_k\}_{k=1}^K$是未知的。一旦$\{t_k\}_{k=1}^K$被固定，那么此处的 $x(t)$就位于一个 K 维子空间，而所有长度为 K 的 Dirac 函数的集合就是 K 维子空间的并集。有限长 Dirac 函数是“finite rate of innovation，FRI”抽样策略[Vet02]中的基本信号模型。

(2) 信号的稀疏表示。我们在 15.3 节已指出，利用一个固定的基或字典$\{\varphi_i\}_{i=1}^{\infty}$可得到信号 $x(t)$ 的稀疏表示，即 $X_k = \sum_{l \in \Lambda} c_l \varphi_l$。$\Lambda$ 是使用的基或字典的下标的集合，k 是稀疏度。显然，对给定的基或字典，所有 k 稀疏信号的集合构成了一个子空间的并集。我们前面讨论过的随机解调(RD)对应了这一并集模型。

(3) 重叠回波(Overlapping Echoes)模型。这一类信号可表为 $x(t) = \sum_{k=1}^{K} c_k \phi(t-t_k)$，式中 $\phi(t)$是已知的某种形状的脉冲函数，但其延迟$\{t_k\}_{k=1}^K$和幅度$\{c_k\}_{k=1}^K$是未知的。显然，具有这类延迟的回波信号的集合构成了一个子空间的并集。这类信号广泛应用在地球物

理、雷达、声纳、超声成像和通信中，应用的目的是要检测出 $x(t)$ 中各个回波的延迟和幅度。

(4) 多带信号模型。这一类信号我们在前面已多次遇到，其特点是 $x(t)$ 的频谱是稀疏的，它只占有 N 个频带，每一个频带的最大宽带为 B，但是每一个频带的位置是未知的。这时，(16.5.2)式中的每一个子空间 $\mathcal{A}_\lambda$ 对应了一个频带，载波 $f_i \in [0, f_h]$ 决定的所有频带对应的信号就构成了一个子空间的并集。我们前面讨论过的调制宽带转换器(MWC)对应了这一并集模型。

UoS 模型中有两个参数，一是子空间的个数，即 $\# \Lambda$，另一个是每一个子空间的维数，即 $\dim(\mathcal{A}_\lambda)$，它们可能是有限的，也可能是无限的，因此有四种组合。例如，在 RD 中，$\# \Lambda$ 和 $\dim(\mathcal{A}_\lambda)$ 都是有限的，而在 MWC 中，$\dim(\mathcal{A}_\lambda)$ 是有限的，$\# \Lambda$ 是无限的，即 $x(t)$ 的频带数是有限的，而每一个频带内的元素是无限的(因为是连续的)。

UoS 模型的突出优点是使我们能在模拟域来直接处理信号 $x(t)$，而不是将 $x(t)$ 视为位于一个子空间，从而用奈奎斯特率抽样后再进行处理。对多带信号而言，这句话的意思是可以想办法将 $x(t)$ 的每一个频带都移到低频端，从而实现模拟压缩。

关于模拟压缩算子 P，文献[Mis11b]分析了已提出的各种模拟/信息转换方案后指出，它的设计方法不是唯一的。例如，RD 是将 $x(t)$ 和 chipping sequence $p_c(t)$ 相乘，而 MWC 是将 $x(t)$ 和周期函数 $p_i(t)$ 相乘。设计 P 的总的思路是将 $x(t)$ 生成若干子信号，对每一个子信号用低抽样率抽样。这样，每一个子信号都是 $x(t)$ 各个子空间信号的结合。我们在 16.1 节讨论过的广义抽样定理、周期非均匀抽样，本小节的 MWC 及没有讨论的多陪集抽样，都是按照这一思路进行的。文献[Mis11b]还给出了设计算子 P 的三个指导意见：

(1) 系统参数的设置和 P 的设计要允许在产生信号模型失配的情况下仍能工作；

(2) P 的设计要适应信号的特点；

(3) 在子空间的非线性检测和后面的线性重建的复杂性之间求得平衡。

文献[Mis09b]和[Mis11b]利用 X1～X4 这四个准则分析了 RD 和 MWC 两个抽样系统的性能，认为 RD 系统对 X1～X4 都不满足，其主要原因是 RD 的信号模型是多音频信号，而对实际的宽带或多带信号，需要太多的线谱来近似，从而无法明显的降低抽样率，同时也使系统硬件变复杂，后面的重建计算量变大。而 MWC，除了 X4 外，前三个准则都满足。为此，文献[Mis09b]和[Mis11b]提出了一个新的方法，使 MWC 满足 X4，即具有基带处理能力。现对该方法的基本思路做一简单的介绍。

在 MWC 中，(16.4.20)式求出了序列 $z_l(n)$，并进一步由 $z_l(n)$ 按(16.4.21)式求出 $x(n)$。文献[Mis11b]称求出 $z_i(n)$ 的过程是对 $x(t)$ 各个频带的一个较"粗"的检测过程，因为它不包含基带信号 $I_i(t)$ 和 $Q_i(t)$ 的信息，因此需要细化并进一步改进。改进的方法有两个假设，一是信号 $x(t) = \sum_{i=1}^{N/2} x_i(t)$，$x_i(t)$ 如(16.5.1)式所示，二是 $I_i(t)$ 和 $Q_i(t)$

是不相关的，即 $E\{I_i(t_1)Q_i(t_2)\}=0$，对所有的 t_1 和 t_2。细化和改进算法有如下三个步骤。

步骤1：检测 $x(t)$ 每一个频带的边缘频率 $[a_i,b_i]$。此处要用到两个参数，即最小带宽 $B_{\min}$ 和频带之间的最小间距 $\Delta_{\min}$。为此，首先由复值序列 $z_l(n)$ 得到实值序列 $x_l(n)$，方法是令 $x_l(n)=I_{2,0.5B}\{z_{\pm l}(n)\}$，式中

$$I_{r,F}\{z_{\pm l}(n)\} \triangleq (z_l(n)\uparrow r)\mathrm{e}^{-\mathrm{j}2\pi Fn}+(z_{-l}(n)\uparrow r)\mathrm{e}^{-\mathrm{j}2\pi Fn} \tag{16.5.3}$$

式中 $\uparrow r$ 表示做 r 倍插值。然后，对 $x_l(n)$ 做功率谱估计[ZW2]，使用的是Welch平均的经典功率谱估计[ZW2]，然后通过对功率谱施加阈值等方法得到各个频带的边缘频率 $[a_i,b_i]$。

步骤2：对每一个频带产生一个新的序列 $s_i(n)$，$i=1,2,\cdots,N/2$，要求 $s_i(n)$ 只包含一个频带的完整信息。方法是先求出

$$\tilde{s}_i(n)=I_{4,0.5B}\{z_{\pm l}(n)\}+I_{4,0.5B}\{z_{\pm(l+1)}(n)\} \tag{16.5.4}$$

然后利用已检测出的 $[a_i,b_i]$ 作为滤波器的通带对 $\tilde{s}_i(n)$ 滤波，从而得到所需要的 $s_i(n)$。

步骤3：检测每一个带的中心频率 f_i，$i=1,2,\cdots,N/2$，它也是载波频率。为此，Xampling利用了通信领域的"平衡平方律相关器[Gar85]（balanced-quadricorrelator，BQ）"，其原理类似于图16.1.3的正交分量解调器。当然，由于图16.1.3对应是模拟信号，因此Xampling将其发展为适合于离散信号的解调方案。这一步骤的最后目的是得到基带信息信号 $I_i(n)$ 和 $Q_i(n)$，$i=1,2,\cdots,N/2$，从而实现了基带处理。

以上我们讨论了近年来发展起来的模拟/信息转换方案，重点是RD和MWC，然后是Xampling。应该说，由于模拟/信息转换的历史较短，因此所提出的方案还不成熟，离实际的应用还有一段距离。因此，本章对它们的介绍也是粗略的，很多方面不够深入。对此感兴趣的读者，一是请仔细阅读原文献，二是请继续关注这一领域的发展。相信再通过一段时间的努力，一些更稳健、适用的信号模型更广并且在硬件和软件上都易于实现的模拟/信息转换方案必将诞生。

16.6 压缩感知的应用

压缩感知的概念从诞生那一天起，随着理论的继续深入发展，在各个领域的应用也获得了人们极大的关注并取得了不少的进展。在有关CS资源的网站（http://dsp.rice.edu/cs）上就收集了大量的有关CS应用的论文，内容涉及图像压缩、医学成像、计算生物学、地球物理、超光谱成像（hyperspectral imaging）、压缩雷达成像、天文学、通信、遥感、计算机工程、表面计量学（surface metrology）等众多的领域。对其中某一个应用感兴趣的读者可到上述网站上下载有关论文，本节将以单像素相机和数据分离两个例子来简要说

明 CS 的应用。本章开头已指出，CS 最重要，最直接，也是最受人们期待的应用是我们在本章已讨论过的模拟/信息转换。

实际上，CS 可应用于一切需要由某些线性测量的结果来重建信号和图像的领域，特别是当完备的测量的获得是昂贵的，长时间的，困难的，危险的，或者是不可能的场合。例如，现在临床上广泛应用的 X-射线断层成像(X-CT)，其 X-射线的剂量还是较大的。为了减轻对人体的伤害，人们自然希望在保持同样的图像清晰度的情况下能使 X-射线的强度尽量地小，且成像时间尽量地短。这就是 CS 在医学成像中的应用的一个方面。

16.6.1 单像素相机

数码相机已是大众化的消费电子产品，从几百元的卡片机到万元以上的专业相机，再加上我们的手机的拍照功能，数字化的发展极大地丰富和方便了我们的生活。

数码相机的一个重要技术指标是像素，其大小决定了数码相机的分辨率，而像素的大小是由相机里的光电传感器上的光敏元件的数目所决定的，一个光敏元件就对应一个像素。目前数码相机中应用最广的光电传感器是 CCD(Charge Couple Device)，即“电荷耦合器件”。

数码相机由 1996 年的 80 万像素已发展到现在的上千万像素，而瑞士一家公司推出了 1.6 亿像素的 Seitz 6x17 Digital，美国麻省理工学院推出的 Pan-STARRS 天文相机系统，其像素更高达到 14 亿！

像素越多，相机的成像质量越好，当然成本和售价也就越高。美国 RICE 大学的研究团队反其道而行之，于 2006 年推出了单像素相机(single pixel camera)的方案[Tak06,Dua08]，引起了人们极大的兴趣。这一方案的理论基础就是当时刚刚提出的压缩感知。人们自然会问：目前几百万像素的相机已经很便宜，为什么要推出单像素相机？其原因，一是现在基于 CCD 成像的数码相机只能对可见光成像，对红外一类的不可见光无法成像。而红外成像有着广泛的应用，如军事，车辆、飞机及船舶的夜视，晚上及雾天的监控，人体内窥镜等等。但是，红外成像设备较为昂贵，普及起来较为困难。二是受压缩感知理论的驱动，人们试图开发出一种新的成像模式。RICE 大学的单像素相机的原理如图 16.6.1 所示。

单像素相机基本上是一个光学计算机，它由如下五个部分组成：(1)两个凸透镜；(2)一个数字微镜阵列(Digital Micromirror Device, DMD)；(3)一个光敏二极管(Photodiode)，它即是单像素的光电转换器；(4)一个 A/D；(5)图像重建算法。现简要说明其成像原理。

上述五个部分中最关键的部件是 DMD。DMD 由一系列细菌大小的静电驱动的微小镜片阵列所组成，每个镜片固定在铰链上，通过图 16.6.1 中的随机数字发生器(RNG)来控制每个微镜片的方向，使它们可以依水平面做 $+12°$ 或者 $-12°$ 这两个方向的偏转。

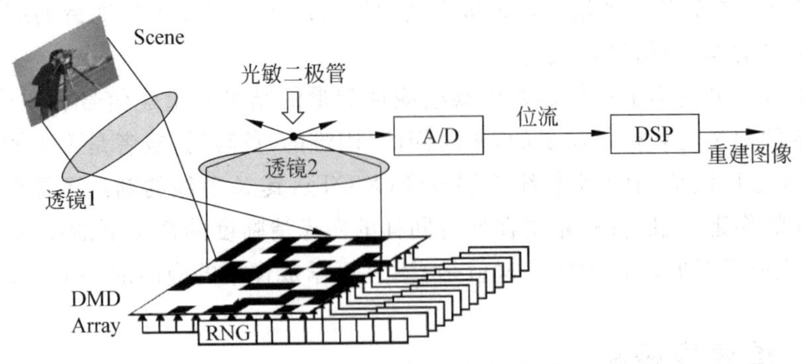

图 16.6.1　单像素相机原理图

+12°方向的偏转对应图像被反射到光敏二极管上，而−12°的偏转对应图像没有被反射到光敏二极管上。每一个微镜片都连接着一个独立的存储单元(SRAM)。DMD 实际上是一个空间光调制器(spatial light modulator，SLM)，它能根据控制信号来调制光的强度。DMD 是通过微镜片的偏转来实现这一调制的。图 16.6.1 中使用的 DMD 是美国德州仪器(Texas Instruments，TI)的 DMD 1100，其微镜阵列为 768×1024。这一大小也就限制了该单像素相机的分辨率。当然，目前市场上也有更高分辨率的 DMD 供选择。

一个 768×1024 的 DMD 对应着一个 $M\times N$ 的随机测量矩阵Φ，并且 $M\ll N$。Φ 的元素决定了微镜片的偏转状态，例如，若定义其元素的值为 1 时是做+12°方向的偏转，那么，为 0(或 −1)时就定义为做−12°的偏转。

被拍照的物体(图中的 Scene)的反射光通过透镜 1 聚焦在 DMD 上，在 RNG 的控制下，DMD 的部分微镜片做+12°偏转，它们的反射光通过透镜 2 汇集并聚焦在图中的光敏二极管上，于是光敏二极管就产生一个电压信号，实现了光/电转换。后面的 A/D 将该电压信号转换成数字量，从而得到一个测量，记为 $y(m)$。记所要拍摄的图像为 $\boldsymbol{x}$，假定它是一个 N 维的向量，即原图像有 N 个像素，再记Φ 的行向量为$\{\varphi_m\}_{m=1}^{M}$，那么

$$y(m)=\langle \boldsymbol{x},\varphi_m\rangle=\sum_{i=1}^{N}x_i\varphi_m(i) \tag{16.6.1}$$

在该式的求和中，虽然 $i=1$ 到 N，但如果 $\varphi_m(i)=0$，即 i 对应的微镜片做−12°的偏转，那么求和时就不包含这一项。由此可以看出，$y(m)$是 DMD 的第 m 行中所有做+12°方向的偏转的微镜片和对应的原图像中的像素相乘并相加后得到的总的结果。显然，它和目前以 CCD 为基础的相机成像原理截然不同。CCD 相机是对原图像对应的像素逐个成像。

将上述过程重复 M 次，我们即得到 M 维的测量向量 $\boldsymbol{y}$。后面的重建算法就是要利用 CS 的理论由 $\boldsymbol{y}$ 重建出所要拍摄的图像 $\boldsymbol{x}$。由上面的工作过程可知，单像素相机中一个关键的技术是如何控制 DMD 的微镜片的偏转。

由(15.7.5a)式可以看出，伯努利矩阵的元素是取值为±1 的随机矩阵(不考虑前面

的定标系数),因此可用来对 DMD 进行控制。

当 DMD 阵列很大时,即使其对应的矩阵$\boldsymbol{\Phi}$的元素都是 1,0 或 −1 这些简单的数,存储这些元素也都需要非常大的空间。另外,在后面图像重建时,矩阵的乘法运算也会非常耗时,为此文献[Dav10]提出可用具有递推公式的 Walsh 矩阵来构造$\boldsymbol{\Phi}$。令

$$\boldsymbol{W}_0 = 1, \quad \boldsymbol{W}_1 = \frac{1}{\sqrt{2}}\begin{bmatrix} 1 & 1 \\ 1 & -1 \end{bmatrix} \tag{16.6.2a}$$

则 Walsh 矩阵的递推公式是

$$\boldsymbol{W}_j = \frac{1}{\sqrt{2}}\begin{bmatrix} \boldsymbol{W}_{j-1} & \boldsymbol{W}_{j-1} \\ \boldsymbol{W}_{j-1} & -\boldsymbol{W}_{j-1} \end{bmatrix} \tag{16.6.2b}$$

文献[Dua08]对所提出的单像素相机样机进行了实验研究,结果如图 16.6.2 所示。图(a)是原图像,一个 $N=256\times256$ 的字母“R”,图(b)是用单像素相机拍摄的图像,测量次数 $M=N/50$。由该图可以看出,单像素相机确实可以实现成像。

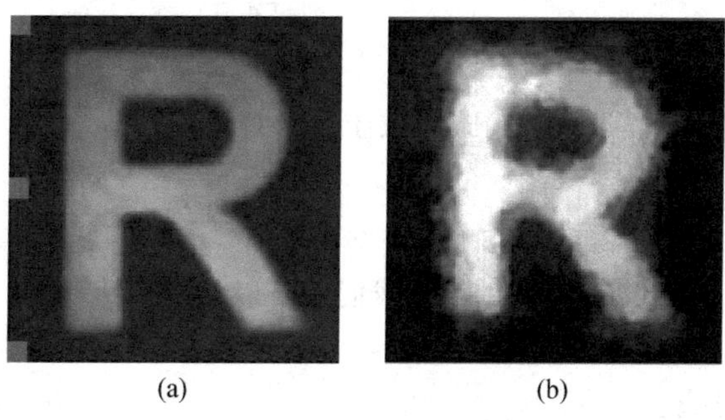

(a) (b)

图 16.6.2 单像素相机成像

(a) 原图像;(b) 重建后图像

单像素相机的提出在实践上说明了压缩感知理论的优势和可能的应用价值。但是,就目前情况看,单像素相机离实际应用还有着很长的距离。主要问题是成像时间过长。成像时间包括两大部分,一是对图像做 M 次测量,二是图像重建。对高分辨率的图像,测量矩阵$\boldsymbol{\Phi}$无疑是巨大的,15.8 节给出的基追踪算法,或者正交匹配追踪算法都需要大量的矩阵乘法。我们知道,计算机中的乘法是相当耗时的。完成图 16.6.2(b)的图像大约需要 5 分钟的时间。另外,在做 M 次测量时,要求图像是静止的。这些问题在实际拍摄时无疑是无法容忍的。

尽管存在上述问题,但是单像素相机的诞生毕竟开辟了一种新的成像技术,也为压缩感知理论的应用给出了最好的说明。相信通过人们的努力,单像素相机将不断完善,最终走向产品化。

16.6.2　数据分离

数据分离问题可表述为：若已知信号 $\boldsymbol{x}=\boldsymbol{x}_1+\boldsymbol{x}_2$，式中 $\boldsymbol{x},\boldsymbol{x}_1,\boldsymbol{x}_2\in\mathbb{R}^N$，假定我们只知道 $\boldsymbol{x}$，现在希望能由 $\boldsymbol{x}$ 分离出 $\boldsymbol{x}_1$ 和 $\boldsymbol{x}_2$。按照通常的数学概念，这应该是不可能的，因为此处只有一个已知量但却要解出两个未知量。然而，压缩感知理论为解决该问题提供了一个途径[Kut13,Kut12]。

数据分离问题有着实际的意义。例如，天文学家希望能从天体图像的细状物中分离出星体或星系团；在做音频信号处理时，人们希望能由短的峰值分离出谐波成分。基于压缩感知的数据分离方法可简单表述如下：

选择两个正交基 $\boldsymbol{\Phi}_1$ 和 $\boldsymbol{\Phi}_2$，它们都是 $N\times N$ 的矩阵，我们希望 $\boldsymbol{\Phi}_1^{\mathrm{T}}\boldsymbol{x}_1=\boldsymbol{c}_1$ 和 $\boldsymbol{\Phi}_2^{\mathrm{T}}\boldsymbol{x}_2=\boldsymbol{c}_2$ 都是稀疏的。这一假设引导出求解如下的欠定线性方程组

$$\boldsymbol{x}=[\boldsymbol{\Phi}_1 \mid \boldsymbol{\Phi}_2]\begin{bmatrix}\boldsymbol{c}_1\\ \boldsymbol{c}_2\end{bmatrix} \tag{16.6.3}$$

根据压缩感知的理论，求解(16.6.3)式等效于要求解

$$\min_{\boldsymbol{c}_1,\boldsymbol{c}_2}\left\|\begin{bmatrix}\boldsymbol{c}_1\\ \boldsymbol{c}_2\end{bmatrix}\right\|_1 \quad \text{s. t.} \quad \boldsymbol{x}=[\boldsymbol{\Phi}_1 \mid \boldsymbol{\Phi}_2]\begin{bmatrix}\boldsymbol{c}_1\\ \boldsymbol{c}_2\end{bmatrix} \tag{16.6.4}$$

如果稀疏向量 $[\boldsymbol{c}_1,\boldsymbol{c}_2]^{\mathrm{T}}$ 能够被恢复，那么，我们就可以求出

$$\boldsymbol{x}_1=\boldsymbol{\Phi}_1\boldsymbol{c}_1,\quad \boldsymbol{x}_2=\boldsymbol{\Phi}_2\boldsymbol{c}_2 \tag{16.6.5}$$

从而实现了数据的分离。

由上面的分离过程可以看出，只有当 $\boldsymbol{x}_1$ 和 $\boldsymbol{x}_2$ 在形态上有明显区别时，这一数据分离才能实现。同时，这一要求又隐含地要求矩阵 $\boldsymbol{\Phi}_1$ 和 $\boldsymbol{\Phi}_2$ 是不相干的。

文献[Kut13]指出，上述的数据分离问题可以看作是压缩感知的起源。因为早在 2001 年，D. L. Donoho 就在他的一篇重要论文中讨论了数据分离问题。他使用的 $\boldsymbol{x}_1$ 是正弦信号的叠加，$\boldsymbol{x}_2$ 是脉冲信号(Dirac 函数)的叠加，显然二者有着不同的形态。文献[Don01]给出了分离的原理，并用定理的形式指出了这样两个信号可分离的条件。

需要说明的是，此处讨论的仅是数据分离的最简单的情况，即 $\boldsymbol{\Phi}_1$ 和 $\boldsymbol{\Phi}_2$ 都是正交阵。有关数据分离的更详细的讨论见文献[Kut12]。和数据分离相类似的一个问题是丢失数据的找回问题，有关内容见文献[Kut13]。

附录

关于所附 MATLAB 程序的说明

本书附了 100 余个用 MATLAB6.5 编写的程序和一些数据文件,它们全部放在了清华大学出版社网站(http://tuptsinghua.cn.gongchang.com/)上,通过本书的链接可以下载。这些程序概括了书中所涉及到的绝大部分例题和插图,运行这些程序即可重现这些例题的结果和相应的插图。这些程序一般都很短,容易看懂,可以帮助读者理解书中较为复杂的理论内容。

这些程序的名称由 exa 开头,接下来是所在的章、节及例题(或插图)的序号,如 exa010101,指的是第 1 章第 1 节(即 1.1 节)的第 1 个例题,即例 1.1.1。如果该例题(或插图)需要的是一个以上的程序,则在上述名称的后面跟一个字母 a,b 等,如 exa040501ab,exa040501c 等。

本书前 4 章有关时频分析所给的程序(此外还有程序 exa090603.m)中,大部分程序使用了由网站

http://tftb.nongnu.org

所提供的时频分析软件。第 12 章的部分程序使用了网站

http://statweb.stanford.edu/~wavelab

上 Wavelab 软件包的几个程序。因为网站上的这些软件并没有列入 MATLAB 的工具箱,涉及到知识产权问题,因此笔者不能将它们列入国内公开的出版物上,但读者可以自由下载。请读者在上述两个网站上分别下载 Time—Frequency Toolbox(tftb-0.2)和 Wavelab 软件包,并安装到自己的 MATLAB 的工具箱中,即可运行本书所附的程序。

需要指出的是,本书附这些程序的目的是帮助读者理解书中的理论问题并学会如何将这些理论用于实际,因此,作者没有考虑这些程序的优化问题。

限于笔者水平,这些程序中肯定有不妥,甚至是错误之处,恳请读者批评指正。

索　引

按字母 A～Z 排序，首字母相同时英文词目排在前面，括号内为该词所在的节。

E

F

G

H

J

L

M

N

P

Q

R

S

T

W

X

Y

Z

参 考 文 献

[Ach01] Achlioptas. D. Database-friendly random projections. In: Proc. ACM SIGACT- SIGMOD-SIGART Symp. on Principles of Database Systems. pp. 274-281,2001

[Aha06] Aharon M. et al. The K-SVD: An algorithm for designing of overcomplete dictionaries for sparse representation. IEEE Trans. Signal Processing,54(11), 4311-4322,2006

[Ans91] Ansari R,Guillemot C,et al. Wavelet construction using lagrange halfband filters. IEEE Trans CAS,1991,38: 116-118

[Aug95] Auger F. G et al. Time-Frequency Toolbox: For Use with MATLAB. http://tftb.nongnu.org,1995

[Bar13] Baraniuk R. G et al. An Introduction to Compressive Sensing. http://cnx.org/content/col11133/1.5/

[Bar08] Baraniuk R. G et al. A Simple Proof of the Restricted Isometry Property for Random Matrices. Constructive Approximation. 28: 253-263,2008

[Bar07] Baraniuk R. G. Lecture NOTES:Compressive Sensing. IEEE Signal Processing Magazine, 24(7),118-124,2007

[Bar94] Baraniuk R. G, Jones D. L. A signal-dependent time-frequency representation: Fast algorithm for optimal kernel design. IEEE Trans. Signal Processing. 42(1),134-146,1994

[Bar93a] Baraniuk R. G ,Jones D. L. A signal-dependent time-frequency representation: Optimal kernel design. IEEE Trans. Signal Processing. 41(4),1589-1602,1993

[Bar93b] Baraniuk R. G, Jones D. L. Signal-dependent time-frequency analysis using a radially Gaussian kernel . Signal Processing. 32(3),263-284,1993

[Bas81] Bastiaans M J. A sampling theorem for the complex spectrogram,and Gabor's expansion of a signal in gaussian elementary signals. Optical Eng,1981,20(4): 594-598

[Bat07] Battista, B. M. et al. Application of the empirical mode decomposition and Hilbert-Huang transform to seismic reflection data. Geophysics, 72(2): 29-37,2007

[Bed63] Bedrosian E. On the quadrature approximation to the Hilbert transform of modulated Signals, Proc. IEEE ,51,1963,868-869

[Ber93] Berman Z,et al. Prop erties of the multiscale maxima and zero-crossings representations. IEEE Trans Signal Proc,1993,41(12): 3216-3231

[Bla53] Black H. S. Modulation Theory. D. Van Nostrand Cd. ; Inc. ,New York,1953

[Boa92a] Boashash B,Time-frequency Signal Analysis. Wiley Halsted Press, 1992

[Boa92b] Boashash B. Estimating and interpreting the instantaneous frequency of a signal-part Ⅰ: fundamentals. Proc IEEE. ,1992,80(4): 520-538

[Boa92c] Boashash B. Estimating and interpreting the instantaneous frequency of a signal-part Ⅱ: algorithms and applications. Proc IEEE. ,1992,80(4): 540-568

[Boa87] Boashash B, Black P. An efficient real time implementation of the Wigner-Ville distribution. IEEE Trans on ASSP,1987,35(11): 1611-1618

[Bol97] Bolcskei H,et al. Discrete ZAK transform,polyphase transforms,and applications. IEEE Trans Signal Proc,1997,45(4): 851-866

[Bou11] Bourgain J. et al. Explicit constructions of RIP matrices and related problems. Duke Math. J. ,159(1),145-185,2011

[Boy04] Boyd Stephen. Convex optimization. cambridge university press.(中译本:王书宁等. 凸优化. 清华大学出版社,2013)

[Bra00] Bracewell R N. The Fourier Transform and Its Applications. 3rd ed. New York: McGraw-Hill Companies,Inc,2000

[Bro81] Brown J. L. Multi-Channel Sampling of Low-Pass Signals. IEEE Tram Circuits Syst. , 28(2),101-106,1981.

[Bru09] Bruckstein A. M,Donoho. D. L. et al. From Sparse Solutions of Systems of Equations to Sparse Modeling of Signals and Images. SIAM REVIEW,51(1),34-81,2009

[Bru73] Bruijn de N G. A theory of generalized functions,with applications to Wigner distribution and weyl correspondence. Wieuw Archief voor Wiskunde (3),1973,XXI: 205-280

[Bul00] Buldygin V. et al. Metric Characterization of Random Variables and Random Processes. American Mathematical Society, Providence, RI, 2000.

[Bur88] Burt P J. Smart sensing within a pyramid vision machine. Proc IEEE, 1998, 76(8): 1006-1015

[Bur83] Burt P J,E H Adelson. The Laplacian pyramid as a compact image code. IEEE Trans Commun,1983,31(4): 532-540

[Cai10] Cai T. T. ,et al. Shifting inequality and recovery of sparse signals. IEEE Transactions on Signal Processing, 58(3): 1300-1308,2010

[Cai09] Cai T. T. ,et al. On recovery of sparse signals via l_1 minimization. IEEE Transactions on Information Theory. 55(7),3388-3397,2009.

[Cam09] Camp, J. B. et al. (2009). Searching for gravitational waves with the Hilbert-Huang Transform. Advances in Adaptive Data Analysis,1(4): 643-666,2009

[Can08a] Candès. E. J. et al. An Introduction To Compressive Sampling. IEEE Signal Processing Magazine,25(3),21-30,2008

[Can08b] Candès. E. J. The restricted isometry property and its implications for compressed sensing. C. R. Acad. Sci. Paris. Ser. I,346,589-592,2008

[Can07a] Candès. E. J. , Romberg. J. Sparsity and incoherence in compressive sampling. Inverse Problems 23 (3),969-985,2007

[Can07b] Candès. E. J. , Tao T. The Dantzig selector: statistical estimation when p is much larger than n. Annals of StatistiCS, 35(6):2313-2351,2007

[Can06a] Candès. E. J. , Romberg. J and Tao. T. Robust uncertainty principles: exact signal reconstruction from highly incomplete frequency information. IEEE Trans. Inform. Theory, 52(2):489-509, 2006.

[Can06b] Candès. E. J. , Romberg, Tao T. Near-Optimal Signal Recovery From Random Projections: Universal Encoding Strategies? IEEE Trans Inform Theory, 52(12): 5406-5425,2006

[Can06c] Candès. E. J. , Romberg. J, Tao T. Stable signal recovery from incomplete and inaccurate measurements. Communications on Pure and Applied MathematiCS, Vol. LIX, 1207-1223,2006

[Can05] Candès. E. J. , Tao T. Decoding by linear programming. IEEE Trans Inform Theory, 51 (12): 4203-4215,2005

[Can03] Candès. E. J. , Donoho. D. L. Fast discrete curvelet transforms. Multiscale Modeling & Simulation, vol. 5,861-899, 2006.

[Can99] Candès. E. J. , Donoho. D. L. Curvelets-A surprisingly effective nonadaptive epresentation for objects with edges,Technical Report,Department of StatistiCS, Stanford University. 1999

[Car95] Carmona R. Extrema reconstruction and spline smoothing: variations on an algorithm of Mallat and Zhong,In Wavelets and Statistics. Berlin: Springer-Verlag,1995

[Car37] Carson J,Fry T. Variable frequency electric circuit theory with application to the theory of frequency modulation. Bell System Tech. J. , vol. 16, pp. 513-540, 1937.

[Che09] Chen, J. Application of empirical mode decomposition in structural health monitoring: Some experience. Advances in Adaptive Data Analysis,1(4): 601-621,2009

[Che98] Chen. S. S, Donoho. D. L. et al. Atomic decomposition by Basis Pursuit. SIAM J. Sci. Comput. , 20(1):33-61, 1998.

[Cho89] Choi H I and Williams W J. Improved time-frequency representation of multicomponent signals using exponential kernels. IEEE Trans Acoust,Speech,and Signal Proc. 1989,37 (6): 862～871

[Chu92] Chui C K. An Introduction to Wavelets. New York: Academic Press,1992

[Chu85] Chu P L. Quadrature mirror filter design for an arbitary number of equal bandwidth channels. IEEE Trans Acoust,Speech,and Signal Proc. 1985,33(2): 203-218

[Cla80a] Classen T C M,W F G Mecklenbrauker. The Winger distribution-part Ⅰ. Philips Res J, 1980,35: 217-250

[Cla80b] Classen T C M,W F G Mecklenbrauker. The Wigner distribution-part Ⅱ. Philips Res. J,

1980,35：276-300

[Cla80c] Classen T C M,W F G Mecklenbrauker. The Wigner distribution-part Ⅲ. Philips Res. J, 1980,35：372-389

[Coh09] Cohen. A, et al. Compressed sensing and best k-term approximation. Journal of American Math. Soc. ,22(1),211-231,2009

[Coh92] Cohen A, Daubechies I, et al. Biorthogonal bases of compactly supported wavelets. Commun On Pure and Appl Math,1992,45：485-560

[Coh95] Cohen L. Time-Frequency Analysis：Theory and Applications. New York：Prentice Hall,1995

[Coh89] Cohen L. Time-frequency distributions：A review. Proc IEEE,1989,77(7)：941-981

[Coh85a] Cohen L,Posh T. Positivity of time-frequency distribution. IEEE Trans On ASSP,1985, 33(1)：31-37

[Coh85b] Cohen L, Posch T E. Generalized ambiguity functions. Proc IEEE Conf On ASSP, Tampa,March 1985,27. 6. 1-27. 6. 4

[Coh66] Cohen L. Generalized phase-space distribution functions. J Math Phys, 1966, 7(5)：781-786

[Coo65] Cooley . J. W,Tukey. J. W. , An algorithm for the machine calculation of complex Fourier series, Math. Comput. , vol. 19, 297-301, 1965.

[Cre95] Creusere C D,Mitra S K. A simple method for designing high-quality prototype filters for M-band pseudo QMF banks. IEEE Trans Signal Proc,1995,43(4)：1005-1007

[Cro83] Crochiere R E,Rabiner L R. Multirate Digital Signal Processing,Englewood Cliffs,NJ：Prentice-Hall,1983

[Cro81] Crochiere R E,Rabiner L R. Interpolation and decimation of digital signals：a tutorial review. Proc IEEE,1981,69(March)：300-331

[Cur87] Curtis S,et al. Reconstruction of nonperiodic two-dimensional signals from zero-crossings, IEEE Trans ASSP 1987,35：890-893

[Cve95] Cvetkovic Z,et al. Consistent reconstruction of signals from wavelet extrema/zero crossings representation. IEEE Trans Signal Proc,1995

[Dau04] Daubechies. I. et al. An iterative thresholding algorithm for linear inverse problems with a sparsity constraint. Communications on Pure and Applied MathematiCS, 7(11)：1413-1457, 2004.

[Dau92a] Daubechies I. Ten Lectures on Wavelets. Philadelphia,PA：SIAM,1992

[Dau92b] Daubechies I, Lagarias J. Tow-scale difference equations：IL. Local regularity,infinite products of matrices and fractals. SIAM J of Math. Anal,1992,24

[Dau90] Daubechies I. The wavelet transform,time-frequency localization and signal analysis. IEEE Trans Info Theory,1990,36(5)：961-1005

[Dau88] Daubechies I. Orthonormal bases of compactly supported wavelets. Commun On Pure and

Appl Math,1998,41: 909-996

[Dav12] Davenport M. , et al. Introduction to compressed sensing. Chapter 1 in Compressed Sensing: Theory and Applications. Cambridge University Press, 2012,http://dsp. rice. edu/CS

[Dav10] Davenport M. Random Observations on Random Observations: Sparse Signal Acquisition and Processing. PhD thesis, Rice University, Aug. 2010.

[Deb02] Debnath L. Wavelet Transforms and Their Applications. Birkhauser,2002

[DeV07] DeVore R. Deterministic constructions of compressed sensing matrices. J. Complexity, 23:918-925,2007

[DeV98] DeVore R. Nonlinear approximation. Cambridge University Press, 1998

[Do 05] Do. M. N. et al. The contourlet transform: An efficient directional multiresolution image representation. IEEE Trans. Image Process. , 14(12),2091-2106, 2005.

[Don12] Donoho. D. L. et al. Sparse solution of underdetermined systems of linear equations by stagewise orthogonal matching pursuit . IEEE Trans. Inform. Theor. 58(2): 1094-1121, 2012

[Don10] Donoho. D. L. et al. Precise Undersampling Theorems. Proceedings of the IEEE, 98(6), 913-924,2010

[Don08] Donoho D. L. et al. Fast solution of l_1- norm minimization problems when the solution may be sparse. IEEE Trans. Inform. Theor. 54(11), 4789-4812,2008

[Don06] Donoho. D. L. Compressed sensing. IEEE Trans. Inform. Theory, 52 (4): 1289-1306, 2006.

[Don03] Donoho. D. L. et al. Optimally sparse representation in general (nonorthogonal) dictionaries via l^1 minimization. Proc. Natl. Acad. Sci. , 100(5):2197-2202, 2003.

[Don01] Donoho. D. L. Uncertainty Principles and Ideal Atomic Decomposition. IEEE Trans. Inform. Theory,47(7),2845-2862,2001

[Don95a] Donoho D L. Denoising by soft-thresholding. IEEE Trans on Information Theory,1995, 41(3): 613-627

[Don95b] Donoho D L, Johnstone I M, Kerkyacharian G, Picard D. Wavelet shrinkage: Asymptopia? Journal of the Royal Statistical Society,Series B,1995,57(2): 301-369

[Don94a] Donoho D L,Johnstone I M. Ideal spatial adaptation via wavelet shrinkage. Biometrika, 1994,81: 425-455

[Don94b] Donoho D L,Johnstone I M. Ideal denoising in an orthogonal basis chosen from a library of bases. C R Acad Sci I-Math. 1994,319: 1317-1322

[Dua08] Duarte M. F. et al. Single-Pixel Imaging via Compressive Sampling: Building simpler, smaller, and less-expensive digital cameras. IEEE Signal Processing Magazine,25(3),83-91,2008

[Duf52] Duffin R J,Schaeffer A C. A class of nonharmonic Fourier series. Trans Amer Math Soc,

1952,72：341-366

[Dut89] Dutilleux P. An implementation of the algorithm à trous to compute the wavelet transform. In Wavelets：Time-Frequency Methods and Phase Space,IPTI,1989,289～304

[Ela10] M. Elad. Sparse and Redundant Representations：From Theory to Applications in Signal and Image Processing. Springer,New York,NY,2010.

[Eld09] Eldar Y. C. Compressed Sensing of Analog Signals in Shift-Invariant Spaces. IEEE Trans. On signal processing ，57(8)2986-2997,2009

[Eng99] Engan K. et al. Method of optimal directions for frame design. in Proc. IEEE Int. Conf. Acoust. ,Speech，Signal Process. ，vol. 5，2443-2446,1999

[Eur01] EURODASP. NONUniform Sampling：AN1. September，2001 http://www. edi. lv/media/uploads/UserFiles/dasp-web/apl_g/SAMPLING. PDF

[Fei98] Feichtinger H G,et al. Gabor Analysis and Algorithms：Theory and Applications. Boston：Birkhaoser,1998

[Fla90] Flandrin P,Rioul O. Affine smoothing of the Wigner-Ville distribution. In Proc. IEEE Int. Conf. Acoust. ,Speech,Signal Processing,1990,2455-2458,Albuquerque,NM,April

[Fla04] Flandrin P. et al. ,Empirical mode decomposition as a filter bank. Signal Processing Letters，IEEE，11(2)：112-114.

[Fli94] Fliege N J. Multirate Digital Signal Processing. Chichester,UK：John Wiley and Sons,1994

[For10] Fornasier M. et al. Compressed sensing，Chapter in Part 2 of the Handbook of Mathematical Methods in Imaging,Springer,http://dsp. rice. edu/CS

[Fou13] Foucart S. et al. A Mathematical Introduction to Compressive Sensing. Springer Science+Business Media,New York. 2013

[Fou09] Foucart S. et al. Sparsest solutions of underdetermined linear systems via l_q- minimization for $0<q<1$. Applied and Computational Harmonic Analysis. 26(3)：395-407,2009

[Fri89] Friedlander B,et al. Detection of transient signals by the Gabor representation. IEEE Trans Acoust,Speech,and Signal Proc,1989,37(2)：169-179

[Fud08] Fudge G. L. et al. A Nyquist folding analog-to-information receiver. in Proc. 42nd Asilomar Conf. on Signals，Systems and Computers. 541-545,2008

[Gab46] Gabor D. Theory of communication. J IEE,1946,93：429-457

[Gan01] Gan L,Ma K K. A simplified Lattice factorization for linear-phase perfect reconstruction filter banks. IEEE Signal Processing Letter,2001,8(7)：207-209

[Gar85] Gardner F. Properties of frequency difference detectors. IEEE Trans. Commun. ，33(2)，131-138,1985.

[Gon98] Goncalves P,et al. pseudo affine Wigner distribution：Definition and Kernel formulation. IEEE Trans Signal Proc,1998,46(6)：1505-1527

[Gri03] Gribonval R. et al. Sparse decompositions in unions of bases. IEEE Trans. Inform. Theory,49(12),3320-3325,2003

[Gro93] Grochenig K. Irregular sampling of wavelet and short-time Fourier transforms. Constr Approx,1993,9: 283-297

[Hel99] Heller P N,Karp T,et al. A general formulation of modulated filter banks. IEEE Trans on Signal Proc,1999,47(4): 986-1002

[Hor85] Horn R. A. et al. Matrix Analysis. Cambridge University Press, New York, 1985.

[Hua11] N. E. Huang et al. , On Hilbert Spectral Representation: A True Time-Frequency Representation For Nonlinear and Nonstationary Data. Advances in Adaptive Data Analysis,Vol. 3, No. 1 & 2 (2011) 63-93

[Hua09] N. E. Huang et al. ,On instantaneous frequency. Advances in Adaptive Data Analysis,Vol. 1, No. 2 (2009) 177-229

[Hua08] N. E. Huang et al. ,A review on Hilbert-Huang transform: method and its applications to geophysical studies. Reviews of Geophysics, 46, RG2006,2008

[Hua05a] Huang, N. E. et al. , Hilbert-Huang Transform and It's Applications. New Jersey: World Scientific Publishing Co. Pte. Ltd,2005

[Hua05b] Huang, N. E. ,et al. ,Hilbert-Huang Transforms in Engineering, 313 pp. , CRC Press, Boca Raton,Fla. ,2005

[Hua03] Huang, N. E,et al. ,A confidence limit for the Empirical Mode Decomposition and Hilbert Spectral Analysis. Proc. Roy. Soc. London, 459A, 2317-2345,2003

[Hua01] N. E. Huang et al. ,A new spectral representation of earthquake data: Hilbert spectral analysis of station TCU129,Chi-Chi,Taiwan,21 September 1999. Bull. Seismol. Soc. Am. , 91, 1310-1338

[Hua99] N. E. Huang et al. ,A new view of nonlinear water waves - the Hilbert spectrum. Ann. Rev. Fluid Mech. 31 :417-457.

[Hua98] N. E. Huang et al. ,The empirical mode decomposition and the Hilbert spectrum for nonlinear and non-stationary time series analysis, Proc. Roy. Soc. London 454 (1998), 903-995.

[Hua_Web] http://rcada. ncu. edu. tw/research1. htm

[Hum89] Hummel R,et al,Reconstruction from zero-crossings in scale-space,IEEE Trans ASSP, 1989,37(12)

[Iva11] Ivana T. et al. Dictionary learning: What is the right representation for my signal? IEEE Signal Processing Magazine,28(3),27-38,2011

[Jac10] Jacques. L. et al. Compressed Sensing: When sparsity meets sampling,a chapter of the book "Optical and Digital Image Processing—Fundamentals and Applications", Wiley-Blackwell,2010

[Jan01] Jansen M. Noise reduction by wavelet thresholding. New York: Springer-Verlag,2001

[Jan93] Janssen A J E M. The ZAK transform and sampling theorems for wavelet subspaces. IEEE Trans Signal Proc,1993,41(12): 3360-3364

[Jan88] Janssen A J E M The ZAK transform: A signal transform for sampled time-continuous signals. Philips J Res,1988,43: 23-699

[Jay93] Jayant N J,Johnstone J,et al. Signal compression based on models of human perception. Proc IEEE,1993,81(10): 1385-1422

[Jeo92] Jeong J,Williams W J. Kernel design for reduced interference distributions. IEEE Trans Signal Proc,1992,40(2): 402-412

[Jer77] Jerri A. J. The Shannon sampling theorem-Its various extensions and applications: A tutorial review,Proc. IEEE,65(11),1565-1596,1977.

[Joh80] Johnston J D. A filter family designed for use in quadratute mirror filter banks. Proc IEEE ICASSP,1980,291-294

[Jon84] Johnson, W. B. ,Lindenstrauss, J. Extensions of Lipschitz mappings into a Hilbert space. In: Conf. inModern Analysis and Probability, pp. 189-206, 1984

[Jon95] Jones D. L, Baraniuk R. G. An Adaptive Optimal-Kernel Time-Frequency Representation. IEEE Trans. Signal Processing. 43(10),2361-2371,1995.

[Kar01] Karp T, Mertins A. Efficient biorthogonal cosine-modulated filter banks. Signal Processing,2001,81: 997-1016

[Kar98] Karp T,Mertins A. Biorthogonal cosine-modulated filter banks without DC leakage. In Proc IEEE ICASSP,Seattle,1998

[Kha10] Khaldi,K. A et al. , Vioced speech enhancement based on adaptive filtering of selected intrinsic mode function. Advance in Adaptive Data Analysis,2(1):65-80,2010

[Kic97] Kicey C J,et al. Unique reconstruction of band-limited signals by a Mallat-Zhong wavelet transform algorithm. Fourier Analysis and Appl,1997,3(1): 63-82

[Kin01] Kingsbury. N. Complex wavelets for shift invariant analysis and filtering of signals. Appl. Comput. Harmon. Anal. ,10(3),234-253,2001.

[Kir06a] Kirolos S. et al. Analog to information conversion using random demodulation. in Proc. IEEE Workshop on Design, Appl. , Integr. Software, 2006, 71-74, 2006

[Kir06b] Kirolos S. et al. Practical Issues in Implementing Analog-to-Information Converters The 6th International Workshop on System on Chip for Real Time Applications. 141-146,2006

[Koh02] Bert-Uwe kohler,et al. The principles of softwarc QRS detection. IEEE Engineering in Medicine and Biology Magazine,2002,21(1): 42-57

[Koh53] Kohlenberg A. Exact interpolation of band-limited functions. J. Appl. Physics. 24(12), 1432-1436, 1953.

[Koi92] Koilpillai R D, P P Vaidyanathan. Cosine-modulated FIR filter banks satisfying perfect reconstruction. IEEE Trans Signal Proc,1992,40: 770-783

[Kut13] Kutyniok Gitta. Theory and Applications of Compressed Sensing. GAMM-Mitt. 36(1), 79-101 ,2013

[Kut12] Kutyniok Gitta. Data separation by sparse representation. Chapter 11 In book

"Compressed Sensing: Theory and applications". Edited by Y. C. Eldar, Cambridge University Press,2012

[Lab05] Labate D. et al. Sparse multidimensional representation using shearlets. Proc. SPIE: Wavelets XI,vol. 5914,254-262,2005

[Lan67] Landau H. J. Necessary density conditions for sampling and interpolation of certain entire functions. Acta Math. ,117(2), 37-52,1967.

[Las07] Laska J. N. et al. Theory and implementation of an analog-to-information converter using random demodulation. In IEEE International Symposium on Circuits and Systems. , 1959-1962,2007

[Las06] Laska J. N. et al. Random Sampling for Analog-to-Information Conversion of Wideband Signals. Proceedings of the IEEE Circuits and System Workshop, Dallas, 2006.

[LeP05] LePennec. E, Mallat. S. Sparse geometric image representations with bandelets. IEEE Trans. Image Process. , 14(4),423-438,2005.

[Les05] Lesage S. et al. Learning unions of orthonormal bases with thresholded singular value Decomposition. In Proc. IEEE Int. Conf. Acoust. , Speech, Signal Process. , vol. 5, 293-296,2005

[Lex12] Lexa M. et al. Reconciling Compressive Sampling Systems for Spectrally Sparse Continuous-Time Signals. IEEE Trans. On signal processing , 60(1),2012

[Lex11] Lexa M. et al. Multi-coset Sampling and Recovery of Sparse Multiband Signals. http://www. see. ed. ac. uk/~mlexa/supportingdocs/mlexa_techreport_mc. pdf

[Lex10] Lexa M. et al. Continuous-Time Spectrally-Sparse (CTSS) Sampling Toolbox [Online]. Available: http://www. see. ed. ac. uk/~mlexa/CTSS. html,2010

[Lic95] Li Cuiwei, et al. Detection of ECG characteristic points using wavelet transforms. IEEE Trans on Biomedical Engineering 1995,42(1): 21-28

[Lin98a] Lin Y. P. et al. Periodically nonuniform sampling of bandpass signals. IEEE Tran. Circuits System-Ⅱ:Analog and Digital Signal Processing. 45(3),340-351,1998.

[Lin98b] Lin Y P, Vaidyanathan P P. A Kaiser window approach for the design of Ptotoyype filters of cosine modulated filter banks. IEEE Signal Proc Letters,1998,5(6): 132~134

[Log77] Logan B. Information in the zero-crossings of band pass signals. Bell Syst Tech J, 1977, 156: 510

[Lu 08] Lu Y. M. et al. A theory for sampling signals from a union of subspaces. IEEE Trans. Signal Process. ,56(6),2334-2345,2008.

[Lu 06] Lu. Y, et al. A new contourlet transform with sharp frequency localization. in Proc. IEEE Int. Conf. Image Process. , 1629-1632,2006

[Lun03] Lundquist, J. K, Intermittent and elliptical inertial oscillations in the atmospheric boundary layer, J. Atmos. Sci. , 60, 2661-2673,2003

[Mal05] Malioutov D. M. et al. Homotopy continuation for sparse signal representation. In IEEE

Int. Conf. AcoustiCS, Speech and Signal Processing, Philadelphia, PA, volume 5, 733-736, 2005.

[Mal09] Mallat S. Geometrical grouplets. Appl. Comput. Harmon. Anal. ,26(2),161-180,2009.

[Mal99] Mallat S. A Wavelet Tour of Signal Processing. (second edition) SanDiego,CA: Academic Press,1997

[Mal93] Mallat. S. G, et al. Matching pursuits with time-frequency dictionaries. IEEE Trans. Signal Process. , 41(12):3397-3415, 1993.

[Mal92a] Mallat S, Hwang W L. Singularity detection and processing with wavelets. IEEE Trans Inf Theory,1992,38(2): 617-643

[Mal92b] Mallat S, Zhong Sifen. Characterization of signal from multiscale edges. IEEE Trans Pattern Analysis and Machine Intelligence,1992,14(7): 710-732

[Mal91] Mallat S. Zero-crossings of a wavelet wransform. IEEE Trans Inf Theory,1991,37(4): 1019-1033

[Mal89a] Mallat S. Multiresolution approximations and wavelet orthonormal bases of $L^2(R)$. Trans Amer Math Soc,1989,315: 69-87

[Mal89b] Mallat S. A theory for multiresolution signal decomposition: the wavelet representation. IEEE Trans Patt Recog And Mach. Intell,1989,11(7): 674-693

[Mat98] Matsumoto M. et al. Mersenne Twister: A 623-dimensionally equidistributed uniform pseudorandom number generator. ACM Trans. Modeling and Computer Simulation. 8(1), 3-30, 1998.

[Mav92] Malvar H S. Signal Processing with Lapped Transforms. Norwood, MA: Artech House,1992

[Mav90] Malvar H S. Modulated QMF filter banks with perfect reconstruction. Electronics Letter, 1990,26(6): 906-907

[Mav89] Malvar H S, Staelin D H. The LOT: Transform cording without blocking effect. IEEE Trans Acoust, Speech, and Signal Proc, 1989, 37(4): 553-559.

[Maz85] Mazja V G. Sobolev spaces. Springer-Verlag,1985

[Mer99] Mertins A. Signal Analysis: Wavelet, Filter Banks, Time-Frequency Transforms and Applications. John Wiley & Sons Ltd,1999

[Mey93] Meyer Y. Wavelets: Algorithms and Applications. SIAM,1993

[Min85] Mintzer F. Filters for distortion-free two-band multirate filter banks. IEEE Trans Acoust, Speech,and Signal Proc,1985,33(5): 626-630

[Mis12] Mishali M. et al. Xampling: compressed sensing of analog signals. Chapter 2 In book "Compressed Sensing: Theory and applications". Edited by Y. C. Eldar, Cambridge University Press,2012

[Mis11a] Mishali M. Sub-Nuquist Sampling -Bridging theory and practice. IEEE Signal Processing Magazine. 28(11),98-124,2011.

[Mis11b] Mishali M. et al. Xampling: Signal Acquisition and Processing in Union of Subspaces. IEEE Trans. Signal Process. ,59(10),4719-4734,2011.

[Mis11c] Mishali M. et al. Xampling: analog to digital at sub-Nyquist rates. IET Circuits Devices Syst. ,5(1),8-20,2011.

[Mis10a] Mishali M. et al. Sub-nyquist processing with the modulated wideband converter. in Proc. IEEE Int. Conf. Acoust. ,Speech, Signal Process. 3626-3629,2010

[Mis10b] Mishali M. et al. From theory to practice sub-Nyquist sampling of sparse wideband analog signals. IEEE J. Sel. Topics Signal Process. , 4(2),375-391,2010.

[Mis09a] Mishali M. et al. Blind multiband signal reconstruction: Compressed sensing for analog signals. IEEE Trans. Signal Process. ,57(3),993-1009,2009.

[Mis09b] M. Mishali and Y. C. Eldar. Xampling-Part I: Practice. CCIT Report no. 747, EE Dept. , Technion; arXiv. org 0911. 0519, Oct. 2009.

[Mis08] Mishali M. et al. Reduce and boost: Recovering arbitrary sets of jointly sparse vectors. IEEE Trans. Signal Process. ,vol. 56(10),4692-4702,2008.

[Mit01] Mitra S K. Digital Signal Processing: A Computer-Based Approach. znd ed. New York: McGraw-Hill,2001

[Mor94] Morris J M, Xie H. Fast algorithms for generalized discrete Gabor expansion. Signal Processing,1994,39: 317-331

[Nee09] Needell D, Tropp J A. CoSaMP: Iterative signal recovery from incomplete and inaccurate samples . Applied and Computational Harmonic Analysis. , 26(3),301-321,2009

[Ngu96] Nguyen T Q, Heller P N. Biorthogonal cosine-modulated filter bank. In Proc IEEE ICASSP, Atlanta USA,1996

[Ngu95] Nguyen T Q. Digital filter bank design quadratic constaint formulation. IEEE Trans Signal Proc, 1995,43(9): 2103-2108

[Ngu89] Nguyen T Q, Vaidyanathan P P. Two-channel perfect-reconstruction FIR QMF structures which yield linear-phase analysis and synthesis filters. IEEE Trans Signal Proc,1989,37(5): 676-690

[Nun09] Nunes, J. C. et al. , Empirical mode decomposition: Applications on signal and image processing. Advance in Adaptive Data Analysis,1(1): 125-175,2009

[Nus81] Nussbaumer H J. Pseudo QMF filter banks. IBM Tech. Disclosure Bulletin,1981,24: 3081-3087

[Nut66] Nuttall. H, On the quadrature approximation to the Hilbert transform of modulated signals, Proc. IEEE 54 (1966) 1458-1459.

[Nyq28] Nyquist H. Certain topics in telegraph transmission theory. Trans. Amer. Inst. Elect. Eng. , vol. 47, 617-644, 1928.

[Ols96] Olshausen B. A. et al. Emergence of simple-cell receptive field properties by learning a sparse code for natural images. Nature,381(6583),607-609,1996.

[Osb00a] Osborne M. R, et al. A new approach to variable selection in least squares problems. IMA J. Numerical Analysis, 20:389-403, 2000.

[Osb00b] Osborne M. R, et al. On the lasso and its dual. Journal of Computational and Graphical Statistics, 9:319-337, 2000.

[Pap77a] Papoulis A. Generalized sampling expansion. IEEE Tram Circuits Syst. ,24(11),652-654,1977.

[Pap77b] Papoulis A. Signal Analysis. New York: McGraw-Hill,1977

[Pat13] Patel V. M. et al. Representations and Compressive Sensing for Imaging and Vision. SpringerBriefs in Electrical and Computer Engineering ,Springer. 2013

[Pat93] Pati Y. C. et al. Orthogonal matching pursuit: Recursive function approximation with applications to wavelet decomposition. in Proc. 27th Annu. Asilomar Conf. Signals, Systems, and Computers, Pacific Grove, CA,vol. 1,40-44,1993

[Pey05] Peyre. G. , Mallat. M. Surface compression with geometric bandelets. ACM Trans. Graph. , vol. 24, 601-608,2005.

[Pri86] Princen J P, Bradley A P. Analysis/synthesis filter bank design based on time domain aliasing cancellation. IEEE Trans Acoust, Speech, and Signal Proc, 1986, 34 (10): 1153-1161

[Pro88] Proakis J G, Manolakis D G. Introduction to Digital Signal Processing. New York: Macmillan Publishing Company,1988

[Qia95] Qian Shie, Chen Dapang. Joint Time-Frequency Analysis: Methods and Applications. Englewood Cliffs,NJ: Prentice-Hall,1995

[Qia93] Qian S, Chen D. Discrete Gabor transform. IEEE Trans Signal Proc, 1993, 41 (7): 2429～2438

[Qia90] Qian S,Morris J M. A fast algorithm for real joint time-frequency transformation of time-varying signals. Electronics Let,1990,26: 537-539

[Rag08] Ragheb T. et al. A prototype hardware for random demodulation based compressive analog-to-digital conversion. Midwest symposium on Circuits and System. 37-40,2008

[Rag07] Ragheb T. et al. Implementation Models for Analog-to-Information Conversion via Random Sampling. Midwest symposium on Circuits and System. 325-328,2007

[Ram91] Ramstad T A,et al. Cosine modulated analysis synthesis filter bank with critical sampling and perfect reconstruction. In Proc IEEE ICASSP,1991

[Rau10] Rauhut H. Compressive sensing and structured random matrices. In M. Fornasier, editor, Theoretical Foundations and Numerical Methods for Sparse Recovery, volume 9 of Radon Series Comp. Appl. Math. , pages 1-92. deGruyter, 2010.

[Red94] Redding N J, et al. Efficient calculation of finite Gabor transforms. IEEE Trans Signal Proc,1994,44(2): 190-200

[Rol02] Cruz-Roldan F, et al. A efficient and simple method for designing ptotoyype filters for cosine-modulated pseudo-QMF banks. IEEE Signal Proc Letters,2002,9(1): 29-31

[Rom09] Romberg J. Compressive Sensing by Random Convolution. SIAM J. IMAGING SCIENCES. 2(4), 1098-1128,2009.

[Rot83] Rothweiler J H. Polyphase quadrature filters—a new subband coding technique. In Proc IEEE ICASSP,1983

[Rub10] Rubinstein . R. et al. Dictionaries for Sparse Representation Modeling. Proceedings of the IEEE,98(6),1045-1057,2010

[Ruz09] Ruzmaikin, A. et al. (2009). Search for climate trends in satellite data. Advance in Adaptive Data Analysis,1(4): 667-679,2009

[San87] Sanz J,et al. Theorem and experiments on image reconstruction from zero-crossings,Res. Rep. RJ5460,IBM,Jan. 1987

[Sha49] Shannon C. E. Communication in the presence of noise. Proc. IRE, (37), 10-21,1949 (又见: Proc. IEEE. 86(2),447-457,1998)

[She92] Shensa M J. The discrete wavelet transform: Wedding the (a) trous and Mallat algorithms. IEEE Trans Signal Proc,1992,40(10): 2464-2482

[Sim92] Simoncelli. E. P. , et al. Shiftable multiscale transforms. IEEE Trans. Inf. Theory, 38(2),pp. 587-607,1992.

[Smi84] Smith M J T,Barnwell III T P. A procedure for designing exact reconstruction filter bank for tree structured subband coders. In Proc IEEE IASSP,1984

[Som93] Soman A K, Vaidyanathan P P, et al. Linear phase paraunitary filter banks: Theory, factorizations and applications. IEEE Trans Signal Proc,1993,41(12): 3480-3496

[Sun89] Sun M G,et al. Efficient computation of the discrete pseudo-Wigner Distribution. IEEE Trans Acoust,Speech,and Signal Proc,1989,37(11): 1735-1742

[Tah11] Taheri O. et al. Segmented Compressed Sampling for Analog-to-Information Conversion: Method and Performance Analysis. IEEE Trans. On signal processing, 59 (2) 554-572, 2011

[Tak06] Takhar D. et al. A new compressive imaging camera architecture using opticaldomain compression. In Proc. IS&T/SPIE Symp. Elec. Imag. ; Comp. Imag. , San Jose, CA, Jan. 2006.

[The12] Theodoridis S. et al. Sparsity-Aware Learning and Compressed Sensing: An Overview. http://arxiv. org/abs/1211. 5231,2012

[Tib96] Tibshirani R. Regression shrinkage and selection via the lasso. Journal of the Royal Statistical Society, 58(1),267-288, 1996.

[Tra00] Tran T D,et al. Linear-phase perfect reconstruction filter banks: Lattice structure,design and application in image coding. IEEE Trans on Signal Proc,2000,48(1): 133-147

[Tro10] Tropp J. et al. Beyond Nyquist: Efficient sampling of sparse bandlimited signals. IEEE Trans. Inf. Theory, 56(1),520-544,2010.

[Tro07] Tropp. J. A. et al. Signal Recovery From Random Measurements Via Orthogonal Matching Pursuit. IEEE Trans. Inf. Theory, 53(12),4655-4666,2007

[Tro06] Tropp J. et al. Random filters for compressive sampling and reconstruction. IEEE Int. Conf. on Acoustics, Speech, and Signal Processing, 2006.

[Tro04] Tropp. J. A. Greed is good: Algorithmic results for sparse approximation. IEEE Trans. Inform. Theory, 50(10):2231-2242, 2004.

[Uns00] Unser M. Sampling-50 years after Shannon. Proc. IEEE, 88(4),569-587,2000.

[Uns98] Unser M. A Generalized Sampling Theory Without Band-Limiting Constraints. IEEE Tran. Circuits System-Ⅱ: Analog and Digital Signal Processing. 45(8),959-969,1998.

[Vai93] Vaidyanathan P P. Multirate Systems and Filter Banks. Englewood Cliffs, NJ: Prentice-Hall,1993

[Vai88] Vaidyanathan P P. Hoang P Q. Lattice structures for optimal design and robust implementation of two-channel perfect reconstruction filter banks. IEEE Trans Acoust, Speech, and Signal Proc,1988,36(1): 91-94

[Vai87] Vaidyanathan P P. Quadrature mirror filter banks. M-band extensions and perfect reconstruction techniques. IEEE ASSP Mag,1987,4(3): 4-20

[Van46] Van der Pol ., The fundamental principles of frequency modulation. Proc. IEE, vol. 93(111), pp. 153-158, 1946.

[Vas00] Vasudevan, K. et al, Empirical mode skeletonization of deep crustal seismic data: Theory and applications. J. Geophys. Res. , 105, 7845-7856

[Ver12] Vershynin R. Introduction to the non-asymptotic analysis of random matrices. Chapter 5 in Compressed Sensing: Theory and Applications, Cambridge University Press, 2012, http://dsp. rice. edu/CS

[Vel06] Velisavljevic V. et al. Directionlets: Anisotropic multidirectional representation with separable filtering. IEEE Trans. Image Process. ,15(7)1916-1933,2006.

[Vet02] Vetterli M. et al. Sampling signals with finite rate of innovation. IEEE Trans. Signal Process. ,50(6),1417-1428,2002.

[Vet92] Vetterli M, Herley C. Wavelets and filter banks. Theory and design. IEEE Trans Signal Proc,1992,40(9): 2207-2232

[Vid05] Vidal R. et al. Generalized principal component analysis (GPCA). IEEE Trans. Pattern Anal. Mach. Intell. , 27(12),1945-1959, 2005

[Vil48] Ville J. Theorie et application de la notion de signal analytic. Cables et Transmissions, vol. 2A(1), pp. 61-74, Paris, France,1948

[Vin00] Vinje. W. E. et al. Sparse Coding and Decorrelation in Primary Visual Cortex During Natural Vision. Science,287(18),1273 1276,2000

[Wan10] Wang G. et al. ,On Intrinsic Mode Function. Advance in Adaptive Data Analysis,2(3), 277-293.

[Wel74] Welch L. Lower bounds on the maximum cross correlation of signals. IEEE Trans. Inform. Theory,20(3),397-399, 1974

[Wex90] Wexler J,Raz S. Discrete Gabor expansiions. Signal Processing,1990,21: 207-220

[Wig32] Wigner E P. On the quantum correction for the thermodynamic equilibrium. Phys Rev, 1932,40: 749-759

[Woo53] Woodward P M. Probability and Information Theory with Application to Radar. London: Pergamon,1953

[Wus06] Wu, S. H. et al .,Enhancement of lidar backscatters signal-to-noise ratio using empirical mode decomposition method, Opt. Commun. , 267, 137-144,2006

[Wuz10] Zhaohua Wu, et al. , on the filtering properties of the empirical mode decomposition, Advances in Adaptive Data Analysis,Vol. 2, No. 4,2010,397-414

[Wuz08] Zhaohua Wu, et al. , Ensemble empirical mode decomposition: A noise-assisted data analysis method. Advances in Adaptive Data Analysis,Vol. 1, No. 1,2008

[Wuz04] Zhaohua Wu et al. ,A study of the characteristics of white noise using the empirical mode decomposition method. Proc. Roy. Soc. London, 460A, 1597-1611. 2004

[Yan10] Yang. A. Y. et al. Fast l_1-Minimization Algorithms and An Application in Robust Face Recognition: A Review. Technical Report No. UCB/EECS-2010-13,http://www. eeCS. berkeley. edu/Pubs/TechRpts/2010/EECS-2010-13. html,2010

[Yeh10] Yeh Jia- Rong,Shieh Jiann-shing. Complementary ensemble empirical mode ecomposition: A novel noise enhanced data analysis method. Advances in Adaptive Data Analysis. 2(2): 135-156,2010

[Yen56] Yen. J. L. On Nonuniform Sampling of Bandwidth-Limited Signals. IRE Trans. Circuit Theory. 3(12) ,251-257 ,1956.

[Yui86] Yuille A,et al. Scaling theorems for zero crossings. IEEE Trans Patt Anal Machine Intell, 1986,PAMI-8

[Yu08] Yu Z. Mixed-signal parallel compressed sensing and reception for cognitive radio. in ICASSP'08,3861-3864,2008

[Zak67] Zak J. Finite translation in solid state physics. Phys Rev Lett,1967,19: 1385-1397

[Zee86] Zeevi Y,et al. Image reconstruction from zero-crossings. IEEE Trans Acoustic Speech Signal Proc,1986,34: 1269-1277

[Zha90] Zhao Y,Atlas L,et al. The use of conc-shaped kernels for generalized time-frequency representations of non-statiionary signals. IEEE Trans. on ASSP,1990,38(7): 1084-1091

[Zib94] Zibulski M,Zeevi Y. Frame analysis of the discrete Gabor-scheme analysis. IEEE Trans Signal Proc,1994,43(4): 942-945

[ZW1] 胡昌华. 张军波等. 基于 MATLAB 的系统分析与设计——小波分析,西安: 西安电子科技大学出版社,1999

[ZW2] 胡广书. 数字信号处理——理论、算法与实现. 第 3 版. 北京: 清华大学出版社,2012

[ZW3] 杨福生.小波变换的工程分析与应用. 北京：科学出版社，1999

[ZW4] 张贤达. 非平稳信号分析与处理. 北京：国防工业出版社，1998

[ZW5] 宗孔德. 多抽样率信号处理. 北京：清华大学出版社，1996

[ZW6] 胡昌华，周波 等，基于 MATLAB 的系统分析与设计——时频分析. 西安：西安电子科技大学出版社，1999

[ZW7]王宏禹. 非平稳随机信号分析与处理. 第 2 版，北京：国防工业出版社，2008

[ZW8] http://wenku.baidu.com/view/6013966eaf1ffc4ffe47ac34.html，百度文库

[ZW9] 许志强. 压缩感知. 中国科学：数学，42(9)，865-877，2012

[ZW10] 陈宝林 编著. 最优化理论与算法(第二版). 北京：清华大学出版社，2005

[ZW11] 孙文瑜 等. 最优化方法(第二版). 北京：高等教育出版社，2010